ANNUAIRE
DU COLLÈGE DE FRANCE
2018-2019

ANNUAIRE
DU COLLÈGE DE FRANCE
2018-2019

RÉSUMÉ
DES COURS ET TRAVAUX

119e année

PARIS

11, place Marcelin-Berthelot (Ve)

Retrouvez les cours en ligne et l'actualité du Collège de France sur
www.college-de-france.fr

Graphisme : Mona Vallery (couverture) et MC PAO (intérieur)

Photographie de couverture : statue de Guillaume Budé (1467-1540)
à l'origine de la fondation du Collège de France
(par M. Bourgeois, 1880)

Collège de France
11, place Marcelin-Berthelot, 75005 Paris

ISSN 0069-5580
ISBN 978-2-7226-0591-6

Twitter : EditionsCdF
Instagram : editionscdf

COURS ET RECHERCHES DES PROFESSEURS

I. SCIENCES MATHÉMATIQUES, PHYSIQUES ET NATURELLES

Mathématiques
et sciences informatiques

Algorithmes, machines et langages

Gérard Berry
Membre de l'Institut (Académie des sciences) et de l'Académie des technologies, professeur au Collège de France

Mots-clés : algorithmes, Esterel, langages de programmation, temps

La série de cours et séminaires « Où va l'informatique ? » est disponible, en audio et/ou en vidéo, sur le site internet du Collège de France (https://www.college-de-france.fr/site/gerard-berry/course-2018-2019.htm) ainsi que le colloque « L'imagerie à l'heure de l'IA : défis et opportunités » (https://www.college-de-france.fr/site/gerard-berry/symposium-2018-2019.htm) et la leçon de clôture « Plaidoyer pour les trajectoires non linéaires » (https://www.college-de-france.fr/site/gerard-berry/course-2019-02-26-16h00.htm).

Cours et séminaires – Où va l'informatique ?

Introduction

Cette année 2018-2019 a été la dernière de mon enseignement au Collège de France. Elle m'a permis de fermer la parenthèse ouverte en 2007-2008 sur la chaire annuelle Innovation technologique Liliane Bettencourt avec le cours « Pourquoi et comment le monde devient numérique ». Pour cette première présentation de l'informatique au Collège de France, j'avais choisi un cours grand public, avant de traiter des sujets plus techniques les années suivantes. Fermer la parenthèse consistait à revenir onze ans après à un cours destiné à un public large mais curieux et attentif, celui du Collège de France, pour faire un point sur l'état de l'informatique et tracer les lignes de force probables de son évolution.

Le paysage informatique a beaucoup changé depuis 2007 : le « numérique » a révolutionné le monde en s'appuyant sur la science informatique et sur l'ensemble

G. Berry, « Algorithmes, machines et langages », *Annuaire du Collège de France 2018-2019. Résumé des cours et travaux*, 119e année, Paris, Collège de France, 2022, p. 13-20, https://doi.org/10.4000/annuaire-cdf.16725.

des technologies qu'elle nourrit. Mais le grand public reste largement ignorant de la vraie nature de l'informatique et des causes de ses grandes évolutions. Elle est peu et mal décrites dans les médias, qui tendent à se concentrer tous ensemble sur un seul sujet à la fois, par exemple l'impression 3D, puis l'apprentissage automatique par réseaux de neurones profonds, une intelligence artificielle à laquelle on prête indifféremment des miracles ou des peurs qui n'ont que peu à voir avec la réalité, effectivement impressionnante. Bien d'autres sujets, tout aussi importants mais moins propices aux fantasmes, sont trop rarement discutés. De fait, la vulgarisation de l'informatique reste bien moins développée que celle de la physique ou de l'astronomie.

Or la société informatisée qui nous attend dépendra directement de nos choix conscients ou inconscients. La persistance d'une mauvaise compréhension des raisons de la puissance des mouvements actuels nous a longtemps conduits à subir servilement les choix faits par les autres. Pour faire des choix plus sensés, il faudra d'abord mieux comprendre. Mon objectif a donc été d'expliquer les ressorts de l'informatique moderne au grand public, afin de lui permettre de mieux saisir les causes des évolutions actuelles et apprécier leurs effets positifs ou négatifs. J'ai insisté sur deux sujets essentiels pour l'avenir : la sûreté des logiciels, trop souvent atteints par des bugs allant du pénible au dangereux, et la sécurité informatique, qui devient partout un problème majeur à cause de la multiplication et de l'industrialisation des vols de données et des attaques contre les systèmes informatisés (transports, hôpitaux, énergie, industrie, etc.). Enfin, j'ai aussi insisté sur l'importance de l'éducation à l'informatique, qui se met enfin en place au lycée. Les séminaires ont approfondi certains de ces points.

Cours 1 – Où va l'informatique ?

J'ai choisi de d'abord présenter le sujet global dans toute sa largeur dans un cours double, donc sans séminaire. Dans une première partie, j'ai rappelé que l'informatique est fondée sur quatre piliers : les données, les algorithmes, les langages et les machines, accompagnés des interfaces avec les hommes ou les autres machines. J'ai ensuite expliqué pourquoi l'information qu'elle manipule est très différente des objets d'étude des sciences classiques que sont la matière, l'énergie et les ondes, et pourquoi son traitement donne de nouveaux leviers d'une puissance considérable. J'ai illustré ce point essentiel par des exemples de traitement d'images photographiques ou médicales, puis d'informatisation de l'instrumentation scientifique et de généralisation de la simulation numérique. J'ai ensuite rappelé l'importance de la loi de Moore (doublement tous les deux ans du nombre de transistors par centimètre carré de silicium), qui a conduit l'évolution de l'infrastructure matérielle en permettant le passage des grands systèmes du passé à des objets portables bien plus puissants comme les smartphones, qui ont rendu l'informatique ubiquitaire, ainsi que l'évolution de l'infrastructure logicielle associée avec la généralisation de la mise en réseau des machines, du Web et du calcul dans le nuage (*cloud computing*). J'ai enfin souligné deux tendances plus récentes : le recentrage sur les données, dû aux nouvelles possibilités d'analyse permises par des algorithmes probabilistes, statistiques et d'apprentissage automatique, et l'essor de l'informatisation généralisée des objets physiques de tous les jours qui conduit à ce qu'on appelle l'IoT (*Internet of Things*).

Dans la seconde partie, j'ai d'abord analysé le nouveau paysage des applications informatiques, qu'elles soient réalisées par des sociétés privées devenues des acteurs économiques primordiaux ou par de grandes communautés de développeurs et d'utilisateurs comme les grands sites participatifs (Wikipedia), les grands logiciels libres (Linux), ou les nouvelles aventures de préservation du paysage comme Software Heritage. J'ai ensuite abordé deux des grands dangers de l'informatique : les problèmes de sûreté, avec plusieurs exemples de désastres dus aux bugs informatiques (en automobile, spatial, etc.), et les problèmes de sécurité, auquel le cours 3 ci-dessous a été consacré. Enfin, pour traiter plus spécifiquement l'évolution d'un domaine particulier, j'ai discuté les évolutions actuelles de l'informatique médicale, qui sont rapides mais demandent une adaptation des différents acteurs médicaux et informatiques qui sera loin d'être simple.

Cours 2 – Enseigner l'informatique

Le système d'enseignement primaire français a longtemps choisi d'ignorer l'informatique en tant que matière à enseigner, la confondant avec la compétence dans l'utilisation des ordinateurs – ce qui n'a pas grand-chose à voir. Elle n'est matière à part entière au lycée que depuis 2019, avec un cours général en seconde et une option du baccalauréat en première et terminale. La situation est assez diverse selon les pays. Par exemple, en Pologne, elle est enseignée depuis longtemps, en Angleterre, elle a été déclarée matière à part entière dès 2010, aux États-Unis, le président Obama s'est engagé personnellement pour son enseignement, et elle est vue comme une matière de premier plan en Inde ou en Corée du Sud. Après avoir rappelé l'histoire française de son enseignement et la situation des autres pays d'Europe, le cours a établi une distinction entre deux niveaux d'enseignement : la littéracie numérique, et la vraie compréhension des concepts centraux indispensables pour pouvoir comprendre ou créer de nouvelles applications dans n'importe quel domaine. Il a insisté sur l'importance de l'enseignement en primaire et au Collège, hélas encore bien timide, qui peut avantageusement passer par un enseignement et des exercices débranchés (*unplugged*) permettant de bien comprendre les principaux concepts sans utiliser de dispositif informatique. Il a enfin détaillé les nouveaux programmes du lycée dont j'ai été copilote de la conception et de l'écriture au CSP (Conseil supérieur des programmes) et les raisons des choix qui y ont été effectués.

Séminaire 2 – Automatisation de la maintenance du noyau de Linux : l'expérience Coccinelle

Julia Lawall (directrice de recherche à l'Inria Paris)

Le noyau du système d'exploitation Linux réalise l'ensemble des interfaces entre le matériel et les logiciels d'application. C'est un logiciel très gros (13 millions de lignes de code) et très complexe, écrit par plusieurs milliers de contributeurs. Il est développé de façon modulaire, les modules du cœur et les pilotes de périphériques (*drivers*) interagissant à travers des API (*Application Programming Interfaces*) qui spécifient comment leur parler. Ce noyau évolue en permanence, avec de d'ordre de 15 000 modifications par trimestre, les API étant souvent modifiées pour corriger des erreurs ou introduire de nouvelles fonctionnalités. Chacune de ces modifications d'API entraîne de nombreuses modifications dans de nombreuses parties du code, qu'il est très pénible à faire à la main et à valider. Fondé sur des analyses automatiques fines de la sémantique des codes concernés, le logiciel Coccinelle développé par Julia Lawall et Gilles Muller permet d'automatiser presque complètement la mise à jour du système. Il est maintenant utilisé à grande échelle pour le développement de Linux.

Cours 3 – Les aspects scientifiques de la sécurité informatique

La sécurité informatique devient un problème crucial dans tous les pays et toutes les activités informatisées privées ou industrielles, au point que les attaques sur les données et systèmes sont classées comme dangers économiques majeurs par le *World Economic Forum*, juste derrière les catastrophes climatiques et les désastres naturels. Le cours a d'abord analysé les comportements des divers acteurs : personnes instruites ou non, DSI (directeur des services informatiques), dirigeants, fabricants de logiciels et d'objets connectés, tous trop souvent ignorants des questions de sécurité informatique, et bien sûr attaquants, eux très compétents et bien organisés. Il a ensuite présenté un florilège d'attaques récentes de grande envergure, vols massifs de données d'abord, ce dont on parle surtout dans la presse, mais aussi intrusions dans les grands systèmes informatisés (réseaux d'énergie, hôpitaux, industries) et dans les objets connectés (automobiles, *pacemakers*, etc.). Ces dernières attaques sont particulièrement dangereuses mais restent largement ignorées du grand public. Le cours a ensuite analysé le fonctionnement des attaques, soit par exploitation de faiblesses ou d'incuries des utilisateurs, soit par exploitation dans les systèmes informatisés de bugs souvent minimes ou de canaux cachés d'obtention d'information. Il a ensuite analysé les apports de la recherche en montrant comment des recherches en théorie des nombres et des graphes ou en logique mathématique mécanisée permettent d'augmenter, voire de prouver la sécurité de parties critiques des systèmes : méthodes de chiffrement efficaces et sûres, protocoles d'échanges de clef de chiffrement, vote électronique, etc. Le cours s'est terminé par l'analyse de failles sournoises trouvées récemment à l'intérieur même des microprocesseurs (*Meltdown*, *Spectre*, etc.).

Séminaire 3 – Sécurité numérique : sommes-nous condamnés à une lutte inégale entre le glaive et le bouclier ?

Guillaume Poupard (directeur général de l'ANSSI, Agence nationale de la sécurité des systèmes informatiques)

L'ANSSI est l'organisme national chargé de la sécurité des systèmes informatiques au sein de l'état, mais aussi d'organisation ou d'entreprises pour lesquels les questions de sécurité peuvent être critiques. Le séminaire a décrit les deux types d'attaques qui se généralisent de plus en plus, sur les données et sur les systèmes informatisés, leurs effets, la façon dont elles sont conduites, et leurs auteurs potentiels dont l'identité reste toujours difficile à prouver. Il a insisté sur la l'impréparation des acteurs dans beaucoup de domaines, par exemple avec la généralisation des petits automates programmables et des objets connectés peu sécurisés, l'utilisation restant fréquente de systèmes obsolètes comme Windows XP, le danger des mises à jour non faites à temps, ou la mise en place de machines à voter mal conçues. Il a noté l'importance des effets indirects comme la perte de confiance dans des acteurs essentiels en cas d'attaque. Il a détaillé tous les apports de la science au sujet, avec les progrès majeurs en cryptographie bien sûr, mais aussi le développement de logiciels durcis comme une version de Linux développée à l'ANSSI. Il a enfin insisté sur le fait que les problèmes de sécurité sont solubles à condition qu'on les prenne au bon niveau, très élevé, que la conception des programmes et systèmes doit intégrer la sécurité dès le début du design et tout au long du cycle de vie des produits, et que deux questions cruciales restent la formation de tous les acteurs et la construction d'une législation nationale et internationale appropriée, dont la RGPD est un bon début.

Cours 4 – Compléments et réponses aux questions

Ce cours d'un format un peu différent a été consacré à la réponse à des questions envoyées auparavant par des auditeurs. Il a abordé six points principaux : l'importance cruciale des interfaces et interactions homme-machine, souvent sous-estimée ; l'importance croissante des données massives et de leur traitement par les algorithmes d'apprentissage profond de la communauté d'intelligence artificielle ; le rapport entre connaissance descriptive et connaissance opératoire, qui rejoint le rapport entre théorie et pratique ; l'évolution des langages de programmation, avec d'autres façon de penser les programmes (programmation « chimique » par exemple) ; les problèmes posés aux professeurs et aux institutions par les nouveaux enseignements d'informatique aux jeunes enfants, collégiens et lycéens ; enfin, certaines questions économiques et sociales posées par les nouvelles façons de penser et de travailler introduites par l'informatique ou concernant la liaison recherche-industrie.

Séminaire 4 – Les enjeux de la recherche en informatique

Antoine Petit (président directeur général du CNRS)

Antoine Petit connaît bien l'informatique pour avoir été chercheur dans le domaine et avoir présidé l'Inria avant de prendre la présidence du CNRS. Il a d'abord présenté les débuts de la recherche avec les pionniers des années 1960-1970, l'informatique étant alors rejetée par les mathématiciens comme n'étant « pas une science », puis la création de l'Iria en 1967 sous l'impulsion de J. J. Lions et la création de quelques labos universitaires pionniers au début des années 1970. S'en est suivie une période d'expansion de 1975 à 2000, avec la création de nombreux labos dans toute la France et l'expansion continue de l'Inria. Enfin, à partir de 2000, la consécration d'un domaine parvenu à maturité, avec la création de l'INS2I au CNRS en 2009 et l'extension à d'autres sciences, en particulier celles de la vie. La situation française actuelle se caractérise par la présence de beaucoup d'acteurs, une place honorable sur la scène internationale (par exemple dans les ERC), mais une présence hétérogène sur les sujets les plus « chauds ». Pour le futur, huit enjeux ont été analysés : l'enjeu de formation de la société en général, l'enjeu de l'ouverture avec l'essor de la science et des développements collaboratifs, l'enjeu de genre, les femmes étant très sous-représentées dans le domaine, l'enjeu de concurrence avec les autres pays, les enjeux de relations avec les grands groupes et les start-ups, celui des données massives, en particulier dans les sciences, et enfin celui des SHS en termes d'éthique, d'accessibilité et de confiance pour ce qui concerne l'informatisation grandissante de la société et de sciences.

Cours 5 – Leçon de clôture : plaidoyer pour les trajectoires non linéaires

La leçon de clôture de ma chaire, plus festive, a été l'occasion de rappeler les principaux jalons de ma carrière de chercheur depuis 1970 : langage TIF de traitement et interrogation de fichiers (1970-1973), inversion des calculs des programmes récursifs (1973-1976), étude mathématique des propriétés syntaxiques et sémantiques du λ-calcul et en particulier de ses propriétés de stabilité et séquentialité (1975-1982), théorie des automates (1989), modèles asynchrones, synchrones et vibratoires du parallélisme et langages de programmation associés (1983-), programmation temps réel en langages synchrones (1983-2009), conception à haut niveau de circuits digitaux et caractérisation logique de leur bon fonctionnement (1989-2009), vérification formelle de programmes et circuit (1991-2009), et programmation réactive sur le Web et en musique depuis 2013. Tout ceci s'est fait avec pas mal d'incursions dans des sujets latéraux et un passage dans l'industrie comme directeur scientifique de la société Esterel Technologies dédiée aux applications industrielles de mon langage Esterel et d'autres langages synchrones (2001-2009). Ma trajectoire n'a donc pas été linéaire, même si j'ai toujours gardé comme ligne de force le besoin de soigneusement harmoniser syntaxe et sémantique mathématique dans les modèles et langages de programmation. Elle a varié en fonction de l'évolution des sujets et de leur impact sur le monde, et surtout en fonction de nombreuses rencontres de chercheurs passionnants ayant des façons de penser différentes, ce qui m'a permis d'avoir des idées théoriques non classiques que j'ai pu pousser au bout dans la pratique pour certaines. Pour moi, les trajectoires non linéaires peuvent être plus fécondes en recherche que les trajectoires linéaires, au moins dans un sujet en plein développement comme la science informatique.

J'ai terminé cette dernière leçon par quelques réflexions sur l'enseignement et un grand remerciement aux 66 séminaristes que j'ai eu l'occasion de faire intervenir dans mes cours et aux 11 titulaires successifs de la chaire Informatique et sciences numériques que j'avais inaugurée en 2009-2010, et bien sûr au Collège de France lui-même, car y enseigner a été un immense honneur.

Colloque – L'imagerie médicale à l'heure de l'IA ?

Comme celui de l'année précédente, ce colloque a été dédié aux algorithmes en médecine, et en particulier aux impacts des algorithmes d'apprentissage profond développés par la communauté des chercheurs en intelligence artificielle dans le domaine de l'imagerie médicale.

Enseignement à l'extérieur : Bordeaux, Inria

Cours : « En théorie, la théorie et la pratique, c'est pareil ; en pratique, ce n'est pas vrai » (le 12 décembre 2018)

Le rapport entre théorie et pratique n'est jamais simple en sciences, et l'informatique n'échappe pas à la règle. Le cours a illustré ce point dans plusieurs domaines. D'abord, le fait que les probabilités qui sont à la base de beaucoup d'algorithmes récents sont tout sauf intuitives, comme le montre le célèbre exemple du problème bien connu des trois portes (*Monty Hall Problem*) qui a défrayé la chronique dans les années 1990, beaucoup de scientifiques s'accrochant à des raisonnements incorrects. Ensuite, la différence entre complexité théorique et pratique des algorithmes, à travers le problème SAT de satisfaction booléenne déjà étudié dans le cours 2015-2016 : si sa complexité théorique est supposée exponentielle dans les pires cas, ce qui a longtemps freiné la recherche d'algorithmes efficaces, les algorithmes modernes sont de fait très efficaces pour des problèmes de grande importance pratique, sans qu'on sache vraiment pourquoi. Puis la preuve mathématique en machine de théorèmes, vue ici sous le prisme de l'utilisation de SAT pour découvrir et prouver de nouveaux résultats en théorie des nombres qui sont encore inaccessibles aux méthodes théoriques classiques. Ensuite encore, la généralisation des algorithmes randomisés efficaces en pratique, qui sont très différents des algorithmes déterministes classiques. Enfin, un retour sur l'informatisation des sciences, où l'informatique a été longtemps vue comme un simple outil technique alors qu'elle modifie en fait partout au plus haut point les méthodes de travail et d'attaque des problèmes.

Séminaire lié : « Coq : aspects pratiques de la théorie des types »

Yves Bertot (directeur de recherche à l'Inria Sophia-Antipolis)

Les assistants de preuve ont deux types d'applications : la construction de preuves formelles de correction de programmes ou d'algorithmes très complexes (compilateurs et analyseurs statiques, algorithmes distribués, protocoles cryptographiques, etc.), et celle de preuves formelles de théorèmes mathématiques requérant l'étude de nombreux cas complexes (théorèmes des quatre couleurs, théorème de Feit-Thompson sur la classification des groupes, conjecture de Kepler sur le rangement optimal des sphère, etc.). Ces preuves sont en général très volumineuses, ce qui pose deux problèmes majeurs. D'abord, aucun être humain ne peut en écrire tous les détails ; avec Coq, ceux-ci sont créés en machine suivant les stratégies et indications fines fournies par l'utilisateur. Ensuite, la confiance en la correction d'une preuve écrite à l'aide d'un assistant de preuve ne peut provenir que de celle qu'on accorde au programme de vérification de preuves présent dans le noyau de cet assistant.

À l'aide de quelques exemples, le séminaire a abordé les questions suivantes : comment diriger un assistant de preuves de façon à vérifier un programme ou un théorème mathématique ? Comment convaincre une tierce personne qu'un long développement en Coq prouve bien le résultat annoncé ? La réponse tient en deux aspects : en pratique, la construction de « patrons de preuve » similaires aux « patrons de conception » de la programmation ; en théorie, la compréhension de la logique mathématique utilisée par l'assistant de preuve, clef pour la validation de la correction de l'algorithme de vérification des preuves.

Recherche

Ma recherche a principalement concerné la poursuite du travail sur le langage HipHop, version d'Esterel adaptée au langage JavaScript, ce dernier étant de plus en plus l'outil standard pour le développement d'applications web. J'ai également continué à encadrer l'activité d'Alan Aboudib (ATER attaché à ma chaire) sur l'utilisation de la focalisation sur une petite zone (fovea) dans l'analyse d'images par apprentissage profond. Cette recherche n'a pas abouti à des publications, mais à l'embauche d'Alan Aboudib comme directeur technique d'une jeune pousse du domaine. J'ai, enfin, continué ma coopération scientifique avec des musiciens et des acteurs de l'informatique musicale, en particulier à travers mon rôle de président du Conseil scientifique de l'Ircam.

En ce qui concerne HipHop, que je développe avec Manuel Serrano (directeur de recherches à l'Inria Sophia-Antipolis), j'ai poursuivi l'action dans le domaine médical entamée en 2018 avec Steven Belknap, professeur de médecine à la Northwestern University Chicago. Il s'agit de l'utilisation d'Esterel et HipHop pour la rédaction précise et la traçabilité automatique des protocoles médicaux d'administration de médicaments. Leur définition actuelle en langage naturel trop flou et leur suivi approximatif provoquent des dizaines de milliers d'erreurs médicales par an dans les hôpitaux aux États-Unis. À l'aide un premier exemple soumis à publication, nous montrons que HipHop est bien adapté à l'écriture rigoureuse et au suivi de ces protocoles, à travers par exemple des applications web ou des boîtes à pilules automatisées. Une telle automatisation pourrait aussi ouvrir la voie vers une analyse automatique des erreurs et de leurs causes, ainsi que des bénéfices des méthodes automatisées lorsque suffisamment de données seront récoltées par la traçabilité automatique des applications des protocoles.

J'ai également donné 30 conférences dans des congrès scientifiques, médicaux ou de juristes, à la Commission européenne, dans des lycées et dans diverses organisations ou associations destinées au grand public. J'ai, de plus, enregistré une conférence, « la pensée informatique », chez De Vive Voix, avec l'Académie des sciences, parue en disque compact ; son texte a été édité en livre par CNRS Éditions. Ces actions constituent pour moi une activité de recherche pédagogique essentielle, tant la connaissance de l'informatique moderne reste encore bien trop faible dans notre pays. Enfin, toujours sur la pédagogie, j'ai été copilote de la définition des programmes des nouvelles options informatiques pour les classes de première et de terminale.

Publications

BERRY G., *La Pensée informatique*, Paris, CNRS Éditions / De vive voix, coll. « Les grandes voix de la recherche », 2019.

RIEG L. et BERRY G., « Towards Coq-verified Esterel semantics and compiling », 2019, arXiv : abs/1909.12582 (soumis pour publication).

BERRY G. et SERRANO M., « HipHop.js: (A)Synchronous reactive web programming », 2019, soumis pour publication.

Sciences du logiciel

Xavier Leroy
Professeur au Collège de France

Mots-clés : informatique, logiciel, langages de programmation, sémantique, logique, méthodes formelles

La série de cours et de séminaires « Programmer = démontrer ? La correspondance de Curry-Howard aujourd'hui » est disponible en audio et vidéo, sur le site internet du Collège de France (https://www.college-de-france.fr/site/xavier-leroy/course-2018-2019.htm), ainsi que la leçon inaugurale « Le logiciel, entre l'esprit et la matière » (https://www.college-de-france.fr/site/xavier-leroy/inaugural-lecture-2018-2019.htm). Celle-ci a également fait l'objet d'une publication : X. Leroy, *Le Logiciel, entre l'esprit et la matière*, Paris, Collège de France/Fayard, coll. « Leçons inaugurales du Collège de France », vol. 284, 2019 ; édition numérique : Collège de France, 2019, https://doi.org/10.4000/books.cdf.7671, http://books.openedition.org/cdf/7671.

Enseignement

Leçon inaugurale – Le logiciel, entre l'esprit et la matière

La leçon inaugurale a rappelé à quel point l'informatique trouve ses racines dans la logique mathématique. Comme Leibniz avec son *calculus ratiocinator*, de nombreux logiciens ont cherché dans le calcul une source de vérités absolues. C'est en travaillant sur le programme de Hilbert, une tentative ambitieuse de refondation des mathématiques, que Church en 1936 et Turing en 1937 ont créé la théorie de la calculabilité. La machine de Turing et le lambda-calcul de Church, apparus à cette occasion, sont les grands ancêtres des microprocesseurs et des langages de programmation contemporains.

L'informatique n'est pas uniquement l'étude de ce qui est calculable : c'est l'étude de ce qui est calculable de manière efficace et effective. D'un côté, l'algorithmique

X. Leroy, « Sciences du logiciel », *Annuaire du Collège de France 2018-2019. Résumé des cours et travaux*, 119e année, Paris, Collège de France, 2022, p. 21-33, https://doi.org/10.4000/annuaire-cdf.16737.

conçoit les algorithmes efficaces et étudie leurs performances ; de l'autre, les sciences du logiciel construisent le chemin qui va des algorithmes abstraits à leur exécution effective et correcte par la machine. Cela passe notamment par des langages et outils de programmation qui, des langages d'assemblage de 1950 aux langages fonctionnels contemporains, ont fait d'immenses progrès.

Alors que nous confions de plus en plus de responsabilités aux ordinateurs, le problème principal n'est plus de développer le logiciel, mais de le vérifier. Comment s'assurer de sa justesse et de son innocuité ? Les méthodes empiriques à base de tests atteignent leurs limites et se complètent de méthodes formelles, où le programme est vu comme une définition mathématique, et sa vérification comme la démonstration, automatisée ou assistée par l'ordinateur, des propriétés attendues du programme. Introduites à la fin des années 1960, les méthodes formelles atteignent aujourd'hui une maturité telle que la vérification de langages et d'outils de programmation comme les compilateurs est possible.

Finalement, le logiciel ne serait-il que de la logique qui s'exécute sur l'ordinateur de manière algorithmiquement efficace ? Souhaitons-le, tant cette rigueur formelle est nécessaire pour faire confiance au logiciel aujourd'hui omniprésent.

Cours – Programmer = démontrer ? La correspondance de Curry-Howard aujourd'hui

La leçon inaugurale a rappelé les liens historiques entre logique et informatique. Le cours 2018-2019 de la chaire Sciences du logiciel étudié un autre lien, de nature mathématique celui-là (il s'agit d'un isomorphisme), entre langages de programmation et logiques mathématiques. Dans cette approche, démontrer un théorème, c'est la même chose que d'écrire un programme ; énoncer le théorème, c'est la même chose que de spécifier le type du programme.

Cette correspondance entre démonstration et programmation a d'abord été observée dans un cas simple par deux logiciens : Curry en 1958, puis Howard en 1969. Le résultat semblait tellement anecdotique que Howard ne l'a jamais soumis à une revue, se contentant de faire circuler des photocopies de ses notes manuscrites. Rarement photocopie a eu un tel impact scientifique, tant cette correspondance de Curry-Howard est entrée en résonance avec le renouveau de la logique et l'explosion de l'informatique théorique des années 1970 pour s'imposer dès 1980 comme un lien structurel profond entre langages et logiques, entre programmation et démonstration.

Aujourd'hui, il est naturel de se demander quelle est la « signification logique » de tel ou tel trait de langage de programmation, ou encore quel est le « contenu calculatoire » de tel ou tel théorème mathématique (c'est-à-dire, quels algorithmes se cachent dans sa démonstration ?). Plus important encore, la correspondance de Curry-Howard a débouché sur des outils informatiques comme Coq et Agda, qui sont à la fois des langages de programmation et des logiques mathématiques, et s'utilisent aussi bien pour écrire et vérifier des programmes que pour énoncer et aider à démontrer des théories mathématiques.

Le cours a retracé ce bouillonnement d'idées à la frontière entre logique et informatique, et mis l'accent sur les résultats récents et les problèmes ouverts dans ce domaine. Le séminaire a donné la parole à sept experts du domaine pour des approfondissements et des points de vue complémentaires.

Cours 1 – Les chemins d'une découverte : la correspondance de Curry-Howard, 1930-1970

Le premier cours a retracé les trois chemins qui mènent à la découverte de Curry et Howard : le lambda-calcul, la logique intuitionniste, et les systèmes de types simples.

Vers 1930, Church introduit la lambda-notation $\lambda x.e$ pour désigner la fonction qui à x associe e, et l'utilise pour unifier diverses notations mathématiques faisant intervenir des variables liées (sommes, limites, quantificateurs, etc.). Son premier lambda-calcul, publié en 1932 et 1933, est une logique mathématique qui utilise la lambda-notation pour représenter les ensembles. Cette logique est rapidement abandonnée car incohérente. En revanche, débarrassé de ses connecteurs logiques, le lambda-calcul pur s'impose dès 1936 comme un formalisme fondamental de la calculabilité, en équivalence avec les machines de Turing, puis, dès le langage Lisp (1960), comme noyau des langages fonctionnels de programmation.

La logique intuitionniste, introduite par Glivenko et Heyting vers 1928, formalise la notion de démonstration constructive, qui est un aspect important de l'intuitionnisme, la philosophie des mathématiques fondée par Brouwer. Suivant l'interprétation BHK (Brouwer, Heyting, Kolmogorov) de l'intuitionnisme, les seules propositions vraies en logique intuitionniste sont celles qui sont justifiées par une *construction*, c'est à dire un objet mathématique qui atteste de leur véracité. Ainsi, une construction de $\exists x.P$ est une paire d'une valeur pour x et d'une construction de $P(x)$. Les démonstrations non constructives de $\exists x.P$ sont donc exclues.

Les types sont présents dans de nombreux langages de programmation pour détecter des erreurs de programmation et clarifier le sens des programmes. En logique, ils apparaissent dès 1908 dans les travaux de Russell pour rejeter des termes absurdes comme $x \notin x$ (« x n'appartient pas à lui-même ») et les paradoxes qui en découlent. Partant de la théorie des types de Russell, plusieurs simplifications débouchent sur le lambda-calcul simplement typé publié par Church en 1940.

Tout est en place pour qu'entrent en résonance lambda-calcul typé et logique intuitionniste. Une première observation, due à Curry en 1958, est que si on lit les types de fonctions $\tau \rightarrow \sigma$ comme l'implication $P \Rightarrow Q$ des propositions, la règle de typage de l'application est la règle de déduction *modus ponens*, et les types des combinateurs S, K, I du lambda-calcul sont les axiomes définissant l'implication dans une logique à la Hilbert. Mais il faut attendre 1969 pour que Howard construise la correspondance complète entre lambda-calcul typé et logique intuitionniste. Non seulement les types correspondent aux propositions et les termes aux constructions (au sens BHK), mais encore l'évaluation des termes par beta-réductions correspond à l'élimination des coupures dans les démonstrations, du moins pour le fragment implicatif.

Cours 2 – Polymorphisme à tous les étages ! Du système F au calcul des constructions

La correspondance de Curry-Howard n'est-elle qu'une agréable coïncidence entre une logique intuitionniste et un lambda-calcul typé tous deux peu expressifs ? De nombreuses extensions qui apparaissent dans les années 1970 et 1980 montrent que ce n'est pas le cas.

Le *typage polymorphe* est la première de ces extensions. Il apparaît indépendamment dans les travaux de Girard (1971) et de Reynolds (1974). Reynolds est un informaticien et cherche à assouplir le typage du lambda-calcul de manière à pouvoir typer des fonctions *génériques* comme le tri, qui appliquent un même algorithme à des données de différents types. Girard est un logicien qui cherche une interprétation fonctionnelle (comme l'interprétation BHK) pour l'arithmétique du second ordre, une logique suffisamment puissante pour exprimer l'analyse. Ils convergent sur le même système de types, appelé lambda-calcul polymorphe par Reynolds et système F par Girard, qui se révèle extrêmement expressif.

D'autres formes de polymorphisme apparaissent ensuite : les constructeurs de types (types paramétrés par des types) et les types dépendants (types paramétrés par des termes). Ces formes de paramétrisation s'ajoutent à celles du lambda-calcul (termes paramétrés par des termes) et de système F (termes paramétrés par des types), débouchant sur des formalismes inutilement complexes.

Une « grande unification » apparaît dès le début des années 1970 avec la théorie intuitionniste des types de Martin-Löf, suivie en 1986 par le calcul des constructions de Coquand et Huet, puis en 1988 par les *Pure Type Systems* de Berardi. Les types et les termes partagent la même syntaxe ; un seul lambda et une seule application traitent toutes les formes de paramétrisation. Cependant, identifier entièrement types et termes *via* un type de tous les types, comme dans une première version de la théorie des types de Martin-Löf, mène à l'incohérence logique. Il reste nécessaire de stratifier types et termes, ce qui se fait à l'aide d'*univers*. De nombreux systèmes de types intéressants s'obtiennent en variant le nombre et les relations entre univers.

En l'espace de vingt ans, la correspondance de Curry-Howard s'est non seulement étendue à des logiques et des langages typés très expressifs, mais encore a inspiré des systèmes formels utilisables à la fois comme logiques et comme langages de programmation, tels la théorie des types de Martin-Löf et le calcul des constructions.

Cours 3 – Des armes de construction massive : types algébriques, prédicats inductifs, GADT

Le cours a débuté par un historique des types de données dans les langages de programmation : tableaux en Fortran, enregistrements (*records*) en Cobol, unions disjointes en Algol 68, références et pointeurs en Algol W, ainsi que les types universels des S-expressions en Lisp et des termes en Prolog. Les *types algébriques*, introduits dans le langage HOPE et popularisés par ML et Haskell, unifient toutes ces notions. Les types algébriques sont des sommes de produits, récursives et nommées. Ils peuvent exprimer de nombreuses structures de données informatiques, ainsi que la conjonction et la disjonction dans une approche de Curry-Howard.

Les lambda-calculs étudiés dans les cours précédents ne fournissent pas de types de données, car ils peuvent être définis en termes de fonctions, généralisant l'astucieux codage fonctionnel des nombres entiers introduit par Church. Ce codage est bien typé dans les systèmes F et Fω, mais avec des restrictions sur les analyses de cas que l'on peut faire sur les données. Ainsi, on ne peut pas démontrer $0 \neq 1$ avec le codage de Church typé !

Pour dépasser ces restrictions, Paulin-Mohring et Pfenning introduisent en 1989 les *types inductifs*, une variante des types algébriques compatibles avec la théorie des types. En moins, la récursion est restreinte et une condition de positivité est ajoutée afin de préserver la normalisation forte et la cohérence logique. En plus, les types inductifs peuvent être dépendants. Par la correspondance de Curry-Howard, ils deviennent des prédicats inductifs, avec lesquels on peut définir les connecteurs logiques « et », « ou », « il existe ». Une extension naturelle, les *familles inductives*, permet d'exprimer tous les prédicats définissables par règles d'inférence, y compris l'égalité et les ordres bien fondés.

Le cheminement des idées continue : des types algébriques en programmation vers les types et familles inductifs en logique, puis retour en programmation avec les types algébriques généralisés, *Generalized Algebraic Data Types* (GADT). Imaginés par Augustsson et Petersson en 1994, puis intégrés dans Haskell en 2007 et OCaml en 2012, les GADT sont une extension des types algébriques permettant d'exprimer certaines propriétés des données dans le style des prédicats inductifs, incluant des égalités entre types et des quantificateurs existentiels, sans pour autant nécessiter toute la mécanique des types dépendants.

La recherche autour des types inductifs reste active : quelles sont les bonnes conditions de garde qui garantissent la normalisation ? Peut-on identifier des valeurs d'un type inductif, réalisant ainsi le quotient de ce type par une relation d'équivalence ? Le dixième cours est revenu sur cette dernière question.

Cours 4 – Il faut qu'une porte soit ouverte ou fermée ! Logique classique, continuations, opérateurs de contrôle

On peut opposer logique classique et logique intuitionniste comme deux ennemis irréductibles, comme dans la polémique entre Hilbert et Brouwer en 1927. Plus positivement, on peut, comme Gödel dans les années 1930, utiliser la logique intuitionniste pour mieux comprendre la logique classique. Tout d'abord, la logique classique peut être vue comme la logique intuitionniste à laquelle on ajoute un axiome classique, comme le tiers exclu « P ou $\neg P$ » qui donne son titre à ce cours. Plus surprenant : la logique classique se plonge dans la logique intuitionniste *via* une traduction par *double négation*. Si P est une formule propositionnelle, P est vraie en logique classique si et seulement si $\neg\neg P$, « P n'est pas faux », est démontrable en logique intuitionniste. Kolmogorov, Gödel, Gentzen, Kuroda étendent cette traduction doublement négative à des formules avec quantificateurs. Friedman la généralise pour montrer que toute formule Π^0_2 démontrable en arithmétique classique l'est aussi en arithmétique intuitionniste.

Coup de théâtre en 1990 : Murthy et Griffin mettent en correspondance ces approches de la logique classique avec le concept de *continuation* dans les langages de programmation. Dans un langage fonctionnel, la continuation d'une expression a est le calcul qui reste à faire pour terminer le programme une fois a évaluée. On peut voir cette continuation comme une fonction de la valeur de a vers la valeur du programme complet. Un programme peut agir sur ses continuations de deux manières : soit on l'écrit en style à passage de continuation (CPS, *Continuation-Passing Style*), où chaque expression reçoit sa continuation en argument supplémentaire ; soit on ajoute au langage de programmation des opérateurs de contrôle permettant de réifier les continuations, comme l'opérateur `call/cc` du langage Scheme.

Murthy est le premier à observer que les transformations CPS, qui mettent un programme en forme CPS, correspondent, au sens de Curry-Howard, avec les traductions par double négation en logique. Plus précisément, la traduction de Kolmogorov correspond à la transformation CPS en appel par nom, et la traduction de Kuroda à la transformation CPS en appel par valeur. En parallèle, Griffin observe que certains opérateurs de contrôle admettent des types qui correspondent, au sens de Curry-Howard, avec des axiomes de logique classique. Ainsi, l'opérateur `call/cc` correspond à la loi de Clavius, $(\neg P \Rightarrow P) \Rightarrow P$, et l'opérateur C de Felleisen à l'élimination de la double négation, $\neg\neg P \Rightarrow P$.

Ces beaux résultats permettent déjà d'identifier le contenu calculatoire de démonstrations classiques. Cependant, un aspect important de la logique classique est perdu : la dualité entre conjonction et disjonction via la négation, visible dans la loi de De Morgan $\neg(P \wedge Q) \Leftrightarrow \neg P \vee \neg Q$ et magistralement exprimée dans le calcul des séquents classiques de Gentzen (1934). Quel langage de programmation correspond par Curry-Howard à ce calcul des séquents classique ? Les travaux récents de Parigot, Curien, Herbelin, Wadler et d'autres donnent des éléments de réponse à cette question.

Cours 5 – Peut-on changer le monde ? Programmation impérative, effets monadiques, effets algébriques

Jusqu'ici nous avons mis en correspondance des logiques et des langages fonctionnels. Cependant, beaucoup de programmes sont *impératifs* et non purement fonctionnels, car leur exécution a des *effets* sur le monde extérieur : ils consomment des entrées, produisent des sorties, modifient des fichiers, etc.

Les *monades* sont un concept issu de la théorie des catégories et appliqué à la sémantique dénotationnelle par Moggi en 1989. Elles fournissent un cadre élégant pour décrire de nombreuses sortes d'effets allant de l'affectation à la programmation probabiliste. La transformation monadique, qui généralise la transformation CPS du quatrième cours, permet de traduire tout programme avec effets monadiques en programme fonctionnel pur.

Certaines monades ont une signification logique claire. Ainsi, la transformation monadique des continuations est une traduction doublement négative qui injecte la logique classique dans la logique intuitionniste, comme vu dans le quatrième cours ; de même, la transformation monadique des exceptions injecte la logique intuitionniste dans la logique minimale, sans loi *ex falso quod libet*. Sur les monades en général, le contenu logique se réduit à des correspondances avec certaines logiques modales, en particulier la modalité laxiste $\bigcirc$ de Mendler, et une combinaison des modalités classiques $\Box$ et $\Diamond$ observée par Pfenning et Davies.

En combinaison avec des types dépendants, les monades permettent également de raisonner sur les programmes. On peut enrichir la monade d'état pour capturer des invariants sur l'état ainsi que des propriétés d'évolution monotone de l'état. Plus généralement, les monades de Hoare (Nanevsky *et al.*, 2008) et les monades de Dijkstra (Swamy *et al.*, 2013) permettent d'associer aux fonctions des préconditions et des postconditions quelconques, comme dans une logique de programmes. Le langage F* met en pratique cette approche monadique de la preuve de programmes.

De même que les monades décrivent la propagation des effets, la théorie des effets algébriques de Plotkin, Power, Pretnar *et al.* cherche à décrire la génération et le traitement des effets. Elle débouche sur une nouvelle construction pour les langages de programmation, les gestionnaires d'effets (*effect handlers*), qui généralisent les gestionnaires d'exceptions.

Cours 6 – Des théorèmes gratuits : la paramétricité

On s'attend à ce qu'un type abstrait puisse être réalisé par différents types concrets sans que les utilisateurs du type abstrait observent de différences. C'est le principe d'indépendance vis-à-vis des représentations énoncé par Reynolds en 1983. Symétriquement, on s'attend à ce qu'une fonction polymorphe exécute le même algorithme lorsqu'on l'applique à des données de différents types.

La théorie de la paramétricité donne un sens mathématiquement précis à ces intuitions. Elle s'appuie sur la notion de *relations logiques* : des relations entre termes, indexées par des types, et compatibles avec la structure des types. En particulier, deux fonctions sont reliées au type $\tau \rightarrow \sigma$ si et seulement si elles envoient des arguments reliés au type τ sur des résultats reliés au type σ. Ces relations logiques ont été introduites par Plotkin pour l'étude du lambda-calcul simplement typé. Reynolds étend les relations logiques au cas des types abstraits, lui permettant de formaliser et de démontrer le principe d'indépendance vis-à-vis des représentations. L'extension au lambda-calcul polymorphe est plus délicate car il est facile de tomber dans des définitions circulaires, mais est finalement résolue vers 1990 par Bruce, Meyer et Mitchell, en s'inspirant de la technique des candidats de réductibilité de Girard.

Une application spectaculaire de la paramétricité est les *Theorems for free* (théorèmes gratuits), titre d'un célèbre article de Wadler (1991). Toutes les fonctions du système F ayant un certain type polymorphe vérifient des équations qui ne dépendent que du type ; il est inutile de redémontrer ces équations pour chaque fonction. Ainsi, toute fonction $f : \forall\alpha.\ \alpha \rightarrow \alpha$ vérifie $f\,x = x$ et est donc l'identité. Toute fonction $f : \forall\alpha.\ \alpha\ \texttt{list} \rightarrow \alpha\ \texttt{list}$ vérifie $f \circ \texttt{map}\ g = \texttt{map}\ g \circ f$. La paramétricité permet aussi de démontrer l'isomorphisme entre un type inductif et son codage fonctionnel mentionné au troisième cours.

Les travaux récents de Bernardy et de Lasson montrent que la paramétricité non seulement s'étend à la théorie des types, mais encore peut s'internaliser dans cette théorie. Un type A se traduit mécaniquement en une relation R_A qui est la relation logique au type A ; un terme clos $a : A$ se traduit en une preuve que a est relié à lui-même par R_A. L'approche s'étend naturellement aux constructeurs de types et aux types dépendants.

Cours 7 – Le *forcing*, une transformation de programme comme une autre ?

Vers 1870, Cantor démontre que le cardinal de l'ensemble $\mathbb{R}$ des réels est strictement plus grand que celui de l'ensemble $\mathbb{N}$ des entiers ; en d'autres termes, que l'infini continu ($\mathbb{R}$) est plus grand que l'infini dénombrable ($\mathbb{N}$). Il énonce l'*hypothèse du continu* (HC) : il n'existe pas de cardinal intermédiaire entre $\mathbb{N}$ et $\mathbb{R}$. Cette conjecture restera longtemps ouverte, au point que Hilbert en 1901 en fait le premier de sa liste de 20 grands problèmes mathématiques. En 1938, Gödel montre que HC est cohérente avec la théorie des ensembles : on peut la prendre comme axiome car on ne peut pas démontrer sa négation. En 1964, Cohen établit que HC n'est pas démontrable car sa négation est cohérente. L'hypothèse du continu est donc *indépendante* de la théorie des ensembles.

Pour sa démonstration, Cohen a inventé une technique nouvelle de construction de modèles, le *forcing*, qui permet d'adjoindre à un modèle existant de nouveaux ensembles et de contrôler leurs propriétés *via* des approximations finies : les *conditions de forcing*. À partir de 2009, les travaux de Krivine, Miquel, Rieg, Jaber, Tabareau et Sozeau débouchent sur une toute autre présentation du *forcing*, internalisée en théorie des types sous forme de transformations de propositions et de leurs termes de preuve, dans le style des traductions doublement négatives du quatrième cours. Ces transformations aident à imaginer le contenu calculatoire de la technique de *forcing*. Ainsi, le *forcing* intuitionniste tel que présenté par Jaber *et al.* peut se voir comme une transformation monadique, au sens du cinquième cours, vers une monade d'entrées asynchrones où chaque terme peut à tout moment recevoir davantage de données provenant de l'extérieur.

En spécialisant les résultats précédents à des conditions de *forcing* qui sont juste des nombres entiers, on obtient une logique modale, appelée logique interne du topos des arbres par Birkedal *et al.*, qui permet de définir des types récursifs généraux (non algébriques), tout en se plongeant par traduction dans la théorie des types. Cela rejoint les idées de *step-indexing*, objet du cours suivant.

Cours 8 – À pas comptés : les techniques de *step-indexing*

Au début de ce cours, nous avons repris et approfondi la notion de *relation logique* introduite au sixième cours, tout d'abord en les reformulant de manière purement opérationnelle : au lieu de se reposer sur une sémantique dénotationnelle du langage, on peut tout définir en termes d'une relation de réduction entre termes.

L'étape suivante consiste à étendre les relations logiques à des traits délicats de langages comme OCaml : les types récursifs généraux et les références (structures de données mutables) pouvant contenir des fonctions. Dans les deux cas, la définition usuelle des relations logiques n'est plus bien fondée par récurrence sur les types. En 2001, Appel et McAllester contournent brillamment ce problème en utilisant un autre critère de bonne fondation : le nombre d'étapes de réduction que l'on se donne pour observer les propriétés des termes. Cette technique, connue sous le nom de *step-indexing* (comptage de pas), est étendue aux relations logiques binaires par Ahmed en 2006.

Dans cette présentation des relations logiques, les démonstrations nécessitent une comptabilité minutieuse et lourde des étapes de réduction. Appel *et al.* (2007) puis Dreyer *et al.* (2011) développent une présentation plus élégante dans une logique modale ayant la modalité $\triangleright P$ (« P est vraie plus tard ») et satisfaisant la loi de Löb $(\triangleright P \Rightarrow P) \Rightarrow P$. Cette logique n'est autre que la logique interne du topos des arbres que nous avons obtenue au septième cours par *forcing* intuitionniste sur les entiers.

Cours 9 – Sisyphe heureux : types infinis, démonstrations par coinduction, et programmation réactive

Le troisième cours a introduit les types et prédicats inductifs, un mécanisme général pour définir et raisonner sur les structures de données finies. Comment faire de même pour les structures de données potentiellement infinies, par exemple les flux (*streams*) ou les graphes vus comme des arbres infinis ? On parle alors de types et de prédicats *coinductifs*.

Dans la présentation ensembliste classique, les types coinductifs correspondent à des plus grands points fixes d'opérateurs croissants, alors que les types inductifs sont des plus petits points fixes. La théorie des types suit une autre présentation, en termes d'arbres bien fondés (toute branche est finie) pour le cas inductif et possiblement mal fondés (avec des branches infinies) pour le cas coinductif. Un critère de garde garantit la bonne formation des définitions : récursions structurelles pour le cas inductif, corécursions productives pour le cas coinductif.

Une présentation plus moderne et d'inspiration plus algébrique caractérise les types inductifs comme engendrés par leurs constructeurs (`nil` et `cons` pour les listes), et les type coinductifs comme engendrés par leurs observations (projections ; `head` et `tail` pour les flux). Cette présentation débouche sur un élégant style de programmation à base de cofiltrage et de *copatterns* (Abel *et al.*, 2013).

Le cours a présenté deux des nombreuses applications de la coinduction : la monade de partialité (Capretta, 2005) qui permet de définir des récursions générales en théorie des types et de raisonner coinductivement sur leur terminaison ou leur divergence, et la modélisation de la programmation réactive à l'aide de fonctions causales sur les flux de données.

Cours 10 – Qu'est-ce que l'égalité ? De Leibniz à la théorie homotopique des types

Que veut dire le signe « égal » dans un programme informatique ? dans un texte mathématique ? La première définition précise de l'égalité, attribuée à Leibniz, dit que x et y sont égaux si et seulement s'ils satisfont les mêmes propriétés : $\forall P, P(x) \Leftrightarrow P(y)$. Cette définition est équivalente à d'autres définitions plus récentes, en logique du premier ordre ou en théorie des ensembles, ainsi qu'à la définition en théorie des types introduite par Martin-Löf en 1973. Celle-ci se présente comme un type $x =_A y$ des identités (preuves d'égalité) entre $x : A$ et $y : A$, un constructeur qui est l'axiome de réflexivité, et un éliminateur qui est la loi de remplacement entre égaux.

L'égalité de Martin-Löf, ou sa reformulation comme un prédicat inductif en Coq, est parfaite pour raisonner sur les types de premier ordre comme les entiers mais pose quelques difficultés sur les types plus riches. En particulier, on ne peut pas démontrer que deux fonctions égales point à point sont égales, ni que deux identités entre x et y sont égales. Cela conduit beaucoup de développements en Coq à ajouter comme axiomes l'extensionalité des fonctions et l'unicité des identités.

Un nouveau point de vue sur l'égalité en théorie des types est fourni par la théorie de l'homotopie en topologie algébrique et son extension à l'ordre supérieur : la structure de ω groupoïde. On peut interpréter les identités comme des chemins et les identités entre identités comme des homotopies entre chemins. Sur la base de cette inspiration homotopique et catégorique, Voevodsky, Avodey, Coquand et d'autres ont, à partir de 2005, développé la théorie homotopique des types (*Homotopy Type Theory*, HoTT), une variante de la théorie des types où l'égalité joue un rôle central. Ainsi, HoTT définit les propositions logiques comme les types où tous les éléments sont égaux entre eux, et les ensembles comme les types où l'égalité est une proposition. HoTT introduit également de nouveaux outils : la troncature propositionnelle, les types quotients, les types inductifs d'ordre supérieur, qui ouvrent des possibilités nouvelles tant en logique mathématique qu'en programmation typée.

Cours 11 – Conclusion et discussions

Cinquante ans presque jour pour jour après la diffusion de la note de Howard, le dernier cours de l'année a fait un rapide bilan de la correspondance de Curry-Howard et des nombreuses directions de recherche qu'elle a inspirées, tant en informatique qu'en logique. Il a ensuite laissé place à une discussion à partir des questions provenant des auditeurs, notamment plusieurs questions sur l'impact de cette correspondance sur la programmation fonctionnelle au quotidien : Curry-Howard fait-il de moi un meilleur programmeur ?

SÉMINAIRES : EN RELATION AVEC LE SUJET DU COURS

Séminaire 1 – Les types dépendants : tout un programme !

Pierre-Évariste Dagand (CNRS, laboratoire LIP6, Paris), le 28 novembre 2018

Le premier séminaire a consisté en une défense et illustration de la programmation avec types dépendants dans le langage Agda. Le conférencier est parti d'un problème classique : la sémantique d'un langage d'expressions arithmétiques et sa compilation vers le code d'une machine à pile. Il a montré que de nombreux cas d'erreurs sont à traiter si on n'emploie que des types simples, mais disparaissent si on indexe les expressions et les instructions de la machine par les types des valeurs produites. Cela garantit par construction que le compilateur préserve les types. Les instructions peuvent aussi être indexées par leur sémantique opérationnelle, ce qui garantit par construction que le compilateur est correct (préserve la sémantique), atteignant ainsi un point extrême de la programmation à types dépendants.

Séminaire 2 – Mathématiques assistées par ordinateur

Assia Mahboubi (Inria, équipe Gallinette, Nantes), le 5 décembre 2018

Le deuxième séminaire a été consacré aux utilisations dans la recherche en mathématiques de l'ordinateur en général, et en particulier des assistants de preuve (Coq, HOL, Mizar, etc.). Depuis longtemps employé comme support d'expériences et aide à l'intuition, le calcul sur ordinateur peut aussi contribuer à part entière à la démonstration de grands théorèmes. L'oratrice a développé l'exemple de la démonstration par Helfgott de la conjecture faible de Goldbach, qui fait appel à des encadrements numériques d'intégrales ; elle et ses coauteurs ont pu démontrer formellement ces encadrements *via* une arithmétique d'intervalles vérifiée en Coq. Cependant, la formalisation « sur machine » des structures algébriques usuelles pose des problèmes subtils notamment liés à « l'ambiguïté typique » entre une structure et son ensemble support. Après les premiers succès, où l'assistance de l'ordinateur a permis d'achever des démonstrations longues (théorème des quatre couleurs, conjecture de Kepler), verrons-nous un nouveau style de mathématiques émerger de l'utilisation de ces assistants ?

Séminaire 3 – Programmer avec Coq : récursion et filtrage dépendant

Matthieu Sozeau (Inria, équipe PiR2, Paris), le 12 décembre 2018

Le troisième séminaire a continué l'exploration de la programmation avec types dépendants débutée au premier séminaire. L'orateur a identifié deux écueils majeurs pour programmer dans une théorie des types comme celle de Coq : la partialité et la non-terminaison, et a montré comment l'utilisation de types dépendants permet de rendre les fonctions totales et d'en démontrer la terminaison. Se pose cependant le problème du filtrage dépendant, c'est-à-dire l'analyse par cas sur ces types dépendants, qui est plus complexe que le filtrage non-dépendant usuel.

Séminaire 4 – Peut-on dupliquer un objet ? Linéarité et contrôle des ressources

Guillaume Munch-Maccagnoni (Inria, équipe Gallinette, Nantes), le 19 décembre 2018

Au contraire de la programmation fonctionnelle pure, la programmation système doit gérer des ressources limitées par la physique de la machine : mémoire, fichiers, etc. Il faut en particulier assurer que ces ressources ne sont ni dupliquées ni perdues. Le conférencier a développé le concept de linéarité comme discipline de programmation système, mais aussi sous l'angle de la logique linéaire, en enfin sous forme de systèmes de types comme celui du langage Rust.

Séminaire 5 – Réalisabilité et *forcing*

Alexandre Miquel (Université de la République, Montevideo), le 16 janvier 2019

Ce séminaire a approfondi la technique de *forcing* de Cohen et l'analyse de son contenu calculatoire abordées dans le septième cours. Le conférencier a ensuite expliqué la théorie de la réalisabilité, une méthode de construction de modèles de la logique formalisant et étendant l'interprétation BHK, et montré ses liens formels avec le *forcing* : la réalisabilité peut être vue comme un *forcing* non commutatif. Poursuivant cette unification, il a introduit la notion d'algèbre implicative, une structure qui représente uniformément programmes et types, réalisateurs et formules logiques.

Séminaire 6 – Sémantique des programmes fonctionnels probabilistes, à la lumière de la logique linéaire

Christine Tasson (Université Paris Diderot, laboratoire IRIF), le 23 janvier 2019

Le sixième séminaire a étudié les langages probabilistes. Il s'agit de langages fonctionnels simples comme PCF auxquels on ajoute de l'aléatoire, par exemple une primitive qui s'évalue en 0 avec probabilité ½ et en 1 avec probabilité ½. Ces langages servent notamment à l'étude de l'inférence Bayésienne. La conférencière a développé des sémantiques dénotationnelles pour le langage PCF probabiliste utilisant des espaces cohérents probabilistes. Elle a dégagé des liens avec la logique linéaire et notamment son fragment semi-polarisé, qui correspond, au sens de Curry-Howard, au calcul *call-by-push-value* de Levy.

Séminaire 7 – Du calcul des constructions à la théorie des types univalents

Thierry Coquand (Université de Göteborg), le 30 janvier 2019

Le dernier séminaire a conclu la série par une perspective personnelle sur l'histoire et l'actualité de la théorie des types. Le conférencier est revenu sur son invention avec Huet du calcul des constructions, le formalisme à la base de l'assistant de preuves Coq. Le calcul des constructions est apparu comme une synthèse entre les travaux de de Bruijn sur le système Automath pour la mécanisation des mathématiques, les travaux de Girard sur le système Fω, et les travaux de Martin-Löf sur sa théorie des types. Ces formalismes débouchent aujourd'hui sur une approche nouvelle et prometteuse de la notion mathématique d'identification entre deux collections, généralisant les notions d'isomorphismes entre structures algébriques et de transport de propriétés.

Recherche

Je suis responsable scientifique de l'équipe-projet Inria Gallium, localisée au centre Inria de Paris. Les travaux de l'équipe visent à améliorer la fiabilité et la sécurité du logiciel au moyen de nouveaux langages de programmation, plus expressifs et plus sûrs, et de la vérification formelle de programmes et d'outils de programmation. Les principaux résultats de l'équipe pendant l'année universitaire 2018-2019 sont listés ci-dessous. Une description plus détaillée est disponible dans le rapport annuel d'activité Inria de l'équipe, https://raweb.inria.fr/rapportsactivite/RA2018/gallium/.

Vérification formelle d'algorithmes et de leur complexité

À l'aide d'une logique de séparation étendue avec des crédits de temps, nous avons vérifié formellement la complexité de plusieurs algorithmes, dont un algorithme particulièrement complexe de détection incrémentale de cycles. Nous avons introduit la notion duale de reçus de temps afin d'établir des bornes inférieures sur les temps d'exécution, ce qui a permis de montrer par exemple l'absence de débordements arithmétiques dans l'algorithme *union-find*.

Vérification formelle de compilateurs et outils de programmation

Nous avons poursuivi le développement de CompCert, le compilateur C formellement vérifié : ajout et vérification d'une passe d'optimisation de type *if-conversion* pour éliminer des branchements conditionnels ; introduction de nouveaux mécanismes pour spécifier les fonctions prédéfinies par le compilateur ; et poursuite de l'effort d'industrialisation en partenariat avec la société AbsInt GmbH. Plus en amont, nous explorons une nouvelle manière de formaliser la sémantique dénotationnelle d'un langage de programmation sous une forme exécutable, s'appuyant sur la monade de partialité de Capretta mentionnée dans le neuvième cours.

Programmation fonctionnelle typée en OCaml

Nous avons poursuivi le développement du langage OCaml et de son implémentation : extensions du filtrage sur les GADT, introduction de nouveaux mécanismes de substitution dans les modules et leurs signatures, améliorations des performances du code compilé et du gestionnaire de mémoire (GC), et refonte des mécanismes d'autoconfiguration et de construction du système.

Modélisation et test de modèles mémoire faiblement cohérents

Notre étude formelle et expérimentale des modèles mémoires fournis par les processeurs multi-cœurs contemporains se poursuit, avec notamment une étude des comportements en mémoire des codes auto-modifiants sur architecture ARM. Plus en amont, nous avons travaillé sur un nouveau formalisme pour décrire les modèles mémoire, inspiré par les sémantiques à jeux et les structures d'événements.

PUBLICATIONS

ACAR U., AKSENOV V., CHARGUÉRAUD A. et RAINEY M., « Provably and practically efficient granularity control », *in* : *PPoPP 2019: 24th ACM Symposium on Principles and Practice of Parallel Programming*, New York, Association for Computing Machinery, 2019, p. 213-228, https://doi.org/10.1145/3293883.3295725.

ACAR U., CHARGUÉRAUD A., GUATTO A., RAINEY M. et SIECZKOWSKI F., « Heartbeat scheduling: Provable efficiency for nested parallelism. », *in* : *PLDI 2018: 39th ACM Conference on Programming Language Design and Implementation*, New York, Association for Computing Machinery, 2018, p. 769-782.

AKSENOV V., *Synchronization Costs in Parallel Programs and Concurrent Data Structures*, thèse de doctorat, université ITMO de Saint-Pétersbourg et université Paris Diderot, sept. 2018.

ALGLAVE J., MARANGET L., MCKENNEY P., PARRI A. et STERN A., « Frightening small children and disconcerting grown-ups: Concurrency in the Linux kernel », *in* : *ASPLOS 2018: 23rd ACM International Conference on Architectural Support for Programming Languages and Operating Systems*, New York, Association for Computing Machinery, 2018, p. 405-418.

BOZMAN C., CANOU B., DI COSMO R., COUDERC P., GESBERT L., HENRY G., LE FESSANT F., MAUNY M., MOREL C. et PEYROT L., « Learn-OCaml : un assistant à l'enseignement d'OCaml », *in* : *JFLA (Journées francophones des langages applicatifs) 2019* (Les Rousses, 2019), hal-01962838.

GUÉNEAU A., CHARGUÉRAUD A. et POTTIER F., « A fistful of dollars: Formalizing asymptotic complexity claims via deductive program verification », *in* : *ESOP 2018: 27th European Symposium on Programming*, *Lecture Notes in Computer Science*, vol. 10801, 2018, p. 533-560.

GUÉNEAU A., JOURDAN J.-H., CHARGUÉRAUD A. et POTTIER F., « Formal proof and analysis of an incremental cycle detection algorithm », *in* J. HARRISON, J. O'LEARY et A. TOLMACH (dir.), *ITP 2019: 10th Conference on Interactive Theorem Proving* (Portland, 8-12 septembre 2019), *Leibniz International Proceedings in Informatics*, vol. 141, 2019, p. 18:1-18:20.

KREMER S., MÉ L., RÉMY D. et ROCA V., *Cybersecurity. Current challenges and Inria's research directions*, Rocquencourt, Inria, coll. « White Book », vol. 3, 2019.

KÄSTNER D., WÜNSCHE U., BARRHO J., SCHLICKLING M., SCHOMMER B., SCHMIDT M., FERDINAND C., LEROY X. et BLAZY S., « CompCert: Practical experience on integrating and qualifying a formally verified optimizing compiler », *in* : *ERTS 2018: Embedded Real Time Software and Systems* (Toulouse, 31 janvier-2 février 2018), hal 01643290. .

MÉVEL G., JOURDAN J.-H. et POTTIER F., « Time credits and time receipts in Iris », *in* : *ESOP 2019: 28th European Symposium on Programming*, *Lecture Notes in Computer Science*, vol. 11423, 2019, p. 1-27.

SCHOMMER B., CULLMANN C., GEBHARD G., LEROY X., SCHMIDT M. et WEGENER S., « Embedded program annotations for WCET analysis », *in* : *WCET 2018: 18th International Workshop on Worst-Case Execution Time Analysis*, *OpenAccess Series in Informatics (OASIcs)*, vol. 63, 2018, 8:1-8:13.

Équations aux dérivées partielles et applications

Pierre-Louis Lions
Membre de l'Institut (Académie des sciences),
professeur au Collège de France

Mots-clés : équations de HJB, théorie des jeux, équations aux dérivées partielles

La série de cours et séminaires « HJB, MFG et les autres » est disponible, en audio et/ou en vidéo, sur le site internet du Collège de France (https://www.college-de-france.fr/site/pierre-louis-lions/course-2018-2019.htm).

Enseignement

Cours – HJB, MFG et les autres

Le cours a eu lieu du 9 novembre 2018 au 18 janvier 2019.

Introduction

Le cours de cette année a porté sur diverses questions relatives aux équations de type Hamilton-Jacobi-Bellman, aux systèmes provenant de la théorie des jeux à champ moyen (MFG en abrégé) et aux équations de type Hamilton-Jacobi stochastique. Les questions mathématiques introduites et étudiées dans le cours ont pour origine des modèles mathématiques en contrôle stochatique et en théorie des jeux à champ moyen utilisés dans des domaines variés (réseaux de télécommunication, économie, science des matériaux...).

Décrivons plus précisément deux exemples des équations étudiées dans le cours. Tout d'abord, la théorie des MFG (entre autres applications) conduit à des équations du type suivant :

P.-L. Lions, « Équations aux dérivées partielles et applications », *Annuaire du Collège de France 2018-2019. Résumé des cours et travaux*, 119e année, Paris, Collège de France, 2022, p. 35-40, https://doi.org/10.4000/annuaire-cdf.16760.

$$\frac{\partial u}{\partial t} - \varepsilon\Delta u + H(u,\nabla u) = f \quad \forall x \in \mathbb{R}^d, \forall t > 0 \tag{1}$$

où u, f sont des fonctions de $\mathbb{R}^d \times [0, \infty[$ dans $\mathbb{R}$, f est donnée régulière $\varepsilon \geq 0$, H est une fonction régulière donnée de $\mathbb{R} \times \mathbb{R}^d$ dans $\mathbb{R}$, ∇u désigne le gradient de u en x et ∇u, le Laplacien de u en x. Deux exemples importants ont été totalement résolus dans le cours à savoir : i) le cas où $\varepsilon = 0$ et H « croît à l'infini de manière non linéaire » $(H(x,p)/|p| \to +\infty$ si $|p| \to \infty \ldots)$, et ii) le cas où $\varepsilon > 0$ et $H(z,p)$ est linéaire en p pour tout z. Observons que, dans le cas ii), la situation où $\varepsilon = 0$ a été traitée dans les cours des années précédentes. D'autre part, dans le cas i), les équations sont plus « faciles » si $\varepsilon > 0\ldots$

La deuxième classe d'équations étudiée dans le cours concerne les équations de Hamilton-Jacobi stochastiques du type :

$$\frac{\partial u}{\partial 1} = H(\nabla u)\dot{\zeta} \tag{2}$$

pour $x \in \mathbb{R}^d$, $t > 0$. À nouveau, l'inconnue u est à valeurs dans $\mathbb{R}$. La fonction H (appelée Hamiltonien) de $\mathbb{R}^d$ dans $\mathbb{R}$ est supposée (pour simplifier, des cas plus généraux ont été traités dans le cours) convexe, régulière et de dérivée seconde bornée et minorée : $\exists\alpha$, $\beta > 0$ tels que $\forall p \in \mathbb{R}^d$

$$\alpha t \geq H''(p) \geq \beta I \tag{3}$$

où I est la matrice identité, et les inégalités sont entendues au sens des matrices symétriques. Enfin, toutes les fonctions sont supposées, pour simplifier, être périodiques dans $\mathbb{R}^d$ (de période fixée). La fonction ζ est une fonction continue de $[0, \infty]$ dans $\mathbb{R}$ (normalisée par $\zeta(0) = 0$) et un exemple typique est donné par les trajectoires du mouvement brownien (p.s.) auquel cas $\dot{\zeta}$ est le fameux « bruit blanc ». Lorsque $\zeta \equiv t$, l'équation (2) se réduit aux équations de Hamilton-Jacobi classiques bien comprises grâce à la théorie des solutions de viscosité. Le cas général (ζ continue) relève du projet de recherches (de longue haleine !) mené depuis plusieurs années en collaboration avec Panagiotis E. Souganidis sur les solutions de viscosité stochastiques.

Dans la suite de ce résumé, nous allons indiquer quelques résultats démontrés dans le cours, portant notamment, d'une part, sur des effets régularisants lorsque $\zeta \equiv t$ et sur la question de la régularité intermittente des solutions, et, d'autre part, sur le comportement en temps long des solutions. Dans tout ce qui suit, u_0 est une fonction donnée continue (périodique) sur $\mathbb{R}^d$ et l'équation (3) est complétée par la condition initiale

$$u|_{t_0} = u_0 \text{ sur } \mathbb{R}^d \tag{4}$$

Effets régularisants et applications

Dans cette section, nous considérons tout d'abord le cas classique où $\zeta(t) \equiv t$ ou $\zeta(t) \equiv -t$. Si $\zeta(t) \equiv t$ (respectivement $-t$), il est bien connu que pour tout $t > 0$, la solution $u(t)$ est bornée semi-convexe (resp. semi-concave) et donc en particulier lipschitzienne vérifie une borne du type

$$D^2u \geq -\frac{c}{t} \tag{5}$$

(resp.

$$D^2u \leq \frac{c}{t}) \tag{6}$$

où C désigne une constante positive indépendante de u_0.

Le résultat qui suit montre qu'il est possible d'obtenir un résultat plus précis. Pour ce faire, on introduit la quantité notée W

$$W = H''(\nabla u)^{1/2} \cdot D^2u \cdot H''(\nabla u)^{1/2} \tag{7}$$

où les racines carrées sont prises au sens des matrices symétriques positives ou nulles. Nous écrivons $W \leq CI$ (resp. $W \geq -CI$) pour dire que, pour tout $|\zeta| = 1, -(W\zeta, \zeta) \geq -C$ (resp. $\leq C$) au sens des solutions de viscosité.

Théorème 1 : *On suppose que $\zeta \equiv t$ (respectivement $\equiv -t$). Alors*

i) on a

$$W \geq -\frac{1}{t}I \quad \text{(respectivement } \leq \frac{1}{t}I) \tag{8}$$

ii) si, de plus, pour $C_0 \geq 0$

$$W_0 \geq -C_0 I \quad \text{(respectivement } \leq C_0 I) \text{ où } W_0 = H''(\nabla u_0)^{1/2}\, D^2U_0\, H''(\nabla u_0)^{1/2} \tag{9}$$

alors

$$W \geq -\frac{C_0}{1+C_0 t}I \quad \text{(respectivement } \leq \frac{C_0}{1+C_0 t}I) \tag{10}$$

Il est également connu, depuis une observation initialement due à Jean-Michel Lasry et l'auteur, que si $\zeta \equiv t$ et (par exemple) u_0 est semi-concave ($D^2u_0 \leq C_o I$), alors u le reste sur un intervalle $[0, t_0[$ où t_0 ne dépend que de C_0 et de H (en fait $D^2u \leq C_0\beta \,/\, (\alpha - tC_0\alpha\beta)$ si $t < t_0 - (C_0\alpha\beta)^{-1}$) et donc u est la classe $C^{1,1}$ sur $]0, t_0]$. Un résultat plus précis, utilisant la fonction auxiliaire W, est possible sous certaines conditions optimales.

Théorème 2 : *On suppose que $\zeta \equiv t$ (respectivement $\zeta \equiv -t$) et que u_0 vérifie pour $C_0 \geq 0$*

$$W_0 \leq C_0 I \quad \text{(respectivement } W \geq -C_0 I) \tag{11}$$

Alors on a

$$W \leq \frac{C_0}{1-C_0 t}I \quad \text{(respectivement } W \geq \frac{-C_0}{1-C_0 t})I \tag{12}$$

si $d = 1$, ou si H est quadratique, ou si $u_0 \in C^1$.

Enfin si $d > 2$ (12) est vrai pour tout u_0 vérifiant (11) si et seulement si H est quadratique.

Rappelons qu'un travail récent de Paul Gassiat et Benjamin Gess dans le cas où $H = \frac{1}{2}|p|^2$(ou H quadratique...) montre que ces bornes, avec une procédure de simplification trajectorielle introduite par P.E. Souganidis et l'auteur, impliquent la fonction suivante pour une solution u de (2) :

$$-(\zeta(t) - \min_{0\leq s\leq t} \zeta(s))^{-1} I \leq D^2 u \leq (\max_{0\leq s\leq t} \zeta(s) - \zeta(t))^{-1} I \tag{13}$$

En particulier, u est de classe $C^{1,1}$ pour tous les temps t où ζ est strictement compris entre $\min_{0\leq s\leq t} \zeta(s)$ et $\max_{0\leq s\leq t} \zeta(s)$. Et ceci est le cas pour presque tout t, presque sûrement lorsque ζ est un mouvement brownien. On déduit des théorèmes 1 et 2 ci-dessus que ce résultat est vrai pour tout Hamiltonien H si $d = 1$, en remplaçant bien sûr D^2u par W, mais que cette extension n'est valable si $d \geq 2$ que dans le cas où H est quadratique, et dans ce cas uniquement !

Comportement en temps long

Nous considérons une solution de (2) où $\zeta \in C([0, \infty[, \mathbb{R})$ et où H est convexe, continue et vérifie $H(0) = 0$.

Théorème 3 : *On suppose que*

$$H(p) > H(0) = 0 \ , \ \forall p \neq 0 \tag{14}$$

et que $\lim_{t\to+\infty} \zeta(t) = +\infty$ *ou que* $\lim_{t\to+\infty} \zeta(t) = -\infty$.
Alors, u converge, uniformément en x, vers une constante.

On en déduit aisément, grâce aux propriétés bien connues du mouvement brownien, que dans le cas précisément où ζ est un mouvement brownien, le théorème s'applique (p.s.). Dans ce cas, presque sûrement u converge uniformément en x, vers une variable aléatoire réelle (« constante aléatoire ») u^∞. Hormis quelques cas particuliers, peu d'informations sont connues sur cette variable aléatoire qui, en général, n'est pas triviale (*i.e.* constante).

Séminaire de mathématiques appliquées

Le séminaire a eu lieu du 9 novembre 2018 au 21 juin 2019 :

• 9 novembre 2018 : Pierre-Louis Lions (Collège de France), « Une vision mathématique du "Deep Learning" » ;

• 16 novembre 2018 : Ping Zhang (Academy of Mathematics and Systems Science, Beijing), « Striated Regularity of 2-D Inhomogeneous Incompressible Navier-Stokes System with Variable Viscosity » ;

• 23 novembre 2018 : Pierre-Louis Lions (Collège de France), « Mini-cours d'Annalisa Buffa (à Jussieu !) » ;

• 30 novembre 2018 : Martin Vohralik (Inria, Paris), « Estimations d'erreur a priori et a posteriori localisées sous régularité minimale » ;

• 7 décembre 2018 : Aurélien Alfonsi (Cermics, ENPC, Marne-la-Vallée), « Approximation de mesures de probabilité dans l'ordre convexe par projections pour la distance de Wasserstein » ;

• 14 décembre 2018 : Anne-Laure Dalibard (Laboratoire J.-L. Lions, UPMC), « Réflexion quasi-critique d'ondes internes dans un fluide stratifié » ;

• 11 janvier 2019 : Ayman Moussa (Laboratoire J.-L. Lions, UPMC), « Systèmes à diffusion croisée : solutions faibles et dérivation » ;

• 18 janvier 2019 : Frédéric Marbach (ENS, Rennes), « Contrôle de fluides visqueux et couches limites » ;

• 25 janvier 2019 : Jean-François Babadjian (université Paris-Sud), « Conditions aux limites dissipatives et solutions entropiques en plasticité parfaite » ;

• 8 février 2019 : Isabelle Tristani (DMA, ENS, CNRS), « De Boltzmann à Navier-Stokes : convergence de solutions fortes dans le cas mal préparé »

• 15 février 2019 : Anne-Sophie de Suzzoni (CMLS, École Polytechnique), « L'équation de Dirac sur des variétés à symétrie sphérique » ;

• 15 mars 2019 : Cécile Huneau (CMLS, École Polytechnique), « Limite haute-fréquence pour les équations d'Einstein » ;

• 22 mars 2019 : Pierre Cardaliaguet (Ceremade, université Paris-Dauphine), « Jeux à champ moyen avec un joueur majeur » ;

• 29 mars 2019 : Jean Dolbeault (Ceremade, université Paris-Dauphine), « Champs magnétiques, interpolation et symétrie » ;

• 5 avril 2019 : Pierre-André Zitt (LAMA, université Paris-Est, Marne-la-Vallée), « Processus auto-répulsifs et métadynamique » ;

• 12 avril 2019 : Eitan Tadmor (CSCAMM, University of Maryland), « Emergent Behavior in Self-Organized Dynamics » ;

• 19 avril 2019 : Benjamin Gess (MPI MIS, Leipzig et University of Bielefeld), « Optimal Regularity for the Porous Medium Equation » ;

• 10 mai 2019 : Arnaud Guyader (LPSM, UPMC-Sorbonne Université), « Simulation et estimation d'événements rares » ;

• 17 mai 2019 : Jaime San Martin (CMM, Universidad de Chile), « Powers of Green Potentials » ;

• 7 juin 2019 : Stéphane Mischler (Ceremade, université Paris-Dauphine), « Autour de la théorie de Harris-Meyn-Tweedie sur les semi-groupes de Markov » ;

• 14 juin 2019 : Raphaël Danchin (LAMA, université Paris-Est, Créteil Val-de-Marne), « Solutions à densité peu régulière et avec vide pour des modèles de la mécanique des fluides » ;

• 21 juin 2019 : Paul Gassiat (Ceremade, université Paris-Dauphine), « Formules asymptotiques pour les modèles à volatilité stochastique rugueuse ».

Recherche

Missions, invitations, conférences

• 27 juin 2018 : conférence au congrès en l'honneur des 70 ans de Jean-Michel Lasry, université Paris-Dauphine, Paris ;

• 10 septembre 2018 : conférence au congrès en l'honneur des 60 ans de Sylvie Méléard, IHP, Paris ;

• 2-11 octobre 2018 : série de trois exposés à l'université de Chicago, Chicago, USA ;

• 12 novembre 2018 : conférence au congrès « IAS conference celebrating France-Hong Kong scientific cooperation », City University of Hong Kong, Hong Kong ;

• 18 décembre 2018 : conférence au Colloque « Mean Field Games », université Paris Diderot, Paris ;
• 20-23 janvier 2019 : conférence au « Global Young Scientists Summit » (conférence, atelier, rencontre avec des lycéens de nombreux pays...), Singapour ;
• 29 janvier-7 février 2019 : série de trois exposés à l'université de Chicago, Chicago, USA ;
• 12 mars-21 mars 2019 : série de trois exposés à l'université de Chicago, Chicago, USA ;
• 16 mars 2019 : conférence au Congrès en l'honneur des 70 ans de Andy Majda, Courant Institute, New York, USA ;
• 25 mars 2019 : conférence au Congrès en l'honneur des 60 ans de Jean-Yves Chemin, IHP, Paris ;
• 24 mai 2019 : conférence au Congrès « Regards croisés sur les sciences des organisations et de la décision », université Paris-Dauphine, Paris ;
• 5 juin 2019 : conférence inaugurale du trimestre intensif INDAM, université de Naples, Naples, Italie ;
• 1er juillet 2019 : conférence au « Huawei Vision Forum », Versailles ;
• 8 juillet 2019 : conférence aux journées FDD Fime, EDF R&D, Palaiseau ;
• 9 juillet 2019 : conférence au Colloque « Quelques mathématiques autour d'Alessio Figalli », École Polytechnique, Palaiseau.

PUBLICATIONS

LIONS P.-L. (en collab. avec J.-M. LASRY), « Mean-field games with a major player », *Comptes Rendus Mathématique*, vol. 356, nº 8, 2018, p. 886-890, https://doi.org/10.1016/j.crma.2018.06.001.

LIONS P.-L. (en collab. avec P.E. SOUGANIDIS), « Scalar conservation laws: Initial and boundary value problems revisited and saturated solutions », *Comptes Rendus Mathématique*, vol. 356, nºs 11-12, 2018, p. 1167-1178, https://doi.org/10.1016/j.crma.2018.09.010.

LIONS P.-L. (en collab. avec P. GASSIAT, B. GESS et P.E. SOUGANIDIS), « Speed of propagation for stochastic Hamilton-Jacobi equations with multiplicative rough time dependence and convex Hamiltonians », *Probability Theory and Related Fields*, vol. 176, 2020, p. 421-448, https://doi.org/10.1007/s00440-019-00921-5 [hal-01936387 ; arXiv: 1805.08477].

LIONS P.-L. (en collab. avec P.E. SOUGANIDIS), « The asymptotics of stochastically perturbed reaction-diffusion equations and front propagation », *Comptes Rendus Mathématique*, vol. 358, nº 8, 2020, p. 931-938, https://doi.org/10.5802/crmath.117 [arXiv: 1909.05673].

LIONS P.-L. (en collab. avec P.E. SOUGANIDIS), « Homogenization of the backward-forward system in Mean Field Games in periodic environments », *European Mathematical Society*, vol. 31, nº 4, p. 733-755, https://doi.org/10.4171/RLM/912 [arXiv: 1909.01250].

LIONS P.-L. (en collab. avec P.E. SOUGANIDIS), « New regularity results and long time behavior of pathwise (stochastic) Hamilton-Jacobi equations », *Research in the Mathematical Sciences*, vol. 7, 17, 2020, https://doi.org/10.1007/s40687-020-00214-7.

LIONS P.-L. (en collab. avec C. LE BRIS), *Parabolic Equations with Irregular Data and Related Issues: Applications to Stochastic Differential Equations*, Berlin/Boston, De Gruyter, coll. « De Gruyter Series in Applied and Numerical Mathematics », vol. 4, https://doi.org/10.1515/9783110635508.

LIONS P.-L. (en collab. avec P. CARDALIAGUET, F. DELARUE et J-M. LASRY), *The Master Equation and the Convergence Problem in Mean Field Games*, Princeton/Oxford, Princeton University Press, coll. « Annals of Mathematics Studies », vol. 201, 2019.

Sciences des données

Stéphane Mallat
Membre de l'Institut (Académie des sciences,
Académie des technologies),
professeur au Collège de France

Mots-clés : apprentissage, données, réseaux de neurones

La série de cours et séminaires « L'apprentissage par réseaux de neurones profonds » est disponible, en audio et/ou vidéo, sur le site internet du Collège de France (https://www.college-de-france.fr/site/stephane-mallat/course-2018-2019.htm).

Enseignement

Cours et séminaires – Apprentissage par réseaux de neurones profonds

Introduction

Les réseaux de neurones profonds ont des applications spectaculaires dans des domaines très divers dont la vision par ordinateur, la compréhension de la parole, l'analyse de langages naturels, mais aussi pour la robotique, la prédiction de phénomènes physiques divers, le diagnostic médical ou des jeux de stratégie comme le Go. Ce premier cours sur les réseaux de neurones présente leurs applications, les architectures de ces réseaux, les algorithmes permettant d'optimiser leurs paramètres, et, enfin, les questions mathématiques sur l'optimisation et la capacité de généralisation des réseaux de neurones. Nous verrons que les théorèmes connus ne répondent à ces questions que dans des cas simplifiés qui sont souvent loin des conditions d'applications de ces réseaux. La compréhension mathématique des réseaux de neurones profonds reste donc essentiellement un problème ouvert. Outre

S. Mallat, « Sciences des données », *Annuaire du Collège de France 2018-2019. Résumé des cours et travaux*, 119e année, Paris, Collège de France, 2022, p. 41-53, https://doi.org/10.4000/annuaire-cdf.16767.

les challenges de données, les séminaires sont dédiés à des applications spécifiques des réseaux de neurones profonds.

Cours 1 – Introduction aux réseaux de neurones profonds

23 janvier 2019

Le premier cours fait un rappel des principes mathématiques des algorithmes d'apprentissage supervisés et non supervisés, et présente les architectures des réseaux de neurones profonds, ainsi que leurs applications à la reconnaissance d'images. L'apprentissage supervisé consiste à estimer la réponse $y = f(x)$ à une question, à partir d'une donnée x de dimension d. On utilise une base d'exemples d'entraînements où pour des données xi, on connaît la valeur de $yi = f(xi)$. L'apprentissage non supervisé revient à estimer la distribution de probabilité $p(x)$ des données x, à partir d'une famille d'exemples xi qui sont considérés comme des réalisations indépendantes suivant cette distribution. La difficulté principale de ces problèmes vient de la grande dimension d des données x. Les réseaux de neurones sont des architectures de calcul qui incluent un très grand nombre de paramètres afin d'approximer $f(x)$ pour l'apprentissage supervisé ou $p(x)$ pour l'apprentissage non supervisé.

Les réseaux de neurones prennent en entrée la donnée x et calculent une approximation de $y = f(x)$ avec une cascade d'opérateurs linéaires suivis de non-linéarités ponctuelles comme des sigmoïdes ou des rectificateurs. Les réseaux de neurones ont été introduits dans les années 1950 avec une motivation biologique. Cependant, ce n'est qu'à partir des années 2010 que ces réseaux ont obtenu des résultats spectaculaires, grâce à l'augmentation massive des données d'entraînement et à l'augmentation de la vitesse des ordinateurs. Cela a permis d'entraîner des réseaux de grande taille. Des applications impressionnantes ont été faites dans de nombreux domaines dont la vision par ordinateur, la reconnaissance de la parole, l'analyse de sons, de langages naturels, le contrôle de robots, la prédiction de quantités physiques, le diagnostic médical ou pour des compétitions de jeu d'échecs ou de Go. Le fait qu'un même type d'architecture puisse approximer des problèmes aussi différents indique que ces problèmes partagent des formes de régularités que l'on ne comprend pas mathématiquement. Le cours présentera des architectures de réseaux et les algorithmes d'apprentissage, mais essayera aussi d'expliquer la performance de ces algorithmes, ou du moins les questions ouvertes sur ce sujet.

La vision par ordinateur est un domaine important d'applications des réseaux de neurones. Il s'agit ici de reconnaître une scène, ou un objet et sa localisation dans une image ou une vidéo, ou de segmenter l'image en un ensemble de structures identifiées. Jusqu'à récemment, les algorithmes de vision par ordinateurs étaient souvent fondés sur l'extraction de structures comme des contours, des coins ou des éléments de textures, qui étaient agrégés avec des règles. Ces approches ne fonctionnaient, cependant, que sur des images relativement simples. La performance des réseaux de neurones profonds à partir de 2012 fut une grande surprise, car ils ont obtenu des résultats remarquables sur des problèmes que l'on pensait inatteignables avant longtemps. Ces réseaux peuvent maintenant reconnaître des visages mieux qu'un humain, faire de la reconnaissance en temps réel pour guider des voitures, reconnaître des objets ou segmenter des images complexes. Il faut cependant les entraîner sur des très grandes bases de données et ils introduisent parfois des erreurs importantes. Les propriétés de ces algorithmes sont encore mal comprises.

Séminaire 1 – Challenges de données (partie I)

23 janvier 2019

Le site web Challengedata.ens.fr met à disposition des challenges de traitement de données par apprentissage supervisé. Ces challenges sont proposés par des entreprises ou des scientifiques, et sont issus de problématiques concrètes qu'ils rencontrent dans leur activité. Ils s'inscrivent dans un esprit d'échange scientifique, avec un partage de données et d'algorithmes.

Chaque challenge fournit des données labélisées, ainsi que des données de test. Les participants soumettent sur le site web leurs prédictions calculées sur les données de test. Le site calcule un score avec une métrique d'erreur qui est spécifiée. Il fournit un classement aux participants, ce qui permet d'évaluer leurs résultats dans une large communauté. Les challenges commencent le 1er janvier 2019. Une clôture intermédiaire a lieu en juin par une évaluation des prédictions sur de nouvelles données de test. La clôture finale est en décembre, avec une remise des prix en janvier 2020.

Cette année, les challenges ont été organisés et supervisés à l'ENS par Tomas Anglès, Louis Thiry, Roberto Leonarduzzi et John Zarka. L'organisation de ces challenges de données est soutenue par la chaire CFM de l'École normale supérieure, et par la fondation des Sciences mathématiques de Paris. Lors de cette première session, les sept challenges suivant sont présentés :

– « Prédiction des mouvements quotidiens d'actions américaines », présenté par Éric Lebigot de la société Capital Fund Management. L'objectif du challenge est de prédire le signe du rendement d'actions américaines au cours d'une période de 30 minutes en fin de journée, à partir de leur historique de rendements sur des fenêtres de 5 minutes en début de journée ;

– « Détection de métastases du cancer du sein », présenté par Charlie Saillard de la société Owkin. L'objectif du challenge est de déterminer la présence de métastases ganglionnaires lymphatiques au sein d'images de coupes histologiques de patients atteints d'un cancer du sein. Ce challenge est « faiblement supervisé », la présence ou non de métastases étant indiquée localement pour quelques images, mais uniquement globalement à l'échelle de l'image entière pour la plupart des coupes ;

– « Prédiction de profils dynamiques d'électricité », présenté par Pierre Cauchois de la société Enedis. L'objectif du challenge est d'estimer sept séries de profils dynamiques d'électricité représentant la forme de la consommation de catégories de clients différents du marché de masse, à partir de données énergétiques et météorologiques ;

– « Prédiction du ratio de Sharpe de mélanges de stratégies quantitatives », présenté par Stefan Duprey de la société Napoléon Crypto. L'objectif du challenge est de prédire le ratio de Sharpe, un indicateur de rendements ajusté par le risque, de combinaisons déterminées de 7 stratégies quantitatives au cours d'une période de 5 jours ouvrés, à partir de l'historique sur 21 jours ouvrés de rendements de ces 7 stratégies ainsi que de 3 indicateurs financiers pertinents ;

– « Prédiction de l'activité d'ondes lentes du cerveau au cours du sommeil profond », présenté par Valentin Thorey de la société Dreem. L'objectif du challenge est de prédire, à partir de 10 secondes de signaux EEG d'une onde lente du cerveau au cours d'un sommeil profond, ainsi que de divers indicateurs de la qualité du sommeil jusqu'alors, si une autre onde lente de faible ou grande amplitude suivra ;

– « Prédiction de la réponse attendue à des questions de pharmaceutique », présenté par Emmanuel Bilbault de la société Posos. L'objectif du challenge est de catégoriser des questions de pharmaceutique selon le type de réponse attendue ;

– « Résolution du Rubik's cube 2 × 2 × 2 », présenté par Julien Peyras de la société LumenAI. L'objectif du challenge est de prédire, à partir d'une certaine configuration initiale d'un Rubik's cube 2 × 2 × 2, le nombre minimum de mouvements à effectuer afin d'arriver à la solution.

Cours 2 – Applications des réseaux de neurones profonds

30 janvier 2019

Pour comprendre l'impact des réseaux de neurones et les questions que cela pose, ce cours présente des applications très diverses : reconnaissance de la parole, traitement du langage naturel, prédiction de phénomènes physiques, neurophysiologie de la perception, ainsi que la modélisation et la génération de données complexes comme des images ou des sons.

L'analyse de la parole est un des domaines les plus anciens d'analyse de signaux, qui a émergé dès les années 1960. Les algorithmes d'analyse de la parole étaient souvent fondés sur une représentation du signal par spectrogramme suivi d'un modèle de mixture de Gaussiennes optimisé avec une chaîne de Markov. Ces algorithmes ont été considérablement améliorés par les réseaux de neurones profonds, y compris pour séparer des signaux audio mélangés, ce que l'on appelle de la séparation de sources. Une des questions est de comprendre le lien entre ces réseaux et les algorithmes plus classiques de reconnaissance, et d'expliquer l'amélioration importante qu'ils apportent.

Les théories du traitement du langage naturel ont considérablement influencé notre compréhension de la notion même d'intelligence. Ces théories ont beaucoup évolué depuis le structuralisme qui essaye de caractériser l'agrégation de structures élémentaires du langage jusqu'aux théories de grammaires formelles introduites par Chomsky. Le traitement informatique du langage naturel a commencé avec des modèles statistiques fondés sur des chaînes de Markov et des modèles informatiques des grammaires formelles. Cependant, là encore les réseaux de neurones ont apporté des améliorations considérables pour des applications telles que la traduction automatique ou la génération de phrases pour répondre à des questions. Ce sont ces réseaux de neurones qui sont actuellement utilisés dans la plupart des applications commerciales.

L'application des réseaux de neurones à la physique est un sujet qui se développe rapidement. En physique, on essaye de prédire l'évolution d'un système en essayant de résoudre des équations fondamentales. Cela peut cependant devenir très compliqué lorsqu'il y a de nombreux corps en interaction. La prédiction de phénomènes physiques par réseaux de neurones peut s'assimiler à une forme de physique statistique. On prédit un phénomène à partir d'une base de données d'exemples, en essayant de capturer des formes de régularité de cette évolution. Des résultats de plus en plus précis sont obtenus avec des réseaux de neurones, en physique quantique, en dynamique des fluides ou en science des matériaux.

Le lien entre la neurophysiologie de la perception et l'architecture des réseaux de neurones profonds est aussi un sujet de plus en plus exploré. Les modèles de réseaux donnent actuellement de bons modèles de calculs pour expliquer certaines réponses de neurones dans les aires visuelles V1, V2, V4 ainsi que dans les aires corticales auditives A1 et A2. De nombreuses recherches sont actuellement menées sur cette interface.

Pour des applications robotiques ou pour des jeux de stratégie comme les échecs ou le Go, les réseaux de neurones sont utilisés avec des algorithmes d'apprentissage par renforcement. L'optimisation du réseau est faite en utilisant l'information donnée par une récompense, qui évalue la performance d'une action. C'est ce principe qui a permis de mettre au point des réseaux de neurones capables de battre le champion du monde du jeu de Go, ou d'adapter les trajectoires de robots.

Les réseaux de neurones profonds ont aussi permis de créer de nouveaux modèles stochastiques afin de générer des données. Cela concerne des phénomènes physiques complexes comme de la turbulence en dynamique des fluides ou des textures d'images ou d'audio, aussi bien que des données très structurées comme des images de visages ou des musiques. Ces derniers sont synthétisés avec des paires de réseaux de neurones (GAN ou auto-encodeurs) qui, d'un côté, analysent les propriétés statistiques de ces données et, de l'autre, génèrent des données ayant les mêmes propriétés. Ces réseaux sont optimisés de façon conjointe à partir d'une base de données d'exemples. Des applications surprenantes ont récemment été montrées par exemple pour synthétiser des tableaux suivant des styles de peintres différents.

Séminaire 2 – Challenges de données (partie II)

30 janvier 2019

Lors de cette deuxième session, sept autres challenges du site web Challengedata. ens.fr sont présentés :

– « Prédiction de la concentration spatiotemporelle en particules fines PM10 », présenté par Grégoire Jauvion de la société Plume Labs. L'objectif du challenge est de prédire les taux de particules fines PM10 mesurés par certaines stations de surveillance de la qualité de l'air, à partir des mesures fournies par les stations de surveillance adjacentes ainsi que certaines caractéristiques urbaines ;

– « Prédiction de l'activité cérébrale d'un rat à partir de patterns temporels de potentiels d'action », présenté par Ilya Prokin du Group for Neural Theory (GNT) de l'ENS. L'objectif du challenge est de prédire l'état d'activité cérébrale d'un rat à partir des temps d'occurrence de potentiels d'action au sein d'un certain neurone de l'hippocampe ;

– « Prédiction de consommation électrique pour la tarification de l'électricité fournie », présenté par Alexis Lucido de la société BCM Energy. L'objectif du challenge est de prédire la consommation électrique sur une année de deux clients potentiels, à partir d'un ensemble d'historiques de consommation d'autres clients présentant des caractéristiques similaires mais distants géographiquement, de données géographiques et météorologiques ;

– « Dépistage et diagnostic du cancer de l'œsophage à partir d'images *in vivo* », présenté par Fanny Louvet-de Verchère de la société Mauna Kea Technologies. L'objectif du challenge est de classifier des images endoscopiques de l'œsophage parmi quatre classes représentant différents stades d'avancement d'un cancer de l'œsophage ;

– « Prédiction de la sinistralité d'un immeuble », présenté par Clémence Devries de la société Generali. L'objectif du challenge est de prédire la sinistralité relative aux dégâts des eaux sur une période d'un an d'un immeuble assuré, à partir de ses caractéristiques ;

– « Classification et optimisation de la qualité de vie au travail », présenté par Sylvain Le Corff de la société Oze-Energies. L'objectif du challenge est de prédire le confort ressenti par les occupants d'un bâtiment, à partir de données environnementales mesurées en temps réel par des capteurs au sein du bâtiment ;

– « *Pricing* d'options exotiques par interpolation non linéaire multidimensionnelle », présenté par Olivier Croissant de la société Natixis. L'objectif du challenge est de prédire la valeur d'options exotiques contenues dans des titres de créances, à partir de 23 paramètres les caractérisant.

Cours 3 – Approximations par réseaux de neurones et régularité

6 février 2019

Un réseau de neurones transforme les données x d'entrée par une cascade d'opérateurs linéaires représentés par des matrices de coefficients, suivis de non linéarités ponctuelles comme des sigmoïdes ou des rectificateurs. Cela implémente donc une classe de fonctions qui est paramétrée par les matrices utilisées pour calculer les couches successives. L'apprentissage optimise ces paramètres afin de minimiser l'erreur d'approximation d'une fonction $y = f(x)$. Cette erreur est évaluée sur les exemples d'entraînement. On fait face à deux types de problèmes. Le problème d'approximation consiste à montrer qu'il existe une fonction dans la classe des fonctions des réseaux de neurones, qui approxime précisément $f(x)$. Le second problème est d'optimiser les paramètres du réseau afin de calculer la meilleure approximation qui minimise l'erreur d'approximation. Cette optimisation se fait avec un algorithme de descente de gradient qui ajuste progressivement les paramètres afin de réduire l'erreur à chaque itération. Ce cours se concentre sur le problème d'approximation.

L'erreur d'approximation dépend typiquement de la régularité de la fonction $f(x)$ que l'on approxime. Si cette fonction est Lipchitz, on démontre que pour atteindre une erreur e, il faut un nombre d'exemples qui croit exponentiellement comme e^{-d}. C'est la malédiction de grande dimension d. Pour éviter cette malédiction, il faut que la fonction $f(x)$ soit beaucoup plus régulière, et que le réseau puisse utiliser cette régularité sous-jacente. Un enjeu mathématique est de comprendre la nature de la régularité qui est exploitée par les réseaux de neurones profonds.

En grande dimension, il est nécessaire d'utiliser des contraintes de régularité globale. Cette régularité peut être capturée par le groupe de symétrie de $f(x)$. Une symétrie est un opérateur g qui ne modifie pas la valeur de f : $f(g \cdot x) = f(x)$ pour tout x. L'ensemble des symétries a une structure de groupe. On a souvent des informations *a priori* sur ces symétries. Ainsi, de nombreux problèmes de reconnaissance d'images sont invariants par translation, par certaines rotations ou certaines déformations. Pour le son, ces symétries incluent des transpositions fréquentielles on des déformations dans le plan temps-fréquence.

L'architecture d'un réseau de neurones convolutif incorpore une information sur ces symétries en imposant que les poids du réseau sont invariants par translation. Des expériences numériques montrent que les réseaux de neurones reproduisent d'autres symétries en calculant des coefficients qui sont de plus en plus invariants lorsque la profondeur du réseau augmente. Une question importante est de comprendre le lien entre les coefficients appris par le réseau et les groupes de symétries.

L'existence de séparation d'échelles est une autre source importante de régularité. En physique, l'interaction de d particules peut souvent s'approximer par des interactions de groupes de particules de tailles variables, ce qui permet de passer de *d* variables à *O(log d)* variables, qui représentent chacun des groupes. Ces propriétés de séparation d'échelles se retrouvent dans la plupart des applications dont la reconnaissance d'images, de sons, l'analyse du langage ou la physique. Dans les cas les plus simples, elles peuvent s'exprimer par des relations hiérarchiques pouvant se représenter par des arbres. Cependant, ces structures sont souvent trop rigides pour expliciter la complexité des interactions à travers les échelles. Les mathématiques permettant de représenter de telles interactions sont fondées sur la transformée en ondelettes. Dans les réseaux de neurones, la séparation d'échelles s'observe dans la structure hiérarchique des calculs à travers les couches.

Une troisième source de régularité est capturée par la notion de parcimonie. Il s'agit de comprendre s'il existe des « prototypes » de formes qui jouent un rôle important dans la valeur prise par $f(x)$. Cela peut se formaliser par une approximation parcimonieuse dans un dictionnaire de vecteurs. On retrouve cette parcimonie à la sortie des neurones d'un réseau, dont les réponses sont souvent nulles. Il s'agit de comprendre si un réseau de neurones a la capacité d'apprendre des dictionnaires, et s'il approxime la fonction $f(x)$ à partir d'une représentation parcimonieuse dans un dictionnaire.

L'enjeu mathématique est de relier ces notions de régularités aux capacités d'optimisation des réseaux de neurones et de comprendre les propriétés des classes de fonctions qui sont bien approximées par un tel réseau.

Séminaire 3 – Présentation des gagnants des Challenges 2018

6 février 2019

Au cours de la première partie, certains gagnants des Challenges 2018 présentent leurs algorithmes ainsi que les résultats obtenus :

– Cyrille Delabre, gagnant France du challenge « Prédiction de la volatilité sur des marchés financiers » proposé par la société Capital Fund Management ;

– Didier Gitton, gagnant du challenge « Classification de stade de sommeil » proposé par la société Dreem ;

– Benoît Schmauch, gagnant du challenge « Prédiction de maladie à partir du génome » proposé par la société Owkin et l'Inserm ;

– Dan Constantini et Tom Hayat, gagnants du challenge « Identification de célébrités » proposé par la société Reminiz.

Une remise des prix a été faite pour les gagnants des autres challenges :

– Étienne Seckinger, gagnant du challenge « Prédiction de la production d'énergie éolienne », proposé par la société Engie ;

– Élie Salem, gagnant des challenges (i) « Prédiction de réclamations lors de transactions *e*-commerce », proposé par la société PriceMinister-Rakuten France, et (ii) « Prédiction de la réponse attendue à des questions de pharmaceutique », proposé par la société Posos ;

– Omar Seck, gagnant du challenge « Prédiction de l'équipe vainqueur d'un match de NBA » proposé par la société LumenAI ;

– Adrien Le Franc, gagnant du challenge « Prédiction des performances énergétiques de bâtiments », proposé par la société Oze-Energies ;

– Jonathan Siaut, gagnant des challenges (i) « Prédiction d'approbation de publications », proposé par la société Dassault Systèmes, et (ii) « Prédiction de la production électrique horaire par unité de production en France », proposé par la société Wattstrat ;

– Hervé Durand, gagnant du challenge « Prédiction de la saturation d'huile résiduelle », proposé par l'IFPEN.

Cours 4 – Les origines : la cybernétique et le perceptron

13 février 2019

Ce cours revient sur les idées à l'origine des réseaux de neurones, d'abord la théorie de la cybernétique initiée par Wiener, l'importance des structures hiérarchiques, et le perceptron de Rosenblatt. La cybernétique donne une perspective de systèmes dynamiques. L'intelligence est définie comme une capacité d'adaptation dans le temps. Cette adaptation optimise une trajectoire pour atteindre un but. En cybernétique, l'adaptation se fait par une boucle de rétroaction qui adapte les paramètres de contrôle afin de réduire une mesure d'erreur relativement au but à atteindre. Contrairement à un système en boucle ouverte, il n'est pas nécessaire de modéliser l'environnement mais juste de réagir aux perturbations qu'il introduit sur la trajectoire pour atteindre le but. Les algorithmes d'apprentissage par descente de gradient d'un réseau de neurones suivent ce principe. Ils optimisent progressivement les poids du réseau afin de réduire l'erreur de prédiction.

L'article « The architecture of complexity » de H. Simons en 1962 montre que l'existence de structures hiérarchiques est un autre élément qui permet de simplifier l'analyse et le contrôle des systèmes dynamiques. Ces hiérarchies se retrouvent dans la plupart des systèmes en sciences, en sciences humaines et dans les systèmes symboliques. On les retrouve dans l'architecture des réseaux de neurones profonds convolutifs.

Le perceptron de Rosemblatt introduit en 1957 définit un premier algorithme d'apprentissage sur un réseau de neurones. Il a une seule couche et une sortie binaire afin de classifier des données dans deux classes possibles. L'apprentissage se fait par une descente de gradient qui minimise une moyenne des écarts à la frontière de décision. On montre que cette descente de gradient suit la règle de Hebb, observée en biologie. Celle-ci observe que deux neurones qui sont excités simultanément vont renforcer le lien qui les unit. On démontre aussi que l'algorithme de Rosemblatt converge vers une solution qui dépend des conditions initiales si les données d'entraînement sont séparables linéairement, et ne converge pas si elles ne sont pas séparables.

Afin d'éviter ces problèmes de convergence, il faut régulariser la fonction de coût optimisée par le perceptron. Ainsi les « support vector machines » de Vapnik introduisent un critère de marge qui garantit que la frontière sépare au mieux les points de deux classes différentes, ce qui implique l'unicité du point de convergence et élimine la non convergence dans le cas de données non séparables.

Séminaire 4 – Apprentissage faiblement supervisé pour la reconnaissance visuelle

Josef Sivic (Inria), le 13 février 2019

Les succès actuels de la reconnaissance visuelle sont en grande partie dus à l'apprentissage de nouvelles représentations d'images, grâce aux techniques d'apprentissage supervisé et à l'existence de grandes bases de données d'images annotées. Cette présentation explique que pour élaborer des algorithmes capables de comprendre les évolutions du monde visuel qui nous entoure, la difficulté principale est maintenant de développer des représentations visuelles capables de généraliser dans des environnements différents de ceux qui apparaissent dans la base de données d'entraînement. Il faut aussi qu'ils puissent apprendre avec une supervision faible, avec des données bruitées et annotées partiellement. Plusieurs éléments permettent d'avancer dans cette direction. L'existence de données multimodales qui permettent de recouper des informations visuelles, auditives ou textuelles sans annotation, et l'utilisation de modèles physiques appris sur des données. Cet exposé présente des directions de recherche qui permettent d'aborder ces problèmes avec des applications pour la compréhension du contenu de vidéos ou pour trouver des correspondances visuelles.

Cours 5 – Approximation universelle par un réseau à une couche cachée

20 février 2019

Le théorème d'approximation universelle des réseaux de neurones ayant une seule couche cachée est un premier résultat théorique important. La première partie du cours présente ce théorème dans le cas simplifié où les données x comportent d valeurs binaires et où la valeur de $f(x)$ est aussi binaire. Dans ce cas binaire, on démontre que la fonction $f(x)$ peut être exactement représentée par un réseau de neurones ayant une seule couchée cachée de taille , en utilisant la fonction $signe(x)$ comme non-linéarité.

La seconde partie du cours aborde le théorème général d'approximation universelle qui démontre que toute fonction $f(x)$ continue s'approxime par un réseau de neurones ayant une seule couche cachée. L'erreur uniforme (maximum sur x) converge vers 0 lorsque la taille de la couche cachée tend vers l'infini. Ce théorème est valable pour des réseaux de neurones implémentés avec des non-linéarités ponctuelles $s(t)$ qui sont continues mais qui ne sont pas des polynômes.

Dans le cadre du cours, le théorème est démontré pour un rectificateur $s(t) = max(t, 0)$. La démonstration se fait en montrant d'abord que toute fonction $f(x)$ continue s'approxime comme combinaison linéaire de sinus et de cosinus avec une erreur uniforme qui tend vers 0 lorsque le nombre de termes tend vers l'infini. On démontre ensuite qu'un sinus et un cosinus peuvent s'approximer par des fonctions linéaires par morceaux obtenues avec des combinaisons linéaires de rectificateurs dilatés et translatés, avec une erreur qui tend vers 0 lorsque le nombre de termes tend vers l'infini.

Séminaire 5 – Le langage naturel

Piotr Bojanowski (Facebook), le 20 février 2019

Ce séminaire présente des applications des réseaux de neurones profonds pour le traitement du langage naturel. Ces architectures profondes ont permis des avancées spectaculaires pour de nombreuses tâches, et un changement complet de paradigme dans le domaine. Le séminaire commence en discutant des modèles de langages et des architectures de réseaux adaptées (réseau de neurones récurrent, LSTM, GRU et transformer). Piotr Bojanowski présente l'optimisation des paramètres de ces modèles, ainsi que les approximations nécessaires afin d'appliquer ces méthodes à grande échelle. Dans une seconde partie il introduit des systèmes de traduction automatique et des améliorations algorithmiques qui ont permis de construire les modèles performants d'aujourd'hui.

Cours 6 – Erreur d'approximation avec une couche cachée et régularité

27 février 2019

Le théorème d'approximation universelle d'un réseau de neurone à une couche cachée garantit que l'erreur d'approximation d'une fonction $f(x)$ continue va décroître vers 0, mais il ne spécifie pas la vitesse de décroissance de cette erreur. Cette vitesse de décroissance est liée à la régularité de $f(x)$. On verra que si $f(x)$ est seulement localement régulière alors l'erreur décroît très lentement et souffre de la malédiction de la dimensionnalité.

Le cours considère d'abord le cas de fonctions localement régulières, qui sont m fois différentiables au sens de Sobolev. On démontre des bornes supérieures sur l'erreur d'approximation en fonction du nombre M de neurones utilisés dans la couche cachée. On montre qu'une erreur e s'obtient avec $M = O(e^{-d/m})$ neurones. Cette décroissance est très lente si m est petit devant d ce qui est toujours le cas en grande dimension.

On considère aussi le cas où la transformée de Fourier de f est parcimonieuse, ce qui s'impose avec un critère L^1 proposé par Barron. Dans ce cas, on démontre que la décroissance de l'erreur est beaucoup plus rapide et qu'il suffit de $M = O(e^{-1/2})$ neurones pour atteindre une erreur e. Cependant, cette propriété de parcimonie en Fourier est rarement satisfaite dans les applications.

En dehors d'exemples particuliers, aucun théorème général ne permet d'expliquer l'augmentation des performances d'approximations obtenues avec des réseaux de neurones ayant plus de couches cachées, pour les fonctions que l'on rencontre dans les applications. Ce problème reste donc ouvert.

Séminaire 6 – Analyse automatique de vidéos

Cordelia Schmid (Inria), le 27 février 2019

Les progrès récents des réseaux de neurones profonds ont permis d'avancer de façon significative la compréhension automatique d'actions dans des vidéos. Le séminaire commence par donner une vision globale des algorithmes utilisés pour la classification de vidéos, puis il présente plusieurs algorithmes pour localiser dans le temps et dans l'espace les actions d'une vidéo. Il montre comment les « tublets » d'actions permettent d'obtenir l'état de l'art pour la localisation spatio-temporelle d'actions, et pourquoi la modélisation des relations entre les objets et les humains peut améliorer ces performances. Une grande base de données de vidéos d'actions est présentée. On décrit un algorithme faiblement supervisé afin d'apprendre les actions humaines dans des vidéos. Cet algorithme réduit de façon très significative le coût des annotations nécessaires pour entrainer des algorithmes de classification de vidéos.

Cours 7 – Optimisation d'un réseau par maximum de vraisemblance

13 mars 2019

L'optimisation d'un réseau de neurones consiste à estimer un vecteur de paramètres thêta qui minimise un risque calculé sur les exemples d'entraînement. Cela se fait par une descente de gradient si bien que le risque doit être différentiable.

Pour la classification, le principe du maximum de vraisemblance permet de définir un risque différentiable. Le maximum de vraisemblance cherche les paramètres θ qui maximisent le log de la probabilité conditionnelle de *y' = f(x')* pour les exemples *x'*, *y'* de la base de données d'entraînement. On démontre que ce maximum de vraisemblance maximise la distance de Kullback-Liebler entre la distribution conditionnelle des données et la distribution paramétrée par *θ*. Le risque est donc défini par cette distance. Dans le cas où le modèle de probabilité conditionnelle est Gaussien, on obtient un risque de régression quadratique.

La classification d'un réseau de neurones se fait le plus souvent en choisissant un modèle de probabilité conditionnelle défini par un *softmax*. Il attribue une distribution de probabilité à un ensemble de valeurs *zk* calculées pour chaque classe *k*, où la probabilité de *zk* est proche de 1 lorsque que *zk* a la plus grande valeur parmi tous les autres *zk'*. On peut alors calculer analytiquement le maximum de vraisemblance en fonction des *zk*, et c'est une fonction différentiable.

La régression logistique est un classificateur multi-classe pour lequel les sorties *zk* sont des fonctions affines de la donnée d'entrée *x*. La maximisation de la vraisemblance calculée avec un *softmax* est une fonction convexe des paramètres et admet donc une solution unique. On montre que l'unicité de la solution vient de l'introduction d'un critère de marge qui optimise la position des frontières.

Séminaire 7 – Apprentissage profond par renforcement

Yann Olivier (CNRS), le 13 mars 2019

Ce séminaire présente les principales approches de l'apprentissage par renforcement, en insistant sur les algorithmes effectifs, et en comparant les avantages de différentes approches (avec modèle du monde, sans modèle, etc.). Yann Olivier discute l'état de la compréhension mathématique de ces algorithmes au-delà de problèmes jouets, ainsi que les limites à la fois théoriques et pratiques des approches actuelles.

Cours 8 – Descente de gradient et rétro-propagation du gradient

20 mars 2019

Ce cours étudie les algorithmes de descentes de gradient par *batch* et de gradient stochastique, ainsi que leur implémentation dans un réseau de neurones avec l'algorithme de rétro-propagation du gradient.

L'algorithme de descente de gradient ajuste des paramètres pour minimiser une fonction de coût, qui quantifie l'erreur entre la réponse estimée et la bonne réponse sur des données d'entraînement. Ces paramètres sont modifiés itérativement en soustrayant le gradient de la fonction de coût. Cet algorithme nécessite donc de calculer la variation du coût à la sortie du réseau relativement à la variation des paramètres du réseau. Dans un réseau de neurones, le coût se calcule par composition d'opérateurs linéaires ou de non-linéarités ponctuelles différentiables. La différentiation d'une composition d'opérateurs s'obtient en appliquant la règle de Leibniz. La propagation des dérivées se fait donc dans le réseau par multiplications successives de matrices jacobiennes.

Le gradient est normalement calculé en moyenne sur un *batch* qui contient toutes les données d'entraînement, ce qui nécessite beaucoup de calculs. L'algorithme de descente de gradient stochastique réduit ce *batch* à un seul exemple pris au hasard dans la base de données. Dans le cas où la fonction de coût est strictement convexe, on démontre que l'algorithme de descente de gradient converge vers un minimum unique. La vitesse de convergence est exponentielle, avec un exposant qui dépend du conditionnement du Hessien.

L'algorithme de descente de gradient stochastique a une convergence beaucoup plus lente que l'algorithme par *batch*, car chaque itération est bruitée par la variabilité du gradient qui dépend de l'exemple particulier qui a été choisi. Cependant, lorsque la base de données est suffisamment grande, cet algorithme peut nécessiter moins d'opérations que la descente de gradient par *batch* pour approcher le minimum de la fonction de coût.

Cours 9 – Convergence de la descente de gradient stochastique

20 mars 2019

La convergence de la descente de gradient par *batch* et de gradient stochastique est démontrée dans le cas où la fonction de coût est Lipchitz et fortement convexe relativement à ses paramètres.

Pour une descente de gradient, on montre une décroissance exponentielle en t de la distance euclidienne entre le vecteur de paramètres calculé à une itération t et le vecteur optimal qui minimise la fonction de coût. L'exposant de cette décroissance dépend de la borne de Lipchitz et de la constante de convexité forte.

L'algorithme du gradient stochastique peut être interprété comme une version bruitée de l'algorithme de descente de gradient. Ce bruit dépend de la variance de la fonction de coût pour des exemples pris aléatoirement. On démontre un premier théorème qui calcule une borne supérieure de la distance euclidienne entre le vecteur de paramètres obtenu à l'itération t et le vecteur optimal qui minimise la fonction de coût. Un choix optimal du pas de gradient permet d'obtenir une borne supérieure qui décroît comme $1/t$. Ces théorèmes s'étendent au cas de fonctions de coût non différentiables et convexes, en remplaçant le gradient par la notion de sous-gradient, et on obtient alors le même type de résultat.

Les algorithmes de descente de gradient ont une précision limitée par la variabilité aléatoire de la fonction de coût. Pour converger vers la solution optimale, il faut utiliser des algorithmes hybrides qui se comportent comme une descente de gradient stochastique tant qu'on est loin de la solution optimale, puis qui incorpore les exemples vus dans le passé pour se comporter comme une descente de gradient par *batch* lorsque le nombre d'itérations devient grand. Cela permet de converger vers la solution optimale.

Les propriétés de convergence des paramètres de réseaux de neurones profonds restent mal comprises car les fonctions de coût ne sont pas convexes. L'optimisation de ces réseaux garde donc une forte composante expérimentale. Pour que l'optimisation donne de bons résultats, il faut qu'il y ait une faible densité de minima locaux qui ont un coût bien plus important que les minima globaux. Cela dépend de l'architecture du réseau. De nombreuses recherches sont dédiées à la compréhension de ce problème et à l'étude de la géométrie du paysage d'optimisation.

Recherche

Stéphane Mallat dirige l'équipe de recherche « Data » à l'École normale supérieure, qui étudie des problèmes de mathématiques appliquées aux sciences des données. Cela couvre l'apprentissage supervisé, l'apprentissage non supervisé ainsi que des problèmes inverses de traitement du signal.

L'équipe travaille sur des modèles mathématiques permettant d'expliquer la performance des réseaux de neurones profonds. Ils se fondent notamment sur la transformée de *scattering* qui est un modèle non linéaire de réseaux de neurones, fondé sur la transformée en ondelettes. En 2018-2019, une partie importante de la recherche était dédiée à la construction de modèles stochastiques pour la synthèse d'images, de musiques, de finance, mais aussi pour modéliser des phénomènes de turbulence en physique et des propriétés de réseaux de télécommunication.

Publications

Andén J., Lostanlen V. et Mallat S., « Joint time-frequency scattering », *IEEE Transactions on Signal Processing*, vol. 67, n° 14, 2019, p. 3704-3718, https://doi.org/10.1109/TSP.2019.2918992.

Andreux M. et Mallat S., « Music generation and transformation with moment matching scattering inverse networks », *in* : *Proceedings of the 19th ISMIR (International Society for Music Information Retrieval) Conference* (Paris, 23-27 septembre 2018), 2018, p. 327-333.

Bruna J. et Mallat S., « Multiscale sparse microcanonical models », *Journal of Mathematical Statistics and Learning*, vol. 1, n° 3, 2018, p. 257-315, https://www.doi.org/10.4171/MSL/7.

Brochard A., Błaszczyszyn B., Mallat S. et Zhang S., « Statistical learning of geometric characteristics of wireless networks », *in* : *IEEE INFOCOM 2019: IEEE Conference on Computer Communications*, 2019, p. 2224-2232.

Leonarduzzi R.F., Mallat S., Bouchaud J.-P., Rochette G., « Maximum entropy scattering models for financial time-series », *in* : *ICASSP 2019: 2019 IEEE International Conference on Acoustics, Speech and Signal Processing (ICASSP)*, 2019, p. 5496-5500, http://dx.doi.org/10.1109/ICASSP.2019.8683734.

Mallat S., « Quelles limites pour l'intelligence artificielle au travail ? », *in* A. Supiot (dir.), *Le Travail au XXIe siècle*, Ivry-sur-Seine, Les Éditions de l'Atelier, 2019.

Géométrie algébrique

Claire Voisin
Membre de l'Institut (Académie des sciences),
professeure au Collège de France

Mots-clés : géométrie algébrique

La série de cours et le séminaire « Invariants birationnels » sont disponibles en audio en vidéo, sur le site internet du Collège de France (http://www.college-de-france.fr/site/claire-voisin/course-2018-2019.htm).

Enseignement

Cours – Invariants birationnels

Cours 1 – Introduction. Différentes notions de rationalité et premiers invariants.
Cours 2 – Dimension 3 : les invariants de Clemens-Griffiths et Artin-Mumford.
Cours 3 – Cohomologie non ramifiée.
Cours 4 – Décomposition de la diagonale.
Cours 5 – Spécialisation et applications.
Cours 6 – Décomposition de la diagonale et application d'Abel-Jacobi.

Séminaire – *The birational Torelli problem for Calabi-Yau threefolds*

Invité : John Ottem

C. Voisin, « Géométrie algébrique », *Annuaire du Collège de France 2018-2019. Résumé des cours et travaux*, 119e année, Paris, Collège de France, 2022, p. 55-56, https://doi.org/10.4000/annuaire-cdf.16775.

Recherche

Ma recherche a porté sur la géométrie hyper-kählérienne. J'ai, d'une part, introduit la notion de décomposabilité pour une variété hyper-kählérienne et montré que cette propriété était vérifiée par la plupart des familles connues de variétés hyper-kählériennes.

Par ailleurs, j'ai étudié avec Olivier Debarre, Frédéric Han et Kieran O'Grady certaines dégénérescences de variétés de Debarre-Voisin, un grand nombre de diviseurs de type HLS (Hassett-Looijenga-Shah) pour ces variétés.

Publications

VOISIN C., Appendice à l'article de S. FEYZBAKHSH et R.P. THOMAS, « An application of wall-crossing to Noether-Lefschetz loci », *The Quarterly Journal of Mathematics*, 2020, haaa022, https://doi.org/10.1093/qmathj/haaa022 [arXiv: 1912.01644].

VOISIN C., Appendice à l'article de J. SHEN et Q. YIN, « Topology of Lagrangian fibrations and Hodge theory of hyper-Kähler manifolds », arXiv : 1812.10673.

VOISIN C., Appendice à l'article de E. SHINDER, «Variation of stable birational types of hypersurfaces », arXiv : 1903.02111.

DEBARRE O., HAN F., O'GRADY K. et VOISIN C., « Hilbert squares of K3 surfaces and Debarre-Voisin varieties », *Journal de l'École polytechnique – Mathématiques*, vol. 7, 2020, p. 653-710, https://doi.org/10.5802/jep.125 [arXiv : 1901.04032]

VOISIN C., « Triangle varieties and surface decomposition of hyper-Kähler manifolds », arXiv : 1810.11848.

VOISIN C., « Chow rings and gonality of general abelian varieties », *Annales Henri Lebesgue*, vol. 1, 2018, p. 313-332, https://doi.org/10.5802/ahl.10.

VOISIN C., « Segre classes of tautological bundles on Hilbert schemes of surfaces », *Algebraic Geometry*, vol. 6, n° 2, 2019, p. 186-195, https://doi.org/10.14231/AG-2019-010.

Informatique et sciences numériques*
(Chaire annuelle 2018-2019)

Rachid Guerraoui
Professeur à l'EPFL de Lausanne,
professeur invité au Collège de France

Mots-clés : algorithme, algorithmique, calculabilité, universalité, complexité

La leçon inaugurale « L'algorithmique répartie : à la recherche de l'universalité perdue » prononcée le 25 octobre 2018 (https://www.college-de-france.fr/site/rachid-guerraoui/inaugural-lecture-2018-2019.htm) ainsi que la série de cours et séminaires « L'algorithmique répartie » sont disponibles, en audio et en vidéo, sur le site internet du Collège de France (https://www.college-de-france.fr/site/rachid-guerraoui/course-2018-2019.htm), ainsi que le colloque « Taking stock of distributed computing » (https://www.college-de-france.fr/site/rachid-guerraoui/symposium-2018-2019.htm).

L'algorithmique répartie

Contexte

Les fondamentaux théoriques du numérique supposent pour la plupart qu'un algorithme s'exécute sur une machine de Turing : une seule machine à la fois. Cependant, la grande majorité des algorithmes aujourd'hui s'exécutent, chacun, sur plusieurs machines de Turing en même temps. Les algorithmes modernes sont, autrement dit, fondamentalement répartis. Il y a plusieurs raisons à cela.

Dans le cas extrême de l'« infiniment grand » comme pour *blockchain* par exemple, l'algorithme (sous-jacent à la monnaie virtuelle *bitcoin*) s'exécute sur un

* Chaire créée en partenariat avec l'Inria.

R. Guerraoui, « Informatique et sciences numériques », *Annuaire du Collège de France 2018-2019. Résumé des cours et travaux*, 119e année, Paris, Collège de France, 2022, p. 57-63, https://doi.org/10.4000/annuaire-cdf.16784.

très grand ensemble d'ordinateurs géographiquement distants. La taille de cet ensemble de machines de Turing n'est pas déterminée à l'avance et change au cours du temps. Le but de la répartition dans ce contexte est de relier des utilisateurs à travers leurs ordinateurs et le réseau sous-jacent afin de permettre des transactions entre eux, sans passer par un serveur central. Dans le cas d'autres applications pair à pair, le but peut être de diffuser de la musique par exemple, avec comme objectif d'éviter un ordinateur central.

Même lorsqu'un algorithme s'exécute sur une seule machine, aujourd'hui, il s'exécute typiquement sur plusieurs processeurs. Sachant que la vitesse de chaque processeur ne peut quasiment plus s'améliorer du fait de limitations physiques, le seul moyen d'améliorer les performances des architectures matérielles est de mettre plusieurs processeurs sur une même puce et de paralléliser le calcul. C'est l'autre cas extrême de l'« infiniment petit » dans lequel l'algorithme est aussi réparti, mais cette fois sur un tout petit espace dans lequel de nombreuses machines de Turing (processeurs) sont disposés.

Entre les deux cas extrêmes, correspondant dans le premier au besoin de relier plusieurs utilisateurs à travers leurs ordinateurs et au second cas au besoin d'accélérer les performances de calcul en parallélisant, il existe aussi de nombreux cas où les calculs sont répartis pour des raisons de tolérance aux défaillances. On préfère tout simplement ne pas faire reposer toute une application informatique sur une seule machine, mais on la distribue sur plusieurs en dupliquant les parties cruciales du calcul.

Au-delà de ces considérations technologiques, la nature semble aussi conduire à l'étude des algorithmes répartis. Lorsque l'on essaye d'étudier la synchronisation du clignotement des lucioles, les mouvements coordonnés d'un banc de poissons et d'une nuée d'oiseaux, ou encore le comportement collaboratif d'un réseau de neurones, on retrouve des algorithmes répartis.

Problématique

Les théories classiques de calculabilité et de complexité informatiques, inventées pour le numérique séquentiel et centralisé (une seule machine de Turing à la fois), ne peuvent pas s'appliquer au cas de l'algorithmique répartie. La raison est très simple. Alors que dans les théories classiques on suppose que la machine de Turing utilisée fonctionne correctement, émettre une telle hypothèse pour un ensemble de machines est déraisonnable. On souhaite qu'un algorithme qui s'exécute sur un réseau de machines se termine correctement malgré la défaillance d'un sous-ensemble de ces machines. Cette distribution est, comme indiqué ci-dessus, l'une des motivations les plus fréquentes de l'algorithmique répartie. Ce qui peut se calculer sur une seule machine diffère de ce qui peut se calculer sur un ensemble car la notion même de calculabilité change. Le concept d'universalité au sens de Turing change aussi.

En fait, la définition même d'« algorithme correct » doit être revue et corrigée. Dans le cas réparti, cette notion doit prendre en compte l'entrelacement de plusieurs machines de Turing impliquées dans le même calcul, ce qui est loin d'être trivial. Il faut aussi prendre en compte les défaillances et les résultats partiels. La mesure de complexité classique, reflétant en particulier le nombre d'étapes de communication exécutées par un algorithme en fonction de la taille des paramètres d'entrée devient insignifiante. L'important devient le nombre de messages échangés, ou le nombre d'accès à la mémoire partagée, en fonction du nombre de machines impliquées dans un calcul.

En gros, il existe un décalage entre les théories classiques du numérique, inventées pour le cas séquentiel et centralisé, et les pratiques modernes, intrinsèquement réparties, aussi bien dans ce que l'on appelle « le parallèle » que « le distribué ».

Objectif

La série de cours a présenté les ingrédients d'une théorie de l'algorithmique répartie. Les cours ont couvert les notions d'exactitude d'un algorithme réparti et ont revisité les notions de calculabilité, d'universalité et de complexité dans le contexte réparti. Les cours ont présenté les résultats les plus importants obtenus en algorithmique répartie depuis près d'un demi-siècle et ont souligné les nombreux problèmes encore ouverts. Les cours étaient pour la plupart suivis d'un séminaire spécialisé par un chercheur du domaine considéré comme le spécialiste international. L'année s'est terminée par un colloque réunissant les meilleurs chercheurs du domaine.

Enseignement

Leçon inaugurale – L'algorithmique répartie : à la recherche de l'universalité perdue

L'objectif de ma leçon inaugurale était triple. En premier lieu, il s'est agi d'expliquer que les algorithmes utilisés aujourd'hui sont pour la plupart répartis sur plusieurs machines de Turing. Cela est le cas aussi bien pour les algorithmes déployés à large échelle comme pour le *bitcoin*, que les algorithmes déployés à petite échelle comme à l'intérieur d'un Iphone 8. Cela est aussi le cas pour ce que l'on appelle les « algorithmes naturels » qui sont intrinsèquement répartis. Le deuxième objectif était d'expliquer que cette répartition du numérique crée un décalage entre les fondements théoriques du numérique qui sont basés sur l'idée qu'un programme s'exécute sur une seule machine de Turing à la fois, et les algorithmes modernes qui sont répartis et en utilisent plusieurs en même temps. Il s'est agi ici de motiver le besoin d'une nouvelle théorie. Enfin. Le troisième objectif était de donner quelques exemples de résultats déjà obtenus dans le cadre de cette nouvelle théorie du numérique réparti afin d'intéresser les auditeurs par les cours donnés dans le cadre de cette chaire pendant l'année qui a suivi.

Voici les principaux thèmes abordés pendant la leçon inaugurale :

- « De Mohammed Algorithmi à Alan Turing » ;
- « Connecter des machines de Turing : parallélisme et distribution » ;
- « Naissance d'une discipline : l'algorithmique répartie » ;
- « À la recherche de l'universalité perdue » ;
- « La brève histoire d'un compteur infini » ;
- « Les algorithmes naturels ».

COURS ET SÉMINAIRES

Cours 1 – Qu'est-ce qu'un algorithme réparti correct ? (L'atomicité dans un système réparti)

26 octobre 2018

L'objectif de ce premier cours a été de définir de manière précise ce qu'est un algorithme réparti correct. La propriété de sûreté considérée est que l'on appelle « l'atomicité », ou « la linéarisabilité », définie par référence à la spécification séquentielle d'un objet informatique. La propriété de vivacité considérée est ce que l'on appelle le « wait-freedom » (« absence d'attente »). Les deux propriétés ont été illustrées à travers le théorème d'équivalence entre registres, ainsi qu'un algorithme de mise en œuvre d'un compteur faible.

Voici les principaux thèmes abordés pendant le premier cours :

- « Atomicité » ;
- « Absence d'attente (*wait-freedom*) » ;
- « Théorème d'équivalence entre registres » ;
- « Algorithmique des registres » ;
- « Quelques premiers résultats d'impossibilité ».

Cours 2 – Le pouvoir de la mémoire partagée

9 novembre 2018

Ce cours a présenté comment des processeurs communiquant à travers une mémoire partagée, avec comme seules opérations possibles la lecture et l'écriture, pouvaient résoudre des problèmes de coordination sophistiqués comme la mise en œuvre d'un compteur réparti ainsi que la prise d'un état global atomique. Le cours a permis, à travers ces exemples, d'illustrer les concepts fondamentaux de l'algorithmique répartie, et en particulier les notions d'atomicité et d'absence d'attente.

Voici les principaux thèmes abordés pendant ce second cours :

- « Mise en œuvre d'un compteur faible » ;
- « État global d'un système réparti » ;
- « Exemple de preuve d'atomicité ».

Le cours a été suivi du séminaire de la professeure **Hagit Attiya** (Technion) sur l'algorithmique répartie sans coordination.

Cours 3 – L'impossibilité du consensus

23 novembre 2018

Ce cours a motivé l'importance du fameux problème du consensus, avant d'expliquer en quoi ce concept est central au numérique aujourd'hui. Le cours a ensuite présenté le théorème d'impossibilité du consensus ainsi que sa démonstration dans le cas, relativement simple, de la mémoire partagée. La notion de bivalence a été introduite, tout comme le concept fondamental en algorithmique répartie d'adversaire. Plusieurs corollaires de l'impossibilité du consensus ont ensuite été présentés. Le cours a souligné aussi le lien avec la topologie algébrique pour introduire le séminaire invité sur le consensus ensembliste et la topologie algébrique.

Voici les principaux thèmes abordés pendant ce cours :

- « Mise en œuvre d'un compteur fort » ;
- « Le théorème d'impossibilité du consensus » ;
- « Adversaire, valence et exécution » ;
- « Corollaires de l'impossibilité » ;
- « Consensus ensembliste ».

Le cours a été suivi du séminaire du professeur **Petr Kouznetsov** (Telecom Paris) sur les liens entre l'algorithmique répartie et la topologie algébrique.

Cours 4 – Le théorème d'universalité du consensus

7 décembre 2018

Ce cours a introduit la notion d'universalité en algorithmique répartie en l'illustrant dans le contexte d'une mémoire partagée. Le cours a permis de définir de manière précise ce qu'est un objet informatique universel et a présenté une construction universelle simple fondée sur un objet consensus et des objets registres. Le cours a aussi présenté la généralisation de cette universalité au cas du consensus ensembliste.

Voici les principaux thèmes abordés pendant ce cours :

- « Objet universel » ;
- « Construction universelle » ;
- « Universalité généralisée ».

Le cours a été suivi du séminaire du professeur **Vassos Hadzilacos** (Toronto) sur la hiérarchie du consensus.

Cours 5 – De l'infiniment petit à l'infiniment grand (de la mémoire partagée à l'envoi de messages)

21 décembre 2018

Ce cours a présenté le théorème de transformation de la mémoire partagée en passage de messages. À travers cette transformation, le cours a permis de présenter le concept fondamental de quorum en algorithmique répartie.

Voici les principaux thèmes abordés pendant ce cours :

- « Le théorème d'équivalence entre mémoire partagée et passage de message » ;
- « L'importance des quorums » ;
- « Le théorème des partitions ».

Le cours a été suivi du séminaire du professeur **Hugues Fauconnier** (Paris Diderot) sur la notion de détection de défaillance dans un système réparti.

Cours 6 – Universalité distribuée : le consensus indulgent et l'algorithme Paxos

18 janvier 2019

Ce cours a présenté plusieurs manières de contourner la fameuse impossibilité du consensus. Il a tout d'abord présenté comment le matériel, en particulier dans le cas de la mémoire partagée, permet d'atteindre un consensus réparti. L'hypothèse du partiellement synchrone a ensuite été considérée, ainsi que son impact sur la possibilité du consensus. La mise en œuvre du consensus a permis d'introduire les notions de « leader » ainsi que d'algorithmes « obstruction-free » et « lock-free ».

Voici les principaux thèmes abordés pendant ce cours :

- « Le pouvoir de consensus du matériel informatique » ;
- « Le pouvoir de consensus du temps » ;
- « L'élection d'un leader » ;
- « La puissance de l'aléa pour atteindre le consensus » ;
- « Le réparti comme générateur de nombres aléatoires ».

Le cours a été suivi du séminaire du professeur **Achour Moustéfaoui** (université de Nantes) sur les possibilités d'accord réparti malgré des participants malicieux.

Cours 7 – Les algorithmes dynamiques

15 février 2019

Ce cours a présenté les conséquences de la remise en question d'une hypothèse souvent sous-jacente à l'algorithmique répartie : le nombre de machines impliquées dans le calcul réparti est connu à l'avance. Ce cas statique a été contrasté avec le cas dynamique dans lequel l'ensemble des machines participantes au calcul n'est pas connu à l'avance.

Voici les principaux thèmes abordés pendant ce cours :

- « Le "group membership" » ;
- « Du synchronisme au synchronisme virtuel » ;
- « Une diffusion fiable qui se termine » ;
- « L'importance de l'uniformité ».

Le cours a été suivi du séminaire du professeur **Sébastien Tixeuil** (Paris Sorbonne) sur les algorithmes auto-stabilisants.

Cours 8 – Si *Blockchain* est la solution, quel est le problème ?

1er mars 2019

Ce cours a présenté l'algorithmique sous-jacente à la fameuse cryptomonnaie *bitcoin*. De nombreux parallèles ont été fait entre les algorithmes de consensus présentés dans les cours précédents et la manière avec laquelle *bitcoin* fonctionne. Le cours a ensuite présenté des alternatives frugales au protocole *bitcoin* original.

Voici les principaux thèmes abordés pendant ce cours :

- « *Bitcoin* et *blockchain* » ;
- « L'injustice du minage » ;
- « D'un compteur ordinaire à un compte bancaire » ;
- « Le pouvoir du *gossip* ».

Le cours a été suivi du séminaire de la professeure **Carole Delporte** (Paris Diderot) sur les protocoles de population.

Colloque

Le colloque du 12 avril 2019 a porté sur une théorie unifiée de l'algorithmique répartie.

Voici le programme de ce colloque qui a eu lieu au Collège de France :

- Nir Shavit (MIT) : « High throughput connectomics » ;
- Janna Burman (université Paris Sud) : « Challenges in population protocols » ;

• Yehuda Afek (université de Tel Aviv) : « Distributed computing by rational agents » ;

• Marc Shapiro (Paris Sorbonne) : « Living without consensus » ;

• Valerie King (université de Victoria) : « Byzantine agreement, an old problem in a new world » ;

• M. Potop-Butucaru (Paris Sorbonne) : « Are blockchains a challenge for distributed computing? » ;

• E. Gafni (UCLA) : « *Deus ex machina*: A deus-object: approving genuine imitation of itself » ;

• Sergio Rajsbaum (univsersité de Mexico) : « 25 years of a topological perspective on distributed computing » ;

• A. Bouajjani (Paris-Diderot) : « Systematic design of adequately consistent distributed systems » ;

• P. Fraignaud (Paris Diderot et CNRS) : « Distributed network computing » ;

• Gadi Taubenfeld (Interdisciplinary Center) : « New models for distributed computing » ;

• M. Raynal (IRISA) : « New models for distributed computing » ;

• R. Guerraoui (EPFL et Collège de France) : « Distributed computing: New birth or swan song? ».

Publications

Trois livres liés à la matière du cours

Guerraoui R. et Kouznetsov P., *Algorithms for Concurrent Systems*, Lausanne, EPFL Press, 2018.

Cachin C., Guerraoui R. et Rodrigues L., *Reliable and Secure Distributed Programming*, Berlin/New York, Springer, 2011.

Guerraoui R. et Kapalka M., *Principles of Transactional Memory*, San Rafael, Morgan Claypool, 2010.

Deux livres liés à la chaire

Suite à mon cours au Collège, j'ai aussi été contacté pour écrire deux autres ouvrages : l'un sur l'IA et l'autre sur l'informatique répartie.

Guerraoui R. et Nguang Hoang L., *Turing à la plage. L'intelligence artificielle sur un transat*, Malakoff, Dunod, 2020.

Le second devrait être publié chez Odile Jacob avec Anne-Marie Kermarrec sur le thème du « numérique pour tous ».

Physique et chimie

Atomes et rayonnement

Jean Dalibard
Membre de l'Institut (Académie des sciences),
professeur au Collège de France

Mots-clés : atome, rayonnement, gaz

Enseignement

Le cours n'a pas eu lieu.

Recherche

La recherche de l'équipe de la chaire Atomes et rayonnement porte sur l'étude des gaz d'atomes refroidis à très basse température, en dessous du microkelvin. À ces températures, l'aspect ondulatoire du comportement des atomes devient dominant et des comportements collectifs originaux apparaissent quand les trains d'ondes associés aux différentes particules se recouvrent. L'intérêt principal des expériences menées sur les gaz quantiques réside dans l'excellent contrôle dont on dispose sur les différents paramètres du système : nature statistique des atomes (bosons ou fermions), force des interactions entre ces atomes (attractives ou répulsives), environnement du gaz (potentiel périodique, désordonné, ou en forme de boîte). Ce contrôle permet de réaliser au laboratoire des situations modèles qui avaient été proposées pour comprendre d'autres aspects de la matière quantique comme la supraconductivité, les étoiles à neutrons ou encore la matière nucléaire. On dispose ainsi d'un « simulateur » de laboratoire, qui peut répondre à des questions très générales sur ces situations modèles, questions souvent simples à formuler, mais dont la réponse ne peut pas être obtenue analytiquement ou avec les moyens de calculs actuels.

J. Dalibard, « Atomes et rayonnement », *Annuaire du Collège de France 2018-2019. Résumé des cours et travaux*, 119e année, Paris, Collège de France, 2022, p. 67-69, https://doi.org/10.4000/annuaire-cdf.16802.

Nous nous sommes intéressés notamment au comportement d'un gaz d'atomes de sodium placé dans un champ magnétique modulé. Chaque atome porte un moment magnétique de spin et le comportement du gaz simule l'effet Josephson alternatif qui se produit entre deux supraconducteurs séparés par une jonction isolante. Nous avons mis en évidence l'existence d'états stationnaires non connus jusqu'ici, qui sont stabilisés par le forçage imposé par le champ magnétique et la dissipation intrinsèque au système. Nous avons également mis au point une nouvelle méthode d'imagerie permettant de compter les atomes un par un en fonction de leur état de spin ; cela nous a permis de produire et de caractériser des états fortement intriqués du gaz atomique, analogues à des états de photons générés en optique quantique par conversion paramétrique optique.

Sur notre montage portant sur l'atome de rubidium, nous avons étudié l'évolution d'un gaz bidimensionnel superfluide initialement uniforme quand il est soudainement soumis à un champ de forces dérivant d'un potentiel harmonique. Dans un premier temps, nous avons vérifié la propriété d'invariance d'échelle propre à ces gaz à deux dimensions ; nous avons montré qu'il était possible de relier deux « histoires » du système, correspondant à des tailles et des nombres de particules initialement différents, pourvu que les formes géométriques de départ soient homothétiques. Nous avons ensuite découvert un phénomène inattendu : il existe certaines formes initiales (triangle équilatéral et cercle) pour lesquelles l'évolution semble périodique. Ce phénomène, qui ne se produit pas pour d'autres formes simples (carré, hexagone), se vérifie par une résolution numérique de l'équation de Schrödinger non linéaire qui régit l'évolution du gaz. Nous n'avons pas (encore ?) trouvé d'explication simple à cette périodicité inattendue, qui semble révéler une symétrie cachée de ce système bidimensionnel.

Nous menons également des expériences sur un gaz froid d'atomes de dysprosium. Du fait de sa structure électronique, cette espèce atomique présente la particularité d'avoir un niveau fondamental avec un grand moment cinétique, $J = 8$, qui peut dans certaines conditions être considéré comme la représentation d'une assemblée de 16 particules de spins ½. Nous avons utilisé cette représentation pour étudier expérimentalement le modèle de Lipkin-Meshkov-Glick, qui porte sur la transition de phase ferromagnétique entre spins interagissant avec un potentiel de portée infinie. Nous avons mesuré les propriétés thermodynamiques du système ainsi que sa réponse dynamique, et nous avons caractérisé le comportement critique du système autour du point de transition.

Nous disposons par ailleurs d'une expérience produisant des gaz d'ytterbium froids. L'atome d'ytterbium est intéressant sur le plan métrologique car il présente des transitions électroniques étroites, correspondant à des états électroniques de longue durée de vie (états métastables). En piégeant les atomes dans un réseau optique avec deux particules par site du réseau, nous avons étudié le comportement de paires d'atomes excitées par un laser. Nous avons notamment montré que la probabilité d'exciter simultanément les deux atomes situés sur le même site du réseau était beaucoup plus faible que le produit des probabilités individuelles, ce qui peut être compris comme un effet Zénon quantique : les collisions inélastiques survenant quand deux atomes proches sont excités peuvent être interprétées comme une mesure de cette double excitation, qui est alors inhibée si la mesure est faite avec un taux suffisamment élevé.

Enfin, notre collaboration avec des chercheurs de l'université de Cambridge (Royaume-Uni) s'est poursuivie, à la fois sur le plan théorique avec la publication d'un long article de revue sur l'exploration de phases topologiques de la matière avec des gaz d'atomes froids, et sur le plan expérimental avec l'étude de la dynamique (en particulier la turbulence) de fluides bosoniques en interaction.

PUBLICATIONS

EIGEN C.J., GLIDDEN J.A.P., LOPES R., CORNELL E., SMITH R.P. et HADZIBABIC Z., « Universal prethermal dynamics of Bose gases quenched to unitarity », *Nature*, vol. 563, 2018, p. 221-224, https://doi.org/10.1038/s41586-018-0674-1.

COOPER N.R., DALIBARD J. et SPIELMAN I.B., « Topological bands for ultracold atoms », *Reviews of Modern Physics*, vol. 91, nº 1, 2019, 015005, https://doi.org/10.1103/RevModPhys.91.015005.

JIMENEZ-GARCIA K., INVERNIZZI A., EVRARD B., FRAPOLLI C. et DALIBARD J., GERBIER F., « Spontaneous formation and relaxation of spin domains in antiferromagnetic spin-1 quasi-Condensates », *Nature Communications*, vol. 10, 2019, art. 1422, https://doi.org/10.1038/s41467-019-08505-6.

EVRARD B., QU A., JIMENEZ-GARCIA K., DALIBARD J. et GERBIER F., « Relaxation and hysteresis near Shapiro resonances in a driven spinor condensate », *Physical Review A*, vol. 100, nº 2, 2019, 023604, https://doi.org/10.1103/PhysRevA.100.023604.

EVRARD A., MAKHALOV V., CHALOPIN T., SIDORENKOV L.A., LOPES R., DALIBARD J. et NASCIMBENE S., « Enhanced magnetic sensitivity with non-gaussian quantum fluctuations », *Physical Review Letters*, vol. 122, nº 17, 2019, 173601, https://doi.org/10.1103/PhysRevLett.122.173601.

MAKHALOV V., SATOOR T., EVRARD A., CHALOPIN T., LOPES R., NASCIMBENE S., « Probing quantum criticality and symmetry breaking at the microscopic level », *Physical Review Letters*, vol. 123, 2019, 120601, https://doi.org/10.1103/PhysRevLett.123.120601.

GARRATT S.J., EIGEN C., ZHANG J., TURZAK P., LOPES R., SMITH R.P., HADZIBABIC Z. et NAVON N., « From single-particle excitations to sound waves in a box-trapped atomic Bose-Einstein condensate », *Physical Review A*, vol. 99, 2019, 021601, https://doi.org/10.1103/PhysRevA.104.049903.

NAVON N., EIGEN C., ZHANG J., LOPES R., GAUNT A.L., FUJIMOTO K., TSUBOTA M., SMITH R.P. et HADZIBABIC Z., « Synthetic dissipation and cascade fluxes in a turbulent quantum gas », 2018, arXiv : 1807.07564.

BOUGANNE R., BOSCH AGUILERA M., GHERMAOUI A., BEUGNON J., et GERBIER F., « Anomalous momentum diffusion in a dissipative many-body system », 2019, arXiv : 1905.04808.

BARBIERO L., CHOMAZ L., NASCIMBENE S. et GOLDMAN N., « Bose-Hubbard physics in synthetic dimensions from interaction trotterization », 2019, arXiv : 1907.10555.

Physique statistique

Bernard Derrida
Membre de l'Institut (Académie des sciences),
professeur au Collège de France

Mots-clés : physique, renormalisation

La série de cours et séminaires « La renormalisation vue à travers des exemples » est disponible en audio et vidéo, sur le site internet du Collège de France (https://www.college-de-france.fr/site/bernard-derrida/course-2018-2019.htm).

Enseignement

Cours – La renormalisation vue à travers des exemples

Le cours a eu lieu du 14 janvier au 18 février 2019.

Introduction

Depuis plus d'un demi-siècle le groupe de renormalisation est une des approches les plus utilisées en physique statistique pour essayer de relier le monde microscopique au monde macroscopique. Il donne un moyen d'expliquer l'universalité des comportements critiques observés lors des transitions de phase et de calculer de façon systématique les exposants et les fonctions qui caractérisent ces comportements critiques. Il permet aussi d'aborder bien d'autres questions comme la transition vers le chaos, les problèmes de croissance ou de désordre. Le but de ce cours a été d'illustrer par des exemples aussi simples que possible les principales idées liées à cette approche.

B. Derrida, « Physique statistique », *Annuaire du Collège de France 2018-2019. Résumé des cours et travaux*, 119e année, Paris, Collège de France, 2022, p. 71-79, https://doi.org/10.4000/annuaire-cdf.16817.

Cours du 14 janvier 2019

Le premier cours a commencé par une introduction au groupe de renormalisation. C'est une approche omniprésente en physique statistique, importée de la théorie des champs où elle permet de s'affranchir des divergences à courte distance. Même si les idées à la base de la renormalisation sont assez simples, leur mise en œuvre est souvent techniquement assez compliquée. Le but de cette série de cours a été d'expliquer comment cette approche conduit au calcul les comportements critiques caractéristiques des transitions de phase du second ordre et comment la notion d'universalité en découle assez naturellement. L'idée principale du groupe de renormalisation est d'essayer de relier les propriétés à grande échelle d'un système de taille L en dimension d, c'est-à-dire de volume L^d, pour certains choix de paramètres, à celles d'un système plus petit, de taille L/b et donc de volume $(L/b)^d$, avec des valeurs de paramètres modifiées. Plus précisément, on cherche à trouver pour quels choix T', h', ρ' de paramètres comme la température T, le champ magnétique h, la densité ρ, les propriétés à grande échelle d'un système de taille L/b sont semblables à celles d'un système de taille L pour un choix T, h, ρ de ces paramètres. On voit que si on parvient à trouver la fonction R_b qui relie les paramètres renormalisés T', h', ρ'... aux paramètres de départ T, h, ρ...

$$(T', h', \rho'...) = R_b(T, h, \rho...)$$

on peut itérer la transformation de renormalisation et relier ainsi le système de taille L à des systèmes de taille L/b, L/b^2 ... L/b^n. Toute la difficulté est de trouver la transformation de renormalisation R_b. Ce premier cours a montré comment déterminer cette fonction R_b de manière approchée dans le cas de trois exemples : la percolation, la transition liquide-gaz et la transition vers le chaos par doublement de période. Une fois la transformation R_b de renormalisation connue, les points fixes attractifs correspondent aux phases possibles tandis que les points fixes hyperboliques représentent les transitions. En particulier les surfaces critiques sont données par les variétés stables des points fixes hyperboliques, ce qui permet d'expliquer l'universalité des comportements critiques : des points de départ différents sur cette variété stable convergent vers le même point fixe et ont ainsi les mêmes comportements à grande échelle. Quant aux exposants critiques, ils peuvent être calculés à partir des valeurs propres instables de ces points fixes hyperboliques.

Cours du 21 janvier 2019

Le deuxième cours a été essentiellement consacré à la renormalisation dans l'espace réel. Dans le cas du modèle d'Ising, l'idée originale due à Kadanoff consiste à regrouper par blocs les spins qui prennent les valeurs $\pm$ 1 en blocs (par exemple en blocs de 5 spins) et à définir pour chaque bloc un spin renormalisé égal au signe de la somme des spins du bloc. La principale difficulté de cette approche est la profilération du nombre de couplages (c'est-à-dire des interactions effectives entre les spins renormalisés) qui ne permet pas d'itérer la transformation de renormalisation de manière exacte. On doit alors procéder à des approximations qui consistent à négliger certaines interactions pour pouvoir répéter cette renormalisation par bloc. D'un point de vue théorique, les physiciens se sont intéressés à des modèles de spins sur des réseaux hiérarchiques, dont le principal intérêt est d'éviter la prolifération de ces couplages par renormalisation : d'une certaine manière, les réseaux hiérarchiques sont taillés sur mesure pour la renormalisation. Pour ces réseaux, on peut écrire de manière explicite la transformation des couplages par renormalisation. On en déduit ainsi les valeurs exactes des exposants et on peut décrire avec précision le comportement critique de l'énergie libre au voisinage de la transition. Contrairement à la renormalisation dans l'espace réel, pour les réseaux euclidiens, la renormalisation dans l'espace de Fourier permet de limiter le nombre de couplages lors de la renormalisation lorsqu'on est proche de la dimension supérieure. En prenant l'exemple du modèle d'Edwards qui permet de modéliser une chaîne polymérique en solution, il a été montré comment la dimension critique supérieure $d_c = 4$ apparaît dans ce type de problème.

Cours du 28 janvier 2019

Les effets de taille finie et les fluctuations universelles au voisinage d'une transition du second ordre peuvent eux aussi être compris par le groupe de renormalisation. Pour la plupart des modèles étudiés en physique statistique comme le modèle d'Ising (qui permet de décrire la transition paramagnétique-ferromagnétique ou la transition liquide-gaz), les marches auto-évitantes (qui modélisent les polymères en solution), la percolation, les transitions de phases ne se produisent que dans la limite thermodynamique, c'est-à-dire que pour des systèmes infiniment grands. Les propriétés des systèmes finis sont le plus souvent des fonctions analytiques des paramètres, comme la température ou la pression, et ne présentent pas de transition de phase *stricto sensu*. On peut néanmoins déterminer la position des transitions de phase et les exposants critiques en étudiant la façon dont ces propriétés physiques dépendent de la taille du système. Ainsi, une quantité comme la susceptibilité magnétique qui diverge à la température critique T_c présente pour des systèmes finis un maximum de plus en plus prononcé quand la taille L du système augmente. Une façon de déterminer de manière précise une température de transition ou les exposants critiques est de mesurer, par exemple pour un modèle d'Ising ferromagnétique, le rapport de Binder entre le quatrième moment de l'aimantation et le carré du second moment. Pour un système fini, ce rapport est une fonction analytique de la température et donc ne présente aucune singularité quand on varie la température. Pour des systèmes de grande taille ($L \gg 1$), il possède néanmoins une forme d'échelle dans le voisinage de la température T_c de transition de phase ferromagnétique-paramagnétique :

$$\frac{\langle M^4 \rangle_L}{\langle M^2 \rangle_L^2} \simeq F\left(L^{\frac{1}{\nu}}(T - T_c)\right)$$

On voit ainsi que si on représente ce rapport en fonction de la température, les courbes pour différentes tailles L se coupent au point critique T_c et que la pente des courbes au point d'intersection augmente comme la taille L du système à la puissance où ν est l'exposant critique de la longueur de corrélation. La dépendance dans la taille d'autres quantités physiques permet d'estimer de même d'autres exposants critiques.

Cours du 4 février 2019

Au cœur de la renormalisation est l'idée qu'un changement d'échelle peut se traduire par un changement de paramètres. Une des situations où ce changement d'échelle est le plus visible est la séparation de phases, lorsqu'on fait passer un fluide d'une phase homogène à une phase de coexistence entre le liquide et le gaz, par exemple en le refroidissant. On voit alors la formation de gouttes qui croissent au cours du temps. Les figures ainsi obtenues à des temps différents se ressemblent à un changement d'échelle près qui dépend du temps. Autrement dit, un changement d'échelle correspond à un changement de temps. Différents types de croissance de domaines peuvent ainsi être considérés, avec conservation ou non du paramètre d'ordre : une croissance de la taille des domaines en $t^{\frac{1}{3}}$ lorsque le paramètre d'ordre est conservé qui découle de la théorie de Lifschitz Slyozov Wagner et en $t^{\frac{1}{2}}$ lorsque le paramètre d'ordre n'est pas conservé, avec une vitesse de déplacement des parois de domaines proportionnelle à la courbure de ces parois, comme dans la théorie de Allen Cahn. Ce cours s'est achevé par le calcul des distributions de tailles de domaines en croissance pour des modèles simples unidimensionnels, comme l'équation de Landau Ginsburg ou le modèle d'Ising à basse température.

Cours du 11 février 2019

Le cinquième cours a été entièrement consacré à la transition de Berezinskii-Kosterlitz-Thouless. En partant de l'exemple célèbre de la chaîne d'Ising unidimensionnelle avec des interactions en $1/r^2$, qui fut introduit par Anderson, Yval et Hamann en 1971 à propos du problème de Kondo, on peut écrire des équations de renormalisation en combinant, à chaque étape, l'élimination des domaines les plus petits avec un changement d'échelle. L'élimination des petits domaines conduit à une renormalisation de la force de l'interaction en $1/r^2$ et, selon la température initiale, on observe à grande échelle soit une recrudescence de parois de domaines (phase désordonnée), soit un gaz dilué de paires de parois de domaines (phase ferromagnétique). Le même type d'approche s'applique au modèle XY en dimension 2, qui fut introduit pour étudier la transition superfluide de films d'hélium : on élimine à chaque étape de renormalisation les paires de vortex les plus proches, ce qui renormalise les interactions. Le cours s'est achevé en montrant l'équivalence du modèle XY en dimension 2 avec des modèles de surface, comme le modèle de Villain qui présentent une transition rugueuse ou des modèles de gaz de Coulomb bidimensionnels.

Cours du 18 février 2019

En prenant comme exemple le cas d'une chaîne polymérique décrite par le modèle d'Edwards, le sixième cours a montré comment, à partir d'un développement perturbatif en puissance de l'interaction, on peut obtenir des formules de renormalisation au voisinage de la dimension critique supérieure ($d_c = 4$ dans le cas d'une chaîne de polymère) et calculer ainsi les exposants critiques. Le même type d'approche permet de traiter les modèles de spins dans le cadre de la théorie en ϕ^4. Le cours s'est achevé sur la question de l'effet d'un faible désordre sur la nature d'une transition de phase et sur le critère de Harris.

Séminaires – La renormalisation vue à travers des exemples

Séminaire 1 – Promenades dans la renormalisation de Feigenbaum

Jean-Pierre Eckmann (université de Genève), le 14 janvier 2019

À la fin des années 1970, Feigenbaum a montré comment appliquer les idées du groupe de renormalisation au problème de la transition vers le chaos par doublement de période. Partant de la preuve de l'universalité de Feigenbaum, le séminaire de Jean-Pierre Eckmann a tenté d'expliquer ses multiples ramifications : la généralisation à d'autres classes d'universalité, et aussi la généralisation à un nombre arbitraire de dimensions, ce qui a permis de faire le lien avec des résultats expérimentaux. Le séminaire s'est terminé par l'analyse du cas Hamiltonien, pour lequel la constante d'universalité est presque le double de celle du cas original unidimensionnel.

Séminaire 2 – Comment étudier les interfaces d'un système planaire critique ?

Hugo Duminil-Copin (Institut des hautes études scientifiques, Bures-sur-Yvette), le 21 janvier 2019

Au cours des années 1980, les développements de la théorie conforme des champs ont révolutionné la compréhension physique des phénomènes critiques en physique statistique planaire. Une vingtaine d'années plus tard, le mathématicien Oded Schramm introduisit un objet mathématique, dénommé « Évolution de Schramm-Loewner » (SLE), permettant de comprendre mathématiquement comment prouver l'invariance conforme des interfaces de modèles critiques planaires. Grâce à cette découverte, la théorie conforme des champs devint accessible aux mathématiciens. Dans cet exposé, en s'appuyant sur des exemples classiques comme le problème de percolation, Hugo Duminil-Copin a introduit de façon élémentaire les bases de l'approche SLE des systèmes critiques et ses liens avec la théorie conforme des champs.

Séminaire 3 – Le groupe de renormalisation de matrice de densité (DMRG)

Ulrich Schollwöck (université Louis-et-Maximilien de Munich), le 28 janvier 2019

Résoudre des problèmes quantiques avec de nombreux électrons en interaction forte est l'un des problèmes les plus importants et les plus durs de la physique des solides. Même des modèles simplifiés comme le modèle de Hubbard restent très difficiles à étudier, car le temps de calcul et la taille mémoire augmentent en général exponentiellement avec la taille du système. Aussi doit-on faire appel à des méthodes numériques approchées pour essayer d'en prédire les propriétés macroscopiques. L'une des approches qui s'est le plus développée au cours des trente dernières années est le DMRG (*density matrix renormalization group*), qui permet de mettre en œuvre les idées de renormalisation en ne retenant à chaque étape que les états les plus importants des petits systèmes qui constituent un grand système. L'exposé de Ulrich Schollwöck a présenté les principales idées qui sous-tendent cette approche et a montré le lien entre le DMRG et une méthode variationnelle dans l'espace des états qui peuvent être représentés comme des produits matriciels.

Séminaire 4 – La persistance en physique statistique hors d'équilibre

Grégory Schehr (université d'Orsay), le 4 février 2019

La question de la persistance consiste à essayer de calculer comment décroît la probabilité qu'une quantité stochastique ne change pas de signe jusqu'à l'instant *t*. Le séminaire a commencé par une présentation d'exemples théoriques (marche aléatoire, croissance de domaines) et de situations expérimentales (figures de souffle, cristaux liquides, surfaces vicinales) pour lesquels les exposants de persistance ont été mesurés. Le séminaire s'est poursuivi par une description des approches théoriques (calculs exacts, approximations, liens avec les polynômes aléatoires) permettant de déterminer ces exposants de persistance avant de présenter une série de résultats récents sur la persistance dans le cas de l'équation de diffusion en dimension 2.

Séminaire 5 – Un exemple de renormalisation fonctionnelle : les interfaces piégées

Pierre Le Doussal (École normale supérieure), le 11 février 2019

La renormalisation qui remonte aux travaux de Wilson consiste à chercher un point fixe décrit par un petit nombre de paramètres (les constantes de couplage). Ceci n'est possible que dans le cadre d'un développement au voisinage de la dimension critique supérieure. En dehors de ce cas, le nombre de constantes de couplages le plus souvent prolifère sous l'effet de la renormalisation, ce qui rend impossible la détermination des points fixes et des exposants critiques. La renormalisation fonctionnelle consiste à écrire une équation de renormalisation exacte pour un nombre infini de paramètres, autrement dit pour une fonction. Les modèles d'interfaces piégées permettent d'étudier un certain nombre de problèmes différents comme les parois de domaines en présence d'impuretés, les lignes de vortex ou les cristaux en présence d'impuretés. Après avoir présenté le modèle de Larkin qui permet de prédire à la fois la dimension critique supérieure et les exposants, Pierre Le Doussal a montré comment utiliser le groupe de renormalisation fonctionnel combiné à la méthode des répliques dans le cas des interfaces piégées.

Séminaire 6 – Renormalisation de fort désordre : des origines jusqu'aux développements récents

Cécile Monthus (Institut de physique théorique, Saclay), le 18 février 2019

Ce séminaire a examiné les différents problèmes pour lesquels on peut mettre en œuvre le groupe de renormalisation dans le cas de systèmes fortement désordonnés : les chaînes de spins quantiques désordonnés, la diffusion de Sinai, la croissance de domaines en présence ou absence de désordre. L'idée centrale pour attaquer tous ces problèmes par la renormalisation est assez proche de l'idée originale des blocs de Kadanoff : dans l'espace réel on regroupe les spins couplés par les interactions les plus fortes dans le cas des chaînes de spins ; on élimine les barrières les plus basses dans la diffusion de Sinai, on élimine les domaines les plus petits dans le cas de la croissance de domaines.

Cours à l'extérieur – Institut Solvay, Bruxelles

L'importance des grandes déviations pour les systèmes hors d'équilibre

23 octobre 2018

La physique statistique a permis d'unifier à la fin du XIXe siècle la mécanique de Newton et la thermodynamique. Elle a donné un cadre pour prédire la nature des fluctuations autour des lois physiques macroscopiques énoncées au cours du XIXe siècle. Ainsi Einstein, dès ses tous premiers travaux, a montré comment l'amplitude des fluctuations permet de mesurer la taille des atomes. Son approche, à l'origine de la théorie de la réponse linéaire, appliquée au rayonnement du corps noir, lui a aussi permis de donner une des premières évidences de la dualité onde particule en mécanique quantique. La physique statistique donne aussi un moyen de prédire les lois de grandes déviations pour les systèmes à l'équilibre. Au cours des deux dernières décennies, de gros efforts ont été faits pour étendre notre compréhension des lois de fluctuations et de grandes déviations aux systèmes hors d'équilibre. Le but principal de ce cours a été de présenter quelques-uns des résultats récents les plus marquants.

Désordre, croissance et exclusion

Les 18, 24, 25 et 26 octobre 2018

D'énormes progrès ont été faits ces dernières années sur les fluctuations et les grandes déviations des systèmes hors d'équilibre. Par exemple, des systèmes aussi différents que des problèmes de croissance de colonies de bactéries, de combustion de papier, de déplacement de parois magnétiques ou de trafic routier relèvent tous d'une même théorie. Ce cours a eu pour but d'introduire cette théorie au cœur de laquelle se trouve l'équation KPZ (Kardar Parisi Zhang) qui date de 1986. Ce cours a tenté de décrire les principaux modèles (modèles d'exclusion, polymères en présence de désordre, sédimentation) qui relèvent de cette théorie ainsi que la grande variété d'approches théoriques possibles montrant en particulier les liens avec la physique quantique de bosons en interaction et avec un autre grand pan de la physique théorique, les matrices aléatoires.

Recherche

Mes travaux de recherche au cours de l'année 2018-2019 ont été dans le prolongement de ceux entrepris au cours de l'année précédente.

La fonction de grande déviation du courant dans des systèmes spatialement périodiques

Avec Karel Proesmans de l'université Hasselt en Belgique, venu passer un semestre postdoctoral au Collège de France en 2018, nous avons considéré la fonction de grande déviation d'une particule évoluant selon une dynamique de Langevin sur un cercle. Dans la limite d'un faible bruit, cette fonction de grande déviation présente un point anguleux quand la vitesse s'annule. En utilisant une approche semi-classique, la méthode WKB, nous avons montré comment comprendre la façon dont ce point anguleux est arrondi à l'ordre dominant dans l'amplitude du bruit. Notre approche est très inspirée des calculs d'instantons en mécanique quantique.

Les grandes déviations pour les systèmes hors d'équilibre

Avec Tridib Sahu du Tata Institute à Bombay, en visite au Collège de France pendant l'année 2018-2019, nous avons poursuivi nos travaux sur les systèmes hors d'équilibre. Nous avons publié deux longs articles consacrés au calcul de fonctions de grandes déviations et de mesures conditionnées par ces grandes déviations. Dans le premier article, nous avons considéré le cas de systèmes stochastiques ayant un petit nombre de degrés de liberté, en particulier le cas d'un processus de Markov et celui d'une équation de Langevin, et montré comment calculer les mesures stationnaires dont la dynamique est conditionnée par la valeur empirique d'une quantité mesurée sur une longue fenêtre de temps. Le second article a été consacré au cas de systèmes diffusifs comportant un grand nombre de degrés de liberté.

La méthode des répliques à deux températures

Avec Peter Mottishaw de l'Université d'Édimbourg, nous avons poursuivi nos travaux sur les verres de spins et la méthode des répliques. Notre travail actuel est d'essayer de comprendre comment fonctionne la méthode des répliques quand on s'intéresse aux *overlaps* entre deux températures, dans le cas très simple du modèle à énergies aléatoires. Un article sur nos principaux résultats est en cours de rédaction.

Désordre et renormalisation

Avec mon étudiant Victor Dagard et en étroite collaboration avec Zhan Shi, professeur de probabilités de Sorbonne Université et de son collaborateur Xinxing Chen, nous avons continué à travailler sur la transition de dépiégeage en présence de désordre. Nous avons surtout étudié une équation de coalescence directement liée à ce problème de dépiégeage. Cette équation possède une famille de solutions invariantes d'échelle. Chacune de ces solutions correspond à un comportement critique différent, et est caractérisée par la décroissance de la distribution du désordre à l'infini. Nous avons montré, en particulier par des simulations numériques, que ces solutions décrivent bien le comportement asymptotique de conditions initiales sur la variété critique. À chacune de ces solutions, on peut associer un arbre aléatoire dont les propriétés de branchement peuvent être complètement décrites à partir de nos solutions invariantes d'échelle.

Publications

Chen X., Dagard V., Derrida B., Hu Y., Lifshits M. et Shi Z., « The Derrida-Retaux conjecture on recursive models », 2019, arXiv : 1907.01601.

Derrida B. et Sadhu T., « Large deviations conditioned on large deviations II: Fluctuating hydrodynamics », 2019, arXiv : 1905.07175.

PROESMANS K. et DERRIDA B, « Large-deviation theory for a Brownian particle on a ring: A WKB approach », *Journal of Statistical Mechanics: Theory and Experiment*, vol. 2019, nº 2, 2019, 023201, https://doi.org/10.1088/1742-5468/aafa7e [https://arxiv.org/abs/1809.10587].

DERRIDA B. et SADHU T., « Large deviations conditioned on large deviations I: Markov chain and Langevin equation », *Journal of Statistical Physics*, vol. 176, nº 4, 2019, p. 773-805, https://doi.org/10.1007/s10955-019-02321-4 [arXiv : 1807.06543].

CHEN X., DERRIDA B., HU Y., LIFSHITS M. et SHI Z., « A max-type recursive model: Some properties and open questions », *in* V. SIDORAVICIUS (dir.), *Sojourns in Probability Theory and Statistical Physics – III*, Singapour, Springer, 2019, p. 166-186, http://dx.doi.org/10.1007/978-981-15-0302-3_6 [arXiv: 1705.04787].

MOTTISHAW P. et DERRIDA B., « Finite size corrections to the Parisi overlap function in the GREM », *Journal of Statistical Physics*, vol. 172, nº 1, 2018, p. 592-610, https://doi.org/10.1007/s10955-018-1953-9 [arXiv : 1710.04611].

DERRIDA B., « Physique statistique », *Annuaire du Collège de France 2016-2017. Résumé des cours et travaux*, 117e année, Paris, Collège de France, 2019, p. 47-54 ; en ligne : https://journals.openedition.org/annuaire-cdf/13852.

Chimie des processus biologiques

Marc Fontecave
Membre de l'Institut (Académie des sciences),
professeur au Collège de France

Mots-clés : chimie biologique, catalyse, biocatalyse, molécule

La série de cours et séminaires « Catalyse hétérogène et activation de petites molécules (II) » est disponible en audio et vidéo, sur le site internet du Collège de France (https://www.college-de-france.fr/site/marc-fontecave/course-2018-2019.htm).

Enseignement

Cours – Catalyse hétérogène et activation de petites molécules (II)

Introduction

L'eau, l'oxygène, l'azote, le dioxyde de carbone, etc. sont de petites molécules très abondantes à la surface de la planète et peuvent constituer des sources d'atomes presque infinies pour l'industrie chimique et nos sociétés. D'ailleurs, ce sont elles que les organismes vivants utilisent depuis des milliards d'années pour leurs biosynthèses et métabolismes. Cependant, leur valorisation constitue un véritable défi scientifique et technologique en raison de leur très grande stabilité qui explique leur accumulation sur la terre et dans l'atmosphère. Pour les activer, il faut des catalyseurs (dans les cellules vivantes il s'agit d'enzymes). Le cours porte spécifiquement sur la chimie de ces molécules et sur leur activation par une classe spécifique de catalyseurs : les catalyseurs hétérogènes, solides, qui sont probablement ceux qui sont considérés comme les plus prometteurs du point de vue des applications potentielles, du fait de leur plus grande stabilité et de leur recyclabilité. Cependant,

M. Fontecave, « Chimie des processus biologiques », *Annuaire du Collège de France 2018-2019. Résumé des cours et travaux*, 119e année, Paris, Collège de France, 2022, p. 81-93, https://doi.org/10.4000/annuaire-cdf.16830.

un angle particulier est pris pour faire le lien entre cette classe de catalyseurs et les catalyseurs moléculaires homogènes (dont les enzymes naturelles font partie), à travers la description de différentes approches hybrides : hétérogénéisation des catalyseurs moléculaires, utilisation de petites molécules pour la modification des surfaces des catalyseurs solides, élaboration de matériaux à sites métalliques isolés, mise au point de catalyseurs hétérogènes bioinspirés.

Cours 1 – Catalyse hétérogène : activation moléculaire des surfaces

Dans ce cours sont présentés des exemples récents de modification de l'activité et de la sélectivité de catalyseurs solides (métalliques) pour la réduction du dioxyde de carbone par ajout d'un composé organique. Il peut s'agir d'une petite molécule ou d'un polymère qui s'adsorbe à la surface du solide ou encore d'une molécule présente dans le solvant, comme par exemple un liquide ionique, actuellement très étudié comme co-solvant pour la transformation du CO_2. La discussion porte sur les effets de cet additif organique sur la structure du catalyseur et sur les mécanismes de réaction. En effet, cet additif peut agir sur la morphologie du catalyseur, sur les propriétés hydrophiles/hydrophobes de la surface, sur l'activation du substrat ou de certains intermédiaires réactionnels, sur l'activation (ou l'inactivation) de certains sites métalliques de surface, etc.

Cours 2 – Catalyseurs hétérogènes bioinspirés

Dans ce cours est discutée la stratégie de catalyse bioinspirée qui consiste à mettre au point des catalyseurs qui reproduisent les propriétés structurales et/ou fonctionnelles de sites actifs d'enzymes. Cette stratégie, multidisciplinaire, est utilisée avec succès depuis longtemps. Mais, alors que l'approche traditionnelle consiste à traduire les principes d'organisation et de fonctionnement d'un site actif enzymatique en catalyseur exclusivement moléculaire (on passe d'une molécule – l'enzyme – à une molécule – le catalyseur bioinspiré), très récemment une approche plus originale, mise en œuvre au laboratoire de Chimie des processus biologiques du Collège de France en particulier, a conduit au développement de nouveaux catalyseurs à partir de cette approche de chimie bioinspirée. Dans ce cas, on passe d'une molécule – l'enzyme – à un solide – le catalyseur bioinspiré hétérogène. Parmi les exemples les plus représentatifs de cette recherche, on discute en détail : (i) du sulfure de molybdène, inspiré des sites actifs de la nitrogénase et de la formiate déshydrogénase, et qui constitue un excellent catalyseur pour la réduction des protons en hydrogène ; (ii) des oxydes mixtes de calcium et de manganèse, qui miment merveilleusement le site actif du photosystème II et qui catalysent l'oxydation de l'eau en oxygène ; des sulfures mixtes de nickel et de fer, qui miment le site actif des hydrogénases et qui catalysent la réduction de l'eau en hydrogène.

Cours 3 et 4 – Catalyseurs homogènes hétérogénéisés, de la molécule au solide

Une autre façon de coupler catalyse moléculaire et solide est de développer des catalyseurs moléculaires homogènes (complexes organométalliques) et de les greffer à la surface d'un support solide, de préférence transparent et conducteur s'il s'agit de produire des catalyseurs pour la photo- ou l'électrocatalyse. Le greffage d'un catalyseur moléculaire sur un solide peut avoir de nombreux avantages : (i) stabilisation du catalyseur ; (ii) transfert d'électrons plus efficace ; (iii) limitation des processus bimoléculaires de désactivation ; (iv) plus grande concentration du catalyseur dans la couche de réaction ; (v) réduction de limitations par diffusion des espèces actives ; (vi) meilleure exploitation des atomes du catalyseur ; (vii) possibilité d'exploitation dans des dispositifs technologiques pratiques ; (viii) récupération recyclage du catalyseur. Il y a aussi des inconvénients : (i) nécessité de modifier le catalyseur, ce qui peut être coûteux et peut changer la réactivité du catalyseur ; (ii) caractérisation structurale, électrochimique et mécanistique du matériau « moléculaire » plus délicate (avant et après réaction) ; (iii) faible densité des sites actifs. Dans ce cours sont présentées en détail les différentes technologies de greffage covalent ou non covalent de molécules sur un solide, ainsi que des exemples significatifs de catalyseurs moléculaires hétérogénéisés pour la réduction des protons en hydrogène, l'oxydation de l'eau en oxygène, la réduction de l'oxygène en eau et la réduction du CO_2 en acide formique, CO et hydrocarbures, y compris à partir de travaux menés au laboratoire de Chimie des processus biologiques du Collège de France.

Cours 5 et 6 – Catalyseurs solides à sites métalliques isolés, un pont entre catalyse homogène et hétérogène

Une des caractéristiques des catalyseurs moléculaires (et enzymatiques) est qu'ils sont constitués d'un nombre très limité d'atomes métalliques (un seul le plus souvent), alors que les catalyseurs solides sont constitués d'un très grand nombre d'atomes métalliques. Récemment, il a été montré qu'il était possible de synthétiser des catalyseurs hétérogènes contenant des atomes métalliques isolés au sein d'une matrice solide, le plus souvent carbonée et qui joue évidemment un rôle très important dans la réactivité de ces sites isolés. Cette structuration les rapproche de fait des catalyseurs moléculaires. Par ailleurs, ces composés semblent doués de propriétés catalytiques particulières qui font l'objet d'un très grand nombre d'études à l'heure actuelle. Ce sont ces catalyseurs qui sont présentés dans ce cours. Plus particulièrement sont discutées : (i) les méthodes de synthèse, délicates dans le sens où il ne s'agit pas de contaminer les sites isolés par de petites quantités de nanoparticules métalliques aux propriétés catalytiques différentes ; (ii) les méthodes diverses de caractérisation de ces sites isolés (microscopies, spectroscopie rayons X, etc.) ; (iii) les études récentes visant à caractériser leurs performances et leurs spécificités catalytiques, notamment celles des composés à base de nickel et de cobalt pour la réduction du CO_2.

Séminaires – Catalyse hétérogène et activation de petites molécules (II)

Séminaire 1 – *From manipulated enzymes to solid state electrodes: Towards the reduction of protons and CO_2*

Ulf-Peter Apfel (professeur, université de Bochum, Allemagne), 7 novembre 2018

The efficient reduction of protons as well as direct conversion of CO_2 under mild conditions and catalyzed by non-noble metals is a current challenge and a need of modern society. While nature possesses very sophisticated machineries to perform such conversions, rationally designed catalytic materials are rare [1]. To find suitable compounds for the activation of such small molecules, new strategies have to be found to design superior electrocatalysts. Herein the manipulation of [FeFe]-enzymes with synthetic inorganic cofactors will be presented [2]. Based on such experiments, 1) a strategy to apply biological principles (e.g. cooperative metal-metal interactions) in small homogenous electrocatalysts and 2) an attempt to obtain heterogeneous electrocatalysts, revealing comparable built-in Fe/Ni-moieties, will be presented [3]. We herein aim to raise the awareness of the overall common design and working principles of catalysts incorporating aspects of biology, chemistry, and material sciences.

References

[1] MÖLLER F., PIONTEK S., MILLER R.G. & APFEL U.-P., *Chem. Eur. J.*, *24*, 2018, 1471-1493.

[2] WITTKAMP F., SENGER M., STRIPP S.T. & APFEL U.-P., *Chem. Commun.*, *54*, 2018, 5934-5942.

[3] KONKENA B., JUNGE PURING K., KHAVRYUCHENKO O., SINEV I., PIONTEK S., MUHLER M., SCHUHMANN W. & APFEL U.-P., *Nature Commun.*, *7*, 2016, 12269.

[4] PIONTEK S., ANDRONESCU C., ZAICHENKO A., KONKENA B., JUNGE PURING K., MARLER B., ANTONI H., SINEV I., MUHLER M., MOLLENHAUER D., ROLDAN CUENYA B., SCHUHMANN W. & APFEL U.-P., *ACS Catalysis*, *8*, 2018, 987-966.

[5] BENTLEY C.L., ANDRONESCU C., SMIALKOWSKI M., KANG M., TARNEV T., MARLER B., UNWIN P.R., APFEL U.-P. & SCHUHMANN W., *Angewandte Chemie International Edition*, *57*, 2018, 4093-4097.

Séminaire 2 – Catalyse hybride pour activer le CO_2 par combinaison de complexes moléculaires de fer ou de cobalt et de matériaux carbonés

Marc Robert (professeur, Sorbonne Paris Cité), 14 novembre 2018

Le CO_2 doit être considéré comme une matière première renouvelable, une molécule idéale pour stocker les énergies renouvelables, au premier rang desquelles l'énergie solaire, sous forme de carburants renouvelables comme le méthanol, le méthane ou d'autres hydrocarbures. Pour ce faire, il faut contrôler et optimiser la réduction catalytique du CO_2 soit directement à partir de lumière, soit avec de l'électricité issue de la lumière incidente, en franchissant les barrières d'activation nécessaires au transfert de plusieurs électrons et plusieurs protons (8 électrons et 8 protons dans le cas du méthane par exemple), afin d'obtenir la cible désirée avec une haute sélectivité. Cela reste un formidable défi pour les chimistes en ce début de XXIe siècle. [1] La catalyse hétérogène à base de métaux comme le cuivre ou de matériaux carbonés dopés avec des atomes métalliques a été explorée avec des résultats encourageants, notamment pour l'obtention de monoxyde de carbone (CO) ou d'acide formique (HCOOH), les produits de réduction à 2 électrons et 2 protons du dioxyde de carbone. [2] L'obtention sélective, avec de bons rendements de produits plus réduits, notamment les hydrocarbures légers, reste problématique et peu maîtrisée, même si des progrès récents et spectaculaires ont été réalisés. [3] Parallèlement, et sans lien avec les approches précédentes, la catalyse moléculaire de réduction du CO_2 a également été explorée à l'aide principalement de complexes de métaux de transition de bas degré d'oxydation, notamment avec des métaux abondants comme le Fe, le Mn ou encore le Co. Si d'excellentes sélectivités ont été obtenues tant pour la génération de CO que de HCOOH, [4] l'obtention de produits plus réduits reste, comme en catalyse hétérogène, rare. [5] Il est sans doute possible, en combinant des catalyseurs moléculaires, qui ont l'avantage d'être sélectifs, et des matériaux carbonés, aisés à structurer jusqu'à l'échelle nanométrique et susceptibles de conférer une stabilité accrue au système, de développer des catalyseurs hybrides permettant de relever les défis mentionnés plus haut. Le séminaire arpentera le début de ce long chemin escarpé.

Références

[1] ROBERT M., « Catalysis in the age of Anthropocene », *ACS. Energy Lett.*, vol. 1, 2016, p. 281-282.

[2] SHE Z.-W., KIBSGAARD J., DICKENS C.F., CHORKENDORFF I., NØRSKOV J.K. et JARAMILLO T.F., « Combining theory and experiment in electrocatalysis: Insights into materials design », *Science*, vol. 355, 2017, p. 6321, eaad4998.

[3] DINH C-T., BURDYNY T., KIBRIA M.G., SEIFITOKALDANI A., GABARDO C.M., PELAYO GARCÍA DE ARQUER F., KIANI A., EDWARDS J.P., DE LUNA P., BUSHUYEV O.S., ZOU C., QUINTERO-BERMUDEZ R., PANG Y., SINTON D. et SARGENT E.H., « CO_2 electroreduction to ethylene via hydroxide-mediated copper catalysis at an abrupt interface », *Science*, 2018, vol. 360, p. 783-787.

[4] FRANCKE R., SCHILLE B. et ROEMELT M., « Homogeneously catalyzed electroreduction of carbon dioxide: Methods, mechanisms, and catalysts », *Chem. Rev.*, vol. 118, 2018, p. 4631-4701.

[5] RAO H., SCHMIDT L., BONIN J. et ROBERT M., « Visible-light-driven methane formation from CO_2 with an iron complex », *Nature*, vol. 548, 2017, p. 74-77.

Séminaire 3 – Photosynthèse artificielle : une approche moléculaire pour la production de carburants solaires

Vincent Artero (directeur de recherches, CEA, Grenoble), 21 novembre 2018

Le rayonnement solaire constitue sans nul doute la source d'énergie renouvelable la plus abondante sur Terre. Elle est cependant intermittente et inégalement répartie à la surface du globe. Bien que la technologie photovoltaïque permette de la convertir efficacement en électricité, la production de carburants, emmagasinant l'énergie collectée sous forme de liaisons chimiques, constitue la seule voie permettant d'envisager le stockage énergétique des énergies renouvelables à l'échelle du térajoule. Certains projets pilotes visent ainsi à l'évaluation du couplage de technologies photovoltaïques avec l'électrolyse de l'eau pour la production d'hydrogène (H_2). Ce gaz est un vecteur énergétique prometteur, facilement reconvertible en électricité grâce aux technologies de piles à combustible. L'hydrogène peut également être utilisé pour produire méthanol ou méthane à partir de dioxyde de carbone. Alternativement, le développement de technologies de conversion directe de l'énergie solaire en carburants (sans passer par la production intermédiaire d'électricité) permettrait sans doute de réduire les coûts tout en autorisant le stockage massif et durable de l'énergie solaire. C'est d'ailleurs la solution développée par le monde vivant : les plantes, lors de la photosynthèse, utilisent la lumière pour synthétiser directement des molécules à haute valeur énergétique, telles que les sucres, par réduction du CO_2 couplée à l'oxydation de l'eau.

Le processus photosynthétique a depuis longtemps fasciné les chimistes qui ont essayé d'en reproduire les étapes clés [1]. La production d'hydrogène par photodécomposition directe de l'eau constitue la cible privilégiée de ces recherches. De manière générale, un système photosynthétique artificiel doit être capable

(i) d'absorber des photons, idéalement dans le spectre visible (représentant 40 % de l'énergie solaire incidente), (ii) de convertir l'énergie de ce photon en potentiel électrochimique par un processus de séparation de charges photo-induit, et (iii) d'utiliser ce potentiel électrochimique pour oxyder l'eau et réduire les protons ou le CO_2 à travers des processus catalytiques multi-électroniques. Les deux premières étapes de ce processus sont réalisées par un (ou plusieurs) photosensibilisateur(s), qu'il faut combiner à des catalyseurs spécifiques capables de réaliser la dernière étape.

L'approche que nous développons consiste à immobiliser photosensibilisateurs et catalyseurs à la surface d'oxydes transparents conducteurs [2] de manière à pouvoir, d'une part, contrôler les échanges électroniques entre ces composants et, d'autre part, les intégrer dans des cellules photoélectrochimiques de production de carburants solaires à partir d'eau ou de CO_2.

Ce séminaire présentera nos principaux résultats dans ce domaine, avec notamment le développement de photocathodes moléculaires de production d'hydrogène [3] et l'assemblage de dispositifs opérationnels de photosynthèse artificielle [4].

Références

[1] ANDREIADIS E.S., CHAVAROT-KERLIDOU M., FONTECAVE M. et ARTERO V., *Photochem Photobiol.*, vol. 87, 2011, p. 946-964.

[2] GIBSON E.A., *Chem. Soc. Rev.*, vol. 46, 2017, p. 6194-6209.

[3] a) KAEFFER N., WINDLE C.D., BRISSE R., GABLIN C., LÉONARD D., JOUSSELME B., CHAVAROT-KERLIDOU M. et ARTERO V., *Chem. Sci.*, vol. 9, 2018, p. 6721-6738 ; b) WINDLE C.D., MASSIN J., CHAVAROT-KERLIDOU M. et ARTERO V., *Dalton Trans.*, vol. 47, 2018, p. 10509-10516 ; c) KAEFFER N., MASSIN J., LEBRUN C., RENAULT O., CHAVAROT-KERLIDOU M. et ARTERO V., *J. Am. Chem. Soc.*,vol. 138, 2016, p. 12308-12311.

[4] SAHARA G., KUMAGAI H., MAEDA K., KAEFFER N., ARTERO V., HIGASHI M., ABE R. et ISHITANI O., *J. Am. Chem. Soc.*, vol. 138, 2016, p. 14152-14158.

Séminaire 4 – Matériaux d'électrode « sites isolés » définis à l'échelle moléculaire pour l'électroréduction du CO_2

Victor Mougel (chargé de recherches, CNRS/Collège de France, Paris), 5 décembre 2018

L'électroréduction du dioxyde de carbone constitue une voie de valorisation en composés chimiques à plus forte valeur ajoutée. Dans ce contexte, le critère prépondérant dans la sélection de matériaux d'électrodes pour cette réaction est leur propension à produire des composés de manière sélective. Une des approches envisagée pour obtenir des sélectivités élevées est l'utilisation d'électrodes « sites isolés » présentant un seul type de site actifs. Parmi celle-ci, les matériaux carbone dopés à l'azote présentant des sites métalliques isolés (M-NC), développés originellement pour la réduction de l'oxygène dans les piles à combustibles, ont récemment démontrés des activités et sélectivités exceptionnelles pour la réduction électrochimique du dioxyde de carbone. [1] En particulier, nos récents travaux ont permis de démontrer un changement de paradigme dans la génération de produits multicarbonés en électroréduction du dioxyde de carbone, tel l'éthanol. Alors que seuls des produits composés d'un seul atome de carbone (monoxyde de carbone, acide formique) n'avaient été jusqu'à ce jour observés avec tous les matériaux d'électrodes autres que le cuivre métallique, nous avons démontré que l'utilisation de matériaux M-NC pouvait constituer une alternative bon marché, présentant, de plus, une haute sélectivité. Ce séminaire s'intéressera à ces nouveaux matériaux en les resituant dans le contexte de l'électrocatalyse et détaillera nos travaux dans le domaine de la réduction du dioxyde de carbone.

Références

[1] TRAN N.H, RANJBAR N., ROUSSE G., SOUGRATI M., ZITOLO A., MOUGEL V., JAOUEN F. et FONTECAVE M., *ACS Catal.*, vol. 7, 2017, p. 1520-1525.

Séminaire 5 – Approche moléculaire de la catalyse hétérogène : design, synthèse, structure et réactivité (catalytiques) des sites de surface isolés

Christophe Copéret (professeur, ETH Zurich, Suisse), 19 décembre 2018

La catalyse est une science clé du développement durable avec un avenir prometteur. L'industrie chimique du XXIe siècle aura recours à des procédés de plus en plus efficaces et à base de ressources de plus en plus variées (du pétrole à la biomasse). Cela nécessite l'intensification des procédés (réduction du nombre d'unité opérationnelle lors de la synthèse de produits) et le développement de procédés catalytiques, moins coûteux en énergie et plus sélectifs. C'est pourquoi la catalyse hétérogène, avec l'avantage de conserver les réactifs et la phase active physiquement séparés, est une approche privilégiée dans l'industrie. Néanmoins, cette dernière souffre de développement principalement empirique de ce type de catalyseurs, de par la complexité des phases solides. Au cours de ces dernières années, de nombreux travaux de recherche ont montré qu'une chimie de surface contrôlée, épaulée par des techniques spectroscopiques et théoriques poussées, permet de générer – de façon (plus) homogène – des sites de structures connus à la surface de matériaux ; ces derniers démontrent souvent des performances catalytiques supérieures aux catalyseurs préparés par voies plus conventionnelles ou leurs homologues homogènes. [1,2] Cette approche permet une compréhension à l'échelle moléculaire de la réactivité des sites en surface et le développement par une approche structure – activité –, et donc rationnelle, de ces catalyseurs. Ce séminaire présentera, au travers de nos résultats, dans le domaine de la conversion d'hydrocarbures et de l'hydrogénation du CO_2, comment la compréhension de la chimie de surface à l'échelle moleculaire permet à la fois le développement de catalyseurs « hétérogènes » par des approches plus rationnelles [1,2] et d'apporter des informations sur les catalyseurs industriels existants. [3]

Références

[1] COPÉRET C., COMAS-VIVES A., CONLEY M.P., ESTES D., FEDOROV A., MOUGEL V., NAGAE H., NÚÑEZ-ZARUR F. et ZHIZHKO P.A., « Surface organometallic and coordination chemistry towards single-site heterogeneous catalysts: Strategies, methods, structures, and activities », *Chem. Rev.*, vol. 16, 2016, p. 323-421.

[2] COPÉRET C., FEDOROV A. et ZHIZHKO P.A., « Surface organometallic chemistry: Paving the way beyond well-defined supported organometallics and single-site catalysis », *Catal. Lett.*, vol. 147, 2017, p. 2247-2259.

[3] COPÉRET C., ALLOUCHE F., CHAN K.W., CONLEY M.P., DELLEY M.F., FEDOROV A., MOROZ I.B., MOUGEL V., PUCINO M., SEARLES K., YAMAMOTO K. et ZHIZHKO P.A., « Bridging the gap between industrial and well-defined supported catalysts », *Angewandte Chemie International Edition*, vol. 57, 2018, p. 6398-6440.

COURS À L'EXTÉRIEUR – CHIMIE ET DÉFIS ÉNERGÉTIQUES DU XXIe SIÈCLE

Université de Lyon et ENS Lyon

Cours 1 – Chimie et défis énergétiques du XXIe siècle : une introduction

Dans ce premier cours/séminaire sont présentés, dans leur grande généralité et en guise d'introduction, les grands enjeux de la transition énergétique : la fin des énergies fossiles, l'augmentation des gaz à effet de serre et la nécessité de développer de nouvelles technologies de l'énergie, technologies de stockage des énergies renouvelables, au premier rang desquelles on trouve le soleil. On discute des différentes façons de transformer ces énergies, en général intermittentes et diluées, en énergie électrique (photovoltaïque), en énergie chimique (biocarburants, hydrogène), et de les stocker (batteries). On montre en particulier comment la chimie contribue(ra) à cette révolution énergétique.

Cours 2 – Photosynthèse naturelle et photosynthèse artificielle

Certains organismes vivants, dits « photosynthétiques », ont cette capacité remarquable d'utiliser l'énergie solaire pour transformer l'eau et le dioxyde de carbone en molécules organiques à haute valeur énergétique (biomasse). Dans certaines conditions, l'eau peut être également réduite en hydrogène. Pour réaliser ce processus, dit « de photosynthèse », ces micro-organismes ont élaboré des systèmes enzymatiques incroyablement sophistiqués et efficaces pour collecter les photons lumineux, traduire cette absorption de lumière en énergie chimique et pour catalyser les réactions de transfert d'électrons. Ce cours tente de faire comprendre la chimie complexe de cette photosynthèse et de montrer comment le chimiste peut s'en inspirer pour inventer des catalyseurs et des dispositifs technologiques originaux, dits « de photosynthèse artificielle », permettant de stocker l'énergie solaire en énergie chimique.

Cours 3 – Que faire du CO_2 ? – De la chimie !!

Pour limiter l'augmentation de la concentration du CO_2 dans l'atmosphère, responsable du réchauffement climatique, une stratégie réside dans sa capture et sa séquestration. Dans ce cours, on évoque une autre perspective, celle de la valorisation du CO_2, à travers sa conversion en toute une série de composés carbonés, polymères, carburants, produits chimiques… nécessaires à l'industrie chimique. En effet, le monde dans lequel nous vivons est un monde de carbone, pas seulement pour l'énergie mais aussi pour la très grande majorité des matériaux de notre environnement. Celui de demain aura également besoin de quantités massives de carbone. Saura-t-on exploiter le CO_2 dans cette direction ? Ce sera l'occasion de discuter des projets de recherche en œuvre au Collège de France, dans ce domaine.

RECHERCHE

Le laboratoire de Chimie des processus biologiques développe des recherches à l'interface de la chimie et de la biologie. Plus spécifiquement, il étudie des systèmes enzymatiques complexes impliqués dans des voies métaboliques et biosynthétiques, comme la modification des ARN ou la biosynthèse de l'ubiquinone, dont il caractérise la structure et les mécanismes. Il s'intéresse également à certaines métalloenzymes du métabolisme bioénergétique comme les hydrogénases, qui catalysent la réduction de l'eau en hydrogène avec une remarquable efficacité et qui sont considérés comme des biocatalyseurs potentiels pour une utilisation dans des dispositifs électrochimiques de stockage d'énergie (bioélectrodes pour électrolyseurs et piles à combustibles). Enfin, les questions de la catalyse pour le stockage d'énergie sont traitées par des approches multiples en chimie de synthèse et en électrochimie, qui combinent chimie moléculaire bioinspirée et chimie du solide. De nouveaux catalyseurs sont mis au point aussi bien pour l'oxydation de l'eau (catalyseurs pour l'anode des électrolyseurs), la réduction (catalyseurs pour la cathode des électrolyseurs) des protons en hydrogène et du dioxyde de carbone en composés organiques d'intérêt économique, notamment les hydrocarbures comme l'éthylène ou les alcools comme l'éthanol.

Catalyse et stockage d'énergie

Toute une série de nouveaux complexes moléculaires originaux, le plus souvent bioinspirés, dans le sens où leur structure rappelle celle de certains sites actifs d'enzymes, à base de métaux non nobles comme le nickel ou le molybdène, ont été synthétisés et étudiés pour leurs propriétés catalytiques (C1, C3, C4, C7, C9, C10, C12, C17). Certains d'entre eux ont révélé des efficacités catalytiques intéressantes aussi bien pour la réduction de protons en H_2 ou la réduction du CO_2 en monoxyde de carbone CO ou en acide formique. Nous étudions également des catalyseurs moléculaires pour l'oxydation de l'eau. Leur réactivité est en général étudiée dans des conditions électrochimiques (l'énergie est d'origine électrique), mais dans certains cas aussi dans des conditions photochimiques – l'énergie est apportée par la lumière – (C3, C5, C6, C8, C12).

Le développement technologique de ces systèmes moléculaires nécessite que ces derniers soient hétérogénéisés. C'est ce qui a été fait récemment à travers la mise au point par le laboratoire de stratégies originales de fixation de certains de ces complexes moléculaires sur des solides poreux (*Metal-Organic Frameworks-MOFs*) et des polymères de coordination (C2, C4).

L'objectif principal est de transformer le CO_2 en composés organiques d'intérêt (hydrocarbures et alcools) à la cathode d'électrolyseurs qui oxydent en parallèle l'eau en oxygène à l'anode. Les catalyseurs les plus efficaces et les plus stables pour ces réactions sont hétérogènes et le laboratoire est devenu un des experts de cette recherche. De nouveaux catalyseurs efficaces et sélectifs pour la production de CO (C7, C13), d'éthylène (C9, C11), d'éthanol (C10) et pour l'oxydation de l'eau (C14) ont été publiés au cours de la dernière année. Le résultat le plus remarquable a porté sur la mise au point d'un dispositif complet associant une cellule solaire et un électrolyseur qui transforme le CO_2 et l'eau en éthylène avec un très bon rendement, en utilisant seulement de l'énergie solaire comme source d'énergie (C9).

Hydrogénases

Le laboratoire s'est engagé depuis quelques années dans un projet d'étude des hydrogénases à fer et de leur maturation. Ces enzymes sont d'excellents biocatalyseurs pour la production d'hydrogène. Leur structure complexe, la nécessité d'une étape de maturation pour la production d'une enzyme active et leur grande sensibilité à l'oxygène rendent cependant difficile leur utilisation dans des dispositifs technologiques. Nous étudions différentes stratégies pour résoudre ces questions : (i) une ingénierie rationnelle des hydrogénases par les outils de la biologie moléculaire et de la chimie de synthèse (H1 et H2) ; (ii) l'élaboration d'hydrogénases artificielles qui sont des systèmes hybrides associant une protéine hôte et un catalyseur de synthèse (H3).

Enzymes de modification des ARN

La structure d'enzymes en complexe avec des substrats macromoléculaires (protéines, ADN, ARN...) et la compréhension de leurs mécanismes de reconnaissance et d'action constituent encore aujourd'hui de formidables défis de la chimie biologique. Nous nous intéressons plus particulièrement aux enzymes de modification des ARN de transfert qui jouent un rôle capital dans la traduction de l'information génétique. Plus particulièrement nous étudions deux classes d'enzymes : les protéines fer-soufre (M1, M2, M7) et les flavoprotéines (M3, M5, M6, M8, M9). Par exemple, nous avons caractérisé un mécanisme original de reconnaissance d'ARN de transfert par la dihydrouridine synthase (M6).

Enzymes de la biosynthèse de l'ubiquinone

L'ubiquinone est un cofacteur essentiel de la bioénergétique. Pourtant, sa biosynthèse est encore mal connue en dépit du fait qu'elle constitue un véritable défi chimique en raison de la complexité de sa structure et de son insolubilité dans l'eau. Depuis plusieurs années, nous nous intéressons au complexe multiprotéique et multienzymatique impliqué dans la biosynthèse de l'ubiquinone. Tout récemment, nous avons contribué à plusieurs avancées majeures dans ce domaine : (i) d'une part, nous avons démontré que cette biosynthèse est réalisée au sein d'un complexe multiprotéique soluble complètement caractérisé (U1) ; (ii) d'autre part, nous avons découvert de nouveaux acteurs protéiques impliqués dans la biosynthèse anaérobie de l'ubiquinone (U2).

Publications

Catalyse et stockage d'énergie [C1-C14]

[C1] Fontecave M. et Fontecave T., « Photosynthèse artificielle : transformer le soleil en carburants », *Bulletin de l'Union des physiciens*, 2018, vol. 1000, p. 249-260.

[C2] Paille G., Gomez-Mingot M., Roch-Marchal C., Lassalle-Kaiser B., Mialane P., Fontecave M., Mellot-Draznieks C. et Dolbecq A. « A fully noble metal-free photosystem based on cobalt-polyoxometalates immobilized in a porphyrinic metal-organic-framework for water oxidation », *J. Am. Chem. Soc.*, vol. 140, n° 10, 2018, p. 3613-3618, https://doi.org/10.1021/jacs.7b11788.

[C3] Fogeron T., Todorova T.K., Procher J.-P., Gomez-Mingot M., Chamoreau L.-M., Mellot-Draznieks C., Li Y. et Fontecave M., « A bioinspired nickel (bis-dithiolene) complex as a novel homogeneous catalyst for carbon dioxide electroreduction », *ACS Catalysis*, vol. 8, 2018, p. 2030-2038, https://doi.org/10.1021/acscatal.7b03383.

[C4] WANG X., WISSER F.M., CANIVET J., FONTECAVE M. et MELLOT-DRAZNIEKS C., « Immobilization of a full photosystem in the large-pore MIL-101 metal-organic framework for CO_2 reduction », *ChemSusChem*, vol. 11, n° 18, 2018, p. 3315-3322, https://doi.org/10.1002/cssc.201801066.

[C5] FOGERON T., RETAILLEAU P., CHAMOREAU L.-M., LI Y. et FONTECAVE M., « Pyranopterin related dithiolene molybdenum complexes as homogeneous catalysts for CO_2 photoreduction », *Angewandte Chemie International Edition*, vol. 57, n° 52, 2018, p. 17033-17037, https://doi.org/10.1002/anie.201809084.

[C6] FOGERON T., RETAILLEAU P., GOMEZ-MINGOT M., LI Y. et FONTECAVE M., « Nickel complexes based on molybdopterin-like dithiolenes: Catalysts for CO_2 electroreduction », *Organometallics*, vol. 38, n° 6, 2019, p. 1344-1350, https://doi.org/10.1021/acs.organomet.8b00655.

[C7] LAMAISON S., WAKERLEY D., MONTERO D., ROUSSE G., TAVERNA D., GIAUME D., MERCIER D., BLANCHARD J., TRAN H.N., FONTECAVE M. et MOUGEL V., « Zn-Cu alloy nanofoams as efficient catalysts for CO_2 reduction to syngas mixtures with potential-independent H_2:CO ratio », *ChemSusChem*, vol. 12, n° 2, 2019, p. 511-517, https://doi.org/10.1002/cssc.201802287.

[C8] TODOROVA T.K., HUAN T.N., WANG X., AGARWALA H. et FONTECAVE M., « Controlling hydrogen evolution during photoreduction of CO_2 to formic acid using [Rh(R-bpy)(Cp*)Cl]+ Catalysts: A structure-activity study », *Inorganic Chemistry*, vol. 58, n° 10, 2019, p. 6893-6903, https://doi.org/10.1021/acs.inorgchem.9b00371.

[C9] HUAN T.N., ALVES DALLA CORTE D., LAMAISON S., LUTZ L., MENGUY N., FOLDYNA M., TURREN-CRUZ S.-H., HAGFELDT A., BELLA F., FONTECAVE M. et MOUGEL V., « Low-cost high efficiency system for solar-driven conversion of CO_2 to hydrocarbons », *Proceedings of the National Academy of Sciences of the United States of America*, vol. 116, n° 20, 2019, p. 9735-9740, https://doi.org/10.1073/pnas.1815412116.

[C10] KARAPINAR D., TRAN H.N., RANJBAR N., WAKERLEY D., TOUATI N., ZANNA S., TAVERBA D., GALVÃO TIZEI L.H., ZITOLO A., JAOUEN F., MOUGEL V. et FONTECAVE M., « Electroreduction of CO_2 on single-site copper-nitrogen-doped carbon material: Selective formation of ethanol and reversible restructuration of the metal sites », *Angew. Chem.*, 2019, vol. 58, n° 42, p. 15098-15103, https://doi.org/10.1002/anie.201907994.

[C11] WAKERLEY D., LAMAISON S., OZANAM F., MENGUY N., MERCIER D., MARCUS P., FONTECAVE M. et MOUGEL V., « Bio-inspired hydrophobicity promotes CO_2 reduction on a Cu surface », *Nature Materials*, vol. 18, 2019, p. 1222-1227, https://doi.org/10.1038/s41563-019-0445-x.

[C12] PAILLE G., BOULMIER A., BENSAID A., HA-THI M.-H., TRAN T.-T., PINO T., MARROT J., RIVIÈRE E., HENDRON C.H., OMS O., GOMEZ-MINGOT M., FONTECAVE M., MELLOT-DRAZNIEKS C., DOKLBECQ A. et MIALANE P., « An unprecedented $\{Ni_{14}SiW_9\}$ hybrid polyoxometalate with high photocatalytic hydrogen evolution activity », *Chemical Communications*, vol. 55, n° 29, 2019, p. 4166-4169, https://doi.org/10.1039/c9cc01269a.

[C13] KARAPINAR D., HUAN T.N., GIAUME D., RANJBAR N., JAOUEN F., MOUGEL V. et FONTECAVE M., « FeNC catalysts for CO_2 electroreduction to CO: Effect of nanostructured carbon supports », *Sust. En. & Fuels*, vol. 33, 2019, p. 1833-1840, https://doi.org/10.1039/C9SE00214F.

[C14] GUIET A., HUAN T.N., PAYEN C., PORCHERW F., MOUGEL V., FONTECAVE M. et CORBEL G., « Copper substituted $NiTiO_3$ ilmenite type materials for oxygen evolution reaction », *ACS Appl. Mat. Int.*, vol. 11, n° 34, 2019, p. 31038-31048, https://doi.org/10.1021/acsami.9b08535.

HYDROGÉNASES [H1-H3]

[H1] GASERTA G., PAPINI C., ADAMSKA-VENKATESH A., PECQUEUR L., SOMMER C., REIJERSE E., LUBITZ W., GAUQUELIN C., MEYNIAL-SALLES I., PRAMANIK D., ARTERO V., ATTA M., DEL BARRIO M., FAIVRE B., FOURMOND V., LÉGER C. et FONTECAVE M., « Engineering a microbial [FeFe]-hydrogenase: Do accessory clusters influence O_2 resistance and catalytic bias? », *J. Am. Chem. Soc.*, vol. 140, 2018, p. 5516-5526, https://doi.org/10.1021/jacs.8b01689.

[H2] SOMMER C., RUMPEL S., ROY S., ARTERO V., FONTECAVE M., REIJERSE E. et LUBITZ W., « Spectroscopic investigations of a semi-synthetic [FeFe] hydrogenase with propane di-selenol as bridging ligand in the bi-nuclear subsite: Comparison to the wild type and propane di-thiol variants », *J. Biol. Inorg. Chem.*, vol. 23, 2018, p. 481-491, https://doi.org/10.1007/s00775-018-1558-4.

[H3] PAPINI C., SOMMER C., PECQUEUR L., PRAMANIK D., ROY S., REIJERSE E.J., WITTKAMP F., ARTERO V., LUBITZ W. et FONTECAVE M., « Bioinspired artificial [FeFe]-hydrogenase with a synthetic H-cluster », *ACS Catalysis*, vol. 9, nº 5, 2019, p. 4495-4501, https://doi.org/10.1021/acscatal.9b00540.

MÉTALLOPROTÉINES ET FLAVOPROTÉINES : MODIFICATION D'ARN, ETC. [M1-M9]

[M1] AYMÉ L., ARRAGAIN S., CANONGE M., BAUD S., TOUATI N., BIMAI O., JAGIC F., LOUIS-MONDÉSIR C., BRIOZZO P., FONTECAVE M. et CHARDOT T., « *Arabidopsis thaliana* DGAT3 is a [2Fe-2S] protein involved in TAG biosynthesis », *Scientific Reports*, vol. 8, nº 1, 2018, nº 17254, https://doi.org/10.1038/s41598-018-35545-7.

[M2] PY B., GEREZ C., HUHUENOT A., VIDAUD C., FONTECAVE M., OLLAGNIER DE CHOUDENS S. et BARRAS F., « The ErpA/NfuA complex builds an oxidative resistant Fe-S cluster delivery pathway », *J. Biol. Chem.*, vol. 293, 2018, p. 7689-7702, https://doi.org/10.1074/jbc.ra118.002160.

[M3] BOU-NADER C., BRÉGÉON D., PECQUEUR L., FONTECAVE M. et HAMDANE D., « Electrostatic potential in tRNA-binding evolution of dihydrouridine synthases », *Biochemistry*, vol. 57, nº 37, 2018, p. 5407-5414, https://doi.org/10.1021/acs.biochem.8b00584.

[M4] MAZMOUZ R., ESSADIK I., HAMDANE D., MÉJEAN A. et PLOUX O., « Characterization of CyrI, the hydroxylase involved in the last step of cylindrospermopsin biosynthesis: Binding studies, site-directed mutagenesis and stereoselectivity », *Arch. Biochem. Biophys.*, vol. 647, 2018, p. 1-9, https://doi.org/10.1016/j.abb.2018.04.007.

[M5] BOU-NADER C., MONTEMONT H., GUERINEAU V., JEAN-JEAN O., BRÉGEON D. et HAMDANE D., « Unveiling structural and functional divergences of bacterial tRNA dihydrouridine synthases: perspectives on the evolution scenario », *Nucleic Acids Res.*, vol. 46, 2018, p. 1386-1394, https://doi.org/10.1093/nar/gkx1294.

[M6] BOU-NADER C., BARRAUD P., PECQUEUR L., PÉREZ J., VELOURS C., SHEPARD W., FONTECAVE M., TISNÉ C. et HAMDANE D., « Molecular basis for transfer RNA recognition by the double-stranded RNA-binding domain of human dihydrouridine synthase 2 », *Nucleic Acids Research*, vol. 47, nº 6, 2019, p. 3117-3126, https://doi.org/10.1093/nar/gky1302.

[M7] GERVASON S., LARKEM D., BEN MANSOUR A., BOTZANOWSKI T., MÜLLER C.S., PECQUEUR L., DELAUNAY-MOISAN A., LE PAVEC G., BRUN O., AGRAMUNT J., GRANDAS A., FONTECAVE M., SCHÜNEMAN V., CIANFÉRANI S., SIZUN C., TOLEDANO M. et D'AUTRÉAUX B., « Physiologically relevant reconstitution of iron-sulfur cluster biosynthesis uncovers persulfide-processing functions of ferredoxin-2 and frataxin », *Nature Communications*, vol. 10, art. nº 3566, 2019, https://doi.org/10.1038/s41467-019-11470-9.

[M8] Bou-Nader C., Barraud P., Pecqueur L., Fontecave M., Tisné C., Sacquin-Mora S. et Hamdane D., « Conformational stability adaptation of a double-stranded RNA-binding domain to transfer RNA ligand », *Biochemistry*, vol. 58, 2019, p. 2463-2473, https://doi.org/10.1021/acs.biochem.9b00111.

[M9] Deng Y., Faivre B., Back O., Lombard M., Pecqueur L. et Fontecave M., « Structural and functional characterization of 4-hydroxyphenylacetate 3-hydroxylase from *Escherichia coli* », *ChemBioChem*, 2019, https://doi.org/10.1002/cbic.201900277.

Biosynthèse de l'ubiquinone [U1-U2]

[U1] Hajj Chehade M., Pelosi L., Fyfe C.D., Loiseau L., Rascalou B., Brugière S., Kazemzadeh K., Vo C.-D.-T., Ciccone L., Aussel L., Couté Y., Fontecave M., Barras F., Lombard M. et Pierrel F., « A soluble metabolon synthesizes the isoprenoid lipid ubiquinone », *Cell Chemical Biology*, vol. 26, n° 4, 2019, p. 482-492, https://doi.org/10.1016/j.chembiol.2018.12.001.

[U2] Pelosi L., Vo C.-D.-T., Abby S.S., Loiseau L., Rascalou B., Hajj Chehade M., Faivre B., Goussé M., Chenal C., Touati N., Binet L., Cornu D., Fyfe C.D., Fontecave M., Barras F., Lombard M. et Pierrel F., « Ubiquinone biosynthesis over the entire O2 Range: Characterization of a conserved O2-independent pathway », *MBio*, vol. 10, n° 4, 2019, https://doi.org/10.1128/mBio.01319-19.

Autres

Valencia-Gallardo C., Bou-Nader C., Aguilar-Salvador D.-I., Carayol N., Quenech'Du N., Pecqueur L., Park H., Fontecave M., Izard T. et Tran Van Nhieu G., « Shigella IpaA binding to talin stimulates filopodial capture and cell adhesion », *Cell Reports*, vol. 26, n° 4, 2019, p. 921-932, https://doi.org/10.1016/j.celrep.2018.12.091.

Physique de la matière condensée

Antoine Georges
Membre de l'Institut (Académie des sciences),
professeur au Collège de France

Mots-clés : matériaux quantiques, physique quantique computationnelle, matériaux à fortes corrélations électroniques, théorie du champ moyen dynamique

La série de cours et séminaires « Fermions en interaction : introduction à la théorie du champ moyen dynamique » est disponible, en audio et/ou en vidéo, sur le site internet du Collège de France (https://www.college-de-france.fr/site/antoine-georges/course-2018-2019.htm), ainsi que le colloque « Recent developments in dynamical mean-field theory » (https://www.college-de-france.fr/site/antoine-georges/symposium-2018-2019.htm).

Enseignement

Cours – Fermions en interaction : introduction à la théorie du champ moyen dynamique

Les systèmes quantiques constitués d'un très grand nombre de particules en interaction – électrons dans un matériau ou fluides quantiques comme les gaz ultra-froids – présentent des phénomènes collectifs fascinants. Dès 1929, Paul Dirac a souligné la nécessité de développer des méthodes théoriques permettant de comprendre la physique de ces systèmes, voire d'en prédire les propriétés. Ce programme de recherche associe aujourd'hui de manière étroite des aspects conceptuels et computationnels/algorithmiques. Le cours de cette année a été consacré à la « théorie de champ moyen dynamique », qui a permis des progrès notables dans ce domaine. Cette approche propose une description physique

A. Georges, « Physique de la matière condensée », *Annuaire du Collège de France 2018-2019. Résumé des cours et travaux*, 119e année, Paris, Collège de France, 2022, p. 95-98, https://doi.org/10.4000/annuaire-cdf.16837.

radicalement différente de celle d'un « gaz d'électrons » en interaction faible. Le cours a présenté les fondements de cette théorie de manière introductive. Les séminaires et le colloque associé ont permis d'en présenter des développements et applications récentes – sans oublier le lien avec les observations expérimentales.

Séminaires liés

Séminaire 1 – *Were fermions born under a bad sign?*

Le 7 mai 2019, Michel Ferrero (CPHT, École polytechnique / Collège de France).

Séminaire 2 – *Nonequilibrium extensions of dynamical mean field theory*

Le 14 mai 2019, Philipp Werner (université de Fribourg, Suisse).

Séminaire 3 – *Excitonic condensation of strongly correlated electrons*

Le 21 mai 2019, Jan Kunes (TU-Wien / Czech Academy of Sciences, Prague, République tchèque).

Séminaire 4 – *Unifying spin-fluctuations and DMFT: TRILEX and vertex-based methods*

Le 11 juin 2019, Olivier Parcollet (Flatiron Institute, New York / IPHT, CEA-Saclay).

Colloque – *Recent developments in dynamical mean-field theory*

11 juin 2019 : en liaison avec le cycle de cours 2018-2019.

Intervenants : Manuel Zingl, Jernej Mravlje, Hugo Strand, Alessandro Toschi, Leonid Pourovskii.

Recherche : matière quantique à fortes corrélations

Les recherches menées dans l'équipe concernent la « matière quantique à fortes corrélations ». Il s'agit de systèmes constitués d'un très grand nombre de particules indiscernables (les électrons d'un solide ou les atomes d'un gaz ultra-froid par exemple) ayant entre elles de fortes interactions. Pour ces systèmes, une description théorique en termes de fonctions d'ondes indépendantes est insuffisante. Le développement de nouvelles méthodes théoriques, analytiques et computationnelles, permettant de comprendre la physique de ces systèmes est au cœur des activités de notre équipe, ainsi que les applications de ces méthodes à des questions de physique des matériaux ou aux propriétés d'autres systèmes quantiques en interaction. Notre équipe (M. Ferrero) participe au développement de la librairie de codes *open-source* TRIQS « Toolbox for Research on Interacting Quantum Systems » (https://triqs.github.io/triqs/master/).

L'équipe de recherche

L'équipe de recherche « Matériaux quantiques à fortes corrélations » est implantée au sein de l'Institut de physique du Collège de France (Bâtiment E). L'équipe est rattachée au Centre de physique théorique – CPHT (CNRS, UMR 7644), École Polytechnique et université Paris-Saclay.

Membres de l'équipe de chaire (2018-2019) : Silke Biermann, Michel Ferrero, Antoine Georges, Leonid Pourovskii, Alaska Subedi (permanents CPHT, École Polytechnique) ; Giacomo Mazza, Thomas Schäfer, Wei Wu (postdoctorants CPHT) ; Alice Moutenet (doctorante).

Membres associés à l'équipe de chaire : Indranil Paul (LMPQ, université Paris-Diderot), Luca de' Medici (ESPCI).

Rencontres internationales

En 2018-2019 ont été organisés les colloques et rencontres suivantes : rencontre de la collaboration ERC/QMAC, Fondation Hugot (25-27 février 2019) ; rencontre de la collaboration ERC/QMAC, Genève (28-29 août 2019) ; « TRIQS – Toolbox for Research on Interacting Quantum Systems », rencontre internationale annuelle de la librairie numérique, Collège de France (12-14 juin 2019).

Publications

2019

Georgescu A.B., Peil O.E., Disa A.S., Georges A. et Millis A.J., « Disentangling lattice and electronic contributions to the metal-insulator transition from bulk vs. layer confined $RNiO_3$ », *Proceedings of the National Academy of Sciences*, vol. 116, nº 29, 2019, p. 14434-14439, https://doi.org/10.1073/pnas.1818728116.

Mazza G. et Georges A., « Superradiant Quantum Materials », *Physical Review Letters*, vol. 122, nº 1, 2019, 017401, https://doi.org/10.1103/PhysRevLett.122.017401 [arXiv:1804.08534].

Peil O.E., Hampel A., Ederer C. et Georges A., « Mechanism and control parameters of the coupled structural and metal-insulator transition in nickelates », *Physical Review B*, vol. 99, nº 24, 2019, 245127, https://doi.org/10.1103/PhysRevB.99.245127 [arXiv:1809.03720].

Pourovskii L.V., Mravlje J., Georges A., Simak S.I. et Abrikosov I.A., « Corrigendum: Electron-electron scattering and thermal conductivity of ϵ-iron at Earth conditions (2017 *New J. Phys.* 19 073022) », *New Journal of Physics*, vol. 20, nº 10, 2018, 109501, https://doi.org/10.1088/1367-2630/aae6e1.

Riccò S., Kim M., Tamai A., Walker S.M., Bruno F.Y., Cucchi I., Cappelli E., Besnard C., Kim T.K., Dudin P., Hoesch M., Gutmann M.J., Georges A., Perry R.S. et Baumberger F., « In situ strain tuning of the metal-insulator-transition of Ca2RuO4 in angle-resolved photoemission experiments », *Nature Communications*, vol. 9, nº 1, 2018, 4535, https://doi.org/10.1038/s41467-018-06945-0 [arXiv:1803.00488].

Strand H.U.R., Zingl M., Wentzell N., Parcollet O. et Georges A., « Magnetic response of Sr_2RuO_4: Quasi-local spin fluctuations due to Hund's coupling », *Physical Review B*, vol. 100, 2019, 125120, https://doi.org/10.1103/PhysRevB.100.125120, [arXiv:1904.07324].

Sutter D., Kim M., Matt C.E., Horio M., Fittipaldi R., Vecchione A., Granata V., Hauser K., Sassa Y., Gatti G., Grioni M., Hoesch M., Kim T.K., Rienks E., Plumb N.C., Shi M., Neupert T., Georges A. et Chang J., « Orbitally selective breakdown of Fermi liquid quasiparticles in $Ca_{1.8}Sr_{0.2}RuO_4$ », *Physical Review B*, vol. 99, nº 12, 2019, 121115, https://doi.org/10.1103/PhysRevB.99.121115 [arXiv:1904.07625].

TAMAI A., ZINGL M., ROZBICKI E., CAPPELLI E., RICCÒ S., DE LA TORRE A., MCKEOWN WALKER S., BRUNO F.Y., KING P.D.C., MEEVASANA W., SHI M., RADOVIĆ M., PLUMB N.C., GIBBS A.S., MACKENZIE A.P., BERTHOD C., STRAND H.U.R., KIM M., GEORGES A. et BAUMBERGER F., « High-resolution photoemission on Sr_2RuO_4 reveals correlation-enhanced effective spin-orbit coupling and dominantly local self-energies », *Physical Review X*, vol. 9, 2019, 021048, https://doi.org/10.1103/PhysRevX.9.021048 [arXiv:1812.06531].

ZINGL M., MRAVLJE J., AICHHORN M., PARCOLLET O. et GEORGES A., « Hall coefficient signals orbital differentiation in the Hund's metal Sr_2RuO_4 », *Npj Quantum Materials*, vol. 4, nº 1, 2019, 35, https://doi.org/10.1038/s41535-019-0175-y [arXiv:1902.05503].

JANA S., PANDA S.K., PHUYAL D., PAL B., MUKHERJEE S., DUTTA A., KUMAR P.A., HEDLUND D., SCHÖTT J., THUNSTRÖM P., KVASHNIN Y., RENSMO H., KAMALAKAR M.V., SEGRE C.U., SVEDLINDH P., GUNNARSSON K., BIERMANN S., ERIKSSON O., KARIS O. et SARMA D.D., « Charge disproportionate antiferromagnetism at the verge of the insulator-metal transition in doped $LaFeO_3$ », *Physical Review B*, vol. 99, 2019, 075106, https://doi.org/10.1103/PhysRevB.99.075106.

LOUAT A., LENZ B., BIERMANN S., MARTINS C., BERTRAN F., LE FÈVRE P., RAULT J.E., BERT F. et BROUET V., « ARPES study of orbital character, symmetry breaking, and pseudogaps in doped and pure Sr_2IrO_4 », *Physical Review B*, vol. 100, 2019, 205135, https://doi.org/10.1103/PhysRevB.100.205135.

MOUTENET A., SETH P., FERRERO M. et PARCOLLET O., « Cancellation of vacuum diagrams and the long-time limit in out-of-equilibrium diagrammatic quantum Monte Carlo », *Physical Review B*, vol. 100, 085125, https://doi.org/10.1103/PhysRevB.100.085125 [arXiv:1904.11969].

SCHÄFER T., KATANIN A.A., KITATANI M., TOSCHI A. et HELD K., « Quantum criticality in the two-dimensional periodic Anderson model », *Physical Review Letters*, vol. 122, 2019, 227201, https://doi.org/10.1103/PhysRevLett.122.227201 [arXiv:1812.03821].

STEINBAUER J., BIERMANN S. et BHANDARY S., « Role of charge transfer in hybridization-induced spin transition in metal-organic molecules », *Physical Review B*, vol. 100, 2019, 245418, https://doi.org/10.1103/PhysRevB.100.245418 [arXiv:1912.01951].

STEINBAUER J., DE' MEDICI L. et BIERMANN S., « Doping-driven metal-insulator transition in correlated electron systems with strong Hund's exchange coupling », *Physical Review B*, vol. 100, 2019, 085104, https://doi.org/10.1103/PhysRevB.100.085104 [arXiv:1907.05365].

SUN C., RAY U., CUI Z.-H., STOUDENMIRE M., FERRERO M. et KIN-LIC CHAN G., « Finite temperature density matrix embedding theory », *arXiv e-prints*, 2019, arXiv:1911.07439.

VUCICEVIC J. et FERRERO M., « Real-frequency diagrammatic Monte Carlo at finite temperature », *Physical Review B*, vol. 101, 2020, 075113, https://doi.org/10.1103/PhysRevB.101.075113 [arXiv:1908.11826].

Matière molle et biophysique

Jean-François Joanny
Professeur au Collège de France

Mots-clés : physique, matière molle, matière active, biophysique, physique statistique

La leçon inaugurale « Matière molle et biophysique » est disponible en vidéo, sur le site internet du Collège de France (https://www.college-de-france.fr/site/jean-francois-joanny/inaugural-lecture-2018-2019.htm) et publiée sous le titre *Physique de la matière molle : une approche des systèmes biologiques* (Collège de France/Fayard, 2019 ; édition numérique, Collège de France, 2020 : https://books.openedition.org/cdf/156). La série de cours et séminaires « Matière active » est également disponible en vidéo : https://www.college-de-france.fr/site/jean-francois-joanny/course-2018-2019.htm.

Enseignement

Cours – Matière active

Introduction

La matière active est une forme de matière qui n'est pas à l'équilibre thermodynamique, parce qu'elle consomme de l'énergie. Un matériau est actif s'il consomme de l'énergie à l'échelle locale de chacun de ses constituants. La plupart des systèmes biologiques, les cellules, les tissus, les suspensions de bactéries sont des systèmes actifs. Il existe aussi des systèmes actifs synthétiques, comme des particules colloïdales ou de systèmes biomimétiques qui imitent la nature. À beaucoup plus grande échelle, les groupes d'animaux qui ont un comportement collectif peuvent être considérés comme des systèmes actifs. La matière active ne peut pas être décrite par la thermodynamique classique. Par contre, il existe un

J.-F. Joanny, « Matière molle et biophysique », *Annuaire du Collège de France 2018-2019. Résumé des cours et travaux*, 119e année, Paris, Collège de France, 2022, p. 99-108, https://doi.org/10.4000/annuaire-cdf.16860.

certain nombre de propriétés génériques ou universelles de la matière active qui sont communes à tous ces systèmes, indépendamment de la nature de leurs constituants ou des échelles de taille et de temps. Le but de la série de cours était de présenter la matière active et les approches théoriques qui permettent de la décrire de manière quantitative, en insistant sur les propriétés génériques et en illustrant ces propriétés par des comportements de systèmes biologiques.

Une approche théorique qui s'est révélée extrêmement utile pour décrire la matière active est ce que l'on appelle l'approche hydrodynamique, qui consiste à étudier un matériau actif à une échelle de taille grande, plus grande que la taille de ses composants et sur des temps longs. On peut alors caractériser un système actif par un petit nombre de variables qui sont déterminées de manière systématique, mais qui prennent des valeurs très différentes pour les différents systèmes actifs. La théorie hydrodynamique est alors construite uniquement en considérant les symétries du système, et notamment la symétrie par renversement du temps qui permet d'identifier l'énergie dissipée.

Les propriétés génériques de la matière active sont associées au comportement collectif des constituants, par exemple le comportement collectif des cellules dans un tissu ou des bactéries dans une suspension. Les effets les plus spectaculaires qui apparaissent dans un matériau actif fluide sont l'apparition de mouvements collectifs très bien illustrés par les groupes d'animaux et les écoulements spontanés en l'absence de forces mécaniques (sans gradient de pression). Si l'activité est très forte, on observe dans de nombreux systèmes actifs des écoulements chaotiques spontanés présentant des tourbillons à diverses échelles qui ont été qualifiés de turbulence active.

Les cours ont été faits au tableau utilisant la vidéoprojection pour montrer des résultats expérimentaux. Après chaque cours, les notes de cours manuscrites sont placées sur le site internet.

Cours 1, leçon inaugurale – Physique de la matière molle : une approche des systèmes biologiques

14 février 2019

Ma leçon inaugurale avait pour but de montrer en quoi la physique de la matière molle est une approche physique quantitative très bien adaptée à l'étude physique des systèmes biologiques. Les physiciens ont depuis très longtemps été fascinés par la complexité des systèmes biologiques et ils ont apporté de très nombreuses contributions essentielles à la biologie à partir de divers domaines de la physique, hydrodynamique, physique statistique hors d'équilibre, théorie de l'information, mécanique, optique…

La physique de la matière molle est la physique des fluides complexes qui ont un comportement intermédiaire entre le comportement fluide des liquides et le comportement élastique des solides. Elle s'est fortement développée au cours de ces trente dernières années, notamment sous l'impulsion de Pierre-Gilles de Gennes, professeur au Collège de France. Elle donne maintenant une description physique très complète de matériaux comme les polymères, les colloïdes ou les tensioactifs.

Les systèmes biologiques sont eux-mêmes des fluides complexes formés de molécules qui sont des polymères ou des molécules tensioactives, ils peuvent être étudiés en utilisant les approches de la physique de la matière molle, mais il faut aussi prendre en compte le fait que les systèmes vivants consomment de l'énergie et qu'ils doivent donc être considérés comme des systèmes actifs au sens défini ci-dessus. Plusieurs exemples ont été donnés, comme la description physique de la cytocinèse, qui est la dernière étape de la division cellulaire pendant laquelle la cellule en division se sépare en deux cellules filles, ou celle de la croissance de sphéroïdes multicellulaires qui sont des agrégats de cellules cancéreuses.

Le premier cours a présenté une brève introduction à la matière hors d'équilibre thermodynamique et aux méthodes physiques qui permettent d'identifier les systèmes qui ne sont pas à l'équilibre thermodynamique, en particulier les systèmes vivants.

Une propriété essentielle de tous les systèmes physiques à l'équilibre thermodynamique est le théorème de fluctuation-dissipation qui relie, pour une fréquence donnée, la réponse du système à une perturbation extérieure aux fluctuations thermiques dans le système et à la température qui caractérise l'amplitude de ces fluctuations. Une méthode qui permet de faire la discrimination entre un système à l'équilibre et un système hors d'équilibre consiste donc à mesurer en fonction de la fréquence à la fois la fonction de réponse et les fluctuations thermiques. Si le théorème de fluctuation-dissipation n'est pas vérifié, le système n'est pas à l'équilibre thermodynamique. Cette approche été utilisée par exemple pour les globules rouges par l'équipe de Timo Betz à l'institut Curie qui a mesuré la réponse de la forme du globule rouge à une perturbation mécanique et les fluctuations de forme. La conclusion est que le théorème de fluctuation-dissipation n'est pas vérifié et qu'un globule rouge est donc vraiment un système vivant, ce qui avait été contesté par certains auteurs. Notons que de nombreuses généralisations du théorème de fluctuation-dissipation ont été faites récemment, notamment ce que l'on appelle les théorèmes de fluctuation, qui ont fait l'objet d'un cours récent de Bernard Derrida au Collège de France.

Une autre approche classique pour identifier les systèmes hors d'équilibre consiste à étudier la brisure du bilan détaillé quand le système fait un cycle dans l'espace des phases. Cette approche a été utilisée par Christoph Schmidt et ses collaborateurs pour étudier les cils de l'algue Chlamidomonas.

Cours 2 – Introduction à la matière active

Le deuxième cours a donné une introduction à la matière active en présentant le modèle de Vicsek, qui est historiquement le premier modèle théorique de système actif (1995), en décrivant un peu plus en détails certains matériaux ou systèmes actifs, et en expliquant les bases d'une théorie hydrodynamique de la matière active.

Tamàs Vicsek s'intéressait au comportement collectif de groupes d'animaux (vols d'oiseaux, bancs de poissons…). Il a proposé un modèle simplifié dans lequel chaque composant est ponctuel, mais a une vitesse spontanée qui lui confère une direction. Chaque composant tend à orienter sa vitesse dans la direction de celles de ses voisins, mais avec un certain bruit. Le modèle prévoit un mouvement collectif global de tous les éléments au-delà d'une densité critique et en dessous d'une amplitude de bruit critique.

On peut regrouper les systèmes actifs en trois catégories : les systèmes biologiques, les systèmes synthétiques et les groupes d'animaux. Les systèmes actifs synthétiques sont soit de systèmes colloïdaux dans lesquels les particules sont auto-propulsées, soit des systèmes biomimétiques. Les groupes d'animaux ont été étudiés dans la lignée des travaux de Vicsek. On peut aussi inclure dans cette catégorie des assemblées de robots, qui sont de plus en plus étudiées.

La construction d'une théorie hydrodynamique de la matière active nécessite le choix des variables hydrodynamiques qui sont pertinentes à des échelles de temps longs et la prise en compte des symétries du système pour écrire l'évolution de ces variables. Les variables hydrodynamiques sont associées aux quantités conservées (nombre de particules, quantité de mouvement, mais pas l'énergie) et aux symétries brisées, par exemple par une orientation moyenne des composants ou de leur vitesse.

Cours 3 – Matière active sur un substrat solide

Pour un système actif sur un substrat solide, seul le nombre de composants dans le système est conservé. La quantité de mouvement n'est pas conservée à cause de la friction sur le substrat solide. Quand les composants ont une orientation moyenne, l'invariance par rotation du système est brisée. Les variables hydrodynamiques à considérer sont la densité et la direction de l'ordre orientationnel. L'ordre est nématique s'il y a une orientation bien définie des composants mais pas de direction privilégiée le long de cette orientation. Si l'une des deux directions est privilégiée le long de l'orientation, on parle d'ordre polaire.

La théorie hydrodynamique de la matière active a été initiée par John Toner et Yuhai Tu et a été développée notamment par Sriram Ramaswamy et ses collaborateurs. Elle utilise la conservation du nombre de composants et les invariances par symétrie pour déterminer l'évolution de la densité et de l'orientation. Parmi les prédictions de cette théorie, les plus spectaculaires sont l'existence de fluctuations géantes de densité et l'existence d'ondes acoustiques propagatives, bien que le milieu soit dissipatif. Ces ondes sont possibles dans un milieu dissipatif à cause de l'injection d'énergie due à l'activité du système. Une autre résultat important dû à Toner et Tu est que pour un système bidimensionnel, il existe des phases ordonnées à longue portée, ce qui n'est pas possible pour un système à l'équilibre thermodynamique.

Enfin, le cours a présenté une étude des défauts topologiques de l'ordre orientationnel. La caractéristique des systèmes actifs est qu'il apparaît un mouvement spontané des défauts, soit de translation, soit de rotation, même si le système n'est pas polaire.

Cours 4 – Théorie des gels actifs

Le quatrième cours a été consacré à la dérivation de la théorie des gels actifs que nous avons faite avec Frank Jülicher, Jacques Prost et d'autres collaborateurs. Cette théorie décrit le comportement de la matière active lorsque la quantité de mouvement est conservée. C'est une théorie hydrodynamique, fondée sur la théorie des systèmes faiblement hors d'équilibre de Lars Onsager et qui est donc en principe applicable au voisinage de l'équilibre thermodynamique. Elle généralise l'hydrodynamique des cristaux liquides nématiques en introduisant les effets actifs. Nous avons proposé cette théorie pour décrire le cytosquelette des cellules eukaryotes, mais elle peut être appliquée à tout système actif qui possède les mêmes symétries (et qui est fluide).

La prise en compte des effets actifs dans la théorie est faite en introduisant un nouveau couple flux-force associé à la consommation d'énergie. La force thermodynamique est l'énergie élémentaire dissipée (produite avec l'hydrolyse d'une molécule d'ATP pour le cytosquelette) et le flux est le nombre de molécules d'ATP hydrolysées. Le résultat essentiel de la théorie est que, sans hypothèse supplémentaire, il apparaît une contrainte active locale qui dépend de l'orientation des constituants. Cette contrainte peut être contractile si elle contracte le matériau actif dans le sens de l'orientation des constituants, et extensive si elle le dilate. Les écoulements spontanés qui sont une des caractéristiques générales des systèmes actifs sont dus à des gradients de cette contrainte active. Tout gradient d'orientation crée un gradient de contrainte active, qui, d'après l'équation d'équilibre local des forces, doit être équilibré par un gradient de contrainte visqueuse. Un gradient d'orientation crée donc un écoulement dans un système actif.

Cours 5 – Écoulements spontanés de la matière active

Le cours 5 a donné une illustration de la théorie des gels actifs en discutant la stabilité d'un film mince de liquide actif nématique sur un substrat solide. La condition d'ancrage sur les deux surfaces, la surface solide et la surface libre, est que l'orientation des composants du liquide est parallèle à la surface. L'état dans lequel l'orientation du liquide est parallèle dans tout le film et dans lequel le film ne s'écoule pas est un état stationnaire qui satisfait les équations de la théorie des gels actifs. Cependant, si l'épaisseur du film est plus grande qu'une épaisseur critique, cet état stationnaire est instable. L'état stable est un état dans lequel l'orientation varie dans l'épaisseur du film et le film s'écoule avec un champ de vitesse parallèle aux surfaces. L'épaisseur critique du film l_c est inversement proportionnelle à la racine carrée de la contrainte active. Cette transition est analogue à la transition de Fréedericksz d'un film liquide nématique passif dans un champ électrique ou magnétique extérieur, mais, dans ce problème, il n'y a pas de champ extérieur, et c'est la contrainte active (interne) qui joue le rôle du champ extérieur.

Bien que nous ayons prévu cette transition il y a une dizaine d'années avec J. Prost et Raphael Voituriez, elle n'a été observée que très récemment par l'équipe de Pascal Silberzan à l'institut Curie. Cette équipe a étudié des bandes de cellules allongées qui ont un ordre nématique et elle a observé, pour des bandes assez larges, l'apparition d'un écoulement de cisaillement spontané des cellules. Cet écoulement est bien décrit par la théorie des gels actifs.

Un calcul assez similaire à celui de l'instabilité du film nématique montre que l'état au repos sans écoulement d'un liquide nématique actif de taille macroscopique n'est pas stable et qu'il apparaît des écoulements spontanés. Toutes les perturbations dont la longueur d'onde est plus grande que la longueur critique l_c sont instables.

Cours 6 – Turbulence active

Dans certains systèmes actifs comme les suspensions de bactéries, les monocouches de tissus épithéliaux ou les groupes d'animaux, des comportements qui ressemblent à la turbulence ont été observés. On remarque, notamment dans des films de bactéries, des « tourbillons » désordonnés avec une distribution de taille large et la structure fluctue dans le temps de manière chaotique. Ce phénomène a été nommé turbulence active ou turbulence bactérienne par Raymond E. Goldstein. Il n'a cependant rien à voir avec la turbulence hydrodynamique inertielle classique ; le nombre de Reynolds, qui mesure l'importance des effets inertiels, est de l'ordre de plusieurs milliers dans la turbulence inertielle classique, mais il est, pour ces systèmes, extrêmement petit. On a donc affaire à un nouveau type de turbulence à faible nombre de Reynolds.

Le sixième cours a été consacré à la turbulence active à deux dimensions pour le modèle le plus simple de gel actif nématique à un seul constituant. Une analyse dimensionnelle montre qu'il n'y a qu'un nombre sans dimension qui mesure l'activité et qui est proportionnel au carré du rapport entre la taille du système et la taille critique l_c introduite dans le cours précédent. Deux modèles de turbulence active ont été présentés, un modèle de champ moyen proposé par Luca Giomi, qui considère des vortex indépendants avec une distribution de taille exponentielle et un modèle de lois d'échelle que nous avons proposé avec Jaume Casademunt et Ricard Alert, en nous fondant sur des simulations numériques pour des systèmes à très forte activité. Ces simulations montrent bien un comportement d'échelle à très petit vecteur d'onde.

Séminaires – Matière active

Introduction

Chaque cours a été suivi d'un séminaire donné par un intervenant extérieur. Le but des séminaires était de donner une vision un peu plus large de la matière active avec des présentations de systèmes actifs spécifiques qui conduisent à une physique originale et parfois un peu différente de celle présentée dans les cours. Une partie des séminaires a été consacrée à des développements récents de la théorie et l'autre, à des travaux expérimentaux, soit parce qu'ils sont très originaux (par exemple dans des domaines assez lointains de la physique classique) soit parce qu'ils sont particulièrement bien contrôlés et qu'ils permettent des comparaisons quantitatives précises entre théorie et expériences.

Séminaire 1 – *Mobility control and self-organization in active matter*

Julien Tailleur (directeur de recherche CNRS, université Paris-Diderot), le 18 février 2019

Le séminaire de Julien Tailleur a présenté divers modèles pour les transitions de phase induites par la motilité en l'absence de forces attractives dans la matière active et les comportements collectifs qui en découlent. Un des aspects théoriques qui a été discuté en détails est la notion de pression d'un fluide actif qui n'est pas toujours bien définie.

Séminaire 2 – *A Gulliver study through flocks and crowds*

Denis Bartolo (professeur de physique, ENS Lyon), le 25 février 2019

Denis Bartolo fait des travaux expérimentaux à la fois sur des systèmes colloïdaux actifs sur lesquels il a montré des résultats très précis décrits quantitativement par la théorie, et sur les mouvements de foules qui sont étudiés au départ de courses de marathon. Il montre bien les analogies entre ces deux problèmes et il a obtenu des lois d'échelles reproductibles (entre différents marathons) pour les mouvements de foules.

Séminaire 3 – *Phoretic active matter*

Ramin Golestanian (directeur du Max Plack Institute for Self-Organisation, Goettingen, Allemagne), le 4 mars 2019

Le séminaire de Ramin Golestanian a fait une revue des théories sur les particules colloïdales dont le mouvement et donc l'activité sont dus à des effets phorétiques (thermophorèse, diffusiophorèse, etc.). Un résultat particulièrement intéressant est que, dans de nombreux cas, si la description est faite à l'échelle des particules colloïdales, les interactions ne satisfont pas le principe de l'action et de la réaction. Cela conduit à une physique nouvelle et très peu intuitive.

Séminaire 4 – *Active aspects of membrane physics*

Jacques Prost (directeur de recherche au CNRS, Institut Curie), le 11 mars 2019

Le séminaire de J. Prost a présenté une théorie générale au niveau hydrodynamique de membranes actives avec en vue les applications à la biologie. Les applications de ces théories sont très variées, allant des propriétés de la membrane cellulaire qui contient de nombreuses protéines actives aux monocouches de cellules épithéliales.

Séminaire 5 – *Reverse engineering of design principles for active colloids using biased dynamics*

Mike Cates (Lucassian Professor of Mathematics, University of Cambridge), le 18 mars 2019

Le séminaire de M. Cates a montré comment on peut considérer des particules colloïdales comme un matériau programmable. L'idée est de partir d'un modèle très général de particules colloïdales actives et d'ajuster leurs propriétés pour obtenir des propriétés programmées à l'avance. Dans l'exemple qui a été montré, la propriété recherchée est la minimisation du nombre de collisions entre les particules.

Séminaire 6 – *The microtubule/kinesin system: A versatile realization of active nematics*

Francesc Sagues (professeur, université de Barcelone), le 25 mars 2019

Francesc Sagues a montré une série impressionnante de résultats expérimentaux obtenue sur un système actif à deux dimensions formé de microtubules et de moteurs moléculaires kinésines. Ces systèmes introduits par Zvonimir Dogic constituent un modèle très bien contrôlé et assez idéal de nématique actif à deux dimensions sur lesquels il a pu étudier des effets prédits par la théorie mais aussi des géométries totalement nouvelles comme des effets de confinement ou l'interaction avec un cristal liquide smectique qui impose un champ extérieur très particulier.

Recherche

J'ai rejoint le Collège de France le 1er septembre 2018. Je suis aussi rattaché au laboratoire de recherche Physico-Chimie Curie dans l'équipe de théoriciens. Je partage donc mon activité de recherche entre le Collège de France et l'institut Curie. Mon travail de recherche est théorique, à l'interface entre la physique et la biologie.

Il se fait beaucoup en collaboration avec les groupes expérimentaux de l'institut Curie en physique ou en biologie. Je coencadre en ce moment trois étudiants de thèse : Louis Brézin avec Thomas Risler de l'institut Curie, Joseph Ackermann avec Martine Ben Amar à l'École normale supérieure et Martin Miranda en codirection avec Frank Jülicher à Dresde (Allemagne). J'encadre aussi un stagiaire postdoctoral Efe Ilker et j'ai encadré un autre stagiaire postdoctoral Rémy Kusters jusqu'en janvier 2019. Je travaille enfin avec plusieurs collaborateurs français ou étrangers, Alexander Y. Grosberg, J. Casademunt et R. Alert, S. Ramaswamy et Madan Rao, Annie Colin, Jacques Prost et P. Sens à l'institut Curie. Je présente ci-dessous ma recherche en trois parties : physique de la matière active, physique pour la biologie et physique de la matière molle.

1. Matière active

J'ai étudié cette année deux problèmes : les transitions de phase dans les mélanges de deux types de particules à des températures différentes et la turbulence active.

Mélanges de particules à des températures différentes

Nous avons montré avec A. Grosberg qu'un mélange de deux types de particules à des températures différentes a une transition de phase ; les deux types de particules ne sont pas miscibles. Notre approche théorique était fondée sur un développement à faible concentration. Dans ce cas, pour ce système hors d'équilibre, il existe une thermodynamique effective. Avec E. Ilker, dans cette même approximation, nous avons calculé le diagramme de phase et considéré des systèmes non homogènes pour déterminer la tension superficielle entre les deux phases. Nous avons aussi fait une étude à un ordre plus élevé en concentration et montré que la transition de phase existe bien mais que le domaine du diagramme de phase où les particules ne sont pas miscibles est plus petit.

Turbulence active

Avec J. Casademunt et R. Alert, nous avons étudié la turbulence active en deux dimensions dans le modèle le plus simple de gels actif à un composant. Notre travail est fondé sur des simulations numériques dans la limite de très grande activité et considère des systèmes dont la taille est de plusieurs ordres de grandeur plus importante que celle des simulations précédentes. Nous avons fait une étude du bilan d'énergie pour un vecteur d'onde donné et montré qu'il n'y a pas de transfert d'énergie entre les échelles. Nous avons mis en lumière qu'il y a bien des lois d'échelle à faible vecteur d'onde et que l'énergie cinétique par unité de masse est proportionnelle à l'inverse du vecteur d'onde. Enfin, nous avons clarifié de rôle des défauts topologiques.

2. Physique pour la biologie

– L'équipe de Pascal Silberzan à l'institut Curie a étudié des bandes de cellules sur une surface solide et a observé une transition de phase hors d'équilibre vers un écoulement spontané des cellules qui est un cisaillement avec une vitesse des cellules parallèle à la bande. Nous avions montré avec. J. Prost et Carles Blanch-

Mercader, stagiaire, que cette transition est bien décrite par le modèle des gels actifs nématiques. Dans le cadre de la thèse de L. Brézin, nous avons étudié l'effet de la division cellulaire, les défauts topologiques et l'effet d'un champ orientationnel créé par des rainures perpendiculaires à la bande. Les dislocations jouent un rôle particulièrement intéressant dans ces monocouches, parce que les cellules disparaissent de la monocouche en étant extrudées au cœur des dislocations.

– Dans le cadre de la thèse de Joseph Ackerman, nous étudions la croissance de sphéroïdes multicellulaires qui sont des agrégats de cellules de forme quasi-sphérique. Les agrégats que contiennent deux types de cellules, des cellules cancéreuses et des macrophages. De tels agrégats sont étudiés dans l'équipe de Philippe Benaroch à l'institut Curie, qui s'intéresse aux propriétés des macrophages dans certaines tumeurs cancéreuses. Nous mettons au point une description des sphéroïdes à trois composants, les cellules cancéreuses, les macrophages et le fluide interstitiel.

– Dans le cadre de la thèse de Martin Miranda, nous élaborons une théorie du battement de cils afin d'expliquer des expériences effectuées dans l'équipe de Pascal Martin sur des cils « artificiels » faits de filaments d'actine interagissant avec des moteurs moléculaires myosines. La théorie considère de manière très générale deux types de mouvements du cil, un mouvement de courbure et un mouvement de cisaillement. En utilisant les symétries du problème, nous avons identifié toutes les formes de dissipation et les moteurs possibles du battement. Il y a trois modes de dissipation, la friction hydrodynamique, et deux frictions internes associées au changement de courbure et au cisaillement. Nous prévoyons un seuil critique de battement et des formes de cils en assez bon accord avec les expériences et une vitesse constante de l'onde de déformation du cil, mais notre description ne permet pas d'expliquer l'existence d'une onde de propagation des myosines qui a une vitesse double de celle de la déformation du cil.

3. Matière molle

Avec l'équipe d'Annie Colin à l'ESPCI Paris, j'étudie l'étalement de fluides à seuil. Ce travail est motivé par des applications dans l'industrie cosmétique. Nous avons étudié une géométrie dans laquelle une tige cylindrique est plongée dans un bain de fluide à seuil, puis retirée à vitesse constante. Dans un fluide classique, l'épaisseur de la couche entraînée est fixée par le drainage. Mais pour un fluide à seuil, tout le liquide fluidifié par les contraintes dues au mouvement de la tige est entraîné. Nous étudions aussi l'étalement par un racloir, qui est une plaque métallique appuyée sur une surface qui entraîne le fluide. Il y a deux types d'étalement, un étalement homogène et un étalement qui se fait par paquets de liquide localisés.

Publications

Duclos G., Blanch-Mercader C., Yashunsky V., Salbreux G., Joanny J.-F., Prost J. et Silberzan P.,, « Spontaneous shear flow in confined cellular nematics », *Nature Physics*, vol. 15, 2019, p. 868, https://doi.org/10.1038/s41567-019-0544-2.

Richard M., Blanch-Mercader C., Ennomani H., Cao W., De La Cruz E.M., Joanny J.-F., Jülicher F., Blanchoin L. et Martin P., « Active cargo positioning in antiparallel transport networks », *Proceedings of the National Academy of Sciences of the United States of America*, vol. 116, 2019, p. 14835-14842.

SIMON C., KUSTERS R., CAORSI V., ALLARD A., ABOU-GHALI M., MANZI J., DI CICCO A., LÉVY D., LENZ M., JOANNY J.-F., CAMPILLO C., PLASTINO J., SENS P. et SYKES C., « Actin dynamics drive cell-like membrane deformation », *Nature Physics*, vol. 15, 2019, p. 602, https://doi.org/10.1038/s41567-019-0464-1.

MOREAU H.D., BLANCH-MERCADER C., ATTIA R., MAURIN M., ALRAIES Z., SANSÉAU D., MALBEC O., DELGADO M.-G., BOUSSO P., JOANNY J.-F., VOITURIEZ R., PIEL M. et LENNON-DUMÉNIL A.-M., « Macropinocytosis overcomes directional bias in dendritic cells due to hydraulic resistance and facilitates space exploration », *Developmental Cell*, vol. 49, n° 2, 2019, p. 171-188, https://doi.org/10.1016/j.devcel.2019.03.024.

GROSBERG A.Y. et JOANNY J.-F., « Dissipation in a system driven by two different thermostats », *Polymer Science Series C*, vol. 60, 2018, p. 118-121, https://doi.org/10.1134/S1811238218020108.

DUCLOS G., BLANCH-MERCADER C., YASHUNSKY V., SALBREUX G., JOANNY J.-F., PROST J. et SILBERZAN P., « Spontaneous shear flow in confined cellular nematics », *Nature Physics*, vol. 14, 2018, p. 728-732, https://doi.org/10.1038/s41567-018-0099-7.

Chimie des matériaux hybrides

Clément Sanchez
Membre de l'Institut (Académie des sciences),
professeur au Collège de France

Mots-clés : chimie, biologie, médecine, matériaux hybrides, matériaux poreux

La série de cours « Matériaux poreux : le miracle des trous » est disponible, en audio et/ou en vidéo, sur le site internet du Collège de France (https://www.college-de-france.fr/site/clement-sanchez/course-2018-2019.htm) ainsi que le colloque qui lui est associé : « Synthèse, propriétés, applications des matériaux poreux : des nanopores aux macropores » (https://www.college-de-france.fr/site/clement-sanchez/symposium-2018-2019.htm).

Enseignement

Cours – Matériaux poreux : le miracle des trous

Cours 1 – Matériaux poreux : introduction
Cours 2 – Anciens et nouveaux carbones poreux
Cours 3 – Polymères poreux et leurs applications
Cours 4 – Matériaux poreux organiques : réseaux covalents cristallisés
Cours 5 – Polymères de coordination organo-minéraux poreux
Cours 6 – Matériaux poreux à structures hiérarchiques

C. Sanchez, « Chimie des matériaux hybrides », *Annuaire du Collège de France 2018-2019. Résumé des cours et travaux*, 119e année, Paris, Collège de France, 2022, p. 109-111, https://doi.org/10.4000/annuaire-cdf.16877.

Colloque – Synthèse, propriétés, applications des matériaux poreux : des nanopores aux macropores

Ce colloque, organisé par la chaire Chimie des matériaux hybrides de Clément Sanchez, a eu lieu le 22 février 2019 au Collège de France :

- Clément Sanchez : accueil ;
- Lyndon Emsley (professeur à l'EPFL, Lausanne, Suisse) : « Atomic-level structures of porous materials by NMR crystallography / *Structure des matériaux poreux via la cristallographie-RMN* » ;
- Ovidiu Ersen (professeur à l'IPCMS, université de Strasbourg) : « Microscopie électronique avancée pour l'étude des matériaux poreux / *Advanced electron microscopy applied to porous materials* » ;
- Flavien Guenneau (maître de conférences à Sorbonne Universités, CNRS, Collège de France) : « RMN du Xénon pour l'étude des systèmes poreux / *Xenon NMR for the study of porous systems* » ;
- Damien Debecker (professeur à l'université de Louvain-la-Neuve, Belgique) : « Préparation de catalyseurs hétérogènes à porosité contrôlée par le procédé aérosol / *Preparation of heterogeneous catalysts with controled porosity via the aerosol process* » ;
- Sveltana Mintova (directrice de recherche au CNRS, LCS, université de Caen) : « Zéolithes nanométriques : progrès actuels et futurs / *Advances in nanozeolithes: Present and futur* » ;
- Jennifer Péron et Marco Faustini (maîtres de conférences à Paris VII et Sorbonne Université) : « Chimie "sol-gel" des métaux nobles pour la préparation de matériaux poreux : mise en forme et applications / *"Sol-gel" of noble metals toward porous materials for electrocatalysis and beyond* » ;
- Christian Serre (directeur de recherche au CNRS, IMP, ENS-PSL) : « Solides hybrides poreux de type Metal organic frameworks pour des applications dans le domaine de l'énergie / *Robust metal organic frameworks for energy related applications* » ;
- Neil Mc Keown (professeur à University of Cardiff, Royaume-Uni) : « *Porous materials without a framework* / Matériaux poreux sans charpente prédéfinie » ;
- Philip Llewelyn (directeur de recherche au CNRS, Total et Université Aix-Marseille) : « Matériaux nanoporeux pour la réduction des risques des gaz à effet de serre / *Nanoporous materials for greenhouse gas mitigation* » ;
- Sylvain Deville (directeur de recherche au CNRS, LFSC-UMI, CNRS-Saint Gobain) : « Matériaux macroporeux : science, procédés et applications / *Macroporous materials: Science, processes and applications* » ;
- Benoit Coasne (directeur de recherche au CNRS, LIP, CNRS-université de Grenoble Alpes) : « Adsorption et transport multiéchelles dans les matériaux poreux / *Multiscale adsorption and transport in porous materials* » ;
- Pierre Levitz (directeur de recherche au CNRS, Sorbonne Universités) : « Probing molecular diffusion in disordered porous media: A multiscale quest in time and space » ;
- Cédric Boissière (directeur de recherche au CNRS, Sorbonne Universités, CNRS-Collège de France) : « Extrusion réactive de céramiques nanoporeuses : pour une intégration poussée de la synthèse de supports de catalyses hétérogènes / *Design of inorganic porous materials via reactive extrusion* » ;
- Clément Sanchez : clôture.

Enseignement à l'extérieur

- École normale supérieure de Lyon, décembre 2018 : une série de cours sur « Matériaux hybrides : chimie, procédés et propriétés » ;
- Université Humboldt de Berlin, printemps 2019 : quatre cours sur « Bioinspired strategies to advanced nanostructured inorganic and hybrid materials ».

Publications

BEJOY T., RAJ M.C., B A.K., H R.M., JOY J., MOORES A., DRISKO G.L. et SANCHEZ C., « Nanocellulose, a versatile green platform : From biosources to materials and their applications », *Chemical Reviews*, vol. 118, n° 24, 2018, p. 11575-11625, https://doi.org/10.1021/acs.chemrev.7b00627.

FROGNEUX X., BORONDICS F., LEFRANÇOIS S., D'ACCRISCIO F., SANCHEZ C. et CARENCO S., « Surprisingly high sensitivity of copper nanoparticles toward coordinating ligands: Consequences for the hydride reduction of benzaldehyde », *Catalysis Science & Technology*, vol. 8, n° 19, 2018, p. 5073-5080, https://doi.org/10.1039/C8CY01516C.

KIM A., SANCHEZ C., HAYE B., BOISSIÈRE C., SASSOYE C. et DEBECKER D.P., « Mesoporous TiO2 support materials for Ru-based CO2 methanation catalysts », *ACS Applied Nano Materials*, vol. 2, n° 5, 2019, p. 3220-3230, https://doi.org/10.1021/acsanm.9b00518.

LARQUET C., KLEIN Y., HRABOVSKY D., GAUZZI A., SANCHEZ C. et CARENCO S., « Tunable Magnetic properties of (Gd,Ce)2O2S oxysulfide nanoparticles », *European Journal of Inorganic Chemistry*, vol. 2019, n° 6, 2019, p. 762-765, https://doi.org/10.1002/ejic.201801466.

PÉREZ-CARVAJAL J., ARANDA P., BOISSIÈRE C., SANCHEZ C. et RUIZ-HITZKY E., « Interdiffusive surfactant procedure for the preparation of nanoarchitectured porous films: Application to the growth of titania thin films on silicon substrates », *Langmuir*, vol. 35, n° 22, 2019, p. 7169-7174, https://doi.org/10.1021/acs.langmuir.9b00960.

REY N., CARENCO S., CARCEL C., OUALI A., PORTEHAULT D., MAN M.W.C. et SANCHEZ C., « Dumbbell-shaped T8-POSS with functional organic linkers », *European Journal of Inorganic Chemistry*, vol. 2019, n° 27, 2019, p. 3148-3156, https://doi.org/10.1002/ejic.201900284.

SANCHEZ C., « Mieux comprendre la nature pour créer de nouveaux matériaux », *in* P. DESCOLA (dir.), *Les Natures en question*, Paris, Odile Jacob/Collège de France, coll. « Colloque annuel du Collège de France », vol. 2017, 2018, p. 305-324.

Chimie du solide et énergie

Jean-Marie Tarascon
Membre de l'Institut (Académie des sciences),
professeur au Collège de France

Mots-clés : chimie, énergie, stockage de l'énergie, batterie

La série de cours et séminaires « Électrochimie appliquée au stockage : suite et fin » est disponible, en vidéo, sur le site du Collège de France (https://www.college-de-france.fr/site/jean-marie-tarascon/course-2018-2019.htm).

Enseignement

Cours et séminaires – Électrochimie appliquée au stockage : suite et fin

Dans le cadre du contexte énergétique, le stockage électrochimique de l'énergie joue un rôle clé, et ce afin de faciliter la mobilité électrique ainsi que le développement des énergies renouvelables. Ce secteur est en émulation constante avec des avancées notoires répétitives. J'ai précédemment traité (cours 2017) certaines de ces avancées au travers des technologies Li-ion, Na-ion, Li(Na)-air, Li-S, voire des technologies à ions multivalents (Ca, Mg). Électrolytes et interfaces sont les dénominateurs communs à toutes ces technologies et ils revêtent une importance capitale (cours 2018), car les électrolytes déterminent la plage de potentiel d'opération de la batterie, et les interfaces, tout aussi importantes, conditionnent la sécurité, la durabilité et la vie calendaire des batteries.

Ce cours fait suite aux deux précédents et traite d'avancées récentes à la fois au niveau des interfaces, des batteries aqueuses et des autres systèmes électrochimiques reliés au domaine du stockage. La problématique de l'interface,

J.-M. Tarascon, « Chimie du solide et énergie », *Annuaire du Collège de France 2018-2019. Résumé des cours et travaux*, 119e année, Paris, Collège de France, 2022, p. 113-128, https://doi.org/10.4000/annuaire-cdf.16892.

qui est actuellement un cauchemar pour le développement des batteries tout solide, a été présentée avant d'aborder les batteries à flux circulants (*redox flow*) et les batteries aqueuses qui suscitent un regain d'intérêt. Bien que moins énergétiques, des systèmes de stockage moins innovants et reposant sur des principes de gradient de concentration ont également été abordés, ainsi que des systèmes hybrides (photorechargeables ou autres...).

Le cours est doublé par des exposés portant sur d'autres aspects de l'électrochimie appliquée, afin d'illustrer la variété et la richesse de cette thématique et son importance sociétale. Ces séminaires ont été animés par des experts venant de différents secteurs universitaires et industriels.

Cours 1 – La problématique des interfaces dans les batteries tout solide : une solution existe-t-elle ?

4 février 2019

L'historique de la batterie tout solide, son renouveau avec tout l'engouement qu'elle suscite aujourd'hui, a été introduit précédemment (fin cours 2018). Des progrès conséquents ont été effectués au niveau des conducteurs ioniques inorganiques. Cependant, la complexité des interfaces fait que nos espoirs doivent être modérés. Ce cours tente donc d'expliquer et de décrire les difficultés rencontrées pour réussir à maîtriser tant les interfaces Li-électrolyte que les interfaces oxydes-sulfures. Il décrit dans un premier temps la méthodologie de caractérisation des interfaces *via* la réalisation de cellules symétriques, ainsi que le développement de techniques de caractérisation *in situ* telles que la spectrométrie par photoémission de rayons X, afin de déterminer non seulement la nature, mais aussi la cinétique des réactions de décomposition aux interfaces. Le mécanisme de formation de la couche bloquante à l'électrode positive, au niveau de l'interface oxyde-sulfure, a également été expliqué et les stratégies pour y remédier, décrites. Ces stratégies incluent le dépôt d'une couche tampon (principalement oxyde acide) par des techniques sol-gel, par jets atomiques (ALD) ou par pulvérisation. L'importance de comprendre/caractériser l'expansion chimio-mécanique des électrodes lamellaires $Li_{1-x}MO_2$ a été illustrée notamment par une exacerbation de ce phénomène pour des valeurs de $x > 0.5$, limitant ainsi la capacité utilisable. Nous avons montré que l'électrode négative en contact avec l'électrolyte présente des problèmes d'interfaces liés à la croissance de dendrites, dont nous avons visualisé la formation par mesures optiques *in situ*. L'origine de cette croissance provient de la répartition non uniforme des courants à la surface du Li due à une mauvaise mouillabilité à la surface du grenat. L'utilisation de couches tampons d'Au et de Si semble remédier à ce problème. Les problèmes d'interfaces n'étant pas à ce jour réglés, certains impatients s'emploient à développer des méthodes hybrides consistant à modifier les interfaces par l'injection d'une membrane polymère contenant de l'électrolyte, voire des mélanges grenats-polymères conducteurs. Bien que de telles alternatives puissent conduire à des performances intéressantes, elles s'écartent du concept du « tout solide » et des avantages qui lui sont associés.

En guise de conclusions, on a mentionné l'annonce par la compagnie « Ionic Materials » de la découverte d'un polymère qui est présenté comme le premier du genre, puisqu'il a une conductivité à température ambiante de 10^{-3} S/cm. Il est cependant trop tôt pour se prononcer sur le futur de cette technologie sans en connaître sa chimie.

Séminaire 1 – Approche des interfaces par la dynamique moléculaire

Mathieu Salanne

Depuis son introduction par Berni Alder en 1957, la dynamique moléculaire a pris une place incontournable parmi les méthodes de visualisation, d'interprétation, voire de prédiction des phénomènes physico-chimiques. Le principe est simple : il s'agit de simuler les trajectoires d'un ensemble d'atomes au cours du temps par intégration numérique de la première loi de Newton. Les calculs fournissent des grandeurs structurales et énergétiques du système, qui sont directement comparables aux expériences. Cependant, ces simulations sont longtemps restées limitées à l'étude de phases pures, principalement à cause des restrictions en ressources de calculs et d'un manque de modèles physiques pour des systèmes complexes. Depuis une dizaine d'années, des avancées dans ces deux domaines ont permis de simuler des phases liquides mises en contact avec des électrodes solides. En particulier, nous avons développé des modèles prenant en compte la polarisation d'un métal par les charges du liquide et nous avons développé un logiciel de simulation permettant l'utilisation, en parallèle, de centaines de cœurs de calcul sur des supercalculateurs haute performance. Les interfaces électrode/électrolyte jouent un rôle primordial dans de nombreux dispositifs électrochimiques, allant des accumulateurs Li-ion aux électrolyseurs en passant par les supercondensateurs. La dynamique moléculaire fournit les mécanismes d'adsorption des molécules, que ce soient le solvant ou des espèces ioniques chargées, qui sont indispensables pour comprendre leur réactivité électrochimique ou la quantité de charge accumulée sur la surface de l'électrode. Au cours de ce séminaire, j'ai exposé les dernières avancées sur ce thème, ainsi que les perspectives à envisager au cours des prochaines années.

Cours 2 – Les batteries à flux circulants (*redox flow*) et ses évolutions : seront-elles suffisantes pour enfin implanter commercialement ces batteries pour le stockage de masse ?

11 février 2019

La pile à circulation de Camacho, qui est une modification de la pile bichromate inventée par Poggendroff en 1842, est la première ébauche de ce que sera par la suite une batterie *redox flow* (RFB). On notera que la première application d'une telle batterie revient à l'aéronaute et pionnier de l'aviation Charles Renard, qui, en 1884, met au point le dirigeable « La France », constitué d'une hélice motorisée par un moteur électrique alimentée par une pile *redox flow* Zn/Cl_2. La batterie *redox flow* est un système électrochimique capable, comme les batteries ou pile à combustible, de transformer de l'énergie chimique en énergie électrique. Elle diffère cependant des batteries où les électrodes solides sont remplacées par des liquides, au sein desquels se trouve le couple *redox*. Bien que reposant sur l'utilisation d'un flux de liquide, ce système diffère également des piles à combustible par le fait qu'il s'agit d'un système fermé et réversible. Comme il l'a été évoqué, une grande variété de batteries aqueuses à circulation existe. Les avantages des systèmes *redox flow* résident i) dans la possibilité de découpler puissance et autonomie, cette dernière étant contrôlée par la taille des réservoirs contenant le catholyte at l'anolyte, et ii) dans le fait qu'ils utilisent un électrolyte aqueux et donc attractif pour un développement durable.

Cependant, cette technologie n'a jamais pu prendre l'ampleur qui lui était initialement allouée pour des problèmes de coût. De nombreuses approches ont été poursuivies ces dernières années pour contourner ce problème en jouant sur le potentiel et la capacité. Elles ont été énumérées dans ce cours. La première réside dans la réalisation d'un système RF non aqueux à base de Li (gain en potentiel) par une équipe du MIT, avec pour nouveauté l'utilisation d'un catholyte sous forme d'encre plutôt que liquide (gain en capacité). Gardant le concept d'encre comme catholyte, des batteries Li-ion aqueuses furent ensuite réalisées. Enfin, des systèmes *redox flow* à deux compartiments séparés par un conducteur ionique inorganique furent développés. Afin de diminuer le coût de tels systèmes, des efforts furent réalisés pour mettre au point des systèmes sans membrane, telle la batterie *redox flow* au plomb ou la batterie *redox flow* semi-liquide Li/polysulfure sans membrane. D'autres systèmes sans membrane tirent avantage de la microfluidique et des écoulements laminaires qui permettent de limiter la diffusion entre catholyte et anolyte. Alternativement, une méthode plus fiable consiste à utiliser un électrolyte pour limiter la diffusion d'espèces.

Pour finir, les travaux actuels visant à donner un rôle actif plutôt que passif à l'électrolyte, ont été présentés pour différentes configurations de batteries (*redox flow* classique, semi-solide Li-ion RF, RF sans membrane, RF multi-membranes, RF avec médiateur *redox*).

Séminaire 2 – Le mystère des interfaces par spectroscopie de photoélectrons (XPS)

Rémi Dedryvère

Dans les accumulateurs lithium-ion d'aujourd'hui, ainsi que dans les accumulateurs de demain, dits « post lithium-ion », les interfaces occupent une place primordiale. Une batterie Li-ion repose sur le principe d'un échange réversible d'électrons et d'ions lithium entre deux électrodes, séparées par un électrolyte. Le bon fonctionnement de la batterie dépend des propriétés intrinsèques des matériaux actifs constituant les électrodes. Cependant, un excellent matériau d'électrode ne sera réellement fonctionnel que si son interface avec l'électrolyte est bien maîtrisée. Les interfaces électrode/électrolyte sont donc tout aussi importantes que les matériaux d'électrode, ce qui justifie un important effort de recherche et de compréhension des phénomènes impliqués, étant donné leur complexité.

Parmi les différentes méthodes expérimentales permettant l'étude des interfaces, celles qui présentent une sensibilité à la surface tout en offrant une information d'ordre chimique occupent une place de choix. Parmi celles-ci, la spectroscopie de photoélectrons à rayonnement X (XPS) a permis de nombreuses avancées et apparaît aujourd'hui incontournable pour le développement des accumulateurs de demain.

Dans cet exposé, j'ai montré ce que cette technique a permis de comprendre sur les interfaces électrode/électrolyte dans les batteries lithium-ion. J'ai également présenté ce qu'elle peut apporter dans la compréhension des interfaces dans les systèmes « post lithium-ion » étudiés aujourd'hui, notamment la batterie tout solide et les batteries lithium-soufre.

Cours 3 – Le *redox flow* dans le contexte des systèmes de stockage hybride (photorechargeables et autres...). Quel avenir ?

18 février 2019

Le regain d'intérêt pour les batteries RF peut conduire à une technologie prometteuse pour le stationnaire si l'on identifie des chimies peu coûteuses pour un déploiement étendu. Pour cela, une recherche systémique et non ciblée sur un des composants est nécessaire. Dans ce contexte, on note l'introduction de couples redox organiques type quinones et autres, dissous dans un électrolyte aqueux ou non aqueux, qui donnent actuellement un second souffle à la technologie *redox flow*. Outre leur abondance et leur bas coût, ces molécules ont pour avantages leur solubilité, leur stabilité et leur potentiel adéquat. De plus, la richesse de leur chimie permet l'obtention d'une large panoplie de molécules ayant des potentiels redox ajustables. Nous avons donc défini les critères de choix, pour ces molécules, qui incluent i) leur équivalent en poids pour une capacité donnée, ii) la symétrie de la molécule pour des raisons de solubilité, iii) la taille de la molécule pour minimiser leur migration au travers de la membrane, et iv) leur activité multiélectronique. Cet effort s'est également étendu à la chimie des polymères avec notamment l'étude de batteries RF aqueuse à base de polymères et de matériaux non corrosifs, sûrs et peu coûteux.

Au-delà du passage par des composés organiques, une autre façon d'abaisser le coût est de choisir des éléments abondants et bon marché, comme le montre l'importance prise par les technologies Li-polysulfures ou air-soufre. Nous avons donc passé en revue certaines des études dédiées au système polysulfure-iodure, Zn-polyiodure sans ajout de Br ou avec ajout (ce qui constitue la batterie Zn/iode-brome), et, finalement, la batterie *redox flow* air-soufre, dont une étude économique basée sur les performances acquises au niveau du laboratoire montre que cette technologie est l'une des plus attractives en termes de coût.

Ces systèmes peuvent convertir et stocker de l'énergie, mais leur utilisation nécessite cependant qu'ils soient rechargés. D'où la question de la recharge dans des zones géographiques délaissées. Une lumière d'espoir existe avec le développement actuel de systèmes photorechargeables qui utilisent des matériaux d'électrodes bi-fonctionnels (ex. TiO_2). Ces derniers peuvent insérer le Li et, de plus, absorber la lumière. C'est ainsi que de tels systèmes basés sur les couples TiO_2/LI ou Li_2WO_4/LiI ont vu le jour. Conceptuellement, les photorechargeables permettraient l'utilisation infinie de la batterie sous illumination. Hélas, à cause des difficultés pour maîtriser les réactions parasites, nous en sommes encore loin. Enfin, nous avons conclu sur cette notion d'hybridité des systèmes en présentant la production d'oxygène et d'hydrogène *via* une batterie *redox flow*.

Pour résumer, le succès des batteries RF sera dicté par le coût, une tâche d'autant plus difficile que le prix de la technologie Li-ion a atteint moins de 100 euros par kWh stocké. Les batteries RF au vanadium sont chères et les chances de s'implanter sont quasiment nulles. L'aspect pratique des chimies énumérées ci-dessus doit être démontré. La filière S-air aqueux est attractive, mais elle est truffée d'incertitudes avec, en plus, des obstacles économiques à surmonter.

Séminaire 3 – La caractérisation des interfaces (mais pas que) par impédance

Sylvain Franger

La mesure de l'impédance s'appliquait, historiquement, à l'étude de la corrosion des métaux, mais un nombre croissant de travaux rend compte de son utilisation, de plus en plus fréquente, dans le cas des batteries, afin d'étudier les performances des électrodes avant, pendant et après les charges/décharges (études de comportement, de défaillance ou de vieillissement).

En fait, l'impédance rend compte de la difficulté du courant à traverser un composant électrique, quel qu'il soit. C'est la généralisation du concept de résistance (qui reste limité au seul cas du conducteur ohmique parfait) à l'ensemble des composants électriques. En effet, beaucoup de ces derniers (bobines, condensateurs...) montrent des comportements plus complexes sous l'effet du passage d'un courant.

Dans la plupart des cas, les batteries peuvent être décrites comme une juxtaposition de ces différents composants électriques. Notamment, l'électrolyte peut être modélisé par une simple résistance, dans la mesure où il se comporte essentiellement comme un conducteur ohmique. La cinétique des réactions d'oxydo-réduction, lors de l'application d'un potentiel aux électrodes, est assez bien décrite par une résistance au transfert de charge (R_{tc}). À l'interface électrode/électrolyte, une double couche existe. Elle est formée suite à l'apparition d'un front d'ions provenant de la solution électrolytique à la surface de l'électrode. Ce plan d'ions et le plan de l'électrode constituent les armatures d'un pseudo-condensateur (C_{dc}), d'épaisseur très mince. La valeur de ces deux derniers paramètres dépend de beaucoup de variables comme la température, la concentration des ions en solution, la rugosité, mais également l'adsorption d'espèces ou la formation d'un film à la surface de l'électrode. En effet, les interfaces électrode/électrolyte peuvent évoluer au cours du temps et/ou du fonctionnement. Le suivi de l'impédance permet donc de modéliser au mieux les batteries (par des circuits RLC plus ou moins complexes), d'en comprendre les mécanismes intimes et ainsi de proposer des solutions pour en optimiser les performances, en fonction des contraintes d'utilisation.

Cours 4 – Les technologies aqueuses ($Zn\text{-}MnO_2$ et autres) font leur retour en version rechargeable. À quoi devons-nous nous attendre ?

25 février 2019

Associée à la demande constante de durabilité accrue, de sécurité et de réduction du coût de la batterie, une question légitime refait surface : les systèmes aqueux pourraient-ils être la solution de remplacement, d'ici 2022, compte tenu du coût prévu de 100 € par kWh d'énergie stocké pour le Li-ion ? C'est ce à quoi ce cours tentera de répondre. Il commencera par une revue rapide des batteries aqueuses classiques (Pb-acide, Ni-Cd, Ni-MeH voire Li(Na)-ion aqueux, avant de se focaliser sur la technologie $Zn\text{-}MnO_2$. L'historique de l'électrode de Zn qui va de la pile Volta à la pile $Zn\text{-}MnO_2$ saline de Leclanché, puis alcaline sera retracé de façon à mettre en perspective les recherches actuelles. Les batteries rechargeables $Zn\text{-}MnO_2$, déjà mises sur le marché par la compagnie RAYOVAC en 1986, ressuscitent un engouement considérable avec de nombreux papiers dans des journaux de haut impact. Qu'en est-il réellement ? Où se situe la nouveauté ? La problématique de cette technologie réside dans la maîtrise de l'électrode de Zn, puisque quel que soit le pH, Zn réduit l'eau $\rightarrow H_{2\,(gaz)}$. Ce qui fait que nous sommes dans une situation où il faut éviter la passivation et limiter la dissolution. Initialement, les faibles pH ont été favorisés (piles Lechanché-piles salines), avec cependant des problèmes de forte autodécharge, de puissance limitée et de performances médiocres à basse température. Pour contourner ces difficultés, les chercheurs ont eu recours à l'utilisation de pH basiques (pile alcaline que nous utilisons aujourd'hui), dont certaines tentatives de conversion en batterie rechargeable (RAYOVAC) ne furent guère un succès, en raison d'une tenue en cyclage limitée (< 20).

Cependant, les études sur les électrolytes continuèrent avec la découverte d'un électrolyte à base de $ZnSO_4$ (2M) qui permettait d'augmenter le rendement coulombique et énergétique de ces systèmes. Les études ont par la suite montré le bienfait d'ajouter $MnSO_4$ comme additif à l'électrolyte dont le pH approche 4.6, revenant ainsi aux électrolytes acides. De nombreux mécanismes réactionnels avec différents polymorphes de MnO_2 furent proposés. Le premier mécanisme reposait sur l'insertion réversible du Zn dans MnO_2. Une nouvelle filière de batteries Zn-ion aqueuses prenait ainsi naissance. Cette insertion du Zn est à ce jour fortement contestée aux dépends d'autres mécanismes impliquant l'insertion du H^+ ; la formation d'une phase $Zn_4SO_4(OH)_6.4H_2O$ dont l'apparition est liée au pH et ainsi de suite. On a donc vu que les mécanismes réactionnels sont encore loin de faire consensus et restent à élucider. L'insertion électrochimique du Zn est, par contraste, nettement plus documentée pour les oxydes de vanadium A_xVO_y, les phases de Chevrel et les bleus de Prusse récemment étudiés. Une comparaison de ces différentes familles montre que les bleus de Prusse offrent le plus haut potentiel, mais des performances en énergie et puissance limitées. Les oxydes de vanadium, au contraire, présentent des potentiels faibles, mais des capacités et puissances élevées. Quant aux oxydes de Mn, ils allient le meilleur compromis entre potentiel, capacité et puissance. À ce jour, il est très difficile de connaître les performances réelles de ces systèmes tant c'est la course vers la sensation plutôt que l'aspect pratique qui prime. À titre d'exemples, les tenues en capacité qui sont rapportées à des courants élevés pour masquer les réactions d'autodécharge ne sont en effet que des trompe-l'œil. On devra encore patienter pendant quelques années pour décider de la viabilité de ces systèmes aqueux Zn-ion.

Séminaire 4 – Utilisation de l'intelligence artificielle pour de meilleures interfaces et batteries

Tejs Vegge

Les stratégies de recherche conventionnelles pour le développement de matériaux de batterie ont largement fait appel à une approche édisonienne (basée sur des essais et erreurs), dans laquelle chaque étape de la chaîne de découverte (valeur) dépend séquentiellement de la réussite de la ou des étapes précédentes. Ces dernières années, un certain nombre d'avancées ont vu le jour, comme une intégration étroite de calculs virtuels (généralement à l'échelle atomique) à la conception de matériaux et des techniques de caractérisation *operandi* dans une boucle de conception circulaire, ce qui peut permettre d'accélérer le cycle de découverte des technologies de batteries de nouvelle génération. Cela est illustré au travers des progrès faits dans le domaine des électrodes positives à haute capacité pour la technologie Li-ion, ainsi que dans le domaine des matériaux pour batteries secondaires métal-air. Cependant, cet effort n'est pas suffisant. Idéalement, un tel processus de développement de matériaux doit engendrer une intégration (presque) simultanée de la recherche expérimentale et théorique dans une plate-forme de développement intégré, ce qui permet un dialogue croisé quasi instantané des résultats de techniques complémentaires.

Des efforts importants ont été déployés pour mettre en place des infrastructures normalisées permettant aux utilisateurs de stocker, conserver, suivre et partager des données dans un format bien défini et structuré, accessible depuis différentes plates-formes et à différentes fins. Bien que ces bases de données contiennent plusieurs millions d'informations, il est nécessaire de disposer d'outils et d'infrastructure permettant de faire le lien entre ces différentes bases de données, c'est-à-dire entre les données expérimentales et théoriques, mais aussi entre différentes longueurs et échelles de temps. La vision à long terme est de développer un cadre polyvalent et neutre en chimie, capable de multiplier par 10 le taux de découverte de nouveaux matériaux et interfaces de batterie. L'épine dorsale de cette vision permettra à terme la conception inverse de matériaux de batterie ultra, et permettra même d'intégrer des aspects transversaux tels que la fabricabilité et le recyclage directement dans le processus de découverte. Ce séminaire tentera d'illustrer ce nouveau paradigme de recherche, à l'opposé de l'approche édisonienne, *via* l'intelligence artificielle.

Cours 5 – De Zn-MnO_2 à Zn-air et autres (suite) : que peut-on espérer des technologies aqueuses rechargeables ?

4 mars 2019

Une version dérivée des batteries Zn-ion aqueuses décrite dans le cours précédent est la version polymère qui repose sur l'utilisation de gels polymères étirables à base de gélatine et de polyacrylonitrile ou alors reposant sur des hydrogels qui sont des réseaux hydrophiles pouvant absorber de grosses quantités d'eau et également dissoudre des sels pour avoir des conductivités ioniques élevées. Des batteries flexibles et autoréparables peuvent ainsi être obtenues. Au-delà de l'électrolyte, l'amélioration de l'électrode de Zn a été le sujet de nombreux travaux visant à limiter les problèmes dendritiques, ainsi que sa corrosion, en jouant sur la texture morphologie et autres. On peut citer soit la fabrication de structures cœur-couronnes (C enrobé de Zn), soit la formation d'alliage Zn-Ni pour déplacer le potentiel de dégagement de l'hydrogène sur le zinc, et en réduire la corrosion comme il se faisait jadis par l'ajout de Hg. Il a été également démontré que l'utilisation de séparateurs à porosité contrôlée, ainsi que les électrolytes super concentrés (1 m $ZnTFSI)_2$ + 20 m LiTFSI + x H_2O) permettaient de minimiser la formation de dendrites de Zn. Dans ce contexte, mentionnons également les travaux de reconfiguration de l'électrode de Zinc pour sa rechargeabilité en milieu KOH *avec* notamment la réalisation d'architecture 3D, de structure éponge, voire de structure monolithe. Ces structures permettent i) le maintien de la conduction électrique lors du cyclage, et ii) une saturation /déshydratation plus efficace du zincate en ZnO et sa distribution plus uniforme au sein de l'électrode, le tout entraînant de meilleures performances. Sur de telles bases, la technologie Ni-Zn aqueuse regagne de l'intérêt.

Outre l'anode de Zn, on ne peut s'empêcher de mentionner les travaux récents sur les batteries aqueuses qui reposent sur l'utilisation d'anodes à base de quinones. L'avantage primordial des quinones réside dans leur chimie très versatile qui permet de les modifier pour une chimie redox adaptée au milieu environnant. Ainsi, les quinones sont des anodes universelles pour les systèmes aqueux indépendamment du pH. C'est ainsi que des systèmes quinone(PTO)/H_2SO_4/PbO_2, quinone(PPTO)/Li_2SO_4/$LiMn_2O_4$, et enfin quinone(PAQS)KOH/$Ni(OH)_2$ opérant en milieu acide, neutre et basique ont pu être réalisés, tout en supportant le cycle de l'oxygène qui est un facteur de sécurité supplémentaire pour ce type de batteries aqueuses. En quelque sorte, l'oxygène produit par l'oxydation diffuse au travers de l'électrolyte vers l'électrode négative, où il est réduit par l'anode (quinone chargée) protégeant ainsi spontanément les cellules contre les décharges profondes.

Enfin, nous avons terminé le cours sur la technologie Zn-air qui, comme la technologie Zn-MnO_2, jouit d'un intérêt grandissant en raison de la possibilité de transformer ces systèmes d'un comportement pile à un comportement batterie. La pile Zn-air, dont l'invention (par Louis Maiche, en 1881) est liée à la pile Leclanché (Zn-MnO_2), a été commercialisée durant la Première Guerre mondiale (1914-1918) par Charles Fery (pile Fery) et vendue à plus de 1,5 million d'exemplaires. La raison de cette commercialisation était la pénurie de piles Zn-MnO_2, due au fait que le dioxyde de Mn (MnO_2) se trouvait dans un minerai rare qui, de plus, devait être importé d'Allemagne. La pile Zn-air, qui est aujourd'hui utilisée dans les appareils auditifs, télémétrie cardiaque et autres, a des atouts indéniables qui sont : une densité d'énergie théorique élevée, une sécurité maximale, un impact environnemental minimum, tout en étant bon marché. Cependant, elle n'est pas rechargeable à cause de problèmes d'électrodes de Zn et de carbonations de membranes. La recharge mécanique (changement de l'anode et de l'électrolyte) a tout d'abord été tentée, mais sans convaincre pour la mobilité électrique, et ce n'est qu'en 1997 que les premières batteries Zn-Air rechargeables furent assemblées avec des performances limitées. L'utilisation de cathodes dotées de catalyseurs bi-fonctionnels pour maîtriser les réactions d'OER et d'ORR, bien qu'élégante, n'apporta que peu d'améliorations. C'est finalement l'utilisation d'une électrode bi-positive (3e électrode), combinée à l'utilisation d'une membrane polymérique fluorée pour empêcher l'empoisonnement de l'électrolyte par CO_2, qui a permis de débloquer la situation et d'obtenir des performances viables. C'est sur la base de ces avancées réalisées par EDF qu'une compagnie, ZINIUM, dédiée à la commercialisation de batteries Zn-air, a vu le jour. Attendons donc pour les premiers prototypes.

Séminaire 5 – Systèmes hybrides de stockage et conversion

Hubert Girault

Les besoins en infrastructure de distribution d'énergie pour la mobilité vont grandement évolués dans un futur proche. Nous avons montré les avantages que les batteries stationnaires apportent à la conception de stations-service pour véhicules électriques, avant de discuter ensuite d'un type particulier de batterie stationnaire, à savoir les batteries à circulation d'électrolytes (*Redox Flow Batteries*). Nous avons également parlé du principe et des propriétés des batteries au vanadium.

D'un point de vue plus fondamental, nous nous sommes intéressés à l'électrocatalyse redox qui consiste à faire de l'électrochimie sur des particules électriquement flottantes en présence de couples redox. La première application de ce concept est la conception de « boosters » d'énergie solides pour les batteries à circulation d'électrolyte. La deuxième application est la production d'hydrogène à partir d'un électrolyte de vanadium (II) en solution acide.

Finalement, nous avons présenté des véhicules à piles à combustible dédiés aux courses automobiles d'endurance et discuterons plus généralement des besoins en infrastructure pour la mobilité hydrogène.

Cours 6 – L'électrochimie et son implication vis-à-vis de l'énergie bleue et de la désalinisation

11 mars 2019

Dans ce dernier cours, nous allons aborder l'importance de l'électrochimie dans l'exploitation de l'énergie bleue, c'est-à-dire l'énergie provenant du mélange de liquides de différentes concentrations en sel, comme par exemple l'eau douce et l'eau de mer *via* le phénomène d'osmose. Nous avons tout d'abord rappelé que la pression osmotique joue un rôle fondamental dans de nombreux phénomènes biologiques. Associée à la capillarité, elle est par exemple responsable de l'absorption de l'eau par les racines des végétaux, ainsi que du mouvement ascendant de la sève brute. La pression osmotique provoque l'hémolyse, qui consiste en la destruction des globules rouges présents dans le sang, ainsi que la plasmolyse qui est l'étant cellulaire résultant d'une perte d'eau. Nous avons également souligné que le phénomène d'osmose est mis à profit pour la conservation des viandes par le sel et des fruits, par le sucre. Ainsi, on comprend pourquoi une eau riche en sels, telle que celle de la mer Morte, est impropre au maintien d'une vie aquatique.

Le flux de mélange de deux eaux de concentrations différentes est associé à une entropie de mélange, et c'est en 1954 qu'un chercheur anglais (R.E. Pattle) proposa d'utiliser cette énergie de mélange et de la convertir en électricité. Il démontra que l'énergie de mélange associée à un 1 m^3 d'eau salée est égale à l'énergie que l'on pourrait récupérer de la chute de 1 m^3 d'eau dans une cascade de 250 m de hauteur. Sur la base de tels calculs, il est estimé que le stockage osmotique est supérieur au stockage hydroélectrique et, *a priori*, 1-2TW pourrait être récoltés mondialement si l'on profitait des différentes sources de gradient de salinité (saumures, eaux usées). En revanche, l'énergie osmotique est beaucoup plus difficile à récupérer que l'énergie hydroélectrique. Elle se récupère par différents procédés connus sous le nom de i) pression d'osmose retardée (PRO), ii) électrodialyse inverse (RED) iii) ou bien *via* un procédé de transport par diffusion osmotique développé par Lydéric Bocquet, qui tire avantage des technologies nano-fluidiques. Il s'agit d'un mécanisme de diffusion osmotique qui est un mécanisme de surface généré par un gradient de pression osmotique se produisant dans les premiers nanomètres de la surface des pores. Ce gradient de concentration osmotique à la surface des pores conduit à un courant ionique connu sous le nom de diffusion osmotique. La potentialité énergétique de ce nouveau concept, ayant déjà donné naissance à la création d'une PME du nom de « SWEETCH Energie », devient donc tributaire de la nano-structuration des membranes. Soulignons également que la récupération d'énergie à partir de salinités différentes peut se faire *via* un condensateur, selon un cycle en quatre étapes, dénoté CAPMIX, qui présente une certaine analogie avec la thermodynamique d'un moteur à quatre temps.

Le phénomène inverse de récupération d'énergie de mélange provenant de gradients de concentration est la désalinisation *via* l'apport d'énergie. Il s'agit là d'une problématique importante, sachant que l'eau est toujours indisponible pour une personne sur sept dans le monde. Les technologies dominantes actuelles pour la désalinisation de l'eau sont i) l'osmose inverse, ii) la distillation, et iii) l'électrodialyse, sans pour autant oublier la désalinisation *via* la dé-ionisation capacitive (*e.g.* *via* des supercondensateurs à configurations multiples). Nous évoquerons également les batteries de désalinisation pour la récupération du Li.

En résumé, l'énergie bleue est de premier abord une option attractive. Cependant, les technologies de récupération sont problématiques, avec des rendements très limités. De nombreux verrous technologiques restent à lever avant qu'une telle énergie puisse être prise en considération dans notre mix énergétique.

Séminaire 6 – Électrochimie sans fil pour des applications en micro- et nanotechnologie

Alexander Kuhn

Une conversion électrochimique s'effectue dans la plupart des cas de manière classique, c'est-à-dire à la surface d'électrodes qui sont connectées à une source d'électricité. Cependant, il existe une voie alternative qui permet de déclencher des processus électrochimiques à distance sur des objets qui ne sont pas en contact physique avec un générateur de tension ou de courant. Cette « électrochimie sans fil » ou, plus scientifiquement, appelée « électrochimie bipolaire », a un long historique, y compris dans le domaine des batteries. Le concept connaît actuellement une véritable renaissance dans différents domaines scientifiques, notamment à cause des applications potentielles en micro- et nanotechnologie qui ont été mises en lumière pendant la dernière décennie. L'approche permet, entre autres, la modification très contrôlée de surfaces à l'échelle micro- et nanométrique. Dans ce séminaire, nous avons discuté des grands axes de recherche dans ce domaine et aussi illustrer la puissance du concept avec des exemples qui vont bien au-delà de la chimie.

Recherche

Nos activités classiques sur la technologie Li(Na)-ion ainsi que sur l'électrocatalyse se sont poursuivies avec, cependant, une diversification qui a conduit à l'émergence de deux thématiques supplémentaires que sont i) les batteries « tout solide » et ii) le suivi et l'autoréparation des batteries. Les faits saillants concernant la période considérée (septembre 2018-septembre 2019) sont résumés ci-dessous. Ils incluent :

i) la mise en évidence d'une relation cause-effet entre migration cationique et l'oxydation de l'oxygène permettant ainsi d'augmenter l'efficacité énergétique associée aux réactions redox anioniques ;

ii) la confection d'un nouvel électrolyte, ainsi que la découverte d'une nouvelle phase lamellaire permettant d'obtenir les meilleures performances à ce jour en termes de densité d'énergie pour la technologie à ions Na ;

iii) l'assemblage de batteries « tout solide » pouvant être cyclées sans application de pression – une première ;

iv) la mise en évidence d'un mécanisme réactionnel non basé sur l'insertion du Zn dans les batteries Zn-MnO_2 ;

v) l'utilisation de capteurs optiques de Bragg comme sondes micro-calorimétriques pour suivre les flux de transfert de chaleur au sein des batteries ;

et enfin vii) l'identification d'un nouveau mécanisme d'électrocatalyse reposant sur l'utilisation de composés d'insertion. Ces avancées seront décrites plus amplement par la suite.

Les batteries Li-ion : les composés riches en Li source d'une activité redox anionique

Le concept d'activité anionique dans les composés lamellaires riches en Li de type $Li_{1.2}Ni_xMn_yCo_zO_2$ a été initialement établi par notre groupe *via* des composés modèles de type $Li_2Ru(Ir)O_3$ qui présentaient une structure et des performances identiques. Bien que le mécanisme réactionnel soit aujourd'hui clairement identifié, il n'en demeure pas moins que leur utilisation est retardée pour des raisons de dérive de potentiel et d'efficacité énergétique trop faible causée par une forte hystérèse. Pour résoudre ce problème, notre approche fut triple. Elle a consisté successivement à i) la synthèse de composés lamellaires à base de Ta dont la polarisation varie selon la nature de la substitution en Ni ou Mn, ii) au remplacement partiel de O par F *via* des réactions à deux étapes (création de lacunes en O suivie par une fluorination *via* XeF_2), et enfin iii) à la synthèse de sulfures lamellaires riches en Li ($Li_{1.2}Fe_{0.3}Ti_{0.7}O_2$).

Nous avons ainsi pu en déduire un phénomène d'hystérèse présent dans ces composés et relié à la migration cationique qui est moindre dans les sulfures. Par des mesures calorimétriques, nous avons également montré comment la chaleur associée à cette hystérèse, qui est liée à une perte de travail électrique, est cruciale pour l'utilisation de ces matériaux. Le passage d'oxydes à des sulfures riches en Li pourrait permettre de maximiser l'efficacité énergétique, avec pourtant un désavantage en termes d'énergie spécifique dû au plus faible potentiel redox des sulfures par rapport aux oxydes. Force donc est de constater que ces composés lamellaires riches en Li, bien que passionnants d'un point de vue fondamental, ne peuvent pas encore être à ce jour maîtrisés pour leur intégration dans les prochaines batteries à ions Li.

Les batteries Na-ion : nouveaux électrolytes, nouvelles phases

La technologie Na-ion constitue à ce jour une alternative attractive à la technologie Li-ion, notamment pour des applications avec de grands volumes (*e.g.* stockage de masse pour les énergies renouvelables) en raison de l'abondance du Na. Notre groupe fut l'un des pionniers dans ce développement, avec notamment la mise au point de la technologie Na-ion basée sur la chaîne électrochimique $Na_3V_2(PO_4)_2F_3$/Elec./C qui a conduit à la création de la compagnie TIAMAT. L'atout de cette technologie se situe au niveau de ses performances en puissance, de son bas coût et de sa possibilité d'être déchargée à zéro volt, sans que ses performances ultérieures n'en soient affectées – un avantage énorme pour leur transport *via* les airs qui n'existe pas avec le Li. Cependant, la densité d'énergie des batteries Na-ion n'est à ce jour que de 120 Wh/kg (220 Wh/kg pour Li) et, en plus, leurs performances à 55 °C restent encore limitées. Résoudre ces deux problèmes fut l'objet de notre recherche sur la période 2018-2019, qui a porté sur l'élaboration de nouveaux électrolytes et le design de nouvelles phases à base de Na.

Nouveaux électrolytes

Les électrolytes communément utilisés pour la technologie Na-ion, par analogie au Li-ion, consistaient à un mélange de carbonates cycliques (EC) et acycliques (DMC). Ayant démontré l'effet néfaste de DMC à 55 °C, nous avons eu recours à son remplacement. Sur la base de calculs théoriques, nous avons choisi d'utiliser du PC avec l'ajout d'additifs à faibles concentrations dont le sodium difluoro(oxalato)borate (NaODFB ; 3 %), le succonitrile $N{\equiv}C\text{-}(CH_2)_2\text{-}C{\equiv}N$ (1 %), le 1,3-propane sultone (0,5 %), et le vinylene carbonate (3 %). La synergie entre ces différents additifs s'est avérée bénéfique pour produire une SEI (« Interface solide-électrolyte ») électrochimiquement stable, permettant ainsi d'obtenir des performances exacerbées à 55 °C tant en autodécharge qu'en cyclage. Cependant, la faible mouillabilité en l'absence de DMC de ce nouvel électrolyte avec les séparateurs de type polypropylène s'avéra un handicap pour son utilisation. C'est ainsi que, sur la base de nouvelles considérations chimiques et théoriques, nous avons confectionné et breveté un nouvel électrolyte. Reposant sur un mélange de EC-DMC avec 2,5 % de sodium difluoro(oxalato)borate (NaODFB), 3 % de tris(trimethylsilyl)phosphite (TMSPi) et 4 % de carbonate de vynylidene, il est aujourd'hui utilisé avec succès par la compagnie TIAMAT.

Nouvelles phases

Les phases lamellaires au Li sont les plus prisées pour la technologie Li-ion. Pourquoi n'en est-il pas de même pour les phases Na pour les batteries Na-ion ? La réponse réside dans la composition et structure des phases lamellaires au Na. Il existe une phase P2 de composition $Na_{0.7}MO_2$ qui cycle bien, mais qui présente des capacités limites en raison de sa sous-stœchiométrie en $Na_{(0.7)}$. La seconde phase, en revanche, de structure O3, a une forte capacité, mais a des performances en cyclage limitées en raison de nombreux changements de phases associés à l'insertion et au retrait de Na. Cette phase a donc retenu notre attention et notre stratégie a consisté à déduire et limiter le nombre de transitions de phases *via* des substitutions chimiques adéquates. Ainsi, nous avons démontré que la double substitution du Ni par le Cu et du Mn par le Tin dans la phase $NaNi_{0.5}Mn_{0.5}O_2$ permettait d'obtenir des composés $NaCu_{0.1}Ni_{0.4}Mn_{0.4}Ti_{0.1}O_2$ ayant d'excellentes tenues en cyclage avec des capacités de 170 mAh/g, comparées à seulement 125 mAh/g pour $Na_3V_2(PO_4)_2F_3$. Les cellules 1850 réalisées à ce jour à base de ces composés permettent d'obtenir une densité d'énergie de 130 Wh/kg, la plus haute valeur jusque-là obtenue avec des éléments Na-ion. Soulignons que l'utilisation du Zn plutôt que du Cu comme substituant conduit à des performances comparables, voire légèrement supérieures. Ces deux avancées brevetées seront industrialisées par TIAMAT dans un futur proche.

Les batteries « tout solide »

Les batteries « tout solide » suscitent ces dernières années un engouement dans le monde des batteries et des fabricants de voitures électriques. Elles pourraient permettre i) d'accroître la sécurité des batteries Li-ion liquides, mais également ii) d'augmenter la densité d'énergie volumétrique *via* des configurations bipolaires, ainsi que l'utilisation du Li métallique. Cependant, cette euphorie commence à se ternir à cause de la prise de conscience croissante des difficultés récurrentes liées aux interfaces se formant entre l'électrolyte solide (thiophosphate) et l'électrode positive (oxyde lamellaire) et également avec l'électrode négative (Li). À la lumière de cette récente constatation, nos efforts se sont centrés sur l'étude des interfaces et leur maîtrise en cellules « tout solide ». Parmi nos résultats les plus notoires, on soulignera i) l'augmentation de la conductivité ionique de la phase Li_3PS_4 avec la pression, mais surtout le maintien de cette conductivité lorsque cette pression est relâchée. Cela est d'une importance capitale au niveau des applications. C'est ainsi que des batteries tout solide type « boutons » ont pu être assemblées avec des performances surprenantes, si l'on garde à l'esprit que, jusque-là, toutes les batteries solides nécessitaient une pression extérieure pour le cyclage. Une seconde avancée, qui fait à ce jour l'objet d'un dépôt de brevet, consiste à l'utilisation d'un enrobage des particules d'oxydes par un composé d'insertion à base de soufre ($Li_{1.12}Ti_{0.7}Fe_{0.3}O_2$) afin d'augmenter la capacité des cellules et diminuer les régions d'interfaces. L'ensemble de ces résultats nous a conduit à la création d'une *task force* toute solide avec, comme objectif, la fabrication d'un prototype tout solide de 1 Ah en 2022.

Les batteries aqueuses : $Zn\text{-}MnO_2$

Le dynamisme du développement durable a suscité un retour d'intérêt pour les technologies aqueuses Li(Na) mais surtout pour la technologie $Zn\text{-}MnO_2$, bien connue de tous en tant que pile. Grâce à l'utilisation d'électrolyte moyennement acide ($ZnSO_4\text{-}MnSO_4$), la réversibilité de ce système a pu être démontrée avec un mécanisme supposant l'insertion réversible de Zn dans MnO_2. Grâce à des études de diffraction de rayons X *in situ* couplées à des mesures de pH et à des mesures d'EQCM (suivies de variation de masse d'électrode lors de la charge et décharge), nous avons montré que le Zn ne s'insérait pas dans MnO_2. En revanche, nos études ont mis à jour un mécanisme de dissolution/recristallisation de MnO_2. Lors de la décharge suivant une charge, il y a une dissolution de MnO_2 avec une capture des H^+. Cette basification du milieu entraîne la précipitation de $Zn(SO_4)_{2.7}H_2O$. Forts de ces connaissances, nous évaluons à ce jour d'autres figures de mérite, telles l'autodécharge, l'efficacité coulombique.

Le suivi et l'autoréparation des batteries

Afin d'abaisser le coût de l'énergie stockée dans les batteries, beaucoup d'espoirs reposent sur l'économie réalisable en leur offrant une seconde vie. Ainsi, lorsque ces batteries auraient atteint leur fin de vie dans un véhicule électrique (80 % de la capacité nominale), elles pourraient être, selon leur degré d'usure, remises en conformité pour des applications réseaux. Ce basculement de fonctionnalité n'est aujourd'hui qu'utopique sans des méthodes de détection non invasives visant à fournir une meilleure connaissance des processus se déroulant dans les batteries. Des méthodes de détection-suivi des batteries doivent donc être développées afin de déduire en temps réel leur état de santé. Dans ce contexte, nous développons l'utilisation de réseaux de Bragg optiques pour le suivi des batteries en température et en pression, et afin de suivre la composition de l'électrolyte. Parmi les résultats notoires déjà obtenus, on soulignera la possibilité d'utiliser la fibre optique comme sonde micro-calorimétrique. Ainsi, l'énergie associée à la formation de la SEI peut être déterminée, ce qui constitue un avantage considérable dans le choix d'électrolytes et l'optimisation des conditions de formation de SEI. L'imagerie en température de l'accumulateur a pu également être obtenue. Ces informations sont précieuses pour le développement de BMS sophistiqués.

Parallèlement à l'établissement de l'état fonctionnel des batteries, nous travaillons également sur des fonctionnalités d'autoguérison et d'autoréparation, en s'inspirant du domaine médical et notamment de la vectorisation des médicaments pour le traitement des maladies.

Électrocatalyse : compréhension des phénomènes aux interfaces électrochimiques

Dans le but de trouver de nouveaux matériaux toujours plus performants pour l'électrolyse de l'eau, nos travaux se sont penchés sur l'impact des interactions ayant lieu entre les catalyseurs solides classiquement utilisés et l'eau. Tout d'abord, notre groupe s'est focalisé sur la réaction de réduction de l'eau et de dégagement d'hydrogène (HER). En jouant sur la structure de l'eau par l'ajout d'additif en solution ou bien le contrôle des concentrations ioniques, nous avons ainsi pu mettre en avant la réactivité différente de l'eau en surface de catalyseurs de la HER en fonction de son implication ou non dans la sphère de solvatation des cations (JPCL 2018 et ACS Catalysis 2018). Cela nous a ainsi permis de déterminer les conditions favorables dans lesquelles la cinétique de la HER peut être modulée, ce qui a des répercussions non seulement pour l'électrocatalyse, mais aussi pour le développement de batteries aqueuses (EES 2018). En ce qui concerne la réaction d'oxydation de l'eau et de dégagement de l'oxygène (OER), nos efforts se sont portés sur la compréhension des phénomènes de dégradation qui, pour le moment, limitent la durée de vie des catalyseurs de type oxydes classiquement utilisés. Pour cela, des techniques analytiques telles ont été couplées pour démontrer que le pH joue non seulement un rôle sur l'activité électrocatalytique des oxydes de métaux de transition vis-à-vis de l'OER, mais que ce processus est couplé avec une augmentation des phénomènes de corrosion (ACS *Energy Letters* 2018). De plus, nous avons pu mettre en avant un phénomène de dissolution/redéposition qui modifie continuellement la surface des catalyseurs dans ces milieux extrêmement corrosifs (*Angewandte*, 2019). En définitive, il apparaît donc que non seulement nos efforts doivent se porter sur l'augmentation de la cinétique de l'OER, mais que de nouveaux mécanismes permettant de limiter les phénomènes de dégradation doivent être trouvés. Pour cela, nos efforts s'orientent actuellement vers le développement de catalyseurs pour lesquels des échanges ioniques sont possibles entre l'électrolyte et le cœur du catalyseur (*Chem. Mater.*, 2019). En effet, ce type d'échange ionique permet de contrôler la balance de charge lors des réactions électrocatalytiques en surface des catalyseurs et de sensiblement augmenter leur stabilité.

Brevets

PCT/FR2019/050575, « New electrolyte composition for sodium ion battery », G. Yan et J.-M. Tarascon.

EP18305743, « Separators for batteries and uses thereof », L. Coustan, J.-M. Tarascon et C. Laberty.

EP18305521, « New sodium-based material and its use as positive electrode material or Na-ion cells », G. Yan, S. Maypayan, J.-M. Tarascon et R. David.

EP18305518, « Fluorinated oxide based on Li and Mn », J. Ma, T. Lemercier, V. Buissette, M. Devi, L. Berthy et J.-M. Tarascon.

EP18'35623, « Layered active material for Na-ion batteries », S. Marypayan, T. Marchandier et J.-M. Tarascon.

Publications

Jacquet Q., Iadecola A., Saubanère M., Li H., Berg E.J., Rousse G., Cabana J., Doublet M. L. et Tarascon J.-M., « Charge transfer band gap as an indicator of hysteresis in Li-disordered rock salt cathodes for Li-ion batteries », *Journal of the American Chemical Society*, vol. 141, nº 29, 2019, https://doi.org/10.1021/jacs.8b11413.

Wang Q., Mariyappan S., Vergnet J., Abakumov A.M., Rousse G., Rabuel F., Chakir M. et Tarascon J.-M., « Reaching the energy density limit of layered O3-$NaNi_{0.5}Mn_{0.5}O_2$ electrodes via dualCu and Ti substitution », *Advanced Energy Materials*, vol. 9, nº 36, 2019, https://doi.org/10.1002/aenm.201901785.

Marhandier T., Jacquet Q., Rousse G., Baptiste B., Abakumov A.M. et Tarascon J.-M., « Expanding the rich crystal chemistry of ruthenium (V) oxides via the discovery of $BaRu_2O_6$, $Ba_5Ru_4O_{15}$, $Ba_2Ru_3O_{10}$ and $Sr_2Ru_3O_9(OH)$ by pH controlled hydrothermal synthesis », *Chemistry of Materials*, vol. 31, nº 16, 2019, https://doi.org/10.1021/acs.chemmater.9b02510.

Ghimbeu C., Zhang B., Martinez de Yuso A., Réty B. et Tarascon J.-M., « Valorizing low cost and renewable lignin as hard carbon for Na-ion batteries: Impact of lignin grade », *Carbon*, vol. 153, 2019, p. 634-647, https://doi.org/10.1016/j.carbon.2019.07.026.

Pearce P.E., Yang C., Iadecola A., Rodriguez-Carvajal J., Rousse G., Dedryvère R., Abakumov A.M, Giaume D., Deschamps M., Tarascon J.-M. et Grimaud A., « Revealing the reactivity of the iridium trioxide intermediate for the oxygen evolution reaction in acidic media », *Chemistry of Materials*, vol. 31, nº 15, 2019, https://doi.org/10.1021/acs.chemmater.9b01976.

ASSAT G, GLAZIER S.L., DELACOURT C. et TARASCON J.-M., « Probing the thermal effects of voltage hysteresis in anionic redox-based lithium-rich cathodes using isothermal calorimetry », *Nature Energy*, vol. 4, 2019, p. 647-656, https://doi.org/10.1038/s41560-019-0410-6.

SAHA S., ROUSSE G., FAUTH F., POMJAKUSHIN V. et TARASCON J.-M., « Influence of temperature-driven polymorphism and disorder on ionic conductivity in $Li_6Zn(P_2O_7)_2$ », *Inorganic Chemistry*, vol. 58, nº 3, 2019, p. 1774-1781, https://doi.org/10.1021/acs.inorgchem.8b01800.

LEMOINE K., ZHANG L., DAMBOURNET D., GRENÈCHE J.-M., HÉMON-RIBAUD A., LEBLANC M., BORKIEWICZ O.J., TARASCON J.-M., MAISONNEUVE V. et LHOSTE J., « Synthesis by thermal decomposition of two iron hydroxyfluorides : Structural effects of Li insertion », *Chemistry of Materials*, vol. 31, nº 11, 2019, p. 4246-4257, https://doi.org/10.1021/acs.chemmater.9b01252.

YAN G., MARIYAPPAN S., ROUSSE G., JACQUET Q., DESCHAMPS M., DAVID R., MIRVAUX B., FREELAND J.W. et TARASCON J.-M., « Higher energy and safer sodium ion batteries via an electrochemically made disordered $Na_3V_2(PO_4)_2F_3$ material », *Nature Communications*, vol. 10, nº 1, 2019, p. 585, HAL : 02021279, https://doi.org/10.1038/s41467-019-08359-y.

OTOYAMA M., JACQUET Q., IADECOLA A., SAUBANÈRE M., ROUSSE G. et TARASCON J.-M., « Synthesis and electrochemical activity of some Na(Li)-Rich ruthenium oxides with the feasibility to stabilize Ru^{6+} », *Advanced Energy Materials*, vol. 9, nº 15, 2019, p. 1803674, DOI : 10.1002/aenm.201803674.

MARIYAPPAN S., WANG Q. et TARASCON J.M., « Will sodium layered oxides ever be competitive for sodium ion battery applications? », *Journal of The Electrochemical Society*, vol. 165, nº 16, 2018, p. A3714, https://doi.org/10.1149/2.0201816jes.

YIN W., MARIYAPPAN S., GRIMAUD A. et TARASCON J.M., « Rotating ring disk electrode for monitoring the oxygen release at high potentials in Li-rich layered oxides », *Journal of The Electrochemical Society*, vol. 165, nº 14, 2018, p. A3326-A3333, https://doi.org/10.1149/2.0481814jes.

YANG C., BATUK M., JACQUET Q., ROUSSE G., YIN W., ZHANG L., HADERMANN J., ABAKUMOV A.M., CIBIN G., CHADWICK A., TARASCON J.-M. et GRIMAUD A., « Revealing pH-dependent activities and surface instabilities for Ni-based electrocatalysts during the oxygen evolution reaction », *ACS Energy Letters*, vol. 3, nº 12, 2018, p. 2884-2890, HAL : 01958610, https://doi.org/10.1021/acsenergylett.8b01818.

JACQUET Q., IADECOLA A., SAUBANÈRE M., LEMARQUIS L., BERG E.J., ALVES DALLA CORTE D., ROUSSE G., DOUBLET M.-L. et TARASCON J.-M., « Competition between metal dissolution and gas release in Li-rich $Li_3Ru_yIr_{1-y}O_4$ model compounds showing anionic redox », *Chemistry of Materials*, vol. 30, nº 21, 2018, p. 7682-7690, https://doi.org/10.1021/acs.chemmater.8b02955.

ASSAT G., IADECOLA A., FOIX D., DEDRYVÈRE R. et TARASCON J.-M., « Direct quantification of anionic redox over long cycling of Li-rich NMC via hard X-ray photoemission spectroscopy », *ACS Energy Letters*, vol. 3, nº 11, 2018, p. 2721-2728, https://doi.org/10.1021/acsenergylett.8b01798.

Sciences de l'Univers

Évolution du climat et de l'océan

Édouard Bard
Membre de l'Institut (Académie des sciences),
professeur au Collège de France

Mots-clés : climat, océan, mousson, civilisation maya, Empire romain, civilisation de l'Indus, civilisation chinoise, empire d'Akkad

Le colloque « Le cycle de l'eau et le climat » est disponible en vidéo sur le site internet du Collège de France (http://www.college-de-france.fr/site/edouard-bard/symposium-2018-2019.htm).

Enseignement

Cours – Climats extrêmes et analogues actuels : des derniers millénaires à l'optimum holocène

Il faut replacer le réchauffement du dernier siècle dans un contexte temporel plus large afin d'en déterminer la singularité et de distinguer les causes sous-jacentes, naturelles et anthropiques. Les variations climatiques des derniers millénaires peuvent servir à tester de multiples hypothèses avec une fiabilité des enregistrements généralement suffisante.

Pour ces périodes reculées, les connexions entre les populations humaines étaient relativement limitées en comparaison avec notre société mondialisée. Il est donc *a priori* plus facile d'identifier l'impact des changements climatiques régionaux sur les sociétés anciennes. Ces leçons de l'histoire et de la préhistoire peuvent aussi nous éclairer dans nos choix et réactions face au changement climatique actuel et à ses expressions régionales souvent amplifiées par rapport à la tendance, à l'échelle mondiale.

É. Bard, « Évolution du climat et de l'océan », *Annuaire du Collège de France 2018-2019. Résumé des cours et travaux*, 119e année, Paris, Collège de France, 2022, p. 131-142, https://doi.org/10.4000/annuaire-cdf.16897.

Cours 1 – Impact des variations climatiques sur la civilisation maya

La civilisation maya s'est développée sur un large espace de la Mésoamérique, allant des régions boisées du Peten et du Chiapas aux basses terres de la péninsule du Yucatan. Sur tout le pays maya, les précipitations suivent un cycle saisonnier marqué, humide en été et sec en hiver, causé par la migration en latitude de la zone de convergence intertropicale (ZCIT). Néanmoins, l'accès à l'eau douce est souvent difficile aussi bien dans les zones élevées de la jungle tropicale qu'au niveau du plateau karstique du Yucatan. Cette région se caractérise par une absence de fleuve de surface, compensée par un réseau de puits naturels interconnectés (les cénotes).

La civilisation maya a duré plus de quatre millénaires, avec une période d'apogée au Ier millénaire de notre ère, caractérisée par l'émergence de nombreuses cités-états en compétition les unes avec les autres. L'utilisation récente du lidar aéroporté a révolutionné l'étude des sites mayas en permettant de cartographier des zones inaccessibles sous la forêt tropicale. Ces recherches archéologiques récentes ont mis en évidence un paysage modifié à grande échelle par l'agriculture intensive destinée à nourrir une importante population, dont les estimations ont été révisées à la hausse (environ 10 millions).

La période du Classique terminal s'est terminée de façon relativement abrupte entre 800 et 900 AD. Après leurs phases d'apogée respectives, les principales cités ont été abandonnées à la suite d'événements sociaux et politiques complexes (*e.g.* Copan, Caracol, Tikal, Calakmul, et Coba en allant du sud au nord). Les dates de construction des monuments et des conflits guerriers sont connues grâce aux calendriers et aux hiéroglyphes mayas. Les données épigraphiques ont pu être compilées sous la forme d'indices statistiques de guerres intercités permettant de synthétiser les soubresauts de la civilisation maya à la période classique.

Les textes mayas ne décrivent malheureusement pas les variations climatiques de ces époques, mais il est possible de les reconstituer à partir d'archives naturelles à haute résolution temporelle comme les sédiments lacustres laminés, les stalagmites des grottes, les cernes d'arbres ou les anneaux de croissance des coraux massifs. En particulier, il a été possible de mesurer le rapport $^{18}O/^{16}O$ des stalagmites (*e.g.* grotte de Yok Balum au Belize), des microfossiles calcaires (ostracodes, gastéropodes), ainsi que des rapports $^{18}O/^{16}O$ et/ou D/H des cristaux de gypse et de biomarqueurs moléculaires contenus dans les sédiments lacustres (lac de Chichancanab au Yucatan, lac de Salpeten au Peten).

Ces séries bien datées, notamment par la méthode U-Th pour les stalagmites, permettent de retracer les variations des précipitations au cours des derniers millénaires : les périodes humides correspondent aux phases d'expansion de la civilisation maya, tandis que des sécheresses interrompent ces développements, en particulier à la fin du Classique terminal. Cependant, la comparaison des différents enregistrements paléoclimatiques montre une grande variabilité, probablement liée à des réponses locales différentes ou aux imperfections des indicateurs. Néanmoins, les épisodes climatiques les plus importants se retrouvent dans plusieurs enregistrements jusqu'à des zones situées au-delà du pays maya (séries dendroclimatiques du Mexique, coraux massifs de Bonaire, sédiments marins au large du Venezuela), ce qui serait compatible avec des variations régionales affectant la ZCIT.

L'importance du forçage climatique semble donc indéniable pour expliquer, au moins en partie, les crises sociétales qui ont entraîné l'effondrement des cités mayas à la fin du Ier millénaire, comme le suggèrent les correspondances entre les indicateurs paléoclimatiques et les indices statistiques des conflits guerriers mentionnés par les textes mayas.

Cours 2 – Optimum climatique romain et détérioration de l'Antiquité tardive

Durant plus d'un millénaire, l'histoire de l'Empire romain est complexe et émaillée d'événements politiques et militaires qui ont frappé les esprits. Une période d'expansion territoriale jusqu'en 200 AD est suivie d'une phase de dégradation marquée vers 400 AD par la division de l'empire en deux parties, suivie de nombreux conflits armées entrainant des pertes territoriales, notamment après l'abdication du dernier empereur romain d'Occident (476 AD)

Les historiens débattent encore des multiples causes de l'effondrement d'un empire qui aurait été décadent moralement et financièrement : invasions barbares, divisions sociales, guerres civiles, discordes religieuses et montée du christianisme, grandes épidémies de peste, crise budgétaire liée aux coûts militaires d'une expansion nécessaire pour fournir l'empire en biens, nourriture et esclaves. À cela, on doit ajouter les contraintes environnementales très souvent oubliées. En effet, des recherches récentes montrent l'importance des variations climatiques qui ont favorisé l'apogée, puis participé à la chute de la civilisation romaine.

Même si quelques scientifiques de l'Antiquité ont posé les premiers jalons pour estimer les températures (thermoscopes de Philon de Byzance et de Héron d'Alexandrie), il n'existe pas d'enregistrements instrumentaux des variations météorologiques pour l'époque romaine. Néanmoins, les textes antiques contiennent de nombreuses mentions d'événements liés au climat : grandes chaleurs, froids intenses, pluies et sécheresses extrêmes, famines… Pour la partie orientale de l'Empire, il faut ajouter les enregistrements des crues du Nil, cruciales pour favoriser l'agriculture de l'Égypte, grenier à blé de l'Empire romain depuis son annexion (30 BC). Les statistiques des événements météorologiques mentionnés par les textes romains suggèrent que le climat était favorable jusqu'à 200-300 AD environ et que cette période optimale a été suivie de dégradations avec des impacts humains indéniables (*e.g.* famines).

Pour reconstituer les variations climatiques de l'époque romaine, il faut aussi considérer les archives naturelles comme les sédiments lacustres, les anneaux d'arbres, les stalagmites, ainsi que les glaces du Groenland et des glaciers alpins. Ces derniers ont fait l'objet de nombreuses recherches qui ont permis de mettre en évidence des avancées et des retraits généralisés, dont un correspond justement à l'optimum climatique romain (environ 200 BC à 200 AD). Cette régression des glaciers est accompagnée d'un climat relativement humide comme l'indiquent plusieurs enregistrements (sédiments lacustres, stalagmites et anneaux d'arbres). Après 250 AD, on assiste à une dégradation climatique qui culmine vers 500-600 AD, période que certains auteurs appellent le Petit Âge glaciaire de l'Antiquité tardive (LALIA en anglais). La phase la plus froide correspond à des éruptions volcaniques d'ampleur mondiale dont les signatures géochimiques se retrouvent dans les glaces polaires.

Ce changement climatique affecte une zone géographique relativement large avec de multiples évidences dans l'hémisphère nord. Par ailleurs, les séries dendroclimatiques suggèrent une correspondance nette entre la variabilité climatique au nord de l'Italie et celle de l'Asie centrale. Des simulations numériques réalisées avec des modèles climatiques permettent d'identifier les mécanismes de dynamique atmosphérique responsables de la corrélation spatiale des températures pour les deux régions.

Même s'il faut éviter tout déterminisme simplificateur, il apparaît clairement que les dégradations climatiques à partir de 200-300 AD sont accompagnées de troubles sociétaux de l'Empire romain, notamment les conflits liés aux mouvements migratoires des Huns et des peuples germaniques ou slaves. Par ailleurs, une grande épidémie de peste débute en 541 AD et sera suivie d'une quinzaine d'autres résurgences de la maladie jusqu'en 767 AD. Cette pandémie (dite « Peste de Justinien ») a durement frappé l'Empire romain d'Orient, empêchant toute possibilité de reconquête et de rétablissement de l'unité de l'Empire. Des recherches récentes montrent que la contamination par la peste est modulée par le climat en Asie centrale qui affecte les populations de grandes gerbilles et de puces, vecteurs de la bactérie *Yersinia pestis*. Même s'il est encore impossible de quantifier ce rôle, il apparaît clairement que le changement climatique à la fin de l'Empire romain a eu de multiples répercussions indirectes, allant bien au-delà des simples effets sur l'agriculture et l'approvisionnement en nourriture des populations.

Cours 3 – Variabilité de la mousson et ses impacts sur la civilisation chinoise

Le climat de la Chine est dominé par le phénomène de la mousson, caractérisé par une saisonnalité marquée des vents et des pluies. Pendant l'été, des masses d'air humide en provenance de l'océan Indien et de l'est du Pacifique engendrent d'intenses précipitations sur le sud et l'est du pays. Depuis ses débuts, il y a environ 6 000 ans, l'agriculture chinoise suit la répartition géographique des températures et des pluies. La mousson a notamment permis l'invention et le développement de la riziculture irriguée, nécessaire pour nourrir une importante population.

L'histoire de la Chine commence vers 1500 BC avec l'apparition de l'écriture, qui permet de retracer la succession de royaumes et de dynasties qui se sont partagés le territoire chinois et tibétain. Les transitions dynastiques correspondent à des conflits guerriers et à des vicissitudes sociales, mentionnés dans de nombreux textes chinois. Des études paléographiques et philologiques récentes ont permis de calculer des indices de prospérité, tenant compte notamment de l'abondance des récoltes, ainsi que des indices de troubles sociaux marqués par les révoltes et les guerres et ponctués par les changements dynastiques.

Ces indicateurs historiques peuvent être comparés aux enregistrements d'un traceur de l'intensité de la mousson d'été (rapport $^{18}O/^{16}O$ mesuré dans les stalagmites de nombreuses grottes chinoises). Ces séries paléoclimatiques, bien datées par la méthode U-Th, montrent des fluctuations au cours des derniers millénaires, avec des épisodes correspondant au Petit Âge glaciaire, à l'optimum médiéval, au Petit Âge glaciaire de l'Antiquité tardive et à l'optimum climatique romain. Des baisses abruptes de l'intensité de la mousson correspondent aussi aux transitions dynastiques et aux conflits guerriers. Les variations du $^{18}O/^{16}O$ des stalagmites chinois ont pu être confirmées par d'autres séries paléoclimatiques basées sur des carottes de glace prélevées dans les glaciers du Tibet, et des sédiments lacustres permettant de remonter jusqu'à plus de 2000 BC (Huguang Maar).

Des recherches récentes ont permis d'étudier les relations avec la variabilité climatique en périphérie de la Chine. Pour le dernier millénaire, on observe de nettes correspondances avec les séries $^{18}O/^{16}O$ de stalagmites de l'est de l'Inde et les séries dendroclimatiques de la péninsule indochinoise. Des épisodes de sécheresse seraient à l'origine de l'effondrement de la cité « hydraulique » d'Angkor du royaume Khmer (Cambodge actuel). Par contre, un climat plus humide dans les zones désertiques de l'Asie centrale pendant le Petit Âge glaciaire aurait favorisé l'essor de l'Empire mongol et entraîné l'invasion de la Chine conduisant à la dynastie Yuan.

Pour identifier les causes de ces changements climatiques, les séries climatiques chinoises ont été comparées avec les variations des forçages externes (Soleil et volcans), ainsi que celles qui ont été observées pour l'oscillation El Nino/La Nina originaire du Pacifique. La prise en compte et la simulation explicite de ces phénomènes par des modèles climatiques a permis de confirmer l'importance de l'ENSO et des forçages volcaniques et solaire pour expliquer les épisodes de sécheresse et les gradients de précipitations sur le continent asiatique.

Cours 4 – L'événement à 4.2 k BP et ses impacts sur la civilisation de l'Indus

Les enregistrements paléoclimatiques de la mousson asiatique montrent une lente diminution durant toute la période de l'Holocène, à laquelle se superposent des baisses abruptes et transitoires, ayant duré quelques siècles. Pour l'événement centré vers 2200 BC (dit « de 4.2 k BP »), il est possible de discerner un impact géographique à l'échelle mondiale, avec une baisse des précipitations pour les latitudes intertropicales et subtropicales et des augmentations plus hautes en latitude.

L'impact de l'événement du 4.2 k a pu être étudié pour la zone du Pakistan, où s'est développée la civilisation harappéenne entre 2600 et 1900 BC. Son vaste territoire s'étendait autour du fleuve Indus et de ses affluents, ainsi que sur la côte de la mer d'Arabie, de la frontière actuelle entre le Pakistan et l'Iran jusqu'au Gujarat indien.

Cette région est en limite de la zone d'influence de la mousson d'été, avec des précipitations concentrées dans le nord du pays, en amont de l'Indus, sur les contreforts de la chaîne himalayenne. En hiver, la région reçoit aussi des pluies plus faibles en provenance de l'ouest. La civilisation de l'âge du bronze fondée sur l'agriculture et l'élevage était donc très tributaire de la ressource en eau. Les grands centres urbains harappéens se caractérisent en effet par une architecture hydraulique élaborée avec des systèmes de bains et de canalisations (*e.g.* Mohenjo-daro, Dholavira, Lothal), ainsi que de grands réservoirs parfois reliés aux fleuves (*e.g.* Lothal). De nombreux sites archéologiques sont concentrés le long du fleuve endoréique Ghaggar-Hakra, au nord du désert de Thar, qui était à l'époque un affluent de l'Indus.

La civilisation harappéenne possédait une écriture qui n'est pas encore déchiffrée, en raison de la rareté et de la brièveté des textes essentiellement limités à quelques inscriptions sur des sceaux. Les archéologues débattent encore des raisons de l'émergence, de la prospérité et du déclin rapide de cette brillante civilisation. En l'absence de texte, il est utile de se tourner vers les archives paléoenvironnementales, comme les sédiments lacustres et marins et les stalagmites.

Au nord du désert de Thar, des lacs aujourd'hui asséchés étaient en eau à l'époque de l'apogée de la civilisation de l'Indus (*e.g.* paléolacs Karsandi et Kotla Dahar). Les analyses des rapports $^{18}O/^{16}O$ et D/H de l'eau structurale des cristaux de gypses préservés dans leurs sédiments permettent de préciser les conditions humides de l'époque et de les comparer aux séries isotopiques de stalagmites provenant du nord-ouest de l'Inde (*e.g.* grotte de Sahiya).

Les sédiments marins prélevés au large du delta de l'Indus ont enregistré les apports fluviatiles et éoliens, et nous donnent une perspective temporelle encore plus large. L'analyse pollinique confirme la longue tendance à l'assèchement depuis 3000 BC, avec une baisse des précipitations particulièrement marquée entre 2500 BC et 1500 BC. Il est aussi possible de distinguer les apports en pollens montagnards transportés par le fleuve depuis l'Himalaya des apports en pollens des steppes arides du Baloutchistan transportés par les vents de la mousson d'hiver. D'autres analyses isotopiques, géochimiques et micropaléontologiques des sédiments marins permettent d'étudier les influences combinées des moussons d'été et d'hiver. Les signaux semblent indiquer une baisse de la mousson d'été entre 2200 BC et 1900 BC, et une augmentation relative de l'influence de la mousson d'hiver.

Ces grandes variations hydrologiques régionales ont certainement eu des impacts déterminants pour expliquer le développement et l'effondrement de la civilisation harappéenne. Les données archéologiques elles-mêmes apportent la preuve de l'influence climatique. Dans la région du Ghaggar-Hakra, les centres urbains répartis le long du fleuve ont été abandonnés après 2000 BC, mais la population des sites ruraux a migré vers le nord de l'Inde pour bénéficier d'apports en eau permettant leur survie.

Cours 5 – L'événement à 4.2 k BP et ses impacts en Mésopotamie

La Mésopotamie est considérée comme le berceau de la civilisation, dont l'écriture cunéiforme remonte à plus de 3 000 ans avant notre ère. Vers 2300 BC, Sargon réunit par la force la haute et la basse Mésopotamie, et fonde l'empire d'Akkad. Cette brillante civilisation échangeait avec d'autres peuples depuis la Méditerranée jusqu'à la vallée de l'Indus. Il n'y a pas de certitude sur la localisation de la capitale d'Akkad, mais plusieurs villes fortifiées ont été fouillées, permettant d'illustrer la prospérité de cette société, et d'étudier son déclin abrupt.

Les archéologues ont mis en évidence un hiatus temporel d'occupation (2200-3900 BC) pour certaines régions de la Mésopotamie, accompagné d'une migration des populations vers des zones refuges plus humides, aux abords du Tigre et de l'Euphrate et de leurs affluents. Les textes relatent aussi des conflits guerriers avec les peuples du Zagros qui ont finalement envahi l'empire d'Akkad vers 2200 BC, conduisant à la dynastie des Gutis.

Les évidences du déclin existent dans les sites archéologiques sous la forme de constructions inachevées et de changements de faciès sédimentaires marquant l'assèchement de l'environnement. Il est aussi possible de reconstituer les variations hydrologiques régionales à partir d'archives variées localisées autour de la Mésopotamie : flux de poussières minérales dans les sédiments marins du golfe d'Oman, augmentation de la salinité de surface en mer Rouge entraînant un changement drastique de la sédimentation profonde au nord de cette mer fermée, enregistrements géochimiques d'une période de sécheresse dans les stalagmites de grottes situées à l'est et à l'ouest de la Mésopotamie.

De vifs débats scientifiques se poursuivent au sujet de la vitesse de l'effondrement de l'empire d'Akkad et de la représentativité des sites étudiés pour reconstituer les paléoenvironnements. Néanmoins, l'événement climatique de 4.2 k a entraîné un assèchement indéniable de la Mésopotamie, qui a forcément affecté ces populations, dont la prospérité reposait sur une agriculture optimisée par une irrigation sophistiquée.

Il n'y a actuellement pas de consensus scientifique sur l'origine de l'événement de 4.2 k. Les enregistrements des forçages externes (insolation et éclairement solaire, activité volcanique, teneurs atmosphériques en gaz à effet de serre) ne montrent pas d'anomalie significative pour cette période. Des simulations de modèles climatiques ont été réalisées pour tout l'Holocène, mais elles ne présentent pas d'anomalie climatique correspondant à l'événement de 4.2 k.

On peut tout de même signaler que ces simulations présentent une variation climatique pour un événement plus récent centré vers 700 ans BC. Dans ce cas, une baisse transitoire de l'éclairement solaire affecte les mers nordiques de l'Atlantique, ce qui entraîne une expansion de la banquise et un déplacement vers le sud de la zone de convection des eaux de surface vers les profondeurs. La conséquence est une diminution de la circulation thermohaline avec des répercussions à l'échelle mondiale. Les précipitations aux basses latitudes et dans la zone de la mousson asiatique étant sensibles aux variations de cette circulation thermohaline, ce type de chaîne causale pourrait expliquer certaines réductions transitoires des précipitations pendant l'Holocène. Il n'en reste pas moins que ces effets devraient être amplifiés par des mécanismes encore mal identifiés et que ces hypothèses ne permettront probablement pas d'expliquer l'événement du 4.2 k au vu de l'état actuel des connaissances sur les forçages climatiques.

Colloque – Le cycle de l'eau et le climat

21 juin 2019

Le réchauffement mondial débuté voici plus d'un siècle s'accompagne de variations du cycle de l'eau. Les changements d'évaporation et de précipitation ont conduit à l'augmentation des contrastes des salinités de surface de l'Océan. Celles-ci fournissent un indicateur global du cycle de l'eau permettant de montrer une évolution cohérente et parallèle à celle des températures.

Néanmoins, l'évolution des précipitations est beaucoup plus contrastée à l'échelle régionale que celle des températures. Les tendances depuis 1950 montrent des zones où les pluies ont augmenté (*e.g.* Europe et Amérique du Nord), alors que d'autres régions sont déficitaires (*e.g.* Sahel, pourtour méditerranéen, Chine). Les simulations des modèles climatiques s'accordent à prévoir pour 2100 une poursuite du réchauffement mondial avec un creusement des contrastes régionaux de précipitations.

Le colloque était destiné à faire le point sur les évolutions hydrologiques récentes en détaillant les méthodes utilisées pour étudier les différentes composantes du cycle de l'eau et en abordant les impacts sur les populations des variations de ressources en eau. Après un rappel sur le cycle de l'eau et les évolutions planétaires récentes, j'ai illustré l'extrême sensibilité des sociétés humaines du passé aux changements hydroclimatiques régionaux.

Françoise Vimeux, chercheuse à l'IRD (HSM et LSCE-IPSL), a montré l'intérêt du suivi des isotopes de l'eau pour mieux comprendre les variations hydrologiques, notamment les relations entre la mousson et la circulation de grande échelle. Marielle Gosset, chercheuse à l'IRD (GET), a continué sur la télédétection de la pluie en zone tropicale, en insistant sur les apports des mesures d'opportunité qui utilisent les réseaux de téléphonie mobile, pour compléter localement les informations par radars et satellites météorologiques.

Le rôle des lacs comme régulateurs et sentinelles climatiques a été décrit par Jean François Crétaux, chercheur au CNES (Legos), à partir des mesures historiques du niveau des lacs, complétées par les données des satellites altimétriques et gravimétriques. Les exemples de la mer d'Aral, de la mer Caspienne et du lac Tchad ont permis d'illustrer la diversité et la complexité des réponses lacustres. Stéphane Calmant, chercheur à l'IRD (Legos), a ensuite focalisé son propos sur les variations du débit des fleuves que l'on peut reconstituer en combinant les données de terrain et de télédétection, comme il l'a montré avec des exemples en Amazonie et en Afrique équatoriale. Il a, en outre, abordé les diminutions systématiques des stocks d'eau dans les grands aquifères que l'on peut quantifier grâce aux satellites gravimétriques.

Les variations du stock d'eau sur les continents ont des origines multiples liées au changement climatique, ainsi qu'aux activités humaines dont les impacts hydrologiques sont directs : pompages et barrages hydrauliques, perturbation des écoulements due à l'urbanisation, la déforestation et les changements d'occupation des sols. Anny Cazenave, chercheuse au CNES (Legos), a fait le bilan de ces contributions en montrant que l'évolution actuelle du niveau marin est compatible avec les flux provenant du continent. Elle a aussi montré que la variabilité à haute fréquence du niveau marin est attribuable aux fortes fluctuations interannuelles des stocks continentaux, notamment celles que l'on observe sous les tropiques, engendrées par l'oscillation El Nino/La Nina. Ce phénomène climatique était le sujet de la présentation par Rodrigo Abarca-del-Rio, professeur à l'université de Concepción (Chili), qui a rappelé les enregistrements et les mécanismes sous-jacents de cette oscillation qui couple l'atmosphère et l'océan. Il a ensuite abordé son impact sur le cycle de l'eau et les sociétés humaines pour expliquer certaines grandes crises (*e.g.* famines en Inde au XIXe siècle, déclins des Mochicas au Pérou et des Pascuans de l'île de Pâques).

La complexité de la modélisation du cycle de l'eau et des prévisions à long terme a été illustrée par Agnès Ducharne, chercheuse au CNRS (Metis-IPSL), à partir de l'exemple de la prise en compte des eaux souterraines dans les modèles numériques. La difficulté des prévisions réside en particulier dans le fait que les eaux souterraines rétroagissent sur le climat et que leurs déterminants sont multiples (climat régional et exploitation directe pour les activités humaines).

Pour clôturer le colloque, le professeur Ghislain de Marsily (Sorbonne Université/ Metis-IPSL) s'est focalisé sur l'impact des changements de la ressource en eau sur les populations humaines. Distinguant les notions d'eau verte et d'eau bleue, il a montré la nécessaire prise en compte de « l'empreinte hydrique » des importations alimentaires d'un pays pour évaluer sa dépendance en eau. Les échanges internationaux représentent un tiers de la production agricole totale et conduisent à des transferts d'eau virtuelle très significatifs entre les différentes régions du monde. À l'échelle de la planète, les pays avec un déficit en eau sont situés dans les zones sèches au point de vue climatique, mais aussi dans des régions bien arrosées mais pauvres, où les investissements technologiques font défaut. Malheureusement, les changements hydrologiques liés au réchauffement mondial devraient exacerber ces contrastes.

Intervenants :

• Édouard Bard (Collège de France/Cerege, Aix-en-Provence) : « Perspective paléoclimatique sur l'importance du cycle de l'eau » ;

• Françoise Vimeux (IRD/HSM/LSCE-IPSL, Saclay) : « Variabilité climatique et dynamique atmosphérique dans les régions tropicales : apport des isotopes stables de l'eau » ;

• Marielle Gosset (IRD/Géoscience Environnement Toulouse) : « Télédétection de la pluie dans l'atmosphère tropicale : apport des mesures d'opportunité » ;
• Jean-François Crétaux (CNES/Legos, Toulouse) : « Suivi des lacs par télédétection » ;
• Anny Cazenave (CNES/Legos, Toulouse) : « Cycle de l'eau continental et son impact sur le niveau des océans » ;
• Stéphane Calmant (IRD/Legos, Toulouse) : « Télédétection des fleuves et grands estuaires » ;
• Rodrigo Abarca-del-Rio (Dept. de Geofísica, université de Concepción, Chili), « Impact d'ENSO sur le cycle de l'eau, aspects historiques » ;
• Agnès Ducharne (CNRS/Metis-IPSL, Paris) : « Cycle hydrologique et climat, relations avec les eaux souterraines » ;
• Ghislain de Marsily (Metis-IPSL/Sorbonne Université, Paris) : « Ressources en eau, changement climatique et impact sur les populations ».

Cours à l'extérieur

Université de Sofia et Académie bulgare des sciences, Bulgarie

• 11 décembre 2018 : « Paleoclimate changes around the Black Sea during the last glacial cycle ».

Institut d'océanologie de l'Académie bulgare des sciences et Université de Médecine de Varna, Bulgarie

• 13 décembre 2018 : « Deglacial sea level and the reconnection of the Black Sea with the Mediterranean sea ».

Université de Lausanne, Suisse

• 24 janvier 2019 : « Le climat des derniers millénaires et ses impacts sur l'homme » ;
• 25 janvier 2019 : « Le radiocarbone comme traceur et chronomètre de l'environnement ».

Université de Oulu, Finlande

• 5 juin 2019 : « The climate of the last millennia and its impacts on humans » ;
• 6 juin 2019 : « Radiocarbon as a tracer and chronometer of the environment ».

Recherche

Une partie du travail a porté sur le développement et l'utilisation d'un nouvel indicateur paléothermométique fondé sur la mesure des tétraéthers hydroxylés préservés dans les sédiments marins (Davtian *et al.*, 2019). L'index RI-OH calculé à partir des concentrations des différents tétraéthers hydroxylés a été récemment proposé pour reconstituer des paléotempératures dans des mers marginales de moyennes à basses latitudes. Ce nouveau paléothermomètre géochimique n'avait pas encore été testé pour des sédiments de marge avec des apports substantiels en matériel terrigène.

Nous avons analysé ces lipides dans deux carottes de sédiments marins prélevées dans le golfe du Lion, ce qui nous a permis de tester pour la première fois le paléothermomètre RI-OH en Méditerranée occidentale pour la période couvrant les 160 000 dernières années. Alors que les apports terrigènes empêchent l'index TEX86 de se comporter comme un paléothermomètre, l'enregistrement de l'index RI-OH est généralement cohérent avec les autres données paléothermométriques. En particulier, le RI-OH répond de manière systématique et cohérente aux terminaisons glaciaires ainsi qu'aux événements climatiques brusques (événements de Dansgaard-Oeschger et de Heinrich).

La différence moyenne entre les températures RI-OH et les températures de novembre et mai UK′37 (rapport d'insaturation des cétones en C37) est d'environ – 2,0 °C avec un écart type de 0,4 °C calculé à partir de 249 comparaisons RI-OH-UK′37. Cette différence systématique suggère que les tétraéthers et les alcènones enregistrent des températures différentes, par exemple des températures hivernales ou de subsurface pour RI-OH. Une autre source de biais pourrait être liée à la calibration disponible de l'index RI-OH en fonction de la température, qui nécessite clairement davantage de travail aux niveaux mondial et régional, notamment pour les bassins semi-fermés tels que la mer Méditerranée.

Nos évaluations des réchauffements glaciaires interglaciaires sont d'environ 10 °C, une valeur assez élevée en comparaison aux estimations paléothermométriques antérieures publiées pour la mer Méditerranée occidentale (de 3 °C à 13 °C). Néanmoins, les contrastes de températures basées sur le RI-OH sont généralement compatibles avec les différences régionales et les contrastes saisonniers simulés par les modèles numériques du climat. Cette première étude est prometteuse et nous a conduits à appliquer le nouveau paléothermomètre RI-OH à des carottes de sédiments situées à l'est de l'océan Atlantique.

En parallèle à ces travaux sur l'évolution de l'océan, nous avons étudié les variations paléoenvironnementales en analysant des sédiments terrestres couvrant la période holocène. De nouveaux enregistrements ont été obtenus pour un site en France (Martin *et al.*, 2019) et sur l'île de Malte en Méditerranée (Marriner *et al.*, 2019).

Des études précédentes ont montré que la distribution des tétraéthers de dialkylglycérol et de glycérol ramifiés (brGDGT) est corrélée à la température annuelle moyenne de l'air, permettant donc de construire un indicateur paléoclimatique lacustre. D'autres études ont mis en évidence une production *in situ* de brGDGT dans les lacs. Ces brGDGT ont des distributions différentes de celles qui sont produites dans les sols et leurs mélanges compliquent notablement les reconstructions paléoclimatiques. Il existe très peu d'outils permettant de déterminer les sources de brGDGT dans le présent et de retracer leurs changements dans le passé liés aux changements environnementaux d'origine climatique ou anthropique. On sait que les activités humaines affectent les sols et les écosystèmes aquatiques, en particulier les communautés bactériennes, les impacts spécifiques sur les distributions de brGDGT sont encore peu étudiés.

Nous avons analysé les brGDGT dans les sédiments holocènes et les sols environnants le lac Saint-Front (Massif central, France) en combinaison avec d'autres analyses sédimentologiques, palynologiques et géochimiques (Martin *et al.*, 2019). La comparaison des distributions de brGDGT dans les sédiments et les sols a révélé leur origine mixte. Pour la première fois, nous avons testé la fiabilité du rapport IIIa/IIa dans les lacs, indiquant un passage progressif des sources de brGDGT aquatiques aux sources terrigènes au cours de l'Holocène. Ce changement est corroboré par des indices sédimentologiques et géochimiques. Trois événements avec une forte proportion de brGDGT terrigènes (6000-5500, 2800-2500 et 2000-200 ans avant le présent) coïncident avec des changements de la végétation dans le bassin versant, entraînés par le climat et/ou les activités humaines. Cela suggère que les modifications de la végétation dans le bassin versant ont un impact sur les distributions de brGDGT et peuvent donc biaiser les reconstructions paléoclimatiques fondées sur les brGDGT.

L'évolution des températures pendant la période de l'Holocène est encore l'objet de controverses, en particulier pour sa partie la plus ancienne. L'existence d'un maximum thermique au début de l'Holocène a été réexaminée récemment et des auteurs ont suggéré des biais liés aux saisons dans les séries paléoclimatiques. La variabilité régionale élevée et le faible nombre de reconstitutions quantitatives fiables et continues compliquent encore l'étude du climat holocène, en particulier pour le domaine continental.

Nos analyses des carottes de sédiments du lac Saint-Front nous ont permis de reconstituer un enregistrement paléoclimatique (Martin *et al.*, 2020), compte tenu de la variation des sources des molécules de brGDGT déjà mentionnée plus haut. Nous avons comparé les reconstitutions paléothermométriques déduites de la distribution du pollen et des brGDGT. Les deux enregistrements présentent un maximum thermique au début de l'Holocène, suivi d'une diminution des températures. Nous avons évalué les biais qui pourraient potentiellement influencer le signal. Il n'y a pas d'évidence d'un biais de température estivale, ni pour les températures dérivées des brGDGT ni pour les températures dérivées du pollen. Les données du lac Saint-Front, en accord avec d'autres données en Europe, confirment donc l'existence d'une période généralement chaude au début de l'Holocène, suivie d'un refroidissement à l'Holocène moyen.

La colonisation des îles par l'Homme pendant l'Holocène a conduit à de profonds changements de la dynamique et de l'écologie des paysages insulaires. En particulier, le brûlage était un outil de gestion couramment utilisé par les sociétés préhistoriques et constituait un facteur majeur de changement environnemental, en particulier à partir du Néolithique. Pour évaluer les premiers impacts humains (par exemple, pâturage et élevage, défrichement des forêts et mises en culture) dans la formation de paysages insulaires « vierges », nous avons réalisé une étude paléoenvironnementale des incendies et de l'érosion à partir de sédiments prélevés sur l'île de Malte (Marriner *et al.*, 2019). Nous montrons que les incendies d'origine anthropique liés aux pratiques agro-pastorales néolithiques ont commencé il y a environ 7 500 ans, avec des intervalles de retour du feu bien définis de 15 à 20 ans, qui ont engendré une érosion et une dégradation rapide de l'environnement. Notre étude suggère que dans un contexte insulaire sensible, il aurait suffi de quelques générations humaines du Néolithique pour dégrader les paysages insulaires naturels.

PUBLICATIONS

BARONI M., BARD É., PETIT J.-R., VISEUR S. et ASTER Team, « Persistent draining of the stratospheric 10Be reservoir after the Samalas volcanic eruption (1257 CE) », *Journal of Geophysical Research*, vol. 124, nº 13, 2019, p. 7082-7097, https://doi.org/10.1029/2018JD029823.

BONVALOT L., TUNA T., FAGAULT Y., SYLVESTRE A., MESBAH B., WORTHAM H., JAFFREZO J.-L., MARCHAND N. et BARD É., « Source apportionment of carbonaceous aerosols in the vicinity of a Mediterranean industrial harbor: A coupled approach based on radiocarbon and molecular tracers », *Atmospheric Environment*, vol. 212, 2019, p. 250-261, https://doi.org/10.1016/j.atmosenv.2019.04.008.

BRISSET É., DJAMALI M., BARD É., BORSCHNECK D., GANDOUIN E., GARCIA M., STEVENS L. et TACHIKAWA K., « Late Holocene hydrology of Lake Maharlou, southwest Iran, inferred from high-resolution sedimentological and geochemical analyses », *Journal of Paleolimnology*, vol. 61, 2019, p. 111-128, https://doi.org/10.1007/s10933-018-0048-6.

DAVTIAN N., MÉNOT G., FAGAULT Y. et BARD É., « Western Mediterranean Sea paleothermometry over the last glacial cycle based on the novel RI-OH index », *Paleoceanography and Paleoclimatology*, vol. 34, 2019, p. 616-634, https://doi.org/10.1029/2018PA003452.

FAGAULT Y., TUNA T., ROSTEK F. et BARD É., « Radiocarbon dating small carbonate samples with the gas ion source of AixMICADAS », *Nuclear Instruments and Methods in Physics Research B*, vol. 455, 2019, p. 276-283, https://doi.org/10.1016/j.nimb.2018.11.018.

FEWLASS H., TALAMO S., KROMER B., BARD É., TUNA T., FAGAULT Y., SPONHEIMER M., RYDER C., HUBLIN J.-J., PERRI A., SÁZELOVÁ S. et SVOBODA J., « Direct radiocarbon dates of mid Upper Palaeolithic human remains from Dolní Věstonice II and Pavlov I, Czech Republic », *Journal of Archaeological Science*, vol. 27, 2019, https://doi.org/10.1016/j.jasrep.2019.102000.

FEWLASS H., TUNA T., FAGAULT Y., HUBLIN J.-J., KROMER B., BARD É. et TALAMO S., « Pretreatment and gaseous radiocarbon dating of 40-100 mg archaeological bone, *Scientific Reports*, vol. 9, 5342, 2019, p. 1-11, https://doi.org/10.1038/s41598-019-41557-8.

JOUVE G., VIDAL L., ADALLALA R., RHOUJJATI A., BENKADDOUR A., CHAPRON E., TACHIKAWA K., BARD É., COURP T., DEZILEAU L., HEBERT B., RAPUC W., SIMONNEAU A., SONZOGNI C. et SYLVESTRE F., « Recent hydrological variability of the Moroccan Middle Atlas Mountains inferred from microscale sedimentological and geochemical analyses of lake sediments », *Quaternary Research*, vol. 91, n° 1, 2019, p. 414-430, https://doi.org/10.1017/qua.2018.94.

LAMP J.L., YOUNG N.E., KOFFMAN T., SCHIMMELPFENNIG I., TUNA T., BARD É. et SCHAEFER J.M., « Update on the cosmogenic in situ 14C laboratory at the Lamont-Doherty Earth Observatory », *Nuclear Instruments and Methods in Physics Research B*, vol. 456, 2019, p. 157-162, https://doi.org/10.1016/j.nimb.2019.05.064.

MARRINER N., KANIEWSKI D., GAMBIN T., GAMBIN B., VANNIERE B., MORHANGE C., DJAMALI M., TACHIKAWA K., ROBIN V., RIUS D. et BARD É., « Fire as a motor of rapid environmental degradation during the earliest peopling of Malta 7500 years ago », *Quaternary Science Reviews*, vol. 212, 2019, p. 199-205, https://doi.org/10.1016/j.quascirev.2019.03.001.

MARTIN C., MÉNOT G., THOUVENY N., DAVTIAN N., ANDRIEU-PONEL V., REILLE M. et BARD É., « Impact of human activities and vegetation changes on the tetraether sources in Lake St Front (Massif Central, France) », *Organic Geochemistry*, vol. 135, p. 38-52, 2019, https://doi.org/10.1016/j.orggeochem.2019.06.005.

NOUARA A., PANAGIOTOPOULOS C., BALESDENT J., VIOLAKIA K., BARD É., FAGAULT Y., REPETA D.J. et SEMPÉRÉ R., « Liquid chromatographic isolation of individual carbohydrates from environmental matrices for stable carbon analysis and radiocarbon dating », *Analytica Chimica Acta*, vol. 1067, 2019, p. 137-146, https://doi.org/10.1016/j.aca.2019.03.028.

O'HARE P., MEKHALDI F., ADOLPHI F., RAISBECK G., ALDAHAN A., ANDERBERG E., BEER J., CHRISTL M., FAHRNI S., SYNAL H.-A., PARK J., POSSNERT G., SOUTHON J., BARD É., ASTER Team et MUSCHELER R., « Multiradionuclide evidence for an extreme solar proton event around 2610 BP ($\approx$ 660 BC) », *Proceedings of the National Academy of Sciences*, vol. 116, 2019, p. 5961-5966, https://doi.org/10.1073/pnas.1815725116.

PIVOT S., BARONI M., BARD É., GIRAUD X. et ASTER TEAM, « A comparison of 36Cl nuclear bomb inputs deposited in snow from Vostok and Talos Dome, Antarctica, using the 36Cl/Cl- ratio », *Journal of Geophysical Research*, vol. 124, n° 20, 2019, p. 10973-10988, https://doi.org/10.1029/2018JD030200.

Galaxies et cosmologie

Françoise Combes
Membre de l'Institut (Académie des sciences),
professeure au Collège de France

Mots-clés : galaxies, Univers, cosmologie

La série de cours et séminaires « Amas de galaxies et grandes structures de l'Univers » est disponible en audio et/ou en vidéo, sur le site internet du Collège de France (https://www.college-de-france.fr/site/francoise-combes/course-2018-2019.htm).

Enseignement

Cours et séminaires – Amas de galaxies et grandes structures de l'Univers

Introduction

Ces dernières années ont été très riches dans la découverte de notre Univers, la cartographie des galaxies et des grandes structures, par la détermination des décalages vers le rouge (*redshifts*) de millions d'objets. Notre groupe local fait partie d'un super-amas de galaxies, Laniakea, qui contient l'amas de galaxies de Virgo avec d'autres amas. Les amas de galaxies sont un des outils qui permettent de mieux contraindre la matière noire et la nature de l'énergie noire. Pour cela, des *surveys* encore plus gigantesques sont en préparation, avec le satellite Euclid, mais aussi au sol avec le LSST par exemple. Les divers outils utilisés sont les lentilles gravitationnelles, fortes ou faibles, l'utilisation des BAO (*Baryonic Acoustic Oscillations*) comme règle standard, les distorsions *redshift*-espace, le taux de croissance des amas au cours du temps de Hubble. L'étude des amas permet aussi de

F. Combes, « Galaxies et cosmologie », *Annuaire du Collège de France 2018-2019. Résumé des cours et travaux*, 119e année, Paris, Collège de France, 2022, p. 143-154, https://doi.org/10.4000/annuaire-cdf.16925

déterminer la formation et l'évolution des galaxies, et leur taux de formation d'étoiles, qui est très déprimé dans les amas. On peut détecter de plus en plus d'amas lointains, grâce aux rayons X, et à l'effet Sunyaev-Zeldovich en millimétrique. Les collisions entre amas sont fréquentes, et tracées par des reliques radio, vestiges de populations d'électrons relativistes provenant des AGN, et ré-accélérés par des chocs. Les simulations numériques de formation des grandes structures et de la croissance des amas aident à interpréter les observations.

Cours 1 – Observations des grandes structures

Séminaire 1 – Structures dans le Sloan

Nathalie Palanque-Delabrouille (CEA, Saclay), le lundi 19 novembre 2018

Les grandes structures de l'Univers sont essentiellement faites de matière noire invisible, mais les galaxies y sont associées et nous servent de traceur. La cartographie de l'Univers à trois dimensions (la 3e dimension, la profondeur, est donnée par les vitesses, compte tenu de l'expansion de l'Univers) s'est beaucoup accélérée ces dernières années. Nos connaissances s'accroissent exponentiellement. Alors qu'au début du XXe siècle, jusqu'en 1920, les astronomes se demandaient s'il existait des galaxies, des mondes à part, extérieurs à la Voie lactée, l'expansion de l'Univers a été établie vers 1930, et peu à peu des cartographies de galaxies en filaments ont été obtenues. Le *survey* du CfA-2 effectué de 1985 à 1995 a obtenu 18 000 spectres de galaxies en dix ans. Puis il a été détrôné par le Sloan SDSS, avec un million de spectres de galaxies, et cela continue ! Le progrès vient des plus grandes performances des télescopes, mais surtout du multiplex, par fibres ou lentilles, qui permet de faire 400 à 1 000 spectres simultanément. Ces grands *surveys* sur des télescopes dédiés ont permis de mettre en évidence de plus grandes structures encore, comme le Grand mur SDSS de 1 370 Mpc de taille ! Les grands *surveys* accumulent tout aussi bien les étoiles de la Voie lactée, les galaxies locales, et les 300 milliards de galaxies visibles jusqu'à notre horizon, les quasars à grand *redshift*, etc. À grand *z*, ce sont les *surveys* profonds du Hubble Space Telescope (HST) qui ont permis de mieux connaître l'Univers lointain et la formation des galaxies. Pour les galaxies proches, où les vitesses particulières dominent sur l'expansion de l'Univers, il a fallu se servir d'un indicateur de distance indépendant de l'expansion (Céphéides, loi de Tully-Fisher, etc.) pour mettre en évidence que nous faisons partie d'un super-amas local, Laniakea, qui contient plusieurs amas de galaxies, comme Virgo. Les filaments cosmiques contiennent aussi beaucoup de gaz difficile à observer, ou bien par absorption devant les quasars lointains. Le gaz ionisé se recombine en émettant la raie Lyman-alpha, soit parce qu'il est excité par des formations d'étoiles, soit par fluorescence de la lumière des quasars. Observer de plus en plus de galaxies (des milliards de galaxies avec le satellite Euclid) va permettre, grâce à plusieurs outils (lentilles gravitationnelles, ondes acoustiques baryoniques, RSD *redshift-space distorsions*, etc.) de tester la nature de l'énergie noire, en déterminant son évolution avec le temps, depuis le Big Bang.

Cours 2 – Théorie des grandes structures

Séminaire 2 – Simulations cosmologiques

Yohan DUBOIS (IAP, Paris), le lundi 26 novembre 2018

Comment se sont formées les grandes structures, à partir d'un état initial de l'Univers parfaitement homogène, ne possédant à $z = 1\,000$ (dernière surface de diffusion du fonds de rayonnement cosmologique) que des fluctuations d'amplitude relative 10^{-5} ? On peut montrer que, dans un univers en expansion, une fluctuation de densité ne peut croître par sa propre gravité que proportionnellement à la taille caractéristique de l'Univers, soit comme $1/(1 + z)$. Ainsi à partir de $z = 1\,000$ les fluctuations ne pourraient atteindre aujourd'hui qu'une amplitude de 10^{-2}, donc toujours pas non linéaire. Si l'on veut expliquer l'existence de galaxies aujourd'hui, il faut absolument disposer de matière noire exotique, qui n'interagit pas avec les photons. Cette matière peut alors s'effondrer sous l'effet de son auto-gravité bien avant $z = 1\,000$, et former des puits de potentiel, ou « galaxies noires », dans lesquels les baryons à partir de $z = 1\,000$ vont tomber pour former des étoiles. Le spectre de puissance de ces structures peut être calculé et correspond bien à un spectre initial indépendant d'échelle (attendu dans les théories d'inflation, à l'origine des fluctuations primordiales). Le spectre observé vient d'une modification, d'un retournement (ou « tilt ») dû au fait que certaines échelles ne pouvaient pas se développer, étant plus petites que l'horizon, dans la période dominée par le rayonnement. Les photons empêchent ces structures de s'effondrer, car ils se déplacent à la vitesse *c*. Lorsque le rayonnement est dilué par l'expansion, et que la matière domine, ces structures peuvent alors se développer. Il est possible de calculer analytiquement le développement de ces structures, tant qu'elles ne sont pas très non linéaires (formalisme de Press-Schechter). Puis, les simulations cosmologiques sont nécessaires. Celles-ci ont beaucoup de succès à grande échelle, tant que la physique des baryons ne joue pas un grand rôle. À l'échelle des galaxies, l'accord avec les observations n'est pas bon, il faut alors prendre en compte les phénomènes de *feedback*, dus à la formation d'étoiles et aux noyaux actifs, pour rendre compte de la taille des galaxies (toujours trop grandes dans les simulations).

Cours 3 – Les amas de galaxies

Séminaire 3 – Observations des amas

Florence DURRET (IAP, Paris), le lundi 3 décembre 2018

Les amas de galaxies contiennent de 100 à 1 000 galaxies massives, liées gravitationnellement. Leur taille est de plusieurs Mpc. Toutefois, ils ne représentent pas une grande fraction de la masse de l'Univers. La plupart des galaxies sont dans les groupes (moins de 100 galaxies), dont la masse est bien inférieure à 10^{14} Mo – les amas riches pesant de 10^{14} à 10^{15} Mo. Il existe aussi des groupes compacts, de 4 ou 5 galaxies, qui ne devraient pas subsister, car ils sont proches de la fusion, en une échelle courte de temps. Hickson a pu identifier une centaine d'entre eux. Les solutions à cette énigme sont discutées. Les amas de galaxies possèdent un milieu intergalactique chaud, qui peut représenter 10 fois plus de masse que toutes les galaxies réunies, comme dans Coma. Parfois, on peut détecter aussi un peu de gaz chaud dans les groupes. Les interactions entre galaxies éjectent par les queues de marée beaucoup d'étoiles dans le milieu intergalactique. Les galaxies centrales d'amas sont bien plus grosses et massives, elles sont cannibales, et coalescent avec beaucoup de galaxies à proximité. Il est fréquent d'y voir plusieurs noyaux. Il existe fréquemment des filaments de gaz ionisé, détectés en Halpha. Cela révèle le refroidissement du gaz. Dans ces amas à cœur froid, des instabilités thermiques rendent le gaz instable, ce qui forme des inhomogénéités de façon chaotique, et ces régions denses se refroidissent plus vite. Il peut se former du gaz moléculaire froid, qui perd le support de pression, et coule vers le centre. À l'interface entre le gaz moléculaire et le gaz chaud intra-amas se produit des émissions de Halpha. Le prototype des amas à flots de refroidissement est l'amas de Persée, où quelques 10^{10} Mo de gaz moléculaire ont pu être détectés. Pour tracer la matière noire dans les amas, des campagnes d'observation des lentilles gravitationnelles ont permis une cartographie précise de toute la masse. Apparemment, dans les amas, les halos individuels autour de chaque galaxie seraient tronqués. Les halos seraient mis en commun. Comment détecter les amas à grand *redhift* ? Les méthodes par rayons X et par l'observation de l'effet Sunyaev-Zeldovich sont comparées.

Cours 4 – Le gaz chaud intra-amas

Séminaire 4 – Les *surveys* en rayons X

Monique ARNAUD (CEA-Saclay), le lundi 10 décembre 2018

Les amas de galaxies sont les plus grandes structures virialisées de l'Univers. Ils sont un outil cosmologique précieux. Leur taux de formation à chaque époque va permettre de tester les modèles de gravité modifiée. Par lentilles gravitationnelles, ils vont poser des contraintes sur la distribution de matière noire. Dans les premiers temps, les amas étaient découverts en optique, mais cela demande d'obtenir un grand nombre de spectres de galaxies, et il y a beaucoup de contamination d'avant-plan. La méthode de détection du gaz chaud en rayons X n'a pas de contamination. L'observation de l'effet Sunyaev-Zeldovich en millimétrique en principe ne dépend pas du *redshift*. En pratique, les amas sont de moins en moins massifs avec z, et plus difficilement détectables. Une étude statistique sur 3 000 amas a pu déterminer leurs formes caractéristiques : il s'agit de sphéroïdes de révolution (en première approximation) de forme oblate ou prolate. Comme pour les galaxies elliptiques, ces formes proviennent de fusions entre amas, et sont maintenues par une dispersion anisotrope des vitesses. Le profil de matière noire correspond bien à un profil NFW (contrairement aux galaxies). Dans une première étape, on peut faire l'approximation d'un amas homogène, et proposer un profil beta (densité en puissance -3/2 β). Les modèles sont d'autant plus réguliers qu'ils sont déterminés par « *stacking* » ou empilage de tous les amas de même masse entre eux. La lumière et la matière noire ont des distributions radiales semblables. Il existe des relations d'échelle très utiles entre masses, luminosités et températures, en fonction du *redshift*. Les simulations arrivent à bien reproduire les observations. La fraction de baryons observée tend vers la fraction universelle pour les amas les plus massifs. Les parties internes des amas sont relaxées, c'est donc dans les parties externes que l'on recherche aujourd'hui les traces de la formation des amas : effondrement des coquilles, *splashback*. Ainsi, le taux de croissance des amas sera confronté aux modèles de gravité modifiée.

Cours 5 – Physique des amas de galaxies

Séminaire – Effet Sunyaev-Zeldovich

Nabila AGHANIM (IAS, Orsay), le lundi 17 décembre 2018

Le gaz chaud des amas est un plasma très utile : il contient une part significative des baryons, et sa structure thermique est la trace fossile de la formation de l'amas. Il existe un plancher d'entropie, qui provient de l'énergie non gravitationnelle déployée par les supernovae, les noyaux actifs, lors de la vie de l'amas. Les rayons X fournissent aussi un spectre de raies qui permettent de déterminer l'abondance des éléments lourds (fer). L'hydrodynamique du gaz donne la distribution de la matière noire, de par l'équilibre atteint. Plus de la moitié des amas sont des systèmes relaxés, à cœur froid. Le gaz ne se refroidit pas au centre de l'amas, comme on aurait pu le penser, d'après la plus grande densité. Mais la rétroaction du noyau actif le réchauffe au centre, et les jets radio de l'AGN creusent des cavités dans le gaz très chaud. Ces bulles montent par la poussée d'Archimède, et le gaz se refroidit finalement aux bords des cavités, à ~ 20 kpc du centre.

Le problème des flots de refroidissement, gaz froid qui était attendu pour former des étoiles, et qui n'a pas encore été observé, est en passe d'être résolu. Le gaz se refroidit bien, mais 10 fois moins que prévu, à cause des phénomènes de rétroaction de l'AGN central.

D'autre part, les amas subissent sans cesse des collisions, des interactions avec d'autres groupes/amas. Leurs formes extérieures sont souvent celles de bras spiraux, ou lobe spiral. En plus de l'énergie interne due au *feedback* de l'AGN et du bouillonnement des cocons radio, le gaz chaud est brassé sans cesse, la métallicité peut être grande aux bords. Le gaz se refroidit par instabilité thermique, dès que le temps de refroidissement est égal à 10 fois le temps de chute libre. Du gaz moléculaire froid peut ainsi contenir des métaux et se voir en monoxyde de carbone CO. Dans l'amas de Persée, des quantités substantielles de gaz moléculaire (10^{10} Mo) ont été détectées, de même que de la poussière chauffée (rayonnement infrarouge lointain détecté par Herschel).

Cours 6 – Physique des galaxies dans les amas et filaments

Séminaire – Le squelette cosmique

Sandrine CODIS (IAP, Paris), le lundi 7 janvier 2019

Il est établi depuis longtemps que la morphologie des galaxies est différente dans les amas : domination des galaxies elliptiques ou lenticulaires, alors que, dans le champ, les spirales dominent. Il s'avère que cette observation est due à une transformation des spirales en lenticulaires, acquise dans le balayage de leur gaz par pression dynamique (lors de leur entrée dans le gaz chaud à grande vitesse), et non pas à un effet inné, où les galaxies seraient formées avec des morphologies différentes dans les surdensités de l'Univers. Les elliptiques se forment par fusion de spirales, peut-être pas complètement dans l'amas cependant, où les vitesses relatives sont trop élevées, mais dans des groupes, où elles sont pré-processées. Les groupes fusionnent ensuite dans un amas et les galaxies elliptiques se retrouvent à dominer le centre de l'amas.

Les grands *surveys* de galaxies comme le Sloan ont mis en évidence deux séquences de galaxies, la séquence rouge de galaxies quiescentes, ne formant plus d'étoiles « *red and dead* », puis les galaxies bleues, en générale spirales ou irrégulières, encore actives. La séparation assez nette entre ces deux composantes suggère que la formation d'étoiles s'arrête brutalement, on parle de « *quenching* ». Statistiquement, le *quenching* est dû d'abord aux effets d'environnement, puis aussi à la masse des galaxies. Les effets d'environnement sont, en plus du balayage du gaz par pression dynamique, le harcèlement et les nombreuses interactions rapides, de même que l'étouffement, car il n'y a plus de gaz froid pour ravitailler les galaxies dans les amas, comme dans le champ et les filaments cosmiques. Les simulations numériques ont pu quantifier tous ces effets et ont montré comment les filaments cosmiques pouvaient aussi contribuer au *pre-processing* des galaxies, avant qu'elles ne tombent dans l'amas.

Cours 7 – Collisions d'amas, fusion de structures

Séminaire – Simulations de la formation

Dominique AUBERT (Obs, Strasbourg), le lundi 14 janvier 2019

Les collisions entre amas sont fréquentes, elles donnent lieu à des émissions radio reliques, qui peuvent être spectaculaires. En plus du gaz très chaud en équilibre du Viriel (plasma thermique), il existe un plasma non thermique, provenant des jets radio des noyaux actifs. Ces jets émettent de l'émission synchrotron, qui est celle des électrons relativistes dans un champ magnétique. Les électrons sont émis dans le jet avec une distribution en énergie N(E) en loi de puissance. Les électrons les plus énergétiques perdent leur énergie plus vite, et le spectre devient plus pentu. De même, le spectre de l'émission synchrotron est une loi de puissance qui devient de plus en plus pentue avec l'âge du jet. Au bout d'un certain temps assez court (quelques dizaines de millions d'années), le jet devient invisible. Lorsqu'il y a des ondes de chocs, produites par des collisions entre amas, les électrons relativistes sont accélérés par le choc, et même plusieurs fois : un électron piégé dans un miroir magnétique peut aller et venir et traverser des milliers de fois le choc, ce qui lui redonne une énergie très élevée. C'est ainsi que l'on peut voir des radio halos et des reliques radio.

Les reliques sont souvent situées en bord d'amas, et parfois symétriques de chaque côté. Elles peuvent avoir une taille impressionnante, comparable au diamètre de l'amas lui-même. Le long du choc en forme d'arc, il est possible de voir un gradient de la pente du spectre de puissance, montrant que les électrons ont d'abord été accélérés de l'intérieur de l'arc, puis l'accélération se propage vers le bord (moins pentu). La polarisation du rayonnement montre la direction du champ magnétique, parallèle à l'arc. En accompagnement de l'émission synchrotron, il y a des rayons X qui proviennent du processus Compton inverse, des électrons relativistes donnent de l'énergie à des photons de basse fréquence, qui deviennent des rayons X. Le rapport des puissances Psynchrotron/Pcompton donne alors une valeur pour le rapport Énergie magnétique/Énergie dans les photons. Le champ magnétique au centre des amas est de l'ordre de 10 micro-gauss. Outre les ondes de choc, il existe aussi des fronts froids, qui peuvent renseigner sur l'histoire des collisions de l'amas.

Cours 8 – Diagnostics cosmologiques

Séminaire – Les fonds cosmiques

Hervé DOLE (IAS, Orsay), le lundi 21 janvier 2019

Les amas de galaxies et les grandes structures fournissent des tests et des diagnostics pour tenter de résoudre les grandes questions qui se posent en cosmologie. En premier lieu, quelle est la nature de la matière noire, quelle est sa distribution par rapport à la masse visible, notamment quel est le biais en fonction du *redshift* (biais = 1 si les baryons et la matière noire ont la même distribution, le même contraste). La nature de l'énergie noire pourrait être éclaircie par la connaissance de la loi de l'expansion de l'Univers en fonction du temps. Pour cela, il faut des règles standard, comme les BAO (*Baryonic Acoustic Oscillations*), mesurer le cisaillement cosmique (lentilles gravitationnelles faibles), et déterminer les distorsions *redshift*-espace. La croissance des amas en fonction du temps donnera des contraintes sur la gravité modifiée. En effectuant toutes ces observations, nous apprendrons aussi comment les baryons s'assemblent dans les structures, quel est le rôle de l'environnement, des groupes et amas dans la formation et l'évolution des galaxies. Les observations actuelles, qui cumulent tous ces diagnostics avec ceux fournis par le fonds cosmologique (satellite Planck) font apparaître un bon accord avec le modèle standard LCDM, mais avec quelques tensions : notamment la valeur de la constante de Hubble, donc la valeur 67 km/s/Mpc est privilégiée par Planck, alors que la mesure directe donne plutôt 74 km/s/Mpc, l'amplitude des fluctuations de densité σ8, qui est prédite trop grande par le CMB (Planck). La tension sur la constante de Hubble pourrait être résolue par la variation d'un autre paramètre, par exemple la masse des neutrinos. Dans tous les cas, cette tension est intéressante, car elle indique les directions pour modifier le modèle standard. La mesure du *redshift* gravitationnel serait un test indépendant de la cosmologie.

Cours 9 – Lentilles gravitationnelles

Séminaire – Cisaillement cosmique

Raphael GAVAZZI (IAP, Paris), le lundi 28 janvier 2019

Les lentilles gravitationnelles faibles, ou cisaillement cosmique, sont un outil très précieux pour obtenir la distribution de masse dans les halos, la masse totale et le biais entre matière noire et matière visible. Il est possible aussi d'observer les effets de lentille, donc le cisaillement, sur le fonds cosmologique. La déviation des rayons lumineux de ce fonds vestige du Big Bang apporte des diagnostics sur l'énergie noire et la gravité modifiée. Les amas nous servent aussi de télescopes gravitationnels et permettent de déterminer la physique des galaxies à grand *redshift*, impossible sans amplification. Plus la sensibilité et la résolution spatiale augmentent, plus nous avons de détails sur les lignes critiques du plan image (où le facteur de magnification tend vers l'infini), ou les caustiques, équivalentes dans le plan source. Tout près, le phénomène de lentille forte produit un nombre impair d'images, de chaque côté de la caustique, elles seront les symétriques dans un miroir (changement de parité), cela permet de les reconnaître dans la confusion.

Les déflections des photons du fonds cosmologique peuvent être calculées statistiquement, il y a en moyenne de l'ordre de 50 déflections pour une taille de lentille de 300 Mpc. Une marche au hasard va donner une déflection finale de 2 arcmin. Le cisaillement va dominer les structures à petite échelle. Sur le pic acoustique principal (1°), 2 arcmin correspond à 3 % de distorsion. Cette distorsion introduit aussi une polarisation du rayonnement, qu'il est important de prendre en compte pour mieux déterminer la polarisation initiale, traceur des ondes gravitationnelles primordiales (preuves de l'inflation). En effet, la polarisation ajoutée par le cisaillement est de type B (type rotationnel), justement traceur des ondes primordiales. Notons que l'effet ISW (*Integrated Sachs-Wolf*) dans le fonds cosmique dû aux grandes structures et à l'énergie noire, a été détecté en corrélation avec les cartes du Sloan. Il existe aussi une bonne corrélation des déflections avec le fond infrarouge (par *stacking*).

Enfin, en se servant des amas comme télescopes gravitationnels, il a été possible d'étudier le gaz moléculaire et la physique des nuages à grand z, et de montrer qu'il y avait une chute du nombre de galaxies massives à $z = 8$. Leur étude devra attendre le JWST.

Recherche

Durant cette année académique 2018-2019, notre équipe a travaillé sur un certain nombre d'observations à haute résolution spatiale obtenues avec l'interféromètre ALMA : notamment détection pour la première fois de tores moléculaires, prévus depuis longue date dans le paradigme des noyaux actifs de galaxies (Combes *et al.*, 2019). Nous avons pu, sur une dizaine de noyaux actifs de faible luminosité, calculer dynamiquement, avec la vitesse de rotation du gaz moléculaire, la masse des trous noirs centraux. Nous avons aussi détecté des flots moléculaires, notamment dans la galaxie NGC 613 (Audibert *et al.*, 2019), qui révèle aussi l'évidence de chute du gaz pour alimenter le trou noir. Dans des objets très compacts et très obscurcis par la poussière, le meilleur traceur du gaz dense est HCN, et surtout les raies vibrationnellement excitées, qui sont plus optiquement minces, et parviennent à sortir (Aalto *et al.*, 2019).

L'absorption moléculaire devant les quasars lointains et très rare, nous ne connaissons que six systèmes dans tout le ciel, en ce qui concerne les distances cosmologiques. Pourtant, cette technique est très complémentaire de l'émission et permet de sonder les propriétés physiques du milieu interstellaire à toutes les époques. Nous avons recherché avec NOEMA (l'interféromètre de l'IRAM) des molécules en absorption devant un quasar, pour lequel nous avions déjà des absorptions de HI et OH en ondes centimétriques. Le résultat a été positif pour CO, et surtout nous avons aussi pu détecter la molécule CN (Combes *et al.*, 2019). Ces travaux montrent une bonne synergie entre le mm et le cm, qui va se développer dans le futur avec les précurseurs de SKA (projet MALS sur MeerKAT).

Le problème des flots de refroidissement dans les amas à cœur froid est en passe d'être résolu ; nous avons appris que l'instabilité thermique permet au gaz très chaud (10-100 millions de degrés) de se refroidir et de former un ensemble multiphase, jusqu'à du gaz moléculaire très froid (20 K). Avec ALMA, de plus en plus d'amas à cœur froid ont été observés, dans le but de cartographier le gaz moléculaire dans la molécule CO. Avec notre étudiante Valéria Olivares, nous avons compilé tous les résultats disponibles avec ALMA et MUSE en Halpha, afin de tirer des conclusions statistiques (Olivares *et al.*, 2019). Nous avons notamment mis en évidence deux classes d'amas, ceux qui possèdent encore des filaments Halpha (enveloppe des filaments moléculaires) et qui ne sont pas encore relaxés, puis ceux qui possèdent un disque moléculaire en rotation au centre de la galaxie centrale de l'amas, et qui sont donc déjà entrés dans une phase relaxée.

Enfin, nous avons étudié un des candidats récents à la matière noire, une particule hypothétique, semblable aux axions. Sa masse est de 10^{-22} eV, et elle se comporte comme un boson. Sa longueur de de Broglie est de 1 kpc, et le soliton formé par le condensat de Bose-Einstein (BEC) au centre des galaxies représente le cœur de matière noire observé dans les courbes de rotation. Les interférences quantiques de ces particules forment à toute échelle des granules, qui font varier le potentiel sur une échelle de temps très rapide, encore plus courte que le temps dynamique. Ces fluctuations vont chauffer les disques, et ceci place des contraintes sur la masse de la particule hypothétique (El Zant *et al.*, 2019).

Publications

Alonso-Herrero A., Garcia-Burillo S., Pereira-Santaella M., Davies R.I., Combes F., Vestergaard M., Raimundo S. I., Bunker A., Diaz-Santos T., Gandhi P., Garcia-Bernete I., Hicks E.K.S., Hoenig S. F., Hunt L.K., Imanishi M., Izumi T., Levenson N.A., Maciejewski W., Packham C., Ramos Almeida C., Ricci C., Rigopoulou D., Roche P.F., Rosario D., Schartmann M., Usero A. et Ward M.J., « A nuclear molecular outflow in the Seyfert galaxy, NGC3227 », *Astronomy & Astrophysics*, vol. 628, 2019, A65, https://doi.org/10.1051/0004-6361/201935431 [arXiv : 1906.06889].

Combes F., « Star formation efficiency in low surface brightness regions », *in* P. Di Matteo, O. Creevey, A. Crida, G. Kordopatis, J. Malzac, J.-B. Marquette, M. N'Diaye et O. Venot (dir.), *SF2A-2019: Proceedings of the Annual meeting of the French Society of Astronomy and Astrophysics*, [s.l.], Société française d'astronomie et d'astrophysique, 2019, p. 241-244 [arXiv : 1906.02708].

Jachym P., Kenney J.D.P., Sun M., Combes F., Cortese L. Scott T.C., Sivanandam S., Brinks E., Roediger E., Palous J. et Fumagalli M., « ALMA unveils widespread molecular gas clumps in the ram pressure stripped tail of the Norma jellyfish galaxy », *The Astrophysical Journal*, vol. 883, nº 2, 2019, 145, https://doi.org/10.3847/1538-4357/ab3e6c [arXiv : 1905.1324].

Mancillas B., Combes F., Duc P.-A., « The molecular gas content of shell galaxies », *Astronomy & Astrophysics*, vol. 630, 2019, A112, https://doi.org/10.1051/0004-6361/201935968 [arXiv : 1905.11356].

Husemann B., Scharwaechter J., Davis T.A., Perez-Torres M., Smirnova-Pinchukova I., Tremblay G.R., Krumpe M., Combes F., Baum S.A., Busch G., Connor T., Croom S.M., Gaspari M., Kraft R.P., O'Dea C.P., Powell M., Singha M. et Urrutia T., 2019, « The Close AGN Reference Survey (CARS). A massive multi-phase outflow impacting the edge-on galaxy HE1353-1917 », *Astronomy & Astrophysics*, vol. 627, 2019, A53, https://doi.org/10.1051/0004-6361/201935283.

Smirnova-Pinchukova I., Husemann B., Busch G., Appleton P., Bethermin M., Combes F., Croom S., Davis T.A., Fischer C., Gaspari M., Groves B., Klein R., O'Dea C.P., Perez-Torres M., Scharwaechter J., Singha M., Tremblay G.R. et Urrutia T., « The Close AGN Reference Survey (CARS). Discovery of a global [CII] 158 Î¼m line excess in AGN HE1353-1917 », *Astronomy & Astrophysics*, vol. 626, 2019, L3, https://doi.org/10.1051/0004-6361/201935577.

Aalto S., Muller S., Koenig S., Falstad N., Mangum J., Sakamoto K., Privon G.C., Gallagher J., Combes F., Garcia-Burillo S., Martin S., Viti S., van der Werf P.,

EVANS A.S., BLACK J.H., VARENIUS E., BESWICK R., FULLER G., HENKEL C., KOHNO K., ALATALO K. et MUEHLE S., « The hidden heart of the luminous infrared galaxy IC 860 I. A molecular inflow feeding opaque, extreme nuclear activity », *Astronomy & Astrophysics*, vol. 627, 2019, A147, https://doi.org/10.1051/0004-6361/201935480 [arXiv : 1905.07275].

NEUMANN J., GADOTTI D.A., WISOTZKI L., HUSEMANN B., BUSCH G., COMBES F., CROOM S.M., DAVIS T.A., GASPARI M., KRUMPE M., PEREZ-TORRES M.A., SCHARWAECHTER J., SMIRNOVA-PINCHUKOVA I., TREMBLAY G.R. et URRUTIA T., « The Close AGN Reference Survey (CARS): Comparative analysis of the structural properties of star-forming and non-star-forming galaxy bars », *Astronomy & Astrophysics*, vol. 627, 2019, A26, https://doi.org/10.1051/0004-6361/201834441.

AUDIBERT A., COMBES F., GARCIA-BURILLO S., HUNT L., ECKART A., AALTO S., CASASOLA V., BOONE F., KRIPS M., VITI S., MULLER S., DASYRA K., VAN DER WERF P. et MARTIN S., « ALMA captures feeding and feedback from the active galactic nucleus in NGC613 », *Astronomy & Astrophysics*, vol. 632, 2019, A33, https://doi.org/10.1051/0004-6361/201935845 [arXiv : 1905.01979].

VRTILEK J.M., O'SULLIVAN E., KOLOKYTHAS K., DAVID L., SCHELLENBERGER G., COMBES F. ET SALOMÉ P., « The Complete Local-Volume Groups Sample (CLoGS): Progress in X-ray, radio continuum, and CO line observations », *HEAD*, vol. 17, 2019, 107.21.

CALZADILLA M., RUSSELL H., MCDONALD M., FABIAN A., BAUM S., COMBES F., DONAHUE M., EDGE A., MCNAMARA B., NULSEN P.E.J., O'DEA C., OONK R., TREMBLAY G. et VANTYGHEM A., « Revealing a highly dynamic cluster core in Abell 1664 with Chandra », *HEAD*, vol. 17, 2019, 107.01.

GEACH J.E. *et al.*, « The case for a 'sub-millimeter SDSS': A 3D map of galaxy evolution to $z \sim 10$ », *Bulletin of the AAS*, vol. 51, n° 3 (*Astro2020: Decadal Survey on Astronomy and Astrophysics, science white papers*), n° 549, 2019 [arXiv : 1903.04779].

RUSSELL H.R., MCNAMARA B.R., FABIAN A.C., NULSEN P.E.J., COMBES F., EDGE A.C., MADAR M., OLIVARES V., SALOMÉ P. et VANTYGHEM A.N., « Driving massive molecular gas flows in central cluster galaxies with AGN feedback », *MNRAS*, vol. 490, n° 3, 2019, p. 3025-3045, https://doi.org/10.1093/mnras/stz2719 [arXiv : 1902.09227].

OLIVARES V., SALOME P., COMBES F., HAMER S., GUILLARD P., LEHNERT M.D., POLLES F., BECKMANN R.S., DUBOIS Y., DONAHUE M., EDGE A., FABIAN A.C., MCNAMARA B., ROSE T., RUSSELL H., TREMBLAY G., VANTYGHEM A., CANNING R.E.A., FERLAND G., GODARD B., HOGAN M., PEIRANI S. et PINEAU DES FORETS G., « Ubiquitous cold and massive filaments in cool core clusters », *Astronomy & Astrophysics*, vol. 631, 2019, A22, https://doi.org/10.1051/0004-6361/201935350 [arXiv:1902.09164].

DASSA-TERRIER J., MELCHIOR A.-L., COMBES F., « M31 circum-nuclear region: A molecular survey with the IRAM interferometer », *Astronomy & Astrophysics*, vol. 625, 2019, A148, https://doi.org/10.1051/0004-6361/201834069.

ROSE T, EDGE A.C., COMBES F., GASPARI M., HAMER S., NESVADBA N., RUSSELL H., TREMBLAY G.R., BAUM S.A., O'DEA C., PECK A.B., SARAZIN C., VANTYGHEM A., BREMER M., DONAHUE M., FABIAN A.C., FERLAND G., MCNAMARA B.R., MITTAL R., OONK J.B.R., SALOMÉ P., SWINBANK A.M. et VOIT M., « Deep and narrow CO absorption revealing molecular clouds in the Hydra-A brightest cluster galaxy », *MNRAS*, vol. 485, n° 1, 2019, p. 229-238, https://doi.org/10.1093/mnras/stz406

SALOMÉ Q., SALOMÉ P., GUSDORF A. et COMBES F., « Physical conditions in Centaurus A's northern filaments I: APEX mid-J CO observations of CO-bright regions », *Astronomy & Astrophysics*, vol. 627, 2019, A6, https://doi.org/10.1051/0004-6361/201833866.

FALSTAD N., HALLQVIST F., AALTO S., KOENIG S., MULLER, S., ALADRO R., COMBES F., EVANS A.S., FULLER G.A., GALLAGHER J.S., GARCIA-BURILLO S., GONZALEZ-ALFONSO E., GREVE T.R., HENKEL C., IMANISHI M., IZUMI T., MANGUM J.G., MARTIN S., PRIVON G.C., SAKAMOTO K., VEILLEUX S. et VAN DER WERF P.P., « Hidden or missing outflows in highly obscured galaxy nuclei? », *Astronomy & Astrophysics*, vol. 623, 2019, A29, https://doi.org/10.1051/0004-6361/201834586.

DAVIS B.L., GRAHAM A.W. et COMBES F., « A consistent set of empirical scaling relations for spiral galaxies: The (v_{max},M_{oM})-(σ_0, M_{BH}, ϕ) relations », *The Astrophysical Journal*, vol. 877, n° 1, 2019, 64, https://doi.org/10.3847/1538-4357/ab1aa4.

FAZELI N., BUSCH G., VALENCIA-S. M., ECKART A., ZAJACEK M., COMBES F. et GARCIA-BURILLO S, « Near-infrared observations of star formation and gas flows in the NUGA galaxy NGC 1365 », *Astronomy & Astrophysics*, vol. 622, 2019, A128, https://doi.org/10.1051/0004-6361/201834255.

COMBES F., GUPTA N., JOZSA G.I.G. et MOMJIAN E., « Discovery of CO absorption at $z = 0.05$ in G0248+430 », *Astronomy & Astrophysics*, vol. 623, 2019, A133, https://doi.org/10.1051/0004-6361/201935057.

DI MATTEO P., FRAGKOUDI F., KHOPERSKOV S., CIAMBUR B., HAYWOOD M., COMBES F. et GOMEZ A., « The disc origin of the Milky Way bulge: On the necessity of the thick disc », *Astronomy & Astrophysics*, vol. 628, 2019, A11, https://doi.org/10.1051/0004-6361/201832606 [arXiv : 1901.00777].

CASTIGNANI G., COMBES F., SALOMÉ P., BENOIST C., CHIABERGE M., FREUNDLICH J., et DE ZOTTI G., « Molecular gas in radio galaxies in dense Mpc-scale environments at $z = 0.4 – 2.6$ », *Astronomy & Astrophysics*, vol. 623, 2019, A48, https://doi.org/10.1051/0004-6361/201834066.

FREUNDLICH J., COMBES F., TACCONI L.J., GENZEL R., GARCIA-BURILLO S., NERI R., CONTINI T., BOLATTO A., LILLY S., SALOMÉ P., BICALHO I.C., BOISSIER J., BOONE F., BOUCHÉ N., BOURNAUD F., BURKERT A., CAROLLO M., COOPER M.C., COX P., FERUGLIO C., FOERSTER SCHREIBER N.M., JUNEAU S., LIPPA M., LUTZ D., NAAB T., RENZINI A., SAINTONGE A., STERNBERG A., WALTER F., WEINER B., WEISS A. et WUYTS S., « PHIBSS2: Survey design and $z = 0.5 – 0.8$ results. Molecular gas reservoirs during the winding-down of star formation », *Astronomy & Astrophysics*, vol. 622, 2019, A105, https://doi.org/10.1051/0004-6361/201732223.

VANTYGHEM A.N., MCNAMARA B.R., RUSSELL H.R., EDGE A.C., NULSEN P.E.J., COMBES F., FABIAN A.C., MCDONALD M., et SALOMÉ P., « An enormous molecular gas flow in the RXJ0821+0752 galaxy cluster », *The Astrophysical Journal*, vol. 870, 2019, 57, https://doi.org/10.3847/1538-4357%2Faaf1b4.

KHOPERSKOV S., DI MATTEO P., GERHARD O., KATZ D., HAYWOOD M., COMBES F., BERCZIK P. et GOMEZ A., « The echo of the bar buckling: phase-space spirals in *Gaia* DR2 », *Astronomy & Astrophysics*, vol. 622, n° 1, 2019, L6, https://doi.org/10.1051/0004-6361/201834707.

COMBES F., GARCIA-BURILLO S., AUDIBERT A., HUNT L., ECKART A., AALTO S., CASASOLA V., BOONE F., KRIPS M., VITI S., SAKAMOTO K., MULLER S., DASYRA K., VAN DER WERF P. et MARTIN S., « ALMA observations of molecular tori around massive black holes », *Astronomy & Astrophysics*, vol. 623, 2019, A79, https://doi.org/10.1051/0004-6361/201834560.

BOSELLI A., FOSSATI M., LONGOBARDI A., CONSOLANDI G., AMRAM P., SUN M., ANDREANI P., BOQUIEN M., BRAINE J., COMBES F., COTE P., CUILLANDRE J.C., DUC P.A., EMSELLEM E., FERRARESE L., GAVAZZI G., GWYN S., HENSLER G., PENG E.W., PLANA H., ROEDIGER J., SANCHEZ-JANSSEN R., SARZI M., SERRA P. et TRINCHIERI G., « A Virgo environmental survey tracing ionised gas emission (VESTIGE). V. Properties of the ionised gas filament of M87 », *Astronomy & Astrophysics*, vol. 623, 2019, A52, https://doi.org/10.1051/0004-6361/201834492.

CORTZEN I., GARRETT J., MAGDIS G., RIGOPOULOU D., VALENTINO F., PEREIRA-SANTAELLA M., COMBES F., ALONSO-HERRERO A., TOFT S., DADDI E., ELBAZ D., GOMEZ-GUIJARRO C., STOCKMANN M., HUANG J. et KRAMER C., « PAHs as tracers of the molecular gas in star-forming galaxies », *MNRAS*, vol. 482, nº 2, 2019, p. 1618-1633, https://doi.org/10.1093/mnras/sty2777.

Calzadilla M.S., Russell H.R., McDonald M., Fabian A.C., Baum S.A., Combes F., Donahue M., Edge A.C., McNamara B.R., Nulsen P.E.J., O'Dea C.P., Oonk J.B.R., Tremblay G.R. et Vantyghem A.N., « Revealing a highly-dynamic cluster core in Abell 1664 with *Chandra* », *The Astrophysical Journal*, vol. 875, nº 1, 2019, 65, https://doi.org/10.3847/1538-4357/ab09f6.

Bicalho I.C., Combes F., Rubio M., Verdugo C. et Salomé P., « ALMA CO(2-1) observations in the XUV disk of M83 », *Astronomy & Astrophysics*, vol. 623, 2019, A66, https://doi.org/10.1051/0004-6361/201732352.

Herrera-Camus R., Tacconi L.J., Genzel R., Foerster Schreiber N.M., Lutz D., Bolatto A.D., Wuyts S., Renzini A., Lilly S.J., Belli S., Uebler H., Shimizu T., Davies R., Sturm E., Combes F., Freundlich J., Garcia-Burillo S., Cox P., Burkert A., Naab T., Colina L., Saintonge A., Cooper M., Feruglio C. et Weiss A, « Molecular and ionized gas phases of an AGN-driven outflow in a typical massive Galaxy at $z = 2$ », *The Astrophysical Journal*, vol. 871, 2019, 37, https://doi.org/10.3847/1538-4357/aaf6a7.

Hamer S.L., Fabian A.C., Russell H.R., Salomé P., Combes F., Olivares V., Polles F.L., Edge A.C. et Beckmann R.S., « Discovery of a diffuse optical line emitting halo in the core of the Centaurus cluster of galaxies: Line emission outside the protection of the filaments », *MNRAS*, vol. 483, nº 4, 2019, p. 4984-1998, https://doi.org/10.1093/mnras/sty3459.

Combes F., « IAU-FM6-- Angular momentum -- Conference summary », Proceedings FM6, IAU-GA (Vienna, August 2018), 2018, arXiv : 1810.00796.

Castignani G., Combes F., Salomé P., Benoist C., Chiaberge M., Freundlich J. et De Zotti G., « Molecular gas in radio galaxies at $z = 0.4 – 2.6$ in (proto-)cluster environment », Proceedings FM3, IAU-GA (Vienne, août 2018), 2018, arXiv : 1809.09568.

Busch G., Husemann B., Smirnova-Pinchukova I., Eckart A., Baum S.A., Combes F., Croom S.M., Davis T.A., Fazeli N., Fischer C., Gaspari M., Klein R., Krumpe M., McElroy R., O'Dea C.P., Perez-Torres M.A., Powell M.C., Sánchez-Monge Á., Scharwächter J., Tremblay G.R. et Urrutia T., « The Close AGN Reference Survey (CARS): SOFIA detects spatially-resolved [CII] emission in the luminous AGN HE0433-1028 », *The Astrophysical Journal*, vol. 866, nº 1, 2018, L9, https://doi.org/10.3847/2041-8213/aae25d.

Tremblay G.R., Combes F., Oonk J.B.R., Russell H.R., McDonald M.A., Gaspari M., Husemann B., Nulsen P.E.J., McNamara B.R., Hamer S.L., O'Dea C.P., Baum S.A., Davis T.A., Donahue M., Voit G.M., Edge A.C., Blanton E.L., Bremer M.N., Bulbul E., Clarke T.E., David L.P., Edwards L.O.V., Eggerman D.A., Fabian A.C., Forman W.R., Jones C., Kerman N., Kraft R.P., Li Y., Powell M.C., Randall S.W., Salomé P., Simionescu A., Su Y., Sun M., Urry C.M., Vantyghem A.N., Wilkes B.J. et ZuHone J.A., « A galaxy-scale fountain of cold molecular gas pumped by a black hole », *The Astrophysical Journal*, vol. 865, nº 1, 2018, 13, https://doi.org/10.3847/1538-4357/aad6dd.

O'Sullivan E., Combes F., Salomé P., David L.P., Babul A., Vrtilek J.M., Lim J., Olivares V., Raychaudhury S. et Schellenberger G., « Cold gas in a complete sample of group-dominant early-type galaxies », *Astronomy & Astrophysics*, vol. 618, 2018, A126, https://doi.org/10.1051/0004-6361/201833580.

Combes F., « Molecular gas filamentary structures in galaxy clusters », *in* K. Asada *et al.* (dir.), *Perseus in Sicily (IAU-S342): From Black Hole to Cluster Outskirts*, 2018, arXiv : 1807.07027.

Vantyghem A.N., McNamara B.R., Russell H.R., Edge A.C., Nulsen P.E.J., Combes F., Fabian A.C., McDonald M. et Salomé P., « Molecular gas filaments and star-forming knots beneath an X-ray cavity in RXC J1504-0248 », *The Astrophysical Journal*, vol. 863, nº 2, 2018, 193, https://doi.org/10.3847/1538-4357/aad2e0.

Physique de l'intérieur de la Terre

Barbara Romanowicz
Membre de l'Institut (Académie des sciences),
professeure au Collège de France

Mots-clés : physique, Terre, sismologie, séismes

La série de cours « Les séismes profonds » est disponible, en audio et vidéo, sur le site du Collège de France (https://www.college-de-france.fr/site/barbara-romanowicz/course-2018-2019.htm), ainsi que le colloque « Intermediate and deep earthquakes: Observations and modeling » (https://www.college-de-france.fr/site/barbara-romanowicz/symposium-2018-2019.htm).

Enseignement

Cours – Les séismes intermédiaires et profonds

Introduction

La plupart des séismes se produisent dans la croûte terrestre, à une profondeur de moins de 50 km. Ils sont dits « superficiels ». Cependant, dans certaines régions du globe, on observe des séismes à de plus grandes profondeurs, pouvant aller jusqu'à environ 680 km. On appelle ces séismes « intermédiaires » s'ils se produisent jusqu'à environ 300 km de profondeur, et « profonds » au-delà. Autant les roches sont cassantes à température et pression ambiantes, ce qui permet de comprendre la fracturation instantanée à l'origine des séismes superficiels, autant à plus grande profondeur, on s'attend à ce que la déformation, sous l'effet des forces tectoniques, se produise de façon plastique, sans engendrer de vibrations perceptibles. Comprendre les phénomènes physiques à l'origine des séismes profonds représente l'une des grandes questions de recherche actuelle en géophysique. Bien qu'en général non ressentis par les humains, les séismes profonds ont joué un rôle

B. Romanowicz, « Physique de l'intérieur de la Terre », *Annuaire du Collège de France 2018-2019. Résumé des cours et travaux*, 119e année, Paris, Collège de France, 2022, p. 155-160, https://doi.org/10.4000/annuaire-cdf.16934.

important dans la révolution de la tectonique des plaques et dans la construction des premiers modèles de la structure interne de la terre. J'ai consacré à ce sujet fascinant quatre séances de cours de une heure et demie en octobre et novembre 2018.

Cours 1 – Introduction générale

J'ai tout d'abord montré que la plupart des séismes intermédiaires et profonds se produisent dans les « zones de subduction », zone de convergence de plaques tectoniques, où l'une des plaques (en général océanique) plonge sous l'autre. Les hypocentres de ces séismes s'alignent de façon remarquable suivant des surfaces planaires inclinées qui suivent le pendage de la plaque plongeante. La fréquence de ces séismes n'est pas distribuée de façon uniforme en fonction de la profondeur, avec un minimum autour de 300 km de profondeur, ce qui permet de distinguer les deux classes de séismes : intermédiaires et profonds. Les plus forts se produisent à des profondeurs supérieures à 600 km et peuvent atteindre des magnitudes supérieures à Mw 8 (magnitude de « moment », définie dans le cours). Le plus fort séisme enregistré de manière instrumentale (Mw 8.3) s'est produit récemment, le 24 mai 2013, sous la mer d'Okhotsk à l'ouest de la presqu'île du Kamchatka (Russie). Bien qu'en général inoffensifs, certains séismes de profondeur intermédiaire font des dégâts importants : c'est le cas par exemple en Roumanie, dans la zone de Vrancea, où des séismes de magnitude > 7 ont détruit une partie de la ville de Bucarest en 1940, puis de nouveau en 1977.

Au cours de cette séance, nous avons fait un tour du monde des zones de subduction et séismes profonds associés, tout autour de l'océan Pacifique, mais aussi en Europe : Sicile-Calabre, le long de l'arc hellénique, ou bien encore au sud de l'Espagne, y compris « un nid » de séismes profonds vers 650 km de profondeur, et en Asie centrale, en particulier dans la région de l'Hindu-Kush. Les séismes intermédiaires et profonds non associés en apparence à des zones de subduction se produisent cependant dans des zones de « convergence » et sont associés à des morceaux de manteau terrestre où la température est moins élevée que dans les régions avoisinantes, tel que cela est indiqué par imagerie sismique.

Après quelques rappels sur les deux types d'ondes sismiques, leurs caractéristiques et la façon moderne dont on les utilise pour localiser et déterminer la profondeur d'un séisme, nous avons retracé l'historique de la découverte des séismes profonds dans les années 1920 et le rôle important joué par Kiyoo Wadati (Japon). Celui-ci a imaginé une méthode géométrique originale pour déterminer l'épicentre et la profondeur des séismes, et a démontré l'existence de trois classes de séismes sous le Japon : superficiels, intermédiaires et profonds, classification retenue jusqu'à ce jour. Il a ensuite montré la présence de plans inclinés sur lesquels s'alignent les séismes non superficiels. Ces plans portent désormais le nom de « zones de Wadati-Benioff » – ce dernier, travaillant aux États-Unis, ayant contribué à proposer une explication physique pour l'existence de ces plans –, ils étaient à l'époque observés près de la limite entre l'océan et le continent.

Cours 2 – Processus physiques proposés et caractéristiques de la sismicité intermédiaire et profonde

Nous avons introduit les grandes lignes de la structure et de la minéralogie du manteau ainsi que les transitions de phases subies par l'olivine, constituant majoritaire du manteau supérieur, aux profondeurs de 400 km et 660 km, sous l'effet des pressions et températures de plus en plus grandes, transitions détectées sismiquement par l'observation de « discontinuités » dans le profil des vitesses sismiques en fonction de la profondeur. Nous avons ensuite introduit la structure minéralogique et thermique d'une plaque lithosphérique, depuis sa formation dans une dorsale océanique jusqu'à son retour vers le manteau profond dans une zone de subduction.

Nous avons décrit le mécanisme de fracture invoqué pour expliquer les séismes superficiels, expliqué pourquoi un autre mécanisme est nécessaire pour produire les séismes profonds, et fait le tour des mécanismes proposés jusqu'à présent. Nous nous sommes attardés sur l'hypothèse avancée de la présence d'une langue d'olivine à l'état métastable à l'intérieur de la plaque plongeante pour expliquer les séismes profonds, en expliquant pourquoi cette hypothèse n'est pas universellement acceptée. Nous avons évoqué et illustré d'autres mécanismes proposés, y compris un mécanisme de déshydratation de la roche pour expliquer les séismes de profondeur intermédiaire.

Cours 3 – Séismes de profondeur intermédiaire et déshydratation de la croûte et de la lithosphère

Nous avons montré la présence de zones de Wadati-Benioff « doubles » dans la plupart des zones de subduction jusqu'à ~ 200 km de profondeur, et décrit les caractéristiques distinctes des séismes sur chacun des plans, l'un se trouvant dans la croûte de la plaque plongeante, l'autre, plus profond, dans le manteau. Nous avons introduit la notion de « paramètre thermique », produit de la vitesse verticale de la plaque et de son âge, et montré comment la profondeur maximale des séismes dans une zone de subduction donnée est liée à celui-ci. Nous avons introduit la « serpentinite », phase hydratée de l'olivine, l'antigorite, sa forme polymorphe stable à haute température, et le diagramme de déshydration de celle-ci. Ceci nous a conduits à présenter les modèles pétrologiques proposés pour la plaque plongeante, et les observations sismiques à l'appui de la présence de croûte hydratée.

La deuxième partie de cette séance a été consacrée à montrer comment la plaque lithosphérique peut s'hydrater profondément au moment où elle se plie au niveau de la fosse océanique pour descendre dans le manteau ambiant. Des failles profondes s'ouvrent en extension, permettant à l'eau de pénétrer et d'être incorporée dans la roche au fur et à mesure de l'enfoncement de la plaque. Nous avons donné quelques exemples d'observations et de modélisation en imagerie sismologique, et, plus récemment, électro-magnétique, à l'appui de ce phénomène.

Cours 4 – Expériences de laboratoire

Après un rappel historique des premières expériences de laboratoire sur le comportement de la serpentine (années 1960) aux conditions à haute pression et haute température des zones de subduction, et sur l'apparition de cassure au moment de la déshydratation, ainsi que l'enregistrement d'émissions acoustiques au moment de la déshydratation (début des années 1990), nous avons présenté successivement les progrès dans l'instrumentation qui ont permis récemment d'étudier de façon plus précise ces phénomènes du point de vue expérimental. On arrive à l'heure actuelle à détecter et caractériser les sources d'émissions acoustiques, et à localiser dans le temps et dans l'espace tout en faisant une cartographie des produits de déshydratation de la roche soumise à hautes pression et température dans des cellules à multi-enclumes. Les recherches actuelles tendent à suggérer que la production d'un « séisme » par déshydratation de la roche comprend plusieurs étapes, la déshydratation provoquant une instabilité mécanique dans la roche environnante, plutôt qu'étant la cause directe de la rupture. La sismologie met désormais en évidence la complexité de la rupture des séismes intermédiaires et profonds. Les recherches actuelles s'orientent vers une confrontation plus directe entre les observations sismiques et celles de laboratoire, rendues possible par l'évolution rapide des techniques dans ces deux domaines.

Colloque – *Intermediate and deep earthquakes: Observation and modeling*

Ce colloque, en langue anglaise, a eu lieu en salle Maurice Halbwachs les 19 et 20 novembre 2019. Il a rassemblé 19 intervenants invités venant de divers pays (Japon, États-Unis, Europe) et environ 90 participants. Chaque intervenant disposait de 30 min et de 5 min de questions. La première matinée a été consacrée aux observations sismologiques des sources sismiques, avec une session sur les séismes profonds et une autre sur les séismes intermédiaires, y compris une communication sur les séismes ayant lieu en dehors des zones de subduction, et en particulier sur la lune. Les sessions de l'après-midi ont porté sur les expériences de laboratoire et les fluides dans l'environnement des zones de subduction. Une session poster a suivi, où les étudiants des écoles doctorales inscrits au cours ont présenté leurs travaux de recherche.

Les intervenants de la matinée de la deuxième journée ont présenté des résultats récents d'imagerie sismique dans les zones de subduction, tandis que l'après-midi a été organisé autour de présentations sur les observations géologiques (microstructures) et le comportement des roches hydratées dans les expériences de laboratoire.

Le colloque s'est terminé par une discussion de plus d'une heure avec le public animée autour d'une table ronde. Le point a été fait sur les progrès récents et les limites de nos connaissances actuelles sur l'origine des séismes intermédiaires et profonds, en évoquant les questions encore ouvertes [1].

Cours à l'extérieur

J'ai passé 10 jours en janvier 2019 à l'université de la Colombie-Britannique (UBC, University of British Columbia, Vancouver, Canada), où j'ai donné :

1) une conférence grand public dans le cadre du Peter Wall Institute for Advanced Studies (PWIAS) sur le sujet : « Great earthquakes and tsunami: Where, when and... how? ».

Cette conférence a fait le point sur nos connaissances actuelles en ce qui concerne la sismogénèse, les différents outils modernes d'observation (sismologie, géodésie, modélisation numérique) et les avancées récentes sur le déroulement de la rupture dans les séismes géants de zones de subduction, en particulier en liaison avec la

1. Le programme du colloque ainsi que les présentations orales peuvent être consultés sur la page web de Barbara Romanowicz, sur le site du Collège : http://www.college-de-france.fr/site/en-barbara-romanowicz/symposium-2018-2019.htm

génération de tsunami, et les autres phénomènes de trémors et glissements lents autour des zones probables de futurs grands séismes, en particulier en Colombie Britannique ;

2) une conférence au département de Sciences de la Terre de UBC : « Mantle plumes rooted at the core-mantle boundary: Evidence from seismic waveform tomography ».

Au cours de cette conférence, j'ai présenté les résultats récents sur l'imagerie des panaches mantelliques et leur relation avec le volcanisme de milieu de plaques tectoniques ;

3) un cours sur les séismes profonds, résumant les cours donnés au Collège à l'automne 2018, suivi d'un échange sur ce sujet avec le professeur Michael Bostock et son équipe.

Recherche

Les recherches de mon équipe ont porté, d'une part, sur l'imagerie de la terre profonde, d'autre part, sur l'étude des sources du « bourdonnement » de la Terre. Ce dernier est un bruit de longue période dont l'origine est un processus en cascade faisant intervenir l'interaction entre elles des vagues océaniques provoquées par le vent, qui donne lieu à des vagues de plus longue période (vagues d'infragravité) et de l'interaction de celles-ci avec le fond marin, engendrant des ondes sismiques qui se propagent dans le manteau terrestre autour du globe. Nous avons mis au point une méthode qui a permis de raffiner la localisation en temps et en espace des sources sismiques de bourdonnement et leur relation avec les sources d'ondes d'infragravité [publications 1 et 6].

Pour ce qui est de l'imagerie sismique, nous continuons à développer de nouvelles méthodes de tomographie de forme d'onde du manteau terrestre, pour améliorer la résolution des structures tout en limitant la lourdeur des calculs sur ordinateur. Ces travaux sont en cours et non encore publiés. Nous avons par contre développé un nouveau modèle de la structure anisotrope de la graine solide de la terre [5] et de nouvelles analyses et interprétations de données sismiques sensibles à la structure de la graine sont en cours de rédaction. J'ai, en outre, participé à une étude de l'origine des anomalies isotopiques des laves de volcans de « points chauds » (volcans en milieu de plaque tectonique, par exemple Hawaii) dans une collaboration avec des géochimistes et un géodynamicien. Cette étude semble indiquer que ces anomalies proviennent de régions particulières du manteau inférieur et ne sont pas distribuées uniformément dans celui-ci [7].

Publications

[1] Smit P.B., Janssen T.T., Herbers T.H.C., Taira T. et Romanowicz B.A., « Infragravity wave radiation across the shelf break », *Journal of Geophysical Research: Oceans*, vol. 123, nº 7, 2018, p. 4483-4490, https://doi.org/10.1029/2018JC013986.

[2] Romanowicz B., « A deep-earthquake puzzle resolved », *Nature Geoscience*, vol. 11, nº 9, 2018, p. 622, https://doi.org/10.1038/s41561-018-0197-2.

[3] Garber J.M., Maurya S., Hernandez J.-A., Duncan M.S., Zeng L., Zhang H.L., Faul U., McCammon C., Montagner J.-P., Moresi L., Romanowicz B.A., Rudnick R.L. et Stixrude L., « Multidisciplinary constraints on the abundance of diamond and eclogite in

the cratonic lithosphere », *Geochemistry, Geophysics, Geosystems (G-Cubed)*, vol. 19, nº 7, 2018, p. 2062-2086, https://doi.org/10.1029/2018GC007534.

[4] CHANDLER B.C., YUAN K., LI M., COTTAAR S., ROMANOWICZ B., TOMÉ C.N. et WENK H.R., « A refined approach to model anisotropy in the lowermost mantle », *IOP Conference Series: Materials Science and Engineering (ICOTOM-18)*, vol. 375, nº 1, 2018, 012002, https://doi.org/10.1088/1757-899X/375/1/012002.

[5] FROST D.A. et ROMANOWICZ B., « On the orientation of the fast and slow directions of anisotropy in the deep inner core », *Physics of the Earth and Planetary Interiors*, vol. 286, 2019, p. 101-110, https://doi.org/10.1016/j.pepi.2018.11.006.

[6] MAURYA S., TAIRA T. et ROMANOWICZ B., « Location of seismic "Hum" sources following storms in the North Pacific Ocean », *Geochemistry, Geophysics, Geosystems (G-Cubed)*, vol. 20, nº 3, 2019, p. 1454-1467, https://doi.org/10.1029/2018GC008112.

[7] WILLIAMS C.D., MUKHOPADHYAY S., RUDOLPH M. et ROMANOWICZ B.A., « Primitive helium is sourced from seismically slow regions in the lowermost mantle », *Geochemistry, Geophysics, Geosystems (G-Cubed)*, vol. 20, nº 8, 2019, p. 4130-4145, https://doi.org/10.1029/2019GC008437.

Autres publications

IBOURICHENE A. et ROMANOWICZ B., « Detection of small scale heterogeneities at the Inner Core Boundary », *Physics of the Earth and Planetary Interiors*, vol. 281, 2018, p. 55-67, https://doi.org/10.1016/j.pepi.2018.03.003.

ROMANOWICZ B. et BILLEN M., « Louise H. Kellogg 1959-2019 », *Eos*, vol. 100, 2019, https://doi.org/10.1029/2019EO127207.

ROMANOWICZ B. et YUAN H. (dir.), *Lithospheric discontinuities*, Washington, American geophysical union, coll. « Geophysical Monograph Series », vol. 239, 2019, https://doi.org/10.1002/9781119249740.

ROMANOWICZ B. et YUAN H., « Introduction », *in* B. ROMANOWICZ et H. YUAN (dir.), *Lithospheric Discontinuities*, Washington, American geophysical union, coll. « Geophysical Monograph Series », vol. 239, 2019, p. 1-4, https://doi.org/10.1002/9781119249740.ch0.

Sciences de la vie

Psychologie cognitive expérimentale

Stanislas Dehaene
Membre de l'Institut (Académie des sciences)

Mots-clés : cerveau, comportement, imagerie cérébrale

La série de cours « Progrès récents en imagerie cérébrale et décodage des représentations mentales » est disponible en audio et vidéo sur le site internet du Collège de France (https://www.college-de-france.fr/site/stanislas-dehaene/course-2018-2019.htm), ainsi que la série de séminaires « Développement du cerveau et émergence des fonctions cognitives » (https://www.college-de-france.fr/site/stanislas-dehaene/seminar-2018-2019.htm) et la série de quatre conférences de Xia-Jing Wang, professeur invité : « Computational neuroscience of elemental cognition » (https://www.college-de-france.fr/site/stanislas-dehaene/guestlecturer-2018-2019.htm).

Enseignement

Cours – Progrès récents en imagerie cérébrale et décodage des représentations mentales

L'imagerie cérébrale est devenue un ingrédient indispensable de la psychologie expérimentale. Jusque dans les années 1970 ou 1980, il était de bon ton de défendre une thèse fonctionnaliste selon laquelle la psychologie et la neurobiologie seraient des disciplines autonomes, qui occupent des compartiments étanches. « La nature physique [du cerveau] n'impose aucune contrainte aux formes de la pensée », affirmait Philip Johnson-Laird dans *Mental models* en 1983. Aujourd'hui, cette idée est abandonnée, tant abondent les exemples de contraintes mutuelles et de fructueux dialogues interdisciplinaires. Dans une direction, la psychologie est souvent la première à étudier et à théoriser une fonction cognitive : en témoigne l'exemple de la

S. Dehaene, « Psychologie cognitive expérimentale », *Annuaire du Collège de France 2018-2019. Résumé des cours et travaux*, 119e année, Paris, Collège de France, 2022, p. 163-172, https://doi.org/10.4000/annuaire-cdf.16944.

théorie de la prise de décision par accumulation d'évidence, développée en psychologie dès les années 1960 avant d'être confirmée et étendue, trente ans plus tard, au niveau neurophysiologique. Dans l'autre sens, la découverte des mécanismes cérébraux, neuronaux, voire moléculaires qui sous-tendent une fonction cognitive conduit souvent à mieux les maîtriser : par exemple, la théorie de l'apprentissage, qui a débuté avec les études comportementales d'Ebbinghaus, Pavlov, Hull ou Rescorla, a fait des progrès considérables avec l'avènement de modèles neuronaux d'abord spéculatifs (Hebb), puis de plus en plus fondés sur l'expérimentation et la modélisation en neurosciences (Kandel).

Dans l'étude des fonctions cognitives, l'imagerie cérébrale joue un rôle essentiel, car elle seule permet d'accéder, de façon non invasive, à l'organisation anatomique et fonctionnelle des circuits du cerveau humain. Les méthodes d'imagerie ont considérablement progressé depuis leur émergence il y a une quarantaine d'années. L'objectif du cours 2018-2019 était de faire le point sur ces progrès à la fois techniques et méthodologiques, de mieux comprendre dans quelle mesure ces méthodes parviennent à clarifier la nature des représentations mentales chez l'homme, et d'en discerner les limites.

Cours 1 – Méthodes d'imagerie cérébrale : l'état de l'art

Dans le premier cours, nous avons passé en revue les différentes méthodes d'imagerie cérébrales et leurs différences. L'IRM fonctionnelle (IRMf), aujourd'hui la plus répandue, consiste à mesurer les petites variations d'oxygénation cérébrale qui, grâce à un mécanisme de couplage neurovasculaire, reflètent l'activité des circuits neuronaux. L'IRMf présente de nombreux avantages : mesures rapides et répétées, au niveau du cerveau tout entier, sans nécessiter d'injection. Même si la mesure est indirecte, elle reflète les décharges neuronales assez fidèlement et avec une grande linéarité (sauf dans certains cas pathologiques). Cependant, la résolution spatiale reste modeste (de l'ordre du millimètre ou un peu moins) et ne permet que de visualiser la moyenne de populations de l'ordre de plusieurs dizaines de milliers de neurones. La résolution spatiale est également réduite, même si des techniques d'analyse permettent de détecter des variations de l'ordre de 100-200 millisecondes dans le début et la durée de l'activation.

L'IRM ne cesse de progresser, notamment avec l'utilisation d'antennes parallèles à 32 ou 64 canaux, de séquences multibandes, de transmission également parallèle et de techniques d'échantillonnage partiel. L'augmentation du champ magnétique permet d'améliorer le rapport signal à bruit, qui varie de façon non linéaire. On est passé de machines à 1,5 Tesla dans les années 1990 à des IRM à 3 T, puis 7 T, 9,4 T, et enfin, à NeuroSpin, à un prototype unique d'aimant de 90 cm de diamètre à 11,72 T, dont la montée en champ a été réalisée en juillet 2019. Ces améliorations ne concernent pas seulement l'IRM fonctionnelle, mais également l'analyse de l'anatomie du cerveau, à l'échelle mésoscopique (~ 1 millimètre) et microscopique (quelques microns). Grâce à différentes variantes de l'IRM de diffusion, il devient par exemple possible d'évaluer le diamètre moyen des axones, la taille moyenne des cellules et même leur forme, sans toutefois les voir individuellement.

Complémentaires de l'IRM, l'électro- et la magnéto-encéphalographie (EEG et MEG) mesurent directement les potentiels électriques et les minuscules champs magnétiques engendrés par les courants qui circulent entre les dendrites et le corps cellulaire des neurones. C'est pourquoi ces méthodes possèdent une excellente résolution temporelle (en dessous de la milliseconde) et fréquentielle (entre 0,01 et 1 000 Hz ou plus). Leur excellente sensibilité, couplée à l'utilisation d'algorithmes de décodage multivarié, permet de décoder et de reconstituer la séquence d'activité cérébrale associée à une tâche cognitive. Leur inconvénient est de ne pas permettre de localiser précisément l'origine des signaux. Là encore, des avancées méthodologiques sont en cours, notamment dans l'EEG de très haute résolution et dans l'émergence d'une nouvelle génération de capteurs MEG fondés sur le pompage optique et ne nécessitant plus de refroidissement à l'hélium liquide.

Le cours s'est conclu par un rapide tour d'horizon des méthodes électrophysiologiques et d'imagerie optique (2 et 3 photons) qui sont en train de révolutionner les études du cerveau animal. Ces techniques, miniaturisées, permettent d'enregistrer des milliers de neurones simultanément, voire *tous* les neurones d'un animal comme la larve de poisson-zèbre, avec un suivi chronique, jour après jour, des mêmes neurones. Le code neural, fondé sur l'activité collective de grandes populations de neurones, commence à devenir accessible et l'on peut, par exemple, décoder précisément où se trouve un animal, ou quelle décision il prend, sur la base de l'état d'activité des neurones de l'hippocampe ou du cortex préfrontal.

Cours 2 – Comment relier l'activité cérébrale et les représentations mentales ?

Visualiser l'activité du cerveau ne suffit pas à comprendre comment cette activité encode des représentations mentales, ni comment celles-ci se transforment en pensées ou en comportements. Les neurosciences cognitives sont à la recherche de lois de passage du niveau neurophysiologique au niveau psychologique – de l'activité cérébrale à l'état mental. Dans le second cours, nous avons examiné les stratégies qui permettent de discerner, dans le foisonnement d'activité cérébrale qui survient à chaque instant, les états neuronaux qui codent pour des états mentaux.

La méthode de soustraction consiste à contraster l'activité cérébrale évoquée par deux conditions expérimentales minimalement différentes (par exemple nommer un chiffre, *versus* le soustraire de 10 ; ou bien nommer un chiffre *versus* nommer une lettre). Elle permet d'identifier quel est le circuit cérébral impliqué dans une étape précise d'une tâche cognitive, mais elle souffre d'un problème d'inférence inverse : si chaque opération cognitive active un circuit souvent réplicable, l'observation qu'un circuit donné est actif ne permet pas de savoir quelle est la fonction ou le code cognitif déployé.

L'analyse multivariée (MVPA, *multivariate pattern analysis*) permet d'avancer d'un cran : elle dissèque les codes neuronaux à l'intérieur d'une région donnée. On examine dans quelle mesure deux conditions expérimentales conduisent à des cartes d'activation qui se ressemblent, et on en déduit dans quelle mesure ces deux conditions expérimentales font appel à des représentations similaires. Au laboratoire, par exemple, nous avons utilisé cette méthode pour montrer que le mathématicien, qui réfléchit à des objets mathématiques très abstraits, continue d'utiliser des circuits cérébraux activés chez chacun d'entre nous lors d'opérations arithmétiques élémentaires (2 + 3) ou même la simple vision d'un nombre. Ainsi, les mathématiques de haut niveau « recyclent » des circuits de l'arithmétique élémentaire. De même, chez l'enfant en cours d'acquisition de la lecture, l'analyse multivariée permet de montrer que certains secteurs du cortex visuel se spécialisent partiellement pour la reconnaissance des mots écrits, tout en conservant leur sélectivité antérieure pour la reconnaissance des objets.

Cours 3 – Vers une cartographie de plus en plus fine des représentations mentales

L'analyse de la similarité des représentations (RSA = *representational similarity analysis*) est une autre méthode d'analyse multivariée qui permet des inférences sophistiquées sur le codage cérébral des informations cognitives. Elle repose sur le concept d'isomorphisme de second ordre, dû au psychologue californien Roger Shepard.

L'argument de Shepard repose en premier lieu sur la réfutation d'une idée courante mais fausse, selon laquelle il existerait une correspondance directe entre les objets du monde extérieur et leur représentation interne dans le cerveau (un isomorphisme de premier ordre). On pense parfois naïvement que, lorsqu'une personne imagine un carré vert, il doit y avoir dans son cerveau une « image » de ce carré. Mais ce type de raisonnement conduit rapidement à des absurdités : qui reconnaît l'image de ce carré dans le cerveau (régression à l'infini) ? Comment est codée la couleur verte – par des neurones verts ? Comment sont codés des concepts abstraits tels que le nombre ou la liberté ?

Au lieu d'un isomorphisme de premier ordre, Shepard affirme que l'on doit rechercher un isomorphisme *de second ordre*, c'est-à-dire une correspondance entre les *relations* entre les objets du monde extérieur, et les *relations* entre leurs représentations internes. L'idée est que, si la représentation interne d'un rectangle n'est en rien l'image d'un rectangle, cette représentation doit ressembler plus à celle d'un carré qu'à celle, disons, d'un chou-fleur. Ainsi, il faut mesurer la similarité subjective entre les représentations mentales et la comparer à la similarité des représentations cérébrales. Dans chaque région du cerveau, l'analyse consiste à (1) extraire les configurations d'activité pour chaque *stimulus* ; (2) évaluer leur dissimilarité, par exemple $1-r$ où r est le coefficient de corrélation ; (3) comparer cette matrice empirique avec une ou plusieurs matrices prédites par différents modèles, ou par la similarité subjective mesurée sur le plan comportemental. On peut aussi faire l'étude directe de cette matrice, par exemple par *multi-dimensional scaling*, une méthode de visualisation des matrices de similarité inventée par Roger Shepard.

Selon Nicolas Kriegeskorte, l'analyse de la similarité des représentations a vocation à devenir une méthode unificatrice pour les neurosciences. En effet, elle seule permet de comparer des mesures extrêmement différentes : IRM fonctionnelle du cerveau humain ou animal ; enregistrements neuronaux ou neurophysiologiques ; comportement ; rapports subjectifs ; prédictions issues de modèles théoriques ou de simulations ; etc.

Dans le cours, nous avons examiné quatre exemples d'application de la méthode :

1) l'« hyper-alignement » de plusieurs cerveaux humains, qui consiste à aligner, non seulement les surfaces corticales, mais les hyper-espaces engendrés par les variations d'activité à travers tous les voxels d'une région d'intérêt ;

2) la comparaison entre les représentations neuronales chez l'homme et chez le singe, dans le cortex temporal inférieur ;

3) la comparaison des métriques issues des représentations cérébrales et du comportement ;

4) l'analyse de la représentation cérébrale d'une fonction cognitive de haut niveau : la représentation invariante du nombre dans les régions occipito-pariétales (travaux d'Elisa Castaldi et Evelyn Eger avec l'aimant 7 Tesla de NeuroSpin).

Cours 4 – Identification de codes neuronaux et comparaison avec les réseaux de neurones profonds

Dans le quatrième cours, nous avons continué notre progression à travers les différentes méthodes d'IRM qui permettent d'affiner l'identification des codes neuronaux. Parmi celles-ci, la méthode d'amorçage ou d'adaptation présente un avantage clé : elle est la seule qui permette de mesurer les codes neuronaux à l'intérieur d'un voxel, en s'affranchissant de la médiocre résolution spatiale de l'IRM. L'idée est de s'appuyer sur le phénomène d'adaptation à la répétition : dans de nombreuses régions du cortex, sinon toutes, la répétition d'un même *stimulus* conduit à une réduction de l'activité neuronale, donc du signal d'IRM. Dans un dessin expérimental croisé, on va donc comparer l'activation évoquée par des paires de *stimuli* s1 et s2, soit répétés (s1 suivi de s1, et s2 + s2), soit non répétés (s1 + s2 et s2 + s1). L'effet est subtil : en moyenne, les *stimuli* sont identiques, seule change leur relation (mais le sujet n'a pas besoin d'être conscient de la relation entre les *stimuli*, ni même de la présence du *stimulus* d'adaptation). Si la région cérébrale différencie les deux *stimuli*, elle doit montrer une réduction de l'activité à la répétition.

La méthode d'amorçage permet des inférences sophistiquées sur les codes neuronaux. Ainsi, elle nous a permis de démontrer que le cortex pariétal humain code les noms de nombres et les chiffres arabes (« trois » et « 3 ») comme la même quantité, et ce de façon automatique et inconsciente. L'adaptation permet également de tracer des courbes d'accord (*tuning curves*) que l'on peut comparer à celles obtenues par la neurophysiologie chez l'animal.

L'IRM fonctionnelle pourrait-elle permettre de voir *directement* le code neuronal associé à une région du cortex ? Oui, si celui-ci repose sur des colonnes corticales suffisamment grandes pour être visualisées par l'IRM à haut champ. Ainsi, à 4 ou 7 Tesla, dans le cortex visuel de quelques sujets soigneusement sélectionnés, les colonnes de dominance oculaire ou de sélectivité à l'orientation ont pu être observées en IRM fonctionnelle, avec des voxels de l'ordre de 500 microns de côté. La modélisation mathématique permet de quantifier la taille des champs récepteurs en fonction de l'excentricité, et d'évaluer ainsi le facteur de magnification en chaque point du cortex et de la hiérarchie des aires visuelles. Des travaux similaires ont conduit à identifier des cartes corticales « numérotopiques » codant pour le nombre d'objets, et de commencer à modéliser les réponses visuelles du cortex temporal inférieur, en les comparant à celles de réseaux de neurones à convolution. Dans les aires auditives, de même, l'analyse des champs récepteurs et des réponses à des *stimuli* complexes (musique, langage) est en cours.

La dimension verticale du cortex n'est pas oubliée. En effet, le cortex humain est organisé en couches de neurones bien distinctes sur le plan cytoarchitectonique mais dont la fonction reste méconnue. Le cadre théorique du « codage prédictif » postule que les couches moyennes (couche IV) reçoivent les signaux sensoriels ascendants (*bottom-up*), tandis que les couches superficielles reçoivent des prédictions descendantes (*top-down*) en provenance d'autres régions du cortex. Les équipes de Lars Mückli et de Peter Kok, avec Floris de Lange, ont réussi le tour de force de séparer les réponses de ces trois niveaux de profondeur du cortex visuel humain. Leurs mesures démontrent effectivement que, lors de tâches d'imagerie mentale ou d'exposition à des illusions visuelles classiques, les couches profondes et superficielles montrent des réponses de plus haut niveau que les couches moyennes, ce qui correspondrait à des effets cognitifs descendants.

Cette capacité, encore balbutiante, d'utiliser l'IRM à très haut champ pour visualiser l'activité des différentes couches du cortex humain, ouvre de nombreuses perspectives. Non seulement elle permet de séparer les signaux ascendants et descendants et d'évaluer la théorie du codage prédictif, mais elle devrait également permettre d'analyser le rôle des signaux descendants dans la mémoire de travail, l'imagerie mentale, l'attention sélective, le changement de tâche, l'intégration multisensorielle, et même la prise de conscience et les hallucinations (par exemple chez les patients avec schizophrénie).

Cours 5 – Décodage du déroulement temporel des opérations mentales

Dans le cinquième cours, nous avons examiné la question classique de la décomposition temporelle, et non plus spatiale, de l'activité cérébrale.

Chaque opération cognitive, même très simple comme la lecture d'une lettre, mobilise toute une série d'étapes de traitement de l'information. Pour les analyser, la chronométrie mentale, avec Franciscus Donders, Saul Sternberg ou Michael Posner, a développé toute une panoplie de méthodes comportementales de décomposition du temps de réponse (insertion pure ; méthode des facteurs additifs ; plans factoriels, etc.). Cependant, ces méthodes demeurent indirectes et ne séparent pas directement les différentes étapes d'exécution d'un processus cognitif.

Dans le cours, nous avons vu comment l'EEG et la MEG peuvent être exploitées, en combinaison avec un dessin expérimental factoriel, afin de décomposer une séquence d'activité cérébrale en étapes. Le décodage multivarié des signaux EEG et MEG fournit quantité d'informations sur le déroulement temporel des représentations mentales. En entraînant un décodeur à identifier à quel moment les signaux cérébraux contiennent une information significative sur telle ou telle variable cognitive, puis en examinant si ce même décodeur peut généraliser à un autre point dans le temps, ou à une autre condition expérimentale, on peut déterminer le cheminement de l'information dans le cerveau humain. La matrice de généralisation à travers le temps (*generalization across time* ou GAT) donne des informations détaillées sur la durée de chaque étape, sa stabilité dans le temps, sa récurrence à des moments différents, éventuellement avec un délai ou une durée différente.

L'utilisation des méthodes de décodage multivarié est aujourd'hui très répandue. En effet, l'imagerie cérébrale engendre un très grand nombre de mesures par unité de temps, et seule l'assistance d'un outil automatisé de recherche des signaux faibles permet d'y détecter des effets significatifs. Nous avons examiné de nombreux exemples, et notamment la capacité de détecter, par EEG, des marqueurs de la conscience qui puissent être exploités en clinique chez les patients en état végétatif apparent. Un autre exemple est le décodage des opérations arithmétiques : lorsqu'une personne vérifie une opération comme $2 + 5 = 8$ (vrai ou faux), les signaux MEG permettent de décoder pratiquement chaque étape de traitement : perception de chaque chiffre ou opérateur, durée de l'opération, perception et comparaison avec le résultat proposé… Pour des raisons inconnues, seul le résultat interne (ici, 7) n'a pas pu être décodé – il semble que certains codes corticaux nous échappent encore, peut-être parce qu'ils font appel à des représentations neuronales d'un type différent.

Cours 6 – L'imagerie cérébrale permet-elle de décoder les pensées ?

Dans le dernier cours, nous avons examiné jusqu'à quel point les techniques de décodage multivarié, appliquées aux signaux d'IRM ou de MEG, permettent de décoder le contenu conscient des sujets scannés, (« la pensée »). Comme je l'ai souligné dans *Le Code de la conscience* (Odile Jacob, 2014), de nombreux paradigmes permettent aujourd'hui de contraster le traitement conscient ou non conscient d'une information visuelle ou auditive. Le cours a passé en revue toute une série de résultats récents qui convergent pour suggérer que l'accès d'une information à la conscience correspond, au niveau cérébral, à un embrasement tardif (~300 ms après la présentation du *stimulus*), au cours duquel le cerveau stabilise un code neural « métastable » (durable à l'échelle de quelques centaines de millisecondes).

Des recherches récentes indiquent cependant que ce contraste n'est pas aussi tranché qu'on le pensait. D'une part, les travaux récemment menés au laboratoire par Jean-Rémi King montrent que l'activité cérébrale évoquée par un *stimulus* non conscient peut demeurer détectable pendant plusieurs secondes. D'autre part, après l'accès à la conscience, l'activité cérébrale évoquée par un *stimulus* conscient n'a pas nécessairement besoin de rester active et stable tout au long d'un délai – il existe une forme de mémoire de travail silencieuse (*activity-silent working memory*) qui permet l'encodage des représentations sous une forme « dormante » (probablement codée par des changements rapides d'efficacité synaptique) et qui peut, à tout moment, être récupérée en mémoire active et consciente.

Plusieurs exemples spectaculaires de décodage cérébral ont été évoqués dans le cours. Avec la MEG, Sébastien Marti est ainsi parvenu à décoder chacune des images visuelles successives qui étaient présentées au sujet à un rythme de 9 images par seconde – et de déterminer celle que le sujet choisissait de garder en mémoire. En IRM fonctionnelle, le décodage des cartes visuelles rétinotopiques permet même de transformer l'activité cérébrale en une image de ce qu'a vu le sujet – y compris le contenu de son rêve, s'il s'est endormi dans l'IRM ! Ces techniques de reconstruction nécessitent toutefois d'acquérir un grand nombre de données lourdes et spécifiques au cerveau d'une personne donnée. Le risque est donc faible qu'elles envahissent notre vie privée – mais elles seront certainement très utiles pour les patients tétraplégiques ou *locked-in* qui commencent à retrouver, grâce au décodage de leurs intentions, une forme d'autonomie et de communication avec le monde extérieur.

Séminaire – Développement du cerveau et émergence des fonctions cognitives (*Brain development and emergence of cognitive functions*)

En 2018-2019, nous avons reçu six invités spécialistes du développement cérébral et de l'évaluation des capacités cognitives des très jeunes enfants. Les bébés présentent, en effet, des compétences insoupçonnées que l'on peut mettre en évidence par des méthodes comportementales ou d'imagerie. Nous nous sommes particulièrement focalisés sur les capacités cognitives de haut niveau : apprentissage du langage, capacités de déduction logique, et représentation des pensées d'autrui.

- Steve Piantadosi : « The hypothesis of a language of thought in infancy » (7 janvier 2019) ;
- Sandy Waxman : « The acquisition of lexical concepts in infancy » (14 janvier 2019) ;

• Jessica Dubois : « L'organisation anatomique précoce du cerveau du nourrisson » 21 janvier 2019) ;

• Agnès Kovacs : « The early emergence of theory of mind in human infants » (28 janvier 2019) ;

• Luca Bonatti : « Logic and reasoning in infants » (4 février 2019) ;

• Noah Goodman : « How language structures thought » (11 février 2019).

Cours à l'extérieur – Imagerie cérébrale des fonctions cognitives : langage, conscience

Deux cours ont été donnés au Mexique, au Colegio Nacional et à l'UNAM :

• « Reading in the brain: How literacy changes us » (15 novembre 2018) ;

• « What is consciousness? Electrophysiologial signatures of consciousnees in humans and monkeys » (16 novembre 2018).

Recherche

La poursuite du projet « NeuroSyntax » financé par l'European Research Council (ERC) nous a conduits à étudier l'apprentissage de séquences qui variaient en complexité, afin de déterminer la limite entre les compétences des primates non humains et celles de l'espèce humaine, notamment dans le domaine du langage et des mathématiques. La thèse de Maxime Maheu a été consacrée au plus bas niveau : l'apprentissage de séquences fondées sur les probabilités de transitions entre items successifs (séquences markoviennes). Un modèle d'observateur optimal (bayésien) pour l'apprentissage de séquences a été ajusté aux données issues d'une expérience de MEG, ce qui a permis de montrer que différentes étapes de traitement cérébral obéissent à des règles d'apprentissage bien distinctes. Au niveau des séquences syntaxiquement plus complexes, avec des dépendances à longue distance caractéristiques des langues humaines, Yair Lakretz a finement disséqué la manière dont un réseau de neurones artificiels apprend l'accord en nombre du sujet et du verbe. Il a montré l'existence d'un mécanisme très spécifique : un tout petit nombre de neurones maintient en mémoire active le nombre (singulier ou pluriel) du sujet de la phrase, jusqu'à ce que le verbe correspondant soit identifié. Le modèle fait des prédictions comportementales et neurophysiologiques qui sont en train d'être testées sur le plan empirique, notamment par le biais de collaborations avec différents centres de neurochirurgie capables d'enregistrer des neurones uniques chez l'homme (Florian Mormann à Bonn, Itzhak Fried à Ucla et Tel Aviv).

En ce qui concerne l'analyse des mécanismes cérébraux de la conscience, de nombreux progrès ont été accomplis. La thèse de Lucie Berkovitch a montré qu'une information syntaxique minimale (la catégorie grammaticale d'un mot, son genre et son nombre) pouvait être extraite inconsciemment et utilisée pour prédire le mot suivant. La thèse de Darinka Trübutschek, quant à elle, a porté sur la démonstration expérimentale, en comportement et en MEG, d'une mémoire de travail silencieuse et non consciente (voir le cours n° 6). Enfin, les travaux de Lynn Uhrig, Bechir Jarraya et Jacobo Sitt ont appliqué ces connaissances à la détection de « signatures de la conscience » soit au cours de l'anesthésie, soit chez les patients en état végétatif ou avec d'autres troubles de la conscience.

Président du Conseil scientifique de l'Éducation nationale (CSEN), j'ai également organisé l'écriture de nombreuses synthèses de littérature scientifique utiles aux pratiques enseignantes. Le programme « EvalAide » a consisté, avec la Direction de l'évaluation, de la prospective et de la performance de l'Éducation nationale (DEPP), à créer de nouvelles évaluations nationales pour tous les élèves en début de CP, milieu de CP et début de CE1, afin d'identifier très rapidement les besoins des élèves et d'y répondre par une intervention pédagogique adaptée. Ces travaux, dont tous les textes sont disponibles gratuitement sur le site du CSEN (https://www.reseau-canope.fr/conseil-scientifique-de-leducation-nationale.html), ont également été regroupés dans un petit livre intitulé *La Science au service de l'école* (Odile Jacob, 2019).

Publications

2019

AMALRIC M. et DEHAENE S., « A distinct cortical network for mathematical knowledge in the human brain », *NeuroImage*, vol. 189, 2019, p. 19-31, https://doi.org/10.1016/j.neuroimage.2019.01.001.

BERKOVITCH L. et DEHAENE S., « Subliminal syntactic priming », *Cognitive Psychology*, vol. 109, 2019, p. 26-46, https://doi.org/10.1016/j.cogpsych.2018.12.001.

DEMERTZI A., TAGLIAZUCCHI E., DEHAENE S., DECO G., BARTTFELD P., RAIMONDO F., MARTIAL C., FERNÁNDEZ-ESPEJO D., ROHAUT B., VOSS H.U. *et al.*, « Human consciousness is supported by dynamic complex patterns of brain signal coordination ». *Science Advances*, vol. 5, nº 2, 2019, art. eaat7603, https://doi:10.1126/sciadv.aat7603.

DILLON M.R., DUYCK M., DEHAENE S., AMALRIC M., et IZARD V., « Geometric categories in cognition », *Journal of Experimental Psychology: Human Perception and Performance*, vol. 45, nº 9, 2019, p. 1236-1247, https://doi.org/10.1037/xhp0000663.

LAKRETZ Y., KRUSZEWSKI G., DESBORDES T., HUPKES D., DEHAENE S. et BARONI M., « The emergence of number and syntax units in LSTM language models », *in* : *Proceedings of the 2019 Conference of the North American Chapter of the Association for Computational Linguistics: Human Language Technologies*, vol. 1, Minneapolis, Association for Computational Linguistics, 2019, p. 11-20, http://dx.doi.org/10.18653/v1/N19-1002 [arXiv : 1903.07435v2].

LASNE G., PIAZZA M., DEHAENE S., KLEINSCHMIDT A. et EGER E., « Discriminability of numerosity-evoked fMRI activity patterns in human intra-parietal cortex reflects behavioural numerical acuity », *Cortex*, vol. 114, 2019, p. 90-101 ; version numérique : 2018, 198002, https://doi.org/10.1016/j.cortex.2018.03.008.MAHEU M., DEHAENE S. et MEYNIEL F., « Brain signatures of a multiscale process of sequence learning in humans », *Elife*, 2019, art. 8:e41541, https://doi.org/10.7554/eLife.41541.001.

MOULTON E., BOUHALI F., MONZALVO K., POUPON C., ZHANG H., DEHAENE S., DEHAENE-LAMBERTZ G. et DUBOIS J., « Connectivity between the visual word form area and the parietal lobe improves after the first year of reading instruction: A longitudinal MRI study in children », *Brain Structure and Function*, vol. 224, nº 4, 2019, p. 1519-1536, https://doi.org/10.1007/s00429-019-01855-3.

PINHEIRO-CHAGAS P., PIAZZA M. et DEHAENE S., « Decoding the processing stages of mental arithmetic with magnetoencephalography », *Cortex*, vol. 114, 2019, p. 124-139 ; version numérique : 2018, https://doi.org/10.1016/j.cortex.2018.07.018.

TRÜBUTSCHEK D., MARTI S. et DEHAENE S., « Temporal-order information can be maintained in non-conscious working memory », *Scientific Reports*, vol. 9, nº 1, 2019, art. 6484, https://doi.org/10.1038/s41598-019-42942-z.

2018

CASTALDI E., MIRASSOU A., DEHAENE S., PIAZZA M. et EGER E., « Asymmetrical interference between number and item size perception provides evidence for a domain specific impairment in dyscalculia », *PLOS one*, vol. 13, nº 12, 2018, art. e0209256, https://doi.org/10.1371/journal.pone.0209256.

CHAO Z.C., TAKAURA K., WANG L., FUJII N. et DEHAENE S., « Large-scale cortical networks for hierarchical prediction and prediction error in the primate brain », *Neuron*, vol. 100, nº 5, 2018, p. 1252-1266, art. e3, https://doi.org/10.1016/j.neuron.2018.10.004.

KOLINSKY R., MORAIS J., COHEN L. et DEHAENE S., « Les bases neurales de l'apprentissage de la lecture », *Langue française*, vol. 199, nº 3, 2018, p. 17-33, https://doi.org/10.3917/lf.199.0017.

PINHEIRO-CHAGAS P., DAITCH A., PARVIZI J. et DEHAENE S., « Brain mechanisms of arithmetic: A crucial role for ventral temporal cortex », *Journal of Cognitive Neuroscience*, vol. 30, nº 12, 2018, p. 1757-1772, https://doi.org/10.1162/jocn_a_01319.

SALVADOR A., BERKOVITCH L., VINCKIER F., COHEN L., NACCACHE L., DEHAENE S. et GAILLARD R., « Unconscious memory suppression », *Cognition*, vol. 180, 2018, p. 191-199, https://doi.org/10.1016/j.cognition.2018.06.023.

UHRIG L., SITT J.D., JACOB A., TASSERIE J., BARTTFELD P., DUPONT M., DEHAENE S. et JARRAYA B., « Resting-state dynamics as a cortical signature of anesthesia in monkeys », *Anesthesiology. The Journal of the American Society of Anesthesiologists*, vol. 129, nº 5, 2018, p. 942-958, https://doi.org/10.1097/aln.0000000000002336.

Oncologie cellulaire et moléculaire

Hugues de Thé
Membre de l'Institut (Académie des sciences),
professeur au Collège de France

Mots-clés : oncologie, oncologie cellulaire, modélisation *in vivo*

La série de cours « Thérapeutique par différenciation » est disponible, en vidéo, sur le site internet du Collège de France (http://www.college-de-france.fr/site/hugues-de-the/course-2018-2019.htm), ainsi qu'une partie du colloque « Differentiation Therapy of Cancer » (http://www.college-de-france.fr/site/hugues-de-the/symposium-2018-2019.htm) et les certaines conférences de Gerard Karsenty (https://www.college-de-france.fr/site/hugues-de-the/guestlecturer-2018-2019.htm).

Enseignement

Introduction

Une part significative de l'enseignement donné au Collège dans le cadre de la chaire cherche à mettre en exergue les liens qui existent entre la pathogénie des différentes formes de cancer et les différentes modalités de traitements. C'est ainsi que nous avions présenté les liens entre récepteurs nucléaires et traitements par anti-hormones, ou encore le rôle de P53 dans les réponses à de nombreuses thérapies.

Dans la suite du cours sur les gènes maîtres de la différenciation cellulaire, nous avons voulu présenter un état des lieux sur l'induction de la différenciation cellulaire comme stratégie thérapeutique. Cette stratégie a été historiquement développée dans les leucémies. Elle a trouvé sa consécration dans le traitement de la leucémie aiguë promyélocytaire (LAP) par l'acide rétinoïque dans les années 1990. Néanmoins, des travaux récents ont remis en question le rôle central de la différenciation cellulaire dans la guérison de cette maladie. L'arrivée de nombreuses thérapeutiques ciblées

H. de Thé, « Oncologie cellulaire et moléculaire », *Annuaire du Collège de France 2018-2019. Résumé des cours et travaux*, 119e année, Paris, Collège de France, 2022, p. 173-180, https://doi.org/10.4000/annuaire-cdf.16950.

induisant des formes variées de différenciation cellulaire dans d'autres formes de cancers a conduit à une réévaluation du rôle de celle-ci dans la réponse thérapeutique. Il est ainsi apparu que la différenciation contribuait à la réponse en diminuant – parfois très fortement – la charge tumorale, mais qu'elle n'était pas suffisante pour induire la guérison. Le cours a repris ces différents éléments, dans un contexte historique, et présenté les dernières avancées, en particulier celles tirées d'études fondamentales sur la différenciation des cellules embryonnaires. Des stratégies combinées, ciblant à la fois la différenciation et l'autorenouvellement, comme dans la LAP, commencent à émerger dans différents modèles cellulaires. Celles-ci pourraient, à terme, conduire à de nouvelles modalités de prise en charge.

Cours – Thérapeutique par différenciation

La différenciation normale

Le système des cellules sanguines (hématopoïétiques) se prête particulièrement bien à l'analyse de la différenciation cellulaire. Les cellules sont facilement accessibles dans la moelle, de très nombreuses protéines membranaires peuvent servir de marqueurs de différenciation, ces cellules peuvent être triées. Enfin, en utilisant des milieux semi-solides, on peut directement explorer les capacités clonogéniques d'une cellule donnée *ex vivo* ou *in vivo*. Ces caractéristiques ont permis de définir avec une très grande précision les différentes étapes conduisant de la cellule souche hématopoïétique, capable seule de refaire toute l'hématopoïèse la vie durant, jusqu'aux éléments les plus différenciés, comme les polynucléaires neutrophiles, qui ne vivent que quelques heures. Les cellules souches sont dotées d'autorenouvellement, mais sont en général quiescentes. Les progéniteurs engagés dans une voie de différenciation ont perdu leur multipotence, mais sont capables de prolifération très rapide. Les cellules en différenciation terminale, elles, ne se multiplient plus.

La différenciation est régulée par un petit nombre de facteurs maîtres de transcriptions auxquels le cours de l'an dernier était consacré. Ceux-ci agissent en cascades, couplés à des mécanismes d'auto-amplification ou inhibition, permettant ainsi d'amplifier et de sécuriser l'engagement dans une voie de différenciation. La différenciation s'accompagne de profondes modifications épigénétiques. Les effets réciproques entre facteurs de transcription et modulateurs épigénétiques qui leur sont physiquement liés, constituent une des bases de la différenciation normale ou pathologique. Alors que la pyramide conduisant de la cellule souche à la diversité de ces descendants était considérée comme strictement polarisée, on sait aujourd'hui que cette polarité peut être inversée. C'est le cas lors de la reprogrammation cellulaire, mais aussi dans la régénérescence normale de certains tissus. À l'extrême, la *trans*-différenciation peut transformer des types cellulaires par la sur-expression de gènes maîtres comme CEBPA ou PAX6. Les gènes impliqués dans la dédifférenciation sont des oncogènes.

Contrôle de la prolifération cellulaire

Différenciation et prolifération sont intimement liées. Certains mécanismes de transition entre progéniteurs en expansion rapide et cellules ayant atteint la différenciation terminale ont été bien étudiés. Le contrôle de la prolifération est assuré par un facteur de transcription maître appelé E2F qui contrôle l'expression de nombreux gènes impliqués dans la synthèse d'ADN et de protéines, préalable à la réplication. L'activité de ce facteur est contrôlée par des cascades biochimiques faisant appel à des kinases possédant une sous-unité catalytique et une régulatrice. Plusieurs exemples de couplages directs entre l'activité de protéines régulatrices du cycle (EF2, RB, cdk4, Cycline D1) et des facteurs maîtres de la différenciation ont été présentés.

Le modèle des ES

La régulation de la transition entre cellules souches quiescentes et progéniteurs proliférants fait appel à des mécanismes différents. Effectivement, les facteurs comme CEBPA ou Runx1 ont des effets très différents dans les progéniteurs ou les cellules souches qu'ils protègent des divisions spontanées et de l'épuisement. Les liens cycle/différenciation ont été réétudiés dans le modèle des cellules ES qui sont en prolifération très rapide. Leur différenciation peut être induite par des agents inhibant certaines voies de transduction. Dans ce modèle, des études récentes ont clairement montré un découplage des mécanismes de deux phénomènes souvent confondus : l'induction de la différenciation et la dissolution de l'autorenouvellement. L'induction de la différenciation est obtenue par la soustraction des facteurs d'autorenouvellement (TGFβ), et passe par les voies MAPK, Notch ou Wnt. L'utilisation d'un système de rapporteur fluorescent (Fucci), permettant de connaître à tout moment la phase du cycle cellulaire, a permis de démontrer que la différenciation est profondément influencée par celui-ci. L'induction de la différenciation ne va s'effectuer que lors de la très courte phase G1. Le blocage du cycle cellulaire par l'inhibition des Cdk induit une différenciation spontanée. Le choix de la différenciation vers endoderme ou le neurectoderme fait appel à une modulation de la signalisation TGFβ/Smad, par une inhibition par le complexe CDK4/6//Cycline D.

Ces mêmes travaux ont exploré l'effet réciproque : la perte de la pluripotence. Grâce à un rapporteur nanog-GFP, on peut suivre la pluripotence en cellule unique. Des cribles génétiques ont mis en évidence, de manière inattendue, des régulateurs du cycle cellulaire. De manière frappante, le blocage en phase S ou G2 par des gènes ou des agents cytotoxiques favorise le maintien de la pluripotence. La perturbation de la synthèse d'ADN renforce la pluripotence par l'activation de ATM/ATR et de P53 qui conduit à la synthèse d'agonistes TGFβ. Au total, dans les cellules ES, il existe des couplages étroits entre différenciation, pluripotence et cycle cellulaire. On comprend mieux ainsi comment des anomalies génétiques de ces deux systèmes (cycles cellulaire ou différenciation) vont modifier cet équilibre et peuvent contribuer à la transformation cellulaire de cellules très immatures comme les cellules souches. Il existe néanmoins des situations ou des cellules différenciées quiescentes sont capables, avec une stimulation appropriée, de se remettre en prolifération rapide. Les macrophages tissulaires sont des cellules post-mitotiques dérivées du sac vitellin. En réponse à une stimulation, elles sont capables de se multiplier très rapidement. Les voies de transductions font appel aux mêmes gènes d'autorenouvellement que ceux impliqués dans les ES. Ceux-ci sont transitoirement bloqués par des membres de la famille Maf.

Cibler le métabolisme ?

Ces relations entre cycle cellulaire et différenciation ont récemment connu d'intéressantes évolutions. Dans un modèle de cellules hématopoïétiques primaires immortalisées par la surexpression de HoxA9, des cribles chimiques ont permis d'identifier une famille de molécules induisant la différentiation terminale et un arrêt irréversible du cycle cellulaire dans plusieurs types de lignées dérivées de leucémies aiguës myéloïdes. L'obtention de lignées résistantes à ces agents a permis de mettre en évidence une amplification génétique d'une enzyme mitochondriale, la DHOH, qui est impliquée dans la biosynthèse des nucléotides. De fait, la supplémentation en uridine (le métabolite en aval de la DHOH) abolit les effets de ces inhibiteurs. Ceux-ci présentent des effets thérapeutiques dans des modèles animaux, démontrant l'étroite dépendance du couplage entre différenciation et cycle cellulaire dans les leucémies aiguës myéloides (LAM). Paradoxalement, dans ces maladies, les inhibiteurs de synthèse d'ADN n'induisent que rarement la différenciation. Les modes d'actions de cette famille d'inhibiteurs de la DHOH sont encore à l'étude. Néanmoins, des travaux très récents ont montré qu'ils activent P53, particulièrement durant la phase S du cycle cellulaire.

Le modèle APL : jouer sur la différenciation pour la thérapeutique ?

Bloquer le cycle cellulaire induit la différenciation dans de nombreuses formes de leucémies. Néanmoins, celle-ci est en général partielle et réversible. Cliniquement, elle ne conduit en général pas à des régressions significatives. Ceci pourrait refléter la distinction déjà faite entre différenciation et autorenouvellement dans le modèle des cellules embryonnaires. Les études sur le modèle de la leucémie aiguë promyélocytaire ont permis de formellement découpler différenciation en réponse à l'administration d'acide rétinoïque et perte de l'autorenouvellement. Schématiquement, ces travaux ont montré que la différenciation cellulaire est causée par l'activation de la transcription par PML/RARA. Elle est responsable de la diminution rapide et drastique de la charge leucémique. La disparition du clone leucémique fait appel à un mécanisme différent, fondé sur l'activation d'une voie de sénescence dépendante de P53 et PML après la dégradation de PML/RARA par les deux agents thérapeutiques (acide rétinoïque et arsenic). Ces travaux ont permis d'éclairer les mécanismes de la synergie entre acide rétinoïque et arsenic, qui activent indépendamment la sénescence PML-dépendante. La découverte de mutations de PML chez des patients ayant présentés des résistances au traitement a corroboré les conclusions tirées du modèle animal. Ainsi, différenciation et perte de l'autorenouvellement sont deux facettes, certes complémentaires, mais distinctes, de la réponse thérapeutique.

La différenciation liée à l'extinction/l'inhibition d'oncogènes

Les premières expériences montrant la réversibilité de la transformation cellulaire *in vivo* ont été réalisées par une expression inductible de l'oncogène Myc. L'expression forcée de Myc induit des proliférations rapides ayant des caractéristiques de cancers. De manière remarquable, l'extinction secondaire de l'expression de Myc induit une apoptose et une redifférenciation du tissu tumoral. Dans d'autres tissus, c'est plutôt la sénescence qui est induite. Les deux réponses (apoptose ou sénescence) sont accompagnées d'une réponse immune, dont les caractéristiques dépendent selon les modèles (cellules T pour Myc dans le foie, NK pour les lymphomes). Cette réponse immune est nécessaire pour l'élimination des cellules sénescentes. Ce modèle est néanmoins limité par l'expression à des niveaux supra-physiologiques d'un oncogène très pléiotrope, modèle qui ne reflète que très partiellement les tumeurs humaines.

Des travaux des équipes de Scott Lowe et de Hans Clever ont étendu ce concept de dépendance à l'oncogène à des tumeurs résultant d'une cancérogénèse multi-étapes.

Les anomalies du gène APC sont à l'origine de 80 % des tumeurs coliques. Les défauts d'APC conduisent à une hyperactivation de la voie Wnt, un facteur clé de l'autorenouvellement des cellules souches. Les mutations d'APC sont à l'origine des polypes bien différenciés du colon. Chez l'homme, cette anomalie princeps est suivie d'autres, en particulier la mutation de Ras et de P53. La disparition de la protéine APC de la muqueuse colique induit la prolifération cellulaire, la surexpression de Myc et conduit à une architecture anarchique de la muqueuse, associée à l'expression de marqueurs des cellules souches. De manière inattendue, la restauration de la fonction d'APC dans une tumeur colique ayant acquis des mutations de Ras et P53 suffit pour la disparition de la tumeur, celle-ci étant progressivement remplacée par une muqueuse normale différenciée. Ces expériences laissaient prévoir que les thérapeutiques ciblées devraient induire une différenciation et être accompagnées d'une régression tumorale complète. Les choses sont en fait plus compliquées, car l'inhibition de la fonction de l'oncogène n'est jamais complète. Par ailleurs, les tumeurs avancées sont souvent constituées de clones distincts. Un traitement prolongé va favoriser l'émergence de résistances.

Le modèle IDH

La méthylation des résidus de cytosine incorporés à l'ADN est une étape clé de la régulation épigénétique et de la différenciation cellulaire. L'effacement des marques de méthylation est assuré par la dioxygénase TET2, en présence de Fer, d'acéto-glutarate et d'oxygène. L'ancrage de Tet2 sur l'ADN est fait par la protéine WT1. Cette oxydation initie une cascade de réactions qui culmine avec la reformation d'une cytosine non méthylée. Dans certaines tumeurs, l'activité enzymatique de Tet2 peut être bloquée par un oncométabolite, le 2-hydroxyglutarate (2HG), créé par l'oxydation du NADPH et de l'isocitrate. Cet oncométabolite n'existe que dans les tumeurs présentant des mutations des enzymes IDH1 ou IDH2, mutations qui induisent une nouvelle activité enzymatique. Les mutations des gènes IDH à travers la production de 2HG vont induire une hyperméthylation de l'ADN et des histones, mais aussi inhiber de nombreuses di-oxygénases régulant la signalisation. L'ensemble de cette voie d'effacement des marques épigénétiques est essentiel à la transformation des leucémies aiguës myéloides : TET2, WT1 ou les enzymes IDH1 ou IDH2 sont les mutations initiatrices d'un nombre très substantiel de LAM. Les mutations des IDH sont observées dans de nombreux types de tumeurs et vont bloquer la différenciation de nombreux types cellulaires (cellules sanguines, foie, neurone, os). Dans certains modèles, ce blocage de différenciation est clairement associé à une hyperméthylation de l'ADN et des histones.

La perte ou l'inhibition de l'enzyme IDH mutée va induire une différenciation rapide, *ex vivo* ou *in vivo*. Celle-ci est précédée par la déméthylation des histones ou de l'ADN et conduit souvent à une régression tumorale. Néanmoins, plusieurs études cliniques ont montré une persistance des mutations IDH malgré la différenciation et la régression tumorale. Ainsi, les inhibiteurs chimiques des enzymes IDH1 ou IDH2 mutés conduisent à des améliorations cliniques parfois spectaculaires et à une prolongation de la survie, mais ils ne guérissent pas. Les mutations IDH sensibilisent à un certain nombre d'autres agents thérapeutiques, comme les dérivés de l'acide rétinoïque. Des essais cliniques de traitements combinés sont en cours et pourraient améliorer les résultats cliniques chez ces patients. De manière remarquable, des études menées sur des patients devenus résistant à ces inhibiteurs ont mis en évidence l'apparition de mutations croisées : mutation de IDH2 chez des patients traités par un inhibiteur IDH1 pour une mutation IDH1 première et *vice et versa*. Un autre mécanisme de résistance à ces inhibiteurs est l'apparition d'une mutation ponctuelle sur l'allèle normal, bloquant la fixation du médicament sur l'hétérodimère IDHmuté/IDHnormal. Notons les nombreux points communs entre ce modèle et celui de la LAP.

Des agents induisant la déméthylation de l'ADN (5-azacytidine, décitabine) ont une activité clinique dans les leucémies aiguës myéloides et les syndromes myélodysplasiques. Ils pourraient être particulièrement appropriés dans les syndromes associés à une hyperméthylation de l'ADN, comme ceux décrits plus haut. De manière intéressante, l'azacytidine induit la dégradation de la DNMT1, conduisant à la perte de la méthylation de maintenance lors de la réplication de l'ADN. Dans plusieurs modèles, ceci est associé à une induction de la différenciation. Néanmoins, à ce jour, il n'y a pas de corrélation entre les anomalies du système de régulation de la méthylation des cytosines (TET2, WT1, IDH) et la réponse clinique aux agents déméthylants.

La voie Hedgehog et le pouvoir des combinaisons

La voie Hedgehog joue des rôles clés dans l'embryogénèse. Elle contrôle en particulier l'autorenouvellement de certaines cellules souches et divers processus de morphogénèse. Les interférences chimiques avec son bon fonctionnement pendant l'embryogénèse peuvent conduire à la formation de monstres, comme des cyclopes. Sans entrer dans la complexité de la signalisation de cette voie, ses deux régulateurs clés (le récepteur Patched et l'activateur Smoothen) sont souvent mutés dans des cancers (baso-cellulaires, médulloblastome, rhabdomyosarcome). Ces mutations conduisent à une hyperactivité du facteur de transcription Gli, l'effecteur final de la voie. Les mutations germinales inactivatrices de Patched sont à l'origine du syndrome de Gorlin, une prédisposition aux carcinomes baso-cellulaires. La mutation de la voie Hedgehog étant initiatrice dans ce modèle, son interruption devrait avoir des conséquences cliniques majeures. Récemment, des inhibiteurs chimiques capables de bloquer l'activation de cette voie en se fixant à Smo ont été introduits en clinique pour le traitement des cancers cutanés. Ils conduisent souvent à des régressions partielles, associées à une différenciation cellulaire, plus rarement à des rémissions complètes. Les résistances acquises sont associées à des mutations sur les acteurs clés de la voie : mutation de Smo bloquant la fixation de l'inhibiteur ou activation constitutive des cibles d'aval. Une modélisation fine de la réponse thérapeutique chez l'animal par les équipes de Cédric Blanpain et Frédéric de Sauvage (tous deux présents au colloque), a permis d'éclairer les mécanismes de la réponse et de proposer des stratégies combinées. Brièvement, l'inhibition de Smo conduit à une régression des lésions accompagnée de différenciation cellulaire. Néanmoins, celle-ci s'accompagne d'une augmentation forte de la proportion de cellules tumorales ayant des caractéristiques de cellules souches qui sont dépendantes de l'activation de la voie Wnt. Le ciblage combiné des deux voies Hedghog et Wnt permet alors des régressions complètes et durables dans des modèles murins de la maladie.

L'induction de la différenciation est souvent couplée à celle de la sénescence, qui fera l'objet du cours de l'an prochain. L'élimination des cellules sénescentes est assurée par le système immunitaire. Celui-ci peut être stimulé par plusieurs inducteurs de différenciation (rétinoïdes, agents déméthylant l'ADN)…

Colloque – *Differentiation Therapy of Cancer*

Les invités à ce colloque (Laurent Degos, Ludovic Vallier, Paresh Vyas, Cédric Blanpain, Ali Bazarbachi, Frédéric de Sauvage, Guido Kroemer) ont présenté des historiques de la question (L.D.) ou leurs travaux les plus récents sur les liens entre différenciation et traitement du cancer, tant dans les modèles de leucémies que sur celui des tumeurs solides. Les aspects fondamentaux de modélisation *in vivo* ou *ex vivo*, comme les données d'essais cliniques, ont été présentés. Ce colloque a permis de mettre en exergue l'actualité renouvelée de ce concept qui était un peu tombé en désuétude après l'explosion des années 1990.

Cours à l'extérieur – Régulation de l'expression génétique et transformation cellulaire

Ces deux cours, destinés aux étudiants de l'université Saint-Joseph de Beyrouth dans le cadre des accords internationaux du Collège de France, ont eu lieu en mars 2019. Ils permettent de maintenir la tradition francophone dans une des universités phares du Moyen-Orient. Ces deux cours ont présenté des notions générales actuelles sur les fondements moléculaires de la cancérogénèse, avec une emphase particulière sur le rôle de la régulation de l'expression génétique, en prenant comme modèle P53 et les récepteurs nucléaires.

Recherche

La leucémie aiguë promyélocytaire (LAP) est déclenchée par une translocation chromosomique qui conduit à la formation d'une protéine de fusion PML/RARA, nécessaire et suffisante pour la transformation leucémique. Deux agents thérapeutiques, l'acide rétinoïque et l'arsenic, induisent la destruction de PML/RARA par le protéasome. La disparition de l'oncogène maître permet la différenciation et la sénescence, à travers l'activation de PML. L'analyse de patients historiques résistants au traitement a mis en évidence des mutations de l'*allèle normal* de PML, démontrant formellement l'implication de PML dans la réponse.

Dans des travaux publiés cette année, nous avons pu montrer que la présence d'une mutation activatrice du gène FLT3 bloque en partie la réponse à l'acide rétinoïque dans des modèles *in vivo* de la maladie. Cette mutation est assez fréquente chez les patients (jusqu'à 40 % d'entre eux) et avait été associée à un pronostic défavorable avec certains protocoles combinant acide rétinoïque et chimiothérapie. Dans nos modèles murins, cette mutation est associée à une moindre dégradation de PML/RARA. De manière remarquable, le traitement par l'arsenic permet l'éradication de la maladie, aussi bien dans les modèles animaux que chez les patients, pour lesquels plusieurs essais cliniques ont démontré que les traitements combinés acide rétinoïque/arsenic effaçaient complètement le pronostic défavorable associé à la mutation FLT3. Ces travaux soulignent à nouveau le rôle de l'arsenic dans le ciblage direct de PML/RARA et PML et mettent en exergue la relevance des modèles *in vivo* pour la prédiction de la réponse chez les patients.

L'équipe a beaucoup investi dans l'étude des fonctions des corps nucléaire PML *in vivo*. Des efforts importants d'analyses *in vivo* par protéomique des modifications post-traductionnelles par conjugaison à SUMO et de leurs relations avec PML ont été entrepris. Elles soutiennent l'idée que l'assemblage des corps nucléaires PML en réponse au stress (en particulier au stress oxydant) a un rôle de facilitation de sumoylation pour une classe de protéines impliquées dans la réponse au stress. Ces travaux apportent des éclairages nouveaux sur la biologie cellulaire des corps nucléaires PML, comme sur leur rôle physiologique. D'autres travaux, qui viennent d'être soutenus par un contrat de l'ERC, cherchent à comprendre les mécanismes moléculaires impliqués dans la sénescence PML-dépendante et à identifier des situations pathologiques où, comme dans la LAP, l'activation des corps PML pourrait avoir un bénéfice thérapeutique. À ce titre, des travaux collaboratifs avec une équipe de Curie ont impliqué PML dans la réponse à la chimiothérapie dans les cancers de l'ovaire. Enfin, dans des travaux en cours de rédaction, nous avons pu montrer que l'oncoprotéine NPM1c, présente dans près d'un tiers des LAM, interfère avec la formation des corps PML. Le traitement par l'Actinomycine D induit la reformation de ceux-ci, s'il est accompagné par l'activation de P53 et la sénescence. Cet agent est capable d'induire des rémissions cliniques prolongées chez des patients présentant des LAM résistantes aux traitements conventionnels. Le mécanisme de la réponse thérapeutique ressemble étrangement à celui des LAP, suggérant qu'il puisse exister une voie finale commune de la guérison à plusieurs types de traitement des LAM.

Publications

Yuan H., Gao S., Chen H., Liu X., Zhou J., de Thé H. et, « Primitive macrophages are dispensable for HSPC mobilization and definitive hematopoiesis », *Blood*, vol. 134, nº 9, 2019, p. 782-784, https://doi.org/10.1182/blood.2018893974.

Yang R.M., Tao J., Zhan M., Yuan H., Wang H.H., Chen S.J., Zhu C., de Thé H., Zhou J., Guo Y. et Zhu J., « TAMM41 is required for heart valve differentiation via regulation of PINK-PARK2 dependent mitophagy », *Cell Death Differ*, vol. 26, 2019, p. 2430-2446, https://doi.org/10.1038/s41418-019-0311-z.

Wang L., Gao S., Wang H., Xue C., Liu X., Yuan H., Wang Z., Chen S., Chen Z., de Thé H., Zhang Y., Zhang W., Zhu J. et Zhou J., « Interferon regulatory factor 2 binding protein 2b regulates neutrophil versus macrophage fate during zebrafish definitive myelopoiesis », *Haematologica*, vol. 105, nº 2, 2019, p. 325-337, https://dx.doi.org/10.3324%2Fhaematol.2019.217596.

Gentric G., Kieffer Y., Mieulet V., Goundiam O., Bonneau C., Nemati F., Hurbain I., Raposo G., Popova T., Stern M.H., Lallemand-Breitenbach V., Muller S., Caneque T., Rodriguez R., Vincent-Salomon A., de Thé H., Rossignol R. et Mechta-Grigoriou F., « PML-regulated mitochondrial metabolism enhances chemosensitivity in human ovarian cancers », *Cell Metab*, vol. 29, nº 1, 2019, p. 156-173, e10, https://doi.org/10.1016/j.cmet.2018.09.002.

Esnault C., Rahme R., Rice K.L., Berthier C., Gaillard C., Quentin S., Maubert A.L., Kogan S. et de Thé H., « *FLT3*-ITD impedes retinoic acid, but not arsenic, responses in murine acute promyelocytic leukemias », *Blood*, vol. 133, nº 13, 2019, p. 1496-1506, https://doi.org/10.1182/blood-2018-07-866095.

Gachet S., El-Chaar T., Avran D., Genesca E., Catez F., Quentin S., Delord M., Therizols G., Briot D., Meunier G., Hernandez L., Pla M., Smits W.K., Buijs-Gladdines J.G., Van Loocke W., Menschaert G., Andre-Schmutz I., Taghon T., Van Vlierberghe P., Meijerink J.P., Baruchel A., Dombret H., Clappier E., Diaz J.J., Gazin C., de Thé H., Sigaux F. et Soulier J., « Deletion 6q drives T-cell leukemia progression by ribosome modulation », *Cancer Discovery*, vol. 8, nº 12, 2018, p. 1614-1631, https://doi.org/10.1158/2159-8290.CD-17-0831.

Médecine expérimentale

Alain Fischer
Membre de l'Institut (Académie des sciences),
professeur au Collège de France

Mots-clés : immunologie, génétique, inflammation

La série de cours et séminaires « Inflammation et médecine moléculaire » est disponible, en audio et vidéo, sur le site internet du Collège de France (https://www.college-de-france.fr/site/alain-fischer/course-2018-2019.htm).

Enseignement

Cours et séminaires – Inflammation et médecine moléculaire

Introduction

Au cours des années récentes a été mise en évidence l'implication des processus inflammatoires dans un grand nombre de pathologies génétiques : maladies auto-inflammatoires ou pour l'essentiel acquises comme les maladies athéromateuses, les maladies inflammatoires chroniques de l'intestin, mais aussi les pathologies histiocytaires, l'asthme et les polyarthrites. L'inflammation apparaît donc comme un effecteur de nombreuses maladies. Derrière ce terme se dissimulent des cellules, des voies moléculaires et des réponses effectrices multiples dont la connaissance fondamentale est essentielle à la compréhension de la physiopathologie des pathologies sus-citées. Le premier cours de cette série fait le point des connaissances sur « l'inflammation ». Les cinq suivants abordent spécifiquement les principales pathologies de l'inflammation.

A. Fischer, « Médecine expérimentale », *Annuaire du Collège de France 2018-2019. Résumé des cours et travaux*, 119e année, Paris, Collège de France, 2022, p. 181-191, https://doi.org/10.4000/annuaire-cdf.16967.

Cours 1 – L'inflammation

Le cours a présenté l'intervention bénéfique des processus inflammatoires en réponse à des agressions infectieuses ou d'autres natures. Il a été rappelé quelles étaient les principales familles de molécules (« capteurs ») capables d'induire de telles réponses. Ont été successivement évoqués les rôles respectifs des polynucléaires neutrophiles et des monocytes/macrophages. Les premières, cellules mobiles, exercent en particulier une action proinflammatoire par la projection de filaments d'ADN recouverts de protéines effectrices appelées NET (*neutrophil extra cellular trap*) dont l'importance a été mieux comprise ces dernières années. L'implication des polynucléaires dans l'étape cruciale de résolution de l'inflammation et les mécanismes mis en jeu ont été présentés et discutés. Dans une période récente a été identifiée l'hétérogénéité des populations de monocytes tant en terme d'ontogénèse (pour certains comme les composants de la microglie cérébrale pendant la vie embryonnaire ou fœtale) que de fonctions. Les mécanismes responsables de la mobilisation et de l'activation des diverses populations de monocytes ont été discutés. La fonction d'une entité macromoléculaire : l'inflammasome, pièce essentielle de l'induction de réponse inflammatoire – en particulier la production de la cytokine IL-1 – a été mise en exergue. L'inflammation n'est pas un concept « statique ». Ainsi, il a été récemment démontré qu'une première activation par des molécules d'origine microbienne induit un état de préactivation des cellules monocytaires par modification métabolique et épigénétique des précurseurs hématopoïétiques. Cette forme de « mémoire » de l'inflammation est susceptible de participer au développement de pathologies inflammatoires chroniques. Enfin, le cours a analysé l'état des connaissances des mécanismes de résolution de l'inflammation dont on soupçonne que des défauts contribuent également aux pathologies inflammatoires chroniques.

Séminaire 1 – *The macrophage and cellular harmony*

Michael Sieweke, directeur de recherche (CIML, Marseille Luminy), le 1er avril 2019

Michael Sieweke a décrit ses travaux concernant l'homéostasie des états d'activation des diverses populations monocytaires et macrophagiques.

Cours 2 – Les maladies auto-inflammatoires (MAI)

La quintessence de l'inflammation chronique consiste en une série de maladies héréditaires rares caractérisées par la mise en jeu pathologique, parfois permanente, de telle ou telle voie inflammatoire. Leur étude a permis de déterminer le mécanisme précis de beaucoup d'entre elles, permis l'élaboration de thérapies ciblées et efficaces et contribue à mieux comprendre (par excès) la physiologie des réponses inflammatoires. Dans ce cours ont été présentées les principales pathologies associées soit à une production excessive d'IL-1, soit d'interféron de type I, soit encore de multiples cytokines. Les premières correspondent à des « inflammasomopathies », en référence au dérèglement de l'action des inflammasomes (cf. cours n° 1) en particulier de NLRP3. Les fonctions des molécules modifiées : pyrine au cours de la maladie périodique, mévalonate kinase au cours du syndrome hyper IgD, PSTP1 au cours du syndrome « PAPA » ou encore du récepteur au TNF de type 1 ont été décrites, ainsi que leurs anomalies et leurs conséquences. Le développement de traitement par neutralisation de l'IL-1 à l'aide de biothérapies constitue un progrès déterminant dans le contrôle de ces redoutables pathologies inflammatoires chroniques.

Les « interferonopathies » consistent en un second groupe de MAI caractérisées par une production excessive d'un second médiateur majeur de l'inflammation : les interférons de type I, dont l'action physiologique concerne le contrôle des infections virales. Par de multiples mécanismes (une vingtaine connue à ce jour), la production des interférons est dérégulée et provoque des pathologies sévères, d'encéphalopathies prénatales (syndrome d'Aicardi-Goutières) à des maladies auto-immunes de type lupique. Les stratégies thérapeutiques nouvelles, notamment l'inhibition de l'action des interférons par les inhibiteurs de kinase (JAK kinase 1 et 2) impliqués dans la signalisation intracellulaire ont été présentées.

Enfin a été discuté le lien possible entre ces modèles et des pathologies inflammatoires plus courantes comme la goutte, l'athérome (cf. cours 3) et peut être les maladies neurodégénératives.

Séminaire 2 – Les interféronopathies mendeliennes : de l'auto-inflammation à l'auto-immunité

Brigitte Bader Meunier, praticien hospitalier (Hôpital Necker Enfants malades, Paris), le 8 avril 2019

Brigitte Bader Meunier a discuté ses travaux sur les liens possibles entre auto-inflammation et auto-immunité induits par les interférons de type I et résumé l'avancée des données thérapeutiques récemment obtenues pour ce groupe de maladies.

Cours 3 – Inflammation et athérome

Les accidents vasculaires cardiaques et cérébraux représentent une des deux premières causes de décès. La place de l'inflammation dans la lésion de base des vaisseaux : la plaque athéromateuse est aujourd'hui bien connue. Les mécanismes de sa formation, de sa rupture – source des accidents vasculaires – ou au contraire de son contrôle, voire sa résolution, sont complexes et encore mal connus. Le cours a fait le point des connaissances et des questions actuelles. Le rôle respectif de l'activation par les lipoprotéines riches en cholestérol des cellules endothéliales, puis des plaquettes, des polynucléaires neutrophiles, des mastocytes et des lymphocytes T et B a été décrit. En particulier, l'accumulation par infiltration de la paroi vasculaire et prolifération *in situ* de macrophages pro-inflammatoires est un élément essentiel de la genèse et de la persistance des lésions athéromateuses. Ces macrophages sont déficients dans la fonction d'élimination non inflammatoire de cellules mortes par le mécanisme d'efferocytose. L'activation des macrophages par les phospholipides oxydés pourrait rendre compte de cette situation. Les mécanismes physiologiques par lesquels une résolution de la plaque athéromateuse peut être mise en jeu ont également été discutés, mettant en exergue l'hétérogénéité et les différents états fonctionnels des macrophages présents dans les lésions, bien mis en évidence par les analyses unicellulaires de profil d'expression de mRNA et de protéines.

Dans la période récente a été décrite l'observation surprenante d'un lien entre risque de maladie athéromateuse et anomalie clonale acquise de l'hématopoïèse. Ces mutations confèrent aux cellules sanguines qui les portent – notamment les macrophages – un avantage sélectif, leur recrutement dans les lésions athéromateuses et leur action pro-inflammatoire sont plus puissantes que celle des cellules non mutées.

Sur le plan thérapeutique, les progrès dans la connaissance des mécanismes de l'inflammation dans la pathologie athéromateuse ont conduit au développement de nouvelles stratégies – dont la neutralisation de l'IL-1 en cours d'évaluation.

Séminaire 3 – Mécanismes immunitaires de la maladie athéromateuse : implications thérapeutiques

Zia Mallat, professeur à l'université de Cambridge/Hôpital européen Georges Pompidou – PARCC, Paris), le 15 avril 2019

Ziad Mallat a retracé ses travaux de recherche fondés sur l'analyse de l'athérome dans des modèles murins dont tel ou tel gène impliqué dans les fonctions inflammatoires est muté. Il a montré comment ses travaux ont conduit à la mise en place d'essais thérapeutiques actuellement en cours consistant notamment en l'utilisation de lymphocytes T régulateurs à visée anti-inflammatoire pour freiner l'athérome.

Cours 4 – Les histiocytoses

Les histiocytoses constituent un ensemble de pathologies caractérisées par l'accumulation pathologique de monocytes et/ou de cellules dendritiques. En particulier, la maladie la mieux décrite consiste en l'histiocytose langerhansienne – associée à l'accumulation d'une catégorie particulière de cellules dendritiques d'origine en partie embryonnaire : les cellules de Langerhans. Cette maladie a fait l'objet de découvertes récentes dans la compréhension de sa physiopathologie. Ces données ont été décrites dans le cours et le séminaire qui a suivi. L'histiocytose langerhansienne (LCH) est de sévérité variable – de lésion localisée – à des atteintes multiviscérales et une forme particulière cérébrale dont le pronostic est beaucoup plus sévère.

L'avancée majeure consiste en l'identification de mutations somatiques de certains gènes présentes dans les cellules de Langerhans au cours de la LCH. Ces mutations ont pour caractéristique de concerner des molécules d'une même voie, dites des MAP kinases impliquées de façon générale dans l'activation cellulaire. Ces mutations, dont la plus fréquence qui affecte « BRAF », sont toutes gain de fonction, c'est à dire activatrices de la voie des MAP kinases. Pour conséquence, les cellules pathologiques – de fait malignes – ont un avantage de survie, mais ne différencient et ne migrent pas normalement. De ce fait, elles s'accumulent au niveau des tissus lésés (peau, foie, os…). Il est probable que la sévérité de l'atteinte dépend de la nature de la cellule cible de la mutation. Plus précocement intervient celle-ci dans les étapes de différenciation des cellules de Langerhans, plus sévère est la pathologie, car un plus grand nombre de cellules présentes dans différents tissus est affecté. Il a même été possible de reproduire l'atteinte neurologique de la LCH par introduction de l'une de ces mutations dans une cellule souche hématopoïétique embryonnaire qui donne naissance aux cellules de la microglie (cf. cours 1). Ainsi, cette maladie est sans doute parfois secondaire à un événement pathologique survenu pendant l'embryogénèse ! Cette meilleure connaissance de la physiopathologie de la LCH a pour heureuse conséquence l'emploi de médicaments inhibiteurs des molécules mutées et ainsi de la voie des MAP kinases dans le traitement de la LCH et de maladies apparentées.

Séminaire 4 – Histyocytoses systématiques : le criblage moléculaire comme outil conceptuel et thérapeutique

Julien Haroche, PU-PH (université Pierre et Marie Curie/Hôpital de la Pitié Salpêtrière, Paris), le 6 avril 2019

Julien Haroche a montré comment la découverte des anomalies de la voie de MAP kinases a bouleversé la compréhension de la physiopathologie de la LCH et d'une maladie apparentée : le syndrome d'Erdheim-Chester. Il a fait le point des résultats très encourageants du traitement de ces affections par inhibiteurs de la voie des MAP kinases.

Cours 5 – L'asthme

L'asthme est une pathologie fréquente provoquée par une obstruction intermittente des bronches. Il s'agit d'un syndrome aux étiologies multiples, mais dominées par le rôle d'une réaction allergique. L'incidence de l'asthme a considérablement augmenté au cours de la seconde moitié du XXe siècle. L'asthme allergique met en jeu la polarisation de lymphocytes T CD4 de type « TH2 ». Ces cellules produisent des cytokines : IL-4, IL-5 ; IL-13, notamment qui recrutent et activent les éosinophiles et induisent la production d'anticorps d'isotype IgE responsables du relargage de médiateurs bronchonstricteurs par les mastocytes, les basophiles et les éosinophiles. Les caractéristiques des cellules dendritiques placées au contact de l'épithélium bronchique et de la lumière où se trouvent les antigènes initiateurs jouent également un rôle clé sous l'effet d'alarmines excrétées par les cellules épithéliales stimulées. De plus, l'activation de cellules spécialisées de l'épithélium respiratoire par l'IL-5 et l'IL-13 provoque une sécrétion excessive de mucus qui obstrue les voies bronchiques. D'autres cytokines (ECP, MCP) libérées par les éosinophiles contribuent à la fibrose sous-épithéliale et l'épaississement de la membrane basale qui participent au caractère chronique de la bronchoconstriction. À côté des TH2 les cellules lymphoïdes innées de type 2 contribuent ainsi à cette physiopathologie.

Une avancée récente concerne la caractérisation des allergènes. Ceux-ci pourraient agir par leur propriété protéasique capable d'activer les alarmines (cf. *supra*). À côté de notions connues sur les facteurs de risque génétique, le rôle de l'environnement a été clairement mis en évidence par des études épidémiologiques de cohortes d'enfants. Il est apparu que les enfants élevés pendant les cinq premières années de leur vie dans des fermes en cohabitation avec des animaux et soumis à de nombreuses stimulations antigéniques issues de l'environnement microbien avaient un risque moindre de développement d'allergie et d'asthme en particulier. Ce phénomène suggère une organisation précoce des réponses immunes liées aux conditions d'activation de l'immunité innée au niveau de l'arbre respiratoire. Cette découverte est susceptible d'application en matière de mesure de prévention. Dans ce contexte, les infections respiratoires virales précoces sont également un facteur de risque.

Toutes ces données ont conduit au développement de nouvelles thérapeutiques de l'asthme chronique et sévère reposant sur l'emploi de bioréactifs inhibiteurs des cytokines dont le rôle pathologique est avéré : IL-4, IL-5, IL-13 en plus des IgE. Les résultats obtenus sont probants mais encore loin de pouvoir parfaitement contrôler cette maladie invalidante. D'autres pistes (neutralisation des alarmines, …) sont également évaluées.

Séminaire 5 – *Spontaneous protein crystallization as a drug target in type 2 immunity*

NoBart Lambrecht, professeur (VIB-UGent Center for Inflammation Research, Ghent, Belgique), le 13 mai 2019

Le professeur Lambrecht n'a pu se déplacer et le séminaire a été annulé. Le contenu de son séminaire peut être retrouvé par la lecture des articles suivants :

– Lambrecht B.N. et Hammad H., « The immunology of the allergy epidemic and the hygiene hypothesis », *Nature Immunology*, vol. 18, 2017, p. 1076-1083, https://doi.org/10.1038/ni.3829 ;

– Persson E.K. *et al.*, « Protein crystallization promotes type 2 immunity and is reversible by antibody treatment », *Science*, vol. 364, n° 6442, 2019, aaw4295, https://doi.org/10.1126/science.aaw4295.

Cours 6 – Inflammation et intestin

Les maladies inflammatoires chroniques de l'intestin : maladie de Crohn (CD) et rectocolite hémorragique (RCH) affectent plus d'une personne sur mille. Leur étiologie est multifactorielle, incluant facteurs génétiques et environnementaux. De nombreux facteurs de risque génétique à faible impact individuel ont été identifiés, mais, seuls, ils ne rendent compte que d'une faible part du risque. Leur analyse contribue néanmoins à comprendre la physiologie de ces effecteurs et l'implication des voies de signalisation des cytokines comme le TNF, l'IL-12 et l'IL-23. Les études associées du profil d'expression génique effectuées sur des biopsies intestinales montrent l'implication de certaines voies métaboliques (CD) ou de biologie de la matrice extracellulaire (RCH). Le facteur environnemental principal concerne les variations de la flore intestinale, dont la diversité et la composition sont fortement perturbées au cours des pathologies inflammatoires chroniques de l'intestin. La flore est pauvre en bactéries qui produisent les molécules anti-inflammatoires – comme certains acides gras à courte chaîne – et, *a contrario*, riches en bactéries productrices de produits pro-inflammatoires.

Au cours de la RCH, s'y ajoutent des défauts quantitatifs et qualitatifs de la synthèse des mucines constituantes du mucus protecteur de l'épithélium intestinal qui est, de ce fait, lésé. Cela conduit à une perméabilité accrue de la barrière intestinale aux produits bactériens qui promeuvent l'inflammation. Au cours de la CD, il semble exister un défaut de clairance bactérienne intracellulaire, notamment par déficit de l'autophagie qui favorise la production de cytokines pro-inflammatoires comme l'IL-1, l'IL-23 et le TNF, dont il résulte aussi une réponse immune T pathologique de type TH17 dirigée contre les antigènes du microbiote. Celle-ci contribue aux lésions de l'intestin par la constitution de granulomes. Ces informations ont permis de développer de nouvelles thérapeutiques fondées sur la neutralisation de cytokines pro-inflammatoires – en premier lieu, le TNF, mais aussi anti-IL-12/IL-23. Le blocage de la migration de lymphocytes vers la muqueuse intestinale par inhibition de la molécule d'adhésion $\alpha4\beta7$ apporte une alternative intéressante. D'autres pistes thérapeutiques dont la transplantation de flore intestinale sont à l'étude. Cependant, à ce jour, il n'existe pas de traitement curatif disponible.

Séminaire 6 – Microbiote et maladies inflammatoires chroniques de l'intestin

Harry Sokol, PU-PH (Paris Sorbonne Université/Hôpital Saint Louis, Paris), le 20 mai 2019

Harry Sokol a présenté ses résultats de recherche concernant l'analyse du microbiote au cours des maladies inflammatoires de l'intestin et sa contribution à la physiopathologie et discuté les pistes de l'intervention thérapeutique envisageables.

Recherche

Au cours de cette année, nous avons poursuivi la caractérisation d'anomalies génétiques responsables de déficiences du système immunitaire. Ces travaux comprennent :

1) l'identification de mutation dominante à effet négatif du gène IKZF1 codant pour le facteur de transcription IKAROS, dont les conséquences affectent de multiples fonctions des lymphocytes T, B, mais aussi des cellules dendritiques et des cellules myéloïdes en général ;

2) le déficit de la molécule AHRGEF1 impliquée dans la mobilité des lymphocytes B, responsable d'un défaut de production d'anticorps ;

3) l'identification précise du rôle de la molécule TTC7A dans l'organisation de la chromatine nucléaire et la mise en évidence de sa fonction dans les étapes précoces de l'hématopoïèse ;

4) l'identification de mutations perte de fonction de TIM3, une molécule membranaire impliquée dans la régulation de l'activation des monocytes et des lymphocytes T. De façon surprenante, ce déficit se traduit par une infiltration de lymphocytes T CD8 monoclonaux dans le tissu adipeux, responsable d'une panniculite.

Par une étude du microbiote intestinal dans trois pathologies héréditaires responsables de maladies inflammatoires du tube digestif, nous avons montré i) leur anomalie : diversité moindre, ii) le fait que cette dysbiose était propre à chaque pathologie, et iii) dépendait aussi de l'activité inflammatoire de la maladie.

Une étude systématique du registre français des déficits immunitaires héréditaires (DIH) nous a permis de faire un état des lieux de la fraction de patients pour lesquels un diagnostic génétique a été obtenu (de l'ordre de 40 %) et discuté des pistes de progrès. Nous avons participé à l'évaluation de l'efficacité clinique des allogreffes de cellules souches hématopoïétiques effectuée pour le déficit en CD40L et à l'étude des proliférations des lymphocytes B dépendantes du virus d'Epstein-Barr au cours du syndrome de Wiskott Aldrich. Enfin, l'étude du répertoire des lymphocytes T de patients atteints de déficits immunitaires combinés sévères liés à l'X, traités par transfert génique, a montré le caractère diversifié de ce répertoire. La comparaison avec l'analyse du nombre de clones transduits par le vecteur rétroviral utilisé indique que les précurseurs lymphocytaires se sont divisés *in vivo* au moins une dizaine de fois avant le stade du réarrangement du locus TCRB, l'étape de diversification des T au cours du développement thymique. Ces résultats montrent que les précurseurs des lymphocytes T corrigés par thérapie génique bénéficient d'une puissante capacité d'expansion qui rend compte de l'efficacité de cette stratégie thérapeutique pour cette pathologie.

PUBLICATIONS

BOLZE A., BOISSON B., BOSCH B., ANTIPENKO A., BOUAZIZ M., SACKSTEIN P., CHAKER-MARGOT M., BARLOGIS V., BRIGGS T., COLINO E., ELMORE A.C., FISCHER A., GENEL F., HEWLETT A., JEDIDI M., KELECIC J., KRÜGER R., KU C.-L., KUMARARATNE D., LEFEVRE-UTILE A., LOUGHLIN S., MAHLAOUI N., MARKUS S., GARCIA J.-M., NIZON M., OLEASTRO M., PAC M., PICARD C., POLLARD A.J., RODRIGUEZ-GALLEGO C., THOMAS C., BERNUTH H.V., WORTH A., MEYTS I., RISOLINO M., SELLERI L., PUEL A., KLINGE S., ABEL L. et CASANOVA J.-L., « Incomplete penetrance for isolated congenital asplenia in humans with mutations in translated and untranslated RPSA exons », *Proceedings of the National Academy of Sciences of the United States of America*, vol. 115, n° 34, 2018, p. E8007-E8016, https://doi.org/10.1073/pnas.1805437115.

BOUTBOUL D., KUEHN H.S., WYNGAERT Z.V. de, NIEMELA J.E., CALLEBAUT I., STODDARD J., LENOIR C., BARLOGIS V., FARNARIER C., VELY F., YOSHIDA N., KOJIMA S., KANEGANE H., HOSHINO A., HAUCK F., LHERMITTE L., ASNAFI V., ROEHRS P., CHEN S., VERBSKY J.W., CALVO K.R., HUSAMI A., ZHANG K., ROBERTS J., AMROL D., SLEASEMAN J., HSU A.P., HOLLAND S.M., MARSH R., FISCHER A., FLEISHER T.A., PICARD C., LATOUR S. et ROSENZWEIG S.D., « Dominant-negative *IKZF1* mutations cause a T, B, and myeloid cell combined immunodeficiency », *The Journal of Clinical Investigation*, vol. 128, n° 7, 2018, p. 3071-3087, https://doi.org/10.1172/JCI98164.

CHARBIT-HENRION F., PARLATO M., HANEIN S., DUCLAUX-LORAS R., NOWAK J., BEGUE B., RAKOTOBE S., BRUNEAU J., FOURRAGE C., ALIBEU O., RIEUX-LAUCAT F., LÉVY E., STOLZENBERG M.-C., MAZEROLLES F., LATOUR S., LENOIR C., FISCHER A., PICARD C., ALOI M., AMIL DIAS J., BEN HARIZ M., BOURRIER A., BREUER C., BRETON A., BRONSKI J., BUDERUS S., CANANZI M., COOPMAN S., CRÉMILLEUX C., DABADIE A., DUMANT-FOREST C., EGRITAS GURKAN O., FABRE A., FISCHER A., GERMAN DIAZ M., GONZALEZ-LAMA Y., GOULET O., GUARISO G., GURCAN N., HOMAN M., HUGOT J.-P., JEZIORSKI E., KARANIKA E., LACHAUX A., LEWINDON P., LIMA R., MAGRO F., MAJOR J., MALAMUT G., MAS E., MATTYUS I., MEARIN L.M., MELEK J., NAVAS-LOPEZ V.M., PAERREGAARD A., PELATAN C., PIGNEUR B., PINTO PAIS I., REBEUH J., ROMANO C., SIALA N., STRISCIUGLIO C., TEMPIA-CALIERA M., TOUNIAN P., TURNER D., URBONAS V., WILLOT S., RUEMMELE F.M. et CERF-BENSUSSAN N., « Diagnostic yield of next-generation sequencing in very early-onset inflammatory bowel diseases: A multicenter study », *Journal of Crohn's and Colitis*, vol. 12, n° 9, 2018, p. 1104-1112, https://doi.org/10.1093/ecco-jcc/jjy068.

CLARKE E.L., CONNELL A.J., SIX E., KADRY N.A., ABBAS A.A., HWANG Y., EVERETT J.K., HOFSTAEDTER C.E., MARSH R., ARMANT M., KELSEN J., NOTARANGELO L.D., COLLMAN R.G., HACEIN-BEY-ABINA S., KOHN D.B., CAVAZZANA M., FISCHER A., WILLIAMS D.A., PAI S.-Y. et BUSHMAN F.D., « T cell dynamics and response of the microbiota after gene therapy to treat X-linked severe combined immunodeficiency », *Genome Medicine*, vol. 10, n° 1, 2018, p. 70, https://doi.org/10.1186/s13073-018-0580-z.

EL-DAHER M.-T., CAGNARD N., GIL M., CRUZ M.C.D., LEVEAU C., SEPULVEDA F., ZARHRATE M., TORES F., LEGOIX P., BAULANDE S., VILLARTAY J.P. de, ALMOUZNI G., QUIVY J.-P., FISCHER A. et BASILE G. de S., « Tetratricopeptide repeat domain 7A is a nuclear factor that modulates transcription and chromatin structure », *Cell Discovery*, vol. 4, n° 1, 2018, p. 61, https://doi.org/10.1038/s41421-018-0061-y.

FISCHER A., « La médecine face à la nature, un combat acceptable? », *in* P. DESCOLA (dir.), *Les Natures en question*, Paris, Odile Jacob/Collège de France, coll. « Colloque annuel du Collège de France », vol. 2017, 2018, p. 285-304.

GAYDEN T., SEPULVEDA F.E., KHUONG-QUANG D.-A., PRATT J., VALERA E.T., GARRIGUE A., KELSO S., SICHERI F., MIKAEL L.G., HAMEL N., BAJIC A., DALI R., DESHMUKH S., DERVOVIC D., SCHRAMEK D., GUERIN F., TAIPALE M., NIKBAKHT H., MAJEWSKI J., MOSHOUS D., CHARLEBOIS J., ABISH S., BOLE-FEYSOT C., NITSCHKE P., BADER-MEUNIER B.,

MITCHELL D., THIEBLEMONT C., BATTISTELLA M., GRAVEL S., NGUYEN V.-H., CONYERS R., DIANA J.-S., MCCORMACK C., PRINCE H.M., BESNARD M., BLANCHE S., EKERT P.G., FRAITAG S., FOULKES W.D., FISCHER A., NEVEN B., MICHONNEAU D., BASILE G. de S. et JABADO N., « Germline HAVCR2 mutations altering TIM-3 characterize subcutaneous panniculitis-like T cell lymphomas with hemophagocytic lymphohistiocytic syndrome », *Nature Genetics*, vol. 50, nº 12, 2018, p. 1650-1657, https://doi.org/10.1038/s41588-018-0251-4.

MAO H., YANG W., LATOUR S., YANG J., WINTER S., ZHENG J., NI K., LV M., LIU C., HUANG H., CHAN K.-W., PUI-WAH LEE P., TU W., FISCHER A. et LAU Y.-L., « RASGRP1 mutation in autoimmune lymphoproliferative syndrome-like disease », *The Journal of Allergy and Clinical Immunology*, vol. 142, nº 2, 2018, p. 595-604.e16, https://doi.org/10.1016/j.jaci.2017.10.026.

VIVIER E., VÉLY F. et FISCHER A., « Reply to "Comment on: Evidence of innate lymphoid cell redundancy in humans" », *Nature Immunology*, vol. 19, nº 8, 2018, p. 789-790, https://doi.org/10.1038/s41590-018-0165-4.

BERLAND A., ROSAIN J., KALTENBACH S., ALLAIN V., MAHLAOUI N., MELKI I., FIEVET A., DUBOIS D'ENGHIEN C., OUACHÉE-CHARDIN M., PERRIN L., AUGER N., CIPE F.E., FINOCCHI A., DOGU F., SUAREZ F., MOSHOUS D., LEBLANC T., BELOT A., FIESCHI C., BOUTBOUL D., MALPHETTES M., GALICIER L., OKSENHENDLER E., BLANCHE S., FISCHER A., REVY P., STOPPA-LYONNET D., PICARD C. et DE VILLARTAY J.-P., « PROMIDISα : A T-cell receptor α signature associated with immunodeficiencies caused by V(D)J recombination defects », *Journal of Allergy and Clinical Immunology*, vol. 143, nº 1, 2019, p. 325-334.e2, https://doi.org/10.1016/j.jaci.2018.05.028.

BOUAFIA A., LOFEK S., BRUNEAU J., CHENTOUT L., LAMRINI H., TRINQUAND A., DEAU M.-C., HEURTIER L., MEIGNIN V., PICARD C., MACINTYRE E., ALIBEU O., BRAS M., MOLINA T.J., CAVAZZANA M., ANDRÉ-SCHMUTZ I., DURANDY A., FISCHER A., OKSENHENDLER E. et KRACKER S., « Loss of ARHGEF1 causes a human primary antibody deficiency », *The Journal of Clinical Investigation*, vol. 129, nº 3, 2019, p. 1047-1060, https://doi.org/10.1172/JCI120572.

CHEMINANT M., MAHLAOUI N., DESCONCLOIS C., CANIONI D., YSEBAERT L., DUPRÉ L., VASCONCELOS Z., MALPHETTES M., MOSHOUS D., NEVEN B., ROHRLICH P.-S., BERNARD M., BERTRAND Y., FISCHER A. et SUAREZ F., « Lymphoproliferative disease in patients with Wiskott-Aldrich syndrome: Analysis of the French Registry of Primary Immunodeficiencies », *Journal of Allergy and Clinical Immunology*, vol. 143, nº 6, 2019, p. 2311-2315.e7, https://doi.org/10.1016/j.jaci.2019.01.046.

FERRUA F., GALIMBERTI S., COURTEILLE V., SLATTER M.A., BOOTH C., MOSHOUS D., NEVEN B., BLANCHE S., CAVAZZANA M., LABERKO A., SHCHERBINA A., BALASHOV D., SONCINI E., PORTA F., AL-MOUSA H., AL-SAUD B., AL-DHEKRI H., ARNAOUT R., FORMANKOVA R., BERTRAND Y., LANGE A., SMART J., WOLSKA-KUSNIERZ B., AQUINO V.M., DVORAK C.C., FASTH A., FOUYSSAC F., HEILMANN C., HOENIG M., SCHUETZ C., KELEČIĆ J., BREDIUS R.G.M., LANKESTER A.C., LINDEMANS C.A., SUAREZ F., SULLIVAN K.E., ALBERT M.H., KAŁWAK K., BARLOGIS V., BHATIA M., BORDON V., CZOGALA W., ALONSO L., DOGU F., GOZDZIK J., IKINCIOGULLARI A., KRIVÁN G., LJUNGMAN P., MEYTS I., MUSTILLO P., SMITH A.R., SPECKMANN C., SUNDIN M., KEOGH S.J., SHAW P.J., BOELENS J.J., SCHULZ A.S., SEDLACEK P., VEYS P., MAHLAOUI N., JANDA A., DAVIES E.G., FISCHER A., COWAN M.J. et GENNERY A.R., « Hematopoietic stem cell transplantation for CD40 ligand deficiency: Results from an EBMT/ESID-IEWP-SCETIDE-PIDTC study », *Journal of Allergy and Clinical Immunology*, vol. 143, nº 6, 2019, p. 2238-2253, https://doi.org/10.1016/j.jaci.2018.12.1010.

FISCHER A., « Vaccination of children », *Archives de Pédiatrie*, vol. 26, nº 2, 2019, p. 55, https://doi.org/10.1016/j.arcped.2019.01.001.

GAYDEN T., SEPULVEDA F.E., KHUONG-QUANG D.-A., PRATT J., VALERA E.T., GARRIGUE A., KELSO S., SICHERI F., MIKAEL L.G., HAMEL N., BAJIC A., DALI R., DESHMUKH S.,

DERVOVIC D., SCHRAMEK D., GUERIN F., TAIPALE M., NIKBAKHT H., MAJEWSKI J., MOSHOUS D., CHARLEBOIS J., ABISH S., BOLE-FEYSOT C., NITSCHKE P., BADER-MEUNIER B., MITCHELL D., THIEBLEMONT C., BATTISTELLA M., GRAVEL S., NGUYEN V.-H., CONYERS R., DIANA J.-S., MCCORMACK C., PRINCE H.M., BESNARD M., BLANCHE S., EKERT P.G., FRAITAG S., FOULKES W.D., FISCHER A., NEVEN B., MICHONNEAU D., BASILE G. de S. et JABADO N., « Author Correction : Germline HAVCR2 mutations altering TIM-3 characterize subcutaneous panniculitis-like T cell lymphomas with hemophagocytic lymphohistiocytic syndrome », *Nature Genetics*, vol. 51, n° 1, 2019, p. 196, https://doi.org/10.1038/s41588-018-0304-8.

LEVEAU C., GAJARDO T., EL-DAHER M.-T., CAGNARD N., FISCHER A., BASILE G. de S. et SEPULVEDA F.E., « Ttc7a regulates hematopoietic stem cell functions while controlling the stress-induced response », *Haematologica* [En ligne depuis le 19/04/2019 ; en attente d'impression].

MAHLAOUI N., PICARD C., BACH P., COSTES L., COURTEILLE V., RANOHAVIMPARANY A., ALCAÏS A., JAIS J.-P., FISCHER A., BELLANNÉ-CHANTELOT C., BUSTAMANTE J., CHOLLET-MARTIN S., DROUET C., FREMEAUX-BACCHI V., KANNENGIESSER C., GIRARDIN V., LAMBERT N., PROULLE V., ROSAIN J., STASIA M.J., LYONNET D.S., THEODOROU I., ABOU-CHAHLA W., ADOUE D., ALADJIDI N., AMOURA Z., ARMARI-ALLA C., BADER-MEUNIER B., BARLOGIS V., BAYART S., BERTRAND Y., BLANCHE S., BODET D., BONNOTTE B., BORIE R., BOUTARD P., BRIANDET C., BRION J.-P., BROUARD J., CARAUSU L., CATHERINOT E., CHEIKH N., COHEN-BEAUSSANT S., COUDERC L.-J., COUGOUL P., COUILLAULT G., DE SAINT BASILE G., DEVOLDERE C., DEVILLE A., DORE E., DULIEU F., DURIEU I., WERLE N.E., FIESCHI C., FOUYSSAC F., FRANGE P., GAJDOS V., GALICIER L., GANDEMER V., GARDEMBAS M., GAUD C., GROSBOIS B., GUFFROY A., GUITTON C., GUILLERM G., HACHULLA E., HAMIDOU M., HARO S., HATCHUEL Y., HERMINE O., HOARAU C., HOEN B., HOT A., HUMBERT S., JACCARD A., JACQUOT S., JAUSSAUD R., JEANDEL P.-Y., JEZIORSKI E., KEBAILI K., KORGANOW A.-S., LAMBOTTE O., LANTERNIER F., LARROCHE C., LE QUELLEC A., LE MOIGNE E., LE MOING V., LAUNAY D., LEBRANCHU Y., LECUIT M., LEFEVRE G., LEMAL R., LI-THIAO-TE V., LORTHOLARY O., MALPHETTES M., MARIE-CARDINE A., SILVA N.M., MASSEAU A., MASSOT C., MAZINGUE F., MERLIN E., MICHEL G., MILLOT F., MONLIBERT B., MONPOUX F., MOSHOUS D., MOUTHON L., MUNZER M., NEVEN B., NOVE-JOSSERAND R., NOUAR D., OKSENHENDLER E., OUACHÉE-CHARDIN M., PAGNIER A., PASQUET M., PELLIER I., PEREL Y., PERLAT A., PIGUET C., PLANTAZ D., QUARTIER P., RIEUX-LAUCAT F., ROBLOT P., ROHRLICH P.-S., ROYER B., SALLE V., SARROT-REYNAULD F., SERVETTAZ A., STEPHAN J.-L., SCHLEINITZ N., SUAREZ F., SWIADER L., TAQUE S., THOMAS C., TOURNILHAC O., THUMERELLE C., VANNIER J.-P. et VIALLARD J.-F., « Genetic diagnosis of primary immunodeficiencies : A survey of the French national registry », *Journal of Allergy and Clinical Immunology*, vol. 143, n° 4, 2019, p. 1646-1649.e10, https://doi.org/10.1016/j.jaci.2018.12.994.

RAYMOND G.V., AUBOURG P., PAKER A., ESCOLAR M., FISCHER A., BLANCHE S., BARUCHEL A., DALLE J.H., MICHEL G., PRASAD V., MILLER W., PAADRE S., BALSER J., KURTZBERG J., NASCENE D.R., ORCHARD P.J. et LUND T., « Survival and functional outcomes in boys with cerebral adrenoleukodystrophy with and without hematopoietic stem cell transplantation », *Biology of Blood and Marrow Transplantation*, vol. 25, n° 3, 2019, p. 538-548, https://doi.org/10.1016/j.bbmt.2018.09.036.

SOKOL H., MAHLAOUI N., AGUILAR C., BACH P., JOIN-LAMBERT O., GARRAFFO A., SEKSIK P., DANION F., JEGOU S., STRAUBE M., LENOIR C., NEVEN B., MOSHOUS D., BLANCHE S., PIGNEUR B., GOULET O., RUEMMELE F., SUAREZ F., BEAUGERIE L., PANNIER S., MAZINGUE F., LORTHOLARY O., GALICIER L., PICARD C., DE SAINT BASILE G., LATOUR S. et FISCHER A., « Intestinal dysbiosis in inflammatory bowel disease associated with primary immunodeficiency », *Journal of Allergy and Clinical Immunology*, vol. 143, n° 2, 2019, p. 775-778.e6, https://doi.org/10.1016/j.jaci.2018.09.021.

THOMAS C., DURAND-ZALESKI I., FRENKIEL J., MIRALLIÉ S., LÉGER A., CHEILLAN D., PICARD C., MAHLAOUI N., RICHE V.-P., ROUSSEY M., SÉBILLE V., RABETRANO H., DERT C., FISCHER A. et AUDRAIN M., « Clinical and economic aspects of newborn screening for severe combined immunodeficiency: DEPISTREC study results », *Clinical Immunology*, vol. 202, 2019, p. 33-39, https://doi.org/10.1016/j.clim.2019.03.012.

Épigénétique et mémoire cellulaire

Edith Heard
Professeure au Collège de France

Mots-clés : épigénétique, génétique

La série de cours « Épigénétique, environnement et biodiversité » (https://www.college-de-france.fr/site/edith-heard/course-2018-2019.htm), ainsi que les quatre conférences données par Claude Desplan (https://www.college-de-france.fr/site/edith-heard/guestlecturer-2018-2019.htm).

Cours – Épigénétique, environnement et biodiversité

Cours 1 – Biodiversité : du génotype aux phénotypes. La place de l'épigénétique

Ce premier cours était une introduction au sujet de l'épigénétique, l'environnement et la biodiversité. La biodiversité est la variété de la vie sur Terre, sous toutes ses formes et dans toutes ses interactions. Elle décrit le degré de variété d'un écosystème, en termes de ressources et d'espèces, ainsi que sur le plan génétique et épigénétique. Il s'agit également d'une mesure de la santé de tout écosystème, de la planète. Chaque organisme fait partie d'un écosystème (biome) et dépend d'autres organismes et de l'environnement physique. Plus un écosystème est diversifié, plus il dispose de ressources pour l'aider à se remettre de la famine, de la sécheresse, des maladies et de l'extinction des espèces. La biodiversité existe au sein des écosystèmes, entre les espèces et en leur sein. Une espèce est constituée d'individus. À l'exception des jumeaux ou des clones, chacun de ces individus possède sa propre combinaison unique de variantes de gènes (allèles). Par conséquent, si la moitié des individus de chaque espèce est détruite, le nombre d'espèces ne changera pas, mais 50 % de la diversité génétique de chaque espèce sera perdue. Cela a des conséquences sur la survie et l'adaptation.

E. Heard, « Épigénétique et mémoire cellulaire », *Annuaire du Collège de France 2018-2019. Résumé des cours et travaux*, 119e année, Paris, Collège de France, 2022, p. 193-199, https://doi.org/10.4000/annuaire-cdf.16980.

Pendant plus d'un siècle, la biodiversité au sein des espèces (variation phénotypique) a été considérée avec intérêt mais aussi avec suspicion, car le déterminisme génétique prévalait. Aujourd'hui, il est clair que la plupart des espèces peuvent présenter un certain degré de plasticité phénotypique, qu'il s'agisse de morphes stables et distincts, ou d'un continuum de traits. La plasticité phénotypique peut être fonctionnelle (et potentiellement adaptative), neutre ou délétère. Elle peut être limitée à quelques minutes, à une vie entière ou à plusieurs générations. Cela a des implications importantes pour les théories de l'évolution. Plusieurs exemples de plasticité épigénétique et phénotypique, sont présentés dans ce cours.

La façon dont un génotype peut donner naissance à différents phénotypes par le biais d'effets environnementaux est clairement une question d'épigénétique. Cependant, les mécanismes qui sous-tendent la plasticité phénotypique sont encore difficiles à cerner. De nouveaux outils permettant d'explorer à la fois les génomes et les épigénomes, ainsi que des stratégies de génie génétique, ouvrent de nouvelles perspectives. La compréhension de ce niveau de biodiversité sera essentielle pour comprendre la vie sur notre planète et la façon dont elle peut (ou ne peut pas) s'adapter aux changements rapides imposés par l'homme.

Cours 2 – Diversité génétique et épigénétique aux différentes échelles du vivant

Ce deuxième cours a traité le sujet de la biodiversité au sein des espèces, c'est-à-dire la variation phénotypique quand le même génotype peut conduire à plusieurs phénotypes. La notion de diversité au sein d'une espèce pourrait sembler contraire au déterminisme génétique, mais les études passées ont souvent ignoré les changements environnementaux et stochastiques.

L'exemple de l'inactivation du chromosome X, un processus qui aboutit au mosaïcisme cellulaire chez les femmes, ainsi que la régulation monoallélique aléatoire de certains gènes sur les autosomes, ont été évoqués. Dans ces cas, l'expression différentiel, de l'un ou l'autre des deux allèles d'un gène, est déclenchée soit par des signaux programmés ou développementaux, soit de manière stochastique, puis maintenue de manière stable par des mécanismes épigénétiques.

La stochasticité dans l'expression des gènes (que ce soit monoallélique ou biallélique, transcriptionelle ou post-transcriptionelle) peut générer une grande diversité moléculaire, d'une cellule à l'autre. Les effets peuvent être tamponnés ou ils peuvent donner lieu à des différences phénotypiques entre les cellules. La stochasticité peut générer des états transitoires (et réversibles) ; ou stablement propagés à travers des divisions cellulaires ; ou même des états métastable. Elle peut conduire à des phénotypes différents au sein d'un même individu et entre individus. La diversité cellulaire qui en résulte peut offrir aux organismes multicellulaires un plus large éventail de capacités fonctionnelles, au cours du développement et de la différenciation cellulaire. Elle peut aussi aider les organismes monocellulaires à mieux survivre en cas de stress extrême.

Cours 3 – Jusqu'où l'environnement influence-t-il les modifications épigénétiques et leur transmission ?

Dans ce troisième cours, plusieurs exemples de changements épigénétiques programmés par l'environnement ont d'abord été présentés. Ensuite, l'influence de l'environnement sur la transmission inter- ou transgénérationelle des modifications épigénétiques et des phénotypes a été discuté.

Une série d'exemples de changements programmés par l'environnement au cours d'une vie provient d'insectes sociaux, tels que les abeilles et les fourmis, où la nutrition ou les phéromones peuvent donner lieu à des caractéristiques/phénotypes entièrement différents (soldats, travailleurs ordinaires et reines) à partir du même génome. Chez les abeilles, les facteurs épigénétiques qui ont été impliqués dans les changements qui conduisent au développement d'une reine (lorsque les larves sont nourries intensivement avec de la gelée royale) ou à la formation d'ouvrières (si les larves reçoivent du pollen de pain), comprennent la méthylation de l'ADN, l'acétylation des histones (inhibiteurs d'HDAC). Dans le règne végétal, l'exemple des changements épigénétiques programmés par l'environnement pendant la période de floraison induite par le froid (vernalisation) a été discuté. Il a été démontré que les protéines Polycomb jouent un rôle important dans la mémorisation de la phase de froid qui définit le moment exact de la floraison d'une plante. Des études récentes suggèrent que les pics de chaleur en hiver peuvent interférer avec ce processus critique. Les implications du changement climatique sur les règnes végétal et animal ont été discutées. Grâce aux nombreuses technologies disponibles aujourd'hui, notamment la -omique, l'imagerie, ainsi que le génie génétique, il est possible d'acquérir une compréhension plus approfondie et plus fonctionnelle des voies moléculaires impliquées dans les changements phénotypiques, induites par l'environnement. Les scientifiques peuvent explorer quels changements dans l'expression des gènes et les états épigénétiques sont la cause ou la conséquence des signaux environnementaux, et quelle influence les changements non programmés ou les insultes environnementales peuvent avoir sur le développement, la croissance et la survie d'un organisme.

La deuxième partie de ce cours a abordé plusieurs questions. Quelle est l'influence de l'environnement sur les modifications épigénétiques, leur transmission et la transmission des phénotypes ? L'environnement peut-il induire ou influencer des épialles ? Dans la plupart des cas (chez les mammifères), les changements induits générationnels ne s'avèrent être que de courte durée, c'est-à-dire intergénérationnels. Les changements nutritionnels et métaboliques chez un individu peuvent clairement influencer sa progéniture et la lignée germinale de cette dernière. De nouvelles connaissances ont récemment été acquises sur les molécules (petits ARN) et les métabolites qui véhiculent ces informations chez la souris. Les mécanismes épigénétiques ont été impliqués dans la transmission intergénérationnelle des maladies métaboliques. Des études menées sur l'homme et l'animal indiquent que les expositions environnementales subies pendant la petite enfance peuvent influencer le risque de maladie à l'âge adulte. De plus en plus de preuves suggèrent que l'obésité et les problèmes métaboliques connexes peuvent être transmis d'une génération à l'autre par des mécanismes non génétiques. L'exposition à un régime riche en graisses modifie l'information épigénétique des ovules et des spermatozoïdes, rendant la progéniture plus encline à l'obésité. On ne sait pas encore très bien comment cela se produit, mais des données récentes suggèrent que les voies métaboliques peuvent perturber les états de la chromatine et les profils des petits ARN dans la lignée germinale, ce qui entraîne des défauts ultérieurs dans la descendance.

La transmission à plus long terme de stress nutritionnels et environnementaux, sur plusieurs générations, a été observée chez les nématodes. Chez ces organismes, il existe une transmission transgénérationnelle claire à la suite de stress environnementaux. Une étude récente a été présentée, dans laquelle un rôle central des modifications des histones a été proposé pour expliquer l'héritage des défauts de reproduction déclenchés par une exposition chimique environnementale commune.

Enfin, la question controversée de savoir si le stress psychologique parental peut avoir un impact sur la progéniture *via* des mécanismes épigénétiques a été abordée.

L'hypothèse selon laquelle les marques épigénétiques d'un traumatisme peuvent être transmises d'une génération à l'autre a suscité un grand intérêt de la part du public. Mais les données, du moins chez les humains, restent circonstancielles, au mieux. Il a également été proposé que le stress pendant la grossesse soit associé à des risques accrus de troubles du spectre autistique, de schizophrénie, de troubles affectifs et de troubles de l'attention et de l'hyperactivité chez la progéniture, et qu'il soit lié au stade spécifique de la grossesse au cours duquel le stress a été ressenti. Cependant, la question de savoir si et comment un tel stress peut affecter le cerveau en développement de manière épigénétique et s'il y a un impact sur la lignée germinale reste floue et fait l'objet de recherches continues.

Cours 4 – Épigénétique, plasticité phénotypique et évolution des réponses adaptatives

Dans le quatrième cours, le rôle de l'épigénétique dans la plasticité phénotypique et l'évolution des réponses adaptatives a été abordé.

La question de savoir si les traits acquis peuvent être hérités d'une génération à l'autre a été posée pour la première fois par Lamarck. Nous comprenons maintenant que la capacité d'un organisme à faire preuve de plasticité phénotypique est fondée sur la séquence d'ADN et constitue en soi un trait adaptatif. Dans certains environnements, lorsqu'un trait « acquis » (une forme d'un trait qui présente une plasticité phénotypique) devient permanent, cela semble être dû à des mutations qui ont « fixé » le trait plastique (assimilation génétique). Mary Jane West-Eberhard a postulé en 2003, sur la base de recherches sur les guêpes et les papillons, que la plasticité phénotypique pourrait ouvrir la voie à des ajustements permanents dans un organisme qui doit survivre dans des contextes environnementaux variables. Elle a proposé que certains de ces changements génétiques augmenteraient simplement la proportion des individus les plus flexibles, tandis que d'autres pourraient favoriser un trait spécifique. Lamarck avait sans doute raison de souligner que des réponses rapides et flexibles à l'environnement peuvent entraîner des changements durables. Cependant, les changements durables semblent pour la plupart être dus à des mutations dans la séquence de l'ADN qui les fixent. Les mutations qui sous-tendent la plasticité phénotypique sont sans doute des moteurs considérables de l'évolution, étant donné l'importance de l'adaptation à des environnements changeants. Comme l'a écrit Darwin : « Ce n'est pas le plus fort de l'espèce qui survit, ni le plus intelligent qui survit. C'est celle qui s'adapte le mieux au changement. »

Néanmoins – et étant donné le rôle de facteurs épigénétiques dans les réponses flexibles de certains organismes comme les abeilles ou les plantes –, une question récurrente concerne la place des processus épigénétiques non seulement dans la réponse aux changements environnementaux, mais aussi dans l'adaptation des espèces, par exemple au changement climatique, dans divers écosystèmes.

Il est désormais clair que les processus épigénétiques sont susceptibles de participer à des réponses adaptatives, dans tout le spectre de la vie. Les processus épigénétiques participent à la perpétuation des profils d'expression génique différentiels déclenchés par l'environnement, mais ceux-ci sont fondés sur un potentiel défini génétiquement. Si l'on se réfère à l'expression bien connue de P. Medawar : « la génétique suppose, l'épigénétique dispose », le rôle de l'épigénétique dans les mutations adaptatives et dans l'accélération de l'évolution reste néanmoins une question passionnante. Ce sujet a été abordé dans mes cours en 2017 dans le contexte du contrôle épigénétique des éléments transposables, qui peuvent avoir un potentiel mutagène important, en particulier dans des conditions de stress environnemental.

Cours 5 – Conclusion : quelle place pour l'épigénétique dans la biodiversité ?

Ce dernier cours a servi comme conclusion aux quatre cours précédents, avant l'ouverture du colloque. Une des dernières questions abordées lors de ce cours a été de savoir si les processus épigénétiques pouvaient jouer un rôle de sauvetage ou rattrapage à court terme pour les espèces confrontées à un stress environnemental, dans le contexte de l'évolution. Les changements environnementaux pourraient augmenter la variation phénotypique héritable de plusieurs façons. L'une d'entre elles pourrait consister à démasquer une variation génétique cryptique (par exemple par la déméthylation de l'ADN ou le remodelage de la chromatine qui peut activer des gènes autrement silencieux). Une autre voie pourrait être la génération de la variation génétique (par exemple, si les facteurs épigénétiques sont perturbés par des facteurs de stress environnementaux, cela peut conduire à la libération d'éléments transposables, qui à leur tour peuvent conduire à de nouvelles mutations de l'ADN et à la variation génomique.

Ce colloque a abordé cette question et bien d'autres sujets passionnants. Il a également souligné l'importance des approches moléculaires et mécanistiques pour mieux comprendre la biodiversité au sein des espèces et entre elles, ainsi que l'impact que l'environnement peut avoir.

COLLOQUE – *BIODIVERSITY, EPIGENETICS AND THE ENVIRONMENT*

Organisé par Edith Heard au Collège de France, les 8 et 9 avril 2019, et co-sponsorisé par EMBL Alumni :

• Elisabeth Pennisi : « Carnivorous tadpoles; spider-eating spiders, and holobionts: A science writer's quest to understand the world around her » ;

• Detlef Weigel : « Epistasis, the spice of life (and evolution): Lessons from the plant immune system » ;

• Johanna Lepeule : « Epigenetic epidemiology applied to the relation between environmental factors and DNA methylation » ;

• Peer Bork : « Tracing the invisible life in us and on the planet: The world of microbes » ;

• Sylvia De Monte : « How variable is diversity of marine plankton communities? » ;

• Johann Decelle ;

• Sylvie Retaux : « Evolution of sensory systems in dark environment » ;

• Leandro Quadrana : « Transposable elements mobilization: What does not kill you, makes you stronger » ;

• François Parcy : « A walk on the LEAFY side: Function and evolution of a floral architect » ;

• Detlev Arendt : « From cell state to cell type: Comparative cell biology in evolution and ecology » ;

• Hélène Morlon : « Why are some groups of species more diverse than others? The environment, life-history strategies, and the determinants of diversity across scales » ;

• Ralf Sommer : « The epigenetics of mouth-form plasticity in a predatory nematode » ;

• Marie Manceau : « Periodic patterning of the skin in birds » ;

• Thomas Lecuit : « Genetic information in its physical environment: How mechanochemistry shapes organisms » ;

• Henrique Teotonio : « How different modes of transgenerational inheritance affect population viability in fluctuating environments » ;

• Colomban de Vargas : « Exploring the frontiers of environmental biodiversity in eukaryotes ».

Conférencier invité

Professeur Claude Desplan a fait quatre conférences :
– « Génération de la diversité neuronale », le 6 mai 2019 ;
– « Stochasticité du développement neuronal », le 13 mai 2019 ;
– « Coordination du développement des régions du cerveau », le 20 mai 2019 ;
– « Évolution et adaptation des systèmes sensoriels ».

Publications

Galupa R. et Heard E., « X-Chromosome inactivation: A crossroads between chromosome architecture and gene regulation », *Annual Review of Genetics*, vol. 52, nº 1, 2018, p. 535-566, https://doi.org/10.1146/annurev-genet-120116-024611.

Marti-Renom M., Almouzni G., Bickmore W., Bystricky K., Cavalli G., Fraser P., Gasser S.M., Giorgetti L., Heard E., Nicodemi M., Nollmann M., Orozco M., Pombo A. et Torres-Padilla M.-E., « Challenges and guidelines toward 4D nucleome data and model standards », *Nature Genetics*, vol. 50, nº 10, 2018, p. 1352-1358, https://doi.org/10.1038/s41588-018-0236-3.

Prochiantz A. et Heard E., « La France, une terre d'asile pour les chercheurs en danger », *Médecine/sciences*, vol. 34, nº 8-9, 2018, p. 635-636, https://doi.org/10.1051/medsci/20183408001.

Van Bemmel J.G., Galupa R., Gard C., Servant N., Picard C., Davies J., Szempruch A.J., Zhan Y., Żylicz J.J., Nora E.P., Lameiras S., Wit E. de, Gentien D., Baulande S., Giorgetti L., Guttman M., Hughes J.R., Higgs D.R., Gribnau J. et Heard E., « The bipartite TAD organization of the X-inactivation center ensures opposing developmental regulation of Tsix and Xist », *Nature Genetics*, vol. 51, nº 6, 2019, p. 1024-1034, https://doi.org/10.1038/s41588-019-0412-0.

Cavalli G. et Heard E., « Advances in epigenetics link genetics to the environment and disease », *Nature*, vol. 571, nº 7766, 2019, p. 489-499, https://doi.org/10.1038/s41586-019-1411-0.

Gdula M.R., Nesterova T.B., Pintacuda G., Godwin J., Zhan Y., Ozadam H., McClellan M., Moralli D., Krueger F., Green C.M., Reik W., Kriaucionis S.,

HEARD E., DEKKER J. et BROCKDORFF N., « The non-canonical SMC protein SmcHD1 antagonises TAD formation and compartmentalisation on the inactive X chromosome », *Nature Communications*, vol. 10, nº 1, 2019, p. 30, https://doi.org/10.1038/s41467-018-07907-2.

MUTZEL V., OKAMOTO I., DUNKEL I., SAITOU M., GIORGETTI L., HEARD E. et SCHULZ E.G., « A symmetric toggle switch explains the onset of random X inactivation in different mammals », *Nature Structural & Molecular Biology*, vol. 26, nº 5, 2019, p. 350-360, https://doi.org/10.1038/s41594-019-0214-1.

POLLEX T. et HEARD E., « Nuclear positioning and pairing of X-chromosome inactivation centers are not primary determinants during initiation of random X-inactivation », *Nature Genetics*, vol. 51, nº 2, 2019, p. 285-295, https://doi.org/10.1038/s41588-018-0305-7.

SOUSA L.B. de A. e, JONKERS I., SYX L., DUNKEL I., CHAUMEIL J., PICARD C., FORET B., CHEN C.-J., LIS J.T., HEARD E., SCHULZ E.G. et MARSICO A., « Kinetics of Xist-induced gene silencing can be predicted from combinations of epigenetic and genomic features », *Genome Research*, vol. 29, nº 7, 2019, p. 1087-1099, https://doi.org/10.1101/gr.245027.118.

ŻYLICZ J.J., BOUSARD A., ŽUMER K., DOSSIN F., MOHAMMAD E., DA ROCHA S.T., SCHWALB B., SYX L., DINGLI F., LOEW D., CRAMER P. et HEARD E., « The implication of early chromatin changes in X chromosome inactivation », *Cell*, vol. 176, nº 1-2, 2019, p. 182-197.e23, https://doi.org/10.1016/j.cell.2018.11.041.

Dynamiques du vivant

Thomas Lecuit

Membre de l'Institut (Académie des sciences),
professeur au Collège de France

Mots-clés : morphogenèse, information, auto-organisation

La série de cours « Mécanique de la morphogenèse : temps, espace, information » est disponible en audio et en vidéo sur le site internet du Collège de France, avec les supports de ces cours (https://www.college-de-france.fr/site/thomas-lecuit/course-2018-2019.htm), ainsi que le colloque « Contrôle et auto-organisation des processus morphogénétiques » (https://www.college-de-france.fr/site/thomas-lecuit/symposium-2018-2019.htm) et les conférences du professeur invité Claude Desplan (https://www.college-de-france.fr/site/thomas-lecuit/guestlecturer-2018-2019.htm).

Enseignement

Cours – Mécanique de la morphogenèse : temps, espace, information

Introduction

Le cours 2018-2019, « Mécanique de la morphogenèse : temps, espace, information », poursuit et étend le thème initié l'an dernier sur l'origine biochimique et mécanique des formes. Cette année, le cours s'appuie sur les bases mécaniques de la morphogenèse vues en 2017-2018 pour comprendre l'origine de l'organisation en trois dimensions des cellules et des tissus. Quelle est la nature de l'information biologique, selon quelles modalités cette information se déploie-t-elle au cours du développement ? En s'inscrivant dans une démarche historique des concepts-clés, le

T. Lecuit, « Dynamiques du vivant », *Annuaire du Collège de France 2018-2019. Résumé des cours et travaux*, 119e année, Paris, Collège de France, 2022, p. 201-206, https://doi.org/10.4000/annuaire-cdf.16990.

cours rendra compte des avancées scientifiques décisives permettant de comprendre le « langage des formes ».

Ce cours conduira à une extension du concept traditionnel selon lequel les gènes contiennent toute l'information morphogénétique. On verra comment, plus largement, la biochimie, la mécanique et la géométrie participent ensemble à une paramétrisation interne aux structures biologiques de l'espace et du temps et comment émergent ainsi les motifs spatiaux et temporels de la morphogenèse.

Cours 1 – Introduction : auto-organisation et contrôle de la morphogenèse

13 novembre 2018

Ce premier cours introductif retrace les grandes étapes historiques du concept d'information morphogénétique, en particulier dans un cadre mécanique de l'épigenèse où les formes sont élaborées progressivement. Le point culminant est le concept d'information de position qui détermine les coordonnées spatiales des cellules. Le cours comprend alors deux grandes parties consacrées à deux modalités générales de flux d'information. Dans un premier temps nous retraçons les étapes clés d'une longue tradition qui a vu le déploiement de l'information développementale telle l'exécution d'un programme déterministe, organisé de manière hiérarchique et modulaire, où les gènes contrôlent tous les événements cellulaires dans l'espace et le temps. Les concepts de gènes maîtres ou sélecteurs, de paysage épigénétique, de lignage cellulaire qui modélise le développement comme un arbre décisionnel, de centre organisateur et de morphogènes témoignent de cette vision « programmatique » de l'information développementale. En second lieu, le cours développe le concept d'auto-organisation, qui abandonne toute hiérarchie dans le flux d'information, et tout déterminisme : les formes organisées émergent de processus stochastiques désorganisés à une échelle inférieure, sans hiérarchie, comme on le voit dans des fourmilières ou des structures arborescentes. L'auto-organisation implique aussi l'existence de nombreuses rétroactions. Le cours se termine sur une définition revisitée de l'information morphogénétique dont la nature est mécano-chimique et non seulement génétique, opérant de manière récursive à différentes échelles.

Cours 2 – Instabilités mécanochimiques spatiales et temporelles (1)

27 novembre 2018

Ce cours et le suivant approfondissent le concept d'auto-organisation en étudiant l'émergence de motifs spatiaux et temporels dans des systèmes où opèrent des instabilités chimiques ou mécaniques. Tout au long de ces cours nous présentons des articles théoriques et expérimentaux qui illustrent la richesse et la complexité de ces systèmes auto-organisés.

Dans un souci de clarté nous voyons d'abord les instabilités spatiales purement chimiques dans des systèmes de réaction-diffusion. Ces instabilités connues sous le nom d'« instabilité de Turing » sont caractérisées par une excitation locale qui provient d'une boucle auto-catalytique, et d'une inhibition à distance qui provient d'un inhibiteur. Une différence de diffusion entre l'activateur et l'inhibiteur suffit à générer des motifs spatiaux dont les longueurs caractéristiques reflètent les détails des interactions entre activateur et inhibiteur et leur diffusion différentielle. Nous voyons ensuite des instabilités temporelles à l'état stationnaire dans des systèmes dits « excitables » en suivant le modèle heuristique de FitzHugh-Nagumo : bistabilité, excitabilité et oscillations émergent d'interaction entre une réaction autocatalytique rapide et une réaction inhibitrice plus lente. En ajoutant un mécanisme de couplage spatial par diffusion, on voit émerger des structures spatio-temporelles sous forme de *trigger-wave* qui se manifestent de façon très diverse sous forme d'ondes calciques ou d'ondes de cycle cellulaire dans l'embryon de Xénope, de potentiel d'action, ou de motifs pigmentés à la surface des coquillages.

Dans un second lieu, le cours montre l'émergence de motifs spatiaux de nature purement mécanique. Il s'appuie sur les travaux pionniers du biologiste Albert Harris et des physiciens George Oster et James Murray, sur l'apparition d'aggrégats cellulaires à partir de cellules réparties uniformément sur un substrat élastique. Les cellules contractiles déforment le substrat, induisent localement une motilité cellulaire orientée et constituent ainsi une boucle de rétroaction positive qui amplifie la formation d'un agrégat cellulaire local. L'élasticité du substrat se comporte en revanche comme un inhibiteur à longue portée. On retrouve donc *mutatis mutandi* un motif de Turing caractérisé par la compétition entre une excitation locale et une inhibition globale dans un système mécanique. La répartition spatiale des bourgeons précurseurs des plumes chez les oiseaux illustre remarquablement l'importance de ce mode opératoire.

Cours 3 – Instabilités mécanochimiques spatiales et temporelles (2)

4 décembre 2018

Ce cours poursuit la présentation d'instabilités mécaniques. Quittant les systèmes purement élastiques, nous voyons maintenant des écoulements hydrodynamiques de gels actifs comme les réseaux d'actine mis en mouvement par des moteurs moléculaires de Myosine-II (voir le cours 6 de 2017-2018 « Tension cellulaire 2-tension corticale »). Ces réseaux d'actomyosines manifestent des dynamiques complexes qui forment parfois à l'état stationnaire des motifs spatiaux remarquables. L'excitation locale provient d'une boucle de rétroaction mécanique (advection) qui amplifie les fluctuations locales en concentrant davantage l'actine et Myosine-II. La diffusion aplatit ces irrégularités transitoires. L'écoulement par advection du réseau est d'origine active (moteur Myosine-II). La friction s'oppose à cet écoulement et se comporte ainsi comme un inhibiteur à distance de l'écoulement. La compétition entre excitation locale et inhibition globale est à l'origine de motifs spatiaux.

Le cours aborde ensuite les instabilités temporelles caractéristiques de systèmes excitables de nature mécano-chimique (bistabilité, excitabilité, oscillations), et les instabilités spatio-temporelles (*trigger waves*). L'action conjuguée de la diffusion et l'advection de molécules qui régulent le cytosquelette génère des dynamiques complexes que l'on observe de manière quasi ubiquitaire au cortex de cellules animales. Nous soulignons en particulier les manifestations morphogénétiques de ces comportements dynamiques des réseaux d'actomyosine.

Cours 4 – Courbures et invaginations

11 décembre 2018

Ce cours et le suivant abordent la morphogenèse à une échelle plus large, celle de tissus entiers, et d'organes. Ils se donnent pour objet d'illustrer en quoi les processus morphogénétiques tissulaires procèdent conjointement d'un flux d'information comme dans un programme déterministe, et de manière auto-organisée.

Nous commençons par traiter d'une grande classe de déformations : courbures, repliements et invaginations.

Le cours comprend deux grandes parties. La première est consacrée aux repliements auto-organisés par des instabilités mécaniques qui proviennent de la croissance différentielle de tissus connectés mécaniquement. C'est le cas des convolutions du cortex des vertébrés (gyrification), de la formation des boucles de l'intestin et de l'émergence de villosités intestinales (villifications). Des modèles élastiques de flambage rendent compte remarquablement des structures observées. Le positionnement et l'orientation des repliements sont aussi déterminés par la géométrie globale du tissu car celle-ci dicte le champ de contrainte dans le tissu.

En second lieu, le cours développe la formation d'invagination dans les embryons de vertébrés et invertébrés au cours du processus dit « de gastrulation ». Dans ce cas, il existe une invagination unique, à un site bien déterminé d'un embryon. Le principe général relève plutôt d'un modèle de contrôle hiérarchique par un programme génétique qui définit le territoire tissulaire à invaginer, sa géométrie, et qui dirige localement l'amplitude et l'orientation des forces contractiles d'invagination au niveau cellulaire. Nous montrons néanmoins que l'invagination dans un embryon peut être initiée génétiquement puis auto-entretenue mécaniquement par rétroaction, comme dans un système auto-organisé. Ainsi, même dans un embryon, programme et auto-organisation constituent deux modalités conjointes de flux d'information morphogénétique.

Cours 5 – Extension et écoulement

18 décembre 2018

Ce dernier cours traite des écoulements et extensions des tissus, que l'on rencontre de manière ubiquitaire au cours de la morphogenèse. En suivant une perspective historique du développement embryonnaire, nous présentons le phénomène de convergence extension par lequel un tissu change de géométrie sans changer de surface. Nous abordons dans un premier temps les bases cellulaires de ce processus, et en particulier le rôle de l'intercalation cellulaire en détaillant ses caractéristiques mécaniques, le rôle des forces protrusives et contractiles et de l'adhérence. À une échelle plus tissulaire nous soulignons alors l'importance des interactions tissulaires aux frontières du tissu et le caractère intégré du processus. La géométrie des frontières joue un rôle déterminant. Un tissu s'allonge aussi sous l'action de divisions cellulaires orientées. Le cours aborde l'importance de ce processus et les interactions entre division cellulaire et intercalation.

Comment ces processus cellulaires mécaniques sont-ils orientés ? Le cours répond à cette question en étudiant le problème fascinant de la polarisation planaire de la mécanique cellulaire. La polarité planaire couple la polarité globale de l'embryon (axes antéro-postérieur et dorso-ventral par exemple) et la polarité locale de la cellule.

Au terme de ce cours, nous présentons une synthèse générale pour cette année. Nous proposons une vision renouvelée de l'information morphogénétique reposant sur trois modules en interaction permanente à travers différentes échelles : information biochimique, mécanique et géométrique. Nous soulignons la grande pertinence d'un modèle auto-organisé de ce flux d'information sans rejeter pour autant l'utilité d'une vision « programmatique ».

Colloque – Contrôle et auto-organisation des processus morphogénétiques

22 mars 2019

Ce colloque approfondit les thèmes abordés pendant les cours de cette année et illustre l'importance des processus d'auto-organisation d'origine mécano-chimique au cours du développement d'organismes très variés comme le myxomycète Physarum polycephalum, la drosophile, l'ascidie, le poulet et la souris.

- Ewa Paluch (université College de Londres) : « Morphogenesis across scales : molecular control of cellular shape » ;
- Karen Alim (institut Max-Planck de Göttingen) : « Fluid flows organising morphology » ;
- Marie-Hélène Verlhac (Collège de France) : « Modulation of gene expression by an actin-dependent pressure gradient in mouse oocytes » ;
- Edwin Munro (université de Chicago) : « Dynamic coupling of adhesion, signaling and force generation during neural tube closure » ;
- Jean-Léon Maître (institut Curie) : « Hydraulic fracturing and coarsening position the lumen of the mouse blastocyst » ;
- Guillaume Salbreux (institut Crick de Londres) : « Physics of epithelial flows and folds » ;
- Maria Leptin (EMBL Heidelberg) : « Cell shape changes in a folding epithelium : genetically and mechanically determined boundaries » ;
- Jérôme Gros (institut Pasteur) : Mechanical control of avian gastrulation » ;
- Suzanne Eaton (institut Max-Planck de Dresde) : « Molecular mechanisms underlying epithelial viscoelasticity in the Drosophila wing » ;
- Edouard Hannezo (IST Vienne) : « Bulk actin dynamics drives active phase segregation in zebrafish oocyte » ;
- Olivier Pourquié (Harvard Medical School) : « Physical principles underlying patterning of the vertebrate body axis » ;
- Cliff Tabin (Harvard Medical School) : « Signals and forces patterning the intestinal smooth muscle ».

Cours à l'extérieur

États-Unis, université de Chicago

Deux cours donnés, entre le 22 et le 26 avril 2019 : « Program, control and self-organisation of development » et « Tissue looping, folding and invagination by mechano-chemical signaling ».

Recherche

Nos recherches portent principalement sur l'exploration des stratégies d'auto-organisation au cours de la morphogenèse embryonnaire et chez l'adulte. Ces recherches font entre autre l'objet d'un nouveau *grant advanced* de l'ERC (« Selfcontrol ») attribué à notre équipe en 2019 pour une durée de cinq ans. Un nouveau projet sur la morphogenèse des neurones dendritiques a aussi été développé.

PUBLICATIONS

DE LAS BAYONAS A.G., PHILIPPE J.-M., LELLOUCH A.C. et LECUIT T., « Distinct RhoGEFs activate apical and junctional actomyosin contractility under control of G proteins during epithelial morphogenesis », *Current Biology*, vol. 29, n° 20, 2019, p. 3370-3385, e7, https://doi.org/10.1016/j.cub.2019.08.017.

BAILLES A., COLLINET C., PHILIPPE J.-M., LENNE P.-F., MUNRO E. et LECUIT T., « Genetic induction and mechanochemical propagation of a morphogenetic wave », *Nature*, vol. 572, n° 7770, 2019, p. 467-473, https://doi.org/10.1038/s41586-019-1492-9.

KALE G.R., YANG X., PHILIPPE J.-M., MANI M., LENNE P.-F. et LECUIT T., « Distinct contributions of tensile and shear stress on E-cadherin levels during morphogenesis », *Nature Communications*, vol. 9, n° 1, 2018, p. 5021, https://doi.org/10.1038/s41467-018-07448-8.

LELLOUCH A.C., DE LAS BAYONAS A.G. et LECUIT T., « Strengthen your junctions to resist the force », *Developmental Cell*, vol. 47, n° 4, 2018, p. 406-407, https://doi.org/10.1016/j.devcel.2018.11.007.

Génétique et physiologie cellulaire

Christine Petit
Membre de l'Institut (Académie des sciences),
professeure au Collège de France

Mots-clés : neurophysiologie auditive, surdités, troubles du langage, thérapie

La série de cours et séminaires « Entendre sans comprendre » est disponible, en audio et vidéo, sur le site internet du Collège de France (https://www.college-de-france.fr/site/christine-petit/course-2018-2019.htm).

Enseignement

Cours et séminaires – Entendre sans comprendre

Introduction

Le cours de cette année a porté sur l'exploration des mécanismes par lesquels le système auditif, au-delà de la détection des sons par la cochlée, effectue un traitement de haut niveau conduisant à la formation d'objets sonores signifiants et l'interprétation des scènes auditives, essentielles pour la compréhension du langage et pour la perception musicale notamment.

Le son, onde de vibration se propageant dans l'air, est produit par tout objet vibrant à des fréquences acoustiques. Les indices sonores contenus dans cette vibration, détectés pour les fréquences audibles par l'oreille, sont autant de « signatures » qui bien souvent permettent d'inférer la nature et l'origine de la source par un traitement approprié. La principale fonction du système auditif, une fois passée l'étape de détection des paramètres physiques du son par la cochlée (fréquences, intensités, et leurs modulations, qui caractérisent la forme d'onde du son et son filtrage fréquentiel en temps réel, autrement dit l'extraction du « cochléogramme » du son), est l'intégration des indices

C. Petit, « Génétique et physiologie cellulaire », *Annuaire du Collège de France 2018-2019. Résumé des cours et travaux*, 119e année, Paris, Collège de France, 2022, p. 207-220, https://doi.org/10.4000/annuaire-cdf.17007.

sonores dans les relais ultérieurs des voies auditives, pour former des « objets sonores ». Ces derniers sont porteurs d'information de haut niveau interprétable en termes de réponse comportementale, et potentiellement essentielle pour la survie : la source sonore détectée provient-elle d'un animal ou a-t-elle une autre origine ? Est-elle l'indice d'une menace potentielle (explosion, avalanche...) ?

Contrairement au système visuel pour lequel les neurones ganglionnaires qui quittent la rétine se projettent directement sur le thalamus, l'information auditive qui quitte la cochlée par les neurones auditifs empreinte les voies auditives qui comportent un ensemble de relais ; leurs fonctions ne sont que très partiellement élucidées. Nous commençons tout juste à comprendre comment sont organisés les réseaux neuronaux du cortex auditif, et comment leur activité est modulée de façon dynamique par le contexte sensoriel et comportemental. Il s'agit par exemple de comprendre comment la sensibilité d'un auditeur à un son est accrue lorsque ce son a une pertinence physiologique ou peut déclencher un comportement spécifique. Autre exemple, il s'agit de comprendre comment la perception auditive module l'état émotionnel de l'auditeur (mis tout particulièrement en jeu dans la perception musicale) ou d'interpréter l'état émotionnel d'un locuteur à travers les modulations de sa voix. Dans la perception du langage, il s'agit de comprendre comment le sens des mots est extrait à partir des indices sonores détectés par l'oreille, et comment les ambiguïtés dues à l'utilisation de mots à multiples sens peuvent être résolues par la prise en compte du contexte sonore dans un traitement hiérarchisé. À un niveau de traitement moins élevé, comment le système auditif permet-il la focalisation de l'attention sur des sons particuliers au sein d'une scène auditive complexe comprenant de multiples sources interférant entre elles ? La situation typique dans laquelle ces questions sont souvent envisagées est celle de la *« coktail party »*, déjà évoquée dans les cours antérieurs. Se pose enfin la question des mécanismes par lesquels l'intégration et l'interprétation des indices sonores signifiants conduit à une prise de décision au niveau comportemental, décision susceptible d'assurer la survie dans certains cas. Depuis la détection des sons par la cochlée jusqu'au déclenchement d'un comportement dicté par l'interprétation des indices sonores et leur intégration en objets signifiants, c'est toute la complexité anatomique et fonctionnelle du système auditif qui est le plus souvent mise en jeu, pour produire une décision motrice.

Le but de cette série de cours a donc été de voir comment se construit une représentation auditive chargée de sens, depuis la périphérie jusqu'aux aires corticales auditives primaires et leurs aires associées. Notre compréhension de ces mécanismes d'intégration, qui forment le cœur du fonctionnement du système auditif, est aujourd'hui loin d'être satisfaisante, même pour la compréhension des mécanismes d'intégration les plus simples. Ainsi, même au niveau périphérique, la partie de loin la mieux connue du système auditif, des interrogations subsistent sur bien des aspects fondamentaux de la réponse mécanique de l'épithélium sensoriel auditif. C'est pourquoi lors du premier cours nous avons discuté des travaux récents qui mettent en lumière l'importance de la lame réticulée (formée des surfaces apicales jointives des cellules sensorielles auditives et de leurs cellules de soutien) dans la détection de l'enveloppe de la forme d'onde sonore. Le second cours a porté sur l'un des mécanismes d'intégration multisensorielle les plus fondamentaux, l'intégration bimodale audio-visuelle, qu'éclairent des études récentes intégrant données expérimentales et modélisation statistique. Le troisième cours a porté sur le système efférent ; son rôle de contrôle fin de la sensibilité de la cochlée a été très étudié. En revanche, l'innervation descendante massive qu'il projette sur la quasi-totalité des relais et noyaux des voies auditives suggère qu'il contrôle la perception auditive à tous les niveaux de son élaboration. Il y a là un domaine de recherche tout juste émergent, grâce à la modulation de l'activité des réseaux neuronaux que permettent les techniques optogénétiques dont les premiers résultats jettent les bases du contrôle d'un réflexe, par les voies corticofugales qui se projettent sur le colliculus inférieur. Enfin le quatrième cours a été consacré aux troubles qui surviennent lorsque les mécanismes d'intégration des sons font défaut, et tout particulièrement aux causes périphériques et centrales des troubles du langage.

Cours 1 – Construction d'un objet sonore signifiant

28 mars 2019

Ce premier cours a débuté par une mise au point portant sur des données récentes concernant la réponse mécanique de la cochlée aux sons, mesurée par les techniques d'interférométrie et de tomographie optique cohérente. Ces données apportent des objections majeures contre certaines idées souvent admises par les modèles de stimulation sonore de la cochlée. Elles font jouer un rôle de tout premier plan à la lame réticulée, surface du neuro-épithélium sensoriel de la cochlée, dans la détection des sons. L'une d'elle (par Tianying Ren, Wenxuan He et David Kemp) [1] montre que la vibration de la lame réticulée est amplifiée *in vivo* d'un facteur 30 par rapport à celle de la membrane basilaire. Contrairement à cette dernière, la lame réticulée subit une amplification active de sa vibration sur toute la région qui va de la base de la cochlée au pic de l'onde cochléaire. Cette vibration est ainsi dominée par la contribution « active » due aux cellules ciliées externes (CCE), et ne reflète que très peu la vibration de la membrane basilaire, support mécanique de l'organe auditif. Une seconde étude (des groupes d'Alfred Nuttal et d'Anders Fridberger) [2], que nous avons discuté plus en détail, met en lumière un rôle possible de la lame réticulée (et non de la membrane basiliaire) dans l'extraction de l'enveloppe de la forme d'onde de la vibration cochléaire. Cette extraction de l'enveloppe, étape essentielle du codage des sons pour la perception de la parole, comme l'ont montré les travaux de Robert Shannon, pourrait donc relever d'un mécanisme de nature mécanique au sein de la cochlée, et pas uniquement d'un traitement ultérieur dans les voies auditives comme proposé jusqu'ici.

Dans une seconde partie du cours, nous avons évoqué la transition qui s'opère depuis la périphérie vers les relais de plus haut niveau du traitement auditif, et plus spécifiquement la formation de ce qu'on appelle les « flux auditifs », dans laquelle l'information sonore est séparée en différents canaux contenant chacun des indices sonores distincts traités séparément. Cette formation se produit notamment lors de l'écoute d'un son provenant de sources multiples (deux voix, ou deux objets distincts produisant des sons différents mais qui se superposent) : c'est le cas d'école de la *cocktail party*.

Dans ce cadre nous avons discuté une étude récente du groupe de John Middlebrooks [3] fondée sur des enregistrements électrophysiologiques faits sur des neurones des différentes structures des voies auditives chez le rat ou le chat. Ces analyses montrent clairement comment l'activité des neurones en réponse à deux sons provenant de directions différentes changent, lorsqu'on remonte le long des voies auditives, d'une réponse qui code un mélange des deux sons à une réponse dans laquelle des sons distincts ont des représentations distinctes (ou ségrégées) : cette ségrégation, encore très faible au niveau du noyau central du colliculus inférieur, commence à apparaître dans le noyau du brachium, puis augmente dans le corps géniculé médian du thalamus, et devient très claire dans le cortex auditif primaire.

Un autre aspect, très différent, mais aussi essentiel, a été discuté : comment la plasticité du système auditif est-elle ajustée au cours de la vie par les diverses expériences et besoins liés au comportement. Nous nous sommes intéressés aux résultats d'une étude menée par le groupe de Robert Froemke [4] qui analyse le rôle de l'oxytocine (hormone hypophysaire impliquée dans la parturition et l'allaitement) dans la mise en place d'un comportement bien caractérisé chez la souris, celui du sauvetage par la mère des souriceaux égarés du nid, en réponse à la perception de leurs appels de détresse. Par une combinaison d'expériences électrophysiologiques et comportementales, les auteurs mettent en évidence un mécanisme par lequel l'oxytocine, lorsqu'elle est associée à la présentation de signaux vocaux de détresse (reproduits au moyen de haut-parleurs), permet d'induire ce comportement de sauvegarde chez des souris vierges à partir d'un état initial « naïf » où les souris ne réagissent pas aux appels de détresse. L'oxytocine modifie rapidement l'état du cerveau ; elle induit une transition d'une réponse désordonnée des neurones inhibiteurs (parvalbumine et somatostatine) du cortex auditif vers une réponse beaucoup plus robuste et synchronisée caractérisée par un équilibre fin entre les activités excitatrices et inhibitrices de ces neurones. Cette transition met en jeu les récepteurs de type 2 (OXTR-2) de l'oxytocine, qui sont exprimés par les neurones inhibiteurs du cortex auditif (parvalbumine et somatostatine). De façon surprenante, les récepteurs OXTR-2 ne sont présents que dans le cortex auditif gauche, et pratiquement pas dans le cortex droit. Il y a donc une latéralisation corticale d'un récepteur jouant un rôle critique dans la détection des appels de détresse. Au total, c'est un bel exemple d'un mécanisme général de neuromodulation d'un comportement social.

Pour finir, nous avons mentionné une étude provenant du même groupe [5] et qui met en évidence un autre exemple de modulation de la perception auditive par l'attention lors d'une tâche comportementale effectuée par des souris. Cette modulation met également en jeu les neurones inhibiteurs du cortex auditif primaire, activés cette fois par les synapses cholinergiques que forment les terminaisons axonales du noyau basal de Meynert (ou noyau basal magnocellulaire) dans le proencéphale basal. Ces différents exemples montrent que la perception des sons est largement modulée par le contexte et l'information qui leur est associée pour former des percepts ou objets sonores signifiants du point de vue physiologique, modulation qui joue un rôle essentiel dans les tâches comportementales et cognitives.

Cours 2 – Rôle de l'information multimodale dans la perception de la parole

4 avril 2019

Le second cours a été consacré à l'intégration multisensorielle, et tout particulièrement à celle des signaux auditifs et visuels, qui est à la fois une condition de survie dans l'environnement et une primordialité à la perception de la parole. La notion d'intégration audio-visuelle a été introduite en l'illustrant par trois exemples :

1) l'effet ventriloque, dans lequel un locuteur tient une marionnette dont il fait bouger les lèvres en synchronie avec la parole qu'il prononce tout en gardant son propre visage immobile. Il en résulte que les auditeurs ont l'impression que c'est la marionnette qui parle. Cette illusion met en jeu la fusion d'un stimulus sonore avec un stimulus visuel indépendants mais synchrones, tout comme cela se produit lorsque l'on regarde un film ;

2) l'effet McGurck, autre effet classique mis en évidence en 1976 de façon fortuite par McGurck et MacDonald alors qu'ils étudiaient la perception de la parole chez les adultes. Dans cette expérience, un sujet perçoit une syllabe comme « ba » qui lui est présentée de façon répétée, alors qu'il regarde une vidéo montrant un locuteur en train de prononcer l'une des syllabes « ba », « da », « ga » ou « fa ». Suivant le mouvement des lèvres du locuteur, le sujet perçoit un son différent alors que le son présenté (« ba ») est toujours rigoureusement le même. Il s'agit d'un exemple saillant de fusion audio-visuelle, qui se produit de manière inconsciente ;

3) l'illusion du « double flash » visuel induit par un son (ou Sifi, *sound-induced flash illusion*), dans laquelle un flux régulier de doubles « bips » (deux sons brefs rapprochés dans le temps) sont présentés à un auditeur en même temps qu'une série de flash visuels. Si après une série de doubles flashs et de doubles bips présentés en synchronie, on présente au sujet un flash unique concomitant avec le premier bip, le second bip peut induire la perception d'un second flash lumineux alors qu'aucun n'a été présenté.

L'un des mécanismes qui sous-tendent la fusion multisensorielle met vraisemblablement en jeu les oscillations cérébrales dont on sait qu'elles modulent de façon rythmique l'excitabilité neuronale et jouent un rôle dans la mise en phase des différentes régions du cerveau. Dans ce cadre, nous avons passé en revue une étude du groupe de Vincenzo Romei [6] où une implication des ondes occipitales alpha dans l'illusion du double flash est mise en évidence. Au moyen d'enregistrements encéphalographiques, les auteurs montrent que lors de la présentation d'une série de doubles bips et de flashs lumineux présentés simultanément, la phase des oscillations occipitales alpha se cale au rythme des sons, augmentant l'excitabilité du système visuel, de sorte qu'un flash lumineux peut être perçu même en l'absence de lumière durant une période de l'ordre de 100 ms autour de l'instant où le deuxième son est produit. Dans cette expérience, les ondes alpha semblent ainsi jouer un rôle d'horloge interne, susceptible de se synchroniser à une stimulation sonore pour augmenter l'excitabilité des voies visuelles.

Les expériences comportementales comme l'effet McGurk montrent qu'à l'inverse, la mise en cohérence des propriétés temporelles d'un stimulus visuel avec un flux sonore modifie la perception de la scène auditive, et ce d'une façon qui améliore la sensibilité de l'écoute d'un son particulier d'intérêt, tandis que l'incohérence temporelle d'un flux lumineux avec un son perturbe son écoute, voire le relègue à un « bruit de fond » inaudible. Une étude récente du groupe de Jennifer Bizley [7] que nous avons discuté fournit des bases neurophysiologiques à ces effets en mettant en évidence un mécanisme de liaison multisensorielle qui conduit à la formation d'objets audio-visuels distincts dans le cortex auditif. Les résultats de cette étude montrent qu'une amélioration du contraste se produit dans la représentation corticale d'un son lorsqu'un stimulus visuel temporellement cohérent avec le son est présenté conjointement. Point important, cette amélioration touche les caractéristiques du son représentées dans le cortex auditif, qu'elles soient ou non corrélées avec le flux lumineux (ici l'intensité du son est corrélée au flux lumineux, mais le timbre ne l'est pas). On peut donc bien parler de la formation d'un objet audio-visuel distinct dans la représentation corticale, qui « hérite » des attributs des objets sonore et visuel dont il est formé. Les auteurs montrent, de plus, que cette amélioration de contraste met à nouveau en jeu les oscillations cérébrales : leurs résultats suggèrent en effet que la stimulation visuelle induit une synchronisation de la phase des ondes lentes du cortex auditif, rendant ainsi possible la manifestation d'une corrélation temporelle entre les influx visuels et auditifs. Cependant, cette synchronisation se produit indépendamment de l'existence ou non d'une cohérence temporelle entre le son et la lumière. Le centre de traitement de cette corrélation et de la formation d'un objet lié audio-visuel reste donc à déterminer, mais se trouverait vraisemblablement au-delà des cortex primaires auditif et visuel (A1 et V1). C'est aussi ce que suggère une troisième étude de Tim Rohe et Uta Noppeney [8] dont nous avons résumé brièvement les conclusions. Sur la base d'enregistrements par imagerie fonctionnelle faits sur des sujets lors d'une expérience de localisation sonore et visuelle, ces auteurs montrent que l'intégration audio-visuelle met en jeu l'activité des régions pariétales associatives du cerveau, au-delà des régions sensorielles primaires A1 et V1.

La dernière partie du cours s'est attachée à faire le point sur les connaissances acquises concernant l'intégration multisensorielle (audio-visuelle) chez les enfants. Les études psychophysiques montrent que les enfants ont, dès leur première année de vie, une sensibilité à la coïncidence temporelle des stimuli audiovisuels rythmiques, signe d'une intégration multisensorielle précoce des signaux audio-visuels de la parole notamment. Néanmoins, cette intégration reste sous-optimale et montre une lente maturation jusqu'à l'âge de 8 ans au moins, à partir duquel un usage flexible et efficace de l'information multisensorielle est établi. Plusieurs études ont montré que les enfants atteints de troubles autistiques ont, entre 9 et 12 ans, une perception multisensorielle (audio-visuelle) de la parole dans le bruit nettement dégradée par rapport à des enfants non autistes de même âge. Les enfants autistes montrent également une moins grande sensibilité à l'effet McGurk, ainsi qu'à l'illusion de double flash. Fait remarquable, ce déficit de l'intégration audio-visuelle disparaît vers l'âge de 13 ans. Ces données sont en faveur d'un retard de la mise en place de l'intégration audiovisuelle chez les enfants autistes, conduisant à un déficit de la perception audio-visuelle qui s'amenuise avec l'âge.

Nous avons, enfin, discuté une étude du groupe de Scott Murray [9] qui met en évidence un défaut d'adaptation corticale chez des enfants atteints d'autisme, dont les capacités cognitives sont par ailleurs normales et dont l'activité cérébrale est mesurée par imagerie fonctionnelle. L'adaptation neuronale, propriété essentielle du cortex auditif, se manifeste par une diminution progressive d'activité en réponse à l'exposition répétée à un même stimulus. Un défaut d'adaptation peut être interprété comme une incapacité du cortex à générer des prédictions à partir des stimulations antérieures formant le « contexte sensoriel » d'un individu. Les données recueillies par les auteurs montrent qu'un déficit significatif de l'adaptation est présent dans le cortex auditif des enfants souffrant d'autisme. La sévérité de ce déficit est, de plus, corrélée avec un indice comportemental (indice ADOS) mesurant la sévérité de l'atteinte autistique. Fait notable, un défaut similaire d'adaptation n'est pas observé dans le cortex visuel de ces enfants. Il s'agit donc d'un défaut d'adaptation spécifique du cortex auditif, qui pourrait jouer un rôle dans les déficits d'intégration audio-visuelle évoqués plus haut.

Pour conclure, nous sommes revenus sur le rôle essentiel de l'intégration audio-visuelle dans la perception de la parole, en soulignant son importance dans le cadre de la lecture labiale. Ce rôle est mis à profit notamment dans le langage parlé complété (LPC) pratiqué par les personnes malentendantes dites « oralisantes », dans lequel la combinaison des configurations des lèvres et des mains du locuteur permet de lever les ambiguïtés de la lecture labiale. Le LPC est très largement utilisé dans le cadre de la scolarisation des jeunes malentendants. Il a été adapté à plus d'une cinquantaine de langues. Il fournit un atout et un moyen compensatoire efficace aussi pour les personnes souffrant d'atteinte auditive progressive (y inclus de presbyacousie).

Cours 3 – Contribution du système efférent à la perception auditive

6 juin 2019

Ce troisième cours a porté sur les mécanismes par lesquels la perception d'un son par un auditeur est modulée par rétroaction du système auditif efférent sur les voies auditives ascendantes, une fois traitée l'information sensorielle (sonore, visuelle, tactile, ou autre). Cette modulation peut se faire de manière consciente lors de l'écoute attentive, mais elle est aussi en grande partie inconsciente, agissant comme un filtrage de haut niveau que le système auditif exerce en continu et qui dépend de façon essentielle de l'intégration multisensorielle dont nous avons vu certains aspects dans le cours précédent. La question du lieu et des mécanismes de cette intégration a conduit les chercheurs à s'interroger sur l'impact de la disparité et de la fiabilité des paramètres qui caractérisent les différents signaux sensoriels. Comment des paramètres sonores et visuels disparates sont-ils pris en compte et traités par le cerveau pour former un objet audio-visuel distinct ? Cette question nous a amenés naturellement à considérer le rôle de l'inférence statistique dans l'intégration multisensorielle. La première partie du cours a donc été consacrée à introduction de cette notion à travers son modèle le plus naturel, l'inférence bayésienne.

Les études comportementales indiquent que, lorsque des sujets sont confrontés à une tâche perceptive où interviennent plusieurs signaux sensoriels de nature, d'origine et de fiabilité différentes (comme c'est le cas dans l'expérience de la *coktail party*), ils procèdent à des arbitrages entre deux stratégies de traitement : 1) la ségrégation des signaux distincts, qui sont traités indépendamment ; 2) la fusion des signaux provenant d'une même source, qui forment alors des représentations ou percepts multimodaux. Au plan computationnel, ces arbitrages peuvent être modélisés par un certain type d'inférence bayésienne appelée « inférence causale ». Dans ces modèles, les représentations cérébrales des différents signaux sensoriels sont combinées à des contraintes de plausibilité de façon à permettre l'évaluation *a posteriori* de la valeur la plus probable des paramètres qui caractérisent ces signaux (positions des sources, intensités, fréquences, etc.). Cette valeur pourra être prise en compte pour l'exécution d'une tâche comme l'inférence causale (pour décider de traiter les signaux par ségrégation ou par fusion). La force de l'approche bayésienne tient dans le fait qu'elle permet une mise à jour continuelle de ces probabilités en fonction du flux de signaux sensoriels auquel le sujet est confronté.

À la suite de cette introduction, nous avons discuté une récente étude de Yinan Cao et collaborateurs [10] qui dévoile l'existence de mécanismes d'inférence causale dans l'intégration multisensorielle audio-visuelle, tout en caractérisant pour la première fois le lieu et le déroulé temporel de cette intégration. Pour ce faire, les auteurs ont utilisé la magnéto-encéphalographie afin de sonder l'activité cérébrale de sujets humains avec une haute résolution temporelle, alors qu'ils effectuaient une tache de catégorisation perceptive audiovisuelle (on leur demandait de caractériser la fréquence d'un train de pulsations sonores perçu en présence d'un train similaire de flash lumineux). Par une série élégante d'expériences et d'analyses statistiques avancées, ils ont pu mettre en évidence une progression graduelle et séquentielle dans les sites fonctionnels et la temporalité d'activation des différents modes d'intégration à l'œuvre dans leur expérience. Leurs résultats révèlent ainsi qu'un traitement correspondant au modèle ségrégé (stratégie 1) est activé en premier dans les cortex auditif et visuel primaires ; il est rapidement suivi par le modèle de fusion (stratégie 2) dont l'activation a lieu principalement dans les aires pariétales associatives du cortex auditif ; puis intervient le modèle d'inférence causale (dans lequel un arbitrage bayésien est effectué entre le modèle ségrégé et le modèle de fusion), qui est activé dans les régions du cortex frontal. Nous sommes ainsi en présence d'une hiérarchie temporelle et spatiale dans le traitement multisensoriel. Un rôle privilégié du lobe frontal dans l'inférence causale, rôle pressenti par les études anatomiques et comportementales antérieures, est, de plus, révélé pour la première fois de façon très directe.

La seconde moitié du cours a été consacrée au système auditif efférent proprement dit, c'est à dire l'ensemble des voies descendantes du système auditif (dites encore « voies corticofugales »), présentes chez les mammifères et aussi chez certains invertébrés comme le moustique ou l'araignée. Nous avons commencé par des rappels anatomiques et neurophysiologiques généraux, en insistant d'abord sur le rôle du système olivo-cochléaire, dont les premières descriptions datent des années 1940 et 1960 par Grant Rasmussen et qui reste le plus étudié, ayant longtemps été considéré comme synonyme du système auditif efférent. Rappelons que ce système est composé de deux sous-systèmes, dits « olivo-cochléaire médian et latéral », qui sont formés de neurones très différents se projetant sur la cochlée de façons différentes : le faisceau médian se projette principalement et directement sur les cellules ciliées externes, tandis que le faisceau latéral se projette en majorité sur les neurones afférents des cellules ciliées internes. Il semble bien établi que le rôle du système efférent olivo-cochléaire est de moduler l'activité cochléaire. Cette modulation est loin d'être comprise dans le détail, mais elle inclut le contrôle du gain de l'amplification cochléaire produite par les cellules ciliées externes, ainsi que la modulation de la réponse des neurones auditifs primaires qui transmettent l'information auditive encodée par les cellules ciliées internes. Des effets similaires n'ont pu jusque-là être établis clairement chez l'homme, chez qui les mesures ou manipulations directes de l'activité du système olivo-cochléaire ne sont pas possibles. Le rôle physiologique du système efférent chez l'homme (et même chez l'animal) reste donc controversé. On lui attribue cependant un rôle important dans la perception de la parole en présence de bruit, par la réduction de l'effet masquant du bruit que permettrait le contrôle du gain cochléaire par le faisceau olivo-cochléaire médian. Le rôle des efférences olivo-cochléaires latérales est encore moins clair ; celles-ci pourraient être impliquées dans la protection du système auditif contre les sons intenses, ainsi que dans la maturation de la réponse électrique des cellules ciliées internes au cours du développement.

Néanmoins, le système efférent ne se réduit pas au système olivocochléaire (qui reçoit lui-même des informations de relais efférents situés à des niveaux supérieurs), mais comporte un ensemble de boucles de rétrocontrôle qui vont du cortex auditif à la cochlée. L'attention des chercheurs s'est portée récemment sur le rôle des projections corticofugales du système auditif efférent, en particulier sur celles qui se projettent sur le colliculus inférieur. Ce n'est pas le moindre des paradoxes que ce rôle ait pu être mis à jour dans des études récentes, alors que celui du système olivo-cochléaire, qui a été beaucoup plus longtemps étudié, soit encore largement méconnu. Cela tient vraisemblablement au fait que les outils optogénétiques ont été négligés jusqu'ici dans l'étude du système olivo-cochléaire, alors qu'ils ont été utilisés de manière systématique au cours des cinq dernières années dans les études portant sur les étages supérieurs du système auditif efférent.

Pour illustrer ce point, nous avons terminé le cours en discutant brièvement une étude du groupe de Li Zhang de l'université de Californie [11], portant sur le rôle des projections corticofugales sur le colliculus inférieur dans un comportement inné de fuite induit par le son chez la souris. En déchiffrant de façon fine, au moyen d'outils optogénétiques, non seulement l'activation des voies efférentes corticofugales mais aussi l'effet de cette activation dans le réflexe de fuite, les auteurs ont pu mettre en évidence un circuit qui conditionne directement ce réflexe. Ce circuit met en jeu les voies ascendantes depuis le colliculus inférieur central vers le cortex auditif (en passant par le corps médian géniculé du thalamus), et au sein des voies descendantes corticofugales, les neurones pyramidaux issus du cortex auditif qui se projettent sur le cortex du colliculus inférieur. À sa sortie au niveau du cortex du colliculus inférieur, cette boucle vient contrôler la réponse de la partie dorsolatérale de la substance grise périaqueducale, dont l'implication dans d'autres réflexes de défense non innés (de type pavlovien) avait été démontrée dans des études antérieures.

Ainsi, un déchiffrage morphofonctionnel des projections efférentes du cortex auditif, aussi bien sur le thalamus que sur le colliculus inférieur, se met progressivement en place.

Cours 4 – Troubles de la compréhension de la parole : causes périphériques et centrales

13 juin 2019

Le quatrième cours de cette série centrée sur le thème « entendre sans comprendre » a porté sur des aspects médicaux. Ce thème est inspiré par les propos tenus par une des patientes d'Arnold Starr, pionnier de l'étude des neuropathies auditives : « Je vous entends mais je ne vous comprends pas ».

En 1996, Arnold Starr introduisait le terme « neuropathie auditive » dans un article dont il était le premier auteur. Il y rapportait les résultats des tests physiologiques et comportementaux qu'il avait obtenus chez une dizaine de patients présentant des atteintes auditives qu'il attribuait à « une anomalie de la portion auditive du nerf VIII du crâne ». Chez ces personnes, les produits de distorsions des otoémissions acoustiques étaient préservés ainsi les potentiels microphoniques cochléaires, indiquant que les CCE avaient gardé leur aptitude à distordre des sons et à les transduire. Elles se plaignaient de grandes difficultés de compréhension de la parole, et les enregistrements des potentiels auditifs évoqués montraient une forte dégradation des ondes allant jusqu'à leur absence complète. Et pourtant, de façon surprenante, leurs seuils auditifs psycho-acoustiques en réponse à des tons purs étaient normaux. À côté de cette association inédite de réponses à divers tests, affinée ultérieurement avec la mise en évidence de la diversité des cibles cellulaires et des mécanismes pathogéniques impliqués, on retiendra le terme « entendre sans comprendre » qui a le mérite d'attirer l'attention sur l'existence de dissociations entre sensibilité auditive et performances dans les modes de traitement des sons de parole.

Les patients de cette étude initiale ne présentaient pas d'autres manifestations neurologiques, suggérant une atteinte due à une neuropathie périphérique, touchant principalement le nerf auditif. On sait aujourd'hui que les neuropathies auditives périphériques incluent aussi des atteintes des voies auditives et du cortex auditif, pour l'essentiel suggérées dans le cadre de la presbyacousie, surdité neurosensorielle, liée au vieillissement. Toutefois, en ce qui concerne les neuropathies auditives périphériques dues à des atteintes génétiques, leur retentissement sur les voies auditives et le cortex auditif n'a pas encore fait l'objet d'une recherche approfondie et systématique. On retiendra donc que les neuropathies auditives comportent, d'une part, des atteintes génétiques rares et précoces (souvent congénitales) dont les cibles cellulaires sont périphériques et les processus physiopathologiques sous-jacents bien identifiés grâce à la connaissance du gène qui en est responsable et l'étude des modèles animaux correspondants, mais dont le retentissement central est largement méconnu. Elles comprennent, d'autre part, un grand nombre de cas qui correspondent à des atteintes tardives dont la cible première est aussi périphérique. Parmi ces dernières, on compte une large proportion des cas de presbyacousie et des atteintes auditives liées au bruit. Leurs processus physiopathologiques sous-jacents sont beaucoup moins bien connus ; l'exploration de leur retentissement central s'inscrit aujourd'hui principalement dans le cadre des associations mises en lumière entre presbyacousie et déclin cognitif. Nous avons ensuite examiné ce que l'on sait aujourd'hui des neuropathies auditives, en commençant par les neuropathies périphériques, qui sont aujourd'hui encore la seule classe d'atteintes sensorielles auditives que l'on sache distinguer des autres atteintes sensorielles périphériques sur le plan clinique. La première de ces neuropathies dont le mécanisme a été identifié est une atteinte causée par des mutations bialléliques du gène *Otof.* Ce gène code pour l'otoferline, une protéine transmembranaire des vésicules synaptiques qui possède six domaines C2 (quatre d'entre eux lient le calcium) et qui est requise pour la fusion des vésicules synaptiques au niveau des synapses à ruban des CCI de la cochlée. Nous avons discuté les travaux effectués au laboratoire sur cette protéine. En une vingtaine d'années, ils ont conduit à l'identification de cette protéine comme essentielle aux traitements des sons dans la cochlée, puis à l'exocytose synaptique des CCI, jusqu'à la démonstration de son rôle de « senseur calcique » de la fusion synaptique et du recyclage des vésicules synaptiques au niveau de la synapse à ruban [12 et 13]. Plus d'une centaine de mutations du gène Otof ont aujourd'hui été identifiées ; les atteintes auditives causées par ces mutations sont les plus fréquentes parmi les neuropathies auditives périphériques héréditaires. Deux autres atteintes héréditaires dont les effets se localisent aussi au niveau de la synapse des CCI sont responsables de neuropathies très semblables : elles sont dues à des mutations qui touchent le gène qui code pour les canaux calciques de type L Cav1.3, responsables de l'influx calcique qui déclenche la fusion des vésicules synaptiques, et d'autres qui touchent le transporteur du glutamate des CCI (vGlut3), qui fait pénétrer ce neurotransmetteur, l'unique neurotransmetteur des CCI, dans les vésicules synaptiques. Bien qu'il n'y ait pas de libération de neurotransmetteur dans la fente synaptique entre les CCI et les neurones auditifs primaires dans ces atteintes, la synapse des CCI reste chez les souris mutantes défectueuses en otoferline ou en vGlu3, dans une certaine mesure, intacte ; elle est comme « figée » dans cet état non fonctionnel. Ceci suggère qu'elle pourrait retrouver sa fonctionnalité si un ADN codant pour la protéine défectueuse est réintroduit dans la cellule. Les résultats récents du groupe du Dr Saaid Safieddine au laboratoire et d'autres montrent que tel est le cas ; ils laissent entrevoir la perspective d'un développement des premières thérapies géniques pour cette forme de surdité, DNFB9.

Pour un certain nombre d'autres neuropathies auditives héréditaires, l'identification du gène en cause a permis d'élucider les mécanismes moléculaires et cellulaires qui sont affectés. On peut citer :

– la neuropathie causée par la surexpression du gène *DIAPH3,* qui code pour un régulateur du cytosquelette. Seules les CCI sont atteintes. Cependant elles ne le sont pas au niveau de leur synapse, mais au niveau de leur plaque cuticulaire (située sous leur surface apicale) qui est sévèrement déformée par la formation d'un réseau aberrant de microtubules qui conduit à la dégénérescence de leur touffe ciliaire. Reste à comprendre pourquoi les CCE ne sont pas affectées ;

– une atteinte responsable de la surdité DFNB59, causée par des mutations du gène qui code pour pejvakine, identifiée au laboratoire par Sedigheh Delmaghani. Le classement de cette atteinte parmi les neuropathies auditives est dû au fait que, chez certains des premiers patients analysés, les otoémissions acoustiques spontanées étaient normales et les latences des ondes des potentiels évoqués acoustiques accrues. Nous avons montré, en étroite collaboration avec le Pr. Paul Avan de l'université de Clermont-Ferrand, que les souris dépourvues de pejvakine présentent une hypervulnérabilité aux sons induisant une variabilité tout à fait anormale de leurs seuils auditifs. Puis une étude approfondie de ces mutants nous a permis de montrer que l'atteinte porte effectivement sur les CCI et sur les neurones auditifs afférents primaires (en accord avec une atteinte de type neuropathie), mais qu'elle touche aussi les CCE. Nous avons pu montrer que la pejvakine est un composant des peroxysomes. Elle conditionne la prolifération des peroxysomes induite par le stress oxydant que génère la stimulation sonore. La réponse au son se traduit par la production d'espèces réactives de l'oxygène (ROS) dont l'élimination par réduction dépend de la prolifération des peroxysomes. Or nous avons observé que la pejvakine conditionne cette prolifération en intervenant dans une étape antérieure, l'élimination des peroxysomes endommagés, par pexophagie. En l'absence de pejvakine, les peroxysomes endommagés par les ROS ne sont pas éliminés, et la formation de nouveaux peroxysomes ne peut pas avoir lieu [14 et 15] ;

– d'autres neuropathies sont causées par des atteintes des neurones auditifs primaires : elles incluent des atteintes impliquant la protéine mitochondriale défectueuse dans l'atrophie optique, OPA1 (*optic atrophy* 1) nécessaire à la fusion mitochondriale, la frataxine défectueuse dans la maladie de Freidreich, protéine mitochondriale impliquée dans le métabolisme fer-souffre ; elles incluent certaines anomalies qui portent sur la gaine de myéline des neurones auditifs (maladie de Charcot et sclérose en plaque) ;

– enfin, il existe d'autres neuropathies dues à des atteintes métaboliques, comme l'hyperbilirubinémie, le déficit en biotinidase récemment rapporté, et un déficit impliquant une protéine anti-apoptotique qui reste à caractériser.

Dans la seconde partie du cours, nous nous sommes intéressés aux neuropathies auditives liées au bruit et à l'âge. Tandis que les neuropathies auditives périphériques héréditaires touchent peu de personnes, un nombre considérable d'individus à travers le monde souffrent de surdités liées au bruit ou de presbyacousie. Leur nombre croît avec l'augmentation de la densité des populations en zones urbaines et le vieillissement des populations. L'organisation mondiale de la santé (OMS) estime que près de 1,1 milliards de jeunes entre 12 et 35 ans sont aujourd'hui exposés au risque de développer une surdité liée au bruit, en raison d'un usage non contrôlé des baladeurs. Quant aux personnes vieillissantes, 450 millions d'entre elles, selon les prévisions de l'OMS, seront atteintes de presbyacousie d'ici 2050.

Enfin, nous avons abordé les effets de la presbyacousie sur la cognition, que nous avons discutés à la lumière d'un ensemble de données accumulées depuis 2005, date à laquelle on a commencé à suspecter une association entre perte auditive et déclin cognitif chez les personnes âgées. Une méta-analyse parue en 2017 [16] a révélé que la perte auditive est le facteur de risque modifiable le plus élevé de l'apparition d'une démence liée à l'âge. Quatre hypothèses ont été avancées pour rendre compte des associations entre presbyacousie et démence :

1) l'une dite de « surcharge cognitive » selon laquelle la perte auditive accroît la charge cognitive, conduisant à un déclin cognitif ;

2) une autre dite de « déprivation sensorielle », selon laquelle toute privation sensorielle (auditive ou autre) conduit à des détériorations permanentes des fonctions cognitives ;

3) une hypothèse dite de « dégradation de l'information », selon laquelle les personnes âgées mobilisent davantage leurs ressources cognitives pour comprendre la parole qui leur parvient sous forme dégradée ;

4) une hypothèse qui stipule l'existence de mécanismes communs à l'origine de la perte auditive au niveau périphérique et au niveau central.

Il s'ensuit que compenser autant que possible les atteintes auditives périphériques (par le recours à des prothèses auditives ou à l'implants cochléaires si nécessaire) pourrait réduire la probabilité de survenue d'une démence et/ou sa sévérité. Cet espoir est étayé par les premiers résultats de certaines études menées à grande échelle, qui semblent montrer que les démences sont moins fréquentes chez des patients âgés dont la surdité est compensée par une aide auditive. Ceci explique les préconisations actuelles de l'OMS, qui détaille dans un rapport récent les facteurs de risques de la démence susceptibles d'être modifiés ; parmi eux, les déficits auditifs figurent en bonne place.

En raison de la perte d'autonomie associée au déclin cognitif, les hypothèses susmentionnées qui ne sont pas mutuellement exclusives concentrent aujourd'hui les efforts de recherche d'un grand nombre de laboratoires.

Références :

[1] He W., Kemp D. et Ren T., « Timing of the reticular lamina and basilar membrane vibration in living gerbil cochleae», *Elife*, 2018, art. 37625, https://doi:10.7554/eLife.37625.

[2] Nuttall A.L, Ricci A.J, Burwood G., Harte J.M., Stenfelt S., Cayé-Thomasen P., Ren T., Ramamoorthy S., Zhang Y., Wilson T., Lunner T., Moore B.C.J. et Fridberger A., « A mechanoelectrical mechanism for detection of sound envelopes in the hearing organ », *Nature Communications*, vol. 9, nº 1, 2018, art. 4175, https://doi:10.1038/s41467-018-06725-w.

[3] Yao J.D., Bremen P. et Middlebrooks J.C., « Emergence of spatial stream segregation in the ascending auditory pathway », *Journal of Neuroscience*, vol 35, nº 49, 2015, p. 16199-16212, https://doi:10.1523/JNEUROSCI.3116-15.2015.

[4] Marlin B.J., Mitre M., D'amour J.A., Chao M.V. et Froemke R.C., « Oxytocin enables maternal behaviour by balancing cortical inhibition », *Nature*, vol. 520, 2015, art. 7548, p. 499-504, https://doi:10.1038/nature14402.

[5] Kuchibhotla K.V., Gill J.V., Lindsay G.W., Papadoyannis E.S., Field R.E., Sten T.A., Miller K.D. et Froemke R.C., « Parallel processing by cortical inhibition enables context-dependent behavior »; *Nature Neuroscience*, vol. 20, nº 1, 2017, p. 62-71, https://doi:10.1038/nn.4436.

[6] Cecere R., Rees G. et Romei V., « Individual differences in alpha frequency drive crossmodal illusory perception », *Current Biology*, vol. 25, nº 2, 2014, p. 231-235, https://doi:10.1016/j.cub.2014.11.034.

[7] Atilgan H., Town S.M., Wood K.C., Jones G.P., Maddox R.K., Lee A.K.C. et Bizley J.K., « Integration of visual information in auditory cortex promotes auditory scene analysis through multisensory binding », *Neuron*, vol. 97, nº 3, 2018, p. 640-655, https://doi:10.1016/j.neuron.2017.12.034.

[8] ROHE T. et NOPPENEY U., *Current Biology*, « Distinct Computational Principles Govern Multisensory Integration in Primary Sensory and Association Cortices », vol. 26, n° 4, 2016, p. 509-514, https://doi:10.1016/j.cub.2015.12.056.

[9] MILLIN R., KOLODNY T., FLEVARIS A.V., KALE A.M., SCHALLMO M.P., GERDTS J., BERNIER R.A. et MURRAY S., « Reduced auditory cortical adaptation in autism spectrum disorder », *Elife*, 2018, art. e36493, https://doi:10.7554/eLife.36493.

[10] CAO Y., SUMMERFIELD C., PARK H., GIORDANO B.L. et KAYSER C., « Causal inference in the multisensory brain », *Neuron*, vol. 102, n° 5, 2019, p. 1076-1087, https://doi:10.1016/j.neuron.2019.03.043.

[11] XIONG X.R., LIANG F., ZINGG B., JI X.-Y., IBRAHIM L.A., TAO H.W. et ZHANG L.I., « Auditory cortex controls sound-driven innate defense behaviour through corticofugal projections to inferior colliculus », *Nature Communications*, vol. 6, 2015, art. 7224, https://doi:10.1038/ncomms8224.

[12] ROUX I., SAFIEDDINE S., NOUVIAN R., GRATI M., SIMMLER M.-C., BAHLOUL A., PERFETTINI I., LE GALL M., ROSTAING P., HAMARD G., TRILLER A., AVAN P., MOSER T. et PETIT C., « Otoferlin, defective in a human deafness form, is essential for exocytosis at the auditory ribbon synapse », *Cell*, vol. 127, n° 2, 2006, p. 277-289, https://doi:10.1016/j.cell.2006.08.040.

[13] MICHALSKI N., GOUTMAN J.D., AUCLAIR S.M., BOUTET DE MONVEL J., TERTRAIS M., EMPTOZ A., PARRIN A., NOUAILLE S., GUILLON M., SACHSE M., CIRIC D., BAHLOUL A., HARDELIN J.-P., SUTTON R.B., AVAN P., KRISHNAKUMAR S.S., ROTHMAN J.E., DULON D., SAFIEDDINE S. et PETIT C., « Otoferlin acts as a Ca2+ sensor for vesicle fusion and vesicle pool replenishment at auditory hair cell ribbon synapses », *Elife*, 2017, 6:e31013, https://doi.org/10.7554/eLife.31013.001.

[14] DELMAGHANI S., DEFOURNY J., AGHAIE A., BEURG M., DULON D., THELEN N., PERFETTINI I., ZELLES T., ALLER M., MEYER A., EMPTOZ A., GIRAUDET F., LEIBOVICI M., DARTEVELLE S., SOUBIGOU G., THIRY M., VIZI E.S., SAFIEDDINE S., HARDELIN J.-P., AVAN P. et PETIT C., « Hypervulnerability to sound exposure through impaired adaptive proliferation of peroxisomes », *Cell*, vol. 163, n° 4, 2015, p. 894-906, https://doi:10.1016/j.cell.2015.10.023.

[15] DEFOURNY J., AGHAIE A., PERFETTINI I., AVAN P., DELMAGHANI S. et PETIT C., « Pejvakin-mediated pexophagy protects auditory hair cells against noise-induced damage », *Proceedings of the National Academy of Sciences*, vol. 116, n° 16, 2019, p. 8010-8017, https://doi:10.1073/pnas.1821844116.

[16] LIVINGSTON G. *et al.*, « Dementia prevention, intervention, and care », *Lancet*, vol. 390, n° 10113, 2017, p. 2673-2734, https://doi:10.1016/S0140-6736(17)31363-6.

PUBLICATIONS

2019

AKIL O., DYKA F., CALVET C., EMPTOZ A., LAHLOU G., NOUAILLE S., BOUTET DE MONVEL J., HARDELIN J.-P., HAUSWIRTH W.W., AVAN P., PETIT C., SAFIEDDINE S. et LUSTIG L.R., « Dual AAV-mediated gene therapy restores hearing in a DFNB9 mouse model », *Proceedings of the National Academy of Sciences of the United States of America*, vol. 116, n° 10, 2019, p. 4496-4501, https://doi.org/10.1073/pnas.1817537116.

BOUSFIHA A., RIAHI Z., ELKHATTABI L., BAKHCHANE A., CHAROUTE H., SNOUSSI K., BONNET C., PETIT C. et BARAKAT A., « Further evidence for the implication of the MET gene in non-syndromic autosomal recessive deafness », *Human Heredity*, vol. 84, n° 3, 2019, p. 109-116, https://doi.org/10.1159/000503450.

DEFOURNY J., AGHAIE A., PERFETTINI I., AVAN P., DELMAGHANI S. et PETIT C., « Pejvakin-mediated pexophagy protects auditory hair cells against noise-induced damage », *Proceedings of the National Academy of Sciences*, vol. 116, nº 16, 2019, p. 8010-8017, https://doi.org/10.1073/pnas.1821844116.

Hadrami M., Bonnet C., Zeitz C., Veten F., Biya M., Hamed C.T., Condroyer C., Wang P., Sidi M.M., Cheikh S., Zhang Q., Audo I., Petit C. et Houmeida A., « Mutation profile of glaucoma candidate genes in Mauritanian families with primary congenital glaucoma », *Molecular Vision*, vol. 25, 2019, p. 373-381.

Michalski N. et Petit C., « Genes involved in the development and physiology of both the peripheral and central auditory systems », *Annual Review of Neuroscience*, vol. 42, 2019, p. 67-86, https://doi.org/10.1146/annurev-neuro-070918-050428.

Richardson G.P. et Petit C., « Hair-bundle links: Genetics as the gateway to function », *Cold Spring Harbor Perspectives in Medicine*, 2019, a033142, https://doi.org/10.1101/cshperspect.a033142.

Sayeb M., Riahi Z., Laroussi N., Bonnet C., Romdhane L., Mkaouar R., Zaouak A., Marrakchi J., Abdessalem G., Messaoud O., Bouchniba O., Ghilane N., Mokni M., Besbes G., Yacoub-Youssef H., Petit C. et Abdelhak S., « A Tunisian family with a novel mutation in the gene CYP4F22 for lamellar ichthyosis and co-occurrence of hearing loss in a child due to mutation in the SLC26A4 gene », *International Journal of Dermatology*, vol. 58, nº 12, 2019, p. 1439-1443, https://doi.org/10.1111/ijd.14452.

Tertrais M., Bouleau Y., Emptoz A., Belleudy S., Sutton R.B., Petit C., Safieddine S. et Dulon D., « Viral transfer of mini-otoferlins partially restores the fast component of exocytosis and uncovers ultrafast endocytosis in auditory hair cells of otoferlin knock-out mice », *Journal of Neuroscience*, vol. 39, nº 18, 2019, p. 3394-3411, https://doi.org/10.1523/JNEUROSCI.1550-18.2018.

Trébeau C., Boutet de Monvel J., Wong Jun Tai F., Petit C. et Etournay R., « DNABarcodeCompatibility : an R-package for optimizing DNA-barcode combinations in multiplex sequencing experiments », *Bioinformatics*, vol. 35, nº 15, 2019, p. 2690-2691, https://doi.org/10.1093/bioinformatics/bty1030.

2018

Corns L.F., Johnson S.L., Roberts T., Ranatunga K.M., Hendry A., Ceriani F., Safieddine S., Steel K.P., Forge A., Petit C., Furness D.N., Kros C.J. et Marcotti W., « Mechanotransduction is required for establishing and maintaining mature inner hair cells and regulating efferent innervation », *Nature Communications*, vol. 9, 2018, p. 4015, https://doi.org/10.1038/s41467-018-06307-w.

Elrharchi S., Riahi Z., Salime S., Nahili H., Rouba H., Kabine M., Bonnet C., Petit C. et Barakat A., « Two novel homozygous missense mutations identified in the BSND gene in Moroccan patients with Bartter's syndrome », *International Journal of Pediatric Otorhinolaryngology*, vol. 113, 2018, p. 46-50, https://doi.org/10.1016/j.ijporl.2018.07.010.

Hadrami M., Bonnet C., Veten F., Zeitz C., Condroyer C., Wang P., Biya M., Sidi Ahmed M.A., Zhang Q., Cheikh S., Audo I., Petit C. et Houmeida A., « A novel missense mutation of GJA8 causes congenital cataract in a large Mauritanian family », *European Journal of Ophthalmology*, 2018, p. 621-628, https://doi.org/10.1177/1120672118804757.

Kurtenbach A., Hahn G., Kernstock C., Hipp S., Zobor D., Stingl K., Kohl S., Bonnet C., Mohand-Saïd S., Sliesoraityte I., Sahel J.-A., Audo I., Fakin A., Hawlina M., Testa F., Simonelli F., Petit C. et Zrenner E., « Usher syndrome and color vision », *Current Eye Research*, vol. 43, nº 10, 2018, p. 1295-1301, https://doi.org/10.1080/02713683.2018.1501804.

Talbi S., Bonnet C., Riahi Z., Boudjenah F., Dahmani M., Hardelin J.-P., Wong Jun Tai F., Louha M., Ammar-Khodja F. et Petit C., « Genetic heterogeneity of congenital hearing impairment in Algerians from the Ghardaïa province », *International Journal of Pediatric Otorhinolaryngology*, vol. 112, 2018, p. 1-5, https://doi.org/10.1016/j.ijporl.2018.06.012.

Processus morphogénétiques

Alain Prochiantz
Membre de l'Institut (Académie des sciences),
professeur au Collège de France

Mots-clés : Évolution, neurologie, génétique, psychiatrie

La série de cours « Données récentes sur l'étiologie de quelques pathologies neurologiques et psychiatriques » est disponible en audio et en vidéo sur le site internet du Collège de France (https://www.college-de-france.fr/site/alain-prochiantz/course-2018-2019.htm), ainsi que le colloque « Development and regeneration: Same mechanisms? Same concepts? » (https://www.college-de-france.fr/site/alain-prochiantz/symposium-2018-2019.htm), et les conférences du professeur invité Gyorgy Buzsáki (https://www.college-de-france.fr/site/alain-prochiantz/guestlecturer-2018-2019.htm).

Enseignement

Cours – Instabilité génétique dans les maladies neurologiques et psychiatriques

Introduction

Une question centrale pour le vivant est celle du nécessaire équilibre entre la destruction et la création organique. Cet équilibre se joue aussi au niveau des individus qui sont remplacés au terme d'un nombre d'années variables selon les espèces, disons autour de 80 pour *sapiens*. Ce qui veut dire que cet équilibre présente une pente négative dont il sera question à propos des maladies neurodégénératives, un aspect du vieillissement important. L'instabilité biologique n'est pas seulement importante pour une adaptation par individuation, elle est aussi essentielle pour

A. Prochiantz, « Processus morphogénétiques », *Annuaire du Collège de France 2018-2019. Résumé des cours et travaux*, 119e année, Paris, Collège de France, 2022, p. 221-228, https://doi.org/10.4000/annuaire-cdf.17022.

l'évolution des espèces et se trouve à l'origine des capacités cognitives exceptionnelles de *sapiens*. J'ai exposé les deux années précédentes certains aspects positifs de l'instabilité génétique (son rôle dans l'évolution) et me pencherai cette année sur ses aspects négatifs pour les individus. Cela permet de rappeler que ce qui est bon pour l'espèce ne l'est pas forcément pour les individus, là encore tout est question d'équilibre. On verra plus bas que même si j'ai conservé les titres de cours qui avaient été affichés, au sens littéral du terme, j'ai pris – à mon habitude – la liberté de m'en écarter pour des raisons liées à l'actualité scientifique.

Cours 1 – Robustesse et instabilité dans le vivant

Après un rappel historique de l'importance du thème dans les sciences biologiques, le cours s'est concentré sur la neurogenèse adulte. Cette décision de dernière minute se justifie par une controverse née de deux articles niant l'existence de la neurogenèse adulte chez les humains. Cette question entrait parfaitement dans le cadre du cours puisque cette neurogenèse adulte est à la base du renouvellement de classes de neurones dans le bulbe olfactif, le striatum et surtout l'hippocampe, structure impliquée dans la mémorisation. J'ai donc décrit les articles principaux traitant de cette question et exposé les arguments des uns et des autres. Il semble, sous réserve d'inventaire, que cette controverse soit née de l'utilisation de marqueurs différents entre les équipes et que, sur la base des résultats publiés à cette période et depuis, il est probable que la neurogenèse adulte existe non seulement chez les rongeurs mais aussi chez les primates humains et non humains. L'un des articles publiés depuis est particulièrement important et décrit une baisse fore de la neurogenèse adulte chez des patients atteints de la maladie d'Alzheimer. Cette importance de la neurogenèse pour la longévité cérébrale vient rejoindre des travaux plus anciens démontrant que la neurogenèse adulte dans l'hippocampe baisse dans des modèles murins de dépression.

Cours 2 – Quelques facettes de l'instabilité génétique

Le premier cours sur la neurogenèse a permis d'introduire une forme très intéressante d'instabilité des génomes qui est la rétrotransposition. En effet, l'équipe de Fréderic Gage, un des pionniers de la neurogenèse adulte chez les humains, avait observé que dans les neuroblastes de l'hippocampe en prolifération, des éléments mobiles de la famille des LINE sont transcrits, puis rétrotranscrits en ADN et réinsérés ailleurs dans le génome. Bref, ils sautent, introduisant un mosaïcisme génétique dans la population neuronale. La fonction de ce phénomène n'est pas connue, mais une hypothèse intéressante est qu'il pourrait créer un répertoire de neurones génétiquement différents, objets d'une sélection et permettant une adaptation de la structure chez l'adulte, une forme de darwinisme somatique, en quelque sorte. Dans ce contexte, il est intéressant de constater que cette rétrotransposition, donc instabilité, est augmentée dans un protocole de stress périnatal consistant à séparer les petits de leur mère.

Ce qui me permet d'introduire le travail du groupe d'Eric Nestler qui démontre que, chez la souris, la séparation maternelle pendant une période critique s'étalant entre les jours 10 et 20 après la naissance entraîne un risque de dépression chez les petits non résilients parvenus à l'âge adulte. Cette modification de longue durée du comportement est entièrement liée à la baisse transitoire de l'expression du facteur de transcription OTX2 dans les neurones dopaminergiques de l'aire tegmentale ventrale. Au-delà du mécanisme d'action d'OTX2 qui a été discuté, cela m'a conduit à expliquer ce qu'est cette aire et de décrire ses aires de projection, comme les noyaux de l'amygdale, l'hippocampe ventral, le cortex préfrontal, le *nucleus accumbens* et le cortex cingulaire antérieur.

Cours 3 – Modèles de maladies neurologiques

Ce cours a privilégié l'étude de formes d'instabilité autres que la mobilité des génomes, même si certains phénomènes exposés, par exemple la formation de cassures dans l'ADN, peut parfois présenter un lien avec l'expression des éléments mobiles, sans impliquer nécessairement leur réinsertion dans le génome. Des travaux assez anciens avaient démontré que des souris soumises à un nouvel environnement accumulent des cassures dans leur ADN, en particulier au niveau des neurones pyramidaux de l'hippocampe, structure importante dans l'orientation spatiale. Ces cassures sont ensuite réparées dès lors que l'animal est remis dans son environnement initial. Cela suggère que la cassure d'ADN est un phénomène normal, généralement suivi d'une réparation. Un aspect intéressant de ce travail était des souris porteuses d'une mutation trouvée dans certaines formes familiales de la maladie d'Alzheimer ne réparaient plus leur ADN, ou plus aussi efficacement. D'où l'idée que la cassure de l'ADN est un phénomène physiologique et que certaines maladies neurologiques, sinon toutes, pourraient être en premier lieu des maladies de la réparation de l'ADN. Cette hypothèse a été explorée et confirmée dans le cadre de modèles murins de la maladie de Parkinson et à partir de travaux développés dans mon équipe.

Cours 4 – Le vieillissement dans les maladies neurologiques

Ce cours avait pour objet de tracer un lien entre vieillissement et maladies neurologiques. En effet, on doit être frappé par le fait que même dans les formes génétiques de ces maladies, ce qui suppose que la mutation est présente dès la naissance (en fait depuis la fécondation), les symptômes ne se déclarent que tardivement, parfois même très tardivement, au cours de la vie adulte. Cela signifie que le cerveau est capable de trouver, un certain temps, des stratégies de contournement ou bien, et ce n'est pas exclusif, que le vieillissement modifie les neurones au point qu'ils deviennent plus sensibles à la mutation. J'ai donc orienté le cours vers l'hypothèse selon laquelle le vieillissement conduirait à des altérations de l'hétérochromatine et donc à l'expression illégitime de gènes normalement réprimés, puisqu'inclus dans cette hétérochromatine. Sur la base de nos propres travaux nous nous sommes intéressés aux éléments transposables et fait un tour chez la Drosophile pour constater cette augmentation de l'expression de certains de ces éléments (*gypsy* par exemple) avec le vieillissement et suivre l'effet pathologique de leur dérépression précoce. En discutant ensuite un article démontrant que certains modèles de maladie d'Alzheimer se traduisent par une relaxation la chromatine et en bouclant sur nos propres travaux sur la maladie de Parkinson, nous avons proposé que l'expression à un niveau physiologique des LINE est nécessaire à la formation de coupures réparables favorisant l'expression de gènes longs, mais que la surexpression des LINE, liées à la relaxation de la chromatine, induit la formation de coupure en nombre excessif et à un débordement des systèmes de réparation qui, eux-mêmes diminuent avec l'âge. En résumé, comme disait Bette Davis : « Le vieillissement, c'est pas une affaire de mauviettes. »

Cours 5 – Modèles de maladies psychiatriques

Le dernier cours a repris un certain nombre de données exposées dans les 4 cours précédents dans le but de présenter un modèle général de l'interaction entre vieillissement et pathologies, en particulier les pathologies liées à la neurodégénérescence. Nous avons introduit un nouveau modèle, celui de la maladie de Charcot et discuté pour cette maladie le lien entre la désinhibition des neurones moteurs de la couche V du cortex moteur et la dégénérescence des neurones moteurs des cornes ventrales de la moelle qui caractérise cette maladie. Ce rapport entre le central et le périphérique marqué par le fait que nombre de patients atteints de la maladie de Charcot souffrent aussi d'une démence frontale m'a donné l'occasion de revenir sur l'importance du contrôle de l'équilibre entre excitation et inhibition au niveau des couches III et IV du cortex cérébral dans la mise en place de nombreuses fonctions, y compris des fonctions cognitives aux cours de périodes critiques du développement postnatal. Le rôle du facteur de transcription OTX2 dans ces périodes critiques au niveau du cortex cérébral rappelle de façon frappante le rôle de ce même facteur dans la période critique identifiée par le groupe de Nestler (voir cours 2, ci-dessus) pour la réponse au stress de séparation maternelle et l'installation d'un syndrome dépressif chez les animaux non résilients. Cette similarité m'a conduit à proposer un modèle qui conjugue ce qui se passe au niveau de l'aire tegmentale ventrale et au niveau des aires corticales limbiques innervées par les neurones dopaminergiques de l'aire tegmentale ventrale et impliquées dans les troubles de l'humeur.

Colloque – Développement et régénération ; même mécanismes, même concepts ?

15 mai 2019

Tous les organismes multicellulaires se développent et les mécanismes génétiques et cellulaires de ce processus ont été étudiés sur des systèmes modèles. Les mécanismes génétiques et cellulaires diffèrent entre phyla ou, au sein d'un même phylum, entre espèces. Mais malgré ces différences, des similitudes peuvent apparaître qui marquent les parentés évolutives. Pour ce qui est de la régénération, celle qui fait appel aux cellules souches présentes chez l'adulte, ou celle qui repose sur la réparation, comme pour les axones des cellules nerveuses, une grande inégalité existe entre les espèces. Certaines régénèrent facilement, d'autres ont plus de difficultés à le faire, voire en sont incapables. À partir des données assez solides de l'embryologie, la question se pose de comprendre dans quelle mesure, selon les espèces, la régénération emprunte des mécanismes semblables à ceux connus pour le développement. Ce thème, si important pour la médecine régénérative a été décliné au cours d'interventions qui ont fait défiler le bestiaire des espèces et ont porté sur différents types d'organes. Une deuxième question sous-jacente est portée par le fait que certaines espèces sont capables de régénérer, soit en réactivant des « voies développementales » soit en inventant d'autres voies spécifiquement liées à la seule régénération, alors que d'autres espèces en sont incapables. Ce qui pose une troisième question, elle aussi abordée dans le colloque, celle des avantages et des inconvénients de cette fonction de régénération avec, en arrière-plan, l'idée développer des stratégies permettant d'activer la régénération chez des espèces ou dans des organes qui lui sont partiellement ou totalement sont réfractaires.

Programme :

• Alain Prochiantz (Collège de France) : introduction ;

• Denis Duboule (Collège de France) : ouverture ;

• Patrizia Ferretti (University College, Londres) : « Dynamic identity of somatic stem cells » ;

• Shahragim Tajbakhsh (institut Pasteur) : « Regulation of developmental and regenerative myogenesis » ;

• Sophie Vriz (Collège de France, Paris Diderot) : « Redox signaling and cell plasticity » ;

• Andras Simon (institut Karolinska) : « New regeneration: regulation and evolution » ;

• Catherina Becker (université d'Édimbourg) : « Successful spinal cord repair in the zebrafish » ;

• Andrew Forge (University College, Londres) : « Perspectives on hair cell regeneration in the inner ears of vertebrates » ;

• Sophie Jarriault (IGBMC) : « Plasticity of the cellular identity: A way to new neurons » ;

• Simone Di Giovanni (Imperial College) : « Immune-neuronal cross talk for axonal regeneration » ;

• Marc Hammarlund (université de Yale) : « How C. Elegans neurons sense and respond to injury » ;

• Brigitte Galliot (université de Genève) : « An evolutionary-conserved repressor of Wnt signaling controls head regeneration in hydra » ;

• Alfonso Martinez-Arias (univeristé de Cambridge) : « Development and the eternal return » ;

• Magdalena Zernicka-Goetz (université de Cambridge) : « Building the mouse and human embryo *in vitro* – One, two and three steps from now » ;

• Thomas Braun (institut Max-Planck de Gesellschaft) : « Skeletal muscle regeneration: Not a mere recapitulation of development » ;

• Alain Prochiantz (Collège de France) : « In praise of instability ».

Recherche

Notre recherche a poursuivi les axes indiqués dans l'année précédente, ce qui permis de focaliser les travaux sur la compartimentation du cortex et l'expression des LINE dans les neurones dopaminergiques de la substance noire. En parallèle, nous avons poursuivi l'étude des neurones parvalbumine du cortex cérébral et identifié les réseaux génétiques qui sont à la base de la régulation de leur plasticité. Ces résultats ont été publiés fin 2018 et en 2019 ou sont sous presse.

D'une façon générale, et dans le cadre de la réorganisation du travail liée à la création en septembre 2019 d'un laboratoire commun (Labcom) associant le Collège de France, le CNRS et l'INSERM à un partenaire industriel, la société BrainEver, nos travaux ont pris une tournure plus orientée vers les applications médicales, en particulier dans le champ des maladies de Parkinson et de Charcot.

Les travaux sur des modèles murins de la maladie de Parkinson avait conduit à démontrer que la protéine ENGRAILED-1 (EN1) injectée et internalisée (EN1 est capable de transduction cellulaire) par les neurones dopaminergiques de la substance noire les protège dans plusieurs modèles murins de la maladie. Mais il y a loin de la souris à l'homme et nous avons conduit des études chez le macaque, un primate non-humain très souvent utilisé en préclinique. Ces études qui ont été récemment publiées démontrent qu'une seule injection de la protéine dans leur substance noire protège les macaques contre une drogue qui détruit les neurones dopaminergiques et que l'effet de cette injection dure plus de 18 semaines. Ce travail a été publié dans *Mouvement Disorders*.

Pour rester sur EN1, nous sommes partis de son expression dans des interneurones V1 en contact synaptique avec les motoneurones pour former l'hypothèse selon laquelle le passage de EN1 des interneurones aux motoneurones pourrait jouer sur la survie de ceux-ci. Grâce à une lignée hétérozygote pour EN1, nous avons confirmé le rôle de EN1 dans la survie des motoneurons-alpha (aMN) qui sont présents dans les cornes ventrales de la moelle au niveau cervical et lombaire et innervent les muscles squelettiques. En effet on observe d'abord chez ce mutant une perte de force musculaire et une désorganisation de la synapse neuromusculaire, puis une dégénérescence des aMN avec une perte de 50 % de ces neurones, et d'aucune autre catégorie de neurones, après 15 mois. Physiologiquement, la neutralisation de EN1 extracellulaire conduit au même phénotype et l'injection dans le liquide céphalo-rachidien de la protéine humaine recombinante (hEN1) « sauve » les animaux hétérozygotes. Une seule injection chez des souris de 3 mois restitue la force, reconstitue la jonction neuromusculaire et sauve les neurones pour une période supérieure à 3 mois. Ce travail a été téléchargé sur le site bioRxiv et sera soumis pour publication dans les semaines qui viennent.

Dans la même veine d'une l'action salvatrice des homéoprotéines, nous avons comparé, sur différentes populations de neurones, des astrocytes et des cellules non-neurales, l'effet protecteur de EN1, EN2, GBX2, LHX9 et OTX2 contre un stress oxydatif *in vitro*. Nous avons observé que toutes sauvent les neurones, de deux régions différentes, même quand ces neurones n'expriment pas naturellement la protéine utilisée. Cet effet est aussi visible sur les astrocytes, mais pas sur des fibroblastes ou des macrophages et traduit la capacité de toutes les protéines utilisées de réparer les cassures d'ADN induites dans les neurones par le stress oxydatif. Ce travail est sous presse dans *eNeuro*.

Une autre ligne de recherche orientée vers les pathologies concerne la maladie d'Alzheimer. Au cours du séquençage de l'ARN des plexus choroïdes, nous avons observé que le gène codant pour le précurseur de la protéine amyloïde y était exprimé à un très haut niveau, bien plus que dans toute autre structure cérébrale. Cela nous a amenés à modifier spécifiquement l'expression du gène *APP* au niveau des plexus ou à y forcer l'expression du gène sauvage ou de gènes mutés dans certaines formes familiales de la maladie. Il résulte de ce travail que la protéine fabriquée dans les plexus et dont le domaine extracellulaire est sécrété dans le CSF régule la neurogenèse adulte au niveau de l'hippocampe et de la zone sous ventriculaire et que les formes mutées perdent cet effet trophique. Les animaux exprimant une forme mutée dans les seuls plexus choroïdes ont des troubles de l'apprentissage avec, en parallèle, des défauts de mémoire synaptique dans l'hippocampe. Cette étude suggère qu'une intervention thérapeutique au seul niveau des plexus choroïdes, structures d'accès aisé par la circulation veineuse, pourrait avoir des effets bénéfiques. Un manuscrit a été téléchargé sur bioRxiv et soumis pour publication.

Nous avons établi dans les années passées que le transport d'OTX2 depuis les plexus choroïdes vers les interneurones à parvalbumine de la couche IV du cortex cérébral est nécessaire et suffisant pour ouvrir la plasticité corticale à P20 (20 jours après la naissance) dans le cortex visuel de la souris et la clore à P40. Par ailleurs, le maintien d'un état non plastique chez l'adulte nécessite le transfert constant de la protéine OTX2. De ce fait, la diminution de ce transfert rouvre une période de plasticité corticale chez l'adulte. Cette observation a été étendue au cortex auditif et au cortex préfrontal médian. Cela place OTX2 en régulateur général possible de la plasticité du cortex cérébral. Dans la suite directe de cette observation, nous nous sommes interrogés sur le rôle d'OTX2 dans la mise en place de fonctions plus complexes que la vision ou l'audition et avons observé un rôle dans les états anxieux. Les souris hétérozygotes pour *Otx2* sont hypo-anxieuses et ce défaut peut être réparé par une expérience de gain de fonction du gène dans les plexus choroïdes. Cette régulation de l'état anxieux par perte et gain de fonction d'*Otx2* dans les plexus choroïdes a été reproduite sur des souris « sauvages ». Un manuscrit a été téléchargé sur bioRxiv et sera prochainement soumis pour publication.

Brevet

Mallet J.-M., Lavielle S., Marquant R., Prochiantz A., Di Nardo A., Testa D., Ligand controlling interaction between GAGs with their effector molecules and use thereof. EP18305752, 2018.

Publications

Articles

Blaudin de Thé F.-X., Rekaik H., Peze-Heidsieck E., Massiani-Beaudoin O., Joshi R.L., Fuchs J. et Prochiantz A., « Engrailed homeoprotein blocks degeneration in adult dopaminergic neurons through LINE-1 repression », *The EMBO Journal*, vol. 37, n° 15, 2018, e97374, https://doi.org/10.15252/embj.201797374.

Planques A., Moreira V.O., Dubreuil C., Prochiantz A. et Nardo A.A.D., « OTX2 signals from the choroid plexus to regulate adult neurogenesis », *ENeuro*, vol. 6, n° 2, 2019, https://doi.org/10.1523/ENEURO.0262-18.2019.

Thomasson N., Pioli E., Friedel C., Monseur A., Lavaur J., Moya K.L., Bezard E., Bousseau A. et Prochiantz A., « Engrailed-1 induces long-lasting behavior benefit in an experimental Parkinson primate model », *Movement Disorders: Official Journal of the Movement Disorder Society*, vol. 34, n° 7, 2019, p. 1082-1084, https://doi.org/10.1002/mds.27714.

Kaddour H., Coppola E., Di Nardo A.A., Le Poupon C., Mailly P., Wizenmann A., Volovitch M., Prochiantz A. et Pierani A., « Extracellular Pax6 regulates tangential Cajal-Retzius cell migration in the developing mouse neocortex », *Cerebral Cortex*, vol. 30, n° 2, 2019, p. 465-475, https://doi.org/10.1093/cercor/bhz098.

Abonce S.E.V., Leboeuf M., Prochiantz A. et Moya K.L., « Homeoprotein neuroprotection of embryonic neuronal cells », *ENeuro*, vol. 6, n° 5, 2019, https://doi.org/10.1523/ENEURO.0061-19.2019.

VINCENT C. (co-first), GILABERT-JUAN J. (co-first), ALVAREZ-FISCHER D., NARDO A.A.D., KREBS M.-O., PEN G.L. et PROCHIANTZ A., « Non-cell autonomous OTX2 transcription factor regulates anxiety-related behaviors in the mouse [preprint] », *BioRxiv*, 2019, 710848, https://doi.org/10.1101/710848. [Article publié dans *Molecular Psychatry*, vol. 2021, 2021, https://doi.org/10.1038/s41380-021-01132-y]

ABONCE S.E.V. (co-first), LEBŒUF M. (co-first), MOYA K.L. et PROCHIANTZ A., « The homeoprotein ENGRAILED-1 promotes motoneuron survival and sustains motor functions [preprint] », *BioRxiv*, 2019, 734020, https://doi.org/10.1101/734020.

ARNAUD K., OLIVEIRA MOREIRA V., VINCENT J., DALLERAC G., POUPON C.L., RICHTER M., MÜLLER U.C., RONDI-REIG L., PROCHIANTZ A. et NARDO A.A.D., « Non-cell autonomous choroid plexus-derived sAPPα regulates adult hippocampus proliferation and plasticity [preprint] », *BioRxiv*, 2019, 734103, https://doi.org/10.1101/734103. [Article publié dans *Life Science Alliance*, vol. 4, nº 11, 2021, https://doi.org/10.26508/lsa.202000703]

REVUES

DI NARDO A.A., FUCHS J., JOSHI R.L., MOYA K.L. et PROCHIANTZ A., « The physiology of Homeoprotein transduction », *Physiological Reviews*, vol. 98, nº 4, 2018, p. 1943-1982, https://doi.org/10.1152/physrev.00018.2017.

TESTA D., PROCHIANTZ A. et DI NARDO A.A., « Perineuronal nets in brain physiology and disease », *Seminars in Cell and Developmental Biology*, vol. 89, 2019, p. 125-135, https://doi.org/10.1016/j.semcdb.2018.09.011.

LIVRE

PROCHIANTZ A., *Singe toi-même*, Paris, Odile Jacob, 2019.

CHAPITRE DE LIVRE

PROCHIANTZ A., « De 1,23 % à 900 cm^3, petite différence et grandes conséquences », *in* P. DESCOLA (dir.), *Les Natures en question*, Paris, Odile Jacob/Collège de France, coll. « Colloque annuel du Collège de France », 2018, p. 151-166.

Microbiologie et maladies infectieuses

Philippe Sansonetti
Membre de l'Institut (Académie des sciences),
professeur au Collège de France

Mots-clés : microbiologie, physiopathologie moléculaire et cellulaire des infections, infections émergentes, infections chroniques, microbiote

La série de cours et séminaires « Infections chroniques et récurrentes » est disponible, en audio et vidéo, sur le site internet du Collège de France (https://www.college-de-france.fr/site/philippe-sansonetti/course-2018-2019.htm).

Enseignement

Cours et séminaires – Infections chroniques ou récurrentes

J'ai voulu cette année traiter d'un sujet que je n'avais pas analysé comme tel en détail, celui des infections chroniques et récurrentes qui représentent une des problématiques les plus complexes de la pathologie infectieuse, qu'il s'agisse d'infections bactériennes ou virales.

Cours 1 – Pourquoi des infections chroniques ou récurrentes ?

À l'occasion de ce cours, nous nous sommes interrogés sur la notion de chronicité et de récurrence en considérant les groupes bactériens les plus aptes à générer de telles situations, sans oublier des paramètres acquis comme l'antibiorésistance et le terrain. Ces infections demeurent d'une grande difficulté thérapeutique et la compréhension des bases génétiques et moléculaires de la chronicité et de la récurrence est gage de meilleure prévention et d'approches innovantes de traitement.

P. Sansonetti, « Microbiologie et maladies infectieuses », *Annuaire du Collège de France 2018-2019. Résumé des cours et travaux*, 119e année, Paris, Collège de France, 2022, p. 229-236, https://doi.org/10.4000/annuaire-cdf.17037.

Séminaire 1 – Biofilms, l'union fait la force mais qu'est-ce qui force à l'union ?

Jean-Marc Ghigo (institut Pasteur, Paris)

Jean-Marc Ghigo est un spécialiste éminent des biofilms, des bases génétiques et moléculaires de leur constitution, de leur régulation, particulièrement la transition cruciale entre phase sédentaire (biofilm) et phase planctonique (libre). Cette transition est importante car en position de biofilm, les bactéries acquièrent une « réfractance » aux antibiotiques, c'est-à-dire une résistance réversible lors de la transition planctonique. Une grande partie des infections chroniques sont dues à des bactéries organisées en biofilm. La mise au point d'agents dispersants du biofilm présentée dans ce séminaire est une des approches innovantes dans la lutte contre l'antibiorésistance et laisse espérer un meilleur contrôle des infections bactériennes chroniques.

Cours 2 – Biofilms, *persisters*, résistance : les défis de l'infection chronique

Nous avons repris en détail la problématique du portage chronique de *Salmonella Typhi*, source majeure de la dissémination du microorganisme, car ce portage est asymptomatique et peut durer plusieurs années. Ce fut le cas de « Typhoid Mary », une émigrante irlandaise, cuisinière à New York au début du XXe siècle et responsable de plusieurs épidémies de fièvre typhoïde, si bien que, devant son refus obstiné de quitter son métier, les autorités sanitaires en furent réduites à l'emprisonner. Les avancées dans l'étude de la physiopathologie de la fièvre typhoïde et particulièrement du portage chronique ont tôt montré le rôle de la vésicule biliaire comme réservoir, illustrant l'adaptation de *S. Typhi* aux conditions extrêmes régnant dans la vésicule biliaire, grâce à sa capacité de s'organiser en biofilms couvrant la muqueuse vésiculaire. D'autres facteurs sont impliqués, comme la délétion d'un certain nombre de gènes chromosomiques traduisant une adaptation croissante à l'homme et une batterie d'effecteurs altérant les réponses immunitaires innées et adaptatives, dont une toxine dont le rôle exact demeure malgré tout mystérieux.

Séminaire 2 – L'émergence d'un *persister*

Sophie Hélaine (Imperial College, Londres)

Sophie Hélaine a su récemment disséquer les bases génétiques et moléculaires de l'établissement d'un état de dormance métabolique qui permet, sous pression antibiotique à ces « persisters », de survivre. L'activité bactéricide des antibiotiques exige en effet pour l'essentiel que leur cible bactérienne soit métaboliquement active.

Cours 3 – Pathogènes bactériens : immunomanipulation, réduction génomique, « en marche » vers le parasitisme ?

Ce cours s'est fixé comme objectif d'intégrer biologie de l'évolution microbienne et analyse moléculaire et cellulaire de la pathogénicité afin d'établir, dans certains « cas d'école » un continuum entre propension à générer une infection chronique, bases génétiques, moléculaires et cellulaires de cette pathogénicité chronique, réduction génomique et progression vers le parasitisme intégral. Nous avons pour cela choisi deux exemples, l'un, *Staphylococcus aureus*, traité dans le cours, et l'autre, Chlamydia, traité dans le séminaire. Pour *S. aureus*, nous avons mis un accent particulier sur la description et l'intégration fonctionnelle des mécanismes de manipulation de l'immunité innée et adaptative dont la combinaison des effecteurs génère le processus de chronicité et de récurrence. Nous avons défini en détail les paramètres suivants : évasion, dépôt et activation du système du complément ; inhibition de l'opsono-phagocytose médiée par les anticorps ; délétion des lymphocytes B et T par la sécrétion de toxines à fonction de superantigènes ; inhibition du recrutement/activation des cellules phagocytaires ; résistance aux peptides antimicrobiens de l'hôte produits par les kératinocytes cutanés et les cellules phagocytaires cellules ; résistance aux espèces réactives de l'oxygène (ROS) ; échappement aux NET (*neutrophil extracellular traps*) ; cause la mort des cellules phagocytaires par sécrétion de cytolysines (leucocidines) formant des pores membranaires. Sans oublier la protection par la formation de biofilms très caractéristique des staphylocoques (*S. aureus* et *S. epidermidis*).

Séminaire 3 – Infection par Chlamydia : la « boîte noire » de la chronicité entrouverte

Agathe Subtil (institut Pasteur)

Agathe Subtil est une des personnalités scientifiques dominantes dans le domaine de la génétique moléculaire et de l'infection intracellulaire chronique par *Chlamydia trachomatis*. Cette bactérie à génome très réduit, amputée de nombreuses fonctions métaboliques, est devenue un parasite intracellulaire obligatoire totalement assujetti aux cellules humaines. Ce n'est que récemment qu'elle a pu commencer à être manipulée génétiquement, un changement d'échelle dans la capacité d'analyse des processus physiopathologiques. La bactérie subit un véritable processus développemental au sein de vésicules cytoplasmiques, passant du stade de corpuscule élémentaire à corpuscule réticulé. Ce processus évolutif est étroitement lié à la capacité de Chlamydia de pirater des fonctions métaboliques importantes de la cellule hôte, particulièrement acides aminés, lipides et sucres complexes. L'activité actuelle d'Agathe Subtil se développe sur l'identification des fonctions des multiples effecteurs sécrétés dans le cytosol cellulaire à partir des vésicules par les corpuscules microbiens. Certains affectent la dynamique du mouvement des organelles cellulaires, d'autres peuvent même affecter le contrôle épigénétique de l'activité transcriptionnelle de la cellule hôte.

Cours 4 – Redéfinir la latence et la chronicité des infections virales »

Ce cours a tenté de faire émerger le sens de la présence chronique, plus ou moins latente, de nombreuses espèces et génotypes viraux chez l'homme. Ce que l'on appelle maintenant communément le virome reste largement une énigme en matière de compréhension de la logique de sa coévolution avec l'espèce humaine. Tube digestif, peau, système immunitaire, système nerveux, foie sont les grands tissus connus pour héberger des virus sur un mode latent, éventuellement soumis à récurrences. Beaucoup de ces virus sont contractés très tôt dans la vie (Anellovirus, Papillomavirus non oncogènes) et, en l'absence de pathogénicité démontrable, on peut se demander quel est le sens de ce parasitisme chronique et à quel point, comme le microbiome bactérien, ce virome pourrait jouer un rôle dans le développement, la maturation et la santé ou la maladie de l'individu. Pour d'autres virus pathogènes comme les Herpèsvirus (HSV, CMV, Epstein-Barr), au-delà de la pathogénicité immédiate de la primo-infection et de récurrences fréquentes après leur entrée en latence, la question se pose de savoir s'ils peuvent collectivement avoir un effet bénéfique sur la maturation du système immunitaire chez l'enfant et un effet délétère influençant la sénescence des cellules effectrices de l'immunité chez le sujet âgé.

Séminaire 4 – Hépatite C, peut-on refermer le livre ?

Stanislas Pol (APHP et institut Pasteur)

Les hépatites B et C sont un paradigme important en santé publique du fait de la capacité de ces deux virus de causer une hépatite chronique susceptible de donner lieu à une cirrhose, voire un cancer hépatocellulaire. L'hépatite B a été largement contrôlée par la vaccination. L'hépatite C, par contre ne bénéficie pas encore d'un vaccin, mais sa guérison peut être obtenue par une association bien codifiée de molécules antivirales. Ces traitements permettent non seulement de guérir les patients, mais, en association avec les mesures de prévention, de réduire la circulation du virus en diminuant les réservoirs. Un des défis est la détection de possibles mutations induisant la résistance au traitement. Un autre est d'obtenir un rapport coût-efficacité de cette thérapeutique, la rapprochant des performances de la vaccination lorsque disponible et donc de prendre en charge le contrôle de la maladie dans les régions à faibles revenus. C'est particulièrement le cas dans la vallée du Nil, où l'établissement de partenariats publics privés (PPP) a permis d'établir les conditions du contrôle de l'infection hyperendémique dans cette région.

Cours à l'extérieur – *Microbes and humans, from emerging communicable epidemics to emerging non-communicable epidemics*

Introduction

Un tiers de mon enseignement a été dispensé lors de l'année académique 2018-2019 à l'université de Colombie Britannique à Vancouver, dans le cadre du contrat entre le Peter Wall Institute for Advanced Studies et le Collège de France, sous l'égide du consulat de France à Vancouver. Cet enseignement a consisté en deux cours et deux séminaires, ainsi que de nombreux entretiens avec les scientifiques locaux de ma discipline et les collègues internationaux de notre réseau CIFAR (Canadian Institute for Advanced Research) intitulé « Microbiome and human development ». Ce groupe multidisciplinaire associe des microbiologistes, biologistes cellulaires, biologistes du développement et de l'évolution, ainsi que des anthropologues.

Cours 1 – *Infectious diseases of the future: No crystal ball, just watching and thinking*

British Columbia Center for Disease Control Grand Round

Ce cours avait pour but de rappeler que la planète vit dans un régime d'émergences et réémergences infectieuses permanentes et que le paysage global des maladies infectieuses s'est considérablement complexifié avec la juxtaposition de véritables nouvelles infections, particulièrement virales, reflétant largement l'empreinte croissante d'*Homo sapiens* sur les écosystèmes (Anthropocène) et touchant sans discrimination les populations des pays à haut comme à bas revenus, ne serait-ce que du fait des échanges croissants (4 milliards de passagers aériens annuels). Ces nouvelles maladies émergentes, ne serait-ce que parce que, lors de leur première apparition, aucun vaccin n'est disponible, nécessitent, pour un contrôle efficace, la mise en place de nouveaux paradigmes multidisciplinaires intégrant sciences fondamentales et sciences humaines. L'exemple des épidémies récentes par le virus Ebola est typique de ces nouvelles approches alors qu'un vaccin efficace est enfin à l'horizon, ce qui n'est toujours pas le cas pour le Sida où la thérapeutique s'y est substituée avec des difficultés de coût et de délivrance large et soutenue aux patients. Les partenariats public-privé (PPP) se sont en partie construits autour de ces nouveaux paradigmes de prise en charge.

À ces nouvelles émergences s'associe la réémergence d'infections anciennes liée à une combinaison de facteurs où se mêlent encore science et sociologie. Les moteurs essentiels en sont la vague irrépressible de résistance bactérienne aux agents anti-infectieux liée à l'usage sans restriction des antibiotiques, y compris hors de la sphère médicale et vétérinaire, la défiance vaccinale et le vieillissement global des populations. « Il y aura toujours des maladies infectieuses, c'est un fait fatal » martelait Charles Nicolle dans ses leçons au Collège de France.

Cours 2 – *Gut microbiota as a driver of epithelial physiology*

Grand Lecture, UBC

Cette conférence a résumé une partie de la recherche effectuée dans mon unité de recherche de Pathogénie microbienne moléculaire à l'institut Pasteur. C'est un travail soutenu par l'European Research Council, qui vise à étudier l'impact du microbiote intestinal sur un aspect fondamental de la biologie de l'épithélium intestinal : la régénération de l'épithélium, particulièrement après altération toxique, physique (rayons X) ou chimique (molécules cystostatiques anticancéreuses). Nous avons montré que le muramyl dipeptide (MDP), un fragment du peptidoglycane qui constitue la paroi microbienne et qui est propre au monde procaryote, exerce un effet cytoprotecteur puissant sur les cellules souches épithéliales intestinales lors d'un stress cytotoxique. Nous avons démontré ce phénomène grâce à la mise au point d'un modèle d'organoïdes intestinaux, l'avons étendu à l'animal d'expérience et en avons déchiffré les mécanismes fondamentaux qui passent par l'activation de la voie de l'autophagie dans la cellule souche. Cette activation implique Nod2, très exprimé dans les cellules intestinales et cible du MDP. L'autophagie induite consiste essentiellement en une mitophagie permettant la neutralisation et la destruction des mitochondries, grandes productrices de radicaux oxygène superoxydes puissamment cytotoxiques pour les cellules souches et massivement produits par les mitochondries lors de stress cytotoxiques. Ces travaux ouvrent des perspectives thérapeutiques, en particulier dans la prévention des lésions intestinales lors d'un stress radique ou chimiothérapique.

Série de séminaires – *Chronic infections and pathological dysbiosis*

Séminaire 1 – *Typhoid vaccination saved World War 1*

Le 11 novembre 2018 devant les professeurs du Peter Wall Institute for Advanced Studies, des professeurs d'UBC et le consul de France

Ce séminaire a été préparé et délivré afin de célébrer le centenaire de l'armistice de la Grande Guerre. Dans une approche multidisciplinaire associant histoire, médecine, microbiologie, immunologie, vaccinologie et sociologie, j'ai essayé de donner du sens à une situation paradoxale : la très faible couverture vaccinale des armées française et allemande au début de la guerre, qui a donné lieu, des deux côtés, à une terrible épidémie de fièvre typhoïde, marquée par une très forte mortalité et des convalescences longues caractérisées par une asthénie et une malnutrition sévère. Le rôle des porteurs sains chroniques de bacilles typhiques a été souligné dans l'étiologie de la transmission. Inversement, l'armée anglaise aborda la guerre avec une forte couverture vaccinale, en dépit du caractère non obligatoire de ce vaccin. Devant les ravages de la maladie qui, dans certaines zones du front, menaçait la conduite des opérations militaires, un énorme effort de vaccination a été entrepris à partir de fin 1914, aboutissant à un contrôle de la maladie dans les deux armées dès la fin 1915. Le prix sociologique à payer fut cependant la défiance vis-à-vis des autorités médicales et militaires du fait de nombreux facteurs dont le caractère massif de la campagne vaccinale et de la mauvaise tolérance du vaccin. Côté français, l'impréparation et l'hostilité latente du personnel médical en dépit de l'obligation explique en partie la faible couverture vaccinale, alors que côté allemand, il s'agissait d'une véritable idéologie considérant que l'hygiène professée par Robert Koch et son école suffirait à contrôler les maladies du péril fécal comme la typhoïde. Cette approche avait montré un vrai succès en période de paix, y compris dans le contrôle des porteurs sains de bacille typhique mais n'était à l'évidence pas asaptée au chaos engendré par les opérations militaires, particulièrement quand les armées commencèrent à s'enterrer. Côté Anglais, la pédagogie avait fait son œuvre avec de grandes voix comme Wright et Osler. Intéressantes différences socioculturelles exacerbées par le conflit pour le meilleur et pour le pire.

Séminaire 2 – *Child stunting in subsaharan Africa: A multidisciplinary study*

Le 8 mars 2019 devant le groupe CIFAR (Microbiota and Human Development)

J'y ai présenté les premiers résultats de notre étude multicentrique AFRIBIOTA visant à évaluer l'implication du microbiote intestinal dans le retard de croissance et de développement psychomoteur de l'enfant dans les régions défavorisées de l'Afrique subsaharienne à Madagascar et en République centrafricaine. Nous avons pu montrer la présence d'une dysbiose massive dans le duodénum des enfants sévèrement malnutris, marquée par la prolifération de bactéries d'origine buccale et rhinopharyngée et non de bactéries entériques. Cette découverte permet d'envisager des approches préventives et curatives à cette affection qui touche environ 45 % des enfants de moins de 5 ans dans ces deux régions et représente une cause dominante de retard de développement et de fragilité aux infections. C'est le principal contexte de malnutrition chronique. Afin d'apporter maintenant un véritable lien de causalité, nous analysons les fondements de la rupture de la barrière gastroduodénale et modélisons la maladie chez la souris.

PUBLICATIONS

TINEVEZ J.-Y., ARENA E.T., ANDERSON M., NIGRO G., INJARABIAN L., ANDRÉ A., FERRARI M., CAMPBELL-VALOIS F.-X., DEVIN A., SHORTE S.L., SANSONETTI P.J. et MARTEYN B.S., « Shigella-mediated oxygen depletion is essential for intestinal mucosa colonization », *Nature Microbiology*, vol. 4, 2019, p. 2001-2009, https://doi.org/10.1038/s41564-019-0525-3.

SAFFARIAN A., MULET C., REGNAULT B., AMIOT A., TRAN-VAN-NHIEU J., RAVEL J., SOBHANI I., SANSONETTI P.J. et PÉDRON T., « Crypt- and mucosa-associated core microbiotas in humans and their alteration in colon cancer patients », *MBio*, vol. 10, nº 4, 2019, https://doi.org/10.1128/mBio.01315-19.

FERRARI M.L., MALARDÉ V., GRASSART A., SALAVESSA L., NIGRO G., DESCORPS-DECLERE S., ROHDE J.R., SCHNUPF P., MASSON V., ARRAS G., LOEW D., SANSONETTI P.J. et SAUVONNET N., « *Shigella* promotes major alteration of gut epithelial physiology and tissue invasion by shutting off host intracellular transport », *Proceedings of the National Academy of Sciences of the United States of America*, vol. 116, nº 27, 2019, p. 13582-13591, https://doi.org/10.1073/pnas.1902922116.

BRUNNER K., SAMASSA F., SANSONETTI P.J. et PHALIPON A., « *Shigella*-mediated immunosuppression in the human gut : subversion extends from innate to adaptive immune responses », *Human Vaccines & Immunotherapeutics*, vol. 15, nº 6, 2019, p. 1317-1325, https://doi.org/10.1080/21645515.2019.1594132.

SCHNUPF P. et SANSONETTI P.J., « *Shigella* pathogenesis: New insights through advanced methodologies », *Microbiology Spectrum*, vol. 7, nº 2, 2019, https://doi.org/10.1128/microbiolspec.BAI-0023-2019.

BONAMY C., SECHET E., AMIOT A., ALAM A., MOUREZ M., FRAISSE L., SANSONETTI P.J. et SPERANDIO B., « Expression of the human antimicrobial peptide β-defensin-1 is repressed by the EGFR-ERK-MYC axis in colonic epithelial cells », *Scientific Reports*, vol. 8, nº 1, 2018, p. 18043, https://doi.org/10.1038/s41598-018-36387-z.

SECHET E., TELFORD E., BONAMY C., SANSONETTI P.J. et SPERANDIO B., « Natural molecules induce and synergize to boost expression of the human antimicrobial peptide β-defensin-3 », *Proceedings of the National Academy of Sciences of the United States of America*, vol. 115, nº 42, 2018, E9869-E9878, https://doi.org/10.1073/pnas.1805298115.

BELOTSERKOVSKY I. et SANSONETTI P.J., « *Shigella* and enteroinvasive *Escherichia coli* », *in* G. FRANKEL et E.Z. RON (dir.), Escheria coli*, a Versatile Pathogen*, Cham, Springer, coll. « Current Topics in Microbiology and Immunology », vol. 416, 2018, p. 1-26, www.doi.org/10.1007/82_2018_104.

TAZI A., ARAUJO J.R., MULET C., ARENA E.T., NIGRO G., PÉDRON T. et SANSONETTI P.J., « Disentangling host-microbiota regulation of lipid secretion by enterocytes : Insights from commensals *Lactobacillus paracasei* and *Escherichia coli* », *MBio*, vol. 9, nº 5, 2018, e01493-18, https://doi.org/10.1128/mBio.01493-18.

VONAESCH P., MORIEN E., ANDRIANONIMIADANA L., SANKE H., MBECKO J.-R., HUUS K.E., NAHARIMANANANIRINA T., GONDJE B.P., NIGATOLOUM S.N., VONDO S.S., KANDOU J.E.K., RANDREMANANA R., RAKOTONDRAINIPIANA M., MAZEL F., DJORIE S.G., GODY J.-C., FINLAY B.B., RUBBO P.-A., PARFREY L.W., COLLARD J.-M., SANSONETTI P.J. et INVESTIGATORS T.A., « Stunted childhood growth is associated with decompartmentalization of the gastrointestinal tract and overgrowth of oropharyngeal taxa », *Proceedings of the National Academy of Sciences of the United States of America*, vol. 115, nº 36, 2018, E8489-E8498, https://doi.org/10.1073/pnas.1806573115.

NIGRO G., LEVY A., STEDMAN A. et SANSONETTI P.J., « Microbiote et régénération de l'épithélium intestinal : des signaux cryptiques décryptés dans la crypte = Microbiota and gut epithelial regeneration: Decrypting cryptic signals in crypts », *Bulletin de l'Académie nationale de médecine*, vol. 202, n° 7, 2018, p. 1393-1400, https://doi.org/10.1016/S0001-4079(19)30205-5.

TAWK C., NIGRO G., LOPES I.R., AGUILAR C., LISOWSKI C., MANO M., SANSONETTI P., VOGEL J. et EULALIO A., « Stress-induced host membrane remodeling protects from infection by non-motile bacterial pathogens », *The EMBO Journal*, vol. 37, n° 23, 2018, e98529, https://doi.org/10.15252/embj.201798529.

Évolution des génomes et développement (chaire internationale)

Denis Duboule

Professeur de génétique à l'université de Genève
et à l'École polytechnique fédérale de Lausanne,
membre de l'Institut (Académie des sciences),
professeur invité au Collège de France

Mots-clés : développement, embryon, génétique

La série de cours « Organoïdes, embryoïdes et développement *in vitro* » est disponible, en audio et vidéo, sur le site internet du Collège de France (https://www.college-de-france.fr/site/denis-duboule/course-2018-2019.htm), ainsi que le colloque « Development and regeneration: Same mechanisms? Same concepts? » (https://www.college-de-france.fr/site/denis-duboule/symposium-2018-2019.htm).

Enseignement

Cours – Organoïdes, embryoïdes et développement *in vitro*

Introduction

Le but général de ce cours était de faire le point sur la technologie et l'utilisation des organoïdes et des embryoïdes. En effet, depuis une dizaine d'années, l'on assiste à une recrudescence dans la production et l'utilisation de tels systèmes de remplacement des animaux dans l'étude de phénomènes et de pathologies aussi différents que le développement embryonnaire, les processus liés au cancer ou même la physiologie du système nerveux central.

D. Duboule, « Évolution des génomes et développement (chaire internationale) », *Annuaire du Collège de France 2018-2019. Résumé des cours et travaux*, 119e année, Paris, Collège de France, 2022, p. 237-241, https://doi.org/10.4000/annuaire-cdf.17055.

Les premiers organoïdes obtenus avec succès furent ceux reproduisant la fabrication de rétines *in vivo*, grâce à l'amélioration à la fois des conditions de culture des cellules souches embryonnaires, de l'ingénierie des matrices artificielles nécessaires et de l'utilisation de cytokines et autres molécules permettant de contrôler ces phénomènes compliqués.

Aujourd'hui, pratiquement chaque organe peut faire l'objet d'organoïdes correspondants (avec plus ou moins de réussite) et il devient ainsi peu à peu possible de transférer une grande partie du travail sur l'animal à des conditions *in vivo*, conditions nécessaires et indispensables par exemple à des criblages massifs ou à des analyses toxicologiques. Les organoïdes sont donc peu à peu rentrés dans la pratique quotidienne de très nombreux laboratoires et font maintenant l'objet de congrès particulier qui réunissent une masse critique de scientifiques de plus en plus nombreux.

Ce cours avait donc pour but de familiariser les auditeurs aux multiples facettes de ces nouvelles technologies, incluant leur histoire, les défis techniques, des exemples d'organoïdes utilisés déjà en recherche clinique et des perspectives d'avenir. Le déroulé du cours est précisé ci-dessous.

Cours 1 – Penser en trois dimensions : une brève histoire des organoïdes et leurs caractéristiques principales

7 mai 2019

Dans ce premier cours, un bref historique des organoïdes est présenté et il est montré que ces objets biologiques ont émergé suite à des développements technologiques spectaculaires dans trois domaines distincts : le domaine des cellules souches, celui de l'ingénierie des cultures de cellules et celui de la génétique du développement des mammifères. Ces développements conjoints répondent alors au besoin croissant de penser les systèmes biologiques *in vitro* en trois dimensions afin d'essayer de récapituler non seulement la structure et les types cellulaires des organes concernés, mais également certaines de leurs fonctions physiologiques. Les points suivants seront traités avec quelques détails :

- penser en trois dimensions ;
- un pont entre l'*in vitro* et l'*in vivo* ;
- début des cultures en 3D, explants ;
- définitions des termes ;
- bref historique des organoïdes ;
- caractéristiques principales ;
- développement et auto-organisation.

Cours 2 – Principe d'auto-organisation, matériel de départ et fabrication des organoïdes

14 mai 2019

Dans ce deuxième cours, les principes fondamentaux d'auto-assemblage et d'auto-organisation cellulaires sont discutés ainsi que les sources de matériel (cellules, tissus) nécessaires à la production d'organoïdes. Comment un système biologique peut-il s'auto-organiser et quelles sont les conditions extérieures requises pour que cela se produise ? L'importance du milieu externe et des supports de culture dans ces processus est grande et quelques illustrations sont données de la nécessité de calibrer

des conditions de cultures précises pour chaque type d'organoïdes. Les grandes recettes principales de fabrication de ces objets biologiques sont présentées :
- auto-organisation ;
- feuillets embryonnaires, développement de l'embryon ;
- fabrication des organoïdes, milieux de culture ;
- types et origines des cellules de départ ;
- protocoles de différenciation ;
- cellules ES et cellules iPS.

Cours 3 – Cellules ES, iPS, organoïdes humains et leurs promesses cliniques, organoïdes intestinaux

21 mai 2019

Dans ce troisième cours, après un bref rappel des notions de cellules souches et de reprogrammation (cellules souches embryonnaires ES et cellules souche pluripotentes induites iPS), un état des lieux est fait sur les organoïdes humains, les possibilités existantes et leur utilisation potentielle pour des approches cliniques. Puis, un premier exemple détaillé de la littérature récente est donné. Il concerne la production, le contrôle et l'utilisation clinique future des organoïdes intestinaux :
- dérivation des cellules ES et iPS ;
- organoïdes humains, rétines ;
- organoïdes et organes humains ;
- potentiel thérapeutique, avantages, limitations ;
- organoïdes intestinaux, organisation des cryptes ;
- organoïdes intestinaux normaux ou pathologiques.

Cours 4 – Organoïdes intestinaux comme modèles de pathologies, organoïdes cérébraux (mini-cerveaux)

28 mai 2019

Dans ce quatrième cours, après un bref rappel général sur les organoïdes intestinaux et leur utilisation comme modèles d'états pathologiques, nous abordons l'origine, la fabrication et l'utilité des organoïdes cérébraux ou « mini-cerveaux ». Ces organoïdes sont complexes à produire et hétérogènes. L'utilisation de ces « cerveaux *in vivo* » est décrite dans le contexte de pathologies associées au développement du cerveau ainsi que de certains cancers qui affectent des cellules du système nerveux central :
- organoïdes de cerveaux ;
- organisation des neurones, fréquence, probabilité ;
- fabrication et utilisation en recherche fondamentale ;
- mini-cerveaux comme modèles de microcéphalie ;
- tumeurs du cerveau *in vitro*.

Cours 5 – Organoïdes de foie, fabrication d'embryons mammifères *in vitro* : les blastoïdes

4 juin 2019

Dans ce cinquième cours, nous abordons l'origine, la fabrication et l'utilité des organoïdes hépatiques produits soit à partir d'hépatocytes, soit à partir de cholangiocytes (épithélium biliaire) Nous étudions leur importance potentielle dans la régénération du foie dans un but thérapeutique. Dans la seconde partie de ce cours, nous commençons à aborder la fabrication d'embryons mammifères *in vitro* par l'étude des « blastoïdes », c'est à dire d'objets biologiques ressemblant à des embryons précoces au stade de la pré-implantation :

- organoïdes de foie, hépatocytes, cholangiocytes ;
- régénération du foie ;
- origines des cellules ;
- tumeuroïdes de foie ;
- organoïdes de foie humain dérivés de cellules iPS ;
- organoïdes de foie de patients ALGS.

Cours 6 – Fabrication d'embryons mammifères *in vitro* ; blastoïdes, embryoïdes et gastruloïdes. Arriverons-nous à produire des embryons viables à partir de cellules somatiques ?

11 juin 2019

Dans ce sixième et dernier cours, nous traitons des possibilités actuelles de produire différents types d'embryons ou de structures embryonnaires à partir de cultures de cellules souches, c'est à dire de cellules somatiques (diploïdes). Nous étudions également les possibilités que ces pseudo-embryons peuvent offrir en termes de recherche fondamentale et d'approches biomédicales. Arriverons-nous un jour à produire des embryons en utilisant uniquement des cultures de cellules ? Différents types de pseudo-embryons sont traités, qui correspondent à des stades de développement variables et à des structures embryonnaires différentes :

- fabriquer des embryons *in vitro* ;
- développement précoce ;
- cellules souches embryonnaire, trophoblaste ;
- blastoïdes, induction du trophectoderme ;
- embryons ETS et ETX, présence de mésoderme ;
- gastruloïdes et élongation du corps *in vitro*.

Colloque – Développement et régénération : mêmes concepts, mêmes mécanismes ?

Colloque coorganisé avec le professeur Alain Prochiantz, les 15 et 16 mai 2019.

Le thème de ce colloque était de réévaluer, à la lumière des résultats récents obtenus dans ces deux domaines de recherches, si les mécanismes engagés dans les processus de régénération sont les mêmes que ceux qui président au développement des embryons. Par extension, peut-on utiliser les mêmes concepts lorsque l'on parle de ces deux phénomènes ? En d'autres termes, la régénération récapitule-t-elle le développement embryonnaire ?

Ces questions furent débattues pendant deux journées complètes, par une série d'intervenants travaillant tous à l'interface entre ces deux champs d'investigations tellement proches, et pourtant tellement différents l'un de l'autre.

Intervenants :

- Alain Prochiantz : introduction ;
- Denis Duboule : ouverture ;

• Patrizia Ferretti (University College de Londres, Royaume-Uni) : « Dynamic identity of somatic stem cells » ;
• Shahragim Tajbakhsh (Institut Pasteur, Paris) : « Regulation of developmental and regenerative myogenesis » ;
• Sophie Vriz (Collège de France/université de Paris Diderot) : « Redox signaling and cell plasticit » ;
• Andras Simon (Institut Karolinska, Suède) : « New regeneration: Regulation and evolution » ;
• Catherine Becker (université d'Édimbourg, Royaume-Uni) : « Successful spinal cord repair in the zebrafish » ;
• Andrew Forge (University College de Londres, Royaume-Uni) : « Perspectives on hair cell regeneration in the inner ears of vertebrates » ;
• Sophie Jarriault (IGBMC) : « Plasticity of the cellular identity: A way to new neurons » ;
• Simone Di Giovanni (Imperial Collège, Royaume-Uni) : « Immune-neuronal cross talk for axonal regeneration » ;
• Marc Hammarlund (université de Yale, États-Unis) : « How C. Elegans neurons sense and respond to injury » ;
• Brigitte Galliot (université de Genève) : « An evolutionary-conserved repressor of Wnt signaling controls head regeneration in hydra » ;
• Alfonso Martinez-Arias (université de Cambridge, Royaume-Uni) : « Development and the eternal return » ;
• Magdalena Zernicka-Goetz (université de Cambridge, Royaume-Uni) : « Building the mouse and human embryo *in vitro*. One, two and three steps from now » ;
• Thomas Braun (institut Max-Planck, Allemagne) : « Skeletal muscle regeneration: Not a mere recapitulation of development » ;
• Alain Prochiantz (Collège de France) : « In praise of instability ».

Santé publique*
(chaire annuelle 2018-2019)

Arnaud Fontanet

Épidémiologiste, professeur à l'Institut Pasteur
et au Conservatoire national des arts et métiers,
directeur de l'École Pasteur/Cnam de santé publique
et du Centre de santé globale de l'Institut Pasteur,
professeur invité au Collège de France

Mots-clés : épidémiologie, maladies infectieuses, pandémies, données massives

Les séries de cours « Les pandémies » et « Histoire de l'épidémiologie » sont disponibles en audio et vidéo, sur le site internet du Collège de France (https://www.college-de-france.fr/site/arnaud-fontanet/_course.htm), ainsi que le colloque « Le futur de l'épidémiologie à l'ère des "big data" » (https://www.college-de-france.fr/site/arnaud-fontanet/symposium-2018-2019.htm).

Enseignement

Cours – Les pandémies

Introduction

Alors que l'on pensait au XXe siècle en avoir fini avec les maladies infectieuses grâce aux progrès de l'hygiène, et à l'arrivée des antibiotiques et des vaccins, l'émergence de deux nouveaux virus, Ébola en 1976 et le virus de l'immunodéficience humaine en 1981 nous ont brutalement rappelé que les risques de nouvelles pandémies étaient toujours bien présents. Ce cours sur les pandémies explore les mécanismes d'émergence de nouveaux agents pathogènes, les conditions de diffusion de ces agents

* Chaire créée en partenariat avec Santé publique France.

A. Fontanet, « Santé publique », *Annuaire du Collège de France 2018-2019. Résumé des cours et travaux*, 119e année, Paris, Collège de France, 2022, p. 243-249, https://doi.org/10.4000/annuaire-cdf.17065.

au travers de la planète, leur impact, et est illustré de nombreux exemples tirés des grandes pandémies récentes : Sida, Ébola, Sars, hépatite C, Zika, etc.

Cours 1 – Naissance des pandémies

Les maladies émergentes peuvent être classées selon le mode d'émergence des agents pathogènes. Trois modes d'émergence sont décrits :

1) le franchissement de la barrière d'espèce par un pathogène, le plus souvent un virus, qui, une fois adapté à son nouvel hôte humain, sera en mesure de déclencher une épidémie. Les exemples les plus courants sont le Sras ou le Sida ;

2) la modification du génome d'un agent infectieux qui, de fait, acquiert une nouvelle virulence ou échappe à la réponse immunitaire que l'hôte avait développé contre cet agent infectieux. Cette modification du génome peut prendre la forme de réassortiments comme dans le cas du virus de la grippe, ou de mutations sous pression médicamenteuse dans le cas des virus, bactéries, parasites ou champignons ;

3) l'arrivée d'un agent infectieux dans une zone géographique où il ne circulait pas. Cela a été le cas pour le virus du Nil occidental, arrivé pour la première fois sur le continent américain à New York en 1999, ou pour le virus du chikungunya et le virus Zika, qui ont entamé un tour du monde au cours de la dernière décennie alors qu'ils étaient jusqu'à présent cantonnés à l'Afrique et à l'Asie. Les facteurs associés à la plus grande circulation des agents infectieux sont l'augmentation considérable de la population humaine, multipliée par quatre au XXe siècle ; les densités humaines très élevées atteintes au sein des mégalopoles tropicales, souvent insalubres ; et la mobilité accrue des populations, permettant avec l'avion la diffusion des pathogènes en quelques heures aux quatre coins de la planète. Un autre facteur important de propagation des maladies est le moustique du genre *Aedes*, présent en zone tropicale (*Aedes aegypti*) ou tempérée (*Aedes albopictus*). Ce moustique transmet plusieurs arboviroses qui sont de véritables fléaux, comme la fièvre jaune, la dengue, le chikungunya et le Zika. La colonisation planétaire entamée par *Aedes albopictus* il y a cinquante ans devrait s'accentuer sous l'effet du réchauffement climatique, comme le montre la progression du moustique dans la moitié sud de la France au cours des dix dernières années. Parmi les autres modes de propagation des agents infectieux, il est pertinent de mentionner la généralisation des injections et des transfusions (transmission des virus du Sida et des hépatites B et C), le commerce mondial des aliments (ex : importation en Allemagne du fénugrec égyptien à l'origine de l'épidémie à Escherichia coli 0104:H4 en 2011) et le commerce illégal des animaux (ex : épidémie de variole du singe aux États-Unis après l'importation clandestine de rats de Gambie en 2003).

Cours 2 – Impact des pandémies et nouvelles réponses face aux émergences infectieuses

Plusieurs indicateurs peuvent être utilisés pour juger de l'impact d'une pandémie. Pour un épidémiologiste, les taux de mortalité ou de morbidité sévère sont un indicateur naturel – et qui réserve des surprises. En effet, la mortalité des épidémies à fort impact médiatique (ex : Sras, Ébola), est très inférieure à celle d'épidémies silencieuses et beaucoup plus dévastatrices (ex : hépatites B et C) : l'épidémie de Sras a tué 774 individus en six mois, celle d'Ébola 11 500 en 18 mois en Afrique de l'Ouest, tandis qu'hépatites B et C tuent plus de 2 500 personnes chaque jour, soit un million de gens par an. Les maladies liées aux virus du Sras et d'Ébola ont comme caractéristiques communes une incubation courte (une à deux semaines) et une expression clinique bruyante (détresse respiratoire ou fièvre hémorragique). C'est ce qui les rend effrayantes, mais également plus vulnérables aux mesures de contrôle, car la contagiosité ne débute que plusieurs jours après le début des symptômes. Il est donc possible d'identifier les patients sur la base de leurs symptômes et de les isoler avant qu'ils ne deviennent contagieux. À l'inverse, un virus comme celui de l'hépatite C a une incubation longue (20 à 30 ans), et une expression clinique silencieuse (les patients ne deviennent symptomatiques qu'au stade de la cirrhose), permettant une propagation sournoise du virus pendant toute la période d'incubation où les patients sont déjà contagieux. C'est ainsi que plus de 300 millions d'individus sont aujourd'hui chroniquement infectés par les virus des hépatites B et C. Les épidémies vont également avoir un impact économique considérable, en lien avec le ralentissement des échanges commerciaux et touristiques, la fermeture d'aéroports, d'hôpitaux, voire des écoles. On estime à 50 milliards de dollars le coût économique de l'épidémie de Sras à Hong Kong en 2003. Pour les épidémies à forte mortalité, comme le Sida, le coût économique sera d'autant plus grand que la population touchée par la maladie est celle qui est économiquement active. La Banque mondiale estime qu'une épidémie sévère de grippe, d'une ampleur similaire à la grippe espagnole de 1918-1919, pourrait tuer 70 millions de personnes et avoir un coût économique de 7 000 milliards de dollars. Face à ces émergences infectieuses, de nouvelles réponses apparaissent. Le séquençage de nouvelle génération à haut débit permet l'identification de pathogènes inconnus sans *a priori* sur leur structure génomique, tandis que la production et comparaison en temps réel de séquences virales au cours d'une épidémie devrait permettre dans un avenir proche de reconstruire les chaînes de transmission. L'histoire récente nous a appris que nous ne sommes pas capables de prédire où et quand surviendra la prochaine épidémie : il est donc essentiel de disposer de moyens de surveillance planétaire permettant la détection précoce de foyers de cas anormaux pour une investigation immédiate. La révision du Règlement sanitaire international depuis 2005, obligeant les pays à déclarer à l'OMS tout événement épidémique anormal, et la surveillance de mots-clés liés aux épidémies par des moteurs de recherche spécialisés sur internet, contribuent à une bien meilleure réactivité de la communauté internationale face à ces événements. Enfin, le développement et pré-positionnement pour un essai de phase 3 de vaccins contre une liste de 11 pathogènes à fort potentiel pandémique dans le cadre d'un partenariat public-privé appelé CEPI est une initiative récente qui vient compléter notre arsenal en réponse à ces nouvelles menaces.

Cours 3 – Coronavirus du Sras, le virus venu de nulle part

Le Sras, ou syndrome respiratoire aigu sévère, a marqué les esprits. Ce fut d'abord la première grande pandémie du XXIe siècle. Son émergence est due au franchissement de la barrière d'espèces par un coronavirus totalement inconnu dont le réservoir est la chauve-souris, et qui va infecter l'homme par l'intermédiaire des civettes palmistes masquées consommées dans les restaurants du sud-est de la Chine. Grâce aux progrès de la biologie moléculaire, il a été possible de retracer le parcours de ce nouveau virus qui a conquis la planète en quelques semaines. Il a été notamment démontré qu'un médecin de Canton a infecté fin février 2003 dans un hôtel à Hong Kong dix personnes parties ensuite dans cinq pays différents, déclenchant ainsi la pandémie. Même si la mortalité a été faible (774 morts en six mois), l'épidémie a eu un impact médiatique retentissant, du fait de la nouveauté du virus, de sa diffusion rapide dans des pays industrialisés (Hong Kong/Chine, Singapour, ou le Canada) et de son tropisme hospitalier (infection des personnels, fermeture des hôpitaux). Il a fallu deux mois pour l'identification du coronavirus par les équipes de l'université de Hong Kong et du CDC d'Atlanta. La présence de cuisiniers parmi les premiers patients a incité les virologues et les épidémiologistes à enquêter dans les marchés de Canton pour identifier l'animal responsable de la transmission du virus à l'homme, qui s'est avéré être un petit carnivore consommé localement, la civette palmiste masquée. Du fait de la similarité des récepteurs ACE2 de l'épithélium de l'oropharynx des civettes et des hommes, seules deux mutations permettaient l'adaptation au récepteur de l'homme d'un virus adapté au récepteur de la civette, expliquant ainsi comment la civette a pu jouer le rôle d'hôte intermédiaire dans la transmission du virus à l'homme. Le réservoir du coronavirus, une chauve-souris de l'espèce *Rhinolophus*, a finalement été identifié, sans que l'on sache comment le virus est passé de la chauve-souris à la civette palmiste masquée. Le contrôle de l'épidémie a été possible par des mesures strictes d'isolement des cas, contagieux seulement quatre à cinq jours après le début des symptômes, et la restriction des déplacements. Le retard à la déclaration des premiers cas par la Chine a conduit à une modification du Règlement sanitaire international en 2005, obligeant dorénavant les pays à déclarer à l'OMS les foyers anormaux de cas suspects. Cette pandémie a finalement pris l'allure de grande répétition de ce qui nous attend en cas d'émergence d'un virus inconnu. Espérons que nous en aurons retenu les leçons.

Cours 4 – Hépatite C en Égypte, l'élimination, à quel prix ?

L'Égypte est le pays qui connaît l'épidémie d'hépatite C la plus importante au monde. On doit cette épidémie à la transmission du virus de l'hépatite C lors des campagnes de traitement de la bilharziose par injections intraveineuses de sels d'antimoine pendant les années 1960 et 1970. Avec l'arrivée des premiers tests diagnostiques dans les années 1990, le gouvernement égyptien prend conscience de l'ampleur du désastre, alors qu'apparaissent cirrhoses et cancers du foie, complications tardives de l'infection. En 2008, lors d'une enquête sur un échantillon national représentatif, la prévalence des infections chroniques est estimée à 10 % chez les adultes, soit 6 millions d'infection dans le pays. Mais du fait de la très longue incubation de la maladie (20 à 30 ans), le pire reste à venir : les travaux de modélisation montrent en effet que le pic de mortalité par cirrhose devrait survenir en 2020, et par hépato-carcinome en 2035. Plusieurs études cas-témoins dans les hôpitaux du Caire et plusieurs études de cohorte en zone rurale, identifient les facteurs associés avec la transmission du virus dans les années 2000 : il s'agit avant tout d'injections médicales et de perfusions par voie intraveineuse, d'actes chirurgicaux, et de soins dentaires à type de détartrage. La transmission au sein d'un même foyer reste limitée, estimée à 5 % des nouveaux cas. Alors que les programmes de prévention (limitation des injections, utilisation de matériel à usage unique, et stérilisation des appareils à usage répété) se mettent en place, le gouvernement égyptien décide de lancer un programme national de traitement pour la prise en charge des patients chroniquement infectés. Alors que l'association interféron pégylé et ribavirine permet de guérir 60 % des patients, au prix d'un traitement long, pénible, et cher (plusieurs milliers d'euros), les premiers antiviraux à action directe font leur apparition au milieu des années 2010. Ces traitements, pris pendant 12 semaines par voie orale, ont peu d'effets indésirables, et des taux de guérison supérieurs à 95 %. Le gouvernement égyptien opte pour la production locale de génériques de ces traitements, et parvient à les fournir à des coûts 1 000 fois inférieurs à ceux pratiqués dans les pays industrialisés (74 dollars contre 75 000 dollars pour l'association sofobusvir-daclatasvir). Depuis octobre 2018, l'Égypte a entamé une campagne nationale de dépistage portant sur 65 millions d'individus. La route vers l'élimination est encore longue, mais les progrès réalisés en Égypte ont été remarquables après la prise de conscience de la gravité de la situation.

Cours 5 – Zika, le pacte du moustique et du virus

Le virus Zika, nommé d'après la forêt ougandaise où il a été identifié en 1947, est longtemps resté une curiosité exotique. Transmis par les moustiques *Aedes*, il circule de façon endémique en Afrique subsaharienne et en Asie du sud-est, et semble bénin. En 2007, il apparaît sur l'Île de Yap en Micronésie avant de gagner en 2013-2014 la Polynésie française. Là, il infecte plus de la moitié de la population, et va provoquer un nombre important de paralysies sévères appelées syndromes de Guillain-Barré. En 2015, lors d'une épidémie massive au Brésil, on constate que des enfants nés de mères infectées pendant leur grossesse souffrent d'anomalies neurologiques graves dont des microcéphalies. Le 1er février 2016, l'OMS déclare le Zika « urgence de santé publique de portée internationale », et demande à la communauté scientifique de se mobiliser pour établir le lien entre le virus Zika et les complications neurologiques observées chez les adultes et les bébés. Alors que plusieurs études virologiques documentent la plus grande permissivité des cellules progénitrices neurales, celles qui entre la sixième et la dixième semaine du développement donneront naissance au futur cerveau, une étude de cohorte aux Antilles portant sur 546 femmes enceintes estime à 7 % le risque d'anomalies congénitales chez les enfants nés de mères infectées par le virus Zika pendant la grossesse. Le risque est maximal pour les infections ayant lieu au premier trimestre de la grossesse. L'épidémie s'est arrêtée fin 2016, faute de combattants, après avoir balayé les îles du Pacifique, l'Amérique latine, l'Amérique centrale, et les Antilles. Dans les zones les plus touchées, plus de la moitié de la population a été infectée, si bien qu'une nouvelle épidémie est peu probable tant que le groupe de personnes susceptibles d'être infectées ne s'est pas reconstitué. Au terme de cette épidémie, il n'existe toujours pas de traitement contre le virus Zika. Plusieurs vaccins sont en cours de développement, mais ne pourront vraisemblablement pas être testés en phase 3 en absence d'épidémie. Les études vectorielles ont montré le rôle prédominant joué par *Aedes aegypti* dans la transmission. *Aedes albopictus* est un vecteur compétent en laboratoire, mais n'a pas été incriminé « sur le terrain ». Cette épidémie a montré la limite des approches de contrôle vectoriel traditionnelles (destruction des gites larvaires, pulvérisations intra-domiciliaires, et utilisation de répulsifs) et appelle à des approches innovantes (par exemple moustiques infectés par la bactérie *Wolbachia* ou moustiques génétiquement modifiés), pour le contrôle des moustiques *Aedes*, responsables non seulement de la transmission du virus Zika, mais également des virus de la fièvre jaune, de la dengue, et du chikungunya.

Cours 6 – Ébola, une épidémie après l'autre

La première épidémie connue liée au virus Ébola remonte à 1976. Elle survient à une époque où l'on pensait les maladies infectieuses vaincues, au moins dans les pays industrialisés, grâce aux progrès de l'hygiène, aux antibiotiques et aux vaccins. Ébola, puis le Sida quelques années plus tard, nous montrent que l'on n'en a pas fini avec les maladies infectieuses : ainsi naît le concept des maladies émergentes. La maladie liée au virus Ébola est particulièrement effrayante, du fait de ses manifestations cliniques à type de fièvre hémorragique et du taux de mortalité très élevé qui lui est associé. De plus, les personnels soignants sont très exposés au risque de contracter la maladie. L'investigation de la première épidémie de Yambuku au Zaïre sera fructueuse : le virus sera pour la première fois identifié ; l'évolution clinique de la maladie et le rôle des injections et des contacts interpersonnels dans la transmission du virus seront décrits ; les mesures de contrôle associant surveillance, isolement et quarantaine seront mises en place, ainsi que l'utilisation d'équipement protecteur, la décontamination des surfaces infectées et la gestion des cadavres. Enfin, les premières transfusions de plasma de convalescents seront testées. Plus de 20 épidémies ont eu lieu depuis, toutes en Afrique centrale, sauf une en Afrique de l'Ouest (2014-2015), la plus importante, avec plus de 25 000 cas et 11 500 décès. Les connaissances cliniques et épidémiologiques sur la maladie se précisent. On apprend que les patients peuvent excréter du virus dans le sperme plusieurs mois après la guérison et être ainsi la source de redémarrage de l'épidémie. On comprend surtout que la réponse à l'épidémie doit être adaptée aux coutumes et croyances locales, et le concept d'enterrement sécurisé et digne, respectant les rites funéraires, est mis en place. Les recherches d'un réservoir animal aboutissent à la mise en évidence d'anticorps et de séquences nucléotidiques virales chez des chauves-souris frugivores d'Afrique centrale. Les grands singes et les antilopes jouent le rôle d'hôtes intermédiaires, permettant la transmission du virus à l'homme. Ce sera seulement lors de l'épidémie d'Afrique de l'Ouest en 2014-2015 que des progrès significatifs seront réalisés dans l'évaluation des outils de la réponse biomédicale. Un essai vaccinal en Guinée démontre l'efficacité d'un vaccin vivant atténué recombinant, qui est administré aux contacts des patients selon une stratégie dite « en anneau ». Quant aux traitements, les anticorps monoclonaux semblent prometteurs, mais les essais pratiqués dans un contexte difficile manquent de puissance statistique pour démontrer leur efficacité. La survenue d'une nouvelle épidémie au Nord-Kivu en 2018, atteignant des centres urbains de plus d'un million d'habitants, et dans un contexte de conflits armés et de défiance de la population vis-à-vis des personnels de santé, fait craindre le passage de l'épidémie à un stade endémique où l'élimination du virus deviendra extrêmement complexe.

Cours – Succès et limites de l'épidémiologie

Nous connaissons tous les risques associés au tabac, à l'alcool ou à une alimentation trop riche en graisses ou en sucres. Nous avons été sensibilisés à l'importance du dépistage de l'hypertension artérielle, de certains cancers ou de maladies infectieuses. Ce que beaucoup ne savent pas, c'est que ces recommandations sont issues d'études épidémiologiques fondées sur le suivi de dizaines, voire de centaines de milliers d'individus pendant des dizaines d'années. C'est ainsi que l'étude de cohorte de Framingham aux États-Unis (5 209 individus suivis depuis 1948) a permis l'identification des principaux facteurs de risque cardio-vasculaires, tandis que les cohortes d'infirmières américaines (première cohorte de 121 700 femmes suivies depuis 1976) et de médecins britanniques (34 439 hommes suivis depuis 1951) ont permis d'identifier de nombreux déterminants des cancers. Ces années seront également très riches en développements méthodologiques, avec la formulation des tests d'hypothèse, la mesure de l'amplitude des effets associés aux expositions, la prise en compte des fluctuations d'échantillonnage, l'analyse des biais de sélection, de classement et de confusion, et l'établissement de critères de causalité. Au décours de ces « trente glorieuses » de l'épidémiologie, correspondant aux années 1960 à 1980, vient une période de doute, avec notamment la publication de résultats contradictoires entre différentes études, et la non-confirmation lors d'essais randomisés de l'effet protecteur de certaines molécules (notamment beta-carotènes, vitamine E et traitement hormonal post-ménopause contre le risque cardio-vasculaire). La multiplication des tests statistiques croisant sans hypothèse préalable l'ensemble des expositions et maladies mesurées dans ces gigantesques études de cohorte a certainement contribué à la découverte d'associations fortuites, fruit du hasard d'échantillonnage. Parallèlement, l'existence de profils « health conscious » parmi les participants des études de cohorte, cumulant toutes les pratiques associées à une bonne hygiène de vie, font qu'il est devenu difficile de dissocier l'effet indépendant de chacune de ces pratiques (effet de confusion). Ces écueils sont aujourd'hui traités avec une réflexion approfondie sur l'usage et l'interprétation de la valeur P comme indicateur du rôle potentiel des fluctuations d'échantillonnage, et l'introduction de nouvelles approches pour appréhender la causalité comme la randomisation mendélienne ou les graphes orientés acycliques.

Colloque – Le futur de l'épidémiologie à l'ère des *big data*

Comme beaucoup d'autres disciplines scientifiques, le futur de l'épidémiologie va être profondément impacté par l'irruption des analyses des *big data* ou données massives. Les *big data* nous dépassent par leur abondance et leur diversité. Le premier défi va être celui de recueillir des données de nature très différente, comme celles du séquençage du génome, mais également des objets connectés, des dossiers médicaux électroniques, de l'imagerie médicale, des réseaux sociaux ou des capteurs de pollution atmosphérique. Il faudra ensuite vérifier ces données, les transformer, les stocker, les partager, les analyser et enfin en visualiser les résultats d'analyse, le tout dans un contexte réglementaire de plus en plus strict, notamment pour la protection des données des personnes. Une des initiatives les plus avancées dans le domaine est portée par la cohorte appelée UK Biobank. Près de 500 000 individus ont été recrutés depuis 2006 au sein de cette étude de cohorte où les données médicales sont mises en relation avec celles du séquençage du génome. Un des principaux enjeux est l'identification des déterminants génétiques des maladies, sous la forme de scores polygéniques associés à une augmentation de risque de développer telle ou telle maladie. Des approches similaires pourraient être utilisées pour identifier les déterminants environnementaux des maladies, où les expositions incriminées regroupent l'ensemble des agents physiques, chimiques et biologiques présents dans l'air, l'eau, les sols, et l'alimentation. Ce colloque a permis de réunir plusieurs experts du sujet pour une description : de la UK Biobank (Jonathan Marchini et Raymond Walters) ; des méthodes d'analyse fondées sur des approches statistiques inférentielles (Hugues Aschard) ou sur l'intelligence artificielle (Jean-Philippe Vert) ; des domaines d'application des cohortes *big data* comme la pharmacogénomique (Marie-Pierre Dubé) ou la santé environnementale (Robert Barouki) ; de l'interprétation des scores polygéniques (David Hunter) ; de l'impact de l'annonce des résultats sur le changement des comportements (Adrienne Cupples) ; et enfin des aspects éthiques liés au recueil et à l'utilisation de ces données (Laure Coulombel et Claude Kirchner).

Innovation technologique Liliane Bettencourt *
(chaire annuelle 2018-2019)

Molly Przeworski
Professeure à l'université de Columbia,
professeure invitée au Collège de France

Mots-clés : origines, évolution, génétique

La leçon inaugurale « Origines évolutives des variations génétiques » prononcée le 3 octobre 2018 (https://www.college-de-france.fr/site/molly-przeworski/inaugural-lecture-2018-2019.htm) ainsi que la série de cours et séminaires « Génétique des populations chez les vertébrés : de la mutation à la spéciation » sont disponibles, en audio et en vidéo, sur le site internet du Collège de France (https://www.college-de-france.fr/site/molly-przeworski/p4604080638324086_content.htm), ainsi que le colloque « From germline mutation to speciation » (https://www.college-de-france.fr/site/molly-przeworski/symposium-2018-2019.htm).

Enseignement

Cours et séminaires – Génétique des populations chez les vertébrés : de la mutation à la spéciation

La génétique des populations – l'étude des différences héréditaires entre individus ou entre espèces et des processus qui les ont façonnées – est un champ de la biologie plus que centenaire qui a connu un renouveau récent avec l'arrivée de millions de séquences génétiques, notamment (mais pas seulement) humaines. Le cours s'est penché sur cette transformation du domaine, décrivant comment les théories mathématiques de génétique des populations, certaines datant de près d'un siècle,

* Chaire créée avec le soutien de la fondation Bettencourt Schueller.

M. Przeworski, « Innovation technologique Liliane Bettencourt », *Annuaire du Collège de France 2018-2019. Résumé des cours et travaux*, 119e année, Paris, Collège de France, 2022, p. 251-258, https://doi.org/10.4000/annuaire-cdf.17089.

sont maintenant utilisées et étendues pour permettre l'interprétation des mégadonnées de la génomique. Nous nous sommes particulièrement concentrés sur les processus à l'origine de la variation génétique – mutation et recombinaison – et sur l'adaptation biologique humaine. Nous avons aussi évoqué les outils et approches de la génétique des populations dont la recherche en génétique humaine fait un usage croissant.

Leçon inaugurale – Origines évolutives des variations génétiques

3 octobre 2018

Contrairement au modèle conceptuel qui a longtemps dominé en biologie et, d'une certaine manière, la domine encore, il n'existe pas de spécimens types qui permettent de définir une espèce, et de mutants qui en découlent – il n'existe que des mutants. Deux génomes humains diffèrent en moyenne d'une position sur mille, soit à plus de 3 millions de positions, et deux génomes de mouches souvent indiscernables de beaucoup plus encore. Une partie, peut-être la grande majorité, de ces différences génétiques sont sans conséquence pour l'individu, mais certaines façonnent la variation phénotypique, qu'il s'agisse de la couleur des cheveux ou du risque de développer certaines maladies. D'où vient toute cette variabilité génétique ? Quelles mutations ont des effets mineurs sur l'organisme et lesquelles mettent en danger la reproduction ou la survie ? Dans quelles conditions ces variations permettent de s'adapter, voire d'aboutir à l'émergence d'une nouvelle espèce ?

Depuis le développement de la théorie synthétique de l'évolution au début du siècle dernier, nous savons que les variations au sein des espèces et entre espèces reflètent les mêmes dynamiques fondamentales : les différences génétiques entre individus proviennent de changements accidentels du génome (mutations) qui se produisent pendant la formation des gamètes ; ces différences ont ensuite été mélangées aléatoirement (par la recombinaison) et ont persisté dans la population, que ce soit par hasard (par le biais d'effets démographiques) ou parce qu'ils étaient bénéfiques (du fait de la sélection naturelle). Ces changements peuvent parfois conduire à l'isolement reproducteur d'un groupe par rapport à un autre, et donc entraîner la spéciation. Bien que ces processus et leurs interactions soient extrêmement compliqués, ils permettent à eux seuls de décrire l'évolution des espèces. Qu'il s'agisse d'êtres humains ou de mouches, pour comprendre les origines de la variation intra- et interspécifique, reste donc « seulement » à caractériser les interactions entre mutation, recombinaison, démographie et sélection naturelle. Cent ans plus tard, nous avons enfin les données pour commencer à le faire : des millions de génomes d'humains et d'autres espèces séquencés et une caractérisation naissante de leurs propriétés fonctionnelles.

La leçon inaugurale a évoqué ces différents processus évolutifs à l'origine de la variation génétique, en donnant un aperçu des approches de modélisation et d'analyse utilisées pour comprendre leurs dynamiques. Elle a aussi cherché à souligner les implications pour des domaines aussi divers que la génétique humaine et la biologie de la conservation.

Cours 1 – Genèse des mutations germinales chez l'Homme

9 novembre 2018

La mutation germinale est à l'origine de toutes les différences héréditaires et de tous les processus évolutifs, et revêt donc une importance fondamentale. Chez les mammifères, des analyses de patrons phylogénétiques du chromosome X et des autosomes ainsi que des études récentes de pedigrees démontrent que chez les êtres humains, la plupart des mutations proviennent des pères, et qu'un plus grand nombre est transmis de pères plus âgés. Le consensus scientifique est que ces patrons reflètent des mutations qui surviennent lors d'erreurs de réplication. Ce cours s'est concentré sur plusieurs sources de données qui remettent en question ce point de vue, en suggérant que la plupart des mutations germinales résulte de dommages à l'ADN et non d'erreurs de réplication. Nous avons aussi discuté de résultats récents suggérant que les mutations post-zygotiques pourraient constituer une proportion non négligeable des mutations germinales.

Séminaire 1 – Le processus de mutagenèse germinale revisité chez le bovin

Michel Georges (université de Liège, Liège)

Michel Georges nous a présenté les résultats de ses recherches sur les mutations germinales *de novo* chez le bovin. Il est récemment devenu possible d'estimer directement le taux de mutation germinale *de novo* en séquençant le génome entier de trios père-mère-progéniture. Dans ces études, les mutations sont généralement définies comme des variants hétérozygotes chez les enfants mais absents chez les deux parents. Ils sont supposés s'être produits dans la lignée germinale de l'un des parents et avoir été transmis à la progéniture *via* le spermatozoïde ou l'ovocyte. Cette définition suppose que le mosaïcisme détectable chez le parent dans lequel la mutation s'est produite est négligeable. Or, comme M. Georges nous l'a démontré, chez le bovin, 30 % à 50 % des mutations *de novo* présentes dans un gamète peuvent survenir au cours des premières divisions de cellules de clivage chez les mâles et les femelles, respectivement, ce qui entraîne un mosaïcisme détectable fréquent et un taux élevé de partage de plusieurs mutations *de novo* entre frères et sœurs.

Cours 2 – Évolution des mutations germinales chez les primates et datation de la spéciation humaine

16 novembre 2018

Notre compréhension de la chronologie de l'évolution humaine repose sur « l'horloge moléculaire » fournie par l'accumulation régulière de substitutions sur une lignée évolutive. Dans ce cours, nous avons discuté de la façon dont cette horloge évolutive est calculée, en disséquant les étapes de ce calcul. Nous avons ensuite évoqué des analyses récentes de pedigrees humains qui ont remis en cause notre compréhension de la chronologie de la lignée humaine. Comme nous l'avons souligné, la datation des événements évolutifs ne nécessite pas « un taux de mutation », mais une caractérisation précise de la façon dont les mutations s'accumulent dans le développement chez les hommes et les femmes – connaissances qui restent à ce jour incomplètes.

Séminaire 2 – Paléontologie et phylogénie moléculaire... Réflexions autour de Toumai et la dichotomie chimpanzés/famille humaine

Michel Brunet (Collège de France, émérite)

Ce séminaire a offert une perspective paléontologique complémentaire à celle fournie par les données génétiques. Michel Brunet y a notamment présenté une synthèse de ce qu'on sait des premiers singes et des hominines les plus anciens, en se focalisant sur son travail de terrain et ses découvertes en Afrique de l'Ouest, et sur les implications pour la datation de l'origine de la lignée humaine.

Cours 3 – Mutation, sélection naturelle et fréquences des allèles pathologiques chez l'Homme

23 novembre 2018

Les allèles délétères sont introduits dans la population par mutation, puis changent de fréquence à la suite des effets combinés de la dérive génétique et de la sélection naturelle. À moins que l'allèle ne confère un avantage dans certains environnements, la fréquence à laquelle il sera trouvé dans une population reflète un équilibre entre la vitesse à laquelle il est introduit par la mutation et celle à laquelle il est éliminé par la sélection purificatrice, modulée par les effets de dérive génétique. Ce phénomène porte le nom d'« équilibre mutation-sélection-dérive ». Ce cours s'est penché sur le modèle qui décrit cet équilibre et sur des études qui l'appliquent pour mieux comprendre la persistance d'allèles associés à des maladies dans les populations humaines.

Séminaire 3 – *A population genetic interpretation of complex trait architecture in humans*

Guy Sella (université de Columbia)

Guy Sella a présenté des modèles mathématiques servant à interpréter les résultats des « genome-wide association studies » (GWAS) humaines, ou études pangénomiques d'association. Ces études révèlent l'architecture génétique des traits anthropomorphiques et biomédicaux. Reste à comprendre comment l'architecture génétique émerge des processus génétiques et évolutifs, notamment de la mutation, de la sélection naturelle et de la dérive génétique. Guy Sella nous a présenté son modèle de l'architecture génétique d'un trait focal unidimensionnel soumis à la sélection stabilisatrice dans un espace de traits multidimensionnel. Ces résultats fournissent une interprétation des résultats empiriques des GWAS et prédisent que la distribution des variances génétiques par site parmi les *loci* identifiés dans les GWAS est bien approximée par une forme fonctionnelle simple qui dépend d'un seul paramètre : la contribution attendue à la variance génétique d'un site fortement sélectionné affectant le trait.

Cours 4 – Causes de la variation du taux de recombinaison chez les vertébrés

20 mars 2019

Dans ce cours et le suivant, nous nous sommes focalisés sur un deuxième processus à l'origine de nouveautés génétiques : la recombinaison méiotique, qui génère de nouvelles combinaisons d'allèles. Malgré l'importance fondamentale de la recombinaison pour toute espèce à reproduction sexuée, la distribution des événements de recombinaison le long du génome diffère considérablement d'une espèce à l'autre, notamment entre êtres humains et chimpanzés. Depuis 2010, nous savons que cette évolution rapide est en grande partie due à des différences dans le domaine de liaison du gène PRDM9. En effet, dans les espèces possédant PRDM9, dont la plupart des mammifères, la spécificité de liaison de PRDM9 à l'ADN et la position des *hotspots* évoluent très rapidement. En revanche, chez les espèces sans PRDM9, comme les oiseaux, la recombinaison est élevée près des promoteurs et en particulier des îlots CpG, et même à l'échelle fine de kilobases, les taux de recombinaison semblent conservés sur de longues périodes.

Séminaire 4 – Le contrôle de la distribution de la recombinaison par Prdm9, une intrigante stratégie moléculaire

Bernard de Massy (Institut de génétique humaine, Montpellier)

Lors de la méiose, les chromosomes maternels et paternels recombinent. Ce processus d'échange est nécessaire pour la formation des gamètes et augmente la diversité génétique. Les sites d'échanges ne sont pas aléatoires et sont déterminés par le gène Prdm9 chez l'humain et la souris. Ce gène et les sites reconnus par la protéine PRDM9 ont une évolution rapide. Bernard de Massy nous a parlé de différentes études visant à comprendre les mécanismes moléculaires et les conséquences évolutives de ce processus.

Cours 5 – Conséquences de la variation du taux de recombinaison chez les vertébrés

27 mars 2019

Ce cours s'est penché sur certaines des conséquences évolutives des différences de stratégies de recombinaison entre les espèces. Nous avons tout d'abord parlé de la phylogénie de PRDM9 chez les vertébrés, qui suggère que le gène servait déjà à diriger la recombinaison dans le génome à l'origine des vertébrés et qui montre que, malgré la conservation de PRDM9 dans certaines lignées durant des millions d'années, le gène a été perdu à de nombreuses reprises, totalement ou partiellement. Nous avons également discuté de la manière dont l'utilisation de PRDM9, en influant sur les probabilités de recombinaison de long du génome, façonne les patrons d'introgression entre espèces étroitement apparentées.

Séminaire 5 – Conversion génique biaisée : la face cachée de la recombinaison

Laurent Duret (Lyon)

Pour pouvoir identifier les caractéristiques fonctionnelles des génomes, il est nécessaire de bien comprendre les différentes forces qui gouvernent leur évolution. Jusque récemment, seuls trois processus étaient pris en considération : la mutation, la dérive et la sélection. Cependant, depuis quelques années, de nombreuses observations ont permis de montrer qu'une quatrième force avait un impact majeur sur l'évolution des génomes : la conversion génique biaisée vers GC (gBGC). Ce processus est lié à la recombinaison et tend à favoriser la fixation des allèles G ou C par rapport à A ou T. Ce phénomène est à l'origine des paysages génomiques très particuliers observés chez les vertébrés (les isochores). Il est essentiel de prendre en compte ce processus de gBGC car par de nombreux aspects, il peut être confondu avec la sélection naturelle. Laurent Duret nous a présenté une analyse des signatures du gBGC dans l'arbre de la vie. Ces résultats indiquent que le gBGC affecte de nombreuses lignées, non seulement chez les eucaryotes mais également chez les bactéries.

Cours 6 – À la recherche de la base moléculaire des adaptations

3 avril 2019

Les êtres humains se distinguent d'autres primates par de nombreux traits, notamment par leurs capacités linguistiques et cognitives étendues. Ces différences phénotypiques fournissent des preuves *prima facie* d'adaptation dans la lignée humaine. Cependant, nous ne savons pas grand-chose des modifications apportées au génome humain qui sous-tendent l'émergence de ces différences. La recherche de ces adaptations moléculaires s'est surtout fondée sur un modèle dans lequel l'adaptation agit par des modifications répétées de la même protéine ou un modèle dans lequel l'adaptation agit sur une mutation unique qui confère un avantage sélectif considérable. Grâce à ces approches, on a pu identifier des dizaines d'exemples très intéressants, dont la plupart sont liés à la réponse immunitaire, la pigmentation de la peau et le régime alimentaire. Mais en fin de compte, ces cas représentent relativement peu d'exemples, et presque aucun n'a trait aux phénotypes qui distinguent sans doute le plus les humains des autres primates, à savoir la bipédie ou nos capacités cognitives et linguistiques. Pourtant, ces adaptations doivent elles aussi avoir une base génétique localisée quelque part dans le génome. Alors, où se cachent-elles ? L'hypothèse la plus probable est que ces adaptations ne sont pas détectables parce qu'elles ne sont pas conformes aux modèles sur lesquels nous nous fondons pour détecter les adaptations, c'est-à-dire qu'elles ne découlent pas d'un petit nombre d'allèles avec de grands effets sur la *fitness*, mais plutôt d'un grand nombre d'allèles ayant des effets faibles sur la *fitness*. Or, si l'avantage sélectif associé à un allèle est petit, cet allèle n'a pas d'effet de distorsion sur la diversité des sites liés, ou en tout cas pas suffisamment pour être détecté par les méthodes existantes.

Séminaire 6 – *Ancient DNA and the new science of the human past*

David Reich (Harvard)

David Reich a fait une synthèse de ses travaux sur l'histoire humaine et la préhistoire. Il est récemment devenu possible de générer des données à l'échelle du génome à partir de fossiles humains, ce qui permet de répondre à des questions qu'il était impossible d'aborder auparavant, notamment comment les peuples sont apparentés les uns aux autres et comment l'adaptation humaine s'est produite au fil du temps. David Reich a présenté ses résultats en trois chapitres : les rencontres paléolithiques entre êtres humains modernes et archaïques, et les peuplements de l'Europe et de l'Inde depuis le Néolithique.

Cours 7 – Empreintes de l'adaptation dans le génome humain

10 avril 2019

Dans ce cours, nous avons discuté des éléments qui suggèrent que l'adaptation prend le plus souvent la forme d'une sélection polygénique, c'est-à-dire qui agit sur un phénotype dont la variation découle de nombreux allèles ayant chacun un faible effet sur le phénotype et sur la *fitness*. Nous avons ensuite parlé des approches qui commencent à être développées pour identifier les empreintes de ces adaptations polygéniques, et de mises en garde dont il est important de se rappeler en interprétant leurs résultats. Le cours s'est terminé en discutant de la conception très différente de l'adaptation que suggèrent ces études récentes : un schéma dans lequel les nouvelles pressions de sélection agissent simultanément sur de nombreux phénotypes corrélés, et l'adaptation se produit (du moins en premier lieu) par le biais de subtils changements de fréquences alléliques à de nombreux *loci* distribués dans le génome.

Séminaire 7 – Adaptation à la consommation de lait chez l'Homme : un cas d'école pourtant encore bien mystérieux

Laure Ségurel (musée de l'Homme)

L'adaptation de certaines populations humaines à la consommation de lait à l'âge adulte est un exemple remarquable d'évolution biologique en réponse à un changement culturel – ici la domestication et l'utilisation de lait animal. De plus, cette adaptation a eu lieu indépendamment dans plusieurs régions du monde, avec à ce jour au moins cinq mutations différentes impliquées dans le phénotype de persistance de la lactase. Cependant, une énigme demeure quant aux populations pastorales d'Asie centrale, qui ne semblent pas s'être adaptées génétiquement. Comment les éleveurs mongols, kazakhs et autres font-ils pour consommer autant de produits laitiers sans la capacité de digérer le lactose ? Il semble que ces populations aient eu recours à une adaptation culturelle, en transformant le lait par fermentation en des produits dérivés moins difficiles à digérer. Dans tous les cas, consommer du lait sous forme transformée ou non semble avoir été par le passé fortement avantageux pour de nombreuses populations humaines.

COLLOQUE – *FROM GERMLINE MUTATION TO SPECIATION*

22 et 23 mai 2019

La théorie de l'évolution fournit un cadre conceptuel pour la biologie, unifiant les observations à différentes échelles et dans différents organismes. Le colloque a cherché à illustrer l'unité du domaine, en réunissant une vingtaine d'éminents chercheurs français et internationaux pour aborder les grands enjeux de la génétique des populations sous différentes perspectives méthodologiques, allant de recherches sur le terrain, de travaux expérimentaux en laboratoire, d'analyses génomiques et de modélisation. En deux jours, les discussions ont progressé de la genèse de la mutation à l'adaptation et à l'émergence de nouvelles espèces, chez les plantes, les vertébrés et les invertébrés.

Intervenants :

- Amaury Lambert (Collège de France) : « Evolutionary spikes: Fast molecular divergence at speciation » ;
- Andy Clark (université de Cornell, États-Unis) : « The mutation process of satellite repeats » ;
- Claudia Banks (Gulbenkian, Portugal) : « Epistasis and fitness landscapes » ;
- Colin Meiklejohn (université du Nebraska) : « Rapid evolution of X-linked hybrid male sterility in drosophila » ;
- Guy Sella (université de Columbia) : « Polygenic adaptation after a sudden change in the environment » ;
- Jenny Tung (université de Duke) : « Admixture end evolution in wild baboon » ;
- Jonathan Pritchard (université de Stanford, États-Unis) : « The omnigenic architecture of human complex traits » ;

• Kelley Harris (université de Washington, États-Unis) : « Evolution of the mutation rate and spectrum across the primate functional genomic landscape » ;

• Michael Nachman (université de Berkeley, États-Unis) : « The genomic basis of environmental adaptation in house mice » ;

• Michel Georges (université de Liège, Belgique) : « Germline mutation processes revisited in cattle » ;

• Molly Przeworski (université de Columbia, États-Unis/Collège de France) : « Ouverture » ;

• Molly Schumer (université de Stanford, États-Unis) : « What drives the dependence of human germline mutation rates on sex, age, and time? » ;

• Nick Barton (IMP, Autriche) : « Adaptation in an infinitesimal world » ;

• Nicolas Bierne (université de Montpellier) : « Coadapted genomes and the genetic architecture of species barriers » ;

• Nicolas Galtier (université de Montpellier) : « Quantifying molecular adaptation in animals: Improved methods and the Ne effect » ;

• Peter Andolfatto (université de Columbia, États-Unis) : « Constraints on adaptation revealed by the convergent evolution of toxin insensitivity » ;

• Peter Ralph (université de l'Oregon, États-Unis) : « Genomic landscapes and fitness ridges across the speciation continuum » ;

• Richard Durbin (université de Cambridge, Royaume-Uni) : « Insights into the evolutionary radiation of lake malawi cichlid fishes from whole genome sequencing » ;

• Robin Hopkins (université de Harvard, États-Unis) : « The evolution of mate choice in plants » ;

• Shamil Sunyaev (université de Harvard, États-Unis) : « From statistical models to biological mechanisms of human mutation » ;

• Thomas Lenormand (université de Montpellier) : « The evolution of gene expression in eukaryotes ».

Publications

Przeworski M., *Origines évolutives des variations génétiques*, Paris, Collège de France/ Fayard, coll. « Leçons inaugurales », 2019.

Gao Z., Moorjani P., Sasani T.A., Pedersen B.S., Quinlan A.R., Jorde L., Amster G., et Przeworski M., « Overlooked roles of DNA damage and maternal age in generating human germline mutations », *PNAS*, vol. 116, nº 19, 2019, p. 9491-9500.

Fuller Z.L., Berg J.J., Mostafavi H., Sella G. et M. Przeworski, « Measuring intolerance to mutation in human genetics », *Nature Genetics*, vol. 51, nº 5, 2019, p. 772-776.

II. HUMANITÉS ET SCIENCES SOCIALES

Littérature, linguistique et philosophie

LITTÉRATURE FRANÇAISE MODERNE ET CONTEMPORAINE : HISTOIRE, CRITIQUE, THÉORIE

Antoine COMPAGNON
Professeur au Collège de France

Mots-clés : littérature moderne, Proust (Marcel), Sainte-Beuve (Charles-Augustin), Ruskin (John), Doudan (Ximénès)

La série de cours et séminaires « Proust essayiste » est disponible, en vidéo, sur le site internet du Collège de France (http://www.college-de-france.fr/site/antoine-compagnon/course-2018-2019.htm), ainsi que les colloques « La France et le Moyen-Orient (Irak, Syrie, Liban) : de la violence à l'espoir » (http://www.college-de-france.fr/site/antoine-compagnon/symposium-2018-2019__1.htm), « Proust essayiste » (http://www.college-de-france.fr/site/antoine-compagnon/symposium-2018-2019.htm) et « Durkheim au Collège de France » (http://www.college-de-france.fr/site/antoine-compagnon/symposium-2018-2019__2.htm), et les journées d'études suivantes : « Journée d'études du Collège de France en collaboration avec l'université de Tel Aviv » (https://www.college-de-france.fr/site/antoine-compagnon/studyday-2017-2018.htm), « Les rapports de présentation, témoins du renouvellement des chaires au Collège de France » (https://www.college-de-france.fr/site/antoine-compagnon/studyday-2018-2019.htm), « Le Collège de France et le musée du Louvre. Les chaires d'esthétique et histoire de l'art » (https://www.college-de-france.fr/site/antoine-compagnon/studyday-2018-2019__1.htm) et « Les rapports de présentation, témoins du renouvellement des chaires au Collège de France (suite) » (https://www.college-de-france.fr/site/antoine-compagnon/studyday-2018-2019__2.htm).

ENSEIGNEMENT

COURS ET SÉMINAIRES – PROUST ESSAYISTE

À la recherche du temps perdu est un roman, cela semble entendu, mais Proust se demandait en 1908, alors qu'il tenait son idée maîtresse : « Faut-il en faire un roman,

A. COMPAGNON, « Littérature française moderne et contemporaine : histoire, critique, théorie », *Annuaire du Collège de France 2018-2019. Résumé des cours et travaux*, 119e année, Paris, Collège de France, 2022, p. 263-284, https://doi.org/10.4000/annuaire-cdf.17102.

une étude philosophique, suis-je un romancier ? ». Et il doutait. La *Recherche* aurait-elle pu prendre la forme d'un essai ? Y a-t-il des essais dans la *Recherche* ? Proust a-t-il écrit des essais à côté de la *Recherche*, avant, après elle ? Et d'ailleurs, que voulait dire romancier, essayiste quand Proust se lança dans son œuvre ?

Cours 1 – Introduction. « L'Essai de Taine en mille fois moins bien »

8 janvier 2019

On a beaucoup parlé de Proust romancier, notamment grâce aux travaux fondateurs de Maurice Bardèche, Jean-Yves Tadié et Michel Raimond. Le cours de cette année offrira en quelque sorte le pendant de ces études critiques, puisqu'il souhaite aborder l'aspect non romanesque de l'œuvre de Proust, laquelle tisse des affinités électives avec l'essai. Il n'a pas pour ambition de définir ce genre – la question a déjà fait l'objet de nombreux travaux récents –, pas plus que d'envisager À la recherche du temps perdu comme un roman essayiste. Il s'agit plutôt de se demander pourquoi l'écrivain ne doit pas être seulement considéré comme un romancier, mais aussi comme un philosophe, un historien de l'art, un sociologue, un linguiste, un géographe, un critique littéraire, etc. Cela implique tout d'abord de se pencher sur les textes écrits avant ou après la *Recherche* : le *Contre Sainte-Beuve* bien sûr, mais aussi les *Pastiches et mélanges*, les essais et les articles. Par ailleurs, le roman lui-même est jalonné par des morceaux théoriques, tel celui de « L'adoration perpétuelle », par des maximes, des sentences, des apophtegmes, qui dissertent plus ou moins longuement sur une question morale, psychologique, esthétique, etc., et qui, à ce titre, peuvent être considérés comme des « essais dans le roman ». La dernière question qui se pose est celle du passage de l'essai au roman : la *Recherche* est née du projet de *Contre Sainte-Beuve*, et ce cas original de métamorphose ouvre de nombreuses pistes de réflexion.

On a souvent mentionné l'incertitude générique de la *Recherche* comme caractéristique du roman moderne. « La décomposition de la forme narrative parallèle à la perte d'identité du personnage fait franchir les bornes du récit et attire l'œuvre littéraire dans le voisinage de l'essai », écrit Paul Ricœur à propos de Musil : ces analyses peuvent s'appliquer au roman de Proust. C'est ce que suggère Gérard Genette. Dans *Discours du récit*, ce dernier attire l'attention sur « l'invasion de l'histoire par le commentaire, du roman par l'essai, du récit par son propre discours » dans l'œuvre de Proust. C'est sûrement Barthes qui a donné le plus grand succès à cette thèse de l'attraction du roman par l'essai. À ses yeux, la *Recherche*, qu'il considère comme « l'œuvre de référence, la mathesis générale, le mandala de toute la cosmogonie littéraire », est tiraillée entre deux côtés : celui de l'essai et celui du roman. Proust a, selon lui, inventé une « tierce forme » : « roman, essai, aucun des deux ou les deux à la fois ».

Proust lui-même hésitait à se prendre pour un romancier. Dans son Carnet 1, qui contient les premières bribes de son œuvre, il confesse son « incertitude sur la forme d'art ». « Faut-il en faire un roman, une étude philosophique, suis-je un romancier ? », se demande-t-il. Après avoir songé à divers projets, parmi lesquels » un roman parisien », « un essai sur Sainte-Beuve et Flaubert », « une étude sur le roman », il commence, en novembre 1908, à prendre de nombreuses notes en vue d'un essai critique sur Sainte-Beuve. Notons que les attaques à l'égard de ce dernier ne sont pas nouvelles : dès 1905, Proust déplorait que l'auteur des *Lundis* ait « méconnu tous les écrivains de son temps ». D'emblée, l'écrivain s'interroge sur la forme que doit prendre son texte. Alors qu'il est plongé dans la lecture de Sainte-Beuve, il fait part de ses doutes à son ami Georges de Lauris et à Anna de Noailles. Deux possibilités s'offrent à lui : écrire « un article de forme classique », ou faire « le récit d'une matinée » où le narrateur raconterait à sa mère l'étude qu'il veut faire sur Sainte-Beuve. La fluctuation des termes employés pour désigner le texte à venir, tout à tour qualifié d'« essai », d'« étude », d'« article », témoigne de ses tergiversations.

Cours 2 – Essai, étude, article

15 janvier 2019

Les spécialistes s'accordent à penser que le roman de Proust est issu d'un essai, à savoir une « Conversation avec maman sur Sainte-Beuve », dont on trouve trace dans les notes et fragments narratifs du Cahier 1 dès 1908 et 1909. Pourtant, dans une lettre à Georges de Lauris de janvier 1909, Proust écrit : « Je n'ai pas encore commencé *Sainte-Beuve* [...] ce ne sera pas mal et j'aimerais que vous le lisiez. » Son emprunt des nombreux volumes du *Port-Royal* de Sainte-Beuve à son ami témoigne de son travail. En mars 1909, Proust esquisse le récit du réveil, prologue à la conversation critique. Il écrit en mai 1909 à Georges de Lauris qu'il ne « fai[t] pas un roman », que « c'est trop long à [lui] expliquer », ne cachant pas ses interrogations. La lecture de cette correspondance montre les sentiments de Proust oscillant entre contentement et découragement, ses choix d'écriture hésitant entre critique et roman. À la mi-juillet 1909, il fait parvenir à Reynaldo Hahn son distique célèbre : « Je crains que mon roman sur le vielch Sainte-Beuve / Ne soit pas, entre nous, très goûté chez la Beuve. » Proust évoque également des maisons d'édition, mais l'obscénité de l'ouvrage laisse entrevoir des difficultés. Le 15 août 1909, Proust écrit à Alfred Valette, du *Mercure de France*, à propos de son « roman » : *Contre Sainte-Beuve, souvenir d'une matinée* ; il en évoque l'impudeur, notamment à cause d'un personnage homosexuel. Le roman est une « mise en œuvre des principes d'art de cette dernière partie », manière de préface mise à la fin. Valette, qui a déjà refusé *Pastiches, recueil d'articles*, s'obstine en refusant également le *Sainte-Beuve*.

Parti à Cabourg, Proust croise Gaston Calmette, le directeur du *Figaro*. Inconvenant et trop long, le texte de Proust ne saurait paraître en feuilleton dans le quotidien. Écrivant à Robert Dreyfus, son ancien camarade de Condorcet et l'un des rédacteurs du *Figaro*, il raconte en la modifiant sa rencontre avec Calmette : ce dernier lui aurait demandé un roman à faire paraître en feuilleton. Proust charge aussi son ami d'une requête, celle de prévenir André Beaunier, chroniqueur littéraire au *Figaro*, que le texte en question n'est pas l'étude critique évoquée par le passé. Dans une lettre de 1912 à Geneviève Straus, il révèle le désir de Beaunier d'écrire sur Sainte-Beuve, ce qui les aurait mis tous deux en compétition. C'est que l'auteur des *Lundis* est à la mode. Une analogie contemporaine permet de comprendre ce que peut représenter une étude sur Sainte-Beuve par Proust dans les années 1907-1909 : il suffirait d'imaginer aujourd'hui un jeune écrivain se lançant dans la carrière littéraire en publiant un *Contre Roland Barthes*.

À l'automne 1909, Proust considère que le premier paragraphe du *Sainte-Beuve* est « presque un volume » et c'est de cet ensemble que sortira tout le début de « Combray ». Dans la correspondance, il n'est alors plus question du *Sainte-Beuve* mais de « quelque chose », d'« un travail considérable ». Écrivant à Montesquiou fin 1909, Marcel mentionne « un long ouvrage, sorte de roman ». Le récit cadre de l'essai théorique est devenu l'amorce du roman, le prologue ayant grossi tel une excroissance, une protubérance, tandis que l'étude critique s'est marginalisée.

En neuf mois, de la fin 1908 à l'automne 1909, l'essai, c'est-à-dire l'étude critique précédée du récit d'une matinée, donne donc naissance à une ligne romanesque, constituée de fragments narratifs non encore articulés. Comme le dit Barthes, le « côté critique » a reculé sous la pression du « côté fictionnel ». Mais la constellation de termes qu'emploie Proust pour son projet révèle ses tâtonnements : « étude critique », « petite étude de moi », « article », « essai ».

Dans *L'Écho de Paris*, Jacques-Émile Blanche évoque, à propos de *Du côté de Swann*, un livre, un volume, un ouvrage, non pas la « mémoire » ou le « tableau de l'époque », mais « tout autre chose », voire « une sorte de cinéma », expression dont on appréciera l'avant-garde en 1914.

Séminaire lié – Quelques paradoxes dans les essais ruskiniens de Marcel Proust

Intervenant : Jérôme Bastianelli (directeur général délégué du musée du quai Branly – Jacques Chirac, écrivain et critique musical).

Cours 3 – « Mes premières études »

22 janvier 2019

Dans son Carnet 1, Proust, on l'a vu, fait part de ses doutes concernant la forme de son œuvre ; il ne sait pas encore s'il écrira un « roman » ou « une étude philosophique ». Ce dernier terme, rival du mot *essai*, est souvent utilisé par l'écrivain, qui lui assigne des significations variées. Dans la *Recherche*, il désigne tout d'abord les travaux intellectuels : ceux de Norpois, qui publie de « savantes études », de préférence dans la *Revue des Deux Mondes*, considérée par Proust comme le périodique idéal pour publier ce genre de textes ; mais aussi ceux de Swann, occupé par une « étude sur Vermeer ». Lorsque Odette évoque les recherches de son amant, elle parle tantôt d'« étude », tantôt de « travaux », les deux mots étant peu ou prou équivalents. Ces études savantes, liées aux « vieux papiers », font toujours référence à l'érudition ainsi qu'à la « bouquinaille ». Leur académisme risque de les rendre ennuyeuses. Odette déplore d'ailleurs que Swann ne fasse pas montre d'autant d'esprit dans « ses études » que dans ses lettres ou dans sa conversation. Elle soulève par là une question essentielle aux yeux de Proust : comment rendre le roman spirituel, sans l'abaisser ? Il s'agit de retrouver dans l'écriture le « tact » de la conversation, tout en évitant, d'une part les défauts d'un Sainte-Beuve qui se contente de faire de la critique de salon dans ses *Causeries* ; et d'autre part la lourdeur des « travaux d'érudition » d'un Brichot, le personnage d'universitaire de la *Recherche*.

Le mot étude peut aussi désigner la critique littéraire. C'est ce que suggèrent les propos de Madame de Guermantes qui s'inspire « des études critiques de ces dernières années » pour parler de Zola, qu'elle qualifie d'« Homère de la vidange », plagiant en cela les propos de Barbey d'Aurevilly. Lorsqu'il emploie le terme d'étude, Proust semble par ailleurs avoir à l'esprit l'œuvre de Balzac : le passage de *Jean Santeuil* où il se demande si le chapitre à venir ne serait pas plus à sa place dans « une étude psychologique sur les différentes variétés d'ambitieux » ou dans une « étude historique sur la société à la fin du XIXe » renvoie implicitement à *La Comédie humaine*, divisée en trois grands ensembles : « Études de mœurs », « Études philosophiques » et

« Études analytiques ». Les « études », dans la *Recherche*, désignent aussi les travaux préparatoires, les notes d'écrivains, liées à l'observation mondaine : lorsqu'il affirme à la duchesse de Guermantes qu'il ne va pas chez Madame de Montmorency pour « faire une étude », le narrateur prend ses distances avec ce type de littérature réaliste, souvent associé aux salons, auquel Proust s'est essayé lorsqu'il publiait des chroniques mondaines pour *Le Figaro* entre 1903 et 1904.

Enfin, il ne faut pas oublier que la vocation littéraire du narrateur le porte, lui aussi, vers les « études ». Dans À l'ombre des jeunes filles en fleurs, il s'efforce de « commencer une étude critique ou un roman ». L'ennui qu'il éprouve pour réaliser ce projet le conduit à se demander si le plaisir est le critère de la réussite littéraire. Le passage où il raconte sa première expérience d'écriture invite à répondre par l'affirmative : alors qu'il vient de rédiger sa page sur les clochers de Martinville, il est si heureux qu'il se met à « chanter à tue-tête ». Après « Les intermittences du cœur », la mère du narrateur désigne, elle aussi, les travaux de son fils comme des « études ». Pourtant, mis à part l'article paru dans *Le Figaro* et mentionné dans *Albertine disparue*, celui-ci n'a rien publié. Pour comprendre l'allusion, il faut donc admettre qu'à partir de *La Prisonnière*, il y a une confusion de plus en plus grande entre l'auteur et le narrateur ; on peut alors supposer que ces « premières études » font référence aux textes que Proust a publiés dans *Le Banquet* et dans *La Revue blanche* entre 1892 et 1893 sous le titre d'« études », titre qui a été abandonné lorsqu'ils ont été réunis dans le volume *Les Plaisirs et les jours* en 1896 : ils sont alors présentés comme de « petits essais », ce qui manifeste, une fois de plus, la porosité entre ces différents termes génériques.

Séminaire lié – « Des tentatives du même genre »

Intervenante : Nathalie Mauriac Dyer (directrice de recherche au CNRS)

Cours 4 – « *Tu Marcellus eris* »

29 janvier 2019

Après étude et *essai*, c'est le terme d'*essayiste* que l'on choisit d'examiner. Si Proust ne l'emploie *a priori* pas, il le connaît. Faguet, dans son article sur Balzac, réprouve l'essai dans le roman que pratique, selon lui, l'auteur de *La Comédie humaine*. Proust s'en souviendra pour créer Norpois et Brichot. Faguet fustige en Balzac l'« essayiste » interrompant le récit par des « dissertations », des « conférences ». Dans le *Contre Sainte-Beuve*, Proust blâme Faguet et il le pastiche de son vivant dans *Le Figaro*.

Le terme *essayiste* vient de Montaigne et de ses *Essais*, mais aussi de la langue anglaise avec *essayism*, soit le genre anglais de l'essai. Que dire des rapports de Proust et de Montaigne ? Dès janvier 1914, à propos de *Du côté de chez Swann*, Henri Ghéon, dans *La NRF*, évoque « une œuvre de loisir » ; mais, en divertissant, l'œuvre artistique n'en devient-elle pas, à un certain point, vaine ? *Otium studiosum* ou oisiveté, temps perdu ? Le critique loue néanmoins l'observation faite par Proust de « l'hypersensibilité moderne ». Ambigu, l'article est lu par l'écrivain comme un éreintement. *A contrario*, le rapprochement entre essai et roman peut être positif chez Jacques Boulanger, lequel s'exprime dans *L'Opinion*, au moment de la polémique dans l'attribution du Goncourt à Proust. Son article répond à celui de Jean de Pierrefeu dans *Les Débats*, lequel fustige un « recueil d'insomnies écrit par un reclus volontaire ». Proust se voit ainsi reprocher de n'être pas un écrivain combattant, de ne pas respecter les genres littéraires, voire de verser dans l'enquête psychologique scientifique. Pour défendre Proust, Boulanger cite favorablement Montaigne : si Proust est, selon les dires de Pierrefeu, un reclus, Montaigne est-il pour autant un homme d'action ? En fait, le mythe de Montaigne retiré dans sa tour est, depuis cette date, dépassé. Quant à la confusion des genres, Boulanger propose de ranger l'œuvre de Proust parmi les essais, Montaigne en étant un fameux précédent.

L'article d'Albert Thibaudet de 1923, « Marcel Proust et la tradition française », dans *La NRF*, est également significatif. Le critique convoque Montaigne et Saint-Simon à propos de l'écrivain, dont l'œuvre contient celles de ses aînés comme si elles étaient un humus. Or, ni l'un ni l'autre ne sont romanciers. De son côté, André Gide dans *La NRF* loue la « gratuité » de *Du côté de Guermantes*. À ce sujet, dans *Les Cahiers de la Petite Dame*, Maria van Rysselberghe rapporte que Gide évoque la souplesse et la mondanité du style « juif » chez Proust, deux caractéristiques dues à son hérédité, laquelle est justement la même que celle de Montaigne. En fait, dès la traduction de *Sésame et les lys,* à propos de la préface « Sur la lecture », André Bonnier considère en 1906, dans *Le Figaro*, que Proust lit Ruskin comme Montaigne lisait Plutarque, avec un « esprit de finesse ».

La thèse de Gide est reprise par Albert Cohen dans *La Revue de Genève*. La complexité et les contradictions de l'esprit « juif » permettent l'avènement d'une nouvelle esthétique romanesque : le personnage de Swann est contradictoire, mais la forme même du roman est indécidable. Dans *La Revue juive* aussi, le style de Proust rappelle celui du rabbin commentant les Écritures. En mars 1935, dans un autre article intitulé « Le roman de Montaigne », paru dans *La Revue universelle*, Thibaudet propose de lire Montaigne à partir du roman de Mauriac : il y aurait du Montaigne dans le roman moderne et les *Essais* renfermeraient le roman moderne en puissance. Dans une classification du roman, le critique voit comme dernière étape le roman de la condition humaine, voire de la vocation littéraire, puisque la seule harmonie possible se produit dans et par la littérature. Le personnage proustien contient les complexités de l'aventure intellectuelle, et Montaigne, en retour, voit apparaître un jeune Marcellus, personnification du jeune homme mort trop tôt. C'est le « *Tu Marcellus eris* » de Virgile. Mais Marcellus-Marcel, ici, est celui qui fera sortir le roman des limbes des essais.

Séminaire lié – Le roman de Proust se termine-t-il par un essai théorique ?

Intervenant : Luc Fraisse (professeur à l'université de Strasbourg)

Cours 5 – « Fantaisiste ! réaliste !! essayiste !!! »

5 février 2019

À l'époque de la jeunesse de Proust, le terme *essayiste* n'est pas courant. Ce néologisme venu de l'anglais s'est très lentement installé en France au XIXe siècle. La critique consacrée au genre de l'essai fait remonter l'usage du mot à 1842, date à laquelle, dans la troisième préface à *De l'amour*, Stendhal présente tour à tour le livre comme un « essai » et une « physiologie ». La même année, Gautier publie une chronique sur le peintre William Hogarth, trop moraliste à son goût. Il lui reproche sa conception utilitariste de l'œuvre d'art, qui illustre toujours une thèse : à ses yeux, Hogarth est plus un « essayiste », un « écrivain de mœurs » qu'un peintre de talent.

Pour trouver des occurrences plus anciennes de ce « mot emprunté aux anglais », qui ne figure pas encore dans les dictionnaires français, il faut examiner les revues venues d'outre-Manche. Dès 1830, *La Revue britannique* fait référence aux « auteurs d'essais périodiques », aux premiers rangs desquels figure Macaulay, poète, historien, homme politique et auteur de plusieurs essais. C'est à lui que *La Revue des Deux Mondes* fait référence lorsqu'elle évoque les *essayists* anglais.

Au XIXe siècle, c'est d'abord à Nerval que l'on songe lorsqu'on parle d'écriture essayiste. Le poète lui-même se qualifie ainsi dans *Nuits d'octobre*, récit de voyage dans lequel le narrateur relate un cauchemar où il est mis en prison et jugé par des critiques académiques qui le traitent de « réaliste », de « fantaisiste » et d'« essayiste », autant de termes qui connotent la transgression et l'expérimentation. Déjà en 1849, Champfleury voyait dans Gérard un « essayiste français », « un polygraphe », un « humoriste » excentrique. Proust reprochera d'ailleurs à l'auteur de *Sylvie* sa tendance à papillonner d'un genre à l'autre, à passer des vers à la prose. Outre Nerval, Macaulay est également un modèle important de l'essayisme. Typique est à cet égard l'article que Barbey d'Aurevilly lui consacre : il loue le représentant de « l'essayisme anglais » qui a donné ses lettres de noblesse à la critique. En France, le terme *essayiste* est aussi appliqué à Émile Montégut. Dans son *Essai sur l'époque actuelle*, ce dernier adopte le point de vue du présent, à rebours des méthodes de l'historien, du philologue ou de l'antiquaire ; il se garde par ailleurs de tirer des conclusions, préférant cultiver l'art de l'ambiguïté et du paradoxe. Montégut est aussi le traducteur des *Essais de philosophie américaine* d'Emerson, qui est une référence essentielle pour Proust. C'est chez Emerson qu'il découvre les propos hostiles à l'amitié ; c'est à lui encore qu'il emprunte la réflexion sur « l'incroyable frivolité des mourants », pensée qui figure sur l'un des ultimes bouts de papier dictés dans la dernière nuit de sa vie.

À ces influences s'ajoutent aussi celles de Maeterlinck, de Bergson, et surtout de Taine, auteur des *Essais de critique et d'histoire*, connu pour son hostilité à l'égard des écrivains qui, tel Victor Cousin, sont enfoncés dans l'érudition et dans la bibliomanie. Décrit par Victor Giraud comme « essayiste, voyageur et humoriste, esthéticien critique et historien littéraire », Taine incarne le prototype de l'écrivain moderne qui cherche à concilier imagination artistique et esprit scientifique. Aux yeux de Bourget, il est l'« un de ces types mixtes » qui échappe à une catégorie générique déterminée. Proust admire le « bel essai de Taine », en particulier les pages où il se livre à un éloge de la vie de lettré comme une vie de flânerie. On comprend qu'il ait été sensible à cet art de la sérendipité qui est à la fois une éthique de l'existence et une méthode de l'essayiste, au moment même où son projet du *Contre Sainte-Beuve*, qu'il désignait comme « l'essai de Taine en mille fois moins bien », est absorbé par le roman.

Séminaire lié – S'essayer à la vie, s'éprouver dans l'Histoire : archive et roman selon Proust

Intervenante : Anne Simon (directrice de recherche au CNRS)

Cours 6 – « Sur la lecture »

12 février 2019

Qu'est-ce qu'un essai de jeunesse chez Proust et quand Proust devient-il essayiste ? Les années de lycée, d'étude, le temps passé en mondanité donnent lieu à de nombreux textes – articles, chroniques, poèmes en prose, salons, études d'art. Mais aucun n'est un essai.

L'essayisme commence avec « Sur la lecture », qui sera la préface de *Sésame et les lys*. Ce texte marque une tentation, voire un tournant essayiste. En 1907, Proust fait paraître des articles dans *Le Figaro*, lesquels confirment cette thèse et marquent aussi la reprise de l'écriture après le deuil lié au décès de Madame Proust. Ce sont « Sentiments filiaux d'un parricide », « Journées de lecture » et notamment « Impressions de route en automobile », texte primordial, intégré au roman sous la plume du narrateur à la fin de « Combray ».

« Sur la lecture », paru pour la première fois en 1905, porte l'essai en germe, avec toutes ses singularités : une première personne massive, des souvenirs, le scepticisme propre à la tradition de l'essai, la mobilité, la fantaisie et l'humorisme qui rappellent l'essai anglais. Le « moi » de « Sur la lecture » n'est pas le « je » de *La Bible d'Amiens*, lequel est un « je » d'auteur, de régie. En outre, le texte offre l'ébauche de « Combray » et du *Temps retrouvé*, mais aussi presque toute la théorie de la littérature proustienne : la dénonciation de la philologie et de l'idolâtrie, les thèses du *Contre Sainte-Beuve*, la notion de phrase type définissant l'écrivain, ainsi que l'unité rétrospective d'une œuvre. En 1904, déjà, Proust lit Maeterlinck – *Le Double Jardin*, puis *La Sagesse et la destinée* et *La Vie des abeilles* – et s'en inspire pour ses notes et commentaires de traduction, lesquels donnent lieu à un travail intense et constituent en soi parfois des articles. En fait, le tournant essayiste, qui est une tentation du roman essayistique, est déjà pris avant la mort de Madame Proust, survenue en septembre 1905 : l'investissement de l'auteur dans l'écriture de « Sur la lecture » permet de défendre cette thèse.

Le texte se distingue déjà par son style, de longues phrases, ce que Proust déplore. Il regrette de ne pas écrire comme Madame Straus, la veuve de Bizet, dont la « clarté », l'« équilibre délicieux » des phrases le charment. Il dit « trier [ses] longues soies comme [il] les file », expression reprise à Anna de Noailles, laquelle loue vivement « [les] soies adorables » du texte de Proust. Au *Figaro*, André Beaunier n'est qu'éloges : les livres lus sont oubliés mais, « calendriers des jours enfuis », on y cherche avec inquiétude et délice les reflets d'un passé perdu à jamais. Le titre de Proust correspondrait fort bien aussi à des pages de Montaigne dont « Des trois commerces », notamment, évoque l'amour, l'amitié et la lecture.

L'article est souvent publié de manière autonome comme introduction à Proust et à son œuvre : ce sont les obstacles à la lecture dont on se souvient, alors qu'on oublie les livres ; voilà bien qui constitue la thèse du *Temps retrouvé*. À l'inverse de ce que défend Ruskin, la lecture n'est pas une conversation, laquelle relève du divertissement – comme l'amitié – et s'avère le contraire du travail solitaire qu'est la littérature. L'amour, quant à lui, fait atteindre à la plus grande profondeur. Sur le plan formel, l'invention décisive est d'avoir placé l'exemple avant l'argumentation.

Quels sont les dangers de la lecture, d'après le texte de Proust ? C'est tout d'abord l'intoxication littéraire qui divertit de la vie spirituelle, lorsqu'on lit comme Madame Bovary ou comme les disciples de Paul Bourget. Une telle idée révèle une crainte de la démocratisation de la lecture, comme si les masses n'y étaient pas prêtes. Trois autres dangers guettent les lecteurs : l'imitation – l'aliénation à la pensée de l'auteur ; l'érudition – la passion du petit fait, pris pour la vérité ; l'idolâtrie du lettré – la confusion de la vie avec l'art. À Ruskin, le littéraliste, le lettré, Proust oppose Maeterlinck, l'essayiste, dont l'esprit est perpétuellement ouvert. Ces dangers de la lecture sont assimilés par Proust à l'amitié et à la mondanité. Sainte-Beuve apparaît aussi dans les notes de cette préface, notamment à cause de sa méconnaissance des écrivains de son temps. Pour toutes ces raisons, « Sur la lecture » constitue bien un petit essai.

Séminaire lié – La composition de *Pastiches et mélanges*

Intervenant : Christophe Pradeau (maître de conférences en littérature française des XIXe et XXe siècles à Sorbonne Université)

Cours 7 – « C'est mon article qui avait enfin paru ! »

19 février 2019

Pourquoi parler de rapports ambivalents à propos de Proust et du journalisme, lequel est à ses yeux un écueil de l'essayisme ? Au fil de la *Recherche*, le narrateur se confond de plus en plus avec l'auteur et devient écrivain lui-même : outre « le petit morceau sur les clochers de Martinville », il montre un « petit poème en prose » à Norpois ; il dit également avoir écrit « un récit relatif à Swann » ainsi qu'« une traduction de *Sésame et les lys* de Ruskin ». Cependant, la seule publication expressément mentionnée par le roman est celle de l'article paru dans *Le Figaro*, dans *Albertine disparue*, article issu des pages sur les clochers de Martinville, rédigées à la fin de *Combray*, quinze ans plus tôt. Ce texte, qui court de manière souterraine dans toute l'œuvre, renvoie vraisemblablement à l'article « Impressions de route en automobile » paru dans *Le Figaro* en novembre 1907, époque à laquelle Proust, après avoir publié des salons, semble tenté par l'essayisme.

Cet article joue un rôle central dans « la vocation invisible dont cet ouvrage est l'histoire », pour reprendre les mots du narrateur. Celui-ci attend avec impatience cette publication : chaque matin, au réveil, il cherche son texte dans le quotidien que lui apporte Françoise. Le passage où il le découvre en première page peut à bien des égards être considéré comme une scène primitive du roman. Les premiers cahiers de Proust comportent de nombreuses versions, toujours plus développées, de la scène qui s'organise *grosso modo* selon deux scénarios : dans le premier, la mère du narrateur dépose *Le Figaro* dans sa chambre, au réveil, et elle le fait si hâtivement qu'il comprend immédiatement que son article a paru ; dans le second, il ouvre tout seul le journal et n'identifie pas immédiatement son texte. Cette expérience essentielle est longuement mise en scène dans la *Recherche*. Proust fond ensemble les diverses versions esquissées dans les manuscrits : la mère du narrateur pose le journal avec négligence, mais celui-ci ne comprend plus immédiatement le sens de la ruse et commence à lire son article sans le reconnaître. La suite du roman relate sa déception : alors qu'il espérait être lu dans tout Paris, grâce aux milliers d'exemplaires du journal, véritable pain quotidien qui se multiplie miraculeusement dans tous les foyers parisiens, il découvre que ce fantasme de diffusion n'est qu'un leurre. Au moment où il se rend chez le duc et la duchesse de Guermantes pour vérifier l'effet qu'a fait son article, il s'aperçoit que personne ne l'a lu. Cette déconvenue, qui fait écho aux angoisses du narrateur exposées dans les brouillons du *Contre Sainte-Beuve* où il doutait de la visibilité de son texte, met en évidence le problème posé par la publication dans la presse : parce qu'il dépend fatalement des lecteurs et de l'impression qu'il produit sur eux, l'article n'a pas d'existence en soi. Le procès du journal est le même que celui intenté à la conversation : il n'est rien tant qu'il n'entre pas dans le cercle de la mondanité.

La moralité de l'épisode, c'est qu'il ne faut pas écrire dans la presse, non seulement parce qu'on s'expose à ne pas être lu, mais aussi parce que l'épreuve de reconnaissance est d'autant plus pénible que le texte est toujours réduit et qu'il est constellé de coquilles, de sorte que « les quelques moignons qui restent [de la version originelle] n'ont plus forme humaine ». Cette vision négative de la publication journalistique est confirmée par le contre-exemple de Bergotte. Sa destinée est le miroir inversé de celle de Proust : alors que ce dernier ne publie plus dans la presse pour se consacrer à l'écriture de la *Recherche*, la collaboration du personnage au *Figaro* signe sa décadence littéraire. L'épisode de l'article du *Figaro* illustre donc la méfiance de l'écrivain pour le journal : celui-ci n'est qu'« un dessert d'esprit », une variante de la causerie, tout aussi dommageable que l'excès d'érudition.

Séminaire lié – Fiction, non-fiction : l'histoire dans l'essai

Intervenant : Donatien Grau (conseiller de la Présidence des musées d'Orsay et de l'Orangerie)

Cours 8 – « Aimer Sainte-Beuve »

12 mars 2019

Lorsqu'il commence à travailler sur Sainte-Beuve, Proust s'essaye à un mode de lecture plus savant. Lui qui ne cesse de dire tout le mal qu'il pense des philologues, il adopte alors une démarche de recherche classique, dépouillant la bibliographie, prenant des notes précisément paginées, relevant les expressions et les tournures de Sainte-Beuve qui lui plaisent, quoique les citations consignées soient souvent approximatives. La relecture du Carnet 1 et des *Cahiers Sainte-Beuve* montre que Proust, loin d'avoir une connaissance limitée et désinvolte de l'auteur de *Port-Royal*, a soigneusement lu son œuvre.

Au début du siècle, il est beaucoup question de Sainte-Beuve dans l'actualité. En 1904, son dernier secrétaire publie le *Livre d'amour*, ouvrage sulfureux qui évoque les relations du critique avec les femmes, notamment avec Adèle Hugo. Sainte-Beuve est aussi un sujet de choix pour les polygraphes, tel Léon Séché, dont la monographie sur l'esprit, les idées mais aussi sur les mœurs de Sainte-Beuve, s'inscrit dans une tradition d'érudition à l'ancienne. La thèse de Gustave Michaud sur *Sainte-Beuve avant les « Lundis »* (1903) marque par ailleurs son entrée à l'université.

C'est dans ce riche contexte qu'il faut resituer l'intérêt de Proust pour Sainte-Beuve. Ce dernier fait l'objet d'une campagne de notes dans la préface de *Sésame et les lys*. La première porte sur la mélancolie de l'imparfait. Prenant l'exemple d'une phrase de Lamartine à propos de la comtesse d'Albany, citée dans les *Lundis*, Proust souligne la méchanceté de l'auteur utilisant « ce temps cruel qui nous présente la vie comme quelque chose d'éphémère à la fois et de passif » pour faire disparaître ses personnages à la fin du roman. La seconde note porte sur la maladie de la volonté, qu'il sent en germe chez Fontanes, dont Sainte-Beuve a relevé le « côté épicurien » dans *Chateaubriand et son groupe littéraire*, volume capital aux yeux de Proust. Fontanes incarne le prototype du génie stérile, qui a sacrifié son talent dans les mondanités, à rebours de l'éthique de travail à laquelle Proust revient souvent. La troisième note porte sur la thèse centrale du *Contre Sainte-Beuve*. Prenant appui sur l'ouvrage de Séché qui relate une expédition de Sainte-Beuve à Utrecht, en quête d'archives pour préparer les volumes de son *Port-Royal*, Proust met à distance le confort intellectuel du philologue, qui fait de la vérité une quête matérielle, alors qu'il faut la rechercher dans son moi profond. À cette occasion, il fait un mauvais procès à l'homme de lettres qui n'a rien d'un archiviste, et c'est justement ce que lui reproche Léon Séché. Une autre note capitale porte sur la méconnaissance qu'ont les critiques de la littérature contemporaine. Au moment où Proust évoque la préférence qu'ont les grands écrivains pour les livres classiques, il prend l'exemple de Sainte-Beuve qui, selon lui, « a méconnu tous les grands écrivains de son temps ». Sainte-Beuve n'est pas le seul à essuyer ce reproche : tout au long de son œuvre, Proust n'a de cesse de dresser les catalogues de bévues commises par les auteurs – Ruskin, Goethe, Tolstoï, Barbey, entre autres – à propos des œuvres littéraires et artistiques de leur époque.

Cependant, on ne saurait en conclure qu'il porte un regard strictement négatif sur Sainte-Beuve. En témoigne la note du Carnet 1 où il suggère la possibilité d'« [a] imer Sainte-Beuve », formule qui est d'ailleurs un pastiche de l'auteur des *Lundis*, lui « qui aimait tant définir ce que c'était que d'aimer quelqu'un ». Bien qu'il juge son talent « de second ordre », Proust est sensible, sur le plan stylistique, au « déraillement de l'expression » qu'il qualifie de « charmant ». Les discussions un brin pédantes qu'il a sur Sainte-Beuve avec ses correspondants attestent par ailleurs une bonne connaissance de son œuvre. Bien qu'il prétende sans cesse perdre ses livres, oublier ce qu'il a lu de lui – posture qui lui permet de mettre à distance les méthodes trop érudites de la critique universitaire –, il s'est en réalité livré à une lecture approfondie de ses articles.

Séminaire lié – Les questionnaires comme genèse de l'essai

Évelyne Bloch-Dano (écrivain)

Cours 9 – « Belles trouvailles »

19 mars 2018

Alors que le *Contre Sainte-Beuve* est entièrement à charge et que Proust romancier souligne avant tout les défauts du critique, il fait montre d'une attitude ambivalente à son égard dans les années intermédiaires entre *Jean Santeuil* et la *Recherche*. Dans les lettres qu'il écrit à Robert Dreyfus, Henry Bordeaux, André Beaunier – entre autres –, il adopte une posture d'érudit beuvien : les discussions savantes et même un peu pédantes qu'il a avec ses amis attestent une bonne connaissance de Sainte-Beuve. Cependant, son savoir se révèle le plus souvent approximatif : il se trompe fréquemment lorsqu'il joue au savant beuvien ; les citations recopiées dans ses carnets sont transformées, voire inexactes. Il n'est d'ailleurs pas indifférent que les passages qu'il consigne se situent la plupart du temps soit dans les notes, soit au début ou à la fin de l'article dont ils sont tirés : cette physiologie de la citation témoigne peut-être d'une lecture rapide.

Il n'en reste pas moins que Proust est sensible à certains aspects de l'œuvre de Sainte-Beuve. Il est séduit par les comparaisons anachroniques et ludiques qu'il fait, et note par exemple le rapprochement de Royer-Collard et Danton, ou encore de Madame Récamier et Madame de Sablé. Il aime également la façon dont l'auteur de *Mes Poisons* épingle le ridicule de tel ou tel homme de lettres, stigmatisant tour à tour la fatuité naïve de Lamartine, « l'égoïsme de Cousin » qu'il déteste, ou encore la vanité de Vigny. Il apprécie par ailleurs le scepticisme et l'ironie libre-penseuse de Sainte-Beuve qui « sait bien lire ». Mais ce qui l'intéresse tout particulièrement, ce sont ce qu'il appelle des « expressions bizarres » du critique, chez qui il décèle un art du « déraillement charmant ».

La manière dont Sainte-Beuve utilise le mot *rayon* fait partie de ces « belles trouvailles », que Proust note avec vigilance. Ne faisant pas mystère de son admiration pour le poème « Les Rayons jaunes » qui est à ses yeux « ce qu'il y a encore de mieux dans l'œuvre de Sainte-Beuve », il relève les nombreuses occurrences du terme, toujours employé de manière métaphorique par Sainte-Beuve. Celui-ci évoque notamment « l'étendue du rayon » de Chateaubriand, c'est-à-dire l'envergure de la lumière qui émane de l'écrivain ; ou bien nuance les jugements sévères qu'il porte sur Bernardin de Saint-Pierre, qui est « tomb[é] sous le rayon » en écrivant *Paul et Virginie* ; ou encore fait allusion à M. Cousin qui « a attaché au métier un rayon ». Si Proust repère ces tics stylistiques avec autant de minutie, c'est qu'il est également fasciné par ce mot, qu'il emploie lui aussi de manière récurrente. Dans le *Contre Sainte-Beuve*, il loue l'idée de génie de Balzac qui a gardé les mêmes personnages dans *La Comédie humaine* – ce dont Sainte-Beuve a méconnu l'originalité – : le procédé est pareil à un « rayon » qui s'étend sur l'ensemble de son œuvre. Dans *Sésame et les lys*, il présente l'épigraphe que Ruskin a ajoutée *a posteriori* comme « un rayon » qui « illumine rétrospectivement tout ce qui a précédé » : cette théorie de l'unité rétrospective sera d'ailleurs longuement évoquée dans *La Prisonnière*. Le terme revient enfin sans surprise dans le pastiche de Sainte-Beuve dans *Le Figaro* du début de 1838. Cette circulation du terme *rayon* entre l'œuvre de Sainte-Beuve et celle de son cadet illustre l'influence que le premier a eue sur le second. Les appréciations de Proust sur les *Lundis* sont donc souvent ambiguës, ce dernier se montrant sensible à certains jugements – tel le jugement porté sur *Les Fleurs du mal* dont Sainte-Beuve parle « en termes charmants » – et à certains bonheurs d'expression dont il se souviendra au moment où il écrit son roman.

Séminaire lié – Éditer *Contre Sainte-Beuve*

Intervenant : Matthieu Vernet

Cours 10 – « Une leçon de tact »

26 mars 2019

Dans la *Recherche*, c'est à Madame de Villeparisis que Proust confie le rôle de porte-parole de Sainte-Beuve, dont elle partage les idées et les goûts. Issue de la même génération que lui, elle a pour modèles Madame de Beaulaincourt, l'ancienne maîtresse de Chateaubriand, et la comtesse de Boigne, célèbre pour ses *Mémoires* que Proust connaît bien. Présente dès le projet du *Contre Sainte-Beuve*, la marquise, qui a toujours existé dans la genèse de la *Recherche*, incarne la persistance, la survivance de l'essai dans le roman. Ce personnage qui tient « un bureau d'esprit » fait l'objet d'un portrait ambivalent. Le narrateur présente cette amie de sa grand-mère comme une femme bienveillante et généreuse, tout en décriant les jugements littéraires de cette « lettrée » qui « jug[e] tout à faux ».

L'épisode des *Jeunes filles en fleurs* où le narrateur interroge Madame de Villeparisis sur les écrivains qu'il admire et qu'elle a fréquentés donne lieu à une tirade toute beuvienne. La vieille femme juge sévèrement les écrivains tels

Chateaubriand, Balzac, Hugo, Vigny ou encore Stendhal. L'appréciation qu'elle porte sur ce dernier est calquée en droite ligne sur la critique que Sainte-Beuve consacre au romancier. Ne faisant pas mystère de son dédain pour ces gens de lettres dont elle méconnaît les œuvres, elle leur préfère « Molé, Fontanes, Vitrolles », « Pasquier, Lebrun, Salvandy ou Daru ». Nés au XVIIIe siècle, ces hommes distingués, qu'ils soient politiques ou académiciens, ont en commun d'avoir traversé tous les régimes tout en continuant à exercer de hautes responsabilités publiques. Tous sont dotés « de cette modestie, de cet effacement de soi » qui sont la marque des hommes du monde. Tous font preuve de tact, qualité à laquelle Sainte-Beuve était extrêmement sensible, lui qui stigmatisait l'inconvenance et l'impudence de certains écrivains. Madame de Villeparisis utilise d'ailleurs ce critère distinctif pour opposer Balzac, qu'elle qualifie d'« homme très commun », à Sainte-Beuve qu'elle décrit au contraire comme « un homme de bonne compagnie ». Le tact, valeur mondaine par excellence qui désigne le sens des convenances, est considéré comme une vertu toute féminine, que l'on développe en fréquentant les salons. Ce bon goût est le propre de la bonne société, celle-là même à laquelle appartient Madame de Villeparisis.

Comme Sainte-Beuve, Proust fait un grand usage de cette notion de tact, qui est à ses yeux une valeur essentielle. Dans la *Recherche*, l'opposition entre ceux qui ont du tact, à l'image de Swann qui a une appréciation intuitive du décorum et de la « nuance de chic » de telle ou telle réunion mondaine, et ceux qui manquent de cet à-propos et de ce savoir-vivre, tel Bloch, revient sans cesse. Cependant, le narrateur de la *Recherche* insiste sur les erreurs de jugement auxquelles ce sens des convenances peut conduire. Il ne fait pas mystère de ses désaccords avec Madame de Villeparisis, qui déconsidère Chateaubriand, Hugo ou Balzac – entre autres – pour le seul motif que ces derniers manquent d'esprit dans les conversations de salon.

Cet antagonisme entre les écrivains et ceux qui maîtrisent l'art de se comporter dans un salon ou dans « un conseil des ministres » est illustré de manière exemplaire par la controverse entre Molé et Vigny, lorsque ce dernier est reçu à l'Académie française. Ayant été trop long et emphatique dans son discours, Vigny se fait donner une « leçon de tact » par Molé, qui possède au plus haut point le charme et la délicatesse nécessaires à la vie en société, ainsi que le souligne Sainte-Beuve dans le portrait élogieux qu'il fait de lui dans *Chateaubriand et son groupe littéraire*. L'épisode de la réception à l'Académie, évoqué par Madame de Villeparisis – qui reprend en cela les propos de Sainte-Beuve – constitue, de ce point de vue, un modèle du contraste entre hommes de lettres et hommes du monde, opposition fondamentale pour l'auteur des *Lundis*, qui est également un motif essentiel dans la *Recherche*.

Séminaire lié – Proust en dialogue avec Bergson

Clément Girardi (docteur ès lettres, enseignant au lycée Gutenberg de Créteil)

Cours 11 – « À mon âge on relit »

2 avril 2019

Parler de « Proust essayiste » implique, on l'a vu, d'explorer les rapports complexes de Proust et du savoir, de retracer le chemin difficile qu'il cherche entre la position du philologue, qu'il met à distance, et celle du journaliste, qu'il désapprouve également. En cela, l'écrivain illustre le statut ambigu de l'essayiste, considéré comme « une espèce de fumiste » par les savants, « tandis qu'il passe généralement aux yeux des créateurs pour une sorte de bâtard », pour reprendre les analyses de Musil.

Comment Proust acquiert-il le savoir et la culture qu'il utilise dans la *Recherche* ? Une lettre de l'écrivain à Madame de Brantes, tante de Montesquiou, datée de septembre 1897, est éclairante sur ce point. Dans cette lettre, Proust cite le mot « À mon âge on relit », qui n'est pas de Cuvillier-Fleury, comme le croit sa correspondante, « mais d'un autre de ces noms à trait d'union », à savoir Royer-Collard. La remarque sur le trait d'union, cette « particule des démocraties », comme le dit Proust (qui emprunte cette expression à Léon Blum), met en évidence l'attention qu'il porte à la sociologie des noms propres. Cette sensibilité accordée à l'onomastique contemporaine se retrouve dans la *Recherche*, où le narrateur épingle notamment les ridicules de Madame Verdurin qui peine à placer correctement la particule des patronymes aristocratiques. Doctrinaire, janséniste, excellent orateur parlementaire de la Restauration puis de la Monarchie de Juillet, Royer-Collard est une référence importante pour Proust comme pour Sainte-Beuve, qui salue sa « verve irrésistible très épigrammatique et sarcastique ». Cet art de « l'insolence » est parfaitement illustré par la réplique, citée par Proust, en réponse à Vigny, lorsque le poète, qui s'efforce d'obtenir son soutien pour sa candidature à l'Académie, s'étonne qu'il n'ait pas lu ses œuvres. Vigny, qui relate l'anecdote dans le *Journal d'un poète*, n'est pas le premier à faire les frais de cette formule cinglante : l'académicien l'avait déjà utilisée lorsque Victor Hugo était venu lui demander sa voix, en 1841. Ce célèbre épisode est raconté par Ximenès Doudan dans une lettre à son ami Cuvillier-Fleury, qui sera l'éditeur posthume de sa correspondance.

Doudan est une figure importante du milieu littéraire, mondain et politique des années 1870 à 1910, à titre posthume. Il a été le précepteur du dernier fils de Madame de Staël puis des enfants du duc de Broglie, fonction qui lui a permis de s'introduire dans le milieu de l'aristocratie française et de devenir chef de cabinet d'Albert de Broglie, dans les ministères occupés par ce dernier entre 1830 et 1836. Sainte-Beuve fait souvent allusion à Doudan, qu'il qualifie toujours d'homme « spirituel ». À ses yeux, il fait partie de ces « esprits délicats nés sublimes », parmi lesquels on compte également Tréville ou Joubert, présenté par Jules Lemaitre comme « le Doudan alangui de deux ou trois petits salons aristocratiques qui se formèrent à Paris au commencement de l'Empire ». Comme Doudan, Joubert n'a pas publié de son vivant et c'est seulement grâce à son ami Chateaubriand que ses *Pensées* ont paru à titre posthume. Ces hommes supérieurs mais qui n'ont pas laissé d'œuvre, car la force et la patience d'exécution leur ont manqué, sont autant de figures de la procrastination, caractéristique des « célibataires de l'art » auxquels Proust prête un vif intérêt. Doudan est d'ailleurs mentionné dans la *Recherche* par Madame de Villeparisis qui oppose la finesse, le tact et « l'esprit d'un Doudan, d'un M. de Rémusat, pour ne pas dire d'un Beausergent, d'un Joubert, d'une Sévigné », au manque de savoir-vivre des écrivains qui ne savent pas se tenir en société.

Cours 12 – « *Tu Ximénès eris* » ou les célibataires de l'art

2 avril 2019

Dans une note énigmatique du Carnet 1, Proust évoque les salons Baignères – lieu où il situe l'esprit malicieux de la conversation imputé à Sainte-Beuve – et recopie un passage des *Causeries du lundi* où le critique revient sur le goût affiché par « M. de Broglie qui a de l'esprit sous son mérite » pour les chansons de Béranger.

Ministre sous la monarchie de Juillet, puis président du Conseil, le duc de Broglie est paradoxalement proche du chansonnier, alors même qu'il est le rapporteur du projet de loi sur la diffamation qui a conduit ce dernier en prison. Si l'on se penche sur les autres partenaires de cette discussion dans le salon de Broglie, on trouve également M. Lebrun, avec qui le narrateur de la *Recherche* se compare, pensant qu'il aurait pu faire, comme lui, « la figure d'homme élégant non titré, mais qu'on croit volontiers affilié de tout temps à l'aristocratie », dans les salons fréquentés par la duchesse de Guermantes. Parmi les amis de la duchesse de Broglie, on trouve aussi Auguste Raulin, maître de requêtes au Conseil d'État, qui est un ami très proche de Ximénès Doudan. Tous deux font partie de ces jeunes hommes dilettantes, ayant peu publié. Doudan, en vertu de son tact et de sa discrétion, fait figure de « conseiller de l'ombre » dont on estime l'avis critique ; mais il n'a lui-même écrit que douze articles au cours de sa vie. Ce n'est qu'après sa mort que ses amis publient son œuvre, sous le titre de *Mélanges et lettres*, ouvrage qui est alors beaucoup estimé et qui sera notamment loué par Barbey d'Aurevilly. Ce dernier salue le tour de force de ce conversationniste de salon qui a réussi à « séduire des doctrinaires », à commencer par le duc de Broglie dont il a été le précepteur puis le secrétaire intime.

S'il est difficile de savoir dans quelle mesure Proust connaît Doudan, l'écrivain est sans nul doute fasciné par ce précepteur qui est devenu l'homme de compagnie d'une grande famille d'aristocrates. Ce sceptique distingué incarne à ses yeux le type des « célibataires de l'art » qui « vieillissent inutiles et insatisfaits » car ils n'ont rien produit. Proust est obsédé par ce destin qui est celui de Doudan, de Joubert ou encore de Raulin, et qu'il attribuera à Swann dans la *Recherche*. Il est frappant de relever que tous ces personnages partagent une même passion pour la botanique. C'est ce que souligne Madame de Villeparisis lorsqu'elle évoque les moments passés, étant enfant, à Broglie où elle écoutait M. de Schlegel que « M. Lebrun, M. de Salvandy, M. Doudan [...] faisaient parler sur les fleurs ». Depuis Rousseau, la botanique est considérée comme un remède à la mélancolie, mal auquel les célibataires de l'art sont tout particulièrement sujets. Typique est à cet égard le cas d'Ampère « qui ne sort de son état morne et mélancolique que par la botanique », ou encore celui de Chateaubriand qui conseille « l'étude de la botanique, comme propre à calmer l'âme ». Ce loisir commun à différents célibataires de l'art invite à réfléchir aux rapports de la botanique et d'une forme de sociabilité propre à ces jeunes gens qui aiment herboriser. À la faveur de la botanique, on rencontre par ailleurs la question de l'impuissance et de l'érudition stérile qui traverse toute la *Recherche*. Dans une lettre de 1837, Doudan, étonnamment lucide sur sa propre destinée, met en garde son élève, Albert de Broglie, contre « cette curiosité infinie [qui] est un genre de paresse et peut-être le pire de tous, parce qu'il fait l'effet du travail ». Cette remarque s'applique parfaitement à son propre cas. Pour Proust, il représente en effet – comme Joubert ou Raulin – les risques du dilettantisme littéraire. Il est le modèle de l'artiste sans œuvre qui s'est contenté de briller dans les salons et qui s'est seulement consacré à de petits travaux, renonçant ainsi à la création véritable. Ce type du « célibataire de l'art », conversationniste distingué et anti-modèle du narrateur proustien, circule tout au long du *Contre Sainte-Beuve*. Il réunit les motifs clés de la réflexion proustienne sur l'essayisme : le célibat, la botanique, la mélancolie, le scepticisme, l'angoisse de l'oisiveté et de la vie gaspillée. Au fond, au moment où Proust bascule dans le *Contre Sainte-Beuve* et dans la *Recherche*, il n'est pas très différent, d'un Doudan ou d'un « Joubert pâli » ; c'est précisément le miracle de cette métamorphose de l'essayiste de salon en romancier qui ne laisse pas de susciter la réflexion.

COLLOQUES

Colloque – Proust essayiste

En écho au cours et au séminaire d'Antoine Compagnon, la réflexion s'est poursuivie le 14 mai 2019 à propos des interrogations génériques sur À la recherche du temps perdu.

• Antoine Compagnon (Collège de France), ouverture ;

• Adam Watt (Université d'Exeter) : « Essayer dans À la recherche du temps perdu : les intermittences d'un verbe » ;

• Françoise Leriche (Université Grenoble Alpes) : « Quel "je" ? Quel "nous" ? Figures et énonciation de l'essayiste » ;

• Luzius Keller (Université de Zurich) : « "Dans l'incertitude sur la forme d'art" : Proust critique d'art » ;

• Elisabeth Ladenson (Columbia University) : « Contre l'amitié » ;

• Francine Goujon (Équipe Proust, Item) : « Proust et l'essai de Chateaubriand » ;

• Yuji Murakami (université de Kyoto) : « Sentiments filiaux d'un parricide » ;

• Joshua Landy (Stanford University) : « Ni Montaigne ni Musil : Proust non-essayiste » ;

• Maya Lavault (Équipe Proust, Item) : « À la recherche du temps perdu, de l'essai fictionnel à la fiction critique ».

Colloque – La littérature comme lieu du non-conflit (III)

La troisième édition de ce colloque fermé, organisée par Antoine Compagnon et Odile Bombarde le 23 mai 2019, et accueillie par la fondation Hugot du Collège de France, s'est tenue en hommage à Jacqueline Lichtenstein. De nouvelles explorations ont été menées sur les possibles iréniques de la littérature.

• Jean-Noël Robert : « La poésie chinoise, médiatrice entre deux nations ennemies » ;

• Bertrand Marchal : « Poétique et politique du non-conflit dans "Conflit" et "Confrontation" de Mallarmé » ;

• Nathalie Dyer-Mauriac : « Dans l'atelier de Proust, entre mémoire et invention » ;

• Jean-Charles Vegliante : « Dante voyageur de l'au-delà : dire, hausser ou éviter le conflit après la mort ? » ;

• Matthieu Vernet : « La conversation avec maman. De l'intimité familiale à la charge contre Sainte-Beuve » ;

• Élisabeth Russo : « Duras contre Beauvoir : un barrage contre le deuxième sexe ».

Colloque – La France et le Moyen-Orient : de la violence à l'espoir

Élaboré par Antoine Compagnon et Henry Laurens, ce colloque fait suite à un voyage en Irak en 2018 au cours duquel intellectuels, universitaires, responsables religieux et journalistes ont été invités par des responsables chiites afin de réfléchir, lors de diverses rencontres, sur l'avenir de ce pays ravagé par la guerre. Les quatre tables rondes du 22 mars 2019 ont réuni des intervenants de France et du Moyen-Orient pour continuer le dialogue et le débat.

• Antoine Compagnon (Collège de France) et Marc Stenger (Pax Christi) : ouverture.

Table ronde 1 – « Acteurs et victimes », sous la présidence d'Ameer Jajé

- Saad Salloum (Mustansiriya University) ;
- Omar Mohammed (université de Mossoul, EHESS, programme PAUSE) ;
- Saja Muzahim Sadqi Salim (Increase Social Safety in Mosul) ;
- Bassma Kodmani (Initiative Arab Reform, Paris) ;
- Marwan Olu (avocat, défenseur des droits des minorités, Karakoche) ;
- Samira Mobaied (vice-présidente de la SCP, Syriens chrétiens pour la paix).

Table ronde 2 – « Vivre avec », sous la présidence de Marc Stenger

- Loulouwa Al-Rachid (Carnegie Middle East, Beyrouth) ;
- Faris Nadhmi (chercheur en psychologie sociale, Salahaddin University, Erbil) ;
- Antoine Garapon (*Esprit*, Paris) ;
- Ali Hamdan (faculté de droit de Damas, université Paris-Ouest, programme PAUSE) ;
- Nicolas Hénin (ancien journaliste, président d'Action résilience) ;
- Salam Kawakibi (Centre arabe d'études et de recherche, Paris).

Table ronde 3 – « Écrire la violence », sous la présidence de Loulouwa Al-Rachid

- Faris Harram (poète, professeur et activiste, Najaf) ;
- Feurat Alani (créateur de web séries d'animation, Dubai) ;
- Nawal Alhalah (enseignante-chercheuse, Inalco, programme PAUSE) ;
- Afrah Al-Qaisy (journaliste, Asharq al-Awsat) ;
- Laurent Larcher (journaliste, *La Croix*) ;
- Jacques Semelin (CNRS, Ceri, Paris).

Table ronde 4 – « Comment en sortir », sous la présidence de Jean-Chistophe Ploquin

- Henry Laurens (professeur au Collège de France) ;
- Abbas Salim Halabi (ancien magistrat et professeur de droit, Beyrouth) ;
- Muzaham Kassim Al-Khyatt (recteur de l'université de Ninive) ;
- Hélène Sallon (journaliste, *Le Monde*) ;
- Dorothée Schmid (Ifri, Paris).
- Pierre Morel (Pharos): conclusion.

Colloque – Durkheim au Collège de France

Le colloque des 6 et 7 juin 2019 a été organisé par Antoine Compagnon, Pierre-Michel Menger et Éric Brian (EHESS), dans le cadre du projet « Passage des disciplines : histoire globale du Collège de France, XIXe-XXe siècle », avec le soutien de PSL Research-University et de la République des Savoirs. Il a eu pour but d'étudier le vaste tableau que les savoirs, qui ont été développés à partir des idées de Durkheim, ou en contradiction avec elles, sous la rubrique « sociologie » ou non, forment au Collège et au-delà du Collège. L'accueil difficile de la sociologie durkheimienne au Collège fait de ce dernier un point d'observation tout désigné pour renouveler l'étude de la réception des idées de Durkheim, et des enjeux épistémologiques et philosophiques qui s'attachent à son œuvre dans la formation des sciences humaines et sociales, de la fin du XIXe siècle jusqu'à aujourd'hui.

Inversement, se pencher sur la réception des idées de Durkheim au Collège peut permettre de renouveler l'étude des disciplines enseignées au Collège en relation aux savoirs exclus.

6 juin 2019

- Antoine Compagnon : « Durkheim dans les rapports de présentation au Collège de France, 1926-1955 » ;
- Matthieu Béra : « Durkheim et la sociologie "par la petite porte" de la Sorbonne ? » ;
- Alexandre de Vitry : « Jean Izoulet, une sociologie anti-durkheimienne ? » ;
- Massimo Borlandi : « Durkheim et Tarde, le dernier acte » ;
- Laurent Jeanpierre : « L'empreinte discrète de *L'Année sociologique* » ;
- Stéphane Baciocchi : « La religion en action. Conversion et retour aux sources ethnographiques de la "sociologie religieuse" durkheimienne, 1899-1917 » ;
- Philippe Descola : « Durkheim et Mauss au travail » ;
- Philippe Steiner : « François Simiand, la sociologie économique durkheimienne au Collège de France » ;
- Bruno Karsenti : « Durkheim, ou le sociologue en pédagogue conscient » ;
- François Héran : « Lévi-Strauss, disciple inconstant de Durkheim ».

7 juin 2019

- Giovanni Paoletti : « Durkheim et la philosophie au Collège » ;
- Céline Surprenant : « Durkheim et la psychologie, Pierre Janet » ;
- Thomas Hirsch : « De la sociologie à la psychologie collective. Maurice Halbwachs au Collège de France » ;
- Éric Brian : « Les infortunes du réalisme épistémologique durkheimien au XXe siècle » ;
- Pierre Birnbaum : « De Durkheim à Raymond Aron. De la quasi-invisibilité du politique à sa prépondérance » ;
- Pierre Demeulenaere : « À la recherche de l'unité de la sociologie. Boudon interprète de Durkheim » ;
- Jean-Louis Fabiani : « Bourdieu fut-il durkheimien ? » ;
- Pierre-Michel Menger : conclusion.

Colloque – Naturalismes du monde : les voix de l'étranger

Organisé par le Centre d'étude sur Zola et le naturalisme (Item, CNRS/ENS) les 23 et 24 mai 2019 au Collège de France et à l'École normale supérieure, ce colloque a permis de réfléchir au rayonnement du naturalisme à l'échelle mondiale au temps de l'Affaire Dreyfus. Son comité scientifique était constitué de Jean-Baptiste Amadieu, Aurélie Barjonet, Colette Becker, Céline Grenaud-Tostain, Hans Färnlöf, Philippe Hamon, Alain Pagès, Isabelle Schaffner, Karl Zieger.

Colloque – Des revues et des femmes

Les revues littéraires ont été choisies comme un outil épistémique permettant d'observer la place des femmes dans la vie littéraire, de la Belle Époque à la fin des années 1950. La réflexion a porté sur l'espace de la revue, en termes de *genre*, de visibilité des femmes et d'accession à la carrière littéraire par ces dernières. Le colloque, organisé les 28 et 29 mai 2019, par Amélie Auzoux, Camille Koskas et Élisabeth Russo, avec le soutien de Sorbonne Université, du Cellf et de La République des Savoirs, s'est tenu à la Maison de la Recherche de Sorbonne Université.

Enseignement à l'étranger

• Académie du royaume du Maroc, Rabat, 30-31 janvier 2019, une leçon et un séminaire.
• Université de Trente, 10-11 avril 2019, trois leçons.

Recherche

Programme « Passage des disciplines »

Antoine Compagnon et une équipe de chercheurs poursuivent depuis 2010 le projet d'une histoire globale du Collège de France, XIXe-XXe siècle, intitulé « Passage des disciplines ». Cette recherche, coordonnée par Céline Surprenant, a pour objet l'étude de la naissance des disciplines scientifiques et littéraires, leur cartographie et leur évolution, à l'échelle nationale et internationale, à partir de l'observatoire privilégié qu'offre l'histoire des renouvellements de chaire au Collège de France.

Journées d'études – Les rapports de présentation, témoins du renouvellement des chaires au Collège de France (1 et 2)

Grâce au soutien de PSL, près de 800 « rapports de présentation » ou « rapports de candidature » ont été récolés aux Archives du Collège de France et aux Archives nationales, pour être ensuite numérisés grâce au soutien de la Fondation de l'Orangerie. Dans ces documents, manuscrits ou dactylographiés, de 1 à 20 feuillets, s'énoncent les « propositions de savoir » soumises à l'Assemblée des professeurs, lors de l'affectation des crédits pour les chaires vacantes, ou de l'élection des titulaires. Le but de ces deux journées (23 janvier et 9 mai 2019) a été de s'interroger sur les méthodes d'approche de ces documents qui restent largement inexplorés, en se penchant sur quelques cas.

23 janvier 2019

• Antoine Compagnon, Ouverture ;
• Éric Brian, « L'art d'inventer en mathématique selon Szolem Mandelbrojt, en 1946 » ;
• Patrick Henriet, « Création de la chaire d'Histoire des religions (1880). Autour du rapport écrit par Jules Soury » ;
• Alain de Libera, « Étienne Gilson. La philosophie au tournant des années 1940 » ;
• Giuseppe Bianco, « La technologie philosophique de Martial Gueroult selon Louis Lavelle ».

9 mai 2019

• Antoine Compagnon, Ouverture ;
• John Scheid, « Rome au Collège de France, entre l'époque de la Révolution et le XXe siècle. Une évolution rapide » ;

• Pierre Corvol, « Antoine Lacassagne. De la chaire de Radiobiologie expérimentale (1941-1951) à la chaire de Médecine expérimentale (1951-1954) ».

Journée d'études – Chaires d'esthétique et histoire de l'art

Organisée par Jessica Desclaux dans le cadre de « Passage des disciplines », en collaboration avec le musée du Louvre (École du Louvre et le Centre Dominique Vivant-Denon), la journée du 4 avril 2019 a porté sur les entrecroisements et destins communs du Collège de France et du musée du Louvre, à travers les professeurs qui ont œuvré dans les deux établissements.

• François-René Martin : « La guerre des chaires. L'École des Beaux-Arts et le Collège de France autour de 1900 » ;

• Philippe Durey : « De la collection à l'enseignement : le rôle particulier de l'École du Louvre, musée du Louvre » ;

• Émilie Oléron-Evans : « Donner chaire. Défense et illustration d'une discipline dans les rapports des chaires Esthétique et Histoire de l'art du Collège de France » ;

• Claire Barbillon : « Les trois premiers professeurs d'histoire de l'art du Collège de France. Personnalités, orientations et méthodes » ;

• Jessica Desclaux : « Dans l'atelier des cours de Georges Lafenestre » ;

• Victor Claass : « Assise de l'histoire de l'art au Collège de France dans l'entre-deux-guerres » ;

• Marie Tchernia Blanchard : « D'une "famille chien" au "sens humain de l'art". René Huyghe et la chaire de Psychologie des arts plastiques au Collège de France (1951-1976) » ;

• Roland Recht : conclusion.

Activités de l'équipe

Odile Bombarde, maître de conférences, a coorganisé le colloque « La psychanalyse. Anatomie de sa modernité. Autour des travaux de Laurence Kahn » au Centre culturel international de Cerisy-la-Salle (13-20 juillet 2018). Elle a aussi mis en place le colloque de l'Institut d'études littéraires à la fondation Hugot du Collège de France : « La littérature comme lieu du non-conflit, 3 » (23 mai 2019). Enfin, elle élabore actuellement l'édition des Œuvres poétiques d'Yves Bonnefoy dans la Bibliothèque de la Pléiade, ainsi que celle du tome II de la *Correspondance* d'Yves Bonnefoy aux Éditions des Belles Lettres.

Francesco Solinas, maître de conférences, a donné un cours à la Fondazione Roberto Longhi de Florence (entre novembre 2018 et janvier 2019), ainsi que des conférences à l'Accademia di San Luca de Rome en février 2019, et une conférence sur le *Musée sur papier* de Cassiano dal Pozzo (1588-1657) à la Humboldt-Universität à Berlin, en juillet 2019. Les actes du séminaire *Les Lettres des artistes*, dont il était directeur scientifique au Collège de France (2018), ont paru chez De Luca (*Les Lettres de Léonard aux princes et puissants de son temps*, P.C. Marani (dir.), Rome-Paris, 2019). Il se consacre aux *Cahiers de l'Ornement III*, publication du séminaire *Ornement*, organisé avec P. Caye au Collège de France (2014-2017).

Élisabeth Russo, ATER, s'est consacrée à la rédaction de sa thèse de doctorat, dirigée par Jean-François Louette à Sorbonne Université : « Le *premier sexe* chez les romancières françaises des années 1940 et 1950 (Beauvoir, Duras et *aliae*) ». Elle a aussi coorganisé le colloque international « Des revues et des femmes » sur la place des femmes dans les revues littéraires (28-29 mai 2019, Maison de la recherche de Sorbonne Université) ; elle y a contribué sur le thème « Quelles femmes aux *Temps modernes* ? », et a également participé au colloque d'Antoine Compagnon et Odile Bombarde « La littérature comme lieu de non-conflit, 3 » sur le thème : « Duras contre Beauvoir : un barrage contre le deuxième sexe ? ».

Émilie Sermadiras, ATER, a consacré l'essentiel de son travail de recherche à la rédaction de sa thèse de doctorat intitulée « Religion et maladie dans le récit de fiction de la seconde moitié du XIXe siècle », à Sorbonne Université sous la direction de Pierre Glaudes, thèse qu'elle a soutenue le 5 juin 2019 devant Antoine Compagnon, Marie-Françoise Melmoux-Montaubin, Éléonore Reverzy etJean-Marie Seillan. Elle a également codirigé un volume sur *Les Paradoxes d'Octave Mirbeau* (Classiques Garnier, 2019).

Céline Surprenant, chercheure associée, s'est consacrée à l'organisation des activités de « Passage des disciplines » et à la recherche qui y est associée, sur le « rôle des professeurs du Collège de France dans la fondation du l'EPHE » (Journée d'étude : « Les 150 ans de l'EPHE »), sur les recoupements entre la BnF et le Collège en préparation d'une journée d'étude (2020), sur Durkheim et la psychologie (contribution au colloque « Durkheim au Collège de France »). Elle a également rédigé, avec Antoine Compagnon, une introduction pour *Freud au Collège de France*, qu'elle a codirigé avec Antoine Compagnon pour la collection « Passage des disciplines ».

PUBLICATIONS

COMPAGNON A. (dir.), *Les Chiffonniers littéraires*, Revue d'histoire littéraire de la France, vol. 118e année, n° 3, 2018.

COMPAGNON A., « Le sens de l'orientation littéraire », *in* A. BERTHOZ et J. SCHEID (dir.), *Les Arts de la mémoire et les images mentales*, Paris, Collège de France, coll. « Conférences », 2018, p. 93-100, https://doi.org/10.4000/books.cdf.5442.

COMPAGNON A., « Ceux là qui se bat... Pour la Galette, C'est pas celui-là qui la mange, Il attrape les bons coups et pis c'est bon ! », *in* J. DUPONT et A. SCHELLINO (dir.), *Hommage à Claude Pichois*, Paris, Honoré Champion Éditeur, coll. « L'année Baudelaire », vol. 22, 2018, p. 51-54.

COMPAGNON A., « D'une plume de fer », *in* V. FERRER, O. MILLET et A. TARRÊTE (dir.), *La Renaissance au grand large. Mélanges en l'honneur de Frank Lestringant*, Genève, Droz, 2019.

COMPAGNON A., « "Comme des rats !" : Camus au Panelier », *Cités*, vol. 78, n° 2, 2019, p. 145-157, https://doi.org/10.3917/cite.078.0145.

COMPAGNON A. et SURPRENANT C. (dir.), *Freud au Collège de France 1885-2016*, Paris, Collège de France, coll. « Passage des disciplines », 2018, http://books.openedition.org/cdf/5660, https://doi.org/10.4000/books.cdf.5660.

COMPAGNON A. et SURPRENANT C., « Introduction », *in* A. COMPAGNON et C. SURPRENANT (dir.), *Freud au Collège de France 1885-2016*, Paris, Collège de France, coll. « Passage des disciplines », 2018, https://books.openedition.org/cdf/5669, https://doi.org/10.4000/books.cdf.5669.

SERMADIRAS É., GLAUDES P. et BAT M.-B. (dir.), *Les Paradoxes d'Octave Mirbeau*, Paris, Classiques Garnier, coll. « Rencontres. Études dix-neuviémistes », vol. 42, 2019.

SERMADIRAS É., « Ce “calvaire barbouillé de sang et brouillé de larmes”. Regards croisés sur les *ekphraseis* de la passion chez Bloy et Huysmans », *La Revue des lettres modernes*, vol. 7, Série Léon Bloy, vol. 9, 2019, p. 121-135.

SERMADIRAS É., « Barbey et le somnambulisme. Le cas d'*Un Prêtre marié* », *Cahiers de littérature française*, vol. 17, 2018, p. 81-97.

SOLINAS F., « *Les Dames du Baroque*. Les femmes peintres entre le XVIe et le XVIIe siècle », *in* : *Les Dames du baroque, histoires de femmes peintres dans l'Italie de la Contre-Réforme*, catalogue de l'exposition, Gand, Musée des Beaux-arts, 2018-2019.

Histoire de la philosophie médiévale

Alain de Libera
Membre correspondant de l'Académie des inscriptions et belles-lettres, professeur au Collège de France

Mots-clés : philosophie médiévale, déconstruction, reconstruction, histoire

La série de cours et séminaires « Déconstruction et reconstruction (fin). Réécrire l'histoire de la philosophie médiévale » est disponible en audio et vidéo, sur le site internet du Collège de France (https://www.college-de-france.fr/site/alain-de-libera/course-2018-2019.htm), ainsi que le colloque « État des lieux » (https://www.college-de-france.fr/site/alain-de-libera/symposium-2018-2019.htm).

Enseignement

Cours – Déconstruction et reconstruction (fin). Réécrire l'histoire de la philosophie médiévale

L'objectif du cours en cette dernière année d'enseignement était de proposer les éléments, indications, pierres d'attente d'une réécriture, nécessairement partielle, de l'histoire de la philosophie médiévale. Après un ultime rappel méthodologique concernant l'archéologie philosophique, l'histoire des concepts, l'histoire des idées, les notions d'intrigues et d'itinéraires, et la visée critique à l'égard du *Grand récit* heideggérien de l'histoire de la philosophie, on a décidé qu'on ne suivrait ni un ordre chronologique linéaire ni l'ordre suggéré par la séquence *philosophie du langage-philosophie de l'esprit*, reproduisant l'évolution de la philosophie contemporaine, elle-même reflétée dans les sciences humaines par le tournant du *linguistic turn* au *cognitivist turn*, mais que l'on suivrait l'ordre inverse, réservant la philosophie du langage pour le séminaire de clôture donné en avril avec Irène Rosier-Catach, sur

A. de Libera, « Histoire de la philosophie médiévale », *Annuaire du Collège de France 2018-2019. Résumé des cours et travaux*, 119e année, Paris, Collège de France, 2022, p. 285-301, https://doi.org/10.4000/annuaire-cdf.17129.

Philosophie du Langage et théologie au Moyen Âge. On trouvera ici le résumé de chacune des seize séances d'une heure.

Cours 1

4 février 2019 (1)

La réécriture de l'histoire de la philosophie médiévale réclame de comprendre comment et pourquoi deux des problèmes vedettes des disciplines découpées par l'historiographie moderne dans le champ objectif de l'archive médiévale – en logique : le *problème des universaux*, en psychologie : le *monopsychisme* – se sont *effectivement* croisés au Moyen Âge. L'histoire de la *translatio studiorum* et celle de l'averroïsme « monopsychite » sont liées dans les faits, mais aussi, et c'est ce à quoi s'intéresse l'archéologie philosophique, dans les premières « histoires » de la philosophie.

Deux exemples : a) l'*Historia critica philosophiae a mundi incunabulis ad nostram usque aetatem deducta* (1742-1744) de Brucker (1696-1770), l'ouvrage de référence évoqué dans le séminaire du 15 mai 2014 ; b) sa traduction-adaptation anglaise par le pasteur unitarien William Enfield (1741-1797). L'*Historia critica* parle de la « méthode scolastico-arabe » pour désigner le résultat du transfert de la « théologie philosophique » des Arabes à la scolastique latine. Ce mixte de théologie dialectique et de philosophie naturelle, qu'elle tient de son origine arabe, est le péché originel de la scolastique dénoncé par le luthérien Brucker comme une marque de catholicisme. Les sources de l'*Historia critica* pour la théologie arabe, le *kalâm*, sont indirectes. Il s'agit du *Specimen historia Arabum* d'Edward Pococke (1604-1691), du *Promptuarium* : *sive Bibliotheca Orientalis* et de l'*Historia Orientalis* du philologue et théologien zurichois Johann-Heinrich Hottinguer (1620-1667), qui s'appuient eux-mêmes sur le *Livre des religions et des sectes* d'al-Shahrastânî (1086-1153) et le *Guide des égarés* de Maïmonide. Averroès et l'averroïsme ne jouent aucun rôle dans l'histoire de l'Être/*Estre* (*Seins/Seynsgeschichte)* de Heidegger. La *translatio studiorum* n'en joue pas davantage. Cette partie de l'histoire de la philosophie médiévale doit être réécrite.

Cours 2

4 février 2019 (2)

Présentation du *Digital Averroes Research Environment* (DARE) de l'université de Cologne. La tradition manuscrite du *Petit commentaire* du *Peri Psukhês* est arabe (11 mss), hébraïque (28 mss) et latine (1 ms., traduction d'Abraham de Balmes sur l'hébreu). Comme l'a montré Marc Geoffroy (disparu en 2018), Averroès ne connaissait pas le texte d'Aristote quand il a rédigé le *Petit commentaire*, il lisait ses commentateurs : Alexandre d'Aphrodise, Themistius, eux-mêmes lus par son prédécesseur andalou immédiat : Ibn Bâjja (Avempace), m. 1136.

Deux conséquences : 1) il ne faut plus parler ni de « Petit commentaire » ni d'« Épitomé du *De anima* » : il n'y a aucune trace du *De anima* dans le texte ; 2) Averroès a varié dans sa noétique : il a connu initialement une période alexandro-bajjienne, dans laquelle il a soutenu une doctrine de l'intellect matériel comme disposition des formes imaginées qu'il a abandonnée ensuite. La tradition du *Commentaire moyen* compte deux manuscrits arabes en caractères hébraïques, 44 manuscrits en hébreu, un manuscrit latin (traduit de l'hébreu) ; celle du *Grand commentaire*, aucun manuscrit arabe, 87 manuscrits latins, 4 manuscrits d'une version hébraïque traduite du latin.

Le *Commentaire moyen* et le *Grand commentaire* ont un manuscrit en commun : le ms. Modena, *Biblioteca Estense* α J 6.23, qui contient des gloses marginales, dans lesquelles on trouve, en caractères hébraïques, de larges extraits de la version arabe perdue du *Grand commentaire*.

Le travail lancé par Colette Sirat (IRHT-CNRS) et M. Geoffroy pour l'édition de ces fragments, signalés en 1985 par Abdelkader Ben Chehida, constitue un temps fort de la « troisième révélation » d'Averroès (l'achèvement de l'édition critique, trilingue, du *Corpus Commentariorum Averrois in Aristotelem*, entamée en 1931 sous les auspices de la *Medieval Academy of America*). Il importe également pour l'histoire de la philosophie, puisqu'il concerne la philosophie juive dans le nord de l'Espagne, en pays de chrétienté, qui prolonge ce qui s'est accompli auparavant en Andalousie, en terre d'Islam. L'état actuel de l'édition des fragments du *Grand commentaire* sur le troisième livre de l'âme a fait l'objet d'une communication de C. Sirat : « De la faculté rationnelle : l'original arabe du *Grand Commentaire* d'Averroès au *De Anima* d'Aristote. »

Cours 3

11 février 2019 (1)

Pour comprendre la rencontre entre querelle des universaux et généalogie du « monopsychisme », il faut remonter à la fois à Cousin et à Renan. Rappel du cours du 27 mars 2014 : la réduction cousinienne de l'histoire de la philosophie médiévale à la querelle des universaux. Le contre-modèle de François Picavet (*Esquisse d'une histoire générale et comparée des philosophies médiévales*, 1905) : rejet du magistère philosophique exclusif d'Aristote ; rejet de l'identification du problème des universaux à « l'essence de la philosophie ». Bref portrait de Picavet, chargé de cours à la Sorbonne, et directeur d'études à l'EPHE, jusqu'en 1921/1922, auquel É. Gilson succède dans les deux fonctions. Il faut souligner l'absence de chaire pour la philosophie médiévale en Sorbonne : Gilson restera chargé de cours jusqu'à son élection au Collège de France en 1932. Au magistère d'Aristote, Picavet oppose celui de Plotin, « le véritable maître des philosophes du Moyen Âge » : « l'influence de Plotin, spirituelle et religieuse, domine l'influence, logique et formelle, de l'aristotélisme des *Catégories* et de l'*Herménéia* ». Le fil tiré par Picavet fait venir une gigantesque pelote, mais cette pelote n'est pas celle « du » néoplatonisme, comme le montrent les recherches récentes sur le *Plotin* et le *Proclus arabes* (Dragos Calma), la *Pseudo-théologie* d'Aristote, le *Livre des causes* et les apocryphes aristotéliciens, c'est aussi celle de l'aristotélisme médiéval : autrement dit du péripatétisme gréco-arabo-judéo-latin, qui est celui de l'emboîtement réciproque des traditions : d'Aristote, de Plotin, de Proclus.

Cours 4

11 février 2019 (2)

Pour Renan, « Ibn Roschd » est le dépositaire de « l'arabisme », c'est un héritier, qui est au monde arabo-musulman ce que Boèce est au monde romain : dernière lueur avant que la nuit tombe. L'unité de l'intellect ou, plutôt, l'unité des âmes, le monopsychisme, « comme on a feint de l'entendre n'est qu'une révoltante absurdité », qu'Averroès n'a jamais soutenue « à la lettre ». La « doctrine de l'intelligence unique et universelle » n'est propre ni à l'école péripatéticienne ni aux philosophes de l'Antiquité tardive : elle est évoquée par Augustin dans un passage du *De Quantitate animae*, qui est au monopsychisme ce que la phrase de Porphyre sur les trois questions relatives au statut de l'universel dans l'*Isagoge* est à la Querelle des universaux. Le texte d'Augustin, qui porte sur le nombre des âmes, contient une alternative, où l'on trouve déjà « l'argument sans cesse répété contre la théorie averroïste par Albert, et saint Thomas », argument que nous avons rattaché dans les cours de 2015 et 2016 à « PNC », le principe aristotélicien de non-contradiction, et à « PCV », le principe de consistance (subjective) du vouloir utilisé par le patriarche Sergius de Constantinople lors de la controverse du monothélisme.

> Si je te dis que l'âme est unique, tu seras troublé par ce fait que chez l'un elle est heureuse, chez l'autre, malheureuse ; or une même chose ne peut être à la fois heureuse et malheureuse. Si je te dis qu'il y en a simultanément une seule et beaucoup, tu riras ; et je ne vois pas trop comment j'arrêterais ton rire.

Pour Renan, le problème d'Augustin, tel que le reprend au IXe siècle Ratramme de Corbie, met sur le même pied la participation des individus d'une même espèce à une seule essence et l'existence réelle de l'intellect en général ; en cela il « devance la thèse averroïstique de la raison universelle et de l'unité des âmes ». Le réalisme est la matrice commune aux erreurs de Guillaume de Champeaux dénoncées par Abélard au XIIe siècle et à celles d'Averroès réfutées au XIIIe par Thomas d'Aquin. Si le mot « *monopsychismus* » apparaît en 1808 dans la *Geschichte der Psychologie* de Friedrich August Carus, pour désigner l'Âme du monde, on n'a trouvé que trois références significatives à « monopsychisme » dans la littérature francophone du XIXe siècle, dont une seule antérieure à Renan : Gérard Casimir Ubaghs, Eugène Michaud et Francisque Bouillier.

Cours 5

18 février 2019 (1)

C'est Gerhard Casimir Ubaghs (1800-1875), professeur de théologie à l'université catholique de Louvain de 1834 à 1864, qui, en 1845, introduit le mot « monopsychisme » dans sa défense du réalisme publiée dans la *Revue catholique* (fondée en 1843). On a prétendu tirer du réalisme « trois erreurs monstrueuses » : panthéisme, mono-psychisme, refus de la transsubstantiation (chez Jean Wycliff, † 1384, et Jérôme de Prague, † 1416), mais on peut faire justice de ces imputations en étudiant l'histoire de l'origine de ces erreurs, où l'on verra que le réalisme ne joue aucun rôle, et philosophiquement, en analysant ce qu'est le réalisme. Ubaghs accuse Cousin d'avoir « hyperbolisé » le problème ontologique des universaux en y ramenant toute la philosophie scolastique. Sa cible et son horizon sont le panthéisme, son *a priori* historique, la *Querelle du panthéisme* (1785-1815) et, à travers elle, la *Querelle de l'athéisme* (1798-1800) : deux querelles allemandes modernes. Si l'on fait d'Abélard un panthéiste, il ne manque plus qu'Averroès pour avoir l'esquisse du tableau brossé par Renan à partir des thèses du « moine de Corbie » réfuté au IXe siècle par Ratramme et nouer les deux intrigues du réalisme des universaux et du monopsychisme. C'est ce qu'apporte Ubaghs en faisant du monopsychisme « l'opinion qu'il n'y a qu'une âme qui subsiste réellement et que toutes les âmes individuelles n'en sont que des modifications passagères » – opinion « répandue au Moyen Âge à la suite du panthéisme, dont elle est une véritable conséquence ».

En dehors de Leibniz, pour la définition du « monopsychisme » et sa condamnation supposée au concile de Latran V en 1513, la source principale d'Ubaghs est l'*Histoire de l'université de Paris* de César Egasse Du Boulay († 1678), où il en trouve la condamnation dès 1270 par l'évêque de Paris, Étienne Tempier († 1279). On a donc analysé l'œuvre de Du Boulay et son rôle dans la tradition/narration/analyse de la condamnation du 12 décembre 1270. Du Boulay oublie l'article n° 2 de la liste de Tempier : « *Quod ista est falsa vel impropria* : Homo *intelligit* », l'une des deux thèses « averroïstes » alléguées par les historiens de la censure, avec l'article n° 1 : « *Quod intellectus omnium hominum est unus et idem numero* ». Le travail archéologique nécessaire à une réécriture de l'histoire de la philosophie médiévale suppose de distinguer l'unité de l'intellect et l'unité des âmes, et de remplir le gigantesque blanc existant entre 1270 et 1513, à tous les niveaux où peut et doit intervenir l'historien de la philosophie : institutions, problèmes, concepts, théories, doctrines, mais aussi et d'abord corpus, réseaux et complexes questions-réponses (CQR).

Cours 6

18 février 2019 (2)

Eugène Michaud, né le 13 mars 1839 à Pouilly-sur-Saône et mort le 3 décembre 1917 à Berne, a été l'adversaire acharné du dogme de l'infaillibilité pontificale, proclamé par Vatican I (Pie IX). Son grand œuvre d'historien de la philosophie et de la théologie est le livre consacré au personnage dont l'*Historia Calamitatum* d'Abélard a assuré la gloire et le malheur en en faisant le docteur du réalisme extrême. En 1867, Michaud publie en effet *Guillaume de Champeaux et les écoles de Paris au* XII*e* *siècle*, d'après des documents inédits, qui redresse les vues sommaires de tous les historiens de la philosophie et philosophes qui avaient reproduit la même intrigue proabélardienne (reconstituée en 2014 dans notre premier séminaire).

Michaud a lu Ubaghs. Il a également lu Renan et Bayle, et il critique les deux. À Renan, il reproche d'avoir voulu soustraire Averroès à la généalogie du monopsychisme en rattachant ce dernier à l'univers épistémique du monastère de Corbie et à l'intervention polémique de Ratramme contre le réalisme. À Bayle, il reproche d'avoir fait de Guillaume de Champeaux († 1121) « l'ancêtre de Spinoza », autrement dit du panthéisme, et plus profondément d'avoir superposé au conflit du nominalisme et du réalisme, celui du dualisme et du panthéisme. Aux deux, Renan et Bayle, il reproche d'avoir « confondu le réalisme en psychologie avec le monopsychisme » ou, pour mieux dire, de considérer que le monopsychisme, c'est « le réalisme appliqué à la psychologie ». Il proteste contre l'interprétation du réalisme condamné par Thomas d'Aquin, Tempier, le concile de Vienne et le concile de Latran V. Le vrai réalisme « affirme l'existence réelle de l'individu aussi positivement, proportions gardées, que celle de l'universel ». Surtout, les réalistes n'appliquaient pas le réalisme à la psychologie. L'attention donnée au monopsychisme va de pair avec une réduction des thèses averroïstes de 1270 sur la pensée au seul article 1 – l'unité de l'intellect – et l'absence de prise en considération de l'article 2 sur le statut de la proposition « L'homme pense » (*Homo intelligit*). Cela s'explique par le fait que ni Ubaghs ni Michaud ne posent la question du sujet de la pensée – la question *Qui pense ?* – à partir de textes précis. Même ceux de Thomas, qui est évoqué, ne sont pas lus sous l'angle psychologique ou anthropologique. Les travaux d'Ubaghs et de

Michaud sont des travaux d'histoire du réalisme, qui touchent à la psychologie par des biais ; ce ne sont pas des travaux de psychologie. Par rapport à Ubaghs, Michaud à l'avantage d'introduire le concile de Vienne.

Une séquence se met pour nous en place, si l'on combine Du Boulay, Ubaghs, Michaud et Leibniz : 1270, 1272, 1312, 1513. Le terme « monopsychisme » ne figure pas dans la première grande œuvre de Francisque Bouillier : *De l'unité de l'âme pensante et du principe vital* (1858), mais en 1862 dans *Du principe vital et de l'âme pensante. Examen des diverses doctrines médicales et psychologiques sur les rapports de l'âme et de la vie*, dont la deuxième édition paraît en 1873 sous le titre : *Le Principe vital et l'Âme pensante*. Bouillier mentionne le terme « monopsychisme », qu'il trouve « sujet à équivoque », dans le cadre d'une opposition géminée entre *physiologie* et médecine, d'une part, *psychologie* et métaphysique, de l'autre. C'est en croisant le fer avec le vitalisme de Paul-Joseph Barthez (1734-1806), fondateur de l'École de Montpellier, et la théorie barthézienne du « principe vital » distinct des propriétés générales de la matière, exposée par « Lordat et les siens », que, cherchant un mot pour désigner la théorie du principe unique de la vie et de la pensée, Bouillier, disciple de Georg Stahl, dont la *theoria medica vera* (1707) a été traduite en 1863 par Théodose Blondin, fait le choix d'« animisme », terme stahlien, contre « monopsychisme ». L'intervention de Bouillier s'inscrit dans un mouvement général qui concerne tout le XIXe siècle français, que l'on pourrait appeler la « redécouverte d'Aristote » ou même, avec Cousin, la « réhabilitation d'Aristote ». Sa visée historique le porte vers le Moyen Âge. S'il souligne l'importance du concile de Vienne et du « dernier concile de Latran, sous Léon X », c'est pour d'autres raisons qu'Ubaghs et Michaud : parce que ces conciles ont « décidé, d'après saint Thomas, que l'âme intellective est la forme substantielle du corps humain ».

Cours 7

27 février 2019 (1)

Cinq dates – 1270, 1272, 1277, 1312, 1513 – ont été successivement posées pour remplir le « trou » existant entre deux événements : la condamnation parisienne de 1270 et le cinquième concile de Latran. Nous avons dégagé de l'historiographie moderne un « fait » majeur : l'existence de deux paradigmes, faisant apparaître en esquisse une distinction entre deux *épistémai* : la question du *panthéisme* et celle de l'*animisme*. Le premier paradigme correspond au « programme » de Victor Cousin, à sa politique culturelle, à sa mise en place du *Grand Récit national français*, fondé sur l'articulation éditoriale Abélard-Descartes, et la vision de la scolastique comme ayant son origine en France. Le second correspond à l'entrée en scène des médecins, à la naissance de la psychologie comme science, à la « réhabilitation » d'Aristote, à la montée en puissance de « la » science et/ou des sciences. Le premier paradigme est centré sur *l'unité des âmes*, la question de la relation entre l'âme, le monde, Dieu et sur le conflit entre les « systèmes » distingués par Cousin – sensualisme et spiritualisme –, qui prépare la transition avec le second paradigme. Ce dernier est centré sur *l'unité de l'âme* – la question de l'unité ou de la pluralité du principe des fonctions psychiques et organiques : « monodynamisme » ou « duodynamisme ». Le XIXe siècle finissant s'intéresse au Moyen Âge à travers le prisme du *Syllabus* de Pie IX (1792-1878), accompagnant l'encyclique *Quanta cura* du 8 décembre 1864 et sa condamnation des quatre erreurs « modernes » que sont le *panthéisme*, le *naturalisme*, le *rationalisme* absolu et le *rationalisme modéré*. Ce Moyen Âge n'est plus *notre* Moyen Âge. Le diagnostic posé sur la modernité commande celui qui est posé sur la période médiévale. Mon propre paradigme est celui qui transparaît dans les titres que j'ai donnés à mes cours de 2017 et 2018, marqués par la présence de Heidegger et de Foucault. Heidegger pose un diagnostic sur la modernité : la *réduction de la métaphysique à l'anthropologie*. Foucault parle de « déraciner l'anthropologie ». Le dépassement de la métaphysique, la mort de Dieu, la mort de l'homme, la mort du sujet, la philosophie de l'esprit, le *Linguistic turn* et la question du langage sont une partie de *notre* terreau, non le panthéisme d'Ubaghs ni l'animisme de Bouillier.

Cours 8

27 février 2019 (2)

Pour Bouillier, la solution (thomiste) du problème aristotélicien est que l'âme intellective qui est le principe de toutes les fonctions psychiques, y compris végétatives, est forme du corps. La question que doit se poser l'archéologie philosophique est : T2s, la théorie des deux sujets de la pensée attribuée à Averroès par Thomas d'Aquin, conduit-elle à a2, le deuxième article condamné par Tempier en 1270 ? Bouillier ne pose pas la question. Ce qui l'intéresse, ce qu'il trouve chez Thomas, ce n'est pas la question du *sujet de la pensée*, l'attribution de l'acte de penser au sujet « Socrate » – le *Qui pense ?* du quadrangle de la subjecti(vi)té –, c'est le rejet de la *pluralité des âmes* dans l'individu, et les arguments qui permettent de contrer sur le plan de l'anthropologie philosophique la théorie de la *pluralité des formes*, version médiévale du duodynamisme de l'École de Montpellier. Renan publie *Averroès et l'averroïsme* en 1852 à l'instigation de Cousin, sans en attendre le moindre bénéfice philosophique notable. Bouillier, en revanche, raconte une *histoire* qui mobilise, réactive et articule en partie les éléments prélevés sur le « champ objectif », l'archive accessible dans les années 1850, amont et aval, *pour mener un combat en faveur de l'animisme*. Il ne suit pas, *en retour amont*, comme Renan ou Ubaghs, le trajet du monopsychisme jusqu'à son origine alléguée dans les monastères du IXe siècle. En revanche, il suit, *en retour aval*, celui de l'animisme (la doctrine qu'il professe), des commentaires d'Aristote à « la grande épopée du Moyen Âge, où Dante a fait entrer la théologie, la philosophie, toute la science de son temps ».

Cours 9

4 mars 2019 (1)

Pour illustrer le rôle de Dante, Bouillier cite le passage du *Purgatoire* qui « met dans la bouche du poète Stace une théorie de la génération et de l'infusion de l'âme dans le corps », qui sert de cadre à une critique d'Averroès. Il s'agit des vers 61-66 du chant XXV. Partant de dix traductions du vers 61 (Renan, Bouillier, Artaud de Montor, Fiorentino, Jourdain, Aroux, Lamenais, Berthier, Pézard, Risset, Mégroz, Robert) : *Ma come d'animal divegna fante*, on a confronté deux lectures possibles des textes de Dante sur *l'origine de l'âme intellective en l'homme*, qui combine des éléments relevant de la psychologie, de la physiologie et de l'embryologie avec la physique, la cosmologie et l'astrologie, problématique que nous avions abordée dans *Penser au Moyen Âge* (Seuil, 1991) sur la base d'une comparaison entre les thèses de la *Comédie* et celles du *Banquet* (*Convito*). À l'interprétation psycho-physiologico-embryologique de Bruno Nardi (1884-1968) on a contraposé une lecture psycho-linguistique des vers 61-66 du *Purgatoire* à partir du *De vulgari eloquentia*, traduit en 2011 par

I. Rosier-Catach, A. Grondeux et R. Imbach sous le titre *De l'éloquence en vulgaire*, axée sur l'appariement de l'intellect possible et du parler en l'homme par l'interprétation du *Soli homini datum fuisse loqui* (*De vulgari eloquentia*, I, II, § 8), qui, selon nous, permet de renouveler l'histoire de la définition de l'homme comme *zôon logon ekhon*, *animal rationale*, *vernunftiges Wesen* proposée par Heidegger. L'examen de l'historiographie du XIXe siècle révèle que « le » monopsychisme est une dénomination à référence variable, qui nous en dit autant, voire plus, sur l'*épistémè* des historiens que sur celle des historiés. L'*épistémè* d'hier voit se succéder et s'articuler deux scénarios axés l'un sur la querelle du panthéisme, l'autre sur celle de l'animisme. Réalisme, panthéisme, animisme font chaque fois remonter, *via* la théologie, un pan de la philosophie antique en même temps qu'un pan de la philosophie médiévale : Augustin, avec Plotin ou Marius Victorinus, avec Porphyre, sous-tendent le débat de Ratramme avec le « moine de Corbie ». L'*Ennéade* IV, IX [= Traité 8], 1 est en étroite consonance avec les textes d'Augustin et le dossier de Ratramme : on y trouve les arguments, mais aussi et d'abord la question qui articule les deux paradigmes de l'unité des âmes (pour le panthéisme) et de l'unité de l'âme (pour l'animisme) et, au-delà, celui du « monopsychisme » averroïste entendu comme unité des âmes *ou comme unité de l'intellect*, si l'on en suit la reprise et le déplacement dans un *texte* utilisé par Thomas d'Aquin dans les années 1268-1269-1270, la *Paraphrase* thémistienne du livre III du *De anima*, traduite par Guillaume de Moerbecke.

Cours 10

4 mars 2019 (2)

Réécrire l'histoire de la philosophie médiévale implique de tenir fermement la distinction entre les trois problématiques de l'unité psychique : âme, âmes, intellect – en ayant les idées aussi claires que possibles sur ce qui est mobilisé en fait de corpus, de principes, de règles, de distinctions, d'arguments là où les trois problématiques explicitement se nouent dans des CQR très précis, où la théologie a son mot à dire. Il faut, pour ce faire, commencer par revenir à la condamnation de 1270 et à l'extraordinaire omission du deuxième article de la liste des treize condamnés par Tempier le 12 décembre 1270, tant dans l'*Historia universitatis Parisiensis* de Du Boulay que dans l'*Histoire de l'université de Paris* de Jean-Baptiste-Louis Crévier (1693-1765). Après un rappel de l'histoire de la redécouverte de Siger de Brabant et de ses textes par Joseph-Victor Le Clerc (1789-1865), puis Pierre Mandonnet (1858-1936), on a montré que la « thèse » condamnée en 1270 par Étienne Tempier en l'espèce de l'article 2 – *quod ista est falsa vel impropria : homo intelligit* – n'était pas une thèse professée, mais une proposition concédée ou refusée dans le cadre d'une dispute sur « Tva », l'une des deux thèses en lesquelles Thomas d'Aquin analyse la théorie averroïste de l'intellect : l'intellect *matériel* ou *possible* est *une substance séparée du corps selon l'être, qui n'est d'aucune façon unie au corps comme forme*. Du fait de l'enchaînement de l'affirmation de l'unité de l'intellect et du refus de la vérité de « *homo intelligit* » dans la liste de 1270, l'historiographie a aussi considéré que la négation du fait de conscience attribuée à la seconde « thèse » (= a2) était la conséquence (ou la justification) de l'assomption du monopsychisme effectuée dans la première (= a1 : *Quod intellectus omnium hominum est unus et idem numero*) – d'où le double slogan résumant l'averroïsme : l'intellect est unique et l'homme ne pense pas – au lieu de : l'intellect n'est pas la forme du corps, et il est unique en tous les hommes (= TAvb), ce qui est la vraie thèse – du moins la vraie articulation TAva-b dans le *De unitate intellectus*, et les premiers écrits antiaverroïstes de Thomas d'Aquin. On a restitué la position réelle de l'*Anonyme de Giele* dans le complexe de discussions et le réseau de textes imbriqués dont l'historiographie a tiré la thèse maximaliste du supposé « averroïsme latin du XIIIe siècle », qui n'est pas que, *proprio sermone*, l'homme ne pense pas, mais que, à proprement parler, il ne pense pas *comme il sent*, car le corps, sujet de la sensation, n'est pas le sujet de la pensée, il n'en est que l'objet. Entre p : *les averroïstes soutiennent que l'homme ne pense pas* et p* : *les averroïstes soutiennent qu'au sens propre l'homme ne pense pas comme il sent (perçoit)*, il y a une différence. Tempier l'a préservée à sa manière en 1270, en condamnant l'affirmation que « la proposition "*l'homme pense*" est fausse ou impropre », mais il l'a entièrement vidée de son sens. D'où deux questions archéologiques. Q1 : que devient, après 1270, l'affirmation condamnée : « La proposition "*l'homme pense*" est fausse ou impropre » (= a2) ? Q2 : que devient l'affirmation « *Hic homo non intelligit* » prise comme thèse philosophique ?

Cours 11

11 mars 2019 (1)

La seule occurrence de la proposition « *Hic homo non intelligit* » figure dans la *Sentencia De anima*, lib. 3 l. 7 de Thomas d'Aquin à titre de conséquence découlant de la « position » averroïste de la séparation de l'intellect possible (TAva), et de la méthode (« *via* ») censée l'établir : la théorie des deux sujets de l'intellection (T2s). Passant à la « séquelle » de la condamnation de 1270, la question Q1 se laisse ainsi reformuler : que devient a2 dans la nouvelle condamnation prononcée à Paris par Tempier en 1277 ?

Pour répondre, on a examiné la première moitié de la séquence *1270-1272-1277//*1312-1513, en analysant le « prologue » du syllabus du 7 mars 1277, les stipulations du statut de la faculté des arts proclamé le 1er avril 1272, puis les recoupements entre les deux listes de 1270 et 1277. TAva est condamné dans l'a7 (123 de Mandonnet) :

> L'intellect n'est pas l'acte du corps, si ce n'est comme le pilote d'un navire et il n'est pas la perfection essentielle de l'homme. (trad. Piché 83)

TAvb est condamné dans l'a32 (117) .

> L'intellect de tous <les hommes> est numériquement un, car même s'il est séparé d'un corps donné, il n'est cependant pas séparé de tous <les corps>. (Piché 89)

L'a1 du syllabus de 1270 est repris comme première moitié de l'a32 (117), la seconde en apportant la justification. a2 n'est pas repris. Les historiens donnent en général l'a14 (143) comme reprise de a2, parce qu'il contient le syntagme « *homo intelligit* ». 14 (143) :

> On dit que *l'homme intellige*, tout comme on dit que *le Ciel intellige*, ou *vit*, ou *se meut de lui-même*, c'est-à-dire que l'agent qui effectue ces actions-là est uni comme le moteur à son mobile, et non substantiellement.

L'a14 reflète un complexe théorique qui s'est développé sur la base de la réfutation de T2s par Thomas d'Aquin sur des axes déjà mentionnés dans le *DUI*, et sur d'autres, articulés sur la comparaison avec le Ciel. Ce qui est intervenu entre 1270 et 1277 est l'émergence d'un nouveau paradigme du rapport entre l'intellect et l'homme, la thèse averroïste latine de Siger et de l'*Anonyme de Giele* : 1) l'intellect ne s'attribue à l'homme que dénominativement, par le biais de son opération, à savoir par un transfert métonymique de l'opération de l'intellect moteur au tout qu'il constitue avec le corps mû ; 2) c'est dans ce cadre qu'est formulée la *théorie de l'homme objet* (plus précisément *du corps objet de l'intellect*), capitale dans l'histoire de l'averroïsme latin. Il faut, pour suivre l'intrigue, renouer le fil de la crise de l'averroïsme et de celle des *species*, idées ou représentations, *i.e.* s'intéresser à la partie droite de la séquence : 1270-1272-1277//*1312-1513*, autrement dit aux conciles de Vienne et de Latran V.

Cours 12

11 mars 2019 (2)

Les prescriptions/proscriptions universitaires parisiennes et oxoniennes font partie du champ de présence du concile de Vienne, de même que l'*aftermath* du concile de Vienne et le concile lui-même font partie du champ de présence du concile de Latran V. Mais ce qui articule l'ensemble, lui donne son statut de structure ou de matrice est un dispositif antérieur au concile de Vienne, articulant la psychologie, la noétique, l'anthropologie philosophique et la théologie dans l'enseignement parisien de la fin du XIIIe et du début du XIVe siècle. Ce dispositif livre le résultat des recherches et des événements textuels (traductions), conceptuels ou institutionnels, qui se sont succédés depuis le début du XIIIe siècle à l'université de Paris, ce qui veut dire, s'agissant des interventions du Magistère : du décret de 1210 frappant Alexandre d'Aphrodise aux 219 condamnations de Tempier, mais aussi toute une littérature affectée par ces mesures, qui reste à explorer.

On a étudié successivement la mise en œuvre des dispositions du statut du 1er avril 1272 dans les questions 5 et 6 des *Quaestiones in Aristotelis librum tertium De anima* : *Utrum intellectus sit forma substantialis corporis* et *Utrum intellectus sit unus numero vel plurificatus in omnibus hominibus*, où Radulphus Brito soutient contre Alexandre et Averroès que l'on peut démontrer directement (positivement) que l'intellect (ou l'âme intellective) est forme (substantielle) du corps – position qui est à la fois celle de la vérité catholique et celle d'Aristote (en fait, aussi celle de Thomas d'Aquin), et les reprises successives de cette triple confrontation selon un scénario synthétisé dans la formule : Paris (1272) [+ Paris/Oxford (1277)] + Vienne (1311-1312) = Latran V (1513).

On a particulièrement insisté sur le rôle de ce qu'on a appelé la « topique de Buridan », ramenant l'interprétation de la noétique d'Aristote à trois opinions (notées ici O1, O2 et O3) se distinguant par combinatoire, grâce à la mise en série de cinq facteurs relatifs à l'âme intellective : 1) être ou non forme substantielle inhérente du corps ; 2) être ou non « éduite », c'est-à-dire tirée de la puissance de la matière ; 3) être ou non étendue selon son extension ; 4) être ou non engendrée et corruptible naturellement ; 5) être ou non multiple – O1 (Alexandre) répondant oui à tout ; O2 (Averroès), non à tout ; O3 s'accordant tantôt avec O1 contre O2 [en disant oui à (1) et (5)], tantôt avec O2 contre O1 [en disant non à (2), (3) et (4)].

Cours 13

18 mars 2019 (1)

La constitution *Apostolici regiminis* du 19 décembre 1513 reprend les conclusions du concile de Vienne sur l'âme humaine comme forme du corps, mais, avec les années, le spectre d'intervention s'est élargi. Il s'articule désormais explicitement en trois points : la proscription de la mortalité de l'âme humaine, celle de l'unité de l'intellect, celle de ce que l'on appelle (mais pas la décrétale) la « double vérité ». Sont visés : pour la première erreur, Alexandre, pour la deuxième, Averroès, pour la troisième, les averroïstes. On a proposé une schématisation de la « topique de Latran », puis examiné quelques textes décisifs compris entre les deux conciles. La Q10 du premier *Quodlibet* de Guillaume d'Ockham (*Utrum possit demonstrari quod anima intellectiva sit forma corporis* ; OT, IX, p. 62-65) est la question centrale de l'*aftermath* du concile de Vienne. Ce qui caractérise le CQR d'Ockham († 1347) est qu'il ne pose pas de questions directes comme « Est-ce que l'âme intellectuelle est forme du corps ? » ou « Est-ce qu'il y a un seul et même intellect pour tous les hommes ? », mais qu'il recourt à des formulations portant sur la possibilité ou l'impossibilité de démontrer la vérité ou la fausseté d'une proposition : la vérité de la proposition « l'âme intellective est la forme du corps », dans le cas de Q10 ; la fausseté de la proposition « l'intellect est numériquement un en tous [les hommes] », dans le cas de Q11.

Ockham analyse le problème en deux difficultés. D1 : pourrions-nous intelliger par l'âme intellective si celle-ci n'était pas forme du corps ? D2 : pouvons-nous savoir en toute évidence, par la raison ou par l'expérience, que nous intelligeons, en prenant le mot *intelliger* comme désignant un certain acte propre à une substance immatérielle, telle qu'est censée l'être l'âme intellective, qui est inengendrable et incorruptible, et est *tout entière en tout* et *tout entière en chaque partie*. Le traitement de Q1 ne mentionne aucun argument d'Averroès. Le registre est théologique : il repose sur la *communicatio idiomatum*, l'ἀντίδοσις τῶν ἰδιωμάτων de Jean de Damas (676-749), évoquée dans le cours de 2016. L'argument est que l'on peut attribuer une propriété P à une chose *x* à cause d'une autre chose y par communication des idiomes, sans que *y* soit la matière, ou la forme ou une partie de *x*. En associant le schème de l'âme motrice ou de l'intellect moteur du corps à l'Incarnation, l'union hypostatique et la communication des idiomes, Ockham fait monter la pression théologique : il lie explicitement pour nous anthropologie et christologie, confirmant l'hypothèse générale de l'archéologie du sujet-agent – *le rôle fondamental de la christotologie dans la genèse du sujet moderne*.

Cours 14

18 mars 2019 (2)

Ockham passe en revue les thèmes que nous avons mis en place durant les trois premières années de nos cours au Collège de France. Ces travaux nous permettent aujourd'hui de déterminer l'*a priori* historique des grandes controverses du XIVe siècle. La réponse d'Ockham à D2 marque un véritable changement de paradigme, que l'on pourrait résumer par la formule : la vérité de foi concerne la foi.

> Je dis que si l'on entend par « âme intellective » une forme immatérielle, incorruptible, qui est tout entière dans le corps tout entier et tout entière en chaque partie, on ne peut en toute évidence ni par la raison ni par l'expérience (a) savoir qu'une telle forme est en nous, ni (b) que l'*intelliger* propre à une telle substance est en nous, ni (c) qu'une telle âme est forme du corps. [...] Je ne me soucie pas à présent de ce qu'Aristote a bien pu penser sur la question, car il semble s'exprimer partout de manière dubitative [*ista tria solum credimus*]. (OT, IX, p. 63-64)

La Q10 du Qdl II (« *Utrum anima sensitiva et intellectiva in homine distinguantur realiter* ») a une importance stratégique pour la réécriture de l'histoire de la philosophie médiévale. Le problème de la Q10 fait converger les trois grandes querelles qui signent le passage du Moyen Âge à la Modernité : *unité de l'intellect* (Averroès), *unité des formes* (Thomas), *unité de l'homme* (Descartes). Il articule aussi les trois problématiques médiévales de l'unité psychique distinguées durant l'année : *unité de l'âme*, *unité des âmes*, *unité de l'intellect*, en relation avec la distinction entre MBP (*Mind/Body problem*) : distinction de l'esprit et du corps et MSP (*Mind/Soul problem*) : distinction de l'esprit et de l'âme. À Platon, qui posait que l'homme n'est rien d'autre que son âme intellective, Thomas reprochait de ne pas voir « *quod ipse idem homo est qui percipit se et intelligere et sentire* » (*Ia pars*, q. 76, art. 1, resp.). Ockham ne soutient pas la thèse attaquée par Thomas, mais, plus décisif peut-être pour l'histoire du sujet, que l'âme sensitive et l'âme intellective étant distinctes réellement, le *sujet* de la sensation ne peut être le même que celui de la pensée. On est ici aux confins disputés de la *subjectité* et de la *subjectivité*, au point précis ou, peut-être, s'amorce le virage qui mène de l'une à l'autre. Le problème se complique si, comme le fait Ockham, on le connecte à celui de la pluralité des formes substantielles. Aux deux *sujets averroïstes de la pensée* (T2s), le phantasme et l'intellect unique séparé, l'un humain, l'autre non, succèdent les *deux sujets de la sensation et de la pensée ockhamistes*, l'âme sensitive et l'âme intellective, deux parties du psychisme humain, deux âmes humaines : la différence psychique, la différence subjective, s'est intériorisée. *Via* la question de la *pluralité des formes* (Que sommes-nous ?), le problème cartésien de l'*unité de l'homme* (*ens unum per se* ou *per accidens* ?) vient ainsi, dès avant Descartes, recouvrir celui de l'*unité de l'intellect*.

Cours 15

25 mars 2019 (1)

C'est à Grégoire de Rimini († 1358) et à sa critique de la noétique d'Averroès, que l'on doit d'avoir, au XIVe siècle, accéléré le mouvement menant de la question du *sujet de la pensée* à celle de *l'unité de l'homme*. Par cette critique, Grégoire intervient en effet sur les deux terrains du CQR, où, au XIVe siècle, se déploie la question *Qu'est-ce que l'homme ?* du quadrangle de la subjecti(vi)té : [QH1] : L'homme est-il un être par accident (*ens per accidens*) ou un être par soi (*ens per se*) ? [QH2] L'homme n'est-il un qu'agrégat ? Grégoire de Rimini déploie sa critique de l'averroïsme dans la question Q1 : « Peut-on prouver que l'âme intellective est la forme substantielle de l'homme ? », et s'attaque à Ockham dans la Q2 : « Y a-t-il en dehors de l'âme intellective une autre forme substantielle en l'homme ? », en son *Commentaire* au deuxième livre des *Sentences*, distinctions 16 & 17. Les liens noués entre questionnaire anti-ockhamien (contre la pluralité des formes substantielles en l'homme) et questionnaire anti-averroïste (contre l'unité de l'intellect pour tous les hommes) font de son *Commentaire des Sentences* une des esquisses majeures de la « topique du Latran ». Postérieure d'un siècle et demi au concile de Vienne et antérieure d'environ cinquante ans à celui de Latran V, la *Théologie platonicienne de l'immortalité des âmes*, publiée en 1482 par Marsile Ficin (Ficino, 1433-1499), participe à ce point des deux systèmes de prescriptions/proscriptions ecclésiaux, qu'elle peut être considérée comme passant le témoin philosophique et théologique de l'un à l'autre. La *Theologia platonica* concrétise la partie anti-averroïste de la future « topique du Latran » : elle reprend ici ou là Thomas d'Aquin, mais elle combat l'averroïsme pour mieux sceller l'*alliance du platonisme authentique et de la religion*, non pour restaurer contre le « Corrupteur » l'aristotélisme en sa pureté. Les dix-neuf chapitres du livre XV ont une macro-structure argumentative à trois volets, correspondant aux trois thèmes impliqués par la Q1 de Grégoire ou la Q10 du premier *Quodlibet* d'Ockham : A) démonstration de la thèse de la religion (la « vérité de la foi ») : l'âme rationnelle/l'intellect (ou *mens*) est la forme du corps humain ; B) réfutation de TAva : la séparation averroïste de l'intellect (ou *mens*) ; C) réfutation de TAvb : l'unité averroïste de l'intellect (ou *mens*). Tout peut être argumenté rationnellement *pro et contra*. Il n'y a pas de domaine réservé à la foi seule. L'œuvre de Ficin et l'entrée en scène du platonisme dans le débat de la « vérité catholique » avec le matérialisme d'Alexandre et le monopsychisme d'Averroès sont une prémisse essentielle de la Constitution *Apostolici Regiminis*. Grâce à Ficino, le nouvel acteur qu'est le platonisme sur la scène philosophico-théologique européenne joue un rôle de catalyseur qui réactive, en la compliquant, la structure mise en place au XIVe siècle. Au trio Alexandre, Averroès, Vérité (de la foi) d'un Buridan s'ajoutent non seulement Platon (et les siens), mais Aristote lui-même et, en sous-main, Thomas – source majeure de la *Theologia platonica*. L'*aftermath* du concile de Latran V n'est pas moins important pour l'archéologie de la naissance du sujet moderne que la mise en place de ses conditions à l'âge scolastique et à la Renaissance. On l'a suivi jusqu'aux Querelles d'Utrecht et de Leyde qui font communiquer les deux crises majeures du Moyen Âge et de l'âge classique : l'averroïste, la cartésienne.

Cours 16 – Clôture

25 mars 2019 (2)

Dans un texte rédigé en 1793 en réponse à une question mise au concours en 1791 par l'Académie de Berlin : « Quels sont les progrès réels de la métaphysique en Allemagne depuis le temps de Leibniz et de Wolf ? », Kant écrit : « Pour l'intelligence humaine, la psychologie n'est et même ne peut être qu'anthropologie ». L'homme est âme et corps. Il se connaît lui-même comme l'une et comme l'autre. La connaissance qu'il a de lui-même comme tout n'en est pas moins limitée, particulièrement en ce qui concerne ce qui advient après la mort : il est, en effet, « absolument impossible de savoir si, après la mort de l'homme lorsque sa matière se disperse, l'âme, quand bien même sa substance demeure, pourrait continuer à vivre, c'est-à-dire à penser ou à vouloir, autrement dit si oui ou non elle est un esprit (car par ce mot on entend un être qui, même sans corps, peut avoir conscience de soi et de ses représentations) ». L'union de l'âme et du corps, la distinction de l'âme et de l'esprit, le rapport entre psychologie et anthropologie, vie de l'âme et mort de l'homme : voilà, en quelques mots, synthétisée la matière de six siècles de discussions philosophiques et théologiques, de la fin du XIIe à la fin du XVIIIe siècle. L'immortalité de l'âme joue là un rôle crucial : c'est sur elle que se brise la fiction d'un « progrès de la métaphysique » postcartésienne. Aux yeux de Kant l'échec était inévitable : l'homme ne peut connaître son âme en cette vie que telle qu'elle est en cette vie, *unie à son corps*. Ce n'était pas l'opinion des tenants de la métaphysique scolaire et de la psychologie rationnelle leibniziano-wolfienne. Ce n'était pas davantage celle des médiévaux – ou plutôt de tous les médiévaux.

L'historien de la philosophie n'a pas à arbitrer entre Kant et eux, il doit en revanche tenter de déterminer ce qui permet d'inscrire dans un même dispositif une matière de six siècles. Nous avons fait de la liaison entre pensée et action l'objet mobile de notre travail : une archéologie du sujet de la pensée qui est devenue archéologie du sujet agent de pensée et d'action, sous le titre foucaldien de « sujet de la *khrêsis* ». J'espère avoir montré que, dès le XIIIe siècle, le supposé « changement historial » attribué à Descartes par Heidegger, était engagé et dans une large mesure accompli, que le processus en était médiéval, tant dans son fondement, la tradition/transmission du sujet aristotélicien au sens du *Vorhandenes*, que dans sa réalisation improprement dite « moderne » : le caractère de « sujet insigne », la précellence accordée à l'*ego*, comme sujet « certain de lui-même », ouvrant l'ère de la « représentation ». J'espère avoir également montré que ce scénario n'épuisait pas la contribution médiévale – la « diversité rebelle » chère à Paul Vignaux, dont j'avais rappelé, dans ma leçon inaugurale, l'importance. À la fin des années 1270, le « sujet » est définitivement entré en philosophie comme en théologie. Simplicité, permanence, substantialité, subsistence, unité, certitude, certitude réflexive, *awareness*, *self-awareness*, aperception, conscience de soi, connaissance de soi : rien en apparence, de Thomas à Olieu, ne manque à l'appel du virage attributiviste* de la subjectité à la subjectivité, assigné par Heidegger au moment cartésien. Ce qui, toutefois, intéresse l'archéologie du sujet, ce n'est pas seulement l'irruption de l'ὑποκείμενον « aristotélicien » au sens du *Vorhandenes* (ou du *Vorliegendes*) dans le dispositif noétique hérité du *De Trinitate* d'Augustin, c'est l'ensemble du ou des processus qui l'ont rendue possible, et les effets en retour qu'elle a produits sur l'interprétation de la noétique du *De anima*. Il y va en effet, ici, non pas d'une simple, mais d'une *double contamination* : Aristote et Augustin sont les deux références majeures, fondatrices, ininterrompues de la pensée médiévale, et par là même *interactives*.

La remarque n'est pas nouvelle, une partie de l'historiographie a fait son miel de leur opposition, en ajoutant aux « ismes » (augustinisme, péripatétisme, intellectualisme, volontarisme) la rivalité, souvent réelle, des ordres (Franciscains, Dominicains) et le conflit, parfois surjoué, des facultés (arts, théologie). On ne peut rester à l'opposition : chacun prend à l'autre, chacun se cherche dans l'autre. Pour ce qui est de la psychologie, dès la fin du XIIIe siècle, toutes les réponses possibles ou presque ont été données aux questions du quadrilatère introduit dans *Naissance du sujet,* sur lequel s'achevait le cours du 26 juin 2014. 1) *Qui pense ?* Réponses : L'homme ou l'intellect. L'homme par l'intellect. L'intellect par l'homme. Nous (les hommes). Je (*ego*, moi). 2) *Quel est le sujet de la pensée ?* L'âme intellectuelle. L'intellect (matériel, possible). Les images (phantasmes). Le corps humain. 3) *Qui sommes-nous ?* Notre âme. Notre intellect. Ce qui en nous pense (veut, agit). Ce qui est en nous le principe de nos pensées (de nos volitions, de nos actes). Ce qui est en nous le sujet de nos pensées (de nos volitions, de nos actes). Ce qui dit « je ». 4) *Qu'est-ce que l'homme ?* Une âme (son âme). Un corps animé (par une âme végétative et une âme sensitive). Un composé (*compositum*) du corps (au sens précédent) et de l'intellect séparé. Un être constitué (*constitutum*) d'un corps (au sens précédent) et de l'acte de l'intellect séparé (l'intelliger). Un être un par accident. Un agrégat. Un être doué d'une unité substantielle. Il va de soi que chacune de ces réponses suppose divers CQR, dont au tout premier plan : *Qu'est-ce que l'âme ?* (*Mind/Soul problem*) et l'ensemble des questions qui lui sont couramment associées, de celle de la nature de l'âme (substance ou forme ou substance « au sens de forme ») à celle de l'union de l'âme et du corps (*Body/Mind problem* : mélange, contact virtuel, hylémorphisme, holenmérisme).

D'une certaine manière, tout converge vers *Qu'est-ce que l'homme ?* Et vers Thomas d'Aquin. C'est là que s'installe Descartes – avec la Querelle d'Utrecht. Mais c'est là aussi que s'installe Kant – avec la quatrième question de sa *Logique* (1° Que puis-je savoir ? 2° Que dois-je faire ? 3° Que faut-il espérer ? 4° Qu'est-ce que l'homme ?). C'est là encore – ou plutôt de là – que Heidegger s'arrache, dans le double geste de rupture avec l'humanisme et l'anthropologie esquissé en octobre 1931 dans le questionnaire mimétique ouvrant le premier paragraphe du premier des *Cahiers noirs* préservés (Que devons-nous faire ? Qui sommes-nous ? Pourquoi devons-nous être ? Qu'est-ce que l'étant ? Pourquoi l'Être advient-il ?) – et je ne parle pas de Foucault. C'est là aussi que s'observe le mieux le type de relation ou de non-relation que chacun entretient consciemment ou inconsciemment avec le Moyen Âge, là que l'on peut faire avancer l'entreprise de longue haleine qu'est la déconstruction du *Grand récit* heideggérien. On a donc insisté sur ce qui caractérisait la *media tempestas* – le « Moyen Âge » – côté amont et côté aval. Je veux dire : *a parte ante*, l'incubation du sujet-agent « sous » le masque ou l'écran de la personne dans la christologie et la théologie trinitaire, et *a parte post* : l'élision du sujet – que d'aucuns appelle sa « mort » – au bénéfice de la *person* dans la philosophie anglo-américaine moderne, ce que j'ai appelé ailleurs « la personnification du sujet ». La mise en équation du sujet et de la personne en philosophie, mais aussi dans une partie des sciences humaines, comme dans le langage ordinaire sous la pression des problèmes posés dans le cadre des *gender studies*, s'est réalisée *via* une entité, devenue de plus en plus méconnaissable, de moins en moins perceptible, ou de moins en moins acceptée, compte tenu de l'exténuation progressive de la culture théologique, sinon de la théologie et de la culture tout court : l'hypostase, l'ὑπόστασις de la théologie trinitaire et de la christologie.

J'ai beaucoup insisté sur cette notion, indispensable à une compréhension archéologique et généalogique du sujet « foucaldien » comme sujet de la *khrêsis*. Un historien qui « raconte des intrigues » ne peut « décrire la totalité du champ, car un itinéraire doit choisir et ne peut passer partout ». J'ai longtemps cru que le *champ objectif divisible à l'infini* dont parlait Paul Veyne ressemblait aux Pili qui m'illuminaient, enfant, dans le métropolitain, où il suffisait de presser un bouton pour voir se dessiner un trajet. J'ai retrouvé l'idée dans les *Souvenirs dormants* de Patrick Modiano. Aujourd'hui, il ne reste qu'une image. Celle d'un Français des années 1930 face à la merveille souterraine, et une comparaison qui s'évente. Il n'y a pas en philosophie médiévale d'indicateur d'itinéraires, car *le réseau lui-même reste à explorer*. Je suis descendu. J'ai fait certains choix. Je n'ai pas choisi mon itinéraire. Je l'ai cherché, et cette année comme ces quarante dernières années, c'est lui qui m'a choisi et conduit où je devais aller. L'itinéraire passe où il a choisi d'aller. Où cela ? Pour nous, *au sujet parlant* – à cette relation entre « philosophie du langage » et théologie à laquelle je n'ai cessé de me référer à mesure que j'avançais sur la ligne menant de la question du sujet de la pensée à celle de l'unité de l'homme ; à cela ou celui ou celle capable de connecter les deux au lieu le plus central de leurs correspondances : à *cette autre figure de la généalogie du sujet* qu'est la définition de l'homme comme « vivant animé doué de *logos* », ἄνθρωπος ζῷον λόγον ἔχον, et sa traduction latine comme *homo animal rationale*. Ce qui fait l'unité subjective de l'homme n'est-ce pas cela d'abord – d'être capable d'énoncés en première personne ? N'est-ce pas cela qui rend possible l'attributivisme*, qui le fonde et le réclame à la fois ?

J'avais indiqué le 4 février que je réservais pour la fin les dossiers de philosophie du langage, qu'il faudrait finir par eux, pour pouvoir recommencer par eux, afin d'entrer dans, puis de sortir du « cercle » heideggérien. C'est ce qui a été fait au mois d'avril en séminaire – dans le prolongement dual du cours, avec Irène Rosier-Catach.

Séminaire

Un séminaire de trois séances de trois heures a été donné en commun avec Irène Rosier-Catach (directrice de recherche émérite au CNRS et directrice d'étude émérite à l'EPHE, V[e] section), sur le thème « Philosophie du langage et théologie au Moyen Âge ».

La première séance (1er avril 2019), « Philosophie et théologie dans le langage », a permis d'aborder « la question des universaux » (ADL-IRC), « le problème de la référence vide » (ADL), la « grammaire spéculative » et le « modisme » (IRC), « le langage des anges » (IRC).

La séance du 8 avril 2019, « Vérité et indicible », a été consacrée à « la vérité : analogie et paronymie » (ADL), à « l'indicible : la *translatio* et les Noms divins » (IRC), à « la théorie de la supposition – termes et *dictum propositionis* » (ADL), à la généalogie de la distinction entre « vérité et performativité : du Moyen Âge à Port-Royal » (IRC).

La séance du 15 avril 2019, « Performativité et éthique du langage », a été consacrée à une histoire des discussions médiévales sur le pouvoir des mots, culminant dans une approche pluridisciplinaire du blasphème (IRC). Elle s'est achevée à 19 heures et prolongée en silence sur la terrasse du bâtiment des sciences face à l'incendie de Notre-Dame de Paris.

Colloque – État des lieux

Les 20 et 21 mai 2019

La leçon inaugurale de la chaire Histoire de la philosophie médiévale portait comme titre une question : « Où va la philosophie médiévale ? ». Au terme d'un parcours de six ans, on a demandé à celles et ceux qui font exister cette discipline *là où ils sont*, de dire eux-mêmes quels étaient leurs projets, leurs résultats, leurs perspectives, leurs diagnostics, voire leur humeur, de répondre collectivement, sur ce qu'auront été et, surtout, ce que *seront* dans les années à venir les travaux qui rassemblent médiévistes et antiquisants, philosophes, philologues et historiens soucieux de défendre une certaine conception et un certain idéal de recherche *ouverte*.

Intervenants : Marwan Rashed (université Paris-Sorbonne) ; Jacob Schmutz (Sorbonne université, Paris) ; J. Brumberg-Chaumont (PSL, CNRS, LEM) ; Luisa Valente (Sapienza Università di Roma) ; Leone Gazziero (CNRS) ; Monica Brinzei (IRHT-CNRS) ; Iacopo Costa (CNRS) ; Christophe Grellard (EPHE) ; Dragos Calma (University College Dublin) ; Olivier Boulnois (EPHE) ; Irene Caiazzo (CNRS) ; Aurélien Robert (CNRS) ; Philippe Büttgen (Paris 1 Panthéon-Sorbonne) ; Christophe Erismann (Universität Wien) ; Catherine König-Pralong (Albert-Ludwigs Universität Freiburg-EHESS) ; Jean-Baptiste Brenet (Paris 1 Panthéon-Sorbonne) ; Véronique Decaix (Paris 1 Panthéon-Sorbonne) ; Laurent Cesalli (université de Genève).

A. de Libera : ouverture, « La double disparition » ; conclusions.

Remerciements

En ce dernier compte rendu, je tiens à exprimer avec chaleur ma gratitude à Madame Sophie Grandsire Rodriguez, irremplaçable collaboratrice, à mes deux ATER, David Simonetta et Angela Avalos de Soto, aux personnels techniques et d'accueil du Collège de France du site Marcelin-Berthelot ainsi qu'au service des publications du Collège de France, qui m'ont accompagné tout au long de mes enseignements.

Recherche

Groupe Actualité médiévale (GAM)

Journée d'études : « Conversations avec Alain de Libera »

Intervenants : Angela Beatriz Avalos (ATER, CDF) ; Vicente Cortés (Universidad Alberto Hurtado, Chile) ; Mathieu Eychenié (Paris 1 Panthéon Sorbonne) ; David Simonetta (académie de Versailles) ; Hamid Taieb (Universität Hamburg) ; Caterina Tarlazzi (université de Genève).

Publications

Libera A. (de), « L'invention d'une hérésie. Le nihilisme christologique » (communication du 23/06/2017), *Comptes rendus des séances de l'Académie des Inscriptions et Belles-Lettres* (CRAI), vol. 2017, fascicule II, 2018, p. 1013-1034.

Libera A. (de), « Ce qu'aimer veut dire », avant-propos à G. Agamben et J.-B. Brenet, *Intellect d'amour*, La Grasse, Verdier, 2018, p. 7-12.

Libera A. (de), « Quel che vuol dire amare », avant-propos à G. Agamben et J.-B. Brenet, *Intelletto d'amore*, Macerata, Quodlibet, 2019, p. 9-15.

Libera A. (de), « Poésie et philosophie : Henry More. La critique du monopsychisme averroïste dans *A Platonick Song of the Soul* », *in* C. Kaiser, L. Maier et O.M. Schrader (dir.), *Die nackte Wahrheit und ihre Schleier. Weisheit und Philosophie in Mittelalter und Früher Neuzeit. Studien zum Gedenken an Thomas Ricklin*, Münster, Aschendorff Verlag, coll. « Dokimion », vol. 42, 2019, p. 501-526.

Libera A. (de), Brenet J.-B. et Rosier-Catach I. (dir.), *Dante et l'averroïsme*, actes du colloque international de la chaire Histoire de la philosophie médiévale (Collège de France, 12-13 mai 2015), Paris, Collège de France/Les Belles Lettres, coll. « Docet omnia », 2019, https://doi.org/10.4000/books.lesbelleslettres.372.

Libera A. (de), « Avant-propos », *in* A. de Libera, J.-B. Brenet et I. Rosier-Catach (dir.), *Dante et l'averroïsme*, Paris, Collège de France/Les Belles Lettres, coll. « Docet omnia », 2019, p. 9-45, https://doi.org/10.4000/books.lesbelleslettres.387.

Libera A. (de), *La Philosophie médiévale* (3e édition mise à jour avec une nouvelle bibliographie), Paris, PUF, coll. « Quadrige », 2019.

Libera A. (de), *Le Sujet de la passion. Cours du Collège de France 2016*, Paris, Vrin, 2021.

LITTÉRATURES MODERNES DE L'EUROPE NÉOLATINE

Carlo OSSOLA
Professeur au Collège de France

Mots-clés : littérature moderne

La série de séminaires « Éloge de la description. Giuseppe Ungaretti, poète européen » est disponible en audio et vidéo, sur le site internet du Collège de France (https://www.college-de-france.fr/site/carlo-ossola/seminar-2018-2019.htm), ainsi que le colloque « Je vous salue Joseph » (https://www.college-de-france.fr/site/carlo-ossola/symposium-2018-2019.htm).

ENSEIGNEMENT

COURS – ÉLOGE DE LA DESCRIPTION

Le cours que j'ai proposé prolonge, d'une certaine manière, l'esprit et les intentions qui animaient le cours de l'année dernière, « Comment hériter, comment léguer ».

Si je suggère l'« éloge de la description » – effort et pari difficile pour quelqu'un qui aime surtout l'ellipse et la concision –, c'est parce que nous ne savons plus hériter du fait que nous n'avons plus les mots pour décrire, pour savoir reconnaître ce qui nous a été conféré. Renversant le principe pascalien, nous aimons plus la prise que la chasse, parce que tout ce qui est préparation, attente, tout le préalable à une action est éliminé par la hâte de la saisie.

Nous arrivons vite à nous emparer de quelque chose parce que nous ne savons plus approcher l'objet par la parole, le décrire par les mots, l'esquisser, le dépeindre. L'« éloge de la description » sera donc, aussi, l'éloge de la retenue, de la parole

C. OSSOLA, « Littératures modernes de l'Europe néolatine », *Annuaire du Collège de France 2018-2019. Résumé des cours et travaux*, 119e année, Paris, Collège de France, 2022, p. 303-314, https://doi.org/10.4000/annuaire-cdf.17145.

adéquate, de la perspective, de la mesure, de l'approche attentionnée d'un objet, d'une personne, de tout ce qui est au-delà de notre corps.

« La pertinence de ma description »

Partons, pour commencer, de la formule pascalienne : « Raison pourquoi on aime mieux la chasse que la prise ». Ce fragment si célèbre des *Pensées* de Pascal est aujourd'hui le plus souvent classé dans la section *Divertissement* :

> Nous ne cherchons jamais les choses mais la recherche des choses.
> [...]
> Raison pourquoi on aime mieux la chasse que la prise [1].

Mais dans l'édition Port-Royal des *Pensées* (1669-1670), ce fragment fait partie de la section XXVI, « Misère de l'homme » :

> De là vient que tant de personnes se plaisent au jeu, à la chasse, et aux autres divertissements qui occupent toute leur âme. Ce n'est pas qu'il y ait en effet du bonheur dans ce que l'on peut acquérir par le moyen de ces jeux, ni qu'on s'imagine que la vraie béatitude soit dans l'argent qu'on peut gagner au jeu, *ou dans le lièvre que l'on court. On n'en voudrait pas s'il était offert.* Ce n'est pas cet usage mol et paisible, et qui nous laisse penser à notre malheureuse condition qu'on recherche ; mais c'est le tracas qui nous détourne d'y penser.
> [...] Ce lièvre qu'ils auraient acheté ne les garantirait pas de cette vue ; mais la chasse les en garantit. Ainsi quand on leur reproche, que ce qu'ils cherchent avec tant d'ardeur ne sauraient les satisfaire ; qu'il n'y a rien de plus bas, et de plus vain ; s'ils répondaient comme ils devraient le faire s'ils y pensaient bien, ils en demeureraient d'accord : mais ils diraient en même temps qu'il ne cherchent en cela qu'une occupation violente et impétueuse qui les détourne de la vue d'eux-mêmes, et que *c'est pour cela qu'ils se proposent un objet attirant qui les charme et qui les occupe tous entiers.* Mais ils ne répondent pas cela, parce qu'ils ne se connaissent pas eux-mêmes [2].

L'homme de Pascal aime la chasse pour se détourner, se distraire, de lui-même, pour se vouer à un divertissement qui l'éloigne du centre de sa misère ; au fond, le lièvre, la prise ne l'intéresse pas. L'homme d'aujourd'hui ne connaît même plus la différence entre chasse et prise, parce qu'il n'y a plus de distance entre les deux ; il n'y a que l'objet, un espace à combler par une saisie immédiate et violente, puisque les mots manquent pour décrire tout ce qui est entre la préparation et l'acte.

De ce point de vue, les descriptions que j'ai proposées ont été davantage un exercice de préparation que la contemplation satisfaite d'un accomplissement, pour paradoxal que cela puisse paraître.

Commençons – pour nous en convaincre – par l'étymologie : *describo* latin implique un travail de sélection à l'intérieur d'un ensemble donné pour en tirer la *descriptio*, la délimitation du « descriptible » :

---

1. B. PASCAL, *Pensées*, *in* : *Œuvres complètes*, par J. CHEVALIER, Paris, Gallimard, 1954, p. 1138 et 1140.

2. B. PASCAL,, *Pensées sur la religion, et sur quelques autres sujets* [Édition de Port-Royal], Paris, Guillaume Desprez, 1670, chap. XXVI : « Misère de l'homme », p. 205-207. Je souligne.

descrībo, scripsī, scriptum, ĕre, tr.

1. transcrire : *ab aliquo librum* CIC. *Att. 13, 21, 4*, copier un livre sur qqn, transcrire l'exemplaire de qqn *(Ac. 2, 11)* ; *leges Solonis* LIV. *3, 31, 8*, copier les lois de Solon, cf. CIC. *Fam. 12, 17, 2* ; *Att. 8, 2, 1*, etc. ¶
2. décrire, dessiner, tracer : *geometricæ formæ in arena descriptæ* CIC. *Rep. 1, 29*, figures géométriques tracées sur le sable ; *in pulvere quædam* CIC. *Fin. 5, 50*, dessiner certaines figures dans la poussière, cf. *Clu. 87* ; *CM 49* ; *carmina in foliis* VIRG. *En. 3, 445*, écrire des vers sur des feuilles d'arbre ‖ *sphæra ab Eudoxo astris descripta* CIC. *Rep. 1, 22*, sphère sur laquelle Eudoxe avait figuré les astres ¶
3. [fig.] **décrire, exposer** : *hominum sermones moresque* CIC. *Or. 138*, exposer des propos, des traits de caractère, cf. *Rep. 3, 17* ; *flumen Rhenum, pluvium arcum* HOR. *P. 18*, décrire le Rhin, l'arc-en-ciel ; *mulierem* CIC. *Cæl. 50*, dépeindre une femme ; *me latronem ac sicarium describebant* CIC. *Mil. 47*, ils me décrivaient comme un brigand et un assassin, cf. *Nat. 2, 112* ‖ [avec prop. inf.] exposer que, raconter que : SEN. *Contr. 1, 2, 17* ; OV. *Tr. 2, 415* ; GELL. *9, 1* ‖ part. *descripta* pl. n. pris subs[t] récit, exposé, journal : TAC. *An. 6, 24* ‖ désigner qqn, faire allusion à qqn, parler de qqn : CIC. *Phil. 2, 113* ; *Sull. 82* ; *Q. 2, 3, 3* ¶
4. délimiter, déterminer : *stellarum descripta distinctio est* CIC. *Nat. 2, 104*, on a déterminé d'une façon précise les différentes étoiles, cf. *Rep. 4, 2* ; *Leg. 1, 17* ; *2, 11* ; etc. ; LIV. *1, 42, 5* ; *quem ad modum esset ei ratio totius belli descripta, edocui* CIC. *Cat. 2, 13*, j'ai montré comment son plan de toute la guerre était arrêté, cf. *Rep. 5, 7* ; *jura* CIC. *Off. 1, 124*, délimiter les droits de chacun ; *civitatibus jura* CIC. *Rep. 1, 2*, donner aux cités une législation déterminée ; *populum in tribus tres* CIC. *Rep. 2, 14*, répartir (distribuer) le peuple en trois tribus ; cf. *2, 16* ; *descriptus populus censu, ordinibus, ætatibus* CIC. *Leg. 3, 44*, le peuple délimité (distribué) selon le cens, l'ordre, l'âge ‖ définir, préciser, fixer : *oratoris facultatem* CIC. *de Or. 1, 214*, fixer la puissance de l'orateur *(Ac. 2, 114)* ; *nulla species divina describitur* CIC. *Nat. 1, 34*, on ne définit pas quelle est la figure des dieux ; *voluptatis partes hoc modo describunt, ut...* CIC. *Tusc. 4, 20*, on précise de la manière suivante les différentes espèces de plaisir... ‖ [avec int. ind.] *Nat. 1, 47* ; [avec prop. inf.] *de Or. 2, 138*[3].

Décrire est délimiter, circonscrire, repérer des traits de pertinence bien plus qu'imiter un objet par les mots. Le grec εκφράζω – έκφρασις (décrire – description) signifie d'abord « raconter exactement », d'où – nous le verrons dans les développements de l'art rhétorique – « description ».

« Raconter exactement » : rien n'est plus difficile que la description, comme le signale Xavier De Maistre au chap. XX de son *Voyage autour de ma chambre* :

> Les murs de ma chambre sont garnis d'estampes et de tableaux qui l'embellissent singulièrement. Je voudrais de tout mon cœur les faire examiner au lecteur les uns après les autres, pour l'amuser et le distraire le long du chemin que nous devons encore parcourir pour arriver à mon bureau ; *mais il est aussi impossible d'expliquer clairement un tableau que de faire un portrait ressemblant d'après une description*[4].

La description est, en effet, non pas un lieu de plénitude, un réceptacle, mais un crible subtil ; un instrument pour laisser passer (à l'oubli) et, en même temps, pour

3. F. GAFFIOT, *Dictionnaire illustré latin-français*, Paris, Hachette, 1934, *ad vocem*.

4. X. DE MAISTRE, *Œuvres complètes*, Nouvelle édition, précédée d'une notice sur l'auteur par M. Sainte-Beuve, Paris, Garnier Frères, 1862, p. 43. C'est moi qui souligne.

fixer les grilles de mémoire. Instrument qu'il faut manier avec doigté et qui demande un long exercice.

La convocation des témoins est partie de l'Antiquité classique, et de ses arts rhétoriques, pour arriver au XXe siècle : de la chorographie (description d'un lieu) à la description de soi-même, sur le modèle de Montaigne.

Le séminaire a suivi la partition classique que les sciences de l'Antiquité tardive et du Moyen Âge nous ont léguée : les *lapidaria, herbaria, bestiaria* (description des pierres, des végétaux, des animaux) ; en sachant que la description « objective » n'est que le premier degré d'un processus symbolique où l'objet se charge de toutes les significations que les générations ont données à cet objet et à ses fonctions symboliques. Il suffirait, à cet égard, de lire quelques pages de la grande ouverture de Michel Foucault, *Les Mots et les choses* [5].

Pendant de longs siècles, le symbolique a été le point d'aboutissement de toute description (l'allégorie et l'anagogie au-dessus du sens littéral) et la pensée moderne est née de cette tension profonde que fonde la description : la lettre qui sert à renvoyer à l'au-delà de la lettre.

Et l'époque moderne est née (comme Ernst Cassirer l'a très bien vu [6]) au moment où l'homme et le *kosmos* ont perdu leur analogie profonde, quand le microcosme et le macrocosme ont cessé d'appartenir au même ordre et qu'il a fallu choisir entre la connaissance de soi (Montaigne) et la connaissance du *kosmos* (Galilée).

Nous avons eu, au Collège de France, des maîtres (Pierre Hadot, notamment) qui ont étudié le problème de la parabole historique de la « connaissance de soi » ; je me bornerai à signaler que la description (de Montaigne à Italo Calvino) s'accroît en prenant en charge l'obligation de « mettre en parole » l'invisible et l'insaisissable.

Je ne proposerai que deux exemples de l'attention constante que Montaigne consacre, dans ses *Essais*, à la « description de soi » :

> Cette longue attention que j'employe à me considerer me dresse à juger aussi passablement des autres, et est peu de choses dequoy je parle plus heureusement et excusablement. Il m'advient souvant de voir et distinguer plus exactement les conditions de mes amys qu'ils ne font eux mesmes. J'en ay estonné quelqu'un par la pertinence de ma description, et l'ay adverty de soy. Pour m'estre, dés mon enfance, dressé à mirer ma vie dans celle d'autruy, j'ay acquis une complexion studieuse en cela, et, quand j'y pense, je laisse eschaper au tour de moy peu de choses qui y servent : contenances, humeurs, discours. J'estudie tout : ce qu'il me faut fuyr, ce qu'il me faut suyvre. Ainsin à mes amys je descouvre, par leurs productions, leurs inclinations internes ; non pour renger cette infinie varieté d'actions, si diverses et si descoupées, à certains genres et chapitres, et distribuer distinctement mes partages et divisions en classes et regions cogneues
>
> *Sed neque quam multae species, et nomina quae sint,*
> *Est numerus.*
>
> Les sçavans partent et denotent leurs fantasies plus specifiquement, et par le menu. Moy, qui n'y voy qu'autant que l'usage m'en informe, sans regle, presante generalement les

5. Voir notamment *Les Mots et les choses*, Paris, Gallimard, 1966, p. 65-72.

6. *Individuum und Kosmos in der Philosophie der Renaissance*, 1927 ; trad. fr. : Paris, Minuit, 1983.

miennes, et à tastons. Comme en cecy : je prononce ma sentence par articles descousus, ainsi que de chose qui ne se peut dire à la fois et en bloc[7].

Il y a plusieurs années que je n'ay que moy pour visée à mes pensées, que je ne contrerolle et n'estudie que moy. Et si j'estudie autre chose, c'est pour soudain le coucher sur moy, ou en moy, pour mieux dire. Et ne me semble point faillir, si, comme il se faict des autres sciences, sans comparaison moins utiles, je fay part de ce que j'ay apprins en ceste cy : quoy que je ne me contente guere du progrez que j'y ay faict. Il n'est description pareille en difficulté, à la description de soy-mesmes, ny certes en utilité. Encore se faut il testonner, encore se faut il ordonner et renger pour sortir en place. Or je me pare sans cesse : car je me descris sans cesse. La coustume a faict le parler de soy, vicieux : Et le prohibe obstinéement en hayne de la ventance, qui semble tousjours estre attachée aux propres tesmoignages[8].

« Il n'est description pareille en difficulté, à la description de soy-mesmes, ny certes en utilité » : de Montaigne à Calvino et à Bonnefoy (nous le verrons à la fin de ce résumé), la description est surtout l'exercice, par la connaissance du monde, d'une « conscience de soi ».

Description et clarté

La description que je souhaite évoquer n'est pas seulement celle qui permet de « figurer » un objet sans passer nécessairement par la « prise » ; elle vise également à éviter qu'un excès de *mimesis* fasse de la description, détaillée, abondante, exhaustive, un double de l'objet même et qu'elle ne manifeste qu'un espace saturé. Il s'agit donc d'unir au souci de la *précision* un goût pour la *clarté* et la transparence. Un appareil conceptuel riche et simple nous est fourni, à ce sujet, par un homme des Lumières, Johann Heinrich Formey (1711-1797), un Berlinois formé en France qui écrivit la plupart de ses œuvres en langue française, en suivant les règles de l'Europe savante de son temps. Je ne fais mention, ici, que de quelques-uns de ses ouvrages, parmi l'immense série[9] d'essais politiques, théologiques, éthiques, susceptibles de mieux se prêter à notre propos, en commençant par *La Logique des vraisemblances* (Francfort, 1747 ; Leyde, 1747) ; *Essai sur la perfection* (Utrecht, 1751) ; *Le Triomphe de l'évidence* (Berlin, 1756) ; *Principes élémentaires des Belles-Lettres* (Berlin, 1759 et Amsterdam, 1763), qui fut traduit en anglais (1765) et en italien (Naples, 1767 et Venise, 1805). De cet essai célèbre à son époque je tire quelques principes, dont l'efficacité me paraît toujours indiscutable :

Les qualités essentielles d'un récit sont la brièveté, la clarté et la vraisemblance. La brièveté demande qu'on ne reprenne pas les choses de trop loin, et que le récit finisse où il doit finir. […] Le récit est clair, quand chaque chose est mise à sa place, en son temps, et que les termes et les tours sont propres, justes, naïfs, sans équivoque, sans

7. MONTAIGNE, *Essais*, livre III, chap. XIII : « De l'expérience », texte établi par P. VILLEY et V. L. SAULNIER, Paris, PUF, 1965, p. 470-496.

8. *Ibid.*, livre II, chap. VI : « De l'exercitation », p. 378.

9. Je souhaite au moins rappeler l'exquis traité : *Conseils pour former une bibliothèque peu nombreuse mais choisie*, Berlin, Ambr. Haude et J.C. Spener, 1746.

désordre. La vraisemblance enfin résulte de l'assemblage des traits qui se trouvent ordinairement dans la vérité [...] [10].

De toutes ces qualités, la plus importante est la *clarté*, qui est à la fois *propriété* (à savoir l'adéquation des termes aux objets), *force* et *netteté* d'un discours capable de « se suffire » :

> La clarté étant la première beauté du discours, et la propriété des termes étant la principale source de la clarté, la propriété doit être regardée comme une des qualités les plus précieuses de l'expression [11].

La clarté et la précision sont le caractère et le mérite des *Fables* d'Ésope. Sans mépriser les ornements, il leur préfère la force et la netteté, et veut que le vrai qu'il présente soit lumineux par lui-même [12].

La « transparence de l'objet » n'est pas seulement le fruit d'une clarté de description, pourtant essentielle ; elle est également le résultat « de la justesse dans les raisonnements », le point de rencontre entre le mot « précis » et un raisonnement adéquat :

> Bien dire, c'est parler de manière à se faire écouter, et à persuader ceux qui écoutent. Bien penser, c'est mettre de la précision et de la netteté dans ses idées, [...] de la liaison et de la justesse dans les raisonnements [13].

En effet, ce point d'équilibre est finalement la « netteté », qui laisse transparaître la vigueur de la preuve par une brièveté justifiée, sans excès de laconisme :

> Chaque sujet a cependant ses règles propres : c'est à la prudence et au bon sens de l'orateur à les trouver et à les suivre. Tout se réduit à recommander la netteté et la précision. Une preuve trop étalée, s'affaiblit ; trop serrée, s'obscurcit [14].

« Désobjectiver » l'objet

Le cours a suivi l'évolution historique de la « description » au sein surtout de la narration littéraire : célèbres au XIXe siècle sont les descriptions chorographiques dans le roman *Les Fiancés* de Manzoni ou les descriptions urbaines chez Balzac ou Zola. L'invention de la photographie – cela a été maintes fois souligné – a réduit le « pouvoir de connaissance » attribué à la description littéraire et les avant-gardes du XXe siècle (surtout à partir des Surréalistes) ont confié à l'objet le rôle autrefois attribué à l'idole, un rôle absolu :

> En réalité, notre vie n'était rien de plus qu'objective. Le premier objet venu. Cette concentration dans l'instant d'un objet était démesurée. L'éternité éblouissait l'instant.

---

10. J.H.S. FORMEY, *Principes élémentaires des Belles-Lettres*, nouvelle édition, Amsterdam, J.H. Schneider, 1763, vol. I, § 282, p. 90-91 [Berlin, 1759].

11. *Ibid.*, vol. I, § 504, p. 153.

12. *Ibid.*, vol. I, § 294, p. 94.

13. *Ibid.*, vol. I, § 440, p. 137-138.

14. *Ibid.*, vol. I, § 487, p. 148-149.

Je ne connaîtrai plus autant de sujétion, ni cette liberté, la véritable, d'un miroir constant. L'objet s'élevait aux proportions d'une figure divine [15].

« Désobjectiver » l'objet a été l'un des impératifs dans les arts de la création au XXe siècle : surtout, et d'une manière encore plus fascinante, quand l'objet est apparemment décrit avec le soin le plus détaillé, comme si rien ne devait échapper, de sa nature, à la transposition verbale ; il suffirait de penser au *Parti pris des choses* de Francis Ponge et à sa manière de « démesurer » la description :

Un coquillage est une petite chose, mais je peux la démesurer en la replaçant où je la trouve, posée sur l'étendue du sable. Car alors je prendrai une poignée de sable et j'observerai le peu qui me reste dans la main après que par les interstices de mes doigts presque toute la poignée aura filé, j'observerai quelques grains, puis chaque grain, et aucun de ces grains de sable à ce moment ne m'apparaîtra plus une petite chose, et bientôt le coquillage formel, cette coquille d'huître ou cette tiare bâtarde, ou ce « couteau », m'impressionnera comme un énorme monument, en même temps colossal et précieux, quelque chose comme le temple d'Angkor, Saint-Maclou, ou les Pyramides, avec une signification beaucoup plus étrange que ces trop incontestables produits d'hommes.
Si alors il me vient à l'esprit que ce coquillage, qu'une lame de la mer peut sans doute recouvrir, est habité par une bête, si j'ajoute une bête à ce coquillage en l'imaginant replacé sous quelques centimètres d'eau, je vous laisse à penser de combien s'accroîtra, s'intensifiera de nouveau mon impression, et deviendra différente de celle que peut produire le plus remarquable des monuments que j'évoquais tout à l'heure [16] !

La surface du pain est merveilleuse d'abord à cause de cette impression quasi panoramique qu'elle donne : comme si l'on avait à sa disposition sous la main les Alpes, le Taurus ou la Cordillère des Andes. Ainsi donc une masse amorphe en train d'éructer fut glissée pour nous dans le four stellaire, où durcissant elle s'est façonnée en vallées, crêtes, ondulations, crevasses [17]...

Mais finalement, tout ce « dispositif analogique d'extension » ne trouve son centre et son sens qu'à l'intérieur de nous-mêmes, dans ce creuset de l'imaginaire qu'est la « vision fastigiée » :

LE SOLEIL, FLEUR FASTIGIÉE

TOUS LES JOURS AU FAÎTE DU MONDE
MONTE UNE FLEUR FASTIGIÉE,
SA SPLENDEUR EFFACE SA TIGE
QUI GRIMPE ENTRE LES DEUX YEUX
DE LA TROP ÉTROITE NATURE
POUR EN DISJOINDRE LE FRONT.
SA RACINE EST EN NOS CŒURS.

15. G. UNGARETTI, « Innocence et mémoire », *La Nouvelle Revue française*, vol. 158, novembre 1926, p. 527-530 ; puis dans *Innocence et mémoire*, traduit par P. JACCOTTET, Paris, Gallimard, 1969, p. 286 ; maintenant dans *Saggi e interventi*, Milan, Mondadori, 1974, p. 135-138 ; la citation est à la p. 138.

16. F. PONGE, « Notes pour un coquillage », *Le Parti pris des choses*, *in* : *Œuvres complètes*, t. I, Paris, Gallimard, 1999, p. 38-39.

17. *Ibid.*, « Le Pain », p. 22.

La racine de ce qui éblouit est dans nos cœurs [18].

Je propose à chacun l'ouverture de trappes intérieures, un voyage dans l'épaisseur des choses, une invasion de qualités, une révolution ou une subversion comparable à celle qu'opère la charrue ou la pelle, lorsque, tout à coup et pour la première fois, sont mises au jour des millions de parcelles, de paillettes, de racines, de vers et de petites bêtes jusqu'alors enfouies. Ô ressources infinies de l'épaisseur des choses *rendues* par les ressources infinies de l'épaisseur sémantique des mots [19] !

Il faut remarquer, du reste, que tout projet de description « essentielle » vise à retrouver, voire reconstituer, l'« ordre du monde » :

Le galet n'est pas une chose facile à bien définir.
Si l'on se contente d'une simple description l'on peut dire d'abord que c'est une forme ou un état de la pierre entre le rocher et le caillou.
Mais ce propos déjà implique de la pierre une notion qui doit être justifiée. Qu'on ne me reproche pas en cette matière de remonter plus loin même que le déluge [20].

Ainsi donc, si ridiculement prétentieux qu'il puisse paraître, voici quel est à peu près mon dessein : je voudrais écrire une sorte de *De rerum natura.* On voit bien la différence avec les poètes contemporains : ce ne sont pas des poèmes que je veux composer, mais une seule cosmogonie [21].

Des exercices [22] de Ponge à la *Petite cosmogonie portative* [23] de Queneau et jusqu'à *Palomar* d'Italo Calvino, une même tension se déploie, visant à défier « l'inachèvement perpétuel [24] » des signes : une aporie s'esquisse toutefois, de la tentative d'une simple lecture d'une vague [25] à la contemplation de la mort de celui

18. *Ibid.*,, « Le Soleil, fleur fastigiée », « pièce » de « Le soleil placé en abîme », *in* : *Pièces*,p. 787. Quant à la genèse de ce poème, je signale : M. COLLOT, « Manuscrits inédits du *Soleil placé en abîme*, présentation », *Genesis (Manuscrits-Recherche-Invention)*, vol. 2, 1992, p. 151-182. Sur ce thème, chez Ponge, voir l'article de A. KIBÉDI VARGA, « Lire le soleil : un commentaire du *Soleil placé en abîme* », Études françaises, vol. 17, n°s 1-2, 1981, p. 111-120.

19. *Ibid.*, « Introduction au galet », tiré de *Proêmes*, p. 203.

20. *Ibid.*, « Le Galet », *Le parti pris des choses*, p. 49-50.

21. *Ibid.*, *Introduction au galet*, *Proêmes*, p. 204.

22. Voir surtout « Comment une figue de parole et pourquoi », t. II, 2002, p. 759-891.

23. R. QUENEAU, *Petite cosmogonie portative : poème*, Paris, Gallimard, 1950.

24. Cf. F. PONGE, *Pratiques d'écriture, ou l'inachèvement perpétuel*, Paris, Hermann, 1984 ; et *Œuvres complètes*, *op. cit.*, t. II, p. 999-1057.

25. « La mer est à peine ridée : quelques petites vagues battent le sable du rivage. Monsieur Palomar se tient debout et regarde une vague. Ce n'est pas qu'il soit absorbé par la contemplation des vagues. Il n'est pas absorbé car il sait très bien ce qu'il fait : il veut regarder une vague et il la regarde. [...] En somme, on ne peut observer une vague sans tenir compte des éléments complexes qui concourent à sa formation et de ceux non moins complexes auxquels elle donne naissance. Ceux-ci varient continuellement, c'est pourquoi une vague est toujours différente d'une autre vague; mais il est vrai aussi que toute vague est identique à une autre, mais pas nécessairement à celle qui lui est immédiatement contiguë ou successive; il y a, en somme, des formes et des séquences qui se répètent, bien qu'elles soient irrégulièrement distribuées dans l'espace et dans le temps. Puisque ce que monsieur Palomar veut faire en ce moment c'est simplement *voir* une vague, c'est-à-dire saisir toutes ses composantes simultanées sans en négliger aucune, son regard s'arrêtera un instant sur le mouvement de l'eau qui bat le rivage jusqu'à ce qu'il puisse enregistrer des aspects qu'il n'avait d'abord pas saisis ; dès qu'il

qui voudrait la devancer en la décrivant[26] ; chez monsieur Palomar, la méthode rigoureuse qui voudrait passer de la *description* au *récit*, à la *méditation*[27], s'arrête à ce dernier constat : « Ainsi, de renvoi en renvoi, on arrive au moment où le temps lui-même s'usera et s'éteindra en un ciel vide ».

« L'indivisible transcende le divisé »

Et finalement, même si l'on renonce à l' « ordre du monde », la description reste – comme le disait Bergson – une occasion de mémoire ; de ce qui nous apparaît, nous ne décrivons que ce qui est déjà inscrit dans notre mémoire, est reconnu à travers ce dépôt, par notre œil. Au fond, toute description est la prolongation de *Zaïre,* l'une des « villes invisibles » d'Italo Calvino, inscrite – elle aussi – dans la constellation de la mémoire :

> C'est en vain, ô Kublai magnanime, que je m'efforcerai de te décrire la ville de Zaïre aux bastions élevés. Je pourrais te dire combien de marches sont faites les rues en escalier, de quelle forme sont les arcs des portiques, de quelles feuilles de zinc les toits sont recouverts ; mais déjà je sais que ce serait ne rien te dire. Ce n'est pas de cela qu'est faite la ville, mais des relations entre les mesures de son espace et les événements de son passé : la distance au sol d'un réverbère, et les pieds ballants d'un usurpateur pendu ; le fil tendu du réverbère à la balustrade d'en face, et les festons qui ornent le parcours du cortège nuptial de la reine ; à quelle hauteur est placée cette balustrade, et le saut de l'homme adultère qui l'enjambe à l'aube ; l'inclinaison d'une gouttière, et un chat qui s'y engage pour passer par la même fenêtre ; la ligne de tir de la canonnière apparue brusquement derrière le cap, et l'obus qui détruit la gouttière ; les déchirures des filets de pêche, et les trois vieillards, assis sur le quai pour raccommoder les filets, qui se racontent pour la centième fois l'histoire de la canonnière de l'usurpateur, dont on dit qu'il était un enfant adultérin de la reine, abandonné dans ses langes, là sur le quai. Cette vague qui reflue avec les souvenirs, la ville s'en imprègne comme une éponge, et

---

s'apercevra que les images se répètent, il saura qu'il a vu tout ce qu'il voulait voir et il pourra s'arrêter. [...] Le résultat auquel monsieur Palomar est en train de parvenir, peut-être est-il de faire courir les vagues dans le sens opposé, de renverser le temps, d'apercevoir la vraie substance du monde en dehors des habitudes sensorielles et mentales ? Mais non : il parvient à ressentir une légère sensation de vertige, rien de plus » (I. CALVINO, « Lecture d'une vague », *in* : *Palomar* [1983], trad. fr. de J.-P. MANGANARO, Paris, Seuil, 1985, p. 11-15).

26. « Monsieur Palomar décide qu'il fera dorénavant comme s'il était mort [...]. Palomar, songeant à sa propre mort, pense déjà à celle des derniers survivants de l'espèce humaine ou de ses dérivés ou héritiers : sur le globe terrestre dévasté et désert débarquent les explorateurs d'une autre planète, ils déchiffrent les traces qu'ont enregistrées les hiéroglyphes des pyramides et les fiches perforées des calculateurs électroniques ; la mémoire du genre humain renaît de ses cendres et se dissémine à travers les zones habitées de l'univers. Ainsi, de renvoi en renvoi, on arrive au moment où le temps lui-même s'usera et s'éteindra en un ciel vide, quand le dernier support matériel de la mémoire de la vie se sera dégradé en une bouffée de chaleur, ou aura cristallisé ses atomes dans le gel d'un ordre immobile » (*ibid.*, « Comment apprendre à être mort », p. 118 et 122-123).

27. « Le 3 [dans la progression descriptive] rend compte d'expériences de nature plus spéculative, concernant le cosmos, le temps, l'infini, les rapports entre le moi et le monde, les dimensions de l'esprit. Du domaine de la description et du récit on passe à celui de la méditation » (note finale rédigée par Calvino pour expliquer la distribution des chapitres de *Palomar*).

grossit ; une description de Zaïre telle qu'elle est aujourd'hui devrait comprendre tout le passé de Zaïre. Mais la ville ne dit pas son passé, elle le possède, pareil aux lignes d'une main, inscrit au coin des rues, dans les grilles des fenêtres, sur les rampes des escaliers, les paratonnerres, les hampes des drapeaux, sur tout segment marqué à son tour de griffes, dentelures, entailles, virgules [28].

L'« inscription » des données de la mémoire dans le descriptible n'en finit plus, sauf si – de Marco Polo à Michel Butor et à Italo Calvino – nous décidons de réunir tout le cumul des traits de pertinence dans un seul lieu qui nous absorbe, en nous laissant des yeux capables désormais de contempler uniquement ce qui n'a plus d'analogie verbale :

> Chaque fois que je fais la description d'une ville, je dis quelque chose de Venise. [...] Les images de la mémoire, une fois fixées par les paroles, s'effacent, constata Polo. Peut-être, Venise, ai-je peur de la perdre toute en une fois, si j'en parle. Ou peut-être, parlant d'autres villes, l'ai-je déjà perdue, peu à peu [29].

Oui, à la fin de toute description, de toute analyse et recomposition dans les signes, il faut pourtant reconnaître que « l'indivisible transcende le divisé » :

> Ils [les artistes] comprendront que la forme vivante, ce ne sont pas des parties qui se recomposent en même de belles harmonies, celles-ci encore de l'extériorité, toujours de la solitude, mais ce qui monte de l'indécomposable, cet enseignement du regard de l'Autre. Ils sauront que l'indivisible transcende le divisé, étant présence sous l'apparence [...] [30].

SÉMINAIRES ÉLOGE DE LA DESCRIPTION. GIUSEPPE UNGARETTI, POÈTE EUROPÉEN

Séminaire 1 *Speculum naturale* : allégories de la description

- 24 janvier 2019, Carlo Ossola (Collège de France) : « *Speculum naturale* : l'écriture des pierres » ;
- 31 janvier 2019, Francesco Zambon (université de Trente) : « Zoomorphismes : image et écriture » ;
- 7 février 2019, Ilaria Gallinaro (Turin) : « Cardiomorphismes et écoles du cœur » ;
- 14 février 2019, Ricciarda Belgiojoso (Milan) : « Zoomorphismes musicaux ».

Séminaire 2 – Giuseppe Ungaretti, poète européen

- 21 février 2019, Carlo Ossola (Collège de France) : « *Allegria di Naufragi* : 1919-2019 » ;
- 28 février 2019, Isabel Violante (Paris 1 Panthéon Sorbonne) : « Ungaretti, Fautrier, et la vie vivante de la nature » ;

28. I. CALVINO, « Les Villes et la mémoire. III », *in* : *Les Villes invisibles* [1972] ; trad. fr. de J. THIBAUDEAU, Paris, Seuil, 1974, p. 16.
29. I. CALVINO, *Les Villes invisibles*, *op. cit.*, p. 104-105.
30. Y. BONNEFOY, *La Beauté dès le premier jour*, Paris, William Blake & Co, 2009, p. 17.

• 7 mars 2019, Patricia Oster Stierle (université de la Sarre) : « Ungaretti et sa réception en Allemagne » ;

• 14 mars 2019, Olivier Chiquet (Collège de France) : « La poésie de Giuseppe Ungaretti : "fille indiscrète de l'ennui" ? » ;

• 21 mars 2019, Carlo Ossola (Collège de France) : « Ungaretti et ses classiques ».

COLLOQUE – « JE VOUS SALUE JOSEPH »

• Colloque international réuni par Anne-Catherine Baudoin (université de Genève) et Carlo Ossola (Collège de France), les 17 et 18 mai 2019, au Collège de France et à l'École normale supérieure (Paris) :

• Richard Bauckham (University of St Andrews) : « The historical Joseph of Nazareth » ;

• Rémi Gounelle (faculté de théologie protestante, université de Strasbourg) : « Joseph l'exilé » ;

• Alin Suciu (Akademie der Wissenschaften zu Göttingen) : « The figure of Joseph in coptic literature » ;

• Pierre Descotes (Sorbonne Université, lettres) : « Joseph, père et mari paradoxal : le sermon 51 d'Augustin d'Hippone » ;

• Marielle Lamy (Sorbonne Université, lettres) : « Du Joseph apocryphe aux Joseph vernaculaires (XIIe-XIIIe s.) : variations sur une figure imposée » ;

• Paul Payan (Avignon Université) : « Joseph, une figure pour les clercs (XIIe-début XVIe s.) » ;

• Isabel Iribarren (faculté de théologie catholique, université de Strasbourg) : « L'apothéose de saint Joseph. La *Josephina* de Jean Gerson (1414-1417) et ses enjeux doctrinaux » ;

• Max Engammare (Éditions Droz) : « Des chaussettes aux sandales. Le Joseph de Calvin » ;

• Emanuela Fogliadini (faculté de théologie de l'Italie septentrionale) : « Joseph dans l'ombre ? Le fiancé de la Vierge Marie dans l'iconographie byzantine » ;

• Victoire Malenfer (École normale supérieure) : « Faire parler le silence. Enjeux et limites de l'éloquence épidictique dans le *Panégyrique de saint Joseph* de Bossuet » ;

• François Dupuigrenet Desroussilles (Florida State University) : « "Joseph est bien marié !" : saint Joseph modèle des maris dans la piété baroque du XVIIe siècle français » ;

• Dominique Iogna-Prat (École des hautes études en sciences sociales) : « Joseph et la Sainte Famille catholique au XIXe siècle : une paternité et une masculinité paradoxales » ;

• Daniele Menozzi (Scuola normale superiore di Pisa) : « De patron de l'Église universelle à modèle des travailleurs : la dévotion à saint Joseph au XIXe siècle » ;

• Isabelle Saint-Martin (École pratique des hautes études) : « Joseph ouvrier, époux de la Vierge et père bienveillant : une présence affirmée dans l'art et le vocable des églises (XIXe-XXIe s.) » ;

• Guilhem Causse (Centre Sèvres, Facultés jésuites de Paris) : « Joseph à l'écran : du rôle à l'homme ».

Publications

Livres

OSSOLA C., *Marie. Une vie au-delà des siècles*, Paris, Bayard, 2019.

OSSOLA C., *Les Vertus communes*, Paris, Les Belles Lettres, 2019.

OSSOLA C., *Trattato delle piccole virtù. Breviario di civiltà*, Venise, Marsilio, 2019.

BERTHOZ A. et OSSOLA C. (dir.), *Les Libertés de l'improbable*, Paris, Odile Jacob, 2019.

Éditions et articles

OSSOLA C., « Avant-propos » à M. PICARD, *Le Monde du silence*, Genève, La Baconnière, 2019, p. 5-8.

OSSOLA C., « Introduzione » à S. SPERONI, *Dialogo delle lingue*, Alpignano, Tallone, 2019.

OSSOLA C., « Ricordo di Jean Starobinski e Michel Jeanneret », *Lettere italiane*, 2019/2, 2019, p. 227-229.

OSSOLA C., « Nota di lettura: la "piazza di tutti i beni" », *in* C. RAZZOLINI et C. CAUZZI (dir.), *Le cinquecentine della biblioteca del convento della Verna*, Florence, Olschki, 2019, p. VII-XI.

OSSOLA C., « Veramente vedere: Max Milner », postface à M. MILNER, *Rembrandt a Emmaus*, Milan, Vita e Pensiero, 2018, p. 107-127.

OSSOLA C., « Le double Nicodème de Pascal », *Rivista di Storia e Letteratura religiosa*, vol. 54, 2018/3, 2018, p. 637-648.

OSSOLA C., « Tre oltranze francescane », *in* C. OSSOLA (dir.), *San Francesco*, Rome, Istituto della Enciclopedia Italiana, 2019.

Philologie de la civilisation japonaise

Jean-Noël Robert
Professeur au Collège de France

Mots-clés : *Roman du Genji*, philologie, civilisation japonaise, langue, bouddhisme, histoire

La série de cours « Le Roman du Genji : poésie, langue et bouddhisme » est disponible, en audio et vidéo, sur le site internet du Collège de France (https://www.college-de-france.fr/site/jean-noel-robert/course-2018-2019.htm), ainsi que le colloque « Hiéroglossie IV : sinoglossie » (https://www.college-de-france.fr/site/jean-noel-robert/symposium-2018-2019.htm).

Enseignement

Cours – *Le Roman du Genji* : poésie, langue et bouddhisme

Le cours de cette année nous a ramenés quelques siècles en arrière, après celui de l'an passé qui était consacré au moine Dôgen (1200-1253) et au rapport complexe qu'il avait instauré entre le chinois et le japonais dans l'expression de son expérience de l'Éveil élaborée comme point central de son activité d'enseignement et d'administration religieuse. En abordant le corpus dôgenien, où les deux langues se répondent en trois niveaux bien différents : le chinois classique et le japonais classique comme manifestation désormais familière de la complémentarité *wa-kan* (sino-japonaise, plus exactement *nippo-chinoise*) d'une part, auxquels vient s'ajouter le chinois pseudo-vulgaire du *chan* que Dôgen consacre en idiolecte japonais du Zen, notre enquête a touché un point axial de la hiéroglossie japonaise, dont les conséquences apparaîtront davantage encore à l'époque moderne, lorsque Dôgen accèdera à la dimension de la *Weltliteratur*. Nous pensons avoir montré alors la pertinence et la nécessité d'aborder Dôgen dans le prolongement de l'année

J.-N. Robert, « Philologie de la civilisation japonaise », *Annuaire du Collège de France 2018-2019. Résumé des cours et travaux*, 119e année, Paris, Collège de France, 2022, p. 315-331, https://doi.org/10.4000/annuaire-cdf.17150.

consacrée à Jien (1155-1225), qui le précédait d'une génération, tant la formation intellectuelle et l'œuvre poétique japonaise du premier se situait dans la lignée du second, partiellement peut-être pour ce qui est de la poésie d'expression japonaise, bien plus profondément pour ce qui est de la pensée lotusienne.

En revenant aux environs de l'an Mil, nous reprenions le fil de l'enquête selon une perspective parallèle certes, mais concentrée à première vue sur ce qui pourrait relever plus strictement de l'histoire littéraire. S'y ajoutait la témérité de nous attaquer à l'un des monuments les plus étudiés et commentés de la littérature japonaise au Japon même et dans le monde, et cette fois indéniablement un sommet de la *Weltliteratur*. La première question qui devait se poser est celle de la justification d'une telle démarche. Pouvait-on dire encore quelque chose sur le *Roman du Genji,* le *Genji-monogatari*, qui ne soit pas redondant avec la masse des travaux paraissant chaque année sur cette œuvre ?

Il était pourtant évident qu'esquiver le passage du *Genji* par pusillanimité méthodique revenait à feindre d'ignorer la position centrale de cette œuvre dans notre enquête, dont elle constitue peut-être la clef de voûte. Nous en avions pris conscience, une fois de plus, au hasard d'une lecture faite il y a plusieurs années qui nous avait amené à remonter, à propos d'un poème, le fil des allusions jusqu'au *Sûtra du Lotus*. Nous reviendrons plus loin sur ce point précis, mais il avait été aussi important pour nous engager plus avant que l'épisode du « golem de paroles » pour notre étude du *Senjû-shô* et de Saigyô (cours de 2015-2016). L'explication approfondie de ce poème, dont la portée réelle avait échappé, semble-t-il, à tous les chercheurs que nous avions pu consulter, montrait une fois de plus que ne pas tenir compte de la profonde résonance bouddhique du roman, médiatisée par un vocabulaire et des images que pouvait apprécier le public de l'époque mais rendue moins discernable au fil du temps et de l'évolution culturelle, serait une erreur fondamentale. Ici encore, les moyens langagiers permettant de sous-tendre aussi efficacement cette base religieuse sont le produit du processus de décalage et d'altération que l'on voit précisément fleurir dans toute sa complexité aux environs de l'an Mil, élaboré dans le langage raffiné des poétesses dont notre romancière est l'une des plus prestigieuses représentantes pour les modernes, mais qui n'était alors qu'une personne parmi une pléiade de talents confondante en sa diversité.

Il était d'autant plus important de ne pas reculer devant la tâche que le *Roman du Genji* jouit encore et plus que jamais d'un statut tout particulier au Japon bien sûr, mais aussi désormais dans la *Weltliteratur*. Nous laisserons celle-ci de côté, bien que ce nouvel essor démontre qu'une grande œuvre se laisse aborder sous une pluralité d'aspects et que sa richesse herméneutique dépassera les efforts les mieux concertés pour la réduire à une seule dimension. Ce n'est bien sûr pas ce que nous aurons cherché à faire, notre propos étant seulement de mettre au jour ce qu'il faudra bien appeler une structure, une charpente plutôt, soutenant l'ensemble intellectuel de l'œuvre. Car il s'agit bien de l'intelligibilité qui est en jeu ici, et de l'intention auctoriale.

***

Le *Genji-monogatari*, tout le monde en convient, est le classique par excellence de la littérature japonaise. Il répond sans doute à toutes les définitions possibles d'un classique, même les plus triviales. Il est vrai que tout le monde le connaît et que peu de gens l'ont lu en son entier. Les noms de ses personnages sont sur toutes les lèvres, ils sont même repris par les professionnelles du divertissement, individuellement ou collectivement. Il n'y pas si longtemps qu'un groupe de jeunes chanteurs, un *boy's band*, s'était affublé du nom de *Hikaru Genji*, « le radieux Genji », faisant malheureusement bien peu d'honneur au personnage à qui ils entendaient rendre hommage, mais l'on serait en peine de trouver un parallèle dans la culture de masse occidentale. Des applications proposent aux jeunes Japonaises des tests pour s'identifier à celle des héroïnes dont elles seraient le plus proche, reprenant en version moderne ce qui se faisait dans les cours européennes du XVIe siècle avec *Amadis de Gaule*. Nous ne parlerons pas des bandes dessinées et des dessins animés ; rappelons seulement que la popularité, renforcée par le « Millénaire » de l'œuvre célébré à grands frais en 2008, tant par des colloques et rencontres académiques que par des événements destinés à un plus grand public, a sans doute culminé avec la série animée de 2009 « Le Millénaire du *Genji* » *(Genji-monogatari sennen-ki)*. La conception même de cette série était remarquable, puisque les producteurs décidèrent d'abandonner le projet de départ, qui était d'adapter en dessins animés une bande dessinée dont l'intrigue remaniait la trame narrative originelle à l'attention de lecteurs modernes, pour se fonder directement sur le roman lui-même, en un geste de fidélité qui nous semble plus efficace.

Il serait cependant trompeur de penser que l'épithète de « classique » que l'on décerne si facilement au *Roman du Genji* le voue au destin commun des classiques, à l'enfermement dans un nimbe protecteur et isolant que seuls les spécialistes se hasardent à franchir, tout en évoquant chez chacun un univers assez flou remontant aux cours insipides du collège. Un ensemble de faits de culture montre en effet que nous sommes en présence d'une œuvre dont la place n'est pas que symbolique. Le premier indice en est le nombre de traductions en japonais moderne, un flot continu qui va croissant depuis les premières versions données successivement par la poétesse Yosano Akiko (1878-1942). Tout aussi imposant est le nombre d'éditions bilingues donnant le texte original et une version moderne, et l'on voit en ce moment s'achever la parution en neuf volumes d'une édition de poche ne comportant que le texte original accompagné d'un copieux commentaire dans la prestigieuse collection Iwanami Bunko. En ce sens, le *Genji* se peut comparer au *Quichotte*, à Dante ou à Shakespeare (le « corpus » shakespearien comme un tout), mais on serait bien en peine d'en trouver l'équivalent dans la littérature française, où aucune œuvre unique n'émerge avec la même autorité incontestable.

Cette proximité avec les lecteurs se voit aussi illustrée par un trait pittoresque de la vie intellectuelle japonaise, qui a prospéré de façon singulière pendant les années précédant l'explosion de la « bulle » financière, mais qui se maintient encore de façon significative, celui des « centres culturels » (*bunka-sentaa*). Il s'agit de quelque chose d'à peu près équivalent à ce que l'on appelait parfois les « universités du troisième âge », des cercles d'enseignement souvent fréquentés par des gens à la retraite, avec une grande majorité de femmes, mais pas uniquement d'ailleurs : un public plus jeune venait, et vient encore, y chercher aussi un supplément de culture dont il n'avait pu bénéficier pendant sa période scolaire, par exemple des jeunes employés qui avaient suivi un cursus technique ou scientifique. Bien qu'ayant considérablement diminué depuis la crise économique, ces centres existent toujours, plus actifs que jamais, dans les grandes villes japonaises, souvent, hélas, sous le nom encore plus anglicisé de *karuchaa-sentaa*. Un parcours rapide des programmes disponibles sur Internet confirme encore maintenant ce que nous avons pu constater depuis des années. Deux œuvres majeures japonaises sont invariablement proposées dans un choix de cours par ailleurs fort divers et changeant chaque année : le *Man. yô-shû*, d'une part, et le *Genji-monogatari*, de l'autre. La présence pérenne de ces deux œuvres ainsi associées nous invite à nous poser la question de leur rôle symbolique dans la culture et l'imaginaire japonais, question à laquelle, nous l'espérons, il sera partiellement répondu l'an prochain. Notons en attendant qu'un point commun des deux œuvres est leur opacité langagière, encore qu'elle ne se présente pas du tout de la même façon. Cet engouement visible (nombreux sont les lecteurs japonais, qui ont fait littéralement du *Genji* leur livre de chevet) malgré les difficultés de compréhension doit forcément susciter notre curiosité. En remarquant tout d'abord que, malgré les formes modernes qu'il a prises, il s'agit en réalité d'un phénomène ancien. Le *Genji* a été, dès sa rédaction, l'objet d'un intérêt passionné qui s'étendra à des cercles croissant à mesure que l'œuvre se répandra dans la société de l'époque pour se transmettre ensuite à la postérité.

***

Il est remarquable d'observer à cette lumière la constance de certaines attitudes que l'on dirait spontanées à l'égard du roman : l'identification que l'on encourage sur certains sites internet entre jeunes lectrices, ou plutôt – de nos jours – spectatrices, et telle héroïne du roman trouve un tout premier modèle dans le célèbre passage du *Sarashina-nikki*, rédigé autour de 1020, où l'autoresse, relatant un épisode de ses douze ans, nous donne déjà une claire idée de ce qu'était la popularité de l'œuvre :

> Tandis que je me morfondais ainsi, ma mère, cherchant avec angoisse à me consoler, se procura des romans à me faire lire, et certes je m'en trouvai naturellement bien réconfortée. Ayant lu l'histoire de Murasaki [= le *Genji-monogatari*], j'étais prise du désir d'en lire la suite, mais je n'avais pas l'occasion d'en parler aux gens, et comme personne n'était encore bien habitué à la capitale, je ne pus rien trouver. Si bien que découragée, je priai en mon for intérieur pour ce qui me tenait le plus à cœur : « Faites que je puisse lire le roman du *Genji* à partir du premier livre. »

Ce vœu se trouva exaucé grâce à sa bonne tante, à qui elle avait rendu visite :

> Et c'est ainsi que je revins avec les cinquante et quelques livres du *Genji* en un coffret, et un sac rempli d'autres romans [...] Quelle n'était pas ma joie ! Ce *Genji* dont je n'avais fait que parcourir à la hâte une petite partie sans bien le comprendre, je pouvais le lire à loisir à partir du premier livre, tirant les cahiers un à un, couchée dedans mon baldaquin sans être dérangée. Je n'aurais pas changé de place avec l'impératrice.

Heureuse époque où une fillette pouvait se plonger dans la lecture des cahiers manuscrits du *Genji* avec le même enthousiasme que les lectrices modernes de la collection *Arlequin* ! La fillette fait déjà allusion, il est vrai, à quelques difficultés de lecture, les attribuant au fait qu'elle n'avait auparavant pu en lire que quelques parties à la sauvette, mais il est certain que l'accessibilité du texte pour son public n'a duré que quelques années. L'idiolecte de la cour impériale à laquelle appartenait le tout petit milieu de la romancière et de ses premiers lecteurs, de moins en moins répandu à mesure que l'on s'en éloignait, évolua rapidement avec le temps et au moment où le roman acquit un statut de monument des lettres japonaises, à la fin du XIIe siècle, sa langue était devenue un sujet d'étude en soi.

***

Mais le roman n'est pas passé du niveau de livre de détente pour pré-adolescente à celui de classique national uniquement au fil du temps. Dès sa composition, alors qu'il circulait encore, incomplet, sous forme de cahiers séparés que les courtisans s'empruntaient mutuellement, le *Genji* fut jugé d'une tout autre dimension, et au moins aussi célèbre que l'anecdote de la fillette du *Sarashina-nikki* est l'impérial jugement rapporté par la romancière elle-même dans son journal intime :

> Il y avait une dame de cour du nom de Saemon qui nourrissait à mon endroit des pensées étonnamment malveillantes, et j'entendais en abondance les propos fort peu amènes qu'elle tenait dans mon dos et que je ne parvenais à comprendre. Alors que sa Majesté s'était fait faire lecture du *Roman du Genji*, l'ayant écouté il prononça : « Cette personne est sans doute possible érudite, elle a certainement étudié les Annales du Japon. » Ce qui fit que, sautant aux conclusions, elle s'en fut répandre parmi les gens de la cour que je n'étais qu'une pédante consommée et me surnomma même la Dame de Chambre aux Histoires (*Nihongi no mi-tsubone*). C'est bien le comble du ridicule. Alors que je me retiens même [d'étudier] devant les servantes chez moi, comment ferais-je étalage d'érudition dans un si auguste endroit ?

Bien typique de la romancière, l'indignation certainement non feinte devant le persiflage d'une rivale (nous n'avons que l'embarras du choix pour l'identifier) lui permet aussi de mentionner comme en passant la critique on ne peut plus estimable de l'empereur, qui perçoit dans les pages du récit un reflet de l'histoire du Japon telle qu'elle peut se lire dans le *Nihon-gi*, l'une des deux grandes histoires anciennes. Cette disparité des jugements, nullement contradictoire avec le contenu de l'œuvre elle-même, se retrouvera tout au long de l'histoire du Japon, jusqu'à ce que la modernisation du Japon, concrétisée par un système éducatif modelé sur l'Europe, confirme la position du *Roman du Genji* comme l'une des pièces centrales de ce qui est désormais appelé, sur le modèle européen, la « littérature japonaise ». Ce statut somme toute récent, où Murasaki-*shikibu*, l'autoresse, est désormais au Japon ce que Dante est à l'Italie ou Shakespeare à la Grande-Bretagne, a provoqué un curieux malentendu, cultivé avec une certaine mauvaise foi dans ce que l'on appelait naguère les *cultural studies* : l'affirmation souvent répétée selon laquelle le *Genji* comme classique de la littérature japonaise ne serait qu'une élaboration moderne due au désir de produire un « classique » équivalent aux modèles européens, dans le cadre d'une « littérature » dont la notion venait également d'être importée. Comme le montrent les deux citations ci-dessus, il s'agit évidemment d'une simplification outrée qui confond la cause et l'effet : c'est parce que le roman s'est trouvé au croisement d'intérêts d'ordres littéraires et poétiques, moraux, politiques, philologiques et religieux depuis sa rédaction et pendant toute la période prémoderne qu'il n'eut aucun mal à s'insérer dans les catégories exotiques importées d'Occident. Celles-ci lui ont fourni le cadre d'un nouveau développement et ont permis son entrée dans la *Weltliteratur*, mais ce n'est en aucun cas une rupture dans l'histoire de ce texte, qui serait passé d'une relative obscurité au statut de classique.

***

C'est précisément là que se trouve la principale énigme du *Genji* : si la plupart des Japonais cultivés ont toujours reconnu sa position centrale dans les lettres japonaises, les justifications qui ont été apportées à ce caractère d'œuvre capitale sont trop variées pour que l'on s'entende sur des raisons précises, hormis probablement la beauté du style. Cette qualité pourrait sans doute se suffire à elle-même à l'époque moderne, mais certainement pas dans le Japon de la fin de Heian à la fin d'Edo, ni même encore dans une large mesure de l'époque de Meiji à la fin de la Seconde Guerre mondiale. L'œuvre devait servir la morale, l'histoire ou la religion, ce sur quoi tout le monde s'accordait, mais sans que l'on trouvât jamais le centre autour duquel l'ensemble devait graviter. C'est ainsi que l'on y a vu un manuel de gouvernement ou une dénonciation de la corruption, un guide irremplaçable du protocole de cour (*yûsoku-kojitsu*) dont la connaissance était vitale pour qui voulait y faire carrière, une véritable réflexion sur les principes de la politique, sur la conduite féminine et bien d'autres choses encore. C'est sans doute sur le *Genji* en tant que recueil poétique que les opinions s'accordent le plus facilement : avec ses huit cents poèmes, il pourrait se comparer par la taille avec certaines des anthologies poétiques impériales (*chokusen-shû*) qui virent le jour à partir du Xᵉ siècle et l'on vit se multiplier à l'époque d'Edo les éditions des poèmes seuls dégagés de leur contexte narratif, bien que la plupart des lecteurs de ces *digests* poétiques fussent sans nul doute capables de les resituer dans l'intrigue.

Il faut enfin souligner que la lecture qui a été la nôtre, fondée sur la reconnaissance de la structure bouddhique profonde de l'œuvre, ne visait certes pas à l'originalité, car elle est probablement la plus régulièrement soutenue par les commentateurs anciens, pour disparaître ensuite graduellement des travaux des philologues tenant des « études nationales » (*kokugaku*), lesquelles, en portant cette œuvre au pinacle bien avant « l'occidentalisation » du concept de littérature, avaient tout intérêt à la présenter comme la plus indépendante possible des influences continentales. Les faits, pourtant, continuent d'être têtus et nous pensons avoir pu montrer au cours de l'année comment les doctrines bouddhiques informent toutes les dimensions du roman, jusque dans son organisation interne. Ce que nous pouvons saisir de la personnalité de la romancière grâce à son *Journal* ou *Notes journalières* (*nikki*) que nous avons la chance de posséder rend tout à fait probable cette structuration bouddhique, dont certains éléments essentiels n'ont pas échappé aux commentateurs anciens, et il a été important de mettre en relief ce que Murasaki-*shikibu* nous disait d'elle-même avant d'aborder son œuvre.

***

Nous assumerons évidemment que les grandes lignes du roman sont connues : il relate la vie du protagoniste, le « Radieux Genji », *Hikaru Genji* sur un demi-siècle, suivi d'une quinzaine d'années (environ entre 15 et 30 ans) de celle de son fils adoptif Kaoru. Le prince Genji est fils de l'empereur fictif Kiritsubo-*in* et de l'une de ses concubines de rang mineur. En butte aux jalousies, sa mère meurt peu de temps après sa naissance, et l'enfant, élevé à la cour, recevant l'éducation la plus raffinée, se distingue rapidement par sa beauté et son intelligence. Doué de tous les talents, il se précipite très tôt dans une succession d'aventures amoureuses qui formeront la matière du roman. Elles acquièrent aussi une dimension politique, car le Prince ne reculera pas devant l'une des pires fautes qui se puissent commettre en ayant une liaison avec l'une des épouses de son père. Il en naît un fils qui accèdera ensuite au trône. Son amour principal est cependant celui qu'il entretient avec la toute jeune Murasaki-*no-ue*, dont le destin sera fort malheureux, comme celui d'ailleurs de la plupart des personnages féminins. Après des vicissitudes politiques dont certaines lui vaudront l'exil, le Genji finit par triompher lorsque l'une de ses filles devient impératrice. Le héros disparaît littéralement aux trois quarts du livre, sans que sa mort soit décrite. Les derniers dix chapitres décrivent à nouveau les amours contrariées de son fils adoptif Kaoru, rival du prince Niyou-*miya*, petit-fils du Genji. Le roman se termine dans une ambiguïté qui a mené beaucoup à estimer qu'il était inachevé, sans compter que nombre de commentateurs ont aussi considéré les dix derniers chapitres comme l'œuvre d'un auteur différent. Notre enquête nous a amené à penser que l'ambiguïté de la fin est voulue par la romancière et qu'elle est cohérente avec la teneur fondamentale du livre si l'on en reconnaît la portée bouddhique.

***

Nous n'avons pas non plus à revenir en détail sur la personnalité de l'autoresse, d'autant plus que nous ignorons presque tout d'elle, jusqu'à son nom, qui est en réalité une allusion à l'héroïne principale du roman, la princesse Murasaki. Mais ce qu'elle nous dit d'elle-même dans son *Journal* est déjà très éclairant. Il y a des faits bien connus et souvent répétés par les biographes : tout d'abord que la romancière avait des lettres chinoises une connaissance singulière qu'elle explique ainsi :

> Alors que mon frère cadet, enfant, étudiait le Classique des Documents historiques [= le *Shujing* chinois], j'apprenais en écoutant. Lui, il lisait lentement, et oubliait tout, alors que moi, je faisais preuve d'une intelligence étonnante, si bien que notre père, qui était passionné de ces textes, se prenait constamment à soupirer : « Quel dommage, ce n'est vraiment pas de chance que je ne l'ai pas eue comme fils ».

Comme toujours dans son *Journal*, Murasaki-*shikibu* ne s'embarrasse pas de fausse modestie, tout en nous donnant une raison somme toute acceptable de son érudition : elle ne l'avait pas fait exprès, et l'on voit dans ce passage s'esquisser la même préoccupation que dans l'anecdote précédente à propos de la Dame aux Histoires, le souci de ne pas passer pour une pédante ; cela est déjà ridicule chez un homme, que dire alors d'une dame de la cour ? Elle nous avoue ainsi que pour ne pas prêter à la moquerie, elle a longtemps fait semblant de savoir à peine écrire, préférant la honte de l'ignorance à la réputation de bas-bleu.

Mais elle ne put rester longtemps dans ce semblant d'illettrisme, car l'impératrice elle-même (qui devait donc savoir à quoi s'en tenir sur ses connaissances littéraires) lui demanda d'exposer des passages des Œuvres de Bo (Bai) Juyi / *Hak-Kyoi*, le grand poète chinois du IXe siècle, dont nous avons vu l'importance primordiale dans le Japon de Heian lors du cours sur le *Wakan-rôei-shû*. Comme sa maîtresse voulait en connaître plus en détail le contenu, elle lui faisait des cours depuis deux ans au moment où elle écrivait son *Journal*, choisissant les moments où il n'y avait personne aux alentours ; l'empereur lui-même et d'autres grands ayant eu vent de la chose, la malheureuse dut multiplier ses leçons privées, mettant ainsi à mal le masque dont elle avait voulu s'affubler. On voit donc que son érudition chinoise n'était pas mince, et ces remarques du *Journal* nous sont fort précieuses pour comprendre que nous ne pouvons craindre d'aller trop loin dans la recherche des sources chinoises dans le *Roman*, dont nous verrons qu'elles sont l'une des deux dimensions majeures.

***

Le *Journal* nous donne cependant en plus des détails nombreux et précis sur une autre dimension des réflexions de la romancière, dont, curieusement, la critique moderne fait moins grand cas et semble hésiter à la rapporter de la même façon au *Roman*, alors que les références à la culture chinoise sont dûment invoquées. Il s'agit des préoccupations religieuses de Murasaki-*shikibu*, en particulier dans ce passage :

> Quoi qu'il en soit, je ne me restreindrai pas dans mes paroles. Quoi que les gens puissent en dire, je pratiquerai sans relâche la récitation des Écritures au bouddha Amida. Par dégoût de ce monde, je n'y attacherai plus la moindre pensée, *aussi ne flancherai-je point pour devenir ermite* (*hijiri*). Quand bien même je rejetterai d'un seul tenant le monde, il se peut bien que je manque assez d'ardeur pour ne pouvoir monter sur la nuée (qui l'emportera à la Terre Pure d'Amida). C'est cela qui me fait hésiter. Je suis

cependant à l'âge convenable pour partir. Alors que l'âge surviendra avec ses infirmités, que la vue défaillante empêchera en plus de réciter les Écritures, que l'esprit se fera de plus en plus fragile, au risque de passer pour imiter les gens de réflexion profonde, à présent il n'y a plus que cela qui me tienne à cœur. Le fait est qu'il n'est pas dit qu'une personne aussi pécheresse (que moi) puisse jamais parvenir à ses fins. Au nombre des choses que je peux savoir de mon existence antérieure, il y a lieu de m'attrister sur tout (ce qui m'arrivera par la suite).

Passons sur l'inquiétude dont fait montre Murasaki-*shikibu* à propos de son salut, comme une prémonition de ce qui deviendra plus tard la pièce *L'Offrande au Genji*, ce qui doit nous arrêter avant tout ici est l'expression de ce plan de carrière inattendu chez une dame de compagnie de l'impératrice. Il a fallu nous interroger sur l'acception du terme *hijiri* rendu par « ermite ». Le sinogramme utilisé pour écrire ce terme, *shèng/shô*, traduit le plus souvent par « saint », peut s'appliquer aussi bien, en lecture phonétique, à Confucius qu'au Bouddha, mais en lecture explicative *hijiri*, il évoque le plus souvent un religieux pratiquant à l'écart de sa communauté, un ermite donc, errant ou cloitré dans son ermitage. Nous l'avons vu apparaître à profusion dans les récits du *Senjû-shô* concernant Saigyô, mais Murasaki-*shikibu* elle-même l'utilise en ce sens dans le *Genji*. Le contexte dit bien que c'est cette acception que l'autoresse a en tête : dégoût du monde, abandon du monde, entrée dans la vie érémitique. Elle n'est certes pas seule à son époque à penser ainsi. Sa consœur du *Sarashina-nikki* parlera aussi, dans les pages suivant celle que nous avons citée plus haut, d'entrer en religion, mais pas de devenir *hijiri*. Tout au long du *Genji-monogatari*, à la suite de chaque épisode tragique, l'une des premières réactions des personnages est de penser à se retirer du monde, une attitude de repli fort différente de ce qu'implique la conduite du *hijiri*, plus proche de l'ascèse individuelle que du cénobitisme.

Si l'on prend Murasaki-*shikibu* au sérieux, dans un *Journal* qui par ailleurs rapporte de nombreux détails sur la pratique religieuse de la cour, détails dont nous avons relevé une partie dans le cours, et en l'absence de tout renseignement certain sur une entrée définitive dans les ordres, nous sommes fondé à nous interroger sur la façon dont la romancière a réalisé son vœu. Le mot « vœu » est à prendre ici au sens strict : la teneur de ce passage du *Journal*, aussi informel qu'il soit, l'apparente pourtant à un *ganmon*, à une « proclamation de vœu » par laquelle on explicitait l'intention et le but dans lequel on s'engageait dans un acte religieux, que ce soit un rituel ou une pratique à plus longue portée (on connaît la proclamation de vœu du moine Saichô avant de se rendre en Chine). Serait-il trop fantasque d'estimer que l'objet de son vœu pût être une œuvre littéraire, c'est-à-dire son roman ? Dès le début du Xe siècle, le terme *hijiri* était employé dans la locution *uta no hijiri*, lecture explicative de *kasei* « saint de la poésie », expression chinoise dont la transposition en japonais donnait au second terme une dimension magico-religieuse nouvelle. Et le caractère essentiel des poèmes (*uta*) du *Genji* dans la construction de l'œuvre, caractère qui sera perçu et souligné par toute la tradition critique japonaise, peut donner à penser que Murasaki-*shikibu* elle-même employait ici le terme dans ce double sens, donnant à sa création littéraire une portée religieuse. Ce ne serait qu'une conjecture si l'on pouvait sérieusement mettre en doute le caractère profondément bouddhique du roman. Or, tout nous a amené à conclure qu'il est indéniable.

***

Le contraste entre cette « proclamation de vœu » érémitique de la romancière et les passages où elle souligne son érudition littéraire chinoise nous permet de nous rendre compte que ces deux dimensions sont présentes dans le roman, et qu'elles sont même une structure fondamentale qui en soutient la cohérence. Il se trouve à la base du rapport sino-japonais (*wakan*), qui est une fois de plus le moteur langagier de l'œuvre. Et nous voyons combien le *Journal* résonne avec le *Roman*. Dans le premier, l'autoresse nous disait donner à l'impératrice et à l'empereur des conférences particulières sur les œuvres du poète chinois Bo Juyi. On sait, et c'est d'ailleurs évident dès les premières lignes du *Roman*, que la romancière s'est appuyée sur ce qui est sans doute le poème le plus connu de cet auteur, le *Chant des Regrets éternels* (*Changhen-ge / Chôgon-ka*), pour rythmer la dimension « mondaine » de la narration. Ce poème relate la rébellion du général An Lushan, contre l'empereur Xuanzong / Gensô (685-762), indigné par la déliquescence du pouvoir provoquée selon lui par l'ascendant pris sur le souverain par la concubine Yang-*guifei* / Yô-*kihi* (719-756), dont l'accession au statut de favorite officielle fut compliquée du fait qu'elle fut d'abord concubine du fils de l'empereur, situation qui n'est pas sans rappeler tel épisode du *Genji*. La cour doit quitter la capitale Chang'an dans la panique pour se replier vers la lointaine province du Sichuan, mais en route, l'armée met l'empereur en demeure de se débarrasser de celle qu'ils détestent. La malheureuse est obligée de se pendre sous les yeux de l'empereur, qui abdiqua l'année suivante en faveur de son fils. Le poème de 120 vers est composé de deux grandes parties : une première factuelle quoique romanesque, une seconde surnaturelle où l'empereur inconsolable envoie un thaumaturge taoïste (*dôshi*) en quête de l'esprit de son amante. Cette seconde partie est chargée de symboles taoïstes et fort peu bouddhiques ; le prêtre taoïste, qui fait presque ici fonction de shaman, rapportera de son excursion dans l'au-delà un souvenir de la belle disparue : la moitié d'un écrin et une épingle à cheveux. L'on n'en finirait pas d'énumérer les allusions à ce poème dans le *Roman du Genji*, certaines manifestes, d'autres soigneusement cryptées. C'est ainsi que le titre même du premier chapitre, « *Kiritsubo* », désignation ambiguë de l'empereur et de sa favorite, le « clos aux paulownias », reprend le nom de l'une des essences d'arbres énumérées dans la description du palais impérial chinois. Il est donc certain que le *Chant des Regrets éternels* donne pour ainsi dire le *la* du roman, en entremêlant de façon prototypique les relations amoureuses et les vicissitudes politiques, les premières ne pouvant être séparées des secondes dans l'univers de Murasaki-*shikibu* non plus. Si le ton est donné pour la narration, cette interaction constante entre poème chinois et histoire japonaise le donne aussi pour la langue : que ce soit dans les passages en prose ou dans les poèmes *waka*, la lecture devra se faire en relation continue avec la source chinoise. Il ne s'agit pas de pédanterie stérile, mais d'une façon de souligner le parallélisme des dimensions : ce qui s'est passé en Chine se reproduit au Japon à un autre niveau. Il s'agirait d'une lecture explicative (*kundoku*) japonaise du texte original chinois, non plus langagière, mais narrative.

***

On comprend donc que la relation *wa-kan*, la relation langagière sino-japonaise dont nous avons fait l'axe de notre enquête, est encore une fois au cœur de notre propos. Il ne s'agit pas seulement de nous ; la romancière elle-même distille tout au long de son œuvre, au gré des nombreuses discussions entre ses personnages, des remarques montrant combien elle est consciente de ce rapport. Un exemple particulièrement intéressant, qui semble avoir échappé à la plupart des commentateurs, est la célèbre discussion nocturne du chapitre II qui se déroule dans une salle du palais entre le Prince et quelques compagnons. On y déploie une comparaison entre la stratégie amoureuse et la technique artistique. À propos de la peinture, on y contraste la fantasmagorie chinoise (y compris celle des îles Fortunées, où séjourne désormais la malheureuse Yang-*guifei*) avec le caractère familier des paysages japonais, qui sont donc aussi réels que possible en ce monde. On insiste sur leur aspect paisible (*yawaraidaru*), et c'est dans ce verbe *yawaragu*, « apaiser », « faciliter », lecture explicative du sinogramme *wa* « paix » ou « Japon », que réside le pivot de la comparaison, puisque *yawaragu* signifie aussi, rappelons-le, « traduire en japonais » ou même « japoniser ». Des îles Penglai au Yamato : Murasaki-*shikibu* esquisse ainsi l'itinéraire *wa-kan*, sino-japonais, de son roman.

***

Ici encore, comme dans les œuvres examinées les années précédentes, c'est le bouddhisme qui confère à l'expression japonaise romanesque une profondeur exégétique qui le distingue de ses prédécesseurs, en le portant à un niveau égal aux œuvres d'expression chinoise considérée à la fois comme source des classiques historiques et poétiques et comme vecteur de la doctrine bouddhique indienne. Si nous sommes pleinement fondé, comme tous les commentateurs, à souligner l'importance structurelle de la relation *wa-kan* dans la dimension historique et politique du roman, peut-on dire que le bouddhisme y opère de la même façon, c'est-à-dire par des allusions explicites ou implicites, des citations fragmentaires que l'on reconnaît assez sûrement, ou sa présence est-elle d'une autre nature ?

Il y a évidemment une présence évidente du bouddhisme, inévitable dans la mesure où l'époque de Heian en son plein éclat, aux environs de l'an Mil, en avait fait pour ainsi dire une religion d'État non officielle. La vie de la cour était rythmée par les grands rituels bouddhiques, qu'ils soient réguliers ou exécutés à l'occasion de funérailles ou de commémorations, et ces grandes cérémonies sont l'occasion de nombreuses, minutieuses et splendides descriptions. Le mode de vie même des grands impliquait des va-et-vient constants entre le monde de la cour et le monde religieux, comme le montre la lecture des journaux intimes déjà mentionnés. La visite à un temple à l'occasion d'une cérémonie, d'une retraite parfois à fin thérapeutique était un moment important dans la suite monotone des jours. Un écrivain ne peut qu'utiliser au mieux ces épisodes. On ne saurait donc y voir autre chose qu'un souci narratif. Ainsi, au chapitre X *Sakaki* (« L'Arbre sacré »), le Prince se rend à un monastère du nom d'Urin-ji (aussi appelé Ujii) situé au nord de Kyôto, non pour des motifs religieux, mais pour échapper à un complexe dilemme amoureux. Si le séjour est prétexte à la contemplation de la nature, le Prince participe aussi à la vie scholastique du monastère : il assiste aux disputations (*rongi*) et manifeste un intérêt tout particulier pour les études doctrinales, un intérêt qui est loin d'être superficiel puisqu'il se plonge dans la lecture de la *Trilogie du Tendai* (*tendai-sandaibu*), les trois grands traités de Zhiyi/Chigi (VIe s.), le fondateur chinois de l'École, dont il se fait expliquer les passages délicats. Il y a sans doute quelque invraisemblance chronologique : le séjour au monastère est censé durer quelques jours, alors que la lecture attentive des soixante livres que compte la *Trilogie* en chinois classique prendrait certainement plusieurs mois, mais ce n'est que l'un des nombreux exemples de ce que l'on pourrait appeler le « bouddhisme manifeste » de l'œuvre, en tant qu'élément narratif, de décor, au même titre que toutes les autres faits de société dépeints avec minutie par la romancière. Le *Genji* ne serait pas en cela plus « bouddhique » que les autres *mono-gatari* de Heian.

***

Mais une lecture plus attentive nous montre vite que le rapport de la romancière avec le bouddhisme se déploie à un tout autre niveau, plus profond ou intériorisé, que ce soit pour l'expression littéraire ou la structure du roman. Un excellent exemple de cette intériorisation du bouddhisme est le recours aux procédés poétiques du genre dit *shakkyô-ka* ou « poèmes à thème bouddhique », dont l'essor coïncide avec l'époque de Murasaki-*shikibu*, notamment avec l'œuvre de Senshi-*naishinnô*, son aînée et rivale qui fut la première à composer un recueil poétique japonais sur le *Sûtra du Lotus*. Nous voyons ces mêmes procédés mis en œuvre dans un échange de trois poèmes qui se déroule au chapitre V *Waka-murasaki* (« Jeune Grémil »), chapitre particulièrement important puisqu'il relate la rencontre entre le Prince et celle qui deviendra sa femme, Murasaki-*no-ue*, pour finir ensuite tragiquement. Le troisième poème est récité par un ermite thaumaturge (*hijiri !*) auquel le Prince rend visite au voisinage d'un monastère où il fait retraite pour se soigner d'une maladie saisonnière. Alors que l'ermite fait à première vue l'éloge de la beauté physique du Prince qu'il découvre en l'accueillant à son ermitage : « Au fond des montagnes / ouvrant, pour une fois si rare / ma porte de sapin / d'une fleur jamais vue encore / je contemple le visage », les deux poèmes précédents nous invitent à comprendre que le *hijiri* fait en réalité allusion au chapitre XI du *Sûtra du Lotus*, « La Vision de la pagode de matières précieuses » et à la grandiose vision des deux bouddhas dans une même pagode, allusion que l'on comprend par la mention de l'ouverture de la porte et qui correspond à un poème de Senshi-*naishinnô* portant explicitement sur cet épisode du *Lotus*. Nous avons donc avec ce poème un indice majeur de l'usage conscient des procédés du *shakkyôka* chez notre romancière, et en même temps l'indication qu'ils sont employés sans ce qui caractérise ce genre, c'est-à-dire la mention explicite de la source scripturaire. Cette découverte nous permet de mieux comprendre le rôle indicateur des poèmes dans le roman. Si l'on admet que certains au moins jouent le rôle de *shakkyôka*, il faut se demander de quoi ils sont l'exégèse, quel est leur référent scripturaire.

C'est la romancière elle-même qui nous en informe, pour peu que l'on prête attention à ce qu'elle nous dit. Nous avons vu l'importance des poèmes dans le roman ; les 800 *waka* qui le soutiennent et pour ainsi dire le balisent en font un véritable *uta-monogatari*, terme que nous traduisons ici par « roman à poèmes ». Bien qu'il s'emploie le plus souvent à propos d'un texte comme l'*Ise-monogatari* (« Les Contes d'Ise »), le grand philologue Motoori Norinaga (1730-1801) n'hésitera pas à l'appliquer au *Genji-monogatari*, à juste titre à notre avis, faisant ainsi de la partie en prose le prétexte des poèmes, dont nous avons vu qu'ils circulaient aussi en recueils indépendants. En ce cas, le premier et le dernier poème d'un recueil acquièrent un rôle particulier, celui d'une préface et d'une conclusion. Et quelle n'est pas la surprise du lecteur de découvrir que les deux poèmes se répondent l'un à l'autre et sont reliés par un terme commun. Le premier est prononcé par la mère du jeune prince alors qu'elle va mourir :

> C'est l'heure, me dis-je / et à la tristesse / de nos voies qui se séparent / j'eusse voulu aller / sur celle de la vie.

Le mot essentiel est ici la « voie », *michi*, qui évoque les six voies ou destinées, mais aussi la voie par excellence qui est celle du bouddhisme ; le syntagme japonais correspondant à « nos voies qui se séparent » peut indiquer aussi « la voie dont je me sépare », annonçant d'emblée le destin des personnages du roman, qui vont passer à côté de la voie bouddhique. C'est en ce sens que le dernier poème de l'œuvre correspond parfaitement au premier, y répond en reprenant le même terme :

> Me laissant guider / par la voie où je cherchais / un maître de Loi / en une montagne imprévue / je me suis égaré.

Le second poème, par son vocabulaire, relève sans aucun doute du *shakkyôka*. Si l'on prend ces deux poèmes comme indicateurs du départ et de l'aboutissement du roman, ce qui serait un procédé ordinaire dans la narration japonaise, nous ne pouvons qu'en conclure qu'il traite bien d'une voie, de la Voie, mais aussi de l'égarement sur la voie.

***

Cette idée du roman comme « voie », et voie bouddhique, est soutenue par sa structure même. Le fait de savoir de combien de chapitres il se compose n'est pas anodin, et les polémiques à ce sujet ne sont pas aussi vaines qu'on pourrait le penser. Nous avons accepté pleinement le nombre canonique de 54. C'est d'ailleurs celui qui correspond le mieux à celui indiqué par la fillette du *Sarashina-nikki*, qui écrivait très peu de temps après Murasaki-*shikibu* ; ses « cinquante et quelques cahiers » dont le *yo* signifiant « et quelques » résonne phonétiquement comme le chiffre « quatre ». Mais que ce soit 52, 53 ou 54, tous ces nombres renvoient à la même notion, au même « dogme » fondamental de l'école Tendai, dont tout le *Genji* montre qu'elle n'avait rien d'inconnu pour la romancière. Il faut savoir en effet que, dans la marche à l'Éveil, qui partait du déploiement de la pensée d'Éveil pour arriver à l'obtention de l'état de bouddha, le Tendai distinguait 52 degrés. Les parcourir, c'est « entrer dans la Voie », *michi ni iru*, expression dont la lecture phonétique est *nyûdô*, et il faut se rappeler que le sino-japonais *michi/dô* désigne à la fois la voie et son terme, c'est-à-dire l'Éveil. L'apparition du même mot *michi* dans le poème du début et de de la fin balise parfaitement cet itinéraire. Vu à la lumière de cette signalisation explicite, le *Genji* se présente donc comme la description du parcours de la « voie de bodhisattva » qui est celle que doit suivre tout être humain pourvu de discernement. Le nombre de 54 plutôt que 52, outre qu'il se trouve, mais rarement, dans le décompte de ces degrés, peut s'expliquer, comme souvent dans les énumérations, et comme les deux poèmes cités le laissent penser, par le fait que le point de départ et l'état d'arrivée y sont ajoutés. Il ne s'agirait plus en ce cas d'un roman, mais d'un texte religieux, d'un *sûtra*.

Cette assimilation est renforcée par certains traits narratifs. Ne faisons que mentionner ici les nombreuses similarités qui se laissent discerner entre le récit de la naissance du prince Genji au chapitre I et celui de la naissance du bouddha Śâkyamuni, en particulier la mort prématurée de la mère et l'intervention d'un devin venant de terres lointaines prédisant le dilemme auquel le nouveau-né aura à faire face dans le choix de son destin. Évoquons aussi la façon dont la mort du Prince est rapprochée du passage en Nirvâna du bouddha par une série d'allusions que nous avons relevées pendant le cours. Le fait même que cette disparition soit occultée en relève le caractère religieux.

***

Le parallélisme entre le roman et les *sûtras*, et plus particulièrement, comme il se doit, le *sûtra* le plus éminent à l'époque de Heian, le *Sûtra du Lotus*, est renforcé par l'action continue d'une tradition interprétative médiévale qui non seulement place littéralement côte à côte le *Genji* et le *Lotus*, mais identifie la romancière elle-même à nul autre qu'au bodhisattva Avalokiteśvara c'est-à-dire à la Kannon féminisée qui prévaut au Japon. Cette idée est clairement exprimée dans la pièce de théâtre nô *Genji-kuyô*, « L'Offrande au Genji », tardive certes, datant sans doute du XVe siècle et donnant corps à la légende :

> À y bien réfléchir, à y bien réfléchir, celle que l'on appelle Murasaki-shikibu est la Kanzeon [= Kannon] du temple Ishiyama [voir plus bas] qui s'est manifestée provisoirement en ce monde [avec] le *Roman de Genji* tel qu'il est. Si l'on y pense encore, c'est un expédient salvifique pour faire connaître aux gens le monde comme rêve, un serment on ne peut plus précieux ; et si l'on y pense, le Pont Flottant des Rêves [titre du dernier chapitre], c'est un discours fait en rêve, c'est un discours fait en rêve.

Le protagoniste de la pièce, en plus du fantôme de la romancière, est le moine Tendai du XIIe siècle Chôken 澄憲, qui était à l'origine du rituel du *Genji-kuyô*, tout bonnement extraordinaire en sa conception, puisqu'une version, connue sous le nom de *Genji-ippon-gyô* ou « Chapitres séparés du *Lotus* pour le prince Genji », peut aussi se comprendre comme « Chapitres séparés du *Sûtra du Lotus* (mis en correspondance avec ceux) du *Genji* ». Considérant le roman composé comme il se doit de 54 chapitres, Chôken les divise en 28 principaux et 26 subsidiaires, mettant en correspondance les 28 chapitres du *Sûtra du Lotus* avec les 28 principaux du *Genji*, flanqués de leurs chapitres subsidiaires. La leçon est claire : pour les milieux monastiques médiévaux, Tendai en particulier, le *Genji* était pour ainsi dire un sûtra « mondain ». Si l'on ne perd pas de vue la dichotomie perpétuelle que nous avons mise en évidence presque chaque année, entre les deux vérités (*nitai*), la profane, ou phénoménale, « mondaine », et la suprême, le *Genji* est considéré comme l'aspect que doit prendre la vérité suprême en son travesti phénoménal. On comprend dès lors l'importance que ce message soit transmis en langue japonaise, et donc en écriture syllabique, les *kana*, signifiant littéralement les « dénominations phénoménales » si l'on prend le composé dans son sens doctrinal bouddhique. L'expression langagière du roman est donc liée de façon essentielle à son contenu bouddhique sous-jacent à sa narration de surface, qui le situe dans un contexte sentimental et politique.

***

Remarquons bien que ces observations sur la structure du roman sont valides quelle que soit la réponse apportée à la question de sa composition. Si les liens que nous pouvons établir avec les confidences de Murasaki-*shikibu* dans son *Journal* semblent difficiles à nier et imposent donc une telle vision comme existant dès la conception de l'œuvre (commencée au temple d'Ishiyama, selon la légende), il est indéniable que la version communément reçue et sur laquelle l'immense majorité des lecteurs, critiques et commentateurs se sont penchés doit beaucoup au travail d'édition du grand poète du XIIe siècle Fujiwara Teika, qui n'était autre, on le sait, que le fils de Shunzei, lui aussi poète mais aussi scholiaste à qui nous devons les premières théorisations de la poésie japonaise systématisée selon la scholastique Tendai. Ce qui revient à dire que le remaniement doctrinal n'en serait que plus probable si l'on estime que le *Genji* que nous connaissons provient de leur main. Il est donc impossible de l'ignorer ainsi que tentent de le faire les commentateurs modernes, ceux-là même qui abordent la question du bouddhisme dans l'œuvre en ne le traitant que comme élément narratif, descriptif ou moral superficiel, alors que c'est la construction même du roman qui est conçue selon la doctrine bouddhique.

Mais si c'est le cas, demandera-t-on avec raison, si le *Roman du Genji* avait été conçu par son auteur comme un *sûtra* dans le monde, montrant les hommes soumis à la passion amoureuse la plus destructrice et aux tourbillons incessants des rivalités politiques, tout en suivant malgré tout une marche vers l'Éveil, une voie qui est signalée comme telle du début à la fin du roman et dont l'aboutissement serait tout naturellement la délivrance, comment se fait-il qu'ils n'arrivent nulle part ? Que malgré les incessants rappels de la Loi, l'exemple constant de religieux dignes et honorables, le désir exprimé de façon répétée par les principaux personnages de quitter le monde pour entrer dans la voie, comment se fait-il donc que personne n'y parvienne ? La génération qui suit le Genji, ses descendants reprenant exactement le même chemin peccamineux que lui et l'absence même de fin explicite, alors que le dernier chapitre concerne justement le désir de l'héroïne de quitter le monde ? L'enchaînement des liens causaux, l'engrenage qui replonge constamment les êtres dans le courant des passions, sans sursaut qui les mettrait à l'abri du vent de l'Acte, ou *karma* (*gô*), qui les emporte, apparaît par son caractère implacable et répétitif comme tout le contraire de ce qu'est le message des sûtras, et du *Lotus* en particulier.

***

On aura bien compris que nous ne cherchons nullement à défendre le système élaboré de correspondances que Chôken a établi entre le roman et le sûtra. Il ne s'agit que de la construction d'un bon scholiaste qui voit du texte sacré partout. Il est en revanche primordial d'apprécier en sa justesse l'intuition, qui n'était pas seulement la sienne, d'avoir affaire, avec le *Roman du Genji*, à autre chose qu'un simple *monogatari*, à une œuvre qui entendait se situer dans une dimension salvifique, et qu'en ce cas, l'identification de Murasaki-*shikibu* avec Kannon-*bosatsu* n'était pas qu'une métaphore. La romancière remplit en tous points la description de l'action salvatrice d'un bodhisattva ainsi évoquée au chapitre XXIV du *Sûtra du Lotus* : « Il n'est jusqu'aux gynécées royaux où, se transformant en corps féminin, il ne prêche ce texte canonique. » C'est exactement ce que fait l'autoresse.

Mais cette action de salut s'accompagne d'une nuance importante qui explique l'impuissance du texte à sauver ses personnages. La religiosité bouddhique qui imprègne l'époque de Murasaki-*shikibu* est double : il y a d'une part le *Sûtra du Lotus* soutenu par l'armature scholastique du Tendai, mais d'autre part le puissant courant fidéiste dit de la Terre Pure, qui entend dépasser les écoles traditionnelles en s'en remettant avant tout en l'invocation au bouddha Amida. Ce courant est d'autant plus puissant qu'il s'appuie sur une certitude : l'approche de la « fin de la Loi » bouddhique (*mappô*, littéralement « Loi de la fin », « Loi terminale »), la période où la Loi, le Dharma révélé par le bouddha Śâkyamuni deviendra inopérant, quand bien même il serait encore transmis par les textes canoniques. Les computations calendériques les plus répandues au Japon donnaient très précisément l'an 1052 comme la date de l'entrée en cette période qui verrait le bouddhisme devenir lettre morte, soit un peu moins d'un demi-siècle, une quarantaine d'années après la rédaction du *Genji*. Or, un ouvrage attribué à rien moins qu'au fondateur de l'école Tendai au Japon, Saichô (766-822), certainement plus tardif, mais qui, à notre avis, existait déjà au Xe siècle et que Murasaki-*shikibu* pouvait donc connaître, le *Flambeau de la Loi terminale* (*Mappô-tômyô-ki* 末法燈明記), offre une description paradoxale du rôle du clergé bouddhique en cet âge de perdition : les religieux ne le seront plus que de nom, mais ils resteront le trésor du royaume, joyau qui sauve le monde (*zaise no takara*) méritant d'être honorés par les fidèles. La collusion entre le clergé et le pouvoir impérial y est réaffirmée, et reconnaître la doctrine de la Loi terminale permettra l'existence du royaume.

À la lumière de ce texte, on comprend mieux le caractère « inopérant » de la voie bouddhique décrite par la dynamique du roman tout entier et bien résumé dans le poème initial et final. Le *Genji-monogatari* se présente littéralement comme un roman de la fin des temps, ainsi que nous l'avons exposé plus en détail dans un article à paraître. La mise en parallèle élaborée par le moine Chôken entre le *Sûtra du Lotus* n'est pas qu'une chimère infondée, elle prend pleinement en compte la dimension bouddhique de l'œuvre telle que nous avons cherché à la mettre en évidence.

Colloque – Hiéroglossie IV : sinoglossie

11 et 12 juin 2019

Ce quatrième colloque consacré à la hiéroglossie (l'étude de la relation d'attraction qui s'instaure à l'intérieur d'un groupe de langues dont l'une fait figure de langue centrale, sacrée ou dominante, tandis que les autres s'élaborent en prenant tout d'abord modèle sur cette hiéroglossie avant de chercher à s'en rendre l'égale, voire à la dépasser) a pour thème principal la diffusion et l'usage de la langue chinoise littéraire telle qu'elle s'est imposée dans l'ensemble de l'Extrême-Orient, en Chine même, en Corée, au Japon et au Vietnam depuis le très haut Moyen Âge jusqu'au XXe siècle, avec une attention plus particulière portée à la situation japonaise.

Il convient de distinguer au moins deux aspects de cette universalisation sinoglossique : d'une part, l'usage direct du chinois classique pour la composition écrite, fondé sur l'enseignement des textes chinois classiques dont la liste canonique s'est diffusée dans toutes les régions concernées ; d'autre part, l'influence du chinois classique sur la formation littéraire des langues régionales, celles-ci se restructurant à la fois dans leur vocabulaire et dans leur grammaire afin de transmettre de façon adéquate le contenu des textes chinois. Il faut relever ici l'importance exemplaire de la méthode de lecture dite « explicative » (*kundoku*) qui s'est répandue au Japon et qui consistait à systématiser la transposition orale d'un original chinois vers la langue japonaise, avant de constituer l'un des fondements du style littéraire proprement dit. Bien que le modèle japonais soit le plus finement élaboré, on en retrouve d'analogues à des degrés divers dans toutes les cultures périphériques de la Chine.

Une importance particulière sera accordée à la situation actuelle de la sinoglossie en Asie orientale, où l'on peut discerner un décalage entre la conscience ordinaire qu'ont les responsables politiques de l'éducation, les enseignants, écrivains, journalistes de la sinoglossie, conscience qui est soit très vague, soit hostile ou négative, et la situation linguistique : la suppression des caractères chinois n'a nullement aboli la sinoglossie, elle n'a fait que rendre les choses plus difficiles à appréhender.

Le colloque, qui se déroule sur deux jours et réunit 14 participants, se propose d'examiner les deux facettes de la sinoglossie, des débuts historiques jusqu'aux changements apportés par l'époque moderne, changements qui ont pu diminuer les aspects visibles de la sinoglossie mais dont l'impact a été beaucoup moins important sur les strates profondes des langues « sinoïdes ».

Communications présentées :

• Jean-Noël Robert (Collège de France) : mot d'accueil ;

• Robert Campbell (directeur du National Institute of Japanese Literature) : allocution d'ouverture (en anglais) ;

• Komine Kazuaki (université Rikkyô) : « Les récits en chinois classique en Asie orientale et la narration historique » (en japonais avec résumé en français) ;

• Stefano Zacchetti (Oxford University) : « Dao'an (312-385 CE) and the language of Chinese Buddhist translations » ;

• Philippe Papin (EPHE, université PSL, Paris) : « Le chinois classique au Vietnam : *han van* et *chu nôm* » ;

• David Holm (National Chengchi University, Taiwan) : « Vernacular character scripts of the Tai-speaking peoples of Southern China and Northern Vietnam » ;

• John Timothy Wixted (Arizona State University) : « *Kanshi* and allusion, social intercourse, and East Asian-*criture*: The example of Mori Ōgai » ;

• Jean-Noël Robert (Collège de France) : « La conspiration des démons : pérennité de la sinoglossie » ;

• Matthew Fraleigh (Brandeis University) : « Sound and sense: Linguistic consciousness in Japanese "remarks on poetry" » ;

• Saitô Mareshi (université de Tokyo.) : « La psalmodie poétique (*gin.ei*) et la "lecture explicative" (*kundoku*) » (en japonais avec résumé en français) ;

• Yannick Bruneton (CCJ, Paris Diderot) : « Situation actuelle de la sinoglossie dans les milieux bouddhiques coréens » ;

• Didier Davin (National Institute of Japanese Literature) : « L'Éveil en langue originale : le Zen japonais et les limites de l'intimé avec la langue chinoise » ;

• Arthur Defrance (EPHE, université PSL, Paris/université de Tokyo) : « Décrire les situations langagières : le Japon de Nara et la Rome républicaine » ;

• Abe Yasurō (université de Nagoya) : « La stratégie culturelle des manuscrits en caractères chinois (*mana-bon*). Nature religieuse des récits en chinois écrit lus en "lecture explicative" (*kundoku*) » (en japonais avec résumé en français) ;

• Robert Campbell et Jean-Noël Robert : conclusion générale.

RECHERCHE

YOLA GLOAGUEN (ATER)

Assistance à la préparation des colloques organisés par Jean-Noël Robert : colloque de rentrée 2018 (18-19 octobre 2018) : « Langage et science, langage et pensée » ; colloque de rentrée 2019 (11-12 juin 2019) : « Hiéroglossie IV : sinoglossie ».

Activités de publication dans la collection « Bibliothèque de l'Institut des hautes études japonaises » du Collège de France : actes du colloque *Hiéroglossie I : Moyen Âge latin, monde arabo-persan, Tibet, Inde* (Collège de France, 16-17 juin 2015), Paris, Collège de France, 2019 ; préparation des actes du colloque *Hiéroglossie II : Les textes fondateurs* (Collège de France, 8-9 juin 2016), Paris, Collège de France, 2021 ; coédition (avec N. FIÉVÉ [EPHE] et B. JACQUET [EFEO]) de l'ouvrage *Mutations paysagères de l'espace habité au Japon. De la maison au territoire*, Paris, Collège de France, 2020 ; ouvrage issu de ma thèse de doctorat : *Une rencontre entre modernisme occidental et habitat japonais. Les villas réalisées par Antonin Raymond dans le Japon des années 1920 et 1930*. À paraître à l'automne 2020.

Autres publications

GLOAGUEN Y., « Les villas réalisées par Antonin Raymond dans le Japon des années 1920 et 1930. Une synthèse entre modernisme occidental et habitat vernaculaire japonais » (résumé détaillé de la thèse), *ABE Journal* [en ligne], vol. 14-15, 2019, http://journals.openedition.org/abe/5598.

GLOAGUEN Y., « BONNIN Philippe et PEZEU-MASSABUAU Jacques, *Façons d'habiter au Japon. Maisons, ville et seuils*, Paris, CNRS Éditions, 2017, 494 p. » (compte rendu), *Japon(s). Carnet de la société française des études japonaises (SFEJ)* [en ligne], 2018, https://sfej.hypotheses.org/369.

GLOAGUEN Y., « Antonin Raymond, des villas modernes au Japon », *AMC Architecture*, vol. 286, 2020.

GLOAGUEN Y., « Building an architectural practice in interwar Japan: Antonin Raymond's Tōkyō Office », dans l'ouvrage issu de la journée d'étude internationale « Élites du Japon moderne XVIe-XXe siècles » (Paris, juin 2015), à paraître.

GLOAGUEN Y., « Modernisme et nature. Le traitement des éléments paysagers dans les villas urbaines d'Antonin Raymond », *in* N. FIÉVÉ, Y. GLOAGUEN et B. JACQUET (dir.), *Mutations paysagères de l'espace habité au Japon. De la maison au territoire*, Paris, Collège de France, coll. « Bibliothèque de l'Institut des hautes études japonaises du Collège de France », 2020.

PUBLICATIONS

ROBERT J.-N., « L'éveil de la nature dans le bouddhisme sino-japonais : comment plantes et pierres deviennent bouddhas », *in* P. DESCOLA (dir.), *Les Natures en question*, Paris, Collège de France/Odile Jacob, coll. « Colloque de rentrée », 2018, p. 3349.

ROBERT J.-N. (dir.), *Hiéroglossie I : Moyen Âge latin, monde arabo-persan, Tibet, Inde (Collège de France, 16-17 juin 2015)*, Paris, Collège de France, coll. « Bibliothèque de l'Institut des hautes études japonaises », 2019.

ROBERT J.-N., « Facettes de la hiéroglossie », *in* J.-N. ROBERT (dir.), *Hiéroglossie I : Moyen Âge latin, monde arabo-persan, Tibet, Inde (Collège de France, 16-17 juin 2015)*, Paris, Collège de France, coll. « Bibliothèque de l'Institut des hautes études japonaises », 2019, p. 9-19.

Métaphysique et philosophie de la connaissance

Claudine Tiercelin
Professeur au Collège de France,
membre de l'Institut (Académie des sciences morales et politiques)

Mots-clés : métaphysique, connaissance, sémiotique, ontologie

Les cours sont disponibles en audio et vidéo sur le site internet du Collège de France (https://www.college-de-france.fr/site/claudine-tiercelin/course-2018-2019.htm), ainsi que le séminaire-colloque « Les principes métaphysiques » (https://www.college-de-france.fr/site/claudine-tiercelin/symposium-2018-2019.htm).

Enseignement

Sémiotique et ontologie

Introduction

Le cours 2018-2019 s'est inscrit dans le cadre (qui se poursuivra en 2019-2020) d'un examen des liens entre l'ontologie et la sémiotique. Il s'est agi de montrer comment, face à nombre d'impasses où nous ont menés, au XXe siècle, divers « tournants » (linguistique, cognitif, etc.), on peut aujourd'hui prendre au sérieux le projet d'une ontologie simultanément sémiotique et réaliste, en soulignant qu'une réflexion sur le langage, mais beaucoup plus généralement sur les signes et sur les liens qu'ils tissent avec l'esprit et le monde, n'est pas nécessairement tributaire d'une métaphysique nominaliste. Au contraire, on peut s'inscrire dans une perspective logique, épistémologique et réaliste, comme en témoigne, au début du XXe siècle, le projet systématique entrepris par Charles Sanders Peirce : celui

C. Tiercelin, « Métaphysique et philosophie de la connaissance », *Annuaire du Collège de France 2018-2019. Résumé des cours et travaux*, 119e année, Paris, Collège de France, 2022, p. 333-344, https://doi.org/10.4000/annuaire-cdf.17159.

d'une authentique sémiotique philosophique. Pour ce faire, on s'est employé, cette année, à faire d'abord retour sur nombre de questions et d'auteurs qui, dans l'Antiquité (Platon, Aristote), au Moyen Âge (Abélard, Ockham, ou les modistes) puis à l'époque moderne (Berkeley), ont eux aussi tenté, avec plus ou moins de bonheur, de se livrer à l'exercice. Il s'agira, l'an prochain, de poursuivre ce parcours historique, avant d'examiner les grandes lignes de la sémiotique réaliste peircienne, puis de montrer comment une telle ontologie sémiotique réaliste a pu servir d'inspiration au XXe siècle chez nombre d'auteurs (Morris, Millikan, ou encore Dretske), tout en étant proche, à maints égards, de certains courants de la phénoménologie (Bühler, Brentano, Marty, Stumpf). Plus généralement, il s'agit d'expliquer pourquoi une telle réflexion peut nous servir de guide aujourd'hui pour faire face aux défis qui se présentent à nous, si nous voulons pouvoir mieux comprendre ce que les philosophes s'efforcent depuis toujours de faire : articuler les trois sommets de ce fameux « triangle » que sont : les mots, la pensée et le monde.

Cours 1 – Les divers tournants « linguistique » et « cognitif » du XXe siècle, leurs impasses, et l'ébauche d'une réponse dans les termes de la sémiotique ontologique et réaliste peircienne

12 mars 2019 [1]

On a rappelé, dans le premier cours, les impasses auxquelles nous ont acculés au XXe siècle certains « tournants », notamment les tournants linguistique (sémiologie, structuralisme, philosophie du langage, phénoménologie) et cognitif, avant d'indiquer les trois problème majeurs que nous devions affronter : 1) celui de la relation du langage au monde ; 2) celui de la relation de notre esprit au monde, notamment en tant que cet esprit *perçoit* le monde ; 3) celui enfin de la relation du langage et des signes avec l'*action* humaine. On a précisé le but de ces leçons : il ne s'agit pas de passer en revue les diverses orientations de la réflexion contemporaine sur le langage ni, plus généralement encore, sur ce vaste territoire désormais balisé par les *signes*, mais de montrer comment, sur la base de ces trois propositions et en privilégiant certaines approches qui, historiquement, peuvent apparaître comme des antécédents de la sémiotique ontologique et réaliste déployée avec une amplitude à ce jour inégalée par Charles Sanders Peirce, il devient possible de dégager une perspective originale sur les relations qu'entretiennent l'esprit, les signes et le monde.

On a terminé la leçon en donnant quelques indications sur la manière dont le métaphysicien et sémioticien de Milford envisageait, non sans une certaine systématicité, à la fin du XIXe siècle et au tout début du XXe siècle, un projet de ce type, dont on verra, par la suite, comment et pourquoi il a pu inspirer nombre d'auteurs et peut encore aujourd'hui servir de guide. On s'est notamment arrêté, pour finir, sur l'apport extraordinaire qu'avait constitué, pour sa réflexion sur les signes et sur l'ontologie, la triple lecture de Kant, de George Boole, mais plus encore, des médiévaux (notamment d'Ockham et de Duns Scot).

1. Voir : https://www.college-de-france.fr/site/claudine-tiercelin/course-2019-03-12-10h00.htm.

Cours 2 – Que connaître les noms, ce n'est pas connaître les choses. *Cratyle* ou entre les regrets et le surgissement d'un espoir par le sêmêion

19 mars 2019[2]

Ce qui est caractéristique des signes, quels qu'ils soient, c'est d'être mis pour les pensées et les choses, de leur servir de substitut. Or comment rapprocher les trois sommets du triangle langage-esprit-choses si l'on insiste d'emblée sur la nécessité de recourir, pour y parvenir, à des signes ? Pour mesurer la difficulté (notamment pour un réaliste), le cours s'est attaché à relire le *Cratyle*, à travers notamment les mises en garde et interprétations récentes portant sur les efforts que fait Socrate pour tâcher de trancher (en vain) entre la naturalité essentielle du langage (Cratyle) et le caractère conventionnel des mots (Hermogène). On a rappelé les arguments avancés permettant de conclure que, décidément, non, « connaître les noms, ce n'est *pas* connaître les choses », et qu'aucun déchiffrement, aussi philologique et cohérent soit-il, n'est indépendant d'un choix ontologique, car pour juger sans le langage de la véracité du langage, il faut avoir appris d'abord à connaître les réalités. De même, si réaliste qu'on soit – et Cratyle est bien forcé d'en convenir –, il y a lieu de faire une place à l'usage (*ethos*) dans la constitution des langues, et, par conséquent, à une convention (*sunthéké*) (*Cratyle*, 434e). Constats certes un peu déconfits que les signes sont nécessaires, car, sauf en rêve (voir Swift, les *Voyages de Gulliver*), il n'est pas de langage qui soit directement et sans médiation aucune celui, d'abord, des choses ou des objets, même s'il y a bien aussi une forme d'espoir placé *in fine* dans le sêmêion – annonçant les développements de la théorie du *logos* du *Théétète* et du *Sophiste* –, inscrit dans la démarche du philosophe, conçue comme enquête (plutôt que raisonnement) dialectique (en quête de vérité), qui devrait permettre d'expliciter, en articulant le caractère éidétique de l'être intelligible et l'iconicité du sensible, comment se définissent les individualités du réel et du discours. Et, pour finir, *une bonne nouvelle* :

> Bah ! Savoir comment il faut apprendre ou découvrir les êtres, peut-être est-ce là trop lourde tâche pour toi et moi ! C'est déjà beau de reconnaître qu'il ne faut pas partir des noms, et qu'il vaut beaucoup mieux apprendre et rechercher les choses elles-mêmes en partant d'elles-mêmes qu'en partant des noms. (*Cratyle*, 439b4-8[3])

Autant dire que si Socrate a raison, nous n'avons aucune raison de redouter une dilution du monde dans le langage. Le cours s'est terminé en rappelant le passage des *Réfutations sophistiques* (165a6-13), dans lequel Aristote 1) rappelle l'importance du caractère incontournable du triangle langage-esprit-monde, 2) présente une première image des rapports entre les mots et les choses qui va vite devenir un modèle du langage humain : à savoir que celui-ci fonctionne non pas comme image mais comme instrument de classification des choses ; s'il n'y a pas une correspondance ou un parallélisme terme à terme entre les mots, la pensée et les choses, on doit néanmoins pouvoir trouver entre eux, une structure isomorphique. 3) Le propre du langage humain est, par rapport aux autres langages, de privilégier, parmi les signes, les symboles.

2. Voir : https://www.college-de-france.fr/site/claudine-tiercelin/course-2019-03-19-10h00.htm.
3. PLATON, *Cratyle*, Paris, Flammarion, coll. « GF », 1998, p. 187.

Cours 3 – Les antécédents médiévaux de la sémiotique (1) : Peirce ou comment s'inspirer des médiévaux pour procéder à une sémiotisation de la pensée et, en retour, à une mentalisation des signes ?

26 mars 2019 [4]

On a tiré les leçons du cours précédent et rappelé l'apport, mais aussi les limites de l'étymologie pour la compréhension du langage et des signes : réflexion présente dans le *Cratyle*, qu'on retrouvera, chez Abélard et au XIIe siècle : le langage ne donne pas le réel d'un coup ; entre la chose et l'idée vient en tiers le sens des mots. S'agissant d'Aristote, on a aussi rappelé sa distinction entre signe et symbole qui permet 1) de distinguer registres animal et humain (indissociable de l'inscription sociale et politique des relations humaines fondée sur la *philia*, dont le langage est le ciment ; 2) d'élargir les champs de recherche, celui du symbole étant réinvesti du côté du signe *linguistique* (d'où la triple lecture qu'en fera le Moyen Âge à partir notamment de Boèce : signes parlés, signes écrits, expression de l'âme, avec insistance sur la logique, le raisonnement, le syllogisme, sur l'espace de la *connaissance*). Quant aux signes, ils gardent toute leur place dans la rhétorique, la poétique, la physiognomie, mais aussi dans la structure des enthymèmes ou de certaines figures du syllogisme et dans la manière dont ils participent de ces modes de l'inférence que sont l'induction ou l'abduction. Le privilège accordé aux signes *linguistiques* n'est pas anodin : un langage de choses serait vain. En utilisant les mots, comme des « symboles » des choses, on les définit dans les termes d'une relation de renvoi à la réalité, non de parallélisme strict ou de symétrie parfaite, mais d'une relation qui relie un à plusieurs, et non un à un, un seul et même nom à une *pluralité* de choses. D'où la fonction taxinomique du langage humain qui relève, non des mots, mais de nos capacités cognitives, logiques ou rationnelles. Mots et pensées ne sont donc jamais dissociés du monde : sémiotique et ontologie sont tout un. D'où le double rôle des catégories, de ces *logoi*, autant de « définitions », bref, d'« intermédiaires » entre les mots et les choses. Enfin, *signifier* quelque chose d'*unique* est nécessaire pour qu'un *logos* soit possible : « ne pas signifier une chose unique, c'est ne rien signifier du tout » (*Met.*, IV, 1006b7). Le schème est bien ternaire : langage-pensée-réalité. C'est ce schème qui va organiser les discussions médiévales, et dont va s'inspirer Peirce, le fondateur de la sémiotique. En faisant déjà quelques escapades du côté d'Abélard, d'Ockham et de Duns Scot, on a montré pourquoi Peirce trouve chez eux un élargissement possible de la logique et de ses instruments : intentions secondes et *suppositio.* Peut alors prendre forme une analyse *logique* (et non psychologiste) des produits de la pensée, car on peut traiter les symboles comme des signes ou termes logiques, en centrant l'analyse, non plus sur ce qu'ils *sont,* à savoir, « peut-être des sons, des marques, des états ou images mentales », en un mot des « intentions de l'âme [5] », mais sur l'*usage* qu'on en fait en formant des énoncés sur des choses qu'ils *ne* sont *pas* et en étendant aussi l'analyse à ce qui est *virtualiter* et *habitualiter*. On a précisé le rôle du modèle scolastique dans l'analyse de la relation-signe, et comment Peirce y trouve les moyens d'une sémiotisation radicale du mental (la pensée est un signe et en signes), mais en retour

4. Voir : https://www.college-de-france.fr/site/claudine-tiercelin/course-2019-03-26-10h00.htm.

5. E. MOODY, *Truth and Consequence in Medieval Logic*, Amsterdam, North Holland, 1953, p. 18.

aussi, d'une mentalisation irréductible (ou « triadique ») du signe : un signe est une chose reliée sous un certain aspect à un second signe, son *objet*, de telle manière qu'il mette toujours en relation une troisième chose, son *interprétant*, avec ce même objet, et ainsi de suite *à l'infini*.

Cours 4 – Les antécédents médiévaux de la sémiotique (2) : la pensée est-elle structurée comme un langage ? Du *verbum mentis* à *l'oratio mentalis*

2 avril 2019 [6]

On avait terminé le cours précédent en montrant comment, parmi les scolastiques, Peirce hésitait, dans son analyse du meilleur modèle des signes, entre les terministes et les modistes : or cela n'est pas, du moins à première vue, sans poser problème, car on sait que les XIIIe et XIVe siècles ont vu s'opposer, sur le terrain des signes et de la signification, « terministes » (Ockham) et « modistes » (Boèce et Martin de Dacie, Raoul le Breton, Siger de Courtrai, Thomas d'Erfurt, etc.) et que l'une des conséquences du terminisme aura été précisément de « raser » ces entités jugées superflues que sont les *modi significandi* (principe fondamental de construction dans la grammaire des modistes). Mais on a surtout insisté, à ce stade, sur ce qui pouvait l'attirer chez Ockham et sur ce qui constituait la force et l'originalité du *Venerabilis Inceptor* : une nouvelle définition de la logique ou encore le recours à l'instrument puissant de la *suppositio*, qui permet d'analyser la structure formelle du langage plutôt que d'hypostasier cette structure en une science de la réalité ou de l'esprit, son effort pour dissocier les deux, même si la logique s'entendra plus comme une *scientia rationalis* que comme une *scientia sermocinalis*. Surtout, avec Ockham, on peut désormais envisager les concepts eux-mêmes comme des signes et la pensée elle-même comme une « pensée-signe ». Car la pensée est structurée sur le mode d'un authentique langage naturel premier, d'un « discours mental », d'une « *oratio mentalis* », innovation qui anticipe maintes analyses contemporaines (voir l'hypothèse du « langage de la pensée » due à Jerry Fodor).

Alors que le langage était encore un pur *logos*, simple véhicule de la pensée allant, au travers des mots et antérieure à eux, aux choses, ou comme chez Saint-Augustin, un *verbum mentis*, restant *in fine* affecté par l'immatérielle *lumière* divine, plus *vision* que parole, et « antérieur à tous les signes », alors que chez Abélard, c'était encore le mot (le nom) qui signifiait (les intellections ne sauraient être des signes), avec Ockham, la pensée, ou le concept, est privilégiée pour la signification : elle n'est plus seulement identifiée à cela qui est signifié par les signes : elle est ce qui signifie. Ockham met le langage dans l'esprit, et c'est le concept, non le mot qui devient le premier porteur de la signification. Le cours s'est employé à rappeler pourquoi l'Antiquité gréco-latine (Platon, Aristote, Augustin) n'avait pas envisagé une telle approche, rappelé les variations dont les concepts de « signe », de « signification, de *verbum* et d'*oratio* avaient fait l'objet et montré comment, au XIIIe siècle, l'application de la notion de signe (dans sa fonction non plus d'indice sensible ou d'assimilation mais de représentation) commençait à se répandre (par exemple chez Guillaume d'Auvergne ou Roger Bacon), avant que ne s'impose la « grande controverse » dont parle Duns Scot au sujet du signifié des mots qui va

6. Voir : https://www.college-de-france.fr/site/claudine-tiercelin/course-2019-04-02-10h00.htm.

opposer les terministes et les modistes ou « grammairiens spéculatifs », dont on a commencé à présenter les principaux arguments (en partie présents déjà chez Abélard) en faveur d'une sorte de « retour aux choses mêmes » et d'une approche réaliste plutôt que nominaliste des signes et de la signification.

Cours 5 – Les antécédents médiévaux de la sémiotique (3) : la sémiotique réaliste face au choix difficile entre *oratio mentalis* et *enunciatio in mente*

9 avril 2019 [7]

Pour mieux faire comprendre l'hostilité d'Abélard tant au nominalisme « vocaliste » (Roscelin) qu'à plusieurs formes extrêmes de réalisme (G. de Champeaux), on a précisé sa théorie du *dictum*, ou « *quasi-res propositionis* »(ni une chose, ni une intellection, sans être non plus rien du tout), puis le concept de *status* (pas davantage « une chose », ou une « essence »), ce qui ne les empêche pas d'être tous deux au *fondement* de la vérité et de la réalité, car ils sont ce qui cause l'imposition de nos universels. Originalité et fécondité d'une telle approche davantage « non réaliste » (Jolivet), que nominaliste, permettant d'envisager une sémiotique authentiquement « réaliste ». Puis on a détaillé les principes de la *Grammatica speculativa.* Pour les modistes (Jean et Boèce de Dacie, Thomas d'Erfurt, Duns Scot), il faut procurer à la grammaire l'universalité requise par toute science (Aristote) et absente des langues particulières. Si les modes de signifier (*modi significandi*), qui déterminent les règles de la constructibilité des parties du discours, la grammaticalité (ou rection) et la complétude des phrases, se manifestent au niveau du langage, leurs racines se prolongent dans la psychologie et l'ontologie. Il y a une homologie entre les modes d'être (*modi essendi*), les modes de connaître (*modi intelligendi*) et les modes de signifier (*modi significandi*), qui donne sa cohérence au système. De plus, les mots signifient *les choses*, même si les idées sont médiatrices entre les uns et les autres. Ainsi, tout en ayant sa consistance propre, le langage, au-delà des langues particulières, est universel par sa connexion intime avec la pensée et l'être. Hiérarchisation intéressante qui permet de parler d'un « réalisme propositionnel » : le mode de signifier des parties du discours dépend du mode d'être des choses et de leur mode d'intellection.

Le cours s'est alors attaché à montrer le bien fondé des tiraillements peirciens entre terministes et modistes : intérêt du formalisme ockhamien, certes économe en termes d'engagement ontologique, mais qui ne lève pas tout risque de psychologisme (voir la théorie du *fictum* ou même de l'acte d'intellection), ni de réductionnisme, et qui manque d'amplitude pour qui veut entendre la logique aussi comme un art de juger. Force, voire supériorité du modèle scotiste de l'*enunciatio in mente* sur l'*interpretatio* comme sur l'*oratio mentalis* qui ne peut se comprendre que sur fond de métaphysique et d'ontologie et d'une ontologie, qui, grâce à la clé de voûte du système qu'est la distinction formelle, permet au Docteur Subtil d'être réaliste *sans* être platonicien. Le signifié propositionnel n'est pas une entité extra-mentale complexe existant « à part » ou « en plus » des choses sur lesquelles porte la proposition. C'est un contenu cognitif complexe (et naturel, ne nécessitant aucune illumination divine), un *esse objectivum* (en termes contemporains, un vérifacteur (*truthmaker*) toujours dépendant d'un acte mental (et par suite, d'un intellect),

7. Voir : https://www.college-de-france.fr/site/claudine-tiercelin/course-2019-04-09-10h00.htm.

capable de produire des *objets intentionnels* et *fondé* sur ou *motivé* par la structure métaphysique de la réalité et assurant l'accès cognitif à l'essence des choses. C'est cela qui fascine Peirce chez Duns Scot, le premier, selon lui, à énoncer de façon cohérente la position réaliste (« le réel est ce qui signifie quelque chose de réel »), et à la développer dans tous ses aspects, sémiotiques, épistémologiques et métaphysiques dont on a donné pour finir, quelques illustrations.

Cours 6 – Les antécédents modernes de la sémiotique (1) : le nominalisme réaliste de George Berkeley

18 avril 2019 [8]

On a pu voir comment, dans l'histoire médiévale, la réflexion sur les signes n'a pas toujours suivi un cadre nominaliste, et que maints auteurs ont déjà entrevu une alliance possible entre sémiotique et réalisme. En abordant la période moderne, on a commencé à montrer comment, ici encore, même si la réflexion sur les signes est souvent allée de pair avec le nominalisme (Locke, Hobbes, Condillac), nombre d'approches se sont plutôt inscrites dans une perspective réaliste. Cela n'avait pas échappé à Peirce qui tenait notamment Berkeley (mais aussi, on le verra l'an prochain, Thomas Reid) pour l'un de ses inspirateurs. On a donc présenté les nombreux textes où Berkeley met l'accent sur la fécondité d'une analyse des signes, qu'il inscrit dans un vaste horizon, largement tributaire d'une conception originale des idées et de la perception. La construction de l'objet perçu ressortit plus à l'activité sémiotique qu'au raisonnement. Il faut distinguer le géométrique (modèle mécaniste) et le perceptif, souligner l'hétérogénéité du sensible en élaborant une sémiotique multifactorielle visuelle et tactile. Sémiotique, en effet, car si le lien entre signes visuels et tangibles est certes conçu en référence avec le signe linguistique et, parallèlement, selon le rapport entre mots et pensées, il l'est aussi en termes de médiation entre les divers sens, et au premier rang, du toucher et de la vision, lesquels s'ordonnent selon un rapport complexe de symbolisation qui relève plus de la convention que de l'arbitraire du signe (Saussure) : car c'est l'habitude, ou encore l'expérience, qui permettent, une fois le signe donné, d'aller à la chose signifiée. Enfin, dans cette sémiotique, le toucher et le corps jouent un grand rôle, de même que l'imagination qui permet le passage à la symbolisation et au schématisme. Cette sémiotique visuelle nous apprend qu'à la relation classique, « vulgaire », de causalité, il faut substituer celle « seule réelle, d'une stricte vérité philosophique » de signe à la chose signifiée. On a analysé comment Berkeley passe ainsi de la sémiotique tactile et visuelle au langage ou à la grammaire puis au « langage universel de la nature », celui que Dieu nous parle. En faisant de l'univers sensible une grammaire où se lit une visible unité de plan et de dessein, Berkeley réussit à mêler nature et universalité. Le bref exposé de la sémiotique berkeleyenne permet de comprendre l'éloge et les critiques que Peirce lui adresse. L'éloge porte sur 1) le statut décisif que prend le signe dans la manière de concevoir les rapports entre la pensée et le réel : le reproche d'idéalisme est infondé ; ce à quoi nous pensons ne peut être d'une nature différente de la pensée elle-même. Les idées sont des signes d'autres idées, ce sont des signes de signes ; 2) l'excellente analyse des conditions mêmes de la signification ; 3) la conception correcte du mental : contrairement à Locke ou à Hobbes, Berkeley ne

8. Voir : https://www.college-de-france.fr/site/claudine-tiercelin/course-2019-04-16-10h00.htm.

parle pas de discours mental. La discursivité n'apparaît qu'avec le langage qui permet d'inscrire les idées dans un jeu de relations, fruit d'une convention partagée, dont la stabilité est garantie par l'usage qui s'enracine dans une communauté d'expérience ; 4) sa prise au sérieux d'un certain vague irréductible des signes ; 5) sa description des signes comme des habitudes d'action. Les réserves visent pour l'essentiel le nominalisme de Berkeley qui passe, pour cette raison même, d'une conception qui eût pu être triadique de la signification à une conception dyadique, où l'on va directement de l'idée-signe à l'idée-signifiée, qui seule, finalement, compte. Le diagnostic est juste : la philosophie de Berkeley, notamment en son aspect apologétique, suit bien cette voie ; le signe n'a finalement de sens que parce qu'il exprime plus qu'il ne signifie, et peut être lu (sans être interprété) dans les termes du langage (de la « grammaire » dit la *Siris*) de la Nature, et enfin dans le langage de l'Auteur de la Nature. Pour qui voit dans la triadicité de la relation-signe et dans le caractère non clos et non circulaire de la relation deux caractères essentiels à toute sémiotique, cela est rédhibitoire.

On poursuivra l'an prochain l'enquête, en revenant sur certaines étapes marquantes de l'histoire moderne, puis en présentant plus en détail les acquis de la sémiotique ontologique et réaliste peircienne, avant de montrer pourquoi elle a pu servir à son tour d'inspiration à nombre d'auteurs récents et peut enfin et surtout constituer un modèle à même de répondre aux impasses où nous ont conduits les différents tournants du XXe siècle.

Séminaire-colloque – Les principes métaphysiques

Le séminaire-colloque, qui s'est tenu les 2 et 3 octobre 2018, a réuni les orateurs suivants : Sophie Berlioz (institut Jean-Nicod), Guillaume Bucchioni (Aix-Marseille Université), Alexandre Declos (Collège de France), Filipe Drapeau Contim (université de Rennes), Vincent Grandjean (université de Neuchâtel), Jean-Baptiste Guillon (Collège de France), Raphaël Künstler (université de Toulouse) Baptiste Le Bihan (université de Genève), Grégoire Lefftz (université Paris IV-Sorbonne), Jean-Maurice Monnoyer (Aix-Marseille Université), Sébastien Motta (université de Nantes), Frédéric Nef (institut Jean-Nicod/EHESS), Isabelle Pariente (Aix-Marseille Université), Sébastien Richard (Université libre de Bruxelles), Pierre Saint-Germier (université d'Aarhus), Claudine Tiercelin (Collège de France) [9].

La métaphysique, depuis Aristote, a été comprise comme la science des « premiers principes ». Si l'histoire de la discipline donne à voir des exemples de ce que pourraient être ces derniers (principe de non-contradiction, principe de raison suffisante, etc.), reste à déterminer plus précisément ce qu'est un principe métaphysique. S'agit-il d'une vérité générale ou fondamentale concernant l'ameublement ou la structure de la réalité ? Faut-il plutôt y voir une connaissance intuitive et non-inférentielle à propos du monde ? En quoi les principes métaphysiques se distinguent-ils des principes logiques, mathématiques, ou théologiques ?

Lors de cet événement, on a choisi de revenir sur le statut des vérités métaphysiques « principielles », afin de déterminer en quoi elles consistent et comment elles peuvent être connues. Nous avons également tenté de déterminer s'il existe des

9. Voir : https://www.college-de-france.fr/site/claudine-tiercelin/symposium-2018-2019.htm.

« axiomes » en métaphysique, voire s'il peut en exister qui soient spécifiquement métaphysiques. Enfin, on a interrogé la distinction entre la fondation épistémologique de la métaphysique et la fondation ontologique, c'est-à-dire les principes qui conditionnent la connaissance métaphysique et les principes qui conditionnent la réalité elle-même.

De manière transversale ou *via* des études de cas plus spécifiques, ce colloque a tâché de déterminer quels sont, dans la tradition comme dans la philosophie contemporaine, les candidats sérieux au titre de « principes métaphysiques ».

Colloque – Épistémologie sociale : autour de John Greco

Ce colloque, organisé dans le cadre du programme PSL, « Knowledge first social epistemology », conduit par Claudine Tiercelin (Collège de France) et Pascal Engel (EHESS), a réuni le 9 mai 2019 les meilleurs spécialistes d'épistémologie sociale, dont Anne Meylan (université de Zurich), Mikkel Gerken (university of Southern Danemark), Benoit Gaultier (université de Zurich), et John Greco (Saint Louis University) [10]. Il s'est tenu dans les locaux de la fondation Hugot du Collège de France.

Recherche

Claudine Tiercelin a poursuivi ses activités dans le cadre de la chaire, en continuant à développer intensément les activités de ses deux groupes de recherche. Elle a aussi été très sollicitée par ses activités liées à son élection à l'Académie des sciences morales et politiques [11], ainsi que, sur le plan international, par ses activités comme membre du comité de la section « Philosophy, theology, and religious studies » de l'Academia Europea (dont elle est membre depuis 2012) [12].

Coopérations et projets en équipe

La chaire a continué à déployer une activité soutenue, au cours de l'année 2018-2019, en matière de coopération et de mise en place de nouveaux projets d'équipe. En premier lieu, le travail d'édition de la collection numérique « Philosophie de la connaissance au Collège de France » (https://books.openedition.org/cdf/1420) a été poursuivi. Un ouvrage sur *Les Principes m*étaphysiques a été préparé sous la direction d'Alexandre Declos et de Jean-Baptiste Guillon [13]. La chaire a également poursuivi plusieurs partenariats. Le colloque « épistémologie sociale : autour de John Greco » a été organisé dans le cadre du programme PSL, « Knowledge first social epistemology », conduit par Claudine Tiercelin (Collège de France) et Pascal Engel (EHESS). Un partenariat a également été amorcé avec l'université Complutense de Madrid, donnant lieu à l'invitation de Javier Cumpa pour une

10. Voir : https://www.college-de-france.fr/site/claudine-tiercelin/symposium-2018-2019__1.htm.

11. Voir : https://academiesciencesmoralesetpolitiques.fr/membres-titulaires/section-i-philosophie-2/claudine-tiercelin/ ?fbclid=IwAR1Smyc7hcqxQpxJ_KVBynHHA5jj44QX3-Dsm_7XSHG5wsgWyxM6cS_bp0g.

12. Voir : https://www.ae-info.org/ae/Member/Tiercelin_Claudine.

13. Voir : https://books.openedition.org/cdf/7845.

conférence au Collège de France, le 7 mai 2019 ; et à la tenue d'un *workshop* à l'université Complutense de Madrid, le 30 mai 2019, auquel Alexandre Declos et Jean-Baptiste Guillon ont participé.

ACTIVITÉS DES GROUPES D'ÉTUDES RATTACHÉS À LA CHAIRE

Activités du GEM (Groupe d'études en métaphysique)

La chaire a particulièrement mis l'accent cette année sur la poursuite des activités du GEM, placé sous la codirection d'Alexandre Declos et de Jean-Baptiste Guillon. Le séminaire-colloque sur « Les principes métaphysiques » a poursuivi les réflexions entreprises dans les ateliers du GEM durant l'année 2017-2018, et les actes ont été préparés pour publication dans la collection numérique de la chaire « Philosophie de la connaissance ». Le Groupe d'études en métaphysique s'est réuni régulièrement en 2018-2019, avec des ateliers sur le thème de l'année rassemblant chaque fois deux conférenciers :

• 8 novembre 2018 : Vincent Grandjean (université de Neuchâtel), « How is the asymmetry between the open future and the fixed past to be characterized? » et Muriel Cahen (IJN), « Perdurantisme et théorie du bloc en expansion » ;

• 1er février 2019 : Guillaume Bucchioni (Aix-Marseille Université), « Les modes d'être et la persistance » et Vincent Clos (université de Rennes 1), « Le parallèle entre temps et modalité » ;

• 22 mars 2019 : David Hyder (université d'Ottawa), « A causal theory of time » et Frédéric Nef (EHESS-IJN), « L'irréelle réalité du temps dans le fragmentalisme de Kit Fine » ;

• 27 juin 2019 : Alexandre Declos, « In defense of an old theory » et Jean-Maurice Monnoyer : « Permanentisme et temporalité ».

Une conférence exceptionnelle a également eu lieu le 7 mai 2019. Javier Cumpa (université Complutense de Madrid) est venu présenter ses travaux récents sur la métaphysique des propriétés dans le cadre du GEM. Un résumé et l'enregistrement audio de sa conférence sont disponibles sur le site internet du Collège de France : https://www.college-de-france.fr/site/metaphysique-philosophie-connaissance/Conference-donnee-au-College-de-France-le-17-mai-2019-Naturalistic-Neutralism-Audio.htm.

Activités du GRÉ (Groupe de recherche en épistémologie)

Un workshop d'épistémologie a eu lieu le 11 septembre 2018, réunissant B. Gaultier (université de Zurich), J. Dutant (King's College), A. Logins (université de Fribourg) et J. Vollet (FNS/université d'Hambourg)[14]. Le GRÉ a également contribué à l'organisation de la conférence de Catherine Elgin (université de Harvard), professeur invitée, le 8 février 2019. Cette dernière a présenté ses travaux récents en épistémologie, et en particulier son dernier ouvrage, *True Enough* (MIT Press, 2017). Un résumé et l'enregistrement audio de sa conférence sont disponibles sur le site internet du Collège de France : https://www.college-de-france.fr/site/

14. Voir la page du GRÉ sur le site internet du Collège de France : https://www.college-de-france.fr/site/metaphysique-philosophie-connaissance/Activites.htm.

claudine-tiercelin/conference-2019-02-08-16h00.htm. Certains membres du GRE ont également participé au colloque « Épistémologie sociale : autour de John Greco », le 9 mai 2019.

Activités des maîtres de conférences rattachés à la chaire

Jean-Jacques Rosat, maître de conférences honoraire, rattaché à la chaire à titre bénévole, a consacré l'essentiel de ses activités à la collection de livres numériques « Philosophie de la connaissance [15] », dont il est le directeur éditorial.

Alexandre Declos, maître de conférences, a poursuivi plusieurs projets de recherche, sur la fondation métaphysique, la philosophie de Nelson Goodman, et le pluralisme ontologique, qui ont donné lieu à plusieurs publications, et a participé à sept colloques, en France et à l'étranger. Il a poursuivi la coordination des activités du Groupe d'études en métaphysique. Il a également supervisé l'organisation des conférences de Catherine Elgin et Javier Cumpa, ainsi que du colloque international sur les « Principes métaphysiques ». Alexandre Declos a aussi entrepris avec Jean-Baptiste Guillon le projet d'édition numérique des actes de ce colloque pour la collection numérique de la chaire « Philosophie de la connaissance ».

Publications

Sont indiquées ici les publications de C. Tiercelin, ainsi que celles de l'équipe (A. Declos, J.-J. Rosat, maîtres de conférence rattachés à la chaire en 2018-2019), du co-directeur du Groupe d'études en métaphysique (Jean-Baptiste Guillon, ancien ATER/maître de conférences rattaché à la chaire), et des deux directeurs scientifiques du Groupe de recherche en épistémologie (J. Vollet et B. Gaultier).

Livres

TIERCELIN C., *Pragmatism and Vagueness: The Venetian Lectures*, éd. de G. TUZET, Milan, Mimesis International, 2019.

Articles

TIERCELIN C., « The economy of research and the proper defense of knowledge and intellectual virtues », *Transactions of the Charles S. Peirce Society*, vol. 54, nº 2, 2018, p. 183-207, https://doi.org/10.2979/trancharpeirsoc.54.2.04.

TIERCELIN C., « Comment situer l'esprit dans la nature ? », *in* P. DESCOLA (dir.), *Les Natures en questions*, Paris, Collège de France/Odile Jacob, coll. « Colloques de rentrée », 2018, p. 227-253.

TIERCELIN C., « Et si nous considérions l'abduction comme un sentiment épistémique ? », *in* R. CLOT-GOUDARD, V. HUYS et D. VERNANT (dir.), *L'Abduction*, Paris, Vrin, coll. « Recherches sur la philosophie et le langage », 2018, p. 81-95.

TIERCELIN C., « En dialogue avec l'histoire », entretien avec S. Levesque, *Le Cygne noir*, nº 6, 2018, http://www.revuecygnenoir.org/numero/article/tiercelin-entretien.

15. Voir : https://books.openedition.org/cdf/1420.

TIERCELIN C., « Plaidoyer en faveur de l'essentialisme » (texte lu lors de la séance du 17 mars 2018), *in* C. TIERCELIN (dir.), *Plaidoyer en faveur de l'essentialisme*, *Bulletin de la société française de philosophie*, n° 2018/2, 2018.

TIERCELIN C., « Entretien avec Anne-Emmanuelle Monnier », *L'Éléphant*, n° 25, 2019, p. 14-16. https://lelephant-larevue.fr/numero/ ?n =25.

TIERCELIN C., « La métaphysique est nécessaire », *in* A. WALD LASOWSKI (dir.), *Panorama de la pensée d'aujourd'hui*, t. 2, Paris, Pocket, coll. « Agora », 2019.

TIERCELIN C., « Notice sur la vie et les travaux de Jean Mesnard », discours d'installation au fauteuil de Jean Mesnard, Académie des sciences morales et politiques, 2019, https://academiesciencesmoralesetpolitiques.fr/2019/05/27/notice-sur-la-vie-et-les-travaux-de-jean-mesnard/.

DECLOS A., « Goodman's many-worlds », *Journal for the History of Analytical Philosophy*, vol. 7, n° 6, 2019, https://doi.org/10.15173/jhap.v7i6.3827.

DECLOS A., « Fact, fiction, and virtual worlds », *in* R. POUIVET et V. GRANATA (dir.), *Epistemology of Aesthetics*, Rennes, Presses universitaires de Rennes, 2019.

GAULTIER B., « Bourdieu, la nature de l'activité intellectuelle et ce que la sociologie peut apporter à la philosophie (et réciproquement) », *in* L. PINTO (dir.), *La Construction d'objet*, Paris, CNRS Éditions, 2019.

GAULTIER B., « Comment défendre l'anti-pragmatisme de Clifford à propos des croyances en général et des croyances religieuses en particulier », *ThéoRèmes*, n° 13, 2019.

GAULTIER B., « On the alleged normative significance of a Platitude », *Ratio*, vol. 32, n° 1, 2019, p. 42-52.

GAULTIER B., « De Cambridge à Canberra, et retour : élucider ou connaître les essences ? », *Klesis*, n° 43, 2019.

GAULTIER B., traduction de R. POPKIN, *History of Scepticism. From Savonarole to Bayle*, augmentée de quatre articles de l'auteur : *Histoire du scepticisme. De la fin du Moyen Âge à l'aube du XIXe siècle*, Marseille, Agone, 2019.

GUILLON J.-B., « Coincidence as parthood », *Synthese*, n° 198, 2021, https://doi.org/10.1007/s11229-019-02105-z (publication numérique en 2019).

ROSAT J.-J., « La post-vérité : une maladie intellectuelle guérissable », *in* M. HOLZEM (dir.), *Les Sciences contre la post-vérité*, Vulaines-sur-Seine, Éditions du Croquant, 2019.

VOLLET J.-H., « The warrant account and the prominence of 'know' », *Logos & Episteme*, vol. 9, n° 4, 2018, p. 467-483.

Mondes francophones*
(Chaire annuelle 2018-2019)

Yanick Lahens
Romancière, professeure invitée au Collège de France

Mots-clés : francophonie, Haïti, littérature

La leçon inaugurale « Urgence(s) d'écrire rêve(s) d'habiter » prononcée le 21 mars 2019 (https://www.college-de-france.fr/site/yanick-lahens/_inaugural-lecture.htm) ainsi que la série de cours « Haïti autrement » sont disponibles, en audio et en vidéo, sur le site internet du Collège de France (https://www.college-de-france.fr/site/yanick-lahens/course-2018-2019.htm), et le colloque « Haïti : Littérature et civilisation » (https://www.college-de-france.fr/site/yanick-lahens/symposium-2018-2019.htm).

Enseignement

Cours – Haïti autrement

Dire Haïti et sa littérature autrement à travers l'ensemble des cours, c'est se demander à travers sa littérature quel éclairage peut apporter aujourd'hui au monde francophone, sinon au monde tout court, l'expérience haïtienne. Comment, dans l'impasse qui suit son indépendance, des hommes et des femmes dépossédés, déplacés, déstabilisés linguistiquement créent une civilisation dont la littérature sera un élément majeur ? Comment des écrivains et écrivaines n'ont pas cessé de dire ou d'écrire un rêve d'habiter, démontrant par là même que la littérature commence souvent là où la parole devient impossible ? Là où le monde est si ébranlé qu'il faut traverser le langage pour lui trouver des éclats de sens.

* Chaire créée en partenariat avec l'Agence universitaire de la Francophonie.

Y. Lahens, « Mondes francophones », *Annuaire du Collège de France 2018-2019. Résumé des cours et travaux*, 119e année, Paris, Collège de France, 2022, p. 345-350, https://doi.org/10.4000/annuaire-cdf.17170.

À partir de 1804, ceux et celles qui n'ont d'autre choix que d'habiter ces 27 750 km^2, à peine plus étendus que certains départements de l'Hexagone, sont sommés de s'inventer et d'inventer dans ce lieu non connu, non imaginé, non désiré. À cette sommation, les écrivains répondront durant deux siècles en nourrissant un rêve d'habiter un corps qui ne soit plus celui du migrant nu, selon la belle formule de Glissant, un lieu et un temps fondateurs, d'habiter l'écriture comme lieu premier, originel, un lieu aussi non de simple enracinement mais de possible séjour, et enfin un lieu au-delà de l'ethnie ou de la classe, aussi vaste que le silence ou l'inconnu.

Et aujourd'hui que la littérature haïtienne s'écrit dans trois langues autres que le français, elle atteste que les langues sont appelées à cohabiter, qu'elles ne sauraient avoir qu'un unique drapeau ou qu'une seule patrie, et préfigure une culture du vingt et unième siècle en train de se faire.

Étudier la littérature haïtienne à la lumière de son histoire permet de donner au qualificatif francophone une signification hors de tout eurocentrisme. Une signification qui sied à notre temps, la seule susceptible de lui assurer un avenir.

Leçon inaugurale

Il m'a paru indispensable de placer au fondement de ma leçon inaugurale comme de mon enseignement la nécessité d'œuvrer pour que l'histoire, les savoirs et la culture des mondes qui utilisent la langue française constituent un patrimoine en partage, hors de tout ethnocentrisme. Choisir une telle perspective, c'était d'emblée prendre le risque d'un inévitable inconfort. Mais c'est à cette seule condition et dans cette obligatoire perspective que l'appellation francophone pouvait désormais prendre tout son sens.

Faire advenir les mondes francophones exige de passer par de nouvelles narrations qui rendront plus audibles les savoirs, les cultures, les altérités qui les constituent.

Aujourd'hui, les recherches sur la formation de la modernité, de l'Empire et de ses projets nationaux ne peuvent être isolées de celles qui portent sur le monde colonial. Haïti est à la fois un produit et une matrice de ces croisements, et sa littérature en est une des premières métaphorisations. Il est indispensable de comprendre à partir de la dynamique de ces croisements comment Haïti, isolée pendant de longues décennies, a, depuis le début du XIXe siècle, délocalisé la culture et la langue de France, et aménagé leur acclimatation à sa façon.

La révolte victorieuse des esclaves de Saint-Domingue en 1804 face à l'armée napoléonienne était un impensé et a opéré un saut qualitatif inédit. Si la révolution américaine représente un incontestable progrès des Lumières parce qu'elle fait avancer les libertés individuelles, la pratique de l'esclavage lui survivra près d'un siècle plus tard. Si la révolution française fait avancer les droits de l'Homme, la France maintiendra l'esclavage dans certaines contrées et renforcera le processus de colonisation dans d'autres. La révolution haïtienne, quant à elle, outrepassera le projet des Lumières en faisant avancer de manière radicale la question de l'égalité, mettant ainsi en acte une intelligibilité du monde radicalement différente. Il est indispensable de le rappeler aujourd'hui que se construisent des épistémologies autres que celles des Lumières données jusque-là pour seul universel indépassable.

Ce mouvement insurrectionnel est précisément un de ces savoirs essentiels à exhumer. Parce qu'elle a pris par surprise la France et l'ensemble du monde colonialiste, cette victoire sera mise sous silence, d'une part, et d'autre part, servira de prétexte à la fabrication à dessein durant tout le XIXe siècle d'une représentation racialisée et caricaturale d'Haïti.

Haïti est le premier pays de ce Sud fabriqué par cette modernité économique et politique née des Lumières, et elle est le moule dans lequel seront coulées les relations qui s'instaureront entre le Nord et le Sud jusqu'à aujourd'hui. Du Sud, elle a connu, avant les autres, tous les avatars qu'engendreront ces relations, dont la reproduction après l'indépendance d'une colonisation interne.

Jamais l'urgence n'a donc desserré son étau sur les déportés que nous fûmes et toujours les écrivains ont poursuivi un rêve d'habiter le monde « de plein jour et de plain-pied ».

Il s'agissait de montrer, d'une part, comment, depuis la fin du XVIIIe siècle et à partir de cet évènement historique impensable pour l'époque, à savoir la révolution victorieuse d'hommes et de femmes transplantés d'Afrique en Amérique et réduits en esclavage, s'est construite une culture dont la littérature constitue un élément central. D'autre part, comment, dans l'impasse qui suit cette révolution, ces hommes et ces femmes déplacés, déstabilisés linguistiquement et socialement, n'ont pas cessé de dire ou d'écrire un rêve d'habiter, démontrant par la même que la littérature commence souvent là où la parole est impossible.

C'est assurément cette rencontre de l'impensable et de l'impossible qui confère le caractère d'exceptionnalité à cette littérature écrite en grande partie en français et à toute la création artistique en Haïti.

J'ai tenté de relever ce défi en m'interrogeant sur ces mondes à partir d'Haïti, dont l'histoire et la littérature sont, à ce titre, emblématiques. En effet, en tant que premier pays de ce Sud né de la modernité, son histoire permet de mieux saisir la genèse de ces mondes et sa littérature, les expressions esthétisées de la rencontre de ces mondes, celui des Conquérants et celui des dominés. Revisiter la littérature haïtienne pour s'interroger sur les rêves d'habiter le monde, l'urgence de les écrire et de faire scintiller au loin un résidu d'inconnu à la fois sur le monde et sur les mots. La préparation de ces cours a été pour moi l'occasion de porter plus loin quelques-unes de ces interrogations.

Les huit cours qui ont suivi ont porté sur cette parole impensable et impensée qui se déploie jusqu'à aujourd'hui.

Cours 1 – Le XIXe siècle, ce grand inconnu

1er avril 2019

Dans un premier temps la littérature du XIXe siècle est traversée par la nécessité d'une double affirmation : celle de la victoire contre le colonialisme et l'esclavage et celle de l'appartenance des Noirs à l'humanité. Mais dès la fin du dix-neuvième siècle des poètes regardent vers leurs failles intimes et écrivent des vers qui nous ont toujours protégés du nationalisme en littérature. La production romanesque de cette période n'est plus cette parole tournée vers l'extérieur pour affirmer une existence mais une parole qui tente de cerner un « nous » local.

Cours 2 – Trois décennies d'exception (1)

8 avril 2019

Entre les années 1920 et 1940, la littérature haïtienne s'achemine vers son centre de gravité. Dans un premier temps, les écrivains de l'école indigéniste tentent un repositionnement dans l'espace latino-américain et une exploration de la littérature comme objet et forme. Contrairement à son appellation, l'exploration de la culture indigène ne sera le fait de quelques rares auteurs comme Jean Price-Mars, penseur en avance de son temps, aussi bien pour les questions haïtiennes que pour les questions de la condition noire en général.

Cours 3 – Trois décennies d'exception (2)

15 avril 2019

Entre les années 1940 et les années 1960, Haïti est ce « point focal de la Caraïbe », pour reprendre l'expression de Glissant. Le travail de réappropriation de la culture populaire gagne du terrain et séduit aussi bien les écrivains du Harlem Renaissance (Langston Hugues, Zora Neale Hurston) que ceux de la Caraïbe (Aimé Césaire, Alejo Carpentier) ou ceux d'Europe, particulièrement de la France comme André Breton. L'éclosion des autres formes d'expression artistique populaire attire des peintres (Wifredo Lam), des musiciens et des danseurs (Katherine Dunham). La littérature connaît une vitalité inédite (Roumain, Alexis, Depestre, Saint-Aude, Lespès, Bélance, etc.). Une nouvelle école, Haïti littéraire, voit le jour à cette période et regroupe des poètes comme Phelps, Morisseau, Laforest. Une grande figure féminine va imposer le roman moderne, Marie Chauvet.

Cours 4 – Entre l'ancrage et la fuite

6 mai 2019

La littérature de la diaspora est une occasion de revenir sur cette interrogation lancinante, partir ou rester, qui prend son origine dans le fait que nous sommes au départ des déplacés et que le mirage du Nord comme unique lieu de tous les possibles travaille sans relâche notre rêve d'habiter.

Cours 5 – La littérature de la diaspora

13 mai 2019

Cette littérature de la diaspora naît à partir de ces années-là. D'abord en français, en Afrique, au Canada et en France, et en anglais et en espagnol avec la deuxième et la troisième génération. Ce qui permet de s'interroger sur ce que veut dire aujourd'hui la littérature nationale avec cette donnée majeure des dernières décennies que constitue la migration. Les nations sont-elles encore ce qu'elles étaient et les langues n'ont-elles pas cessé d'avoir un seul drapeau ?

Cours 6 – Les femmes écrivent dans l'œil du cyclone

20 mai 2019

Les femmes offrent une perspective différente. Leurs voix ont tardé à être entendues. À la chute de la dictature, elles ont commencé à être davantage audibles. Marie Chauvet, une grande figure méconnue, a été réhabilitée. Elle ouvre la voie au roman moderne haïtien. Elles sont aussi les premières à avoir écrit en diaspora dans une langue autre que le français et le créole. Et deux jeunes autrices ont investi le roman en utilisant la langue créole. Ce qui représente un pas énorme franchi dans l'évolution de l'écrit littéraire dans cette langue. Les thématiques tournent autour de ce qui fonde leur oppression, le genre, la race et les classes sociales. La nouvelle génération s'est emparée de ces thématiques en poésie comme dans le roman.

Cours 7 – La littérature en langue créole

27 mai 2019

La littérature orale en langue créole existe depuis la colonie. Les premières insertions de mots et expressions en créole ont fait leur apparition au XIXe siècle, au moment où la parole commençait à se diriger vers le pays plutôt que vers l'extérieur. Et depuis, ce mouvement ne s'est jamais vraiment arrêté. Mais c'est au milieu des années 1940, avec les premières tentatives pour un alphabet créole, le roman de Jacques Roumain, *Gouverneurs de la Rosée*, et les textes de Morisseau-Leroy que le créole littéraire écrit a commencé à montrer ses immenses possibilités. Une tendance qui s'est affirmée par la suite avec Frankétienne, Georges Castera et Frank Fouché. À côté d'une littérature orale en langue créole qui a fait son apparition il y a deux ou trois décennies, de jeunes poètes enrichissent le corpus en langue créole. Une vitalité soutenue par le fait que la langue créole, élevée au statut de langue officielle comme le français, est devenue centrale dans l'espace public malgré l'absence d'une vraie politique d'aménagement linguistique.

Cours 8 – Haïti dans l'imaginaire des autres

3 juin 2019

Haïti jouit d'une place particulière dans l'imaginaire des écrivains, en particulier depuis la révolution de 1804. Sans prétendre à une exhaustivité, quelques auteurs essentiels ont été mis en lumière : Victor Hugo avec *Bug Jargal*, Carpentier avec *Le Royaume de ce monde*, Aimé Césaire avec *La Tragédie du roi Christophe*, Russell Banks avec *Continents à la dérive*, Madison Smart Belle avec son immense trilogie sur Haïti, Isabel Allende avec *L'Île sous la mer* et Laurent Gaudé avec *Danser les ombres*.

COLLOQUE – HAÏTI : LITTÉRATURE ET CIVILISATION

20 juin 2019

Quelles leçons l'expérience haïtienne peut-elle apporter au monde d'aujourd'hui ? Au début du XIXe siècle, une civilisation s'est mise en place en Haïti dans ses formes savantes et populaires. Sa littérature écrite est une première réponse, dans sa posture même de bravade et de panache, qui démontre une incontestable manière d'habiter le monde « de plein jour et de plain pied ». On connaît moins bien les formes savantes de sa musique, de sa peinture. Et leurs expressions populaires ont souffert de présentations souvent réductrices.

Les formes populaires d'expression se sont construites dans une forte cohérence en proposant une vision du monde autour, entre autres, du vodou, d'un mode d'occupation de l'espace, d'une langue. Vision qui tourne résolument le dos à celle de la Grande Plantation qui allait s'imposer dans la Caraïbe et l'Amérique latine pendant le XIXe siècle.

Entre la culture populaire et la culture savante, il n'y a jamais eu de totale étanchéité et, depuis la seconde moitié du XXe siècle, nous assistons à un dialogue, souvent heurté, parfois harmonieux, mais toujours fécond entre les deux.

La créativité en littérature, en musique et en arts plastiques témoigne aujourd'hui de l'indéniable ouverture du « pays en dehors », de l'impact des phénomènes migratoires et de la transformation des imaginaires avec la globalisation, mais surtout de la puissance de résistance de la beauté. Résistance et beauté comme des utopies pour habiter demain.

Programme :

Yanick Lahens : présentation

Une civilisation s'invente au XIXe siècle

• Yves Chemla : « L'Abeille haytienne, journal politique et littéraire : dire l'État, faire nation (1817-1820) » ;

• Jean Casimir : « Le système colonial dévoilé de De Vastey ou le difficile ancrage » ;

• Laënnec Hurbon : « Le vaudou haïtien et le paradigme barbare/civilisé ;

• Débat (modérateur : Marcel Dorigny).

Musique et arts plastiques : un patrimoine mal connu

• Claude Dauphin : « Musique : le mémorial sonore de l'abolition autour de trois pièces musicales » ;

• Carlo Célius : « Les domaines de la création plastique en Haïti » ;

• Débat (modérateur : Jacques Leenhardt).

Les territoires imaginaires de la littérature

• Stéphane Martelly : « Aborder Haïti littéraire par ses marges. Élaborations et périls du sujet poétique chez Saint-Aude et Davertige » ;

• Myriam Chancy : « Écrire c'est traduire (*to write is to translate*). Écrire Haïti ailleurs » ;

• Dareline Alexis : « La Littérature haïtienne contemporaine : des ponts et des passerelles » ;

• Débat (modérateur : Louis-Philippe Dalembert).

Utopies

• Michèle Pierre-Louis : « Habiter le rêve » ;

• Laënnec Hurbon : « Habiter le monde » ;

• Débat (modératrice : Yanick Lahens).

Histoire et archéologie

Histoire des pouvoirs en Europe occidentale, XIIIe-XVIe siècle

Patrick Boucheron
Professeur au Collège de France

Mots-clés : Histoire, Moyen Âge, pouvoir, communauté, expérience, rituel, espace, utopie

La série de cours « Les inventions du politique : expérimentations médiévales » est disponible, en audio et/ou en vidéo, sur le site internet du Collège de France (https://www.college-de-france.fr/site/patrick-boucheron/course-2018-2019.htm), ainsi que le séminaire « Faute de mots : recherches sur l'histoire empêchée » (https://www.college-de-france.fr/site/patrick-boucheron/seminar-2018-2019.htm).

Enseignement

Cours – Les inventions du politique : expérimentations médiévales

Introduction

Toujours dans la visée d'une généalogie du gouvernement des modernes, le cours de cette année a tenté une histoire – elle-même expérimentale – des expérimentations médiévales, c'est-à-dire de la capacité sociale à inventer du politique. Il poursuivait et formalisait les deux années précédentes (2016-2017 et 2017-2018) de séminaire sur l'expérience communale, deux années organisées en diptyque dont le premier volet était général et historiographique, et le second, intitulé « la vie civique », était consacré à la cité communale italienne, envisagée comme une accentuation et non comme une exception dans le mouvement général de l'expérience communale européenne. Or toute accentuation historique est aussi une forme d'anticipation – et l'on peut d'ailleurs anticiper le fait que le cours de cette année se poursuivra, en

P. Boucheron, « Histoire des pouvoirs en Europe occidentale, XIIIe-XVIe siècle », *Annuaire du Collège de France 2018-2019. Résumé des cours et travaux*, 119e année, Paris, Collège de France, 2022, p. 353-362, https://doi.org/10.4000/annuaire-cdf.17187.

2019-2020, par une focalisation sur le cas de l'Italie communale et post-communale (comme ce fut le cas des deux années de cours sur les fictions politiques).

L'ambition est de risquer une théorie générale, non pas du système des pouvoirs médiévaux, mais de son inventivité politique – et ce à partir justement des conditions de sa réactualisation contemporaine. Autrement dit, il s'agit moins de chroniquer les constructions institutionnelles que de cartographier les situations d'émergence du politique – là où on ne l'attend pas nécessairement, là où il ne s'énonce pas bruyamment. Cherchant des régularités davantage que des règles, défendant un style d'enquête plutôt qu'une méthode, on se propose ici de se demander si une grammaire générative des possibles du politique au Moyen Âge est envisageable.

Cours 1 – Pourquoi des médiévistes ?

8 janvier 2019

Le cours commence par une évocation de sa « situation » dans le déroulement des enseignements (cours et séminaires) depuis 2016 en revenant sur la valeur euristique de la notion d'expérience. On l'envisage ici dans son rapport à l'*agency*, selon une dialectique historique pensée par Edward Thompson (« Les hommes agissent, font l'expérience, pensent et agissent à nouveau »). Mais à partir de quel passé ? Entre le passé de référence gréco-romain (dont l'anthropologie historique permet de distinguer ici *le* politique de *la* politique) et le « plus actuel passé » des Lumières, on s'interroge sur l'efficace théorique du passé médiéval. Et ce à partir d'une étude de cas : l'analyse par Ernst Kantorowicz des acclamations liturgiques du culte royal, objet apparemment inactuel mais qui retrouve au moment où il écrit son livre (*Laudes Regiae. Une étude des acclamations liturgiques et du culte souverain au Moyen Âge*, 1946, trad. franç., Paris, 2004) une bruyante actualité politique, obligeant l'historien à s'interroger sur « les dangers inhérents à la profession d'exhumer le passé ». L'analyse que l'on se propose alors, à partir de la relecture de cette enquête érudite, vise la genèse liturgique du gouvernement des modernes. Elle permet aussi de découper un passé disponible dans la période médiévale, très au large : depuis le nouage carolingien dans les années 780 entre royauté davidique et liturgisation du pouvoir séculier jusqu'aux trois fins possibles des louanges royales (avec Richard II en 1377, avec Charles-Quint en 1530, avec Charles de Habsbourg en 1918), qui représentent aussi trois fins possibles pour le Moyen Âge.

Cours 2 – Anatomie de la gloire

15 janvier 2019

L'insistance des laudes est-elle un archaïsme ? Dès le début du XIIIe siècle, les louanges royales renvoient à une matrice théologico-politique qui n'a plus cours, puisqu'elle confond le règne et le sacerdoce. On se propose ici d'appeler gloire, à la suite des analyses de Giorgio Agamben, ce seuil d'indistinction entre le juridique et le religieux où se mêlent liturgie, cérémonies, insignes, acclamations. Bien loin de ne désigner qu'une antériorité chronologique dans l'histoire des pouvoirs, la gloire reste toujours active dès lors que le pouvoir reste cet « objet digne d'acclamations » pensé par Pierre Legendre – et voici pourquoi le Moyen Âge peut énoncer « la vérité anthropologique de la modernité européenne ». Si le mystère de l'office est celui de son efficacité, c'est bien cette énigme liturgique qu'il s'agit de cerner par des fictions politiques. Épreuve cruciale du conflit entre empire et papauté, la pénitence de Canossa (1077) se prête alors à ce type d'analyse historiographique. On en propose ici une relecture à partir des querelles mémorielles et des conflits d'interprétation (suivant notamment les propositions de Johannes Fried). Ritualisation d'une négociation préalable au filtre de la théorisation carolingienne d'un triomphe chrétien de l'humilité, Canossa vaut aussi, ainsi que l'a montré Stefan Weinfurter, comme expérience du désenchantement.

Cours 3 – Les conditions religieuses de l'expérience politique

22 janvier 2018

Si la pénitence de Canossa donne à voir le moment où l'humilité chrétienne se renverse en spectacle de gloire, quelle fut la disponibilité politique de son souvenir au temps du « chiasme grégorien » ? Dans cet échange entre sacralité et souveraineté se joue la possibilité d'une expérience politique, ou plutôt la possibilité qu'il y ait des expériences – une histoire *des* pouvoirs et pas seulement de la domination de l'*ecclesia*, exaltée par une certaine historiographie. On revient ici sur ce que Pierre Toubert a appelé « l'expérience décisive du mouvement grégorien », en tentant d'en mesurer la productivité à la lumière des analyses récentes (par Florian Mazel notamment). En légitimant l'idée de nouveauté, les réformateurs valorisent les expériences singulières, portant notamment sur les genres de la vie religieuse. Suivant les analyses de Jacques Dalarun, on reprend dans cette perspective le dossier de la congrégation érémitique de Grandmont, envisagé dans sa dichotomie documentaire (*Livre des sentences* et règle). On s'attache en particulier aux modalités d'élection du prieur et de construction du consentement, pointant dans le *presque tous* (« à ces mots, presque tous dirent d'une voie unanime… ») une forme d'invention du politique, la communauté monastique pensant la société depuis son extérieur.

Cours 4 – Inventer dans les ruines du passé

29 janvier 2019

Comment fonder une société politique chrétienne dès lors que le bois de la croix est, selon la belle formule de Jacques Dalarun, « la charpente et l'écharde des sociétés médiévales » ? Le cours pose la question à partir de la mise à l'épreuve du christianisme par les missionnaires jésuites au Japon au XVIIe siècle. Mais il s'agit surtout de proposer, à partir de l'expérience politique de Grandmont, une grammaire de l'expérimentation politique qui peut se décliner en huit règles de base. Toute expérimentation politique est une expérience existentielle (1) et le lien qu'elle instaure est de répétition et non de fondation (2). Pour aiguiser le sens de la communauté (3), on construit le consensus en isolant la *pars minor* (4) : tel est le lien de division (5) qui caractérise les expérimentations médiévales. Or, pour que durent les institutions (6), il faut tenir compte à la fois de la réversibilité des expériences politiques (7) et de leur capacité à changer d'échelle pour constituer une utopie plausible (8). C'est sur cette notion de scalabilité, pensée depuis les propositions d'Anna Tsing, que s'achève provisoirement le cours, déplaçant l'interrogation de l'anthropologue du contemporain sur les « bords broussailleux des ruines du capitalisme » vers le dilemme médiéval face aux ruines de l'Empire romain.

Cours 5 – Un renversement archéologique : l'invention de Cola di Rienzo

5 février 2019

Pour Brunelleschi comme pour Le Pogge au XVe siècle, l'invention dans les ruines du passé fut d'abord une expérience urbaine. Mais un siècle auparavant, Cola di Rienzo fut déjà ce piéton accablé dans l'*Urbs fracta,* face à la violence sociale des *barones urbis.* À partir notamment du témoignage de l'*Anonimo romano,* le cours restitue l'expérience historique du notaire romain dans sa dimension politique (comment « organiser le peuple » ?), urbaine (comment déchiffrer les reproches que nous font les ruines de la grandeur ?) et idéologique (quel miroir de Rome le tribun peut-il opposer à ses concitoyens ?). Parole désarmante, le verbe de Cola se renverse en harangue tyrannique – « alors le tribun commença à se faire haïr », lit-on dans la *Cronica* de l'anonyme romain. En tentant de nouer les notions de renversement, de profanation et de lisibilité, l'analyse aborde la question de l'anachronisme et du *reenactment* : peut-on rejouer l'histoire ? Telle est la question que pose tragiquement l'aventure politique de Cola di Rienzo.

Cours 6 – L'expérimentation rituelle

12 février 2019

En rejouant l'entrée du Christ à Jérusalem, le rituel de la première entrée épiscopale conjugue donc *reenactment* et *adventus* – mais on ne doit pas croire pour autant que, lorsqu'il est saisi par le pouvoir politique, ce rituel de l'entrée ne sert qu'à exalter la personne du souverain ; bien au contraire, le cas de Louis XI et de ses entrées escamotées trahit le fait que le rituel peut aussi tester les limites et les contradictions du pouvoir. Mettant à distance l'inévitable téléologie de l'école cérémonialiste, la séance s'interroge sur la possibilité d'une expérimentation rituelle, notamment à partir d'une analyse de la dédition des bourgeois de Calais en 1347. Retrouvant, avec Jean-Marie Moeglin, la tradition de l'amende honorable, et donc les traces de l'humiliation souveraine, derrière les incohérences du discours de Froissart, on suggère donc que ce sont les ratés du rituel qui font les événements politiques. Telles sont les conditions de l'expérimentation rituelle, puisqu'il appartient au rituel de se nier comme tel, ouvrant donc la possibilité même de son renversement.

Cours 7 – De l'art politique d'espacer le temps

19 février 2019

Comparant les entrées esquivées de Louis XI (notamment à Abbeville le 27 septembre 1436, où le travestissement provoque un dévoiement du *regimen*) aux entrées loupées de Charles le Téméraire (notamment à Gand le 26 juin 1467, où le peuple se rassemble à la fois pour occuper l'espace, exposer sa vulnérabilité et instaurer le politique), on reprend ce motif politique du renversement qui guide toute la réflexion du cours : renversement théologique de la gloire, renversement politique des expériences monastiques, renversement humaniste qui profane le passé pour restaurer sa lisibilité. Mais c'est pour suggérer un tournant dans le programme que l'on se donne désormais : il vise moins une phénoménologie des embrasements qu'une théorie des emplacements. Celle-ci se propose de ressaisir les acquis récents de la recherche en histoire médiévale sur la spatialisation de la domination, les communautés et le fait d'habiter à partir de la notion foucaldienne d'hétérotopie, utopie réaliste, ou en tous cas située.

Cours 8 – Les échappées belles : l'aventure politique au loin

12 mars 2019

L'espace de la place (pas seulement de la place publique, mais bien de l'emplacement politique) est ce lieu où l'on s'expose à la visibilité, à la mixité, à un mélange qui n'est pas une mêlée. En s'inspirant de la réflexion théorique sur la *dislocation* en architecture (depuis notamment les travaux de Benoît Goetz), la séance propose de penser en même temps – et toujours à partir d'exemples médiévaux sur l'invention des communautés – le fait d'habiter avec le potentiel de fiction. L'exemple développé est celui des communautés dispersives de l'expansion scandinave, et de l'utopie politique de l'Islande médiévale (selon les travaux de Jesse Byock) où l'économie de la pénurie provoque une faim de récits. De là une réflexion sur l'insularité et le rêve politique, à partir notamment des utopies corsaires à l'époque moderne, pour penser les « espaces autres » entre distance et reconnaissance.

Cours 9 – Fuir la communauté

19 mars 2019

Reprenant la question du droit d'exil dans la Normandie ducale et la « capacité de la société normande du XIe siècle à produire des individus et des groupes qui se détachent de l'ensemble » (David Bates), le cours se donne désormais pour objectif d'expérimenter l'hypothèse suivante : la relative robustesse de la domination dans les sociétés médiévales résiderait moins dans la compacité contraignante de l'encadrement des hommes que dans leur capacité de s'en extraire. À travers l'exemple de l'Orient latin considérée comme *colonia nova Christianitatis* (Guibert de Nogent), mais aussi en pensant les logiques médiévales de l'*exceptio*, on tente de reprendre la question de la consistance politique et spatiale des communautés d'habitants – toujours en prenant au sérieux, comme nous y invitent les travaux dirigés par Joseph Morsel, le « fait d'habiter ». Et ce pour tester la capacité des populations médiévales à fuir la communauté pour faire commune à nouveau.

Cours 10 – Les possibles du politique

26 mars 2019

Fuir la communauté n'est pas seulement laisser les vivants, mais quitter les morts ; comment alors « faire mourir les morts », selon l'expression de Marcel Détienne, sinon en racontant le récit des origines ? En s'inspirant à la fois des analyses de Florence Dupont sur l'*origo* des Romains et de celles de Claudia Moatti sur leur *res publica* envisagée comme « aptitude sociale à l'imagination politique, à l'altérité comme à l'altération », la séance reprend à nouveau frais la question fort classique de la reprise du mythe des origines troyennes dans les récits de fondation des peuples européens. Au-delà du « mythe d'anoblissement collectif » (Colette Beaune), cette référence à l'aventure d'Énée exprime peut-être la tentation d'un modèle hétérochtone de légitimation des pouvoirs. Cela permet de formuler une seconde hypothèse générale rapportée aux sociétés médiévales : le système des pouvoirs tient globalement parce qu'il rend possible, ou pensable, la possibilité d'un autre devenir politique, qu'il maintient à distance mais à vue, dans les lointains, les fictions, ou les formes hétéropiques de communautés.

Cours 11 – Retour dans la cité

2 avril 2019

La dernière séance du cours propose un bilan provisoire d'une enquête qui s'apparente à la recherche d'une grammaire générative des possibles du politique dans les sociétés médiévales, visant, sur le modèle linguistique, à une théorie transformationnelle de la production des énoncés. En matière politique, ces énoncés sont plus divers qu'on le croit, mais obéissent à quelques règles élémentaires de transformation, à partir d'un foyer de production unique dont on a fait l'hypothèse qu'il se situait hors du champ du politique, puisque le paradoxe du christianisme médiéval confère l'autorité à ceux qui admettent l'indignité du pouvoir. En matière d'histoire des pouvoirs, si le passé est le réservoir de solutions détachées de leur problème, alors écrire l'histoire revient à reconstituer les problèmes dont les formes institutionnelles ou les pratiques politiques dont on garde la trace constituaient les solutions. Cette dernière séance le suggère à partir de l'exemple de l'expérimentation podestataire dans la décennie 1175-1185 de l'Italie communale, dans laquelle se retrouve tout ou partie des régularités évoquées dans le cours de cette année, ouvrant la possibilité d'un retour dans la cité.

Séminaire – Fautes de mots : recherches sur l'histoire empêchée

Organisé avec Romain Bertrand (CNRS)

Introduction

Exercer le métier d'historien revient souvent à s'empêcher d'écrire, de penser, d'expérimenter (peut-être même d'espérer) bien des formes d'histoire. Le questionnaire s'en trouve étréci et les récits dépeuplés. Naturels ou intérieurs, bien des êtres sont ainsi relégués aux lisières de la prose historienne. Il ne s'agit pas de regretter ces scrupules, et encore moins de prétendre les enfreindre de manière désinvolte ou sauvage. Sans doute sont-ils constitutifs de l'opération historiographique elle-même, qui limite ses ambitions théoriques à ce qui peut réellement se dire. Mais en a-t-il toujours été ainsi ? N'avons-nous pas abandonné en cours de route une partie de notre dictionnaire, et au-delà du lexique, une certaine ambition d'embrasser la prose du monde ? En faisant l'hypothèse que ces empêchements, nécessaires ou non, trouvent leurs raisons dans un défaut de langue, le séminaire a pris également cette année une forme expérimentale. Il ne s'agissait pas seulement de relancer le débat entre histoire et littérature au-delà du dilemme fictionnel dans lequel il risque de s'enliser. Il s'agissait d'élargir la conversation à l'anthropologie, à la psychanalyse, mais aussi à toutes les écritures du réel, par-delà nature et culture.

Séminaire 1 – Récits dépeuplés, êtres absents : sur différentes formes d'histoire à venir

Patrick Boucheron avec Romain Bertrand (CNRS), Marielle Macé (EHESS) et Philippe Artières (CNRS), le 14 mai 2019

Il est des êtres – certains ligneux, d'autres éthérés, d'autres encore tapis au creux de nos âmes – pour lesquels nous n'avons plus de mots. Ces êtres, la question n'est pas d'y croire, mais de les écrire, ou plus précisément de les décrire : de les convoquer dans nos récits par le moyen d'un lexique et d'une syntaxe. Or, des mondes tout à la fois proches et lointains dont traite l'historien – et aussi bien l'anthropologue –, le parler souvent s'est perdu. Peut-on ressusciter certains de ces lexiques ? Avant de s'y essayer, encore faut-il les inventorier. C'est à cette tâche que s'attelle le livre de Romain BERTRAND, *Le* Détail *du monde. L'art perdu de la description de la nature* (2019). Après une introduction générale de ma part, la conversation s'engage sur la manière de poursuivre ce travail d'inventaire et de réinvention des possibilités d'une histoire à venir, dans les domaines du savoir les plus variés, en mobilisant notamment les notions d'attention, de composition et d'installation.

Séminaire 2 – La surface des choses : l'art oublié de la description des êtres naturels

Romain Bertrand (CNRS), Maylis de Kerangal, Marie-Noëlle Bourguet (université de Paris 7), Laurent Van Eynde (université Saint-Louis de Bruxelles), le 28 mai 2019

Si les mots désormais nous font défaut pour dire les êtres et les lieux naturels au plus près de leurs apparitions et de leurs entremêlements, il n'en a pas toujours été ainsi. Au temps de Goethe et de Humboldt, le rêve d'une « histoire naturelle » attentive à toutes les créatures, sans restriction ni distinction aucune, s'autorisait des forces combinées de la science et de la littérature pour élever la « peinture de paysage » au rang d'un savoir crucial. La galaxie et le lichen, l'enfant et le papillon voisinaient alors en paix dans un même récit ; aucun phénomène ne possédait sur les autres d'ascendant narratif. Ce n'est pas que l'homme comptait peu, c'est que tout comptait infiniment. Cet art du détail du monde – la capacité à portraiturer le « grand Tout » de la nature en ses moindres existences et en chacune de ses métamorphoses – se soutenait du dialogue entre science et poésie aussi bien que d'une philosophie moniste incarnée, tour à tour, par Friedrich von Schiller et Lorenz Oken. En quoi cette « philosophie de la Nature » a-t-elle donné à Goethe et à Humboldt les moyens de leurs récits, et est-il possible, aujourd'hui, de retrouver, par un travail littéraire, le souci des surfaces du monde qui était le leur ? Entre l'art de dire des romanciers d'aujourd'hui et les anciens savoirs naturalistes qu'il contribue parfois à remettre en avant, la conversation peut donc se rétablir.

Séminaire 3 – Les êtres intérieurs : ce qui converse en nous

Philippe Boutry (université Paris 1 Panthéon-Sorbonne), Stéphanie Sauget (université de Tours), Stéphane Habib (Institut des hautes études en psychanalyse/ Institut hospitalier de psychanalyse de Sainte-Anne), le 11 juin 2019

Si les rapports entre histoire et psychanalyse ont longtemps semblé empêchés, ce n'est pas seulement du fait de la méfiance spontanée des historiens face à une conception de l'inconscient freudien comme ce « tuf primordial et infantile » dont parlait Alain Besançon, faisant obstacle à toute tentative d'historicisation par sa nature même, « stable, universel, monotone ». C'est aussi par la difficulté de ses deux disciplines à prendre langue, au-delà de l'emprunt paresseux et incontrôlé d'un lexique apparemment (mais faussement) commun. Par son sujet même – l'histoire politique d'une hallucination – comme par sa forme même – le roman épistolaire d'une rencontre impossible –, le livre que Philippe Boutry et Jacques Nassif faisaient paraître en 1985 sous le titre de *Martin l'archange* désignait ces difficultés. À partir de lui, mais bien au-delà – en abordant notamment la longue durée de ces malentendus depuis *L'Homme Moïse et la religion monothéiste* de Sigmund Freud en 1939 –, les intervenants du séminaire tentèrent d'affronter ces impasses, et les promesses paradoxales que dessinent ces impasses, non seulement pour les rapports entre histoire et psychanalyse, mais pour l'élargissement du questionnaire historien sur les êtres intérieurs.

Séminaire 4 – La composition des mondes ou le retour de Humboldt. Autour de l'œuvre de Philippe Descola

Philippe Descola (Collège de France), Étienne Anheim (EHESS), Sophie Houdard (CNRS), le 25 juin 2019

L'œuvre de Philippe Descola a provoqué, dans le champ des sciences humaines, l'une des grandes secousses théoriques de ces dernières décennies. En dénaturalisant l'idée même de nature par la mise en exergue de la pluralité des ontologies ordonnant les rapports entre humains et non-humains, partant en provincialisant le grand partage anthropocentriste constitutif de la notion européenne de « modernité », les travaux de Philippe Descola n'ont pas fait que préciser les contours de « l'anti-mythe » de nos sociétés. Dans une veine humboldtienne, ils ont ré-ouvert l'espace des possibles descriptifs en redonnant droit de cité, dans le récit de l'historien et de l'ethnologue, aux êtres qui, par le jeu des (in)différences, en avaient été bannis. L'« anthropologie de la nature » de Philippe Descola nous invite ainsi à mieux décrire, c'est-à-dire à décrire *plus* : à multiplier les présences qui agitent nos histoires – et ce non pas sous la forme d'identités figées, mais sous celle d'entités labiles qui n'ont de propriétés que celles que fugacement leurs entrelacements leur assignent. C'est dans cette perspective narrative et descriptive que l'échange entre historiens et anthropologues peut se relancer.

Cours à l'extérieur

Collège Belgique (Namur) : « Fonder et exclure, ou les ambiguïtés du programme communal. À propos de la *Porta Romana* de Milan (1171) »

Le 16 janvier 2019

Les bas-reliefs de la *Porta Romana* de Milan constituent un programme sculpté complexe et de grande ampleur, qui est le premier exemple connu d'art communal. Sa visée est apparemment laïque et commémorative : il s'agit de rappeler la destruction de la ville par Frédéric Barberousse en 1162, l'expulsion de ses habitants et leur retour cinq ans plus tard. En 1167, les Milanais reprenaient pied dans leur histoire et fondaient du même coup l'identité politique de leur commune dans le souvenir cuisant d'un passé récent. Mais les bas-reliefs commandés par les consuls en 1171 donnent aussi à voir une scène étrange, où saint Ambroise chasse les ariens de la ville. La cité se refonde par un geste d'exclusion. L'analyse iconographique de ce décor sculpté tente d'y déceler le jeu heurté des temporalités et des ambivalences, éclairant du même coup le programme politique de la commune lombarde à un moment décisif de son histoire.

Université de Chicago : « Après Boccace : nouvelles et fictions politiques » et « France in the world: A medievalist reflects on the "Master Narrative" »

Les 6 et 7 mai 2019

Si la critique peut être définie, selon l'expression de Michel Foucault, comme « l'art de ne pas se laisser tellement gouverner », elle passe aussi par une résistance à la puissance narrative du pouvoir, c'est-à-dire à sa capacité de mise en récit. C'est dans cette perspective qu'a été conçue une série de cours et de séminaires à l'université de Chicago : d'abord, en formulant les derniers résultats de l'enquête menée sur la *novellistica* italienne – et en particulier l'œuvre de Franco Sacchetti qui fait aujourd'hui l'objet d'un travail de réexamen philologique et critique – ; ensuite en articulant cette problématique avec celle de la remise en cause des grands récits nationaux aujourd'hui, interprétant la capacité critique de l'histoire-monde en termes de défis narratifs adressés à l'écriture de l'histoire.

Recherche

La parution de *La Trace et l'Aura. Vies posthumes d'Ambroise de Milan (IVe-XVIe siècle)* au début de l'année 2019, achevant une enquête personnelle de longue haleine dont les principaux résultats avaient été exposés lors du premier cours au Collège de France de 2016, a nécessité un travail intense d'ultimes vérifications érudites et de mise au point formelle qui a occupé le dernier trimestre de l'année 2018. De brefs séjours à Buenos Aires, Budapest, Athènes et Beyrouth, mais surtout deux plus longs voyages en Chine (Chengdu, Nankin, Pékin, Canton en décembre 2018) et aux États-Unis (San Francisco, New York, Boston, Providence, Chicago en février et avril 2019) occupèrent également une partie de l'année, hors la période des cours et séminaires. Il s'agissait essentiellement de présenter les différentes traductions et adaptations de l'*Histoire mondiale de la France* (2017) – qui connaissait d'ailleurs un prolongement avec l'achèvement de la mission qui m'avait été confiée par le Musée national d'histoire de l'immigration, donnant lieu à la publication remaniée de notre rapport sur la réorganisation de la galerie permanente (*Faire musée d'une histoire commune*, 2019), fruit, là encore, d'une longue recherche collective –, mais aussi, plus globalement, d'une réarticulation des récits nationaux. Toutefois, les conférences et séminaires donnés aux universités de Stanford, Brown, New York, Columbia, et Chicago furent surtout l'occasion de discuter avec de nombreux collègues historiens, philosophes et littéraires des hypothèses proposées par les deux années de cours au Collège de France (2017 et 2018) consacrés aux « Fictions politiques ». Ces hypothèses ont suscité un certain intérêt aux États-Unis, au point que les éditions Other Press à New York ont lancé la traduction anglaise de ces conférences (qui resteront inédites en français). C'est au cours de ces échanges avec les collègues américains que ma recherche personnelle s'est réorientée, dans un sens qu'avait déjà conforté l'invitation au Collège de France en 2018 de Zrinka Stahuljak, professeure de littérature médiévale à l'UCLA, vers une réarticulation plus fine des rapports entre expérience et narration politiques, et ce dans le contexte d'une histoire comparée des pouvoirs. C'est à en exposer les principaux résultats, à partir de plusieurs études de cas menées dans le cadre des sociétés urbaines italiennes de la fin du Moyen Âge – avec notamment la reprise d'un chantier de recherche sur la peinture politique – que sera d'ailleurs consacré le cours de l'année 2019-2020.

Publications

BOUCHERON P., *La Trace et l'Aura. Vies posthumes d'Ambroise de Milan (IVe-XVIe siècles)*, Paris, Seuil, 2019 (traduction anglaise en cours chez Other Press, New York).

BOUCHERON P., *Machiavelli. The art of teaching people what to fear*, New York, Other Press, 2019.

BERTRAND R. et BOUCHERON P. (dir.), *Faire musée d'une histoire commune. Rapport de préfiguration de la nouvelle exposition permanente du Musée national de l'histoire de l'immigration*, Paris, Seuil/MNHI, 2019.

BOUCHERON P., « Ce qui a manqué à l'Europe », *in* P. BOUCHERON *et al.* (dir.), *Une certaine idée de l'Europe*, Paris, Flammarion, 2019, p. 11-47.

BOUCHERON P., « Corps cinglants et langages assemblés. L'espace public en puissance », *Le Visiteur*, vol. 24 (*L'espace public*), 2019, p. 7-18.

BOUCHERON P., « Les noms de Dante », *in* J.-B. BRENET et L. CESALLI (dir.), *Sujet libre : pour Alain de Libera*, Paris, Vrin, 2018, p. 53-58.

BOUCHERON P., « Société eucharistique et pouvoir cannibale au Moyen Âge : du jeu dans les normes ? », *in* C. COURTET *et al.* (dir.), *Le Jeu et la Règle*, Paris, CNRS Éditions, 2019, p. 225-235.

BOUCHERON P., « Passer du je au nous », *in* Y. POTIN et J.-F. SIRINELLI (dir.), *Générations historiennes, XIXe-XXIe siècles*, Paris, CNRS Éditions, 2019, p. 381-388.

BOUCHERON P., « 1298, Marco Polo devise le monde », *in* R. BERTRAND (dir.), *L'Exploration du monde. Une autre histoire des grandes découvertes*, Paris, Seuil, 2019, p. 80-85.

BOUCHERON P., « Épilogue. Passeur, transfuge, transfrontalier : l'historien et la traversée des frontières », *in* F. GARNIER et A. JAMME (dir.), *Cultures fiscales en Occident du Xe au XVIIe siècle : études offertes à Denis Menjot*, Toulouse, PUM, 2019, p. 367-372.

BOUCHERON P., « La nasse, le pont : à propos du programme PAUSE », *in* P. CHAMOISEAU et M. LE BRIS (dir.), *Osons la fraternité* ! *Les écrivains aux côtés des migrants*, Paris, Philippe Rey, 2018, p. 55-64.

BOUCHERON P., « Lille : un regard souverain », *in* F. RAYMOND et I. WARMOES (dir.), *Le Regard souverain. Les plans-reliefs dans les collections du Palais des Beaux-Arts de Lille*, Lille, Éditions Invenit, 2019, p. 104-107.

BOUCHERON P., « Récits d'espace », introduction à C. GRATALOUP (dir.), *Atlas historique mondial*, Paris, Les Arènes-L'Histoire, 2019, p. 8-11.

BOUCHERON P., « Sartre, *Saint Genet* et Genet sans Sartre : quand la théorie fait écran », *Carnets de Chaminadour, vol.* 14 (*Mathieu Riboulet sur les grands chemins de Jean Genet)*, 2019, p. 171-179.

BOUCHERON P., « L'art de la chute » préface à D. DAENINCKX, *Le Roman noir de l'Histoire*, Lagrasse, Verdier, 2019, p. 9-20.

BOUCHERON P., « Préface », *in* J.-P. DEVROEY, *La Nature et le Roi. Environnement, pouvoir et société à l'âge de Charlemagne, 740-820*, Paris, Albin Michel, 2019, p. 7-10.

Techniques et économies de la Méditerranée antique

Jean-Pierre Brun
Professeur au Collège de France

Le cours n'a pas eu lieu.

J.-P. Brun, « Techniques et économies de la Méditerranée antique », *Annuaire du Collège de France 2018-2019. Résumé des cours et travaux*, 119e année, Paris, Collège de France, 2022, p. 363, https://doi.org/10.4000/annuaire-cdf.17189.

Civilisation mésopotamienne

Dominique Charpin
Membre correspondant de l'Académie des inscriptions et belles-lettres,
professeur au Collège de France

Mots-clés : Mésopotamie, Babylone, Samsu-iluna, écriture cunéiforme

La série de cours « La Mésopotamie sous les successeurs de Hammu-rabi » est disponible en audio et/ou en vidéo, sur le site internet du Collège de France (https://www.college-de-france.fr/site/dominique-charpin/course-2018-2019.htm).

Enseignement

Cours – La Mésopotamie sous les successeurs de Hammu-rabi [1]

Introduction

En 2003 a été publiée la première synthèse en français sur le roi de Babylone Hammu-rabi [2] (1792-1750 av. J.-C. [3]). L'idée initiale était de traiter dans le cours de cette année les règnes de ses cinq successeurs : Samsu-iluna, qui règna 38 ans, de

1. Les mots sumériens sont rendus en minuscules (é-dub-ba), les mots akkadiens en italiques (*mīšarum*), les idéogrammes dans les textes akkadiens en capitales romaines (HI.GAR).
2. D. Charpin, *Hammu-rabi de Babylone*, Paris, PUF, 2003 ; trad. italienne de G. Spada, *Hammurabi di Babilonia*, Rome, Salerno, coll. « Piccoli Saggi », n° 24, 2005 ; trad. anglaise, *Hammurabi of Babylon*, Londres, IB Tauris, 2012 ; trad. russe, Хаммурапи, царьВавилона, Moscou, РГГУ, 2013.
3. Selon la chronologie conventionnelle dite « moyenne ».

D. Charpin, « Civilisation mésopotamienne », *Annuaire du Collège de France 2018-2019. Résumé des cours et travaux*, 119e année, Paris, Collège de France, 2022, p. 365-386, https://doi.org/10.4000/annuaire-cdf.17190.

1749 à 1712, puis Abi-ešuh (28 ans, de 1711 à 1684), Ammi-ditana (37 ans, de 1683 à 1647), Ammi-ṣaduqa (21 ans, de 1646 à 1626) et enfin Samsu-ditana (31 ans, de 1625 à 1595). Toutefois, cette période s'étend sur un siècle et demi ; il a donc paru plus raisonnable de limiter le cours de cette année au règne de Samsu-iluna, beaucoup de données nouvelles sur cette période étant disponibles. L'étude des derniers rois, d'Abi-ešuh à Samsu-ditana sera effectuée en 2019-2020, d'autant que, là encore, une documentation très abondante a été publiée ces dernières années et n'a pas encore été suffisamment prise en compte.

Cours 1 – Introduction

Samsu-iluna a souvent été présenté comme le successeur incapable de conserver le grand royaume constitué par Hammu-rabi. Ainsi son règne a-t-il été défini par Cyril John Gadd dans la *Cambridge Ancient History*, en 1973, comme « pas beaucoup plus court, mais moins remarquable que celui de son père [4] ». Il est vrai qu'à la fin de son règne, l'étendue du royaume de Babylone s'était considérablement amoindrie. Cependant, c'est sous le règne de Samsu-iluna que se produisirent des transformations très importantes, notamment du point de vue culturel.

Les sources disponibles pour étudier cette période de près de quatre décennies sont d'abord formées par les textes commémoratifs, au premier rang desquels on compte les « noms d'années » qui servaient à dater les documents. Pour Samsu-iluna, il n'y a pas de problème : la séquence de ses 38 noms d'années est connue. On retrouve à leur sujet le même problème général d'interprétation que pour la plupart des règnes : les mentions d'événements politico-militaires sont minoritaires et la question est de savoir comment interpréter les noms des années qui mentionnent des offrandes religieuses. Faut-il les considérer comme des signes d'affaiblissement ? On possède par ailleurs 9 inscriptions commémoratives de Samsu-iluna. Au contraire de Hammu-rabi, figuré au sommet de la stèle de son *Code*, on ne possède pas de représentation de son fils : on sait seulement qu'il fit faire une statue de lui en pierre, qui pesait 2,5 tonnes, donc manifestement plus grande que nature. L'existence d'un fragment de statue en pierre a été signalée dès 1994 : seule est conservée la partie inférieure de la statue, et pas le buste ni la tête ; ce qui reste pèserait 160 kilos. L'inscription est gravée sur la partie de la tunique située entre la ceinture et les genoux ; elle est malheureusement toujours inédite [5].

Les documents d'archives sont très nombreux. En 1999, Malcolm J.A. Horsnell comptait 2 571 textes datés de Samsu-iluna, plusieurs centaines les ont complétés ces dernières années – et il faut y ajouter de nombreuses lettres, qui n'étaient jamais datées, mais que l'on peut situer chronologiquement essentiellement grâce à la prosopographie. Le total est donc supérieur à ce qu'on possède pour le royaume de Babylone sous Hammu-rabi. On pourrait s'en étonner, puisque Hammu-rabi a régné 43 ans, donc 6 ans de plus que son fils Samsu-iluna. Mais il

4. « Not much shorter but less distinguished than his father's », *The Cambridge Ancient History*, II, 1, Cambridge, Cambridge University Press, 1973, p. 220.

5. Sa publication a été annoncée dans S. RICHARDSON, « The Oracle BOQ 1, "Trouble,", and the Dūr-Abiešuḫ texts: The end of Babylon I », *JNES*, vol. 78, 2019, p. 220, n° 18 : « W.G. Lambert† and M. Weeden (forthcoming), "An Inscription of Samsuiluna from the Papers of W. G. Lambert" ».

faut tenir compte de la taille du royaume de Babylone. Les grandes conquêtes de Hammu-rabi sont postérieures à l'an 30, donc ne couvrent que 13 ans. Au contraire, Samsu-iluna a hérité du vaste royaume de son père, et n'a perdu ses conquêtes qu'en deux fois, en l'an 12 d'abord, puis ensuite en l'an 30 : donc il a régné plus longtemps que son père sur ce qu'on peut appeler la « grande Babylonie ». Mais surtout, il faut faire intervenir le « facteur catastrophe », selon l'expression de Miguel Civil : les textes les plus nombreux sont presque toujours ceux qui précèdent immédiatement le moment où un niveau archéologique est abandonné et/ou détruit. M. Civil l'a démontré à propos de la fin de la IIIe dynastie d'Ur, mais bien d'autres exemples peuvent être donnés. Il est donc logique que les textes de Samsu-iluna soient plus nombreux que ceux de son père Hammu-rabi, puisque les villes du Sud, d'abord Larsa, Uruk et Ur, puis Isin et Nippur, ont été abandonnées sous son règne.

Les sources textuelles sur le règne de Samsu-iluna ont ensuité été présentées dans leur environnement géographique et archéologique. On a commencé par le cœur du royaume, autour des villes majeures de Babylone, Kiš et Sippar. On a ensuite examiné les régions conquises par Hammu-rabi : il s'agit essentiellement de l'ancien royaume de Larsa, qui, lui-même, avait annexé successivement les royaumes d'Uruk et d'Isin. Les villes principales étaient Ur, Uruk, Larsa, Nippur et Isin.

Cours 2 – L'avènement de Samsu-iluna

Le cours a commencé par un tableau du royaume que Samsu-iluna hérita de son père. Le texte qui a servi de guide est le prologue du *Code* de Hammu-rabi, rédigé à la fin de son règne. Le souverain s'y définit par rapport aux principales villes de son royaume. À chaque fois, la structure est la même : après une épithète d'ordre général vient la définition d'un lien particulier du roi à telle divinité, ainsi qu'à la ville et au temple de celle-ci. La section commence ainsi : « Je suis Hammu-rabi, le pasteur choisi par Enlil, celui qui procure abondance et profusion, celui qui rend parfaites toutes choses pour la ville de Nippur, lien du ciel et de la terre, le pieux pourvoyeur de l'Ekur. » Au total, pas moins de 26 villes sont mentionnées dans le prologue du *Code* de Hammurabi. L'ordre dans lequel elles sont énumérées a donné lieu à de nombreux commentaires, car il n'a rien d'évident. Le premier groupe est de nature religieuse. Y sont d'abord énumérées Nippur, Eridu et Babylone, c'est-à-dire les villes des divinités majeures que sont Enlil, Enki/Ea et Marduk. Le principe de regroupement des 18 autres villes est de nature géographique. Un deuxième groupe forme une sorte de cercle en Babylonie centrale : il commence à Isin, puis va au nord (Kiš et Kutha), se dirige vers l'ouest (Borsippa), puis vers le sud (Dilbat) et revient dans la région d'Isin (Keš). Le troisième groupe énumère des villes de la « périphérie orientale » : il commence à Lagaš-Girsu, passe par Zabalam, Karkar, Adab et Maškan-šapir, avant de terminer à Malgium. Le quatrième groupe correspond aux conquêtes les plus tardives de Hammu-rabi : à l'ouest, Mari et Tuttul, à l'est, Ešnunna et Agadé, enfin au nord, Aššur et Ninive. On a ensuite présenté les royaumes voisins de la Babylonie lorsque Samsu-iluna monta sur le trône, en particulier ceux d'Alep à l'ouest et d'Apum (avec sa capitale Šehna / Šubat-Enlil) en Haute-Mésopotamie.

Dans quelles circonstances Samsu-iluna a-t-il succédé à son père Hammu-rabi ? Nous avons d'abord examiné quels étaient les héritiers possibles, ainsi que les règles qui régissaient alors la dévolution du trône. Nous sommes ensuite passés au détail événementiel, en constatant que Hammu-rabi sentit sa mort venir, et que son hériter prépara son avènement avant même que la maladie n'ait emporté son père. Son décès eut lieu avant le 10 du cinquième mois de l'année 43. Nous n'avons aucune idée de l'âge qu'avait alors Samsu-iluna : on sait seulement qu'il resta 38 ans sur le trône de Babylone. Samsu-iluna renouvela-t-il les liens diplomatiques qui avaient uni Hammu-rabi avec ses voisins ? Nous l'ignorons. Nous ne disposons en effet pas des archives de son palais – ni de celles des rois étrangers avec qui il aurait noué une alliance. En revanche, une mesure intérieure qu'il prit dès son avènement a laissé des traces et c'est par ce dossier qu'a fini le cours.

L'avènement des rois, en Babylonie, s'accompagnait traditionnellement de la proclamation d'un édit décrit par le terme de *mîšarum*. Nous ne possédons pas de description précise de la cérémonie qui eut lieu lors de l'avènement de Samsu-iluna, mais nous pouvons la reconstituer à l'aide de textes plus anciens et plus tardifs. Pour mettre fin au deuil du pays, le nouveau roi levait une torche en or : ce symbole solaire renvoyait à l'image du roi en tant qu'incarnation du dieu-Soleil, qui était le dieu de la justice dans le panthéon mésopotamien. Une lettre écrite alors à un gouverneur de province montre que la mesure prise par le roi avait une double portée. Elle consistait d'abord à remettre leurs arriérés aux catégories travaillant pour le palais et devant verser à ce titre une redevance (*biltum* en babylonien) ; le roi énumère les bergers, les cultivateurs et les équarisseurs, autrement dit ceux qui cultivaient les terres du palais et exploitaient les troupeaux qui lui appartenaient. La seconde mesure décrétée par Samsu-iluna était la remise des dettes de deux catégories de soldats et des particuliers (les *muškênum*). Contrairement à ce qu'ont écrit certains assyriologues, le roi intervenait ainsi au-delà de son domaine propre : il annulait en effet les créances des particuliers. La lettre s'achève par une convocation : Etel-pi-Marduk devait se rendre à la capitale avec les Anciens du pays qu'il gouvernait. La mesure décrétée par le nouveau roi fut-elle réellement appliquée ? Certains auteurs ont eu des doutes de manière générale sur la portée des *mîšarum* : ils ont considéré que ces mesures relevaient davantage de l'idéologie de la royauté, exaltant les qualités de justice du souverain, plutôt que de la réalité économique et sociale. Différents textes permettent de montrer qu'il n'en est rien : les transactions furent effectivement affectées par la mesure du roi, et de nombreuses créances impayées restèrent dans les archives des prêteurs, qui ne purent se les faire rembourser.

Cours 3 – Les premières années du règne

Les premières années du règne de Samsu-iluna sont mal connues. Du point de vue des sources, nous sommes handicapés du fait que nous n'avons pas de correspondance de Samsu-iluna équivalente à ce qu'on possède pour son père. Envoyées par Hammu-rabi, nous avons quelques lettres dans le palais de Mari, mais surtout plus de 200 lettres expédiées à Larsa après l'annexion babylonienne : la moitié adressées au gouverneur Sin-iddinam, l'autre moitié au responsable du domaine royal, Šamaš-hazir. Rien de tel pour Samsu-iluna, sans qu'on sache exactement pourquoi. La seule explication possible est qu'il remplaça Sin-iddinam et Šamaš-hazir par d'autres personnes qui gardaient leurs archives dans leurs demeures, épargnées par les fouilles clandestines.

L'entourage du roi comportait à la fois sa famille et les hauts dignitaires du royaume. Pour ce qui est de sa famille, le dossier a été vite examiné : il est vide.

Nous ignorons qui furent sa mère, ses épouses, ses enfants (à l'exception de son successeur Abi-ešuh). Un seul texte nous permet d'avoir une idée de l'entourage de Samsu-iluna : il s'agit d'un document daté de l'an 8 par lequel le roi vendit un champ de 185 arpents à une religieuse-*nadîtum* de Sippar, pour la somme importante de 10 mines d'argent[6]. On y trouve en tête des témoins Marduk-mušallim, qualifié de šâpir rêdê, une sorte de généralissime. Il est suivi par un personnage nommé Sumu-Hammu, qui pourrait avoir été un neveu du roi. Puis vient le ministre de l'économie (šandabakkum), nommé Nabium-malik ; il est suivi par un personnage sans titre mais au nom sumérien éloquent, Namtilani-idu, qui signifie « Sa vie (*i.e.* celle du roi) est bonne ». Viennent ensuite deux chefs des barbiers, Sagil-mansum et Ea-reṣušu. On trouve ensuite un intendant (šandabakkum) du palais, Damiq-Marduk, puis deux ministres-šukkallum, Adad-ili et Hadanšu-likšud. Là semble s'arrêter la liste de l'entourage royal, la suite mentionnant des autorités locales de Sippar.

Pour connaître les actions du roi, l'historien de l'époque paléo-babylonienne se tourne naturellement vers les noms d'années, qui commémorent les hauts faits du souverain. Souvent, on peut mettre ces noms d'années en rapport avec des inscriptions commémoratives qui développent la même thématique : il n'en est rien en ce qui concerne les sept premières années de Samsu-iluna, et la moisson est plutôt décevante. La séquence concerne tour à tour trois aspects : la justice, le creusement de canaux, des offrandes aux divinités dans leurs temples. Dans cette dernière catégorie, le nom de l'an 5 est intéressant : « Année où Samsu-iluna, le roi, fit faire un trône en offrande à Nanna, sa divinité personnelle, et où il l'installa dans l'Ekišnugal, son temple pur ». Deux tablettes des archives du général Abisum, retrouvées à Ur dans sa vaste maison du quartier AH lors des fouilles du printemps 2017, enregistrent une dépense de poissons pour le « repas du roi » au début de l'année 5 du règne de Samsu-iluna. Cela montre que le souverain babylonien était alors venu jusqu'à Ur et confirme que l'Ekišnugal dont il est question dans le nom de l'an 5 est bien celui d'Ur et pas le temple homonyme de la capitale. Nous ne connaissons pas le détail de ce voyage, ni toutes ses étapes. Mais nous pouvons constater que, dans son nom d'année, Samsu-iluna mit l'accent sur Ur, et non sur Larsa, où l'on peut supposer qu'il séjourna aussi : comme s'il voulait donner plus d'importance à la métropole religieuse du Sud qu'à l'ancienne capitale de Rim-Sin.

Les sept premières années du règne semblent avoir été marquées par une sévère crise économique. Dès la troisième année suivant la proclamation de la *mîšarum*, les arriérés s'accumulèrent, signe manifeste de difficultés. On voit clairement la faiblesse du système : au moment d'une *mîšarum*, la remise des arriérés par le roi revenait à remettre les compteurs à zéro, mais on ne changeait pas les règles du jeu. Et donc les mêmes causes produisaient les mêmes effets : les rois n'avaient pas l'idée qu'une remise ponctuelle ne suffisait pas et qu'il aurait fallu ce que nous appelons des réformes structurelles. L'existence d'une *mîšarum* en l'an 8 de Samsu-iluna a été d'abord connue par la publication en 1965 d'un fragment du texte de l'édit issu des fouilles de Scheil à Sippar en 1894, et daté du mois iii de l'an 8. Trente

6. BDHP 28, réédité dans D. CHARPIN, « Dons ou ventes de terres par les rois à l'époque paléo-babylonienne », *in* K. KLEBER, G. NEUMANN et S. PAULUS (dir.), *Grenzüberschreitungen. Studien zur Kulturgeschichte des Alten Orients. Festschrift für Hans Neumann zum 65. Geburtstages am 9. Mai 2018*, Münster, Zaphon, coll. « Dubsar », vol. 5, 2018, p. 99-142 (p. 115).

ans plus tard, un deuxième fragment d'un édit de *mîšarum* de Samsu-iluna, conservé à Yale, était à son tour publié. Que cet édit ait été appliqué est prouvé par les traces qu'il a laissées dans les archives de nombreux créanciers. On constate le même phénomène que pour la *mîšarum* de l'avènement de Samsu-iluna, de manière encore plus nette : de nombreux lots d'archives comportent des créances datant des mois précédant la proclamation de la *mîšarum* et, de ce fait, annulées par le roi. On a également retrouvé une lettre faisant allusion à l'application de la mesure et une autre qui cite un passage de l'édit (*ṣimdatum*). Samsu-iluna, constatant les effets de la crise économique, tenta donc d'en atténuer les effets sur la population de son royaume en proclamant une deuxième *mîšarum*, huit ans à peine après la première. Mais cette mesure ne produisit pas les effets escomptés : la Babylonie fut aussitôt après en butte à la fois à des révoltes intérieures et à une invasion extérieure.

Cours 4 – La grande révolte

Les années 8 à 10 de Samsu-iluna sont beaucoup mieux connues que les sept premières années de son règne, en raison des événements qui se déroulèrent alors : pendant deux ans se succédèrent révoltes et invasions dans le sud, l'est et l'ouest de son royaume. Le point de départ est un constat simple : l'arrêt de l'emploi des noms d'années de Samsu-iluna dans un certain nombre de villes, dans le courant de l'année 8, et l'apparition de noms d'années de rois locaux, comme celui de Rim-Sin [II] à Ur, Larsa, etc., ou de Rim-Anum à Uruk. Deux inscriptions postérieures de Samsu-iluna rappellent les événements.

Pourquoi des usurpateurs réussirent-ils à prendre le pouvoir dans les villes du Sud ? Manifestement, la venue de Samsu-iluna à Ur, trois ans auparavant, n'avait pas suffi à apaiser la rancœur des habitants de l'ancien royaume de Larsa : ils semblent avoir eu le sentiment qu'ils étaient exploités par le Nord et avoir voulu reprendre leur indépendance. Uruk a rétabli la sienne en portant Rim-Anum sur le trône, tandis que Rim-Sin II devenait roi de Larsa, englobant l'ancien royaume d'Isin. Les sources d'Uruk proviennent d'un seul site, le palais fondé par Sin-kašid, où ont été découvertes plus de 300 tablettes provenant des archives de la « maison des prisonniers de guerre » (*bît asîrî*). Cette institution se chargeait des captifs dans l'intervalle entre leur arrivée à Uruk et leur redistribution à des temples ou à des dignitaires, pourvoyant notamment à leur alimentation. Les textes de distributions de farine ont le grand intérêt de mentionner les bénéficiaires en fonction de leur origine géographique, à l'intérieur ou à l'extérieur du royaume. On voit ainsi que Rim-Anum avait réussi à reconstituer le royaume d'Uruk tel qu'il existait avant son annexion par Rim-Sin I ; une vieille querelle frontalière avec Larsa semble d'ailleurs avoir resurgi. On constate également que Dagan-ma-ilum, chef des gens de Kazallu et du Mutiabal, fit alliance avec Rim-Anum.

La liste des localités où l'on trouve des textes datés par des noms d'années de Rim-Sin II permet de reconstituer l'étendue de son royaume : Ur, Larsa, Kutalla, Ašdubba, Bad-tibira, Lagaš, Isin et Nippur. Il correspond à l'ancien royaume de Larsa, à l'exception notable d'Uruk, où régnait Rim-Anum, comme nous l'avons vu. Samsu-iluna le décrit comme « Rim-Sin, qui avait fait se rebeller l'Emutbalum et qui avait été élevé à la royauté de Larsa ». Telles sont les raisons qui expliquent que les historiens le désignent comme Rim-Sin II, considérant qu'il avait pris la suite du grand Rim-Sin. Mais « Rim-Sin II » lui-même ne se définit nulle part en relation avec Larsa : à deux reprises, c'est par rapport à Keš et à sa déesse Ninmah qu'il se situe. Il est remarquable que plusieurs individus se firent faire de nouveaux sceaux où ils se déclarent « serviteur de Rim-Sin » : cela prouve qu'aux yeux de beaucoup, la situation était irréversible. Elle était pourtant bien fragile économiquement, comme le montrent divers indices.

La période fut également troublée par une invasion de Kassites. C'est la première fois que leur nom apparaît dans l'histoire de la Mésopotamie, et on sait qu'une dynastie originaire de ce peuple finit par prendre le pouvoir à la fin de la Ire dynastie de Babylone peu après 1600. Les Kassites, qui jusque-là semblent avoir vécu dans les montagnes du Zagros, voyant les gens de la plaine s'entre-tuer, jugèrent sans doute le moment favorable pour effectuer une descente. On peut supposer qu'après avoir effectué force pillages, ils repartirent chargés de butins dans leurs montagnes – ce qui permit à la fois à Samsu-iluna et à Rim-Sin II de dire qu'ils les avaient victorieusement repoussés… Nous n'en avons plus de mention avant le règne d'Abi-ešuh, fils et successeur de Samsu-iluna.

Pendant longtemps, on a cru que la révolte n'avait affecté que le sud et l'est du royaume de Babylone, avant tout parce que Samsu-iluna dans l'inscription de Kiš ne parle de rien d'autre ; on a maintenant compris que ce fut aussi le cas de l'Ouest. On ignore tout de ce qui s'est passé dans l'ancien royaume de Mari après la destruction du palais et de la ville, pendant la fin du règne de Hammu-rabi et le début de celui de Samsu-iluna. Mais des tablettes ont été retrouvées à Terqa, qui livrent le nom de trois rois du « royaume de Hana » : Yapah-Sumu-abum, Iṣi-Sumu-abum et Yadih-abum. Ils furent reconnus le long du Moyen-Euphrate depuis Harradum jusqu'en amont de Terqa et dans le bas Habur, comme l'ont montré les fouilles japonaises récentes de Tell Ṭaban, l'antique Ṭabatum. Samsu-iluna avait trop à faire au Sud et à l'Est, et il ne put empêcher cette renaissance du royaume de Mari que son père avait anéanti vingt ans plus tôt, en 1760.

Il semble que la reconquête babylonienne commença par Larsa : Samsu-iluna y fut à nouveau reconnu dès le 20/ii de l'année 10, mais à Ur seulement au mois viii, soit six mois plus tard. La reconquête de l'an 10 fut commémorée par le nom donné à l'an 11 : « Samsu-iluna, le roi, sur l'ordre d'An et d'Enlil, détruisit les grandes murailles d'Ur et Uruk et vainquit l'armée d'Akkad pour la <nième> fois. » On remarque l'absence de Larsa dans cette énumération : c'est Ur qui est châtiée, mais aussi Uruk. Son roi Rim-Anum s'étant rallié à Samsu-iluna, il semble que Rim-Sin voulut étendre son emprise sur Uruk. Ce serait alors que certains habitants, dont le clergé, qui avaient cautionné la nouvelle politique pro-babylonienne de Rim-Anum se réfugièrent en Babylonie du Nord. C'est donc bien Samsu-iluna qui a détruit la muraille d'Uruk, mais *en représailles contre Rim-Sin II*, de la même manière qu'à Ur. La différence est qu'Uruk ne fut pas réoccupée en l'an 11.

En revanche, pas moins de 15 textes datés de l'an 11 de Samsu-iluna ont été retrouvés à Ur, dont 4 dans la maison du général Abisum, fouillée en 2017. L'année 11 semble avoir été paisible, la domination babylonienne ayant été rétablie. Une nouvelle révolte éclata au début de l'an 12. Une partie des habitants choisit le chemin de l'exil, comme l'avaient fait les habitants d'Uruk auparavant. Mais d'autres choisirent de rester : c'est le cas, au mois viii de Samsu-iluna, de 12 gardiens chargés de protéger le temple de Ningal et ses trésors. Peu après, cette ultime résistance fut emportée et la ville complètement pillée et détruite, sans que l'on connaisse l'identité des assaillants.

Dans son inscription de Kiš, Samsu-iluna mentionne aussi sa victoire sur un roi d'Ešnunna nommé Iluni. Celui-ci est resté mal connu, jusqu'au moment où deux sites voisins de la vallée de la Diyala, Tell es-Sib et Tell Haddad, vestiges de l'antique cité de Me-Turan, livrèrent des documents datés de son règne. Nous disposons depuis peu également de lettres écrites par Iluni, dont l'origine archéologique est indéterminée. Le nombre de noms d'années d'Iluni semble assez important, mais on ne sait pas quand son règne a débuté. Il semble que ses armées se joignirent à celles de Rim-Sin II pour lutter contre Samsu-iluna, si l'on fait attention à une variante du nom de l'an 10 de Samsu-iluna, où le roi de Babylone prétendit avoir remporté une victoire sur « l'armée de l'Ida-Maraṣ (variante : l'armée d'Ešnunna), du pays de Yamutbalum, d'Uruk et d'Isin ». On ne sait pas quand Iluni fut éliminé, mais dans l'inscription de Kiš, Samsu-iluna indique : « Quant à Iluni, le roi d'Ešnunna, qui était rebelle à ses ordres, il le captura, l'amena dans un carcan et le fit étrangler. »

Au terme de ces deux années de troubles, le royaume de Samsu-iluna se trouva amputé de sa partie la plus méridionale : toute la région autour de Larsa, Ur et Uruk lui échappa définitivement, alors qu'il réussit à récupérer la zone de Nippur et d'Isin. Nous ne savons pas exactement quel contrôle il reprit sur Ešnunna et la vallée de la Diyala, malgré son affirmation selon laquelle il élimina Iluni. Et à l'ouest, toute la vallée du moyen-Euphrate passa au pouvoir d'une nouvelle dynastie qui ressuscita le royaume de Mari. L'héritage de Hammu-rabi fut donc en grande partie perdu.

Cours 5 – Les écoles et la littérature

M. Civil, dans son introduction à l'édition de la série dite Proto-Ea, a souligné que les listes de signes et autres exercices du même genre étaient généralement détruits presque immédiatement par effacement, puis remodelage de la tablette, afin d'économiser l'argile. La conservation de ce genre d'exercice ne s'est donc produite qu'accidentellement, par interruption brutale du processus de « recyclage » dans les écoles (é-dub-ba) :

> Il semblerait donc que dans une é-dub-ba bien tenue aucune tablette d'exercice n'ait été conservée pendant une longue période. Occasionnellement, une tablette d'exercice peut avoir été déplacée et perdue – et donc sauvée pour la postérité – mais la masse des tablettes était selon toute vraisemblance détruite lors du déroulement normal des activités scolaires. C'est seulement lorsque ces activités étaient brutalement interrompues par un événement catastrophique qu'un grand nombre de tablettes d'exercice était conservé.

Tous les spécialistes de la littérature sumérienne et des écoles ont repris depuis cette conclusion, en raison de l'autorité qui s'attache à tout ce qu'a écrit M. Civil, incontestablement l'un des meilleurs sumérologues qui aient jamais existé. Mais le parallèle avec les documents d'archives permet de modifier cette vision, en prenant en considération les cas où des tablettes scolaires ont été retrouvées dans les murs de certaines maisons, ou entre deux sols, ou dans des aménagements comme des banquettes, ou encore dans des fosses : il s'agit alors du résultat, non pas d'un « événement catastrophique », mais d'une césure de moindre ampleur dans l'occupation du bâtiment, qui continua malgré tout à être occupé, même si l'habitant changea. Et c'est seulement dans le cas d'un abandon total que l'on trouve les tablettes *in situ*, une situation finalement assez rare. Au lieu du « tout ou rien » de M. Civil, on peut introduire un état intermédiaire. Le sort des tablettes pouvait donc être :

1) le recyclage, qui sauf exception ne laisse pas de trace ;

2) la mise au rebut, qui permet de retrouver les tablettes dans un contexte secondaire ;

3) l'abandon sur place, suite à un incendie, une attaque ennemie, etc. qui détruisit complètement le niveau d'occupation.

Dans cette perspective, le cours a été consacré au réexamen de la situation des écoles et des tablettes scolaires dans le sud du royaume de Samsu-iluna, suite aux troubles qui ont marqué ses années 9 à 12. Il faut distinguer deux cas : celui des villes qui ont été abandonnées et détruites en l'an 12 de Samsu-iluna, comme Larsa et Ur, et celui des villes situées plus au nord, qui ont été perdues par le roi de Babylone pendant la révolte de Rim-Sin II, mais reconquises dans le courant de l'année 11 et tenues jusqu'en l'année 29 : c'est le cas d'Isin et de Nippur. Il faut d'emblée souligner les difficultés que rencontre ce type d'enquête. Beaucoup de textes proviennent soit de fouilles clandestines, soit de fouilles anciennes pour lesquelles nous n'avons pas de renseignements précis sur le contexte de leur découverte. Par ailleurs, la sensibilité à la date de copie des textes littéraires est un phénomène récent en assyriologie.

Nous nous sommes d'abord intéressés au cas de Qišti-Ea, connu par les colophons présents sur six tablettes conservées à Yale et très probablement originaires de Larsa. On y trouve le nom de l'apprenti-scribe et la date de la copie ; il s'agit du règne de Samsu-iluna, le nom de l'année 11 étant parfois noté à la suite de celui du roi. Trois textes appartiennent à la correspondance royale, trois autres au genre des débats et dialogues. Un doute sérieux existe sur l'ordre d'étude : Lettres puis Dialogues ou Dialogues puis Lettres : la seule chose qui est sûre, c'est que notre apprenti étudia les deux genres successivement, sans que l'on soit certain de l'ordre de succession, sur une durée d'un an. Ce cas montre que la reprise en main de Larsa par Samsu-iluna n'introduisit pas de rupture, ce que l'examen des documents d'archives avait déjà suggéré : manifestement, les écoles ont continué leurs activités – jusqu'à l'arrêt brutal qui suivit la fin de l'année 11 de Samsu-iluna.

Nous sommes ensuite revenus sur la situation à Ur. La maison « n° 1 Broad Street » (quartier AH), qu'il s'agisse d'une école ou pas, n'entre pas dans le cadre de notre étude, puisque les textes datés les plus récents sont de l'an 16 de Rim-Sin. En revanche, le cas de la maison « n° 7 Quiet Street » (quartier EM), est bien différent. On sait qu'y vécut une famille de purificateurs, dont les traditions particulières mettaient en avant le dieu Enki et les divinités de son entourage. La présence de tablettes scolaires ne laisse aucun doute sur le fait que cette maison servit de cadre à un apprentissage scribal. Qui plus est, elles reflètent un *curriculum* qui correspond assez bien à celui que décrivent les textes académiques sur l'é-dub-ba : copies de listes lexicales, d'inscriptions royales, de textes sumériens littéraires, ainsi qu'exercices de calcul et de géométrie. Il est assuré qu'à la fin du règne de Rim-Sin, les fils de Ku-Ningal entretenaient une activité scolaire dans leur maison. Cette activité fut-elle poursuivie jusqu'à la fin ? On peut en douter si l'on se rappelle le paradigme de M. Civil cité plus haut. On a en effet remarqué l'absence d'une catégorie de tablettes scolaires : les listes de signes. Or, précisément, la maison « n° 7 Quiet Street », détruite soudainement par un incendie, en l'an 12 de Samsu-iluna, fournit un cas idéal : si de tels exercices n'y ont pas été retrouvés, ce peut être qu'il n'y avait plus d'activité scolaire dans la maison dans les années qui ont précédé immédiatement sa destruction.

Il n'y eut pas à Isin, comme à Uruk ou à Larsa, de tentative pour faire renaître une royauté locale : Isin, comme sa voisine Nippur, passa sous la coupe de Rim-Sin II, mais Samsu-iluna en récupéra durablement le contrôle en l'an 10 de son règne ; les deux villes n'échappèrent définitivement au royaume de Babylone que vers l'an 29 de Samsu-iluna. Leur cas devrait être donc différent de celui d'Ur ou de Larsa. En quoi les événements politiques ont-ils pu affecter la formation des scribes ?

Le site d'Išan Bahriyat, l'antique Isin, a été fouillé par l'université Louis-et-Maximilien de Munich durant 11 campagnes, entre 1973 et 1989. Les découvertes les plus importantes ont été faites lors de la 8e campagne, en 1984, dans le secteur dit « Nordostabschnitt » (NO III et IV). Plusieurs bâtiments ont manifestement servi de cadre à un enseignement, mais Claus Wilcke a recommandé la plus grande prudence dans l'emploi du terme d'« école ». Un des bâtiments de ce secteur semble avoir été la maison d'un chef-lamentateur (gala-mah) nommé Ur-Nininsina. Celui-ci était déjà connu par un contrat où il acheta un champ en l'an 15 de Samsu-iluna. On a retrouvé dans sa maison un vase contenant un recueil de 11 incantations en partie en akkadien et en partie en sumérien, publié par C. Wilcke dès 1985, mais aussi une grande tablette contenant la copie de plusieurs inscriptions royales, ainsi que divers documents d'archives. Voilà qui montre qu'une formation scribale avait lieu dans la maison d'un chef-lamentateur. On a donc là indubitablement les vestiges d'un enseignement qui s'est poursuivi après le retour d'Isin sous contrôle babylonien et jusqu'au moment où Isin échappa à Samsu-iluna, en l'an 29.

Les fouilles américaines de la fin du XIXe siècle à Nippur furent à la fois très fructueuses et un véritable désastre : de très nombreuses tablettes ont été découvertes, mais, en raison des techniques de fouille encore très sommaires, leur contexte archéologique est quasiment inconnu. On sait seulement que beaucoup de tablettes paléo-babyloniennes, documents d'archives et textes littéraires et scolaires, ont été découvertes dans ce qui fut appelé de ce fait « Tablet Hill », la colline aux tablettes. La fouille de ce secteur a repris lors de la 3e campagne de l'expédition conjointe Chicago-Philadelphie, en 1951-1952 ; deux secteurs ont alors été dégagés, nommés TA et TB, livrant environ 1 500 tablettes et fragments. On constate qu'un certain nombre d'archives familiales, qui débutent sous les rois d'Isin, s'arrêtent non pas en l'an 29 de Samsu-iluna, mais dès l'année 11, ce qui montre l'ampleur des problèmes liés aux révoltes contre le roi de Babylone. La thèse développée par Elisabeth Stone est que la crise de l'an 11 de Samsu-iluna entraîna aussi la disparition de l'enseignement scribal, deux décennies avant que le quartier ne soit abandonné. Un réexamen des données, à la lumière de l'exemple d'Isin, permet de remettre en cause cette conclusion. On a retrouvé dans la maison « F » des fragments scolaires dans le *dernier* niveau d'occupation : il y eut bien une destruction au moment de la révolte, mais la maison fut rebâtie et occupée jusque sous Ilima-ilum (SAOC 44 12), et des activités scolaires y furent maintenues.

Cours 6 – L'abandon du sud de Sumer

Après les révoltes des années 8 et 9, la reconquête du Sud par Samsu-iluna fut de courte durée. Au plus tard à la fin de l'an 11, la documentation écrite s'interrompit dans les régions d'Ur, Uruk et Larsa, et ce pour plusieurs siècles : on a pu repérer des indices archéologiques montrant que ces sites ont été abandonnés pendant une longue période, jusque dans le courant de l'époque kassite, au XIVe siècle. Les raisons de ce phénomène sont encore obscures. Certains ont mis en avant des causes politico-militaires, comme un raid élamite : mais cela n'explique pas que ces villes n'aient pas été réoccupées. D'autres ont mis l'accent sur la dimension écologique des transformations qui se sont opérées : un déplacement sensible du cours de l'Euphrate aurait eu des conséquences dramatiques sur les possibilités locales d'irrigation. Cela pourrait expliquer la montée en puissance de la « dynastie de la Mer », depuis la région des marais. Si les raisons et les conditions de leur départ ne sont toujours pas élucidées, le sort des habitants du Sud sumérien est en revanche de mieux en mieux connu : il semble qu'un exil massif vers la Babylonie du Nord se soit alors produit.

Un grand nombre d'habitants d'Uruk s'est réfugié à Kiš. Leur déplacement a pu être mis en évidence de différentes façons. On s'est d'abord aperçu que dans la ville de Kiš, sous les derniers rois de la Ire dynastie de Babylone, à côté des divinités locales traditionnelles, on trouvait des divinités caractéristiques de la ville d'Uruk, comme Ištar-d'Uruk, Nanaya et Kanisurra, ainsi que le clergé chargé de leur culte. Par la suite, on a repéré des traces de la présence dans le Nord de réfugiés venus d'Uruk dès le règne de Samsu-iluna. Une lettre récemment publiée par Andrew George en a fourni un témoignage supplémentaire : « Dis aux Urukéens : ainsi (parle) Etel-pi-Nabium. Je viens d'envoyer Samsu-iluna-kima-ilim pour recueillir le grain destiné à être vendu qui vous incombe. Livrez-lui le grain en fonction de la teneur de vos documents scellés : un seul litre de grain ne doit pas manquer ! » (CUSAS 36 107). Tous les Urukéens exilés ne se retrouvèrent pas à Kiš : les traces les plus anciennes concernent des gens d'Uruk qui travaillaient comme jardiniers dans les palmeraies de la région dite du « Yahrurum inférieur » à partir de l'an 11 de Samsu-iluna.

Les habitants de Larsa prirent également la direction du Nord : ils ont laissé des traces de leur présence à Babylone et à Sippar. Certains indices montrent que des habitants de Girsu figuraient parmi les exilés vivant à Kiš à la fin de l'époque paléo-babylonienne. Il est donc vraisemblable que le phénomène de l'exil affecta la totalité des villes du sud de Sumer.

Cet exil eut certainement des conséquences économiques non négligeables, même s'il est encore difficile de les évaluer. Ses conséquences culturelles apparaissent de diverses manières. Dans une maison de Babylone, une inscription du roi de Larsa de Warad-Sin relative à la construction de la muraille d'Ur a été exhumée dans un niveau de l'époque de Samsu-iluna. Cela permet d'envisager une des modalités de la transmission des traditions sumériennes : certains lettrés exilés auraient emporté avec eux des éléments de leur « bibliothèque », permettant ainsi la survie du corpus. Mais il ne s'agit pas seulement de la transmission de textes préexistants. Des textes nouveaux liés à cet exil furent composés : les fouilles de Kiš ont livré un manuscrit d'une lamentation commémorant la destruction d'Uruk et de son principal sanctuaire, l'Eanna.

Cours 7 – Un nouvel affrontement avec Ešnunna

Après avoir perdu les villes du Sud, Samsu-iluna fortifia la région d'Isin et Nippur, ces deux villes contrôlant désormais la frontière méridionale de son royaume. Il tenta ensuite avec succès de renforcer son flanc oriental. On a vu que le roi d'Ešnunna Iluni avait fait partie des vaincus de la « grande rébellion » et l'on ignore ce qui se passa ensuite dans la vallée de la Diyala. Samsu-iluna commémora une nouvelle victoire sur Ešnunna dans le nom de sa vingtième année : « Année où le roi Samsu-iluna, le roi héroïque (*ašarêdum*), a soumis le/les pays rebelle(s) (*lâ šêmišu*) et a frappé la totalité de l'armée du pays d'Ešnunna. » La réalité de cette victoire se voit notamment dans les archives d'un dignitaire nommé Alammuš-naṣir, qui possédait un domaine à Damrum, près de Kiš. Ce lot de plus de 70 tablettes a été exhumé avant 1914 et dispersé à travers une dizaine de collections ; il s'agit à la fois de lettres et de textes administratifs datés des années 15 à 21 de Samsu-iluna, qui ont été étudiés en séminaire (voir *infra*). Ces documents montrent comment le domaine était géré et fournissent de précieux renseignements sur divers aspects de la vie économique : élevage, agriculture, artisanat, transports… Dans deux lettres, Alammuš-naṣir demande à son intendant qu'on empêche les esclaves ešnunnéennes de sortir de la maison et de prendre contact avec quiconque à l'extérieur. Or, un texte administratif mentionne les « nouvelles esclaves » ; il date du mois viii de l'an 19 du règne, donc l'année même où eut lieu la victoire commémorée par le nom de l'année suivante. Manifestement, ces esclaves ešnunéennes faisaient partie du butin réparti par le roi entre ses hauts dignitaires.

Samsu-iluna consolida sa victoire en édifiant dans la vallée de la Diyala une forteresse destinée à surveiller le pays. Cette construction a été célébrée dans le nom de l'an 24 : « Année où le roi Samsu-iluna, qui a accumulé la sagesse, a bâti la muraille de Kiš, muraille dont la splendeur s'étend sur les pays étrangers, sur la rive de l'Euphrate ; et où il a bâti Dur-Samsu-iluna, dans le pays de Warum, sur la rive du Turan (= branche occidentale de la Diyala). » Des fouilles américaines en 1937-1938 ont permis de retrouver sur le tell B de Khafajah la forteresse à laquelle Samsu-iluna avait donné son nom, ainsi que l'inscription de fondation qu'il avait fait rédiger, à la fois en sumérien et en akkadien. Dans cette petite ville fortifiée résidait une garnison. Une vingtaine de documents d'archives a été rédigée entre les années 23 et 27 ; un des documents fournit une sorte de recensement de la population du site, montrant comment certains soldats étaient logés chez les habitants, ou indiquant le transfert à Ešnunna d'autres individus originaires de la région.

Cours 8 – Les hauts et les bas des années 20

Après avoir repris le contrôle d'Ešnunna et de la basse vallée de la Diyala, Samsu-iluna fit des tentatives moins heureuses au nord et à l'ouest de la Babylonie ; au sud, il finit par perdre ce qui lui restait du pays de Sumer.

Pendant longtemps, le nom de l'année 23 est resté mystérieux : « Année où le roi Samsu-iluna, grâce à la force impétueuse qu'Enlil lui a donnée, détruisit Šahna, capitale du pays d'Apum, Zarhanum, Putra et Šuša… » La question était de savoir où se situait ce pays d'Apum et surtout quelle était cette ville de Šahna. Ce sont les fouilles de Tell Leilan, à quelques kilomètres à l'est de l'actuelle ville de Qameshliye en Syrie orientale qui ont donné des éléments clés, le problème ayant été définitivement résolu grâce aux archives royales de Mari. Le site de Tell Leilan a pu être identifié avec la ville antique de Šubat-Enlil, qui portait également le nom de Šehna/Šahna. Les archives découvertes en 1987 dans le palais oriental de la ville basse documentent les trois derniers règnes de l'époque paléo-babylonienne : Mutiya, fils de Halun-pi-Umu ; Till-Abnu, frère du précédent ; et Yakun-Ašar, fils de Dari-epuh. Près de 200 lettres ainsi que 5 traités ont été publiés en 2011, qui permettent de reconstituer la vie de ce royaume de Haute-Mésopotamie. La situation a bien changé dans les décennies qui ont suivi la destruction de Mari par Hammu-rabi : désormais, c'était le roi d'Alep qui était reconnu comme la puissance dominante sur le triangle du Habur. Les lettres retrouvées à Tell Leilan nous donnent une vue très détaillée des relations diplomatiques que les rois locaux entretenaient avec leurs voisins. On ignore pourquoi Samsu-iluna se lança dans cette campagne contre le pays d'Apum. Du moins voit-on qu'il n'essaya nullement de s'implanter si loin de son royaume : il n'est question que de destruction, pas de contrôle de cette région.

La situation était bien différente sur le Moyen-Euphrate. On a vu comment le royaume de Mari s'était relevé de ses cendres avec Yapah-Sumu-abum, Terqa jouant dans ce « royaume de Hana » un rôle très important, sans qu'il soit complètement certain qu'elle en était la capitale. Sous Iṣi-Sumu-abum, ce royaume englobait également le cours du Habur jusqu'à Ṭabatum (Tell Taban), au sud de l'actuelle Hasseke [7] ; il s'étendait sur l'Euphrate jusqu'à Harradum, à 90 km en aval de Mari. Après sa campagne contre le pays d'Apum, Samsu-iluna tenta de reprendre des territoires en remontant le long de l'Euphrate, au détriment de Yadih-abum, dont le règne est documenté par les archives de Puzzurum découvertes à Terqa. À Harradum, le nom de l'année 26 de Samsu-iluna est attesté : le roi de Babylone avait donc réussi à en arracher le contrôle à Yadih-abum. Le nom de l'année 28 commémore une victoire : « Année où le roi Samsu-iluna, sur l'ordre d'Enlil et avec l'intelligence et la force que Marduk lui a données, s'empara de Yadih-abum et de Muti-huršana, les rois qui avaient été hostiles envers lui, et les frappa avec son arme impitoyable. » On ignore où régnait Muti-huršana ; après sa défaite, Yadih-abum pourrait avoir été remplacé par son fils, qui portait le nom symbolique de Zimri-Lim [8].

Le dernier événement étudié lors de ce cours fut dramatique pour Samsu-iluna : il s'agit en effet de la perte de ce qui restait du pays de Sumer, c'est-à-dire des villes d'Isin et de Nippur. Nous avons commencé par décrire ce que l'on sait de la vie dans ces cités jusqu'alors. À Isin, pour l'époque de Samsu-iluna, il s'agit essentiellement d'archives familiales, pour la plupart découvertes lors de fouilles irrégulières antérieures aux fouilles de l'université Louis-et-Maximilien de Munich (1973-1989) [9]. On constate qu'elles s'interrompent en l'an 29 de Samsu-iluna, sans qu'on ait aucun indice pour expliquer cette rupture. Les tablettes de Nippur du temps de Samsu-iluna proviennent elles aussi d'archives privées [10]. Après l'année 29 de Samsu-iluna, on trouve la trace d'un nouveau roi, nommé Ilima-ilum, sous la forme des noms d'années suivants : « Année d'Ilima-ilum, le roi », ou : « Année qui suivit Ilima-ilum, le roi » avec comme variante : « Année nouvelle d'Ilima-ilum, le roi ». Qui était donc cet Ilima-ilum qui semble avoir immédiatement remplacé Samsu-iluna dans le courant de la 29e année de celui-ci ? Nous possédons à son sujet quelques données, qui viennent d'être réunies et commentées dans le livre d'Odette

7. Voir en dernier lieu Sh. YAMADA, « Sim'alites at Ṭabatum and the origin of the Kingdom of the "Land of Hana" », *in* G. CHAMBON, M. GUICHARD et A.-I. LANGLOIS (dir.), avec la collaboration de T. RÖMER et N. ZIEGLER, *De l'argile au numérique. Mélanges assyriologiques en l'honneur de Dominique Charpin*, Louvain/Paris/Bristol, Peeters, coll. « PIPOAC », vol. 3, 2019, p. 1189-1208.

8. O. ROUAULT, « Zimrī-Lîm von Terqa », *in* : *Reallexikon der Assyriologie und Vorderasiatischen Archäologie*, vol. 15, Berlin, 2017, p. 299-300.

9. Les textes issus de ces fouilles viennent d'être publiés par C. WILCKE (dir.), *Keilschrifttexte aus Isin. Išān Bahrīyāt. Ergebnisse der Ausgrabungen der Deutschen Forschungsgemeinschaft unter der Schirmherrschaft der Bayerischen Ahademie der Wissenschaften*, Munich, Bayerische Akademie der Wissenschaften, coll. « Abhandlungen der Bayerische Akademie der Wissenschaften », vol. 143, 2018 (catalogue et copies, sans édition).

10. On doit signaler la récente parution du reste des archives conservées à Iéna : A. GODDEERIS, *The Old Babylonian Legal and Administrative Texts in the Hilprecht Collection Jena*, Wiesbaden, Harrassowitz Verlag, coll. « Texte und Materialien der Frau Professor Hilprecht. Collection of Babylonian Antiquities im Eigentum der Friedrich-Schiller-Universität Jena », vol. 10, 2016.

Boivin consacré à ce que les textes babyloniens postérieurs appellent « la première dynastie du Pays de la mer [11] ». Il s'agit de douze rois dont le pouvoir était originaire de la zone des marais au sud de Sumer ; leur capitale était une ville nommée Uru-ku, mot à mot « la ville pure », dont on ne connaît pas l'emplacement. La lutte de Samsu-iluna contre Ilima-ilum a été racontée dans une chronique plus tardive, qui ne nous est malheureusement connue que par une tablette très lacunaire : la seule chose qu'on puisse en retenir est la mention que Samsu-iluna ne put vaincre Ilima-ilum, ce qui est corroboré par le témoignage des archives d'Isin et de Nippur. La domination d'Ilima-ilum sur Nippur n'est documentée que pendant à peine plus d'un an. Que se passa-t-il ensuite ? Nous n'en savons rien à court terme. Mais par la suite, le fils et successeur de Samsu-iluna, Abi-ešuh, reprit la lutte contre Ilima-ilum, ce qui sera examiné dans le cours de 2019-2020.

Cours 9 – Le roi et la justice

Les années 20 du règne de Samsu-iluna ne virent pas seulement un rétrécissement sensible du territoire de la Babylonie : la situation économique se dégrada une fois de plus, ce qui entraîna diverses interventions du souverain.

On a commencé par analyser une lettre de Samsu-iluna aux autorités de Sippar, connue par plusieurs copies plus tardives, qui permet de constater que le fils de Hammu-rabi ne se désintéressait pas plus de la justice que son prédécesseur. Cette lettre contient les réponses du roi aux autorités de Sippar qui lui avaient posé deux questions à propos des religieuses-*nadîtum* vouées au dieu de leur ville et dont la situation économique et juridique faisait problème. Il s'agit d'abord du cas des jeunes filles que leur famille faisait entrer dans le cloître de Sippar comme religieuses-*nadîtum* sans leur donner de moyens de subsistance convenables : le roi interdit cette pratique. La seconde question était de savoir si un créancier pouvait saisir les biens d'une *nadîtum* dont le père était insolvable : la réponse est négative. La lettre du roi nous est connue par quatre copies postérieures d'environ un siècle à l'original. Deux de ces copies comportent un colophon, montrant qu'un exemplaire du texte était à la disposition des autorités du cloître, donc à Sippar-Yahrurum, un autre se trouvant dans le temple de Šamaš de Sippar-Amnanum. Les réponses du roi sont formulées comme des règles générales : il ne s'agit pas pour autant de paragraphes supplémentaires au *Code* de Hammu-rabi. Il n'y eut pas de « réédition mise à jour » de ce texte : les copies postérieures que nous en possédons sont *ne varietur*. Sans doute en raison du prestige attaché à la figure de Hammu-rabi, on ne jugea pas possible (ou souhaitable) de le modifier ; il resta donc tel quel un monument glorifiant la justice du roi. Mais les juges avaient à leur disposition des lettres telles que celle-ci qui leur permettaient de connaître la jurisprudence. Le meilleur terme pour qualifier un tel document est sans doute celui de rescrit, comme l'a proposé Sophie Démare-Lafont dans un article de 1997.

L'examen de la façon dont la justice était rendue dans la Babylonie de Samsu-iluna s'est poursuivi par l'étude de quelques procès particulièrement intéressants. Nous avons pu voir ensuite comment Samsu-iluna tenta de réguler le commerce des esclaves. Il lui arriva d'interdire ponctuellement leur achat. Surtout, le formulaire des contrats

11. O. Boivin, *The First Dynasty of the Sealand in Mesopotamia*, Boston/Berlin, Walter De Gruyter, coll. « Studies in Ancient Near Eastern Records », vol. 20, 2018.

changea sous son règne : on indiqua systématiquement qu'il s'agissait d'un esclave « né à la maison » (akk. *wilid bîtim*), ou bien quelle était sa ville d'origine dans le cas des esclaves nés à l'étranger et achetés à un marchand. Une clause supplémentaire fut introduite peu après, disant que l'acheteur disposait de trois jours pour mener une enquête lui permettant de vérifier l'information donnée par le vendeur.

Le dernier volet du cours a été consacré à la crise économique qui frappa à nouveau le royaume. Elle est connue par divers indices, qui s'étalent entre l'année 12 et l'année 28. Nous voyons ainsi le palais rééchelonner des créances, ou encore des municipalités vendre des terrains leur appartenant ; certains textes parlent rétrospectivement de « période de difficulté » ou même de « famine ». Il est vraisemblable que l'afflux de réfugiés venus du sud dans le nord entraîna des problèmes économiques. L'étude des archives de plusieurs créanciers montre que le roi proclama un nouvel édit de *mîšarum* en l'an 28 ; une supplique destinée au souverain montre comment il fut appliqué dans la ville de Sippar.

Cours 10 – La fin du règne

On ne sait que peu de choses des événements des dix dernières années de Samsu-iluna, dont le règne s'acheva au bout de 38 ans ; leur étude a été entreprise en suivant un ordre mi-chronologique, mi-géographique.

Après le nom de l'année 28, qui commémorait la campagne contre le pays d'Apum, les trois années suivantes ne reçurent pas de nom : elles coïncident avec la lutte contre Ilima-ilum, le roi du Pays de la Mer, qui réussit à arracher Isin et Nippur à Samsu-iluna à la fin de l'année 29. Le comput habituel reprit avec le nom de l'année 32, commémorant des travaux sur le cours des rivières Turan et Ṭaban, l'actuelle Diyala étant alors divisée en deux branches ; Samsu-iluna contrôlait donc toujours cette zone. Il sécurisa cette domination en détruisant les murailles de deux villes situées en amont de la Diyala, Awal et Arkum (nom de l'an 35) ; le nom de l'an 37, qui mentionne également le Mont Ebih (soit le Djebel Hamrin), montre encore des activités dans la même région. Entre-temps, le nom de l'an 33 concernait le Moyen-Euphrate : « Année où le roi Samsu-iluna, sur l'ordre de Šamaš et de Marduk, restaura (?) la totalité des briques de la ville de Saggaratum ». Saggaratum, qui se trouvait non loin du confluent du Habur avec l'Euphrate, faisait partie du « royaume de Hana » : nous n'avons pour l'instant aucune trace positive du contrôle de Terqa et de la région par Samsu-iluna après sa victoire sur Yadih-abum en l'an 27, mais l'un des textes trouvés à Terqa datés de Zimri-Lim, fils de Yadih-abum, mentionne Marduk parmi les divinités du serment. Le nom de l'année 36 était : « Année où le roi Samsu-iluna a renversé les troupes du pays d'Amurrum ainsi que les villages du pays de la montagne. » S'agit-il, après les travaux à Saggaratum, d'une victoire sur des troupes plus ou moins nomades centrées autour du Djebel Bishri ? Là encore, la question ne peut être réglée, faute d'autres sources. Enfin, l'année 38 reçut comme nom : « Année où le roi Samsu-iluna a rénové Ubanuil, la masse d'arme puissante de Ninurta, le grand héros. » Ubanuil était le nom d'une des armes du dieu Ninurta. En principe, ces symboles divins étaient déposés à Nippur, non dans le temple de Ninurta, où seules deux de ces armes sont attestées, mais dans l'Ekur, temple du dieu Enlil, le père de Ninurta dans la mythologie sumérienne ; il est regrettable que le nom de la ville ne soit pas indiqué. On reviendra l'an prochain sur les vicissitudes de Nippur à la fin de l'époque paléo-babylonienne, désormais connues avec beaucoup de détails grâces aux documents provenant de Dur-Abi-ešuh.

La deuxième partie du cours a été consacrée à une description du royaume de Babylone pendant les dernières années du règne de Samsu-iluna. Nous avons commencé par la vie économique ; les données des textes déjà publiés ont été complétées par celles d'archives en cours de publication. Les archives du créancier Gimillum, conservées à Yale, documentent les dernières années de Samsu-iluna et le début du règne d'Abi-ešuh. Un autre lot d'archives encore inédit se trouve au musée des Antiquités de Rouen ; il faisait partie de la collection de l'abbé de Genouillac, qui les légua à sa ville natale. Ces douze textes, datés entre les années 30 et 34 de Samsu-iluna, ont trait au fonctionnement d'un établissement nommé *nakkamtum* ; il s'agissait d'un endroit où le petit bétail était engraissé avant d'être offert aux divinités de Sippar-Yahrurum. Le nom de l'an 34 célèbre la construction d'un palais royal par Samsu-iluna : « Année où il a bâti un palais princier, demeure convenable à la résidence de sa royauté ». Quelles que fussent ses motivations pour bâtir un nouveau palais, cette entreprise témoigne des moyens dont disposait Samsu-iluna à la fin de son règne, car il s'agissait de travaux de grande ampleur. Ceux-ci n'ont malheureusement laissé aucune trace dans les documents de la pratique que nous possédons. Mais il est vrai que la « couverture » textuelle de la fin du règne de Samsu-iluna est actuellement limitée. Le sort du « palais de Sumu-la-El », désormais délaissé par les rois, nous reste inconnu.

La fin du cours a porté sur la mémoire de Samsu-iluna. Si l'on voulait tenter un bilan de son règne, l'impression qui resterait de ce qui a été vu serait sans doute celle d'un échec : de fait, Samsu-iluna se révéla incapable de conserver l'empire qu'avait bâti son père Hammu-rabi. Mais ce fut le sort de presque toutes les constructions de ce genre avant le Ier millénaire : elles ne survécurent pas bien longtemps à leur fondateur. La trace laissée par Samsu-iluna dans la mémoire postérieure n'est cependant pas négligeable, comme si ses échecs n'avaient pas réussi à le faire oublier. Nous l'avons vu en matière de justice avec son rescrit. Le nom de l'an 34 d'Ammi-ditana commémore la fabrication d'une statue de son grand-père : « Année où le roi Ammi-ditana a fait entrer dans l'Enamtila une statue héroïque de son ancêtre Samsu-iluna et dans l'Emeteursag sa propre statue princière, statue en or ». Hammu-rabi n'a pas reçu un tel hommage. La mémoire de Samsu-iluna ne se limita pas à l'époque de ses descendants immédiats. W.G. Lambert, dans son travail sur la bibliothèque d'Assurbanipal dont les vestiges ont été en totalité transportés au XIXe siècle au British Museum, a retrouvé deux petits fragments qui mentionnent Samsu-iluna. L'état de ces fragments est plutôt frustrant. Mais cela montre que la mémoire du fils de Hammu-rabi s'était transmise au fil des siècles et survivait encore un millénaire plus tard.

SÉMINAIRES – UN DOMAINE BABYLONIEN SOUS SAMSU-ILUNA

Le cours a été complété par un séminaire consacré au domaine d'un certain Alammuš-naṣir, dont les archives datent des années centrales du règne de Samsu-iluna. Les tablettes ont été retrouvées par des fouilleurs clandestins avant la Première Guerre mondiale et dispersées par le jeu du marché des Antiquités. Un patient travail de remembrement a permis d'en identifier 75 dans pas moins de neuf collections différentes : l'Oriental Institute de l'université de Chicago (57), la Yale Babylonian collection de New Haven (7), le Louvre (3), le Princeton Theological Seminary (2), Smith College, Northampton (1), Texas University,

Austin (1), le musée du Vatican (1), le British Museum (1) et le musée de l'Ermitage (1). Il s'agit de 34 lettres (dont 21 inédites) et de 41 documents administratifs (dont 39 inédits).

Comme souvent, l'origine des tablettes indiquée par l'antiquaire qui les a vendues n'est pas exacte : les tablettes de Chicago sont censées provenir de Kiš, mais l'analyse interne révèle que le lot a en réalité été trouvé dans la ville de Damrum (HI. GAR^{ki}). Cette localité se trouvait néanmoins non loin de Kiš et sa divinité principale était le dieu-Lune Nanna/Sin. Son histoire à l'époque paléo-babylonienne est de mieux en mieux connue, puisqu'il est maintenant sûr que Damrum était la capitale de la « dynastie de Manana », avant que ce royaume soit annexé par Sumu-la-El de Babylone.

Le lot d'archives comporte à la fois des documents comptables et des lettres. On trouve d'abord 21 comptes de céréales : la plupart commencent par la farine préparée pour les repas (*naptânum*) et comptabilisent les quantités de grain destinées notamment aux équidés. Ces textes étaient scellés avec le sceau d'Alammuš-naṣir ; son intendant devait disposer d'une copie du sceau du maître du domaine, comme cela est attesté dans le palais de Mari. On note également 12 textes ayant trait à la gestion des travailleurs : comptes de journées de travail ou tableaux listant des moissonneurs, lieurs et glaneurs. Ces documents témoignent d'un recours constant à l'écrit dans l'administration de ce domaine, mais ce qui a subsisté ne représente manifestement qu'une infime partie de ce qui a existé. Dans quelques cas, les tablettes elles-mêmes expliquent pourquoi : certains textes ont en effet été écrits sur des tablettes manifestement recyclées. Un tri était fait régulièrement, ce qui explique la répartition chronologique des textes : presque tous datent de la dernière année de l'archive (fin de l'an 19 de Samsu-iluna et année 20).

Les lettres offrent des informations complémentaires ; on y retrouve d'ailleurs une partie des personnes présentes dans les textes administratifs. D'autres individus y sont en revanche cités, qui n'apparaissent que dans les lettres. La plupart de celles-ci ont été écrites par Alammuš-naṣir à Nabi-Šamaš, qui était manifestement son intendant. S'étant absenté de son domaine, Alammuš-naṣir souhaitait continuer à le diriger à distance : d'où des instructions très précises, qui donnent parfois l'impression d'avoir été écrites quotidiennement. Les informations qu'on peut glaner sur les activités économiques du domaine sont à la fois variées et précises, qu'il s'agisse de l'élevage, de l'agriculture ou des activités artisanales ; des données concernent également l'approvisionnement en matières premières (comme les roseaux ou le bitume) et l'organisation de transports par bateau. Plusieurs lettres montrent en détail le système de paiement, qui pouvait se faire en nature ou en argent.

La combinaison des informations contenues dans les deux types de textes permet de reconstituer de nombreux aspects de la vie de la maisonnée d'Alammuš-naṣir, dans laquelle sa femme Elmeštum jouait un rôle important. Bien que le titre d'Alammuš-naṣir ne nous soit pas connu avec certitude, on peut penser que ce haut dignitaire accompagna le roi Samsu-iluna dans sa campagne victorieuse contre Ešnunna. Il fut récompensé par le don de plusieurs servantes et de chevaux.

Ce dossier a des limites : nous ne possédons par exemple aucun titre de propriété d'Alammuš-naṣir. Il semble qu'en fait nous possédions les archives de son intendant, pas celles du maître.

Cours à l'extérieur

Le cours prévu au Colegio Nacional de Mexico n'a finalement pas pu avoir lieu, mais deux autres ont été donnés.

Recent discoveries about Old Babylonian Mesopotamia

Cours donné au Museo Egizio de Turin le 24 octobre 2018 à l'invitation du département d'études d'histoire de l'université de Turin.

Après avoir présenté le corpus des textes d'archives paléo-babyloniens et le projet « Archibab », j'ai dressé le bilan des dix dernières années de publication (2008-2017) : pas moins de 3 408 nouveaux documents ont été publiés, provenant de sites fouillés avant la Deuxième Guerre mondiale ou plus récemment, ou encore d'acquisitions anciennes ou plus récentes dans des musées ou collections privées. On constate une fois de plus que le débat entre « nouveaux textes » et « nouvelles problématiques » est largement artificiel : les nouveaux textes apportent des informations qui renouvellent parfois profondément notre approche et conduisent à la relecture des documents déjà connus.

Parmi les textes récemment publiés, un groupe d'un peu plus de 300 tablettes entrées dans différentes collections depuis les années 1990 documente le site de Dur-Abi-ešuh, dont seul le nom était jusqu'alors connu. Il s'agit d'une place-forte vraisemblablement située à quelques kilomètres au nord de Nippur, à l'endroit où le canal Hammurabi-nuhuš-niši venu du Tigre rejoignait le cours de l'Euphrate. Les textes couvrent environ un siècle, correspondant aux quatre derniers rois de la Ire dynastie de Babylone (de ca. 1700 à ca. 1600). Ils permettent de décrire la vie des soldats en garnison dans cet avant-poste du royaume face à la dynastie du Pays de la Mer, installée plus au sud. Nippur ayant été en butte à des attaques répétées sous Ammi-ditana, le clergé de cette ville fut contraint de s'y réfugier : les textes montrent comment ses membres cherchèrent à conserver leurs traditions religieuses malgré un exil durable.

Le cours s'est terminé par une présentation des découvertes épigraphiques faites cette fois lors de fouilles régulières, à Ur, lors de la campagne du printemps 2017 : elles ont permis de retrouver les archives du général Abisum, qui prirent fin en 1738, soit en l'an 12 de Samsu-iluna, et celles de l'intendant du temple de Ningal, Sin-nada, antérieures d'un siècle.

Trois campagnes de fouilles à Ur (2015-2019) : un premier bilan épigraphique

Cours d'assyriologie, université de Florence, 2 mai 2019.

À l'invitation d'Abdel-Amir Al-Hamdani, Elizabeth Stone a engagé à l'automne 2015, sur le site de tell Muqayyar (Ur), une nouvelle série de fouilles, qui a pris la suite des douze campagnes anglo-américaines menées par L. Woolley. Le cours a été professé à Florence juste après l'achèvement de la troisième campagne, deux ans après la deuxième campagne qui avait eu lieu au printemps 2017.

Le premier objectif qu'E. Stone s'était fixé concernait le quartier dit « AH », au sud-est du cœur de la ville, occupé par le sanctuaire principal, voué au dieu-Lune appelé Nanna en sumérien ou Sin en akkadien. Woolley y avait dégagé un quartier paléo-babylonien (premier quart du IIe millénaire) : cette couche étant très bien conservée, une fouille sur plus de 8 000 m^2 fut entreprise, mais en aucun point le niveau inférieur ne fut dégagé. Il semblait donc intéressant d'essayer de retrouver les habitations de la fin du IIIe millénaire, dont les ruines devaient se trouver sous le niveau paléo-babylonien exposé par Woolley. Jusqu'à présent, les différents sondages n'ont pas permis de rencontrer de niveaux de cette époque avec des bâtiments bien conservés, bien que la fouille ait atteint des couches plus anciennes ; un petit lot d'archives de l'époque d'Akkad a notamment été retrouvé dans la rue nommée « Niche Lane ». Quelques tablettes d'Ur III ont été mises au jour en différents points. L'une d'elle, datée de l'an 6 d'Ibbi-Sin, est particulièrement intéressante. Elle indique qu'un certain Munimah dut accepter de recevoir une maison plus petite en échange de la sienne, sans que le texte indique pourquoi. Les tailles de ces demeures sont importantes : 310 m^2 contre 432 m^2, le texte indiquant, de plus, le nombre de poutres et d'éléments de portes. La transaction se fait sur l'ordre de Ku-Nanna, l'économe (GÁ.dub.ba), et de Puzur-Sin, le second de l'intendant (šabra), avec mention du sceau du responsable du cadastre urbain (ka. ki) nommé Maš(um). Voilà qui est bien intéressant pour la propriété des maisons à Ur à l'époque d'Ur III, dont les textes ne disaient jusqu'à présent presque rien.

Un nouveau chantier a été ouvert en 2017 par une équipe de l'université de Munich dirigée par Adelheid Otto, à plusieurs centaines de mètres au sud du quartier AH. On y a mis au jour les ruines d'une maison d'époque paléo-babylonienne ; son plan est désormais complet et l'on a manifestement affaire à une demeure particulièrement grande et soignée. Les textes, découverts *sous* le dernier niveau d'occupation, ont manifestement été mis au rebut lors d'un changement d'occupant vers 1835 av. J.-C., au moment où, suite à la destitution de Ṣilli-Adad, Warad-Sin prenait le pouvoir. Les tablettes, le plus souvent fragmentaires, ainsi que des étiquettes scellées ont été retrouvées mêlées à des tessons, des ossements et autres déchets, actuellement en cours d'analyse. L'occupant de cette belle demeure a pu être identifié : il s'agit de Sin-nada, intendant du temple de la déesse Ningal. Une des lettres retrouvées dans la maison en 2017 était adressée à une femme nommée Nuṭṭuptum, très vraisemblablement l'épouse de Sin-nada : après avoir dressé la liste des objets qu'il lui faisait parvenir, il ajoutait qu'il rentrerait dix jours plus tard. Le fait que Sin-nada ait été expéditeur d'une lettre retrouvée dans cette maison n'empêche donc pas qu'il en ait été l'occupant principal. Cette hypothèse, émise en 2017, a été confirmée par les découvertes de 2019. On a retrouvé une autre lettre de Sin-nada à Nuṭṭuptum, plus petite, qui commence par ces mots : « Je vais bien. Ne t'inquiète pas du tout ! ». Plus encore, on a retrouvé sur un scellement l'empreinte du sceau de Nuṭṭuptum elle-même. Elle est définie comme fille de Išar-[…] (la fin du nom n'est pas conservée) et épouse de Sin-[nada] (la restitution est sûre). L'un des intérêts des découvertes épigraphiques dans la maison de Sin-nada réside dans les nombreuses tablettes scolaires exhumées, dont plusieurs en forme de lentilles, typiques des exercices auxquels se livraient des apprentis. Un manuscrit de la *Lamentation sur Sumer et Ur* montre qu'on n'en restait pas aux rudiments. Notre Sin-nada n'assurait donc pas seulement la gestion du temple de Ningal, il formait aussi à domicile de futurs scribes.

La maison du « chantier 3 », à l'ouest du quartier AH, correspond à l'architecture de l'époque paléo-babylonienne, avec les assises inférieures des murs construites en briques cuites et les sols le plus souvent dallés. On y a découvert en 2017 un lot de 45 tablettes cunéiformes, autour du caveau funéraire situé selon la coutume sous l'une des pièces principales, 12 tablettes ayant même glissé à l'intérieur au moment où la maison fut pillée en 1738. Ces tablettes sont datées des rois de Babylone Hammu-rabi et son fils Samsu-iluna : en effet, en 1763, le royaume de Larsa auquel appartenait la ville d'Ur avait été annexé par Babylone, qui a gardé le contrôle de cette région pendant 25 ans. C'est la première fois qu'a été retrouvé un lot d'archives appartenant à un ressortissant de Babylone, à savoir le général Abisum.

Les découvertes de ces trois campagnes ayant été très riches à tous points de vue, il a été convenu de faire une pause pour en assurer la publication avant de reprendre de nouvelles activités de terrain.

Recherche

Au 1er octobre 2017 a commencé un nouveau projet financé par l'ANR pour 36 mois, intitulé « EcritUr : la ville d'Ur d'après les textes du premier quart du IIe millénaire av. J.-C. ». Son objectif est de parvenir à une image plus précise et complète d'une cité de Mésopotamie méridionale à partir des textes qui la documentent. Ces écrits sont issus pour l'essentiel des fouilles de la mission anglo-américaine dirigée par Leonard Woolley de 1922 à 1934, sans oublier toutefois ceux qui proviennent des fouilles antérieures ; ils sont désormais complétés par les tablettes découvertes lors des fouilles qui ont repris en 2015. Au départ, il a fallu entrer dans la base de données Archibab tous les textes, en fonction de leur contexte archéologique, qui est heureusement le plus souvent connu ; le travail a bien avancé durant cette deuxième année, grâce à la collaboration de Nadia Ait Said-Ghanem, Marine Béranger, Vérène Chalendar, Baptiste Fiette et Antoine Jacquet. À partir de ce corpus, différentes études thématiques ont été entreprises, qui aboutiront notamment à un volume collectif dans la série *ARCHIBAB* en 2020.

L'entrée dans la base Archibab des textes d'archives paléo-babyloniens nouvellement publiés s'est par ailleurs poursuivie, un bilan provisoire ayant été publié dans la *Revue d'assyriologie* en décembre 2018 (cf. *supra* le cours donné au Musée égyptien de Turin) ; A. Jacquet et Francesca Nebiolo ont été particulièrement impliqués, de même que les collaborateurs du projet EcritUr et d'autres membres de l'UMR 7192 (voir http://www.archibab.fr/actu.pdf).

Mon équipe et moi avons également collaboré aux autres travaux de l'équipe « Mondes mésopotamiens » de l'UMR 7192 (http://www.digitorient.com).

Deux thèses que j'ai dirigées à l'EPHE ont été soutenues :

– le 20 octobre 2018, celle de Marine Béranger sur le « Développement des pratiques d'écriture et de l'expression écrite : recherches sur les lettres de l'époque amorrite (2002-1595 av. J.-C.) » ;

– le 15 décembre 2018, celle de Francesca Nebiolo sur « "Nîš ilim zakārum" : prêter serment à l'époque paléo-babylonienne. Étude comparative des serments mésopotamiens du début du IIe millénaire av. J.-C., entre grammaire et société ».

Au printemps 2019 a eu lieu la troisième campagne sur le site d'Ur, dirigée par E. Stone (Stony Brook University, New York), à laquelle j'ai participé comme épigraphiste. Les trois chantiers déjà engagés en 2015 ou 2017 ont été poursuivis et les découvertes de plusieurs dizaines de tablettes ont confirmé et complété les résultats déjà atteints (cf. *supra* le cours donné à l'université de Florence).

J'ai présidé le Comité d'organisation de la 65e Rencontre assyriologique internationale, qui s'est déroulée au Collège de France (ainsi qu'au Louvre) du 8 au

12 juillet sur le thème « Dieux, rois et capitales dans le Proche-Orient ancien », le secrétariat étant assuré par Francesca Nebiolo (ATER) et Marine Béranger (postdoctorante). Plus de 550 assyriologues venus du monde entier ont participé à l'événement [12]. Lors de la matinée d'ouverture, un volume de Mélanges m'a été offert. Édité par Grégory Chambon, Michaël Guichard et Anne-Isabelle Langlois avec la participation de Thomas Römer et Nele Ziegler, il est intitulé *De l'argile au numérique. Mélanges assyriologiques en l'honneur de Dominique Charpin* ; les deux tomes comprennent 59 contributions couvrant plus de 1 250 pages.

PUBLICATIONS

CHARPIN D., « *Tu es de mon sang ». Les alliances dans le Proche-Orient ancien*, Paris, Collège de France/Les Belles lettres, coll. « Docet omnia », 2019, https://doi.org/10.4000/books.lesbelleslettres.258.

CHARPIN D., « Nouvelles découvertes épigraphiques à Ur (2015 et 2017) », *Comptes rendus de l'Académie des Inscriptions et Belles-Lettres 2017*, 2018, p. 1063-1081.

CHARPIN D., « À l'occasion des dix ans du projet ARCHIBAB », *Revue d'assyriologie et d'archéologie orientale*, vol. 112, 2018, p. 177-208.

CHARPIN D., « Le roi d'Ugarit et la demeure de Zimri-Lim », *Ugarit-Forschungen*, 48/2017, 2019, p. 637-652.

CHARPIN D., « Les symboles divins dans les archives paléo-babyloniennes », *in* T. RÖMER, H. GONZALEZ et L. MARTI (dir.), *Représenter dieux et hommes dans le Proche-Orient ancien et dans la Bible. Actes du colloque organisé par le Collège de France, Paris, les 5 et 6 mai 2015*, Louvain/Paris/Bristol, Peeters, coll. « Orbis Biblicus et Orientalis », vol. 287, 2019, p. 38-51 (en ligne : http://www.peeters-leuven.be/boekoverz.asp?nr=10976).

CHARPIN D., « Weihgaben als Spiegel der Rolle von Gottheiten im mesopotamischen Pantheon », *in* J.M. EVANS et E. ROSSBERGER (dir.), avec la collaboration de P. PAOLETTI, *Ancient Near Eastern Inventories in the Third and Second Millennia BCE: Integrating Archaeological, Textual, and Visual Sources* (Proceedings of a Conference Held at the LMU Centre for Advanced Studies, November 14-15, 2016), Gladbeck, PeWe Verlag, coll. « Münchener Abhandlungen zum Alten Orient », 2019, p. 207-221.

CHARPIN D., « 73) "Rendez à César ce qui est à César", 2 : à propos des deux Sippar », *NABU*, vol. 2018/3, 2018, p. 118-119.

CHARPIN D., « 74) En marge d'EcritUr, 3 : un deuxième cas de "piercing" au n° 1 Broad Street », *NABU*, vol. 2018/3, 2018, p. 119.

CHARPIN D., « 97) En marge d'ARCHIBAB, 29 : à propos de TMH 10 », *NABU*, vol. 2018/4, 2018, p. 156-157.

CHARPIN D., « 98) En marge d'ARCHIBAB, 30 : un culte du dieu Tutu à Kiš ? », *NABU*, vol. 2018/4, 2018, p. 157.

CHARPIN D., « 99) En marge d'ARCHIBAB, 31 : "ajouter des dieux ou des clauses supplémentaires" dans un serment d'alliance », *NABU*, vol. 2018/4, 2018, p. 157.

CHARPIN D., « 100) En marge de HIGEOMES, 3 : le dieu Amu de Hubšil », *NABU*, vol. 2018/4, 2018, p. 157-159.

CHARPIN D., « 18) En marge d'Archibab, 32 : du nouveau sur la famille royale de Larsa du temps de Rim-Sin I », *NABU*, vol. 2019/1, 2018, p. 29-30.

12. Programme et résumés sur http://rai2019.digitorient.com.

CHARPIN D., « 19) En marge d'EcritUr, 4 : Rim-Sin II, roi d'Ur ? », *NABU*, vol. 2019/1, 2018, p. 30-31.

CHARPIN D., « 20) En marge d'EcritUr, 5 : une tablette divinatoire au n° 7 Quiet Street », *NABU*, vol. 2019/1, 2018, p. 31-32.

CHARPIN D., « 45) En marge d'EcritUr, 6 : CUSAS 10 17 et l'onomastique théophore de Dumununna », *NABU*, vol. 2019/2, 2018, p. 77-78.

Également : une recension dans la *Revue d'assyriologie et d'archéologie orientale*, vol. 112, 2018, p. 214.

PUBLICATION DES MEMBRES DE L'ÉQUIPE DE CHAIRE

AIT SAID-GHANEM N., « Reassessing the "casus pendens": A case study of Old Babylonian omen protases and apodoses », *Revue d'assyriologie*, vol. 112, 2018, p. 91-102.

BÉRANGER M., « Fonctions et usages des enveloppes de lettres dans la Mésopotamie des IIIe et IIe mil. av. J.-C. : 2340-1595 av. J.-C. », Épistolaire, vol. 44, 2018, p. 25-43.

BÉRANGER M., « Du signe à l'enveloppe. L'enseignement du genre épistolaire à l'époque amorrite d'après un nouveau modèle de lettre scolaire avec enveloppe », *in* G. CHAMBON, M. GUICHARD et A.I. LANGLOIS (dir.), *De l'argile au numérique. Mélanges assyriologiques en l'honneur de Dominique Charpin*, Louvain/Paris/Bristol, Peeters, coll. « PIPOAC », vol. 3, 2019, p. 125-168.

CHALENDAR V., « Un serment dur à avaler. Les manifestations pathologiques du serment », *in* G. CHAMBON, M. GUICHARD et A.I. LANGLOIS (dir.), *De l'argile au numérique. Mélanges assyriologiques en l'honneur de Dominique Charpin*, Louvain/Paris/Bristol, Peeters, coll. « PIPOAC », vol. 3, 2019, p. 203-223.

FIETTE B., *Archibab 3. Le palais, la terre et les hommes. La gestion du domaine royal de Larsa d'après les archives de Šamaš-hazir*, Mémoires de NABU 20, Paris, Sepoa, 2018.

FIETTE B., « Des bateaux pour Babylone », *in* G. CHAMBON, M. GUICHARD et A.I. LANGLOIS (dir.), *De l'argile au numérique. Mélanges assyriologiques en l'honneur de Dominique Charpin*, Louvain/Paris/Bristol, Peeters, coll. « PIPOAC », vol. 3, 2019, p. 383-400.

JACQUET A., « The *hubullum*-debt in the Old-Babylonian period and its trace in the loan contract documentation », *in* S. DÉMARE-LAFONT (dir.), *Debt in Ancient Mediterranean Societies. A Documentary Approach*, Genève, Droz, coll. « Hautes études orientales – Moyen et Proche-Orient », vol. 56/8, 2019, p. 25-59.

JACQUET A., Recension de A. GODDEERIS, *The Old Babylonian Legal and Administrative Texts in the Hilprecht Collection Jena* (Wiesbaden, Harrassowitz, coll. « TMH 10 », 2016), *Revue d'assyriologie*, vol. 112, 2018, p. 212-214.

JACQUET A., (en collaboration avec H. RECULEAU), « Tablettes paléo-babyloniennes de la collection R.F. Harper conservées à l'Oriental Institute de l'Université de Chicago », *in* G. CHAMBON, M. GUICHARD et A.I. LANGLOIS (dir.), *De l'argile au numérique. Mélanges assyriologiques en l'honneur de Dominique Charpin*, Louvain/Paris/Bristol, Peeters, coll. « PIPOAC », vol. 3, 2019, p. 469-490.

NEBIOLO F., « *Iprum, ipṭirum* ed altre richieste: una lettera inedita dalla collezione dell'Iraq Museum di Baghdad », *in* G. CHAMBON, M. GUICHARD et A.I. LANGLOIS (dir.), *De l'argile au numérique. Mélanges assyriologiques en l'honneur de Dominique Charpin*, Louvain/Paris/Bristol, Peeters, coll. « PIPOAC », vol. 3, 2019, p. 713-730.

Histoire intellectuelle de la Chine

Anne Cheng
Professeure au Collège de France

Mots-clés : civilisation, Chine, Inde, universalité, bouddhisme, taoïsme

La série de cours « Universalité, mondialité, cosmopolitisme (Chine, Japon, Inde ; suite et fin) » est disponible, en audio et vidéo, sur le site internet du Collège de France (https://www.college-de-france.fr/site/anne-cheng/course-2018-2019.htm), ainsi que le colloque « Historians of Asia on political violence » (https://www.college-de-france.fr/site/anne-cheng/symposium-2018-2019.htm).

Enseignement

Cours – Universalité, mondialité, cosmopolitisme (Chine, Japon, Inde ; suite et fin)

L'année 2018-2019 s'est située dans le prolongement de nos travaux axés sur le rapport à l'autre ou aux autres de cette Chine du premier empire centralisé des Han, dont nous avons vu qu'elle se représente ou se projette volontiers dans les sources textuelles comme un espace fortement centré et hiérarchisé, comme une centralité qui rayonne ou irradie de la civilisation aux quatre orients sans qu'il y ait de limites à la périphérie. Centralité qui se confirme et se conforte elle-même dans la confrontation souvent hostile avec les « autres » immédiats, notamment les Xiongnu sur les marges de l'espace chinois.

Or, cette représentation commence à se trouver ébranlée dans ses fondements par la prise de connaissance et de conscience de l'existence d'autres centres possibles de civilisation, au-delà des « autres » tous proches considérés comme des « sauvages ». Nous avons constaté une démarcation assez nette entre les dénominations peu

A. Cheng, « Histoire intellectuelle de la Chine », *Annuaire du Collège de France 2018-2019. Résumé des cours et travaux*, 119e année, Paris, Collège de France, 2022, p. 387-406, https://doi.org/10.4000/annuaire-cdf.17202.

flatteuses des populations sur le pourtour immédiat de l'espace chinois et les désignations au contraire idéalisantes des royaumes plus éloignés, qualifiés de « grands » comme Da Qin (l'Orient romain) ou de « célestes » comme Tianzhu (le monde indien). Les sources de la fin des Han et du début de la période de désunité qui a suivi témoignent d'une grande ambivalence vis-à-vis de ce que l'on entendait dire sur ce royaume au-delà des Himalayas, que l'on qualifiait de « céleste » tout en continuant à le dire peuplé de Hu « barbares de l'Ouest », de la même façon que l'enseignement bouddhique suscitait la curiosité tout en étant « récupéré » comme étant assimilable aux sagesses connues dans le monde chinois, voire comme étant un simple « avatar » de ces sagesses.

C'est dans ce contexte que le Bouddha fait ses premières apparitions dans les sources chinoises sous un aspect purement fantastique, voire fantasmagorique, comme en atteste le *Mouzi li huo lun* 牟子理惑論, attribué à Maître Mou (prononcer [Meou]), un lettré de l'extrême sud de l'espace chinois, ayant vécu à la toute fin des Han postérieurs, à la fin du IIe siècle de l'ère chrétienne) :

> 問曰 : 漢地始聞佛道，其所從出耶 ?
> 牟子曰 : 昔孝明皇帝，夢見神人．身有日光, 飛在殿前，欣然悅之．明日博問群臣，此為何神．有通人傅毅曰： 臣聞天竺有得道者號曰佛，飛行虛空，身有日光，殆將其神也．於是上寤．遣中郎蔡愔、羽林郎中秦景、博士弟子王遵等十八人，於大月支．寫佛經四十二章．藏在蘭臺石室第十四間．時於洛陽城西雍門外起佛寺，於其壁畫千乘萬騎繞塔三匝．又於南宮清涼臺，及開陽城門上作佛像．明帝時豫修造壽陵曰顯節，亦於其上作佛圖像．時國豐民寧，遠夷慕義，學者由此而滋．
>
> Lorsque l'on commença à entendre parler de la doctrine du Bouddha sur le territoire des Han, d'où provenait-elle ?
> Maître Mou : « Autrefois, l'empereur Ming [28-75, r. 58-75] vit en rêve un homme divin. Son corps avait l'éclat du soleil et il volait devant la grande salle du palais. Il en fut tout réjoui. Le lendemain, il demanda à l'assemblée de ses ministres quel pouvait être ce dieu.
> Un certain Fu Yi, qui était un homme savant, fit cette réponse : "Votre serviteur a entendu dire qu'au Tianzhu se trouvait un homme qui avait trouvé la Voie et dont le titre était l'Éveillé [*fo*, Bouddha]. Il vole à travers le vide et son corps a l'éclat du soleil. Il doit s'agir de cette divinité."
> Alors l'empereur connut l'éveil et envoya dix-huit personnes parmi les Grands *Yuezhi*, dont l'officier du Palais Cai Yin, le chef de la Garde Qin Jing, et l'étudiant de l'Académie Wang Zun. Ils notèrent par écrit le *Sūtra en 42 sections* qui fut conservé dans la quatorzième salle de la bibliothèque des Archives impériales. Un temple dédié au Bouddha fut alors construit à l'extérieur de la porte Xiyong de la capitale Luoyang. Sur ses murs furent peints mille chars et dix mille cavaliers tournant trois fois autour d'un *stūpa*. De plus, on érigea des images du Bouddha sur la porte Kaiyangcheng et sur la terrasse Qingliang du Palais du sud. L'empereur Ming faisait construire à l'avance son mausolée, qu'il avait appelé "Xianjie". Sur ce mausolée fut également édifiée une représentation du Bouddha. À cette époque, l'empire était riche et le peuple en paix, les peuples les plus lointains admiraient la justice [régnant en terre des Han]. Dès lors ceux qui étudiaient [la Voie du Bouddha] devinrent de plus en plus nombreux. » [1]

Ce récit du *Mouzi* est théoriquement contemporain de celui des *Annales des Han postérieurs* (*Hou Han shu* 後漢書, au chapitre sur les contrées occidentales, *Xiyu*

1. *Mouzi li huo lun*, Argument 21, voir la traduction de Béatrice L'Haridon, *Meou-tseu. Dialogues pour dissiper la confusion*, Les Belles Lettres, « Bibliothèque chinoise », 2017.

zhuan 西域傳) que nous avons lu précédemment et qui, tout en parlant lui aussi du rêve de l'empereur Ming comme première apparition du Bouddha en Chine, donne des renseignements différents :

世傳明帝夢見金人，長大，頂有光明，以問群臣。
或曰：「西方有神，名曰佛，其形長丈六尺而黃金色。」
帝於是遣使天竺問佛道法，遂於中國圖畫形像焉。
楚王英始信其術，中國因此頗有奉其道者。
後桓帝好神，數祀浮圖、老子，百姓稍有奉者，後遂轉盛。

On raconte d'une génération à l'autre que l'empereur Ming vit en rêve un homme tout en or, de haute stature, portant une lumière brillante au sommet du crâne. L'empereur interrogea la foule de ses ministres. L'un d'eux dit : « À l'ouest il y a une divinité qui a pour nom Fo [Bouddha], son corps mesure seize *chi* [plus de trois mètres] et il est couleur d'or. Là-dessus, l'empereur envoya des émissaires au Tianzhu pour s'enquérir de la Loi (*Dharma*) du Bouddha, à la suite de quoi on vit apparaître dans le Pays du milieu des images et des statues [du Bouddha].
Le roi de Chu, Ying, commença à croire aux techniques [bouddhiques], et pour cette raison, au Pays du milieu certains adoptèrent cette Voie. Par la suite l'empereur Huan [r. 147-167] se mit à adorer la divinité et à offrir plusieurs sacrifices à Futu [Bouddha] et à Laozi. Les gens du peuple commencèrent à adopter ce culte, puis ils devinrent de plus en plus nombreux à y adhérer.

L'intérêt de ce récit est la mention de pratiques bouddhiques (*shu*, *dao*) introduites par Ying, souverain du royaume méridional de Chu, l'un des fils de l'empereur Guangwu (r. 25-58 AD) qui avait fondé les Han postérieurs, et demi-frère de l'empereur Ming, ainsi que la mention d'un culte à Futu (Bouddha) et à Laozi. Les découvertes archéologiques et les travaux des historiens d'art ont montré ce que Wu Hung[2] appelle l'« interchangeabilité » entre la figure du Bouddha et les divinités autochtones chinoises. Il note que, pour le commun des Chinois de la fin des Han (IIe-IIIe siècle), le Bouddha était un dieu étranger qui avait atteint l'immortalité, qui était capable de voler, de se métamorphoser, et d'aider les êtres à faire de même ; en tant que tel, il fut mis sur le même pied que les immortels taoïstes Xiwangmu (la Reine Mère de l'Ouest) et son consort masculin Dongwanggong (le Roi Père de l'Est), et associé comme eux aux cultes d'immortalité et aux rites funéraires.

Selon Erik Zürcher, les toutes premières apparitions du nom et de la figure du Bouddha indien en terre chinoise constituent un processus qui se déroule « entre la première moitié du Ier siècle av. J.-C. – la période de consolidation de la puissance chinoise en Asie centrale – et le milieu du Ier siècle de l'ère chrétienne, au moment où la présence du bouddhisme est attestée pour la première fois dans les sources

---

Le *Wei shu* 魏書, dû à Wei Shou 魏收 des Qi du nord et compilé au milieu du VIe siècle, au dernier chapitre intitulé « Shi Lao 釋老 » (Sakyamuni et Laozi), reprend le même récit en l'enrichissant de détails supplémentaires.
On pourra consulter à ce sujet H. MASPERO, « Le songe et l'ambassade de l'empereur Ming. Étude critique des sources », *Bulletin de l'École française d'Extrême-Orient*, vol. 10, no 1, 1910, p. 95-130.

2. Cf. WU Hung, « Buddhist elements in early Chinese art (2nd and 3rd Centuries AD) », *Artibus Asiae*, vol. 47, 1986.

contemporaines chinoises[3]. » Plus récemment, Tansen Sen[4] s'accorde avec la plupart des historiens pour considérer que le *Sūtra de 42 sections* est probablement une fiction, mais qu'il demeure vraisemblable que des objets, des images et des pratiques d'inspiration bouddhique étaient présents en Chine dès le Ier siècle de l'ère chrétienne, en s'appuyant sur les sources concernant le roi Ying de Chu, dont le royaume recouvrait la partie sud du Shandong et à la partie nord du Jiangsu actuel, avec pour capitale Pengcheng 彭城 (actuel Xuzhou 徐州) où Ying vécut à partir de 52 jusqu'à sa mort en 71. Comme le rappelle Tansen Sen, dans une zone située à une cinquantaine de kilomètres de l'antique Pengcheng, au sud-ouest de l'actuelle ville de Lianyungang 連雲港 dans la province du Jiangsu, subsistent les vestiges de ce qui pourrait bien être l'iconographie bouddhique la plus ancienne en Chine. Sur les flancs du mont Kongwang 孔望山 (nommé ainsi parce que Confucius aurait gravi cette montagne pour apercevoir la mer), on peut voir plus d'une centaine de figures de divinités, d'humains et d'animaux sculptées à même la roche, dans lesquelles on a cru reconnaître des images du Bouddha debout, assis ou couché en *parinirvâna*, des figures d'adorateurs et de donateurs vêtus de costumes non chinois. Au sommet, il semblerait que la figure principale soit celle de Xiwangmu 西王母, la Reine Mère de l'Ouest, et on trouve par ailleurs le motif chinois traditionnel de la lune et du crapaud, mais aussi un éléphant en pierre, peut-être d'inspiration indienne. Selon Tansen Sen, ces images, qui dateraient de la fin du IIe siècle de l'ère chrétienne, semblent suggérer la présence dans la région d'adeptes étrangers du bouddhisme, des marchands scythes ou parthes. En outre, le fait qu'elles soient entrecoupées de motifs locaux, notamment taoïstes, indique l'amalgame précoce des enseignements bouddhiques avec les conceptions autochtones[5].

Il faut toutefois rappeler que la date d'exécution et la nature de ces sculptures ont été et sont toujours sujettes à des controverses acharnées, certains spécialistes les datant des Han postérieurs (25-220) et d'autres les plaçant à l'époque bien plus tardive des Tang (618-907). On en a un aperçu dans un article de Nicolas Zufferey qui conteste la datation et l'interprétation de certains historiens d'art et qui en arrive à la conclusion plus nuancée que « le Bouddha était probablement perçu comme une divinité parmi d'autres, et le bouddhisme n'était pas clairement séparé du taoïsme ou des croyances taoïstes jusqu'à une époque ultérieure. En conséquence, au lieu de parler d'une influence bouddhique sur l'art chinois, nous ferions mieux de parler d'une coalescence de formes diverses qui ont abouti à de nouvelles représentations[6]. »

---

3. Cf. E. ZÜRCHER, *The Buddhist Conquest of China*, Leyde, 1re éd. 1959, rééd. 2007, p. 23.

4. Cf. T. SEN, *Buddhism, Diplomacy, and Trade: The Realignment of Sino-Indian Relations, 600-1400*, Honolulu, University of Hawai'i Press, 2003 ; rééd. Rowman and Littlefield, 2016.

5. De la même façon, pour WU Hung, « Han sarcophagi: Surface, depth, context », *RES: Anthropology and Aesthetics*, vol. 61/62, *Sarcophagi*, 2012, p. 210 : « the arrival of Buddhism was not an isolated event, but was related to the introduction of other cultural phenomena and their impact on local ritual practices. It is possible that certain architectonic forms related to Buddhism and Indian culture, such as rock-cut sanctuaries and stone reliquaries, had influenced the local population on the East Coast even before Liu Ying formally embraced the foreign religion. »

6. Cf. N. ZUFFEREY, « Traces of the Silk Road in Han-dynasty iconography: Questions and hypotheses », *in* P. FORÊT et A. KAPLONY (dir.), *The Journey of Maps and Images on the Silk Road*, Leyde, Brill, 2008, p. 17-22. Zufferey s'en prend en particulier aux conclusions, trop

Nicolas Zufferey rappelle également les hypothèses plus ou moins fantaisistes selon lesquelles les sculptures de Kongwangshan seraient le témoignage d'un début très précoce de christianisation de la Chine dès les premiers siècles de notre ère.

Comme le rappelle Erik Zürcher, la présence de communautés étrangères dans cette partie de l'espace chinois s'explique facilement du fait que Pengcheng était un centre florissant d'échanges commerciaux situé sur la route entre la capitale des Han postérieurs Luoyang et le sud-est, route qui était dans le prolongement des soi-disant « routes de la soie » continentales par lesquelles les étrangers arrivaient de l'Ouest. Zürcher [7] montre que les premiers signes de présence du bouddhisme en Chine seraient dus à des « migrants » originaires d'Asie centrale qui n'étaient pas en Chine comme missionnaires et prosélytes, mais comme marchands ou descendants de marchands, réfugiés, otages ou autres, et qui arrivaient avec leurs croyances et leurs cultes. Cela nous indique que, dès le début de notre ère, certaines zones de la Chine centrale étaient plus cosmopolites qu'on aurait pu le croire de prime abord. D'après des sources un peu ultérieures aux Han postérieurs qui sont fournies par les premières biographies bouddhistes – le *Chu san zang ji ji* 出三藏記集 « Compilation de notices sur la traduction du *Tripitaka* », env. 515, de Sengyou (445-518) et le *Gao seng zhuan* 高僧傳, « Biographies des moines éminents », env. 530, de Huijiao (497-554) –, il semblerait que nombre de maîtres de l'enseignement bouddhique ne venaient pas de contrées lointaines, mais qu'ils étaient nés en Chine dans des familles de migrants, ou qu'ils avaient rejoint la communauté monastique après être venus en Chine en tant que laïcs, c'est-à-dire dans des buts autres que missionnaires. À titre d'exemple, le Parthe An Xuan 安玄 était un marchand arrivé à la capitale chinoise de Luoyang en 181 (sous le règne de l'empereur Ling, 168-190) et ce n'est que plus tard qu'il rejoignit la communauté monastique, alors dirigée par son célèbre compatriote An Shigao 安世高, l'un des tous premiers traducteurs connus d'ouvrages bouddhiques en chinois [8]. Autre exemple : un autre traducteur d'origine *yuezhi*, Zhi Qian 支謙, avait un grand-père qui était venu s'installer en Chine avec un groupe de plusieurs centaines de compatriotes, sous le règne du même empereur Ling. Enfin, dans le premier tiers du IIIe siècle, le fameux Dharmaraksa (Fahu 法護, 239-316), également connu sous le nom de Zhu Fahu 竺法護 (Zhu indiquant qu'il avait suivi l'enseignement d'un maître indien) était en fait né dans une famille *yuezhi* établie depuis des générations à Dunhuang, était de langue maternelle chinoise et avait reçu une éducation chinoise traditionnelle [9]. Quant à Zhu Shulan 竺叔蘭, il était né en Chine, étant le fils d'un Indien nommé Dharmasiras qui avait fui son pays natal pour s'installer au Henan avec toute sa famille dans le courant de la première

hâtives à son goût, de Marylin M. RHIE, *Early Buddhist Art of China and Central Asia*, Leyde, Brill, 2002.

7. *The Buddhist Conquest of China*, p. 23-24.

8. Cf. A. FORTE, *The Hostage An Shigao and His Offspring: An Iranian Family in China*, Kyoto, Italian School of East Asian Studies/Istituto italiano di cultura, Scuola di studi sull'Asia orientale, coll. « Occasional Papers », vol. 6, 1995.

9. Cf. S. LÉVI, « Notes chinoises sur l'Inde, V, Quelques documents sur le bouddhisme indien dans l'Asie centrale (première partie) », *Bulletin de l'École française d'Extrême-Orient*, vol. 5, nos 3-4, 1905, p. 292.
Voir aussi H. MASPERO, « Communautés et moines bouddhistes chinois aux IIe et IIIe siècles », *Bulletin de l'*École française d'*Extrême-Orient*, vol. 10, no 1, 1910, p. 222-232.

moitié du IIIe siècle. À la fin du IIe siècle, on trouve parmi les traducteurs à Luoyang un certain Kang Mengxiang 康孟詳, dont on nous dit que « les ancêtres étaient originaires de Kangju » (Sogdiane). Kang Senghui 康僧會, lui, était né au début du IIIe siècle à l'extrême sud de l'espace chinois et était le fils d'un marchand sogdien venu de l'Inde. Il est dit à son propos dans le *Gaoseng zhuan* que, bien que parlant couramment chinois, il avait le profil longiligne et le teint foncé, ainsi que les yeux profondément enfoncés et le nez proéminent trahissant ses origines indiennes.

On a donc l'impression que la présence bouddhique en Chine se fait sentir de manière non officielle dans ces familles d'origine étrangère éparpillées sur tout le territoire, mais installées depuis des générations bien avant qu'apparaissent les premières mentions explicites du bouddhisme dans les sources textuelles chinoises. On voit aussi que tous ces « étrangers », bien que le plus souvent parfaitement acculturés en terre chinoise, restent classifiés par « ethnonymes » (anglais *ethnikons*), c'est-à-dire des termes qui fonctionnent comme des patronymes ou noms de famille, tout en indiquant l'origine ethnique. À noter que ces ethnonymes s'appliquent à tout individu d'ascendance étrangère, quel que soit son lieu de naissance. D'où l'ethnonyme An de An Shigao, né en Parthie, alors que Zhi Qian qui est né en Chine a malgré tout l'ethnonyme Zhi par référence à ses ancêtres *yuezhi*. Le cas de Kang Senghui est encore plus compliqué puisqu'il est né au sud de la Chine, dans ce qui est actuellement le nord du Vietnam, de parents sogdiens qui ont émigré de l'Inde. Dans le cas des moines s'ajoute une complication supplémentaire, car à un moment antérieur au milieu du IIIe siècle, c'est devenu une pratique courante pour un disciple d'adopter le nom de famille de son maître (nom qui, dans le cas d'un moine étranger, est un ethnonyme). C'est ainsi que le traducteur Dharmaraksa est appelé en chinois Zhu Fahu pour indiquer qu'il a étudié avec un maître indien, alors que sa biographie dit clairement qu'il est né à Dunhuang dans une famille *yuezhi*. Il semblerait que c'est Dao'an qui introduisit à la fin du IVe siècle l'habitude d'utiliser Shi (première syllabe de Shijamouni, translittération chinoise du nom du Bouddha Sakyamuni) comme nom de famille universel pour les moines. Avant cette période, les noms à deux syllabes doivent être compris comme commençant par un ethnonyme et doivent donc être transcrits en deux noms séparés, exemple An Xuan (et non Anxuan), Zhi Qian (et non Zhiqian), que le personnage en question soit un moine ou un laïc. Mais après Dao'an, les noms de moines à deux syllabes doivent être compris comme un seul nom personnel, précédé du nom de famille Shi (qui n'est pas toujours explicité). C'est ainsi qu'il faut écrire (Shi) Huiyuan en un seul mot, ou (Shi) Xuanzang.

Dans les sources chinoises, tous ces Parthes, Sogdiens, Kushans et autres « Indiens » sont mentionnés pour leurs efforts de traduction. Le *Gao seng zhuan* 高僧傳 commence même par une longue section sur les « traducteurs de sûtra » (*yi jing* 譯經). L'une des plus éminentes spécialistes des toutes premières traductions des textes bouddhiques en chinois, Jan Nattier[10], rappelle que, dès l'origine, la parole et l'enseignement du Bouddha se situent dans un contexte de polyglossie et de multiples transpositions d'une langue à l'autre. C'est ainsi que, selon une vulgate communément répandue, la parole du Bouddha se serait trouvée recueillie dans des textes en pâli, puis en sanskrit. Mais le Bouddha étant né au Magadha (au sud du

10. Cf. J. NATTIER, *A Guide to the Earliest Chinese Buddhist Translations: Texts from the Eastern Han and Three Kingdoms Periods*, Tokyo, The International Research Institute for Advanced Buddhology, Soka University, 2008, p. 23-24.

Népal), il s'exprimait le plus probablement en magadhi ancien et, selon toute vraisemblance, son enseignement n'a pas été consigné par écrit, mais transmis oralement comme c'était la règle dans la tradition brahmanique de l'Inde védique. Comme le rappelle Charles Malamoud, la culture brahmanique est fondée sur la mémorisation, la récitation et la transmission exclusivement orales/aurales des Veda, et la pratique de l'écriture, considérée comme une basse besogne, est dévolue à des scribes dont la pointe griffue du calame et la noirceur de l'encre évoquent le monde de Yama qui préside aux monde des morts [11].

Gérard Fussman, dans son cours au Collège de France de l'année 2003-2004, souligne lui aussi la primauté de l'oralité dans la transmission des sources en Inde :

> L'enseignement originel du Buddha était oral. Antérieur d'au moins cent ans à l'utilisation de l'écriture en Inde gangétique, il ne fut pas fixé par écrit avant le 1er siècle avant notre ère. Les différences entre les différentes recensions des textes tiennent à la fois à cette longue (environ trois siècles) période de transmission orale et au fait que même une fois consignés par écrit, les textes furent rarement transmis *ne varietur*. [...] Ce qui compte en fait, plus que la lettre, l'intégrité et l'intégralité des textes, c'est l'esprit de l'enseignement du Buddha. C'est ainsi que les premiers bouddhistes à être allés en Chine n'ont pas cherché à y introduire le canon, ni même des textes canoniques, mais des manuels d'enseignement ou des textes faciles à comprendre et mémoriser [12].

Cela explique que les moines bouddhistes chinois, à commencer par Faxian au IVe siècle, qui ont fait toute la route jusqu'en Inde pour y trouver des textes écrits, ont eu grand peine à en trouver. En effet, pour ces moines bouddhistes, mais formés dans la tradition scolastique chinoise, tout enseignement de maître, *a fortiori* tout enseignement considéré comme sacré, se transmet nécessairement dans des sources écrites. Dans le *Foguo ji* de Faxian, nombreuses sont les allusions à son sentiment de frustration devant l'absence de textes :

> 法顯本求戒律, 而北天竺諸國皆師師口傳, 無本可寫 [...] 復得一部抄律, 可七千偈, 是薩婆多眾律, 即此秦地眾僧所行者也. 亦皆師師口相傳授, 不書之於文字. [...] 故法顯住此三年, 學梵書, 梵語, 寫律.
>
> À l'origine Faxian était à la recherche des textes concernant les préceptes et la discipline, mais dans les royaumes de l'Inde du Nord, ils se transmettaient oralement de maître à maître et il n'y avait pas d'exemplaire qu'on puisse copier. [...] [Faxian] trouva encore une copie d'un Vinaya qui contenait 7 000 stances, c'était le Vinaya de la secte des Sarvāsti[vādin] qui est celui que pratiquent les moines de Chine [littéralement « de la terre de Qin »]. [Ce texte] se transmet oralement de maître à maître et n'est pas [généralement] couché par écrit. [...] C'est pourquoi Faxian resta là pendant trois ans à étudier les écritures et les langues indiennes et à copier le Vinaya.
>
> 法顯在此國, 聞天竺道人於高座上誦經 [...] 法顯爾時欲寫此經, 其人云 : "此無經本, 我止口誦耳."
>
> Alors qu'il se trouvait dans ce royaume, Faxian entendit un moine du Tianzhu [monde indien] réciter un *sūtra* du haut d'un siège élevé [...] Faxian sur le coup voulut le noter

11. Cf. C. MALAMOUD « Noirceur de l'écriture », *in* V. ALLETON (dir.), *Paroles à dire, paroles à écrire*, Paris, EHESS, 1997, reproduit dans *Le Jumeau solaire*, Seuil, 2002.
12. Cf. le résumé du cours de G. FUSSMAN, *Annuaire du Collège de France 2003-2004*, Paris, Collège de France, p. 937-942.

par écrit. Mais l'homme lui dit : « Il n'existe pas de texte [écrit] de ce *sūtra*, je me contente de le réciter. »[13]

Ces tensions entre pratiques orales et écrites se retrouvent dans ce que j'ai appelé le « grand saut de la traduction », qui, contrairement à ce qu'on pourrait croire, commence dans le saut de l'oral à l'écrit et se poursuit seulement dans un second temps dans le saut d'une langue à une autre (ou, en l'occurrence, de différentes langues à différentes autres langues – au pluriel). Rappelons que la question centrale à notre propos est de savoir comment il se fait que la Chine des Han, pourtant déjà constituée en empire fortement centralisé et en centralité fortement civilisatrice, a pu s'intéresser, au point d'accepter de se décentrer, à des formes de pensée aussi autres, avec des cadres intellectuels, culturels et linguistiques aussi différents, que celles qui lui sont parvenues dans les premiers siècles de notre ère. Et plus particulièrement : comment se fait-il que, pour la toute première fois dans l'histoire de la civilisation chinoise, on ait éprouvé le besoin de traduire des langues autres que chinoise, et – en outre – des langues aussi différentes du chinois ?

Quand nous parlons aujourd'hui de traduction, il nous vient spontanément à l'esprit que c'est l'activité propre à une personne qui maîtrise deux langues différentes, et qui est capable d'assurer la transposition de l'une à l'autre. Ce que l'on appelle la « traduction » des textes bouddhiques est en réalité un processus éminemment complexe et aléatoire. Le processus, dans ses grandes lignes, passait par plusieurs étapes : d'abord, un maître originaire de l'Inde ou d'Asie centrale récitait un *sûtra* ou autre texte qu'il connaissait par cœur. Un assistant chinois, qui avait quelques rudiments de la langue dudit maître, rendait oralement le sens général (*chuan yan* 傳言, « transmettre les paroles », ou *kou chuan* 口傳, « transmettre oralement »), que des scribes notaient par écrit (*bi shou* 笔受, « recueillir par le pinceau ») et ensuite, ce qui dans bien des cas devait ressembler assez fort à du charabia était récrit en chinois acceptable, mais avec les contre-sens qu'on imagine – le célèbre poète Xie Lingyun (385-433) fut l'un de ces « récriveurs ».

Il semble qu'il fallait en passer par là, car c'est un fait avéré – et qui est resté une réalité dans l'histoire du bouddhisme chinois – qu'il y a eu très peu de moines vraiment capables de lire des langues indiennes. Parmi les rares cas figure notoirement le grand Xuanzang au VIIe siècle ; mais avant lui, on trouve par exemple l'un des personnages identifiés comme « traducteurs » dont nous avons parlé précédemment : Zhi Qian (actif aux env. de 222-252, vers la fin des Han), dont l'ethnonyme Zhi indique qu'il était né dans une famille d'origine *yuezhi* établie en Chine depuis deux générations. Sa biographie dans le *Chu sanzang jiji* 出三藏記集 commence ainsi :

支謙。字恭明。一名越。大月支人也。十三學胡 書。備通六國語。越以大教雖行而經多胡文莫有解者。既善華戎之語。乃收集眾本。譯為漢言。

Zhi Qian, appellation Gongming, nom personnel Yue, un homme des Da Yuezhi. À treize ans, il se mit à étudier les ouvrages *hu* et maîtrisait les langues de(s) six pays. Yue voyait que, bien que le grand enseignement [du Bouddha] fût pratiqué, les textes étaient pour beaucoup écrits en langue *hu* que personne ne comprenait. Étant donné qu'il

13. *Foguo ji* § 113 et 128. Cf. aussi *Foguo ji* § 116 et 129. Voir la traduction de J.-P. DRÈGE, *Faxian, Mémoire sur les pays bouddhiques*, Paris, Les Belles Lettres, coll. « Bibliothèque chinoise », 2013.

excellait aussi bien dans la langue *hua* [chinoise] que *rong* [barbare de l'Ouest], il entreprit de recueillir bon nombre de ces textes et de les traduire en langue *han*.

Cette dernière phrase se retrouve presque littéralement, avec une exception notoire, dans le *Gaoseng zhuan*, contemporain du *Chu san zang ji ji*. Elle apparaît dans la toute première section consacrée aux « traducteurs des *sūtra* » (*yi jing*), au milieu de la biographie de Kang Senghui 康僧會 (env. 247-280) :

謙以大教雖行。而經多梵文未盡翻譯。已妙善方言。乃收集眾本。譯為漢語。

Qian voyait que, bien que le grand enseignement fût pratiqué, les textes pour beaucoup écrits en *fan* [au lieu de *hu* dans la citation précédente] étaient loin d'être tous traduits. Étant excellent en langues locales, il entreprit de recueillir bon nombre de ces textes et de les traduire en langue *han*.

En comparant les deux citations, on remarquera que le mot *hu* de la première est remplacé par le mot *fan* dans la seconde. Cette substitution, qui devient assez systématique par la suite, a donné lieu à nombre d'hypothèses et de controverses, notamment celle qui a eu lieu entre deux spécialistes d'études bouddhiques, Yang Jidong et Daniel Boucher [14]. Yang Jidong part de la constatation, surprenante selon lui, que les moines chinois, entre le IIe et le VIe siècle, mentionnent les textes bouddhiques provenant d'Inde ou d'Asie centrale, ainsi que les langues dans lesquelles ils sont rédigés, en les qualifiant de *hu* 胡. Yang ajoute que ce mot est généralement traduit en anglais par *barbarian*. Comme nous l'avons vu à maintes reprises en lisant des sources datant des Han, ce mot désigne de manière générique – et le plus souvent peu flatteuse – les peuplades nomades au nord et à l'ouest de l'espace *han*, à commencer par les Xiongnu. Or, toujours selon Yang, à partir de la période Sui-Tang (VIe-VIIe siècle), ce mot *hu* disparaît subitement de la littérature bouddhique. Et quand on en arrive aux périodes bien plus tardives des Yuan et des Ming (XIVe-XVIe siècle), ce caractère *hu* est systématiquement éliminé des sources anciennes et remplacé par *fan* par les moines qui s'occupent de rééditer le Tripitaka chinois. *Fan* est un mot qui n'apparaît que dans le contexte des premières traductions des textes bouddhiques : il s'agit du premier caractère de la désignation chinoise de Brahmâ (*Fantian* 梵天) qui est, selon la légende hindoue, l'inventeur de l'écriture *brahmi*. Selon Yang, « even Buddhist monks themselves could not help but use *hu* to refer to the languages and sutras in which Buddhism was brought from the west. As a special term applied in the period of division, *hu* always had a very strong racist sense and signified something uncivilized and inherently contradictory to Chinese culture. By contrast, the term *fan* has much less ethnological significance. The shift from *hu* to *fan* in the late sixth and early seventh centuries, therefore, can be seen to some degree as a sign of the accomplishment of the domestication of Buddhism in China. By using *fan* to designate whatever was related with Buddhism, the Chinese were more at ease to accept Indian thought as a part of their own culture. »

Ce à quoi Daniel Boucher rétorque que *hu* désigne selon lui l'écriture *kharosthi* qui fut utilisée pour noter le sanscrit pendant six siècles en Inde avant de tomber en

14. Cf. J. YANG, « Replacing *hu* with *fan*: A change in the Chinese perception of Buddhism during the medieval period », *Journal of the International Association of Buddhist Studies*, vol. 21, nº 1, 1998 ; D. BOUCHER, « On *hu* and *fan* again: The transmission of 'Barbarian' manuscripts to China », *Journal of the International Association of Buddhist Studies*, vol. 23, nº 1, 2000.

désuétude aux alentours du IIIe siècle de l'ère chrétienne, au profit de l'écriture *brahmi*, ce qui le conduit à conclure :

It would seem likely then that the term hu carried the more technical sense of kharosthi rather than "barbarian" in many of our early Chinese Buddhist records. [...] The switch from hu to fan in the Sui/Tang period as discussed by Yang [...] may more simply be that the discontinuation of hu = kharosthi and the more systematic use of fan = brahmi reflects the fact that the kharosthi script became largely obsolete by the fifth century, being superseded by brahmi in north India and Central Asia.

Ainsi donc, le grand saut de la traduction dans le contexte bouddhique s'est fait en réalité de manière assez acrobatique, par plusieurs relais d'envolées au trapèze, processus compliqué par le fait que le travail de traduction ne se faisait pas seulement à partir de textes écrits dans diverses langues qu'il s'agissait de rendre en chinois, mais souvent à partir d'un enseignement oral dans divers idiomes et dialectes d'Inde ou d'Asie centrale. En conséquence, les traducteurs ont eu tôt fait de se heurter au dilemme entre une traduction qui s'efforce avant tout de rendre le sens littéral de l'original, au risque de produire un texte lourd, maladroit, indigeste, plein de noms et de mots bizarres. Ou bien une traduction élégante, bien tournée et ciselée et mieux adaptée au goût stylistique des lettrés chinois. C'est la dichotomie classiquement énoncée dans le *Lunyu* (Entretiens de Confucius) VI, 16 :

子曰：「質勝文則野，文勝質則史。文質彬彬，然後君子。」

Quand le substantiel l'emporte sur le raffiné, on tombe dans le rustique mal dégrossi ; quand le raffiné l'emporte sur le substantiel, on tombe dans le tatillon de l'archiviste. Quand substantiel et raffinement sont en parfait équilibre, c'est alors seulement qu'on obtient l'homme de bien.

C'est ce qui apparaît dans les premières tentatives de collaboration entre des bouddhistes venus d'horizons différents, avec des degrés différents d'immersion en milieu chinois et sinophone. En parlant des « immigrés » d'Asie centrale en Chine, nous avions évoqué le nom de Zhi Qian 支謙 (né en Chine, car son grand-père *yuezhi* s'était installé en Chine) et aussi le nom de Kang Senghui 康僧會 (né dans l'extrême sud de l'espace *han* mais dont l'ethnonyme Kang rappelle les origines sogdiennes). La biographie de ce dernier dans le *Gaoseng zhuan* nous dit qu'il était « très concentré dans son goût pour l'étude et qu'il comprenait les Trois Corbeilles (Tripitaka) tout en ayant une vaste culture sur les Six Classiques (confucéens) ». Or, Zhi Qian et Kang Senghui se retrouvent tous deux au royaume de Wu à l'époque des Trois Royaumes qui se disputent l'espace *han* après la chute de la dynastie en 220. En 224, Zhi Qian se trouve à Wuchang 武昌 sur le fleuve Yangzi où arrivent deux maîtres indiens : Vighna (Weiqinan 維祇難), un brahmane converti au bouddhisme, et un certain Zhu Jiangyan 竺將炎 (var. Lüyan 律炎) dont on ne sait rien. Ces deux maîtres indiens qui ne parlent pas chinois collaborent avec Zhi Qian, qui, lui, maîtrise parfaitement le chinois, pour produire une traduction sommaire et approximative du *Faju jing* 法句經, c'est-à-dire le *Dharmapāda*, recueil de propos du Bouddha en vers. Voici le début de la préface 法句經序 :

偈義致深。 譯人出之。頗使其渾漫。惟佛難值。其文難聞。
又諸佛興皆在天竺。天竺言語與漢異音。云其書為天書。語為天語。名物不同。傳實不易。唯昔藍調安侯世高都尉弗調。譯胡為漢。審得其體。斯以難繼。
後之傳者雖不能密。猶尚貴其實。粗得大趣。
始者維祇難出自天竺。以黃武三年來適武昌。僕從受此五百偈本。請其同道竺將炎為譯。將炎雖善天竺語。未備曉漢。其所傳言或得胡語。或以義出音。近於質 直。僕初嫌其辭不雅。維祇難曰。佛言依其義不用飾。取其法不以嚴其傳。經者當令易曉勿失厥義。是則為善。座中咸曰。老氏稱。美言不信。信言不美。仲尼亦云。書不盡言。言不盡意。明聖人意深邃無極。
今傳胡義實宜經達。是以自竭受譯人口。因循本旨不加文飾。譯所不解則闕不傳。故有脫失多不出 者。然此雖辭朴而旨深。文約而義博。

Le sens des *gāthas* [stances] est très profond et le traducteur en essayant de le faire sortir l'a rendu trouble. Sans doute il est difficile de rencontrer un Bouddha, difficile d'entendre son message. De plus, les Bouddhas sont tous apparus au Tianzhu ; la langue du Tianzhu a des sons différents de celle de Han ; son écriture est l'écriture céleste [des dieux] ; sa langue est céleste [celle des dieux]. Sa façon de nommer les choses n'est pas la même et arriver à en transposer la réalité n'est pas facile. Dans le passé, An Shigao et Yan Fotiao, en traduisant de la langue *fan* en langue *han*, ont saisi les grandes lignes, mais il est difficile de poursuivre dans cette voie. Ceux qui sont venus après, sans être capables d'aller en profondeur, ont tout de même privilégié la réalité (du sens) et ont capté *grosso modo* le sens général.
À l'origine, Vighna venait du Tianzhu. Dans la troisième année de l'ère Huangwu (224), il arriva à Wuchang. Et c'est de lui que j'ai reçu le texte original des 500 *gâthas*. J'ai prié son compagnon de route Zhu Jiangyan d'en faire une traduction. Jiangyan maîtrisait parfaitement la langue du Tianzhu, mais ne connaissait pas bien la langue *han*. Ce qu'il transmettait oralement (*chuan yan* 傳言) était soit des mots *hu*, soit la prononciation de la signification, ce qui se rapprochait d'un brut de décoffrage assez rustique. J'ai commencé par déplorer le manque d'élégance de sa formulation. Vighna me répondit : « Les paroles du Bouddha, nous nous appuyons sur leur signification sans avoir à les embellir ; saisir le Dharma qu'elles expriment ne se fait pas en enjolivant sa transmission. Ceux qui transmettent les écritures sacrées doivent les rendre faciles à comprendre sans qu'il y ait déperdition de sens, c'est cela qui est bien. » Ceux qui étaient présents dirent tous : « Comme dit Laozi (§ 81), "les belles paroles ne sont pas fiables, les paroles fiables ne sont pas belles". Zhongni (Confucius) lui aussi dit : "L'écrit n'épuise pas la parole, la parole n'épuise pas la pensée." Ce qui veut clairement dire que la pensée du Sage est d'une profondeur insondable. »
Maintenant qu'il s'agit de transmettre le sens de ce qui est dit en langue *hu*, il faut aller droit à la réalité. Voilà pourquoi ce que l'on reçoit de la bouche du traducteur, il faut le suivre à la lettre sans y ajouter de fioritures. Et ce que le traducteur n'arrive pas à expliquer, on fait l'impasse dessus sans le transmettre. Aussi y a-t-il beaucoup de lacunes et de choses non traduites. Malgré tout, la formulation est simple, mais le message est profond ; l'expression est succincte, mais le sens est vaste.

Malgré cette insistance des maîtres indiens sur la transmission du sens, sans se soucier de la forme, quelqu'un qui a été formé à la chinoise comme Zhi Qian ne peut s'empêcher de peaufiner la traduction « brute de décoffrage » pour la rendre lisible à un lectorat chinois. C'est ainsi qu'il a produit des traductions assez libres où il s'efforce de traduire tous les mots et les noms en chinois et pousse le zèle jusqu'à proposer plusieurs traductions pour un même mot, soit en donnant une translitération phonétique, soit en en rendant le sens. Exemple le mot *arhat*, généralement rendu en chinois par une translitération *aluohan* 阿羅漢 ou par un équivalent emprunté au vocabulaire taoïste *zhenren* 真人 « l'homme authentique ». En règle générale, les traductions en chinois des langues indiennes, mais aussi plus tard des langues occidentales, opteront pour l'une ou l'autre de ces deux méthodes.

Nonobstant, malgré toutes ces complications, il y avait de toute évidence du côté chinois une curiosité et un appétit d'apprendre suffisamment puissants pour faire accepter et s'efforcer de surmonter tous ces obstacles. Il faut bien comprendre que l'utilisation des diverses écritures indiennes pour consigner les textes par écrit était une chose, mais que la transmission orale du contenu de ces textes en était une tout autre et se faisait dans une grande diversité de langues, de parlers et de dialectes qui pouvaient être assez éloignés du texte écrit. Nous retrouvons ici la grande dissociation entre la transmission orale et la transmission écrite propre aux milieux indiens, qui explique que les Chinois aient eu beaucoup de mal à s'y retrouver. Une illustration intéressante de cette difficulté se trouve dans une section du *Chu sanzang jiji* de Sengyou, intitulée « Hu Han yijing yinyi tongyi ji 胡漢譯經音義同異記 » (Notes sur les similarités et différences de son et de sens dans la traduction des textes en langue(s) *hu* vers la langue *han*) :

> 夫神理無聲。因言辭以寫意。言辭無跡。緣文字以圖音。故字為言蹄。言為理筌。音義合符不可偏失。 是以文字應用彌綸宇宙。雖跡繫翰墨而理契乎神。
> 昔造書之主凡有三人。長名曰梵。其書右行。次曰佉　樓。其書左行。少者蒼頡。其書下行。梵及佉樓居于天竺。黃史蒼頡在於中夏。梵佉取法於淨天。蒼頡　因華於鳥跡。文畫誠異。傳理則同矣。
> 仰尋先覺所說。有六十四書。鹿輪轉眼筆制區分。龍鬼八部字體　殊式。唯梵及佉樓為世勝文。故天竺諸國謂之天書。
> 西方寫經雖同祖梵文。然三十六國往往有異。譬諸　中土猶篆籀之變體乎。案蒼頡古文沿世代變。古移為籀。籀遷至篆。篆改成隸。其轉易多矣。

> Les principes divins n'ont pas de son. Il faut donc des mots et des expressions pour transcrire leur signification. Or, les mots et expressions ne laissent pas de traces, il faut donc des signes et des caractères écrits pour figurer leur son. Ainsi, les caractères sont des pièges pour attraper les mots et les mots sont des nasses pour capturer les principes [15]. Quand le son et le sens coïncident, il ne peut y avoir ni distorsion ni perte.
> Voilà pourquoi il faut recourir à l'écrit pour ordonner l'univers dans son entier.
> Les traces ont beau dépendre du pinceau et de l'encre, les principes ont partie liée au divin. Dans les temps anciens, il y eut trois maîtres de la création de l'écriture. Le plus ancien s'appelait Fan (Brahmi) : son écriture partait vers la droite (de gauche à droite). Ensuite venait Qulou (Kharosthi) : son écriture partait vers la gauche (de droite à gauche). Le plus jeune était Cang Jie : son écriture partait vers le bas (en colonnes verticales). Brahmi et Kharosthi résidaient au Tianzhu [Inde]. Cang Jie, scribe de l'Empereur jaune, se trouvait au pays central des Xia [Chine]. Brahmi et Kharosthi prenaient modèle sur le Ciel Pur (*Suddhavāsa*), tandis que Cang Jie imitait les motifs des traces laissées par les oiseaux. Certes, les signes et les traits différaient, mais ils avaient la même façon de transmettre les principes.
> Lorsque nous nous tournons avec respect vers ce qu'enseignait le premier à connaître l'Éveil (le Bouddha), nous comptons 64 formes d'écritures, parmi lesquelles se distinguent les styles dits de « la roue du cerf » et de « l'œil qui tourne ». La forme des mots « dragon » (*naga*) et « démon » (*yaksa*), et les huit catégories [d'êtres surnaturels] diffèrent en style. Seules les écritures *brahmi* et *kharosthi* prédominent de notre temps. Voilà pourquoi tous les royaumes de Tianzhu les appellent « écritures célestes ».
> Bien que les textes copiés de l'Occident aient pour ancêtre commun la Brahmi, on trouve des différences entre les trente-six pays [des contrées occidentales]. N'est-ce pas comparable aux changements de styles entre la petite sigillaire [des Qin] et la grande

15. Allusion au *Zhuangzi*, chap. 26 « Wai wu 外物 » : 荃者所以在魚，得魚而忘荃；蹄者所以在兔，得兔而忘蹄；言者所以在意，得意而忘言。吾安得忘言之人而與之言哉? « La raison d'être de la nasse est dans le poisson ; le poisson une fois attrapé, on oublie la nasse. La raison d'être du piège est dans le lièvre, le lièvre une fois capturé, on oublie le piège. Où vais-je trouver quelqu'un capable d'oublier les mots pour lui dire deux mots ? »

> sigillaire [des bronzes Zhou] dans les terres du Milieu [= Chine] ?
> Si on prend l'écriture archaïque de Cang Jie dans ses évolutions à travers les âges, on voit que le style archaïque s'est changé en grande sigillaire, qui est devenue petite sigillaire, laquelle s'est muée en cléricale (Han). Nombreuses en ont été les transformations.

Ici, nous voyons que Sengyou a quelque difficulté à se représenter la diversité des écritures indiennes : pour lui, le seul moyen de faire comprendre cette diversité à un lectorat chinois est de la comparer avec l'évolution des différents styles d'écriture chinoise dans le temps, au cours des siècles, mais l'idée que des écritures différentes puissent coexister et servir à noter une même langue lui échappe. Quand on passe à la langue parlée, cela se complique encore un peu plus :

> 至於胡音。為語單複無恒。或一字以攝眾理。或數言 而成一義。
> 尋大涅槃經列字五十。總釋眾義。十有四音。名為字本。
> 觀其發語裁音。宛轉相資。或舌根脣 末。以長短為異。
> 且胡字一音不得成語。必餘言足句。然後義成。譯人傳意豈不艱。
>
> Pour ce qui est des sons *hu*, les mots se prononcent simples ou doubles, sans qu'il y ait de constante : tantôt un mot [*zi* = *aksara* = une syllabe] sert à représenter plusieurs principes/concepts ; tantôt plusieurs mots [prononcés] ne forment qu'une seule signification.
> Si on examine le *Da niepan jing* (*Mahā-parinirvāna-sūtra*), on voit qu'il liste dans l'ordre les cinquante *zi* [*aksara*, syllabes], en donnant une explication complète de leurs diverses significations. Les quatorze sons [phonèmes] sont appelés racines des syllabes.
> Quand nous observons leur manière d'émettre des paroles et de distinguer des sons, les modulations [dans la manière de prononcer] se soutiennent mutuellement [pour produire des sens différents]. Certains sont des sons « racine de la langue » [vélaires], d'autres des sons « bout des lèvres » [labiales]. Certaines distinctions sont produites selon que les [voyelles] sont longues ou courtes.
> De plus, un *zi hu* est un seul son, mais ne suffit pas à constituer un mot. Il faut y ajouter d'autres mots pour faire une phrase, alors seulement on obtient une signification. Quand les traducteurs transposent le sens, comment ne rencontreraient-ils pas des difficultés !

Sengyou s'efforce ici d'expliquer – de manière quelque peu confuse – qu'un graphème seul dans une écriture indienne ne constitue pas un morphème comme c'est le cas en chinois (même si ce n'est pas toujours un mot au sens de la linguistique moderne). Comme cela est expliqué dans le catalogue d'une exposition sur les écritures à la BNF :

> Là où les Grecs arrivent à une décomposition « atomique » de la langue en consonnes et voyelles, les Indiens distinguent eux aussi voyelles et consonnes, mais ils considèrent le plus souvent la consonne avec une vocalisation, l'unité de base étant la syllabe. Pour eux, la plus petite unité sécable de la langue est la syllabe ou *aksara*, qui signifie « indestructible ». Elle est représentée par un seul groupe graphique où la consonne fait corps avec la voyelle qui suit[16].

Autrement dit, ce qui est premier et non réductible ici, c'est le son (la syllabe, c'est-à-dire une émission de son, ex. *ba*, *ti*, *ku*, etc.). La différence avec les alphabets, c'est qu'on ne sépare pas les consonnes des voyelles (ex. b-a ba, t-i ti, etc.). Mais le

---

16. Cf. BNF, *L'Aventure des écritures* (consultable en ligne : http://classes.bnf.fr/dossiecr/index2.htm), « Les écritures indiennes : la notation de syllabes ».

problème est que Sengyou traduit cette unité phonique appelée *aksara* par *zi* qui est, en chinois, d'abord un mot écrit, ce qu'on appelle communément un « caractère chinois [17] ».

> 又梵書製文有半 字滿字。
> 所以名半字者。義未具足。故字體半偏。猶漢文月字虧其傍也。
> 所以名滿字者。理既究竟。故 字體圓滿。猶漢文日字盈其形也。
> 故半字惡義以譬煩惱。滿字善義以譬常住。
> 又半字為體。如漢文言　字。滿字為體。如漢文諸字。以者配言方成諸字。諸字兩合即滿之例也。言字單立即半之類也。
> 半字雖　單為字根本。緣有半字得成滿字。譬凡夫始於無明得成常住。故因字製義以譬涅槃。
>
> En outre, les ouvrages composés en écriture *fan* comportent des demi-éléments et des éléments pleins. La raison pour laquelle certains éléments sont appelés demi-éléments, c'est qu'ils ne suffisent pas à produire une signification [en fait, ce sont des lettres]. Voilà pourquoi le corps du caractère est tronqué, comme si le caractère *yue* [lune] en écriture *han* était privé de côté. La raison pour laquelle certains éléments sont appelés « éléments pleins », c'est qu'à travers eux les principes sont parfaitement clairs. Voilà pourquoi leur corps est plein, comme le caractère *ri* [soleil] qui remplit bien sa forme.
> Ainsi, les demi-éléments, qui ne sont pas bons à rendre la signification, sont tels des souillures (*klesas*), alors que les éléments pleins, qui sont bons à rendre la signification, s'assimilent à la grande constance.
> Autre exemple : le corps d'un demi-élément serait comme le caractère 言 en chinois ; et le corps d'un élément entier serait comme le caractère 諸. Prenez l'élément 者 pour l'assembler avec 言 pour former le caractère 諸, qui est l'exemple de la plénitude unissant deux éléments, alors que le caractère 言, pris isolément, relève de la catégorie « à moitié » [tronquée]. Les demi-éléments ont beau être isolés, ils sont la racine des caractères [morphèmes]. Nous dépendons des demi-éléments pour former des caractères entiers, de même qu'un homme ordinaire part de l'état d'ignorance [absence de lumière] pour atteindre la grande constante. C'est ainsi que la formation de la signification à partir des caractères sert à illustrer le *nirvāna*.

L'analyse que donne ici Sengyou des langues indiennes est symptomatique. De toute évidence, la plus grande difficulté pour lui est de saisir le véritable mode de fonctionnement d'une écriture alpha-syllabique, qui utilise des lettres ou des syllabes qui, à elles seules, ne constituent pas des morphèmes ni des mots. Sengyou ne semble pas percevoir clairement la différence entre une lettre ou une syllabe (*aksara*) et un mot (souvent composé de plusieurs syllabes), autrement dit la distinction entre langue et écriture. En chinois, un caractère écrit se prononce nécessairement par une syllabe, et peu importe comment on la prononce selon les différents dialectes de la Chine. D'où la difficulté de concevoir la diversité des langues du fait de l'universalité de l'écriture.

Nous avons ainsi touché du doigt les problèmes qui surgissent quand on tente de passer non seulement d'une langue à une autre, mais d'un système linguistique à un

---

17. Cf. V. ALLETON, « L'écriture chinoise : mise au point », *in* A. CHENG (dir.), *La Pensée en Chine aujourd'hui*, Paris, Gallimard, coll. « Folio-Essais », 2007, p. 243 : « L'unité graphique de l'écriture chinoise est le caractère (*zi*) qui correspond à une syllabe et a pour signifié un morphème. C'est ce qui différencie principalement cette écriture des systèmes alphabétiques où la lettre correspond à un phonème. Le morphème syllabique peut constituer ou non un mot indépendant. »

autre totalement différent. Et si nous revenons à notre question de départ : mais pourquoi diantre les Chinois des Han ont-ils pu accepter de se décentrer au point de souffrir d'un borderland complex (complexe de la marginalité ou de la périphérie) ? Complexe que nous avions observé chez Faxian (337-422), le premier moine bouddhiste chinois à avoir fait le voyage jusqu'en Inde, pour qui *Zhongguo* ne pouvait désigner que la partie centrale de l'Inde du nord (*Madhyadesa*), c'est-à-dire la patrie du Bouddha, ce qui eut pour effet de reléguer la Chine sur les marges lointaines de cette terre sacrée, au point de pousser l'un des compagnons de Faxian, Daozheng, à une décision de non-retour *Foguo ji* § 114.

Quelques siècles plus tard, le même dilemme se présente au célèbre Xuanzang 玄奘 (602-664) qui, lui aussi, fit le voyage jusqu'à la patrie du Bouddha et séjourna longuement à Nālanda, grand centre du savoir bouddhique. Au moment où Xuanzang s'apprête à quitter Nālanda pour rentrer en Chine, les moines indiens tentent de le convaincre de rester en Inde, comme l'avait fait Daozheng avant lui [18] :

> 法師即作還意，莊嚴經像。諸德聞之，咸來勸住，曰：「印度者，佛生之處。大聖雖遷，遺蹤具在，巡遊禮讚，足豫平生，何為至斯而更捨也？又支那國者，蔑戾車地，輕人賤法，諸佛所以不生，志狹垢深，聖賢由茲弗往，氣寒土嶮，亦焉足念哉！」
>
> Le Maître de la Loi [Xuanzang] s'apprêtait à retourner [en Chine] et commença à emballer ses *sūtra* et ses images. Lorsque les autres moines [indiens] vinrent à l'apprendre, ils accoururent tous pour l'exhorter à rester en lui disant : « L'Inde (*Yindu*) est le lieu de naissance du Bouddha. Bien que ce Grand Sage ait quitté ce monde, il reste encore toutes les traces qu'il a laissées. Faire le tour [des lieux saints] pour lui rendre un culte devrait suffire à combler n'importe quelle vie. Pourquoi donc vouloir s'en retourner après être venu jusqu'ici ?
> En outre, la Chine (*Zhinaguo* 支那國) est une terre de *mleccha* qui n'ont que mépris pour les hommes et pour la Loi. Voilà pourquoi pas un seul Bouddha n'y est né. Les gens y ont un esprit étroit et profonde est leur impureté. Voilà pourquoi les saints et les sages n'y vont pas. Le climat est rude et la terre hérissée de montagnes, voilà bien de quoi y réfléchir à deux fois ! »

On notera d'abord que dans la bouche des moines indiens, la Chine n'est pas du tout désignée comme « le pays du milieu » (*Zhongguo*), mais comme *Zhinaguo* (le pays de Zhina), translittération phonétique du sanscrit Cīna qui est lui-même une translittération de Qin. Il est intéressant de noter que cette désignation purement phonétique, qui fait totalement abstraction de la notion de centralité chinoise, a été reprise bien plus tard, notamment à l'époque Meiji au XIXe siècle, par les Japonais qui voulaient ainsi affirmer leur volonté de ne pas reconnaître la centralité chinoise et revendiquer la centralité pour le Japon.

Pour ne rien arranger, ces moines indiens parlent de la Chine comme d'un pays de *mleccha*, un terme aux connotations négatives à l'extrême, qui se trouve souvent traduit par « barbares », autrement dit l'équivalent du mot chinois *hu*. Pire : dans le vocabulaire brahmanique, ce terme sert à désigner tous ceux qui sont en dehors du monde civilisé, c'est-à-dire tous ceux qui sont en dehors de la communauté rituelle, religieuse, sociale et linguistique des Aryens. Il est ici translittéré *mielieche* qui se décompose en *mie* 蔑 (dédaigner, mépriser), *lie* 戾 (pervers, subversif), *che* 車

18. Cf. *Da Tang da ci'en si Sanzang fashi zhuan* 大唐大慈恩寺三藏法師傳 (Biographie du Maître du Tripitaka du Grand Monastère Ci'en de la grande dynastie Tang).

(véhicule) – bel exemple de translittération phonétique assez exacte, combinée avec une transposition de sens. Les *mleccha* sont considérés comme étant au-dessous même des *caṇḍāla* qui constituent la plus basse catégorie des hors-castes indigènes et qui étaient perçus, selon Romila Thapar, comme tellement impurs qu'ils étaient contraints de vivre en dehors des villes et des villages [19]. Wilhelm Halbfass [20] va plus loin en situant les *mleccha* entre les *caṇḍāla* et les animaux. Plus généralement, Halbfass en arrive à observer que l'Inde des brahmanes ne s'est pas véritablement intéressée à ce qui n'était pas elle, à l'autre :

> There are no Hindu accounts of foreign nations and distant lands. The Indian cultural "colonization" of East and Southeast Asia and the spread of Buddhism are not at all reflected in Sanskrit literature. There is little resonance of the Buddhist activities outside of India in Indian Buddhist literature. The advances of the missionaries, the great translation projects, the enthusiasm with which the Buddhist dharma was welcomed by so many Asian traditions – all this is hardly ever mentioned in India itself, and it has had few repercussions upon the debates between Hinduism and Buddhism , which were carried on in the Indian motherland [21].

Toujours est-il que l'usage du mot *mleccha* appliqué à la Chine suscite une réaction d'indignation chez Xuanzang, qui est pourtant un bouddhiste bon teint, mais qui ne peut pas s'empêcher de se rebiffer et de rappeler que la Chine a une civilisation vénérable et qu'on ne peut pas la traiter de « pays de *mleccha* » :

> 法師報曰：「法王立教，義尚流通，豈有自得霑心而遺未悟。且彼國衣冠濟濟，法度可遵，君聖臣忠，父慈子孝，貴仁貴義，尚齒尚賢。加以識洞幽微，智與神契。體天作則，七耀無以隱其文；設器分時，六律不能韜其管。故能驅役飛走，感致鬼神，消息陰陽，利安萬物。自遺法東被，咸重大乘，定水澄明，戒香芬馥。向蒙大聖降靈，親麾法化，耳承妙說，目擊金容，並轡長途，未可知也，豈得稱佛不往，遂可輕哉！」
>
> Le Maître de la Loi répondit : « Le roi de la Loi [Bouddha] a instauré son enseignement de façon à ce que son message soit diffusé partout. Comment pouvons-nous en garder pour nous seuls le bénéfice en laissant tomber ceux qui n'ont pas encore connu l'éveil ? En outre, là-bas dans ce pays [la Chine], les gens sont habillés dignement et les lois sont respectées, le souverain est saint et les ministres loyaux, les pères sont aimants et les fils filiaux, on valorise la vertu d'humanité et le sens du juste, on fait honneur aux anciens et aux sages. À cela s'ajoute que le savoir y est profond jusqu'à l'insondable, et que la sagacité rejoint le divin. [Les Chinois] prennent le Ciel comme modèle et les Sept Planètes n'ont pas de secret pour eux. Ils ont inventé des instruments pour diviser le temps, et les six tons musicaux. C'est ainsi qu'ils ont été capables de dompter les animaux, de se mettre au diapason des démons et des esprits, de s'adapter aux fluctuations du Yin et du Yang, et d'apporter paix et bienfait aux dix mille êtres.
> Depuis que la Loi léguée [par le Bouddha] s'est répandue à l'Est, [les Chinois] privilégient le Grand Véhicule (*Mahāyāna*), ils pratiquent la méditation qui décante l'esprit comme de l'eau calme, et observent les règles de la discipline (Vinaya) qui diffusent le parfum de leur influence. Ils font un vœu pour parvenir à l'illumination et aspirent à atteindre le dixième degré de la voie du Bodhisattva. Ils joignent les mains et

19. Cf. R. THAPAR, « The Image of the Barbarian in Early India », *Comparative Studies in Society and History*, vol. 13, nº 4, 1971, p. 413.

20. Cf. W. HALBFASS, *India and Europe: An Essay in Philosophical Understanding*, Delhi, Motilal Banarsidass, 1990 : voir le chapitre 11, « Traditional Indian Xenology ».

21. *Ibid.*, p. 182.

cultivent leur esprit afin de parvenir à la réalisation des Trois Corps (Trikaya) du Bouddha. En direction des ignorants le Grand Sage (Bouddha) a fait descendre son effet merveilleux, de sorte qu'ils puissent toucher du doigt la transformation opérée par la Loi, que leurs oreilles puissent recevoir ses paroles divines, et que leurs yeux puissent percevoir sa face dorée. Tel un double attelage sur une longue route, nul ne sait jusqu'où il peut aller. Comment pouvez-vous faire si peu de cas de ce pays qui est le mien pour la simple raison qu'aucun Bouddha n'y est allé !

SÉMINAIRE – LECTURE DU CHAPITRE « ÉVOLUTION DES RITES » DU *TRAITÉ DES RITES* DANS LE COMMENTAIRE DE KANG YOUWEI (1858-1927)

Cette année, le séminaire hebdomadaire, animé conjointement avec Béatrice L'Haridon, maître de conférences à l'université Paris-Diderot, a pris le parti de lire un nouveau chapitre du *Traité des rites* (*Liji* 禮記), le « Liyun » 禮運 (Évolution des Rites), à travers une interprétation moderne, celle de Kang Youwei 康有爲.

La figure de Kang Youwei est centrale dans l'histoire moderne de la Chine. À la fois lettré traditionnel, commentateur des Classiques confucéens, poète et activiste politique fortement influencé par l'utopisme et le socialisme européen, il vécut les derniers soubresauts de la dynastie sino-mandchoue des Qing (1644-1911), puis la fondation de la République. Il est aussi une figure paradoxale, objet de maints débats et d'un intérêt renouvelé dans la Chine contemporaine : il peut être aussi bien présenté comme un réformateur audacieux, appelant à une refonte totale des institutions que comme un fidèle du souverain mandchou, dont il appelle à conserver le rôle symbolique, s'opposant donc à la fondation de la République de Chine en 1911. Enfin, il se présente à la fois comme un nationaliste, appelant à une renaissance et un renforcement de la Chine, et un internationaliste, jugeant *in fine* que les États-nations sont voués à disparaître pour le plus grand bien de l'humanité. Le commentaire du chapitre « Liyun » occupe dans cette vie une place bien particulière, puisque Kang Youwei présente sa lecture comme une véritable illumination, considérant dès lors que le message authentique de Confucius est tout entier contenu dans ce chapitre, en réalité un Classique à lui tout seul selon Kang. Bien des notions qui se retrouveront dans sa grande utopie, le *Livre de la Grande Unité* (*Datong shu* 大同書), sont déjà développées au sein même d'un commentaire remplissant en apparence tous les critères de l'exégèse lettrée.

Notre lecture fut donc en quelque sorte triangulaire, tendue entre enjeux contemporains (notamment les questions soulevées par l'usage politique du confucianisme ancien, ainsi que par le statut complexe de l'approche de Kang Youwei dans ce dispositif), modernes (Kang Youwei étant en quelque sorte à la fois le dernier avatar du lettré traditionnel et l'un des penseurs fondamentaux de la modernité) et antiques (en éclairant par exemple l'importance des écarts entre le texte transmis dans le *Traité des rites* et le texte réédité par Kang Youwei en vue d'établir son commentaire). Si le *Livre de la Grande Unité* est très étudié, ce n'est pas le cas en revanche du commentaire du « Liyun ». Or, cette phase du commentaire, si elle est moins spectaculaire que le traité où s'affirme avec force un idéal politique moderne, constitue pourtant un travail fondamental, en ce que Kang Youwei cherche notamment à y démontrer l'imbrication étroite entre la pensée antique du *Datong* et la pensée socialiste européenne qui se diffuse alors en Chine. Nous avons vu ainsi comment, au fil de l'exercice d'un commentaire usant des outils de la philologie traditionnelle, de manière parfois consciencieuse, et parfois détournée, Kang recrée un confucianisme salvateur, tendu vers l'égalité et le dépassement ultime des limites que sont les genres, la famille, la propriété et les nations, sans abandonner l'idée d'une évolution progressive, inscrite dans le « mouvement des rites ».

Le séminaire a accueilli deux interventions, celle de Nicolas Idier, historien et sinologue, sur « Kang Youwei et l'Inde », et celle de Stéphane Feuillas, professeur à l'université Paris-Diderot, sur la lecture du chapitre « Liyun » par Xiong Shili (1885-1968).

Colloque international – *Historians of Asia on political violence*

Ce colloque, organisé par la chaire en collaboration avec M. Sanchit Kumar et avec le soutien de la fondation Hugot du Collège de France, s'est tenu le 27 juin 2019 et a rassemblé des historiens venus d'Inde, du Japon, du Canada et d'Europe :

- Anne Cheng (Collège de France) : introduction générale ;
- Upinder Singh (Ashoka University, Sonepat, Inde) : « The state and violence: Perspectives from ancient India » ;
- Naman Ahuja (Jawaharlal Nehru University, New Delhi) : « Political theft and vandalism of images in India » ;
- Brij Tankha (Institute of Chinese Studies, New Delhi) : « Japan in Asia: The practice of Pan-Asianism » ;
- Eddy Dufourmont (université de Bordeaux-Montaigne) : « *Kakumei* and harmony: The central role of revolution in Japanese historiography in shaping national and regional identity (1868-1945) » ;
- Arnaud Nanta (CNRS-IAO, Lyon) : « Evolution and characteristics of Japanese and Sino-Taiwanese historiography of the Nanjing massacre (1937) » ;
- Nakajima Takahiro (université de Tokyo) : « Okinawa in the eyes of Ota Masahide (1925-2017) » ;
- Christopher Goscha (université du Québec à Montréal, UQAM) : « The transnational origins of "revolutionary war": A Sino-Vietnamese experiment in war Communism during the First Indochina War (1945-54) » ;
- Michel Bonnin (EHESS, Paris) : « Mao's specific brand of political violence » ;
- Jean-Philippe Béja (CNRS-CERI, Paris) : « State violence in post-Mao China: A multi-faceted phenomenon ».

Cours à l'extérieur

- Septembre 2018 : deux cours et séminaires à l'université de Sydney (Australie) sur « Pan-Asianism (India, China, Japan) ».
- Octobre 2018 : un cours et séminaire à l'USTH (University of Science of Technology of Hanoi, Vietnam) sur « China's place in the world », et un cours et séminaire à l'Université nationale du Vietnam (Hanoi) sur « La situation du confucianisme dans la Chine prémoderne et contemporaine ».

Conférenciers invités

Pr Julia Murray (université du Wisconsin, États-Unis) a donné une conférence en anglais le 31 janvier 2019 : « Confucian relics: Practices and Material Forms » ;

Pr Peter Zarrow (université du Connecticut, États-Unis) a donné une conférence en anglais le 21 mai 2019 : « The ambiguous utopianism of Kang Youwei (1858-1927) » ;

Pr John Makeham (université La Trobe, Melbourne, Australie) a donné une conférence en anglais le 23 mai 2019 : « Chinese philosophy and universal values in contemporary China ».

Pr Valerie Hansen (université de Yale, États-Unis) a donné une série de quatre conférences :

- 5 juin 2019 : « The 1026 Summit of the G3 of Central Asia » ;
- 13 juin 2019 : « Quand la Chine s'est modernisée pour la première fois » ;
- 20 juin 2019 : « Le boom économique de la Chine et ses racines historiques » ;
- 27 juin 2019 : « Mille ans d'archéologie chinoise ».

Pr Haun Saussy (université de Chicago, États-Unis) a donné une conférence en français le 20 juin 2019 : « Lectures et littératures transfrontalières en Asie orientale ».

Recherche

M. Sanchit Kumar, ATER

Dans le prolongement de son travail entamé auprès de la chaire, il a continué à m'assister dans la préparation de mon cours au Collège de France, ainsi que dans l'organisation scientifique et pratique du colloque international proposé par la chaire, intitulé « Historians of Asia on political violence » et tenu entièrement en anglais au Collège le 27 juin 2019. M. Sanchit Kumar a, par ailleurs, commencé le travail éditorial sur les articles résultant du colloque de juin 2017 intitulé « India-China: Intersecting Universalities », lequel devrait aboutir à la parution du premier volume d'une collection créée par la chaire dans le cadre des publications numériques de l'institut des Civilisations.

Publications

Livres, articles et chapitres d'ouvrages

Entre orientalisme et modernité : *la Chine, miroir ou Autre de l'Europe* ?, Rabat, Collège de France au Maroc, Académie du Royaume du Maroc, 2018.

« Peut-on parler de "nature humaine" en Chine ancienne ? », *in* P. Descola (dir.), *Les Natures en question*, Paris, Odile Jacob / Collège de France, coll. « Colloque annuel du Collège de France », vol. 2017, 2018, p. 185-204.

« Tradition chinoise : une histoire à revisiter » (entretien), *Sciences Humaines*, hors-série *Les Grands Dossiers*, vol. 7 : *La grande histoire de la Chine*, 2019), p. 22-23.

« The future of cultural memory in an amnesiac China », *KNOW: A Journal on the Formation of Knowledge*, vol. 3, nº 1, 2019, p. 1-14.

« Chine : le féminin entre deux voies » (entretien), *L'Obs*, hors-série nº 10, 2019.

« Philosophes, les Chinois ? », *in* J. Birnbaum (dir.), *Tous philosophes* ?, Paris, Gallimard, coll. « Folio Essais », 2019, p. 105-121.

ÉDITION (DIRECTION DE COLLECTION)

NAKAE Chômin, *Écrits sur Rousseau et les droits du peuple*, présentation de E. DUFOURMONT, traduction de E. DUFOURMONT et J. JOLY, Paris, Les Belles Lettres, coll. « Bibliothèque chinoise », 2018.

SHEN Zongqian, *Esquif sur l'océan de la peinture*, présentation et traduction de Y. ESCANDE, Paris, Les Belles Lettres, coll. « Bibliothèque chinoise », 2019.

WANG Chong, *Balance des discours (Lunheng) : Traités philosophiques*, présentation et traduction de N. ZUFFEREY, Paris, Les Belles Lettres, coll. « Bibliothèque chinoise », 2019.

Histoire du Coran. Texte et transmission

François Déroche
Membre de l'Institut (Académie des inscriptions et belles-lettres), professeur au Collège de France

Mots-clés : Coran, texte, transmission, islam, religion, interprétation, culture

Le colloque « Le Coran : parole récitée, écrite et interprétée » (https://www.college-de-france.fr/site/francois-deroche/symposium-2018-2019.htm) est disponible en audio et/ou vidéo sur le site internet du Collège de France, ainsi que la conférence d'Anna Contadini, « Cultural and artistic connection between the Middle East and Europe during the Renaissance » (https://www.college-de-france.fr/site/francois-deroche/guestlecturer-2018-2019.htm).

Enseignement

Cours – Autour de quelques concepts coraniques

Colloque – Le Coran : parole récitée, écrite et interprétée

Colloque organisé au Collège de France le 7 juin 2019

Selon une présentation très répandue dans la tradition musulmane, le Coran, inscrit sur la « Tablette préservée » (*al-lawḥ al-maḥfūẓ*), serait intégralement « descendu » au ciel, dans un endroit appelé *bayt al-ʿizza*, avant d'être révélé à Muḥammad de manière fragmentée durant une vingtaine d'années. La tradition musulmane reconnaît de fait trois types de Coran : le Coran de la Tablette, le Coran « céleste » et le Coran « terrestre », qui seraient identiques et fruit d'une révélation divine. Le Coran se définit en premier lieu comme parole révélée (*waḥyi*/*tanzīl*) et récitée (*iqra'*/*qara'nāhu*), mais le texte coranique est très tôt mis par écrit et diffusé

F. Déroche, « Histoire du Coran. Texte et transmission », *Annuaire du Collège de France 2018-2019. Résumé des cours et travaux*, 119e année, Paris, Collège de France, 2022, p. 407-409, https://doi.org/10.4000/annuaire-cdf.17209.

sous cette forme dans l'empire musulman naissant. Comment Muḥammad et les premiers fidèles concevaient-ils le Coran et la révélation ?

La conception qu'en avaient les premiers musulmans semble en effet différer de celle des générations postérieures en raison des enjeux politiques et théologiques auxquels ces dernières furent confrontées. Définir la nature du Coran soulève le problème de la révélation sur un plan théologique, mais aussi celui du corpus coranique et ses *qirā'āt* : le Coran forme-t-il avec les variantes de lecture une seule et même nature ou bien s'agit-il de deux natures bien distinctes ? Des savants aussi différents qu'Aḥmad b. Ḥanbal (m. 241/855), al-Bāqillānī (m. 403/1012) ou al-Zamaḫšarī (m. 538/1143) sont unanimes pour défendre le caractère révélé et immuable du Coran en dépit de leurs divergences sur son statut ontologique. Peut-on envisager qu'un texte soit à la fois révélé et multiforme ? Quel rôle a joué l'uniformisation graphique du texte au cours des premiers siècles ? Pourquoi l'histoire du corpus coranique et des *qirā'āt* est-elle absente du débat théologique ? Que nous apprennent à ce propos les manuscrits coraniques les plus anciens, ou encore du passage à l'écrit ? Quelle a été la position des savants musulmans vis-à-vis de la transmission selon le sens (*bi-l-maʿnā*) ? Le Coran est un texte sujet à interprétation. Les oeuvres exégétiques sont à la fois très nombreuses et hétérogènes, tant dans le sunnisme que dans le chiisme. Comment les exégètes ont-ils fait face au caractère multiforme du texte ? Comment ont-ils intégré l'histoire du texte à leur discours ? Quelle a été l'influence des variantes de lecture et plus généralement de la variation sur leurs œuvres ?

• François Déroche : ouverture ;

• Michael Marx (Corpus Coranicum, Berlin Brandenburg Academy of Sciences and Humanities) : « La relation entre la transmission écrite et la tradition orale du texte coranique » ;

• Marijn van Putten (Leyden University) : « Traces of Nabataean Arabic orthography and script in early Qur'anic manuscripts » ;

• Éléonore Cellard (Collège de France) : « Les pratiques scribales du Coran dans les premiers siècles del'Islam : de l'exemplar à la copie » ;

• Hassan Chahdi (Collège de France) : « La transmission du Coran d'après le sens (bi-l-maʿnā) chez les premiers musulmans » ;

• François Déroche : « Clausules et flexibilité dans le texte coranique » ;

• Dominique Urvoy (université de Toulouse II Le Mirail) : « Ibn Ḥazm face à la critique du texte coranique » ;

• Mohammad Ali Amir-Moezzi (EPHE) : « Nouvelles réflexions sur quelques aspects problématiques du Coran » ;

• Marie-Thérèse Urvoy (Institut catholique de Toulouse) : « Après «le Coran parole récitée, écrite et interprétée», le Coran, parole vécue et ressentie » ;

• Anne-Sylvie Boisliveau (université de Strasbourg) : « Le concept de révélation : l'éclairage des Faḍā'il al-Qur'an des premiers siècles de l'hégire » ;

• Pierre Lory (EPHE) : « Le Coran des premiers ascètes » ;

• Muhammad Rashid Rida : « Écrire le Coran en lettres anglaises » et Rainer Brunner (CNRS) : « La traduisibilité du Coran en langues étrangères » ;

• Hythem Sidki (University of Chicago) : « On the regionality of Qur'anic Codices: A philological and phylogenetic study ».

Conférencière invitée

Anna Contadini, le 7 février 2019 : une conférence sur « Cultural and artistic connection between the Middle East and Europe during the Renaissance ».

Publications

Cellard E., *Codex Amrensis I*, Leyde/Boston, Brill, coll. « Documenta coranica », vol. 1, 2018.

Chahdi H., « Le paradoxe de la transmission des qirā'āt : entre riwāya et qiyās ? », *Journal of Qur'anic Studies*, vol. 19, n° 3, 2017, p. 103-133, https://doi.org/10.3366/jqs.2017.0304.

Chahdi H. et Roger-Puyo P., « Étude d'un muṣḥaf maghrébin atypique du xviie siècle : analyse conjointe des qirā'āt et des encres », *Journal of Qur'anic Studies*, vol. 19, n° 3, 2017, p. 144-163, https://doi.org/10.3366/jqs.2017.0306.

Déroche F., « Codicology », *Encyclopaedia of Islam* (3e éd.), 2017, https://doi.org/10.1163/1573-3912_ei3_COM_24409 ; en ligne : https://referenceworks.brillonline.com/entries/encyclopaedia-of-islam-3/codicology-COM_24409?s.num=0.

Déroche F., « Histoire du Coran. Texte et transmission », *Annuaire du Collège de France 2015-2016. Résumé des cours et travaux*, vol. 116, Paris, Éditions du Collège de France, 2018, p. 281-292, https://doi.org/10.4000/annuaire-cdf.12889.

Déroche F., « Le prince et la nourrice », *Journal of Qur'anic Studies*, vol. 19, n° 3, 2017, p. 18-33, https://doi.org/10.3366/jqs.2017.0300.

Déroche F., « Lettrés et artistes chrétiens au temps des Omeyyades », *in* G. Rahal et H.-O. Luthe (dir.), Promissa nec aspera curans. *Mélanges offerts à Marie-Thérèse Urvoy*, Toulouse, Les Presses universitaires/Institut catholique de Toulouse, 2017, p. 263-273.

Déroche F., *Le Coran*, Paris, PUF, coll. « Que sais-je ? », vol. 1245, 2017 [5e édition] ; en ligne : http://www.cairn.info/le-coran--9782130787266.htm.

Déroche F., « A Qur'anic script from Umayyad times: Around the Codex of Fustat », *in* A. George et A. Marsham (dir.), *Power, Patronage and Memory in Early Islam: Perspectives on Umayyad Elites*, New York, Oxford University Press, 2018, p. 69-80.

Déroche F. et Zink M. (dir.), *Patrimoine et musées de l'Afrique du Nord*, Paris, Éditions de Boccard, 2018.

Martínez de Castilla N., « A bilingual 'Morisco Qur'an' with thirteen lines to the page », *Journal of Qur'anic Studies*, vol. 19, n° 3, 2017, p. 34-44, https://doi.org/10.3366/jqs.2017.0301.

Culture écrite de l'Antiquité tardive et papyrologie byzantine

Jean-Luc Fournet
Professeur au Collège de France

Mots-clés : Antiquité tardive, papyrus, christianisme

La série de cours « Le calame et la croix : la christianisation de l'écrit et le sort de la culture classique dans l'Antiquité tardive » est disponible, en audio et/ou en vidéo, sur le site internet du Collège de France (https://www.college-de-france.fr/site/jean-luc-fournet/course-2018-2019.htm), ainsi que les colloques « Ma grande église et ma petite chapelle » (https://www.college-de-france.fr/site/jean-luc-fournet/symposium-2018-2019.htm) et « L'illisible volontaire en paléographie » (https://www.college-de-france.fr/site/jean-luc-fournet/symposium-2018-2019__1.htm). Les actes du colloque « Ma grande église et ma petite chapelle » ont fait l'objet d'une publication : J.-L. Fournet (dir.), *Ma grande église et ma petite chapelle. 150 ans d'affinités électives entre le Collège de France et l'École pratique des hautes études*, Paris, Éditions du Collège de France/EPHE, 2020 ; édition numérique, coll. « Passage des disciplines », 2020, http://books.openedition.org/cdf/10259, https://doi.org/10.4000/books.cdf.10259.

Enseignement

Cours – Le calame et la croix : la christianisation de l'écrit et le sort de la culture classique dans l'Antiquité tardive (I)

Du 6 février au 17 avril 2019

Introduction

Pourquoi ce sujet ?

Le passage du paganisme au christianisme constitue probablement le phénomène qui a le plus profondément marqué le monde antique dans tous les domaines. Son

J.-L. Fournet, « Culture écrite de l'Antiquité tardive et papyrologie byzantine », *Annuaire du Collège de France 2018-2019. Résumé des cours et travaux*, 119e année, Paris, Collège de France, 2022, p. 411-442, https://doi.org/10.4000/annuaire-cdf.17222.

importance historique explique qu'il ait été depuis longtemps tant étudié ; chaque génération ne cesse d'apporter de nouveaux questionnements et de développer de nouvelles approches pour y répondre, proposant des modèles interprétatifs variés, voire contradictoires, pour appréhender le rapport entre culture chrétienne et culture païenne. Loin de chercher à ajouter un modèle supplémentaire, ni même, d'ailleurs, de traiter de la christianisation du monde antique, ce nouveau cycle de cours abordera la christianisation sous un angle moins scruté, celui de son influence sur la culture écrite.

Ceux qui se sont intéressés à cette question ont le plus souvent limité leur investigation aux écrits littéraires ou, pour ceux qui ont pris aussi en considération les sources documentaires, au seul genre épistolaire – et encore, seulement jusqu'à l'institutionnalisation du christianisme au IVe siècle, puisque leur objectif était prioritairement d'éclairer la montée du christianisme et sa victoire sur le paganisme. Les autres genres documentaires, rarement pris en compte, invitent pourtant à une approche holistique, qui ne se focalise pas seulement sur les données historiques documentant le passage du paganisme au christianisme véhiculées par ces textes, mais qui s'intéresse aussi au texte qui les véhicule : celui-ci, en tant qu'objet écrit, soumis aux modes littéraires et culturelles de l'époque qui le produit, devient donc un microcosme culturel qu'il n'est pas inintéressant d'analyser pour lui-même et qui montre, dans l'impact que le christianisme a eu sur la forme, la diplomatique, le lexique et la phraséologie de l'écrit de tous les jours entre le IVe et le VIIe siècle, des évolutions qui ne sont pas anodines.

L'Égypte est une des rares contrées de l'Empire à offrir la possibilité d'étudier conjointement les écrits littéraires et documentaires, en les contextualisant assez finement. Les papyrus qu'elle a livrés en quantité permettent en effet l'analyse assez précise des conditions de production et d'utilisation de l'écrit en général, en redonnant vie aux acteurs de la culture écrite que sont les élèves, les lecteurs, les copistes, les littérateurs et les notaires, dans les lieux où ils exercent leurs activités (écoles, bibliothèques, *scriptoria*, études notariales). En raccordant, tel un puzzle, les diverses phases de la *paideia* (apprentissage, production, lecture, transmission) qui sont souvent appréhendées séparément, ils nous invitent à une véritable archéologie de la culture écrite entre les IVe et VIIe siècles en suivant le plus concrètement possible l'impact de la christianisation sur l'écrit antique et la façon dont a réagi la culture classique.

Mises au point terminologiques

Le sujet appelle préalablement quelques réflexions sur la façon de définir la culture qui préexistait à l'avènement du christianisme et que l'on traite – avec un peu trop de facilité – de « païenne ».

Le christianisme (*christianismos*), dont se réclament les chrétiens (*christianoi*), est une notion que les Anciens ont opposée à celle d'hellénisme, dont les adeptes sont les Hellènes/Grecs (*hellênes*). Le terme d'*hellénisme* (*hellênismos*) apparaît d'abord dans les traités grammaticaux pour désigner le purisme dont on fait preuve dans le maniement de la langue grecque. Mais, avec le développement du christianisme, le mot prend le sens nouveau de *paganisme*. C'est précisément la notion de langue qui est au cœur de ce glissement sémantique : la langue grecque est indissociablement liée à un ensemble de valeurs culturelles (désignées par le terme de *paideia*, litt. « éducation »), qui s'opposent aux valeurs du christianisme en tant que ces dernières rejettent le formalisme de la *paideia* grecque et revendiquent une simplicité formelle, gage de vérité.

Cette idée d'un christianisme ennemi des séductions de la langue a profondément influencé certains historiens modernes. Mais peut-on légitimement parler de littérature « païenne » au nom de l'équivalence paganisme = *hellênismos* = culture grecque en général ? Si certains penseurs chrétiens ont adopté, dans l'Antiquité, une position extrémiste les conduisant à rejeter toute la littérature profane en tant que potentiellement démoniaque, d'autres sensibilités se sont aussi développées chez les Pères de l'Église (notamment alexandrins ou cappadociens). Distinguant l'hellénisme linguistique et culturel de l'hellénisme religieux, certains d'entre eux revendiquèrent en effet un patrimoine culturel commun pouvant être mis au service de la défense des Écritures ou même de l'édification morale, en tant que *paideia* préparatoire. Les œuvres littéraires de ce patrimoine sont ainsi devenues un espace culturel neutre, partagé par les chrétiens comme les païens. Et lorsque ces derniers devinrent quantité négligeable, cette littérature, désormais dépourvue de toute charge cultuelle, n'était plus lue que pour sa fonction culturelle, voire sa capacité à divertir – comme le montre fort bien la réaction des spectateurs syriens de mimes, mettant en scène des divinités grecques païennes dans des situations empruntées aux écrits traditionnels, qui, face aux critiques du prêtre Jacques de Saroug aux opinions radicales en matière de *paideia* grecque, s'exclament : « C'est un jeu, pas du paganisme ! [...] Je sais que ce qui est mimé dans le spectacle est faux. Je n'y vais pas pour croire, mais pour rire [1] ». Il faut ainsi renoncer à l'expression « culture païenne », qui n'a de sens qu'à époque ancienne et dans certains milieux. Il est plus juste de parler de culture grecque profane, ou de culture traditionnelle ou classique.

La christianisation de l'Égypte

Comme la dimension diachronique est essentielle, il faut commencer par esquisser le cadre historique de la christianisation de l'Égypte. Au sein de l'ancien Empire romain, le christianisme a tout d'abord coexisté avec d'autres religions qu'il a supplantées peu à peu, avec des reculs liés aux persécutions et des accélérations brusques qui débouchèrent sur la création de l'« Empire chrétien » avec Constantin au IVe siècle. Il est de tradition de considérer que l'édit de Théodose Ier du 24 février 391 ordonnant la fermeture des temples, relayé par un édit similaire promulgué à Aquilée et adressé le 16 juin 391, pour Alexandrie, au préfet augustal Évagre et au comte d'Égypte Romanus, sonna le glas du paganisme en Égypte avec la destruction de l'un des sanctuaires les plus représentatifs du paganisme, le Sérapéum d'Alexandrie, et la débâcle de l'élite païenne. Mais il ne faut pas perdre de vue que le pouvoir romain avait déjà réduit durant le Haut-Empire, puis coupé, au milieu du IIIe siècle, les subventions destinées à construire et à entretenir les édifices cultuels égyptiens, instaurant ainsi des conditions propices à la désaffection des temples et de leurs cultes, et créant un appel d'air bénéfique au christianisme. Le paganisme, fortement lié aux pratiques cultuelles dont le temple était le pivot, a ainsi décliné plus rapidement que ne le laissent croire les récits hagiographiques ou la réitération des lois anti-païennes. Les derniers païens à qui l'on doit la « suprême résistance au christianisme » jusqu'à la fin du Ve siècle constituent par ailleurs un milieu socioculturellement très circonscrit. Il s'apparente à un paganisme des élites lettrées, plus intellectuel que religieux, ou en tout cas d'une religiosité à caractère mystique qui n'a plus rien à voir avec le cadre officiel des sanctuaires poliades ou avec les rites de l'antique religion. Et surtout, il serait presque

1. C. MOSS, « Jacob of Serugh's homilies on the spectacle of the theatre », *Le Muséon*, vol. 48, 1935, p. 108-109.

absent sans la loupe grossissante de certains textes focalisés, de façon bien compréhensible, sur les grandes figures intellectuelles d'Alexandrie (la *Vie d'Isidore* du païen Damascius et la *Vie de Sévère* du chrétien Zacharie le Scholastique), ou encore sans les textes hagiographiques qui témoignent de heurts violents entre païens et chrétiens, cette fois-ci dans l'arrière-pays égyptien. Ces textes ne font pas que monter en épingle certains événements incontestablement conflictuels mais de portée sociale et religieuse limitée : ils peuvent être aussi des constructions sans fondement historique, à visée apologétique ou partisane.

Comment, dans ces conditions, évaluer plus précisément, en évitant le caractère impressionniste des sources littéraires, la montée du christianisme et la résistance du paganisme ? Si les papyrus documentaires sont *a priori* la source la plus fiable pour étudier le rythme de la christianisation de la population, les allusions à des chrétiens avant l'officialisation du christianisme ou ensuite à des païens sont rarissimes et ne permettent pas d'évaluer l'évolution du rapport numérique entre chrétiens et païens. Comment faire des sources documentaires une base statistique à la fois large et fiable ? R.S. Bagnall[2] est le premier à avoir proposé une solution en suggérant d'établir des statistiques qui utilisent le critère onomastique pour caractériser l'appartenance religieuse des individus. Cette étude pionnière a suscité des réactions parfois violentes, mais sa validité a été récemment confirmée et affinée par M. Depauw et W. Clarysse[3] qui se sont appuyés sur la Trismegistos People Database répertoriant toutes les personnes apparaissant dans les papyrus entre 800 avant et 800 après J.-C.[4] : les résultats qu'ils ont ainsi obtenus, proches de ceux de RS. Bagnall, montrent qu'en 313, lors de la conversion de Constantin, les chrétiens représentaient déjà entre 20 % et 30 % de la population et que le point de bascule du rapport numérique entre païens et chrétiens se situe au milieu du IVᵉ siècle. Lorsque Théodose Iᵉʳ interdit le paganisme au profit du seul christianisme, la population devait être à plus des deux tiers chrétienne, tandis que vers 450, les païens sont devenus numériquement insignifiants. Il aura donc fallu moins de deux siècles (250-450) pour que l'Égypte se convertisse complètement au christianisme.

Le cadre historique devant servir de toile de fond à notre étude de la culture écrite ayant été ainsi posé, il est temps d'examiner comment le développement exponentiel du christianisme se traduit dans le domaine de l'écrit, en commençant par les textes littéraires.

Quelles lectures dans l'Antiquité tardive ? Étude statistique de la réception de la littérature d'après les papyrus littéraires

Introduction méthodologique

Les papyrus littéraires, qui nous renseignent sur les auteurs que les Anciens lisaient (ou, en négatif, cessaient de lire) et constituent ainsi un bon baromètre des

2. R.S. BAGNALL, « Religious conversion and onomastic change in Early Byzantine Egypt », *The Bulletin of the American Society of Papyrologists*, vol. 19, p. 105-124 (repris dans *id.*, *Later Roman Egypt: Society, Religion, Economy and Administration*, Aldershot, Ashgate Variorum, coll. « Variorum collected studies series », vol. 758, 2003 : nº VIII).

3. « How Christian was Fourth Century Egypt? Onomastic perspectives on conversion », *Vigiliae Christianae*, vol. 67, 2013, p. 407-435.

4. https://www.trismegistos.org/ref/index.

options culturelles d'une époque, offrent un corpus assez large pour permettre de faire des statistiques sur l'évolution des tendances littéraires dans l'Égypte de l'Antiquité tardive (env. 5 000 unités pour la période allant du IIIe au VIIe siècle). Ils n'ont pourtant jamais fait l'objet d'une étude globale qui prenne en compte à la fois les papyrus de littérature classique *et* chrétienne, du fait même d'une fracture au sein de la papyrologie littéraire qui a conduit les spécialistes de la littérature classique et ceux de la littérature chrétienne à se constituer en disciplines parallèles, évitant le dialogue et s'appuyant sur des instruments de travail autonomes. Or on ne peut dresser un tableau pertinent de la culture littéraire de l'Égypte entre le IIIe et le VIIe siècle à travers les livres de ses habitants sans prendre en compte les deux types de littérature. C'est la seule démarche qui permette de juger de l'impact du christianisme non seulement sur le développement des livres chrétiens, mais aussi sur la façon dont les lecteurs ont continué à regarder les livres de littérature traditionnelle.

Une telle entreprise ne peut faire l'économie de quelques avertissements méthodologiques qui mettent en garde contre les biais de notre documentation. Le premier est l'inégale répartition géographique des témoins papyrologiques qui conduit à une sous-représentation de certaines zones (Basse-Égypte avec, notamment, Alexandrie) et de certains types d'implantations humaines (villes au profit des villages, nécropoles ou établissements monastiques).

L'autre biais, peut-être plus grave encore, tient à la difficulté de situer précisément dans le temps les papyrus littéraires, qui ne comportent jamais de date. La datation paléographique qui, seule, permet de contourner cet obstacle est un exercice périlleux qui a donné lieu à beaucoup d'approximations et d'erreurs. Elle n'est d'ailleurs pas exempte de certaines déviances idéologiques : on constate chez certains papyrologues ou spécialistes du christianisme travaillant sur les papyrus bibliques la tendance à vieillir ces derniers par désir de leur donner une ancienneté qui les range au nombre des premiers témoins du christianisme naissant et permette de se rapprocher au plus près du texte originel des Écritures.

Enfin, l'état fragmentaire des papyrus ne permet pas toujours d'avoir une idée claire de la nature de l'exemplaire dont ils sont issus (extrait ou version intégrale d'une œuvre ?) et, dans le cas de plusieurs fragments provenant d'un même livre, peut perturber les statistiques.

Outre ces difficultés inhérentes aux papyrus littéraires, se pose la question, cruciale pour la contextualisation des données statistiques, de savoir ce qu'on entend par *papyrus littéraire* – notion qui s'oppose à celle de *papyrus documentaire* en vertu d'une polarité autour de laquelle s'est organisée la discipline papyrologique [5]. Dans les faits, les papyrus que l'on classe comme littéraires embrassent des réalités très hétérogènes : ils peuvent être (1) des livres au sens où nous les entendons, c'est-à-dire des supports de littérature ; (2) des commentaires, exégèses, scolies, etc., autrement dit de la métalittérature (qu'il n'est pas toujours aisé de différencier ontologiquement de la littérature) ; (3) des textes qu'on appelle communément *paralittéraires* (en anglais *subliterary*), notion qui, en désignant des textes se situant à la lisière du littéraire, recouvre, à son tour, une réalité aussi foisonnante que diverse

5. Ce sujet fera l'objet d'un colloque intitulé « Appréhender la culture écrite des anciens : les catégories "documentaire" et "littéraire" en papyrologie et leurs limites » que j'organise avec Antonio Ricciardetto au Collège de France les 5 et 6 décembre 2019.

(textes scolaires, recettes médicales, horoscopes, textes liturgiques, amulettes) dont le point commun est d'être des textes résultant d'une application à une situation présente d'une œuvre littéraire ou d'un savoir puisé à des sources littéraires, autrement dit de la littérature que l'on a adaptée à une situation très concrète pour lui conférer une fonction pratique. Or, ces sous-catégories, qui participent d'ordres différents, ne mettent pas en lumière des situations culturellement identiques : elles concernent tantôt des lecteurs, tantôt des élèves ou des étudiants, tantôt des praticiens. En théorie, une étude globale des papyrus littéraires devrait prendre en compte ces diverses catégories pour mieux caractériser la fonction de tel papyrus. Mais en pratique, cela est difficile, voire, pour l'ensemble du corpus, impossible. Nous sommes donc contraints d'analyser ce corpus globalement sans pouvoir différencier les textes selon leurs fonctions réelles, en nous contentant – ce qui n'est déjà pas si mal – de dégager les grandes tendances qui ont marqué les rapports de l'individu à la littérature (terme que je prends dans le sens le plus large) indépendamment des contextes dans lesquels cette littérature a été lue ou utilisée (cabinet du lettré, école, église, etc.). J'aurai l'occasion, dans un second temps, de réintroduire le paramètre fonctionnel.

Papyrus littéraires classiques et chrétiens

Comment se répartissent dans le temps les textes chrétiens par rapport aux textes de littérature classique (graphique 1 [6]) ?

Comme on s'y attend, les deux courbes vont en sens inverse et s'entrecroisent au passage du IVe siècle au Ve siècle. On a vu, cependant, que l'inversion entre le nombre des païens et des chrétiens avait dû intervenir plus tôt, entre 325 et 365. L'explication de ce décalage est d'ordre sociolinguistique. La christianisation de l'Égypte s'est accompagnée du développement du copte, médium écrit auxquels les chrétiens ont eu recours dès le IIIe siècle dans le domaine de la littérature chrétienne (d'abord sous la forme de traductions de la Bible, puis, plus tard, pour produire une littérature originale [7]). Le copte n'a pas été utilisé pour traduire la littérature grecque classique. Les papyrus littéraires coptes sont par conséquent, à de très rares exceptions près (littérature scientifique, notamment médicale), tous chrétiens et témoignent de la montée de l'écrit chrétien qui se diversifie linguistiquement. Ils doivent donc être intégrés dans notre graphique. Ce faisant, on constate que les deux courbes se croisent plus tôt, au cours du IVe siècle, précisément à l'époque où la proportion entre païens et chrétiens bascule au profit des seconds d'après les données onomastiques – qui s'en trouvent ainsi confirmées.

Il y a donc une parfaite corrélation, qui ne surprend pas, entre développement du christianisme et développement des livres chrétiens. Mais on ne peut pour autant conclure à une parfaite corrélation entre développement du christianisme et déclin des livres de littérature classique en faisant de la lecture de ces derniers un signe d'appartenance religieuse. Si, après 450, le nombre de païens, nous l'avons vu,

6. Ce graphique et les suivants se fondent sur les données de la *Leuven Database of Ancient Books* (https://www.trismegistos.org/ldab) et ont été établis avec la collaboration de Valérie Schram (ATER Collège de France, en 2018-2019) et d'Antonio Ricciardetto (ATER Collège de France, en 2016-2018).

7. Cf. les cours de 2016-2017 et 2017-2018 : « Babel sur le Nil : multilinguisme et multiculturalisme dans l'Égypte de l'Antiquité tardive » (2) et (3).

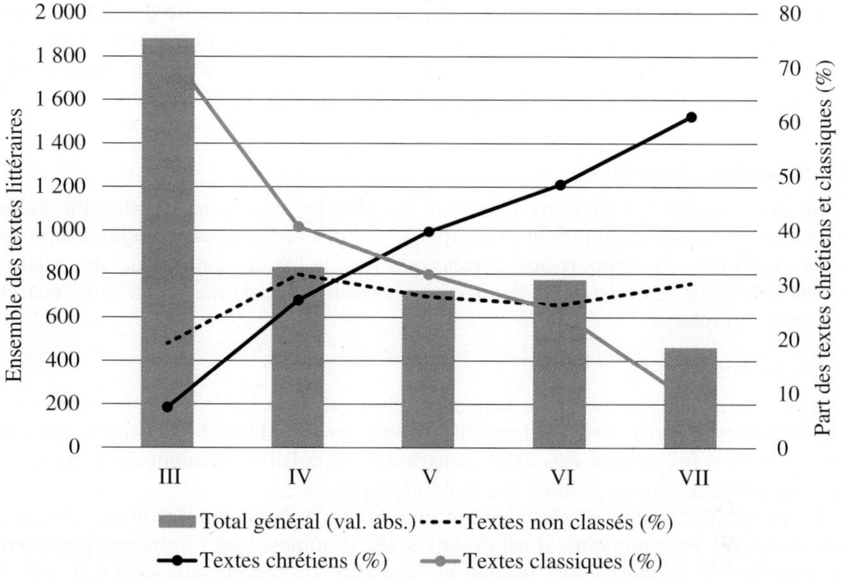

Graphique 1 – Papyrus de littérature classique et chrétienne en grec.
Comparaison entre le nombre de papyrus documentaires et littéraires en grec et en copte.

devient dérisoire, le nombre de livres de littérature classique, quoique décroissant, se maintient à des niveaux qui ne peuvent témoigner des convictions religieuses, en l'occurrence païennes, de leurs lecteurs (ils représentent encore 22 % des papyrus littéraires du Ve siècle et 15 % du VIe siècle). Voilà qui confirme qu'ils relevaient d'une culture que se sont aussi accaparée les chrétiens, en tout cas ceux qui maîtrisaient encore le grec. Autrement dit, si l'on ne peut dénier que le développement de la culture chrétienne ait eu un impact négatif sur la persistance de la culture classique, c'est loin d'être la seule explication. La diffusion du copte, qui a généré à la longue dans certains milieux une déshellénisation, explique aussi le déclin de cette culture. Mais celle-ci a malgré tout persisté, continuant à être pratiquée par les chrétiens en même temps qu'ils fréquentaient la littérature chrétienne.

Quittons l'analyse globale pour nous intéresser aux tendances que révèle le corpus des papyrus aussi bien chrétiens que classiques. Quels auteurs ou quelles œuvres étaient lus selon les époques aussi bien dans le domaine chrétien que profane ? Pour répondre à cette question, il faut préalablement prendre conscience que notre corpus, aussi volumineux soit-il, n'en reste pas moins soumis à certains hasards qui viennent relativiser les généralisations qu'on peut en tirer : on ne devra jamais perdre de vue le caractère aléatoire de certaines découvertes qui peuvent brutalement mettre en vedette des auteurs jusqu'ici non représentés – je pense à la trouvaille de Toura en 1941, sans laquelle Didyme l'Aveugle (*c.* 310-398), pourtant à l'origine d'une œuvre exégétique considérable et marquante, serait un auteur inconnu des papyrus et n'apparaîtrait donc pas dans la liste des auteurs lus en Égypte. Tout aussi aléatoire est le processus conduisant à la publication des papyrus qui tient au hasard de la découverte de tel papyrus dans une collection ou à la personnalité du papyrologue, intéressé par un certain type de littérature qu'il va tout particulièrement rechercher dans les collections où il travaille. Voilà évidemment qui incite à manier avec prudence les statistiques que l'on peut faire sur la notoriété d'un auteur ou d'une œuvre à partir des papyrus. Mais nous n'avons pas de meilleure méthode…

La littérature chrétienne

Si l'on répartit les papyrus chrétiens en grandes catégories (textes bibliques, patristiques, hagiographiques et liturgiques), on constate la suprématie écrasante des textes bibliques par rapport aux autres, que l'on pourrait qualifier de secondaires (aussi bien pour des raisons de dates de composition que de hiérarchie sur l'échelle du sacré ; graphique 2).

L'Ancien Testament

S'ils confirment sans surprise la quasi-exclusivité de la Bible dans les lectures des chrétiens, les papyrus nous aident aussi à voir ce qui, dans les Écritures, était les textes les plus fréquentés. Les livres constitutifs de la Bible n'étaient en effet pas lus avec la même assiduité ou le même intérêt (graphique 3).

L'Ancien Testament est globalement plus lu que le Nouveau Testament. Mais en fait ce succès est trompeur : il est dû aux seuls Psaumes dont l'immense popularité déséquilibre le rapport entre Ancien et Nouveau Testament qui, sans eux, est en faveur du Nouveau Testament (en tout cas après le Ve siècle).

Outre qu'ils constituent le livre de loin le plus lu de l'Ancien Testament (et même de la Bible en général) et le plus souvent cité dans les inventaires de livres, les Psaumes pourraient bien être aussi celui qui est le plus anciennement attesté dans les papyrus. Ce succès des Psaumes n'est pas un phénomène propre à l'Égypte. Il est

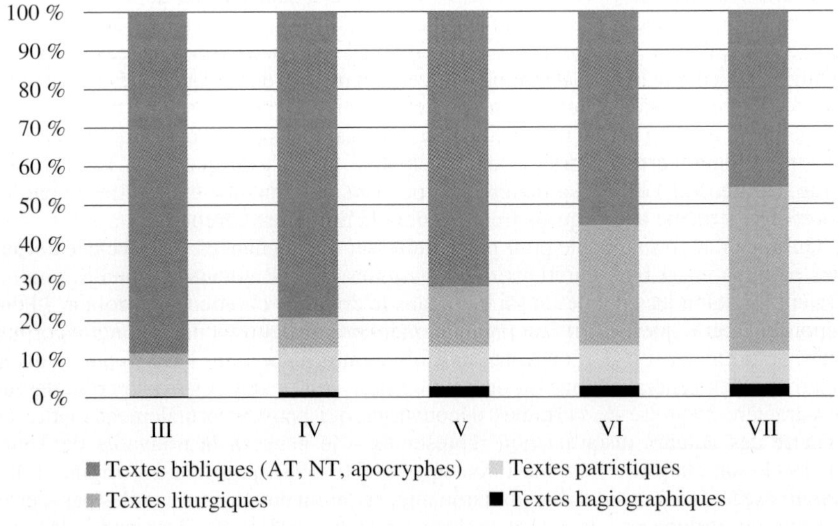

Graphique 2 – Les grandes catégories des papyrus de littérature chrétienne.

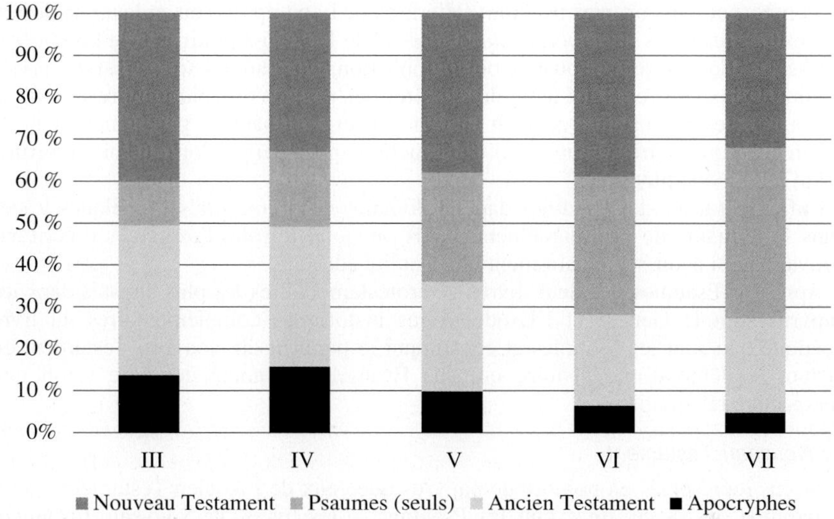

Graphique 3 – Les papyrus bibliques (relativement à l'ensemble des papyrus littéraires grecs).

déjà inscrit dans le texte du Nouveau Testament puisque c'est le livre vétérotestamentaire qui y totalise le plus de citations.

La popularité des Psaumes se mesure tout d'abord à la très grande production exégétique qu'ils ont suscitée (et qui s'est transmise principalement dans les chaînes exégétiques) avec, notamment en Égypte, Origène, Didyme l'Aveugle et Athanase d'Alexandrie.

Mais c'est surtout la place centrale qu'ont occupée les Psaumes dans la liturgie et la dévotion privée qui explique la popularité de ce livre. Ils ont façonné dès les origines la liturgie chrétienne du fait de l'importance des parties chantées. En outre, la psalmodie (litt. récitation continue des psaumes) était un exercice pratiqué tout au long de la journée dans les communautés monastiques, constituant un remède idéal contre le « démon de midi ». Un des exemples les plus éloquents de la place des Psaumes dans la vie des ascètes est ainsi fourni par les trouvailles faites dans le monastère de Dayr al-Naqlun, à la bordure sud-est du Fayoum. La mission polonaise a retrouvé dans l'ermitage 25 cinq textes écrits au VIe siècle par la même personne, qui tournent tous autour des Psaumes : des copies de psaumes isolés, une liste d'incipits psalmiques, une languette de parchemin contenant à la fois une notice empruntée au *Commentaire des Psaumes* d'Eusèbe de Césarée faisant une typologie des Psaumes et une liste des psaumes à réciter à chaque heure de la journée constituant un prototype de la liturgie des heures.

La place centrale que les Psaumes occupent dans la vie spirituelle n'a pas été sans influencer aussi les prières en général. Ils ont en effet servi de matrice formulaire pour ces dernières au point que certaines sont même des rhapsodies de versets psalmiques.

Cette profonde prégnance des Psaumes dans le domaine des productions liturgiques et dévotionnelles a incité certains littérateurs chrétiens à aller plus loin, en composant leurs propres psaumes (Hiéracas de Léontopolis) ou en les transposant en hexamètres grecs (*Paraphrase des Psaumes* du Pseudo-Apollinaire de Laodicée).

Plus que des prières de louange ou de contrition, les psaumes sont aussi des textes poétiques auxquels on a été tenté de conférer des pouvoirs magiques. Presque 40 % des amulettes portent un psaume ou un extrait de psaume, particulièrement le psaume 90, qui fut très tôt investi d'une fonction apotropaïque dont on suit la fortune jusqu'à l'époque moderne.

Enfin, le succès des Psaumes dans le domaine religieux a laissé quelques traces dans le domaine de l'enseignement où ils ont joué le rôle d'exercices d'écriture, pouvant aussi avoir secondairement une finalité édifiante.

Après les Psaumes, les deux livres vétérotestamentaires les plus attestés dans les papyrus sont la Genèse et l'Exode, livres historiques complémentaires du livre poétique que sont les Psaumes et constituant le pendant du Nouveau Testament en offrant le début d'une histoire que les Évangiles viennent conclure selon une perspective téléologique.

Le Nouveau Testament

Moins représentés en nombre de papyrus que ceux de l'Ancien Testament – sauf si, comme on l'a vu, on exclut les Psaumes –, les livres du Nouveau Testament apparaissent en réalité comme relativement les plus lus des deux testaments si on compare les deux ensembles en proportion des livres qui les constituent. Trois livres sortent du lot (graphique 4).

Alors que la prépondérance des papyrus de l'Évangile de Jean a depuis longtemps fait l'objet de spéculations, les données statistiques révèlent que celui de Matthieu, considéré, au moins depuis Irénée, Clément et Origène, comme le plus ancien des Évangiles et présentant l'avantage d'être la meilleure synthèse des évangiles

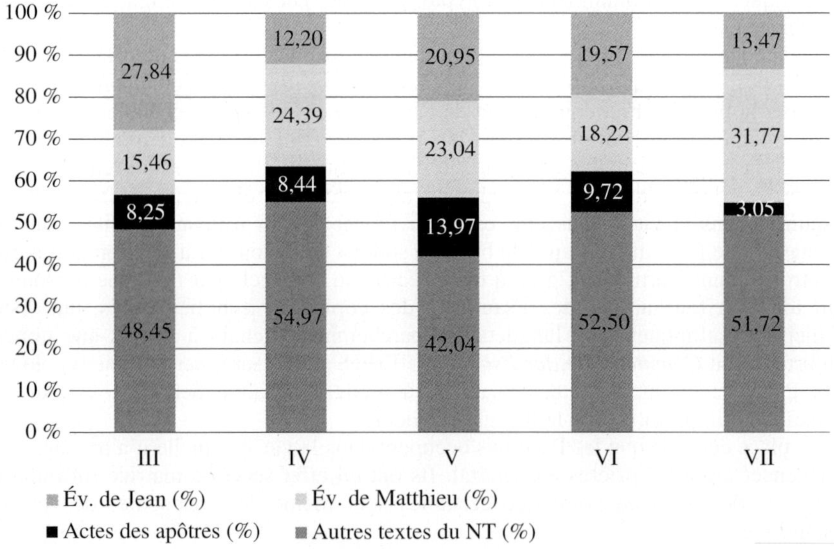

Graphique 4 – Les livres du Nouveau Testament les plus lus (papyrus magiques compris).

synoptiques, est majoritaire aux IVe et VIIe siècles : ces Évangiles s'articulaient en un harmonieux contrepoint, l'un narratif et historique, l'autre spirituel ou mystique [8], tous deux écrits par des témoins du Christ.

Quant aux Actes des apôtres, ils constituent le pendant complémentaire des Évangiles en ce qu'ils relatent les débuts de la communauté chrétienne, ce qui explique notamment leur présence dans certains évangéliaires (*P.ChesterBeatty* I).

Les apocryphes

Lectures condamnées, non recommandées ou réservées à un cadre privé, les textes apocryphes ont formé jusqu'au bout une part non négligeable des lectures chrétiennes (dont témoignent certains documents comme le *P.Oxy.* LXIII 4365, lettre du IVe siècle dans laquelle une chrétienne demande l'*Apocalypse d'Esdras* à une amie à qui elle avait déjà prêté le *Livre des Jubilées* ou *Apocalypse de Moïse*). Quelques-uns de ces textes ont particulièrement focalisé l'intérêt si l'on en juge par le nombre de témoins papyrologiques qui nous sont parvenus : dans le domaine vétérotestamentaire, c'est surtout le *Livre d'Hénoch*, une œuvre apocalyptique attribuée à l'arrière-grand père de Noé, attestée par l'existence de sept manuscrits (quatre en grec et trois en copte) trouvés dans des lieux aussi éloignés qu'Oxyrhynchus et Qasr Ibrim (en Nubie), et dont la date va du IVe siècle aux VIIIe-Xe siècles. Dans le domaine néotestamentaire, parmi les nombreux évangiles, actes, épîtres ou apocalypses livrés par les papyrus, se fait remarquer par sa fréquence le *Pasteur* d'Hermas, dont le succès rivalisa avec les livres néotestamentaires les plus populaires, puisqu'il est le plus représenté juste après Matthieu et Jean et bien avant les Actes ou les autres Évangiles. Si, malgré les doutes qui entourent son statut canonique, *Le Pasteur* a été tant copié et tant lu, c'est tout d'abord du fait des vertus pédagogiques qu'on a tout de suite prêtées à cette œuvre. Eusèbe (*HE*, III 3, 6) disait de lui qu'« il est absolument indispensable, surtout pour ceux qui ont besoin d'une instruction préparatoire ». Le succès du *Pasteur* est peut-être à mettre également sur le compte du développement de l'ascétisme égyptien, que cette œuvre a marqué et qu'elle a accompagné – on a effectivement relevé des points de rencontre troublants entre la doctrine du *Pasteur* et la spiritualité pachômienne ou l'idéal ascétique en général. Enfin, le genre apocalyptique auquel ressortit *Le Pasteur* d'Hermas n'est pas pour rien dans la popularité dont cette œuvre a joui particulièrement en Égypte. Il semble y avoir eu dans le public égyptien un goût prononcé pour ce genre qu'on ne s'est pas contenté de lire, mais qu'on a cherché à imiter à travers la création d'œuvres contemporaines jusque bien après la conquête arabe.

La littérature apostolique, patristique et liturgique.

Les œuvres des Pères apostoliques qui suivent immédiatement les écrits des apôtres sont assez peu représentées dans les papyrus. On relève notamment l'absence de témoin grec de Clément de Rome, le premier des Pères apostoliques, celle de Polycarpe de Smyrne ou de Papias d'Hiérapolis, ainsi que la présence discrète de la *Didachè*.

Quant à la littérature patristique post-apostolique, qui représente environ 10 % des livres chrétiens sur papyrus, les données papyrologiques donnent l'impression d'une

8. C'est une opinion déjà développée par Clément d'Alexandrie et rapportée par Eusèbe de Césarée dans son *Histoire ecclésiastique* VI, 14, 7.

tradition à la fois aléatoire et très lacunaire – comme le montre bien l'examen des témoins papyrologiques des Pères de l'Église égyptiens (Clément d'Alexandrie, Origène, Didyme l'Aveugle, Athanase, Théophile, Cyrille).

La littérature hagiographique, elle, a laissé peu de témoins grecs, ce qui peut paraître étonnant vu le succès populaire de ce genre. C'est en réalité surtout en copte que cette littérature se diffuse et s'exprime. On voit se dessiner une scission entre grec et copte, le premier se restreignant de plus en plus aux fondamentaux scripturaires (la Bible), tandis que l'autre prendra en charge la diffusion et la production d'une littérature plus populaire que sont, du fait de leur caractère romanesque, les vies, martyres et miracles de saints.

Finalement, une seule catégorie de textes chrétiens rivalise avec les textes bibliques : ce sont les textes liturgiques, qui finissent par les talonner de très près au VIIIe siècle. La masse des papyrus liturgiques s'explique tout d'abord par la provenance ecclésiastique et surtout monastique de beaucoup de ces papyrus. Mais c'est avant tout la dimension pratique, fonctionnelle de ce type de textes qui explique leur nombre, leur diffusion et leur succès.

Conclusions

Ce tour d'horizon de la papyrologie chrétienne a montré la prépondérance, d'un côté, des textes bibliques, ce qui n'étonne pas puisque c'est sur les Écritures que s'appuie le christianisme, et, de l'autre, des textes liturgiques, qui, mettant en pratique ces mêmes Écritures, en constituent le pendant pragmatique. On pourrait dire, pour reprendre le schéma tripartite de la papyrologie littéraire esquissé plus haut, qu'ils sont à la paralittérature ce que les papyrus bibliques sont à la littérature.

Quant aux textes bibliques eux-mêmes, les livres les plus fréquentés d'après les restes papyrologiques semblent bien résulter de choix qui, par leur complémentarité et leur équilibre, ne peuvent manquer de donner l'impression de faire système : du côté de l'Ancien Testament, on observe un équilibre entre textes historiques (Genèse, Exode) et textes poétiques (Psaumes), entre des textes qui instruisent en relatant l'histoire du peuple de Dieu et des textes qui nourrissent la prière (les Psaumes sont d'ailleurs de ce point de vue le corollaire de la montée des papyrus liturgiques) ; du côté du Nouveau Testament, on a relevé la préférence donnée aux Évangiles de Jean et de Matthieu déclinant chacun l'histoire du Christ selon des points de vue complémentaires. S'y ajoutent Les Actes, qui, débutant avec l'Ascension, viennent clore le corpus des Écritures s'ouvrant sur la Genèse.

Il est enfin intéressant de noter que les livres les plus appréciés de l'Ancien Testament (Les Psaumes) et du Nouveau Testament (l'Évangile de Jean – le plus lu à certains siècles, devancé par Matthieu à d'autres) ont tous les deux fait l'objet, en Égypte et au Ve siècle, d'adaptations selon les normes de la culture classique, autrement dit ont été réécrits, paraphrasés en vers de tradition homérique (hexamètres dactyliques) : la *Paraphrase des Psaumes* du Pseudo-Apollinaire de Laodicée et la *Paraphrase de l'Évangile de Jean* de Nonnos de Panopolis. Ce sont là les seules tentatives égyptiennes d'adaptation de livres chrétiens aux standards de la *paideia* grecque traditionnelle qui nous soient parvenues intégralement pour l'époque ancienne. Voilà qui nous montre qu'il ne faut pas envisager la littérature chrétienne indépendamment de la littérature profane classique, puisque celle-ci se met parfois au service de la première.

La littérature classique

La poésie non dramatique

Un auteur se détache de façon disproportionnée : Homère, dont l'*Iliade* et l'*Odyssée* représentent environ 40 % des papyrus non chrétiens. Nous reviendrons une prochaine année sur les raisons de son omniprésence dans une société devenue chrétienne.

Le deuxième poète le plus lu – dans le domaine de la poésie non dramatique – est Hésiode [9]. Plus ancien poète épique après Homère, Hésiode est d'ailleurs très symboliquement associé à ce dernier dans un texte du IIe siècle qui connut une certaine faveur dans les écoles, le *Certamen Homeri et Hesiodi*, où, malgré leur rivalité, tous deux sont présentés comme « des poètes divins ». Son œuvre pouvait être considérée comme le pendant didactique de celle, épiquement narrative, d'Homère. Les chrétiens ont tout particulièrement apprécié le caractère moral des *Travaux et des jours* et en ont tiré des maximes bonnes à retenir, mises à profit par les enseignants et les rhéteurs.

L'autre poète épique ancien qui continue à avoir un certain succès est Apollonios de Rhodes, épigone hellénistique d'Homère [10]. Son œuvre est probablement celle qui a le plus influencé la poésie épique jusque dans l'Antiquité tardive (Quintus de Smyrne, Triphiodore, les *Argonautiques orphiques,* Nonnos). Sa dimension érudite (avec de nombreuses notations philosophiques, géographiques, ethnographiques, médicales, etc.) explique son succès auprès des enseignants.

Pour en rester aux poètes alexandrins, signalons le relatif succès de Callimaque [11] et Théocrite [12].

La poésie lyrique, elle, est très peu représentée dans les papyrus postérieurs au IIIe siècle. Des deux grands poètes lesbiens (Alcée et Sappho), seule Sappho a laissé encore des traces papyrologiques jusqu'à la fin de la période considérée [13]. Quant à Pindare, le maître thébain de la lyrique chorale, il continue à être lu pendant toute la période [14]. Enfin, Anacréon ne laisse plus aucune trace papyrologique après le IVe siècle. Maître de la poésie amoureuse et des chansons à boire, il n'était pas propre à susciter l'enthousiasme d'une société christianisée, ce qui n'empêche pas le vers anacréontique, conçu par Anacréon pour ses chansons à boire, d'être récupéré par les chrétiens, qui le dissocient de la figure désormais dévalorisée de leur inventeur, en l'employant dans certaines de leurs compositions pour de nobles sujets chrétiens (Grégoire de Nazianze, Synésios de Cyrène, Sophronios) ou pour des poèmes d'éloges (Jean de Gaza, Georges le Grammairien).

---

9. 4e auteur le plus représenté dans les papyrus non chrétiens au IIIe siècle, 5e aux IVe et Ve siècles, 17e *ex* æquo au VIe siècle et 12e *ex* æquo au VIIe siècle.

10. 9e auteur le plus représenté au IIIe siècle, 17e au IVe siècle, 10e *ex æquo* au Ve siècle, 14e *ex æquo* au VIe siècle et 2e *ex æquo* au VIIe siècle.

11. 15e auteur le plus représenté au IIIe siècle, 6e au IVe siècle, 10e *ex æquo* au Ve siècle, 14e *ex æquo* au VIe siècle et 12e *ex æquo* au VIIe siècle.

12. 35e auteur le plus représenté au IIIe siècle, 12e au IVe siècle, 18e *ex æquo* au Ve siècle, 8e *ex æquo* au VIe siècle et 12e *ex æquo* au VIIe siècle.

13. 24e autrice la plus représentée au IIIe siècle, absente aux IVe et Ve siècles, 29e *ex æquo* au VIe siècle et 2e *ex æquo* au VIIe siècle.

14. 13e auteur le plus représenté au IIIe siècle, 12e *ex æquo* au IVe siècle, 36e *ex æquo* au Ve siècle, 14e *ex æquo* au VIe siècle et 12e *ex æquo* au VIIe siècle.

La poésie tragique

À défaut d'être représentés, les grands comiques et tragiques ont continué à être fréquentés sous une forme livresque et à jouer un rôle persistant dans l'enseignement malgré la condamnation du théâtre par les chrétiens.

Dans le domaine de la tragédie, Eschyle [15] est largement distancé par le duo Sophocle [16] et Euripide [17]. C'est surtout ce dernier qui s'impose comme l'un des auteurs les plus appréciés, tous genres confondus. La clarté de sa langue, sa nature rhétorique et sa dimension morale en faisaient le tragique le plus adapté aux canons de l'enseignement et aux missions que celui-ci se fixait. Ces qualités expliquent aussi le succès qu'Euripide a pu avoir chez les chrétiens, rendant compte aussi de la popularité qu'il connut dans l'Égypte entre le IVe et le VIIe siècle. L'intérêt des chrétiens pour Euripide s'est plus particulièrement noué autour de deux de ses tragédies : *Hippolyte* (dont le protagoniste est devenu aux yeux des chrétiens un héros de la continence et de la tempérance) et les *Bacchantes* (dont le héros, Dionysos, se heurte à l'hostilité de sa famille qui ne veut pas le reconnaître comme dieu ni lui consacrer un culte, d'où les rapprochements que les chrétiens ont pu faire avec la figure du Christ).

La poésie comique : les destins croisés d'Aristophane et de Ménandre ?

Si l'on fait abstraction de Cratinos et d'Eupolis qui relèvent de l'ancienne comédie, et qui sont lus de façon résiduelle jusqu'au IVe et début du Ve siècle, la comédie n'est plus représentée dans les papyrus des IIIe-VIIe siècles que par Aristophane et par Ménandre, les plus fameux représentants de l'ancienne comédie pour le premier, de la nouvelle comédie, pour le second. La fortune fluctuante de ces deux auteurs constitue un des phénomènes littéraires les plus intéressants qu'éclairent les papyrus.

Aristophane, après le succès qu'il eut à Athènes, a connu une récession due au fait que son théâtre, en prise avec l'actualité politique, devenait difficilement compréhensible pour le public d'époque hellénistique. Malgré les commentaires et les éditions qu'en donnent les philologues alexandrins, il n'est pas très lu puisque les sables d'Égypte n'ont pas rendu un seul papyrus d'Aristophane d'époque ptolémaïque. Inversement, Ménandre a bénéficié d'une notoriété continue depuis le début de l'époque hellénistique (une dizaine de papyrus de Ménandre pour le seul IIIe siècle av. notre ère), devenant le poète comique par excellence.

Pourtant, on a relevé depuis longtemps que Ménandre aurait été supplanté durant l'Antiquité tardive par Aristophane dont le nombre de papyrus remonte très sensiblement à partir du IVe siècle pour atteindre le deuxième rang aux Ve et VIe siècles [18] en même temps qu'il entre dans les programmes scolaires et que le nom *Aristophanês* redevient à la mode comme l'attestent les documents d'Égypte. C'est par

---

15. 26e auteur *ex æquo* le plus représenté au IIIe siècle, 48e *ex æquo* au IVe siècle. Nous n'avons ensuite plus un papyrus de cet auteur.

16. 18e auteur le plus représenté au IIIe siècle, 12e *ex æquo* au IVe siècle, 15e *ex æquo* au Ve siècle, 11e *ex æquo* au VIe siècle et 12e *ex æquo* au VIIe siècle.

17. 8e auteur le plus représenté au IIIe siècle, 8e au IVe siècle, 13e au Ve siècle, 2e au VIe siècle et 7e *ex æquo* au VIIe siècle.

18. 19e auteur le plus représenté au IIIe siècle, 4e au IVe siècle, 2e au Ve siècle, 2e au VIe siècle et 12e *ex æquo* au VIIe siècle (la baisse du VIIe siècle n'est pas pertinente eu égard au peu de données que nous avons pour ce siècle).

cette inversion de fortune durant l'Antiquité tardive que l'on a expliqué que le premier ait passé victorieusement le cap des « siècles obscurs » et ait été conservé par la tradition médiévale, tandis que le second, victime de son déclin, a fini par disparaître.

La première explication qui a été avancée pour rendre compte de cette inversion est d'y voir une conséquence directe de la christianisation. Démétrius Chalcondyle pensait déjà que Ménandre aurait été victime, comme Sappho ou Anacréon, d'une censure de l'Église, effrayée de la façon séduisante dont il peignait l'amour dans ses pièces – opinion constamment reprise, avec diverses déclinaisons. Néanmoins, l'absence de preuves d'une condamnation expresse de Ménandre par l'Église, jointe aux jugements positifs que l'on trouve très tôt chez les Pères de l'Église, interdit d'expliquer son déclin par une censure.

En se fondant sur un passage du grammairien atticiste Phrynichos (*Eklogê*, 394), certains ont préféré expliquer le déclin de Ménandre par l'inadéquation de plus en plus profonde entre la langue du comique et les goûts linguistiques de l'Antiquité tardive. Les auteurs de manuels de rhétorique n'en continuent pas moins de faire de Ménandre une référence en matière de langue et de discours.

Il est vrai que c'est souvent à travers les sentences qui lui sont attribuées et non ses comédies qu'il reste une référence. Voilà qui nous conduit vers une troisième explication selon laquelle les *Sentences* de Ménandre auraient quelque peu asphyxié les comédies de Ménandre. La compilation d'un recueil des maximes extraites du théâtre de Ménandre au Ier siècle (auxquelles sont venus ensuite s'agréger des matériaux non ménandréens) a connu un tel succès [19], concurrençant celui des comédies, qu'elle a conféré à Ménandre la stature à la fois d'un sage et d'un maître d'éloquence et a conduit à en faire l'un des auteurs les plus mis à profit par les maîtres d'école pour ses sentences (*gnômai*). Mais cela explique-t-il pour autant que l'on ait cessé de lire ses comédies ?

En fait, la croyance en une chute de Ménandre, sans cesse répétée, s'appuie sur des graphiques qui ont le tort de présenter les données papyrologiques de façon absolue. Si l'on compare le nombre de papyrus de comédies de Ménandre à celui des papyrus des autres auteurs, on constate le remarquable maintien de cet auteur dans le haut du palmarès [20] (graphique 5).

Aussi doit-on dénoncer de façon définitive la thèse si rebattue de la chute de Ménandre au profit d'Aristophane. En réalité, la relativisation des données permet de mettre en lumière un remarquable maintien de Ménandre sur toute la période, montrant que la popularité croissante des sentences n'affecte en rien la lecture des comédies du même auteur. Cela n'empêche pas l'œuvre d'Aristophane de connaître un regain qui s'amorce au IVe siècle, dans le milieu des élites urbaines. Elle finit par avoir un impact sur l'école où, paradoxalement, les défauts qui avaient été fatals à cet auteur à l'époque hellénistique deviennent des atouts pédagogiques : les pièces d'Aristophane regorgent de références historiques et littéraires qui font de son œuvre un support pédagogique bien plus intéressant pour l'enseignement de l'histoire et de la littérature que le très désincarné Ménandre ; en outre, elles sont écrites dans une langue, l'attique, qui correspond aux tendances générales de l'époque. Le regain d'Aristophane est donc en phase avec une évolution linguistique générale.

---

19. Les sentences arrivent au 19e rang *ex æquo* au IIIe siècle, au 20e *ex æquo* au IVe siècle, au 9e au Ve siècle, au 10e au VIe siècle et au 2e *ex æquo* au VIIe siècle.

20. Il est au 7e rang du IIIe au Ve siècle , au 6e rang au VIe siècle et au 2e *ex æquo* au VIIe siècle.

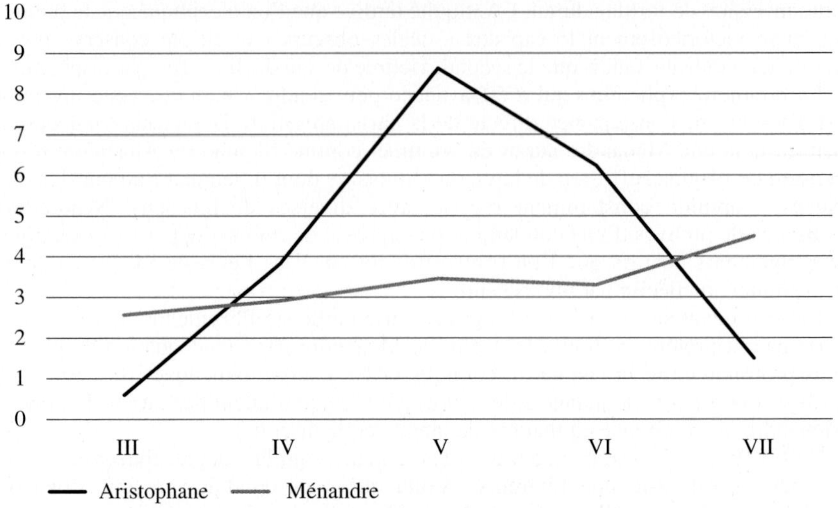

Graphique 5 – Les papyrus d'Aristophane et Ménandre (en % relativement à l'ensemble des papyrus de littérature classique).

La popularité des *Sentences* de Ménandre et des comédies d'Aristophane explique bien évidemment que les comédies de Ménandre finiront par perdre pied et ne plus être recopiées (ce qui conduira à la solution de continuité dans la tradition de cet auteur), mais *postérieurement* à ce que documentent les papyrus d'Égypte (autrement dit après le VIIe siècle). Les causes sont bien présentes mais les effets ne sont pas encore pleinement visibles.

L'examen de la question de la fortune d'Aristophane et de Ménandre durant l'Antiquité tardive n'a pas été inutile du point de vue méthodologique : on a vu combien l'explication (surestimée) d'une influence du christianisme sur la défaveur des comédies de Ménandre a pu parasiter le jugement des spécialistes – même s'il est incontestable que la perception de plus en plus morale de l'œuvre de Ménandre, qui se cristallise dans la diffusion de plus en plus forte des *Sentences*, a pu rejoindre le sensibilité chrétienne sans que cette dernière n'en soit responsable.

Les prosateurs

Si l'on passe maintenant à la prose, ce qui frappe, c'est la place privilégiée des orateurs par rapport à d'autres formes d'expression prosaïque. Deux d'entre eux se détachent très nettement, Isocrate et Démosthène, avec un nombre de papyrus qui en fait les plus lus des auteurs classiques, dans une proportion à peu près semblable à celle d'Euripide ou Ménandre[21]. Isocrate dépasse même Démosthène, surtout au VIe siècle, alors que ce dernier est considéré comme l'orateur par excellence, pour

21. Isocrate est au 3e rang au IIIe siècle, au 2e au IVe siècle, au 6e rang au Ve siècle, au 4e au VIe siècle. Démosthène est au 2e rang au IIIe siècle, au 3e au IVe siècle, au 4e au Ve siècle, au 21e au VIe siècle et 27e au VIIe siècle.

des raisons assez semblables à celles qui ont propulsé Ménandre dans le haut du palmarès : reconnu comme un maître en éloquence, Isocrate devient de plus en plus un modèle de moraliste, voire de philosophe. Une telle perception du génie isocratique explique les choix opérés dans son œuvre, bien mis en lumière par les papyrus. Le corpus des ouvrages encore lus durant l'Antiquité tardive se restreint de plus en plus à trois discours : l'*À Nicoclès*, le *Nicoclès* et l'*À Demonicos* (alors considéré comme étant d'Isocrate), tous les trois des discours parénétiques dans lesquels Isocrate se fait moraliste et pédagogue. Ce rétrécissement de l'œuvre d'Isocrate correspond évidemment à des choix scolaires. Plus qu'un orateur, Isocrate est devenu l'éducateur par excellence.

Quant aux représentants de la Seconde sophistique, on note qu'Aelius Aristide est encore très apprécié à l'époque tardive [22] : outre leur valeur rhétorique, ses discours présentent un intérêt historique (en traitant avec nostalgie de l'âge d'or de l'hellénisme) qui en fait, là encore, un support pédagogique de premier choix. On ne peut d'ailleurs s'empêcher de rapprocher le succès d'Aristide de celui qu'a connu Aristophane, redevenu à la même époque un auteur scolaire du fait de son appartenance à cet âge d'or.

C'est aussi cette même raison qui explique que, dans le domaine de l'histoire, Thucydide seul surnage, parce qu'il appartient à la grande époque de l'Athènes classique et écrit en grec attique. Il devint lui aussi un modèle d'éloquence [23].

Outre la récession de la philosophie ou la chute brutale du roman à partir du IIIᵉ siècle, les papyrus montrent une montée de la littérature scientifique, au premier plan de laquelle s'impose la médecine, avec le corpus hippocratique, Dioscoride et surtout Galien.

Conclusions

Ce panorama des papyrus relevant de la littérature profane a montré que, malgré le rétrécissement de son spectre, la culture grecque reste bien vivante entre le IVᵉ et le VIIᵉ siècle avant de disparaître. Elle accuse néanmoins un déclin numérique dû notamment à la déshellénisation entraînée par le développement du copte et l'étiolement administratif des cités, conservatoires de l'hellénisme et promotrices d'une culture littéraire sans cesse renouvelée.

Parmi les tendances significatives, on note que la poésie, parce qu'elle constitue le socle de l'enseignement grec tout en correspondant aux tendances de la création artistique de l'Égypte protobyzantine, connaît le succès le plus remarquable avec, principalement, Homère, dont la fortune reste jusqu'au bout insurpassable et insurpassée. Dans le domaine de la prose, les auteurs les plus lus sont sélectionnés pour la dimension rhétorique de leurs œuvres, entrant par là également en phase avec les canons de l'enseignement. Enfin, les seuls prosateurs non rhéteurs qui se hissent parmi les dix auteurs les plus lus pour chaque siècle sont les médecins, traduisant ainsi une vision de plus en plus utilitaire de la littérature.

---

22. Il est au 48ᵉ rang *ex æquo* au IVᵉ siècle, au 15ᵉ *ex æquo* au Vᵉ siècle, au 11ᵉ *ex æquo* au VIᵉ siècle et au 7ᵉ *ex æquo* au VIIᵉ siècle.

23. Cf. J.-L. FOURNET, *Ces lambeaux, gardiens de la mémoire des hommes. Papyrus et culture de l'Antiquité tardive*, Paris, Collège de France/Fayard, coll. « Leçons inaugurales du Collège de France », nᵒ 260, 2016, p. 59-64 ; édition numérique : Collège de France, 2016, www.doi.org/10.4000/books.cdf.4794, https://books.openedition.org/cdf/4802.

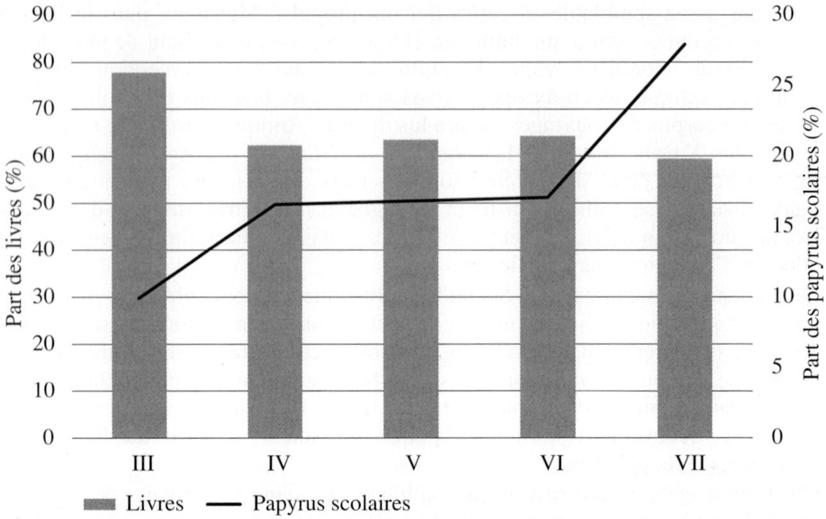

Graphique 6 – La part respective des livres sur papyrus (classiques et chrétiens) et des papyrus scolaires (% par rapport à l'ensemble des papyrus littéraires grecs).

Ainsi, la littérature classique, sélectionnée pour son utilité rhétorique ou éthique, devient avant tout un matériau d'étude et de formation. On peut à juste titre parler d'une scolarisation de la culture, qui se dessine tout d'abord au niveau quantitatif, dans la part sans cesse plus grande que prennent les papyrus issus de l'école au sens large (graphique 6), mais surtout au niveau qualitatif : on sélectionne dans la littérature ce qui peut servir les missions de l'école en laissant de côté ce qui est jugé inutile ou incompatible (et qui, de ce fait, finit par disparaître). Ou bien l'on ne retient d'une œuvre qu'un aspect qui peut concourir à un but éducatif au prix d'une récupération ou d'une réorientation qui en change l'éclairage (ainsi Thucydide lu plus comme modèle rhétorique que comme historien, Aristophane devenant un paradigme linguistique aux dépens de la force subversive de son théâtre), voire au prix d'une altération qui en dénature la teneur (Ménandre dont les comédies aboutissent à une compilation de maximes édifiantes). Autant d'inflexions ou contresens culturels commis au nom de l'intérêt de l'enseignement !

Cette scolarisation de la culture aboutit donc à privilégier le contenu rhétorique et éthique des œuvres, autrement dit ce qui peut conduire à l'autonomie du sujet dans le domaine de l'expression écrite ou orale et à son édification morale. Loin de servir le plaisir gratuit de la lecture et des joies de l'esprit, elle devient avant tout un matériau pédagogique qui trouve son principe dans son *utilité*. À cet égard, on peut se demander si la littérature profane continue encore à être de la littérature au sens propre du terme (si toutefois elle l'a jamais été pleinement) et si elle ne s'apparente pas à une simple documentation au service de missions pratiques ou utilitaires. Aussi, pour revenir sur le problème de catégorisation épistémologique de la culture écrite qui avait introduit notre étude statistique de la réception de la littérature, est-on en droit de se demander ce qui la distingue vraiment des documents.

Figure 1 – Haut du rouleau conservant le poème 1 de Dioscore d'Aphrodité. Photo : J.-L. Fournet.

SÉMINAIRES

Séminaires 1-2, 5-7 et 9 – Un nouveau papyrus poétique de Dioscore d'Aphrodité

Les 7 et 14 février, 14 et 28 mars, 4 et 18 avril 2019

Le séminaire a été consacré au déchiffrement et à l'étude de trois pièces en hexamètres dactyliques de Dioscore d'Aphrodité (un poète du VIe siècle connu grâce à la découverte de ses archives et de sa bibliothèque en 1905), qui pose à leur façon le problème des rapports entre cultures classique et chrétienne [24].

Ce papyrus, conservé actuellement au musée Égyptien du Caire, était déjà connu par les tentatives de déchiffrement de Jean Maspero en 1916 dans son édition des papyrus de Dioscore du Musée du Caire (*P.Cair.Masp.* 67353 B et C). Mais il s'agit d'un rouleau qui, sous l'effet de l'humidité, a pourri et s'est effrité au point qu'il est réduit aujourd'hui à une série de fragments rangés, pas toujours dans l'ordre, sous six verres (dont un a disparu depuis plusieurs décennies ; figure 1). Sa reconstitution en est assez difficile et sa couleur très foncée en rend le texte souvent illisible à l'œil nu. Les vers de Dioscore se concentrent sur la partie du rouleau la plus abîmée au point que Maspero, reconnaissant qu'ils « sont aujourd'hui presque entièrement illisibles, l'encre n'étant guère plus foncée que le papyrus lui-même », ne pouvait en

24. Les résultats de ce séminaire ont été depuis publiés dans J.-L. Fournet, « Returning to the wandering poets: New poems by Dioscoros of Aphrodite », *in* W.V. HARRIS & A.H. CHEN (dir.), *Late-Antique Studies in Memory of Alan Cameron*, Leyde, Brill, coll. « Columbia Studies in the Classical Tradition », vol. 46, 2021, p. 104-133.

distinguer que deux titres, et encore de façon partielle. Ce n'est qu'en 2014 que j'ai pu réaliser des photos infrarouges de ce papyrus qui ont littéralement révélé ces poèmes, me permettant maintenant d'en donner un texte le plus complet possible et surtout d'en dégager le sujet.

La séquence des fragments a été reconstituée à partir du texte copte qui se trouve sur l'autre face du rouleau (écrite en premier), un arbitrage daté du 28 octobre 569. Comme ce texte est connu par un *duplicatum* trouvé aussi dans les archives de Dioscore [25], on est en mesure de replacer les fragments dans le bon ordre – à ceci près que nous ne disposons pas, pour certaines parties, de parallèles dans le *duplicatum*. Selon la reconstitution faite à partir du texte copte, on aurait pour le verso de notre papyrus le contenu suivant :

(1) l'endossement de l'arbitrage copte du 28 octobre 569 en haut du rouleau ;

(2) le poème 1 ;

(3) un document grec écrit tête-bêche par Dioscore ;

(4) le poème 2 avec un titre identique au premier ;

(5) un acte d'exhérédation daté du 12 novembre 569 écrit par une main qui n'est pas celle de Dioscore ;

(6) après un large *vacat*, le poème 3 écrit tête-bêche par Dioscore.

Les poèmes 1 et 2, dont la rédaction se situe donc entre le 28 octobre et le 12 novembre 569, appartiennent au genre de l'éthopée (discours que l'on place dans la bouche d'un individu et qui est censé être en adéquation avec son caractère, sa personnalité et la situation dans laquelle il se trouve). Ils ont tous les deux le même titre, commençant avec une formule typique des éthopées : Τίνας ἂν εἴπῃ (l. εἴποι) λόγους Ὅμηρος παρακαλῶν τὴν Θέτιν ἔνοπλον δεῖξαι αὐτῷ τὸν Ἀχιλλέα ; (« Quelles paroles prononcerait Homère demandant à Thétis de lui montrer Achille en armes ? »). Nous sommes confrontés là à des poèmes tout à fait uniques par leur thème et par leur forme : non contents de traiter d'un sujet homérique à l'instar de tant d'autres éthopées, ils ont pour locuteur Homère en personne. Mieux encore, ce dernier devient protagoniste de son œuvre, s'adressant à ses personnages, en l'occurrence Thétis (dans une situation empruntée au chant XVIII de l'*Iliade*), dans un étonnant télescopage du présent de l'auteur et du passé de l'histoire. Enfin, Homère parle « en faisant de l'Homère » puisque ses paroles s'apparentent à un centon homérique, où les syntagmes empruntés au poète s'enchaînent ou se fusionnent en jouant sur l'intertextualité.

Le poème 3 se rattache à un autre genre. Son titre, Εἰς τὰ Ὁμήρια, doit être probablement interprété comme signifiant « Éloge des poèmes homériques ». Nous aurions donc là un *enkômion* de l'œuvre homérique.

Ces trois poèmes, par leur genre, entrent dans la catégorie des *progymnasmata* ou « exercices préparatoires à la rhétorique ». Il est probable qu'ils ont été composés par Dioscore à l'attention d'élèves en vue de leur enseigner la rhétorique (poétique) en même temps que la langue d'Homère ainsi que des notions de mythologie et d'histoire mythique. Elles pourraient même être des sortes de corrigés à des exercices proposés par Dioscore à ses élèves [26].

25. *P.Cair. Masp.* II 67176 r° + II 67275 r° + III 67351 r° + *P.Alex.* inv. 689 r° + *BKU* III 503 + Corpus Christi College (Cambridge), Ms. 541 r°.

26. Sur les fonctions pédagogiques assumées par Dioscore, cf. J.-L. FOURNET, « Dioscore et l'école », *in* G. AGOSTI et D. BIANCONI (dir.), *Pratiche didattiche tra centro e periferia nel*

Il est frappant de noter que les éthopées continuent en plein VIe siècle à décliner des sujets homériques. Malgré le développement du christianisme et son impact sur la culture écrite en général et sur la poésie en particulier, on a délibérément renoncé à couper l'éthopée de la référence culturelle homérique pour en christianiser le contenu. À l'exception de deux éthopées de sujet vétérotestamentaire (Abel et Caïn) du *Codex des Visions* de la Fondation Bodmer (Ve siècle) et de neuf éthopées de sujet vétéro- et néotestamentaire du *Book of Chreia* (*Girkʿ Pitoyicʿ*) transmis en arménien mais remontant très probablement à un modèle grec du Ve siècle, il faut en effet attendre le XIIe siècle pour que l'éthopée aborde enfin des sujets chrétiens. Les raisons de ce retard, qui tiennent à la conception que les Chrétiens se sont faite du patrimoine littéraire grec classique, seront examinées au cours d'une prochaine année.

Séminaire 3 – Les lettres épiscopales en grec et en copte (IIIe-VIIe siècles)

Intervenant : Alberto Camplani (université La Sapienza, Rome), le 21 février 2019

La christianisation de la culture écrite a connu un cas tout à fait caractéristique : celui des lettres des évêques d'Égypte, conservées sur différents supports tels que le papyrus (sous forme de rouleaux ou de codices) ou les ostraca, écrites pour organiser et catéchiser les diocèses ou le patriarcat, depuis les lettres de recommandation les plus simples (par exemple, celles rédigées par Sotas, évêque d'Oxyrhynchos au IIIe siècle) jusqu'à celles, plus officielles, adressées à tous les fidèles d'un diocèse ou de l'Égypte tout entière afin de les informer d'une décision disciplinaire, d'un choix doctrinal, d'une coutume liturgique (les deux genres trouvant leur préfiguration dans les lettres pauliniennes).

La documentation égyptienne soulève un double problème : (1) le bilinguisme gréco-copte de la société égyptienne et (2) la relation entre les lettres réelles et leur transformation en œuvres littéraires.

(1) Les premières lettres des évêques ont été écrites en grec (à la différence des lettres privées des moines ou d'autres groupes, qui utilisent souvent le copte), mais à partir de la seconde moitié du au VIe siècle, certains évêques commencent à les écrire en copte, tels qu'Abraham d'Hermonthis ou Pisenthios de Keft (VIe-VIIe siècles) ; les patriarches d'Alexandrie continuent jusqu'au XIe siècle d'écrire leurs lettres en grec (y compris celles annonçant la date de Pâques ou « lettres festales ») – même si elles pouvaient être traduites en copte (par exemple, la première lettre festale de Cyrille traduite en achmimique). Tout cela permet de réfléchir sur le rôle croissant du copte dans la société égyptienne entre le IVe et le VIIIe siècle, mais aussi sur son incapacité à devenir une véritable langue publique.

(2) Alors que les lettres des évêques sont souvent écrites sur des ostraca, les lettres des patriarches sont conservées sur des papyrus adoptant un des deux formats attestés pour les autres textes officiels : en rouleaux écrits en plusieurs colonnes parallèles au sens des fibres, ou sur une colonne unique dans le sens contraire des fibres (*transversa charta*). Ces documents pouvaient aussi faire partie de collections de textes conservés dans des codices, en papyrus ou en parchemin, sanctionnant leur transformation en textes littéraires : par exemple, la lettre de Pierre avec

---

mediterraneo tardoantico, atti del Convegno internazionale di studio (Roma, 13-15 maggio 2015), Spoleto, Fondazione Centro italiano di studi sull'alto Medioevo, coll. « Miscellanea » n° 20, 2019, p. 193-216.

l'excommunication de Melitius, la traduction copte des lettres festales d'Athanase ou la collection de lettres festales de Cyrille.

Séminaire 4 – Christianisme et papyrus magiques

Intervenant : Korshi Dosoo (université de Wurtzbourg), le 7 mars 2019

Korshi Dosoo nous a proposé trois différentes façons de concevoir la christianisation des pratiques magiques à travers les papyrus : la transformation, la réinvention et le remplacement. Pour analyser ces trois dynamiques, il a d'abord tenté une définition de la « magie » en tant que genre papyrologique, avant de présenter les sources dans leurs aspects matériels (répartition temporelle et géographique, supports et formats). Il a ensuite présenté quelques textes caractéristiques : un texte typique de la magie « gréco-égyptienne », ou « préchrétienne » (*Papyri Graecae Magicae* V 172-212) ; un texte souvent considéré comme « païen », mais sans que cela soit démontrable (*Supplementum Magicum* 19) ; un troisième attestant la survivance et la transformation de croyances préchrétiennes (HS Schmidt 2) ; une amulette montrant l'usage prophylactique de la Bible (*P.Oxy.* LXXVI 5072) ; un exorcisme chrétien trouvé dans un recueil « païen » (*PGM* IV 1227-1264) ; et enfin un exemple de prières « magiques » attribuées aux saints chrétiens, en l'occurrence à la Vierge Marie (*JJP Suppl.* XXXII 9), typiques de la magie chrétienne telle qu'elle se développe en Égypte à partir du Ve siècle ap. J.-C. Ces textes montrent la concomitance des trois dynamiques introduites au début : transformation, réinvention et remplacement.

Séminaire 8 – Païens baptisés : la christianisation des *progymnasmata* (exercices préparatoires à la rhétorique) byzantins

Intervenant : Manfred Kraus (université de Tübingen), le 11 avril 2019

Les *progymnasmata* ou exercices préparatoires à la rhétorique constituent un ensemble qui occupe une place centrale dans le dispositif pédagogique de l'Antiquité et du Moyen-Âge et qui connaîtra une postérité sans pareille puisque le livre que leur consacra le rhéteur Aphthonios au IVe siècle sera utilisé sous divers avatars dans les écoles de toute l'Europe jusqu'à la fin du XVIIIe siècle. Cette séance a tenté de montrer comment ces exercices, malgré leur nature codifiée, se sont adaptés aux changements culturels que connut l'Empire romain d'Orient et notamment au plus important d'entre eux, le développement du christianisme.

Après une présentation et une définition des *progymnasmata*, M. Kraus a commencé par souligner le cadre païen de ces exercices dans la première phase de leur histoire et leur fondement intellectuel, avant de suivre, dans un second temps, les principales étapes, assez lentes, du processus de christianisation qu'ils subirent au cours de l'époque byzantine en faisant de plus en plus de place à des sujets empruntés à la Bible ou à l'hagiographie, sans toutefois en faire un instrument de polémique théologique. Une troisième partie fut consacrée à l'influence qu'eurent ces exercices scolaires sur la pédagogie des premiers siècles de l'Âge moderne, se focalisant surtout sur l'emploi de sujets chrétiens et contemporains dans la polémique interconfessionnelle de l'époque de la Réforme et des époques suivantes.

Colloque – « Ma grande église et ma petite chapelle » : 150 ans d'affinités électives entre le Collège de France et l'École pratique des hautes études

Le Collège de France et l'École pratique des hautes études ont, dès la création de cette dernière en 1868, développé ensemble des liens consubstantiels qui contribuèrent à marquer profondément le paysage académique et intellectuel français. Ce sont ces liens qui ont fait l'objet d'une journée d'études qui s'est tenue au Collège de France le 6 septembre 2018, profitant de l'occasion que représentait, cette année-là, le cent-cinquantenaire de l'EPHE pour porter un regard rétrospectif sur le passé commun de ces deux établissements et s'interroger sur leur tribut à la recherche en général.

Ont alterné des études sur l'histoire institutionnelle commune des deux établissements (notamment au moment de la création de l'EPHE), des bilans par discipline et des portraits de quelques personnalités ayant enseigné, parfois simultanément, dans les deux institutions (comme Gaston Paris qui parlait de « ma grande église et ma petite chapelle » pour désigner les deux établissements entre lesquels il a partagé son enseignement). Au-delà de l'anecdotique, de la prosopographie ou des hasards de croisements institutionnels, cette journée fut l'occasion de réfléchir sur le rôle combiné des deux institutions dans l'histoire des savoirs.

Les actes seront publiés sous la forme d'un volume coédité par le Collège de France et l'EPHE et d'une version numérique dans la collection *Passage des disciplines* (dir. Antoine Compagnon).

Journée d'étude – L'illisible volontaire en paléographie

Organisée au Collège de France, le 7 décembre 2018, par Jean-Luc Fournet, Judith Olszowy-Schlanger (EPHE) et Marc Smith (ENC, EPHE).

Le Groupe de recherches transversales en paléographie (GRTP) a poursuivi son investigation transdisciplinaire du fait paléographique avec cette V^{e} journée consacrée au phénomène de l'illisible volontaire. Si l'écriture a pour but de transmettre l'information et la cryptographie de la circonscrire, il existe aussi des graphies intermédiaires qui, ni limpides ni codées, sont délibérément conçues pour n'être accessibles qu'avec difficulté. Les textes sont alors tracés dans une écriture volontairement difforme, aberrante ou exagérément stylisée, qui ne les rend accessibles qu'à une catégorie limitée de lecteurs. Quelles sont les méthodes et les intentions des scripteurs qui expriment en même temps qu'ils dissimulent ? Comment se dessinent et comment sont exploitées, dans différentes civilisations, ces marges culturelles, techniques, cognitives, voire esthétiques de l'écriture, et que disent-elles, en retour, des fonctions et des formes de toute écriture ? Telles sont quelques-unes des questions que se sont posées, chacun dans sa spécialité, les intervenants de cette V^{e} journée d'étude du GRTP.

COURS À L'EXTÉRIEUR

Université Libre de Bruxelles, le 9 mai 2019, deux cours : « Le latin dans l'Égypte byzantine ».

Si l'Égypte de l'Antiquité tardive a connu des changements linguistiques radicaux avec la disparition des vieilles écritures égyptiennes et le développement du copte, on pourrait croire de prime abord que la situation du latin dans cette province, romaine depuis 30 avant J.-C., est en continuité avec ce qui se passait sous le Haut-Empire. Rien n'est moins vrai, même si la proportion des textes latins dans la documentation d'Égypte est à peu près la même entre le Haut- et le Bas-Empire (environ 2 %). Le faciès des textes latins postérieurs à Dioclétien est en réalité très différent et témoigne d'un fort rétrécissement de son usage. Disparaissant des lettres privées, où il était le signe d'un réel bilinguisme, le latin se limite désormais aux milieux très circonscrits des fonctionnaires des chancelleries gouvernorales et des notaires, qui l'utilisent dans les parties figées et formulaires de leurs documents : armatures des procès-verbaux, formules de validation des documents de l'administration centrale des provinces, termes de droit romain cités isolément dans des documents juridiques. Il relève donc de l'artifice et ne correspond en rien à une pratique orale, ou même à un réel bilinguisme écrit, ce qui explique que, non innervé par une véritable connaissance de la langue même, cet usage du latin, tenant plus de la répétition mécanique de formules fossilisées, aboutisse à des formes délibérément hybrides, mais aussi à des fautes aussi bien graphiques que morphologiques.

Cette pratique, de plus en plus artificielle, est l'indice d'un prestige, plus fort que jamais, du latin et de son écriture. N'étant plus adossé à une pratique vivante et obligatoire du latin au niveau de l'État, le latin bureaucratique et notarial, tout en s'étiolant, ne se maintient que par le rôle symbolique dévolu à la *latinitas*, prenant parfois des formes inattendues où le bilinguisme fait place au digraphisme, au métagrammatisme et à d'étranges hybridations morphologiques. L'usage s'efface devant le prestige du signe.

Maison française d'Oxford, le 5 juin 2019, un cours : « Homer and Late Antique poetry in the light of new poems by Dioscorus of Aphrodite (Egypt, AD VI) ».

Starting from a group of unedited poems by Dioscorus of Aphrodite revolving around the figure of Homer (see *Séminaire* 1-2, 5-7 et 9), I tried to show the place that this poet had in the culture of the non-Greek provincial elites in Late Antiquity. We know that his two poems continued to be the reference in education and to exercise a significant influence even on the everyday writings. But Dioscorus is indicative of a Homeric influence which, by its extreme and untimely nature, goes far beyond the aesthetic canons of the time. His documents are full of unmotivated, excessive, or misplaced homerisms which partake of a phenomenon which must not be totally confused with the homerizing practice of the late antique educated milieus. They do rather give the impression to result from a difficulty in feeling and distinguishing naturally the various linguistic levels or in measuring out how much it was possible to deviate from the stylistic norm. If Dioscorus knew Homer very well and knew that it was fashionable to homerize in writing documents, he did not always feel when he had to do so or when he was exceeding the limits fixed by usage. In short, his homerizing excesses could paradoxically be the sign of an imperfect language fluency and be a good indicator of the limitations affecting the Hellenism of a Copt despite his good level of education.

If Dioscorus' "homeromania" is sometimes involuntary or clumsy, it is nevertheless indicative, by its excesses, of how deeply these Coptic speaking elites aspired to participate fully in the Byzantine Hellenism, to commune with the culture of the whole Empire. Their Egyptian origins and their living far from the center of power could not but make them even more committed to being in tune with this common culture at the risk of "doing too much" or sliping up.

Recherche

Travaux de recherche

Mes recherches sur le multilinguisme dans l'Égypte de l'Antiquité tardive ont été parachevées cette année par la finalisation d'un ouvrage intitulé *The Rise of Coptic: Egyptian versus Greek in Late Antiquity* (Princeton, Princeton University Press, 2020) montrant le processus par lequel le copte s'est progressivement immiscé, face au grec, dans le domaine juridique et judiciaire entre les VIe et VIIe siècles, tandis que les résultats de mes investigations sur l'usage du latin à la même période ont été exposées dans un cours donné à l'Université Libre de Bruxelles (cf. Cours à l'extérieur).

La réflexion que j'ai lancée sur l'écrit documentaire en tant que grille d'analyse de la culture protobyzantine s'est poursuivie, nourrie par une pièce inédite exceptionnelle : un codex de tablettes de la British Library du Ve siècle (Add. MS 33369) donnant 16 exercices de composition grâce auxquels un apprenti-notaire s'est entraîné à la rédaction des principaux genres de documents (location, vente à terme, prêt, cautionnement, pétition). C'est le premier ensemble aussi homogène et en même temps aussi varié par le spectre des genres pratiqués qui soit parvenu jusqu'à nous et qui jette des lumières aussi neuves sur la formation professionnelle des scribes – alors que l'éducation généraliste, bien mieux documentée, a fait l'objet de tant de travaux. Ces tablettes, qui seront publiées en collaboration avec Todd Hickey (University of California, Berkeley), ont fait l'objet d'un colloque-séminaire à la Bristish Library (20 mai 2019), organisé par ce dernier et moi-même, où j'ai présenté une première transcription résultant d'un travail d'équipe mené avec Valérie Schram (ATER, Collège de France) et Yasmine Amory (Université de Gand). L'étude de ce codex se poursuivra l'an prochain.

Il n'y a pas de papyrologie sans édition de nouveaux textes. Aussi, outre les tablettes que je viens d'évoquer, d'autres projets éditoriaux ont été développés cette année : (1) un volume collectif de papyrus de la Bibliothèque nationale de France, qui rassemblera des textes grecs, coptes et arabes ; (2) un dossier de papyrus concernant les activités de transport annonaire du monastère de la Métanoia (VIe s.) ; (3) l'édition de l'exceptionnel rouleau des archives de Dioscore qui a fait l'objet du séminaire de cette année, dont les poèmes sur le verso seront publiés dans un volume d'hommage au regretté Alan Cameron et dont le recto documentaire (un arbitrage copte) – d'un insigne intérêt pour l'histoire du copte en même temps que des procédures extrajudiciaires – sera édité en collaboration avec Anne Boud'hors (CNRS-IRHT) dans un ouvrage consacré aux arbitrages coptes des archives de Dioscore.

TRAVAUX DE L'ÉQUIPE

Valérie Schram (ATER)

Valérie Schram a soutenu en décembre 2018 une thèse portant sur « L'arbre et le bois dans l'Égypte gréco-romaine » (PSL/EPHE), dans laquelle elle propose de réévaluer la place et la qualité des ressources boisées dans le paysage et l'économie du pays à l'aune de l'apport des sources papyrologiques grecques. Elle a pu, par la suite, approfondir certains points et mettre notamment en évidence la pratique du flottage du bois en Égypte à partir d'un document grec (*P.Lille* I 25) dont elle a proposé une nouvelle lecture lors du 29e Congrès international de papyrologie, dans une communication intitulée : « Un train sur le Nil ? Le mot σχεδία et la pratique du flottage en radeaux » (Lecce, 29 juillet 2019).

Parallèlement, dans le cadre des projets portés par la chaire, ses travaux ont principalement porté sur l'édition d'un lot de tablettes scolaires grecques conservées à la British Library, émanant vraisemblablement d'une école pour scribes professionnels (BL Add. MS 33369), ainsi que sur la réédition des textes grecs des archives d'Aurelius Kollouthos (Suppl. Gr. 1336-1338 : testament, contrat de vente d'une moitié de maison, constat d'invalidité) qui sera publiée dans le volume collectif d'édition des papyrus de la Bibliothèque nationale de France dirigé par J.-L. Fournet.

Publications

SCHRAM V., « Ἐρίκινον ξύλον, de la bruyère en Égypte? », *in* A. NODAR et S. TORALLAS TOVAR (dir.), *Proceedings of the 28th Congress of Papyrology* (Barcelone, 1er-6 août 2016), Barcelone, Publicacions de l'Abadia de Montserrat/Universitat Pompeu Fabra, coll. « Scripta Orientalia », vol. 3, 2019, p. 761-770.

SCHRAM V., « Ambiguïtés et vicissitudes des noms d'arbres dans le grec d'Égypte, le cas du jujubier épine-du-christ », *Revue des études grecques*, vol. 2018/1, 2018, p. 123-147.

SCHRAM V., contribution au dépouillement bibliographique du « Bulletin bibliographique de lexicographie de la vie matérielle » de la « Chronique de lexicographie papyrologique de la vie matérielle <Lex.Pap.Mat.> 2 », dans *Communicazioni Vitelli dell'Istituto Papirologico « G. Vitelli » 13*, 2019, p. 69-81.

Équipe « Monde byzantin » (UMR 8167)

L'équipe d'archéologie a été particulièrement active en Albanie : Etleva Nallbani, en lien avec l'EFR, a fouillé sur les sites de Lezha et Komani, révélateurs essentiellement pour la période du haut Moyen Âge, avec le maintien de populations fédérées restant dans l'orbite de l'Empire ; la prospection est étendue à toute la vallée de Komani, pour laquelle elle a demandé le classement comme site patrimonial ; Marie-PatriciaRaynaud a continué les fouilles de sites à mosaïque tardo-antique, pour lesquelles elle a formé une équipe franco-albanaise ; elle publiera en 2020 le volume 2 du Corpus des mosaïques d'Albanie, et mène à bien la publication finale de la basilique de Xanthos (Turquie). L'inventaire des peintures murales byzantines de Sicile et Italie du Sud, inauguré par le volume sur Fragala, continue. Un de nos membres, Dominique Pieri, dirige l'archéologie de l'IFPO, à Beyrouth, et fouille un site rural, Ej-Jaouzé (Liban). Michel Kazanski approfondit ses études sur les trouvailles archéologiques *ca* 400-100 en Europe centrale et orientale. Les volumes Imago-Eikon, collaboration de nos spécialistes d'iconographie avec les occidentalistes, ont commencé à sortir.

En sigillographie, Vivien Prigent s'est attaqué aux sceaux de Carthage, démontrant qu'il n'y a jamais eu d'éparque byzantin en Afrique ; Jean-Claude Cheynet prépare la publication de la collection de sceaux Kofopoulos et d'autres collections privées. L'équipe Archives monastiques (Athos) va sortir quatre volumes (*Vatopédi* III, *Chilandar* II et III, les actes du colloque sur les 70 ans des Archives de l'Athos) et l'inventaire des manuscrits grecs de Zographou sera mis en ligne.

L'une des plus grandes entreprises collectives de l'équipe, la publication du *Livre des cérémonies*, va s'achever fin 2019, un quart de siècle après son lancement par Gilbert Dagron (cinq volumes et plus de 2000 pages au total) grâce à Bernard Flusin ; publié dans la série *Corpus Fontium Historiae Byzantinae*, ce recueil des protocoles impériaux au Xe siècle fera référence dans les études méso-byzantines. Le séminaire « Paléologue sur Byzance après 1204 » continue à tenir ses séances.

Les publications gérées par l'équipe entièrement (Travaux et Mémoires, Bilans de recherches, Monographies des TM) ou partiellement (*Revue des études byzantines*) sortent à un rythme soutenu.

Publications

Acerbi F., « Composition and removal of ratios in geometric and logistic texts from the Hellenistic to the Byzantine period », *in* M. Sialaros (dir.), *Revolutions and Continuity in Greek Mathematics*, Berlin/Boston, De Gruyter, 2018, p. 131-188.

Acerbi F., « Diophantus, Euclid in Late Antiquity, Eutocius, geometry, mathematics, number symbolism, optics, Pappus, Ptolemy in Late Antiquity, Serenus of Antinoe », *in* O. Nicholson (dir.), *The Oxford Dictionary of Late Antiquity*, Oxford, Oxford University Press, 2018, p. 490, 558-559, 570, 653, 986-987, 1089-1090, 1103, 1137-1138, 1246-1247, 1360.

Acerbi F., « Hellenistic mathematics », *in* J. Scarborough et P.T. Keyser (dir.), *The Oxford Handbook of Science and Medicine in the Classical World*, New York, Oxford University Press, 2018, p. 269292.

Acerbi F., Manolova D. et Pérez martín I., « The source of Nicholas Rhabdas' "Letter to Khatzykes": An anonymous arithmetical treatise in Vat. Barb. gr. 4 », *Jahrbuch der Österreichischen Byzantinistik*, vol. 68, 2018, p. 1-37.

Bede I., « La figure du "cavalier nomade" : héros national ou barbare sanguinaire ? De la culture matérielle à la construction historiographique… et inversement », *in* F. Journot (dir.), *Pour une archéologie indisciplinée. Réflexions croisées autour de Joëlle Burnouf*, Drémil-Lafage, Éd. Mergoil, coll. « Europe médiévale », vol. 12, 2018, p. 315-319 [hal-02024832].

Blanchet M.-H., « A new Byzantine source concerning the reception of the Council of Florence: Theodore Agallianos' Dialogue with a monk against the Latins (*ca.* 1442). », *in* I. Biliarsky (dir.), *Laudator Temporis Acti. Studia in Memoriam Ioannis Božilov*, vol. II : *Ius, Imperium, Potestas, Litterae, Ars et Archaeologia*, Sofia, IK Gutemberg, 2018, p. 156-166.

Blanchet M.-H., « Metropolitan Ignatius of Tarnovo and the Union of Florence (1439) », *in* D. Dimitrov *et al.* (dir.), *Southeast Europe: History, Culture, Politics, and Economy*, Bologne, Véliko Tarnovo, 2018, p. 28-34.

Blanchet M.-H., « The two Byzantine translations of Thomas Aquinas' *De Rationibus Fidei*: Remarks in view of their on-going *editio princeps* », *in* D. Searby (dir.), *Never the Twain Shall Meet?, Latins and Greeks learning from each other in Byzantium*, actes du colloque international (Stockholm, 24-26 juin 2015), Berlin/Boston, De Gruyter, coll. « Byzantinisches Archiv. Series philosophica », vol. 2, 2018, p. 115-129, https://doi.org/10.1515/9783110561074-127.

CASEAU-CHEVALLIER B., « Quelle place pour les femmes ? », *Byzance. L'empire de Mille ans, L'Histoire. Les collections*, vol. 80, 2018, p. 46-48.

CASEAU-CHEVALLIER B., « Tastes of danger and pleasure in Early and Late Antique Christianity », *in* R. KELLI C. (dir.), *Taste and the Ancient Senses*, Londres, Routledge/Taylor & Francis group, 2018, p. 228-243.

CHEYNET J.-C., « Argyros, fils de Mélès, et sa descendance », *Revue des études byzantines*, vol. 76, 2018, p. 245-259.

CHEYNET J.-C., « L'aristocratie byzantine des Balkans et Constantinople (X[e]-XIIe siècle) », *in* C. MORRISSON et J.-P. SODINI (dir.), *Constantinople réelle et imaginaire. Autour de l'œuvre de Gilbert Dagron*, Paris, Association des amis du Centre d'histoire et civilisation de Byzance, coll. « Travaux et mémoires », vol. 22/1, 2018, p. 457-479.

CHEYNET J.-C., « L'iconographie des sceaux byzantins : l'exemple de l'image de saint Pierre », *Bulletin de la Société nationale des Antiquaires de France*, vol. 2015, 2018, p. 136-155.

CHEYNET J.-C., « La guerre de siège à Byzance », *in* J. BAECHLER et O. CHALINE (dir.), *La Bataille*, Paris, Hermann, 2018, p. 155-165.

CHEYNET J.-C., « La lutte pour la domination de la Méditerranée entre Byzantins et musulmans », *in* J. BAECHLER et O. CHALINE (dir.), *La Bataille*, Paris, Hermann, p. 115-127.

CHEYNET J.-C., « Les derniers sceaux de plomb des commerciaires byzantins », *in* S. MENACHE, B.Z. KEDAR et M. BALARD (dir.), *Crusading and Trading between West and East: Studies in Honour of David Jacoby*, Londres/New York, Routledge, 2019, p. 175-190.

CHEYNET J.-C., « Les impératrices byzantines et leurs réseaux (1028-1203) », *in* F. CHAUSSON et S. DESTEPHEN (dir.), *Augusta, Regina, Basilissa : la souveraine de l'Empire romain au Moyen Âge. Entre héritages et métamorphoses*, Paris, Éd. de Boccard, 2018, p. 141-158.

CHEYNET J.-C., « Mediaeval Smyrna », *in* M. ESPAGNE *et al.*, (dir.), *İzmir from Past to Present: Human and Cultural Interactions*, Izmir, İzmir Büyükşehir Belediyesi, 2018.

CHEYNET J.-C. et WASSILIOU-SEIBT Al., « Adelige aus dem "Westen" in Staatsapparat und Gesellschaft des byzantinischen Reiches. Das Vermächtnis der Siegel », *in* F. DAIM *et al.*, (dir.), *Menschen, Bilder, Sprache, Dinge: Wege der Kommunikation zwischen Byzanz und dem Westen*, vol. 2 : *Menschen und Worte: Studien zur Ausstellung "Byzanz & der Westen. 1000 vergessene Jahre"*, Mainz, Verlag des Römisch-Germanischen Zentralmuseums, 2018, p. 205-224.

FEISSEL D., « Tribune et colonnes impériales à l'*Augousteion* de Constantinople », *in* C. MORRISSON et J.-P. SODINI (dir.), *Constantinople réelle et imaginaire. Autour de l'œuvre de Gilbert Dagron*, Paris, Association des amis du Centre d'histoire et civilisation de Byzance, coll. « Travaux et mémoires », vol. 22/1, 2018, p. 121-155.

KAZANSKI M., « Bowmen's graves from the Hunnic period in Northern Illyricum », *in* M.L. NAGY et L. KATALIN (dir.), *To Make a Fairy's Whistle from a Briar Rose: Studies Presented to Eszter Istvánovits on her Sixteenth Birthday*, Nyíregyháza, Jósa András Múzeum, 2018, p. 407-418.

KAZANSKI M., « Deux appliques de selle post- hunnique provenant de Jalpug (Delta du Danube) : parallèles et datation », *in* D. APARASCHIVEI et G. BILAVSCHI (dir.), *Studia Romana et Mediævalia Europænsia. Miscellanea in honorem annos LXXXV peragentis Professoris emeriti Dan Gh. Teodor oblata*, Brăila, Bucureşti, 2018, p. 169-187.

KAZANSKI M., « La naissance de l'Etat russe au IXe siècle et son expansion », *in* J.-P. DEMOULE, D. GARCIA et A. SCHNAPP (dir.), *Une histoire des civilisations. Comment l'archéologie bouleverse nos connaissances*, Paris, La Découverte/Inrap, 2018, p. 434-439.

KAZANSKI M., « La naissance de l'État russe au IXe siècle et son expansion », *in* J.-P. DEMOULE, D. GARCIA et A. SCHNAPP (dir.), *Une histoire des civilisations. Comment l'archéologie bouleverse nos connaissances*, Paris, La Découverte/Inrap, 2018, p. 434439.

KAZANSKI M., « Los Godos en el siglo IV », *Desperta ferro. Antigua y medieval*, vol. 50, 2018, p. 18-23.

KAZANSKI M., « Northern Barbarians and the Later Roman Empire's Pontic border », *in* B. NIEZABIATOWSKA-WIŚNIEWSKA *et al.*, (dir.), *Studia Barbarica : profesorowi Andrzejowi Kokowskiemu w 65. rocznicę urodzin*, Lublin, Instytutu Archeologii, 2018, p. 206-220.

KAZANSKI M., « Военная политика Юстиниана и готы на Боспоре Киммерийском (La politique militaire de Justinien et les Goths sur le Bosphore Cimmérien) », *in* Е.А. МЕЛЬНИКОВА (dir.), *Восточная Европа в древности и средневековье XXX*, Москва, Институт всеобщей истории РАН, 2018, p. 127-130.

KAZANSKI M., « Воинские погребения боспорской знати постгуннского периода (вторая половина V — первая половина VI вв.) (Les tombes guerrières de la noblesse du Bosphore Cimmérien à l'époque post-hunnique, deuxième moitié du Ve-première moitié du VIe siècle) », *Stratum plus*, vol. 5, 2018, p. 75-86 [en ligne]

KAZANSKI M., « Зооморфные и антропоморфные пряжки и контакты Восточной Прибалтики с Византией в эпоху переселения народов (Les plaques-boucles zoomorphes et anthropomorphes et les contacts entre la partie est de la région de le mer Baltique et Byzance) », *Археологические вести*, vol. 24, 2018, p. 153-168 [en ligne].

KAZANSKI M., « Ламеллярные шлемы на Боспоре Киммерийском в ранневизантийское время : традиция или иновация ? (Les casques lamellaires dans le Bosphore cimmérien : tradition ou innovation ?) », *in* : *XIX Боспорские чтения (XIX Bosporan Readings: Cimmerian Bosporus and the World of Barbarians in Antiquity and the Middle Ages.Traditions and innovation*, Симферополь, Керчь (Simferopol, Kerch), 2018, p. 185-191.

KAZANSKI M., « Погребения и « поминальники » воинских предводителей пост- гуннского времени в понтийских степях (Les tombes et les lieux commemoratifs des chefs militaires de l'époque post-hunnique dans les steppes pontiques) », *in* A. KOROM (dir.), *Relationes rerum. Régészeti tanulmányok Nagy Margit tiszteletér*, Budapest, Archeolingua, 2018, p. 393-408.

KAZANSKI M., « Погребения со щитом в Северном и Восточном Причерноморье в позднеантичное время : истоки обряда (Les tombes à bouclier au nord et à l'est de la mer Noire : les origines de la coutume funéraire) », *in* O. BGAZBA (dir.), *Материалы Международной научной конференции, посвященной 75-летию со дня рождения ученого- кавказоведа Ю.Н. Воронова*, Soukhoum, Dom petchati, 2018, p. 133-144.

KAZANSKI M., « Престижные находки и центры власти постгуннского времени в Поднепровье (Les découvertes prestigieuses et les centres du pouvoir de l'époque post-hunnique dans le bassin du Dniepr) », *Stratum plus*, vol. 4, 2018, p. 83-118 [en ligne].

KAZANSKI M., « Ранневизантийские пряжки из понтийских мастерских (середина V-середина VI вв.) (Les plaques-boucles protobyzantines venant des ateliers pontiques, milieu du Ve-milieu du VIe siècle) », *in* Н.А. АЛЕКСЕЕНКО (dir.), *Империя и полис. X- й Международный Византийский Семинар*, Севастополь, Симерополь, 2018, p. 91-96.

KAZANSKI M., « Центры власти у гунно - болгар Причерноморья в постгуннское время (Les centres du pouvoir chez les Hunno-Bulgares de la mer Noire à l'époque post-hunnique) », *Материалы по археологии, истории и этнографии Таврии*, 2018, p. 100-119.

KAZANSKI M.et DAIM F., « Some types of *fibulaie* in the Southwestern Baltic area and heir Western parallels », *in* J. DRAUSCHKE *et al.* (dir.), *Lebenswelten zwischen Archäologie und Geschichte : Festschrift für Falko Daim zu seinem 65. Geburtstag*, Monographien des Römisch-Germanischen Zentralmuseums, Mainz, Verlag des Römisch-Germanischen Zentralmuseums, 2018, p. 193-198.

KAZANSKI M. et GAVRITUKHIN I., « О времени появления славян на территории Молдовы (À propos de la date de l'arrivé des Slaves sur le territoire de Moldavie) », *in B.A.* СИНИКА et *P.A.* РАБИНОВИЧ (dir.), *Древности. Исследования. Проблемы. Сборник в честь 70-летия Н.П*, Тельнова. Кишенев-Тирасполь, 2018, p. 333-354.

KAZANSKI M.et MASTYKOVA A., « Конское снаряжение эпохи Великого переселения народов из Сёсдалы и его понто- дунайские параллели », *Боспорские Исследования*, vol. 36, 2018, p. 118-142.

KAZANSKI M. et MASTYKOVA A., « Ранневизантийские пряжки на Кавказе (середина V-середина VI вв.) (Les plaques-boucles protobyzantines venant des ateliers pontiques, milieu du Ve-milieu du VIe siècle) », *in* У.Ю КОЧКАРОВ (dir.), *Кавказ в системе культурных связей Евразии в древности и средневековье. XXX Крупновские чтения: Материалы международной научной конференции*, Карачаево, Карачаевск, 2018, p. 344-347 [en ligne].

KAZANSKI M., ZALSTMAN E. et SKVORTSOV K., Раннесредневековый могильник Заостровье-*1* в Северной Самбии (La Nécropole du haut Moyen Âge Zaostrovie-1 en Sambie du Nord), Moscou, Institut d'archéologie de l'Académie des sciences russe, 2018.

LAZARIS S., « Jagen in Byzanz. Eine Fallstudie zur Falknerei », *in* T. POMMERENING et J. ALTHOFF (dir.), *Kult, Kunst, Konsum: Tiere in alten Kulturen*, Darmstadt, Verlag Philipp von Zabern, 2018, p. 67-74 et 104-105.

LAZARIS S., « Manuels d'enseignement dans une bibliothèque monastique du nord de la Grèce : le cas d'un livre illustré d'histoire naturelle et de morale chrétienne », *in* Y. LEHMANN (dir.), *Savoir-Pouvoir : les bibliothèques, de l'Antiquité à la modernité*, Actes du colloque international (Strasbourg-Mulhouse, 11-13 mai 2015), Turnhout, Brepols, coll. « Recherches sur les rhétoriques religieuses », vol. 29,2018, p. 119-138.

LAZARIS S., « Sur le statut et l'utilisation de l'or à Byzance : le cas des manuscrits chrysographiés », *Ktèma*, vol. 43, 2018, p. 93-102.

MACDONALD M.C.A., « Clues to how a Nabataean may have spoken, from a Hismaic inscription », *in* A.H.W. CURTIS *et al.* (dir.), *Near Eastern and Arabian Essays Studies in Honour of John F. Healey* (*Journal of Semitic Studies*, Supplement 41), Oxford, Oxford University Press, , 2018, p. 231-239.

MÉTIVIER S., « La transmission de la culture grecque », *Byzance. L'empire de mille ans L'Histoire. Les collections*, vol. 80, 2018, p. 64-68.

MÉTIVIER S., « Peut-on parler d'une hagiographie aristocratique à Byzance (VIIIe-XIe siècle) ? », *in* A. RIGO, M. TRIZIO et E. DESPOTAKIS (dir.), *Byzantine Hagiography: Texts, Themes & Projects* (Moscou, 12-14 novembre 2012), Turnhout, Brepols, coll. « Byzantios. Studies in Byzantine History and Civilization », vol. 13, 2018, p. 179-199.

MÉTIVIER S., « Régner et commander : l'interprétation de Syméon le Nouveau Théologien », *in* C. MORRISSON et J.-P. SODINI (dir.), *Constantinople réelle et imaginaire. Autour de l'œuvre de Gilbert Dagron*, Paris, Association des amis du Centre d'histoire et civilisation de Byzance, coll. « Travaux et mémoires », vol. 22/1, 2018, p. 383-408.

MORRISSON C., « Michael Metcalf (1933-14 octobre 2018) », *Bulletin de la Société française de numismatique*, vol. 2018, 2018, p. 437-439.

MORRISSON C., « Monnaies byzantines en contexte : l'exemple de quelques sites syro-palestiniens (Ve-Xe siècle) », *in* G. PARDINI, N. PARISE et F. MARANI (dir.), *Numismatica e archeologia: monete, stratigrafie e contesti: dati a confronto. Workshop internazionale di numismatica*, Rome, Edizioni Quasar, 2018, p. 609-616.

MORRISSON C., « Numismatique et histoire monétaire de Byzance à l'EPHE : souvenirs septuagénaires », *Bulletin de la Société française de numismatique* vol. 2018, 2018, p. 129-135.

MORRISSON C., « PERPETUUS AUGUSTUS – EK THEOU BASILEUS. L'empereur chrétien en mots et en images (IVe siècle-début VIIIe siècle) », *in* S. DESTEPHEN, B. DUMÉZIL et H. INGLEBERT (dir.), *Le Prince chrétien : de Constantin aux royautés barbares (IVe-VIIIe siècle)*, Paris, Association des Amis du Centre d'Histoire et Civilisation de Byzance, coll. « Travaux et mémoires », vol. 22/2, 2018, p. 1-20.

MORRISSON C. et SODINI J.-P. (dir.), *Constantinople réelle et imaginaire. Autour de l'œuvre de Gilbert Dagron*, Paris, Association des amis du Centre d'histoire et civilisation de Byzance, coll. « Travaux et mémoires », vol. 22/1, 2018.

MORRISSON C. et SODINI J.-P., « Introduction », *in* C. MORRISSON et J.-P. SODINI (dir.), *Constantinople réelle et imaginaire. Autour de l'œuvre de Gilbert Dagron*, Paris, Association des amis du Centre d'histoire et civilisation de Byzance, coll. « Travaux et mémoires », vol. 22/1, 2018, p. 1-18.

PITARAKIS B., « The incarnated logos, music, and exorcism », *in* B. PITARAKIS et G. TANMAN (dir.), *Life is Short, Art Long: The Art of Healing in Byzantium. New Perspectives*, Istanbul, Istanbul Research Institute, coll. « Symposium Series », 2018, p. 43-62.

PITARAKIS B. et TANMAN G. (dir.), *Life is Short, Art Long: The Art of Healing in Byzantium. New Perspectives*, Istanbul, Istanbul Research Institute, coll. « Symposium Series », 2018.

DE GIORGI M., BRODBECK S., FALLA CASTELFRANCHI M., JOLIVET-LÉVY C. et RAYNAUD M.-P. (dir.), *San Filippo di Fragalà, monastero greco della Sicilia normanna: storia, architettura e decorazione pittorica* = San Filippo de Fragalà, monastère grec de la Sicile normande : histoire, architecture et décor peint, Rome/Bari, École française de Rome/ Mario Adda Editore, coll. « Collection de l'École française de Rome », vol. 533, 2018.

RAYNAUD M.-P. et ISLAMI A., « Les ateliers de mosaïstes en Albanie. Sédentaires ou itinérants ? », *in* J.L. LAMBOLEY, L. PËRZHITA et A. SKENDERAJ (dir.), *L'Ilyrie méridionale et l'Épire dans l'Antiquité*, VI, acte du 6e colloque Illyrie méridionale (Tirana, 20-23 mai 2015), vol. 3, Tirana, ALSA, 2018, p. 893-905.

RAYNAUD M.-P. et ISLAMI A. (avec la collab. de E. NERI, A.-O. POILPRÉ, A. MARÉCHAUD, D. DUBOIS, O. DURMISHAJ et K. ZGURO), *Corpus of the mosaics of Albania*, vol. 1 : *Butrint intramuros*, trad. de A.J. DAVIES, , Bordeaux, Ausonius éditions, 2018.

SIDERIS G., « Les eunuques ou le troisième sexe », *Byzance. L'empire de mille ans*, *L'Histoire. Les collections*, vol. 80, 2018, p. 42-45.

SIDERIS G., « The rise and fall of the high chamberlain Eutropius: Eunuch identity, the third sex and power in fourth-century Byzantium », *in* C.D. FLETCHER *et al.* (dir.), *The Palgrave Handbook of Masculinity and Political Culture in Europe*, Londres, Palgrave Macmillan, 2018, p. 63-84.

SODINI J.-P., « L'Empire byzantin, une histoire millénaire entre Europe et Asie », *in* J.-P. DEMOULE, D. GARCIA et A. SCHNAPP (dir.), *Une histoire des civilisations : comment l'archéologie bouleverse nos connaissances*, Paris, La Découverte/Inrap, 2018, p. 399-404.

TRAINA G., « Les Parthes aux marges de l'empire », *L'Histoire*, hors-série nº 6, 2018, p. 66-71.

ZUCKERMANN C., « 1108 лет русского присутствия в Латакии », *in* Восточная Европа в древности и средневековье. XXX Юбилейные Чтения памяти члена-корреспондента АН СССР В.Т. Пашуто, Moscou, 2018, p. 328-332.

ZUCKERMANN C., « A chapter in the Byzantine paleography of accountancy: The fractions », *Millennium. Jahrbuch zu Kultur und Geschichte des ersten Jahrtausends n. Chr. / Yearbook on the Culture and History of the First Millennium C.E.*, vol. 15, 2018, p. 145-155.

ZUCKERMANN C., « Campaign blueprints of an emperor who never campaigned in person: Constantine VII's treatises on imperial expeditions and *De cer.* II, 45 (with special regard to the theme of Charpezikion », *in* C. MORRISSON et J.-P. SODINI (dir.), *Constantinople réelle et imaginaire. Autour de l'œuvre de Gilbert Dagron*, Paris, Association des amis du Centre d'histoire et civilisation de Byzance, coll. « Travaux et mémoires », vol. 22/1, 2018, p. 341-382.

ZUCKERMANN C., « О Киевском письме из Каирской генизы, Материалы по археологии, истории и этнографии », *Таврии*, vol. 23, 2018, p. 658-712.

Publications

Ouvrage

BÜLOW-JACOBSEN A., FOURNET J.-L. et REDON B., *Ostraca de Krokodilô*, vol. 2 : *La correspondance privée et les réseaux personnels de Philoklès, Apollôs et Ischyras*, Le Caire, Institut français d'archéologie orientale, coll. « Fouilles de l'IFAO », vol. 81, 2019.

Articles ou contributions à des ouvrages

DELATTRE A. et FOURNET J.-L., « La première pétition en copte : révision de *SB Kopt.* IV 1709 », *CdE*, vol. 93, 2018, p. 167-186.

FOURNET J.-L., « Les Égyptiens à la capitale ou Quand la papyrologie s'invite à Constantinople : édition comparée des *P.Cair.Masp.* I 67024-67025 », *in* C. MORRISSON et J.-P. SODINI (dir.), *Constantinople réelle et imaginaire. Autour de l'œuvre de Gilbert Dagron*, Paris, Association des amis du Centre d'histoire et civilisation de Byzance, coll. « Travaux et mémoires », vol. 22/1, 2018, p. 595-633.

FOURNET J.-L. et TIHON A., « Fragment d'un texte astrologique et astronomique », *in* F. MALTOMINI, S. RUSSO et M. STROPPA (dir.), *Papiri della Società italiana*, vol. 17, 2018, p. 97-104.

FOURNET J.-L., « Anatomie d'un genre en mutation : la pétition de l'Antiquité tardive », *in* A. NODAR et S. TORALLAS TOVAR (dir.), *Proceedings of the 28th Congress of Papyrology* (Barcelone, 1-6 août 2016) Barcelone, Publicacions de l'Abadia de Montserrat, Universitat Pompeu Fabra, coll. « Scripta Orientalia », vol. 3, 2019, p. 571-590.

FOURNET J.-L, « Culture de l'Antiquité tardive et papyrologie byzantine », *Annuaire du Collège de France 2016-2017. Résumé des cours et travaux 117e année*, Paris, 2019, p. 233-256 ; en ligne : https://journals.openedition.org/annuaire-cdf/13788.

FOURNET J.-L., « Dioscore et l'école », *in* G. AGOSTI et D. BIANCONI (dir.), *Pratiche didattiche tra centro e periferia nel mediterraneo tardoantico*, Spoleto, Fondazione Centro italiano di studi sull'alto medioevo, 2019, p. 193-216.

Histoire et cultures de l'Asie centrale préislamique

Frantz Grenet

Membre correspondant de l'Académie des inscriptions et belles-lettres, professeur au Collège de France

Mots-clés : Asie centrale préislamique, Bactriane, Sogdiane, Samarkand

La série de cours « La Bactriane et la Sogdiane de part et d'autre de la conquête arabe, VIIe-IXe s. : un basculement de civilisation ? » est disponible, en audio et/ou en vidéo, sur le site internet du Collège de France (https://www.college-de-france.fr/site/frantz-grenet/course-2018-2019.htm), ainsi que le colloque « L'Inde et l'Asie centrale au 1er millénaire » (https://www.college-de-france.fr/site/frantz-grenet/symposium-2018-2019.htm).

Enseignement

Cours – La Bactriane et la Sogdiane de part et d'autre de la conquête arabe, VIIe-IXe siècle : un basculement de civilisation ?

Cours du 10 janvier 2019

L'Asie centrale a connu durant ces deux ou trois siècles l'un des plus grands bouleversements de son histoire, comparable seulement avec la fin de la civilisation de l'Oxus au milieu du 2e millénaire av. n.è., et aux 70 ans de la période soviétique. Même l'invasion mongole, bien qu'ayant été une catastrophe démographique et économique bien supérieure, n'a pas entraîné une telle remise en cause des fondamentaux culturels.

Le cours sera centré sur les régions où le processus de transition est le mieux documenté : la Bactriane et la Sogdiane, parfois aussi Merv et le Khorezm. Aujourd'hui, l'entrée en matière prendra comme belvédère Samarkand, secteur le

F. Grenet, « Histoire et cultures de l'Asie centrale préislamique », *Annuaire du Collège de France 2018-2019. Résumé des cours et travaux*, 119e année, Paris, Collège de France, 2022, p. 443-471, https://doi.org/10.4000/annuaire-cdf.17234.

mieux étudié, où les données ont une valeur démonstrative aussi pour d'autres régions. Quelques documents écrits et iconographiques, échelonnés dans le temps, permettent un premier regard sur ce qui, dans cette période charnière, a profondément changé, et sur ce qui, malgré tout, est resté stable.

Au préalable, quelques jalons

Le pèlerin chinois Xuanzang est à Samarkand en 630 :

> La capitale a plus de 20 li de tour [*6 km*] ; c'est une forteresse inexpugnable avec une nombreuse population. Les denrées précieuses des différentes régions sont surtout rassemblées dans ce pays. Le sol est riche et fertile, et toutes sortes de grains sont cultivées. Les arbres sont luxuriants et donnent à profusion des fleurs et des fruits. Le pays a beaucoup de bons chevaux, et ses habiles artisans sont les meilleurs parmi de nombreux pays. Le climat est doux et tempéré.

Le *Tangshu* reproduit cette information, et ajoute :

> Quand les femmes ont accouché d'un enfant, elles lui donnent à manger du sucre candi et elles lui mettent de la colle sur la paume de la main, dans le désir que, lorsqu'il sera grand, il ait des paroles douces et tienne les objets précieux comme s'ils collaient à ses mains. Ils excellent au commerce et aiment le gain ; dès qu'un homme a vingt ans, il s'en va dans les royaumes voisins ; partout où on peut faire du profit ils sont allés [...] Ils ont des machines fort ingénieuses.

L'essentiel est dit : la richesse du pays assise sur l'agriculture irriguée (c'est probablement ainsi qu'il faut entendre « les machines ») ; la complémentarité des ressources avec les piémonts et les nomades voisins (« le pays a beaucoup de bons chevaux » – oui, mais les poulains sont achetés aux Turcs de la steppe) ; l'artisanat ; le grand commerce (traité dans le cours de l'an dernier).

Projetons-nous maintenant un siècle plus tard, au cœur de la conquête arabe qui a été dévastatrice parce que très longue et difficile. Pourtant, un texte relatif à l'année 721, neuf ans après la prise de Samarkand, donne déjà un autre son de cloche : le gouverneur du Khurāsān venu en campagne de pacification identifie la vallée du Zarafshān comme une terre bénie qu'il faut ménager.

> Sa'īd passa deux fois la rivière [*l'Amu-darya*], mais il n'alla pas au-delà de Samarkand. La première fois, ayant établi son camp près des ennemis, il reçut cet avis : « Les Sogdiens ont abjuré l'Islam et il y a des Turcs avec eux ». Alors il prépara une embuscade ; les Sogdiens furent mis en fuite, talonnés par les Musulmans. Mais le héraut de Sa'īd cria : « Ne les poursuivez pas, car le Sughd est le jardin du Commandeur des Croyants. » (ṬABARĪ, ii.1430)

Il faut noter que Sa'īd b. Abd al-'Azīz est un prince umayyade, qui, de ce fait, a les coudées plus franches que la plupart de ses prédécesseurs et successeurs. L'année suivante, intervenant près du barrage de Waraghsar, il ordonne de ménager la population non armée. A-t-il compris, le premier, que la bonne maintenance de ce barrage est la clef de l'irrigation de la Sogdiane centrale ?

Faisons un saut de deux siècles : vers 950, les géographes Istakhrī et Ibn Hawqal enregistrent avec lyrisme (mais aussi avec une précision confirmée par l'archéologie) l'extraordinaire récupération du pays :

> C'est le plus magnifique des pays de Dieu [...]. Du haut de la citadelle on jouit du plus beau spectacle imaginable : des arbres verdoyants, des châteaux resplendissants, des ruisseaux au cours rapide et des cultures brillantes. Quel coup d'œil ! Quel gouffre pour

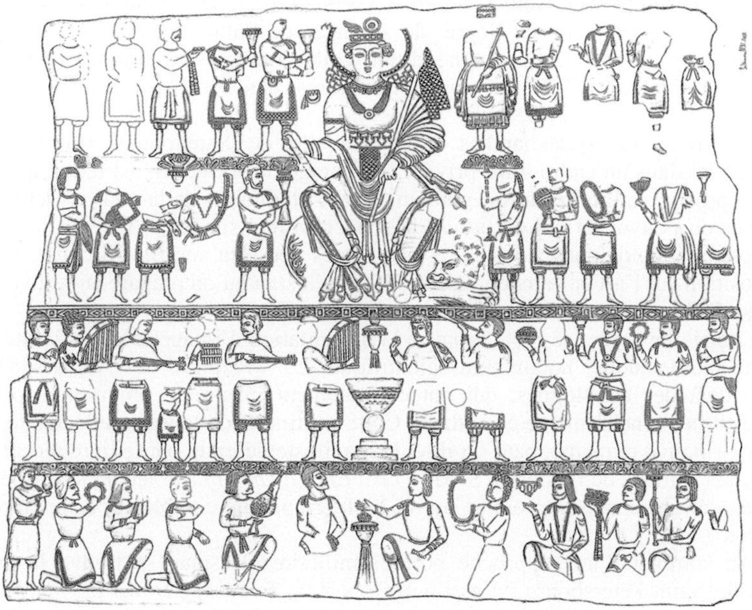

Figure 1 – L'un des panneaux de bois de Kafir-kala (1re moitié du VIe s.) (© Mission archéologique ouzbéko-japonaise).

les fortunes ! Quel spectacle propre à subjuguer les cœurs des humains ! Ajoutons […] des pavillons et des belvédères d'une construction splendide et bien alignés : ce sont des demeures magnifiques, de superbes salons de réunion, qui témoignent de la hauteur de vues de princes illustres. L'étendue du fleuve, depuis Waraghsar jusqu'aux alentours de Boukhara […], est de six jours, au milieu d'un enchevêtrement de villages, de vergers et de petits canaux. Samarkand est le point de concentration des esclaves de la Transoxiane, et les meilleurs esclaves de la Transoxiane sont ceux qui ont reçu leur éducation à Samarkand [1].

Après les témoignages sur l'économie, considérons la symbolique du pouvoir. Trois images mettant en scène le maître de Samarkand, scandant une évolution :

– À Kafir-kala (1re moitié du VIe s.) : dans la salle du trône de la résidence hors les murs des rois de Samarkand, une porte en bois sculpté figure Nana, déesse protectrice de la ville, adorée par une cinquantaine de donateurs dans deux scènes distinctes (figure 1) ; le chef de la ville (le *khuv* « seigneur » ou le *khwēsht* « maire ») est à la même taille que les autres membres du *nāf*, le corps civique, comme *primus inter pares* [2].

1. IBN HAUQAL, *Configuration de la Terre*, trad. J.H. KRAMERS et G. WIET, Paris, G.P. Maisonneuve et Larose, 1964, p. 456-476.

2. F. GRENET, « The wooden panels from Kafir-kala: A group portrait of the Samarkand *nāf* (civic body) », *Acta Asiatica. Bulletin of the Institute for Eastern Cultures*, vol. 119, nº 2, 2020, p. 41-42.

– La « Peinture des Ambassadeurs » (vers 660) : elle traduit une promotion, peut-être éphémère à un tel degré, du seigneur de Samarkand, désormais appelé *ikhshīd* « roi ». Il est accompagné d'une cour nombreuse où sont présents des prêtres, des militaires à la fois sogdiens et turcs, des envoyés étrangers (dont des Chinois, des Tibétains et des rois voisins)[3].

– Les peintures qarakhanides à la citadelle de Samarkand, fin XIIe-début XIIIe siècle, dans un cadre semi-privé. L'entourage du souverain est réduit au cercle le plus proche : militaires turcs, ghulams, vizir, dignitaires de la cour présentant les insignes du pouvoir et qui encadrent le souverain réel sur son trône[4].

Ruptures idéologiques, continuités artistiques : ce sera aussi le fil conducteur de l'exposition sur l'art et l'archéologie de l'Ouzbékistan qu'on prépare au Louvre pour octobre 2022.

Un troisième aspect se prête moins à la présentation d'images : la continuité de la vitalité intellectuelle, notamment scientifique. La « Peinture des Ambassadeurs » figure déjà des astrologues, qui ont certainement inspiré le programme pictural centré sur un synchronisme calendaire. Cette continuité de la vie intellectuelle est le thème principal et même, peut-on dire, le manifeste défendu par le livre récent mais déjà assez fameux de Frederick STARR, *Lost Enlightenment*, sur lequel je vais revenir plus en détails, après un premier survol bibliographique complétant cette entrée en matière.

– Au sommet d'une approche politico-militaire classique se trouve la grande école de Saint-Pétersbourg : Vassilij BARTHOLD, *Turkestan Down do the Mongol Invasion*, 1900 (revu 1928, Londres) ; plus général, Oleg BOL'SHAKOV, *Istorija Khalifata* (4 vol., Moscou, 1989-2010) va jusqu'en 751 ; une version allégée, *Rozhdenie i razvitie Islama i musul'manskoj imperii* (Moscou, 2016) va jusqu'en 786.

– Alexander GIBB, *The Arab conquests in Central Asia* (New York, The Royal Asiatic Society, 1923) demeure le précis le plus clair.

– L'histoire politico-sociale est centrée sur la révolution abbasside, avec un enjeu idéologique majeur : est-ce une révolution iranienne ou une révolution arabe ? Pour la première thèse, voir Julius WELLHAUSEN, *Das Arabische Reich und sein Sturz*, Berlin, Georg Reimer, 1902 ; la réaction a été amorcée par Muhammad Abdulhayy. SHABAN, *The 'Abbāsid revolution* (Cambridge, Cambridge University Press, 1970). La bibliographie devient exponentielle, avec maintenant l'entrée en scène des écoles arabologiques israélienne et libano-américaine. Elton DANIEL, *The Political and Social History of Khurasan under Abbasid Rule, 747-820*(Minneapolis/Chicago, Bibliotheca Islamica, 1979) se recommande encore par son équilibre et sa solidité.

Travaux récents en France :

– Étienne DE LA VAISSIÈRE : *Histoire des marchands sogdiens*, 3e éd., Paris, Collège de France-Institut des hautes études chinoises, 2016 ; *Samarcande et Samarra. Élites d'Asie centrale dans l'empire abbasside*, Paris, Association pour l'avancement des études iraniennes, coll. « Studia Iranica », cahier n° 35, 2007 ;

3. F. GRENET, « À l'occasion de la restauration de la "Peinture des Ambassadeurs" (Samarkand, c. 660). Retour sur une œuvre majeure de la peinture sogdienne », *CRAI* 2018/4, 2021, p. 1847-1869.

4. Y. KAREV, « Un cycle de peintures murales d'époque Qarākhānide (XIIe-XIIIe siècles) à la citadelle de Samarkand : le souverain et le peintre », *CRAI* 2003/4, 2003, p. 1685-1731.

sous sa direction, *Islamisation de l'Asie centrale. Processus locaux d'acculturation du* VIIe *au* XIe siècle, Paris, Association pour l'avancement des études iraniennes, coll. « Studia Iranica », cahier n° 39, 2008.

– Yury KAREV, *Samarqand et le Sughd à l'époque 'abbāsside* (Paris, Association pour l'avancement des études iraniennes, coll. « Studia Iranica », cahier n° 55, 2015), s'inscrit dans la lignée pétersbourgeoise de l'histoire politique, mais renouvelée par les sources archéologiques et par une approche plus sociologique.

Il faut faire un sort particulier à trois ouvrages qui ont affronté la question de la mutation civilisationnelle dans la longue durée et la totalité de ses aspects.

D'abord, A.M. BELENITSKIJ, I.B. BENTOVICH et O.G. BOL'SHAKOV, *La Ville du haut Moyen Âge en Asie centrale* [5] (Léningrad, 1973), diptyque préislamique (VIe-milieu VIIIe s.)/islamique (fin VIIIe-début XIIIe s.). Ce livre, certes en partie dépassé mais jamais refait, étant donné son exceptionnel niveau d'information et la qualité de la réflexion, mériterait encore d'être traduit. Les deux autres sont : Richard FRYE, *The Golden Age of Persia. The Arabs in the East* (Londres Weidenfeld and Nicolson, 1975), et Frederick STARR, *Lost Enlightenment. Central Asia's Golden Age from the Arab Conquest to Tamerlane* (Princeton, Princeton University Press, 2013).

Cours du 17 janvier 2019

Richard FRYE, *The Golden Age of Persia. The Arabs in the East* (1975) a représenté une révolution historiographique sur deux plans : c'est le premier livre à avoir choisi de traiter le substrat centrasiatique sur un plan égal au substrat sassanide pour éclairer la civilisation de l'Iran médiéval dans sa globalité ; et il combine le facteur arabe et le facteur irano-centrasiatique dans une même *success story*, à rebrousse-poil de l'historiographie soviétique et de l'historiographie nationaliste iranienne (d'où le scandale qu'il a causé à l'époque en Iran). Il pose le paradoxe fondamental : la soumission de l'Iraq et de l'Iran n'a pris que 30 ans ; après quoi celle de la Transoxiane jusqu'à Tachkent et au Ferghana a pris 140 ans, jusque vers 820 (et 180 ans de plus pour Bamiyan et Kabul) ; et pourtant c'est en Asie centrale que se formera, aux IXe et Xe siècles, la culture musulmane de l'Iran, alors apogée culturelle de l'Islam.

Sa thèse est celle du creuset intégrateur : les Arabes ont trouvé en Asie centrale un pays de cocagne et un mode de vie qui correspondait mieux à leurs idéaux marchands, une sorte de nouveau Hijāz. Tout en menant une conquête et un processus de colonisation plus brutaux qu'en Iran, très tôt ils ont collaboré avec les éléments locaux à tous les échelons de la société, ils se sont mélangés, et de ce mélange sont sorties la révolution abbasside et ses conséquences. En Iran proprement dit, sur le plateau iranien, Arabes et Persans ont plus longtemps vécu en « guettos » séparés, avec une différentiation religieuse restée massive jusqu'au IXe siècle, et ce malgré des emprunts considérables au sommet de l'appareil d'État abbasside. Le « modèle Frye » est schumpeterien sans le dire (la destruction créatrice). L'analogie vient à l'esprit avec la période hellénistique, où la symbiose a été plus durable en Asie centrale qu'en Iran.

5. *Srednevekovyj gorod Srednej Azii.*

Une somme récente : Frederick Starr, *Lost Enlightenment. Central Asia's Golden Age from the Arab Conquest to Tamerlane* (2013)

Il convient de donner dès maintenant un aperçu détaillé de ce livre, bien qu'il nous fournisse un point d'arrivée plutôt qu'un point de départ. Pour le dire schématiquement : la thèse est que l'Asie centrale s'est affirmée comme le principal centre intellectuel mondial quelques décennies seulement après sa conquête, et qu'elle l'est restée jusqu'au XIe siècle. Ce point de vue, à supposer qu'on l'accepte, colore rétrospectivement tout ce qui s'est joué dans les siècles précédents.

Par contraste, on rappelle la position islamologique classique encore affirmée en 1957 par deux grands esprits, Roger ARNALDEZ et Louis MASSIGNON, dans leur chapitre « La science arabe » de *L'Histoire générale des sciences* (dirigée par R. Taton, Paris, PUF) : « La science arabe est avant tout le prolongement de la science grecque. [...] L'armature de la pensée scientifique des Arabes est entièrement grecque ». Comme substrat iranien préislamique, ils ne concédaient que l'« académie » sassanide de Gundishāpur près de Suse, en réalité gréco-syriaque, et le premier effort de traductions d'ouvrages grecs qu'elle a initié. La seule autre tradition scientifique qu'ils créditaient d'un apport majeur était l'Inde, et seulement pour l'astrologie (le *Sindhind* < la *Siddhanta* de Brahmagupta), la médecine et la pharmacologie. La contribution proprement centrasiatique était réduite par eux à des curiosités personnelles, et aux quelques améliorations empiriques rendues possibles par les moyens de travail mis à disposition par les mécènes locaux.

Cependant, dès 1948, Delacy O'LEARY, dans son *How Greek science passed to the Arabs*, (Londres, Routledge & Kegan Paul ; un excellent livre qu'on a beaucoup pillé) soulignait l'importance de certains substrats d'Iran oriental, en ignorant le facteur sogdien qu'on ne connaissait pas encore, mais en accordant une particulière attention à la science indo-centrasiatique parvenue par les relais bouddhiques de Balkh et de Merv. On retrouve des positions analogues chez Dimitri GUTAS, *Greek Thought, Arabic Culture* (Londres, Routledge, 1998), tandis que l'ouvrage collectif *Histoire des sciences arabes*, dirigé par Roshdi RASHED (Paris, Seuil, 1997), se préoccupe assez peu de la sociologie de la science.

Frederick Starr est un historien contemporanéiste (il dirige le Central Asia-Caucasus Institute & Silk Road Studies Program, Johns-Hopkins University, Stockholm), au départ non spécialiste des questions abordées (« ce livre a été écrit non parce que je connaissais les réponses aux questions qu'il pose, ni même parce que j'avais quelque savoir particulier sur les nombreux sujets et champs qu'il aborde, mais parce que moi-même je voulais lire un tel livre »).

Il serait trop facile de s'attarder sur les défauts. Le livre est trop long (634 pages). L'auteur lit le russe, mais ne fait pas toujours les bons choix de lectures dans la surabondante littérature post-indépendance, il utilise trop de travaux de seconde main. Dans le détail, il y a beaucoup d'erreurs, notamment concernant les langues iraniennes anciennes, un domaine que visiblement il ne maîtrise pas. Il lit l'arabe et le persan dans des traductions. C'est l'exemple même d'un livre qui aurait été excellent s'il avait été relu par un ou deux spécialistes.

Pourquoi l'utiliser malgré tout ? Ce livre est une aventure historiographique encore jamais entreprise à ce niveau d'ambition, brassant des masses de faits et de références, et comme tel il mérite qu'on s'y intéresse. Il se présente comme une sorte d'épopée dont les héros sont les intellectuels centrasiatiques. L'accent est mis sur la science, incluant la science islamique et la médecine ; secondairement sur l'histoire, la littérature, l'architecture, les arts plastiques, la musique.

Certes, on savait depuis longtemps que la majorité des savants dits « arabes », toutes disciplines confondues, y compris des domaines si arabes que la grammaire, l'exégèse coranique et le hadith, étaient des « Iraniens » (c'était déjà le thème de la *Shu'ubiyya* aux IXe-Xe siècles). Il faut être maintenant plus précis : ces « Iraniens » étaient dans leur majorité des Centrasiatiques. On réduit trop souvent ceux-ci aux noms les plus emblématiques : les Chorasmiens al-Bīrūnī et al-Khwārizmī (qui a donné son nom aux algorithmes), le Boukhariote Avicenne (originellement de Balkh). Mais il faut prendre le phénomène dans sa masse. Le polygraphe al-Tha'ālibī (961-1039) a établi une liste des « gens dignes de louange de [son] époque »et écrivant en arabe : sur 415, d'après leurs *nisba* (certes pas toujours indicatives du lieu de naissance), un tiers étaient originaires d'Asie centrale (Khurāsān inclus), un tiers d'Iran ; et si l'on considère seulement la philosophie, les mathématiques et les autres sciences exactes, la proportion de Centrasiatiques passe à 90 %. On arrive aux mêmes conclusions pour la sélection plus étroite des savants du *Dar al-Hikma* du calife al-Ma'mūn à Bagdad.

Ces citoyens du monde islamique étaient-ils restés des Centrasiatiques ou étaient-ils devenus « hors sol » ? Y a-t-il eu un *brain draining* vers Bagdad ? Certes beaucoup (dont al-Khwārizmī) y ont fait toute leur carrière. Il n'est pas question de nier que ce fut à Bagdad qu'ils trouvèrent un premier corpus de science grecque traduit dès l'époque sassanide en syriaque et en pehlevi, dans les écoles de Gundishāpur et de Harrān qui poursuivirent ensuite cette activité en ajoutant l'arabe à leur palette. Pourtant, beaucoup de Centrasiatiques montés à Bagdad sont ensuite revenus chez eux, répandant leurs connaissances enrichies. L'Asie centrale n'a pas été vidée de ses élites intellectuelles, il y a plutôt eu une fécondation en retour depuis Bagdad.

Les migrations d'intellectuels hors de leur patrie centrasiatique furent parfois dues à des accidents politiques (la chute des Samanides en 999, puis la prise de Gurganj en 1017 qui entraîna les départs de Bīrūnī et d'Avicenne, le premier vers Ghazni, le second vers l'Iran). Mais à d'autres moments l'offre et la demande jouèrent en sens inverse, avec l'émergence en Asie centrale de princes mécènes de plus en plus nombreux et de plus en plus riches. Une génération après la mort du calife al-Ma'mūn (833), les villes de l'« Iran oriental » (au sens large) s'affirment l'une après l'autre comme des centres intellectuels appuyés sur des ressources locales. Le statut du mécénat princier comme source unique du financement de la recherche explique que les plus grands savants, tous polygraphes, ont inclus dans leur panoplie la médecine et l'astrologie, qui avaient pour les princes une utilité très pratique (le seul qui ait avoué ne pas croire à l'astrologie est Bīrūnī). Par ailleurs, ces princes, comme avant eux les califes, pouvaient fournir les moyens pour monter des expéditions permettant de recalculer la longueur du méridien terrestre (c'est parce que le souverain du Gorgān lui a refusé ces moyens que Bīrūnī est à un moment retourné dans son Khorezm natal). De ce point de vue la carrière d'un Bīrūnī (973-1048) est assez éclairante : jusqu'à l'âge de 23 ans, il reçoit sa formation de base comme un provincial du lointain Khorezm, certes éduqué dans l'ancienne famille royale. Ensuite, il migre à Ray, puis à Gorgān, de nouveau au Khorezm, enfin à Ghazni, donc presque toujours à l'Est, et jamais à Bagdad. Il n'a trouvé un protecteur impérial, Mahmūd de Ghazni, que dans la dernière période de sa vie. Il est vrai qu'il en a tiré le maximum, avec son livre sur l'Inde rendu possible par les moyens mis alors à sa disposition (un séjour de plusieurs années, une équipe de pandits et de

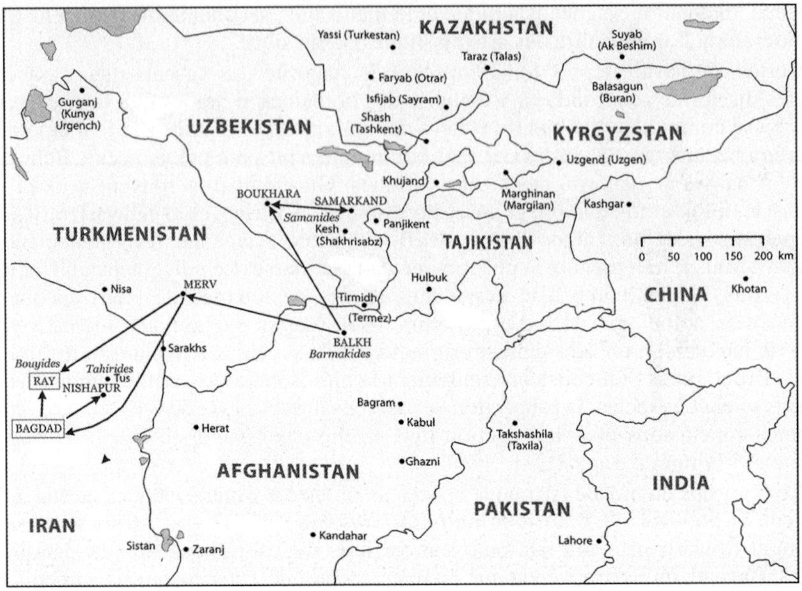

Figure 2 – Carte des villes principales de l'« âge d'or de l'Asie centrale », avec tentative d'indication des transferts de centres culturels entre 762 (fondation de Bagdad) et 1000 (fin des Samanides).
Adaptée par François Ory d'après S.F. STARR, *Lost Enlightenment*, *op. cit.*, carte 2.

traducteurs), mais il faut croire que, dès auparavant, il avait pu trouver ailleurs les facilités de recherche et l'environnement intellectuel dont il avait besoin. Par contraste, Avicenne (980-1037), qui a refusé de partir à Ghazni, a fini sa vie en Iran dans une sorte d'errance, vivant de diverses charges administratives pour lesquels il n'était pas doué, et il n'a fait que passer à Bagdad, qu'il a détestée.

Starr met bien en évidence la succession des phases de l'activité intellectuelle, du VIIIe au XIIe siècle (figures 2 et 3) :

– Bagdad des mécènes Banū Mūsā, des vizirs Barmakides, puis de Ma'mūn, avec dès la fondation la récupération de savants juifs de Merv (et par eux, a-t-on pu conjecturer, l'héritage de la bibliothèque royale qu'aurait apportée dans sa fuite le dernier roi sassanide, information transmise par Ahmad ibn Tahir Tayfur, *Histoire de Bagdad*, IXe s.). Malgré la coupure politique qui s'instaure à partir de c. 870, le *brain draining* se réactivera périodiquement à Bagdad, jusque vers 950 (al-Fārābī, polygraphe, entre autres choses principal exégète d'Aristote, natif d'Otrar, qui connaît encore le sogdien ; on disait encore à cette époque : « il n'y a pas un savant ni un poète à Bagdad qui n'ait un étudiant du Khorezm ») ;

– Nishāpur des Tahirides (le premier État de facto indépendant du califat, 822-873), puis de nouveau sous les Saljukides au XIe siècle ;

– Boukhara des Samanides (875-999) ;

– Ray des Bouyides ;

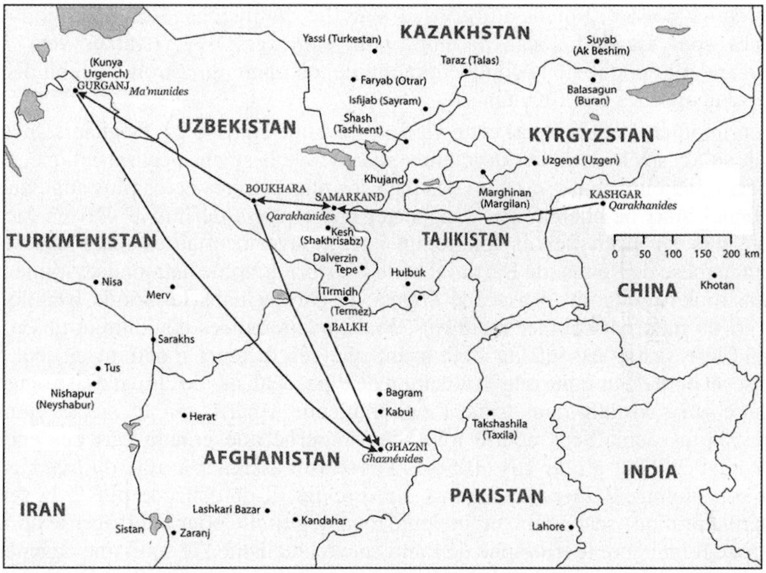

Figure 3 – Carte des villes principales de l'« âge d'or de l'Asie centrale », XIe s., avec les transferts de centres culturels.
Adaptée par François Ory d'après S.F. STARR, *Lost Enlightenment*, *op. cit.*, carte 2.

– « un moment dans le désert » : Gurganj au Khorezm sous les Ma'mūnides (998-1017). (Avicenne a parcouru les trois dernières étapes, Bīrūnī, les deux dernières) ;

– un intermède qarakhanide, la première dynastie turque islamisée : Balasaghun, Kashgar (les débuts d'une littérature savante en turc écrit en caractères arabes), puis Samarkand ;

– Ghazni et Balkh des Ghaznévides (998-1077), où l'on retrouve Bīrūnī ;

– Merv des Saljukides, surtout sous Sanjar (1118-1157). Encore à la veille de l'invasion mongole, le géographe Yāqūt demeure trois ans à Merv, où il utilise les dix bibliothèques publiques (dont l'une de 12 000 volumes) pour compiler son dictionnaire géographique universel. Selon ses propres dires, il n'en serait jamais parti s'il n'y avait pas eu l'invasion.

Starr s'intéresse au réseau des observatoires, qui se densifie au fil du temps. Il faut avoir à l'esprit ce qu'est alors un « observatoire » : c'est surtout un groupe de savants et une bibliothèque spécialisée, pas des équipements lourds (puisqu'il n'y a pas de lunettes). Les observatoires plus tardifs connus par des fouilles à Maragha puis à Samarkand sont certes des constructions imposantes, mais les seuls outils d'observation sont une fente dans la coupole et un miroir que l'on déplace sur le sextant maçonné. Il y en avait peut-être déjà eu un sous les Sassanides à Gundishāpur, où étaient régulièrement établies les *Zij-e shahryār*, « tables royales », pratique continuée après la conquête en conservant la notation pehlevie et le calendrier zoroastrien. Starr spécule sur l'importance de l'observatoire de Merv, mais c'est plutôt une inférence à cause des astronomes venus avec les Barmakides ; cet observatoire n'est vraiment attesté que sous les Saljukides. Les fondations bien attestées sont Bagdad sous Ma'mūn, puis Ray vers 995, Isfahan vers 1080, Samarkand à l'époque de la conquête mongole, où opère un astronome chinois sans doute venu avec les Qara-Khitaï.

Et enfin : quand et pourquoi cette vitalité s'est-elle épuisée ? L'Afghanistan actuel abritait au XIe siècle deux des derniers « phares » de la science centrasiatique, Balkh et Ghazni ; aujourd'hui, c'est l'un des pays les plus pauvres et les plus analphabètes du monde. Starr ne cherche pas à apporter une réponse définitive. Divers facteurs ont été mis en avant depuis longtemps : les nouveaux maîtres turcs peu subtils (c'était la thèse de Renan, de Barthold et de l'historiographie nationaliste iranienne) ; la catastrophe mongole ; Vasco de Gama ; et partout dans le monde islamique le transfert du mécénat vers les madrasas. Mais divers indices démontrent qu'en Asie centrale le réseau s'essoufflait déjà avant que ces facteurs n'entrent en jeu. Starr favorise au bout du compte une explication de type idéaliste : le climat d'affrontement bipolaire qui s'installe dans toute l'aire iranienne à partir du XIe siècle, Sunnites contre Shiites, Ismaïliens contre tous, qui détourne une grande part des énergies intellectuelles. Ghazālī de Tus (1058-1111) se voit assigner le rôle du *black genius* (dans son ouvrage *L'Incohérence des philosophes*, il ne concède plus à la science qu'un rôle pratique secondaire et lui dénie toute légitimité pour interroger le domaine de la foi). Il inaugure le triomphe de l'anti-intellectualisme ; le soufisme dégénère en dervichisme. Cela aurait conduit à stériliser toute innovation. Les grands penseurs ne sont plus enseignés dans les madrasas, le savoir scientifique désormais se résume et se fige dans des encyclopédies. Bagdad étant sur sa fin, le flambeau s'est transféré à l'ouest pour encore trois siècles : l'Égypte, l'Andalus (avec Averroès), le Maghreb. La « renaissance timuride » a été durable sur le plan artistique, mais, sur le plan scientifique, elle a été une greffe artificielle et de courte durée.

Retour à l'événementiel : la violence de la conquête

Cours du 24 janvier 2019

Après ces longs mais indispensables préliminaires, il convient de reprendre le fil chronologique.

Un aperçu des sources sur la période :

– Sources primaires. Les archives sogdiennes du Mont Mugh : V.A. LIVSHITS, *Sogdian epigraphy*, Londres, 2015 ; F. GRENET et É. DE LA VAISSIÈRE, « The last days of Panjikent », *Silk Road Art and Archaeology*, vol. 8, 2002, p. 155-196. Ces documents éclairent la région autour de Samarkand dans les années 700 à 722. Les archives bactriennes de Rōb : N. SIMS-WILLIAMS et F. DE BLOIS, *Studies in the Chronology of the Bactrian Documents from Northern Afghanistan*, Vienne, Verlag der Österreichischen Akademie der Wissenschaften, 2018. Leur champ chronologique est plus large (de c. 330 à c. 770), mais l'intérêt est plus local, le royaume enclavé de Rōb n'ayant jamais occupé une place équivalente à Samarkand ni même à Pendjikent sur l'échiquier politique. Il n'y a plus guère de sources primaires ensuite, sauf les monnaies.

– Sources chinoises : rien n'est venu remplacer É. CHAVANNES, *Documents sur les Tou-kiue (Turcs) occidentaux*, Saint-Pétersbourg, Commissionnaires de l'Académie des sciences, 1903.

– Les récits arabes de la conquête : principalement les *Annales* de ṬABARĪ (traduction anglaise intégrale sous la direction d'Eh. YARSHATER, *The History of al-Ṭabarī*, Albany, State University of New York, 1989-2007[6]). Très bien informé sur l'Asie centrale entre 705 et 750, il s'y intéresse moins ensuite, et plus du tout après 813.

– Les chroniques locales : surtout NARSHAKHĪ, *The History of Bukhara*, trad. R.N. FRYE, Cambridge, Mediaeval Academy of America, 1954.

– À partir du Xe siècle s'ajoute l'information des grands voyageurs-géographes de l'école d'Abū Zayd al-Balkhī (850-934), perdue mais dont on connaît de nombreux continuateurs, notamment Ibn Hawqal déjà cité.

L'archéologie : peu de fouilles urbaines ont exploré systématiquement la transition : Pendjikent (mais la ville dépérit à partir de 750) ; Samarkand ; Paykend (abandonnée au XIe siècle) ; Varakhsha et Shahristan en Ustrushana, mais seulement pour les palais. Un rappel sur les principautés à la veille de la conquête arabe.

La situation démographique : contrairement à l'Iran, l'Asie centrale ne semble pas avoir été affectée par la « peste de Justinien ». Une estimation récente donne pour la population de la vallée du Zarafshān 1,2 million ou 2 millions d'habitants ; en secteur irrigué cela pouvait aller jusqu'à 600 ou 700 habitants[7] par km^2, ce qui expliquerait que la Sogdiane ait pu encaisser sans dommage très durable les dizaines de milliers de morts et d'exilés dont les sources parlent à plusieurs reprises.

Depuis l'empire turc établi au milieu du VIe siècle, toutes les principautés ou presque ont une classe dirigeante et militaire turco-iranienne. Dans les listes dynastiques alternent noms « sarmates » (hérités de la période « Kangju »), sogdiens et turcs ; en 660, au lendemain de l'effondrement de l'empire turc, le roi de Samarkand a encore une garde turque. La classe marchande forme une classe distincte des nobles et occupant comme eux le sommet de l'échelle (contrairement à l'Iran sassanide où les marchands sont une subdivision de la classe des « travailleurs »). À Paykend, au moment de la conquête arabe, il n'y a pas de roi, c'est la classe marchande qui négocie la reddition.

On l'a déjà dit, la structure fondamentale est le *nāf*, le corps civique, qui, au moins à Samarkand, apparaît comme ayant le pouvoir de destituer le souverain. Il n'y a pas de structures confédérales, ou alors lâches et discontinues. Le Khorezm, isolé par les déserts, a un roi indépendant. En Sogdiane, les principautés avaient depuis toujours sous-traité leur défense globale à des confédérations steppiques exerçant une domination effective ou théorique, ou à des mercenaires qui en étaient issus. Au début du VIIe siècle, les sources chinoises reconnaissent une certaine prééminence au seigneur de Samarkand, mais elle paraît se manifester surtout au niveau des rituels du Nouvel An. Puis, à partir de l'annexion de Kēsh et Maymurgh vers 640, l'*ikhshīd* « roi » s'affirme au-dessus des *khuv* et des *afshīn*, « seigneurs » des autres principautés, mais, au moment de la conquête, cela ne le mettra pas en état d'organiser des coalitions. On connaît mal les systèmes matrimoniaux des familles royales. La pratique

6. Traduction généralement sûre mais par pour tous les volumes. Pour les événements d'Asie centrale, l'anthologie en russe de B.I. BELJAEV, O.G. BOL'SHAKOV et A.B. KHALIDOV, « Istorija » at-Tabari, Tachkent, 1987, est parfois plus précise et mieux informée des réalités locales.

7. É. DE LA VAISSIÈRE, « Early Medieval Central Asian population estimates », *Journal of the Economic and Social History of the Orient*, vol. 60, 2017, p. 788-817.

zoroastrienne du mariage consanguin, fréquente en Iran dans la famille royale, est attestée à Boukhara par les Chinois, qui précisent que ce n'est pas le cas à Samarkand. On a par ailleurs quelques informations sur des intermariages entre Samarkand et les *qaghans* turcs, et entre Samarkand et Boukhara. Tout cela ne fait pas une stratégie politique d'ensemble. Mais, paradoxalement, cette fragmentation politique a pu être l'un des facteurs expliquant la lenteur de la conquête, alors qu'en Iran, les Arabes avaient eu affaire à un État centralisé qui s'était effondré d'un coup (et, encore une fois, le parallèle s'impose avec la conquête d'Alexandre).

La classe sacerdotale zoroastrienne s'affiche peu et ne paraît pas organisée au-dessus du niveau local : c'est une autre grande différence avec l'Iran sassanide où le clergé forme la première classe, avant les guerriers. Sur la Peinture des Ambassadeurs ce sont des sortes de chapelains aristocratiques portant l'épée, sinon on ne représente les prêtres que comme officiants des rites funéraires. Les seuls clergés qui apparaissent structurés sont chrétiens, manichéens, bouddhistes (en Bactriane).

Cours du 31 janvier 2019

Chronologie sommaire de la conquête

La première tête de pont

652, conquête de Merv (où est mort le dernier roi sassanide) ; 671, établissement à Merv du gouvernorat général du Khurāsān et d'une base de colonisation (50 000 guerriers de Basra et Kufa).

Le temps des raids (654-683)

Raids exploratoires : dès 654, Balkh, Maymurgh (au sud de Samarkand), Khorezm. Conquête plus ou moins solide du Tokharestān occidental.

Raids de rançonnage ou d'occupations temporaires : 673, Boukhara. 676 ou 681, Samarkand et le Khorezm ; et depuis 690, une tête de pont à Termez avec un rebelle arabe indépendant.

Contexte général : de 670 à 692, les Turcs occidentaux sont anéantis politiquement et les Chinois tenus en échec au Tarim par la première expansion tibétaine. Tentatives sino-turques infructueuses pour ramener des Sassanides (Pērōz en 657, puis 663-670 ; Narseh en 679 [8]).

À partir de 683 cette première phase de conquêtes est largement freinée suite à la guerre civile entre Umayyades et Alides.

Le temps des conquêtes systématiques (699-715)

En arrière-plan général, le facteur turc réapparaît avec les Türgesh (et, durant un temps, les Turcs orientaux en 712). Le principal acteur de la conquête est alors Qutayba ibn Muslim, gouverneur du Khurāsān de 705 à 715. Outre son génie militaire et politique, et sa détermination à vraiment conquérir, il a pour atout de venir d'une petite tribu extérieure aux grandes confédérations des Mudarites (Arabes du Nord) et des Yéménites, dont les rivalités avaient paralysé l'action de beaucoup

8. La seconde tentative suscita des espérances à Samarkand, où un prince (plus tard roi) né à cette époque reçut le nom de Narsē.

de précédents gouverneurs, et se trouve donc étranger aux cycles de vengeance des grosses tribus (comme plus tard Lawrence d'Arabie…).

705, Balkh (auparavant prise et reprise plusieurs fois) ; 709, Boukhara ; 712, Khorezm, Samarkand ; 712-714 : raids sur Chāch (Tachkent), Ferghana (où Qutayba est assassiné par ses troupes).

Reculs puis ressaisissement (715-751)

Le contexte est alors une reprise d'alliances entre principautés sogdiennes et Turcs. Mais les appels aux secours à la Chine restent sans résultats, sauf la vaine bataille du Talas en 751.

721-722, première révolte sogdienne, contre-offensive, prise de Pendjikent.

731, « bataille du Défilé », Samarkand presque perdue.

735-739, Samarkand évacuée.

739-748, reconquête et consolidation sous Nasr ibn Sayyār, dernier gouverneur umayyade (avec des raids au Chāch, Ustrushana, Ferghana).

748-750, révolution abbasside, qui ne remet pas en cause la domination musulmane en Asie centrale.

Les expansions ultérieures (751-823)

751, première « conquête » du Chāch (Tachkent) et d'Otrar.

775-780, révolte du « prophèt nativiste » Muqanna' (à Samarkand et en Sogdiane méridionale) ; appel aux Turcs, mais ce sera le dernier (avant leur retour au sommet du pouvoir après 1000, en tant que royaumes islamisés). Fin de l'indépendance nominale du roi de Boukhara.

Vers 800, soumission et islamisation finales du Chāch et du Ferghana. 822, soumission et islamisation finales de l'Ustrushana. Vient l'heure des dynasties iraniennes musulmanes indépendantes : Tahirides, Samanides.

***

Pourquoi les Sogdiens et les Chorasmiens, dotés d'armées fortes et affrontant un ennemi si éloigné de ses bases, ont-ils finalement succombé ? Gibb distinguait deux phases, l'une de 670 à 692, l'autre après 705. De l'une à l'autre, il y a eu montée en puissance des capacités militaires locales (adaptation des fortifications à la guerre de siège attestée à Pendjikent et Paykend, mais pas à Samarkand où le rempart datant des Grecs était juché trop haut sur la falaise), réactivation des alliances turques, mais toujours pas d'armées sogdiennes coordonnées. Les corps d'élite de *chākar* dévoués jusqu'à la mort étaient adéquats pour les guerres inter-principautés (quand on a des chiffres, ils concernent quelques centaines ou quelques milliers d'hommes), mais les attaques massives de Bédouins ne pouvaient être contrées qu'avec le renfort de la levée tribale turque. Les sources arabes mentionnent de manière répétée que ces armées turques sont commandées par le *khāqān*, *i.e.* le *qaghan* ; en fait depuis la fin du VIIe siècle, le titre s'est banalisé (même s'il subsiste un vrai qaghan résidant au Sémiretchié) et il s'agit le plus souvent de chefs tribaux. Cette collaboration remporte des succès spectaculaires, mais brefs. En 731, un commandant arabe déclare qu'aucune armée ne devrait franchir l'Amu-darya avec moins de 50 000 hommes ; le gouverneur le franchit avec 28 000 guerriers et ils sont battus, la garnison de Samarkand au nombre de 12 000 hommes venue à la rescousse est presque entièrement massacrée, le combat ayant été mené par les Turcs qui attirent les Arabes sur un terrain montagneux où ils mettent le feu.

La conquête a été beaucoup plus brutale qu'en Iran. Les Arabes étaient vraiment des nouveaux venus, perçus comme des « brigands », contrairement à beaucoup d'« envahisseurs » avant et après eux, qui souvent faisaient déjà partie du paysage, comme troupes mercenaires ou voisins appelés à l'aide par des factions rivales. Des modalités nouvelles apparaissent sous Qutayba : des autodafés (mais au Khorezm, lors d'une avancée extrême), l'exploitation systématique des rivalités entre les principautés.

[Qutayba] extermina leurs scribes, fit tuer leurs prêtres zoroastriens (*hērbed*) et brûler leurs livres et leurs feuillets, [à la suite de quoi] les Chorasmiens demeurèrent illettrés et dûrent recourir à leur mémoire. (BĪRŪNĪ, *Chronologie*)

La prise de Samarkand en 712 :

Tout le monde, petits et grands, montra tant de zèle à participer à cette expédition contre Samarkand depuis toutes les villes du Khurāsān, que les gens du commun prenant en main bâtons et couteaux se mirent en route, et que le nombre de ce genre d'individus dépassa ce que l'on avait vu à toute époque. (IBN A'THAM AL-KUFĪ, II, 141 B)

Qutayba installa des catapultes contre les Sogdiens et fit tirer. Il était bien conseillé par ceux des Boukhariotes et des Chorasmiens qui étaient avec lui. [Le roi] Ghūrak lui envoya dire : « Tu es en train de me combattre avec des non-Arabes, mes frères et ma famille. Envoie-moi donc des Arabes ! » (ṬABARĪ, ii.1244)

La curée populaire contre Samarkand ne put être contrée par les renforts que consentirent à envoyer les Turcs et les rois de Chāch et du Ferghana, qui furent défaits. Une lettre de Ghūrak à l'empereur de Chine, datée de 718 et conservée dans les annales chinoises, confirme le rôle décisif des catapultes dont l'Asie centrale avait perdu l'usage après l'époque grecque. Cet appel au secours, rejoignant celui d'autres souverains sogdiens, n'aura aucune suite. Par une chance extraordinaire, cet épisode est, parmi ceux des premières conquêtes arabes, le seul dont nous soit parvenue une illustration : une peinture de la salle du trône du palais de Pendjikent, exécutée sans doute dix ans après l'événement (figure 4). Les servants de la catapulte, aux traits grossiers, certains roux, ne sont ni des Arabes ni des Sogdiens ; peut-être des Chorasmiens, comme le laisse entendre Ṭabarī ? Boukhara et le Khorezm qui ont affronté les Arabes plus tôt avaient-ils eu le temps de s'adapter à la guerre de siège ?

Le chroniqueur Ibn A'tham al-Kufī reproduit précisément les termes de l'acte de reddition :

Voici les termes de la paix conclue entre l'émir Qutayba ibn Muslim, de la tribu Bāhili, avec l'*ikhshīd* Ghūrak, *afshīn* du Sughd.
Au nom d'Allah, du prophète Muhammad, du Commandeur des Croyants al-Walīd. La paix a été conclue concernant Samarkand, ses districts Kēsh et Nasaf, ses terres, ses emblavures, et toutes ses bornes, moyennant : 2 millions de dirhems immédiatement, 200 000 dirhems annuellement, 3 000 esclaves parmi lesquels il n'y aura ni enfants ni vieillards.
Et ce qui de cette terre sera versé pour la *djizya* sous forme d'esclaves sera compté pour 200 dirhems par tête ; sous forme de grands habits de brocart (*dībā*), pour 100 dirhems l'habit ; sous forme de petits habits, pour 60 dirhems ; sous forme de soie, 28 dirhems le rouleau [*12 m x 55 cm*] ; sous forme d'or pur, chaque *mithqāl* [*4,4 g*] pour 20 dirhems, et sous forme d'argent pur, *mithqāl* pour *mithqāl*.
Et Qutayba s'engage à ne rien entreprendre contre l'*ikhshīd* Ghūrak, *afshīn*, de ne pas le

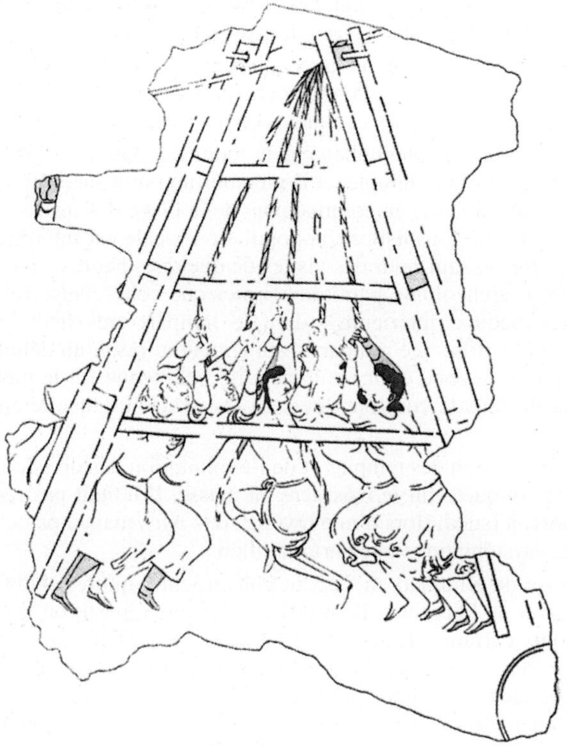

Figure 4 – Pendjikent, salle du trône, vers 720, scène du siège de Samarkand en 712 (© Boris Marshak).

trahir, et de lui il n'exigera rien en sus de ce qui est consigné dans le présent accord. Et si quelque ennemi se dresse contre Ghūrak, Qutayba s'engage à lui venir en aide et à le soutenir contre cet ennemi.
Et Qutayba fait ce serment : « En vérité, toi, l'*ikhshīd* Ghūrak, je te fais roi (*malik*) de Samarkand, de ses terres, de ses bornes, et de Kēsh et Nasaf, et de leurs villes et forteresses, et je te confie leur gouvernement, et sur elles je reconnais l'empreinte de ton anneau. Et personne ne te fera opposition. Et en vérité, après toi la souveraineté appartiendra à ton fils pour tout le temps que durera mon gouvernorat du Khurāsān. »
Qutayba a déclaré : « J'ai apposé mon sceau sur cet accord, et aussi les témoins ». Et on a remis cet accord à Ghūrak.

Cours du 7 février 2019

Par rapport à d'autres villes, Samarkand ne s'en tire pas trop mal, car elle s'est rendue avant l'assaut. Le tribut exigé n'est pas exorbitant : en 706, à Paykend, un marchand avait proposé de se racheter avec 5 000 rouleaux de soie, ce qui, converti en argent, représente 1/14e du tribut de Samarkand. La monnaie de compte est l'argent au poids, la monnaie réelle consiste en argent et or monnayés, plus la soie en rouleaux standardisés, le rôle de ces derniers marquant l'influence de l'aire économique chinoise. À quoi s'ajoutent les esclaves adultes (hommes et femmes). D'où viennent-ils ? De la steppe ? Des guerres de voisinage ?

À l'occasion du changement de circonstances, Ghūrak accomplit un véritable coup d'État : il se fait reconnaître la royauté héréditaire, qui auparavant n'existait pas à Samarkand, y compris sur deux conquêtes contestées, Kēsh et Nasaf.

Au moment où il reçoit solennellement la reddition, Qutayba brûle de sa propre main les « idoles » du grand temple, et il y établit une mosquée. En quittant la ville pour n'y plus revenir, il laisse au commandant de la place des instructions orales qui durcissent les termes de l'armistice : la population locale est interdite de séjour « à l'intérieur des portes », sauf pour des visites de quelques heures, sous peine de mort en cas de retard. L'archéologie paraît confirmer que cette clause fut appliquée, du moins dans la « madinat intérieure » dont le rempart enfermait la moitié de la superficie de la ville close : ce rempart resta entretenu jusqu'au début du IXe siècle, les potiers quittèrent la zone où la seule activité maintenue fut la métallurgie, donc l'armurerie, placée sous le contrôle direct de la garnison, laquelle en 731 comptait 12 000 hommes.

À côté de la destruction des temples et de l'exploitation des divisions internes, une autre arme de la conquête fut le massacre de masse. Il n'était pas resté inconnu en Iran (40 000 morts à Istakhr lors d'une révolte sous Ali), mais il prit en Asie centrale un caractère plus systématique que partout ailleurs.

Lors de la prise de Khujand en 722, le gouverneur capture 14 000 Sogdiens qui tentaient d'émigrer au Ferghana. Ils font l'objet d'une répartition très utilitaire : les marchands, dont certains fraîchement arrivés de « Chine », sont seulement rançonnés, les soldats massacrés dès le début, après quoi la masse des « travailleurs » dispersés en lots dans les champs pour s'assurer de leur docilité subit le même sort. À Talaqān (à l'ouest de Balkh), en 708, Qutayba fait crucifier la population entière, sur 25 km de long. En 709, au siège de Boukhara, il a le triste privilège d'introduire en Asie centrale la pratique de la pyramide de crânes, qui devait connaître une telle fortune avec Gengis Khan et Tamerlan. Le summum est atteint en 717 sous l'un de ses successeurs qui fait campagne au Gorgān, une province caspienne à la jointure de l'Iran et de l'Asie centrale :

> [Yazīd ibn al-Muhallab] fit serment à Dieu que s'il triomphait d'eux, il ne lâcherait pas sa prise ni ne rengainerait son épée tant qu'il n'aurait pas mêlé leur sang à du blé, fait du pain de ce mélange, et ne l'aurait mangé. [...] Ils se soumirent à Yazīd. Il captura leurs femmes et leurs enfants et fit tuer les soldats, en les crucifiant sur deux farsakh [*12 km*] à gauche et à droite de la route. En outre, il en fit amener 12 000 à la rivière du Gorgān, et dit : « Quiconque cherche sur eux la vengeance du sang peut en tuer autant qu'il veut. » Chaque Musulman tuait jusqu'à quatre ou cinq hommes et les jetait dans la rivière, changeant l'eau en sang. Sur la rivière il y avait un moulin, et Yazīd put mêler le sang au blé moulu, et de la sorte accomplir son serment. Il fit faire du pain, le mangea, puis bâtit la ville de Gorgān. (ṬABARĪ, ii, 1330-1333)

Ces actes d'extrême cruauté s'expliquent sans doute moins par des propensions personnelles au cannibalisme que par le caractère avancé et fragile de ces conquêtes : ces premiers conquérants qui faisaient campagne sur des fronts multiples n'étaient pas en mesure de laisser des garnisons nombreuses et il fallait frapper par la terreur. Quand on pouvait se le permettre, la répression était plus sélective, ainsi à Pendjikent en 722, où l'on s'est contenté d'incendier les maisons des partisans du roi Dēwāshtich et de chasser temporairement les habitants.

On l'a déjà dit, une conséquence de la fragmentation politique de la Sogdiane est que les intérêts immédiats l'ont souvent emporté sur un sentiment d'appartenance collective, qu'on aurait pourtant pu attendre de la communauté linguistique et religieuse ou de la nécessaire coopération des caravanes. Dès 696, des marchands sogdiens de Merv ont investi dans les campagnes des Arabes en prêtant de l'argent au gouverneur. Lors de l'attaque du Mont Mugh en 722, les Arabes ont dans leur camp le roi du Khorezm et un prétendant de Boukhara, tandis que le Ferghana, l'Ustrushana et le petit prince turc de Hissar (Douchanbé) sur qui comptait le roi de Pendjikent ont fait défection.

L'absence d'une religion d'État et d'un clergé organisé pourrait expliquer le paradoxe que la seule religion centrasiatique à n'avoir pas survécu, sinon très modestement, au Khorezm, est le zoroastrisme « national ». Ses temples remplis de richesses étaient des proies toutes désignées qui, par leurs « idoles », suscitaient davantage l'hostilité et la cupidité des conquérants qu'en Iran les temples du Feu. En tout cas, tous les temples sogdiens connus archéologiquement ou par les sources écrites ont été brûlés, ou au moins pillés de fond en comble, ce qui n'a pas été le cas avec les temples du Feu. En Bactriane, le bouddhisme, mieux structuré par ses ordres religieux, résistera plus longtemps, au moins jusqu'au milieu du VIIIe siècle, jusqu'à la fin du Xe siècle, à Bamiyan et Kabul (même sous des souverains musulmans). Les Manichéens survivront jusqu'au XIe siècle à Samarkand, les Chrétiens en de nombreux endroits jusqu'à l'époque timouride, les Juifs (probablement les premiers venus) jusqu'à nos jours.

Conséquences sociales de la conquête

Cours du 14 février 2019

À Samarkand, les quartiers sogdiens de la ville close sont réoccupés par la garnison arabe et les familles, qui s'installent à l'intérieur des gros murs des demeures anciennes. Les initiatives architecturales des nouveaux maîtres se manifestent pour la première fois entre 740 et 780, par des constructions emblématiques du pouvoir : deux palais et la mosquée. Le palais de Nasr ibn Sayyār a probablement recouvert le temple de Nana, avant de céder place à son tour à la mosquée. On retrouve un schéma analogue à la citadelle de Paykend, où un palais vient recouvrir partiellement un temple du Feu et, au Xe siècle, se trouve égalementjouxté par la grande mosquée. Abū Muslim choisit Samarkand comme centre de son pouvoir ; il construit son propre palais au pied du donjon et fait relier par un mur le réseau de châteaux qui ceinturait l'oasis. Cependant, dans la population urbaine, des marqueurs culturels d'origine irakienne ne se manifestent vraiment qu'à partir du IXe siècle : un nouveau type de maison à cour centrale, des installations de bains (qui étaient très sommaires à l'époque préislamique), les premières poteries à glaçure, la production massive du verre.

Pour Boukhara, on a beaucoup de détails grâce à Narshakhī :

> Qutayba les convertit trois fois à l'Islam, mais à chaque fois ils apostasiaient et redevenaient infidèles. La quatrième fois [709] qu'il leur fit la guerre il prit la ville et y établit l'Islam avec grande difficulté. […] Ils acceptèrent l'Islam en apparence, mais en secret ils adoraient les idoles. Qutayba jugea approprié d'ordonner aux gens de Boukhara de donner la moitié de leurs maisons aux Arabes de sorte que les Arabes soient avec eux et informés de leurs sentiments. […] Qutayba fit édifier une grande mosquée à l'intérieur de la citadelle. Il ordonna au peuple de Boukhara de s'y assembler chaque vendredi, car

il avait proclamé : « À quiconque sera présent à la prière du vendredi je donnerai deux dirhems ». Dans les premiers temps de leur conversion à l'Islam, pendant la prière ils récitaient le Coran en persan car ils étaient incapables de comprendre l'arabe [*en fait les instructions sont criées en sogdien, à en juger par les mots transcrits dans le texte*]. [...] Sur les portes de la grande mosquée se trouvaient des images avec les visages effacés, mais le reste était dans l'état d'origine. [*Ces portes avaient été enlevées de châteaux dont les propriétaires étaient restés infidèles « car les riches n'avaient pas besoin des deux dirhems ; [...] sur chaque porte le propriétaire avait mis la figure de son idole ».*] (NARSHAKHĪ, trad. FRYE, p. 48-49)

Balkh est alors partiellement en ruines et le camp arabe s'établit en dehors, à Baruqan, entre 705 et 725, date à laquelle la ville se relève sous l'égide du Barmak, avoué laïque du monastère bouddhique, rallié aux Arabes, et sous lequel va débuter le transfert à Bagdad d'intellectuels compatriotes.

La colonisation des campagnes a récemment été étudiée pour l'oasis de Merv : dès 671, 50 000 guerriers arabes et leurs familles sont répartis entre les villages de l'oasis ; dans la ville la moitié des maisons revient aux Arabes, comme à Boukhara ; cette mixité sera le creuset de la révolution abbasside[9]. En revanche, dans la Sogdiane centrale, un repeuplement dense des campagnes ne devient vraiment évident qu'après le milieu du IXe siècle.

À Pendjikent, cas apparemment unique, la petite noblesse et les marchands reviennent à la faveur de l'amnistie accordée aux exilés par Nasr b. Sayyār après 740, tandis que la citadelle reste occupée par une garnison arabe. Pendant une dizaine d'années, plusieurs anciennes maisons sont restaurées et l'essentiel des cycles peints trouvés à Pendjikent date de cette période. Ils restent tous à caractère « païen », mais désormais ce sont surtout les thèmes épiques qui s'affichent, les sujets proprement religieux étant souvent confinés dans des pièces à l'arrière. D'une manière générale, on reconstruit peu de grandes salles de réception à cette époque, ce que Michael Shenkar analyse comme un indice de déclin des structures communautaires qui étaient la seule assise de la religion ancienne[10]. Les manifestations collectives du culte semblent survivre de manière furtive. Au moment de la conquête, la statue ithyphallique de Shiva au Temple II, peut-être considérée comme particulièrement provocante, est dissimulée. Par la suite, dans la cour du Temple I, un *bareshnum-gāh* zoroastrien (installation de purification) à ciel ouvert est installé. On sait depuis peu que les deux grands temples ont été remplacés par un tout petit, juste au nord.

Samarkand offre un cas différent : les manifestations cultuelles ou artistiques de l'ancienne religion ne pouvaient pas se poursuivre à l'intérieur des remparts, à cause des termes de l'armistice. Un « petit temple », certainement au dehors, est mentionné en 751 par Du Huan, un captif chinois de la bataille du Talas.

Cours du 14 mars 2019

Les indices d'une survie plus durable du zoroastrisme local proviennent d'autres régions que Samarkand : à Boukhara, le « Bazar aux idoles » qui se tenait tous les

9. É. DE LA VAISSIÈRE, « The Abbasid revolution in Marw: New data », *Der Islam*, vol. 95, 2018, p. 110-146.

10. M. SHENKAR, « The Arab conquest and the collapse of the Sogdian civilization », *in* D. TOR et M. INABA (dir.), *The History and Culture of Iran and Central Asia in the First Millennium CE*, Londres University of Notre Dame Press, à paraître.

lundis jusqu'au Xe siècle (s'agissait-il vraiment d'idoles, ou plutôt de figurines ? Une glose marginale parle de jouets d'enfant) ; les portes à images d'« idoles » arrachées aux châteaux de l'aristocratie campagnarde (voir le texte cité précédemment) ; au Ferghana, dernière conquête en Asie centrale, un « temple du Soleil » (Mithra ?) est détruit dans les années 830.

Pour l'Ustrushana, autre conquête tardive, la situation est bien documentée par le « procès stalinien » (on contraint l'accusé à être son propre accusateur) intenté par le calife à Ḥaydar Afshīn en 838. Promu à la tête de son royaume en 822 après qu'il se soit déclaré nettement musulman, contrairement à son père Kāvus qui avait apostasié, il devient, à la tête de ses troupes d'élite, le principal général de l'empire, qu'il débarrasse de la secte néo-mazdakite des Khurramiyya de Bābak ; il tombe victime de son ambition alors qu'il s'apprêtait à s'enfuir en passant chez les Khazars et à rejoindre son royaume. On fait venir des témoins de chez lui. Parmi les vieilles histoires qui ressortent, on l'accuse d'avoir fait fouetter en Ustrushana des missionnaires qui avaient détruit des « idoles » arrachées d'un temple ; il se défend en arguant qu'il n'a fait qu'appliquer l'accord de reddition, qui garantissait la tranquillité des cultes locaux. Mais on trouve plus grave :

> Dans sa résidence [à Samarra] ils trouvèrent un tabernacle contenant l'image d'un homme, taillée dans du bois et couverte de nombreux ornements et joyaux, et ayant dans ses oreilles deux pierres blanches recouvertes d'un filigrane d'or complexe […]. Ils tirèrent de sa résidence des images grotesques, et des idoles (*būt*) et des choses de ce genre […]. Parmi ses livres ils trouvèrent un livre des Mages nommé *Zrāwah* et de nombreux autres livres traitant de sa foi avec lesquels il rendait un culte à son seigneur. (ṬABARĪ, iii.1318)

Le style de ce texte montre qu'il remonte directement au compte rendu de perquisition. L'accusation de polythéisme se trouva opportunément renforcée par l'interrogatoire du prévenu, qui admit se faire intituler vagh « Dieu » dans les salutations de ses sujets. Ses interrogateurs, le *hudēnān pēshobay* (chef des Zoroastriens d'Iran) et le général Marzbān (descendant des ikhshids de Samarkand), manipulaient sciemment le vocabulaire, *vagh* (βγ) ayant en sogdien le double sens de « dieu » et de « seigneur ». Il n'en reste pas moins que tout n'était pas faux dans les accusations : la fouille du palais de Shahristan (voir ci-après) a confirmé que jusqu'à cette époque les souverains d'Ustrushana commanditaient chez eux de l'art "païen". Ḥaydar était probablement resté en secret un Zoroastrien à la mode sogdienne, d'où sans doute le manque de sympathie du hudēnān pēshōbay qui voyait là un zoroastrisme trop iconolâtre par rapport à la norme sassanide qu'il maintenait.

En rapport avec cet épisode, on peut se demander ce qu'est alors devenue l'ancienne classe sacerdotale sogdienne. La *Qandiya* (chronique de Samarkand) cite le cas d'un *'ālim al-majūs* de Boukhara converti sous Qutayba et qui deviendra *muhaddith*, une niche professionnelle prestigieuse. À Samarkand, les « Mages » (c'est-à-dire les Zoroastriens) ont gardé le monopole de l'adduction d'eau, selon le témoignage des géographes du Xe siècle ; il existe encore aujourd'hui un « Pont de la Rivière des Mages ». Une *Rivāyat* persane (échange de correspondance entre prêtres d'Iran et d'Inde) témoigne de ce que vers 830 les Zoroastriens de Samarkand reconnaissent l'autorité du *hudēnān pēshōbay*, dont ils demandent l'avis pour la façon de reconstruire une Tour du Silence. On peut en déduire que ce clergé, peu structuré contrairement à celui d'Iran, avait choisi de se fondre dans l'ensemble de la minorité zoroastrienne pour bénéficier de la relative protection accordée alors par le calife. On n'a plus de témoignage explicite sur le zoroastrisme centrasiatique après le Xe siècle (le dernier endroit où l'on rencontrait des communautés se disant zoroastriennes serait le Badakhshān au XIIIe siècle : cela a-t-il constitué le terreau de l'ismaïlisme, resté vigoureux dans cette région jusqu'à aujourd'hui ?).

La haute noblesse locale turco-sogdienne a, quant à elle, connu des vicissitudes variées. Au début, au moins à Boukhara et Samarkand, moyennant une acceptation plutôt formelle de l'Islam, ils ont su négocier leur soumission contre la reconnaissance de pouvoirs qu'ils n'avaient pas auparavant (hérédité, fiscalité, voir ci-dessus le texte de l'armistice de Samarkand) ; ils gardent aussi leur ancienne fonction de levée des troupes locales. Les *ikhshids* de Samarkand semblent être restés exilés à Ishtikhan et n'avoir pas tenté de reprendre pied dans leur ancienne capitale ni dans leur résidence hors-les-murs de Kafir-kala, même quand elles étaient évacuées par les Arabes. Ils faisaient profil bas. En 782, le dernier *ikhshīd* attesté, qui s'affirme bon musulman, conseille le gouverneur pour la reconstruction du mur qui protège au nord la vallée du Zarafshān, ce qui suggère qu'à cette époque il contrôlait encore la corvée villageoise. Karev, dans son *Samarqand et le Sughd à l'époque 'abbāsside* (*op. cit.*), montre bien comment le rôle politique des ancienne familles royales n'a cessé de décroître, d'Abū Muslīm (qui y effectue des purges) à la révolte de Muqanna en 775-870 (où le Bukhārkhudā essaye probablement de jouer de nouveau la carte turque, la seule qu'il peut encore tenter), puis à celle de Rafī b. Layth en 806-809, la dernière révolte avant l'établissement de dynasties locales, où on ne les voit plus jouer aucun rôle. Cependant les grands nobles sogdiens ont alors reçu un exutoire par leur exfiltration à Bagdad et Samarra, en tant que commandants de leurs troupes d'élite, avant d'être remplacés à partir de 860 par d'anciens esclaves turcs, prélude à l'établissement du système des Mamelouks.

Le mécénat des derniers princes sogdiens

Chez eux, les seuls qui conservent les moyens de grosses commandes artistiques sur des thèmes traditionnels sont les Bukhārkhudāt (« seigneurs de Boukhara »), puis après eux les *afshīn* d'Ustrushana jusqu'à la fin du VIIIe siècle au moins. Rien de tel n'est attesté pour l'*ikhshīd* de Samarkand, qui semble s'être appauvri.

Les Bukhārkhudāt établissent leur résidence principale à Varakhsha, à 40 km à l'ouest, après l'occupation de la ville en 709. Le site a été fouillé de 1938 à 1954[11]. L'aspect extérieur présente une allure commune avec Kafir Kala, dont les murs à gaufrures. La zone palatiale a connu plusieurs restructurations du plan et du décor, jusqu'à son abandon en 782 suite à l'exécution du dernier occupant. Le plan est, en plus majestueux, celui d'un palais sogdien typique, avec plusieurs salons de réception à charpente « en pyramide », dont on perçoit mal les fonctions respectives (l'hypothèse de Marshak sur la « Salle Rouge » comme sanctuaire du Feu ne repose

11. V.A. SHISHKIN, *Varakhsha*, Moscou, 1963 ; A.M. BELENTSKII et B.I. MARSHAK, « The paintings of Sogdiana », *in* G. AZARPAY (dir.), *Sogdian Painting: The Pictorial Epic in Oriental Art*, Berkeley, University of Canifornia Press, 1981, p. 11-77 (p. 31-33 sur Varakhsha) ; B.I. MARŠAK, « The ceilings of the Varakhsha palace », *Parthica*, vol. 2, 2000, p. 153-167 ; A. NAYMARK, « Returning to Varakhsha », *The Silk Road*, vol. 1, nº 2, 2003, p. 9-22 ; T. TSVETKOVA (Alpatkina), *Reznoj ganch drortsa Varakhshi*, Lambert Academic Publishing, 2012.

que sur l'existence d'une plateforme à feu qui n'est pas nécessairement cultuelle). La chronologie des décors successifs est discutée, la proposition la plus argumentée étant celle de Naymark (qui, une fois n'est pas coutume vu ce qu'étaient les relations entre ces deux auteurs, ne semble pas voir été désapprouvée par Marshak). Pour suppléer à la chronologie archéologique déficiente, il raisonne à partir de la succession des rois et de ce qu'on devine de leurs orientations.

709-739

Tōkespādhe, nom sogdien, « à l'armée puissante » (auparavant lu *Tōghshādha, nom turc, « chef de la bannière ». Installé sur le trône comme roi héréditaire par Qutayba, donc officiellement musulman, il joue double jeu après sa mort, se joignant à l'appel des princes sogdiens à l'empereur de Chine en 718. Après 722, il se soumet de nouveau ; il est finalement assassiné par des compatriotes à Samarkand lors d'une audience avec Nasr b. Sayyâr, ses os sont prélevés et ramenés à Boukhara, donc il était resté zoroastrien et on le savait.

Naymark lui attribue notamment le décor de la « Salle Rouge », le plus somptueux, le plus énigmatique aussi. Il sera reconstitué au Louvre lors de l'exposition sur l'art et l'archéologue de l'Ouzbékistan, pour la première fois intégralement. Le voici dans la reconstruction graphique proposée par Marshak (« The ceilings of the Varakhsha palace » ; figure 5).

En haut, « le paradis avec des arbres gardés par des griffons ». Le griffon est un vieux thème grec, proche-oriental et scythe ; dans la mythologie grecque ils gardent le vase à vin de Dionysos, ou les trésors du Grand Nord scythe ; aurait-on ici une

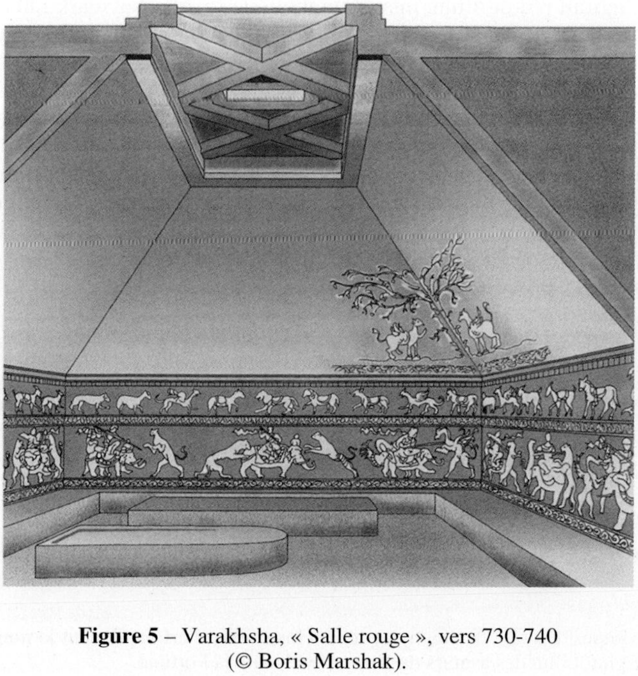

Figure 5 – Varakhsha, « Salle rouge », vers 730-740 (© Boris Marshak).

transposition au mythe proprement zoroastrien du Sēnmurw (persan Sīmorq) gardant l'Arbre de toutes les semences ? Le Sēnmurw est mentionné dans des textes sogdiens, et le thème du Sēnmurw (ou plutôt la Sēnmurw) avec l'arbre semble présent dans l'art sassanide, où sur le plat de Klimova (à l'Ermitage) il est traité comme un aigle femelle à attributs fantastiques [12].

Cours du 21 mars 2019

Au registre médian, une frise en partie détruite d'animaux passant, à la fois réels et fantastiques : cheval, chameau (?), panthère, griffon, lion, cerf, tigre. La plupart de ces animaux sont sellés avec des étriers, mais aucun n'est monté. Sur leur interprétation, Marshak et Naymark s'accordent : ce serait une image symbolique des dieux (les animaux sellés sont montés par un dieu invisible). Le cheval correspondrait à Mithra, le lion à Nana, l'ibex et/ou le chameau à Wahrām, mais pour les autres les correspondances ne sont pas nettes.

En bas se trouve le registre principal : une répétition de scènes avec un personnage royal à l'indienne combattant à dos d'éléphant une série de fauves et de dragons. Ce décor est unique à bien des égards : ce n'est pas une narration ; le combattant répété ne ressemble ni à un dieu sogdien ni à un roi sogdien, le modèle est indien. Pour Marshak, c'est malgré tout l'Ahura Mazda sogdien, Ādhvagh « Dieu suprême », que certains textes assimilent à Indra, le dieu indien à l'éléphant. Naymark a montré qu'en fait le modèle ultime est le Bodhisattva Samantabhadra sur son éléphant à six défenses. Cependant, dans les figurations bouddhiques, ce Bodhisattva ne chasse pas, pas plus qu'aucun Bodhisattva. Dans la peinture sogdienne, on peut avoir un dieu combattant activement des guerriers démoniaques, mais on n'a aucun exemple ni en Inde ni en Sogdiane d'un dieu chassant les bêtes à dos d'éléphant avec un cornac. Il s'agirait plutôt d'une image symbolique royale. Naymark fait l'hypothèse d'un message codé, « ésopéen », évoquant le combat du roi contre les forces du mal, entendons les Arabes. Ce décor daterait des années 730, quand Tōkespādhe ne pouvait plus s'afficher ouvertement comme non musulman.

Comment expliquer un emprunt si net de formes bouddhiques mahāyaniques pour la propagande royale, au lieu des modèles sassanides auparavant dominants ? Naymark attire l'attention sur un passage de Narshakhī mentionnant, sans date, une épouse royale venue de « Chin » (*i.e.* le Turkestan chinois) qui aurait établi près de Boukhara une *botkhāna* « maison d'idoles » ou « sanctuaire bouddhique ». Or le dernier fils de Tōkespādhe semble porter un nom bouddhique : Bunyāt <**punyadatta* « produit par ses mérites ».

Cours du 21 mars 2019

739-752

Qutayba, fils de Tōkespādhe (nom donné en hommage au conquérant qui avait mis son père sur le trône). Il est lui aussi apostasie et est tué sur ordre d'Abū Muslim.

752-782

Son frère Bunyāt. La même histoire se répète : au moment de la révolte de Muqanna', il intrigue avec les insurgés et sans doute avec les Turcs ; accusé

12. L'être composite à tête de chien auquel les historiens d'art appliquent le nom du Sīmorq pourrait être plutôt l'un des avatars du Farn, principe de la Fortune.

d'apostasie, il est exécuté à Varakhsha par un commando envoyé sur ordre direct du calife al-Mahdī. Le palais est abandonné. La dynastie continue (ailleurs dans l'oasis de Boukhara, et aussi à Samarra comme commandants de troupes), mais c'en est fini de leur indépendance de fait. On doit à Bunyāt un remaniement architectural complet, avec une grande cour d'audiences à piliers de briques comme il s'en construit alors à Samarkand au palais d'Abū Muslim. Les courants culturels ont basculé vers l'ouest. Au lieu de la peinture murale, on a maintenant un décor couvrant de stuc incisé (probablement polychrome à l'origine), d'un style entièrement nouveau dans la région, qui rappelle le décor des palais umayyades de Syrie-Jordanie quelques décennies plus tôt. Plutôt qu'à un échange direct, on envisage maintenant un commun substrat sassanide, certes peu attesté à un tel niveau de finesse [13]. Par-delà le complet changement des styles, les thèmes principaux se maintiennent : le roi chasseur (mais il ne chasse plus des fauves et des monstres, il ne purge plus le pays, il montre seulement sa vaillance). Marshak tire du côté d'une interprétation cosmologique (les trois étages de l'univers), Alpatkina-Tsvetkova vers un « paradis » royal, mais certaines figures sont incontestablement mythologiques : un Amour chevauchant un poisson, des harpies, le Vent, le char du Soleil. Serait-ce déjà la réduction du polythéisme aux figures astrales, qu'on retrouvera dans toute la peinture islamique ultérieure ?

L'ultime splendeur de la peinture sogdienne préislamique est au palais de Shahristan en Ustrushana. Comme Varakhsha, c'est une commande royale. Je le présente brièvement, en renvoyant par avance aux notices du catalogue de l'exposition *Au pays des fleuves d'or. Tadjikistan, au cœur des Routes de la Soie* (Musée Guimet, prévue en octobre 2021), ainsi qu'à la publication en préparation du colloque *L'Ustrushana dans l'Antiquité et le haut Moyen Âge. Des marges de l'Œkoumène au cœur politique du Califat* (Collège de France, mai 2018).

On a déjà parlé du dernier souverain indépendant, Ḥaydar Afshin, exécuté à Bagdad en 840. Le palais, fouillé de 1965 à 1972, était au site de Shahristan (autrement nommé Kala-i Kakhkakha), parfois identifié comme Bunjikat, capitale du royaume, dont en fait il était plus probablement la résidence hors-les-murs (comme Kafir-kala par rapport à Samarkand et Varakhsha par rapport à Boukhara). Notre attention se concentre sur les peintures du « Salon Bleu [14] ». Selon une disposition classique dans la peinture sogdienne, les murs sont couverts de bandeaux à scènes épiques, sur trois registres interrompus par l'image gigantesque du dieu protecteur de la famille, ici un dieu solaire, sans doute Mithra. Presque tout ayant été retrouvé tombé à terre, le réassemblage proposé pour les scènes comporte une part d'hypothèses, de plus en plus forte à mesure qu'on s'élève sur les murs. La bande supérieure comporte un *narratis personae* : Nana et Wēshparkar (Vayu au type de Shiva) flanqués de démons auxiliaires, guerriers en file, banquets, animaux féroces ou fantastiques. Les deux registres inférieurs présentent une narration continue de combats acharnés opposant des chevaliers de type sogdien à des guerriers démoniaques caractérisés par leurs crocs, et dont certains portent des couronnes ;

13. R. TALGAM, *The Stylistic Origins of Umayyad Sculpture and Architectural Decoration*, Wiesbaden, 2004.

14. Publication descriptive des peintures conservées et propositions de reconstructions : V.M. SOKOLOVSKIJ, *Monumental'naja zhivopis' drortsovogo kompleksa Bundzhikata*, Saint-Pétersbourg, 2009.

ces combats sont présidés par les Nana et Wēshparkar, qui interviennent en faveur des chevaliers. Un personnage récurrent est un roi assis sur un char tiré par deux chevaux ailés, qui assiste aux combats sans y prendre part.

Cours du 28 mars 2019

Dans l'interprétation (à paraître) proposée par Samra Azarnouche, Michael Shenkar et moi-même, ce roi est Kay Kāvus (le seul roi légendaire d'Iran à avoir voulu monter au ciel) et la guerre est la seconde guerre contre le royaume démoniaque du Māzandarān. Nous proposons d'identifier l'un des guerriers comme Rostam, dont le rôle est ici secondaire par rapport à celui du roi, situation inverse par rapport à la première guerre illustrée dans une maison de Pendjikent. Par rapport à ces peintures, celles de Shahristan sont plus proches dans le détail du récit donné dans le *Shāhnāme*. La raison pour laquelle on a mis en avant Kay Kāvus, certes pas le plus glorieux des Kayanides, serait que ces peintures auraient été exécutées sous le roi Kāvus, père de Ḥaydar Afshīn, donc autour de 800. C'est la dernière ronde des dieux sogdiens, avec, pour Wēshparkar, une image déjà brouillée (ses deux têtes latérales, l'une féminine et l'autre démoniaque, encore bien différenciées à Pendjikent, ne sont plus ici que de petits vestiges iconographiques). Les dieux qui, depuis l'époque kouchane, avaient dominé la scène religieuse en Bactriane et Sogdiane s'en vont, ils laissent place aux souverains mythologiques qui vont être l'avenir de la construction identitaire de l'Iran au sens large. Du point de vue chronologique, on est ici à mi-distance entre la fin de l'empire sassanide et 957, le moment où un gouverneur de Tus fait rassembler les matériaux qu'utilisera Ferdowsi.

On conclura provisoirement cette revue de l'époque de transition sur ce constat : en moins d'un siècle l'Asie centrale a perdu ses vieux dieux nationaux, alors que Yahvé, Jésus, le Bouddha et même Mani ont mieux tenu. Elle a aussi perdu assez rapidement ses grandes langues. Dans les archives de Rōb, le bactrien laisse place à l'arabe après 771 ; les dernières inscriptions, à Tochi au Pakistan, datent de 855 ; vers 1040, Bīrūnī pourra tout au plus recueillir à Ghazni quelques bribes du calendrier bactrien. Le sogdien connaît un même destin : en Sogdiane, même les dernières inscriptions sont à Hisorak, dans la haute vallée du Zarafshān, peu avant 800 ; au Sémiretchié, en 1025. Pour la fin du Xᵉ siècle, nous avons un témoignage détaillé du géographe Muqaddasī : des dialectes sogdiens divers mais intercompréhensibles sont encore parlés dans les campagnes de Samarkand et Boukhara, mais en ville plus personne ne le parle, sauf un ouléma qui fait figure de curiosité ; plus personne ne l'écrit. Le yaghnobi, qui subsiste encore aujourd'hui dans une haute vallée du Tadjikistan, n'est pas un descendant direct du sogdien. La seule langue qui a survécu en restant écrite est le chorasmien, jusqu'au XVᵉ siècle (en caractères arabes), et ce uniquement dans des manuels de pratique juridique.

Pourquoi le bactrien, bien assis sur une pratique écrite multiséculaire, a-t-il disparu, pourquoi le sogdien, langue des caravanes de Byzance à la Chine, n'a-t-il pas maintenu sa position de *lingua franca*, l'un et l'autre passant le relai au persan, qui était importé ? On a invoqué la proximité de ces langues iraniennes avec le persan, qui aurait favorisé leur assimilation (contrairement au turc qui a presque partout résisté) ; mais il suffit de pratiquer un peu ces langues iraniennes orientales pour se rendre compte qu'il ne pouvait guère y avoir d'intercompréhension avec la langue iranienne de l'Ouest. Frye a insisté sur le rôle des immigrés iranophones d'Iraq et d'Iran, une population qu'on devine importante, socialement sinon numériquement. Par ailleurs, la première administration arabe du Khurasan utilisait le pehlevi, jusqu'en 740, date à laquelle elle est passée à l'arabe : les autochtones qui entraient à son service dans un but de promotion sociale devaient abandonner leur langue locale et adopter celle de l'Iran. Le premier creuset linguistique a été Merv, puis sans doute Balkh, avant même la Boukhara des Samanides où s'achèvera la naissance du persan littéraire, d'où l'immixtion dans le persan archaïque d'un vocabulaire centrasiatique qu'on sait maintenant plus bactrien que sogdien.

Retour à la problématique de Frederick Starr : l'héritage d'un substrat technique et intellectuel local ?

La langue et la religion une fois éliminées, qu'est-il resté de la brillante civilisation préislamique ? Beaucoup de savoir-faire artisanaux et de procédés stylistiques ont été transmis, sur lesquels je ne m'arrête pas ici [15]. Dans l'architecture, les continuités sont nettes, le monument emblématique étant à Boukhara le mausolée des Samanides (Xe s.), mais on discute encore quel type de monument préislamique l'a inspiré (mausolée, temple du Feu, salle d'audiences ?). La continuité de la grande peinture, dont on a très peu de témoignages entre la peinture sogdienne et la peinture qarakhanide, pose un problème encore non résolu. Pour l'héritage scientifique, deux pistes paraissent plus solides que d'autres.

La mémoire d'une expérience technologique et géographique

Starr envisage la possibilité que la trigonométrie ait été inventée au Khorezm aux VIIIe et IXe siècles, sur la base de l'expérience accumulée là en irrigation [16]. Cet héritage empirique aurait été recueilli par al-Khwārizmī (780-850), qui a probablement quitté le Khorezm *pour* Merv afin de rejoindre la suite de Ma'mūn, avant de le suivre à Bagdad après 819 ; dans l'introduction à son Algèbre, il mentionne comme applications possibles « la mesure des terrains, le creusement des canaux ». On doit cependant remarquer que la technologie millénaire des canaux à dérivation se passait d'instruments de visée ; au XIe siècle, la trigonométrie est certes appliquée au creusement des *qanāt* (on a un traité sur ce sujet), mais l'était-elle auparavant ? Un autre héritage centrasiatique possible dans l'œuvre pionnière de Khwārizmī est l'adoption des chiffres indiens (incluant le zéro), qui certainement circulaient auparavant avec la littérature scientifique véhiculée par le milieu bouddhique.

Il existe une incertitude sur ce que Bīrūnī a dû à son éducation au Khorezm. Il connaît la langue, mais les traditions historiques qu'il a recueillies (il avait écrit une *Histoire du Khorezm*, perdue) étaient déjà en ruines : ainsi, sa liste des rois est presque entièrement fausse pour la période préislamique, alors qu'il était un intime de l'ancienne famille royale ! Il connaît mieux le calendrier et les fêtes. Dans sa *Nihāyat*, il a essayé de reconstituer le passé géologique du pays, en s'aidant des fossiles. En fait, il assume une double identité culturelle, l'une chorasmienne, l'autre arabe, donc mondiale ; l'étage persan ne l'intéresse guère.

---

15. Un inventaire commode : D. ABDULLOEV, *Srednjaja Azija v VII-XIII vekakh i vopros o sogdijskom kul'turnom nasledii*, Saint-Pétersbourg, 2009. Particulièrement forte est la continuité dans les emplois architecturaux et les décors du bois sculpté.

16. F. STARR, *Lost Enlightenment*, *op. cit.*, p. 66.

On suppose que des cartes d'origine sogdienne, ou du moins des itinéraires commerciaux, avaient été utilisées dans le traité géographique du vizir samanide Jayhanī, écrit vers 920, perdu mais repris par les géographes ultérieurs ; en tout cas la toponymie des étapes vers la Chine qu'enregistrent ces textes est sogdienne. Dépêché en mission diplomatique chez les Khazars en 841, al-Khwārizmī a pu s'appuyer sur les réseaux marchands chorasmiens et sans doute aussi sur sa connaissance de la langue.

Les monastères bouddhiques

Des contacts anciens avec la science indienne, surtout astrologique et médicale, portés par les seules institutions d'éducation que l'on saisit pour la période préislamique : les monastères bouddhiques. Une première preuve matérielle avait été fournie par un manuscrit médical trouvé dans un château près de Bamiyan, mais il faut surtout considérer le rayonnement intellectuel du Cachemire aux VIIe et VIIIe siècles (sur le Tibet, la Chine, la Bactriane, aussi à Merv dès le VIe siècle, comme l'attestent des traités disciplinaires trouvés en fouilles). Et c'est là que nous retrouvons la famille des Barmakides. Plusieurs contributions récentes mettent encore mieux en lumière, d'une part, l'enracinement de cette famille dans le milieu bouddhique bactrien, d'autre part, son action pour transmettre des éléments de l'héritage culturel indien : É. DE LA VAISSIÈRE, « De Bactres à Balkh, par le Nowbahār », *Journal asiatique*, vol. 298, 2010, p. 517-533 ; É. DE LA VAISSIÈRE et Ph. MARQUIS, « Nouvelles recherches sur le paysage monumental de Bactres », *CRAI*, 157e année, n° 3, 2013, p. 1155-1171 : le témoignage du géographe Ibn al-Faqīh, confronté aux données extraites des photos par satellite et aux prospection récentes sur place, montre que les ancêtres des Barmakides étaient, au VIIe siècle, les véritables souverains de Bactres et possédaient toutes les terres irriguées de l'oasis, avec l'enceinte monastique du Nowbahār (*navavihara*, « Nouveau Monastère ») presque aussi vaste que la ville elle-même [17].

K. VON BLADEL, « The Bactrian background of the Barmakids », *in* A. AKASOY, Ch. BURNETT et R. YOELI-TLALIM (dir.), *Islam and Tibet. Interactions along the Musk Routes*, Farnham/Burlington, Ashgate, 2011, p. 43-88. Ce grand article atteint un degré de précision jamais encore rencontré. Yahya al-Barmakī, vizir des premiers Abbassides, a envoyé une mission en Inde pour compiler un rapport sur les religions, perdu, mais qui est resté la référence jusqu'à l'*Inde* de Bīrūnī. Il a fait traduire à Bagdad les traités médicaux de Ravigupta et de Vāghbaṭa, qui étaient en vogue au Cachemire dans la seconde moitié du VIIe siècle, quand son grand-père y était éduqué ; également un ouvrage de stylistique sanskrite. En revanche, les traités astrologiques étaient déjà traduits avant lui, en remontant en dernier lieu à des traductions réalisées sous les Sassanides. C'est seulement ensuite que le balancier s'inversera au profit de la science grecque, sous al-Ma'mūn, après la chute des Barmakides. Mais on pense maintenant que c'est dans sa Balkh natale, plutôt

17. Pour les premiers temps de la conquête islamique, jusqu'à la fin du VIIe siècle, la reconstruction historique pèche un peu, selon moi, par un excès de confiance accordé à la source, inspirée par la famille au sommet de sa puissance et qui veut faire croire à une conversion dès l'époque de 'Uthmān (c'est le stéréotype de la grande famille non arabe convertie par un compagnon du Prophète), tout en forçant un parallèle entre le Nowbahār et la Ka'aba.

qu'après son arrivée tardive à Bagdad, qu'Abu Mash'ar (787-886) a acquis sa science astrologique gréco-indienne [18].

***

Sans vouloir verser dans des délires ethnocentriques, on doit reconnaître que l'Asie centrale a montré une capacité évidente à produire des élites qui ont investi tous les champs de pouvoir que leur ouvrait la nouvelle structure impériale : commerçantes, dès le moment où les armées arabes offraient un marché ; scientifiques, dès la génération qui a suivi la conquête (leur rôle dans la fondation de Bagdad, où l'on aperçoit déjà l'action des Barmakides) ; militaires, à partir de la victoire d'al-Ma'mūn en 813 et le transfert des élites guerrières qu'il a initié ; enfin religieuses, avec à partir de cette époque une succession de grands théologiens, de *muhaddith*, de juristes, qui défie l'inventaire. Ce fut probablement, comme l'ont bien vu Frye puis Starr, la résultante de deux phénomènes : un vieil héritage de sociétés multilingues, religieusement plurielles, ouvertes sur le monde, grandes consommatrices de savoirs techniques ; puis la remise en cause de toutes les certitudes et de toutes les inerties par le choc de la conquête.

COLLOQUE – L'INDE ET L'ASIE CENTRALE AU 1ER MILLÉNAIRE

Journées d'études coorganisées avec Vincent Eltschinger (EPHE), au Collège de France, les 5 et 6 juin 2018 :

- Osmund Bopearachchi (CNRS / Berkeley) : « De Sūrya indien à Mithra-Hélios : transmission des images dans l'espace et dans le temps » ;
- Georges-Jean-Pinault (EPHE) : « Circulation des textes bouddhiques et échanges linguistiques en Sérinde au 1er millénaire de notre ère » ;
- Kazim Abdullaev (Université d'Istanbul) : « Nouvelles observations sur les peintures du monastère de Fajaz-tepe (Ouzbékistan) » ;
- Tigran Mkrtychev (Musée d'État d'art oriental, Moscou) : « The stupa at Kara-Tepe: Towards the place of origin of the Bimaran reliquary » ;
- Anna Filigenzi (Université L'Orientale, Naples / IsMEO) : « A space of mobility: Interregional dynamics of the Buddhist artistic production as reflected in archaeological evidence » ;
- Nobuyoshi Yamabe (Université Waseda, Tokyo) : « A detailed analysis of the Sukhāvatī painting EO. 1128 held by the Musée Guimet » ;
- Cristina Scherrer-Schaub (EPHE) : « Le droit indien en Asie centrale et au Tibet » ;
- Ciro Lo Muzio (Université La Sapienza, Rome) : « On the Rawak stūpa and clay sculpture » ;
- Erika Forte (Université de Bochum, Allemagne) : « The clay votive plaques from Domoko Toplukdong (Khotan). Transmission of visual themes and religious practice between India and Central Asia » ;
- Monika Zin (Université de Leipzig, Allemagne) : « Minor deities in the Buddhist paintings of Kucha » ;

18. Ž. VESEL, « Asie centrale : questions d'iconographie astrale », *in* É. DE LA VAISSIÈRE (dir.), *Islamisation de l'Asie centrale*, p. 161-173.

• Costantino Moretti (EFEO, Paris) : « Mistakes and misunderstandings in the transmission of the dharma: Random notes with focus on the Dunhuang material » ;
• Jean-Pierre Drège (EPHE) : « La correspondance de Xuanzang ».

Cours à l'extérieur

Shanghaï, université de Fudan :
– 6 mai 2019 : « The Sogdian Ancient Letters (313-314) found near Dunhuang: New insights » ;
– 7 mai 2019 : « The funerary monuments of Sogdians in 6th c. China: Some new considerations ».

Conférencière invitée

Valerie Hansen (Stanley Woodward Professor of History, Université Yale), quatre conférences sur « La Chine, du présent jusqu'au passé » (les 5, 13, 20 et 27 juin 2019). Invitation conjointement avec Anne Cheng [19].

Recherche

Mon travail de recherche continue de s'effectuer pour l'essentiel dans le cadre de l'UMR AOrOc (Archéologies d'Orient et d'Occident, CNRS/ENS, composante de PSL).

La mission archéologique franco-ouzbèke de Sogdiane maintenant dirigée par Claude Rapin se concentre sur la préparation des publications. Celle-ci se poursuit à l'aide de séjours sur place pour l'étude du matériel, et d'un travail sur les archives pour lequel la mission a obtenu pour 2019 et 2020 la mise à disposition d'un ingénieur du CNRS, François Ory, dans le cadre d'un accord entre le Collège de France et l'UMR 8546 AOrOc. Quatre volumes sont en préparation avancée : Bertille Lyonnet sur les céramiques (publication financée par l'Académie des inscriptions et belles-lettres) ; Viola Allegranzi et Frantz Grenet sur la fouille de la grande mosquée et son décor de stuc abbasside ; Yury Karev sur le palais abbasside ; Frantz Grenet et Claude Rapin (dir.) sur les autres chantiers du site d'Afrasiab. Je contribue aussi à l'étude des reliefs sur bois de Kafir-kala, résidence hors les murs des rois de Samarkand, trouvés par la mission ouzbéko-japonaise.

Toujours en liaison avec le terrain en Ouzbékistan, je participe au comité scientifique de l'expédition archéologique karakalpako-australienne qui fouille au Khorezm. Je contribue à l'étude et à la publication des peintures murales trouvées par cette mission, les plus anciens témoignages qui existent d'un art zoroastrien, aux environs de notre ère.

Mes recherches sur les colonies sogdiennes en Chine se poursuivent avec la préparation d'une nouvelle édition des *Anciennes Lettres* (en collaboration avec Nicholas Sims-Williams) et des missions d'étude en Chine.

Enfin, je suis impliqué dans plusieurs expositions ou projets d'expositions : au musée Guimet (exposition sur le Tadjikistan (14 octobre 2021-10 janvier 2022),

19. Voir le résumé dans la rubrique Conférenciers invités.

au musée du Louvre (exposition sur l'Ouzbékistan, prévue en octobre 2022, dont je préside le comité scientifique).

Également : Participation à l'exposition en ligne *The Sogdian. Influencers on the Silk Roads.* www.freersackler.si.edu/sogdians.

PUBLICATIONS

GRENET F., « Les origines et le développement de l'image du Touran dans la tradition zoroastrienne », *in* A. CAIOZZO, L. DEDRYVÈRE et S. PRÉVOST (dir.), *Le Touran : entre mythes, orientalisme et construction identitaire*, Valenciennes, Presses universitaires de Valenciennes, coll. « Mondes d'ailleurs », vol. 2, 2018, p. 49-57.

GRENET F., « Was Zoroastrian art invented in Chorasmia ? », *in* M. MINARDI et A. IVANCHIK (dir.), *Ancient Chorasmia, Central Asia and the Steppes. Cultural relations and exchanges from the Achaemenids to the Arabs*, actes du colloque international, Bordeaux, 17-18 octobre 2016, (*Ancient Civilizations from Scythia to Siberia*, vol. 24, n° 1-2), Leyde, Brill, 2018, p. 68-86, https://doi.org/10.1163/15700577-12341327.

MINARDI M., BETTS A., GRENET F., KHASHIMOV S. et KHODZHANIYAZOV G., « A new Chorasmian wall painting from Akchkhan-kala », *in* S. GONDET et E. HAERINCK (dir.), *L'Orient est son jardin. Hommage à Rémy Boucharlat*, Louvain/Paris, Peeters, coll. « Acta Iranica », vol. 58, 2018, p. 305-324.

DAN A., GRENET F. et SIMS-WILLIAMS N., « Homeric scenes in Bactria and India: Two silver plates with Bactrian and Middle Persian inscriptions », *Bulletin of the Asia Institute*, vol. 28, 2014 [2018], p. 195-296.

Civilisation pharaonique : archéologie, philologie, histoire

Nicolas Grimal
Membre de l'Institut (Académie des inscriptions et belles-lettres), professeur au Collège de France

Mots-clés : histoire, philologie, civilisation pharaonique, littérature égyptienne, Égypte

Enseignement

Cours – Le calame et la pierre. Essai d'histoire critique de la littérature égyptienne antique (suite)

Le cours de cette année a été consacré au personnage du pharaon et à sa mise en scène littéraire, en excluant volontairement ce qui relève du « récit royal » officiel : relations de campagnes militaires présentant le roi sous les traits du stratège héroïque, cérémonies religieuses et politiques, etc. Cet aspect de la littérature royale a été abordé par Anthony Spalinger, professeur invité du Collège de France au mois de juin 2019, en quatre leçons, qui seront publiées dans les *Études d'égyptologie* [1].

La première partie du cours a été consacrée à l'étude et à la traduction exhaustive des contes du Papyrus Westcar. Celui-ci doit son nom à Miss Westcar, qui le rapporta à Londres et le donna à Richard Lepsius lors de son séjour dans la capitale britannique, en 1838-1839. À la mort de Richard Lepsius, en 1886, le manuscrit

1. « Generalship and leadership: An introduction », « Thutmose III: Strategic commander », « Ramesses II: Pharaoh as warrior », « Pianchy: The multi-tasked general ».

N. Grimal, « Civilisation pharaonique : archéologie, philologie, histoire », *Annuaire du Collège de France 2018-2019. Résumé des cours et travaux*, 119e année, Paris, Collège de France, 2022, p. 473-483, https://doi.org/10.4000/annuaire-cdf.17237.

entre dans les collections du musée de Berlin (pBerlin 3033). Trois ans plus tard, Adolphe Erman en donne l'*editio princeps* [2].

Connue par ce seul manuscrit, cette œuvre est constituée d'un enchaînement de trois contes et de deux cycles [3], combinant ainsi deux genres littéraires proches, tous deux bien attestés dans la littérature pharaonique : le conte et la geste. Leur action se situe avant l'avènement de la Ve dynastie, c'est-à-dire avant le triomphe de la théologie héliopolitaine, que le dernier cycle annonce. La paléographie du papyrus tend à dater celui-ci de la période hyksôs, voire du début du Nouvel Empire [4]. Mais il est probable qu'il s'agit d'une copie d'un original remontant probablement au début du IIe millénaire av. J.-C. – au Moyen Empire [5] –, et que l'ouvrage soit ainsi contemporain d'autres grandes créations littéraires, comme le *Roman de Sinouhé*, le *Conte du Naufragé*, le *Paysan plaideur*, ou les textes sapientiaux à vocation loyaliste, d'une manière générale des œuvres à vocation politique autant que littéraire.

Ce contexte, le fait que cette œuvre ne soit connue que par une unique source, ainsi – et avant tout – que le contenu du papyrus lui-même amènent à nuancer fortement le jugement porté par Gustave Lefebvre dans l'introduction à sa traduction :

> Le Papyrus Westcar est donc un recueil de contes fabuleux, remplis des prouesses de magiciens et de sorciers. Ces contes, bien faits pour enchanter des auditeurs qui ne demandaient qu'à être transportés hors du monde réel, sont les ancêtres des œuvres des XIXe et XXe dynasties, telles que le Prince Prédestiné, Horus et Seth, le Conte des Deux Frères, où le merveilleux, sous forme de magie, joue un si grand rôle. [...] Car c'est surtout aux petites gens, aux *fellahin* de l'époque, faciles à satisfaire et de goût peu exigeant, que s'adressaient ces contes, qui les délassaient de leur vie monotone et rude. Tels quels – et indépendamment des curieux renseignements, plus légendaires qu'historiques, qu'on y recueille touchant les origines des rois de la Ve dynastie –, ils sont pour nous d'intéressants témoins de la littérature et de la langue populaire du Moyen Empire [6].

Ce jugement est d'autant plus étonnant que Gustave Lefebvre rapproche, avec raison, cet ensemble du *Roman des Sept Sages*, probablement originaire d'Inde, mais largement répandu, tant en Orient qu'en Occident au fil des siècles, sous des formes à chaque fois adaptées à la culture locale. Sans aller jusqu'à vouloir trouver une filiation littéraire, on se bornera à comparer ces œuvres, produits de ce que l'on pourrait déjà appeler « une littérature savante ».

Les contes, en effet, clairement articulés entre eux, jouent d'une intertextualité complexe, qui témoigne de la culture de leur auteur. Le cadre restreint de ce rapport ne permet pas de donner une traduction extensive, pas plus que de développer les

2. *Die Sprache des Papyrus Westcar*, Berlin, 1889, suivi de *Die Märchen des Papyrus Westcar* I et II, Berlin, 1890.

3. *Un prodige sous le règne de Djoser*, *La Femme infidèle*, *Les Rameuses*, *Le Cycle de Djédi* (*La Tête coupée*, *Le Sanctuaire de Thot*, *La Prophétie*), et *Le Cycle de Redjedet* (*L'Accouchement*, *Le Sac d'orge*, *La Servante*).

4. C. BAROCAS, *SAK-Beihefte*, vol. 3, 1989, p. 121-129 ; H. GOEDICKE, *ZÄS*, vol. 120, 1993, p. 23-36.

5. D. FAROUT, « Les fourberies de Djédi P. Westcar 6,22-9,21 », *in : Hommages offerts à François Neveu*, Le Caire, Ifao, *Bibliothèque d'Étude*, vol. 145, 2008, p. 123-144.

6. *Romans et contes égyptiens de l'époque pharaonique. Traduction avec introduction, notices et commentaires par Gustave Lefebvre*, réédition, Paris, A. Maisonneuve, 1976, p. 72.

commentaires faits en cours : l'ensemble sera regroupé sous forme d'une monographie. Je me bornerai ici à quelques exemples, particulièrement suggestifs.

Le conte de *La Femme infidèle* a souvent été rapproché de l'épisode de la femme de Putiphar (Gen 39 :1-23), et, d'une façon générale, du thème de la femme adultère, dont le moins que l'on puisse dire est qu'il est commun à toutes littératures. La littérature égyptienne l'exploite autant dans les contes, comme le *Conte des Deux frères*, plus proche, lui, de l'exemple biblique, que dans la littérature sapientiale, de tout temps, des *Maximes de Ptahhotep* à la *Sagesse d'Ankhsheshonqi*[7]. Mais, au-delà de ce simple rapprochement thématique, plusieurs éléments du conte font explicitement référence à des sources littéraires, tout en jouant de figures de style sophistiquées, et ce tout particulièrement dans la description du châtiment des amants adultères. L'homme est entraîné au fond de la pièce d'eau du jardin dans laquelle il va faire ses ablutions après avoir consommé l'adultère par un crocodile de cire, auquel le magicien Oubaoné a donné vie, le transformant en un saurien de sept coudées. Instrument du courroux royal[8], le crocodile – que les miscellanées littéraires d'époque ramesside présentent volontiers, attendant sa proie sur la digue[9] – est le gardien du royaume et le destructeur de ses ennemis[10]. Fort habilement, le conte détourne cette pratique de magie noire – que l'on songe aux conjurés des pRollin 1 et Lee 1,4 ![11] – pour l'assimiler aux rites d'exécration traditionnels[12], se livrant à de subtils jeux de mots sur le nom de la coudée (*mḥ*), le fait que le crocodile s'empare (*mḥ*) de sa victime, et que la femme adultère soit brûlée et jetée au fleuve au nord (*mḥ*) de la ville. Elle subit, elle aussi, le châtiment réservé aux plus grands criminels : l'anonymat et l'oubli dans la mort[13]. Quant aux sept (*sfḫ*) coudées du crocodile, elles assonent avec le verbe « relâcher » (*sfḫ*) qu'emploie le magicien pour dire à sa créature de relâcher son prisonnier, tout en

7. Voir C.J. EYRE, « Crime and adultery in ancient Egypt », *JEA*, vol. 70, 1984, p. 96-97.

8. F. HOFFMANN, « „Herrscher der Flüsse, ... der die Räuberei liebt" – Das Nilkrokodil », *in* V. VAELSKE (dir.), *Ägypten. Ein Tempel der Tiere. Begleitbuch zur gleichnamigen Ausstellung im Zoologischen Garten*, Berlin, Achet Verlag, 2006, p. 66-68, https://doi.org/10.11588/propylaeumdok.00002230 ; S. IKRAM, « Crocodiles: Guardians of the gateways », *CASAE*, vol. 42, 2010, p. 85-98 ; S.H. AUFRÈRE, « Dans les marécages et sur les buttes Le crocodile du Nil, la peur, le destin et le châtiment dans l'Égypte ancienne », *ENIM*, vol. 4, 2011, p. 51-79.

9. O. Ifao 1266 + CGC 25218, 12 = G. POSENER, *Catalogue des ostraca hiératiques littéraires de Deir el Médineh II*, pl. 76.

10. N. GRIMAL, *Les Termes de la propagande royale égyptienne, de la XIXe dynastie à la conquête d'Alexandre*, Paris, Imprimerie nationale, 1986, p. 423 ; *id.*, « La danse des peuples aux marches du royaume », *CRAIBL*, vol. 145, 2001, p. 1159-1182.

11. P. ESCHWEILER, *Bildzauber im alten Ägypten. Die Verwendung von Bildern und Gegenständen in magischen Handlungen nach den Texten des Mittleren und Neuen Reiches*, Fribourg/Göttingen, Universitätsverlag/Vandenhoeck & Ruprecht, *OBO*, vol. 137, 1994, p. 54-55.

12. N. GRIMAL, « Les noyés de Balat », *in* F. GEUS et F. THILL (dir.), *Mélanges offerts à Jean Vercoutter*, Paris, Éd. Recherche des civilisations, 1985, p. 111-121 ; R.K. RITNER, *The Mechanics of Ancient Egyptian Magical Practice*, Chicago, Oriental Institute of the University of Chicago, coll. « SAOC », vol. 54, 1993.

13. Voir G. POSENER, « Les criminels débaptisés et les morts sans nom », *RdE*, vol. 5, 1946, p. 51-56, à propos du papyrus judiciaire de Turin.

évoquant le rôle des « sept » (*sfḫ*) Hathors qui commandent à la destinée des humains, comme le rappelle le conte du *Prince prédestiné* et le conte des *Rameuses* qui suit.

Car, sous l'apparence d'une pochade faisant du roi Snefrou le modèle du potentat oriental s'offrant le spectacle des femmes de son harem ramant sur la pièce d'eau de sa résidence, c'est toujours la déesse Hathor, omniprésente dans le papyrus, qui est évoquée à travers la féminité de celles-ci et le symbole de la pendeloque pisciforme de turquoise perdue par l'une des rameuses. Devenu ainsi hypostase du dieu Rê accompagné de la déesse, Snéfrou annonce déjà le futur héliopolitain du royaume [14]. Le conte démultiplie l'intertextualité ainsi manifestée : le poisson perdu et retrouvé par magie évoque également les scènes de pêche dans les marais des tombeaux, dans lesquelles l'épouse du défunt joue un rôle similaire [15], comparable à celui des joueuses de sistre accompagnant le roi [16], le poisson symbolisant à la fois la femme et l'amour [17], comme le rappellent les cuillères à fard [18] et l'évoquent dans leurs chants amébées les amants des *Chants d'amour* [19] :

> [L'amante :] — « Je veux descendre dans l'eau avec toi et sortir pour toi en portant un tilapia mordoré dans mes mains et le déposerai devant toi qui [regarderas ? (...)] ô mon amant, viens me regarder ! […]
> [L'amant :] — « L'amante est venue, mon cœur fait des bonds, mes bras sont ouverts pour l'enlacer. Mon cœur est heureux, à sa place, comme le tilapia dans son bassin. Ô nuit, tu es venue à moi… »

La pendeloque, enfin, est retrouvée au fond de l'eau, posée sur un tesson, comme le soleil sur le tertre primordial ; elle est rendue à sa maîtresse (*ḥnwt*), traversant les deux fois douze coudées d'eau accumulées, comme le soleil, révélé au monde, traverse les deux ciels en vingt-quatre heures.

Le cycle de Djedi poursuit le chemin qui mène à la royauté solaire à travers l'expérience que fait Khéops de la vie et de la mort, sous la conduite du magicien Djedi, « un type de cent dix ans, qui mange cinq cents pains et la viande d'un demi-bœuf, et boit cent cruches de bière jusqu'à ce jour. Et il sait recoller une tête coupée, il sait faire marcher un lion derrière lui, sa laisse au sol, il sait quels sont les plans du sanctuaire de Thot. » (pWestcar 7, 2-7) [20]. Le vieux sage, auquel le prince Hordjedef s'adresse comme il le ferait à un mort [21], répond sur le même ton, permettant au

14. Voir P. Derchain, « Snefrou et les rameuses », *RdE*, vol. 21, 1971, p. 21.

15. A.M. Blackmann, *JEA*, vol. 11, 1925, p. 212-213.

16. N. Beaux, « Des msw nsw de Thoutmosis III à Deir el-Bahari », *EtudTrav*, vol. 30, 2017, p. 95-109.

17. H.G. Fischer, « Some iconographic and literary comparisons », *in* J. Assmann, E. Feucht et R. Grieshammer (dir.), *Fragen an die altägyptische Literatur. Studien zum Gedenken an Eberhard Otto*, Wiesbaden, L. Reichert, 1977, p. 161-165.

18. J. Bulté, « Cuillers d'offrandes » en faïence et en pierre messagères de bien-être et de prospérité », *RdE*, vol. 59, 2008, p. 11.

19. o. DM 1266 + o. CGC 25218, 9-11 et 16 = G. Posener, *Catalogue des ostraca hiératiques littéraires de Deir el Médineh II*, pl. 76.

20. Ce personnage et la relation entre âge et sagesse ont fait l'objet d'une communication au colloque « Vieillir et être vieux dans le Proche-Orient ancien », sous presse dans la série des *OBO*.

21. D. Farout, *op. cit.*, p. 123-144 ; B. Mathieu, « Les contes du Papyrus Westcar ou *Khéops et les magiciens* », 2013, p. 1-17.

lecteur d'apprécier la culture de l'auteur. Cette apparente légèreté, ainsi que la naïveté affichée du roi permettent d'introduire trois thèmes annonciateurs du nouvel ordre. Le premier est le respect de la vie humaine. Le roi demande au magicien de couper la tête d'un prisonnier, puis de la remettre en place, faisant par là-même preuve d'une ignorance de ce qu'il devrait être le premier à savoir. Le magicien le reprend vertement : « Pas à un être humain, souverain, mon maître ! Non, on n'a jamais ordonné de faire une telle chose au troupeau sacré ! » (pWestcar 8, 16-17). Ce thème est développé dans une œuvre, probablement contemporaine, l'*Enseignement pour Mérikarê*, dans laquelle le père dit au futur roi :

Les hommes, le troupeau du dieu ont été pourvus.
C'est pour eux qu'il a créé ciel et terre
Après avoir repoussé l'invasion de l'eau.
Il a fait le souffle pour que vivent leurs narines,
Car ce sont ses répliques, issues de ses chairs.
C'est pour eux qu'il se lève dans le ciel.
Il a fait pour eux les végétaux, le bétail, les oiseaux, les poissons pour les nourrir.
Il a tué ses ennemis,
Il a anéanti ses enfants parce qu'ils avaient fomenté une rébellion.
(XLVII) Il fait son périple pour les voir,
Il s'est fait une cabine derrière eux.
Quand ils pleurent, il les écoute.
Il a fait pour eux un souverain dans l'œuf,
Un soutien qui soutient dans le dos du faible.
Il a fait pour eux la magie comme arme pour repousser les coups du sort,
Veillant sur eux nuit et jour.
Il a massacré les rebelles parmi eux,
Comme un homme bat son fils à cause de son frère.
Le dieu connaît chaque nom[22].

Dernier élément venant préparer le nouveau contexte de la royauté, la requête de Khéops, qui demande au magicien de lui apporter le « coffret de silex, dans une chambre dite de l'Inventaire, à Héliopolis », dans lequel se trouvent les plans du sanctuaire de Thot. En demandant ainsi ce que seul le roi légitime doit connaître, il se disqualifie en quelque sorte et s'attire la réponse qui annonce la prophétie qui clôt le cycle et annonce le suivant :

« C'est l'aîné des trois enfants qui sont dans le ventre de Reddjédet qui te l'apportera ! » Sa Majesté dit alors : — « Soit ! Mais ce que tu allais dire : qui est-elle, cette Reddjédet ? » Djédi répondit : — « C'est la femme d'un prêtre de Rê maître de Sakhébou, enceinte de trois enfants de Rê maître de Sakhébou. Il a dit qu'ils exerceraient cette fonction bienfaisante dans ce pays entier et que leur aîné serait grand des voyants d'Héliopolis. »

Le cycle de Redjedet conclut le conte, en décrivant la naissance des enfants qui vont créer la nouvelle lignée royale, celle de la Ve dynastie (*L'Accouchement*). Les déesses accoucheuses, sous l'aspect de musiciennes et accompagnées du dieu Khnoum, assistent la parturiente et donnent à chacun de ses trois fils le nom sous

22. W. HELCK, *Die Lehre für König Merikare*, Wiesbaden, O. Harrassowitz, coll. « KäT », vol. 5, 1973, chap. XLVI-XLVII.

lequel il règnera, multipliant, à nouveau, les allusions au rôle des sept Hathors [23], comme dans le conte du *Prince prédestiné*, – et ce jusqu'à laisser à la jeune mère le sac magique dans lequel son époux avait versé, comme paiement de leur peine, de l'orge, « comme pourboire pour la bière », et sur laquelle elles avaient déposé trois couronnes royales (*Le Sac d'orge*). Les parents découvrent l'enchantement et se réjouissent d'apprendre ainsi la destinée des enfants. Mais ils ne sont pas les seuls témoins du prodige, et une servante, que la jeune mère maltraite un peu plus tard, quitte la maison pour aller dénoncer sa maîtresse au roi Khéops. En chemin, elle fait part à son oncle de son intention ; celui-ci refuse de s'associer à cette dénonciation et la frappe ; elle tombe à l'eau et un crocodile règlera son sort (*La Servante*).

Cette fin, en apparence surprenante, est, en fait, le contrepoint de *La Femme infidèle*. Dans l'un comme dans l'autre cas, le crocodile châtie celle qui contrevient à l'ordre établi : le mari trompé, comme le dieu Rê – le vrai père des enfants –, tiennent ainsi leur vengeance [24]. Fausse suite à tiroirs, le conte est un véritable roman lettré, combinant les genres et jouant de tous les ressorts stylistiques habituels de la littérature égyptienne. Le fait qu'aucune tradition scolaire n'existe pour ce manuscrit, resté apparemment unique, donne à penser qu'il est l'œuvre érudite d'un scribe, qui a traité à sa manière des thèmes classiques développés dans d'autres œuvres, comme le *Prince prédestiné*, déjà cité, ou d'autres mises en scène du roi.

Une autre œuvre, elle très postérieure, conservée par un manuscrit unique également, a fourni l'occasion d'approfondir le thème du cycle ou, si l'on préfère, de la geste, très répandu au Ier millénaire av. J.-C. Il s'agit d'un papyrus, apparu sur le marché parisien en 1973 et acheté par l'Institut de papyrologie de Lille III (pLille 139) en 1975. Georges Posener en donna rapidement une première analyse [25], puis, quelques années plus tard, une *editio princeps* [26]. Récemment traduit à nouveau [27], ce conte, très proche de la littérature démotique [28] et perméable, lui aussi, aux cultures non égyptiennes [29], donne une image revisitée du pharaon [30], plus attachée encore à mettre en scène les faiblesses humaines.

---

23. C. Spieser, « Meskhenet et les sept Hathors en Égypte ancienne », *in* M. Hennard Dutheil de la Rochère et V. Dasen (dir.), *Des Fata aux fées. Regards croisés de l'Antiquité à nos jours*, Lausanne, Études de Lettres, 2011, p. 77-80

24. P. Derchain, « Deux notules à propos du papyrus Westcar », *GM*, vol. 89, 1986, p. 15-21.

25. « Le papyrus Vandier », *CRAIBL*, vol. 122, n° 4, 1978, p. 746-755.

26. *Le Papyrus Vandier*, Le Caire, Institut français d'archéologie orientale, *BiGen*, vol. 5, 1985.

27. F. Hoffmann et J. Quack, *Anthologie der demotischen Literatur*, Münster, LIT, coll. « Einführungen und Quellentexte zur Ägyptologie », vol. 4, 2007, p. 153-160 ; D. Agut-Labordère et M. Chauveau, *Héros, magiciens et sages oubliés de l'Égypte ancienne*, Paris, Les Belles Lettres, coll. « La roue à livres », vol. 60, 2011, p. 3 *sq.*

28. A. Shisha-Halevy, « Papyrus Vandier recto: An early demotic literary text? », *JAOS*, vol. 109, 1989, p. 421-435 ; F. Kammerzell, « Ein demotisches Fragment der Merire-Erzählung? », *GM*, vol. 127, 1992, p. 53-61.

29. E. Brunner-Traut, « Ein Golem in der ägyptischen Literatur », *SAK*, vol. 16, 1989, p. 21-26 ; A. Kunz, « II Samuel 11f. und die frühdemotisch-ägyptische Merirêerzählung des Papyrus Vandier », *Theologische Zeitschrift*, vol. 59, 2003, p. 300-311.

30. A. Loprieno, « Le Pharaon reconstruit. La figure du roi dans les textes littéraires après le Nouvel Empire », *BSFE*, vol. 142, juin 1998, p. 16-17.

Les deux protagonistes sont un roi, Sisobek, et un lettré, Meryrê, appelé « général » dans le conte. Leur destin va être lié, selon un schéma qui n'est pas sans rappeler *Setne II* ou la *Prise de Joppé*. Mais, si les prototypes de Ramsès I pour Setné et de Thoutmosis III pour le « général » Djéhouty s'imposent clairement pour ces deux textes, l'identité du roi de Meryrê a fait couler beaucoup d'encre [31]. Inconnu par ailleurs, le nom de Sisébek cache-t-il un roi dont la tradition n'a pas conservé le nom, appelé ici « Fils de Sobek » [32] ? Quant à Meryrê et à son épouse, Henoutnefret, leur nom est banal au Nouvel Empire, et une seule piste conduirait peut-être à un « général Meryrê », qui apparaît dans un papyrus ramesside de Deir el-Medina et, qui, comme le héros du pVandier, est en relation avec les dieux [33]. Ce personnage serait devenu un héros littéraire, auquel les aventures du pVandier sont attribuées.

Du coup, notre conte, pour proche qu'il soit du démotique, remonterait à un fonds datant de la fin du IIe millénaire av. J.-C. [34] La matière du récit elle-même donne peut-être une indication en ce sens. Le roi Sisébek est subitement frappé d'une maladie pour le moins rare : il avait coutume de prendre avec plaisir un médianoche quotidien, mais, une nuit, il n'a plus la force d'avaler quoi que ce soit. Ses magiciens lui disent :

> — Notre grand seigneur, ce qui est arrivé au pharaon, cela est déjà arrivé à Djedkarê. Après sept jours, son existence prit fin et il n'y eut aucun magicien [...] qui pût obtenir sa guérison d'une maladie mortelle [35].

Le nom du pharaon, traduit par « Djedkarê », est, en fait en semi-lacune dans la fin de la ligne 7 de la première page du papyrus. Un groupe de signes, d'apparence assez semblable aux traces que l'on distingue dans la lacune est clairement visible à la ligne 15 de cette même page : il s'agit, non pas du signe *ḏd* de Djedkarê, mais de la ligature *mn*, les deux étant relativement semblables dans la cursive tardive. Faute de copie ou mauvaise écriture, le nom du roi ne serait plus à lire « Djedkarê », mais « Menkaourê » : le précédent historique trouvé dans les archives ne serait pas le troisième roi de la Ve dynastie, mais le sixième de la IVe dynastie, c'est-à-dire Mykerinus [36]. Celui-ci apparaît chez Manéthon dans la transcription grecque de l'original égyptien, *Mn-kꜣw-Rʿ*, Μενχέρης [37] et aurait régné 63 ans [38]. Hérodote relate à son propos un épisode qui n'est pas sans rappeler notre conte :

31. R. Jasnow, « A note on Pharao S3-Sbk in Papyrus Vandier », *Enchoria*, vol. 23, 1996, p. 179 ; U. Verhoeven, « Erneut der Name des früheren Königs in der Erzählung des Papyrus Vandier (recto 1,6) », *CdE*, vol. 72, nº 143, 1997, p. 5-9, https://www.doi.org/10.1484/J.CDE.2.309033.

32. G. Posener, *Le Papyrus Vandier*, p. 15-16 ; J. von Beckerath, *Handbuch der ägyptischen Königsnamen*, Mayence, von Zabern, *MÄS*, vol. 49, 1984, p. 112-113, le place dans la XIVe dynastie.

33. (†) S. Sauneron (mise à jour Y. Koenig), « Deux pages d'un texte littéraire inédit », *Mifao*, vol. 104, 1980, p. 135-141 et pl. IX-X.

34. G. Posener, *op. cit.*, p. 17.

35. Trad. D. Agut-Labordère et M. Chauveau, *op. cit.*, p. 4.

36. J. von Beckerath, *op. cit.*, *s.v.*

37. W. Helck, *Untersuchungen zu Manetho und den ägyptischen Königslisten*, Berlin, Akademie-Verlag, *UGAÄ*, vol. 18, 1956, *s.v.*

38. W.G. Waddell, *Manetho. Tetrabiblos / Ptolemy*, Cambridge/Londres, W. Heinemann, *Loeb Classical Library*, 1964, p. 44-53.

> Après la terrible mort de sa fille il arriva encore ceci au roi : un oracle lui vint de la ville de Bouto, lui annonçant qu'il ne lui restait que six années à vivre et qu'il mourrait la septième. Il trouva cela injuste et manda à l'oracle un message de protestation au dieu : pourquoi, alors que son père et son oncle, qui avaient fermé les temples, ignoré les dieux et, en plus, tué les gens, avaient vécu si longtemps, lui, qui était pieux, devait mourir si vite. Un second message du lieu de divination lui parvint, lui disant que c'était justement pour cela que sa vie était raccourcie : il avait fait le contraire de ce qui était prévu ! L'Égypte devait, en effet, souffrir pendant 150 ans, ce dont s'étaient acquittés ses deux prédécesseurs, mais pas lui. Entendant cela, Mykérinos comprit que son sort était scellé : il fit fabriquer de nombreuses lampes, de sorte, la nuit venue, de boire et festoyer à leur lueur et, de jour comme de nuit, ne cessa de courir marécages et bois et tous lieux où il pensait trouver son plaisir. Il avait ainsi calculé de faire mentir l'oracle en faisant douze des six années transformant les nuits en jours [39].

Cette hypothèse trouve un renfort chez Hérodote même et chez Diodore de Sicile, comme l'observe Robert Jasnow [40], qui propose de voir dans Sisebek le Σασυχις de Diodore [41] et l'Ασυχις d'Hérodote [42], c'est-à-dire, en fait le successeur Mykérinos. S'il en est bien ainsi, notre conte s'inscrit dans une tradition littéraire savante, lui aussi, et sa postérité dépasse l'Égypte.

Le récit lui-même suit une ligne classique, elle aussi, aussi bien dans la littérature égyptienne que dans le roman grec. En effet, pour sauver son roi, Meryrê doit assumer, lui, son destin et accepter d'aller plaider sa cause dans le monde des morts. Sisébek lui ayant promis de veiller sur sa femme et son fils, il va, avec l'aide de la déesse Hathor, implorer la clémence du « grand dieu vivant ». Le dieu se laisse attendrir et ayant constaté le bon état de l'Égypte, il accorde vingt-cinq ans de plus au roi, mais ne laisse pas Meryrê retourner sur terre pour autant. Ce dernier demande à la déesse Hathor d'aller voir comment va sa famille. Hélas ! le roi a trahi sa promesse, épousant sa femme, faisant tuer son fils et le spoliant de tous ses biens, poussé par les magiciens de la Cour.

La suite du texte est très endommagée, mais on comprend que Meryrê façonne « un homme de terre » qui le vengera, avec l'accord du « grand dieu vivant ». Les magiciens sont brûlés à Héliopolis lors d'un grand sacrifice, à l'évidence démarqué des sacrifices officiels évoqués dans le fragment 85 de Manéthon [43].

---

39. *Histoires*, II, 133 : trad. N.G.

40. R. Jasnow, « A note on Pharao S3-Sbk in papyrus Vandier », *Enchoria*, vol. 23, 1996, p. 179.

41. Diodore de Sicile, I, 94, 3 : « Le second législateur, selon les Égyptiens, fut Sasuchis, un homme d'une intelligence supérieure, qui ajouta aux lois existantes et fixa avec la plus grande précision les rites pour le culte divin. Il inventa également la géométrie et apprit à ses concitoyens à observer et comprendre les astres. »

42. *Histoires*, II, 136 : « Assez pour Rhodopis. Après Mykérinos les prêtres disent que Asuchis devint roi d'Égypte. Il édifia les propylées orientaux du temple d'Héphaistos, qui sont, de loin, les plus beaux et les plus grands. »

43. J. Yoyotte, « Héra d'Héliopolis et le sacrifice humain », *AnnEPHE*, 5e section, t. 89, 1980-1981 (1981), p. 31-102.

SÉMINAIRE – LE PLUS VIEUX LIVRE DU MONDE

Le papyrus Prisse provient de Thèbes ouest, plus exactement de la nécropole de Dra Abou'l Naga, plus précisément encore des fouilles commanditées par Prisse d'Avennes au milieu du XIXe siècle, au cours desquelles il a été découvert, puis volé et revendu à Prisse [44]. Celui-ci en fait don au cabinet des Médailles en 1845 et en publie un fac-similé en 1847 [45]. Le papyrus porte deux textes sapientiaux : les dernières lignes de l'*Enseignement pour Kagemni* et les *Maximes de Ptahhotep*. Du premier, il reste la version unique ; des manuscrits des secondes sont peu à peu repérés, et, en 1911, Gustave Jéquier donne de l'ensemble une *editio princeps* [46]. Eugène Dévaud publie, cinq ans plus tard une étude assortie d'un commentaire [47], dans laquelle il fixe le découpage aujourd'hui encore retenu du texte en maximes. Le texte original remonte peut-être à la fin de l'Ancien Empire, mais date, d'après sa paléographie, de la XIIe dynastie.

Kagemni comme Ptahhotep sont des personnages politiques connus : le premier a probablement été vizir de Téti Ier et non de Snéfrou comme l'indique le pPrisse [48] ; Ptahhotep, lui, est mieux identifié, tant comme personnage historique que dans la tradition littéraire classique, comme en témoigne le pChester-Beatty IV :

> L'homme meurt et son corps retourne à la terre, toute sa lignée s'en va en poussière. C'est l'écrit qui maintient son souvenir dans la bouche de qui le lit. Un livre est plus utile que la maison de celui qui l'a construite, qu'une chapelle à l'Occident. Y a-t-il ici quelqu'un comme Hardjedef ? Y en a-t-il un autre comme Imhotep ? Il n'y a eu personne dans notre lignée comme Nefery ou Khety, les premiers d'entre eux. Je te rappellerai le nom de Ptahemdjehouty et Khakheperreseneb. Y en a-t-il un autre comme Ptahhotep ou comme Kaïres ? Ces savants qui prédisent l'avenir, ce qui est sorti de leur bouche se produit. On le trouve sous forme de maximes écrites dans leurs livres. Les enfants des autres leur sont donnés comme héritiers, comme s'ils étaient leurs propres enfants. Ils ont dissimulé leur magie au monde entier pour qu'on la lise dans leurs sagesses. Ils sont partis et leur nom est oublié, mais ce sont les écrits qui rappellent leur souvenir [49].

On a traduit et commenté les passages conservés de l'*Enseignement pour Kagemni* et étudié de la même manière le prologue des *Maximes de Ptahhotep*.

---

44. C. RAGAZZOLI, « Fortunes du papyrus Prisse », *in* M.-L. PRÉVOST (dir.), *Visions d'Égypte. Émile Prisse d'Avennes, 1807-1879. Catalogue de l'exposition présentée à la Bibliothèque nationale de France, 1er mars-2 juin 2011*, Paris, Bibliothèque nationale de France, 2011, p. 89-91.

45. É. PRISSE D'AVENNES, *Facsimile d'un papyrus égyptien, trouvé à Thèbes, donné à la Bibliothèque royale de Paris*, Paris, 1847.

46. G. JÉQUIER, *Le Papyrus Prisse et ses variantes, Papyrus de la Bibliothèque nationale (no 183 à 194), Papyrus 10371 et 10435 du British Museum, Tablette Carnavon au musée du Caire*, Paris, Geuthner, 1911, Pl. II-X et p. 4-19, https://gallica.bnf.fr/ark:/12148/bpt6k55445891.

47. E. DÉVAUD, *Les Maximes de Ptahhotep d'après le Papyrus Prisse, les Papyrus 10371/10435 et 10509 du British Museum et la tablette Carnarvon*, Fribourg, 1916.

48. M. BAUD, *Famille royale et pouvoir sous l'Ancien Empire égyptien*, t. 1, Le Caire, Ifao, 1999, p. 2.

49. pChester-Beatty IV, v°3, 3-11 (trad. N.G.).

Travaux et publications

Conférences, colloques et communications

Conférence à la Sorbonne Université Abou Dhabi (SUAD) dans le cadre des Talking Series : « Archeology, patrimony and soft power », Abou Dhabi, 22 octobre 2018.

Grimal N., Hommages de : H. Gaber, N. Grimal et O. Perdu (dir.), *Imitations, copies et faux dans les domaines pharaoniques et de l'Orient ancien*, Paris, Académie des Inscriptions & Belles-Lettres/Soleb, *Études d'égyptologie*, vol. 16, 2018 ; A. Forgeau, *Nectanébo. La dernière dynastie indigène*, Paris, Éditions Khéops ; J. Chanteau, *La Divine machinerie. L'invention du temple au Moyen-Orient ancien*, Paris, Geuthner, 2017 ; C. Ragazzoli, *La Grotte des scribes à Deir el-Bahari. La tombe MMA 504 et ses graffiti*, Le Caire, Institut français d'Archéologie orientale, *MIFAO*, vol. 135, 2017 ; V. Matoïan (dir.), *Les Fouilles anciennes à Ras Shamra et à Minet el-Beida* I, Louvain, Peeters, *RSO*, vol. 25, 2017 ; O. Cabon, V. Francigny, B. François, M. Maillot, M. Musa Ibrahim, O. Nicoloso, C. Rilly et O. Rolin, *Histoire et civilisation du Soudan. De la préhistoire à nos jours*, Paris/Saint-Pourçain-sur-Sioule, Soleb/Bleu autour, *Études d'égyptologie*, vol. 15, 2017 ; P. Tallet, *Les Papyrus de la mer Rouge*, vol. 1 : *Le « Journal de Merer » (Papyrus Jarf A et B)*, Le Caire, Institut français d'archéologie orientale, *MIFAO*, vol. 136, 2017 ; *id.*, *La Zone minière pharaonique du Sud-Sinaï*, vol. 3 : *Les Expéditions égyptiennes dans la zone minière du Sud-Sinaï, du prédynastique à la fin de la XX*[e] *dynastie*, Le Caire, Institut français d'archéologie orientale, *MIFAO*, vol. 138, 2018.

Les contraintes éditoriales de l'Annuaire du Collège de France ne permettant pas d'inclure dans ce compte rendu l'ensemble des activités de l'équipe et de la bibliothèque du Cabinet d'égyptologie, on trouvera la version exhaustive de ce rapport sur le site internet de la chaire (http://www.egyptologues.net/chaire/rapports/rapports.htm).

Publications

Grimal N., *Civilisation pharaonique : archéologie, philologie, histoire 2017-2018*, 2018, p. 1-21.

Grimal N., « Civilisation pharaonique : archéologie, philologie, histoire », *Annuaire du Collège de France 2017-2018. Résumé des cours et travaux 118*[e] *année*, Paris, 2020, p. 181-186 ; en ligne https://doi.org/10.4000/annuaire-cdf.15723.

Adly E. et Grimal N., *BIA*, vol. 58, 2018.

Adly E. et Grimal N., « Toutânkhamon à La Villette », *BIA*, vol. 59, 2019.

Grimal N., Hommages de : O. Cabon, V. Francigny, B. François, M. Maillot, M. Musa Ibrahim, O. Nicoloso, C. Rilly et O. Rolin, *Histoire et civilisation du Soudan. De la Préhistoire à nos jours* (Paris/Saint-Pourçain-sur-Sioule, Soleb/Bleu autour, *Études d'égyptologie*, vol. 15, 2017) ; P. Tallet, *Les Papyrus de la mer Rouge*, vol. 1 : *Le « journal de Merer » (Papyrus Jarf A et B)* (Le Caire, Institut français d'archéologie orientale, *MIFAO*, vol. 136, 2017), *CRAIBL*, vol. 2018, 2019, p. 78-82.

GRIMAL N., Hommages de : J. CHANTEAU, *La Divine Machinerie. L'invention du temple au Moyen-Orient ancien* (Paris, Geuthner) ; V. MATOÏAN (dir.), *Archéologie, patrimoine et archive. Les Fouilles anciennes à Ras Shamra et à Minet el-Beida I* (Louvain, Peeters, *RSO*, vol. 25, 2017), *CRAIBL*, vol. 2018, 2019, p. 277-279.

GRIMAL N., « L'offrande d'un vétéran de l'an 16 d'Ḥoremḥeb », *CRAIBL*, vol. 2018, 2019, p. 251-270.

GRIMAL N., « Adana et la fin d'un monde », *in* S. VUILLEMIER et P. MEYRAT (dir.), *Sur les pistes du désert. Mélanges offerts à Michel Valloggia*, Gollion, Infolio, 2019, p. 71-83.

Histoire contemporaine du monde arabe

Henry Laurens
Professeur au Collège de France

Mots-clés : Égypte, Empire ottoman, colonisation, Moyen-Orient

---

La série de cours et séminaires « Les crises d'Orient, l'hégémonie britannique 1926-1956 » est disponible, en audio et/ou en vidéo, sur le site internet du Collège de France (https://www.college-de-france.fr/site/henry-laurens/course-2018-2019.htm) ainsi que le colloque « La France et le Moyen-Orient (Irak, Syrie, Liban) : de la violence à l'espoir » (https://www.college-de-france.fr/site/henry-laurens/symposium-2018-2019.htm).

Enseignement

Cours – Les crises d'Orient, l'hégémonie britannique 1926-1956

Cours 1 – 14 novembre 2018
Cours 2 – 21 novembre 2018
Cours 3 – 28 novembre 2018
Cours 4 – 5 décembre 2018
Cours 5 – 12 décembre 2018
Cours 6 – 19 décembre 2018
Cours 7 – 9 janvier 2019
Cours 8 – 16 janvier 2019

Séminaire – Culture politique arabe

Leyla Dakhli, 14 novembre 2018
Henry Laurens, 21 novembre 2018

H. Laurens, « Histoire contemporaine du monde arabe », *Annuaire du Collège de France 2018-2019. Résumé des cours et travaux*, 119e année, Paris, Collège de France, 2022, p. 485-490, https://doi.org/10.4000/annuaire-cdf.17247.

Mercedes Volait, 28 novembre 2018
Hélène Sallon, 5 décembre 2018
Bassma Kodmani, 12 décembre 2018
Agnès Favier, 19 décembre 2018

Colloque – La France et le Moyen-Orient (Irak, Syrie, Liban) : de la violence à l'espoir

Colloque organisé au Collège de France le 22 mars 2019 par Henry Laurens et Antoine Compagnon

- Henry Laurens : ouverture ;
- Table ronde : « Acteurs et victimes », sous la présidence de Ameer Jajé ;
- Table ronde : « Vivre avec », sous la présidence de Marc Stenger (Évêque de Troyes, président de Pax Christix) ;
- Table ronde : « Écrire la violence », sous la présidence de Loulouwa Al-Rachid (Carnegie Middle East, Beyrouth) ;
- « Comment en sortir », sous la présidence de Jean-Chistophe Ploquin ;
- Pierre Morel : conclusion.

Recherche

Équipe

Manon-Nour Tannous, chercheure associée à la chaire

L'année 2018 a vu son recrutement comme maître de conférences à l'université Reims Champagne-Ardenne, et a donc été en partie consacrée à préparer et à assurer son service d'enseignements en science politique et relations internationales. Sur le plan pédagogique, il a également été mis à profit pour la rédaction d'un manuel thématique consacré à la discipline (*Documentation française*).

M.-N. Tannous a parallèlement poursuivi ses recherches sur le conflit syrien, d'une part, et les relations euro-arabes, d'autre part, en élargissant ces thématiques au thème plus général des acteurs et de la fabrique de la diplomatie en contexte multilatéral.

Par ailleurs, elle est devenue rédactrice en chef de la revue *Magreb Machrek*, avec un projet de refonte visant à l'ancrage de cette publication dans le champ académique des études sur la région.

Plusieurs projets collectifs ont aussi été menés, notamment dans le cadre du Cercle des chercheurs sur le Moyen-Orient (CCMO), association de jeunes chercheurs travaillant sur la région qu'elle préside. Ensemble, ils ont organisé un colloque sur le concept de diplomaties parallèles dans et avec le monde arabe, ainsi que des séminaires (question kurde, question palestinienne, images et crise syrienne, évolutions institutionnelles en Égypte), avec le soutien du Collège de France comme institution d'accueil et ma participation.

Enfin, elle a pu intervenir dans les médias sur la question syrienne, dans le but de participer à la compréhension des reconfigurations en cours.

Publications

TANNOUS M.-N., *Les Relations internationales*, avec X. PACREAU, Paris, La Documentation française, coll. « Découverte de la vie publique », 2019.

TANNOUS M.-N., « Syrie : D'une révolution à une guerre » et « Le Proche-Orient en crise », *in* : *Atlas stratégique*, Paris, Autrement, 2019, p. 70-73.

TANNOUS M.-N., « Une diplomatie de parlementaires : typologie des élus français en voyage à Damas (2015-2017) », *in* G. ROUET et R. GURA (dir.), *Diplomatie plurielle. Acteurs et enjeux*, Paris, L'Harmattan, coll. « Global et Local », 2018, p. 67-88.

TANNOUS M.-N., « De l'utilité d'un changement d'approche de la guerre en Syrie », *Les Champs de Mars*, vol. 30, n°°1, 2018, p. 191-200.

TANNOUS M.-N, « Lancement du Partenariat international contre l'impunité d'utilisation d'armes chimiques », *Revue générale de droit international public*, 2018.

Matthieu Rey, chercheur associé à la chaire

Matthieu Rey, chercheur CNRS affecté à l'IFAS-Recherche (Johannesburg), chercheur associé à la chaire Histoire contemporaine du monde arabe du Collège de France.

Le premier semestre 2019 a été largement consacré à parfaire l'extension thématique de ses recherches sur la territorialisation du politique dans le contexte de l'Afrique australe. En outre, il a vu l'aboutissement de ses recherches réalisées dans le cadre de l'ANR Lajeh (réfugié). Ces deux orientations expliquent le caractère composite de ses activités. En prolongement des études menées l'an passé dans les archives zambiennes et zimbabwéennes, il a entrepris des sondages significatifs dans les fonds conservés à Pietemarizburg (capitale du Kwazulu-Natal) sur les développements politiques des années 1800-1820. De ces premières enquêtes, il apparaît clairement une nouvelle approche du politique à l'époque contemporaine, comme produit d'une déstructuration des logiques d'Ancien Régime et d'une série d'amalgames donnant naissance à des peuples comme entités politiques. En cela, les rapprochements Moyen-Orient/Afrique australe font émerger quelque chose d'inédit à l'orée du XIXe siècle. Cette recherche mènera prochainement à deux publications : une édition de source et la publication d'un article repensant le lien entre missionnaires et colonisation.

Les recherches de M. Rey sur la frontière syro-turque l'ont, d'autre part, incité à approfondir l'étude des mouvements arméniens au lendemain de la Première Guerre mondiale, ces derniers sédimentant la délimitation politique des deux pays. De cette approche a aussi résulté un autre travail sur la notion même de réfugié qui se forme en 1919 à travers l'émission du passeport Nansen. Reprenant une généalogie du concept, il a pu montrer comment ce concept est en réalité le produit de l'européanisation du monde au cours du XIX^e^siècle faisant que certains migrants – ceux qui proviennent de groupes humains qui pouvaient prétendre au titre de peuple – étaient ainsi désignés. Les résultats de ses travaux ont été présentés à l'occasion d'une conférence internationale qu'il a organisée à Johannesburg en mai 2019 (« Territories of migration, refugees in space and time »). Autour de cet événement, des chercheurs d'Afrique australe et du Moyen-Orient ont pu échanger. Un ouvrage collectif doit réunir les contributions de cette conférence.

Enfin, M. Rey a poursuivi les travaux en cours portant principalement sur deux thématiques. La première concerne l'écriture d'une monographie sur la frontière syro-turque et l'autre, une biographie de Saddam Hussein pour les éditions Perrin. D'autres entreprises collectives l'ont aussi mobilisé, au premier rang desquelles la compilation, l'édition et réalisation d'une histoire des mobilisations islamistes depuis le XIXe siècle réunissant plus d'une vingtaine de contributions. Le manuscrit doit être remis à l'éditeur d'ici la fin de l'année 2019. De même, il poursuit l'édition critique de la mission en Syrie du capitaine de Torcy, en collaboration avec le professeur Henry Laurens. Il a aussi été mobilisé par l'actualité la plus immédiate sur les événements syriens.

Publications

REY M., *Histoire de la Syrie, XIXe-XXIe siècles*, Paris, Fayard, coll. « Histoire », 2018.

REY M., « Étatiser par l'urbanité pour faire la frontière », *Regards géopolitiques*, vol. 4, nº 2, 2018.

REY M., « Marges et régulation du jeu politique en Irak et en Syrie » *in* H. BOZARSLAN, *Marges et pouvoir dans l'espace (post-)ottoman, XIXe-XXIe siècle*, Paris, Karthala, coll. « Meydan », 2018.

REY M., « Un autre Sykes-Picot. Une sociohistoire d'un point de frontière », *in* F. DUBET, *La Politique des frontières*, Paris, La Découverte/Fondation pour les sciences sociales, coll. « Recherches », 2018.

REY M., « Israeli attitudes towards the Syrian crisis and the current escalation », *Afro-Middle East Centre* [en ligne], 2018, http://amec.org.za/syria/item/1571-israeli-attitudes-towards-the-syrian-crisis-and-the-current-escalation.html.

REY M., « Idlib résume toute la tragédie syrienne », *Le Monde*, 2018, https://www.lemonde.fr/decryptages/article/2018/09/11/idlib-resume-toute-la-tragedie-syrienne_5353238_1668393.html.

REY M., Recension de : TANNOUS M.-N., *Chirac, Assad et les autres: Les relations franco-syriennes depuis 1946* (Paris, Presses universitaires de France, 2017), *Esprit*, 2018.

REY M, Recension de : BILICI F., *L'Expédition d'Égypte, Alexandrie, et les Ottomans. L'autre histoire* (Alexandrie, Centre d'études alexandrines, coll. « L'autre histoire », 2017), *Revue des mondes musulmans et de la méditerranée*, vol. 214, 2018.

REY M., Recension de : GEORGEON F., VATIN N. et VEINSTEIN G., *Dictionnaire de l'Empire ottoman* (Paris, Fayard, coll. « Histoire »), *La Vie des idées*, 2018.

REY M., Recension de : FUCCARO N. (dir.), *Violence and the City in the Modern Middle East* (Stanford, Stanford University Press, 2016), *Vingtième Siècle. Revue d'histoire*, n º4, 2018.

REY M., Recension de : SCHLAEPFER A., *Les Intellectuels juifs de Bagdad. Discours et allégeance (1908-1951)* (Leyde/Boston, Brill, 2016), *Vingtième Siècle. Revue d'histoire*, nº 2, 2018.

REY M., Recension de : FREITAG U., FUCCARO N., GHRAWI C. et LAFI N. (dir.), *Urban Violence in the Middle East: Changing Cityscapes in the Transition of Empire to Nation State* (New York, Berghahn, coll. « Space and place », vol. 14, 2015), *Vingtième Siècle. Revue d'histoire*, nº 2, 2018.

Jalila Sbaï, chercheure associée à la chaire

J. Sbaï a consacré l'année 2018 principalement à la rédaction de mon second ouvrage, *Histoire de l'islam de France (XIXe-XXIe siècles)* – à paraître aux éditions Perrin fin 2019 – et à la poursuite de travaux dédiés à son programme de recherche sur l'écriture de l'histoire des sociétés arabo-musulmanes et des musulmans en France. Parmi ces travaux : l'organisation avec le professeur H. Laurens et le philosophe R. Debray, d'un séminaire aux Treilles, « Convergences et divergences des sociétés, cultures, civilisations », et la mise au point du manuscrit pour la publication des actes. Par ailleurs, dans le cadre de la valorisation et de la diffusion des savoirs, elle a donné des conférences, notamment à Paris et Genève.

Publications

SBAÏ J., *La Politique musulmane de la France. Un projet chrétien pour l'islam ? 1911-1954*, Paris, CNRS Éditions, 2018.

SBAÏ J., *Histoire de l'islam et des musulmans en France* (à paraître chez Perrin fin 2019).

SBAÏ J., « La France, l'islam et la question du khalifat », *Hespéris-Tamuda*, vol. 54, nº 1, 2019.

SBAÏ J., « Une mobilité sous haute surveillance : les Nord-africains en France (Document inédit 1937) », *Hespéris-Tamuda*, vol. 53, nº 3, 2018, p. 109-144.

SBAÏ J., Recension de : A. MESSAOUDI, *Les Arabisants et la France coloniale, 1780-1930. Savants, conseillers, médiateurs* (Paris, ENS Éditions, 2015), *Annales. Histoire, Sciences sociales*, vol. 75, nº 2, 2018, p. 1212-1215.

SBAÏ J., Recension de : M.-N. TANNOUS, *Chirac, Assad et les autres. Les relations franco-syriennes depuis 1946* (Paris, Presses universitaires de France, 2017), *Annales. Histoire, Sciences sociales*, vol. 75, nº 2, 2018, p. 1240-1242.

Valérie Stiegler, chercheure associée à la chaire

V. Stiegler a entièrement consacrée l'année 2018 à la rédaction de sa thèse portant sur la politique méditerranéenne du président Georges Pompidou sous la direction du professeur H. Laurens et du professeur A. Agan, université Paris 1 Panthéon-Sorbonne. V. Stiegler a également assuré un service d'enseignement à plein temps au Lycée Camille Claudel de Palaiseau.

François Ceccaldi, chercheur associé à la chaire

F. Ceccaldi a consacré essentiellement cette année à la rédaction de sa thèse dont une première version sera soumise avant la fin de l'année civile. Il a également dispensé des enseignements en histoire, en sciences politique et en sociologie *à Sciences* Po, l'Upec et à l'Ueve.

Publications

CECCALDI F., « L'amendement de la Charte de l'OLP d'avril 1996. Conforter Y. Arafat dans sa stratégie politique et contenir le pouvoir de nuisance de l'opposition », *Parlement[s]*, publication validée, prévue dans le numéro de janvier 2020.

Dima Alsajdeya, ATER à la chaire

Entre septembre 2018 et août 2019, D. Alsajdeya a occupé le poste d'ATER à la chaire et mon temps a été essentiellement consacré à ma thèse qui porte sur le rôle et l'implication de l'Égypte de Moubarak dans les tentatives de règlement du conflit israélo-palestinien (1981-2011). Dans le cadre de ses recherches, elle a effectué un troisième terrain en juin 2019 en Palestine. D. Alsajdeya a également assuré plusieurs vacations d'enseignement.

Publications

ALSAJDEYA D., « Intervenir en territoire occupé », note d'analyse pour l'AFD en collaboration avec l'iReMMO, 2019.

PUBLICATIONS

LAURENS H., *Orientales*, Paris, CNRS Éditions, coll. « Biblis », 2019 [cette édition réunit les 4 tomes parus entre 2004 et 2007 chez le même éditeur].

LAURENS H., *Les Crises d'Orient. La naissance du Moyen-Orient 1914-1949*, t. 2, Paris, Fayard, 2019.

Collaboration régulière à *L'Orient littéraire.*

Droit, culture et société de la Rome antique

Dario Mantovani

Correspondant étranger de l'Académie des Inscriptions et Belles Lettres,
professeur au Collège de France

Mots-clés : droit romain, Rome antique, papyrus, Antiquité tardive, littérature juridique antique

La série de cours « Usages juridiques du passé (dans la pensée des juristes romains) » est disponible, en audio et vidéo, sur le site internet du Collège de France (https://www.college-de-france.fr/site/dario-mantovani/course-2018-2019.htm).

Enseignement

Cours – Usages juridiques du passé (dans la pensée des juristes romains)

Introduction

Quand nous nous référons au passé juridique de Rome, nous visons d'habitude les évolutions du droit romain sur la longue période qui va de la fondation de la cité au VIIIe siècle av. J.-C., jusqu'au règne de Justinien, au VIe siècle ap. J.-C. Le cours a proposé de regarder les choses en adoptant la perspective inverse. Nous nous sommes demandé plutôt comment les Romains eux-mêmes concevaient leur propre passé juridique. Ce positionnement correspond à la conviction que le meilleur mode de faire de l'histoire du droit (ou peut-être de faire de l'histoire tout court) est de s'identifier avec le point de vue des protagonistes, dans notre cas, des Anciens, de s'efforcer de voir le monde comme eux-mêmes l'ont vu.

Quels Anciens ? Les témoins les plus sollicités pendant le cours ont été les juristes romains, mais d'autres auteurs ont été pris en considération, suivant l'idée que la culture juridique ne peut se comprendre qu'en l'insérant dans le cadre de la civilisation antique, par champs discursifs proches. C'est pourquoi le cours a exploré

D. Mantovani, « Droit, culture et société de la Rome antique », *Annuaire du Collège de France 2018-2019. Résumé des cours et travaux*, 119e année, Paris, Collège de France, 2022, p. 491-506, https://doi.org/10.4000/annuaire-cdf.17254.

également les conceptions de quelques auteurs grecs – Hésiode, Aratos de Soles – et des poètes romains qui en ont repris les idées, comme Ovide, ou d'un philosophe comme Épicure et de son interprète romain Lucrèce. Sous d'infinies variations, les idées gréco-romaines sur l'origine du droit étaient insérées dans une vision plus générale de l'histoire de l'humanité : une vision descendante, de l'âge d'or jusqu'à l'âge de fer, déjà tracée par Hésiode et ensuite par Aratos, et une vision ascendante, qui voit l'homme s'émanciper d'un état de vie sauvage et se « civiliser » par le biais du droit. Bien que sous des formes différentes, ces deux conceptions lient la naissance du droit à la nécessité de freiner les instincts négatifs de l'homme, qui produisent, dans un cas, la chute vers l'état sauvage, dans l'autre – après la sortie de cet état –, une dégénérescence liée à la place croissante du luxe et des techniques.

Quant aux thèmes, le cours a été consacré autant à la naissance du droit en général qu'à la genèse d'institutions particulières, notamment de droit privé.

Enfin, et surtout, chaque texte a été sondé pour découvrir quelle fonction occupait le rappel historique. Les juristes transforment le passé lorsqu'ils l'insèrent dans leur discours. Souvent, c'est un usage de l'histoire juridique qui part du présent et imagine un passé pour expliquer le présent lui-même ; l'histoire est ainsi un outil pédagogique. L'usage du passé prend sa dimension la plus forte quand il sert à argumenter, à appuyer des décisions spécifiques. En tout cas, mettre au jour quel usage les Anciens faisaient de leur passé nous permet d'en saisir la mentalité, puis de mieux vérifier la fiabilité des informations qu'ils nous livrent sur leur histoire, et également de développer un regard critique sur les usages du passé auxquels toute société, même contemporaine, ne renonce pas à s'adonner.

Cours 1 – « En toute chose, le commencement est la partie la plus puissante » : le passé juridique des Romains vu par eux-mêmes

Au IIe siècle ap. J.-C., le juriste Gaius écrivit (*D.*, 1, 2, 1) : « je constate en toutes choses que ce qui est parfait, c'est ce qui est composé de toutes ses parties ; et, à coup sûr, la partie la plus puissante, c'est le commencement ». Gaius pensait alors au rôle du passé : parler du début permet d'aborder le présent dans sa complétude.

Contrairement à une idée répandue, les juristes n'avaient donc pas d'aversion envers l'histoire. Cette impression dépend largement d'un problème de transmission des textes : les compilateurs du *Digeste* de Justinien, qui poursuivaient un but de simplification, ont souvent éliminé les références au passé qu'ils trouvaient dans les œuvres des juristes dont ils tiraient les passages pour composer leur recueil.

Le recours au passé faisait donc partie de l'arsenal des juristes, mais il s'agissait d'un recours qui n'était pas neutre. Par exemple, dans un passage de Paul (*D.*, 41, 2, 1 pr.), on voit comment Nerva le Jeune fait de la possession la première forme d'appropriation, une situation qu'il imagine se dérouler dans un espace précivique imaginaire. L'occupation, c'est-à-dire l'acquisition de la propriété par le seul fait d'appréhender une chose (qui subsiste par exemple dans la chasse) serait une trace (*vestigium*) laissée par ce passé imaginaire. Pour expliquer la distinction entre possession et propriété, qui sont des institutions juridiques du présent, le juriste a imaginé un passé, une évolution. Découvrir les usages du passé signifie donc accéder à la mentalité des juristes, mais aussi posséder des critères pour évaluer les informations qu'ils nous fournissent.

Cours 2 – L'histoire explique le présent : Gaius lecteur de Tite-Live

Les préfaces sont les endroits où les auteurs expriment plus directement leurs buts et leur rapport avec les autres textes. Or les prologues d'ouvrages juridiques nous sont parvenus en petit nombre, là encore en raison des choix opérés par les compilateurs de l'anthologie de Justinien. Ceux qui furent conservés sont situés à des endroits stratégiques du Digeste comme le prologue des *Institutiones* d'Ulpien (*D.*, 1, 1, 1 pr.-1) sur la notion de *ius*, ou celui de Modestin, qui justifie le choix d'avoir écrit exceptionnellement en grec (*D.*, 27, 1, 1). À côté de ces rares préfaces développées, le *Digeste* en garde quelques-unes plus synthétiques et techniques, comme celles qui jalonnent le commentaire à l'édit par Ulpien (par exemple *D.*, 12, 1, 1 pr.-1). Mais elles devaient être plus nombreuses, ce que confirment les traces conservées hors du *Digeste*. Si Cicéron (*De orat.*, 2, 221-226) a transmis le souvenir des *initia* des trois livres du *ius civile* de Brutus, au milieu du IIe s. av. J.-C., la plus ancienne préface intégralement conservée hors du Digeste est celle de l'*Assis distributio* de Maecianus, un traité écrit en 139 ap. J.-C. et dédié au jeune Marc Aurèle. Que les *Res Cottidianae* de Gaius aient eu, elles aussi, un prologue, on peut le deviner des *Institutiones* de Justinien, qui s'en sont sans doute emparées (*I.*, 1, 1, 1). Les juristes adaptaient donc le style de leurs préfaces à l'ouvrage qu'elles introduisaient, tout en les inscrivant dans une longue tradition littéraire, comme un pont entre un savoir technique et un horizon culturel plus ample, partagé avec leurs lecteurs.

La préface de Gaius au commentaire des Douze Tables est la plus ancienne transmise par le *Digeste*. La réflexion qu'elle contient sur la fonction de l'histoire dans une œuvre juridique suffit à expliquer qu'elle ait été conservée par les compilateurs comme introduction à l'unique titre à contenu historique du recueil de Justinien (*D.*, 1, 2 : *De origine iuris et omnium magistratuum et de successione prudentium*). Gaius part de deux postulats : une chose est parfaite parce qu'elle est constituée de toutes ses parties ; de toutes les parties, la plus puissante est le commencement. Postulats qui peuvent être rapprochés de sources rhétoriques et philosophiques, de Platon et Aristote à Cicéron ou Quintilien. Une préface s'imposait donc, de même que le passé, partie initiale et déterminante pour la suite, devait ouvrir son commentaire à la loi des Douze Tables. Gaius justifie ainsi la nécessité d'exposer le commencement du *ius* avant la législation décemvirale : l'histoire a, pour le juriste, une fonction explicative.

« *Facturus legum vetustarum interpretationem* » : dans sa préface, Gaius fait allusion aussi à la préface de Tite-Live (« *Facturusne operae pretium sim si a primordio urbis res populi Romani perscripserim* »), qui s'interrogeait sur l'opportunité d'écrire une histoire remontant aux origines de Rome, offrant à Gaius les concepts et le lexique pour sa propre réflexion (*principium*, *origo*, *initia*) et à nous, la possibilité d'insérer dans un champ culturel plus vaste la pensée d'un juriste sur le passé du droit.

Cours 3 – Quand la Justice abandonna la terre. Naissance du droit et poésie des origines

Comment les Anciens ont-ils imaginé le début du droit ? La représentation de l'origine du droit s'inscrit dans la représentation plus générale de l'évolution de la société humaine, soit méliorative (à partir d'un état de vie semblable à celui des bêtes sauvages, qui s'améliore progressivement, vers la cité et la « civilisation »), soit régressive (d'un âge d'or vers un état de souffrances et d'injustices). Les prémisses sont à rechercher dans la pensée grecque, notamment à travers la poésie.

Hésiode écrit *Les Travaux et les Jours* après avoir perdu un procès (réel ou fictif) intenté par son frère Persès au sujet du partage de l'héritage paternel et en étant menacé d'un nouveau procès par ce frère qui avait dilapidé tout ce qu'il avait obtenu : il met en scène Dikè, la Justice, qui y apparaît fréquemment (environ tous les trente vers). Elle est opposée à l'*hybris*, la démesure. Fille de Zeus, elle siège près de lui pour lui dénoncer l'injustice des hommes. « Dikè », cela signifie s'en tenir au sien, sans nuire à autrui, l'attitude équilibrée de chacun à laquelle les jugements doivent se conformer. Cette attitude distributrice favorise la prospérité pour toute la communauté. Aratos de Soles, au IIIe siècle av. J.-C., reprend cette vision lorsqu'il écrit, à la demande du roi de Macédoine Antigone Gonatas, *Les Phénomènes célestes*, où il rapporte la catastérisation de Dikè, sa transformation en astre, en l'occurrence en la constellation de la Vierge. Dikè a, en effet, abandonné la terre, écœurée par l'injustice des hommes. Comme pour Hésiode, Dikè, aux yeux d'Aratos, ne représente pas des normes externes, mais un comportement équilibré.

Ce mythe d'un âge d'or qui se serait achevé à cause de la déchéance des hommes et de la fuite d'Astrée (la Vierge Justice) a été décliné dans les arts, de l'époque romaine jusqu'à l'époque moderne. Dans les *Métamorphoses* d'Ovide, qui font allusion à ce récit, une dichotomie se dessine entre une idée de justice comme attitude mesurée, exprimée par l'équité, et des normes externes pour contraindre les hommes à la justice, les lois. L'une des réutilisations les plus célèbres du mythe de l'âge d'or et de la Vierge Justice se trouve dans les *Géorgiques* (2, 458-460) de Virgile, qui loue la vie sobre et pieuse des paysans, et une terre qui distribue à tous – avec justice – ce qu'elle produit. Les paysans sont les derniers à voir la Justice, qui laisse son *vestigium*, son empreinte, sur les champs avant d'abandonner la terre. Or *vestigium* est le mot également employé par Nerva le Jeune dans le passage lu lors du cours 1 (*D.*, 41, 2, 1 pr.) : la propriété acquise par la chasse et la pêche est l'empreinte laissée sur le droit du présent par une étape précivique (et imaginaire) de la vie des hommes, presque un âge d'or. Que le juriste ait eu à l'esprit ce passage de Virgile dévoile ainsi tout un arrière-plan culturel à ces naissances multiples du droit.

Cours 4 – « *Pacta sunt servanda* ». L'utilité et le droit, selon Épicure et ses interprètes latins

« *Pacta sunt servanda* », « les accords doivent être respectés ». Cette formule, encore d'actualité, résume le contenu d'une clause de l'édit que tout magistrat chargé d'une juridiction (préteur ou gouverneur) se devait de faire respecter. Ce principe, tel que le commente Ulpien (*D.*, 2, 14, 1 pr.), découle de la nature humaine (*fides humana*), mais, en réalité, fait l'objet d'une construction culturelle.

C'est un exemple de la démarche des Anciens qui construisaient leur passé pour expliquer le présent. L'image de la Justice abandonnant la terre livrée aux injustices, dans une dynamique régressive, explique l'instauration des normes. Elle côtoie une autre image, celle d'une dynamique méliorative, où l'homme passe du stade sauvage à celui d'être vivant en communauté, pourvu de tout ce qui lui permet de parer à sa vulnérabilité originelle. Cette idée remonte au philosophe matérialiste Démocrite d'Abdère, au tournant des Ve et IVe siècles, qui a inspiré Épicure (*Maximes capitales*, 31 ; 33), puis Lucrèce (*De rerum natura*, 5, 953-1149). Une satire d'Horace

(*Sermones*, 1, 3) s'inscrit dans cette pensée. Critiquant la conception de la justice élaborée par les stoïciens pour lesquels toutes les fautes méritent un même châtiment, Horace développe la notion de « l'utilité commune, pour ainsi dire matrice du juste et du bien ». La société ne peut se construire qu'à travers le respect de l'accord de ne pas se nuire mutuellement, en raison du besoin de protection réciproque (ce qui vaut également pour les rapports entre amis). La prémisse en est la création des liens familiaux (et des rapports entre hommes et femmes construits non sur le seul désir sexuel, mais également sur une solidarité – institutionnalisée dans le mariage – dont l'éducation des enfants est le point fort). Cet accord aboutirait – selon Horace – à la naissance des communautés civiques. Pour Épicure et ses épigones latins, le droit n'est donc pas inné, mais est le fruit d'une construction qui sert à garantir la sécurité réciproque.

Le jeune Cicéron, dans le prologue de son manuel de rhétorique *De inventione*, à la différence de la vision épicurienne, expose le motif stoïco-péripatéticien de l'homme sociable par nature, qui vit en communauté non tant pour être en sécurité que pour satisfaire son besoin de communiquer avec ses semblables (ARISTOTE, *Pol.*, 3, 1278b, 17-23). L'usage de la parole, en permettant l'établissement de normes juridiques, devient un catalyseur de la cité (même si des retours en arrière restent possibles et que l'éloquence peut aussi être facteur de désagrégation).

Cours 5 – La double origine du droit à Rome et l'histoire réduite à la terminologie dans le manuel de Pomponius

Pomponius, dans la première des trois sections constituant la partie centrale de son manuel, l'*Enchiridion* (écrit au IIe siècle ap. J.-C.), veut présenter la naissance (*origo*), puis les progrès (*processus*) du droit (*D.*, 1, 2, 2). Au commencement fut le Chaos : si, en ce qui concerne l'univers physique, le chaos était conçu comme un « amas en un même tout de germes disparates des éléments des choses », dans l'univers juridique imaginé par Pomponius le chaos initial correspond à l'absence de lois. Si le monde naît de la différenciation des éléments, ce fut Romulus qui, divisant le peuple en trente curies pouvant exprimer leur volonté, rendit possible la législation. C'est une sorte de nomogonie, au même ton de la cosmogonie qu'on lit chez Ovide (*Met.*, 1, 1-25). Pour Pomponius, la création de trente curies institue le peuple en tant que protagoniste principal de la vie civique. Si l'étymologie de *curia* est vraisemblablement « *cum + vir* », le juriste propose celle de *cura* (Romulus « prenait ainsi cure » de la cité par le conseil des curies) : cela permet à Pomponius de donner une première notion juridique : les *leges curiatae* sont les lois votées par le peuple, les curies, sur proposition du roi. C'est donc une définition donnée sous forme d'histoire.

Pomponius propose ainsi une petite nomogonie, faite de noms, d'anecdotes et d'un peuple qui se rend maître de lui-même à travers la *lex*. Mais le manuel de Pomponius est également jalonné par des définitions, sous forme d'un récit historique : l'histoire rend les définitions facilement mémorisables, de sorte que le manuel remplisse sa fonction pédagogique.

Cours 6 – L'histoire géométrique du droit dans le manuel de Pomponius : la croissance et la nécessité

L'*Enchiridion* de Pomponius est donc un ouvrage qui, sous l'apparence d'un récit de l'histoire du droit romain, révèle une stratégie narrative très soignée. En ont été conservés trois fragments : une introduction sur la notion de *ius*, un passage sur l'origine et les progrès du droit (lui-même tripartite : origine du *ius*, noms et origines des magistratures, succession des juristes), enfin un glossaire de termes juridiques (*D.*, 1, 1, 2 ; *D.*, 1, 2, 2 ; *D.*, 50, 16, 239). Son but, mis en évidence lors du précédent cours, consiste à fournir aux jeunes lecteurs, étudiants en droit, une terminologie technique, faisant de ce manuel dans son ensemble un immense lexique. Pomponius propose également des définitions « dynamiques » s'appuyant sur un récit historique qu'il condense à travers une définition (comme à propos des lois royales).

Mais Pomponius propose aussi un autre schéma sous-jacent : une nomogonie qui établit, après une période vide de droit – représentée comme une sorte de chaos – une société pourvue de lois et soucieuse de sécurité juridique. Après l'expulsion des rois, de nouveau, une période de chaos et d'incertitude revient, avant les décemvirs et la loi des Douze Tables (Ve s. av. J.-C.). Le facteur inducteur de la tension narrative devient alors, dans le récit de Pomponius, la croissance de la cité, qui atteint une mesure déterminée, un *modus*, seuil critique qui demande une transformation institutionnelle. Le récit du juriste est désormais rythmé par les étapes de cette croissance de la cité qui génère une demande de sécurité juridique, de prévisibilité du droit pour assurer la stabilité des rapports humains. Les Douze Tables, en 451-450, sont dans ce parcours un moment décisif pour la stabilité de la cité : un nouveau commencement, cette fois-ci définitif, qui fait naître à son tour la nécessité d'experts, les juristes. La croissance ultérieure de la cité (au moment des première et deuxième guerres puniques) rend nécessaire de transmettre « le soin des affaires de la république au sénat ». Dans un rapport inversement proportionnel, dans la pensée de Pomponius la sécurité juridique exige que plus le nombre de citoyens augmente, plus il faut réduire le nombre de ceux qui sont impliqués dans la gestion de la *res publica* et de la production du droit. Le dénouement approche : que le pouvoir soit confié au prince est la fin inéluctable du récit de Pomponius, qui rejoint ainsi Tacite (*Ann.*, 1, 2, 2), dont le juriste avait bien présent à l'esprit l'ouvrage. Ce récit presque géométrique organisé par Pomponius a au fond un objectif pédagogique : faire apprendre les notions fondamentales du droit aux étudiants, présentées sous une forme narrative.

Cours 7 – Corriger les mœurs par le droit ? La multiplication des lois romaines selon Tacite

Une séance du Sénat romain qui eut lieu en 20 ap. J.-C., sous Tibère, nous permet d'étudier le rapport entre droit et morale. Tacite (*Ann.*, 3, 25), qui nous la rapporte, évoque les conséquences de la loi *Papia Poppaea*, votée en 9 ap. J.-C. sous l'impulsion d'Auguste, pour renforcer la loi *Iulia de maritandis ordinibus* (18 av. J.-C.), qui encourageait les mariages. Des mesures concernent la transmission du patrimoine, notamment les biens devenus caducs en l'absence de successeurs, revenant ainsi au trésor public : en plus d'inciter à la procréation, la loi *Papia Poppaea* créait ainsi de nouvelles ressources fiscales. Tout citoyen pouvait revendiquer au trésor public le bien resté caduc : Tacite évoque alors les conséquences néfastes de cette délation et surtout la mise en danger des patrimoines. Une métaphore médicale dépeint les effets de la loi : les remèdes sont pires que les maux. Pour Tacite, les lois, d'abord impuissantes à freiner les mauvaises mœurs, sont ensuite contaminées par elles. L'échec du remède, l'impuissance de la loi (un phénomène déjà déploré par PLAUTE, *Trin.*, 1039-1040), se manifeste dans la multiplication des lois, tout comme les médicaments se multiplient en fonction de la diffusion des maladies (SEN., *Ep.*, 95, 15). Pour expliquer cette hypertrophie législative, Tacite remonte aux *principia iuris*, comme Cicéron avant lui et Gaius après lui : le passé devient un outil de compréhension. Tacite évoque une dynamique régressive, de l'âge d'or au chaos (*Ann.*, 3, 26-28). Puis viennent les rois, et les lois. Comme pour la médecine, les lois sont d'abord grossières, puis de plus en plus raffinées. La loi des Douze Tables, au Ve siècle av. J.-C., est définie comme *finis aequi iuris*, règle du droit équitable, mais aussi terme ultime, avant la décadence. C'est surtout le siècle qui s'étend des Gracques à Auguste qui fait de la loi un instrument de lutte politique entre les factions et les *imperatores*, avec les échecs de Sylla, « *dictator legibus scribundis et rei publicae constituendae* », puis de Pompée, « *corrector morum* » pendant son consulat unique en 52 av. J.-C. Tacite – terminant sa digression – revient au présent avec Auguste : en 28 av. J.-C., après la législation négative et oppressive de la guerre civile et avec l'abrogation des normes triumvirales, est désormais instaurée une législation positive, moralisatrice. Ce nouveau commencement est d'ailleurs confirmé par un *aureus* de la même année, sans doute la seule monnaie romaine dans laquelle le prince apparaît dans un contexte juridique : la légende « *Leges et iura p(opuli) R(omani) restituit* » indique qu'Auguste a rétabli les *leges* et les *iura* du peuple romain. Mais l'équilibre entre puissance du prince et normes bien pondérées est de courte durée. Désormais, la société souffre à cause des lois, aux effets pervers. C'est justement ce qui se passe avec la *lex Papia Poppaea*. Les lois matrimoniales, mais également les lois somptuaires échouent, notamment, selon Tacite, parce que, si Auguste se présente comme le médecin d'une société malade, il ne sut pas susciter par son comportement le désir d'imiter le prince, un désir qui serait plus fort que la crainte des lois.

Cours 8 – L'autorité mise en cause : l'*auctoritas* des juristes romains entre droit et rhétorique

Les passages où l'*auctoritas* est attribuée aux juristes sont au nombre d'une trentaine dans les sources latines, à partir de Cicéron : il s'agit donc d'une association familière aux Romains. Mais quelle en était la signification ? Se référer, afin de la saisir, à l'une des nombreuses théories modernes sur la notion d'autorité, comme celle d'Alexandre Kojève, ne ferait que gauchir le sens ancien. L'étymologie d'*auctoritas* (de *augere*, au sens de « faire naître ») amena É. Benveniste à la définir comme « ce don réservé à peu d'hommes de faire surgir quelque chose et – à la lettre – de produire à l'existence ». Mais l'étymologie risque d'offrir trop de suggestions et peu de bornes. Il faut aussi éviter d'isoler les occurrences d'*auctoritas* concernant les jurisconsultes du reste des occurrences, également très fréquentes, où cette qualité est pareillement attribuée à d'autres « intellectuels » (philosophes, historiens, orateurs, poètes, grammairiens). Il apparaît ainsi que – dans la plupart des passages concernés – l'*auctoritas* des juristes n'est qu'un cas particulier qui s'inscrit dans une théorie rhétorique de l'*auctoritas* (une théorie d'origine gréco-hellénistique ensuite transposée en latin), qui lui confère un sens assez précis. Cette théorie nous permet de saisir le point de vue des Anciens et nous aide aussi à dresser une phénoménologie articulée de l'*auctoritas* des juristes. Pour resserrer l'enquête, il faut se référer à la théorie rhétorique développée par Cicéron, dans le cadre de la preuve par témoins (*Top.*, 73). Il classifie les éléments qui font l'*auctoritas* en distinguant les éléments intrinsèques et permanents (*natura*) et les éléments extrinsèques et transitoires (*tempus*), avant de prendre en compte une deuxième distinction, fondée sur la *virtus* (ou le manque de *virtus*). Le cas des experts, pourvus d'un savoir technique (*ars*, *scientia*) ou d'un savoir-faire (*usus*), dépend d'un élément extrinsèque et n'est pas fondé sur la *virtus*. Mais dans le périmètre de leur savoir, ils jouissent d'une réputation de fiabilité auprès du public. C'est le cas également des juristes, dans leur domaine. L'*auctoritas* des juristes est donc, dans cette perspective, leur aptitude à persuader ; c'est une valeur dynamique qui souligne le poids relatif des opinions des juristes face aux discussions des orateurs dans un procès.

À partir de ces prémisses, le cours a proposé une esquisse de cette théorie rhétorique, en distinguant le versant externe (extra-systémique) de l'*auctoritas* des juristes (c'est-à-dire dans le procès, où elle désigne la capacité de leurs réponses à persuader le juge) par rapport au versant intra-systémique (dans le dialogue entre les juristes eux-mêmes) et en séparant également la dimension individuelle de l'*auctoritas* (du juriste particulier) de sa dimension collective (des juristes en tant qu'ensemble). Cette démarche semble souhaitable afin de ne pas surinterpréter du point de vue idéologique l'*auctoritas* des juristes et aussi de mieux expliquer les multiples facettes de l'argument *ex auctoritate* (qui n'est qu'un aspect de cette thématisation rhétorique de l'autorité).

Cours 9 – Quand les juristes devinrent « Anciens »

La question de savoir où commence le présent et où il se sépare du passé était très pressante à l'époque augustéenne, partagée entre tradition et innovation, et se posait dans tous les domaines – la poésie (HOR., *Ep. ad Augustum*, 2, 1), la rhétorique (TAC., *Dial.*, 19), les techniques (PLIN., *N.H.*, 14, 2-6), mais aussi à propos du droit. Une distinction fut alors opérée entre les *veteres* et les juristes récents. Mais établir qui étaient ces *veteres*, ces « Anciens », nous pose un problème d'interprétation. Selon la nature du texte et le contexte, la signification de *veteres* peut varier. Dans leurs écrits, les juristes se réfèrent 48 fois par ce mot à leurs prédécesseurs, parmi lesquels 11 juristes sont évoqués nominativement. Cela suppose que les auteurs pouvaient distinguer ceux qui faisaient partie des *veteres* de ceux qui n'en étaient pas : ils constituaient un ensemble déterminé de juristes. En particulier, Gaius (*Inst.*, 1, 188) rapporte une controverse qui avait divisé les *veteres* ; il cite à cette occasion Q. Mucius Scaevola (consul en 95 av. J.-C.), Ser. Sulpicius Rufus (consul en 51 av. J.-C.) et M. Antistius Labeo (contemporain d'Auguste) comme appartenant à ce groupe. Si Labéon fut ainsi le dernier des *veteres*, le premier des contemporains fut Masurius Sabinus, qui eut son *floruit* sous Tibère et Néron. C'est ce que confirment en particulier Ulpien (*D.*, 12, 5, 6) et Paul (Fr. Vat. 1). Sabinus est donc bien le *terminus antiquitatis*, la fin de l'antiquité et le début du présent de la jurisprudence romaine. D'origine modeste, il a exercé une activité d'enseignement rémunérée, en rupture avec le profil des juristes précédents. Son œuvre majeure, les *tres libri iuris civilis*, devint le texte jurisprudentiel par excellence et fut amplement commenté par les juristes des IIe et IIIe siècles (Pomponius, Paul et Ulpien). Ses opinions formèrent une sorte de canon. Enfin, c'est à son époque que s'amorce la polarisation en deux « écoles » (*scholae*) qui prirent pour chefs justement Sabinus et Cassius pour l'une, Nerva le Père et Proculus pour l'autre. L'époque augustéenne fournit un contexte favorable à cette rupture. L'empereur conféra la faculté de donner des réponses au public (*publice respondendi ius*) à quelques juristes : le droit entrait ainsi dans la sphère patronnée par le prince, à l'instar des arts ; il était même à ses pieds, comme le montre l'image de l'*aureus* de 28, évoqué dans le cours 7. Sabinus, bien qu'il ne paraisse pas l'avoir revendiqué explicitement, fut conscient de ce tournant, comme le montre l'usage qu'il fait des termes d'*antiquus/ antiquitas* pour définir le rapport entre le présent et certaines institutions qu'il ressentait comme révolues (ULP., *D.*, 9, 2, 27, 21 ; AULU-GELLE, 5, 19, 11, où il définit l'*adrogatio* de l'esclave comme une vieillerie parce que ne correspondant plus à la législation augustéenne).

Cours 10 – La probabilité des naissances multiples : le raisonnement des juristes romains, entre fable, biologie et histoire

Comment l'autorité est-elle mise en œuvre pour résoudre un cas ? Et comment le recours au passé fait-il du passé un paradigme ? En *D.*, 5, 4, 3, un cas est exposé par Paul, l'un des plus importants juristes d'époque sévérienne, à la pensée forte et personnelle, nourrie d'influences extra-juridiques. Il est tiré d'un commentaire à l'œuvre de Plautius, juriste d'époque flavienne, qui à son tour remontait aux opinions des juristes précédents, surtout des représentants des deux écoles des Sabiniens et des Proculiens. Les *antiqui*, écrit Paul, ont sauvegardé la position patrimoniale de l'enfant à naître (*venter*). Cet exorde en forme d'éloge du droit (*laus iuris*) s'inscrit dans la tradition rhétorique et juridique, et souligne deux motifs qui entraînent l'approbation : la protection du posthume est inspirée par un sentiment d'humanité ; le principe est validé par le temps, car ce furent les *antiqui* qui l'ont introduit. Le problème est de savoir quelle part de l'héritage paternel doit être conservée à l'enfant à naître, après la mort de son père, et alors qu'un fils est déjà né – ce qui implique de savoir également quelle part sera laissée à ce dernier. Les juristes commencent par « restreindre le champ de la décision » (selon une expression de W. Waldstein) : le principe fondamental est la protection des posthumes. Mais ce n'est pas suffisant : il faut ensuite résoudre le problème qui naît de l'incertitude face au nombre d'enfants à naître et donc de déterminer la quotité laissée aux cohéritiers. À ce propos, Paul rapporte une liste d'exemples de naissances multiples dans le monde ancien, qui montre de nombreux points de contact avec une page de Pline l'Ancien (PLIN., *N.H.*, 7, 33) : les deux auteurs ont vraisemblablement utilisé une source commune. La ressemblance permet justement de déceler les différences et de mieux comprendre la pensée des deux auteurs : Pline procède selon un ordre croissant, des triplés (Horaces et Curiaces) aux septuplés (en Égypte), afin de souligner l'extraordinaire plutôt que la normalité. En revanche, le juriste Paul recherche une norme. Il distingue alors deux grands groupes : les exemples relevant de la fable et ceux qui sont dignes de foi, c'est-à-dire des exemples romains (les triplés Horaces et Curiaces, les quintuplés présentés à Hadrien à Alexandrie), suivant en cela un précepte rhétorique développé par Cicéron (*De Inv.*, 1, 39). Mais la question demeure encore ouverte, la nature n'offre pas une solution précise, car elle présente plusieurs possibilités. Les juristes choisissent alors la voie médiane entre le nombre le plus large possible de naissances, et la protection équilibrée des intérêts patrimoniaux en jeu : ils s'entendent sur les triplés. Ce n'est pas la variété de la nature qui sert de guide, mais la normalité, qui peut se faire norme et fait l'objet d'une construction culturelle. En conclusion, les juristes décident que le fils déjà né reçoit un quart de l'héritage, le reste restant en suspens jusqu'au moment de l'accouchement, laissant la possibilité d'une naissance de triplés. Le passé est ainsi entré dans le raisonnement du juriste, avec une fonction argumentative. L'histoire est en proie aux juristes, qui, pour réguler le futur, cherchent un ordre aussi dans le passé.

Cours 11 – À la cour d'Attila : le droit romain au miroir des Huns

L'avocat hellénophone Priskos de Panion (410/420-après 472) participa à une ambassade envoyée par l'empereur romain d'Orient, Théodose II, à la cour d'Attila en 449 ap. J.-C. Une aventure qu'il rapporta dans son *Histoire byzantine* portant sur la période 434-474 et qui nous fut transmise par les *Excerpta Constantiniana*, anthologie d'historiens réalisée par Constantin VII Porphyrogénète (912-959), dans le chapitre relatif aux ambassades.

En 449, Attila, à la tête d'une armée composite, menace l'Empire romain. À la fin de l'été, l'ambassade arrive à la cour de cet ennemi redouté, sans doute en Serbie actuelle. Attendant avec les autres membres de l'ambassade d'être reçu par Onégèse, le second d'Attila, et de lui remettre des présents, Priskos entend parler grec : le dialogue s'engage avec un ancien marchand de Viminacium en Mésie, devenu l'esclave des Huns, puis l'un des leurs après avoir combattu à leur profit. Ce dernier se livre à une critique de la société romaine et de son droit, pour mieux mettre en valeur les vertus des Huns. La réponse de Priskos se présente comme un éloge du droit. Les fondateurs de la *politeia* romaine, dit-il, ont décidé d'une répartition des tâches (protecteurs des lois, guerriers, agriculteurs) : cette description est, de fait, en contradiction avec l'idéologie républicaine du citoyen soldat-paysan. On peut la rapprocher plutôt de la cité idéale de Platon. Mais c'est de l'Empire à partir de Dioclétien que Priskos parle, avec la réforme du recrutement militaire. Son discours est riche de références à la pratique juridique et à l'idéologie impériale, lorsque Priskos répond à la critique d'une justice mal exercée dans l'Empire romain. Lorsqu'il parle des « personnes qui doivent veiller à l'exécution des sentences, pour empêcher que la sentence reste inappliquée ou qu'elle ne soit appliquée avec trop de sévérité », il fait référence aux *exsecutores*, une des figures de l'organisation judiciaire de l'Antiquité tardive, reprenant la définition de leurs fonctions dans les constitutions impériales (*C.*, 7, 53, 8 ; *C.*, 7, 65, 5). Quant à la durée des procès, elle est due – c'est toujours Priskos qui répond aux critiques de son interlocuteur – à l'exigence scrupuleuse des juges d'établir la vérité. Enfin, pour démontrer l'égalité devant la loi, Priskos rappelle que l'empereur lui-même y est soumis. Ce principe, qui distingue la monarchie de la tyrannie, est d'ailleurs souvent répété par les empereurs (*I.*, 2, 17, 8 ; *C.*, 6, 23, 3).

Après cette défense du droit romain (presque une *refutatio* au sens rhétorique, et d'ailleurs tout ce dialogue entre Priskos et le marchand est habilement élaboré comme une déclamation), Priskos, comme dans une *confirmatio*, s'efforce de montrer les avantages du système romain par rapport à celui des Huns, dans un discours construit en miroir de celui du marchand. La condition des esclaves chez les Huns est évoquée en opposition avec celle des esclaves des Romains, qui ne peuvent être mis à mort cruellement par leurs maîtres (*C.*, 9, 14, 1) et qui peuvent être affranchis et devenir citoyens, sans passer par toutes les épreuves aléatoires que les Huns infligent à leurs prisonniers et que le marchand a dû éprouver lui aussi. Priskos lui rappelle également les principes qui font que l'Empire est régi par le droit. S'il y a des injustices, la faute en revient à ceux qui l'appliquent mal, un thème bien présent dans les constitutions impériales (cf. SYMMAQUE, *Rel.*, 41). Cet éloge de l'état de droit par Priskos – une sorte de comparaison avec les Barbares, mais en réalité presque une auto-réflexion du monde romain par le biais de la rencontre avec des mœurs différentes – est d'autant plus remarquable qu'il se situe à l'époque de Théodose II, père du *Code Théodosien*.

Cours 12 – Dieux, empereurs et juristes. Une histoire de Rome dans un anneau

Gaius Ateius Capito incarne le juriste romain typique. Collaborateur important d'Auguste, il mit à profit ses connaissances antiquaires des rites et des coutumes de Rome pour participer à la construction du principat augustéen et obtint le consulat en 5 ap. J.-C. À Tibère, successeur d'Auguste, qui l'interrogeait sur l'usage d'un terme peu usité et que l'empereur avait utilisé dans un édit, le juriste lui répondit : « Maître, ce mot est du latin, et en tout cas, s'il ne l'est pas, il le deviendra désormais ». L'usage fait entrer les mots dans la normalité linguistique, de même que la coutume peut se transformer en norme juridique.

Dans les *Saturnales* (appartenant au genre littéraire du banquet philosophique, et écrits peut-être vers 420 ap. J.-C., donc presque quatre siècles après la mort de Capito), Macrobe a conservé un passage – très peu étudié, mais riche d'implications – de ce juriste. Un convive ramasse son anneau qui venait de tomber du petit doigt de sa main droite et non de la main gauche, contrairement à l'habitude ; une question est alors posée : pourquoi porter l'anneau à la main gauche et au doigt qui est à côté du plus petit, l'annulaire ? Après qu'une explication médicale ait été donnée, remontant aux connaissances anatomiques des Égyptiens, un autre convive cite un passage d'un ouvrage de Capito qui fournit une explication différente (MACR., 7.13.11). Les Romains scellaient les documents avec leur anneau, en l'imprimant sur la cire. Mais – c'est la question que se posait Capito – l'image gravée sur l'anneau peut-elle être celle d'un dieu ? Selon Capito, cela est *nefas*, constituant donc une atteinte aux bons rapports avec les dieux. Et pourtant, les très nombreux anneaux sigillaires romains parvenus jusqu'à nous représentent très souvent des divinités. Une contradiction apparente ! Capito exprime sans doute le point de vue d'un érudit ; il n'y avait pas d'interdiction officielle. Mais pour quelle raison exprimait-il un avis contraire à une pratique aussi répandue ? Deux passages parallèles permettent peut-être de l'expliquer. Suétone, dans la *Vie de Tibère* (58), évoque le cas d'une personne punie pour avoir porté un anneau (ou utilisé une monnaie) avec l'effigie de l'empereur dans un lieu inconvenant (latrines ou lupanar). Tacite (*Ann.*, 3, 70) mentionne le procès pour lèse-majesté subi par un chevalier qui avait utilisé pour le service de table de l'argenterie portant l'image impériale : Capito, qui participa au débat au sénat portant sur ce cas, affirma qu'on ne peut pas utiliser le portrait de l'empereur pour manifester son luxe. Or, dans le passage évoqué par Macrobe, ce même Capito montrait que les anneaux également n'étaient plus utilisés dans la société romaine pour leur fonction sigillaire, mais comme des marques de luxe. Pour le démontrer, il s'adonnait à un récit sur la position de la bague et les changements qu'elle avait subi au fil du temps. À l'origine, l'homme romain vertueux utilisait l'anneau seulement pour signer et chacun n'en possédait qu'un et un seul, signe que l'homme loyal n'a qu'une seule parole. Mais peu à peu le luxe l'emporta, avec la gravure de sceaux sur des pierres précieuses : « De là, il arriva que la main droite, qui agit beaucoup, fut affranchie de l'usage de porter des anneaux, usage qui fut transféré à la main gauche, laquelle reste plus oisive ». Finalement l'annulaire est choisi, car il est protégé – et avec lui, la pierre précieuse ciselée – par les doigts qui l'entourent, mais ce faisant, ce n'est plus la *fides*, la loyauté, qui est protégée, mais bien la valeur économique de la bague. C'est donc à partir de la position de l'anneau et du passage de sa fonction d'*instrumentum* à *ornamentum* que Capito met en scène une allégorie de la décadence des mœurs romains. Voilà pourquoi, à son avis, il était *nefas* de sculpter les anneaux avec les images des dieux, de même qu'il était outrageant d'utiliser le portrait de l'empereur sur un objet d'un quotidien vulgaire. En un anneau, l'usage du passé par les juristes est ainsi condensé.

SÉMINAIRE – NOUVEAUX DOCUMENTS DE DROIT ROMAIN

Introduction

Les juristes romains ont produit une littérature abondante, utilisée à la fois dans la pratique et l'enseignement, qui constituait la principale voie d'accès à la connaissance du droit en vigueur dans le monde romain. Cependant, cette production littéraire s'est arrêtée au cours du IIIe siècle ap. J.-C. On en conclut souvent que le droit développé par les juristes « classiques » a cessé d'être utilisé et même compris dans l'Antiquité tardive, ayant pour cause et pour effet une chute du niveau de la culture juridique.

Ayant été amené à douter de cette interprétation par des études préliminaires, j'ai entrepris une recherche systématique en collaboration avec une équipe d'historiens du droit, de philologues, d'historiens et de papyrologues, pour montrer la persistance de la pensée des juristes entre le IVe siècle et le VIe siècle. Si des nouveaux ouvrages originaux n'ont pas été rédigés par les juristes actifs pendant l'Antiquité tardive, les ouvrages de leurs prédécesseurs classiques ont continué à circuler et à assurer la diffusion de leur pensée, dans les écoles et dans la pratique.

Leurs traces subsistent de fait dans un nombre important de papyrus et de parchemins remontant aux IVe, Ve et VIe siècles, qui attestent la circulation et – à travers les annotations – l'usage intense, également à cette époque tardive, des ouvrages écrits aux siècles antérieurs. Un canon littéraire prend ainsi forme, qui assure la continuité du droit romain savant dans l'Antiquité tardive.

Grâce à une recherche menée dans les principales collections européennes et américaines, dans le cadre du projet ERC Redhis-Rediscovering the Hidden Structure, un nombre significatif de fragments d'écrits de juristes a été trouvé et identifié, ce qui en augmente le volume jusque-là connu d'environ 50 %. Le résultat est donc de montrer que, même pendant les siècles où la législation impériale s'affirma avec intensité, le droit romain garda une « structure cachée » (qui est le titre de cette recherche) constituée par les écrits des juristes classiques.

Séminaire 1 – Nouveaux documents de droit romain. La circulation des œuvres des juristes romains après la fin de la littérature juridique (IVe-VIe s. ap. J.-C.) et le projet Redhis

Dario Mantovani, le 13 mars 2019

Après avoir défini la méthode de la recherche en cours dans le cadre de Redhis et d'en avoir résumé les principaux résultats, trois textes choisis parmi les papyrus inédits ont été présentés : les *Institutes* du juriste Marcianus (P.Vindob. L 59 + L 92, copie des IVe-Ve siècles) ; la première copie connue du *Code théodosien* pourvue d'un commentaire en grec, faisant mention de juristes (papyrus de Berlin, inédits, en cours de publication par S. Ammirati et D. Mantovani : copie du Ve siècle) ; un fragment du *Digeste* de Justinien (P.Berol. inv. 14081 : copie du VIe siècle), qui atteste la diffusion de cette anthologie, signe de la familiarité ininterrompue avec les œuvres des juristes classiques.

Séminaire 2 – Un nouvel exemplaire des *Responsa* de Papinien (P.Berol. inv. 14079)

Luigi Pellecchi (Université de Pavie – Redhis), le 27 mars 2019

La présentation des trois fragments inédits d'un manuscrit du musée égyptien de Berlin nous permet de revenir en détail sur les *Responsorum Libri* d'Aemilius Papinianus : sur les caractéristiques stylistiques de cette œuvre casuistique, sur les raisons de son extraordinaire succès durant l'Antiquité tardive, enfin sur le paratexte qui devait en faciliter la consultation et permettre de trouver certains *responsa* spécifiques. Les fragments de Berlin nous donnent aussi l'occasion de proposer une correction de la *Palingenesia Iuris Civilis* d'Otto Lenel et de s'interroger sur l'élasticité des critères adoptés par Papinien dans la distribution de la matière.

Séminaire 3 – Fragments juridiques dispersés entre Vienne et Paris : peut-être Ulpien ? (*P.Vindob. L 141 + P.Louvre inv. E 10295bis*)

Serena Ammirati (Université RomaTre – Redhis), le 10 avril 2019

Ont été présentés quelques parchemins inédits, provenant d'un *codex* latin luxueux, d'une écriture capitale rustique, et qui date du début du Ve siècle. Il contenait très probablement l'*Ad edictum* d'Ulpien, comme semblent le montrer quelques correspondances textuelles. Les feuilles du manuscrit ont été coupées et les bandes réutilisées pour renforcer la reliure d'un *codex* de papyrus contenant une œuvre patristique – le *De adoratione et cultu in spiritu et veritate* de Cyrille d'Alexandrie –, aujourd'hui répartie entre Dublin, Londres, Paris et Vienne. Après une brève introduction consacrée à la réutilisation des manuscrits dans l'Antiquité tardive, l'appartenance au même manuscrit original de fragments parisiens et viennois a été démontrée, et une première édition du texte a été proposée.

Séminaire 4 – Un cahier grec de définitions et de règles des juristes romains (PSI XIII 1348)

Federico Battaglia (Université Zurich – Redhis), le 17 avril 2019

Le groupe de fragments en papyrus publiés dans PSI XIII 1348 transmet un cahier numéroté de définitions et de règles juridiques en grec datant de la période pré-justinienne, avec des citations en latin tirées des œuvres de la jurisprudence romaine.

Dans le cadre du projet ERC-Redhis, une nouvelle édition et une nouvelle interprétation du document ont été fournies. Les caractéristiques formelles en ont été présentées, en montrant certaines des nouveautés détectées grâce au récent examen autoptique des fragments, pour illustrer ensuite le contenu textuel du document même, abordé sous deux angles complémentaires : la typologie textuelle (définitions et règles, fruit d'un remaniement créatif des œuvres de la jurisprudence romaine) et la structure générale de la collection (construite autour d'extraits tirés du commentaire *Ad Sabinum* d'Ulpien). Le document apparaît finalement comme un témoin important de l'une des formes de circulation des œuvres jurisprudentielles romaines entre le Ve et le VIe siècle ap. J.-C.

Séminaire 5 – Copies et lecteurs du Code théodosien en Orient : un groupe de fragments de la Papyrussammlung de Berlin

Serena Ammirati (Université RomaTre – Redhis) et Dario Mantovani, le 9 mai 2019

Trois nouveaux témoins du *Code théodosien* (le recueil de constitutions impériales promulgué par Théodose II en 438 ap. J.-C.) ont été présentés. Ils sont tous d'origine et de provenance orientale, venant certainement d'une version complète du *Code théodosien*, identifiés dans le cadre du projet Redhis, qui s'ajoutent aux sept manuscrits déjà connus (dont six écrits en Occident). P.Vindob. L 128, fragments d'un code en papyrus, contient peut-être une page du deuxième livre du *Code théodosien* ; P.Vindob. L 95 provient sans doute du livre XIV, mais avec une divergence textuelle significative par rapport à ce qui est connu ; enfin, les fragments de papyrus de Berlin (encore inédits) se réfèrent à des parties du livre IV, avec de nombreuses notes marginales et interlinéaires, écrites par au moins deux mains grecques contemporaines. Serena Ammirati a présenté les fragments viennois et illustré la codicologie et la paléographie des fragments berlinois ; Dario Mantovani a donné des éléments d'exégèse du texte (constitutions attestées ici pour la première fois) et des *marginalia* (avec citations de passages de la jurisprudence romaine).

Séminaire 6 – Les *Institutes* de Gaius, entre les papyrus et le palimpseste de Vérone

Marco Fressura (Université RomaTre – Redhis), le 22 mai 2019

Les *Institutes* de Gaius, manuel de droit romain rédigé dans la seconde moitié du IIe siècle ap. J.-C., ont été transmis dans leur intégralité par le palimpseste de la Bibliothèque capitulaire de Vérone XV (13), du VIe siècle, mais nous disposons aussi de deux témoins fragmentaires de provenance égyptienne : le P.Oxy. XVII 2103, du IIIe siècle, et le PSI XI 1182, du VIe siècle. Mis en difficulté par la comparaison des variantes textuelles trouvées dans le palimpseste et les papyrus, certains éditeurs des *Institutes* ont préféré présenter les textes des manuscrits de manière synoptique dans des colonnes distinctes, comme s'il s'agissait de différentes rédactions de l'œuvre, réalisées peut-être par Gaius lui-même. Cependant, bien que chaque manuscrit soit un témoin indépendant, l'analyse des divergences textuelles permet toujours de distinguer entre leçons exactes et leçons corrompues, et de les expliquer par les facteurs déformants les plus typiques de la tradition textuelle. Les trois manuscrits, qui ont bel et bien des différences, mais surtout des coïncidences parfaites, doivent être donc utilisés pour établir un texte des *Institutes* de Gaius unique et authentique.

Séminaire 7 – Un nouveau fragment du Digeste de Justinien (P.Berol. inv. 14081)

Marco Fressura (Université RomaTre – Redhis) et Dario Mantovani, le 5 juin 2019

Le P.Berol. inv. 14081, que nous avons récemment identifié et édité, est un fragment d'un *codex* de papyrus du *Digeste* de Justinien, produit peu après la date de publication de l'œuvre (533 ap. J.-C.). L'écriture correspond en effet à un type particulier d'onciale dite « BR », dont l'exemple le plus célèbre nous est fourni par le grand *codex* du *Digeste* conservé à Florence. La reconstruction du format et de la mise en page du P.Berol. démontre que l'édition complète du texte devait être divisée en une série d'au moins une dizaine de tomes séparés, de façon similaire aux trois autres papyrus du *Digeste* en onciale BR déjà connus : P.Heid. L 4, P.Ryl. III 479 et P.Pommersf. L 1-6, ce dernier provenant d'Italie, tandis que les autres, y compris le P.Berol., ont été trouvés en Égypte. Les quatre manuscrits, venant de différentes localités du monde romain, témoignent de la diffusion large, à l'échelle de l'Empire qui plus est, au VIe siècle, d'éditions du *Digeste* en plusieurs tomes de papyrus, complètes et standardisées. De plus, il ne peut être exclu que la conservation, bien que fortuite et partielle, de certains de ces tomes ait contribué au processus de formation du texte médiéval du *Digeste*, qui a été établi et normalisé par les juristes bolognais du XIe siècle. La diffusion connue par le *Digeste* et attestée par les papyrus d'époque justinienne ne devrait plus surprendre, au terme de ces séminaires qui, à travers les papyrus, ont montré que les œuvres des juristes classiques continuèrent à être copiées et à circuler, entre Dioclétien et Justinien ; le *Digeste* a donc prolongé cette tradition.

Recherche

Le principal thème de recherche est constitué par la circulation et l'usage de la littérature juridique classique dans l'Antiquité tardive. Il est développé avec la collaboration d'une équipe de papyrologues, de juristes, d'historiens et de philologues dans le cadre du projet ERC Redhis-Rediscovering the Hidden Structure [1], dont je suis *Principal Investigator*. On peut signaler en particulier, pour cette année, la publication des fragments de la première copie tardo-antique connue jusqu'ici des *Institutiones* du juriste Aelius Marcianus, la découverte de plusieurs fragments faisant partie de trois copies des *Responsa* de Papinien et de nombreux fragments d'une copie du *Code théodosien* glosée en grec, avec des références aux écrits des juristes romains classiques, ce qui indique que ces écrits constituaient une partie intégrante de l'arsenal herméneutique également des interprètes des constitutions impériales aux Ve et VIe siècles. La recherche a également porté sur des réélaborations tardives des œuvres juridiques classiques, en particulier sur le *Liber Gai*, épitomé des *Institutes* de Gaius, dont la paternité nous paraît attribuable aux experts chargés par le roi Alaric de la compilation de la *Lex Romana Visigothorum*, en 506. Les résultats de ce projet collectif ont été, entre autres, présentés au cours des séminaires au Collège de France.

Mon livre *Les Juristes écrivains de la Rome antique* a été discuté lors de quatre journées (le 22 octobre 2018, à l'université RomaTre, par E. Conte, M. De Nonno, A. Marcone et L. Peppe ; le 16 novembre, à l'université Carlos III de Madrid, par C. Codoñer, C. Carrasco et J. García Camiñas ; le 18 décembre, à l'université de Pavie, par A. Giardina, G. Mazzoli, L. Pellecchi et E. Romano ; le 28 janvier 2019, à l'université de Strasbourg, par G. Freyburger, C. Drand et M.T. Schettino).

J'ai également développé des recherches sur la langue juridique, en particulier sur les problèmes liés à la traduction dans les systèmes juridiques plurilingues, et sur l'apport de l'histoire du droit et de la linguistique textuelle pour une caractérisation du langage normatif, en participant à deux initiatives de la Chancellerie fédérale suisse.

1. Pour une description, voir *supra*, rubrique « Séminaires ».

J'ai, d'autre part, animé en juin 2018 l'Atelier d'introduction aux sources du droit romain, organisé par l'École française de Rome, avec Jean-Louis Ferrary (Institut de France) et Hélène Ménard (université Paul-Valéry, Montpellier 3).

Séminaires et conférences : Sorbonne Université ; ENS ; Paris II Panthéon-Assas ; École française de Rome (sur la nouvelle édition des Douze Tables par M. Humbert) ; Accademia dei Lincei, Roma (sur la correspondance de Theodor Mommsen avec les savants italiens).

Publications

Monographies

MANTOVANI D., *Les Juristes écrivains de la Rome antique. Les œuvres des juristes comme littérature*, Paris, Les Belles Lettres, 2018.

MANTOVANI D., *Legum multitudo. Die Bedeutung der Gesetze im römischen Privatrecht (übersetzt von Ulrike Babusiaux)*, Berlin, Duncker & Humblot, 2018.

Ouvrage collectif

MANTOVANI D. et LO CASCIO E. (dir.), *Diritto romano e economia. Due modi di interpretare e governare il mondo (nei primi tre secoli dell'Impero)*, Pavie, Pavia University Press, 2018.

Articles

MANTOVANI D. et Fressura M., « P.Vindob. L 59+92. Frammenti delle Institutiones di Elio Marciano », *Athenaeum*, vol. 105, 2018, p. 619-690.

MANTOVANI D., « Tradurre l'intraducibile diritto. La prefazione al *De excusationibus* di Erennio Modestino fra Roma e Grecia », *in* E. CHEVREAU, C. MASI DORIA et J.M. RAINER (dir.), Liber Amicorum. *Mélanges Jean-Pierre Coriat*, Paris, éd. Panthéon-Assas, 2019, p. 537-549.

MANTOVANI D., « Il giurista-matematico e il lettore ideale: due prefazioni a confronto (Meciano, Assis distributio e Paolo, De gradibus et adfinibus) », *in* A. HELLER, C. MÜLLER et A. SUSPÈNE (dir.), *Philorh*ômaios kai Philhellèn. *Mélanges Jean-Louis Ferrary*, Genève, Droz, 2019, p. 177-204.

Diffusion de la recherche

ROGER P., « La secrète beauté des œuvres des juristes romains : entretien avec Dario Mantovani », *Critique*, vol. 864, n° 5, 2019, p. 440-450, https://doi.org/10.3917/criti.864.0440.

MÉNARD H., « Entre Clio et Thémis : entretien avec Dario Mantovani », *Anabases*, vol. 29, 2019, p. 365-368.

Religion, histoire et société dans le monde grec antique

Vinciane Pirenne-Delforge
Professeure au Collège de France

Mots-clés : dieux grecs, polythéisme, *daimôn*, religion grecque

La série de cours « Dieux, daimones, héros (1) » est disponible en audio et/ou en vidéo, sur le site internet du Collège de France (https://www.college-de-france.fr/site/vinciane-pirenne-delforge/p4602291031251256_content.htm), ainsi que les séminaires en relation avec le sujet du cours (https://www.college-de-france.fr/site/vinciane-pirenne-delforge/seminar-2019-04-10-15h30.htm).

Enseignement

Cours – Dieux, *daimones*, héros (1)

Introduction

Dans le cadre du polythéisme grec, dieux et héros sont des éléments essentiels auxquels n'a pas forcément rendu justice l'attention portée au rituel qui a pu prévaloir à certains moments de l'étude de la religion grecque antique. Car si rituel il y a, nous devons, en tant qu'observateurs externes du système en question, tenir compte des destinataires auxquels ils sont voués. Or, le monde supra-humain des Grecs est peuplé d'entités aux statuts divers, qui reçoivent des appellations génériques du type *theoi,* « dieux », *daimones* – que l'on se gardera de traduire par « démon » –, et *hērōes*, « héros ». Afin de comprendre la portée de telles distinctions en termes de statut et de puissance d'action dans le monde des hommes, la notion de *daimōn* a été au cœur des cours de cette année. L'objectif était d'appliquer au *daimōn* une grille de lecture « polythéiste », en procédant à une analyse de la représentation, par les

V. Pirenne-Delforge, « Religion, histoire et société dans le monde grec antique », *Annuaire du Collège de France 2018-2019. Résumé des cours et travaux*, 119e année, Paris, Collège de France, 2022, p. 507-520, https://doi.org/10.4000/annuaire-cdf.17267.

Grecs, de l'action divine dans le monde telle que permettent de l'atteindre les usages du mot dans différents genres littéraires des périodes archaïque et classique.

Cours 1 et 2 – Brève historiographie du *daimōn* depuis le milieu du XIXe siècle

Après deux brèves études par Friedrich August Ukert (1850) et Eduard Gerhard (1852)[1], dans la grande tradition de l'*Altertumswissenschaft*, Joseph-Antoine Hild publie en France, en 1881, une monographie intitulée *Étude sur les démons dans la littérature et la religion des Grecs*, qui reste encore aujourd'hui le seul ouvrage de synthèse sur le thème, et qui aboutira à la rédaction de l'article « Daemon » par ce même auteur dans le *Dictionnaire des Antiquités grecques et romaines* (1896)[2]. L'ouvrage de Friedrich Gottlieb Welcker (*Griechische Götterlehre*, 1857-1862) et celui d'Hermann Usener (*Götternamen*, 1896)[3] sont également illustratifs de la manière dont cette période aborde la question des origines de la religion grecque et inscrit les *daimones* dans une sorte de typologie du divin qui oppose les « grands » et les « petits » dieux. Les *daimones* sont alors considérés comme des « dieux mineurs », et le *daimōn* au singulier comme « le vague symbole d'une providence qui ne s'incarne spécialement dans aucune divinité[4] ».

Le *daimōn* le plus célèbre de l'historiographie de la religion grecque est assurément l'*eniautos daimōn* de Jane Ellen Harrison[5], un artéfact interprétatif forgé pour rendre compte, en contexte grec, de l'esprit de la végétation tel que James George Frazer l'avait conçu dans son célèbre *Rameau d'or*. Dans cette perspective, où transparaissent aussi les réflexions de Durkheim sur l'effervescence collective des rituels, les *daimones* sont censés appartenir aux strates « primitives » de la religion grecque, avant de devenir des *theoi*, des dieux de plein exercice. Ce type de reconstruction crée une sorte de « roman des origines » où le *daimōn* émerge de temps primordiaux qui ne sont jamais datés. Pour sa part, Louis Gernet, lui aussi profondément influencé par l'école sociologique française, ainsi que par les *Götternamen* de Usener, fait du *daimōn* une réalité divine impersonnelle, qui semble relever du *mana* cher à Durkheim[6]. Le XXe siècle accordera davantage d'attention

---

1. F.A. UKERT, *Über Dämonen, Heroen und Genien*, Leipzig, Weidmannsche Buchhandlung, coll. « Abhandlungen der Philologisch-Historischen Classe der Königlich Sächsischen Gesellschaft der Wissenschaften », vol. 1, 1850 ; E. Gerhard, *Über Wesen, Verwandtschaft und Ursprung der Dämonen und Genien*, Berlin, [W. Hertz], 1852.

2. J.-A. HILD, « Daemon », *in* C.-V. DAREMBERG et E. SAGLIO (dir.), *Dictionnaire des Antiquités grecques et romaines*,t. II, vol. 1, Paris, Librairie Hachette et Cie, 1896, p. 9-19 (cf. http://dagr.univ-tlse2.fr/feuilleter/tome_2/partie_1/page_13).

3. F.G. WELCKER, *Griechische Götterlehre*, 3 vol., Göttingen, Dieterich, 1857-1862 ; H. USENER, *Götternamen. Versuch einer Lehre von der religiösen Begriffsbildung*, Bonn, Verlag von Fr. Cohen, 1896.

4. J.-A. HILD, *Étude sur les démons dans la littérature et la religion des Grecs*, Paris, 1881, p. 49.

5. J.E. HARRISON, *Prolegomena to the Study of Greek Religion*, Cambridge, Cambridge University Press, 1903 ; *Themis. A Study of the Social Origins of Greek Religion*, Cambridge, Cambridge University Press, 1927² [1912].

6. L. GERNET, *Recherches sur le développement de la pensée juridique et morale en Grèce. Étude sémantique*, Paris, Ernest Leroux, 1917, p. 316-317.

aux interprétations philosophiques, voire astrologiques, du *daimōn*. Une partie de cet intérêt vient du fait qu'une « démonologie » grecque, en tant que théorie du *daimōn*, s'est développée dans ces contextes : les *daimones* ont ainsi été placés dans la structure du cosmos, en se voyant assigner des fonctions précises. Platon et d'autres penseurs ont fait de la figure du *daimōn* l'être intermédiaire par excellence. Dans une bibliographie imposante [7], l'ouvrage de Marcel Detienne sur le *daimōn* dans le pythagorisme ancien garde une place importante. En introduction, il épouse certaines des intuitions de Gernet en les exprimant dans le langage de Claude Lévi-Strauss. Le *daimōn*, dénué de représentation figurée et de culte, devient pour lui un « signifiant flottant », ce qui veut dire qu'il n'a pas de valeur fixe [8].

Cours 3 – Escale à Dodone : quel dieu, héros ou *daimōn* solliciter ?

Si le *daimōn* est bien le « signifiant flottant » que M. Detienne a vu en lui et qu'il n'a pas de consistance cultuelle, une grille d'analyse polythéiste, qui prétend faire dialoguer les traditions narratives et les cultes, pourrait sembler en porte-à-faux par rapport à ses objectifs. C'est pourquoi un détour par le site oraculaire de Dodone s'avère intéressant. En effet, des milliers de questions de consultants reprises sur les lamelles en plomb ont été mises au jour sur le site du sanctuaire de Zeus Naios [9]. Une large proportion de ces questions porte sur l'identité des entités supra-humaines à prier, à honorer, à se concilier pour obtenir l'un ou l'autre bienfait. La majorité de ces tentatives d'identification se limitent à la catégorie des *theoi* (« lequel des dieux faut-il prier ? »). Pour moitié, l'alternative *theoi/hērōes* est aussi bien présente (« lequel des dieux ou des héros faut-il prier ? ») et, dans une moindre mesure encore, les déesses figurent dans la question. Quatre lamelles au moins font apparaître les *daimones* dans ce type d'exploration oraculaire du destinataire d'un acte rituel à venir. L'une d'entre elles porte le triptyque *theoi/daimones/hērōes* [10], deux autres affichent l'alternative *theoi/daimones* [11] et la dernière évoque des *daimones* ou des *hērōes* [12].

En dépit de leur nombre réduit, ces quelques textes attestent que la notion de *daimōn* n'est pas indépendante de toute épaisseur cultuelle, du moins dans l'*intention*

7. J'y épingle deux ouvrages récents : A. TIMOTIN, *La Démonologie platonicienne. Histoire de la notion de* daimôn*, de Platon aux derniers néoplatoniciens*, Leyde/Boston, Brill, coll. « Philosophia antica », vol. 128, 2012 ; D.G. GREENBAUM, *The Daimon in Hellenistic Astrology: Origins and Influence*, Leyde/Boston, Brill, coll. « Ancient magic and divination », vol. 11, 2016.

8. M. DETIENNE, *De la pensée religieuse à la pensée philosophique. La notion de* « daimôn » *dans le pythagorisme ancien*, Paris, Les Belles Lettres, 1963, p. 27.

9. É. LHÔTE, *Les Lamelles oraculaires de Dodone*, Genève, 2006 (= Lhôte) ; S. DAKARIS, I. VOKOTOPOULOU et A.-P. CHRISTIDIS, *Τὰ χρηστήρια ἐλάσματα τῆς Δωδώνης τῶν ἀνασκαφών Δ. Ευαγγελίδη*, Athènes, Archeologiki Heteria, 2013 (= DVC) ; P. BONNECHERE (dir.), *Dodona Online* (DOL). *Towards a New Edition of the Lamellae of the Oracle at Dodona*, base de données en ligne : https://dodonaonline.com, dont dépend : É. LHÔTE (dir.), *Choix d'inscriptions oraculaires de Dodone* (CIOD).

10. Lhôte 8A (IIIe-IIe siècle av. n.è.).

11. DVC 2024A (1re moitié du IVe siècle av. n.è.) ; DVC 1140A (2e moitié du IVe siècle av. n.è.).

12. DVC 481 (revu par É. Lhôte dans *CIOD* ; date mi-Ve siècle av. n.è.).

de celui qui souhaitait clarifier auprès de l'oracle les termes de son commerce avec le monde supra-humain. Il faut dès lors comprendre pourquoi les textes qui évoquent la concrétisation des démarches que les requêtes oraculaires anticipent ne mobilisent pas la notion comme telle. Pourquoi le terme de *daimōn* n'intervient-il pas dans la documentation qui parle des actes de cultes effectivement posés, que ce soit à l'échelle des collectivités ou des particuliers ?

Cours 4 et 5 – *Daimōn* dans l'épopée homérique

Une première investigation dans le corpus épique attribué à Homère fait surgir quelques rares occurrences de *daimōn* au pluriel, en une stricte synonymie avec les *theoi* (Hom., *Il.*, I, 222 ; VI, 113-115 ; XXIII, 595). Les *daimones* participent donc, d'une manière ou d'une autre, du statut divin. Quant à l'expression δαίμονι ἶσος, « semblable à un *daimōn* », ou « égal à un *daimōn* », elle implique qu'une action divine est en cours, à travers la figure du guerrier ainsi qualifié dans l'*Iliade*, que ce soit Diomède rendu clairvoyant par l'action d'Athéna, Patrocle portant les armes d'Achille ou Achille lui-même (*e.g.* V, 459 ; XVI, 705-706 ; XX, 447-448). L'expression πρὸς δαίμονα se situe dans le même registre (XVII, 99 ; XVII, 104), et ses occurrences permettent d'esquisser une première hypothèse : la référence au *daimōn*, dans ces cas-là, dessine l'effet d'une action divine sur un être humain dont les limites sont repoussées au-delà de ce qui est attendu et qui apparaît dans une dimension « supra-humaine » au sens strict. En dehors de cette formule *daimoni isos* et assimilés, l'action d'un dieu, traduite par *daimōn*, peut s'inscrire dans le registre de la persuasion, de l'audace, de la ruse ou de l'aveuglement, mais dépasser aussi le registre d'une emprise purement mentale et se manifester concrètement : c'est par exemple le cas quand la corde d'un arc se rompt alors que toutes les conditions étaient réunies pour que cela n'arrive pas (XV, 467-470). En conséquence, le *daimōn* n'est pas, comme on le lit souvent, une puissance indéfinissable *en soi*. Le recours à ce terme traduit plutôt l'ignorance de l'identité de son agent par celui qui la subit. Le seul cas d'un *daimōn* dont l'identité divine est connue du protagoniste qui en ressent l'emprise se situe au chant III (419-420), quand Aphrodite apparaît à Hélène sous les traits d'une fileuse spartiate sur les remparts de Troie. Mais Hélène a une clairvoyance bien plus grande que celle des mortels et ce passage, qui mêle étroitement *theos*, *daimōn* et divinité identifiée, vient soutenir l'hypothèse du *daimōn* comme « manifestation divine » potentiellement identifiable à défaut d'être toujours identifiée.

L'*Odyssée* n'offre pas le contexte de sang et de fureur qui caractérise l'*Iliade* quand un *daimōn* saisit un guerrier sur le champ de bataille, mais les contextes qui le voient intervenir recoupent néanmoins les conclusions atteintes dans l'analyse de l'*Iliade* : le *daimōn* renvoie à une puissance divine agissante qui peut ou non être identifiée. C'est notamment le cas de deux prières où les Nymphes et Zeus sont respectivement invoqués pour qu'Ulysse rentre chez lui. Dans l'un et l'autre cas, la formule est la même et les protagonistes espèrent « qu'un *daimōn* le ramène » (*Od.*, XVII, 240-243 ; XXI, 200-201).

Quant au terme *olbiodaimōn* qui qualifie Agamemnon dans la bouche de Priam au chant III de l'*Iliade*, il fait référence, en parallèle à cet autre *hapax* qu'est *moirēgenēs* dans le même vers (181), à la faveur divine qui caractérise un homme « prospère » *(olbos)*. La notion de *daimōn* s'inscrit sur le même arrière-plan que la dévolution de sa part (*moira*) à un mortel à sa naissance. Une telle détermination relève de ce que nous appelons le « sort » d'un individu, mais ce sort n'est pas une puissance indéterminée qui frapperait aveuglément : il s'agit de l'équilibre entre les biens et les maux, tel qu'Achille en attribue la maîtrise à Zeus lui-même au chant XXIV de l'*Iliade* (v. 527-540).

Enfin, un dernier dossier homérique a été envisagé : l'apostrophe *daimonie*, au masculin, ou plus rarement *daimoniē* au féminin. Du point de vue de celui qui apostrophe son interlocuteur, ce dernier est saisi, inspiré, transporté par quelque chose d'extérieur à lui et qui le mène dans une direction inadéquate, voire aberrante. En bref : il dépasse les limites attendues d'un discours ou d'une attitude. Mais au stade de l'usage d'un tel vocatif, qui est figé en une expression standardisée, il semble bien s'être démonétisé au point de pouvoir être placé dans la bouche d'un dieu (Hom., *Il.*, I, 561 ; IV, 31 ; III, 399).

Cours 6 et 7 – *Daimōn* chez Hésiode

Les deux œuvres intégralement conservées et attribuées à Hésiode poursuivent des objectifs différents l'une de l'autre. La *Théogonie* raconte sur le mode généalogique la naissance du monde et des dieux, jusqu'à l'installation ferme de la souveraineté de Zeus. Le point de vue adopté est un regard panoramique et surplombant sur l'ordre de Zeus et la stabilisation du cosmos. *Les Travaux et les Jours* déploient un point de vue davantage humain qui s'applique à une petite communauté paysanne devant assurer sa survie par un labeur informé de la qualité divine des « Jours » pour que ses « Travaux » soient efficaces. Un tel succès est subordonné à l'exercice de la justice, qui permet de profiter de ce labeur. Parmi les trois récits qui soutiennent le propos initial du poète sur la condition humaine, le « mythe des races », qu'on appellera plus volontiers « récit des cinq espèces humaines », offre une représentation des *daimones* en tant que « gardiens des humains mortels » et « pourvoyeurs de richesses » (122-126, cf. 253-255). En effet, les humains de l'âge d'or ne se distinguent des dieux que par leur mortalité. Ensuite, par la volonté de Zeus, ils acquièrent un statut d'immortels sous la forme de *daimones* « gardiens ».

L'*Iliade* offre, avec le *daimōn*, l'image d'une puissance divine en action, tandis que l'*Odyssée* atteste aussi la cristallisation potentielle d'agents divins envoyés par les dieux. En comparaison de ces œuvres, *Les Travaux et les Jours* n'offrent pas d'intrigue, mais une leçon de justice et une exhortation au travail qui, toutes deux, placent Zeus en position dominante : il est maître de justice et pourvoyeur de prospérité, et c'est à son action dans le monde que se rapportent les *daimones* de l'âge d'or. D'Homère à Hésiode, on voit se dessiner une notion de *daimōn* qui sert à exprimer le « ressenti » subjectif d'une action divine, tout en assumant potentiellement le profil d'une entité objectivée qui participe de la divinité qui l'envoie.

Ces *daimones* évoqués par *Les Travaux et les Jours* sont collectifs et mandatés par Zeus. La seule attestation du mot dans la *Théogonie* apparaît quant à elle au singulier. Elle concerne Phaéthon, « le lumineux », fils d'Éos, la déesse Aurore, et de Képhalos, un humain mortel [13]. Enlevé par Aphrodite dans la fleur de sa jeunesse, la déesse en fait un *daimōn* divin, « desservant de l'intérieur dans ses temples divins » (986-991). D'autres cas d'enlèvements d'humains par une déesse sont énumérés par

13. J. RUDHARDT, « Le mythe de Phaéthon », *Kernos*, vol. 10, 1997, p. 83-95 ; cf. G. NAGY, « Phaethon, Sappho's Phaon, and the White Rock of Leukas », *Harvard Studies in Classical Philology*, vol. 77, 1973, p. 137-177.

la même Aphrodite dans l'*Hymne pseudo-homérique* qui l'honore, quand elle dit à Anchise que sa famille a connu au moins deux événements de ce type, avec Ganymède enlevé par Zeus et Tithonos enlevé par Éos. Ces humains « s'approchent le plus des dieux par l'apparence et la prestance » (*HhomAph*, 201-202 ; cf. 218-219). De telles comparaisons permettent de considérer à la fois les ressemblances et les distinctions avec le cas de Phaéthon tel que le dessine la *Théogonie*. Car, s'il bénéficie lui aussi d'une complexion proche des dieux et de la fleur de la jeunesse, la destinée que lui réserve Aphrodite se situe dans ses sanctuaires, et donc parmi les hommes. Ce statut de « gardien du temple » permet d'affiner la notion de « puissance d'action d'une divinité parmi les hommes » décelée jusqu'ici. Une comparaison avec certains profils sacerdotaux attestés dans l'*Iliade* et, bien plus tard, chez Pausanias, permet également de confirmer la proximité potentielle entre prêtre/prêtresse et divinité desservie, et de comprendre l'association entre le statut de *nēopolos*, « desservant du temple », et celui de *daimōn* de Phaéthon dans la *Théogonie*.

Cours 8 – *Eudaimōn* : mot-clé pour comprendre *daimōn*

Un humain *eudaimōn* est « aimé des dieux immortels », ainsi que l'affirme Théognis (v. 653). Dans ses *Élégies* qui font se succéder des sentences gnomiques et moralisantes où le terme *daimōn* a sa place, on perçoit clairement la valeur distributive des actions de *daimones* à qui est rapportée la répartition des biens et des maux dans la vie humaine. Cependant, quand il s'agit de prier pour obtenir un sort favorable, c'est à un dieu spécifique que le poète s'adresse, quitte à solliciter l'envoi d'un *daimōn*. Cette hiérarchisation crée les conditions de la cristallisation de la puissance d'un dieu sous forme d'un agent spécifique telle qu'elle apparaît dans l'*Odyssée* (cf. *supra*) et chez Sappho (« Le poème des frères », v. 27-20).

Il arrive, comme dans le cas de Phaéthon, qu'un *daimōn* reçoive un nom propre. C'est ce que l'on trouve chez Théognis, où *Eris*, « l'Espoir », et *Kindunos*, « le Danger », sont considérés comme « des *daimones* redoutables » (v. 637-638). Mais, par ailleurs, *Eris* est considérée comme « la seule divinité bénéfique parmi les hommes » (v. 1135), ce qui montre une fois de plus la participation du *daimōn* à la divinité et les limites de toute catégorisation. La comparaison de ces affirmations élégiaques et gnomiques avec l'expression de la condition humaine telle que la mettent en scène la *Théogonie* et *Les Travaux et les Jours* permet de voir à l'œuvre ces glissements entre statut divin et action démonique rapportée à un dieu.

Les *Épinicies* de Pindare élargissent encore le champ de vision en plaçant la distinction entre dieux et mortels dans le registre de la puissance et de l'action des premiers sur le cours de la vie des seconds (*Pythiques*, XII, 28-31 ; III, 31-35 ; V, 116-124). Cette action, qu'elle soit positive ou négative, passe à nouveau par le biais de l'action démonique. Et quand cette dernière est positive, l'humain est bel et bien *eudaimōn*.

Cours 9 – *Daimōn* et *daimones* tragiques

La matière tragique de l'enquête sur le *daimōn* est assurément abondante. L'identification de diverses orientations sémantiques du terme permet de l'ordonner et de l'analyser.

La première est celle de la synonymie entre *theos* et *daimōn*, bien attestée à la période archaïque, tant au pluriel qu'au singulier. Certaines occurrences qui relèvent d'une telle alternance semblent toutefois la dépasser en ajoutant l'aspect « marqué » d'une action divine dans le monde, comme le cas de Dionysos qualifié de « *daimōn* manifeste » dans les *Bacchantes* d'Euripide (v. 22 : ἐμφανὴς δαίμων ; cf. 42).

La deuxième orientation sémantique concerne la « cristallisation » d'une action divine qui prend une consistance propre, dans le bien comme dans le mal attribué aux humains (*e.g.* Eur., *Hécube*, 162-164 ; *Médée*, 1389-1392). La situation « cosmique » de l'entité supra-humaine ainsi désignée semble jouer également dans le choix du mot : les dieux sur l'Olympe peuvent être placés en regard de *daimones* épichthoniens, « sur la terre » (*e.g.* Eur., *Électre*, 1233-1237).

La troisième voie fait passer le *daimōn* d'une action divine conjoncturelle, que l'on pourra parfois traduire par « le sort », à une situation structurelle où les actions s'enchaînent dans une suite que l'on peut alors désigner sous le terme de « destinée » (*e.g.* Eur., *Alceste*, 496-506 ; *Médée*, 1346).

La quatrième orientation est étroitement liée à la précédente et concerne ce que l'on peut appeler brièvement « le *daimōn* familial ». Il évoque la récurrence, de génération en génération dans une même lignée, du bonheur ou du malheur, la matière tragique faisant plutôt droit au *daimōn* négatif, par exemple dans la famille des Atrides ou celle des Labdacides (*e.g.* Esch., *Sept*, 812-813 ; *Agamemnon*, 1475-1476).

Enfin, en cinquième et dernière instance, le nom de *daimōn* est attribué à des défunts comme Darius dans les *Perses* d'Eschyle (v. 620-621, 634), Alceste dans la pièce éponyme d'Euripide (1003), ou encore Rhésos qualifié d'*anthrōpodaimōn* (« homme-*daimōn* ») dans la pièce éponyme du pseudo-Euripide (971). Dans ce dernier cas, le contexte de l'existence *post-mortem* de Rhésos invite à rapprocher l'*hapax anthrōpodaimōn* du *daimōn dios* que devient Phaéthon à la fin de la *Théogonie*.

Cours 10 – Le *daimōn* et la répartition

Le célèbre passage du livre II (53) d'Hérodote où il affirme que les poètes ont « fabriqué pour les dieux une généalogie, leur ont donné leurs surnoms, ont réparti entre eux honneurs et compétences, et signifié leurs figures » est précédé d'une étymologie fantaisiste du mot *theos*. Les dieux sont ainsi appelés *(theoi)*, selon l'historien, car, « ayant mis en ordre *(thentes)* toutes choses, ils président à toutes les répartitions » (II, 52). Cette vision *émique* des dieux les fait apparaître comme des instances dispensatrices, distributrices, régulatrices. Or, l'étymologie de *daimōn* qui, pour sa part, n'a rien de fantaisiste en fait un agent dispensateur, distributeur [14]. La résonance entre la conception de l'action des dieux dans le monde telle que la dessine Hérodote et l'étymologie de *daimōn* invite à creuser ce sillon sémantique selon trois axes. Le premier tient à la répartition des biens et des maux qui est inhérente à l'emprise des dieux sur la condition humaine. S'y rattache également l'idée de « sort » et de « destinée ». Le deuxième axe tient à la distribution de la puissance divine elle-même dans un système polythéiste où les dieux sont nombreux et associés à des honneurs et des compétences spécifiques : le *daimōn* est une notion qui permet de « cristalliser » ces compétences particulières en les identifiant par un nom. Le troisième axe tient à la distribution des dieux dans l'espace. Dans

14. P. Chantraine, *Dictionnaire étymologique de la langue grecque*, Paris, Klincksieck, 1968, *s.v.* δαίμων. Cf. G. Dumézil, *Les Dieux souverains des Indo-Européens*, Paris, Gallimard, 1977, p. 109.

l'économie générale du monde telle que l'évoquent les poèmes archaïques, tous les dieux ne sont pas situés en un même lieu, et cette localisation plus ou moins spécifique exprime une facette de leur *timē* respective. Dans cette perspective, les *daimones* deviennent des dieux « épichthoniens », situés sur terre, parmi les hommes, ainsi qu'on le percevait chez Hésiode et Euripide. C'est leur caractère topique qui explique pourquoi Platon (*République*, IV, 327b ; *Lois*, VII, 801e) opère une classification des entités supra-humaines à honorer dans sa cité idéale en trois ensembles : *dieux – daimones – héros*, à savoir les divinités « olympiennes » – voire panhelléniques –, les divinités du terroir et les héros.

Cours 11 – Retour à Dodone : *daimōn* comme destinataire cultuel

L'apparition du terme *daimōn* en alternative à *theos* et/ou à *hērōs* dans quelques lamelles oraculaires de Dodone a laissé entendre que *daimōn* pouvait assumer une dimension cultuelle, du moins dans l'intention de ceux qui cherchaient à déterminer l'identité d'un interlocuteur divin. La question en suspens est dès lors la suivante : pourquoi les textes des prescriptions rituelles épigraphiques ou les dédicaces ne livrent-elles pas d'emploi du terme *daimōn*, hormis dans des textes poétiques inscrits sur pierre ou dans le cas très spécifique, et globalement assez rare, de l'*Agathos daimōn* parfois associé à l'*Agathē Tychē* ?

Le dernier cours de l'année a affronté une telle interrogation. Pour ce faire, il a fallu opérer une distinction nette entre les intrigues poétiques analysées jusqu'ici, où il est fait référence à des actions divines génériques, et les actes rituels qui doivent s'adresser à *un* interlocuteur ou à *des* interlocuteurs précis. L'explicitation par un nom propre est alors un passage obligé. Dans un contexte rituel où la communication adéquate est recherchée, l'interlocuteur supra-humain est une entité divine *dénommée*. Des prescriptions rituelles et la *Périégèse* de Pausanias ont été successivement convoquées pour tenter d'identifier le ou les équivalents cultuels de la notion de *daimōn* analysée cette année.

Séminaires

Introduction

Les séminaires ont prolongé le cours magistral en faisant intervenir des orateurs invités pour aborder différents aspects de la problématique générale de la catégorisation des entités supra-humaines.

Séminaire 1 – *The materiality of the divine image*

Ioannis Mylonopoulos (professeur à la Columbia University, New York),
13 février 2019

The lecture explored the various materials used for the making of ancient Greek divine imagery, their possible semantics, and the reactions they caused to the worshipers who encountered them. Influenced by the abundance of Roman "copies" of Greek originals, scholars have emphasized the importance of stone, particularly marble, in the creation of divine imagery. Written sources, however, reveal that the contrary was the case. In the past, it has been often assumed that the Archaic period was primarily a time of stone, the Classical and Late Classical periods times of bronze, and the Hellenistic period one that did not seem to favor one over the other material. The lecture attempted to challenge this assessment, especially with respect to the Archaic period. Although it is difficult to associate bronze and marble exclusively with divine imagery, the same does not hold true for ivory and gold, which were used for the creation of divine images for centuries. The lecture, however, did not focus exclusively on materials such as marble, bronze, gold, or ivory. Sources also refer, albeit less frequently, to divine images made of silver, dark stone variations, and even gypsum. Particular focus was placed on wooden images, called in the written sources *xoana* and considered by them particularly "ancient." Although the hypothesis that the term *xoanon* refers to exceedingly old divine images has been successfully deconstructed, the thesis was presented that there is indeed something true in the wood's association with ancientness both semantically and literally. Wood's physical properties did not really allow its re-use. Thus by the time Pausanias visited Greece, perhaps even long before the second century CE, wooden statues were indeed among the oldest preserved images of their kind. The lecture also raised the question as to why wood was not extensively used as a material for the creation of divine imagery from the Classical period on.

Séminaire 2 – Des réseaux de puissances en action : la poésie hellénique à l'épreuve du polythéisme

Gabriella Pironti (directrice d'études à l'École pratique des hautes études, Paris), 27 février 2019

Le monde supra-humain, en Grèce ancienne, est non seulement pluriel, mais également complexe et mobile. Une promenade à travers un petit corpus de textes méliques et hymniques, du « Brothers Poem » de Sappho à l'hymne de Palaikastro, a servi de fil conducteur pour interroger les configurations polythéistes à l'œuvre dans ces poèmes : l'attention s'est notamment portée sur la manière dont les poètes articulent entre elles les puissances mobilisées (divinités « majeures », divinités « mineures » ou *daimones*, divinités « personnelles » et « personnifications divines »), sur les renseignements que de telles articulations conjoncturelles peuvent offrir quant à leurs statuts respectifs et, enfin, sur le caractère problématique de toute classification trop rigide.

Séminaire 3 – Les divinités, les *daimones* et les héros dans la poésie mélique : l'offrande chantée entre mythe et rituel

Claude Calame (directeur d'études émérite à l'École des hautes études en sciences sociales, Paris), 27 février 2019

Péan, dithyrambe, hymne, etc., nombreuses sont en Grèce ancienne les formes de poésie chantée qui sont adressées à une divinité. La performance rituelle de ces chants correspond souvent à une offrande musicale au dieu en échange du bienfait attendu. On s'est interrogé sur le rôle joué par la nomination et la qualification des dieux dans ces pratiques rituelles chantées, ainsi que sur la fonction de groupes de figures divines telles les Muses ou les Charites, et sur celle des héros qui interviennent de préférence comme protagonistes de l'action héroïque narrée. Entre mythe et rituel, ce fut l'occasion de revenir brièvement et de manière critique sur la notion de « puissance divine » proposée par Jean-Pierre Vernant dans ses réticences à traiter les dieux grecs comme des personnes.

Séminaire 4 – *"Soteria" and "Saviour" Gods in Ancient Greece*

Theodora S.F. Jim (lectrice à l'université de Nottingham), 13 mars 2019

From at least the Archaic period onwards, the cults of gods called "saviours" (Σωτήρ/Σώτειρα) spread remarkably quickly across the Mediterranean, so that there was hardly any region where they are not attested. Approached with innumerable prayers, sacrifices and dedications, these "saviour" gods had the power to grant an important blessing, σωτηρία ("deliverance", "safety", "salvation"), which is arguably one of the favours most frequently sought from the gods. This seminar looked at the multivalent power of these "saviour" gods and the nature of *soteria* which they offered. What did *soteria* mean for the ancient Greeks, and how did they experience it? Sought in circumstances ranging from warfare to seafaring, childbirth, healing, farming, earthquakes, plagues and so on, *soteria* in Greek antiquity was about the safety and well-being of communities as much as that of their individual members. What did the Greeks have in mind when calling a god "saviour"? Which categories of the divine were thus called, and how did these gods actually "save"? Given the plurality of "saviours" in Greek polytheism, another difficult question is how individuals decided which ones to appeal to in the hour of need. Using both literary and epigraphic evidence, we explored the multiple levels on which the "saviour" gods operated, the values attached to *soteria*, and whether the concept of *soteria* contained any eschatological connotations in the Greek world (as is sometimes thought). It emerged that, far from being fixed and clearly-delimited, the pantheon of "saviour" gods could be constantly expanded, and their power and personality continually configured and re-configured, though within certain limits, according to the experiences, needs and decisions of communities and individuals.

Séminaire 5 – Concepts et récits de salut en Grèce ancienne

Miguel Herrero de Jáuregui (professeur à l'université Complutense de Madrid), 13 mars 2019

Les idées modernes sur le salut sont inévitablement médiatisées par les deux grandes visions du monde qui s'imposent dans l'antiquité tardive, avec une notion objective et absolue du salut : la *Salus publica* de l'Empire romain, qui représentait la sécurité et prospérité de l'État, et la *salus/soteria* transcendante des systèmes métaphysiques chrétiens, gnostiques, ou néoplatoniciens. Pourtant, en Grèce ancienne, le salut n'était généralement pas un concept fixe et réifié, ni dans le domaine politique ni dans le domaine religieux. La projection des catégories modernes, ou la simple recherche des précédents, est souvent erronée. Pour les Grecs, chaque situation possible de salut dérive plutôt d'un récit concret, où un danger spécifique (*e.g.* le naufrage, la guerre, la maladie), l'action salvatrice, les individus ou les groupes sauvés, ou encore les agents sauveurs (divins ou humains) sont bien plus centraux que le concept abstrait ou généralisant de *soteria*. Les différents genres littéraires (de l'épopée à la tragédie, des péans d'occasion aux protreptiques philosophiques), exploitent les récits possibles de salut de façons diverses et s'en servent pour affronter des problématiques importantes sur l'humain et le divin : *e.g.* la dépendance humaine à l'égard des dieux qui sauvent, la possibilité de trouver le salut dans les hommes eux-mêmes, la relation entre le salut individuel et collectif, autant de questions qui ont été traitées avec une grande diversité de solutions possibles par les auteurs comme Homère, Sappho, Hérodote, et Platon, par des politiciens d'époque classique et hellénistique, tout autant que dans les cultes locaux et les préoccupations des individus dont témoignent les inscriptions. Le vaste éventail des possibilités concrètes n'est pas incompatible avec une terminologie et des images communes. C'est à partir de ce panorama qu'il faut évaluer les différents essais, dans les domaines de la philosophie, de la religion et de la politique, de proposer des modalités de trouver un salut général en Grèce ancienne ; des tentatives qui, pourtant, ne réussiront pas, jusqu'à la fin de l'Antiquité, à imposer un récit univoque.

Séminaire 6 – *Who is a hero and why? Looking at bodies and bones*

Gunnel Ekroth (professeure à l'université d'Uppsala), 27 mars 2019

Ancient Greek heroes form a particular category of supernatural beings between gods and departed humans. On a general level, it is easy to keep them apart but a closer inspection shows that the category "hero" is often blending over to that of gods and ordinary dead persons in a manner that makes too tight definitions uncomfortable and even incomprehensible to the modern eye. This presentation explored the hero-concept and how we are to define what a hero is, both as to definitions made from the ancient evidence (written, iconographical and archaeological) and modern scholarly approaches. Of particular interest is the body of the hero, as a living entity but also in the form of his or her bones after death. Moreover, the intriguing feature that heroes had a "second" life after they died, sometimes even more important and forceful than their first existence, will also be considered. A fixed definition of who is a hero and why cannot be arrived at, but mapping the heterogeneous character of "heroes" is an important part of the understanding of this category of beings within the wider field of recipients of religious attention in ancient Greece.

Séminaire 7 – Acteurs et autorité dans les processus d'héroïsation : à propos des usages du verbe *aphērōïzō*

Stefano Caneva (chercheur postdoctoral du F.R.S. FNRS à l'université de Liège), 27 mars 2019

La recherche récente a renversé une thèse longtemps acceptée, selon laquelle le culte héroïque aurait connu une phase de déclin dans la religion grecque aux époques hellénistique et romaine. Au contraire, les textes littéraires et épigraphiques montrent bien que la sphère sémantique du héros continua à exercer une fonction importante dans la culture des communautés grecques pendant toute l'Antiquité, et connut aussi une extension considérable de son domaine d'application dans la sphère des honneurs pour les défunts aux périodes qui nous intéressent. Dans ce cadre, le séminaire a abordé la problématique de l'héroïsation de défunts dans le monde grec aux époques hellénistique et impériale dans la perspective d'une étude lexicale ciblée : les contextes d'utilisation du verbe *aphērōïzō* et du substantif dérivé *aphērōïsmos*. Ce point de vue a permis de discuter dans quels contextes rituels et discursifs un acteur (une institution ou un individu) pouvait s'attribuer l'autorité de reconnaître à un défunt, auquel il était associé par des liens publiques ou privés forts, l'honneur d'être reconnu comme un nouveau membre de la communauté des héros.

À la croisée entre l'histoire des mots, l'histoire religieuse et sociale, on a mis en valeur la dimension délibérative du verbe *aphērōïzō*, à savoir son lien intime avec la dimension performative du décret ou de la dédicace à travers lesquels l'acteur sanctionne l'autorité de son initiative honorifique.

Séminaire 8 – Démonisation » dans le sud-ouest de l'Asie Mineure et en Égée : un cas particulier ?

Jan-Mathieu Carbon (maître de conférences attaché au Collège de France), 10 avril 2019

Le séminaire a abordé des témoignages épigraphiques de la fin de la période classique au début de la période hellénistique qui évoquent des cultes rendus à des *daimones* que l'on peut appeler « personnels ». Concentrés autour de l'Égée et en Asie Mineure, ces cultes peuvent comporter des sacrifices rendus au *daimon*, voire au « Bon Génie » d'un couple ou d'individus, et ceci, que ces derniers soient vivants ou défunts. Plusieurs de ces documents ont été mis à l'étude. Au final, nous nous sommes interrogé sur le fait de savoir si ces spécificités géographiques et chronologiques ne voilaient pas un phénomène plus large. La question des origines de cette pensée « démonique » demeure inévitablement insoluble mais mérite néanmoins d'être posée : quelle pouvait être la part du savoir « ionien » en la matière (Héraclite, etc.) et notre recherche peut-elle même faire des détours par d'autres courants de pensée (perse, anatolien, etc., et en faisant écho notamment à Rome, le sujet de la présentation de John Scheid, cf. *infra*) ?

Séminaire 9 – Génies et Junons, des divinités romaines éphémères

John Scheid (professeur émérite au Collège de France), 10 avril 2019

Le Génie des hommes et les *Iunones* de leurs femmes ne sont pas seulement une des caractéristiques de la religion des Romains, mais aussi une catégorie particulière des divinités du polythéisme antique, puisqu'elles naissent et meurent. Elles jettent donc une lumière originale sur le monde des dieux romains, qui ne fut généralement pas compris en dehors de Rome et de l'Italie, et qui posait même des problèmes aux Romains dans le culte public, quand il s'agissait de sacrifier au Divin Auguste, à partir de 14 ap. J.-C.

Séminaire 10 : *Daimones* et démons dans le judaïsme hellénistique

Anna Angelini (chercheure postdoctorale à l'université de Lausanne), 17 avril 2019

En Grèce ancienne, la catégorie religieuse du *daímōn* est beaucoup plus vaste et, à bien des égards, différenciée de celle de démon : elle fait d'ailleurs l'objet de processus de resémantisation dans différents contextes historiques culturels. Ce séminaire a exploré les transformations de la notion de *daímōn* dans la littérature juive en langue grecque. Ces sources reflètent l'influence des représentations du démoniaque provenant du monde levantin et proche orientale. En même temps, les représentations culturelles du *daímōn/daimónion* véhiculées dans la littérature juive en grec se construisent en négociation explicite ou implicite avec des croyances et pratiques religieuses plus largement hellénistiques. Elles constituent donc un tournant important pour le rapprochement entre la notion de *daímōn* et celle de « démon » telle que nous la connaissons aujourd'hui.

Séminaire 11 – Un monde peuplé de démons : les auteurs chrétiens du IIe siècle face aux puissances divines polythéistes

Francesco Massa (maître d'enseignement et de recherche à l'université de Fribourg, Suisse), 17 avril 2019

Une part importante de nos informations sur les puissances divines polythéistes nous est fournie par les textes littéraires chrétiens. Ces textes sont souvent sous-exploités alors que, une fois replacés dans leurs contextes et leurs stratégies d'écriture analysées, ils ouvrent sur une réflexion essentielle pour comprendre la religion grecque d'époque impériale, puisqu'ils posent un regard double sur les pratiques religieuses de leur temps, à la fois proche et éloigné. Cette intervention a analysé comment les auteurs chrétiens interprétaient et définissaient les diverses entités qui peuplaient le monde supra-humain des Grecs, en soulignant l'extension que la catégorie de *daimôn* a subi dans la pensée chrétienne ancienne. L'exposé s'est plus particulièrement centré sur des auteurs chrétiens du IIe siècle, de façon à mettre en évidence les liens qui les unissent aux auteurs de la Seconde Sophistique et les représentants du platonisme de l'époque.

Cours à l'extérieur

Université de Trento, octobre 2018 :

1) *Dei, daimones, eroi: la complessità del politeismo greco.*
2) *Il daimōn in Omero.*

Recherche

– La représentation de l'action divine dans le polythéisme grec par le biais d'une étude de la notion de *daimōn* aux périodes archaïque et classique (cf. résumé des cours).

– Poursuite du projet *CGRN : Collection of Greek Ritual Norms*, en collaboration avec Jan-Mathieu Carbon, maître de conférence attaché à la chaire.

– Rédaction, par J.-M. Carbon, d'un ouvrage sur les parts sacrificielles destinées aux dieux et aux humains, intitulé *Consuming the Sacred : Sharing Ancient Greek Animal Sacrifice.*

– Collaboration de J.-M. Carbon au corpus des inscriptions d'Halicarnasse, en collaboration avec Signe Isager et Poul Pedersen, professeurs émérites des universités d'Odense et d'Aarhus respectivement (cf. publications). Mission épigraphique à Bodrum en août 2019.

Publications

Chapitres de livres

BONNECHERE P. et PIRENNE-DELFORGE V., « Réflexions sur la religion grecque antique : comment appréhender le polythéisme ? », *in* B. COLLETTE-DUČIĆ, M.-A. GAVRAY et J.-M. NARBONNE (dir.), *L'Esprit critique dans l'Antiquité*, vol. I *: Critique et licence dans la Grèce antique*, Paris, Les Belles Lettres, 2019, p. 57-97, https://orbi.uliege.be/handle/2268/238518.

PIRENNE-DELFORGE V., « Imaginer les dieux : l'anthropomorphisme divin chez Artémidore et Dion Chrysostome », *in* R. GAGNÉ et M. HERRERO DE JÁUREGUI (dir.), *Les Dieux d'Homère*, vol. II *: Anthropomorphismes*, Liège, Presses universitaires de Liège, coll. « Kernos Suppléments », vol. 33, 2019, p. 155-175, https://orbi.uliege.be/handle/2268/238519.

PIRENNE-DELFORGE V., « The politics of Olympus at Olympia », *in* K. FREITAG et M. HAAKE (dir.), *Griechische Heiligtümer als Handlungsorte: Zur Multifunktionalität supralokaler Heiligtümer von der frühen Archaik bis in die römische Kaiserzeit*, Stuttgart, Steiner Franz Verlag, 2019, p. 187-204, https://orbi.uliege.be/handle/2268/238520.

PIRENNE-DELFORGE V., « Les chemins de la mémoire : Pausanias et "tout ce qui est grec" », *in* A. BERTHOZ et J. SCHEID (dir.), *Les Arts de la mémoire et les images mentales*, Paris, Collège de France, coll. « Les Conférences du Collège de France », 2018, p. 101-112, https://doi.org/10.4000/books.cdf.5442.

PRÉFACE

PIRENNE-DELFORGE V., « Préface », *in* V. GASPARINI et R. VEYMIERS (dir.), *Individuals and Materials in the Greco-Roman Cults of Isis: Agents, Images, and Practices*, Leyde, Brill, coll. « Religions in the Graeco-Roman World », vol. 187, 2018, p. IX-XIII, https://orbi.uliege.be/handle/2268/230556.

PUBLICATIONS DES MEMBRES DE L'ÉQUIPE

CARBON J.-M., ISAGER S. et PEDERSEN P., « An inscribed stele depicting a horseman now in the Bodrum Museum », *Philia*, vol. 4, 2018, p. 26-30.

CARBON J.-M., « "King Harvest has surely come": On the Seasonal Festival of the Kalamaia », *in* A. GARTZIOU-TATTI et A. ZOGRAPHOU (dir.), *Des dieux et des plantes. Monde végétal et religion en Grèce ancienne*, Liège, Presses universitaires de Liège, coll. « Kernos Suppléments », vol. 34, 2019, p. 127-140.

Milieux bibliques

Thomas Römer

Membre de l'Institut (Académie des inscriptions et belles-lettres),
professeur au Collège de France

Mots-clés : Bible, histoire du Proche Orient ancien, Yhwh, Pentateuque, Torah

La série de cours « Naissance de la Bible. Anciennes et nouvelles hypothèses (I) » est disponible, en audio et/ou en vidéo, sur le site internet du Collège de France (https://www.college-de-france.fr/site/thomas-romer/course-2018-2019.htm), ainsi que les colloques « Des femmes au pouvoir ou de pouvoir ?! Reines, prêtresses, prophétesses et autres dans le Proche-Orient ancien » (https://www.college-de-france.fr/site/thomas-romer/symposium-2018-2019.htm) et « Nouvelles recherches autour de la stèle de Mésha » (https://www.college-de-france.fr/site/thomas-romer/symposium-2018-2019__1.htm).

Enseignement

Cours – Naissance de la Bible. Anciennes et nouvelles hypothèses (I)

Introduction

Le cours de cette année, qui se poursuivra l'année prochaine, voudrait faire le point sur ce que nous savons et ce que nous émettons comme hypothèses quant à la naissance et la formation de la Bible.

Bible hébraïque et Ancien Testament

La Bible hébraïque se distingue de son équivalent chrétien « Ancien Testament » par sa structure en trois ensembles : « Pentateuque », « Prophètes » et « Écrits ».

T. Römer, « Milieux bibliques », *Annuaire du Collège de France 2018-2019. Résumé des cours et travaux*, 119e année, Paris, Collège de France, 2022, p. 521-544, https://doi.org/10.4000/annuaire-cdf.17279.

Le Pentateuque (Torah)

Le terme « Pentateuque » vient de la traduction grecque qui fait référence aux cinq livres qui se trouvent dans cet ensemble. Il s'agit de la Torah (traduit « Loi », mais en hébreu cela signifie plutôt « Instruction, Enseignement ») qui est le corpus biblique le plus important dans le judaïsme. Moïse est la figure principale de l'ensemble, puisqu'il apparaît dès le deuxième livre (Ex 2) et meurt à la fin du Pentateuque (Dt 34). Le Pentateuque a pour trame l'histoire d'un peuple, les Hébreux, de sa préparation à son installation en Israël et de sa mise en relation avec la divinité Yhwh, au travers des figures médiatrices des patriarches puis de Moïse. L'ensemble de la structure du Pentateuque (Genèse [*bereshît* en hébreu], Exode [*shemot*], Lévitique [*wayyiqra'*], Nombres [*bemidbar*], Deutéronome [*debarîm*]) met en avant le livre du Lévitique. Au centre du Pentateuque, se trouvent ainsi les règles qui doivent régir la vie de la communauté en vertu de son alliance avec Yhwh, et en particulier la nécessité de se purifier de leurs transgressions par les rituels adéquats comme le montre le Jour du Pardon au centre du Lévitique (Lv 16).

Les Prophètes (Nebi'im)

À partir du Moyen Âge, la deuxième partie du canon juif, qui fait directement suite narrativement à la fin du Pentateuque, est organisée en deux parties : les Prophètes antérieurs (*Nebi'im rišonîm*) et les Prophètes postérieurs (*Nebi'im aḥaronîm*). Les Prophètes antérieurs sont davantage des livres « historiques » que des livres prophétiques et relatent l'histoire du peuple hébreu depuis la conquête jusqu'à la fin des deux royaumes d'Israël et de Juda (Josué, Juges, 1-2 Samuel, 1-2 Rois). Les Prophètes postérieurs regroupent les livres prophétiques proprement dits.

Les Écrits (Ketubim)

Cet ensemble constitue la partie la moins cohérente du canon. On y trouve toutes sortes de textes : des textes poétiques, des textes de sagesse, des récits, des visions, etc. On peut également tenter de les regrouper en plusieurs groupes par commodité :

– les Psaumes, Job et les Proverbes ;

– les *Megillot* (rouleaux lus pendant les cinq principales fêtes juives) comprenant les livres de Ruth, du Cantique des Cantiques, de l'Ecclésiaste/Qohéleth, des Lamentations et d'Esther ;

– Daniel, Esdras et Néhémie, 1-2 Chroniques (récit alternatif de 1-2 Rois).

Traditions et réceptions de la Bible hébraïque

La Bible hébraïque ne correspond pas tout à fait à l'« Ancien Testament » chrétien, que ce soit en raison de l'ordre de présentation des livres (ce qui influe beaucoup sur l'interprétation théologique) ou bien en raison des livres qui y sont contenus. De plus, les canons varient entre les traditions catholique, protestante et orthodoxe.

Comment peut-on dater les textes bibliques ?

La datation des textes bibliques est un travail de recherche qui se fonde sur les différentes formes manuscrites de la Bible hébraïque et non uniquement celle du texte massorétique, qui fut finalisée au Moyen Âge, une forme très tardive donc. À cet égard, la découverte des manuscrits de Qumran contenant de nombreux fragments bibliques est une preuve factuelle de l'existence de presque tous les livres bibliques aux alentours du IIe ou du Ier siècle av. l'ère chrétienne, même si la plupart d'entre eux ne sont attestés que sous une forme très fragmentaire. L'existence d'une traduction grecque de la Torah, rédigée, selon la lettre d'Aristée, aux alentours du IIIe siècle av. l'ère chrétienne, constitue également un élément important. Bien qu'il s'agisse d'une légende, il est assez plausible qu'il y ait eu des traductions grecques du Pentateuque dès le IIIe siècle. Ceci présuppose qu'un Pentateuque hébreu faisait autorité, au moins dès la fin du IVe siècle. Après cette date, nous nous trouvons en terrain relativement ferme. Avant cette date, par contre, les choses sont plus compliquées.

Les différentes méthodes de datation présentées ci-dessous sont classées des moins fiables aux plus fiables car elles comportent toutes des faiblesses. Malgré cela, la datation est importante car elle aide à comprendre comment et dans quels contextes historiques s'est formée la Bible.

La datation linguistique part du principe qu'il y a une distinction entre un hébreu biblique classique et un hébreu biblique tardif qui permettrait alors de distinguer plusieurs périodes rédactionnelles.

Les datations allégoriques voient dans certains récits non historiques (la ligature d'Isaac, le veau d'or, etc.) le reflet d'un contexte historique et politique qui permet alors de dater le récit. Néanmoins, cette méthode est fortement dépendante de l'interprétation d'un texte.

L'argument « e silentio » suppose que l'absence de mentions d'une tradition dans des textes anciens implique que cette tradition est plus récente.

La méthode traditionnelle du *terminus a quo* utilise le dernier événement rapporté par un corpus pour dater sa rédaction. Ainsi, Spinoza (XVIIe siècle) postule que l'Ennéateuque – l'ensemble des livres de Genèse et 2 Rois – serait rédigé par un seul auteur qui doit être postérieur aux derniers événements racontés dans 2 Rois. Le meilleur candidat serait alors Esdras. De Wette (1805) propose que le Deutéronome, qui semble inconnu avant le règne du roi Josias (cf. 2 R 22), soit daté de ce règne. Dans les années 1830, plusieurs chercheurs constatèrent que les textes sacerdotaux (des textes du Pentateuque, représenté par le sigle P pour « prêtres », qui ont des affinités linguistiques, thématiques et qui forment une trame narrative cohérente ; voir plus bas) sont inconnus des prophètes préexiliques (soit avant la destruction du temple de Jérusalem en 587 av. J.-C.). Ils proposèrent alors de dater les textes P plus tardivement que le Deutéronome, au début de l'époque perse. Au XXe siècle, M. Noth utilisa le *terminus a quo* pour dater le « Deutéronomiste » (ensemble de récits contenus dans Dt-2 Rois ; voir plus bas) en 560 av. J.-C. (cf. 2 R 25,27-30).

La datation par comparaisons externes s'appuie sur les parallèles de certains textes du Pentateuque avec la littérature extrabiblique dont la datation est connue.

En parallèle de la comparaison externe, la datation relative par comparaison interne à l'intérieur-même de l'ensemble de la Bible hébraïque peut également être utilisée dans certains cas.

Globalement, l'ensemble des méthodes utilisées tendent à dater l'apparition des textes du Pentateuque pendant la période perse, parce que ce contexte peut être déduit de trouvailles concrètes. En dessous de cette période, les datations sont plus hypothétiques, bien que possibles selon les cas. Pour ce qui est de P dans la Torah, le contexte du Second Temple semble plus approprié, bien que certains passages aient pu dater du Premier Temple.

L'histoire du canon tripartite et du texte biblique

Le terme de « canon » n'est pas un terme propre à la culture juive pour parler des livres bibliques. L'utilisation est plutôt chrétienne et s'inspire de la tradition hellénistique qui « canonisait » des œuvres poétiques ou à thématiques religieuses et éducatives, par exemple l'œuvre homérique. Dérivé du mot grec, κανών (« roseau, canne » et par extension « norme, règle ») qui peut lui même dériver d'un léxème sémitique, le terme désigne un corpus de livres qui est considéré comme fondamental, comme indispensable soit sur le plan religieux, soit sur le plan de l'enseignement. La fixation d'un canon reflète donc le souci de répertorier des écrits fondateurs, et de transmettre ce canon qui est considéré comme fournissant le fondement identitaire d'un groupe ou d'une religion. Pour sa part, le judaïsme utilisait plutôt l'expression « écrits » ou « écrits saints » (*kitbê ha-qodesh*). Le corpus juif ne fut définitivement fixé qu'à partir des IIe-IIIe siècles ap. l'ère chrétienne, bien que le processus ait probablement débuté bien en amont, avec, dans un premier temps, la fixation du Pentateuque. À souligner que les textes n'ont pas été originellement rédigés dans le but de figurer dans un recueil de textes normatifs.

Le canon tripartite

La première attestation claire d'un canon tripartite se trouve chez Flavius Josèphe (*Contra Apionem* 1,38-41), daté aux alentours de 95 de l'ère chrétienne. Le prologue du Siracide (vers 130 av. l'ère chrétienne) semble mentionner également l'idée d'une tripartition, alors que le corpus du Nouveau Testament semble plutôt indiquer une bipartition : « Loi/Moïse et les Prophètes ». Le livre de 4 Esdras, dont la rédaction est contemporaine de Flavius Josèphe, mentionne l'écriture d'un corpus de 24 livres, possiblement ceux qui étaient considérés comme canoniques durant cette période. Le Talmud mentionne également 24 livres, mais l'on trouve également d'autres attestations pour le chiffre 22. La fixation d'un canon tripartite n'a probablement eu lieu qu'au IIe siècle de l'ère chrétienne.

Différentes théories se sont formées autour de la formation du canon hébraïque. Les traditions juive et chrétienne ont longtemps attribué l'ensemble du canon en 24 livres à Esdras (cf. 4 Esdras). Mais, l'exégèse historico-critique a rejeté cette interprétation, proposant plutôt, suivant la théorie dominante de Heinrich Graetz (1871), que les trois parties du canon de la Bible juive se sont constituées successivement. Il apparaît clairement que le Pentateuque possède un statut plus ancien et différent des autres livres de la Bible hébraïque, notamment en raison de sa traduction grecque et du fait que les Samaritains n'ont conservé que la Torah comme « écriture sainte ».

La constitution du Pentateuque

Plusieurs pistes ont été proposées pour expliquer les motifs à l'origine de la constitution du Pentateuque par la communauté juive. Bon nombre de spécialistes se fondent sur les récits d'Esdras-Néhémie, notamment Esd 7,11-28 et Ne 8,3-8, où Esdras est appelé par le roi perse à mettre par écrit la loi du « dieu du ciel ». Il est assez plausible que cet épisode reflète la promulgation du Pentateuque, et bien que l'historicité du personnage d'Esdras ne soit pas assurée (il n'est pas mentionné par le Siracide, contrairement à Néhémie), il est possible que ce soit dans le courant de l'époque perse, entre 400 et 350, que le Pentateuque fut compilé. Toutefois, la promulgation de la Torah semble être avant tout une décision intra-judéenne et israélite, et non le résultat d'une volonté de l'Empire perse (contrairement à la théorie de « l'autorisation impériale » de P. Frei).

Si la décision de compiler la Torah ne vient pas des autorités perses, quelles en furent les motivations ? Pour cela, il faut envisager non seulement la population à Jérusalem, mais également la Golah babylonienne, ainsi que les habitants de l'ancien royaume du Nord. Au moment où le Pentateuque fut promulgué, il existait à la fois un temple à Jérusalem et un temple en Samarie sur le mont Garizim. Il faut donc comprendre le Pentateuque davantage comme une coproduction entre la Samarie et Jérusalem. C'est également ce que semblent indiquer les textes de la communauté israélito-judéenne d'Éléphantine, puisqu'ils s'adressent aux autorités tant de Jérusalem que de Samarie. D'autres textes bibliques vont dans ce sens, permettant l'acceptation du Pentateuque comme document fondateur aussi bien par les Judéens que par les Samaritains.

Penta- ou Hexateuque ?

Au vu de la fin « ouverte » du Pentateuque, puisque la promesse du pays n'y trouve pas d'accomplissement, de nombreux chercheurs ont postulé qu'il y aurait eu une coalition de scribes et de prêtres qui voulaient intégrer dans la Torah le livre de Josué qui, à l'époque de la promulgation de la Torah, existait déjà (ce que la recherche a nommé l'Hexateuque). Il semble y avoir eu conflit entre les groupes favorisant le Pentateuque et ceux qui étaient favorables à l'Hexateuque, puisque la fin du Pentateuque, Dt 34,10-12, introduit une césure qualitative entre le Pentateuque et les livres suivants, qui signale qu'il pourra y avoir des prophètes mais qu'aucun d'eux n'égalera la figure de Moïse. D'autres versets du Pentateuque semblent au contraire préparer le livre de Josué. Le choix qui s'est imposé en faveur de l'édition du Pentateuque et non pas de l'Hexateuque reflète un enjeu religieux et politique profond. Non seulement il souligne le caractère tout à fait exceptionnel de la médiation mosaïque, mais surtout il dissocie la révélation de la Torah de la possession du pays. Dans la perspective du Pentateuque, le pays devient quelque chose de secondaire par rapport à l'obéissance à la Torah.

La compilation de la Torah durant l'époque perse ne signifie pas encore que le texte du Pentateuque n'est plus modifiable. Des ajouts et des révisions ont vraisemblablement été intégrés jusqu'à l'époque hellénistique.

La canonisation des Nebi'im

Contrairement au Pentateuque, il est beaucoup plus difficile de donner une date relativement précise pour la fixation du corpus des « Prophètes ». Globalement, il semble que les livres des « Prophètes antérieurs », tout comme la plupart des livres prophétiques proprement dits, existaient déjà à l'époque perse. Toutefois, d'autres indices montrent que des livres prophétiques ont connu des ajouts et révisions encore durant l'époque hellénistique. Dès sa constitution, le corpus des « Prophètes » est fortement subordonné à la Torah, mais, en même temps, les prophètes apparaissent comme les interprètes légitimes de la Torah. O.H. Steck propose de dater l'achèvement de la compilation des *Nebi'im* aux alentours de 198 av. J.-C., à savoir au moment où la Palestine est incorporée dans l'Empire séleucide. Il serait toutefois possible d'envisager une clôture du corpus des *Nebi'im* plus tardive, en suivant A. Van der Koij, vers 164, dans le contexte nationaliste des Maccabées qui se voient en successeurs de Josué et des rois d'Israël. Il est donc possible que les *Nebi'im* reflètent une perspective pro-hasmonéenne, alors que les *Ketubim,* dont la collection commence peut-être à cette époque, reflètent plutôt une collection de livre proto-pharisienne.

Les Ketubim et la clôture du canon tripartite

La compilation des *Ketubim* se déroule dans un contexte tout autre que pour le Pentateuque et les *Nebi'im*, plus grec et plus chrétien. Il est possible que cet effort de compilation se soit alors fait dans un but de démarcation du christianisme naissant ou comme forme de réponse aux canons grecs (A. de Pury), avec la volonté de montrer que les Juifs ont également des écrits poétiques, des écrits de sagesse et de tragédie (Job), ainsi que des écrits d'histoire. À cela s'ajoute la prolifération d'écrits messianiques et apocalyptiques à l'intérieur du judaïsme (dont les rouleaux de Qumran fournissent un bon exemple) qui nécessite également une décision quant au nombre des livres considérés comme « saints ». L'intégration de certains textes au corpus des *Ketubim* tels que les livres d'Esther, de Qohéleth ou encore le Cantique des Cantiques, sera encore discutée jusqu'au IVe siècle de l'ère courante, contemporain donc du canon chrétien (S. Mimouni). La clôture du canon comme tripartite pourrait toutefois avoir eu lieu plus tôt, à partir du IIe siècle. Les *Ketubim* se comprennent également comme un complément à la Torah (cf. Ps 1,1-2). Ainsi, le canon tripartite est clairement un canon centré sur la Torah, mais aussi un canon qui appelle par sa construction même à l'interprétation et à l'actualisation, comme l'illustre parfaitement l'existence du livre des Chroniques dans sa reprise des traditions de Samuel-Rois.

La diversité des textes et des manuscrits de la Bible

Tous les textes de l'Antiquité ont connu une longue histoire de transmission et de révision, cela vaut aussi bien pour la Mésopotamie que pour la Grèce antique. Il est évident donc, comme cela est prouvé par la comparaison des différents manuscrits bibliques, qu'aucun texte biblique ne correspond exactement à sa première version de mise par écrit. Premièrement, en raison de l'alphabet utilisé, puisque les premiers textes ne furent pas écrits en écriture carrée, l'écriture araméenne qui s'est notamment imposée pour la partie occidentale de l'Empire achéménide (cf. aussi Talmud bab., Sanh 21b).

Les supports d'écriture

Les supports matériels (pierre, bois, tessons d'argile/*ostraca*, papyrus, cuir) ont beaucoup évolué au cours des siècles. Ce n'est qu'à partir du IIe siècle av. l'ère chrétienne que l'on utilise le parchemin préparé à partir de la peau d'animal. Jusqu'à l'époque hellénistique, le format était celui du rouleau, puis l'on est passé à celui du *codex*, qui s'est notamment imposé par l'usage chrétien de réunir dans un seul *codex* l'ensemble des livres canoniques.

Des textes hébraïques au texte massorétique

En raison de la nature consonantique de la langue hébraïque, il existe pour de nombreux termes une grande diversité de prononciation. Il y eut deux phases de stabilisation de cette diversité : la première eut lieu lorsque les Pharisiens, après la destruction du temple de Jérusalem en 70 de l'ère courante, prirent la décision de stabiliser le texte, qui devait désormais renforcer l'identité du judaïsme naissant. Le texte est alors organisé par des signes, des espaces. Les scribes qui ont standardisé les textes sont appelés « Massorètes » (selon la racine araméenne *m-s-r* « transmettre »), d'où la désignation du texte standardisé hébraïque comme « texte massorétique »

(TM). La deuxième phase de stabilisation eut lieu à partir des VIIe-VIIIe siècles, ou l'on tenta de fixer la prononciation du texte consonantique, avec un système de notation plus précis. Il en existe trois variantes : babylonienne, palestinienne et tibérienne. Furent également rajoutés les systèmes de paragraphes et de versets. Si la tradition massorétique s'est imposée, on a des traces d'autres systèmes plus populaires ou encore proto-massorétiques, voire proto-samaritains, puisque le Pentateuque samaritain présente de nombreuses différences avec le TM du Pentateuque. Les manuscrits les plus anciens, tant dans la version samaritaine que massorétique, datent du Moyen Âge (XIIe siècle). Le système de vocalisation qui s'est imposé, grâce à l'appui du philosophe Maïmonide, est celui de la famille Ben Asher.

La traduction grecque de la Bible hébraïque (LXX) est également un témoin important de l'évolution du texte biblique, puisque certains livres permettent d'accéder à un texte hébreu différent du TM, soit antérieur, soit parallèle à ce dernier. La Bible grecque complète (Ancien Testament et Nouveau Testament) est attestée dans les *codices* Vaticanus (IVe siècle), Sinaiticus (IVe siècle) et Alexandrinus (Ve siècle). Ces textes sont également le résultat de nombreuses révisions juives et chrétiennes. L'expansion du christianisme a provoqué de nombreuses traductions dont certaines ont un intérêt pour la critique textuelle, comme les traductions en syriaque entre le IIe et le Ve siècle qui suivent les variantes du TM pour le Pentateuque, alors que d'autres livres de ces traductions montrent des liens forts avec la LXX.

La formation du Pentateuque : anciennes et nouvelles hypothèses

Dans les traditions juive et chrétienne, l'écriture du Pentateuque est attribuée à Moïse, bien que cet ensemble littéraire soit anonyme. Cette attribution a suscité très tôt des interrogations puisqu'il ne pouvait pas avoir écrit sa propre mort. La tradition juive a tenté d'expliquer cette incohérence en postulant que c'était Josué qui avait complété les derniers versets.

Dans l'exégèse critique, il n'est plus question d'attribuer la rédaction du Pentateuque à Moïse. C'est le cas dès Spinoza (1670) qui postule que le Pentateuque avait été compilé durant l'époque perse. Il était alors nécessaire de repenser son processus rédactionnel, sa crédibilité historique ainsi que sa portée théologique.

En plus des anachronismes dont il a été question, ce fut la découverte des ruptures dans la logique littéraire (tensions, contradictions, doublets) qui amena les exégètes à se poser la question des sources à partir desquelles le Pentateuque aurait été constitué. Une première théorie rédactionnelle fut élaborée par J. Astruc (1753), postulant que Moïse aurait eu pour composer le Pentateuque plusieurs documents (« mémoires ») à dispositions.

À partir des théories d'Astruc, plusieurs hypothèses diachroniques commencèrent à se former que l'on peut classer en trois groupes principaux :

– la *théorie dite « documentaire »* suppose l'existence de plusieurs trames narratives, parallèles et indépendantes les unes des autres, rédigées à des époques différentes, relatant chacune la même « intrigue » (origines, patriarches, exode), mais avec des accents idéologiques différents. Ces documents auraient été réunis les uns aux autres par des rédacteurs successifs ;

– la *théorie des fragments* suppose qu'à l'origine du Pentateuque se trouve un nombre important de textes narratifs et législatifs, épars et isolés, sans continuité narrative. Ces fragments auraient été réunis par plusieurs rédacteurs responsables du cadre chronologique du Pentateuque ;

– la *théorie des compléments* postule l'existence d'un document de base contenant le « noyau » du Pentateuque, qui aurait reçu au cours des siècles de nombreux compléments.

Chacune de ces théories possède ses avantages et ses limites et aucune ne permet à elle seule de répondre à tous les problèmes diachroniques du Pentateuque.

La théorie documentaire

Au début du XIXe siècle, aucun des modèles mentionnés ci-dessus ne semblait satisfaire ni l'emporter. Cette période fut déterminante dans l'élaboration de nombreuses théories rédactionnelles, dont celle de la « théorie documentaire » qui s'imposa grâce aux travaux de Wellhausen et Kuenen. Ces premières hypothèses s'élaborèrent dans le contexte des facultés de théologie protestantes et anglicanes, en contact étroit avec les sciences de l'Antiquité mais également en légère opposition avec les autorités ecclésiastiques. La datation sous Josias du Deutéronome par de Wette, le système de sources documentaires par Hupfeld (1853), la datation de la législation sacerdotale à l'époque exilique par Reuss et Graf amenèrent à l'élaboration de la théorie des documents telle qu'elle fut développée par Wellhausen et Kuenen. Selon eux, l'Hexateuque (et non pas le Pentateuque) est le résultat de la combinaison de quatre documents :

– le document yahwiste (« J », à cause de la préférence de ce document pour le nom divin Yhwh ; daterait de la monarchie) ;

– le document élohiste (« E », ce document préfère le nom d'« Elohim » pour désigner la divinité ; daterait également de la monarchie) ;

– le Deutéronome (« D » ; daterait de la fin de la monarchie, à l'époque de Josias vers 620) ;

– le document sacerdotal (« P », d'après l'allemand « Priesterschrift » ; édité durant la période exilique, aux alentours de 500).

Les documents « J » et « E » sont difficiles à différencier et Welhausen suggéra de les regrouper sous l'appellation « JE » (« Jehowiste »). Il entendait également pouvoir analyser l'évolution de la religion vétérotestamentaire, chaque document reflétant, selon lui, une étape décisive de cette évolution : « JE », la monarchie ; « D », la réforme josianique ; « P », la période postexilique de « restauration ». Les documents auraient ensuite été regroupés sous Esdras. Le modèle proposé par Wellhausen était strictement littéraire et les exégètes qui adoptèrent son modèle au début du XXe siècle l'exagérèrent considérablement en subdivisant les documents en de nombreuses couches.

L'attention à la tradition orale par H. Gunkel et M. Noth

Les découvertes archéologiques en Mésopotamie mirent au grand jour de nombreux textes assyro-babyloniens extrêmement proches de récits de la Bible hébraïque (notamment les parallèles existant entre les épopées d'Enuma Elish, de Gilgamesh ou l'Athrahasis, et les récits de la création et du déluge). Il fallut alors se pencher sur l'ancienneté de la Bible et comment elle s'insère dans le contexte mésopotamien.

L'intérêt de l'exégèse historico-critique pour les traditions orales et le contexte sociologique des textes du Pentateuque est dû aux recherches de H. Gunkel, membre de la *Religionsgeschichtliche Schule*. Selon lui, « la Genèse est une collection de légendes ». Ce slogan implique, entre autres, que les « auteurs » des sources du Pentateuque ne sont pas les inventeurs des matériaux qu'ils rapportent, mais qu'ils sont avant tout des collectionneurs et des éditeurs de récits populaires, de légendes et de traditions orales. En insistant sur la nécessité de rechercher l'enracinement sociologique et historique des traditions rapportées dans le Pentateuque, Gunkel mit en place les fondements de la méthode exégétique de la *Formgeschichte* (histoire des formes).

À la suite des considérations sociologiques de Gunkel, M. Noth s'efforça d'étudier les processus qui faisaient de ces récits indépendants le matériel qu'auraient utilisé les auteurs des différents documents du Pentateuque. Pour expliquer le chemin des légendes indépendantes vers des traditions plus complexes, Noth introduit la thèse selon laquelle le Pentateuque s'est formé à partir de grands thèmes. Ces thèmes proviendraient de milieux producteurs différents, les plus anciens étant ceux de la sortie d'Égypte et de l'entrée en Canaan. Il inaugura le champ d'investigation qu'était celui de l'histoire des traditions. Il postula également l'existence d'une historiographie *deutéronomiste* (Dtr) qui allait des livres du Deutéronome à Rois. Ainsi, le Pentateuque se transforma en Tétrateuque.

G. von Rad

Von Rad proposa la forme la plus « aboutie » de la théorie documentaire qui servira de modèle pour la recherche. Rejetant la théorie de Noth sur le Tétrateuque, il continua à travailler avec la thèse d'un Hexateuque qu'il étudia en tant qu'œuvre théologique. Il reformula la théorie documentaire en vue d'une conception de théologie narrative de l'Ancien Testament, directement redevable d'« une histoire de salut ». Ainsi, le Yahwiste devint chez von Rad l'architecte de l'Hexateuque, qu'il aurait créé à partir d'un noyau hérité de la tradition (Dt 26,5-9), avec comme traditions les deux plus anciennes : les traditions de l'exode et de l'entrée dans le pays. Le but théologique de J serait de montrer que l'Empire salomonien constitue l'aboutissement des promesses et du projet de Yhwh. Dans les années 1960, un certain consensus de base se forma autour de la théorie documentaire et de ses quatre sources constitutives :

	« J »	**« E »**	**« D »**	**« P »**
Date	Vers 930 (époque de Salomon)	Vers 850-750 (dans le Royaume du Nord)	Vers 750-620 (origine peut-être dans le Nord, puis amené par des réfugiés à la cour de Jérusalem)	Vers 550, durant, voire après l'exil babylonien
Étendue	Gn 2,4-Jos 24 (?, alternative : fin perdue)	À partir de Gn 15* (?)	Dt 5-30	De Gn 1 à Dt 34* (?, alternative : quelque part en Jos)
Textesclés	Gn 12,1-3 ; Ex 19,3 *sq.*	Gn 20-22	Dt 6,4 *sq.*	Gn 1 ; Gn 17 ; Ex 6
Théologie	Justification de l'Empire davidique ; Dieu accompagne l'homme malgré ses faiblesses et accomplit ses promesses.	La « crainte de Dieu » ; insiste sur le comportement éthique découlant de cette crainte et est proche des milieux prophétiques.	Alliance, obéissance à la loi et vénération exclusive de Yhwh.	Souveraineté et sainteté de Yhwh ; importance des institutions et de la médiation sacerdotale.

La contestation de la théorie documentaire

Plusieurs pôles de contestation ont émergé au sein de l'exégèse historico-critique. Entre les années 1975 et 1977 parurent trois livres qui firent éclater en morceaux, chacun à sa manière, le consensus exégétique sur le Pentateuque, et qui opérèrent une véritable « révolution scientifique » comme l'entend la théorie de T. Kuhn. J. Van Seters, dans son livre *Abraham in History and Tradition*, retourne plutôt sur une théorie des compléments. H.H. Schmid, dans *Le Soi-disant Yahwiste*, souligne le lien entre les textes yahwiste et deutéronomiste. R. Rendtorff, dans *Le Problème de la transmission des traditions du Pentateuque*, retourne à une théorie des fragments. Bien que chacune des trois théories apportent des corrections et éclairages différents, elles ont plusieurs points communs tels que l'importance d'une rédaction exilique et postexilique pour le Pentateuque, l'existence des textes P et le statut à part du Deutéronome.

Le maintien de la théorie documentaire traditionnelle

La théorie documentaire n'a pas disparu pour autant de la discussion exégétique. On peut classer les différentes tendances dans trois courants principaux :

a) certains suivent von Rad et défendent un Yahwiste salomonien (A. Marx), ou encore Wellhausen avec une datation plus tardive de J (H. Seebass, C. Frevel) ;
b) plusieurs exégètes restent attachés à la thèse d'un Yahwiste au début de la monarchie, mais reconnaissent le fait que de nombreux textes, attribués naguère à J, appartiennent plutôt à une époque tardive de la rédaction du Pentateuque. Il s'ensuit que le Yahwiste salomonien devient en fin de compte assez fantomatique, et les textes qu'on lui attribue pourraient tenir sur une feuille de papyrus, voire sur une peau de mouton (E. Zenger, P. Weimar) ;
c) les *Neo-Documentarians* affirment l'existence des quatre sources documentaires sans toutefois vouloir les dater (B. Schwartz, J. Baden, J. Stackert).

D'autres encore postulent plutôt une théorie de deux sources, « J » et « P », avec datation tardive à l'époque exilique (C. Levin, R. Kratz). La tendance actuelle tend à combiner les différents modèles proposés (théorie documentaire, théorie des fragments, couches rédactionnelles) et reconnaît l'indépendance originelle de certaines traditions (théorie des fragments), qui auraient été mises ensemble par deux grands milieux rédactionnels.

Une théorie compositionnelle et conflictuelle

C'est E. Blum, élève de R. Rendtorff, qui élabora les points principaux de cette théorie ; suivi entre autres par R. Albertz, J. Blenkinsopp et F. Crüsemann, il considérait l'époque postexilique comme la période décisive de la formation du Pentateuque. La théorie compositionnelle insiste plutôt sur le dialogue conflictuel entre deux écoles : la composition D et la composition P. « D » s'adresserait à la Golah et souhaiterait rappeler par l'histoire d'Abraham et par celle de l'exode les deux piliers sur lesquels repose la relation entre Yhwh et Israël, qui restent stables malgré la catastrophe de l'exil babylonien. « D » (que Blum fait d'abord commencer en Gn 15) aurait eu à disposition du matériel plus ancien, législatif et narratif, datant de l'époque monarchique. « P », pour sa part, aurait eu à disposition l'œuvre « D », mais également des textes qui auraient été écrits auparavant en tant que documents indépendants. L'idéologie de « P » réside dans le culte et les institutions qui sont présentés comme un don de Yhwh pour permettre à Israël de faire l'expérience de la proximité divine. Suite à ces deux tendances conflictuelles, un processus rédactionnel en dialogue aurait eu lieu. La force de ce modèle est d'avoir montré que le Pentateuque se développe à partir d'une « cohabitation » entre deux écoles de pensée notamment.

Pour combler le fait que de nombreux textes ne correspondent à aucune des deux écoles de pensée, plusieurs chercheurs ont postulé l'existence de récits indépendants parfois contradictoires les uns avec les autres, renouant avec une théorie des fragments (A. de Pury, K. Schmid, R. Kratz).

Faut-il un nouveau consensus ?

Si l'on ne peut pas faire un consensus entre toutes les différentes théories et approches de l'exégèse historico-critique, on peut souligner que l'on ne peut plus contester l'importance de la période du VIe au IVe siècle (époques exilique et postexilique/perse) pour la formation du Pentateuque. L'éclatement des approches exégétiques ne doit cependant pas remettre en question l'importance et l'utilité de certains outils élaborés au cours de son histoire. De plus, elles se voient désormais complétées par de nouvelles études anthroposociologiques et archéologiques.

Les questionnements encore ouverts

Les différentes théories présentées jusqu'alors laissent un certain nombre d'éléments de côté quant à leur analyse du processus rédactionnel/compositionnel du Pentateuque, comme le manque de questionnement sur l'apparition et la constitution des cinq rouleaux. Le style à part de chacun des livres du Pentateuque doit également être étudié plus en profondeur, tantôt proche de « D », ou de « P », tantôt un mélange. Le livre des Nombres mérite également d'être étudié plus en profondeur.

Conclusion : un compromis possible pour un document de compromis ?

N'oublions pas que, bien que de nombreux paradigmes aient été rejetés, de nombreux autres résultats des débuts des recherches diachroniques restent toujours valables. Ce n'est d'ailleurs sans doute pas un hasard si l'on observe aujourd'hui à divers niveaux un retour vers les origines de la théorie documentaire. Le retour également d'une théorie des fragments souligne la caractéristique du Pentateuque comme document de « compromis ». Il existe de nos jours un quasi-consensus sur le fait que c'est l'époque perse qui fournit la vraie date de naissance de la Torah. La publication du Pentateuque, ou en tout cas d'un Proto-Pentateuque, se comprend comme une tentative du judaïsme naissant pour définir sa nouvelle identité face aux changements politiques, économiques et religieux auxquels il se trouve confronté. Le rassemblement de différents codes législatifs et de traditions narratives très diverses fait indubitablement du Pentateuque une littérature de compromis. Mais c'est là un compromis qui ne se limite pas simplement à la cohabitation côte à côte du courant sacerdotal (P) et du courant « laïc » (D ou J), et qui ne veut pas gommer les divergences entre leurs options théologiques. Au contraire, pour qui sait écouter et lire, celles-ci sont évidentes. La cohérence du Pentateuque, c'est sa diversité.

La formation des « Prophètes » (*Nebi'im*) : anciennes et nouvelles hypothèses

Les *Nebi'im* contiennent deux collections bien différenciées dans leur style et contenu, que l'on a nommés respectivement « les livres historiques » ou encore « prophètes antérieurs » et les livres prophétiques à proprement parler, les « prophètes postérieurs ». D'un point de vue rédactionnel, on peut se demander comment deux ensembles si différents ont été réunis. Il est possible d'observer trois liens : l'omniprésence des figures prophétiques dans les deux parties, des thématiques communes, des styles parallèles (en particulier Jérémie et le livre des Rois).

En plus de leur mise en commun, on peut aussi se questionner sur le rattachement des *Nebi'im* avec le livre du Deutéronome qui clôt le Pentateuque. Le lien entre Josué et Deutéronome a poussé, comme nous l'avons déjà mentionné, à parler d'un Hexateuque plutôt que d'un Pentateuque. Pourtant, le Deutéronome ne prépare pas seulement l'histoire de la conquête de Josué, mais également les époques suivantes et plusieurs épisodes des livres des Juges mais également des livres Samuel et Rois. Il y a donc des liens thématiques entre le Deutéronome et les livres historiques, mais également stylistiques et idéologiques.

La thèse d'une « histoire deutéronomiste » (Martin Noth)

Postulant que le Deutéronome était indépendant des rédactions yahwiste et élohiste du Pentateuque, et rejetant donc l'hypothèse de l'Hexateuque, M. Noth inventa le concept d'une *histoire deutéronomiste* qui influençait également les « livres historiques » (Überlieferungsgeschichtliche *Studien*, 1941-1942). Il s'agirait de l'œuvre d'un seul auteur, détaché de toute institution, qui cherche à expliquer la raison de la chute d'Israël, la destruction de Jérusalem et la déportation de la cour royale ainsi que d'une partie de la population judéenne, par un principe théologique fort. Le *leitmotiv* de cette histoire est l'obéissance ou la désobéissance d'Israël et de ses responsables vis- à-vis de la volonté de Yhwh. Ces événements apparaissent de la sorte comme une sanction de Yhwh à l'égard de l'infidélité du peuple et de ses rois, qui ont continuellement abandonné Yhwh et ses lois pour se tourner vers d'autres dieux. La chute de Juda n'est donc pas le signe de la faiblesse de Yhwh, qui aurait été vaincu par les dieux de l'ennemi babylonien. Au contraire, c'est Yhwh lui-même qui a choisi de sanctionner son peuple. Noth établit divers critères de comparaison pour établir le « style deutéronomiste », notamment celui du discours placé dans la bouche des héros principaux, ce qui le pousse à proposer une structure de l'histoire deutéronomiste, fondée sur ceux-ci (voir encadré).

Modifications majeures de la théorie nothienne

Malgré le succès de cette théorie, de nombreuses critiques lui ont été adressées. Il fut rapidement proposé d'y voir plutôt le résultat d'une école ou bien d'un milieu deutéronomiste, peut-être parmi les intellectuels déportés à Babylone. On peut mentionner quatre courants actuels quant aux théories de Noth, dont aucune ne fait consensus.

a. La position néo-nothienne

J. Van Seters et S.L. McKenzie défendent la thèse nothienne de l'existence d'un seul auteur deutéronomiste.

b. La position « crossienne »

Beaucoup de chercheurs américains se rallient à la position de F.M. Cross, qui proposa principalement le modèle d'une « double rédaction deutéronomiste », dont la première édition daterait du règne de Josias (vers 620 avant l'ère chrétienne). Cette première édition se caractérise par les thèmes du « péché de Jéroboam » (1 R 12) et de la dynastie davidique éternelle (2 S 7) qui trouvent leur aboutissement

La structure de l'histoire deutéronomiste

ORIGINES

Dt 1-30 *Discours de Moïse*

Fondement de la Torah. Grille de lecture pour l'histoire qui suit Dt 28 et ailleurs : annonce de l'exil.

CONQUÊTE

Jos 1 *Discours de Dieu à Josué*

Annonce de la conquête. Nécessité de l'obéissance à la Torah.

Jos 23 *Discours de Josué*

Nécessité de l'écoute, annonce de l'exil.

JUGES

Jg 2,6 *sq.* *Commentaire*

Introduction à l'époque des Juges.

1 S 12 *Discours de Samuel*, dernier Juge

Rappel de l'histoire depuis l'exode, nécessité de l'obéissance.

DÉBUTS DE LA MONARCHIE

1 R 8 *Discours de Salomon*

Inauguration du Temple. Nécessité de l'écoute, annonce de l'exil.

LES DEUX ROYAUMES

2 R 17 *Commentaire* sur la fin d'Israël

La chute du royaume du Nord a été causée par sa désobéissance.

Pour Juda : annonce de l'exil

LA FIN DE JUDA

2 R 25 *Destruction et exil*

dans la figure de Josias, roi exemplaire qui accomplit fidèlement le commandement qui est au fondement du Deutéronome (Dt 6,4-5). La seconde rédaction aurait été rédigée après la destruction de Jérusalem (ajout de 2 R 23-24 et d'autres textes).

c. Le modèle des rédactions exiliques (et postexiliques) successives

L'initiateur principal de cette théorie est R. Smend (1971), qui reprit la question, déjà posée par Noth, des textes d'allure « deutéronomistes » mais visiblement ajoutés après coup dans l'historiographie deutéronomiste (HD). Smend proposa alors une rédaction deutéronomiste en deux étapes. La première correspond au Dtr de Noth (DtrH), rédigé durant l'exil, et la seconde, dite « nomiste » (DtrN), qui aurait réorienté DtrH dans une perspective plus « légaliste ». Un disciple de Smend (W. Dietrich), proposa de postuler une intervention supplémentaire d'un Deutéronomiste, entre les deux précédentes, qui ait une portée « prophétiques » (DtrP).

d. Le refus de l'hypothèse de Noth

Aucun des exégètes qui plaident pour l'abandon de la théorie nothienne ne nie la présence de textes deutéronomistes dans les livres des Prophètes antérieurs. Mais ces textes sont considérés comme tellement hétérogènes les uns par rapport aux autres qu'il serait vain de vouloir y voir un quelconque principe éditorial cohérent (C. Westermann, E.A. Knauf).

e. Vers un modèle de compromis

Ce modèle tente de reconstruire une théorie « mixte » où l'on postule l'existence d'une certaine cohérence (a), tout en soulignant le fait que certains textes dtr s'expliquent mieux au VIIe siècle qu'à l'époque de l'exil (b). Il faut alors postuler l'existence de plusieurs couches dtr (c). Au vu des différences importantes entre certains rouleaux (d), une solution serait de proposer l'existence d'une « bibliothèque dtr », avec plusieurs scribes en charge des différents livres. Ainsi, l'historiographie deutéronomiste consisterait en une collection de plusieurs rouleaux, avec une première bibliothèque de rouleaux contenant Dt-Jos et Sam-Rois, et éventuellement une histoire de Moïse en Ex. Cette bibliothèque se serait alors agrandie au fur et à mesure, en trois grandes étapes : époques néo-assyrienne, babylonienne et perse.

La formation des livres « prophétiques » et leur lien avec l'histoire dtr

Longtemps simplement attribués aux prophètes dont ils recueillent les prophéties, ce n'est qu'à partir du XIXe siècle que l'exégèse critique s'attaqua à la séparation entre le livre prophétique et le personnage auquel il est attribué. La recherche récente s'est penchée sur la nécessité d'une étude comparatiste du phénomène prophétique biblique avec le contexte du Proche-Orient ancien. À partir des années 1970, on prit plus fortement conscience du fossé entre le livre prophétique tel que nous le connaissons et l'individu dont le livre porte le nom. Il ne s'agit donc plus d'identifier surtout les oracles « authentiques » du prophète, contrairement aux efforts de l'exégèse des années 1960, mais de s'intéresser à la forme « achevée » du livre, et donc de reconstruire son processus rédactionnel à partir de modèles proches de ceux qui ont été imaginés pour le Pentateuque. Dès lors, plutôt que le prophète, ce sont les différents rédacteurs et scribes qui sont véritablement à l'origine de l'élaboration et de la substance de l'œuvre.

L'histoire deutéronomiste et la formation des « trois grands prophètes »

Contrairement au *Dodekapropheton* qui a fait l'objet d'une attention toute particulière durant la dernière décennie, la question des liens entre les livres d'Esaïe, de Jérémie et d'Ezéchiel n'a guère été posée. Mentionnons d'abord la complexité du processus rédactionnel propre à chacun des livres, qui rend plus difficile la comparaison des trois rouleaux, voire la précision de leur(s) milieu(x) producteur(s). On peut tout de même observer une volonté d'arranger chronologiquement ces trois livres, au vu de leur système des titres. Peut-être alors peut-on faire un lien entre ces trois livres à l'aide de la théorie de l'histoire deutéronomiste ?

Jérémie comme complément à l'histoire deutéronomiste

Le livre de Jérémie est le plus proche d'une histoire deutéronomiste, bien que cela soit sujet à débat. Selon mes travaux, le livre de Jérémie aurait été conçu comme un supplément à l'œuvre deutéronomiste. On peut imaginer que le livre de Jérémie a été conçu dans le même milieu que l'histoire deutéronomiste et qu'il faisait, dans un premier temps, partie d'une « bibliothèque deutéronomiste » dans le contexte de l'activité scribale du Second Temple.

Le livre d'Esaïe comme « suite » et contrepoint à l'histoire deutéronomiste

La recherche a postulé l'existence de trois ensembles distincts au sein du livre d'Esaïe : Es 1-39 (Proto-Esaïe), 40-55 (Deutéro-Esaïe), 55-66 (Trito-Esaïe). Entre le Proto- et le Deutéro-Esaïe, on remarque l'existence d'un récit, Es 36-39, qui correspond à un passage de 2 R 18-20. Possiblement, cet élément a pu être pensé comme une conclusion du Proto-Esaïe pour annoncer l'exil babylonien, introduisant également le thème de l'annonce du salut, présent dans le Deutéro-Esaïe. La perspective « sioniste » d'Ésaïe qui rejoint l'affirmation dtr de la centralisation du culte à Jérusalem est ainsi découplée de la nécessité d'une dynastie davidique éternelle, puisque l'alliance éternelle faite avec David est transférée sur le peuple (cf. Es 55).

Le livre d'Ezéchiel, comme « synthèse » entre l'histoire deutéronomiste, Jérémie et Esaïe

Le livre d'Ezéchiel est structuré de sorte que la destruction de Jérusalem y apparait comme pivot, bien que le contexte soit situé dans la Golah babylonienne. Le langage et certains thèmes (l'insistance sur les sabbats) trouvent plutôt des parallèles dans la littérature sacerdotale et plus particulièrement dans le code de sainteté. Il faut en déduire que le livre d'Ezéchiel a d'abord été la propriété d'un groupe de scribes sacerdotaux qui, à un moment donné, ont cherché à rendre ce rouleau compatible avec l'histoire deutéronomiste et les rouleaux d'Ésaïe et de Jérémie. En Ez 48, la restauration du culte et la vision de la nouvelle Jérusalem apparaissent du coup comme la réalisation définitive d'une promesse divine qui est maintes fois affirmée au début de l'histoire deutéronomiste.

Des « sémantiques de crise » différentes mais compatibles

Il paraît évident que ces trois ensembles n'ont pas eu une première mise par écrit commune, puisque les grandes différences stylistiques qui existent entre ces livres ne parlent pas en faveur d'une telle hypothèse. Toutefois, on peut supposer que les trois livres ont dû être rassemblées à l'intérieur d'une même bibliothèque, ce qui a donné lieu à un certain nombre d'interventions rédactionnelles et aussi à un certain arrangement de ces rouleaux. La convergence des trois prophètes dans leur description d'un chemin vers la restauration de Jérusalem peut s'expliquer alors par la tentative des responsables de la bibliothèque prophétique de confirmer, face aux centres religieux et administratifs concurrents tels que Mizpa, Béthel ou Samarie, que seule la montagne de Sion a été choisie par le dieu d'Israël.

De la tradition orale à la mise par écrit des plus anciennes traditions (du royaume d'Israël)

Les sociétés du Proche-Orient ancien et du Levant étaient éminemment « orales », puisque très peu de gens savaient lire et écrire – et ceux qui en avaient la connaissance avaient un statut social très élevé, d'où le fait que les scribes faisaient partie de l'élite des différents royaumes.

Une transmission orale

Si les archives du temple ont été rédigées par les scribes qui notaient les événements qu'ils trouvaient importants, il est fort probable que nombre des traditions populaires (gestes d'ancêtres, récits fondateurs, etc.) que l'on retrouve dans la Bible hébraïque étaient d'abord transmis d'une manière orale. C'est H. Gunkel qui rendit attentif à la transmission orale des récits populaires. Il est certain que cette transmission était un pilier des sociétés antiques. Il ne faut toutefois pas exagérer leur rôle dans la formation de la Bible hébraïque, car il n'est en aucun cas possible de reconstruire les fondements de ces traditions orales d'une manière précise, étant donné leur nature extrêmement changeante. Ces considérations peuvent toutefois être d'intérêts pour les textes poétiques, les cantiques ou encore les adages et textes de sagesse. En ce qui concerne la Bible hébraïque, on peut voir plusieurs traces d'une récitation orale. C'est le cas de certaines épithètes, de psaumes qui font penser à une récitation orale et qui avaient certainement leur place dans un cadre liturgique, du phénomène des répétitions (psaumes, récit de la création des humains).

La mise par écrit

On peut supposer que la première mise par écrit des différentes traditions date des mises en place d'une administration royale d'une certaine importance. Pour le royaume d'Israël, cela nous mène au IXe siècle sous la dynastie des Omrides. Les premiers écrits sont certainement des annales et des textes administratifs. De nombreuses trouvailles archéologiques viennent confirmer cette hypothèse, puisque les indications extra-bibliques pour le début d'une activité littéraire visent la seconde moitié du IXe siècle av. l'ère chrétienne.

Les différentes traditions

Il semble assez clair que les traditions les plus anciennes de la Bible sont originaires du Nord où elles ont d'abord été transmises oralement – on peut donc imaginer des mises par écrits en Israël. Parmi ces différentes traditions, il y a les traditions sur les « sauveurs » du livre des Juges (Ehoud, Débora, Gédéon, Jephté, Samson), sur Saül, sur l'exode, sur Jacob, sur Élie et Élisée, etc.

Les traditions sur les « Juges »

Les traditions sur les « Juges » sont originaires du Nord, rassemblées sous un « livre des Sauveurs » qui résulterait d'une mise par écrit de traditions orales. Parmi ces textes, beaucoup considèrent le cantique de Débora (Jg 5) comme une des compositions les plus anciennes de la Bible et comme un exemple typique de transmission orale.

Les traditions sur Saül

Les traditions originelles sur Saül proviennent également du Nord et sont positives à son égard. Elles reflètent la mise en place d'une première entité politique à partir de laquelle se mettrait en place le royaume d'Israël. Des rédacteurs judéens ont plus tard repris ces traditions et les ont remaniées pour faire précéder Saül à David et lui donner une image négative.

Les traditions sur l'exode

On peut émettre l'hypothèse que les traditions de l'exode proviennent originellement du Nord (cf. 1 R 12,28), où on identifie le dieu d'Israël avec le dieu qui a fait « sortir » d'Égypte, le dieu de l'exode. À la lecture de la Bible hébraïque, en particulier du Pentateuque, on observe qu'il y a eu probablement plusieurs traditions de l'exode, plutôt qu'une unifiée. On a très longtemps cherché à identifier l'événement ou à confirmer l'historicité du récit de l'exode à partir de sources extra-bibliques (stèle de Mérenptah, dynastie des Hyksos, « Shasou », « 'Apirou », joug égyptien sur Canaan et retrait), mais on constate que cela n'est pas très concluant (voir notre cours sur le livre de l'Exode).

Les traditions sur Jacob

Les traditions sur Jacob sont à l'origine indépendantes des récits des autres patriarches (Isaac et Abraham) et proviennent du Nord. On peut distinguer deux strates anciennes traditionnelles qui sont à l'origine des récits de Gn 27-35. La première strate écrite daterait de la première moitié du VIIIe siècle. Elle se fonde sur des traditions transmises oralement, notamment le conflit et la séparation et la réconciliation avec Laban (Gn 31,46-52).

Les histoires d'Élie et d'Élisée

Les histoires des prophètes Élie et Élisée ont été insérées tardivement dans le livre des Rois, ce qui n'exclut nullement le fait qu'on les ait rédigées pour la première fois et de manière indépendante dans le royaume du Nord après la chute des Omrides, comme une sorte de « livret noir de Baal » constitué en grande partie des histoires d'Élie. Le cycle de ces deux prophètes relate plusieurs épisodes qui ont globalement pour but de démontrer la supériorité de Yhwh sur Baal. Ces traditions reflètent sans doute également la naissance d'un yahwisme (cf. le récit du putsch mené par Jéhu) intransigeant qui trouvera son apogée dans les livres du Deutéronome et celui attribué au prophète Osée.

La bibliothèque du roi Josias

La chute de Samarie et l'agrandissement de Jérusalem

Suite à la chute du royaume d'Israël en 722, le royaume du Sud, Juda, n'a cessé de prendre en ampleur, peut-être à cause d'un afflux de réfugiés du Nord venus s'y installer. Suite aux grands mouvements démographiques et à la prise en importance du royaume de Juda, l'administration judéenne a connu un important développement au VIIIe siècle. Dans la Bible hébraïque, cette période d'essor est associée à la figure du roi d'Ezékias, qui a la faveur incontestée des rédacteurs bibliques. Les événements de 701, c'est-à-dire l'abandon de la prise de Jérusalem par les Assyriens, renforce la théologie de Sion, c'est-à-dire que Yhwh gardera pour toujours sa montagne sainte. L'autre grande figure royale qui supplanta partiellement celle d'Ezékias fut celle du roi Josias.

Le règne de Josias (627-609)

Le récit biblique se consacre principalement à raconter la « réforme » qu'il aurait entreprise, alors que le début de son règne coïncide plus ou moins avec le déclin de l'empire assyrien. Cette réforme se concentrait sur principalement deux points : la vénération du seul dieu Yhwh et l'idée de la centralisation du culte sacrificiel à Jérusalem. Une telle centralisation sur Jérusalem est envisageable au vu de son essor au VIIIe siècle. Cette réforme s'est accompagné de la mise par écrit d'un certain nombre de rouleaux.

Deutéronome

Il y a des fortes chances que la première version du livre, bien plus court que le livre actuel ait vu le jour durant le règne de Josias. L'unicité du dieu Yhwh est développée en Dt 6,4-5, le « Shema Israël », qui s'inspire en grande partie des traités de vassalité assyriens, qui obligeaient les vassaux du grand roi assyrien à aimer leur suzerain. D'autres passages du Deutéronome (Dt 13 et Dt 28) s'inspirent de ces traités, en particulier le serment de loyauté d'Assarhaddon (672). La centralisation du culte de Jérusalem est abordée en Dt 12.

Ainsi, la première édition du Deutéronome, comprenant grosso modo Dt 6,4-5 et 12,13-18 + 13* + 16-18*+ 28, a vu le jour sous le règne de Josias selon le modèle du serment de loyauté d'Assarhaddon.

Le livre de Josué

Les scribes de Josias se sont également inspirés de la rhétorique et de la propagande assyriennes pour inventer l'idée d'une conquête du pays en composant la première édition du rouleau de Josué. Il est probable que la première version de Jos 1-12 constitue une adaptation judéenne du langage militaire assyrien des VIIIe-VIe siècles. Au vu du matériel archéologique et de la construction de l'ouvrage, il apparaît clairement qu'il ne s'agit pas de la description d'une réalité historique, mais plutôt d'une construction théologique. En ce qui concerne la figure de Josué, selon R.D. Nelson, elle serait fortement inspirée du roi Josias qui comme Josué tenta de s'emparer de la région de Benjamin ayant appartenu au Royaume d'Israël.

Les livres de Samuel et des Rois

Il est également très probable que les scribes de Josias aient composé l'histoire des origines de la royauté en construisant avec des traditions plus anciennes les rouleaux de Samuel et des Rois. On peut citer la reprise des traditions du Nord sur Saül pour les transformer en récits négatifs, la valorisation de David, l'histoire de l'arche en 1 S 4-6. L'époque de Josias paraît un contexte logique pour la composition de l'histoire de l'ascension de David, son but étant de montrer que la lignée davidique est l'héritière légitime de Benjamin (figuré par Saül). Cela ne signifie pas, comme nous l'avons déjà dit, que l'histoire de David aurait été forgé de toutes pièces à l'époque de Josias. Elle intègre en effet des traditions plus anciennes et les transforment parfois d'une manière assez drastique. L'édition du livre des Rois à l'époque de Josias se termine avec la louange de Josias le roi idéal qui dépasse d'une certaine manière même David.

L'histoire de l'exode et de Moïse

Il est possible que les réfugiés de Samarie aient amené à Jérusalem une épopée relatant la sortie d'Égypte, peut-être déjà sous forme écrite. Les scribes de Josias reprirent cette histoire en la réécrivant et en introduisant probablement la figure de Moïse qui reprend de nombreux éléments narratifs typiques de la littérature du Proche-Orient ancien, surtout assyrienne. Au nom de Yhwh, Moïse affronte alors la puissance de l'Égypte qui, à l'époque de Josias, avait repris brièvement le contrôle du Levant. La première version du récit dit des « plaies d'Égypte » a sans doute été conçue pour démontrer la supériorité du Dieu d'Israël. Moïse devient aussi l'archétype du réformateur cultuel, légitimant en même temps les changements religieux à l'époque de Josias.

Conclusion

En conclusion, le règne de Josias signifie la mise par écrit ou la révision d'un nombre important de rouleaux qui, après révisions, deviendront des livres bibliques (Exode, Deutéronome, Josué, Samuel-Rois, mais aussi des livres prophétiques comme Esaïe, peut-être aussi Osée, Amos et d'autres).

L'essor de l'écriture après la destruction de Jérusalem

La situation en Juda jusqu'à l'exil

Suite à la mort de Josias en 609, ce sont les Babyloniens qui prennent rapidement le contrôle du Levant que les Égyptiens tentent de leur contester. Au gré de divers problèmes et révoltes politiques de Juda envers Babylone, dont il est le vassal, trois déportations de la population judéenne et en particulier jérusalémite eurent lieu : en 597, 587 (accompagnée de la destruction du temple, des murs et de la ville de Jérusalem) et en 582. Nous ne savons pas à quel point ces déportations ont réellement « vidé » le pays de Juda.

En effet, malgré la période de l'exil babylonien, la vie continuait en Juda et surtout en Benjamin, puisque les déportations avaient surtout concerné l'élite jérusalémite. Les textes bibliques ne donnent pas trop de détails sur la vie des judéens durant la domination babylonienne, la perspective principale étant celle des exilés babyloniens. Certaines ressources extrabibliques montrent l'importance et l'aisance économique de la « Golah babylonienne », terme utilisé pour les exilés (babyloniens) qui se sont installés dans le pays de déportation.

Les événements de 597 et 587/586 produisirent sans aucun doute une crise majeure de l'identité collective judéenne. Étant donnés l'importance des destructions et des mouvements de population, cette crise est bien réelle. Plus généralement, après les événements de 597/587, les piliers traditionnels, supportant la cohérence idéologique et politique d'un État monarchique dans le Proche-Orient ancien, s'étaient écroulés. Le roi avait été déporté, le temple détruit et l'intégrité géographique de Juda pulvérisée du fait des déportations et émigrations volontaires. L'écriture fut alors l'un des moyens de reforger l'identité judéenne.

Mise par écrit des réponses judéennes à la crise de 587

La domination perse succède rapidement et facilement à l'hégémonie babylonienne sur le Levant (dès 539). L'empire perse donne la possibilité pour les exilés de la Golah de rentrer au pays mais seule une partie des exilés retournent dans la province de Yehoud. Cette Golah se transforme alors en Diaspora assumée pour beaucoup. Dans ce cadre, l'écriture, joue un rôle essentiel pour donner de nouveaux modèles interprétatifs de l'histoire du peuple judéen. C'est à cet effet également que s'applique l'histoire deutéronomiste (HD), qui veut montrer que la chute de Jérusalem ne signifiait pas que les dieux babyloniens avaient vaincu le dieu national de Juda. Les événements de 597 et 587 ne pouvaient être expliqués que si la colère de Yhwh était l'agent de l'effondrement de Juda. Si Yhwh avait utilisé le roi de Babylone et ses dieux, cela signifiait aussi qu'il les contrôlait, qu'ils étaient ses outils. Or cette idée prépare le chemin vers des affirmations assez clairement « monothéistes » qui se trouvent dans les dernières retouches de l'histoire deutéronomiste.

L'édition des livres prophétiques

Cette période de l'exil babylonien correspond également à la mise par écrit de nombreux rouleaux prophétiques (Jérémie, Ezéchiel, Deutéro-Esaïe, Aggée, Zacharie 1-8) ou à des révisions importantes dans les textes prophétiques plus anciens.

Jérémie

La formation du livre de Jérémie est d'une grande complexité, notamment parce que le texte grec de la LXX présente une structure totalement différente de celle du TM. Mais d'autres éléments complexifient la compréhension du processus de sa mise par écrit tels que les doublets, les incohérences chronologiques, les différences importantes au niveau stylistique. En outre, l'ouvrage comporte plusieurs ensembles reliés assez lâchement : une collection d'oracles, une « biographie » de Jérémie, un discours en prose, une autre collection d'oracles de salut et des oracles contre les nations.

Le rouleau du Deutéro-Ésaïe (Ésaïe 40-55)

Le texte du Deutéro-Esaïe développe les conceptions monothéistes (cf. Es 45,6) et critique ouvertement les statues divines (Es 44,9-18). Es 43, lui, consiste en l'annonce d'une nouvelle création. Il est possible d'y voir une critique de la théologie deutéronomiste, tournée vers le passé et la destruction de Jérusalem, et qui propose plutôt de viser l'avenir.

La réécriture des rouleaux prophétiques dans une perspective eschatologique

Cette perspective amorcée par le Deutéro-Esaïe correspond à un élément clé dans la réécriture de plusieurs rouleaux prophétiques à l'époque perse. En effet, de nombreux rouleaux des Douze Petits Prophètes reçoivent un appendice eschatologique, en fin de l'écrit. Le Trito-Ésaïe (Es 56-66) est aussi à penser dans cette perspective.

La construction d'une histoire des origines

Le début de la période perse voit aussi un travail de reconstruction des récits des origines du peuple juif, probablement en raison de sa rencontre avec les grandes épopées mésopotamiennes. Cela donna naissance à une version pré-sacerdotale des origines, qui propose une réflexion sur la condition humaine. Ainsi, les récits de Gn 2-3* (origine de l'homme et de l'autonomie humaine), Gn 4 (origine de la violence), Gn 6-9 (déluge et modifications de la condition humaine) et Gn 11 (tour de Babel et diversité des langues et cultures) avaient été rassemblés dans une collection indépendante à l'origine.

La construction d'une histoire patriarcale

Cette reconstruction des récits des origines continua avec la construction d'une histoire patriarcale, principalement le cycle d'Abraham (et d'Isaac). Ainsi, Gn 12-26 formait probablement à l'origine une collection indépendante, qui promouvait une perspective anti-deutéronomiste de la possession du pays. En effet, en insistant sur la construction généalogique telle qu'on la trouve dans l'histoire d'Abraham, il apparaît que tous les peuples en Canaan se trouvent dans des liens de parenté autour de l'ancêtre Abraham.

La combinaison des récits des origines dans l'écrit sacerdotal

Ce fut P qui, pour la première fois, fit le lien entre le récit des origines (Gn 1-11), le récit des Patriarches (Gn 12-36) et l'histoire de Moïse et de l'exode. Il compose d'abord sa propre histoire des origines, qui est ensuite combinée avec les collections non-P (textes non sacerdotaux). Les textes P principaux sont les suivants : Gn 1,1-2,4 ; Gn 6-9* ; Gn 17 ; Gn 25 ; Ex 6 ; Ex 12 ; Ex 14 ; Ex 16 ; Ex 25-31 et 35-40 ; Lv 1-16. Cet ensemble constituait un seul rouleau indépendant qui fut ensuite lié à des traditions plus anciennes. La caractéristique théologique de P, qui diffère grandement du Deutéronome sur ce point, est son monothéisme inclusif, dont on peut voir les traces dans les trois étapes de révélation du Dieu d'Israël. Il se révèle une première fois comme *Elohim* à toute l'humanité et prononce le tabou du sang (Gn 9). Puis il se révèle comme *El Shadday* pour les descendants d'Abraham et impose le signe de la circoncision (Gn 17). Finalement, il se révèle en tant que *Yhwh* auprès de Moïse, qui instaure une série de réglementations plus limitantes (Pâque, rituels sacrificiels, prescriptions alimentaires, Yom Kippour) qui concerne exclusivement le peuple de Yhwh.

La promulgation du Pentateuque vers -350 et la séparation entre « religion » et « politique »

La promulgation du Pentateuque au courant du IVe siècle permettra de donner un nouveau sens à l'identité judéenne et à légitimer la vie en diaspora. Ce n'est plus l'institution politique et/ou religieuse qui fait l'identité juive, mais le texte ! De par la cohabitation des différents modèles identitaires au sein-même de la Torah, elle se pose des garde-fous contre des discours ségrégationnistes et imposent la nécessité d'interpréter et d'actualiser sans cesse le texte. Pour la Torah, l'identité d'Israël (et de tous ses lecteurs) se constitue dans l'acte de lecture et d'interprétation, mais cette même identité se concrétise également dans la diversité des lectures et des interprétations.

Recherche

Deuxième saison des fouilles à Qiryath Yéarim (Israël)

Le site de Deir el-'Azar s'étend sur une colline proéminente à 13 km à l'ouest de Jérusalem, offrant un vaste panorama sur la plaine côtière d'Israël, à l'ouest, et sur les hautes terres de Judée, à l'est et au sud-est. À son sommet se tient le couvent de l'Arche d'Alliance, bâti au début du XXe siècle sur les vestiges d'un monastère byzantin. La superficie du site est estimée à 4-5 hectares, faisant de lui l'un des plus vastes sites de l'âge du bronze et de l'âge du fer dans les hautes terres du Levant méridional. Le site est identifié avec une importante localité, Qiryath Yéarim, qui est mentionnée à diverses reprises dans la Bible. Lors de la première saison des fouilles en 2017, un mur massif a été découvert qui a dû protéger l'emplacement d'un bâtiment important au sommet de la colline. Nous avons émis l'hypothèse que ce mur date du début du Fer IIB dans la première moitié du VIIIe siècle av. l'ère courante, car la construction d'une plateforme monumentale n'a pu avoir été entreprise qu'à une période de forte activité locale. Cette date est confirmée par deux opérations effectuées en 2019 sur le mur de l'âge du fer du chantier A :

1. Une partie du mur a été démontée. Les tessons de poterie qui ont été extraits entre les pierres datent du Fer I et IIA, un unique tesson provenant du Fer IIB. Ceci implique que le mur fut construit au tout début du Fer IIB (une construction plus tardive au Fer IIB aurait laissé plus de trouvailles de cette période) ;
2. Un support en terre, de type glacis, s'appuyant sur la face extérieure du mur, probablement placé là pour le stabiliser, a donné principalement des tessons du Fer IIB et peut-être un tesson du Fer IIC, ce qui signifie qu'il a été accolé au mur dans une phase avancée du Fer IIB ou au tout début du Fer IIC, soit à la fin du VIIIe ou au début du VIIe siècle. Nous suggérons que la plateforme surélevée de Qiryath Yéarim fut édifiée par Israël après la soumission de Juda mentionnée en 2 Rois 14, 11-13. Et tenant compte des résultats OSL (luminescence optiquement stimulée) et de la poterie du chantier A, il pourrait s'agir du règne de Jéroboam II (788-747 av. J.-C.). Tant l'archéologie que les textes bibliques indiquent qu'il fut sans doute le plus puissant des monarques du royaume du Nord.

J'ai, en outre, poursuivi mes recherches sur la formation de l'histoire biblique de l'Arche d'Alliance. J'ai également participé à un groupe de recherche de l'université de Pretoria sur la formation du Pentateuque, recherche qui se reflète également dans le cours de cette année.

J'ai organisé un colloque, avec l'aide de Hervé Gonzalez, sur « Des femmes au pouvoir !? Reines, prêtresses, prophétesses et autres dans le Proche-Orient ancien », qui s'interroge sur la place des femmes de pouvoir ou d'influence dans les sociétés du Proche-Orient ancien.

Publications

Finkelstein I. et Römer T., *Aux origines de la Torah : nouvelles rencontres, nouvelles perspectives*, Montrouge, Bayard, 2019.

Römer T. et Ben-Dor Evian S. (dir.), *Egypt's role in the Hebrew Bible. Proceedings of the Workshop held at the University of Lausanne 22-23 April 2015*, Tucson, University of Arizona, coll. « Journal of Ancient Egyptian Interconnections », vol. 18, 2018 ; en ligne : https://egyptianexpedition.org/volumes/vol-18-egypts-role-in-the-hebrew-bible/.

RÖMER T., GONZALEZ H. et MARTI L. (dir.), *Représenter dieux et hommes dans le Proche-Orient ancien et dans la Bible. Actes du colloque organisé par le Collège de France, Paris, les 5 et 6 mai 2015*, Leuven/Paris/Bristol, Peeters, coll. « Orbis Biblicus et Orientalis », vol. 287, 2019.

RÖMER T., « Pourquoi faut-il interdire les images divines. Les origines et fondements idéologiques de l'interdiction des images de Yhwh dans le judaïsme naissant », *in* T. RÖMER, H. GONZALEZ et L. MARTI (dir.), *Représenter dieux et hommes dans le Proche-Orient ancien et dans la Bible. Actes du colloque organisé par le Collège de France, Paris, les 5 et 6 mai 2015*, Leuven/Paris/Bristol, Peeters, coll. « Orbis Biblicus et Orientalis », vol. 287, 2019, p. 197-211.

RÖMER T., « Die politische Funktion der vorpriesterlichen Abrahamtexte », *in* M.G. BRETT et J. WÖHRLE (dir.), *The Politics of the Ancestors. Exegetical and Historical Perspectives on Genesis 12-36*, Tübingen, Mohr Siebeck, coll. « Forschungen zum Alten Testament », vol. 124, 2018, p. 211-232.

RÖMER T., « Nouvelles découvertes, nouvelles hypothèses », *in* : *La Bible. Une encyclopédie contemporaine*, Montrouge, Bayard, 2018, p. 16-21.

RÖMER T., « Lilith. I. Ancient Near East and Hebrew Bible/Old Testament », *Encyclopedia of the Bible and Its Reception*, vol. 16, 2018, col. 661-663.

RÖMER T., « Essays on the historical books (Deuteronomistic History) and Chronicles, Ezra, and Nehemiah », *in* S. SCHWEITZER (dir.), *Covenant in the Persian Period*, *Journal of Hebrew Scriptures*, vol. 18, 2018, p. 31-41.

RÖMER T., « 1-2 Kings », *in* M.D. COOGAN, M.Z. BRETTLER, C. NEWSOM et P. PERKINS (dir.), *The New Oxford Annotated Bible: New Revised Standard Version with the Apocrypha: An Ecumenical Study Bible*, , Oxford/New York, Oxford University Press, 2018 (5e éd.), p. 493-582.

FINKELSTEIN I., NA'AMAN N. et RÖMER T., « Restoring Line 31 in the Mesha Stele: The 'House of David' or Biblical Balak? », *Tel Aviv*, vol. 46, nº 1, 2019, p. 3-11, https://doi.org/10.1080/03344355.2019.1586378.

RÖMER T. et FINKELSTEIN I., « Kiriath-jearim and the list of Bacchides forts in 1 Maccabees 9:50-52 », *in* O. PELEG-BARKAT *et al.* (dir.), *War and Peace: Fortifications, Conflicts and their Aftermath* (*New Studies in the Archaeology of Jerusalem and Its Region. Collected Papers*, vol. 13), Jérusalem, Hebrew University of Jerusalem 2019, p. 7-17.

RÖMER T., « Baal et Yhwh face à la mort », *Ugarit-Forschungen*, vol. 48, 2017 (2019), p. 807-817.

RÖMER T., « Que sait-on des Patriarches ? », *Codex*, vol. 10, 2019, p. 80-81.

RÖMER T., « Les Hébreux ont-ils été des esclaves en Égypte ? », *Codex*, vol. 10, 2019, p. 82-84.

RÖMER T., « Joseph, inventeur du capitalisme (Gn 47,13-26). Enjeux économiques et politiques dans un ajout à l'histoire de Joseph », *in* S. RAMOND et P.J. TITUS (dir.), *Bible et politique. Hommage au professeur Olivier Artus pour son 65ème anniversaire*, Bangalore, ATC Publishers, 2019, p. 17-34.

RÖMER T., « L'organisation du temps dans la Bible hébraïque », *in* S. RAMOND (dir.), *Temps de Dieu, temps des hommes*, Paris, Cerf/Service biblique Évangile et vie, coll. « Cahiers Évangile », vol. 187, 2019, p. 7-18. Traduction espagnole : « La organización del tiempo en la Biblia hebrea », *in* S. RAMOND (dir.), *Tiempo de Dios, tiempo de los hombres*, Estella, Verbo Divino, coll. « Cuadernos bíblicos », vol. 187, 2019, p. 7-18.

RÖMER T., « Rolf Rendtorff und das überlieferungsgeschichtliche Problem des Pentateuch », *in* M. OEMING (dir.), *Im Spannungsfeld von Universität und Politik, Kirche und Israel. Studien zu Leben, Werk und Wirkung von Rolf Rendtorff*, Göttingen, Vandenhoeck & Ruprecht, coll. « Biblisch-Theologische Studien », vol. 179, 2019, p. 59-73.

RÖMER T., « Moïse, disciple du pharaon Akhenaton ? », *Le Monde de la Bible*, vol. 229 (*Pharaons : l'héritage en questions*), 2019, p. 45-47.

RÖMER T., « Auszug aus Ägypten oder Pilgerreise in die Wüste? Überlegungen zur Konstruktion der Exodustradition(en) », *in* R. EBACH et M. LEUENBERGER (dir.), *Tradition(en) im alten Israel. Konstruktion, Transmission und Transformation*, Tübingen, Mohr Siebeck, 2019, p. 89-107.

RÖMER T., « Genesis 39 and the composition of the Joseph narrative », *Hebrew Bible and Ancient Israel (HeBAI)*, vol. 8, nº 1, 2019, p. 44-60, https://doi.org/10.1628/hebai-2019-0006.

Architecture et forme urbaine (chaire internationale)

Jean-Louis Cohen
Architecte et historien, professeur en histoire de l'architecture, titulaire de la chaire Sheldon H. Solow à l'Institute of Fine Arts, New York University (États-Unis), professeur invité au Collège de France

Mots-clés : architecture, urbanisme, arts, ville, Le Corbusier, modernité

La série de cours « Le Corbusier : paysages pour l'âge de la machine » est disponible en audio et/ou vidéo, sur le site internet du Collège de France (https://www.college-de-france.fr/site/jean-louis-cohen/course-2018-2019.htm), ainsi que le colloque « Patientes recherches : redécouvertes de Le Corbusier » (https://www.college-de-france.fr/site/jean-louis-cohen/symposium-2018-2019.htm).

Enseignement

Cours – Le Corbusier : paysages pour l'âge de la machine

L'enjeu du paysage est présent dans toute l'œuvre de Le Corbusier (Charles-Édouard Jeanneret, 1887-1965), que ce soit à titre latent ou à titre manifeste. Si certains de ses bâtiments font office de chambre claire captant les vues sur les territoires les entourant, d'autres, tels la chapelle de Ronchamp ou le couvent de La Tourette, sont déterminés dans leur conception même par le paysage dont ils sont en quelque sorte issus. Le cours a exploré cette préoccupation constante au fil d'une triple trajectoire biographique, thématique et géographique, conduisant des plateaux du Jura, où le jeune architecte avait découvert la nature, aux rivages de la Méditerranée qui n'a cessé de l'inspirer.

Cours 1 – Introduction : Le Corbusier, entre outrages et paysages

Les grandes lignes de la contribution théorique et esthétique de Le Corbusier à la formation du monde contemporain sont retracées au travers de toutes les formes de

J;-L. Cohen, « Architecture et forme urbaine », *Annuaire du Collège de France 2018-2019. Résumé des cours et travaux*, 119e année, Paris, Collège de France, 2022, p. 545-555, https://doi.org/10.4000/annuaire-cdf.17299.

son activité – l'architecte, l'urbaniste, l'artiste, l'écrivain et la figure publique. Une nouvelle génération de recherches historiques a transformé la connaissance de sa biographie et de son rapport à la politique, tout en permettant une meilleure compréhension des œuvres elles-mêmes.

Au point de départ de la réflexion, rappel est fait des polémiques dont Le Corbusier a été le protagoniste dès les années 1920, et qui inspirèrent l'oraison funèbre d'André Malraux : « aucun n'a signifié avec une telle force la révolution de l'architecture, parce qu'aucun n'a été si longtemps, si patiemment insulté ».

Une évocation des grandes étapes de sa trajectoire, des plateaux du Jura suisse jusqu'aux rives de la Méditerranée et aux plaines de l'Inde, permet une première approche des liens de son œuvre avec des sites des plus divers, parcourus par celui qui fut l'un des premiers experts globaux de l'architecture et de l'urbanisme.

La description de cette trajectoire permet d'avancer l'hypothèse principale sous-tendant le cours, selon laquelle le paysage, à ses différentes échelles et selon des modalités extrêmement diverses, n'a cessé de former l'horizon de l'œuvre de l'architecte, tout en étant présent dans celle du peintre.

Cours 2 – Formation nomade et paysages types

Les années d'apprentissage de Le Corbusier le voient parcourir tout d'abord les montagnes et les campagnes suisses, où il se forme à l'observation de la nature, avant qu'il n'entreprenne en 1907 une exploration de l'Europe qu'il décrira plus tard comme un « voyage utile » lui ayant permis de découvrir à la fois la culture, le folklore et l'industrie.

S'il arpente les capitales modernes que sont Vienne, Berlin et Paris, et séjourne longtemps à Munich où il se familiarise avec l'urbanisme naissant, ce sont aux villes historiques comme Istanbul, Athènes et Rome qu'il s'attache. Sa correspondance, ses croquis et ses photographies rendent compte de son intérêt pour la silhouette des ensembles urbains et de sa fascination pour certains sites – l'Acropole ou la Villa Adriana. Ces notations précoces ne cesseront d'être présentes dans ses réflexions, revenant de manière cyclique dans ses articles et ses ouvrages, et lui inspirant la notion de « paysage type » à laquelle il référera nombre de ses projets.

Cours 3 – Le laboratoire parisien

En 1918, Charles-Édouard Jeanneret confie à l'un des mentors, l'écrivain William Ritter : « le laboratoire qu'est Paris, c'est à toute heure la tentation, la tentative d'essayer le mécanisme des mystérieux outils. J'aime ça. » Installé dans la capitale française en 1917, il ne cessera d'y entreprendre les expériences les plus hardies.

Après avoir échoué dans ses rêves de petit entrepreneur, il joint ses efforts à ceux du peintre Amédée Ozenfant pour élaborer une nouvelle doctrine picturale – le purisme – et fonder la revue *L'Esprit nouveau*, qui lui permet, grâce à ses articles provocateurs, d'atteindre à une renommée mondiale.

Dans le même temps, Paris devient la toile de fond pour d'ambitieux projets d'urbanisme, comme le « Plan Voisin », envisageant en 1925 la création d'une cité des affaires dressant ses tours en verre au centre de la rive droite. En marge des grands plans qui se succéderont pendant une quinzaine d'années, Le Corbusier ne cesse de ponctuer la capitale de projets plus modestes, souvent pensés comme des observatoires sur un paysage urbain qu'il résume à une poignée de grands monuments.

Cours 4 – Paysages métropolitains, de Moscou à Buenos Aires et Alger

Désormais présent sur la scène mondiale autant grâce à ses ouvrages qu'à ses premières maisons, Le Corbusier est invité à présenter ses idées sur les grandes villes à l'occasion de multiples tournées de conférences, pour lesquelles il déploie un dispositif raffiné de persuasion fondé sur un récit visuel élaboré en temps réel devant ses auditoires.

Pendant qu'il étudie son plus grand bâtiment de l'entre-deux-guerres, le Centrosoyouz, il élabore pour Moscou un plan d'urbanisme radical qu'il généralisera en 1929 sous la forme de la « Ville radieuse ».

Entre l'Amérique du Sud et Alger s'amorce aussi une nouvelle stratégie de projet, dans laquelle les tracés orthogonaux de ses premiers plans sont remplacés par des formes sinueuses, élaborées lors de ses survols aériens des villes, mais aussi pensées à partir de la perception que donne de leurs sites la conduite automobile.

Cours 5 – Tentations et frustrations politiques, du Front populaire à la Libération

Au début des années 1930, Le Corbusier s'affirme politiquement « incolore », car, à l'en croire, « les groupes qui se forment autour de [ses] idées sont Redressement français, communistes, socialistes, radicaux, royalistes et fascistes » et que lorsque l'« on mélange toutes les couleurs, [...] cela fait du *blanc* ».

Plutôt qu'incolore, l'auteur de *Vers une architecture* serait à vrai dire multicolore et ses affinités politiques s'apparenteraient plutôt à la figure du zigzag. S'il commence les années 1930 avec les technocrates rassemblés autour des revues *Plans* et *Prélude*, il courtise par la suite les dirigeants du Front populaire, avant de retrouver ses amis de droite lorsqu'il s'efforce de trouver sa place dans le dispositif que le gouvernement de Vichy met en place pour la reconstruction.

Méfiant vis-à-vis de la démocratie, il attend tout en effet de ce qu'il nomme l'« Autorité », et qu'il croira à nouveau découvrir dans la France des lendemains de la guerre, sans avoir pour autant plus de succès dans ses entreprises urbanistiques.

Cours 6 – Le « logis » entre Marseille et Neuilly

Inscrite dans les programmes de la reconstruction, l'« Unité d'habitation de grandeur conforme » que Le Corbusier réalise à Marseille entre 1946 et 1952 lui permet enfin de matérialiser le projet de grand immeuble collectif à services intégrés qu'il a formulé dès 1922 avec son « Immeuble-villas ».

Implantée entre la mer et les collines, l'Unité de Marseille illustre aussi un idéal d'architecture méditerranéenne formé lors de ses explorations de l'Acropole d'Athènes. Comme le Parthénon, l'Unité domine le paysage de la baie et entretient des liens visuels avec les lointains, au-dessus du niveau de la ville.

Parallèlement, il engage une nouvelle réflexion sur l'habitation avec les maisons Jaoul à Neuilly, inscrites dans le paysage suburbain et informées par les voûtes des constructions méditerranéennes, associées dans ce cas à la brique industrielle.

Cours 7 – Ronchamp, La Tourette ou le paysage comme matrice

Bien qu'athée, Le Corbusier répond avec enthousiasme aux commandes des prélats catholiques regroupés au sein du mouvement pour l'Art sacré, pour lesquels il réalise deux édifices également indissociables du paysage dans lequel ils s'implantent et qu'ils donnent à voir.

À Ronchamp, l'église Notre-Dame du Haut est pensée dans le prolongement de la colline qu'elle vient dominer, et dans une relation distante avec les horizons, que Le Corbusier qualifiera d'« acoustique visuelle ».

Quant au couvent de La Tourette, implanté sur une pente, il est pensé dans son rapport avec la ligne des monts du Lyonnais et conçu de haut en bas, comme un volume aligné sur les lointains, et que des pilotis raccordent à un sol qui semble se dérober.

Cours 8 – L'Inde observée et transformée

Pendant les quinze dernières années de sa vie, l'Inde indépendante de Nehru offre à Le Corbusier un gisement unique de réflexions et de projets, tout comme l'occasion d'infinies réflexions écrites et dessinées sur les paysages découverts depuis l'avion au cours de ses vols transcontinentaux.

En réponse aux commandes des industriels d'Ahmedabad, il construit deux villas utilisant, pour l'une, des voûtes pour garantir la fraîcheur de l'intérieur et, pour l'autre, un plan libre en trois dimensions pour permettre cette « promenade architecturale » inspirée par son voyage en Grèce.

À Chandigarh, nouvelle capitale du Pendjab, il pense les grands édifices publics du seul centre urbain qu'il parviendra à réaliser dans leur rapport avec la ligne des crêtes de l'Himalaya, et conçoit le paysage de la ville à partir de ses observations des villages indiens et des jardins moghols.

Cours 9 – Nostalgies méditerranéennes

Comme dans un éternel retour évoquant celui de Nietzsche dont il relit le *Zarathoustra* dans ses vieux jours, Le Corbusier est attiré par les rivages méditerranéens.

Au mode de vie collectif de l'Unité d'habitation, il oppose pour son usage la villégiature isolée, lorsqu'il édifie son cabanon de Roquebrune-Cap-Martin, modeste habitacle d'un ermite dont le regard s'égare sur les horizons de la baie de Monte-Carlo.

Mais il ne réalise pas le projet Rob, avec lequel il imaginait d'implanter au fil de la pente, face à la mer, des cellules emboîtées comme sur une île des Cyclades, pas plus qu'il ne parvient à mettre au point avant sa disparition le labyrinthe imaginé pour le nouvel hôpital de Venise, dans lequel toutes les observations faites depuis sa jeunesse sur la cité des Doges sont assimilées et dépassées.

Colloque – Patientes recherches : redécouvertes de Le Corbusier

Jeudi 13 juin 2019

Introduction aux débats

Jean-Louis Cohen

Les théories et les inventions de Le Corbusier dans des champs aussi divers que l'architecture, l'urbanisme, la peinture et la sculpture ont fait l'objet d'un nombre considérable de travaux historiques ou critiques, sur le fond d'investigations biographiques toujours plus minutieuses, nourrissant ouvrages et expositions. Depuis les années 1960 et l'ouverture des archives de la Fondation qu'il a créée, un continent scientifique semble avoir émergé. Un grand nombre de thèses de maîtrise et de doctorat ont été rédigées sur tous les aspects de sa production – plus de 700 selon une estimation mesurée, dont la moitié en anglais et un quart en français, la contribution ibérique étant particulièrement significative.

Ces travaux sont infléchis par l'actualité – celle de la politique, des idées, de l'art et de l'architecture –, et aussi par les avancées de la science historique, de l'esthétique et de la théorie littéraire. Les rapports de ses œuvres avec ses expériences personnelles et son appropriation de médias comme la photographie ou le cinéma ont inspiré de nouvelles études, dont la journée rend compte. Les stratégies esthétiques et rhétoriques fondant ses derniers projets sont également abordées au prisme d'analyses plaçant son invention formelle au centre de la réflexion.

Il est possible de définir une typologie des problématiques de recherche appliquées à une œuvre se déployant sur plus de soixante ans du vivant de Le Corbusier, qu'ont prolongée les campagnes tardives de construction, de Zurich à Firminy, en passant par Bagdad. Les chercheur.es correspondent en effet à différents profils : les corbulâtres (dans le registre de l'adulation) ; les corbumanes (dans le registre de l'obsession) ; les corbuclastes (dans le registre de la haine) ; les corbusceptiques (dans le registre du doute) ; et surtout les corbusologues, attachés à la construction méthodique de la connaissance.

Une autre typologie peut être suggérée à propos cette corbusologie. Elle rassemble des travaux qui relèvent de genres tels que la biographie, de plus en plus fine ; la prosopographie, ou étude des grands hommes, version plus méthodique de la précédente ; l'hagiographie, forme célébrative de la biographie ; la spectrologie, à l'image de celle que Jacques Derrida a proposé pour un Karl Marx fantôme, dont il a proposé une « réaffirmation critique, sélective et filtrante ; la généalogie des projets et des discours – une recherche des racines ; la monographie, qui en est une modalité ; la sociologie historique et contemporaine, autour de la commande et de l'usage des œuvres ; la rhétorique et la poétique, qui s'intéressent au langage et à l'écriture architecturales avec des outils empruntés à la théorie littéraire ; sans oublier la technologie, analyse des solutions constructives utilisées et imaginées ou l'écologie, qui a fait son apparition et met à jour les dispositifs climatiques des édifices de Le Corbusier.

Le but de la journée n'était pas tant de construire une métahistoire, qui tenterait de théoriser et des critiquer les analyses récentes, et qui devient chaque jour plus utile, mais plutôt de rassembler un ensemble d'aperçus nouveaux pouvant la nourrir.

William Ritter, professeur de lettres et directeur de conscience du jeune Jeanneret

Marie-Jeanne Dumont (architecte, maître de conférences à l'École nationale supérieure d'architecture de Paris-Belleville)

Après Charles L'Eplattenier et Auguste Perret, l'écrivain neuchâtelois William Ritter fut le troisième maître à penser de Charles-Édouard Jeanneret. Écrivain, traducteur, esthète, excellent connaisseur de l'Europe centrale et des Balkans, Ritter entretint pendant dix ans une correspondance régulière avec le jeune architecte, lui prodiguant des conseils stylistiques. Partageant avec lui les résultats de ses propres explorations, il l'incita à entreprendre son « voyage d'Orient » de 1911 et à rendre compte par l'écrit et le pinceau. Ritter le rendit sensible à l'architecture vernaculaire et à l'art populaire, et le conduisit à observer les paysages et à les dessiner méticuleusement, contribuant ainsi de façon décisive à former le regard et la pensée du jeune architecte.

La Grèce de Le Corbusier

Panayotis Tournikiotis (architecte, professeur à l'École d'architecture de l'Université nationale technique d'Athènes)

Il y a un syndrome grec dans la vie et l'œuvre de Le Corbusier, conjuguant les lectures, les voyages et les propos épistolaires et littéraires. Il se manifeste lors de son voyage initial de 1911 au travers des notes, des dessins et des photographies d'Athènes, qui nourriront des ouvrages comme *Vers une architecture*. Puis dans les années 1930, lors du 4e Congrès international d'architecture moderne, lorsque l'architecte parisien découvre les villages des Cyclades et reformule ses réflexions sur l'Acropole et le Parthénon, qui ont, dit-il alors, « fait de lui un rebelle » et qu'il oppose de ce fait à la pensée académique. Enfin, lorsque Le Corbusier revient dans les lectures de l'âge mûr sur les grands mythes, une nouvelle perception d'Homère irrigue son travail d'artiste.

Le Corbusier, Adof Loos et la photographie

Juan José Lahuerta (architecte, professeur à l'Université polytechnique de Catalogne, Barcelone)

C'est sur le conseil d'Auguste Perret que Jeanneret découvrit en 1912 l'essai iconoclaste d'Adolf Loos, « Ornement et crime », qui eut sur lui un effet déterminant. Plus que sur l'assimilation par Le Corbusier de la pensée de Loos, c'est sur un ensemble de figures rencontrées dans les intérieurs viennois du second et parisiens du premier que porte l'analyse. Elle met en évidence leur hostilité partagée envers les compositions éclectiques et celles de l'Art nouveau et leur goût pour les objets de bonne facture artisanale et certains meubles types. Au travers d'un parallèle entre la maison construite par Loos pour Tristan Tzara et la villa Stein-de Monzie de Le Corbusier, l'inclusion d'œuvres d'art comme le bronze d'Henri Matisse *Nu couché* fait figure de révélateur de leur démarche respective, dont les photographies de différents auteurs donnent des images divergentes.

Le dessin, mémoire de l'architecte : du carnet de voyage au projet

Danièle Pauly (historienne de l'art, professeure à l'École nationale supérieure d'architecture de Paris Val-de-Seine)

Chez Le Corbusier, la pratique du dessin est loin de se limiter à ceux que les architectes élaborent dans le cours de l'étude de leurs projets. Comme le montrent les centaines de dessins rassemblés dans le premier volume du catalogue raisonné qui leur est consacré, ils s'inscrivent selon les cas dans le registre de la notation, de l'observation, ou dans celui de l'imagination, par exemple dans certains paysages fantastiques. Au fil des planches d'avant 1914, le regard de Jeanneret s'aiguise et devient moins documentaire et plus synthétique, comme le montrent ses dessins de paysage. L'éventail des techniques utilisées, du graphite à la plume et du crayon de couleur à l'aquarelle, est des plus vastes, confirmant que le corpus de ces documents est bien le socle sur lequel l'architecte construira ce qu'il nommera par la suite son « laboratoire secret ».

La naissance difficile d'un style et ses obsèques

Tim Benton (historien de l'art, professeur à l'Open University)

Prompt à formuler des aphorismes et des principes théoriques, Le Corbusier a souvent été le premier à s'en affranchir lui-même. Il en va ainsi des « Cinq points d'une architecture nouvelle », qu'il énonce en 1927, et dont la péremption fut extrêmement rapide. En effet, l'attention aux formes vernaculaires découvertes dès avant 1914 se précise à l'occasion des étés passés au Piquey, sur le bassin d'Arcachon et vient en quelque sorte subvertir le langage à peine formulé dans les premières villas parisiennes des années 1920. Afin de ne pas être prisonnier des rigueurs de sa propre doctrine, Le Corbusier s'efforce alors d'introduire dans ses projets non seulement les textures rugueuses et les matériaux bruts – pierre ou bois –, mais aussi des figures plus organiques issues de ses observations.

Géopolitiques du Muralnomad

Romy Golan (historienne de l'art, professeure au Graduate Center de l'université de la ville de New York)

Rendu sensible aux enjeux de la peinture murale au travers de ses échanges avec Fernand Léger, Le Corbusier découvre la tapisserie dans les années 1930, même s'il ne se saisit pas véritablement de ce médium avant les années 1950, lorsqu'il fait réaliser ses cartons par les lissiers d'Aubusson. Trouvant son inspiration dans les figures formant son langage pictural de l'après-guerre, Le Corbusier fait alors de la tapisserie une des composantes de cette « synthèse des arts » qu'il préconise, et dont il entend rester le maître. À ce titre, sa contribution, qu'il théorise en donnant à ses œuvres le nom de « Muralnomad », diffère fortement de celles des artisans du « renouveau » de la tapisserie française, tels que Jean Lurçat, Marc Saint-Saens ou Jean Picart le Doux. Hors de France, c'est avec les tisserands indiens qu'il noue un rapport des plus féconds, notamment à l'occasion de la confection de l'immense tapisserie de la Haute Cour de Chandigarh.

Le Corbusier et l'Argentine : grandes illusions, amères frustrations et une maison

Pancho Liernur (architecte, professeur à l'université Torquato di Tella, Buenos Aires)

La relation de Le Corbusier à l'Argentine se déploie pendant pratiquement quatre décennies. Elle se noue en 1929 à l'occasion d'un voyage inaugural à Buenos Aires, lors duquel il élabore un premier projet de cité des affaires au bord du Rio de la Plata, tout en découvrant depuis l'avion le spectacle de la pampa qui lui inspire la fameuse « loi du méandre ». Avec l'aide des jeunes architectes *porteños* Juan Kurchan et Jorge Ferrari Hardoy, il élabore par la suite un Plan directeur pour Buenos Aires, qui fera l'objet de deux versions, l'une en 1940 et l'autre après la guerre. Enfin, c'est dans la petite ville de La Plata qu'il édifie au début des années 1950 la maison du docteur Curutchet, dans laquelle il renoue avec le thème de la « promenade architecturale », en imaginant un extraordinaire parcours vertical reliant des volumes que protègent des brise-soleil.

« Le film va faire un beau pétard ! » Quand Le Corbusier s'empare du cinéma

Véronique Boone (historienne de l'art, maître de conférences à l'École nationale supérieure d'architecture de Lille)

Attentif à tous les médias modernes, comme la grande presse ou la radio, Le Corbusier n'a cessé de s'intéresser au cinéma. Entre le film de Pierre Chenal *Architectures d'aujourd'hui* (1930) et le spectacle multimédia du *Poème électronique* de 1958, son œuvre se déploie aussi sur les écrans. Présent dans des films de propagande comme *Les Bâtisseurs* de Jean Epstein (1938), il saura présenter son œuvre après 1945 dans les films de nombreux réalisateurs, tout en ayant une présence régulière dans les programmes de la télévision de l'époque. L'attention porte sur le film *La Vie commence demain* de Nicole Vedrès (1949), dont le véritable héros est moins l'acteur Jean-Pierre Aumont que l'Unité d'habitation de Marseille.

Le concept d'automatisme de Le Corbusier, peintures et béton brut

Anna Rosellini (architecte, professeur à l'université de Bologne)

Autour d'un ensemble d'œuvres de portée et d'échelle différente, la question des mécanismes de la génération des formes est étudiée dans un corpus précis de projets étudiés et/ou réalisés après 1945. Attentif aux formes accidentelles et aux objets dits « à réaction poétique », Le Corbusier était capable de déployer en parallèle plusieurs stratégies de création de forme, qui peuvent être détectées et analysées. Elles passent par l'observation des formes accidentelles issues de la vie quotidienne ou de l'improvisation des artisans, qu'il est possible de comparer à l'art que Jean Dubuffet considérait comme « brut ». Mais le travail sur les textures conduit aussi à détourner les trames mécaniques, comme celles du *zip-a-tone* ou trame-transfert, pour obtenir des effets de moiré. Au travers de toutes ces opérations, l'invention formelle de Le Corbusier peut être apparentée, selon les cas, à l'Op Art ou au surréalisme.

L'hôpital de Venise : une analyse intertextuelle

Bruno Reichlin (architecte, professeur à l'université de la Suisse italienne, Mendrisio)

Le projet d'un nouvel hôpital destiné à être construit dans le quartier de Cannaregio, à Venise, est l'un des derniers qu'étudie Le Corbusier, avec la collaboration du jeune Guillermo Jullian de la Fuente. Il peut être interprété dans l'intertexte qui le relie aux observations de Venise faites par Le Corbusier dès ses recherches à la Bibliothèque nationale de Paris en 1915 et lors de ses voyages sur place et dans son rapport avec des projets antérieurs, comme celui de 1925 pour la Cité universitaire. La nappe associant pleins et vides, faisant écho à la morphologie urbaine de Venise, est aussi une variante de l'hypothèse étudiée peu de temps auparavant pour le centre de calcul d'Olivetti à Rho, et un écho des propositions d'architectes plus jeunes comme Candilis, Josic et Woods ou Piet Blom. Ce n'est donc pas dans son autonomie que cette forme complexe trouve son sens, mais bien dans la matrice de ses relations avec un nombre considérable d'autres propositions.

Le Corbusier Coquille ! *Paul Valéry*

Texte de Clotilde Félix-Fromentin (ingénieure, maître de conférences à l'École nationale supérieure d'architecture de Lille)

Lecture par Bruno Putzulu, comédien.

COURS À L'EXTÉRIEUR

Institute of Fine Arts de la New York University

– Automne 2018 : « Architecture and urban form in Paris, from Haussmann to Guy Debord » (cours magistral) et « Architecture in/as photography » (séminaire).
– Printemps 2019 : « Modern architecture: 1900 to the present (cours magistral) et Colonial modernisms » (séminaire).

École d'architecture de l'université de Princeton

– Printemps 2019 : « Gehry and the city » (séminaire).

RECHERCHE

L'ARCHITECTURE DE FRANK GEHRY

Une recherche approfondie a été engagée sur le déploiement de la démarche de projet de l'architecte américain du milieu des années 1950 à nos jours, fondée sur l'analyse détaillée des archives de l'agence – dessins, correspondances, photographies de maquettes et de chantiers, articles de presse –, et sur la visite des édifices. L'activité de Gehry est inscrite à la fois dans son cadre culturel et social – la métropole de Los Angeles –, et dans les transformations qu'a connues l'architecture mondiale depuis la crise fatale du Mouvement moderne intervenue dans les années 1960. Le premier volume du catalogue raisonné des quelque 12 000 croquis d'étude conservés par l'agence a été imprimé en décembre 2019.

L'américanisme dans l'architecture et l'urbanisme de la Russie

Dans le cadre du phénomène d'ensemble de l'américanisme, ce système de transferts culturels déterminant de la modernité et de la modernisation, la relation la plus paradoxale est celle qui a relié la Russie et les États-Unis entre le dernier tiers du XIXe siècle et la seconde moitié du XXe siècle. Chaque conjoncture dans l'histoire russe a été marquée par des représentations spécifiques des techniques, des territoires, de l'architecture et de la culture matérielle de l'Amérique. Une interprétation d'ensemble de ce phénomène est entreprise, au travers du prisme de l'architecture et de l'urbanisme, passant par une analyse serrée des discours, des projets et des édifices, inscrits dans leurs déterminations politiques, économiques et techniques, tout autant que dans la chronique de la littérature et celle du cinéma. Une exposition consacrée à ce thème a été inaugurée au Centre canadien d'architecture de Montréal en novembre 2019.

Architecture et urbanisme de la France de Vichy

À la suite du cours donné au Collège de France au printemps 2016 et du colloque qui l'a conclu, la préparation d'un ouvrage collectif intitulé *Architecture, arts et culture dans la France de Vichy, 1940-1944* a été menée à bien. L'ouvrage est publié en janvier 2020 (Éditions du Collège de France).

Sur la base des recherches engagées depuis plusieurs années, un projet d'exposition a été élaboré, dont la présentation pourrait intervenir en 2022. L'identification des principales œuvres susceptibles d'être exposées a été engagée dans les fonds d'archives parisiens et régionaux.

Casablanca, histoire et patrimoine

Sur la base de recherches conduites entre 1989 et 2002 sur l'histoire de la forme urbaine et de l'architecture de Casablanca, qui ont abouti à des publications significatives, une recherche portant sur les stratégies de patrimonialisation a été engagée sur deux fronts distincts. Le premier est le repérage des processus en cours dans la ville quant à l'usage des quartiers et des édifices existants, au travers des changements de fonctions et de destinataires. Le second porte sur les politiques de préservation elles-mêmes, au travers de la préparation de plans d'intervention, de règlements susceptibles d'entrer dans le droit de l'urbanisme, et dans la perspective de la constitution d'un dossier d'inscription sur la liste du patrimoine mondial de l'Unesco.

Publications

Ouvrages

Cohen J.-L., Frank H. et Ziegler V., *Ein neues Mainz? Kontroversen um die Gestalt der Stadt nach 1945*, Berlin, De Gruyter, 2019.

Cohen J.-L., *Le Corbusier : tout l'œuvre construit*, photographies de R. Pare, Paris, Flammarion, 2018 ; en anglais : New York, The Monacelli Press, 2018.

Contributions à des ouvrages collectifs

COHEN J.-L., « L'Atelier Chantorel de Frantz Jourdain : l'architecte comme romancier et protagoniste », *in* E. RUBIO et Y. TSIOMIS (dir.), *L'Architecte à la plume,* Paris, Éditions de La Villette, 2019, p. 13-33.

COHEN J.-L., « Networks of modern beauty », *in* M. AKOPIAN et E. VLASSOVA (dir.), *Shukhov, Formula of Architecture,* Moscou, Koutchkogo Pole, 2019, p. 46-49.

COHEN J.-L., « Charlotte Perriand dans le champ de la politique », *in* S. CHERRUET et J. BARSAC (dir.), *Le Monde nouveau de Charlotte Perriand*, Paris, Fondation Louis Vuitton / Gallimard, 2019, p. 179-197.

COHEN J.-L., « Opus 2: Robert Venturi's metamorphosis of Duke House », *in* M. STIERLI et D.D. BROWNLEE (dir.), *Complexity and Contradiction at Fifty: On Robert Venturi's "Gentle Manifesto"*, New York, Museum of Modern Art, 2019, p. 114-127.

COHEN J.-L., « L'architecture des "condensateurs sociaux" », *in* N. LIUCCI-GOUTNIKOV (dir.), *Rouge. Art et utopie au pays des Soviets*, Paris, Réunion des musées nationaux, 2019, p. 92-96.

COHEN J.-L., « La participation de l'URSS à l'Exposition des arts décoratifs de Paris, 1925 », *in* N. LIUCCI-GOUTNIKOV (dir.), *Rouge. Art et utopie au pays des Soviets*, Paris, Réunion des musées nationaux, 2019, p. 106.

COHEN J.-L., « Designing within and for war zones », *in* S. HENNI (dir.), *War Zones*, Zurich, gta Verlag, 2018, p. 11-20.

COHEN J.-L., « À qui sert l'histoire de l'architecture », *in* R. KLEIN (dir.), *À quoi sert l'histoire de l'architecture aujourd'hui ?*, Paris, Hermann, 2018, p. 47-51.

COHEN J.-L., « Le Corbusier's modulor and debate on proportion in France », *in* M.A. COHEN et M. DELBEKE (dir.), *Proportional Systems in the History of Architecture: A Critical Reconsideration*, Leyde, Leiden University Press, 2018, p. 437-461.

COHEN J.-L., « Fragments of history and memory », *in* S. GOUTNOVA et M. PANTELEYEVA (dir.), *NER. City of the Future*, Turin, Allemandi, 2018, p. 24-49.

Articles de périodiques

COHEN J.-L., « Rural functionalism in Vichy France », *Perspecta*, vol. 52, 2019, p. 5-30.

COHEN J.-L., « Retorika nowoczeności, rozmowa s Jeanem-Louisem Cohenem », *Autoportret*, vol. 2, 2019, p. 37-43.

COHEN J.-L., « Nietzscheańskie metafory Le Corbusiera », *Autoportret*, vol. 2, 2019, p. 44-53.

COHEN J.-L., « Un monument c'est un édifice capable de produire des mythes », propos recueillis par Florence Leroy et Vincent Réa, *Sciences et avenir*, numéro hors-série *La Science des bâtisseurs*, juillet-août 2019, p. 6-7.

HANDEL D., « The world's leading architecture historian examines the effects of colonialism on cities », entretien avec J.-L. COHEN, *Haaretz*, 5 juillet 2019, https://www.haaretz.com/israel-news/.premium.MAGAZINE-world-s-leading-architecture-historian-examines-the-effects-of-colonialism-1.7491038.

COHEN J.-L., « Yannis Tsiomis, toujours sur le front de la ville », *Archiscopie*, vol. 17, 2019, p. 94-95.

Histoire turque et ottomane (chaire internationale)

Edhem Eldem
Professeur à l'université de Boğaziçi (Turquie),
professeur invité au Collège de France

Mots-clés : histoire, Empire ottoman, Turquie, Occident, occidentalisation

La série de cours « L'Empire ottoman et la Turquie face à l'Occident (II) » est disponible en audio et vidéo, sur le site internet du Collège de France (https://www.college-de-france.fr/site/edhem-eldem/course-2018-2019.htm), ainsi que le colloque « Les acteurs et interlocuteurs locaux de la fièvre antiquaire dans l'Empire ottoman (1780-1830) » (https://www.college-de-france.fr/site/edhem-eldem/symposium-2018-2019.htm).

Enseignement

Cours – L'Empire ottoman et la Turquie face à l'Occident

Introduction

Le passé turc n'est pas qu'ottoman et l'histoire ottomane n'est pas que turque. C'est dire que l'intitulé de cette nouvelle chaire couvre un domaine très vaste et pour le moins complexe, voire ambigu. Nous porterons cependant notre regard sur un contexte plus ciblé qui, tout en réduisant l'ampleur du sujet, permettra d'intégrer ces deux dimensions de la question dans une réflexion historique particulière, celle de l'Empire ottoman et de la Turquie républicaine face à l'Occident. Ce questionnement s'inscrira à son tour dans une chronologie chevauchant les périodes moderne et contemporaine, du XVIIIe siècle à nos jours.

Modernités, modernisation, occidentalisation, dynamiques internes, influences extérieures, cette période de transformations profondes est bien trop complexe pour

E. Eldem, « Histoire turque et ottomane », *Annuaire du Collège de France 2018-2019. Résumé des cours et travaux*, 119e année, Paris, Collège de France, 2022, p. 557-569, https://doi.org/10.4000/annuaire-cdf.17310.

se prêter à des lectures univoques qui finissent par donner une vision par trop simpliste, souvent faite d'une combinaison de triomphalisme occidental et de défaitisme ottoman.

À un moment où l'Histoire devient la proie d'une rhétorique politique des plus malsaines et où celle de l'Empire ottoman est soumise au lit de Procuste du nationalisme turco-islamique, il devient d'autant plus important de créer une plateforme capable de diffuser la connaissance historique dans ce domaine particulier et de promouvoir la recherche « en train de s'y faire », selon l'heureuse formule du Collège de France. C'est la mission que la chaire internationale d'histoire turque et ottomane s'est fixée pour les cinq années à venir, pendant lesquelles les spectaculaires transformations des trois derniers siècles seront examinées dans leurs dimensions politique, idéologique, sociale, économique et culturelle, afin de saisir les dynamiques du changement et de la continuité dans une des régions les plus mouvementées du globe.

Le cours reprendra les grands moments de la période : intégration avec l'Europe au tournant du XIXe siècle, réformes étatiques des années 1820 et 1830, rêves « ottomanistes » des années 1850 et 1860, crise de 1876, autocratie hamidienne, révolution jeune-turque, débâcle de la Première Guerre mondiale... L'objectif premier est de combiner la synthèse et le détail, et de familiariser le public avec l'étude critique de textes et de documents contemporains, ainsi qu'avec une approche diversifiée permettant de croiser des aspects différents mais convergents d'une réalité extrêmement variée. De la culture funéraire aux institutions financières, de l'anatomie des massacres aux biographies intellectuelles, de l'usage de la photographie à l'invention des ordres et décorations, de la naissance d'un orientalisme ottoman à la constitution d'une pratique archéologique, nombre d'études viendront se greffer sur ce récit central pour en dévoiler la richesse et la complexité.

Cours 1 – Reprise et rappels

En reprenant le cours pour l'année 2019, il est utile de faire un rappel des principaux sujets et questions traités l'année précédente. Tout d'abord, des questions de méthode, puisque l'un des objectifs premiers de l'enseignement de cette chaire est de mettre à nu la recherche, telle et pendant qu'elle se fait, du questionnement aux sources, des sources à la critique documentaire et de la critique documentaire aux conclusions que l'on peut tenter de tirer de cette information. C'est pourquoi nous maintiendrons la méthode de l'année dernière, une sorte de récit à deux temps ou deux vitesses, alternant entre, d'une part, des généralités permettant d'encadrer et de donner un contexte aux événements et phénomènes évoqués et, d'autre part, des gros plans et/ou des digressions permettant d'approfondir certains aspects particuliers en partageant le détail de la documentation concernée. Rappelons comment, l'année dernière, des « cas d'étude » avaient fourni l'occasion de remettre en question aussi bien des points de méthode que des connaissances un peu trop facilement acceptés ou insuffisamment questionnés. « La couleur du cheval blanc de Franchet d'Espèrey » appartenait à la première catégorie, suggérant qu'il ne fallait guère se fier à certaines « certitudes », mais aussi que les erreurs et distorsions qui pouvaient s'y glisser étaient en elles-mêmes révélatrices de phénomènes qui méritent souvent d'être analysés. Dans un contexte plus critique, la lettre de Halet Efendi, le plagiat de Şanizade ou la carte de l'Amérique de Mahmud Raif Efendi sont autant d'exemples qui, même s'ils sont fondés sur une documentation très ponctuelle, voire unique, n'en permettent pas moins de remettre en question bien des aspects de la manière dont les Ottomans voyaient, percevaient et utilisaient des connaissances, des notions, des techniques ou des valeurs occidentales.

Le cours de l'année dernière s'était interrompu sur une vision synoptique des événements majeurs des années 1820. Parmi ceux-ci, deux se distinguent tout particulièrement par l'ampleur de leur influence sur le sort de l'Empire. Le premier, sans aucun doute, est la rébellion des provinces grecques de l'Empire, étrange combinaison d'une révolte paysanne et d'un mouvement mené par des révolutionnaires s'inspirant de la Révolution française. L'impact de cet événement est énorme : pour la première fois, les Ottomans sont confrontés à une insurrection qui se transforme en véritable guerre d'indépendance, qui plus est dans la périphérie immédiate du centre de gravité de l'Empire. Pis encore, cette crise domestique acquiert rapidement une dimension internationale dans laquelle l'Europe est impliquée à la fois par la diplomatie des grandes puissances et par l'embrigadement des philhellènes auprès des combattants grecs. Les Ottomans sont ainsi confrontés non seulement à la pression de la diplomatie européenne, phénomène auquel ils avaient commencé à s'adapter durant les décennies précédentes, mais aussi à la puissance de l'opinion publique internationale, phénomène nouveau dont ils n'avaient pas encore jaugé l'envergure. Le conflit, qui durera près d'une décennie et se soldera par la création d'un État grec indépendant, marquera d'un profond traumatisme l'esprit des dirigeants ottomans.

Le second événement, connu sous le nom de *Vak'a-i Hayriye* (Heureux Événement), marqua la fin du célèbre corps des janissaires, aboli et détruit par le sultan Mahmud II à la suite d'une tentative de rébellion provoquée par un programme de réforme imposé par le souverain. Cet événement et la refonte de l'État qui en résulta constitueront le sujet principal du cours de cette année.

Cours 2 – Violentes réformes

Pour comprendre le célèbre « Heureux Événement » (*Vak'a-i Hayriye*) des 15 et 16 juin 1826, il faut se rappeler les antécédents de cette crise, notamment l'existence dans la politique ottomane de divers groupes ou factions plus ou moins clairement définis. Tout d'abord, un « centre », représenté par le sultan, le palais et le gouvernement – généralement appelé la Sublime Porte – qui, nominalement du moins, règne sur l'Empire. Autour de ce centre se positionnent les trois principaux groupes d'acteurs que l'on pourrait comparer – avec beaucoup de licence – à des partis politiques. Les *ulema* – pluriel de *âlim* ou savant – représentent la foi et la loi, normalement sous la coupe du sultan et du palais, mais bénéficiant d'un prestige qui leur permet de s'allier avec d'autres groupes, notamment les janissaires. En effet, la chute d'un sultan, souvent provoquée par une révolte des janissaires, est généralement entérinée par une *fetva* (opinion légale) émanant du şeyhülislam, premier des *ulema* de l'Empire.

Un deuxième groupe est constitué des *ayan*, les notables, notamment ceux qui contrôlent économiquement certaines provinces de l'Empire, en Anatolie et en Roumélie. Depuis sa formation, l'Empire ottoman est tiraillé par la volonté centripète du palais et les velléités centrifuges de la « périphérie ». De fait, il est exclu qu'Istanbul puisse véritablement contrôler de manière efficace les provinces ; la cohésion de l'Empire est sans cesse négociée entre ces deux tendances. Au XVIIIe siècle, la prééminence de certains notables provinciaux, capables de tirer de leur emprise sur le territoire des revenus fiscaux et commerciaux et de lever de véritables armées, devient la règle, amenant ainsi un affaiblissement sensible du pouvoir central. Certains, comme Ali Pacha de Tepelen ou de Janina (1744-1822) ou Mehmed Ali Pacha d'Égypte (1769-1849), parviennent à se constituer en véritables souverains de leur province, tout en maintenant un délicat équilibre avec la Porte.

Enfin, les janissaires, corps d'élite dont la création remonte au XIVe siècle, alimenté par le système du *devşirme* (levée d'enfants chrétiens dans les territoires conquis), mais dont le rôle militaire se double de plus en plus d'une puissance politique, notamment en temps de paix dans la capitale de l'Empire. Ils sont connus pour le rôle central qu'ils jouèrent dans la politique ottomane, notamment à Istanbul même, faisant et défaisant des règnes depuis au moins le XVIIe siècle. Les sultans, qui ont déjà connu des révoltes de janissaires depuis le XVe siècle, finissent par être tentés par une solution radicale à l'encontre de cette force insoumise, jugée par ailleurs de plus en plus inefficace à la guerre. C'est notamment le cas de Selim III (r. 1789-1807), qui, en instaurant son « Nouvel ordre » (*Nizam-ı Cedid*), fondé sur des troupes « réglées » à l'européenne, envisagera de remplacer ainsi les janissaires. Il perdra le trône, puis la vie, dans leur violente réaction qui marquera profondément son jeune cousin, le futur Mahmud II (r. 1808-1839), qui accèdera au trône en 1808 en tant que dernier survivant mâle de la dynastie.

Cela explique les débuts aussi difficiles que prudents du jeune Mahmud une fois son pouvoir établi. Il dut se plier aux exigences des principaux acteurs politiques en lice selon les circonstances du moment. Dans les mois qui suivirent son accession au trône, il se vit forcé de signer un « pacte d'alliance » (*Sened-i ittifak*) qui reconnaissait le pouvoir des notables (*ayan*) qui l'avaient sauvé et placé sur le trône. Moins de deux mois plus tard, lorsqu'un revirement de situation fit apparaître le risque d'une rébellion des janissaires et du parti « conservateur », il dut faire marche arrière et dissoudre l'armée « nouvelle » qu'il avait établie à l'image de celle de Selim III. Pendant plus de quinze ans, Mahmud II se vit ainsi dans l'obligation de louvoyer entre ces écueils, sans pouvoir s'attaquer ouvertement aux forces qui limitaient et mettaient en danger son pouvoir. Une situation militaire précaire ne faisait que renforcer ces hésitations : l'Empire était confronté à une série de révoltes (Serbie, Hedjaz) et de conflits (Russie, Iran) qui rendaient impossible toute consolidation du pouvoir central.

Pourtant, c'est au beau milieu de la révolte grecque (1821-1829) que le sultan se décida à passer à l'action et à porter un coup décisif au corps des janissaires. Avait-il été encouragé par la très récente victoire de Missolonghi ? Pensait-il que leur insuccès pendant le conflit avait suffisamment terni la réputation des janissaires ? Était-il mû par une admiration mêlée de jalousie provoquée par l'exemple des troupes formées à l'occidentale que le gouverneur d'Égypte Mehmed Ali Pacha avait envoyées à sa rescousse ? Quoi qu'il en soit, les 15 et 16 juin 1826, il lança une offensive des plus violentes contre les quartiers-généraux et les casernes des janissaires, en plein cœur de la capitale, et réussit à annihiler *manu militari* cette redoutable milice qui avait fait trembler ou tomber nombre de ses prédécesseurs. Pour marquer son importance, il baptisa cette victoire « L'heureux Événement » (*Vak'a-i Hayriye*) et se lança dans une purge systématique dont son empire devait sortir régénéré.

Cours 3 – « La plus grande des guerres saintes »

L'« Heureux Événement » de la destruction des janissaires montrait bien que Mahmud II avait appris sa leçon. Le mouvement avait débuté comme le « Nouvel ordre » de Selim III, par l'organisation d'une nouvelle armée, tandis que les janissaires étaient invités à se soumettre à une discipline et un entraînement réguliers afin d'être intégrés dans le nouveau système. Était-ce un piège tendu dans l'attente d'une réaction qui justifierait l'usage de la force ? Nous ne le savons pas ; toujours est-il qu'après quelques jours d'hésitation, les janissaires finirent par se mutiner, donnant ainsi au sultan l'occasion de lancer une véritable campagne militaire contre eux. Cette décision de choisir l'offensive plutôt que la défensive comme dans les cas précédents prit les rebelles de court : ils furent pour la plupart massacrés lors du bombardement systématique de leurs casernes dans la nuit du 15 au 16 juin ; les rescapés furent pourchassés dans les rues de la capitale et sommairement exécutés sans le moindre recours à un procédé judiciaire. Le sultan s'était mis sur le pied de guerre et campait, avec tout son entourage, dans la cour de la mosquée du sultan Ahmed, improvisée en camp militaire. Le chronogramme composé par Esad Muhlis Pacha, gouverneur d'Andrinople, résumait parfaitement la situation : *gaza-yı ekber*, soit « la plus grande des guerres saintes », dont la valeur numérique atteignait 1241, la date de l'événement selon le calendrier de l'Hégire.

Cette rhétorique religieuse était évidente dans la longue proclamation faite au peuple dès le 16 juin et criée à travers les rues de Constantinople. Le sultan y lançait l'anathème contre les janissaires et invitait tous les vrais musulmans à venir se ranger à ses côtés, sous l'étendard sacré du Prophète, pour combattre ces infidèles qui s'étaient insurgés contre leur souverain et, surtout, contre la loi divine. La même proclamation promettait le rétablissement de l'Empire et de la religion par la purification des éléments néfastes qui les avaient bafoués et la création d'une nouvelle armée dont le nom était lourd de symbolisme : les troupes musulmanes aidées de Dieu (*Asakir-i Mansure-i Muhammediye*).

Tout ce déferlement de haine à l'encontre des janissaires doit nous rappeler que ceux-ci étaient profondément implantés dans le quotidien de l'Empire et surtout de sa capitale. Beaucoup étaient aussi artisans et commerçants, ou possédaient des liens familiaux ou de solidarité avec les couches moyennes et modestes de la population. Certains historiens ont vu en eux une sorte de classe dont les revendications politiques se doublaient d'un ancrage dans la société urbaine. Si ces questions restent à débattre, il n'en est pas moins vrai que les insurrections de janissaires étaient souvent doublées d'un soutien populaire qui les rendait d'autant plus dangereux aux yeux du palais. On comprend dès lors que Mahmud II ait voulu prévenir un effet de contagion en frappant fort, de manière à inspirer la terreur aussi bien auprès des janissaires que de ceux qui seraient tentés de les soutenir, mais aussi en utilisant tous les moyens idéologiques à sa disposition, à commencer par la religion. D'où des excès notoires dans la persécution des suspects et une campagne de *damnatio memoriae*, proscrivant l'usage de tout terme susceptible de rappeler l'existence même du corps, allant, semble-t-il, jusqu'à la destruction des stèles funéraires de janissaires défunts. Sept ans après l'événement, le journal officiel (*Takvim-i Vekayi*) rapportait que deux janissaires ressuscités sous la forme de vampires avaient hanté et terrorisé la population d'un village de Bulgarie ; c'est dire à quel point l'État tenait à noircir la mémoire de ce corps.

C'était là une véritable campagne dont l'objectif était d'influencer l'opinion publique, phénomène moderne dont c'était là probablement une des premières apparitions tangibles. Mahmud II était au centre de cette campagne, mais d'autres acteurs s'y disputaient le second rôle, notamment le célèbre Hüseyin Pacha, connu sous le nom d'Aga-Pacha, très présent dans les rapports de l'ambassade de France, auxquels nous devons la plupart des précisions concernant les événements. Ancien *aga* des janissaires qui avait habilement tourné casaque pour devenir l'instrument de la destruction de son ancien corps, ce farouche officier avait même posé pour le peintre français Charles-Émile Champmartin, alors de passage dans la capitale ottomane.

Cet épisode artistique est l'occasion d'une digression intéressante. Champmartin s'inspira des événements dont il avait été témoin pour peindre *l'Affaire des casernes*, mettant en scène Hüseyin Pacha à cheval menant ses troupes à l'attaque des janissaires. Or, ce tableau rappelait étrangement son propre *Massacre des innocents*, exposé en 1824 aux côtés de la célèbre toile des *Massacres de Scio* par Eugène Delacroix, son ami. Champmartin exposa son *Affaire des casernes* en 1828, et John P. Lambertson a suggéré que c'était peut-être là une des inspirations pour la *Mort de Sardanapale* que Delacroix exposa la même année. Faut-il y voir, comme le fait Lambertson, la convergence de deux toiles qui, en évoquant le despotisme oriental, énoncent en fait une critique des velléités absolutistes de Charles X ?

Cours 4 – Autocratie et résistances

Les suites de l'événement supposé « heureux » ne s'accordaient pas forcément avec cette épithète. Le bilan humain était lourd : 6 000 à 7 000 morts, jusqu'à 15 000 bannis. La vie à Istanbul s'était pratiquement arrêtée ; abasourdie et épouvantée, la population se terre, craignant à tout instant d'être victime de l'ire impériale. Celle-ci avait frappé bon nombre d'individus, jugés coupables par association, à commencer par l'ordre hétérodoxe des Bektachis, proche des janissaires et dont les couvents furent fermés et confisqués, et les derviches exilés et parfois exécutés. L'historiographe Şanizade Ataullah Efendi, dont nous avons vu l'année dernière l'étrange plagiat de Voltaire, fut exilé pour ses sympathies supposées et mourut d'apoplexie lorsqu'on lui annonça que le sultan l'avait gracié. Le sultan est tiraillé entre l'ivresse du pouvoir et la crainte d'un attentat. Il se produit de plus en plus en public, mais ces bains de foule sont parfois l'occasion de réactions presque paranoïaques, comme lorsqu'il fait arrêter un individu dont l'attitude et le regard lui avaient parus suspects.

L'attention de l'État se porte tout particulièrement sur les lieux publics jugés dangereux : les cafés, les bains, les tavernes sont fermés, puis rouverts, constamment surveillés, et leur contrôle, relevant traditionnellement des janissaires, est confié à des troupes dont la fidélité a été constatée. Le palais et le gouvernement restent sur le pied de guerre et l'étendard sacré du Prophète n'est ramené au palais qu'un mois et demi après l'événement, signe d'un timide début d'accalmie. Les exécutions sommaires continuent et la terreur règne, alimentée par des rumeurs de mahonnes chargées de corps allant déverser leur cargaison dans la mer.

Les sources ottomanes sont presque exclusivement vouées à reprendre et diffuser la rhétorique et les vœux pieux du palais. Les voix critiques, s'il en existe, sont étouffées par cette documentation univoque, ce qui rend difficile l'évaluation de la nature et de l'ampleur des réactions populaires. Pourtant, les menaces réitérées et les mesures policières du gouvernement ne laissent guère de doute quant à la réalité du mécontentement d'une bonne partie de la population. Les rapports de l'ambassade fournissent de précieux détails qui vont dans ce sens : rumeurs qui circulent, placards prenant le sultan pour cible… Surtout, des incendies éclatent dont l'origine est attribuée à des partisans de « l'ancien régime ». Celui du 31 août ravage toute la partie centrale de la ville et menace le palais impérial ainsi que nombre d'édifices publics.

Le mécontentement s'explique par la misère économique causée par cette crise et par l'explosion soudaine de la violence arbitraire et imprévisible du sultan. Bien sûr, en fond de toile se dessinent les conséquences directes de l'abolition du corps. Mert

Sunar a montré qu'en 1824, en moyenne un tiers des janissaires détenant un droit à la retraite sont aussi membres des corps de métiers. Or, l'État, après avoir promis de payer ces retraites, semble avoir changé d'avis…

Toute cette instabilité politique et économique n'empêche pas Mahmud II de se lancer dans un programme de réforme dont il assume personnellement la responsabilité et la réalisation. Passionné par ce nouveau rôle, il se charge lui-même de l'exercice de ses troupes, revêtant le costume et le grade de major. En épousant ainsi un profil (faussement) modeste, il suit sa nouvelle armée au plus près et se met en scène dans un rôle d'officier et d'éducateur. Il s'agit d'une rupture exceptionnelle avec la tradition des sultans pratiquement invisibles qui l'ont précédé et d'une sorte de retour aux origines, lorsque les sultans allaient en guerre à la tête de l'armée. C'est un sultan résolument moderne qui s'engage personnellement et aime à se donner en spectacle, pendant l'exercice, au cours des parades ou tout simplement lors de ses déplacements, de plus en plus fréquents dans la capitale. Cette mise en scène s'accompagne d'un souci d'émulation de l'Occident par la discipline et le costume, souvent par le truchement de l'exemple égyptien, appliqué depuis quelques années déjà par Mehmed Ali Pacha.

On sent bien que Mahmud II est en train d'essayer de mettre en place un système d'un type nouveau, mais dont la nature n'est pas encore clairement définie. Le côté « cosmétique » de cette révolution par le haut est facilement identifiable : il s'agit de transformer les aspects jugés incompatibles avec la modernité telle qu'elle s'observe en Occident. Pour le reste, un mouvement de balancier s'instaure entre des promesses libérales aux relents égalitaires et des mesures répressives fortement empreintes de despotisme. Généralement, ce sont les dernières qui l'emportent, ainsi que l'illustre bien la question des confiscations. Malgré maintes promesses de mettre fin à cette pratique séculaire, Mahmud II cèdera souvent à la tentation de s'approprier les biens et la fortune des « grands » du système, surtout lorsque ceux-ci sont non musulmans et par conséquent encore plus vulnérables.

Cours 5 – Réformer et reformer l'État et la société

L'action de Mahmud II dans les années qui suivent l'abolition et la destruction du corps des janissaires s'inscrivent dans deux dynamiques fondamentales. La première, plus traditionnelle, consiste à vouloir réformer l'État, en accroissant la performance et l'efficacité de l'armée et, jusqu'à un certain point, de l'administration, surtout fiscale. En cela, il ne se distingue pas vraiment de certains de ces prédécesseurs, notamment de Selim III, dont le « Nouvel Ordre » visait des objectifs similaires. Mahmud II se distingue de cette tentative malheureuse par le succès qui couronne sa propre entreprise, mais surtout par l'ampleur et la nature radicale de son projet de réforme. Il ne s'agit pas simplement de réformer l'appareil militaire et bureaucratique, mais de reformer le système, dans le sens d'une refonte presque totale de l'État. C'est pourquoi il convient de lui attribuer un caractère révolutionnaire, tout en soulignant, bien sûr, que cette révolution tient souvent du chamboulement et qu'elle se fait par le haut, par des moyens coercitifs, parfois violents. Le sultan se place lui-même au centre de ce processus : il se met en scène, donnant l'exemple et s'engageant personnellement dans les principales péripéties du projet. Nous l'avons vu, il se démarque en cela de la tradition des sultans « cachés » ou invisibles et devient lui-même un porteur de symbolisme et de modernité.

Sans surprise, la refonte de l'État commence par l'armée, qui est au centre même des événements. C'est elle qui a anéanti les janissaires ; c'est elle qui deviendra le premier cobaye du projet, tant par son organisation, par son entraînement et, bien sûr, par le costume à l'européenne que le sultan lui-même endosse dès le lendemain de l'« Heureux Événement ». La présence et la visibilité du sultan gagnent en intensité et atteignent bientôt des proportions inouïes. En 1827, celui-ci s'embarque à bord d'un bateau à vapeur et se rend en Crète, marquant ainsi sa différence de ses prédécesseurs qui ne quittaient que très rarement le palais. Il récidivera, réalisant ainsi six voyages impériaux qui le mènent à Rodosto/Tekirdağ (1830), à Andrinople/Edirne (1831), à Nicomédie/İzmit (1833 et 1835) et jusqu'en Bulgarie (1837).

En 1829, la réforme de l'uniforme est élargie à tous les fonctionnaires de l'État qui se voient obligés de suivre l'exemple de leur maître. Le fez remplace le turban ; le pantalon et la tunique, bientôt appelée stambouline, s'imposent. Certains conservateurs grondent, mais c'est surtout en Occident que l'on se lamente de voir disparaître les magnifiques costumes qui faisaient le plaisir des peintres et voyageurs en Orient. Louis-Philibert Brun d'Aubignosc, un ancien grognard au service de la Porte, va jusqu'à comparer les nouveaux bureaucrates à des « singes » en uniforme et consacre un chapitre entier de sa *Turquie nouvelle* aux « grandes moustaches », perdues à tout jamais. Ironie et hypocrisie de l'orientalisme qui reproche à l'Orient ses attributs « barbares », mais se lamente ensuite de les voir disparaître…

Mahmud II agrémente ce nouveau costume d'une nouveauté à grande portée symbolique : les décorations. Les premières avaient été créées sous Selim III, mais uniquement pour les étrangers. À partir de 1831, les sujets du sultan sont eux aussi décorés et la première médaille arbore une représentation de la mosquée Nusretiye (de la Victoire), ainsi nommée pour commémorer la destruction des janissaires. L'année suivante Mahmud II inaugure le « portrait impérial » (*Tasvir-i Hümayun*), une miniature sur émail du sultan enchâssée dans un cadre d'or et de brillants. Cette entorse à l'interdit islamique de la représentation humaine fait scandale dans les milieux conservateurs ; comble de la provocation, Mahmud en offre le premier exemplaire au şeyhülislam. L'odeur de soufre va s'accroissant : en 1836, prenant exemple sur les monarques occidentaux, Mahmud II fait faire son portrait en pied et le fait accrocher dans les principales casernes et édifices publics de la capitale.

Le désir du sultan et de son entourage de se mettre à la page les pousse à des excès surprenants. Selon la description qu'en fait l'envoyé français Boislecomte, une fête donnée en 1833 par le généralissime des armées (*Serasker*) Husrev Pacha en l'honneur du corps diplomatique débute par des exercices de tir au canon et se termine par un repas très arrosé pendant lequel les représentants de la Porte rivalisent d'entrain et de galanterie à l'égard des convives. Le grand vizir, Rauf Pacha, le seul à ne pas boire tout en essayant de cacher sa honteuse abstinence, tente d'échapper aux taquineries de ses collègues en invoquant la présence de l'ambassadrice de France et en déclarant que « quand on est à côté de Madame, on n'a pas besoin de vin pour s'enivrer ». Le sultan, dînant à part selon la tradition du palais, « se fit servir trois espèces de vins de France mais en but cette fois avec modération ».

Cours 6 – Les bases d'un État moderne ?

Les réformes de Mahmud ne se limitent pas à la réorganisation de l'armée, à l'adoption de costumes et d'apparences occidentales ou à des festins bravant les interdits religieux. Il est aussi question d'une dimension politique visant une modification des rapports entre l'État – le sultan – et ses sujets. Cette dimension « libérale », nous l'avons déjà dit, s'efface souvent devant la violence de la répression exercée par le nouveau système contre les éléments de la population jugés dangereux ; elle n'en existe pas moins dans les esprits et, parfois, dans les actes, créant ainsi une attente auprès de certains groupes. En tête de liste, l'intention, prêtée à Mahmud dès le lendemain de la « révolution » du 15-16 juin 1826, d'abolir la pratique de la confiscation (*müsadere*) qui depuis des siècles a donné aux sultans le pouvoir arbitraire de mettre la main sur la fortune de dignitaires déchus ou disgraciés. Pour un empire dont l'efficacité et l'assiette fiscales étaient réduites, c'était là un moyen pratique de renflouer les caisses de l'État, mais ses inconvénients étaient nombreux : instabilité financière et politique, imprévisibilité de la fonction publique, tendance à la reproduction d'abus de pouvoir et d'actions prédatrices…

Évidemment, la décision d'abolir les confiscations ne concernait guère la majorité de la population, mais uniquement les membres de la classe dirigeante qui se sentaient visés. Il est donc probable que si Mahmud II s'était prononcé en faveur d'une telle mesure, c'était avant tout pour s'assurer le soutien des dignitaires en ce moment de crise intense. C'est dans cette optique qu'il faut lire les rapports suggérant qu'il avait tout particulièrement tenu à assurer les *ulema* (le « clergé ») de cette intention, dans un contexte de « guerre sainte » menée contre les janissaires et leurs associés. Dans le même ordre d'idées, on rapporte qu'il avait demandé aux membres du conseil d'abandonner l'étiquette qui leur interdisait de s'asseoir en sa présence et qu'il avait fini par devoir les y obliger…

Néanmoins, ces promesses réitérées étaient contredites par une ligne d'action beaucoup moins coulante en la matière, notamment en ce qui concernait les avoirs de certains non-musulmans fortunés. Le « banquier » juif des janissaires avait été arrêté, puis relâché, ses comptes étant en règle ; leur fournisseur grec en viande fut moins heureux : la terreur le paralysa lorsqu'il fut arrêté et son silence ayant été interprété comme une preuve de collusion, il fut exécuté. D'ailleurs, le répit de son collègue juif ne fut que de courte durée : il fut à nouveau arrêté trois semaines plus tard, mis à mort et sa fortune de quelque 70 millions de piastres fut confisquée. Il est clair que jusqu'à ce jour, ces belles promesses étaient restées lettre morte. On rapportait que le sultan, à la vue d'un palais récemment élevé sur le Bosphore, s'était écrié : « Quel est le fou qui veut me donner une si grande tentation ? ».

La même incohérence caractérisait les relations du sultan avec la population non musulmane de l'Empire, les *rayas*, selon la terminologie occidentale de l'époque. On prêtait à Mahmud l'intention de promouvoir une sorte de fraternité de ses sujets au-delà des fossés confessionnels et certaines mesures semblent bien confirmer une telle politique. En revanche, de nombreux édits, notamment en matière de pratiques somptuaires et vestimentaires, imposaient de sévères restrictions aux non-musulmans, afin de les obliger à se conformer au statut d'infériorité et de soumission qui les caractérisait dans la hiérarchie sociale de l'Empire.

Il n'y a guère de mystère : ces hésitations et incohérences sont le reflet d'un phénomène de gestation qui prépare graduellement le terrain vers un nouvel ordre de choses, dont les *Tanzimat* (1839) constitueront le véritable point de départ. Pour le moment, le progrès se limite surtout à des transformations matérielles et institutionnelles concrètes : création des écoles de médecine (1827), des écoles militaires (1834) et administratives (1838) ; premier recensement (1831) ; premier journal officiel (1831) ; établissement d'un Conseil suprême (1837) ; institution de passeports (1838)…

Une dernière digression permettra de donner un exemple concret de cet étrange phénomène de gestation : l'enfance et les débuts du futur Edhem Pacha (1818 ?-1893), qui semblent résumer les incohérences et les contradictions du règne de Mahmud, ainsi que le potentiel de modernité qu'il porte en lui. Rescapé du célèbre massacre de Chio (1822), cet enfant est acquis par Husrev Pacha et formé avec les autres jeunes esclaves du vieux pacha, digne représentant de la « vieille Turquie ». Pourtant, en 1830, il fait partie d'un groupe de quatre jeunes esclaves triés sur le volet que leur maître confie à l'orientaliste Amédée Jaubert afin d'être éduqués en France. Le jeune Edhem fait ses classes à l'institution Barbet, entre à l'École des mines dont il ressort ingénieur en 1838 et retourne au pays où l'attend une carrière bureaucratique qui l'amènera jusqu'au grand vizirat en 1877, sans compter sa réussite familiale qui garantit à sa descendance, à commencer par son fils aîné, le célèbre peintre et muséologue Osman Hamdi Bey, une prééminence dans le domaine des arts et des sciences pendant les dernières décennies de l'Empire. Exemple flagrant, quoiqu'un peu exceptionnel, du potentiel qui couve pendant les tâtonnements du règne de Mahmud II.

Colloque – Les acteurs et interlocuteurs locaux de la fièvre antiquaire dans l'Empire ottoman (1780-1830)

Dès la fin du XVIIIe siècle, l'Europe se découvre une passion renouvelée pour les vestiges d'un passé classique dont elle revendique l'héritage. Nous connaissons assez les principaux protagonistes de cette aventure, de Choiseul-Gouffier à Lord Elgin et aux nombreux « inventeurs » de la Vénus de Milo. En revanche, la dimension locale est beaucoup moins connue ; parfois, elle est totalement ignorée. C'est un vaste éventail d'individus que couvre cette qualification d'acteurs et d'interlocuteurs locaux. Au sommet, la bureaucratie ottomane, les auteurs des firmans et décrets autorisant – et parfois interdisant – l'acquisition d'objets et d'éléments architecturaux. Au bas de l'échelle, de modestes villageois ou citadins qu'un attachement – souvent jugé « superstitieux » – à un objet ou monument pousse à défier l'appétit prédateur d'antiquaires éclairés. Entre les deux, tout une gamme d'individus plus ou moins puissants, plus ou moins conscients, plus ou moins engagés : gouverneurs ou notables locaux ; braconniers qui cherchent à écouler le produit de leurs fouilles ; paysans qu'une découverte fortuite projette sur le devant de la scène ; premières sociétés savantes émulant le modèle occidental ; petits intermédiaires entre diplomates européens et potentats locaux…

Le colloque a réuni des spécialistes du sujet qui ont fréquemment contribué à la « grande » histoire des débuts de l'archéologie, mais qui se sont aussi penchés sur le revers de la médaille à travers une réflexion et des interrogations sur la dimension locale évoquée ci-dessus. Il ne s'agit pas de faire une histoire alternative ou réactive ni de prétendre « remettre les pendules à l'heure » ; l'objectif est plutôt d'enrichir ce récit en lui apportant une dimension critique et, surtout, en le rendant moins univoque par l'apport de ces voix et perspectives locales, ottomanes et post-ottomanes. Cette incursion dans le domaine des connaissances, des mentalités et des pratiques des populations ottomanes et post-ottomanes pourrait ouvrir un nouveau chapitre dans une histoire connectée encore en chantier.

Cours à l'extérieur

Ayant conservé mon poste à l'université de Boğaziçi, j'y ai assuré pendant toute l'année académique mes enseignements conventionnels.

Recherche

Mon programme de recherche s'est poursuivi dans la continuité de ce que j'avais annoncé l'année précédente le long des deux axes principaux déjà définis : histoire de l'archéologie dans l'Empire ottoman et travaux concernant les écrits privés du prince Selahaddin Efendi (1861-1915), fils du souverain déchu Murad V (r. 1876).

L'année dernière avait vu la fin du classement des archives « en langue étrangère » du Musée impérial ottoman, aujourd'hui Musée archéologique d'Istanbul ; je travaille depuis à l'élaboration de l'inventaire qui en résulte, en vue d'une publication éventuelle par le musée, premier pas avant l'ouverture des archives à la consultation des chercheurs. Travail fastidieux, certes, mais qui entrouvre des perspectives de recherche nouvelles et souvent passionnantes. Parmi celles-ci, je retiens tout particulièrement la dimension « locale » de l'archéologie dans l'Empire ottoman, non dans le sens que je donnais à ce terme lors du colloque du 28 mai 2019 – axé sur les « acteurs et interlocuteurs locaux » de l'archéologie au tournant du XIXe siècle, mais en me référant aux sujets ottomans qui, dans la seconde moitié du XIXe siècle, s'engagèrent directement dans l'action archéologique, soit en tant qu'associés du Musée impérial de Constantinople, soit en tant qu'amateurs, généralement férus d'épigraphie. Il s'agit là d'une dimension généralement ignorée de l'archéologie ottomane, masquée par la forte présence institutionnelle du musée et des missions étrangères qui monopolisaient – ou prétendaient monopoliser – le terrain. C'est d'ailleurs pourquoi je compte organiser mon colloque de 2020 autour de cette thématique.

Mon second grand axe de recherche, portant sur les écrits privés du prince Selahaddin Efendi, a commencé à porter ses premiers fruits. L'article dont j'annonçais la publication prochaine dans un numéro de la revue *Clio. Femmes, genre histoire* est paru sous le titre « Le harem vu par le prince Salahaddin Efendi (1861-1915). Chercher les femmes dans une documentation masculine », formant ainsi une première exploitation ciblée de cette documentation de nature exceptionnelle. Je viens par ailleurs de soumettre un article traitant de l'éducation de Selahaddin Efendi, intitulé « The education of an Ottoman prince in the nineteenth century ». Le projet est mené par des collègues de l'université de Waseda à Tokyo et prévoit la publication d'un ouvrage collectif sur la modernisation de l'armée, de l'éducation et des structures de solidarité dans l'Empire ottoman au XIXe siècle.

Enfin, dans le cadre de ce même thème, c'est avec beaucoup de satisfaction que je peux annoncer la parution du premier volume de l'édition critique des écrits en question, consacré à ses notes et aux documents concernant les rapports et la correspondance secrète entre son père, le sultan Murad V, et Cléanthe Scaliéri, grand-maître de la loge Proodos (Progrès) de Constantinople. Ce dernier avait en effet initié Murad à la franc-maçonnerie alors qu'il était encore prince héritier, et, après son détrônement au profit d'Abdülhamid II, s'acharna à le sauver de la résidence surveillée à laquelle il avait été assigné et à défendre sa cause auprès de l'opinion publique internationale. Il s'agit d'une documentation et d'un sujet complètement inédits dont j'ai obtenu la publication dans les meilleures conditions possibles : long commentaire historique de ma plume, transcription intégrale et annotée du texte original, et fac-similé du document dans sa totalité. C'est là le coup d'envoi d'une série qui traitera, dans le même format, le reste des écrits du prince : mémoires, collections de documents, agendas et journal intime. Il s'agit d'un travail de longue haleine, mais dont l'originalité et la qualité contribueront grandement aux domaines de l'histoire politique, culturelle, intellectuelle et des mentalités dans l'Empire ottoman pendant les dernières décennies du XIXe siècle.

En dehors de ces deux axes principaux d'investigation, je tiens à signaler un projet qui, parmi bien d'autres, me paraît mériter d'être cité ici par son apport à mes recherches et à mes domaines d'intérêt. Il s'agit d'un article-fleuve qui découle de la découverte accidentelle que je fis l'année dernière, lors de mes recherches sur la provenance d'une statue d'Artémis du Musée impérial (« Et si Diane n'était pas lesbienne ?... » paru dans le *Bulletin de correspondance hellénique*), concernant la survivance, en Anatolie du XVIIe siècle, de la première version « turque » du *Roman d'Alexandre* sous la forme de l'İskendername d'Ahmedi (*ca* 1390). En creusant plus en amont, j'ai découvert que ce texte avait la particularité tout à fait unique de modifier de manière très radicale le dénouement de l'histoire d'Alexandre et Candace, restée inchangée jusque-là dans toutes les versions de l'épopée alexandrine. C'est ainsi que paraîtra dans le courant de l'année 2020 cette étude qui modifie complètement nos connaissances sur la filiation du texte d'Ahmedi et propose une analyse nouvelle de l'interaction entre l'écrit et l'oral dans la transmission de l'İskendername jusqu'au XIXe siècle.

Enfin, je terminerai en signalant que M. Hayri Gökşin Özkoray, titulaire d'un poste d'ATER rattaché à ma chaire pendant cette année, m'a donné pleine satisfaction tant par sa propre production scientifique tout à fait remarquable que par ses contributions aux travaux et activités de l'équipe organisée autour de l'Institut d'études arabes, turques et islamiques.

Publications

Livres

Eldem E. et Laiou S. (dir.), *Istanbul and the Black Sea Coast. Shipping and Trade*, Istanbul, ISIS, 2018.

Eldem E., *Mitler, Gerçekler ve Yöntem. Osmanlı Tarihinde Aklıma Takılanlar* [Mythes, réalités et méthode. Questionnements sur l'histoire ottomane], Istanbul, Tarih Vakfı Yurt Yayınları, 2018.

Eldem E., *V. Murad'ın Oğlu Selahaddin Efendi'nin Evrak ve Yazıları* [Les documents et écrits de Selahaddin Efendi, fils de Murad V], vol. I : *V. Murad ile Cléanthi Scalieri* [Murad V et Cléanthe Scaliéri], Istanbul, Türkiye İş Bankası Kültür Yayınları, 2019.

Articles et chapitres

Eldem E., « De l'Empire ottoman à la République de Turquie », *in* F. Lagrange *et al.* (dir.), *À l'est, la guerre sans fin, 1918-1923*, Paris, Gallimard-Musée de l'Armée, 2018, p. 65-69.

Eldem E., « Empire ottoman/Turquie », *in* F. Lagrange *et al.* (dir.), *À l'est, la guerre sans fin, 1918-1923*, Paris, Gallimard-Musée de l'Armée, p. 170-171.

ELDEM E., « Sultan Abdülhamid II: Founding Father of the Turkish State? (Keynote Address) », *Journal of the Ottoman and Turkish Studies Association*, vol. 5, nº 2, 2018, p. 25-46.

ELDEM E., « Orient-Express: Quitter l'Europe en y restant », *in* C. CHARLE et D. ROCHE (dir.), *L'Europe. Encyclopédie historique*, Paris, Actes Sud, 2018, p. 2038-2039.

ELDEM E., « Geç Osmanlı Döneminde Masonluk ve Siyaset Üzerine İzlenimler » [Notes sur la franc-maçonnerie et la politique vers la fin de l'Empire ottoman], *Toplumsal Tarih*, vol. 300, 2018, p. 26-37.

ELDEM E., « Önsöz » (Préface), *in* İ. DIMITRIYADIS, *1950'den Günümüze Eğitim Hayatımızda Rumlar. Biyografik Portreler*, Istanbul, Bahçeşehir Üniversitesi Yayınları, 2018, p. xvii-xx.

ELDEM E., « Le harem vu par le prince Salahaddin Efendi (1861-1915). Chercher les femmes dans une documentation masculine », *Clio. Femmes, genre, histoire*, vol. 48 : *Genre et espace (post-)ottoman*, 2018, p. 17-42.

ELDEM E., « Scanning the Ottoman Black Sea through the *Revue Commerciale du Levant* », *in* E. ELDEM et S. LAIOU (dir.), *Istanbul and the Black Sea Coast. Shipping and Trade*, Istanbul, ISIS, 2018, p. 77-97.

ELDEM E., « 2018'de Sultan II. Abdülhamid » [Le sultan Abdülhamid II en 2018], *Toplumsal Tarih*, vol. 301, 2019, p. 22-26.

ELDEM E., « Doğulu bir Oryantalist Nasıl Olunur? Osman Hamdi Bey'in (1842-1910) Yaşamı ve Düşünce Yapısı » [Comment devient-on un orientaliste oriental ? La vie et la pensée d'Osman Hamdi Bey (1842-1910)], *in* : *Görünenin Ötesinde Osman Hamdi Bey. Osman Hamdi Bey beyond Vision*, Istanbul, Sabancı University Sakıp Sabancı Museum, 2019, p. 10-57.

ELDEM E., « Osman Hamdi Bey'in "Karanlık" Yılları (1871-1881) » [Les années « noires » d'Osman Hamdi Bey (1871-1881)], *Millî Saraylar. Sanat-Tarih-Mimarlık Dergisi*, vol. 17, 2019, p. 52-75.

ELDEM E., « The long shadow of the Great War looming over Turkey », *in* O. JANZ (dir.), *Winning Peace. The End of the First World War: History, Remembrance and Current Challenges*, Berlin, German Federal Foreign Office, 2019, p. 75-81.

ELDEM E., « The relevance of architecture in 2019 », *in* A. LEPIK (dir.), *Architecture in Dialogue. Aga Khan Award for Architecture*, Berlin, ArchiTangle, 2019, p. 235.

Paléoanthropologie (chaire internationale)

Jean-Jacques Hublin
Paléoanthropologue, professeur à l'Institut Max-Planck d'anthropologie évolutionnaire de Leipzig (Allemagne), professeur invité au Collège de France

Mots-clés : paléoanthropologie, Paléolithique, chasse, alimentation

La série de cours « L'Homme prédateur » est disponible, en audio et en vidéo, sur le site internet du Collège de France (https://www.college-de-france.fr/site/jean-jacques-hublin/course-2018-2019.htm), ainsi que le colloque « Préhistoire et évolution humaine au Maghreb » (https://www.college-de-france.fr/site/jean-jacques-hublin/symposium-2018-2019.htm)

Enseignement

Cours – « L'Homme prédateur »

Introduction

Au sein des Primates, l'Homme se distingue, entre autres, par son régime alimentaire riche en énergie et par son métabolisme élevé. Même si la consommation de viande et les comportements de chasse existent chez des grands singes comme le Chimpanzé commun et le Bonobo, les Hominines ont poussé beaucoup plus loin cette adaptation pour avoir accès à une source de nourriture riches en calories. Ce comportement de prédation très ancien, car probablement enraciné dans leur lignée d'origine, a pris une ampleur inédite chez les représentants du genre *Homo*. Cette prédation se combine probablement dans ses débuts avec un comportement de charognard sous diverses formes. En poursuivant cette voie évolutive, nos ancêtres et

J.-J. Hublin, « Paléoanthropologie », *Annuaire du Collège de France 2018-2019. Résumé des cours et travaux*, 119e année, Paris, Collège de France, 2022, p. 571-580, https://doi.org/10.4000/annuaire-cdf.17317.

cousins proches ont été entraînés dans une série de bouleversements adaptatifs qui ont modifié leur biologie tout autant que leur comportement. Surtout leur rapport à l'environnement en a été aussi profondément changé. Devenu un prédateur, l'Homme est entré en concurrence directe avec les carnivores et notamment les carnivores de grande taille. Du rôle de proie, il est passé à celui de prédateur. La pression qu'il a alors exercée sur le milieu a directement affecté les espèces exploitées tout autant que celles situées en position élevée dans la chaîne trophique. Dès le Paléolithique, les groupes de chasseurs-collecteurs ont par ailleurs pratiqué une forme d'aménagement des paysages à des fins cynégétiques, en particulier par l'usage d'incendies volontaires. Ainsi, longtemps avant l'avènement de l'agriculture, les hommes ont-ils eu un impact non négligeable sur la faune et la flore sauvage. Sur le plan social, cette orientation alimentaire originale a aussi profondément influencé l'organisation des groupes humains. La division sexuelle des tâches, les circuits de distribution de nourritures, la démographie ou encore le partage des territoires, sont autant de questions qui peuvent être examinées à la lumière de ce comportement.

Cours 1 – La consommation de viande chez les grands singes

30 octobre 2018

Dans presque toutes les familles de Primates, on observe la consommation occasionnelle de petits vertébrés. Des catarhiniens tels que les babouins capturent et consomment des mammifères de la taille d'une jeune antilope. Mais c'est surtout chez les chimpanzés que le comportement de chasse est le plus fréquemment observé et le plus complexe dans sa mise en œuvre. Comme les hommes, ces grands singes montrent une attirance certaine pour la viande, même si elle n'est pas indispensable à leur physiologie. Cette attirance est d'autant plus remarquable que le comportement de prédation présente un certain coût en termes énergétiques et en termes de risque (échec de la chasse, blessure, mortalité). La présence ancienne de comportements de prédation dès avant la divergence homme-chimpanzé est donc probable. Il n'en reste pas moins que les grands singes non humains ont une alimentation essentiellement végétale à laquelle ils adjoignent la consommation d'insectes et de larves. Chez les chimpanzés, on observe une grande variété de comportements d'une région à l'autre et d'un groupe à l'autre. C'est notamment vrai en ce qui concerne la chasse aux petits mammifères, et particulièrement celle des singes tels que les colobes rouges. Elle est beaucoup plus développée dans certaines populations que dans d'autres et a été particulièrement étudiée à Gombe (Tanzanie). C'est une activité collective qui est surtout le fait des mâles, les meilleurs chasseurs étant aussi les principaux consommateurs de viande. Lorsque les femelles capturent des proies, elles font face à un plus grand risque que les mâles de se les faire dérober par eux, surtout quand ceux-ci sont nombreux dans le groupe. La viande fait l'objet de transferts (actifs ou passifs) vers les non-participants, en particulier vers les femelles dans un schéma « sexe contre nourriture », ou encore pour renforcer les alliances. À Fongoli (Sénégal), dans un milieu de savane arborée, mâles et femelles participent tout autant aux chasses au galago, un autre petit primate. Dans ce groupe, les femelles utilisent plus fréquemment que les mâles des tiges de bois pour atteindre leurs proies dans les arbres creux. Chez les bonobos, la consommation de viande est aussi attestée, mais l'espèce ne pratique pas de chasses collectives comme celles observées chez les chimpanzés communs. Enfin, il faut noter que dans les deux espèces on a décrit des cas de cannibalisme dans lesquels les cadavres d'individus immatures ont été consommés.

Cours 2 – Aux origines de la chasse

6 novembre 2018

Les tissus animaux sont riches en énergie grâce à l'abondance en acides gras saturés. La viande contient en outre des protéines, des acides aminés essentiels, de la vitamine B3, du fer sous une forme facilement assimilable ainsi que des acides gras oméga 3 et 6. Dans un contexte de montée de l'aridité en Afrique au cours des derniers trois millions d'années, le glissement de certains hominines vers un régime de plus en plus carnivore a souvent été considéré comme une solution alternative à l'adaptation à des nourritures végétales coriaces développée par la lignée des Paranthropes. On peut suivre cette évolution grâce à l'étude des surfaces d'usure dentaire et à l'analyse de certains isotopes stables. Les isotopes du carbone et de l'azote sont ceux qui sont le plus fréquemment étudiés pour reconstituer l'évolution des régimes alimentaires au cours des derniers 100 000 ans. Cependant, pour les périodes anciennes et dans les milieux chauds, les molécules organiques se conservent difficilement et c'est le couple carbone/zinc qui, depuis peu, offre la meilleure solution pour reconstituer les réseaux trophiques fossiles. Des traces de découpe sur des ossements de mammifères ont été reconnues dès avant trois millions d'années, mais jusque qu'il y a environ deux millions d'années, c'est encore une alimentation végétale qui domine, complétée par un peu de viande et sans doute des insectes et des larves. À partir de cette date, les sites archéologiques qui montrent la consommation de mammifères deviennent beaucoup plus nombreux. Cette exploitation recouvre aussi celle du milieu aquatique d'eau douce. Parmi les modèles proposés, certains attribuent aux premiers hominines un comportement de charognard plus ou moins agressif vis-à-vis des autres carnivores. Dans plusieurs cas, cependant, un accès initial aux carcasses par des hominines précédant celui des carnivores peut être démontré. Initialement c'est la moelle au moins autant que la viande qui semble être recherchée. À Kanjera (Kenya), il y a deux millions d'années, on observe le transport sélectif des carcasses ou de certaines parties en fonction du poids. La poursuite du gibier aux heures chaudes de la journée sur de longues distances a sans doute été l'une des techniques de chasse les plus utilisées par les représentants du genre *Homo* adaptés à la course d'endurance.

Cours 3 – Adaptation biologique à la prédation

13 novembre 2018

L'adaptation à la course bipède occupe une place centrale parmi les adaptations biologiques qui ont permis le développement d'une prédation efficace sur des mammifères de taille moyenne à grande. Au sein des Primates, les hommes sont les seuls à présenter une réelle aptitude à la course d'endurance, notamment grâce à un système de thermorégulation dont l'efficacité repose sur une importante sudation. C'est probablement avec *Homo erectus*, il y a environ deux millions d'années, que cette adaptation à la course s'exprime pleinement pour la première fois. Les changements de comportements qui l'accompagnent précèdent de peu les premières sorties d'Afrique par des représentants du genre *Homo* qui sont désormais capables de survivre dans des milieux variés. On trouve, dès cette époque, des hominines dont les proportions corporelles sont proches de celles des hommes actuels. Les modifications anatomiques qui ont abouti à ce nouveau modèle adaptatif impliquent l'allongement des membres inférieurs et une stabilisation de la tête et du tronc pendant la course. Cette dernière est facilitée par des transformations de la musculature nucale et dorsale, et par une évolution de l'oreille interne mieux à même de contrôler les mouvements relatifs de la tête et du corps durant la course. Des modifications squelettiques de la colonne vertébrale et du bassin réduisent le stress mécanique, tandis que le pied et le mollet deviennent capables d'absorber des chocs mécaniques plus efficacement, et jouent ainsi un rôle de ressort à chaque foulée. Par ailleurs une meilleure régulation thermique du cerveau est permise par l'accroissement de la circulation veineuse du neurocrâne. Du point de vue digestif, les hommes présentent, par rapport aux grands singes, une réduction du gros intestin au profit de l'intestin grêle, ce dernier jouant un rôle important dans l'absorption des acides aminés produits par la fragmentation des chaînes protéiniques. La digestion des protéines se révèlent plus consommatrices d'énergie que celle des hydrates de carbones et des lipides. C'est ce qui explique la recherche de matières grasses par les chasseurs-collecteurs ayant un régime préférentiellement carné, notamment en milieu froid. Au cours de l'évolution humaine, la préparation des aliments et en particulier celle de la viande par traitement mécanique, par faisandage et surtout, dans le dernier quart du Pléistocène par cuisson, a permis de réduire le coût énergétique de sa digestion et de faciliter l'absorption des protéines animales.

Cours 4 – Chasseur ou proie ?

20 novembre 2018

L'entrée des Hominines dans la guilde des prédateurs a modifié leurs relations avec les grands carnivores. Ils sont alors passés du rôle de proie potentielle à celui de concurrent. Cependant, ce passage a été progressif et ces deux rôles ne sont pas exclusifs l'un de l'autre. Les exemples de prédation d'une espèce de carnivore sur une autre sont nombreux. Les interactions hommes/carnivores couvrent ainsi un large spectre de situations qui englobe la confrontation directe et les risques qui lui sont inhérents, la dépendance liée à la consommation de charognes, la compétition pour l'acquisition des proies et les phénomènes de co-évolution qu'elle entraîne, la compétition pour l'utilisation des grottes, la prédation directe des carnivores sur les hominines, et réciproquement la chasse aux carnivores par ces derniers, et enfin le commensalisme et la domestication. Le Pliocène et le Pléistocène ont connu une diversité d'espèces de carnivores de toutes tailles bien plus grande que celle du monde actuel. Non seulement les espèces présentes dans les zones occupées par les Hominines en Afrique et en Eurasie étaient plus nombreuses que pendant l'Holocène, mais des types particuliers de carnivores tels que les félins à canines en lame de sabre ou les hyènes coureuses (genre *Chasmaporthetes*) n'ont aucun équivalent dans la préhistoire récente. Pour les périodes anciennes, les carnivores ont sans doute joué un rôle important dans l'accumulation de restes d'hominines des genres *Australopithecus* et *Paranthropus* de certains sites sud-africains – Sterkfontein, Swartkrans et Kromdraai notamment. Des exemples de prédations par des grands carnivores sur les hommes ont aussi été observés dans des périodes plus récentes : dans le Pléistocène intérieur à Dmanissi (Géorgie), dans le Pléistocène moyen des carrières de Casablanca (Maroc) et dans le Pléistocène supérieur avec les Néandertaliens de Marillac (France). Dans ce dernier ce site, on trouve à la fois des dents humaines qui présentent des traces de digestion par les hyènes et des restes humains qui portent des traces de découpe laissées par d'autres hommes. La chasse aux carnivores (ours de cavernes, loups, petits carnivores…) est surtout le fait des *Homo sapiens* du Paléolithique supérieur. Ces gibiers ont été recherchés pour leur viande et/ou leur fourrure mais peut-être aussi dans certains cas pour des raisons symboliques (lion des cavernes). On connaît quelques sites plus anciens, Taubach (Allemagne) et Biache-Saint-Vaast (France) par exemple, qui démontrent l'exploitation des ours bruns par les hommes de Néandertal. L'impact des groupes humains sur les faunes se fait sentir en Afrique de l'Est dès le Pléistocène inférieur avec un taux de disparition notable chez les grands carnivores alors que le nombre des petites espèces augmente. C'est toutefois avec l'expansion géographique d'*Homo sapiens* après 50 000 ans, que la richesse des faunes de grands carnivores est affectée, en particulier dans des zones qui n'avaient jusque-là pas connu de présence humaine.

Cours 5 – Nourritures aquatiques

27 novembre 2018

L'exploitation du milieu aquatique et notamment du milieu marin par des mammifères entraîne presque toujours chez eux des adaptations particulières à cet environnement. Ce n'est pas le cas chez l'Homme, ce qui pose la question du moment d'apparition de ce comportement dans la lignée des hominines. Chez les *Homo sapiens* de la fin du Pléistocène supérieur et de l'Holocène, il existe une abondance d'exemples d'économies tournées en partie ou en quasi-totalité vers le milieu aquatique. La faune aquatique représente une source importante de nourriture riche en oméga 3. Son exploitation influence la démographie des groupes humains, leur technologie et leur degré de mobilité, tout autant que leur degré de complexité et de différentiation sociale. Longtemps, il a été considéré que les formes humaines anciennes n'avaient guère utilisé cette ressource. Cependant, plusieurs découvertes récentes ont remis en cause la simplicité de ce schéma. Le site le plus ancien est celui de FwJj20 (Est-Turkana, Kenya) qui remonte à 1,95 Ma. Aux côtés des restes d'ongulés de savanes, on y a mis au jour de nombreux restes de poissons-chats, de petits crocodiles et de tortues. Ces animaux ont été collectés de façon saisonnière dans des mares en voie d'assèchement. Autour de 1,5 million d'années, les traces de pas fossilisées sur les berges des lacs est-africains montrent une présence fréquente de groupes d'*Homo erectus*, parfois assez nombreux, arpentant les rives. Un second jalon, qui concerne lui aussi cette espèce, est offert par les découvertes de Trinil à Java. Dans les alluvions de la rivière Solo, les hommes ont abandonné des coquilles de gros lamellibranches ouverts grâce à un outil très simple fourni par les dents pointues de requin. L'un de ces coquillages porte la gravure d'un signe géométrique dont l'interprétation reste controversée. En ce qui concerne les Néandertaliens, une série de sites des côtes de la péninsule Ibérique et de l'Italie témoigne de l'exploitation de coquillages marins et, de façon plus sporadique et sans doute opportuniste, de quelques vertébrés (phoques, tortues). En Afrique, l'exploitation des coquillages marins par *Homo sapiens* est connue dans plusieurs sites côtiers de la deuxième moitié du *Middle Stone Age*, et s'intensifie au cours du *Later Stone Age*. Pour certains auteurs, cette exploitation saisonnière systématique a joué un rôle prépondérant dans l'émergence de sociétés complexes.

Cours 6 – Chasse et société

4 décembre 2018

L'activité de chasse pour assurer la subsistance d'un groupe humain est directement dépendante de l'accessibilité d'un certain territoire. Et la capacité porteuse de ce dernier influe sur la démographie qui est considérée comme un facteur déterminant de structuration sociale. De fait, la taille des territoires exploités varie grandement en fonction de la productivité de l'environnement et de ses variations saisonnières. Dans les hautes latitudes, les territoires exploités par les chasseurs-collecteurs peuvent être immenses (64 000 km^2 chez les Nunamiuts du nord de l'Alaska). Ils sont peuplés par des populations dont la densité reste très faible et qui doivent faire preuve d'une grande mobilité. À l'inverse, des zones plus favorisées ont été peuplées dans le passé par des groupes de chasseurs-collecteurs plus sédentaires et aux effectifs plus importants sur des territoires plus réduits. Le long de ce cline, alors que la possibilité de famines diminue, la capacité à générer des surplus alimentaires et à constituer des réserves de vivres augmente. On assiste ainsi à la mise en place de sociétés plus hiérarchisées (en fonction de la richesse ou des liens de parenté) et à l'apparition de moyens d'échanges standardisés. Des populations plus denses et des territoires plus restreints entraînent aussi un degré de violence plus élevé entre groupes. Les Amérindiens de la côte nord-ouest de l'Amérique du Nord représentent un des exemples les plus représentatifs de ce modèle, avec l'apparition d'une aristocratie héréditaire et de l'esclavage dans des économies qui ne sont pas encore des économies de production. Un sujet qui reste débattu est celui du lien entre densité de population et taux d'innovation technique dans les sociétés paléolithiques.

En fonction de sa taille, le gibier est l'objet d'échanges au sein du groupe, suivant des règles et des traditions bien établies. L'intérêt pour les proies de grande taille semble être davantage un enjeu social qu'énergétique. Dans certains groupes, leur acquisition renforce le prestige et le statut social du chasseur et secondairement son succès reproductif. Si le rôle prépondérant des hommes dans les activités de chasse n'est guère discutable dans les sociétés récentes de chasseurs-collecteurs, la question de la division sexuelle des tâches se pose pour le Paléolithique, avec quelques indices de sa présence au Paléolithique supérieur et peut-être même au Paléolithique moyen.

Colloque international – Préhistoire et évolution humaine au Maghreb

Ce colloque international a été organisé par le Collège de France le vendredi 14 juin 2019.

• Jean-Paul Raynal (CNRS, université de Bordeaux I) : « Premières humanités au nord-ouest de l'Afrique : concepts et réalité de terrain à Casablanca (Maroc) » ;

• Camille Daujeard, (CNRS, MNHN, Paris) et Denis Geraads (CNRS, Paris) : « Grands mammifères et premiers hommes en Afrique du Nord : biochronologie, paléoenvironnements et subsistance » ;

• Jean-Jacques Hublin (MPI-EVA, Collège de France) et Abdelouahed Ben-Ncer (INSAP, Rabat) : « L'origine d'*Homo sapiens* » ;

• Shannon McPherron (MPI-EVA, Leipzig) : « Jebel Irhoud (Morocco) and the early Middle Stone Age in Africa » ;

• Anne-Marie Lezine (CNRS, Paris) : « Green or yellow? A climate history of the Saharan desert » ;

• Graeme Barker (université de Cambridge) : « Climate-people interactions in North African prehistory: The deep occupation sequence of the Haua Fteah Cave, Northeast Libya » ;

• Aicha Oujaa (INSAP, Rabat) Dominique Grimaud-Hervé (MNHN, Paris) et Julie Arnaud (Università degli Studi di Ferrara, Italie ; MNHN, Paris) : « L'Homme du Pléistocène moyen de Kébibat (Maroc) » ;

• Mohamed El Hajraoui (INSAP, Rabat) et Roland Nespoulet (MNHN, Paris) : « La civilisation atérienne au Maroc (région de Rabat-Témara) » ;

• Abdeljali Bouzouggar (INSAP, Rabat), Louise Humphrey (Natural History Museum, Londres, Royaume-Uni), et Nick Barton (université d'Oxford, Institute of Archaeology, Oxford, Royaume-Uni) : « Origine et évolution de l'Ibéromaurusien au Maghreb » ;

• Latifa Sari (CNRPAH, Alger) : « Les techno-complexes du Pléistocène final en Algérie. Variabilité et adaptations humaines ».

Publications

2018

Adegboyega M.T., Hublin J.-J. et Weaver T.D., « Virtual reconstruction of the Kebara 2 Neanderthal pelvis », *American Journal of Physical Anthropology*, vol. 165, S66, 2018, p. 6, https://doi.org/10.1002/ajpa.23488.

Bosch M.D., Mannino M.A., Prendergast A.L., Wesselingh F.P., O'Connell T.C. et Hublin J.-J., « Year-round shellfish exploitation in the Levant and implications for Upper Palaeolithic hunter-gatherer subsistence », *Journal of Archaeological Science: Reports*, vol. 21, 2018, p. 1198-1214, https://doi.org/10.1016/j.jasrep.2017.08.014.

Colombo A., Stephens N., Tsegai Z.J., Bettuzzi M., Morigi M.P., Belcastro M.G. et Hublin J.-J., « Analyse micro-architecturale du développement de la marche bipède chez le jeune enfant », *Bulletins et Mémoires de la Société d'anthropologie de Paris*, vol. 30, suppl. 1, 2018, p. 13, https://doi.org/10.3166/bmsap-2018-0004.

Colombo A., Tsegai Z.J., Stephens N., Bettuzzi M., Morigi M.P., Belcastro M. et Hublin J.-J., « Autonomous bipedal walking acquisition in children: comparison of trabecular bone microarchitecture in the radial and femoral distal metaphyses », *20th* Conference of the British Association for Biological Anthropology and *Osteoarchaeology*, sous presse.

Davies T.W., Delezene L.K., Hublin J.-J. et Skinner M.M., « Non-metric traits at the enamel-dentine junction of hominoid mandibular third premolars », *American Journal of Physical Anthropology*, vol. 165, S66, 2018, p. 61, https://doi.org/10.1002/ajpa.23489.

Hublin J.-J., « Les origines d'*Homo sapiens* en Afrique », *Sciences Humaines*, vol. 309, nº 12, 2018, p. 6, https://doi.org/10.3917/sh.309.0006.

Hublin J.-J., Ben-Ncer A., Bailey S.E., Freidline S.E., Neubauer S., Skinner M.M., Bergmann I., Le Cabec A., Benazzi S., Harvati K. et Gunz P., « Author correction: New fossils from Jebel Irhoud, Morocco and the pan-African origin of *Homo sapiens* », *Nature*, vol. 558, nº 7711, 2018, https://doi.org/10.1038/s41586-018-0166-3.

Kivell T.L., Davenport R., Hublin J.-J., Thackeray J.F. et Skinner M.M., « Trabecular architecture and joint loading of the proximal humerus in extant hominoids, Ateles, and Australopithecus africanus », *American Journal of Physical Anthropology*, vol. 167, nº 2, 2018, p. 348-365, https://doi.org/10.1002/ajpa.23635.

Melillo S.M., Gunz P., Coqueugniot H., Reske S. et Hublin J.-J., « Reconstructing the shoulder girdle from skeletal remains », *Proceedings of the European Society for the study of Human Evolution (PESHE)*, Faro (Portugal), 2018, p. 127.

Milano S., Demeter F., Hublin J.-J., Duringer P., Patole-Edoumba E., Ponche J.-L., Shackelford L., Boesch Q., Houng N.T.M., Lan L.T.P., Duangthongchit S., Sayavonkhamdy T., Sichanthongtip P., Sihanam D., Souksavatdy V., Westaway K. et

BACON A.-M., « Environmental conditions framing the first evidence of modern humans at Tam Pà Ling, Laos : A stable isotope record from terrestrial gastropod carbonates », *Palaeogeography, Palaeoclimatology, Palaeoecology*, vol. 511, 2018, p. 352-363, https://doi.org/10.1016/j.palaeo.2018.08.020.

MORONI A., BOSCHIAN G., CREZZINI J., MONTANARI-CANINI G., MARCIANI G., CAPECCHI G., ARRIGHI S., AURELI D., BERTO C., FREGUGLIA M., ARAUJO A., SCARAMUCCI S., HUBLIN J.J., LAUER T., BENAZZI S., PARENTI F., BONATO M., RICCI S., TALAMO S., SEGRE A.G., BOSCHIN F. et SPAGNOLO V., « Late Neandertals in central Italy. High-resolution chronicles from Grotta dei Santi (Monte Argentario - Tuscany) », *Quaternary Science Reviews*, vol. 217, 2019, p. 130-151, https://doi.org/10.1016/j.quascirev.2018.11.021.

NEUBAUER S., GUNZ P., LEAKEY L., LEAKEY M., HUBLIN J.-J. et SPOOR F., « Reconstruction, endocranial form and taxonomic affinity of the early Homo calvaria KNM-ER 42700 », *Journal of Human Evolution*, vol. 121, 2018, p. 25-39, https://doi.org/10.1016/j.jhevol.2018.04.005.

ORTIZ A., BAILEY S.E., HUBLIN J.-J. et SKINNER M.M., « The morphology of Carabelli's cusp at the enamel-dentine junction of *Australopithecus* and *Paranthropus* upper molars », *American Journal of Physical Anthropology*, vol. 165, S66, 2018, p. 194, https://doi.org/10.1002/ajpa.23488.

POSTH C., NAKATSUKA N., LAZARIDIS I., SKOGLUND P., MALLICK S., LAMNIDIS T.C., ROHLAND N., NÄGELE K., ADAMSKI N., BERTOLINI E., BROOMANDKHOSHBACHT N., COOPER A., CULLETON B.J., FERRAZ T., FERRY M., FURTWÄNGLER A., HAAK W., HARKINS K., HARPER T.K., HÜNEMEIER T., LAWSON A.M., LLAMAS B., MICHEL M., NELSON E., OPPENHEIMER J., PATTERSON N., SCHIFFELS S., SEDIG J., STEWARDSON K., TALAMO S., WANG C.-C., HUBLIN J.-J., HUBBE M., HARVATI K., DELAUNAY A.N., BEIER J., FRANCKEN M., KAULICKE P., REYES-CENTENO H., RADEMAKER K., TRASK W.R., ROBINSON M., GUTIERREZ S.M., PRUFER K.M., SALAZAR-GARCÍA D.C., CHIM E.N., GOMES L.M.P., ALVES M.L., LIRYO A., INGLEZ M., OLIVEIRA R.E., BERNARDO D.V., BARIONI A., WESOLOWSKI V., SCHEIFLER N.A., RIVERA M.A., PLENS C.R., MESSINEO P.G., FIGUTI L., CORACH D., SCABUZZO C., EGGERS S., DEBLASIS P., REINDEL M., MÉNDEZ C., POLITIS G., TOMASTO-CAGIGAO E., KENNETT D.J., STRAUSS A., FEHREN-SCHMITZ L., KRAUSE J. et REICH D., « Reconstructing the deep population history of Central and South America », *Cell*, vol. 175, nº 5, 2018, p. 1185-1197, https://doi.org/10.1016/j.cell.2018.10.027.

SCOTT N.A., STRAUSS A., HUBLIN J.-J., GUNZ P. et NEUBAUER S., « Covariation of the endocranium and splanchnocranium during great ape ontogeny », *PLoS One*, vol. 13, nº 12, 2018, e0208999, https://doi.org/10.1371/journal.pone.0208999.

STEPHENS N.B., KIVELL T.L., PAHR D.H., HUBLIN J.-J. et SKINNER M.M., « Trabecular bone patterning across the human hand », *Journal of Human Evolution*, vol. 123, 2018, p. 1-23, https://doi.org/10.1016/j.jhevol.2018.05.004.

TALAMO S., SAMSEL M., JAOUEN K., DELVIGNE V., LAFARGE A., RAYNAL J.-P. et HUBLIN J.-J., « A reassessment of the presumed Badegoulian skull from Rond-du-Barry cave (Polignac, France), using direct AMS radiocarbon dating », *American Journal of Physical Anthropology*, vol. 166, nº 4, 2018, p. 921-929, https://doi.org/10.1002/ajpa.23468.

2019

BAILEY S.E., HUBLIN J.-J. et ANTÓN S.C., « Rare dental trait provides morphological evidence of archaic introgression in Asian fossil record », *Proceedings of the National Academy of Sciences*, vol. 116, nº 30, 2019, p. 14806-14807, https://doi.org/10.1073/pnas.1907557116.

CHEN F., WELKER F., SHEN C.-C., BAILEY S.E., BERGMANN I., DAVIS S., XIA H., WANG H., FISCHER R., FREIDLINE S.E., YU T.-L., SKINNER M.M., STELZER S., DONG G., FU Q., DONG G., WANG J., ZHANG D. et HUBLIN J.-J., « A late Middle Pleistocene Denisovan mandible from the Tibetan Plateau », *Nature*, vol. 569, n° 7756, 2019, p. 409-412, https://doi.org/10.1038/s41586-019-1139-x.

Colombo A., Stephens N.B., Tsegai Z.J., Bettuzzi M., Morigi M.P., Belcastro M.G. et Hublin J.-J., « Trabecular Analysis of the Distal Radial Metaphysis during the Acquisition of Crawling and Bipedal Walking in Childhood : A Preliminary Study », *Bulletins et mémoires de la société d'anthropologie de Paris*, vol. 31, n° 1-2, 2019, p. 43-51, https://doi.org/10.3166/bmsap-2018-0041.

Davies T.W., Delezene L.K., Gunz P., Hublin J.-J. et Skinner M.M., « Endostructural morphology in hominoid mandibular third premolars: Geometric morphometric analysis of dentine crown shape », *Journal of Human Evolution*, vol. 133, 2019, p. 198-213, https://doi.org/10.1016/j.jhevol.2019.06.004.

Davies T.W., Delezene L.K., Gunz P., Hublin J.-J. et Skinner M.M., « Endostructural morphology in hominoid mandibular third premolars: Discrete traits at the enamel-dentine junction », *Journal of Human Evolution*, vol. 136, 2019, 102670. https://doi.org/10.1016/j.jhevol.2019.102670.

Doerschner N., Fitzsimmons K.E., Blasco R., Finlayson G., Rodríguez-Vidal J., Rosell J., Hublin J.-J. et Finlayson C., « Chronology of the Late Pleistocene archaeological sequence at Vanguard Cave, Gibraltar: Insights from quartz single and multiple grain luminescence dating », *Quaternary International*, vol. 501 (Part B), 2019, p. 289-302, https://doi.org/10.1016/j.quaint.2018.02.020.

Dunmore C.C., Kivell T.L., Stephens N., Bardo A., Hublin J.-J. et Skinner M.M., « First metacarpal trabecular morphology: Implications for thumb use in great apes and Australopithecus », *American Journal of Physical Anthropology*, vol. 168, n° S68, 2019, p. 64, https://doi.org/10.1002/ajpa.23802.

Fewlass H., Tuna T., Fagault Y., Hublin J.-J., Kromer B., Bard E. et Talamo S., « Pretreatment and gaseous radiocarbon dating of 40–100 mg archaeological bone », *Scientific Reports*, vol. 9, n° 1, 2019, p. 1-11, https://doi.org/10.1038/s41598-019-41557-8.

Fewlass H., Talamo, S., Kromer B., Bard E., Tuna T., Fagault Y., Sponheimer M., Ryder C., Hublin J.-J., Perri A., Sázelová S. et Svoboda J., « Direct radiocarbon dates of mid Upper Palaeolithic human remains from Dolní Věstonice II and Pavlov I, Czech Republic », *Journal of Archaeological Science: Reports*, vol. 27, 2019, 102000. https://doi.org/10.1016/j.jasrep.2019.102000.

Gunz P., Tilot A.K., Wittfeld K., Teumer A., Shapland C.Y., Erp T.G.M. van, Dannemann M., Vernot B., Neubauer S., Guadalupe T., Fernández G., Brunner H.G., Enard W., Fallon J., Hosten N., Völker U., Profico A., Vincenzo F.D., Manzi G., Kelso J., Pourcain B.S., Hublin J.-J., Franke B., Pääbo S., Macciardi F., Grabe H.J. et Fisher S.E., « Neandertal Introgression Sheds Light on Modern Human Endocranial Globularity », *Current Biology*, vol. 29, n° 1, 2019, p. 120-127.e5, https://doi.org/10.1016/j.cub.2018.10.065.

Hublin J.-J., « Jean-Pierre Bocquet-Appel (1949–2018) », *Bulletins et Mémoires de la Société d'Anthropologie de Paris*, vol. 31, n° 1-2, 2019, p. 99-102, https://doi.org/10.3166/bmsap-2019-0058.

Hublin J.-J., « Denisova, notre cousin d'Asie sort de l'ombre », *Pour la science*, vol. 506, p. 28-37.

Jaouen K., Pouilloux L., Balter V., Pons M.-L., Hublin J.-J. et Albarède F., « Dynamic homeostasis modeling of Zn isotope ratios in the human body† », *Metallomics*, vol. 11, n° 6, 2019, p. 1049-1059, https://doi.org/10.1039/c8mt00286j.

Jaouen K., Richards M.P., Cabec A.L., Welker F., Rendu W., Hublin J.-J., Soressi M. et Talamo S., « Exceptionally high δ15N values in collagen single amino acids confirm

Neandertals as high-trophic level carnivores », *Proceedings of the National Academy of* Sciences, vol. 116, nº 11, 2019, p. 4928-4933, https://doi.org/10.1073/pnas.1814087116.

MAUREILLE B. et HUBLIN J.-J., « L'Homme châtelperronien de la grotte du Renne et l'inventaire des vestiges humains des grottes d'Arcy-sur-Cure », *in* M. JULIEN *et al.* (dir.), *Le Châtelperronien de la grotte du Renne (Arcy-sur-Cure, Yonne, France) : les fouilles d'André Leroi-Gourhan (1949-1963)*, Les Eyzies-de-Tayac, Société des amis du musée national de Préhistoire et de la recherche archéologique, 2019, p. 365-408.

MELILLO S., GUNZ P., COQUEUGNIOt H., RESKE S. et HUBLIN J.-J., « Structural effects of variation in the human clavicle », *American Journal of Physical Anthropology*, vol. 168, nº 4, 2019, p. 687-704, https://doi.org/10.1002/ajpa.23787.

MORONI A., BOSCHIAN G., CREZZINI J., MONTANARI-CANINI G., MARCIANI G., CAPECCHI G., ARRIGHI S., AURELI D., BERTO C., FREGUGLIA M., ARAUJO A., SCARAMUCCI S., HUBLIN J.J., LAUER T., BENAZZI S., PARENTI F., BONATO M., RICCI S., TALAMO S., SEGRE A.G., BOSCHIN F. et SPAGNOLO V., « Late Neandertals in central Italy. High-resolution chronicles from Grotta dei Santi (Monte Argentario - Tuscany) », *Quaternary Science Reviews*, vol. 217, 2019, Neanderthals: Ecology and Evolution, p. 130-151, https://doi.org/10.1016/j.quascirev.2018.11.021.

ORTIZ A., BAILEY S.E., DELGADO M., ZANOLLI C., DEMETER F., BACON A.-M., NGUYEN T.M.H., NGUYEN A.T., ZHANG Y., HARRISON T., HUBLIN J.-J. et SKINNER M.M., « A distinguishing feature of Pongo upper molars and its implications for the taxonomic identification of isolated hominid teeth from the Pleistocene of Asia », *American Journal of Physical Anthropology*, vol. 170, nº 4, 2019, p. 595-612, https://doi.org/10.1002/ajpa.23928.

ORTIZ A., BAILEY S.E., HUBLIN J.-J., SKINNER M.M. et SCHWARTZ G.T., « Enamel thickness in the deciduous dentition of humans and great apes », *American Journal of Physical Anthropology*, vol. 168, S68, 2019, p. 182, https://doi.org/10.1002/ajpa.23802.

SCHUH A., KUPCZIK K., GUNZ P., HUBLIN J.-J. et FREIDLINE S.E., « Ontogeny of the human maxilla : a study of intra-population variability combining surface bone histology and geometric morphometrics », *Journal of Anatomy*, vol. 235, nº 2, 2019, p. 233-245, https://doi.org/10.1111/joa.13002.

Sinet-Mathiot V., Smith G.M., Romandini M., Wilcke A., Peresani M., Hublin J.-J. et Welker F., « Combining ZooMS and zooarchaeology to study Late Pleistocene hominin behaviour at Fumane (Italy) », *Scientific Reports*, vol. 9, 2019, 12350, https://doi.org/10.1038/s41598-019-48706-z.

SOLONGO S., ERDENE-OCHIR N.-O., TENGIS S. et HUBLIN J.-J., « Testing the pIRIR on pottery and SG-OSL on clay sediment from the known age Xiongnu « Royal » tomb at Noin-Ula, Mongolia », *Archaeological and Anthropological Sciences*, vol. 11, nº 3, 2019, p. 811-821, https://doi.org/10.1007/s12520-017-0570-x.

STELZER S., NEUBAUER S., HUBLIN J.-J., SPOOR F. et GUNZ P., « Morphological trends in arcade shape and size in Middle Pleistocene Homo », *American Journal of Physical Anthropology*, vol. 168, nº 1, 2019, p. 70-91, https://doi.org/10.1002/ajpa.23721.

ZANOLLI C., KULLMER O., KELLEY J., BACON A.-M., DEMETER F., DUMONCEL J., FIORENZA L., GRINE F.E., HUBLIN J.-J., NGUYEN A.T., NGUYEN T.M.H., PAN L., SCHILLINGER B., SCHRENK F., SKINNER M.M., JI X. et MACCHIARELLI R., « Evidence for increased hominid diversity in the Early to Middle Pleistocene of Indonesia », *Nature Ecology & Evolution*, vol. 3, nº 5, p. 755-764, https://doi.org/10.1038/s41559-019-0860-z.

ZWYNS N., PAINE C.H., TSEDENDORJ B., TALAMO S., FITZSIMMONS K.E., GANTUMUR A., GUUNII L., DAVAKHUU O., FLAS D., DOGANDŽIĆ T., DOERSCHNER N., WELKER F., GILLAM J.C., NOYER J.B., BAKHTIARY R.S., ALLSHOUSE A.F., SMITH K.N., KHATSENOVICH A.M., RYBIN E.P., BYAMBAA G. et HUBLIN J.-J., « The northern route for human dispersal in Central and Northeast Asia: New evidence from the site of Tolbor-16, Mongolia », *Scientific Reports*, vol. 9, nº 1, 2019, 11759, https://doi.org/10.1038/s41598-019-47972-1.

Histoire culturelle des patrimoines artistiques en Europe, XVIIIe-XXe siècle (chaire internationale)

Bénédicte Savoy
Professeure d'histoire de l'art à la Technische Universität de Berlin,
membre de l'Académie des sciences de Berlin-Brandenbourg,
membre de l'Académie allemande pour la langue et la littérature,
professeure invitée au Collège de France

Mots-clés : Europe, patrimoine, musée, restitutions, réappropriations

La série de cours « 1815, Année zéro. L'Europe à l'heure des restitutions d'œuvres d'art » est disponible en audio et vidéo, sur le site internet du Collège de France (https://www.college-de-france.fr/site/benedicte-savoy/course-2018-2019.htm), ainsi que le séminaire « Translocations » (https://www.college-de-france.fr/site/benedicte-savoy/seminar-2018-2019.htm) et le colloque « Museotopia. Réflexions sur l'avenir des musées en Afrique » (https://www.college-de-france.fr/site/benedicte-savoy/symposium-2018-2019.htm).

Enseignement

Cours – 1815, année zéro. L'Europe à l'heure des restitutions d'œuvres d'art

Introduction

22 février 2019

Le musée du Louvre, appelé d'abord « Musée central des arts », puis « musée Napoléon » de 1804 à 1814 et « Musée royal » après 1814 et 1815, a été pendant les quinze premières années du XIXe siècle le centre et le concentré de l'histoire de l'art européen.

B. Savoy, « Histoire culturelle des patrimoines artistiques en Europe, XVIIIe-XXe siècle », *Annuaire du Collège de France 2018-2019. Résumé des cours et travaux*, 119e année, Paris, Collège de France, 2022, p. 581-589, https://doi.org/10.4000/annuaire-cdf.17332.

Si, lors de sa création en 1793, ses galeries n'abritent que des œuvres confisquées au clergé, à l'aristocratie et au roi, dès l'année suivante, la France, par la voix de la Convention, décide de s'approprier les objets de sciences et d'art qui pourraient servir à compléter ses collections hors des frontières françaises de l'époque, en suivant les armées. Entre 1794 et 1812, les campagnes militaires permettent ainsi, presque annuellement, soit parce que cela a été réglé par des traités, soit sous forme de confiscations, d'accumuler un patrimoine considérable à Paris, que l'on peut qualifier de « patrimoine annexé ».

Parce qu'il donne à voir au plus grand nombre ces collections inestimables venues de tout le continent, le Louvre devient un lieu exceptionnel qui contribue à faire de Paris la capitale de ce qu'on appellera plus tard le « tourisme européen ». Aussi, lorsqu'après les deux abdications de Napoléon en 1814 et 1815, les propriétaires légitimes de ces œuvres hésitent à les réclamer, le débat qui s'ouvre ne concerne pas que la France mais bien l'Europe entière. De 1814 à 1817, une masse considérable de textes, de prises de position et d'avis, souvent bilingues et dans toutes les langues européennes, portent sur la question des restitutions et du rééquilibrage de la géographie culturelle. Parfois, le sujet y est traité de façon polarisée et nationaliste, mais souvent, il l'est davantage dans un esprit cosmopolite, guidé par la volonté de déterminer ce qui est le mieux pour les œuvres et pour l'Europe. Il est donc du plus grand intérêt d'essayer, malgré les difficultés, de tenir compte de l'ensemble de ces discours au lieu d'avoir une lecture nationale ou nationaliste de cet événement, et de mettre en regard la tristesse des uns et la joie des autres, la perte des uns et le recouvrement par d'autres de leur patrimoine, de leur dignité, ou de leurs idées de régénération des arts.

Cours 1 – Reprendre

1er mars 2019

Poser la question de ce que signifie « reprendre » n'implique pas tant de s'intéresser à la restitution, qui est l'acte de celui qui rend, qu'à la façon de reprendre des œuvres après un conflit armé en 1815 : comment on reprend, qui reprend, et dans quelles conditions ?

L'analyse des corrélations entre les actions militaires et le musée et l'exploration des enjeux diplomatiques liés à l'appropriation et aux restitutions des objets confisqués depuis 1794 révèle que les premières demandes de récupération du patrimoine annexé ont été introduites très précocement par les puissances européennes, mais qu'elles se sont presque systématiquement heurtées au refus de la France de rendre ce qu'elle considère comme ses plus beaux trophées de victoires.

Alors que l'entrée des troupes coalisées dans Paris en 1814 aurait pu ouvrir la voie à un retour rapide des œuvres dans leur pays d'origine, les armées alliées font d'abord le choix, dans un moment qu'on peut qualifier d'hésitation patrimoniale, de laisser le Louvre plus ou moins intact moyennant quelques arrangements secrets.

Le véritable tournant dans l'histoire de ces collections n'intervient donc qu'après les Cent-Jours, lorsque la colère qu'a suscitée le retour de Napoléon et la nécessité de le vaincre à nouveau conduisent les Prussiens et les Britanniques à orchestrer, au nom de tous les États spoliés, une reprise *manu militari* de leurs biens culturels respectifs.

Cours 2 – À chacun son universel

8 mars 2019

Si le terme de « musée universel » ne figure pas dans les sources du XIXe siècle, l'idée que le Louvre, alors musée Napoléon, est le plus beau musée de l'univers irrigue de nombreux textes publiés à l'époque et se retrouve notamment sous la plume de son premier directeur, Dominique Vivant-Denon.

Celui-ci s'emploie ainsi, même après la chute de l'Empereur, à présenter le Louvre dans tout son lustre et à y inviter les souverains alliés, qui viennent pourtant d'écraser la France et son héros, dans l'espoir que l'on hésitera à démanteler un ensemble aussi admirable. L'idée d'universalité qui se dissimule dans son discours est que le succès, et surtout la possibilité pour tous les Européens de venir au contact de cette collection, légitiment le maintien à Paris d'œuvres prises dans des conditions plus ou moins irrégulières.

Or, cette idée trouve un écho direct dans la quantité de témoignages que livrent les troupes d'occupation au même moment. Le musée, présenté comme un lieu de liberté, d'accès aux œuvres, mais aussi comme un lieu d'émotion esthétique, suscite l'admiration de tous ses visiteurs, y compris de ceux qui sont impliqués dans la reprise des œuvres, donc dans le démantèlement de ses collections, et en tout cas dans l'organisation des retours.

En 1814-1815, l'intelligentsia européenne reconnaît donc la valeur du modèle muséal du Louvre, l'intérêt intellectuel, émotionnel et historique de ce lieu, mais elle considère dans le même temps que le prix à payer pour en jouir est trop élevé, puisque le prix de la présence de ces chefs-d'œuvre à Paris est celui de leur absence partout ailleurs.

Au paradoxe soulevé par ce modèle de musée universel s'ajoute, dans la plupart des sources de l'époque, un deuxième argument selon lequel les Français n'aiment pas vraiment les arts, mais seulement leur accumulation, et que si la réunion crée un ensemble exceptionnel, son utilité serait bien plus grande ou, en tout cas, l'intérêt que le public européen portait aux différentes œuvres était plus grand lorsque ces œuvres étaient disséminées dans des églises, et non rassemblées en une seule masse à Paris.

Le démembrement du Louvre offre ainsi un intérêt historique majeur car il ouvre un certain nombre de questions sur la centralisation, la redistribution ou la juste distribution des œuvres qui ne cesseront d'occuper les discours et les réflexions sur le musée dans les décennies à venir.

Cours 3 – Droit et morale

15 mars 2019

En n'évoquant jamais précisément le sort du patrimoine artistique annexé, le cadre juridique qui accompagne le double départ de Napoléon, fixé par le traité de paix signé à Paris le 30 mai 1814 et par l'Acte final du Congrès de Vienne, donne lieu à de vifs débats entre opposants et partisans des restitutions.

Les premiers, légalistes, s'appuient sur des arguments juridiques pour faire valoir que les reprises alliées sont injustes et illégales. L'invocation du droit de butin, qui a historiquement scellé le consentement à la cession des prises, leur permet de déplacer la question de l'origine géographique des œuvres vers celle de leur origine juridique : ont-elles été prises dans le cadre de campagnes militaires ayant donné lieu à des armistices ou des traités ? Leur appropriation a-t-elle été formalisée par un quelconque titre juridique ? Les personnes dépouillées par cette appropriation étaient-elles d'accord avec elle, et l'ont-elles signée et contresignée ?

Les discours des partisans moralistes des restitutions, au contraire, ne se placent pas sur le plan du droit de la guerre mais sur celui du droit international, du droit des hommes, donc sur un plan moral. Ils s'intéressent non pas à l'origine juridique au sens du mode d'acquisition des œuvres, mais à leur titre de propriété, qu'ils lient à la question des territoires : ce n'est, à leurs yeux, qu'en considérant ces pièces selon leur origine que peut être rétabli un équilibre de justice, d'une part, et d'apaisement des esprits en Europe, d'autre part, dans la mesure où le maintien à Paris du patrimoine des pays anciennement soumis par la France empêcherait toute réconciliation entre eux.

L'articulation entre droit et morale telle qu'elle est posée en 1815 préfigure ainsi d'autres traitements de la question des restitutions, développés notamment à la fin du XIXe siècle par les juristes du droit international, qui vont la lier à l'idée de progrès humanitaire.

Cours 4 – À qui rendre ?

22 mars 2019

À qui rendre ? Cette question occupe beaucoup les esprits autour de 1800 car, bien souvent, les pièces prises dans les pays européens ne l'avaient pas été dans des musées. Lorsqu'une pièce est saisie dans un musée public, la question est assez simple à résoudre. Les œuvres doivent être rendues au musée dont les collections ont été annexées. En revanche, le problème est bien plus complexe lorsque des livres ou des tableaux ont été pris dans des châteaux ou des établissements religieux qui ont été détruits ou sécularisés par la France. Que faire alors de ces objets ? Faut-il les placer dans des bibliothèques universitaires qui n'existent pas encore et qu'il va falloir créer ? Doivent-elles être confiées à la garde d'autres nations ayant déjà d'autres moyens de les conserver ?

La question « à qui rendre ? » a donc pour corollaire l'interrogation « où remettre ? » L'intertemporalité, notion qui désigne les événements survenus entre-temps, revêt une importance essentielle face à toutes ces questions de déplacements d'objets d'art, dans la mesure où la période d'absence des œuvres de leur lieu d'origine voit souvent apparaître de nouvelles frontières, de nouveaux rapports de force étatiques ou de nouveaux paysages patrimoniaux.

Les œuvres saisies hors des musées ont ainsi été prises en main en 1815 par de nouveaux États qui n'en avaient pas toujours été les propriétaires et qui ont dû décider, avec leurs opinions publiques respectives, au terme de réflexions qui ont parfois duré plusieurs années, s'il fallait les recontextualiser dans leur lieu d'origine ou les muséaliser et, dans ce cas, s'il convenait mieux de les réunir dans un unique espace muséal ou de les répartir dans plusieurs centres à l'échelle du territoire.

Cours 5 – Le retour du même différent

29 mars 2019

L'intertemporalité affecte non seulement les frontières, les régimes, la carte de l'Europe et les structures d'accueil, mais également les objets eux-mêmes. Pendant leur absence – et le phénomène s'amplifie avec la durée de cette absence – les objets se transforment, sont vus autrement, parfois modifiés ou restaurés, et sont à la fois les mêmes et différents lorsqu'ils reviennent.

Le musée Napoléon investit ainsi des sommes considérables dans la restauration des pièces destinées à être présentées dans ses galeries. Or, restaurer un tableau, ce n'est pas seulement effectuer sur lui un geste technique, mais aussi dire quelque chose sur lui, sur sa valeur et sur la façon dont on considère ses restaurations précédentes, c'est donc aussi exprimer de façon sous-jacente l'idée que ceux qui sont le mieux capables techniquement et technologiquement de conserver les œuvres sont aussi les seuls qui méritent de les posséder.

Au-delà de la matérialité des pièces, les modifications qui les affectent sont des mutations immatérielles et intellectuelles. Parmi les œuvres arrivées à Paris, certaines n'avaient guère été étudiées dans leur contexte originel. Placées dans un ensemble scientifique, si l'on considère les musées comme des fabriques de l'histoire de l'art qui les mettent en contexte dans l'histoire d'un peintre ou d'une école, elles participent à l'élaboration, depuis Paris, d'un discours scientifique qui irrigue toute l'Europe et alimente pendant plusieurs décennies le travail des historiens de l'art, antiquaires et archéologues. Même si seules quelques œuvres exposées au musée Napoléon bénéficient de publications scientifiques et que toutes celles qui disparaissent dans les dépôts ne sont pas traitées, les pièces visibles sont donc recodées, réévaluées et augmentées par le regard scientifique portées sur elles.

Enfin, l'acte de reprise, souvent vécu comme un événement patriotique, peut modifier l'image du patrimoine annexé. Certaines œuvres qui ne revêtaient préalablement pas de dimension politique particulière, ou en tout cas pas ostensiblement, vont ainsi faire l'objet de fortes projections identitaires dès lors qu'elles réintègreront leur territoire d'origine.

Cours 6 – Réappropriations plurielles

5 avril 2019

Si les frontières, les contextes géopolitiques, patrimoniaux et institutionnels diffèrent, et si les objets eux-mêmes reviennent transformés au cours des translocations d'œuvres d'art, les réappropriations effectuées à leur retour différeront également. Chaque État, société, village, communauté, mais aussi les scientifiques, académies et universités lorsqu'elles existent, reprennent différemment leur patrimoine en main.

La dimension politique de ces retours, qu'illustrent parfaitement les multiples fêtes, mais aussi la myriade de pamphlets, programmes, textes et poèmes publiés pour célébrer le retour des chevaux de Saint-Marc à Venise en 1815, peut ainsi être mise en relation avec la réappropriation scientifique des objets récupérés. Les nombreux examens photographiques ou radiographiques, travaux de restauration et/ou de réattribution auxquels ils sont soumis quand ils reviennent en modifient durablement la valeur et la forme d'usage, parfois de manière instantanée, mais parfois également au terme de processus très longs, au gré de l'évolution des mentalités, des cadres institutionnels et des infrastructures, comme cela a été le cas pour le Sinzig, saint allemand au corps momifié restitué par la France en 1815 et présenté pendant deux siècles dans un sarcophage transparent, avant d'être enterré le 30 mai 2017 dans la paroisse locale.

Cours 7 – Le temps des musées

12 avril 2019

Lorsque les œuvres reviennent, le musée n'est qu'une option parmi une palette de destinations possibles, mais, dans nombre de cas, singulièrement pour les œuvres déjà très connues, les pièces retrouvent leur emplacement initial. Les objets ont alors en quelque sorte changé de statut, mais leur restitution est une simple relocation. Leur vie de pièce de musée reprend. C'est le sort d'une partie des collections vaticanes en 1816, de la Vénus Médicis, qui retrouve sa place dans la tribune des offices à Florence. C'est aussi le cas dans l'espace allemand de plusieurs pièces, dont les antiquités du musée Fridericianum de Kassel, considéré comme un incunable de la construction des musées en Europe, car c'est en 1779 le premier bâtiment sur le continent à avoir été conçu pour être un musée. C'est enfin le cas de la Gemäldegalerie de Vienne, qui avait déménagé en 1785, vingt ans avant l'arrivée des Français, depuis le palais du Belvédère, et dont l'intégralité de la collection avait été saisie par Dominique Vivant-Denon.

D'autres cas sont plus problématiques et douloureux. Pendant les guerres d'occupation française et les vingt ans que dure en Allemagne le royaume de Westphalie, les musées sous domination française ont été maltraités, parfois même détruits. D'autres musées ont également été déconsidérés au retour des pièces, jugés trop petits, trop liés au XVIIIe siècle ou, à l'instar du musée de Munich, inaptes à représenter la puissance nationale du royaume de Bavière.

Le temps nécessaire pour que s'amorce une réflexion sur la juste place des œuvres revenues varie alors sensiblement d'un cas à l'autre, qu'il soit particulièrement rapide – quelques semaines à peine pour les collections vaticanes – ou extrêmement lent, comme à Berlin, où le musée n'a ouvert qu'en 1830, après quinze ans de discussions sur le modèle scientifique à adopter.

Cours 8 – Non-retour

19 avril 2019

Alors que l'épisode des restitutions s'achève en 1815-1816, certaines pièces ne sont pas rendues à leurs propriétaires légitimes et sont encore visibles aujourd'hui sur les murs de plusieurs musées français.

Pour saisir les enjeux à l'œuvre dans la rétention de ces objets par la France, il est du plus grand intérêt de mesurer l'importance que leur accorde Dominique Vivant-Denon. Or, cette importance tient d'abord à leur rareté. Ainsi, notamment, des pièces des peintres dits « primitifs », qu'il était allé chercher avec beaucoup d'énergie en Italie et que les émissaires italiens consentent à abandonner car ils n'en perçoivent pas encore la valeur. De même, si l'échange des *Noces de Cana* de Véronèse contre une *Madeleine* de Lebrun a été officiellement négocié auprès des commissaires autrichiens en raison de l'extrême fragilité de l'œuvre, qui aurait été intransportable en l'état, la très haute valeur symbolique et économique du tableau, estimé à plus d'un million de francs, n'est sans doute pas étrangère au désir du directeur du musée parisien de ne pas s'en séparer.

À un autre niveau, l'arrêté Chaptal de 1802, qui marque la création dans quinze villes de province de musées dont les collections s'approvisionnent dans ce que Dominique Vivant-Denon a appelé le « superflu impérial », joue également un rôle dans le maintien de certaines œuvres en France. En effet, lorsque les alliés entrent à

Paris en 1814-1815, ils n'examinent pas les collections provinciales et se soumettent, pour leur restitution, au bon vouloir relatif de l'administration de ces musées.

Après quelques années de silence, cette question est investie par les historiens, les historiens de l'art et les bibliothécaires dans les années 1820 à 1840, non pas en France, où le sujet intéresse peu, mais dans les pays ayant subi des pertes, où l'on cherche à déterminer ce qui n'a pas été rendu. En l'absence de sources fiables, enflent partout en Europe des légendes sur le nombre d'œuvres restées en France, que les publications des catalogues de musées français ne parviennent pas à démentir et qui sont réactivées à chaque nouveau conflit. Les deux guerres mondiales voient ainsi se multiplier, dans les administrations, les bibliothèques et les musées allemands, des initiatives pour localiser et récupérer les œuvres prises avant 1815 et non restituées.

La notion d'héritage national sur laquelle se fondaient ces réclamations cède cependant la place, dans la construction européenne d'après-guerre, à l'idée d'un patrimoine culturel commun qui gomme toutes les discussions sur les restitutions d'œuvres d'art en Europe et constitue également un puissant argument contre les revendications des anciens pays colonisés à cet égard.

Séminaire – Atelier « Translocations »

Cet atelier, organisé par Felicity Bodenstein (Technische Universität, Berlin) et Léa Saint-Raymond (ATER au Collège de France) a proposé un espace de dialogue avec la recherche la plus actuelle autour de la question des translocations, autrement dit l'ensemble des phénomènes et « catégories d'appropriation d'œuvres d'art et du patrimoine aux dépens d'un plus faible, économiquement ou militairement », en lien avec le projet du même nom dirigé par Bénédicte Savoy à la Technische Universität à Berlin (http://www.translocations.net/en/project/).

Les projets qui y ont été présentés ont mis en évidence les méthodes et les interrogations de ceux et celles qui se plongent dans les archives, les inventaires et qui enquêtent pour mieux comprendre l'histoire mouvementée de nos collections. Ce séminaire a également permis de présenter la collection de textes et d'images sources relatives à la notion de translocations, aujourd'hui présentée par les membres de l'équipe à Berlin sous la forme de deux blogs : https://transliconog.hypotheses.org/uber/the-iconography-of-translocations-eine-ikonographie-von-translocations et https://translanth.hypotheses.org/.

Séminaire 1 – 22 février 2019

Bénédicte Savoy, Felicity Bodenstein et Léa Saint-Raymond : « Introduction aux défis posés par la recherche sur les "translocations" ».

Séminaire 2 – 1er mars 2019

Mattes Lammert : « Du marché de l'art à Paris aux collections des musées de Berlin : le trafic d'antiquités sous l'Occupation » ;

Mathilde Heitmann-Taillefer : « Sur les traces de Gustav Rochlitz : ses ventes à Paris durant l'Occupation ».

Séminaire 3 – 8 mars 2019

Jessica De Largy Healy : « Pratiques contemporaines de la restitution en Australie : objets, art, ancêtres » ;

Damiana Otoiu : « "Tu veux dire que mes ancêtres sont encore des objets ?" La vie politique post-restitution des collections d'anthropologie physique ».

Séminaire 4 – 15 mars 2019

Arnaud Bertinet : « Résister aux translocations ? Les évacuations des musées français de 1870 à 1940 » ;

Emmanuelle Polack : « Présentation du livre *Le Marché de l'art sous l'Occupation* ».

Séminaire 5 – 22 mars 2019

Victor Claass : « "Les ambassadeurs muets". Exil d'objets d'art français aux Amériques, 1939-1947 » ;

Margaux Dumas : « Retracer les mouvements du mobilier spolié. 1940-1957 ».

Séminaire 6 – 29 mars 2019

Alessia Zambon : « ANTIGONE (*Antiquities Gone*) : constitution et réception du patrimoine grec antique en Europe (XVIIIe-XIXe siècles) » ;

Christian Mazet : « Les antiquités étrusques de la tombe au musée : l'exemple des translocations vulciennes ».

Séminaire 7 – 5 avril 2019

Felicity Bodenstein et Léa Saint-Raymond : « Présentation des blogs "Translocations" et des projets de recherche de l'équipe ».

Séminaire 8 – 12 avril 2019

Marian Nur Goni : « La collection de Joseph Murumbi (1911-1990) : "un ouvroir d'histoires de l'art potentielles" » ;

Alexandre Girard-Muscagorry : « Entre trésor et camelote : itinéraires des cadeaux diplomatiques africains en France sous la Ve République ».

COLLOQUE – *MUSEOTOPIA*. RÉFLEXIONS SUR L'AVENIR DES MUSÉES EN AFRIQUE

Colloque organisé au Collège de France le 11 juin 2019 par Bénédicte Savoy.

Dans un important volume publié en 2009, *Réinventer les musées*, l'actuel conservateur du musée Théodore Monod à Dakar, El Hadji Malick Ndiaye, s'interrogeait sur la manière dont les pays africains pouvaient « approprier et gérer sur leur territoire cet héritage colonial ambigu qu'est le musée » (p. 12). Citant les « équations malhonnêtes » d'Aimé Césaire, Alain Godonou déplorait dans le même volume les fins de non-recevoir des gouvernements occidentaux face aux légitimes réclamations de pays africains dépossédés de leur patrimoine culturel pendant la période coloniale (p. 116). Dix ans plus tard, la journée d'étude proposée au Collège de France par Bénédicte Savoy et Felwin Sarr a souhaité envisager le nouvel avenir des musées africains à la lumière d'avancées théoriques et politiques récentes : annonce de la restitution par la France de pièces majeures du patrimoine africain ; réévaluation des concepts de patrimoine et de musée comme intraduisibles des langues européennes ; renouveau de la pensée critique africaine ; vitalité de la scène artistique sur le continent ; engagement de collectionneurs privés.

Programme :

- Conférence d'ouverture : Souleymane Bachir Diagne ;
- Introduction : Bénédicte Savoy et Felwine Sarr ;
- Table ronde 1 : « L'universel en question » ; participants : Victor Claass, Nadia Yala Kisukidi et Benoît de L'Estoile ; modération : Patrick Boucheron ;
- Table ronde 2 : « Les objets comme diasporas » ; participants : Kader Attia, Malick El Hadji Ndiaye, Émilie Salaberry et Felicity Bodenstein ; modération : Barbara Cassin ;
- Table ronde 3 : « Museum or not Museum? » ; participants : Simon Njami, Salia Malé et Alain Godounou ; modération : François-Xavier Fauvelle ;
- Table ronde 4 : « Réinventer le musée (vibranium) » ; participants : Hamady Bokoum, Dan Hicks et Marie-Cécile Zinsou ; modération : Philippe Descola ;
- Conclusion : Bénédicte Savoy et Felwine Sarr.

Cours extérieurs – Technische Universität de Berlin

La vie des peintures

Le séminaire du projet « La vie des peintures » a offert aux étudiants la possibilité de s'engager dans la recherche de la provenance et de la vie passée invisible d'œuvres sélectionnées de la Gemäldegalerie de Berlin. Sous ma direction, les étudiants ont poursuivi les questions suivantes : d'où proviennent les peintures de la Gemäldegalerie ? Qu'ont-elles vécu dans leur passé ? Quels endroits ont-elles traversé et comment ont-elles changé de propriétaire ?

L'histoire des musées transnationaux

En Europe, la recherche historique dans les musées est en plein essor depuis une quinzaine d'années. Cependant, malgré tout l'intérêt porté à ce sujet, on constate encore aujourd'hui à quel point la perspective de nombreuses études est locale, peu comparative et transnationale. Les questions de transfert culturel européen, de concurrence entre les capitales des musées, d'enrichissement mutuel dans la pratique et la théorie des musées ne sont, à quelques exceptions près, généralement que marginalement abordées. Le projet « Histoire des musées transnationaux » aborde ces aspects dans le cadre de conférences et d'exposés, d'études monographiques, de mémoires, de thèses et de séminaires de projet.

Publications

Savoy B., *Museen. Eine Kindheitserinnerung und die Folgen*, Berlin, Greven, 2019.

Savoy B., Blankenstein D., Gross R. et Scriba A., *Wilhelm und Alexander von Humboldt*, catalogue d'exposition, Berlin, Deutsches Historisches Museum, 2019.

Histoire globale de la première modernité (chaire internationale)

Sanjay Subrahmanyam

Professeur à l'université de Californie à Los Angeles, professeur invité au Collège de France

Mots-clés : récits, autobiographies, documents, religion, époque moderne

La série de cours « Récits autobiographiques et ego-documents à l'époque moderne » est disponible, en audio et en vidéo, sur le site internet du Collège de France (https://www.college-de-france.fr/site/sanjay-subrahmanyam/course-2018-2019.htm), ainsi que le colloque « Questions de religion à l'époque moderne » (https://www.college-de-france.fr/site/sanjay-subrahmanyam/symposium-2018-2019.htm).

Enseignement

Cours – Récits autobiographiques et ego-documents à l'époque moderne

Le sujet des cours de cette année 2018-2019 était l'examen et l'analyse de différentes sortes de récits autobiographiques venant de cultures très variées de l'époque moderne. Nous avons commencé avec la discussion de l'importance de ces récits dans l'œuvre du grand historien suisse Jacob Burkhardt (1818-1897), notamment dans son livre, *La Civilisation de la Renaissance en Italie* (1860). Dans une section de cet ouvrage intitulée l'*Entwicklung des Individuums*, Burckhardt a soutenu qu'avant la Renaissance en Europe, il n'y avait pas de conscience de « soi », mais simplement le sentiment de l'appartenance collective. Ainsi écrit-il :

> Au Moyen Âge les deux côtés de la conscience humaine – l'un tourné vers l'intérieur et l'autre vers l'extérieur – étaient comme endormis ou demi-éveillés, car cachés par un voile tissé de foi, d'illusions et de préoccupations enfantines [...]. L'homme n'avait de

S. Subrahmanyam, « Histoire globale de la première modernité », *Annuaire du Collège de France 2018-2019. Résumé des cours et travaux*, 119e année, Paris, Collège de France, 2022, p. 591-596, https://doi.org/10.4000/annuaire-cdf.17352.

conscience de soi que par rapport à une catégorie générale, c'est-à-dire en tant que membre d'une race, d'un peuple, d'un parti, d'une famille ou d'une corporation.

Cette thèse de la « naissance de l'individu » a été vivement débattue par la suite, y compris par les médiévistes européens de renom, comme Aron Gurevitch, Colin Morris, Barbara H. Rosenwein et Jean-Claude Schmitt. Néanmoins, une version de la thèse de Burckhardt persiste à jouer un rôle très important dans les livres généralistes d'histoire universelle, surtout pour soutenir l'idée de l'exception européenne (le célèbre *Sonderweg*), c'est-à-dire pour distinguer la trajectoire européenne de celle du reste du monde. Voici une liste partielle des récits de vie significatifs recensés par Burckhardt : la *Cronica* de Buonaccorso Pitti (1354-1431) ; les *Commentaires* d'Aeneas Piccolomini (le pape Pie II, 1405-1464) ; le texte *De vita propria* (1576) de Girolamo Cardano ; les *Discorsi della vita sobria* (1583-1595) d'Alvise Cornaro ; et à la place d'honneur, la *Vita* de l'orfèvre et sculpteur Benvenuto Cellini (1500-1571). L'on peut citer quelques lignes du jugement porté par Burckhardt sur ce dernier texte :

> L'autobiographie de Benvenuto Cellini ne vise non plus à l'étude de l'être moral. Néanmoins elle peint l'homme tout entier, presque malgré l'auteur, avec une vérité saisissante [...]. L'impression que produit cette nature violente, énergique et complète, fait oublier tout le reste. À côté de lui, nos autobiographes du Nord, par exemple, malgré la supériorité morale qu'ils ont parfois sur lui, paraissent faibles et incomplets. Benvenuto est un homme qui peut tout, qui ose tout et qui ne porte sa mesure qu'en lui-même.

La question du récit autobiographique a également été au centre des débats parmi les sociologues et les spécialistes en études littéraires portant sur l'époque moderne. Cependant, une des réflexions les plus importantes nous vient de la plume de l'anthropologue (et sociologue) Marcel Mauss, dans un petit texte lumineux intitulé « Une catégorie de l'esprit humain : la notion de personne, celle de "moi" », prononcé comme la *Huxley Memorial Lecture* en 1938. Mettant de côté les aspects linguistiques ou psychologiques de la question, Mauss insiste sur la nécessité de poser le problème surtout comme « un sujet d'histoire sociale ». Et il continue :

> Comment, au cours des siècles, à travers de nombreuses sociétés, s'est lentement élaboré, non pas le sens du « moi », mais la notion, le concept que les hommes des divers temps s'en sont créés ? Ce que je veux vous montrer, c'est la série des formes que ce concept a revêtues dans la vie des hommes, des sociétés, d'après leurs droits, leurs religions, leurs coutumes, leurs structures sociales et leurs mentalités.

Parmi les sociétés qui rentrent dans le cadre de son exercice de comparaison, l'on trouve non seulement les Grecs et les Romains, les Indiens et les Chinois de l'époque ancienne, et les habitants du monde chrétien post-romain, mais aussi les Pueblos, les Kwakiutl, et les aborigènes d'Australie. En mettant l'accent sur la « série des formes » à analyser, Mauss nous invite à sortir du carcan qui est le schéma proposé par Burckhardt et suivi par ses successeurs. L'attitude des grands islamologues de naguère, comme Franz Rosenthal, qui était parfaitement convaincu qu'il n'y avait pas de « vrai » texte autobiographique dans le monde musulman, par exemple, semble ouvert à révision. Pourquoi ne pas considérer le récit de Zahir-ud-Din Muhammad Babur, le *Babur Nama*, écrit par le fondateur de l'empire mogol en Inde (et contemporain de Cellini), comme un « ego-document » légitime ?

Dans le cours d'ouverture, le seul exemple que nous avons traité en détail était celui de la *Peregrinação*, texte controversé écrit par un portugais, Fernão Mendes

Pinto (*c*. 1510-1583). Il s'agit d'un récit qui n'a pas survécu sous forme manuscrite, et la seule version dont nous disposons est la version publiée à titre posthume en 1614, qui aurait pu être manipulée après la mort de l'auteur. Cependant, il y a quelques lettres et autres fragments de Pinto qui nous permettent d'établir un contexte intertextuel. On sait qu'il a passé de longues années en Asie, notamment dans le monde malais, sur la côte de la Chine et au Japon, où il a connu le jésuite François Xavier. Mais son texte est souvent traité par les critiques de nos jours comme un roman, ou comme un texte de satire sociale qui se moque de l'Empire portugais, plutôt que comme un récit de vie. En même temps, Pinto a été considéré de son vivant comme un témoin important des réalités de l'Asie par des chroniqueurs et intellectuels de l'époque. Cela veut dire qu'il est très difficile, voire impossible, de saisir la « vérité » de son texte d'une manière stable, même s'il ne mérite certainement pas sa réputation de « plus grand menteur de tous ».

À partir de cette discussion préliminaire, nous sommes entrés dans une série d'études de cas, puisant dans des régions et des cultures très différentes. Ainsi, dans le deuxième cours, notre attention s'est portée sur le cas indien, dans toute sa richesse et sa variété. Avant d'aborder le corpus indo-persan, la première partie du cours a traité des textes en langues vernaculaires, comme l'hindi et le marathi, et des ouvrages du XVIIe siècle comme l'*Ardhakathanak* de Banarasi Das, ou le récit autobiographique d'une femme brahmane, Bahina Bai, tous les deux écrits sous des formes versifiées. Si Banarasi a adopté un ton assez ironique, en se moquant souvent de ses propres prétentions, le texte de la femme brahmane se présente comme une vision angoissée du monde. Ainsi un fragment du texte de Bahina Bai :

> Les Vedas disent fort, et les Purânas crient :
> Qu'une femme ne vaut rien de bon.
> Je suis née avec un corps de femme –
> Comment voulez-vous que j'arrive à mon But ?
> L'on dit : « Ces femmes sont stupides, égoïstes, séductrices et décevantes –
> Tout lien avec une femme mène au mal. »
> Mais Bahina dit : « Si le corps d'une femme est si nocif,
> Comme dans ce monde puis-je arriver à mon But ?
> Quel péché ai-je commis dans une vie antérieure
> Qu'on m'éloigne ainsi de Dieu ?
> Mon corps est celui d'un homme, mais avec la forme d'une femme.
> Est-ce le fruit de péchés sans nombre ?
> Je n'ai pas le droit d'entendre les Vedas.
> Et le Gâyatri Mantra est la chasse gardée des Brahmanes.
> Je ne peux même pas dire "Om",
> Ni entendre les noms des mantras. »

Par la suite, nous avons passé en revue une série importante de textes indo-persans, en commençant avec les écrits de Babur, sa fille et ses proches au XVIe siècle, et en terminant avec l'autobiographie du grand poète de Delhi, Mir Taqi Mir, au XVIIIe siècle. Parmi ces textes, il y en a un certain nombre écrit par les employés hindous de l'empire moghol, comme le récit charmant de Bhimsen, produit vers la fin du XVIIe siècle. On trouve dans ces « ego-documents » une sensibilité assez particulière par rapport à la dimension transculturelle de la vie de leurs auteurs, entre l'islam et le monde hindou. Ainsi, par exemple, le début du texte de Bhimsen :

> Je, Bhimsen, fils de Raghunandan Das, et neveu de Bhogandas [Bahugundas], qui à l'époque d'Alamgir Padshah Ghazi ai reçu le titre de Diyanat Rai et accédé au *diwânî*

[intendance], ai depuis mon enfance été un ami des Bundelas [Rajpouts]. En particulier, j'ai accompagné [Rao] Dalpat Bundela, et j'aurais l'occasion par la suite de décrire sa générosité. Comme il s'avère que maintenant je ne suis plus tellement occupé par les affaires de ce monde, et que je suis sans emploi particulier, j'avais pensé écrire ce qui était ma propre expérience (*sarguzasht-i khwud*), y compris ce que j'ai vu et entendu (*wa dîda-o-shunîda*) depuis le temps que je suis devenu conscient, sans euphémisme ni exagération. Par ces moyens, je me suis occupé.

Ma propre expérience,
ni plus ni moins,
est manifeste par la plume et l'encre,
sur le visage de ce papier.
Quand il est lu,
l'ouverture du cœur sera manifeste.
Ainsi, l'Omniscient Scribe du Ciel
a nommé l'œuvre : Dilkushâ [Ce qui attire le cœur].

Bhimsen parle ainsi de sa propre vie de fonctionnaire moyen, mais aussi de l'expérience d'un hindou de caste scribale dans le contexte d'un empire musulman. Une réflexion qui est poussée encore plus loin par le grand intellectuel de Delhi et contemporain de Mir, Anand Ram Mukhlis, dans ses textes autobiographiques et ses récits de voyage des années 1740, portant un regard ironique sur le déclin des Moghols.

Le troisième cours de la série nous a amené en Asie centrale et orientale, en utilisant comme point de départ le *Târîkh-i Rashîdî* de Mirza Haidar Dughlat, cousin de Babur. Moins doué d'un point de vue littéraire que son célèbre cousin, le parcours de Mirza Haidar entre Yarkand, Lhassa, Herat et Cachemire (où il a terminé sa vie) est néanmoins très instructif pour comprendre le monde culturel des Timourides à l'époque. Comme il le dit lui-même, pour présenter son texte :

C'est la pratique des auteurs de s'excuser, de demander pardon s'ils avaient pu faire des erreurs ou des maladresses dans leur travail. Mais je ne vais pas faire l'apologie, comme ceux qui disent : – « S'il y a des erreurs ou des maladresses » – car je sais que mon livre est plein d'erreurs de bout en bout. Mon but n'est pas de vanter mon mérite, mais simplement d'écrire un mémoire, afin que l'histoire des Moghols [d'Asie centrale] ne puisse pas être complètement oubliée, et que si par hasard, l'un des Khaqans moghols voulait savoir sa généalogie, il pourrait la trouver dans ce livre.

Par rapport aux personnages examinés dans le deuxième cours, appartenant souvent à la classe lettrée et à la classe marchande, notre intérêt s'est surtout porté sur la classe guerrière, et sur des individus qui maniaient la plume et l'épée en même temps. Un deuxième cas, moins connu que celui de Mirza Haidar, était signé Dzengšeo, probablement le fils d'un général mandchou qui a participé dans la conquête de la Chine au XVIIe siècle. Grâce au travail du sinologue italien, Nicola di Cosmo, nous pouvons accéder à la traduction d'une partie de son journal de campagne. Et finalement, nous sommes passés à un examen des « ego-documents » venant des membres de la classe des samuraïs dans le Japon des Tokugawa : Yamago Soko, Arai Hakuseki et Matsudaira Sadanobu. C'était également l'occasion de revenir sur les commentaires des spécialistes japonais du sujet par rapport à l'idée stéréotypée qu'il n'y avait ni « individu » ni « ego-documents » au Japon avant le XIXe siècle.

Dans les quatrième et cinquième cours, nous avons abordé le sujet sous un autre angle : notamment les récits produits par des groupes moins privilégiés ou moins représentés dans le corpus, comme des esclaves, et aussi des femmes. Pour les textes des femmes, les travaux fondamentaux de Natalie Zemon Davis ont permis aux chercheurs de définir un cadre général pour l'Occident à l'époque moderne, avec des cas exemplaires comme le récit de Glikl bas Judah Leib (*c.* 1646-1724), femme juive de Hambourg et Metz. Mais il était aussi intéressant d'étudier les lettres et la correspondance de femmes, y compris des personnages célèbres comme Costanza Colonna ou Sor Juana Inés de la Cruz, dans lesquelles elles s'exprimaient avec force et ironie. Les textes des esclaves, principalement dans le monde anglophone de l'Atlantique au XVIIIe siècle, ont également fait l'objet de quelques études récentes. On peut souligner un cas controversé et particulièrement intéressant, celui d'Olaudah Equiano ; sans non plus négliger l'existence d'un corpus beaucoup plus large d'« ego-documents », y compris en arabe. Quoi qu'il en soit, notre intention était de contourner ou de dépasser le débat quelque peu stérile autour de la question : « Le subalterne peut-il parler ? ».

Le dernier cours était consacré aux journaux de l'époque moderne, dans le monde occidental et ailleurs. Les deux exemples les plus célèbres sont anglais : Samuel Pepys et Ralph Josselin. Ils ont été au cœur de débats portant sur la question de l'« individualisme anglais ». Mais il existe aussi des journaux ailleurs, parmi lesquels celui du marchand Ivan Alekseivitch Tolchënov dans la Russie des tsars, et d'Ananda Ranga Pillai dans les comptoirs de l'Inde française. L'un des derniers aspects intéressants de ces journaux qui a attiré l'attention des chercheurs concerne la place et les récits des rêves, un objet qui mériterait un abordage transculturel.

Pour conclure, dans un texte devenu célèbre, sur les « Conditions et limites de l'autobiographie » (1956), Georges Gusdorf a énoncé : « [Il semble que] l'autobiographie [ne] se soit jamais manifestée en dehors de notre aire culturelle [occidentale] ; on dirait qu'elle traduit un souci particulier à l'homme d'Occident ». Pour lui, ailleurs dans le monde, « les rythmes d'une existence solidaire s'imposent globalement à la communauté [… et] personne n'est vraiment titulaire de sa vie ni de sa mort ; les existences s'enchevêtrent si bien que chacune d'entre elles a son centre partout et sa circonférence nulle part. L'unité de compte n'est donc jamais l'être isolé... ». Les recherches en histoire globale depuis un demi-siècle ont certainement contribué à rendre insoutenable ce genre de doxa.

Colloque – Questions de religion à l'époque moderne

L'histoire du mot « religion », en tant que catégorie descriptive et analytique, est passée par plusieurs phases distinctes. Dans une première phase, « originelle » si l'on veut, le mot désigne les croyances et pratiques des habitants d'une zone géographique relativement circonscrite, l'Europe et ses marges immédiates, en particulier du côté des rives sud de la Méditerranée jadis incluses dans l'Empire romain. Dans une seconde phase, une phase « expansive » qui s'étend du XVIe siècle jusqu'au milieu du XXe siècle, le mot vint à être appliqué bien plus largement, à tel point qu'il n'y eut bientôt plus d'endroit sur terre auquel une forme de « religion » n'ait été attribuée, le plus souvent par un observateur ou un commentateur européen. Dans cette cartographie religieuse et civilisationnelle globalisée vinrent d'abord les « grandes » religions, celles que Max Weber pourra, dans les années 1910 (c'est-à-dire dans le contexte qui a vu émerger une sociologie comparée de la religion), identifier et analyser comme telles ; à savoir, la trinité christianisme-judaïsme-islam mise à part – ce que Weber appelle en toute confiance le « confucianisme », le

« taoïsme », l'« hindouisme » et le « bouddhisme ». Dans ce colloque, nous sommes revenus sur ces questions de définition et de pratiques, en passant par l'étude de toute une série de cas du monde moderne, en Europe, en Asie et en Amérique.

Programme :

- Sanjay Subrahmanyam : introduction ;
- Camille Rouxpetel (université d'Angers) : « Rome, Florence, Le Caire et Jérusalem : Les missions du franciscain Albert de Sarteano (début XVe siècle) entre réforme de l'Observance et union des chrétientés d'Orient et d'Occident » ;
- Alexandre Papas (CNRS) : « Renoncer au monde à l'époque moderne : ascètes, fous et antinomiens musulmans en Asie centrale » ;
- Charlotte de Castelnau-L'Estoile (université Paris-Diderot) : « "Une chrétienté peuplée d'Indiens et de Noirs" : réflexions sur le processus d'évangélisation au Brésil XVIe-XVIIIe siècles » ;
- Denis Crouzet (université Paris-Sorbonne) : « L'indicateur d'une violence sacrée : les petits enfants au temps des guerres de Religion » ;
- Eugenio Menegon (université de Boston) : « "Jouissez du temps présent": Religion and the State in Late Imperial China, 1500-1800 » ;
- Jacques Leider (École française d'Extrême-Orient) : « Foi bouddhiste et exercice du pouvoir : pour une histoire du bouddhisme dans l'histoire politique et diplomatique de la Birmanie » ;
- Sanjay Subrahmanyam : conclusions.

PUBLICATIONS

SUBRAHMANYAM S., *Empires between Islam and Christianity, 1500-1800*, New York, SUNY Press, 2018.

SUBRAHMANYAM S., « Hybrid Affairs: Cultural histories of the East India companies », *The Indian Economic and Social History Review*, vol. 55, n° 3, 2018, p. 419-438.

SUBRAHMANYAM S., et ALAM M., « Letters from Kannur, 1500-1550: A little explored aspect of Kerala history », *in* M. DEVADEVAN (dir.), *Clio and her Descendants: Essays for Kesavan Veluthat*, Delhi, Primus Books, 2018, p. 99-131.

SUBRAHMANYAM S., « Morality and Empire: Cases, norms and exceptions in sixteenth-century portuguese Asia », *in* C. GINZBURG et L. BIASIORI (dir.), *A Historical Approach to Casuistry: Norms and Exceptions in a Comparative Perspective*, Londres, Bloomsbury Academic, 2019, p. 219-238.

SUBRAHMANYAM S., « Between Eastern Africa and Western India, 1500-1650: Slavery, commerce and elite formation », *Comparative Studies in Society and History*, vol. 61, n° 4, 2019, p. 805-834.

SUBRAHMANYAM S., et ALAM M., « A handful of Swahili coast letters, 1500-1520 », *International Journal of African Historical Studies*, vol. 52, n° 2, 2019, p. 255-281.

Sciences sociales

Économie des institutions, de l'innovation, et de la croissance

Philippe Aghion
Professeur au Collège de France

Mots-clés : économie, institution, innovation, croissance

La série de cours « Histoire de la croissance » est disponible en audio et vidéo, sur le site internet du Collège de France (https://www.college-de-france.fr/site/philippe-aghion/course-2018-2019.htm).

Enseignement

Cours – Histoire de la croissance

Cours 1 – Introduction à l'histoire de la croissance

1. Énigmes et paradigmes
2. Grandes tendances historiques : Maddison et le décollage
3. Grandes tendances historiques : vagues technologiques

Cours 2 – Le décollage

1. Tendances historiques : la croissance de 1300 à 1800 en Europe
2. Malthus et le décollage
3. Mokyr et le décollage
4. L'importance des institutions

P. Aghion, « Économie des institutions, de l'innovation, et de la croissance », *Annuaire du Collège de France 2018-2019. Résumé des cours et travaux*, 119e année, Paris, Collège de France, 2022, p. 599-601, https://doi.org/10.4000/annuaire-cdf.17374.

Cours 3 – *General purpose technologies* (technologies génériques)

1. *General purpose technologies* : évolution historique (Jovanovic-Rousseau)
2. *General purpose technologies* : exemples (Paul David)
3. Intelligence artificielle et croissance économique

Cours 4 – Inégalités et croissance

1. Mesurer les inégalités : Kuznets et au-delà
2. Expliquer l'augmentation du *skill-premium* depuis 1980
3. Évolution du *top income inequality*
4. Innovation et *top income inequality*
5. Politiques inclusives

Cours 5 – Éducation, santé et croissance

1. Qu'est-ce que le capital humain ?
2. Éducation et croissance
3. Santé et croissance

Cours 6 – Convergence et croissance

1. Croissance et convergence au niveau mondial
2. *Middle income trap*

Cours 7 – Stagnation séculaire

1. Stagnation séculaire : la vision de Gordon
2 – La mesure de la croissance
3. *Are ideas getting harder to find?*
4. Réallocation et crédit
5. *Rising rents and slowing growth*

Colloque – Taxation, innovation and the environment

7 juin 2019. Coorganisé avec Ufuk Akcigit et Giammario Impullitti.

Programme :

• Giammario Impullitti (université de Nottingham) : « Innovation union: Costs and benefits of a common innovation policy » ;

• Michael Peters (université de Yale) : « Declining dynamism, increasing markups and missing growth: The role of the labor force » ;

• David Hemous (université de Zurich) : « Climate change, directed innovation, and energy transition: The long-run consequences of the shale gas revolution » ;

• Ufuk Akcigit (université de Chicago) : « The interplay between education and innovation policies » ;

• Alexandra Roulet (Insead, Fontainebleau) : « Environmental preferences and technological choices: Is market competition clean or dirty? » ;

• Stefanie Stantcheva (université d'Harvard, Cambridge) : « Taxation and innovation in the 20th century » ;

• Xavier Jaravel (LSE, Londres) : « Optimal taxation and demand-led productivity ».

Publications

AGHION P., « Innovation and growth from a schumpeterian perspective », *Revue d'économie politique*, vol. 128, nº 5, 2018, p. 693-711, https://doi.org/10.3917/redp.285.0693.

AGHION P., AKCIGIT U., BERGEAUD A., BLUNDELL R. et HÉMOUS D., « Innovation and top income inequality », *The Review of Economic Studies*, vol. 86, nº 1, 2019, p. 1-45, https://doi.org/10.1093/restud/rdy027.

AGHION P., BERGEAUD A., CETTE G., LECAT R. et MAGHIN H., « Coase lecture: The inverted-U relationship between credit access and productivity growth », *Economica*, vol. 86, nº 341, 2019, p. 1-31, https://doi.org/10.1111/ecca.12297.

AGHION P., BERGEAUD A., TIMO B. et SIMON B., « Firm dynamics and growth measurement in France », *Journal of the European Economic Association*, vol. 16, nº 4, 2018, p. 933-956, https://doi.org/10.1093/jeea/jvy031.

AGHION P., FARHI E. et KHARROUBI E., « Monetary policy, product market competition and growth », *Economica*, vol. 86, nº 343, 2019, p. 431-470, https://doi.org/10.1111/ecca.12311.

AGHION P., FRIEBEL G., HUANG W., KOETTER M. et ROULET A., « Economics of transition and institutional change », *Economics of Transition*, vol. 27, nº 1, 2019, p. 3-4, https://doi.org/10.1111/ecot.12208.

AGHION P., JARAVEL X., PERSSON T. et ROUZET D., « Education and military rivalry », *Journal of the European Economic Association*, vol. 17, nº 2, 2019, p. 376-412, https://doi.org/10.1093/jeea/jvy022.

BELLONE F. et AGHION P., « Introduction to the special issue "66e congrès de l'AFSE" », *Revue d'économie politique*, vol. 128, nº 5, 2018, p. 691-692, https://doi.org/10.3917/redp.285.0691.

HENNEAUX M. et TROESSAERT C., « Asymptotic structure of electromagnetism in higher spacetime dimensions », *Physical Review D*, vol. 99, nº 12, 2019, 125006, https://doi.org/10.1103/PhysRevD.99.125006.

AGHION P. et ANTONIN C., « Technical progress and growth since the crisis », *Revue de l'OFCE*, vol. 157, nº 3, 2018, p. 55-68, https://doi.org/10.3917/reof.157.0055.

AGHION P., HOWITT P. et LEVINE R., « Financial development and innovation-led growth », *in* T. BECK et R. LEVINE (dir.), *Handbook of Finance and Development*, Cheltenham, Edward Elgar Publishing, 2018, p. 3-30.

Anthropologie de la nature

Philippe Descola
Professeur au Collège de France

Mots-clés : anthropologie, ontologie, comparatisme, structuralisme, biologie

La série de cours « Qu'est-ce que comparer ? » est disponible en audio et/ou en vidéo, sur le site internet du Collège de France (https://www.college-de-france.fr/site/philippe-descola/course-2018-2019.htm), ainsi que la série de séminaires « Individuation, individualité, individualisme » (https://www.college-de-france.fr/site/philippe-descola/seminar-2018-2019.htm).

Enseignement

Cours – Qu'est-ce que comparer ?

Pour ce dernier cours donné au Collège de France, on a voulu aborder ce qui donne sans doute à l'anthropologie son caractère distinctif et ce qui a constitué en tout cas l'un des axes directeurs de la recherche et de l'enseignement du professeur depuis les débuts de sa carrière : l'exercice de la comparaison. Et comme les formes de comparaison qu'il a pratiquées ont varié avec le temps, il était inévitable que ce dernier cours portât aussi, à travers une analyse réflexive du type de comparatisme qu'il met en œuvre à présent, sur le genre d'anthropologie qui a sa faveur et dont il a essayé d'illustrer les mérites au Collège de France. À grands traits, l'on pourrait dire qu'il est passé en une quarantaine d'années d'un comparatisme naïf, intuitif et commandé par l'émerveillement devant sa découverte en Amazonie de manières de faire et de penser qui étaient pour lui d'une radicale originalité, à un comparatisme plus ample et plus méthodique, marqué par la conviction que ce n'est pas un seul peuple, ou même un seul style de vie régional, qui pourra contribuer à enrichir

P. Descola, « Anthropologie de la nature », *Annuaire du Collège de France 2018-2019. Résumé des cours et travaux*, 119e année, Paris, Collège de France, 2022, p. 603-616, https://doi.org/10.4000/annuaire-cdf.17380.

l'intelligence du monde, mais bien la connaissance de la pluralité des formes d'expression sociales et culturelles, pourvu que l'on sache faire jaillir des contrastes que ces formes présentent les étincelles d'une pensée moins convenue de la façon dont les humains s'associent entre eux et avec d'autres êtres. C'est là aussi la condition pour concevoir d'autres formes d'association, qui n'ont jamais été inventoriées par les ethnologues ou les historiens, mais que l'état présent du monde exige avec urgence que l'on tente de les imaginer.

Revenant dans la première leçon sur la manière dont le professeur avait envisagé et pratiqué le comparatisme au début de sa carrière, on a souligné qu'elle ne se distinguait guère de celle que la grande majorité des anthropologues embrasse. Les deux étapes initiales en sont le comparatisme ethnographique et le comparatisme ethnologique. La première, celle sur laquelle tous les anthropologues s'accordent, quelles que soient par ailleurs leurs divergences théoriques, est l'enquête de terrain, une entreprise comparative de part en part. Elle l'est d'abord du fait de la comparaison plus ou moins consciente à laquelle l'ethnographe se livre entre les usages et les pratiques dont il est le témoin et celles qui ont cours dans son milieu d'origine ; elle l'est aussi du fait des comparaisons qu'il est conduit à faire entre la façon dont il aborde des éléments clés de la société qu'il étudie et celles que d'autres ethnographes ont proposé de la même société ou de phénomènes analogues dans des sociétés différentes ; elle l'est, enfin, du fait du tri qu'il opère dans ses observations afin de retenir celles qui lui paraissent les mieux aptes à représenter un état moyen des phénomènes qu'il aspire à qualifier. La deuxième étape, le comparatisme ethnologique, peut être définie comme une généralisation à d'autres sociétés d'une même aire culturelle, et éventuellement à des sociétés qui, ailleurs dans le monde, présentent avec celles-ci un air de famille, d'un schème initialement dégagé par l'analyste afin de rendre compte de la structure d'une société qu'il a lui-même étudiée en profondeur. Le professeur a illustré cette étape en montrant comment il avait généralisé, d'abord à l'échelle de l'Amazonie, puis d'autres aires culturelles, une configuration de traits qu'il avait identifiée chez les Achuar et qu'il avait appelée « animisme ». Rien d'original dans cette entreprise puisque ces deux formes de comparatisme dans lesquelles il s'était engagé des années 1970 jusqu'aux années 1990 sont celles-là mêmes au moyen desquelles Edward Evans-Pritchard définit la méthode comparative dans sa conférence Marett de 1950 et qu'il appelle respectivement la traduction et l'abstraction. La question que posait alors ce constat pouvait être formulée ainsi : est-il inéluctable, dans une science qui place l'enquête ethnographique au cœur de sa démarche de connaissance et comme son premier moteur, de n'envisager la comparaison que comme un enchaînement de généralisations inductives à partir du cas initialement étudié – ainsi que le professeur avait lui-même eu tendance à le faire dans un premier temps ? Ou bien le comparatisme peut-il prendre d'autres formes que ce type de généralisation par sauts successifs de cas en cas, des formes moins dépendantes de la simple intuition qu'il existe des ressemblances entre, d'une part, une famille de sociétés ou une sorte d'institution et, d'autre part, un cas *princeps* choisi au départ de façon contingente ?

On ne s'attardera pas ici sur l'enquête comparative menée dans les leçons suivantes sur les régimes comparatifs afin d'examiner leur genèse dans l'Europe moderne et les raisons pour lesquelles le comparatisme anthropologique s'est imposé comme une discipline autonome à la fin du XIXe siècle au lieu de se développer à l'intérieur du droit comparé et de l'histoire des religions, les deux bastions du comparatisme à cette époque. Pas plus qu'on ne reviendra sur les critiques, internes ou externes à l'anthropologie, qui furent adressées au comparatisme inductif par généralisations successives que le professeur avait lui-même pratiqué et dont Evans-Pritchard avait caractérisé la méthode. Il suffira de rappeler que ces critiques sont de deux ordres : d'une part, celles qui pointent l'inadéquation des catégories comparatives employées pour décrire des situations sociales et culturelles très hétérogènes, d'autre part, celles qui concernent l'identification des comparables, c'est-à-dire des éléments qui, dans des unités comparatives déjà malaisées à définir – ces abstractions que l'on appelle des sociétés –, pourraient se prêter à la comparaison.

Une nouvelle forme de comparatisme, plus généralement une nouvelle façon de traiter les faits sociaux, a ainsi émergé à partir des années 1960 en réaction aux apories de la généralisation inductive. L'opération comparative telle qu'Evans-Pritchard la définissait dans la conférence Marett, celle dans laquelle le professeur s'était lui-même engagé dans un premier temps, et celle que de nombreux anthropologues de par le monde continuent de pratiquer, revient à une montée en généralité à partir de cas particuliers qui se réalise en trois étapes : l'enquête de terrain conçue comme un exercice de traduction nécessairement empirique, aboutissant dans un deuxième temps à la mise en évidence par abstraction de la structure de la société que l'on aura décrite, afin de permettre, dans une troisième étape, la comparaison de cette structure avec d'autres structures, identiques ou différentes, obtenues par les mêmes méthodes. Dans une telle perspective, la deuxième étape consiste à faire coïncider une substance empirique – une société, une culture – avec une forme sous-jacente – on emprunte l'expression à Evans-Pritchard – que l'ethnographe isole par abstraction. Or, ainsi qu'il est prévisible pour une démarche inductive, cette forme dégagée de l'étude d'une société sera particulière au cas dont elle est abstraite ; elle exprimera dans une formule condensée sa structure présumée. En sorte que le troisième stade de la comparaison, celui qui consiste à confronter les structures ou les formes de plusieurs sociétés dans une perspective typologique, impliquera deux conséquences : ou bien mettre en regard les unes des autres des formes tellement idiosyncrasiques que toute comparaison se révélera *in fine* impossible, ou bien décréter que l'une des structures particulières est la forme optimale par rapport à laquelle les autres doivent être comparées.

C'est pourquoi la vague structuraliste des années 1960 – Claude Lévi-Strauss et Louis Dumont en France, Edmund Leach et Rodney Needham au Royaume-Uni – fut d'abord une réaction contre la méthode comparative théorisée par les fonctionnalistes britanniques, mais largement pratiquée ailleurs, une méthode viciée par l'ambition d'établir des généralités en extrayant empiriquement d'observations disjointes des caractères généraux fondées sur des ressemblances superficielles. Les structuralistes avaient beau jeu de montrer qu'une telle attitude repose sur un réalisme naïf qui voit les faits sociaux et culturels comme autant d'objets spontanément donnés, ou bien, et c'est un corrélat, qui voit les sociétés comme composées d'éléments naturellement discrets. Pour les structuralistes, par contre, et selon la formule de Leach, « une société n'est pas un assemblage de choses, c'est un assemblage de variables [1] » ; ce qu'ils comparent, ce ne sont pas des morceaux de sociétés, d'institutions ou de pratiques, ce sont des variations au sein d'un ensemble de phénomènes – pour Lévi-

1. E. LEACH, *Rethinking Anthropology*, Londres, Athlone Press/New York, Humanities Press, coll. « London School of Economics monographs on social anthropology », vol. 22, 1961, p. 7.

Strauss, des systèmes de mariage ou des épisodes de mythes – dont l'analyste aura défini la nature, borné les limites et systématisé les discontinuités morphologiques.

Cette différence dans la conception de l'objet implique une différence dans la conception de la méthode comparative. Tandis que les phases initiales de la comparaison sont semblables pour les fonctionnalistes et pour les structuralistes – ce qu'Evans-Pritchard qualifie comme traduction et abstraction est appelé par Lévi-Strauss ethnographie et ethnologie –, le dernier stade – généralisation pour Evans-Pritchard, anthropologie pour Lévi-Strauss – diffère du tout au tout. Pour Evans-Pritchard cette dernière étape n'est que le moment culminant d'une montée en généralité inductive qui permettra de comparer dans une ample gamme de sociétés les structures sociales que les généralisations précédentes ont révélées ; pour l'anthropologie structuraliste comme pour l'anthropologie cognitive, par contre, la phase ultime est entièrement divorcée des précédentes en ce qu'elle est de nature déductive et non plus inductive, pour reprendre le vocabulaire et les concepts de John Stuart Mill dont le *Traité de logique* a exercé une influence considérable sur les sciences sociales françaises et britanniques jusque dans les années 1960. Dans les deux approches, en effet, la construction de résultats anthropologiques se développe en trois étapes : induction de lois, de principes ou d'hypothèses, application de ces lois, principes ou hypothèses à des phénomènes, vérification de la légitimité de la déduction au moyen de la comparaison. Mais, tandis que l'anthropologie cognitive a emprunté (à son insu) la voie suggérée par Mill, en appliquant déductivement à l'explication de certains phénomènes collectifs les règles de fonctionnement de l'esprit proposées par la psychologie, l'anthropologie structuraliste a procédé de manière distincte, en dissociant nettement, d'une part, l'induction d'hypothèses abstraites par généralisation à partir de données ethnographiques, d'autre part, la construction de modèles déductifs permettant de tester ces hypothèses au moyen de la comparaison. Or, comme on l'a montré dans une leçon consacrée au traitement de la catégorisation des formes de vie par l'anthropologie cognitive, celle-ci tend plutôt à entériner par la comparaison le schème cognitif retenu comme source du phénomène à expliquer qu'à vérifier déductivement son bien-fondé, un travers dû en grande partie au fait que l'activité comparative se borne ici à confirmer l'existence de ressemblance imputables à des universaux.

Par contraste, et sans négliger la contribution de la psychologie à une meilleure intelligence de l'activité cognitive humaine, on a défendu la conviction que la fécondité de l'approche anthropologique se manifeste moins dans un rôle ancillaire consistant à confirmer l'existence d'universaux réputés expliquer des ressemblances entre phénomène culturels, que dans sa capacité à mettre en évidence des invariants rendant compte d'une systématique des différences, une voie royale que l'anthropologie structurale a ouverte. On a jugé nécessaire de rappeler en quoi les invariants anthropologiques ne sont pas des universaux, tant la critique mal informée des approches structurales a introduit une confusion entre ces concepts. Les invariants sont des règles de combinaison fondées sur des caractéristiques élémentaires du monde et des façons dont les humains y développent leur existence, règles qui permettent de donner naissance à un nombre fini de possibilités dont une partie seulement est réalisée dans la vie sociale ; tandis que les universaux peuvent être vus comme des propriétés cognitives et biophysiques qui ne souffrent pas d'exceptions, ce qui les rend peu productifs sur le plan anthropologique pour expliquer les variations. Les invariants, et les modèles au sein desquels on les fait jouer, ne servent pas à décrire des situations empiriques et leurs transformations, ils permettent de mettre en évidence des propriétés formelles de la vie sociale en poussant jusqu'à ses conséquences ultimes la nécessaire distance qui existe entre des situations concrètes observées par l'ethnographe et le vocabulaire conceptuel employé pour les décrire.

Dans *The Art of Anthropology*[2], Alfred Gell remarque que les anthropologues naviguent entre deux types de relations : d'une part, les relations « internes » dont sont constituées les terminologies formelles en cours dans la profession, et qui expriment les liens entre des termes définis par leur usage dans un système conceptuel, et, d'autre part, les relations qu'il appelle « externes », celles dont les ethnographes sont témoins sur le terrain et qui relient des éléments selon toutes sortes de modalités – génétiques, historiques, causales, accidentelles, institutionnelles, affectives, etc. Les relations « externes » peuvent être de similitude ou de différence, mais par contraste avec les relations « internes » à un système théorique, elles connectent des objets indépendants les uns des autres parce qu'il n'existe pas entre eux de liens nécessaires. Par exemple, si l'on prend le vocabulaire théorique de Lévi-Strauss dans le champ de la parenté, un régime harmonique, c'est-à-dire un système dans lequel la filiation et la résidence sont dans la même ligne, paternelle ou maternelle, n'a de sens que par rapport à un régime dysharmonique dans lequel filiation et résidence sont distribuées dans deux lignes différentes. La signification de chacun de ces concepts n'est pas intrinsèque, mais dépendante de leur position vis-à-vis d'autres concepts ; ce sont des systématisations de différences : un régime harmonique n'est tel que parce qu'il diffère d'un régime dysharmonique. Dans les relations externes dont l'ethnographe est le témoin, par contre, le choix du lieu où tel conjoint qu'il connaît ira résider se trouve être, sinon déterminé, du moins favorisé, par maintes circonstances dont la nécessaire connaissance enrichira la signification de l'institution qu'il observe.

En empruntant à Gell cette distinction entre deux sortes de relation, on peut ainsi dire que la démarche inductive généralise les relations externes aux relations internes, tandis que la méthode déductive les maintient séparées. En effet, la généralisation inductive à la Evans-Pritchard abstrait des catégories de plus en plus épurées à partir de similitudes observées dans la plus grande diversité possible de cas ethnographiques, ce qui rend impossible la constitution d'un système formel analytiquement cohérent, faute de pouvoir convertir des relations de ressemblance empiriques et contingentes en des relations de différence théoriques et structurelles. La déduction structurale aborde la comparaison d'une façon tout à fait distincte : au lieu de monter en généralité à partir de ressemblance observables vers des catégories de plus en plus abstraites débouchant éventuellement sur des universaux supposés, elle consiste à détecter dans les cas particuliers eux-mêmes les indices d'un système fermé de différences dont la modélisation est réputée offrir une voie d'accès à l'intelligence des propriétés formelles de l'ensemble des phénomènes que l'on se donne pour objet. Il ne s'agit plus de passer d'un ensemble chaotique de relations externes à un système de relations internes au moyen d'abstractions successives, mais de discerner sous des relations externes que l'on présume former système – les liens de parenté et d'alliance, par exemple – le système de relations internes qui offre le meilleur modèle possible pour rendre compte des relations externes. C'est ce

2. A. GELL, *The Art of Anthropology: Essays and Diagrams*, Londres/New Brunswick, Athlone Press, coll. « London School of Economics monographs on social anthropology », vol. 67, 1999, p. 33.

mouvement dont rend compte la fameuse remarque de Lévi-Strauss : « Ce n'est pas la comparaison qui fonde la généralisation, mais le contraire[3] ». Autrement dit, la comparaison n'est pas le moyen d'une découverte, elle est le développement concret d'une intuition originaire fondée sur la connaissance, en quelque sorte dormante, d'un grand nombre de cas d'abord appréhendés pour leur saveur ethnographique.

Dans un tel processus, l'étude des variations – ou de ce que Lévi-Strauss appelle les transformations – devient primordiale et constitue même le cœur du travail comparatif. Lévi-Strauss signale lui-même à plusieurs reprises que la notion de transformation est la clé de voûte du type d'analyse structurale qu'il pratique. S'il emprunte à la linguistique la structure entendue comme système d'oppositions contrastives, il donne à celle-ci un dynamisme analytique qui résulte de sa capacité à organiser les transformations réglées entre modèles d'un même groupe, c'est-à-dire s'appliquant à un même ensemble de phénomènes. La structure ne saurait se réduire au système, autrement dit à un simple ensemble composé d'éléments et des relations qui les unissent ; car pour que l'on puisse parler de structure, précise-t-il, « il faut qu'entre les éléments et les relations de plusieurs ensembles apparaissent des rapports invariants, tels qu'on puisse passer d'un ensemble à l'autre au moyen d'une transformation[4] ». De son propre aveu, la notion de transformation provient de sa lecture aux États-Unis pendant la guerre du maître ouvrage du biologiste D'Arcy Wentworth Thompson, *On Growth and Form*, dont il avait particulièrement retenu l'analyse des différences entre formes animales apparentées au moyen de transformations géométriques. Or, l'illustration que Lévi-Strauss donne de la fécondité de cette approche n'est pas l'analyse des mythes, où il l'a pourtant portée au plus haut degré de systématicité, mais l'étude des systèmes de parenté, un choix surprenant en ce que l'usage que Lévi-Strauss fait dans ce domaine de la transformation comme variation à partir d'un rapport originaire est très différent de la notion de groupe de transformation qu'il va ensuite employer dans l'analyse des mythes. C'est cette différence, et l'usage par Lévi-Strauss de deux sens de la transformation se rapportant à deux traditions morphogénétiques distinctes, qui a permis au professeur de préciser la façon dont il envisage lui-même à présent le comparatisme.

Dans *Les Structures élémentaires de la parenté*[5], Lévi-Strauss choisit comme rapport invariant l'échange des femmes, expression du principe de réciprocité, lui-même forme positive de la prohibition de l'inceste. Toutes les formes d'union matrimoniale qu'il considère dans ce livre sont autant de transformations de ce principe originaire, formes qu'il étudie en fonction du degré croissant de complexité qu'elles présentent par rapport à l'expression sociologique la plus simple du principe de réciprocité, à savoir l'organisation dualiste. Il est manifeste que la transformation ainsi entendue diffère à bien des égards de la transformation telle que la développe Thompson et telle que Lévi-Strauss dira lui-même plus tard qu'elle l'a inspiré dans son analyse des types d'échanges matrimoniaux. Car cette arborescence des formes de mariage ressemble plutôt aux variations méthodiques d'une *Urform* au sens de

3. C. LÉVI-STRAUSS, *Anthropologie structurale*, Paris, Plon, 1958, p. 28.

4. C. LÉVI-STRAUSS, *De près et de loin*, Entretien avec Didier Éribon, Paris, Odile Jacob, 1988, p. 159.

5. C. LÉVI-STRAUSS, *Les Structures élémentaires de la parenté*, Paris, Presses universitaires de France, 1949.

Goethe, en l'espèce l'échange des femmes gouverné par le principe de réciprocité, dont Lévi-Strauss déploie toutes les conséquences logiques dans autant de types morphologiques d'union matrimoniale. De même que Goethe caressait le rêve de découvrir la *Urplanfz*, la plante originaire, le prototype dont peut être dérivé par transformation l'ensemble des caractéristiques de toutes les espèces végétales, non seulement actuelles, mais aussi logiquement possibles, de même Lévi-Strauss voit dans le principe de réciprocité la forme originaire de toutes les alliances de mariage possibles dont il propose la loi de développement. Et tout comme Goethe s'opposait à Linné en botanique parce qu'il récusait l'idée d'un tableau statique d'attributs, aussi exhaustif soit-il, au profit de la déduction d'un principe de transformation des formes biologiques à partir d'une combinaison originelle complexe, de même Lévi-Strauss se démarque-t-il de A.R. Radcliffe-Brown dans le domaine de la morphologie sociale lorsqu'il considère comme originaire la structure qui développe avec le plus d'ampleur les possibilités logiques du principe de réciprocité, plutôt que de retenir comme point de départ les formes les plus simples de mariage dont les formes complexes seraient dérivées.

Or, par contraste avec cette conception goethéenne de la variation comme développement d'un prototype complexe, modèle de la transformation telle que Lévi-Strauss la met en œuvre dans ses études de morphologie sociale sans jamais y faire de référence directe à Goethe, la variation telle que la conçoit Thompson met l'accent sur la simplicité géométrique de la grille de transformation qui permet de passer d'une forme biologique à une autre sans envisager une quelconque forme originaire dont les autres formes biologiques seraient dérivables. Et c'est aussi cette dernière position qu'adopte Lévi-Strauss, mais dans un domaine morphologique distinct, celui des mythes. L'autre référence qu'il fait à Thompson, dans le « Finale » de *L'Homme nu*[6] vient en effet expliciter la manière tout à fait thompsonienne, selon laquelle il utilise la notion de groupe de transformation dans son analyse des mythes. Dans ce contexte d'usage, en effet, un groupe de transformation est l'ensemble des variantes d'un mythe qui conservent la même structure, y compris en l'inversant. Plus généralement, l'on peut aussi dire qu'un groupe de transformation est formé par l'ensemble des mythes dont on peut montrer qu'ils se transforment les uns les autres en s'empruntant mutuellement des mythèmes dont ils vont inverser les motifs, permuter la fonction ou modifier le rapport entre forme et contenu. De sorte que c'est l'ensemble des mythes entre lesquels ces opérations sont décelables qui, en droit, va constituer le groupe de transformation, celui-ci pouvant être formé des mythes de sociétés voisines qui, du fait de l'interconnaissance, jouent délibérément sur la permutation ; mais il peut aussi être formé des mythes d'un ensemble beaucoup plus vaste pourvu qu'une transformation entre eux demeure possible.

Dans le « Finale » de *L'Homme nu*, Lévi-Strauss insiste sur le fait que la pensée mythique est par essence transformatrice : « chaque mythe, à peine né, se modifie en changeant de narrateur, que ce soit à l'intérieur du groupe tribal ou en se propageant de peuple à peuple[7] ». Et c'est pour mettre l'accent sur cette propriété transformationnelle du mythe que Lévi-Strauss évoque Thompson et la voie qu'il indique pour passer, par une série de transitions continues, d'une forme vivante à une autre forme vivante en faisant varier les paramètres d'un espace de coordonnées.

6. C. Lévi-Strauss, *Mythologiques*, t. 4 : *L'Homme nu*, Paris, Plon, 1971, p. 604-606.
7. *Ibid.*, p. 603-604.

Mais, ajoute Lévi-Strauss, il existe une différence de taille entre les mythes et les organismes, c'est que le groupe de transformation au sein duquel les premiers sont déployés constitue un continu virtuel au sein duquel l'analyste opère des coupes idéales, tandis que les différences spécifiques ou génériques actuelles entre les organismes sont directement liées aux discontinuités du code génétique. Thompson lui-même n'a pas négligé ce caractère discret des formes biologiques dont il analyse les transformations par variation continue ; selon lui, ces transformations ne sont réalisables qu'en raison de l'existence de formes stables, à tout le moins stabilisées par convention, qui sont données comme gabarits de départ et d'arrivée.

Il en va autrement avec les variantes d'un mythe, lesquelles ne portent pas en elles-mêmes un principe de discontinuité, du moins si on les prend, en bonne logique structurale, dans leur dimension paradigmatique. Un principe extérieur au mythe doit donc intervenir pour que certains états du mythe soient actualisés parmi les possibles. Selon Lévi-Strauss, cette contrainte extérieure résulte du fait que « l'esprit, travaillant inconsciemment sur la matière mythique, ne dispose que de procédures mentales d'un certain type : sous peine de détruire l'armature logique qui supporte les mythes, et donc de les anéantir au lieu de les transformer, il ne peut leur apporter que des changements discrets[8] ». D'une variante à l'autre d'un même mythe, les différences n'apparaissent pas sous la forme d'ajouts, de retraits ou de déformations, mais comme des rapports intellectuels contrastifs, telles la contrariété, la contradiction, l'inversion ou la symétrie. La transformation qui fait passer d'une variante d'un mythe à une autre n'est donc pas de même nature que celle qu'emploie Thompson pour passer, par exemple, du crâne d'une espèce éteinte de rhinocéros au crâne d'une espèce contemporaine de tapir, et de celui-ci au crâne d'un cheval[9]. La première transformation, celle que pratique Lévi-Strauss, introduit du discontinu au moyen d'opérations contrastives sur un ensemble de propriétés phénoménales s'attachant aux mêmes aspects du monde ; tandis que la deuxième transformation, celle que pratique Thompson, introduit du continu au moyen de déformations opérées sur un ensemble de formes phénoménologiquement dissemblables entre lesquelles des affinités sont postulées.

Ces remarques sur l'usage que Lévi-Strauss fait de Thompson pointent vers deux ensembles de questions que la notion de transformation soulève lorsqu'elle est employée dans les sciences humaines et sociales. Le premier type de questionnement est de nature conceptuelle et porte sur les distinctions à opérer entre les deux procédures que le terme de transformation recouvre. En effet, qu'elle concerne les organismes, les images, les types sociaux ou les unités sémantiques dans certaines classes d'énoncé, la transformation d'une forme en une autre peut être envisagée plutôt en « régime goethéen » ou plutôt en « régime thompsonien ». Dans le premier cas, suivant la méthode définie par Goethe dans sa *Métamorphose des plantes*, la transformation est le développement dans différentes formes d'une sorte de plan initial lui-même construit par comparaison d'objets empiriques appartenant à un même ensemble. Dans le deuxième cas, la transformation est une déformation par variation continue dans un espace de coordonnées s'appliquant à des formes déjà données. Cette dernière méthode est celle que Lévi-Strauss applique dans l'analyse

8. *Ibid.*, p. 604.

9. D'Arcy WENTWORTH THOMPSON, *On Growth and Form*, Cambridge/New York, Cambridge University Press, 1961 [1917], p. 309-313.

des mythes, tandis que la première méthode est celle qu'il suit dans *Les Structures élémentaires de la parenté*. C'est aussi celle qui a inspiré la démarche du professeur lorsqu'il a entrepris d'organiser les diverses formes de continuité et de discontinuités entre humains et non-humains à partir d'un rapport originaire entre intériorité et physicalité. On rappellera brièvement ici les lignes directrices de ce raisonnement dans lequel sont déduits quatre types ontologiques à partir des variations qu'un contraste initial autorise.

Le point de départ de cet exercice d'ontologie structurale est l'expérience de pensée d'un sujet transcendantal, inspirée autant par l'idée husserlienne des conditions antéprédicatives de la connaissance du monde que par des travaux récents en psychologie du développement : je ne peux détecter des qualités dans un *aliud* – c'est-à-dire dans un *alter* encore indéterminé – qu'à la condition de pouvoir y reconnaître celles au moyen desquelles je m'appréhende moi-même, lesquelles relèvent à la fois de l'intériorité – états mentaux, intentionnalité, réflexivité... – et de la physicalité – états et processus physiques, schèmes sensori-moteurs, proprioception... Il s'agit donc d'un invariant hypothétique qui n'est ni plus ni moins plausible comme fondement que l'exigence de l'échange des femmes dans laquelle Lévi-Strauss voit le principe nécessaire et suffisant pour pouvoir déduire les différents types de systèmes de mariage. Au lieu d'être construite par complexification progressive des conditions logiques de déploiement de l'invariant, comme c'est le cas dans *Les Structures élémentaires de la parenté*, la transformation est ici fondée sur l'exploitation des combinaisons que le rapport originel rend possible. Elles sont au nombre de quatre : ou bien les non-humains ont une intériorité de même type que la mienne, mais diffèrent de moi, et entre eux, par leurs capacités physiques ; ou bien au contraire ils subissent le même genre de déterminations physiques que celles dont je fais l'expérience, mais ils n'ont pas d'intériorité ; ou bien encore des humains et des non-humains partagent le même groupe de qualités physiques et morales, tout en se distinguant ainsi par paquets d'autres ensembles d'humains et de non-humains qui ont d'autres qualités physiques et morales en commun ; ou bien, enfin, chaque existant se distingue du reste par la combinaison propre de ses qualités physiques et morales qu'il faut alors pouvoir relier à celles des autres par des rapports de correspondance. Bref, dans ce cas, comme dans celui des systèmes de parenté, la transformation est l'expression hypothético-déductive de toutes les conséquences possibles d'un noyau posé comme invariant, soit une transformation goethéenne. La définition du point de départ devient ici cruciale puisque, de lui, découle la série des transformations qui constitue le développement de ses implications dans un réseau de contrastes. Une fois posé le rapport invariant – les rapports d'identité et de différence entre intériorité et physicalité – il doit pouvoir rendre compte de toutes les combinaisons possibles dans les relations entre humains et non-humains ; c'est même sa seule justification *a posteriori*. L'arbitraire ne réside pas ici dans l'itinéraire et les modalités que l'analyste adopte afin de sauter de mythème en mythème à partir d'un premier mythe sélectionné de façon contingente – comme c'est le cas dans la transformation thompsonienne employée par Lévi-Strauss dans l'analyse des mythes ; il réside dans le choix de la formule initiale puisque celui-ci conditionne le déroulement de la déduction.

Comment réduire cet arbitraire lorsque les modèles mécaniques que l'anthropologie est réduite à bricoler se révèlent être, faute d'un langage formel approprié, d'une affligeante rusticité ? D'abord en s'assurant que les fondements logiques et expérimentaux sur lesquels s'appuie l'hypothèse originelle sont solidement établis. Pour ce qui est de la matrice des modes d'identification, on a vu que le point de départ est la combinaison d'une expérience de pensée philosophique et du constat fait par des psychologues du développement que la détection de qualités physiques et d'états mentaux dans les objets perçus par les humains est une disposition qui leur est probablement innée. Certes, cette hypothèse initiale repose sur les aptitudes d'un sujet humain abstrait, non sur une règle sociale comme le voulait la tradition durkheimienne, l'exposant ainsi à une accusation d'incohérence, voire de duplicité, du fait de ce qui pourrait être vu comme une tentative de faire rentrer le loup de l'individualisme méthodologique dans la bergerie structurale. Il n'est est rien. Mais l'on ne peut ignorer par ailleurs que les relations sociales ne flottent pas dans le ciel Empyrée des idées ni dans les interstices des institutions, qu'elles se donnent à voir dans les interactions entre des humains qui n'arrivent pas en ce monde comme des cires vierges attendant de recevoir leurs propriétés des événements contingents qu'ils traversent. Il paraît donc raisonnable de fonder un invariant anthropologique sur des caractéristiques présumées universelles d'*Homo sapiens*, lesquelles sont nécessairement enracinées dans la conscience, le corps, le cerveau, les capacités biophysiques d'un humain ordinaire, même s'il ne s'agit que de points d'accroche pour des énactions à la Varela ou des affordances à la Gibson. Les représentations, les émotions, l'intentionnalité, la mémoire, la douleur, le plaisir s'expriment dans des individus, souvent en empathie avec d'autres individus, humains comme non humains ; et c'est pourquoi on a jugé nécessaire d'enraciner l'invariant initial dans les dispositions d'un sujet transcendantal.

On a parfois reproché aussi à ce sujet transcendantal de n'être pas le fondement universel qu'il prétend représenter, mais plus prosaïquement, et ainsi qu'il le serait aussi chez Husserl, une universalisation indue du sujet cartésien, une sorte de substance comme la *res cogitans*, voire un vulgaire substitut philosophique de l'individu bourgeois accouché par la modernité. C'est faire un mauvais procès à Husserl. Loin d'exprimer on ne sait quelle primauté du moi, l'Ego transcendantal husserlien est intrinsèquement relationnel, puisqu'il se caractérise comme un agent intentionnel capable d'entrer en relation avec un *aliud* qui sera défini par cette relation autant qu'elle le définit lui-même. À la différence de l'Ego transcendantal cartésien, contraint à chercher dans la vérité divine le fondement de l'objectivité, l'Ego transcendantal husserlien accède à l'objectivité par l'intermédiaire de l'intersubjectivité ; comme le remarque Paul Ricœur, « Husserl transcende l'Ego par l'alter ego [10] ». Et c'est bien ainsi qu'il faut l'envisager, comme un sujet immergé dans un monde de corps associés, donc déjà intégralement collectif, un sujet abstrait sans doute, non parce qu'il serait séparé de ce qui l'entoure, mais parce que, encore suspendu à l'orée du sens, il serait indemne de tout particularisme culturel. Ce sujet abstrait n'est finalement que l'incarnation d'une intuition très ordinaire à propos de ce qui est premier dans l'expérience du monde : discerner des qualités dans les objets et inférer les relations à eux que ces qualités autorisent. Et c'est pourquoi la matrice des identifications ne joue pas le rôle d'un premier moteur philosophique ; elle est plutôt une sorte de dispositif expérimental qui permet de capter des phénomènes (donc de les instaurer), et de les trier (donc de les combiner) afin de pouvoir mettre en évidence la syntaxe de leurs différences.

---

10. P. Ricœur, « Étude sur les "Méditations Cartésiennes" de Husserl », *Revue philosophique de Louvain*, t. 52, n° 33, 1954, p. 77.

Mais peut-être était-ce dépeindre après coup sous des dehors un peu trop systématiques une opération de connaissance qui l'était moins. Outre que l'hypothèse proposée à sa source est le produit d'un acte d'imagination consistant à se placer dans une situation qui, pour n'être pas fausse, n'en est pas moins fictive, une expérience de pensée imaginante s'appuyant sur des expériences de vie réelles, les déductions que cette hypothèse permet de réaliser ne sont pas indemnes des procédures préalables qui ont imposé son évidence et que l'économie de l'exposition, tant écrite qu'orale, a conduit à rendre invisibles. Car c'est bien évidemment par une série de généralisations inductives portant sur l'ethnographie, celle du professeur et celle des autres, que le modèle transformationnel de *Par-delà nature et culture* s'est peu à peu mis en place. On n'a rien fait là que de très commun. En effet, c'est dans le dépôt sans cesse enrichi des publications ethnologiques que les anthropologues extraient les éléments qui leur permettent de choisir telle ou telle bifurcation par rapport aux données empiriques sur lesquelles ils s'appuient, données qu'ils s'approprient en quelque sorte de l'intérieur pour avoir expérimenté ailleurs et dans d'autres circonstances des situations comparables à celles relatées. Et cette bifurcation, c'est-à-dire l'aptitude, constitutive de la comparaison, à se détacher de l'objet phénoménal auquel on prête attention – soit sur le terrain, soit comme lecteur d'ethnographie – afin de le faire exister dans le langage des relations internes à notre système conceptuel, cette bifurcation est rendue possible par un savoir-faire d'autant plus difficile à formaliser qu'il s'appuie sur la maîtrise partagée d'un autre savoir-faire, celui de l'enquête de terrain, qui rend immédiatement familières à l'ethnologue les procédures rarement explicitées du mouvement d'objectivation au moyen duquel d'autres ethnologues ont recueilli, filtré et présenté des données. Ce va-et-vient constant entre abstraction et description, induction et déduction, savoir direct et savoir médiatisé, concept local et concept à prétention générale, comparaison explicite et comparaison implicite, est probablement ce qui fait de l'anthropologie une science spéciale, un art de la découverte dont le parfum d'aventure n'émane pas seulement des populations parmi lesquelles on choisit de résider.

Par-delà les arguments épistémologiques, toutefois, le choix de fonder les analyses des modes d'identification sur une combinatoire de traits différentiels était aussi motivé par des raisons éthiques et politiques. En adoptant ce genre d'invariant, on demeurait en effet fidèle à un principe fondamental de l'analyse structurale qui veut que chaque variante le soit des autres et non de l'une d'entre elles en particulier qui serait privilégiée. Car si la matrice des relations ontologiques est située au fondement de l'entreprise, par contre, aucune des variantes qu'elle fait apparaître à son niveau – à savoir l'animisme, le naturalisme, le totémisme, l'analogisme – et aucune des variantes isolables dans d'autres systèmes qui en sont ses transformations – dans les ordres sociologique, épistémique, cosmologique ou spatiotemporel – n'est dotée d'une quelconque prééminence sur les autres. C'était là une exigence de principe afin de produire un modèle d'intelligibilité des faits sociaux et culturels qui restât le plus neutre possible par rapport aux présupposés de l'ontologie naturaliste, appréhendée ici comme l'une des variantes possibles dans les manières d'objectiver le monde, ni plus ni moins. Avec un tel dispositif, la totalisation n'est pas donnée *ab initio*, comme le point de vue à partir duquel le Sirius de l'anthropologie pourrait structurer le monde sous son regard impérial ; elle résulte de l'opération toujours inachevée au moyen de laquelle des traits culturels, des normes, des institutions, des qualités sont constitués comme des variantes les unes des autres au sein d'un ensemble qui, non seulement pourra être reconfiguré autrement si d'autres éléments sont ajoutés, mais qui n'a pas d'autre raison d'être que d'englober les variations dont il est le théâtre. Et le moyen choisi pour ce faire, un groupe de transformation ontologique produit par les opérations hypothétiques d'un hypothétique sujet transcendantal, était ainsi adéquat au but, qui n'était pas de métamorphoser une valeur autochtone en un concept analytique ou de faciliter la translitération ontologique, voire de proposer un contre-modèle philosophique issu d'une reconfiguration d'énoncés locaux, mais bien de résoudre un problème ancien que l'anthropologie a hérité du droit comparé, à savoir la question de la compatibilité et de l'incompatibilité structurelles entre certains types de pratiques, d'institution et d'idéologies. La seule voie possible pour ce faire était de bricoler des modèles permettant de détecter et de déployer les prémisses ontologiques qui sous-tendent des régimes de pratique et qui semblent infuser certains collectifs d'un style distinctif. L'avenir dira si un tel programme tient ses promesses, s'il permet de mieux discerner des régularités, des stabilisations, voire des orientations, dans le chaos apparent des conduites humaines et dans la diversité des associations avec des non-humains sur lesquelles ces conduites offrent des indices.

Séminaires

Sous l'intitulé général « Individuation, individualité, individualisme », différent pour une fois du sujet du cours, le séminaire s'est intéressé aux diverses façons dont la notion d'individu pouvait s'exprimer dans des contextes culturels très variés, et étrangers, pour la plupart, aux caractéristiques de l'individualisme bourgeois tel qu'il s'est développé en Europe au cours des derniers siècles. L'intérêt pour cette question s'est imposé il y a longtemps déjà, au terme de la première enquête ethnographique de longue durée menée par le professeur chez les Jivaros Achuar de la haute Amazonie. Nourri comme tous les ethnologues de sa génération de la lecture de Louis Dumont, en particulier de l'idée qu'il existerait une opposition fondamentale entre, d'une part, le holisme des sociétés traditionnelles dans lesquelles chaque humain « se dissout dans l'ensemble et doit contribuer à sa place à l'ordre global » et, d'autre part, la société moderne où domine l'individualisme et dans laquelle « chaque homme particulier incarne [...] l'humanité tout entière », il découvrit avec étonnement, dans la société parfaitement égalitaire formée par les Achuar, des particuliers qui cherchaient par tous les moyens à se distinguer les uns et des autres et qui, en à peu près aucune circonstance, ne se voyaient comme une totalité collective.

La première séance du séminaire, le 31 janvier 2019, a donc été consacrée par le professeur, d'abord à une définition de l'individualisme achuar, notamment à travers l'analyse d'un personnage qui, dans cette société, est le seul à s'élever un peu au-dessus du commun : le « grand-homme », une expression qui traduit le terme d'adresse *juunt* (« le grand », « l'ancien ») et qui s'emploie à l'endroit d'hommes au charisme reconnu parce qu'ils sont de bons orateurs et des guerriers habiles et valeureux. La séance s'est poursuivie par une esquisse de diverses formes d'individuation selon les régimes de mondiation où elles s'inscrivent, ce qui a conduit à revenir sur les conséquences de la théorie des modes d'identification quant aux rapports entre altérité et identité. On a pris soin dans chaque cas de ne pas restreindre la notion d'individu à la personne humaine et d'envisager ses manifestations par tous les agents réels et virtuels susceptibles d'être vus dans un contexte culturel donné comme possédant une puissance d'agir autonome – animal, esprit, divinité, fœtus, artefact ou ancêtre.

Les séances suivantes ont accueilli des exposés confiés à des personnalités qui développèrent à loisir telle ou telle expression historique du processus d'individuation :

• le 7 février 2019, Cédric Yvinec (chargé de recherche au CNRS) : « Être “célèbre” dans une population de quelques centaines d'individus : le cas des Suruí du Rondônia (Amazonie brésilienne) » ;

• le 14 février 2019, Julien Bonhomme (maître de conférences à l'ENS Paris) : « L'individu et le collectif. Parcours africaniste » ;

• le 21 février 2019, Frédérique Ildefonse (directrice de recherche au CNRS) : « Remarques sur l'individu en Grèce ancienne » ;

• le 28 février 2019, Emmanuel Lozerand (professeur à l'Inalco, chercheur au Centre d'études japonaises) : « Individus et individualisme chez Natsume Sôseki » ;

• le 7 mars 2019, Anne Christine Taylor (directrice de recherche au CNRS) : « “Sauvagement individualistes”. La fabrication de la singularité dans le monde jivaro » ;

• le 14 mars 2019, Heonik Kwon (directeur de recherche, Trinity College, Cambridge) : « Individualité dans l'au-delà » ;

• le 21 mars 2019, Pierre Guénancia (professeur à l'université de Bourgogne) : « L'individu : séparation (Descartes) ou inclusion (Spinoza, Leibniz) » ;

• le 28 mars 2019, Emmanuel Grimaud (chargé de recherche au CNRS) : « Cybernétiques de la transmigration. Réincarnationnisme *versus* transhumanisme ».

Colloques

« Images anticipatrices » (communication avec Julien Discrit), colloque « Sans ordinateur. Anthropocène et imaginaires numériques », École normale supérieure de Paris, le 8 avril 2019.

Enseignement à l'extérieur

• El Colegio Nacional et UNAM, Mexico : « Comparando regímenes comparativos », le 12 septembre 2018.

• Université de Leyde, faculté d'archéologie, Dean's Lecture : « Figuring relations: An anthropological approach », le 20 septembre 2018.

• University of Science and Technology of Hanoi (USTH) : “In the Society of Nature: An anthropological approach to environmental issues », le 17 avril 2019.

• University of Science and Technology of Hanoi (USTH) : « Ontological pluralism: Examples from Amazonia and South East Asia », le 18 avril 2019.

Publications

Ouvrages

Descola P. et Tola F., *¿Qué es la Naturaleza?*, Buenos Aires, Teseo Press, coll. « Diálogos Transatlánticos », 2018.

Descola P., *Una antropología alterada por la alteridad. Entrevistas a Philippe Descola*, éditée par F. Tola, Buenos Aires, Palabra Reversa, coll. « Ethnographica », 2018.

Descola P. (dir.), *Les Natures en questions*, Paris, Odile Jacob/Collège de France, 2018.

DESCOLA P., *Une écologie des relations*, Paris, CNRS Éditions/De Vive Voix, coll. « Les Grandes Voix de la Recherche », 2019.

DESCOLA P., *La Nature domestique. Symbolisme et praxis dans l'écologie des Achuar*, nouvelle édition revue et augmentée d'une préface, Paris, Éditions de la Maison des Sciences de l'Homme, 2019.

ARTICLES ET CONTRIBUTIONS À DES OUVRAGES COLLECTIFS

DESCOLA P., « (Toujours) trop humain. Un commentaire sur *Comment pensent les forêts ?* d'Eduardo Kohn », *Cahiers philosophiques*, vol. 153, n° 2, 2018, p. 93-100.

DESCOLA P., « Présentation », *in* P. DESCOLA (dir.), *Les Natures en questions*, Paris, Odile Jacob/Collège de France, 2018, p. 7-18.

DESCOLA P., « De la Nature universelle aux natures singulières : quelles leçons pour l'analyse des cultures ? », *in* P. DESCOLA (dir.), *Les Natures en questions*, Paris, Odile Jacob/Collège de France, 2018, p. 121-136.

DESCOLA P., « Maîtres de la pluie et chefs sans pouvoir », *in* S. D'ONOFRIO et E. TERRAY (dir.), *Françoise Héritier*, Paris, L'Herne, 2018, p. 162-165.

DESCOLA P., « Maneras de ver, maneras de figurar », *in* M. FERNÁNDEZ FÉLIX (dir.), *Híbridos. El cuerpo como imaginario*, Mexico, Instituto Nacional de Bellas Artes, 2018, p. 99-108.

DESCOLA P., « Les biens communs. Entretien avec P. Michon », *in* P. MICHON (dir.), *Les Biens communs. Un modèle alternatif pour habiter nos territoires au XXI*e *siècle*, Rennes, Presses universitaires de Rennes, 2019, p. 239-262.

DESCOLA P., « Les nomades de l'imaginaire », préface à C. STÉPANOFF, *Voyager dans l'invisible. Techniques chamaniques de l'imagination*, Paris, La Découverte, coll. « Les Empêcheurs de penser en rond », p. 5-11.

DESCOLA P., « La politique de la beauté », préface à J.-B. ECZET, *Amour vache. Esthétique sociale en pays mursi (Éthiopie)*, Paris, Éditions Mimésis, coll. « Ethnologiques », p. 4-10.

Migrations et sociétés

François Héran
Professeur au Collège de France

Mots-clés : migrations, démographie, asile, médias, droits humains

La série de cours « Pourquoi migrer ? » est disponible, en audio et vidéo, sur le site internet du Collège de France (https://www.college-de-france.fr/site/francois-heran/course-2018-2019.htm), ainsi que la série de séminaires en lien avec le cours (https://www.college-de-france.fr/site/francois-heran/seminar-2018-2019.htm) et le colloque « Immigration policy in an era of globalization and crisis » (https://www.college-de-france.fr/site/francois-heran/symposium-2018-2019.htm).

Enseignement

Cours – Pourquoi migrer ?

Cours 1 – Théories de la migration : la modélisation des causes
10 janvier 2019

Cours 2 – Réalités de la migration : la distribution mondiale des flux et des diasporas
17 janvier 2019

Cours 3 – Les préférences des migrants
31 janvier 2019

Cours 4 – N'importe qui ne migre pas n'importe où
7 février 2019

Cours 5 – Les systèmes migratoires pratiqués hors des pays occidentaux
14 février 2019

F. Héran, « Migrations et sociétés », *Annuaire du Collège de France 2018-2019. Résumé des cours et travaux*, 119e année, Paris, Collège de France, 2022, p. 617-620, https://doi.org/10.4000/annuaire-cdf.17390.

Cours 6 – Premier ensemble de conclusions théoriques et pratiques
21 février 2019

Séminaires en relation avec le cours

Séminaire 1 – Migrations des populations, migrations des langues : nouveaux outils pour remonter le temps
Lluís Quintana-Murci et Gilles Authier, le 28 novembre 2018

Séminaire 2 – Réclamer son droit ? Requêtes administratives et contestations des immigré·e·s dans la France du XXe siècle
Emmanuel Blanchard, Laure Blévis et Claire Zalc, le 30 janvier 2019

Séminaire 3 – Migration et santé : approches économiques et sociodémographiques
Laetitia Duval, Pierre-Yves Geoffard, Myriam Khlat et Josselin Thuilliez, le 20 février 2019

Séminaire 4 – Qualifications du racisme et réactions au racisme
Graziella Moraes Silva et Jean-Luc Primon, le 17 avril 2019

Séminaire 5 – Des nouvelles formes migratoires aux nouvelles formes de frontières. Le tournant critique des études migratoires (1990-2018)
Camille Schmoll (université Paris Diderot/IUF), le 29 mai 2019

Séminaire 6 – Ouverture des frontières et liberté de circulation : droit, utopie ou horizon politique ?
Antoine Pécoud (université Paris 13, Ceral), le 29 mai 2019

Séminaire 7 – L'Europe et les États-Unis : deux forteresses ?
François Héran, le 26 juin 2019

Séminaire 8 – Logiques de la politique européenne de gestion des frontières et ses effets sur les migrations
Virginie Guiraudon (CNRS, Science Po Paris), le 26 juin 2019

Séminaire 9 – Évolutions comparées des politiques migratoires aux États-Unis et en Europe
James Hollifield (Tower Center, SMU), le 26 juin 2019

Colloque – *Immigration Policy in an Era of Globalization and Crisis*

Ce colloque était destiné à la préparation de la quatrième édition de l'ouvrage *Controlling Immigration*. Il a été organisé conjointement avec le John G. Tower Center for Political Studies de la Southern Methodist University et l'Institut Convergences Migrations, les 24 et 25 juin 2019, au Collège de France.

Welcome and Introduction
Presentations: François Héran (Collège de France), James Hollifield (Southern Methodist University) and Philip Martin (University of California-Davis); Commentaries: Christian Joppke (University of Bern), Leo Lucassen (Universiteit Leiden).

Panel 1 – Nations of immigrants I: United States

Paper presentations: Philip Martin (University of California-Davis), Pia Orrenius (Southern Methodist University); Commentaries: Desmond King (Nuffield College/ University of Oxford), Daniel Tichenor (University of Oregon).

Panel 2 – Nations of immigrants II: Canada

Paper presentation: Jeffrey G. Reitz (University of Toronto); Commentaries: Antje Ellermann (University of British Columbia), Patrick Simon (Institut national d'études démographiques).

Panel 3 – Nations of immigrants III: Australia and New Zealand

Paper presentation: Alan Gamlen (Monash University); Commentaries: Matthew Gibney (Linacre College/University of Oxford).

Panel 4 – Countries of immigration I: France and the UK

• France

Paper presentations: François Héran (Collège de France), James Hollifield (Southern Methodist University); Commentaries: Jean Beaman (Purdue University), Catherine Wihtol de Wenden (Sciences Po Paris).

• The UK

Paper presentation: Randall Hansen (University of Toronto); Commentaries: Riva Kastoryano (Sciences Po Paris), Desmond King (Nuffield College/University of Oxford).

Panel 5 – Countries of Immigration II: Germany and the Netherlands

• Germany

Paper presentations: Philip Martin (University of California/Davis), Dietrich Thränhardt (Universität Munster); Commentaries: Friedrich Heckmann (Universität Bamberg), Ingrid Tucci (LEST-CNRS).

• The Netherlands

Paper presentation: Willem Maas (York University); Commentaries: Leo Lucassen (Universiteit Leiden), Michael Sharpe (York University).

Panel 6 – Countries of Immigration III: Scandinavia and Switzerland

• Scandinavia

Paper presentation: Grete Brochmann (University of Oslo); Commentaries: Kristof Tamas (Delmi).

• Switzerland

Paper presentation: Gianni D'Amato (University of Neuchâtel); Commentaries: Christian Joppke (University of Bern).

Panel 7 – Latecomers I: Italy, Spain, Greece and Turkey

• Italy

Paper presentation: Ted Perlmutter (New York University); Commentaries: Camille Schmoll (université Paris Diderot), Giuseppe Sciortino (University of Trento).

- Spain

Paper presentations: Rut Bermejo Casado (Universidad Rey Juan Carlos), Miryam Hazàn (Southern Methodist University); Commentaries: Blanca Garcés-Mascareñas (University of Barcelona).

- Greece and Turkey

Paper presentations: Fiona Adamson (University of London), Gerasimos Tsourapas (University of Birmingham); Commentaries: Hélène Thiollet (Sciences Po, CERI).

Panel 8 – Latecomers II: Japan, South Koreaand the European Union

- Japan and South Korea

Paper presentation: Erin Chung (John Hopkins University); Commentaries: Midori Okabe (Sophia University), Michael Sharpe (York University).

- The European Union

Paper presentation: Andrew Geddes & Leila Hadj-Abdou (Migration Policy Centre); Commentaries: Virginie Guiraudon (Sciences Po, CNRS), Midori Okabe (Sophia University), Eiko Thielmann (London School of Economics and Political Science).

Publications

HÉRAN F., « Comment l'Europe accueille – ou non – les demandeurs d'asile depuis 2015 », *De Facto*, vol. 2, 2018, https://icmigrations.fr/2018/12/04/defacto-2-003/.

HÉRAN F., « Comment se fabrique un oracle : la prophétie de la ruée africaine sur l'Europe », *La Vie des idées*, 2018, http://www.laviedesidees.fr/Comment-se-fabrique-un-oracle.html.

HÉRAN F., « Diasporas à l'échelle des continents », *De Facto*, vol. 1, 2018, https://icmigrations.fr/2018/11/14/0003/.

HÉRAN F., « L'Europe et le spectre des migrations subsahariennes » [traduit en anglais : « Europe and the spectre of sub-Saharan migration »], *Population et Sociétés/Population and Societies*, vol. 558, 2018, p. 1-4.

VOLANT S., PISON G. et HÉRAN F., « La France a la plus forte fécondité d'Europe. Est-ce dû aux immigrées ? » [traduit en anglais : « French fertility is the highest in Europe. Because of its immigrants? »], *Population et sociétés/Population & Societies*, vol. 568, 2019, p. 1-4.

Sociologie du travail créateur

Pierre-Michel Menger
Professeur au Collège de France

Mots-clés : sociologie, travail, création

La série de cours « Comment achever une œuvre ? Travail et processus de création » est disponible en audio et vidéo, sur le site internet du Collège de France (https://www.college-de-france.fr/site/pierre-michel-menger/course-2018-2019.htm), ainsi que le séminaire « La création en suspens » (https://www.college-de-france.fr/site/pierre-michel-menger/symposium-2018-2019.htm) et le colloque « Durkheim au Collège de France » (https://www.college-de-france.fr/site/pierre-michel-menger/symposium- 2018-2019__1.htm). Les conférences d'Andrew Abbott, professeur invité, également disponibles sur le site internet (https://www.college-de-france.fr/site/pierre-michel-menger/guestlecturer-2018-2019__1.htm), ont donné lieu à un ouvrage éponyme publié aux Éditions du Collège de France, disponible en versions imprimée et numérique (texte intégral en ligne : https://books.openedition.org/cdf/9938).

Enseignement

Cours – Comment achever une œuvre ? Travail et processus de création

Introduction

Ce cours est consacré à l'étude du processus créateur dans les arts, et notamment à la question de son achèvement ou de son inachèvement. Sont mobilisées des théories, des raisonnements, des modèles, des notions et des matériaux empiriques qui ont été produits par de nombreuses disciplines : la sociologie, le droit, l'économie, l'histoire,

P.-M. Menger, « Sociologie du travail créateur », *Annuaire du Collège de France 2018-2019. Résumé des cours et travaux*, 119e année, Paris, Collège de France, 2022, p. 621-650, https://doi.org/10.4000/annuaire-cdf.17399.

la psychologie, la psychanalyse, les disciplines d'étude des arts – histoire de l'art, musicologie, études littéraires, génétique littéraire. Nous ne plaçons pas tout cet appareil sous le contrôle de l'une des disciplines citées, puisque les différents problèmes analysés relèvent, avec un haut degré de concordance, de plusieurs approches, et que les zones de convergence théorique sont suffisamment nombreuses pour que l'essentiel de l'analyse à conduire relève avant tout de critères de pertinence et d'efficacité explicative.

Nous étudions tout particulièrement, cette année, certaines propriétés importantes du processus créateur :

– l'intensité de travail et sa signification particulière,
– la teneur formatrice du travail,
– le degré d'autonomie et de pression dans le travail,
– la dynamique processuelle du travail, qui n'obéit ni à une simple causalité propulsive ni à une simple visée téléologique,
– les multiples temporalités articulées ou télescopées dans l'agenda de travail des créateurs.

Cours 1 – Les arts et le travail : lignes de force de la recherche contemporaine

Le travail dans les différents arts exige des ressources très variables. Il est aisé de tracer un axe aux deux extrémités duquel on placera respectivement la poésie ou l'écriture romanesque, et la réalisation cinématographique ou la création architecturale. En revanche, le temps exigé pour travailler à créer est distribué plus normalement. Et toutes les activités de création s'organisent, pour les individus qui en font métier, en carrières. Que savons-nous de l'activité professionnelle des artistes ?

Les enquêtes menées périodiquement sur la structure de la population active permettent de dresser le portrait suivant des professionnels des arts, dans les principaux pays développés : les artistes recensés ont une moyenne d'âge plus basse que celle de la population active et un niveau de diplôme supérieur à la moyenne, ils et elles se concentrent davantage dans les grandes aires métropolitaines, présentent des taux plus élevés d'auto-emploi (ou d'activité indépendante, selon la terminologie juridique française), et une tendance continue à la féminisation. Les mêmes enquêtes convergent pour établir que les revenus des professionnels des arts sont en moyenne plus faibles que ceux de la catégorie d'ensemble dans laquelle ils sont inclus par la statistique publique, au vu de leur niveau de formation et du statut social de leur activité (celle des « cadres et professions intellectuelles supérieures » en France, celle des « *professional, managerial and technical workers* » aux États-Unis). L'estimation des espérances de gain d'un artiste peut être précisée à partir d'une équation de revenus. Sont prises en compte une série de caractéristiques individuelles des travailleurs – le sexe, l'âge, le lieu de résidence, la situation de famille, la nationalité, et celles qui sont le plus directement prédictives de l'espérance de gain, le niveau d'études et de qualification et l'expérience professionnelle. L'estimation par la fonction de gains aboutit à mesurer le coût d'opportunité du choix d'une profession artistique. Celui-ci représente l'écart négatif entre le revenu moyen que peut espérer un individu dans une profession artistique et celui que ses caractéristiques personnelles lui permettraient d'obtenir dans la meilleure solution de remplacement accessible sur le marché du travail.

En procédant ainsi, on voit qu'une fois comparée à ce que seraient les gains d'un individu représentatif de l'ensemble du groupe professionnel auquel les artistes sont rattachés (cadres et professions intellectuelles supérieures), la « pénalité » que subissent en moyenne les artistes est importante, mais varie fortement selon la profession artistique considérée.

Toutes les grandes enquêtes nationales indiquent aussi que les artistes connaissent une plus forte dispersion des revenus, une plus grande variabilité de ceux-ci dans le temps, et des taux plus élevés de chômage et de sous-emploi contraint que la quasi-totalité des autres professions qui sont classées dans la même catégorie socio-professionnelle (en France, celle des « cadres et professions intellectuelles supérieures »). La distribution des revenus a typiquement le profil d'une courbe de Pareto : un dixième des professionnels des métiers artistiques obtiennent la moitié des revenus annuellement distribués, et un cinquième d'entre eux concentrent 80 % des gains. Les individus à revenus artistiques nuls ou négatifs (*i.e.* nets des dépenses engagées pour l'exercice du métier [1]) sont plus nombreux que dans toutes les autres catégories du groupe des professions supérieures. Et, à l'autre extrémité de la distribution, la pointe extrêmement allongée signale la présence d'artistes dont les revenus atteignent des niveaux très élevés, voire astronomiques.

On peut tirer quelques enseignements de ces premières indications. Analysé du simple point de vue du calcul monétaire, l'engagement dans une carrière artistique est une mauvaise affaire : les chances moyennes de gain sont inférieures à celles d'autres métiers dans lesquels, étant données leurs caractéristiques, ces mêmes individus pourraient s'engager et ne subiraient plus de pénalité de revenu. Et le haut niveau des inégalités atteste que les carrières sont soumises à une compétition élevée, et à des écarts cumulatifs de réputation et de chances de travailler (contre rémunération). Rappelons que la situation de travail des artistes est généralement formée de projets qui sont enchaînés de manière discontinue avec différents employeurs ou partenaires contractuels. Une fois franchies les premières épreuves de l'insertion sur le marché, qui sont généralement facilitées à celles et ceux qui sortent de celles des écoles d'art, de musique, de théâtre, d'architecture, de cinéma, qui sont dotées d'une bonne réputation et d'un fort capital relationnel, la construction de la carrière s'apparente à un processus stochastique : la probabilité de travail est déterminée par la valeur des prestations et des œuvres fournies par l'artiste dans la période immédiatement précédente, et par la nature des projets soumis aux professionnels avec qui contracter, bien davantage que par la force de rappel d'un diplôme. Ce processus permet au demeurant de comprendre comment l'inégale accumulation de réputation, au gré des projets, peut amplifier des écarts initialement faibles ou indéterminés entre deux individus, et peut finir par créer un univers professionnel profondément segmenté. Ce

1. G. FLAUBERT : « Nous sommes des ouvriers de luxe. Or, personne n'est assez riche pour nous payer. Quand on veut gagner de l'argent avec sa plume, il faut faire du journalisme, du feuilleton ou du théâtre. La *Bovary* m'a rapporté... 300 francs, que j'ai payés, et je n'en toucherai jamais un centime. J'arrive actuellement à pouvoir payer mon papier, mais non les courses, les voyages et les livres que mon travail me demande ; et, au fond, je trouve cela bien (ou je fais semblant de le trouver bien), car je ne vois pas le rapport qu'il y a entre une pièce de cinq francs et une idée. Il faut aimer l'Art pour l'Art lui-même ; autrement, le moindre métier vaut mieux ». (FLAUBERT, *Lettre au Comte René de Mauricourt*, 4 janvier 1867, Éditions Louis Conard/Éd. Danielle Girard et Yvan Leclerc, Rouen, 2003 ; voir https://flaubert.univ-rouen.fr/correspondance/conard/outils/1867.htm).

processus permet aussi de comprendre comment son immersion dans un univers d'épreuves concurrentielles incessantes peut lui conférer une variabilité et une instabilité (les « revers de fortune ») supérieures à ce qui peut être observé dans des univers plus stables de travail et d'emploi.

Par ailleurs, les pratiques de pluriactivité (*i.e.* l'exercice de plusieurs métiers ou activités plus ou moins complémentaires) sont fréquentes dans les arts. Elles indiquent comment les risques qu'expriment les inégalités et les variabilités des revenus sont gérées. Les recherches [2] montrent que les artistes ne travaillent dans des activités extra-artistiques que pour atteindre le niveau de ressources nécessaire au maintien de leur engagement dans l'activité créatrice : plutôt que de maximiser leur revenu, ils allouent autant de temps que possible au travail de création (l'« activité noyau ») dès qu'ils franchissent le seuil de ressources qu'ils se sont fixé et qu'ils se sont procuré hors de leur travail de vocation. Nous voyons ainsi agir à deux niveaux un ressort essentiel du travail engagé dans des activités de création. D'une part, les individus qui pourraient quitter ces métiers pour gagner mieux leur vie ailleurs ne le font pas du tout aussi fréquemment que le suppose un raisonnement de maximisation d'utilité. On dira qu'ils exercent une préférence et en estiment le prix. Mais – faut-il demander d'autre part – quel est le contenu de cette préférence ? Que valorisent-ils ? Le mécanisme d'arbitrage dit ceci : la valeur accordée au travail artistique, comme à d'autres types d'activité à forte composante expressive, diffère de la conception ordinaire du travail, dans laquelle la satisfaction n'est pas dérivée de l'activité, mais du revenu obtenu. Ici c'est de l'engagement même dans l'activité que l'individu tire des gratifications essentielles, en se laissant guider par une motivation intrinsèque, et non par la seule finalité extrinsèque (le gain). Ces gratifications sont liées à la variété du travail et au degré d'autonomie qu'il offre, et donc à son potentiel formateur et aux bénéfices d'approfondissement de la connaissance de soi qu'il délivre. Les qualités du travail ainsi conçu constituent l'une des dimensions qui entrent dans la cotation des professions selon une échelle de prestige.

Nous retraçons brièvement la conception « expressiviste » du travail, à la suite de Charles Taylor [3], et nous rappelons que cette conception a un fondement hautement individualiste : l'essence d'un travail libre et sans entraves réside dans le complet déploiement de l'idiosyncrasie individuelle. Le travail créateur doit être l'incarnation la plus directe de cette idiosyncrasie. Lui est associée une norme esthétique, le principe de l'originalité : chaque artiste doit travailler à différer des autres, mais à condition de ne pas verser dans une recherche arbitraire de singularité. Tout au contraire, selon l'argument kantien, un véritable travail original doit pouvoir être donné en exemple (mais sans être copié), ce qui assortit la valeur d'originalité d'une valeur d'exemplarité, pour qualifier les œuvres importantes.

Comment transformer la célébration de l'idiosyncrasie individuelle en valeur générale ? C'est ici que réside l'une des apories de cette ontologie du travail créateur, qui a été mise en évidence et en débat principalement à partir du XIXe siècle. Les artistes romantiques ont inventé un élitisme égalitaire. Il s'agissait de reconnaître à certains créateurs des capacités exceptionnelles et de les donner à admirer, tout en soulignant que ces capacités, en permettant d'innover, contribuent à abolir la

---

2. Voir D. THROSBY, « Disaggregated earnings functions for artists », *in* V. GINSBURGH et P.-M. MENGER (dir.), *Economics of the Arts*, Amsterdam, 1996, p. 331-346.

3. C. TAYLOR, *Hegel*, Cambridge, Cambridge University Press, 1975.

tyrannie des hiérarchies traditionnelles. De fait, la notion de génie, dans son étymologie comme dans sa progressive élaboration dès la Renaissance, et dans son appariement avec une esthétique de l'originalité, à partir du XVIIIe siècle, a deux versants : le versant hiérarchique, qui signale l'éminence remarquable de certains créateurs, et le versant égalitaire qui fait de chaque individu une totalité à nulle autre substituable, et donc de l'expression de la personnalité individuelle la condition de réalisation d'un travail délié des filets de l'imitation et de la tradition.

Le point de convergence entre les deux versants de ce qui compose l'élitisme égalitaire est l'idée que la personnalité créatrice tout autant que son activité recèlent des éléments essentiellement non prévisibles. Pour le dire autrement, c'est dans une activité qui n'est pas immédiatement subordonnée à des fins spécifiées *ab initio* que l'individu peut exprimer sa puissance inventive, précisément parce qu'il ne peut pas contrôler lui-même la situation de travail de part en part, et qu'*a fortiori,* autrui ne peut pas exercer sur son travail un contrôle étroit, qui abolirait la dimension d'émergence et d'imprévisibilité.

Caractérisé autrement, le souci du travail pour lui-même signifie que les artistes expriment de la fierté et un souci constant pour la qualité du travail qu'ils accomplissent, et les œuvres qu'ils livrent. Cet élément n'apparaît pas dans le raisonnement économique, alors qu'il joue un rôle considérable dans l'organisation de la production des biens de création. Prendre soin de l'originalité de son travail, des prouesses techniques de son activité, ou se soucier jusqu'à l'obsession de l'intégration formelle du tout et des parties d'une œuvre, c'est une attitude d'autant plus énigmatique que, pour le public qui reçoit le résultat, la sophistication du travail et tout le soin mis à effectuer celui-ci ne sont pas forcément perceptibles et ne préjugent pas du jugement esthétique à porter. L'écart peut être considérable entre la manière dont un musicien va raffiner l'exécution d'un morceau et ce que l'auditeur du concert en entend. Il est remarquable qu'une artiste puisse consacrer une partie de ses efforts à des tâches et des aspects dont les spectateurs et auditeurs n'auront aucune idée, et qu'elle puisse même choisir de ne pas concentrer ses efforts sur ce que le public percevrait le plus immédiatement, pour écarter le soupçon d'une « recherche de l'effet ».

La motivation intrinsèque qui soutient et guide un tel comportement de travail a un corrélat évaluatif, que fait bien apparaître Roland Barthes :

> Le Talent (qui est la connaissance de ce à quoi on est bon) est aussi une instance morale : ça consiste pour moi à rester dans ma « vérité » (les limites de mon talent coïncident avec les limites de ma vérité), c'est-à-dire refuser de céder, dans mon écriture, à des incitations superficielles et secondaires (qui peuvent venir du moment, de la mode, ou d'un caprice, d'une lubie, ou d'une illusion sur moi-même), bref refuser les semblants, ou la semblance (la pression des images qui m'entourent)[4].

Ce déploiement d'effort est organisé sous l'autorité et la contrainte d'une règle : celle de la différenciation individualisante du travail selon le principe de l'originalité, qui est à la fois une condition de l'expressivité personnelle et un rouage de compétition. Comment garantir la valeur « morale » d'un comportement qui doit se distinguer de ce qui est fait par autrui ? Dès la seconde moitié du XVIIIe siècle, la conception de l'originalité avait plusieurs ancrages. Elle pouvait être organiciste et

4. R. BARTHES, *La Préparation du Roman*, Paris, Seuil, 2015, p. 362.

associée à des principes biologiques de productivité de la nature (Young, Herder, Schelling), morale (Young aussi), expressive et émotionnelle (Diderot), reliée à la métaphysique du génie (Kant) ou juridico-philosophique (Fichte)[5]. Mais dans tous les cas, elle désignait la qualité d'auteur par un gradient de différenciation qui fait de cet auteur l'origine d'un travail demandant à être reconnu, protégé et rémunéré, et éventuellement à servir de modèle. Les idées et la matière créatrice peuvent bien être universelles par nature et par destination, et librement disponibles, mais c'est le travail particulier de mise en forme de ces matériaux qui fonde l'autorité de l'originalité[6]. Comment comprendre dès lors ce travail créateur, s'il s'écarte de l'autorité d'une tradition, des canons de l'imitation et des règles apprises et s'il risque de sombrer dans l'arbitraire ou l'insignifiance, ou la recherche de l'effet ? Et comment en évaluer et en juger les résultats ? Des valeurs garantes du sérieux de l'activité créatrice sont mises en avant : la voix donnée à l'intériorité, la sincérité et l'authenticité du contact avec soi et avec autrui, la libération et le contrôle de la force émotionnelle de l'expérience subjective, le rôle de l'imagination dans l'appel à la spontanéité créatrice, la valorisation motivée de la différence significative entre soi et autrui. Elles constituent comme une éthique du travail artistique, dont l'exhibition des manifestations du labeur créateur représente une expression.

Cours 2 – *Less is more?* Perfection de l'imperfection ?

Pour que l'argument et la revendication contenus dans cette éthique du travail en régime d'originalité et de créativité aient du poids, il faut autre chose qu'une comptabilité artisanale des heures passées à produire, retrancher, tâtonner, méditer, corriger, recommencer. Il faut que le travail lui-même se déploie autrement que selon les principes d'un effort linéaire, d'un labeur traditionnellement opposé strictement et radicalement à l'acte de création artistique. Il y a là l'origine d'un constat très perturbant : il peut très bien n'y avoir rigoureusement aucune corrélation entre la quantité d'effort que peut mettre un créateur à produire une œuvre et la satisfaction qu'elle ou il en retire, au point d'achèvement, et, constat plus perturbant encore, il peut n'y avoir aucune corrélation significative entre la quantité d'effort créateur et la valeur qui sera reconnue au résultat par les professionnels, par les publics, par le marché, par les institutions, immédiatement ou à long terme.

Si nous étions dans une relation linéaire entre l'effort et le résultat, la perfection du résultat serait aisée à viser et à mesurer. Mais si la relation est non-linéaire, les choses se compliquent : les valeurs de perfection et d'imperfection sont plus problématiques. Les artistes le savent bien quand ils font de ces motifs de perfection et d'imperfection des thèmes stratégiques du jeu créateur. Il faut qualifier cet argument. Nous examinons, par exemple, une qualification simple de la valeur de perfection telle qu'elle varie dans l'histoire : il est des périodes et des styles de travail artistique dans lesquelles le « fini » est valorisé et d'autres dans lesquelles il est l'enjeu de batailles esthétiques. Nous en donnons des exemples dans l'histoire de la

5. Voir R. CHARTIER, *L'Ordre des livres*, Aix-en-Provence, Alinéa, 1992 ; R. MORTIER, *L'Originalité. Une nouvelle catégorie esthétique au siècle des Lumières*, Genève, Droz, 1982 ; M. WOODMANSEE, *The Author, Art and the Market*, New York, Columbia University Press, 1994.

6. Voir sur ce point R. Chartier, *Inscrire et effacer. Culture écrite et littérature (XIe-XVIIIe siècle)*, Paris, Seuil, coll. « Hautes Études », 2005.

peinture hollandaise. Dans tous les cas, mais de manière différente selon les périodes, les styles, les environnements sociaux et les marchands d'évaluation, la corrélation entre l'effort et la valeur reconnue au résultat est non linéaire.

La sociologie des arts souligne volontiers les contraintes externes qui agissent sur le travail de création, et les influences, les héritages et les conventions qui restreignent la variabilité exigée par l'invention du nouveau. Elle mentionne beaucoup moins souvent les contraintes internes qui sont au cœur du processus de travail et de l'acte d'invention. Or c'est là un des thèmes favoris de la réflexivité exercée par les artistes pour comprendre de quoi leur travail est fait. Il est vain de vouloir considérer ces deux forces (défi et exigence d'inventivité, contraintes restrictives) comme simplement opposées. Mieux vaut analyser comment elles entrent en composition. Car sans cette composition des forces, l'invention n'est tout simplement pas possible, non plus que sa réception par quelque public que ce soit. Car le genre, le style, le langage, le répertoire des métaphores et la grammaire d'un art, sa technique et sa technologie sont des conditions de possibilité de l'invention autant que des conditions de limitation de l'invention, autrement dit des points d'appui pour faire différence en délimitant les possibles, quand tout devient possible.

Réaliser et achever une œuvre relève ainsi des deux ordres de contraintes :

1) l'artiste dispose ou ne dispose pas des ressources suffisantes pour aller jusqu'au bout de son projet – ici il faut entendre par « ressources » les moyens monétaires, le temps, le recours à des collaborateurs, à une équipe ou à des partenaires qui sachent travailler comme on l'espère, et qui soient disponibles, mais aussi l'absence de sollicitations qui viennent bousculer et rompre l'engagement pris vis-à-vis de soi-même pour terminer un travail coûte que coûte ;

2) l'invention a ses propres contraintes d'effectuation : on peut très bien disposer de ressources importantes et pourtant ne pas se satisfaire de ce qu'on produit. Dans certains cas, c'est parce qu'on a trop de temps ou trop de liberté qu'on se laisse envahir par l'ivresse de la libre disposition de toutes les possibilités à explorer, ou par le démon du perfectionnisme. Dans d'autres cas, il faut se rebeller contre sa facilité à créer. C'est par exemple ce que contient le poème de Robert Browning intitulé *Andrea del Sarto* et sous-titré *The Faultless Painter*, et qui a inspiré à l'historien d'art Ernst Gombrich sa formule sur « l'imperfection de la perfection, découverte du XIXe siècle[7] ».

Le poème de Browning, publié en 1855 dans le recueil *Men and Women*, est un « monologue dramatique », un genre qui a fait la gloire de Browning. Il implique le peintre Andrea del Sarto et son épouse Lucrezia. Nous rappelons brièvement le contenu de ce poème et son motif central, la frustation du peintre, réputé pour sa virtuosité sans limites, face au succès de ses rivaux moins virtuoses, mais plus inventifs.

Gombrich cite ce poème de Browning dans un développement sur Cézanne et Picasso. Cézanne mène une lutte de toute une vie pour dépasser ce qui demeurait le credo de l'impressionnisme, à savoir la fidélité entière à l'égard des résultats de l'expérience visuelle. Cézanne a, lui, appris à faire plus avec moins, en forgeant un cadre d'invention picturale et une esthétique qui rendent cette « réduction » productive et féconde, et qui lui permettent d'expérimenter et d'avancer. Comme l'écrit encore Gombrich, « à l'intérieur de la complexité cézanienne, les critères d'exactitude figurative, qui avaient été la règle pendant des siècles, pouvaient se

7. E. GOMBRICH, *L'Écologie des images*, Paris, Flammarion, 1992, p. 60.

relâcher » (*op. cit.*, p. 69-70). Le cas de Picasso est inverse. C'était un enfant prodige, avec une surabondance de talents précoces, une sorte de perfection de la nature artiste chez un tout jeune homme, selon un schème qu'on retrouve fréquemment dans les vies des peintres. Mais le travail créateur de Picasso connaît un moment critique lors de la préparation des *Demoiselles d'Avignon*.

Gombrich fait de Picasso un Andrea del Sarto qui aurait su réagir énergiquement :

> Imaginez le choc que produisirent sur un tel tempérament l'exposition des Fauves en 1905, puis la grande présentation des Cézanne organisée en 1907, après la mort du maître. [...] Ces œuvres durent faire comprendre à Picasso que « le moins est plus », que les efforts et les affres de Cézanne s'élevaient plus haut que sa propre aisance, qui avait un côté néfaste. Que ferait un peintre doué et ambitieux? Il [...] irait encore plus loin sur cette voie que Cézanne et les Fauves ne l'avaient jamais fait.
>
> Or ce qui est intéressant, psychologiquement, ce n'est pas qu'il ait fait ce qui était plus ou moins dans la logique de la situation, mais qu'il ait dû lutter si dur pour se défaire de la dextérité et du sentiment pour répondre à la demande d'un surcroît d'activité et de régression. (*op. cit.*, p. 71)

L'œuvre à laquelle aboutissent ces recherches de Picasso, dans ce que Gombrich appelle sa « lutte contre sa dextérité », *Les Demoiselles d'Avignon* (1907), est sans doute la création la plus célébrée du peintre. Pour cette œuvre, Picasso réalisa entre 400 et 500 études, esquisses préliminaires et ébauches, en employant diverses techniques (dessins, peintures). D'après William Rubin, qui a consacré une importante monographie à cette œuvre [8], c'est probablement un cas unique dans l'histoire de l'art ; aucun tableau n'a fait l'objet d'une telle accumulation d'essais préliminaires et de révisions obsessionnelles. On y retrouve l'étonnante diversité de styles qui fit dire à Daniel-Henry Kahnweiler, le revendeur de Picasso, que le tableau était inachevé, jugement que Picasso accepta du reste. En outre, les étapes finales du processus créatif menèrent à une innovation inattendue marquée par l'influence de l'art africain (même si Picasso nia avoir retravaillé l'œuvre à la suite de ses visites des collections de masques africains à Paris, malgré une documentation convaincante indiquant le contraire).

Le principe du « moins est plus » ou de « l'imperfection de la perfection » est-il une découverte du XIXe siècle ? Sous la forme de sa mise en œuvre plus systématique, sans doute, mais l'histoire nous en offre des exemples beaucoup plus anciens. Retournons dix-huit siècles en arrière, au premier siècle de notre ère, et revenons à un texte très connu de Pline l'Ancien, qui figure au chapitre 35 de son *Histoire naturelle*, publiée en l'an 77. Ce chapitre est consacré à la peinture et aux couleurs. Pline y évoque notamment les peintres Apelle et Protogène, qui rivalisaient dans le désir d'exceller dans leur art et de se surpasser l'un l'autre.

Comme l'a remarqué le latiniste Alain Michel dans son article « L'esthétique de Pline l'Ancien [9] », Pline évoque, à plusieurs reprises, le problème de l'achèvement de l'œuvre, et met en place, par les exemples et récits qu'il donne, une série d'arguments qui touchent à l'intensité de travail, à la célérité ou à son contraire, la lenteur du travail obsessionnel, et aussi au hasard secourable. Les indications

8. W. RUBIN, *Les Demoiselles d'Avignon*, New York, Museum of Modern Art, 1995.

9. A. MICHEL, « L'esthétique de Pline l'Ancien », *in* J. PIGEAUD et J. OROZ RETA (dir.), *Pline l'Ancien témoin de son temps*, Salamanque/Nantes, Universidad Pontificia de Salamanca, 1987, p. 55-67.

contenues dans le chapitre 35 de son *Histoire naturelle*[10] sont manifestement fondées sur l'expérience des artistes, et nous servent en quelque sorte de première documentation « génétique » sur le travail créateur, sur son cours et sur ses aléas.

Pline relate de la façon suivante l'intervention du hasard, dans la résolution d'un problème d'achèvement d'une œuvre :

> Parmi ses compositions, on donne la palme à l'Ialysus, qui est à Rome, consacré dans le temple de la Paix. Tant qu'il y travailla, il vécut, dit-on, de lupin trempé, qui satisfaisait à la fois sa faim et sa soif, afin que son esprit ne s'émoussât pas par une nourriture trop délicate.
> Pour défendre ce tableau des dégradations et de la vétusté, il y mit quatre fois la couleur, afin qu'une couche tombant, l'autre lui succédât.
> Il y a dans ce tableau un chien fait d'une manière singulière, car c'est le hasard qui l'a peint : Protogène trouvait qu'il ne rendait pas bien la bave de ce chien haletant, du reste satisfait, ce qui lui arrivait très rarement, des autres parties.
> Ce qui lui déplaisait, c'était l'art, qu'il ne pouvait pas diminuer et qui paraissait trop, l'effet s'éloignant de la réalité : c'était de la peinture, ce n'était pas de la bave. Il était inquiet, tourmenté ; car, dans la peinture il voulait la vérité, et non les à peu près. Il avait effacé plusieurs fois, il avait changé de pinceau, et rien ne le contentait ; enfin, dépité contre l'art, qui se laissait trop voir, il lança son éponge sur l'endroit déplaisant du tableau : l'éponge replaça les couleurs dont elle était chargée, de la façon qu'il souhaitait, et dans un tableau le hasard reproduisit la nature. (*op. cit.,* p. 479)

La présence du hasard au cœur des opérations créatives, et l'entrelacs du hasard et du contrôle, de la chance et du labeur créateur, sont devenus ultérieurement un motif habituel dans la représentation du travail artistique.

Un autre motif présent chez Pline l'Ancien mérite d'être mentionné. Il fait référence aux œuvres laissées inachevées réalisées par l'artiste en raison de son décès.

> Ce qui est surtout curieux et digne de remarque, c'est qu'on admire, plus que les productions terminées, les derniers morceaux des artistes, ceux même qu'ils ont laissés imparfaits, comme l'*Iris* d'Aristide, les *Tyndarides* de Nicomaque, la *Médée* de Timomaque, et ce tableau d'Apelle dont nous avons déjà parlé, la *Vénus*. En effet, on y considère l'esquisse laissée et les pensées mêmes de l'artiste ; une certaine douleur intervient pour faire priser davantage le travail, et on regrette la main arrêtée par la mort dans l'exécution. (*op. cit.*, p. 486)

À l'ère moderne, des œuvres fameuses et demeurées inachevées en raison du décès de l'artiste, tels l'*Art de la fugue* de Bach ou le *Requiem* de Mozart, sont devenues de véritables matrices de la transfiguration de l'inachèvement en une « passion » douloureuse, aussi universellement ressentie que l'est l'admiration pour les chefs-d'œuvre définitivement clos sur leur complétude. L'incomplétude fascine ici parce que la courbe incertaine du travail créateur s'identifie exactement avec l'arc de vie de l'artiste, et que la rupture des deux trajectoires est simultanée : nulle trace d'impuissance, tout au contraire, l'artiste meurt au travail ou presque, tout entier habité par l'urgence vitale de donner à l'art ses dernières forces. C'est alors sous la forme du pur regret que la demande et l'attente publiques d'un achèvement peuvent être exprimées. La finitude de l'existence n'est-elle pas cette forme supérieure et ultime d'imperfection qu'il serait heureux d'abolir, quand on est placé en présence d'œuvres et de chefs-d'œuvre appelés à franchir le temps humain et à dépasser les

10. PLINE L'ANCIEN, *Histoire naturelle*, t. 2, Paris, Firmin-Didot, 1877.

frontières d'une vie ? Nulle part, il n'est plus aisé de voir surgir un raisonnement contrefactuel de sens commun, et la demande et les tentatives pressantes de résolution du problème qu'il suscite : qu'aurait donc été l'œuvre si l'artiste avait vécu un peu plus longtemps ?

Dans un article intitulé « Vie et mort dans l'inachèvement [11] », et paru dans ce qui fut le tout dernier numéro de la *Nouvelle Revue de psychanalyse*, qui porte du reste le titre *L'Inachèvement*, André Green remarque que le langage est porteur d'ambivalence, puisque le même mot, « achever », désigne l'arrivée au but, la terminaison d'un processus de croissance, mais veut dire aussi « tuer », « arrêter l'existence » :

> On pourrait croire que l'idée de fin est neutre et qu'elle s'applique indifféremment au travail de la vie ou à celui de mort. Ce serait minimiser, pour le premier sens, qu'*achever* va de pair avec un sentiment de plénitude accomplie, exaltante, qui est le fond même de cet état, alors que, dans l'autre cas, il faut prendre la mesure d'un silence qui tombe comme un arrêt, livrant au néant ce qui, jusque-là, était animé d'une potentialité d'être. (art. cité, p. 156)

La difficulté créée par la double valeur de l'achèvement – accomplissement et épuisement du projet – trouve habituellement sa résolution dans la poursuite par l'artiste de son activité, œuvre après œuvre. Finir, c'est obtenir la satisfaction de la terminaison, sans laquelle aucune récompense narcissique ne viendrait soutenir le cours de l'effort. Mais ce plaisir se double de déplaisir : se pourrait-il que l'œuvre ne contienne pas la totalité des intentions et des ambitions que l'artiste avait voulu y déposer et qu'elle soit par conséquent défective ? En réalité, cet écart doit exister pour motiver la continuation de l'activité. Une œuvre, si accomplie soit-elle, aux yeux de l'artiste qui en a fini avec elle, et sans préjuger de la réception critique qui lui sera faite, doit apparaître au moins en partie décevante ou déplaisante à son auteur pour que soit maintenu le conflit intérieur qui pousse l'artiste, pour aller vers le nouveau, à se persuader qu'il était allé plus loin dans cette œuvre que dans sa production antérieure, mais qu'il dispose encore de réserves de créativité pour dépasser ce stade-là aussi, dans sa production à venir. C'est en ce sens que Green peut dire que « c'est entre deux états de l'artiste que se joue la partie », en observant que même s'il est brièvement satisfait d'un résultat, « aucun artiste ne considère jamais son œuvre comme achevée. Même quand il a atteint le point le plus élevé de son art. Shakespeare ne s'arrête pas après *Hamlet*, ni Watteau après *L'Embarquement pour Cythère*, ou Berg après *Wozzeck*. C'est que l'achèvement ou l'inachèvement concernent moins le résultat du travail, l'opus, que la soif de créer de son auteur » (art. cité, p. 160).

Cours 3 – Thématiser l'incertitude

L'incertitude est inhérente au processus de création. Elle a deux faces : interne et externe, intrinsèque et extrinsèque. La face interne est celle du cheminement tâtonnant et non linéaire du travail créateur, son cours plus ou moins chaotique, avec ses bifurcations, ses repentirs, ses révisions, ses recommencements. La gratification

11. A. GREEN, « Vie et mort dans l'inachèvement », *Nouvelle Revue de psychanalyse*, vol. 50, 1994, p. 154-183.

que procure un tel travail, avons-nous déjà remarqué, vient de là précisément, car créer, c'est, en effet, ne pas savoir d'avance ni quel sera le résultat, ni quelle sera la quantité d'essais et d'erreurs qui vont surgir durant le processus de travail, ni où se situe le point d'inflexion à partir duquel plus d'effort sera improductif. Et parce que le résultat ne peut pas être anticipé comme une cible certaine qu'on pourrait atteindre assez sûrement à l'aide d'un bon schéma de travail, l'artiste peut se réjouir d'être surpris, ou même d'être dépossédé des moyens de contrôler complètement son action. L'artiste mettra les surprises stimulantes ou désarmantes de son activité en balance avec le labeur éprouvant de ses tâtonnements.

La face extrinsèque de l'incertitude dans le travail créateur, c'est la valeur qu'autrui reconnaît au résultat, et qui expose ledit résultat à des mises en comparaison avec ce qui a été déjà fait par d'autres (« est-ce vraiment original ? ») et avec ce qui se fait (« est-ce plus "intéressant" que ce que j'ai vu, lu, entendu récemment ? »). L'évaluation des artistes et de leurs œuvres serait aisée si l'appréciation était réalisée en termes absolus, et si elle conduisait à déterminer les qualités de l'artiste et la valeur de ses œuvres à partir d'une échelle univoque de mesure, à partir d'un ensemble stable de critères dépourvus d'ambiguïté. C'est précisément le contraire qui est vrai : l'originalité esthétique et la valeur artistique ne se mesurent pas autrement qu'en termes relatifs. Mais comment opère une mesure relative de la qualité ? Les évaluations des professionnels et des publics sont produites à partir d'incessantes et d'inépuisables comparaisons. Les artistes travaillent à différer les uns des autres selon de multiples dimensions, pour soutenir la compétition par l'originalité. Mais ce que la loi de l'originalité tend à juxtaposer, les professionnels et les publics le hiérarchisent dans leurs préférences et dans leurs investissements, au long d'une série d'épreuves de compétition et de comparaison. Et les évaluations qui sont ancrées dans de telles procédures de comparaison sont sujettes à des biais, biais de préférence, biais d'information, biais de cadrage, bien davantage que dans le cas où le travail est plus directement normé.

Valéry affirme que :

> La noblesse d'un art dépend de la pureté du désir dont il procède et de l'incertitude de l'auteur quant à l'heureux succès de son action. Plus l'artiste est-il rendu incertain du résultat de son effort par la nature de la matière qu'il tourmente et des agents dont il use pour la contraindre, plus pur est son désir, plus évidente sa vertu [12].

Ce raisonnement est juste et faux. Il est juste parce qu'il fait communiquer l'incertitude avec la variabilité dans le travail et avec la motivation intrinsèque. Il y ajoute aussi cette touche d'éthique du labeur dont nous avons déjà parlé, et qui introduit une dimension normative et évaluative : la valeur du travail correspond à un *commitment*, à un engagement. Souscrit à ce contrat d'engagement avec soi et avec la communauté artistique celui ou celle qui consent à cette incertitude dont parle Valéry, et qui consent aux tourments qu'elle peut provoquer, mais qui consent aussi aux gratifications différées qu'elle peut procurer, puisque l'aptitude au diffèrement de la gratification est une source essentielle de motivation intrinsèque et un support de l'exercice de la créativité. Dans ce cas, selon l'action des mécanismes de

12. P. VALÉRY, « Pièces sur l'art », *in* : *Œuvres*, tome 2, Paris, Bibliothèque de la Pléiade, 1960, p. 1241.

rationalité indirecte qu'a si bien analysés Jon Elster[13], la réussite « vertueuse » (*i.e.* conforme aux valeurs hautes d'une communauté professionnelle) équivaut à un bénéfice essentiellement indirect du travail et de l'effort créateur, et non pas à un but à viser tout droit pour rafler la mise et occuper la tête du palmarès de vente de romans ou de disques.

Mais le raisonnement est faux s'il équivaut à construire une simple relation linéaire entre l'épreuve d'incertitude et la valeur du résultat. Le comportement « vertueux » contenu dans le raisonnement de Valéry est plutôt ce qu'on appelle en sociologie une « variable intermédiaire » : rien n'est tout à fait linéaire dans la relation entre le niveau d'incertitude du travail et le degré de pureté de l'intention du créateur, ni dans la relation entre la pureté du désir et la valeur du résultat. Les seuls qui souscrivent à l'équation – pureté du désir ⇒ valeur intrinsèquement garantie du résultat – sont les praticiens « amateurs » ou non professionnalisés. Ceux-ci soutiennent assez normalement que plus une œuvre est soustraite à toute forme d'évaluation, de comparaison et de mise en circulation marchande, plus son auteur est assuré d'être fidèle à son engagement, et d'être fidèle à la vérité de l'art. Autrement dit, ces praticiens souscrivent à une conception monodimensionnelle de l'incertitude (l'incertitude du tâtonnement dans le travail), et ils écartent l'incertitude provoquée par la mise en comparaison des résultats, par la discussion évaluative, par les *feedbacks* que produisent les réactions d'un public ou des pairs.

Une façon de quitter le raisonnement en « tout ou rien » – la vertu pure ou le calcul mercenaire impur – consiste à décrire la variabilité des états psychiques dans la conduite de l'activité. L'argument qu'il faut avancer est celui de l'alternance entre des états d'excitation et des états de contrôle réflexif. Une longue tradition d'analyse a insisté sur le caractère quasi fonctionnel de l'état maniaco-dépressif de l'artiste. On peut faire remonter à Aristote cette tradition qui a été puissamment réactivée à la Renaissance, dans la théorie néoplatonicienne de l'art, si bien explorée par André Chastel. L'économiste Albert Hirschman a généralisé l'argument de l'alternance d'états aux activités qui sont faiblement routinières et qui sont incertaines de leur résultat[14]. Cette alternance d'états a en outre une propriété fonctionnelle, selon les auteurs de divers travaux sur l'efficacité de la surestimation de soi que nous présentons : la forte confiance en soi procurée par la composante maniaque du comportement protège l'artiste dans les périodes de découragement, de difficultés financières et d'échec. Nous montrons aussi que la variabilité des états internes des créateurs doit être reliée à ce que nous savons des mécanismes de la motivation intrinsèque, et à l'économie de l'excitation corticale.

Retenons une autre leçon de l'analyse de Hirschman. Un travail peut être libre, émancipateur et épanouissant même si, et à vrai dire, surtout s'il comporte des obstacles, des difficultés, des surprises, un cheminement inattendu, une excitation de la découverte, une possibilité d'échec dont il faut tirer la leçon. C'est ce qui lui confère une valeur formatrice. Les artistes ont su déceler dans la nature particulière de leur travail cette liaison essentielle entre le caractère tâtonnant de l'activité créatrice et la valeur formatrice qu'elle recèle. La pratique même du métier doit procurer une expérience et des savoirs (compétences nouvelles liées à la diversité des

13. J. ELSTER, *Ulysses Unbound. Studies in Rationality, Precommitment, and Constraints*, Cambridge, Cambridge University Press, 2000.

14. A. HIRSCHMAN, *Vers une économie politique élargie*, Paris, Minuit, 1986.

expériences et des environnements de travail, savoirs pratiques, informations sur l'état de la création, sur les règles du jeu, sur les écarts entre les intentions créatrices et la perception de celles-ci par les publics, etc.) dont l'accumulation constitue un élément déterminant du cours durable d'une vie créatrice. Le raisonnement doit même être poussé plus loin : les métiers artistiques figurent parmi les activités qui procurent la part jugée essentielle des compétences uniquement par la pratique même, autrement dit « sur le tas », comme on dit. En somme, les artistes travaillent à apprendre sans cesse.

Qu'est-ce au juste que l'apprentissage, ici ? Le cours du travail provoque une évaluation incessante des actions déjà effectuées et une réorganisation des choix. Ces mécanismes sont particulièrement à l'œuvre dans les situations problématiques, ambiguës, indéterminées. C'est dans ces situations malaisément prévisibles que se fait l'apprentissage par essai et erreur, par correction, par tâtonnement, par reformulation des objectifs et par révision des modalités de l'engagement. En somme, c'est dans un environnement de choix incertain, confus ou indéterminé, que les innovations et les changements peuvent advenir. Les surprises obligent l'individu à réévaluer ses actes passés, à inventer des réponses inédites et à tirer les leçons d'anticipations erronées. Et c'est très exactement ce type d'expérience qui désigne l'indétermination du futur, avec sa fécondité et ses risques. Le caractère processuel de l'action signifie que l'expérience passée ne fonde que des anticipations imparfaites, et que la probabilité de l'erreur d'évaluation et de jugement requiert une solide capacité réflexive de contrôle.

Cours 4 – Le travail artistique, les tâches et l'allocation du temps

Comment s'exerce le travail artistique ? Nous recourons d'abord à un modèle général, connu et très utilisé, le modèle de Karasek[15], avec ses enrichissements successifs. Ce modèle met en relation deux variables :

1) l'incidence de la charge de travail et des contraintes organisationnelles (la quantité et l'intensité de travail, le temps disponible pour exécuter les tâches, la fréquence des tâches interrompues) sur le comportement et sur l'état physique et psychique des individus ;

2) la latitude décisionnelle dont dispose le travailleur, autrement dit le degré du contrôle qu'il ou elle peut exercer sur son travail – autonomie dans l'organisation des tâches, utilisation de ses compétences, développement de nouvelles compétences, participation aux décisions qui peuvent concerner l'organisation de son travail.

Le croisement de ces deux variables engendre un tableau distribuant les caractéristiques des emplois et des situations de travail dans quatre quadrants. Ce tableau fait apparaître, dans l'un de ces quadrants, une corrélation positive entre des exigences de travail élevées et une latitude décisionnelle élevée : cette corrélation caractérise des activités soutenues par la motivation individuelle, par un contenu formateur élevé du travail et par le développement d'aptitudes à faire face à des difficultés à résoudre. Nous retrouvons ici les descriptions et les analyses du travail

15. R. Karasek, C. Brisson, N. Kawakami, I. Houtman, P. Bongers et B. Amick, « The job content questionnaire (JCQ): An instrument for internationally comparative assessments of psychosocial job characteristics », *Journal of Occupational Health Psychology*, vol. 3, n° 4, 1998, p. 322-355.

créateur que nous avons présentées dans les cours précédents. Mais il faut ajouter l'autre dimension qui caractérise les professions artistiques : le risque attaché à l'exercice de métiers séduisants. Ces métiers attirent beaucoup de candidats parmi lesquels une sélection opère : seule une étroite minorité d'artistes parvient à tirer de son activité des ressources suffisantes pour être libre de s'engager aussi complètement que possible dans la partie la plus gratifiante de l'activité, que nous appelons l'« activité noyau », avec toute l'indépendance souhaitable.

Il nous faut préciser ce que la gestion du risque de revenu implique pour l'organisation de l'activité dans les professions de création artistique. Un ensemble d'enquêtes, parmi lesquelles figurent nos propres travaux antérieurs sur les compositeurs et sur les comédiens, nous ont appris à établir une distinction opératoire et quantifiable entre deux groupes d'activités :

– l'activité noyau de travail créateur (*core creative activity*) comprend le travail sur l'œuvre, mais aussi la gestion personnelle de l'organisation de celui-ci : la prospection (constitution de dossiers, démarchage d'employeurs potentiels, recherche de coproducteurs, contacts avec les directeurs de galeries, comptabilité et gestion, etc.) et les activités de communication et de relations publiques (relations avec la presse et avec le public, entretien d'un site web professionnel, communication et interactions sur les réseaux sociaux, etc.) ;

– les activités adjacentes, artistiques (enseignement, interprétation, etc.), para-artistiques (emplois d'intermédiation, de diffusion, de gestion), et non artistiques (emplois extérieurs aux arts et petits boulots) permettent, par les rémunérations qu'elles procurent, de soutenir l'activité noyau.

Une enquête approfondie a été réalisée sur deux catégories d'artistes, plasticiens et musiciens, par les sociologues Sabrina Sinigaglia-Amadio et Jérémy Sinigaglia [16] dont nous présentons et commentons certains résultats, notamment en raison de la précision qu'ils ont obtenue dans la décomposition des temps de travail et d'activité par le questionnaire qu'ils ont administré aux artistes interrogés. Après avoir situé dans le modèle de Karasek les différentes activités identifiées par l'analyse des portefeuilles d'emplois et de tâches des artistes enquêtés, nous montrons comment le rapport au travail varie considérablement selon les activités qu'ils et elles exercent au cours des différentes séquences de leurs carrières, et selon leur niveau de réputation et d'indépendance économique. Il apparaît que les artistes sont certainement plus virtuoses dans l'exercice de toutes les flexibilités comportementales (y compris celle des horaires atypiques de travail) que la plupart des actifs.

L'une des conséquences de cette nature composite des agendas de travail tient à l'évaluation subjective du temps consacré à l'activité noyau, qui, nous le savons maintenant, est la plus gratifiante, mais aussi la plus incertaine de sa réussite, dans la concurrence avec le travail d'autres artistes. Les artistes doivent assurément surestimer leurs chances de succès pour s'engager dans des carrières à la réussite incertaine, en ignorant ce que disent les statistiques et les courbes parétiennes de distribution très asymétrique des revenus. Ils sont enclins aussi à surpondérer la valeur du temps qu'ils engagent dans l'activité de création, tout à la fois parce que ce temps est conquis de haute lutte sur les autres tâches à exercer pour gagner sa vie, et parce que ce temps est précisément porteur de sens, en étant utilisé de manière

16. S. SINIGAGLIA-AMADIO et J. SINIGAGLIA, *Temporalités du travail artistique : le cas des mucien.ne.s et des plasticien.ne.s*, Paris, DEPS, coll. « Questions de culture », 2017.

radicalement différente du temps de travail dans des tâches adjacentes, qui sont plus normées, contrôlées et subordonnées. Nous donnons une preuve de cette surpondération en présentant certains résultats d'une enquête sur les artistes plasticiens qu'ont dirigée, dans les années 1980, Raymonde Moulin et Jean-Claude Passeron [17]. Pour illustrer la surévaluation subjective du temps consacré au travail de création, nous reprenons à cette enquête l'exemple de ce peintre qui déclare se consacrer à la peinture « à plein temps, la nuit, le jour, le samedi, le dimanche, pendant les vacances » alors qu'il avait indiqué auparavant à l'enquêteur qu'il donnait 22 heures de cours par semaine dans une école d'art.

Par une autre enquête, que réalise Frédérique Patureau, du département des Études et de la Prospective du ministère de la Culture, nous savons comment les artistes visuels organisent le temps qu'ils réservent à l'activité noyau. En moyenne, ils déclarent avoir consacré, en 2016, environ 60 % de leur temps à la création proprement dite des œuvres, c'est-à-dire aux préparatifs (recherche, conception, documentation, esquisses, essais, moulages…) et à la réalisation concrète des œuvres produites cette année-là. Le temps restant a été réparti entre les tâches de valorisation (contacts avec la presse, activation des réseaux, expositions, journées « portes ouvertes », etc.) (17 % du temps), les démarches entreprises en vue d'obtenir des financements (12 %), et le travail administratif ou comptable (11 %).

Au-delà des valeurs moyennes, les variations les plus significatives sont liées à l'âge : la part du temps consacré au travail de création proprement dit augmente linéairement avec l'avancée en âge, puisqu'il représente 57 % du temps des jeunes artistes de moins de 40 ans et qu'il atteint 69 % chez ceux qui sont âgés de 60 à 69 ans. Ce sont surtout les tâches liées à la recherche de financements qui, proportionnellement, occupent davantage les jeunes artistes : 15 % à 16 % du temps pour les classes d'âge en deçà de l'âge de 40 ans contre 9 % seulement chez les artistes âgés de 60 à 69 ans. Cet écart s'explique tout à la fois par l'importance des efforts qu'accomplissent les jeunes artistes pour émerger dans la compétition, et par les transformations dans l'allocation des financements, qui est aujourd'hui plus procédurale et plus ouvertement concurrentielle.

L'étude des activités qui sont étroitement associées au travail de création proprement dit conduit à deux observations plus générales.

1) Les artistes travaillant en indépendants sont des *jack of all trades*, des individus polyvalents, ou de petites entreprises unipersonnelles. Ces *jack of all trades* doivent détenir des compétences qui relèvent des ressorts intimes de la créativité, d'autres qui sont sociales, économiques et gestionnaires, et d'autres encore qui relèvent de l'aptitude à démarcher, à monter des projets et à négocier des financements. Il y a beaucoup de variables de différenciation possible entre les artistes, dans la détention de ces diverses qualités.

2) Les artistes font l'expérience fréquente ou permanente de la relation avec des publics, lors de la mise en circulation publique des œuvres et de leur implication personnelle dans la communication autour de leur œuvre, et ils et elles échangent constamment avec de nombreuses catégories de professionnels de la production, de la diffusion, du financement public ou privé du travail de création, qui ont tous leurs propres raisons d'agir et d'arbitrer entre les demandes, sollicitations et propositions de multiples artistes. Il n'est pas si simple pour des créateurs d'associer :

---

17. Voir R. MOULIN, *L'Artiste, l'institution et le marché*, Paris, Flammarion, 1992, p. 359.

– des activités (contenus, rythmes, séquencement, degré d'autonomie) qui obéissent à la règle de la motivation intrinsèque (créer de façon inventive, c'est écarter les pressions externes et les pressions psychologiques associées au calcul du succès) ;

– des activités qui obéissent à des considérations strictement gestionnaires et matérielles (comptabilité, organisation des projets, contacts avec les partenaires, négociations financières) ;

– des activités qui relèvent de la communication et de l'autopromotion, et qui exposent l'individu à des variétés de *feedback* dont il faut tirer des leçons, mais dont il faut aussi apprendre à se tenir à distance, pour maintenir la motivation intrinsèque. Cette combinaison des deux mécanismes de *feedback* et de motivation intrinsèque a été bien décrite par des auteurs comme Edward Deci et Richard Ryan et par les travaux de psychologie de la motivation. Elle conduit à user de différentes techniques de rationalisation et de surestimation de soi, mais aussi à nouer des relations avec des autres de confiance dont on accepte la critique comme une forme de soutien dans un jeu à somme positive, et non pas comme la manifestation de simples critiques de concurrents cherchant à vous décourager, à vous disqualifier et à vous dépasser ;

– des activités de négociation de la valeur et d'une partie du contenu de ses projets avec des partenaires financeurs (éditeurs, galeristes, producteurs, commissions de subventions, mécènes, autorités locales offrant des résidences d'artistes ou des subventions à la création, etc.). Dans ces négociations agissent des combinaisons d'intérêts intrinsèques et extrinsèques qui sont très variables, selon les individus, selon les segments de marché et selon les arts à forte ou faible intensité capitalistique. Ces combinaisons de raisons peuvent elles-mêmes varier de projet en projet, pour un même individu. D'un côté, si l'artiste exploite une formule qui a rencontré du succès dans son travail précédent, il ou elle peut diminuer le risque perçu par l'éditeur, le galeriste ou le producteur qui veut de la cohérence dans le signalement réputationnel de l'artiste et dans la construction d'une identité esthétique particulière de celui-ci, dans un contexte de concurrence monopolistique [18]. Mais exploiter une formule à succès, c'est, de l'autre côté, risquer de perdre en motivation intrinsèque et en inventivité à court terme, pour éventuellement toutefois gagner, à plus long terme, de quoi construire sa réputation sur l'étendue d'une ou plusieurs séquences de carrière, et pour élargir potentiellement sa liberté de créer, en se donnant les moyens de relancer son inventivité dans des projets très différents.

L'épaisseur organisationnelle et relationnelle du travail artistique varie selon les arts. Elle varie aussi, pour un même artiste, selon les étapes de sa carrière. Nous caractérisons la combinaison d'activités déployées dans le travail à même l'œuvre, et dans le travail autour de l'œuvre, à partir de la distinction entre l'introversion et l'extraversion. Le travail à même l'œuvre est expressif, il porte l'empreinte de la personnalité intime du créateur. En le signant, l'artiste en porte la responsabilité entière, et se voit reconnaître des droits matériels et moraux de propriété.

18. Cette notion indique ici que chaque créateur est différent, détient une identité professionnelle singulière dont le monopole lui est juridiquement garanti par le droit (matériel et moral) de la propriété artistique, mais que tous les artistes sont en compétition, sur la base même de cette différenciation illimitée.

Cours 5 – L'agir créatif – Comment le modéliser ?

Dans une situation de travail habituelle, des objectifs et des buts sont spécifiés, un point terminal de l'activité est identifiable, qui signale qu'un résultat plus ou moins satisfaisant aura été atteint. Fabriquer un meuble, rédiger un contrat juridique, écrire un programme de traitement de données peuvent être des activités techniquement très qualifiées et complexes, mais leur achèvement est signalé par une appréciation du résultat au regard de l'objectif fixé et des propriétés du résultat : ce meuble est-il fonctionnel ? Ce contrat est-il conforme à la législation existante ? Ce programme est-il efficace et permet-il de traiter les données dont je dispose ? Bien sûr, par-delà ces objectifs de base, d'autres spécifications peuvent être ajoutées : un beau meuble, un contrat novateur (capable de prendre en compte des situations inhabituelles), un programme informatique élégant et économe en instructions. Cette nouvelle catégorie d'objectifs impliquera plus directement des comparaisons relatives et posera plus ouvertement la question des critères à l'aune desquels il est possible de mesurer l'atteinte de l'objectif fixé.

Qu'arrive-t-il dans les activités qui sollicitent les valeurs d'originalité (de différenciation) et de nouveauté, mais qui s'écartent de la mesure de satisfaction des objectifs qui a été évoquée à l'instant, celle de leur spécification fonctionnelle – un meuble de bonne utilité, un contrat qui soit juridiquement solide et garantisse la viabilité de la transaction contractuelle entre les deux parties, à leur satisfaction respective, un programme qui ne « plante » pas ?

La définition la plus saisissante des activités sans nature directement fonctionnelle a été donnée, à l'ère moderne, par Kant, avec sa fameuse qualification de l'art, objet de jugement, comme une « finalité sans fin ». Et cette définition a essaimé jusque dans les catégorisations des professions artistiques de l'Insee. Que signifie « finalité sans fin » pour notre propos ? La notion désigne une activité orientée vers un but qui n'est pas entièrement spécifié, puisque la mesure de sa réussite ou de la qualité de son achèvement ne peut pas résider dans l'adéquation à une fonction à remplir plus ou moins efficacement ou dans l'adéquation à des standards à respecter. Mais « finalité sans fin » ne veut pas dire non plus qu'il s'agirait d'une activité essentiellement interminable. La butée temporelle de la terminaison est un guide, celui auquel se réfère la sémantique du projet, de la projection en avant de soi vers un terme, et celui de l'induction récursive : une fois donné l'objectif de finir, les séquences nécessaires à l'accomplissement du projet doivent s'ordonner – collecte de matériaux, préparation de dossiers et de plans, rédaction, remaniements, premier achèvement, révisions, deuxième achèvement, correction, publication, révisions ultérieures éventuelles. Et si l'on incorpore l'œuvre dans une architecture plus vaste, celle du travail qui s'organise d'œuvre en œuvre, il faut à la fois en finir avec chaque œuvre et enchaîner les projets, et les varier suffisamment.

Si une compréhension exacte de tous les mécanismes de l'invention artistique était disponible, il suffirait de disposer d'un ensemble de savoirs ou de règles théoriques prescrivant comment réaliser une œuvre, et nous détiendrions le protocole causal de sa réalisation. C'est à peu près ce que contient la doctrine médiévale de l'art et de la technique, celle qui, pour Kant, était un repoussoir, comme le souligne Gérard Lebrun dans *Kant et la fin de la métaphysique* [19]. C'est saint Thomas qui affirmait

19. G. LEBRUN, *Kant et la fin de la métaphysique*, Paris, Colin, 1970.

que l'art est *ratio recta factibilium*, « la raison droite des choses à faire » ou la « juste connaissance de ce qui doit être fait ».

Comme l'écrit Umberto Eco dans ses *Écrits sur la pensée au Moyen Âge* [20], cette définition médiévale inscrit l'art dans le domaine du faire et non dans le domaine de l'agir. Parce que l'« *ars* » englobe alors ce que nous appelons l'artisanat et la technique, l'art, dans la théorie médiévale, est conçu comme une opération sur des matériaux physiques (sculpture, construction d'une maison ou d'un navire) ou mentaux (logique, rhétorique) en vue d'un résultat. L'art s'inscrit dans le domaine du faire et non dans celui de l'agir qui relève de la moralité. Il relève prioritairement de l'activité des métiers.

Dans les remaniements théoriques qui interviennent au XVIIIe siècle, c'est la propriété de l'agir qui sera progressivement incorporée dans la conception de l'acte artistique, car elle n'est pas strictement déterminable causalement. La nécessité causale, rappelle Lebrun dans son analyse de la position kantienne, est rétrospective, alors que l'acte producteur est prospectif. Dans la nécessité causale, la succession se confond avec l'ordre du temps, alors que dans l'acte producteur, la succession des actes s'insère dans le cours du temps où l'effet est incertain, et où l'ordre des actes n'est pas nécessairement déterminé. Kant a distingué « succession causale objective » et « succession perceptive » (par exemple la perception d'une maison) : dans le cas de la perception de la maison, « nul ordre déterminé ne m'oblige à commencer par un côté plutôt que par un autre ». Si l'acte qui accomplit la construction d'une maison ou la réalisation d'une sculpture n'est pas la simple manifestation d'un concept (ou d'un « *blueprint* ») de maison ou de sculpture, c'est que l'acte qui l'accomplit gagne en épaisseur temporelle et en possible liberté.

L'œuvre d'art doit, commente Lebrun, « être assez déconcertante pour que je n'y retrouve pas simplement la marque du métier, mais aussi assez maîtrisée pour qu'on ne puisse pas penser qu'il s'agit d'un produit du hasard » (*op. cit.*, p. 395). Il faut donc qu'il y ait une finalité organisatrice mais qui ne soit pas une *ratio recta factibilium*. Cette finalité organisatrice ne peut pas être la direction de l'opération de création artistique sous le contrôle d'un concept, d'une idée directrice. « Finalité sans fin » veut désigner ce point d'équilibre entre une action dotée d'une intention et un agir expressif qui ne se déduit pas simplement d'un contenu intentionnel préalable.

Cette argumentation concerne d'abord, chez Kant, les opérations du jugement que porte le spectateur pour concevoir qu'une œuvre est belle ou simplement agréable. Les développements sur l'agir créateur sont beaucoup plus restreints chez Kant. Nous en exposons les principes essentiels, contenus dans sa théorie du génie, en suivant, là encore, Gérard Lebrun.

Au terme de cette exploration, nous reposons notre question : comment travaille l'artiste pour parvenir à une création expressive qui s'écarte d'une simple communication d'idées claires et bien formées, et d'une simple application de règles bien spécifiées ? Nous reconnaissons le problème qui hante explicitement toutes les analyses du processus créateur depuis au moins la fin du XVIIIe siècle. Si l'activité créatrice n'empruntait pas une direction, elle se résumerait à une accumulation d'idées et de gestes à laquelle aucun principe de sélection ne donnerait ni forme ni formule d'achèvement. Mais la simple hypothèse d'une forme de contrôle du cours

20. U. ECO, *Écrits sur la pensée au Moyen Âge*, Paris, Grasset, 2016.

de l'activité par un principe directeur paraît entrer en contradiction radicale avec la nature non finalisée du processus, génératrice de nouveauté et donc d'imprévisibilité.

Ce problème a été abondamment exposé dans des formulations qui ont toutes en commun d'affirmer la directionnalité de l'activité, mais d'en récuser la prévisibilité. C'est au prix de cette tension que l'activité créatrice est possible et qu'elle a des propriétés intrinsèques de liberté, d'autodétermination et d'intensité motivationnelle pour l'artiste, et des propriétés extrinsèques d'originalité qui situent la production artistique dans un espace infini de différenciation des talents et des réalisations. Notons que l'argument de la tension créatrice sert aussi à soutenir une conception générale de la *praxis* : ce que nous admirons le plus dans la production humaine, autrement dit ce qui satisfait des désirs et des besoins supérieurs de l'humain, n'obéit pas à la rationalité instrumentale propre aux activités et aux domaines qui exigent un calcul des moyens et des fins pour des résultats prévisibles.

Une fois reconnue la tension qui existe entre les forces de l'invention et du contrôle, comment peut-on avancer dans l'élucidation du processus créateur ? Quelle est exactement la nature du contrôle qui règle le cours incertain et tâtonnant de l'activité créatrice ? Nous partons d'un article du philosophe analytique américain Monroe Beardsley, paru en 1965, « On the Creation of Art[21] ». Beardsley énonce ainsi les données de base du problème. S'agissant d'un processus qui doit se mouvoir dans une direction désirable, il importe de concevoir que l'aléa des heureux accidents d'invention existe, et doit être préservé et chéri comme une composante essentielle, mais que l'aléa du processus ne peut pas masquer la nécessité d'un contrôle au moins partiel. Avant de suggérer sa solution, Beardsley examine et critique deux solutions qui conduisent à des impasses théoriques, la théorie « propulsive » et la théorie « finaliste » du processus créateur.

Selon la première, un facteur (la volonté d'exprimer des idées ou des émotions ou une vision) permettant de contrôler tout le processus intervient avant le commencement du travail, et conserve une influence causale déterminante tout au long du processus. Selon la seconde, le mécanisme de contrôle qui gouverne le cours du travail est le but final vers lequel tend tout le processus. Si ce but est suffisamment spécifié, il peut guider adéquatement la démarche de l'artiste vers le résultat et lui permettre, à chaque étape, d'ajuster son travail, si tâtonnant soit-il, en fonction de l'objectif à atteindre. Les analyses du processus créateur qui empruntent cette seconde voie assimilent généralement la production de l'œuvre à une position et à une résolution d'un problème ou d'une série de problèmes : le problème étant spécifié, l'examen du processus créateur consiste à décomposer les opérations créatrices en une série plus ou moins longue de choix entre les moyens disponibles, en vue d'atteindre le but défini.

Beardsley discute plus particulièrement cette seconde théorie, qu'on peut appeler « intentionnaliste-téléologique », et il s'attarde sur ce qu'il faut entendre par « problème » à résoudre par le créateur. Puis il propose sa propre voie, pour quitter les impasses des deux positions qu'il vient de critiquer, et développe une théorie de la dynamique autogénératrice et autocorrectrice de l'activité créatrice. Que valent alors les notions de début, de développement et de terminaison du processus ? Le début n'agit pas comme un facteur qui déterminerait toute la conduite du processus,

21. M. BEARDSLEY, « On the Creation of Art », *The Journal of Aesthetics and Art Criticism*, vol. 23, n° 3, 1965, p. 291-304.

puisque la théorie propulsive est récusée. Il devient un état premier d'un processus stochastique, où chaque état hérite des caractéristiques de la configuration immédiatement antérieure du travail en cours et peut être décrit par l'ensemble des probabilités qu'a le projet de suivre tel ou tel cours, en fonction des possibilités ouvertes par la séquence qui a conduit à l'état présent du projet. Pour que le caractère processuel de l'activité créatrice – le profil autogénérateur de son cheminement – conserve ses propriétés dynamiques, il importe que la variabilité des situations réelles de création s'inscrive dans ce schéma théorique.

La variabilité n'est rien d'autre que l'espace de probabilité dans lequel la dynamique du travail créateur prend place. Son profil dynamique peut être celui d'un renforcement continu et somme toute linéaire d'une série de choix initiaux qui agissent comme un cadre régulateur et qui contraignent progressivement les décisions prises aux différentes étapes ultérieures. Mais le cheminement peut aussi bifurquer, et le résultat final n'avoir que des liens très ténus avec le schéma initial ou l'idée première posés par l'artiste. Et en tout point du travail en cours, une opération de jugement critique intervient. L'exercice du jugement doit bien faire quelque chose comme rapporter chaque choix local, microscopique, à son environnement de formes et de contenus en construction, et, pour ce faire, le jugement doit opérer selon des critères de choix. Comment sont formés ces critères de choix et comment agissent-ils pour que le travail opère à la fois dans une dynamique stochastique (à chaque coup de pinceau nouveau, un autre environnement de possibilités est ouvert) et qu'il ne soit pas simplement prisonnier de ce qu'on appelle une « dépendance de sentier » (le futur est entièrement dépendant des choix passés) ? Car s'il faut revenir en arrière, c'est en ayant une vision architectonique de l'ensemble en progression. Et cette vision architectonique introduit d'une manière ou d'une autre des critères de cohérence et ce qu'on peut appeler un « fil directeur », qui contribue à la sélection des possibilités à choisir pour continuer, ou qui contribue à la décision de revenir en arrière, ou de choisir une autre voie.

Que valent les arguments de Beardsley ? Et faut-il souscrire à sa critique du raisonnement qui fait état de la résolution de problèmes dans un travail de création ? Pour répondre, nous prenons appui sur les réponses originales et très suggestives de l'historien d'art Michael Baxandall, dans ses *Formes de l'intention*[22] dont le deuxième chapitre est consacré à l'analyse du *Portrait de Daniel-Henry Kahnweiler*, une œuvre de Picasso de 1910. Baxandall entend procéder à une analyse intentionnelle, mais sans endosser le schéma d'un contrôle intentionnel qui réglerait dès le début l'ensemble du cours de l'action, sans surprise ni pour le créateur ni pour le spectateur, puisque toutes les caractéristiques essentielles de l'œuvre seraient contenues dans la spécification initiale de l'intention ou de la visée du créateur, et seraient donc aisées à déduire de cette intention ou visée, si elle est connue. Il est hors de question de rendre compte des « milliers de décisions positives, de perceptions et d'anticipations dont nul récit ne saura reconstituer la complexité. [...] Et s'il n'est pas possible de reconstruire un processus, on peut toujours en conserver l'hypothèse. Il est probablement inutile de vouloir décrire un processus particulier, mais la notion générale de processus peut toujours jouer un rôle déterminant dans l'analyse de l'intention qui sous-tend un tableau donné » (*op. cit.*, p. 113-114). De même, Baxandall fait un inventaire des problèmes qui sont traités dans la toile de Picasso.

22. M. BAXANDALL, *Formes de l'intention*, Nîmes, Jacqueline Chambon, 1991.

Intention, processus, problèmes, ces notions sont abritées de leur possible usage propulsif ou finaliste par le recours à des registres de généralisation volontairement approximative, puisque la description microscopique exhaustive des intentions et des décisions du peintre en quête de solutions est absolument impossible.

Le fin mot de l'analyse est de redistribuer entre différents niveaux de conscience et d'infraconscience la machinerie cognitive et émotionnelle qui organise l'action du peintre : il y a bien des problèmes à traiter, bien des décisions à prendre, bien des solutions à chercher, des flux incessants de questions à traiter, mais rien ne nous oblige à les considérer selon le schéma habituel de problématisation et de décision, qui veut maximiser le contrôle et la rationalité de l'évaluation des solutions. C'est le sens de l'argument de Baxandall :

> Pour Picasso, suivre des directives, affronter de grandes questions, signifiait dans une large mesure suivre ses propres goûts, ou obéir à ses propres répulsions, en matière de peinture – ceci valant en particulier pour ses propres tableaux : il n'avait pas besoin de formuler explicitement les problèmes qu'il affrontait. En fait, son action se situant au niveau du processus, son attention était toujours ancrée dans l'instant présent : tout son temps allait aux problèmes secondaires qui ne cessaient d'affluer. Comme il le dit, ce qui devait prévaloir, c'était le sentiment de trouver, plutôt que celui de chercher. En un sens, comme ce sont ses propres dispositions qui évoluent entre 1906 et 1912, sa peinture, de son point de vue, devait aller presque de soi. Mais même pour « trouver », il faut des critères susceptibles d'établir ce qu'est une découverte : le fait que Picasso n'ait pas toujours réfléchi, consciemment, sur les critères qu'il utilisait ne veut pas dire qu'il n'en possédait pas. Or posséder des critères au moyen desquels il devient possible d'évaluer son propre travail, c'est agir de manière intentionnelle. *(op. cit.,* p. 124)

Cours 6 – L'arc temporel du travail de création et la pression de l'achèvement

Le temps du travail à même l'œuvre doit pouvoir s'approcher, au moins par séquences, d'un temps architectonique, celui d'une intégration des séquences successives dans un ensemble qui se structure progressivement (propriété d'organicité). Ce temps qualifie le travail de la forme et de la mise en forme – l'ajustement dynamique complexe entre les parties et le tout, au sein d'un espace de choix potentiellement illimité. Ceci posé, quelle est la quantité optimale de temps chronométrique ou calendaire pour obtenir la qualité d'événementialité ou de présentisme favorable à l'immersion et à l'inventivité ? Et quelle est la courbure de l'expérience temporelle ainsi conçue ?

D'un côté, on dira que les créatrices et créateurs pris par leur effort et immergés dans leur travail n'ont jamais assez de temps, puisque le terme précis de l'effort n'est pas strictement définissable : la finalité demeure imprécise et donc le compte à rebours se met en place dans le flux temporel de la progression de l'effort vers le but, selon le modèle stochastique et ensembliste que nous avons précédemment examiné. Seul un compte à rebours quantifiable (le temps chronométrique) peut aligner les agendas de tous ceux qui sont impliqués dans la publication ou la diffusion de l'œuvre, et préciser celui de l'artiste.

Mais de l'autre côté, bien sûr, le temps social et le temps individuel ne peuvent pas se satisfaire de cette indétermination : ils peuvent au mieux permettre à l'artiste de se construire des plages de liberté et d'indétermination, ces plages « événementielles », mais qui sont enchâssées dans le temps du monde. Considérer ou affirmer qu'on n'a

« jamais assez de temps » pour un projet authentiquement créatif, c'est tendre la relation à l'extrême et savoir qu'on risque de la faire basculer dans un déséquilibre non pas instructif (au bout d'un certain temps, il faut en finir), mais destructeur (celui de l'inachevable ou du perfectionnisme stérilisant).

Nous entrons dans la compréhension processuelle de la temporalité du travail créateur en exposant d'abord la distinction entre deux conceptions du temps, que nous référons à l'article fameux de John McTaggart, « The unreality of Time », publié en 1908 [23]. Si nous reprenons la présentation du processus de travail créateur à même l'œuvre, nous pouvons le décrire en quelque sorte de l'extérieur en indiquant des dates de début et de fin de travail, à partir des indices donnés par les artistes, et à partir des données contractuelles et des dates de publications. On pourrait se satisfaire de cette première approche de la temporalité : après tout, le processus qui est logé entre les deux dates identifiables de début et de fin est tellement complexe que le sociologue pourrait bien avoir tort de se fourvoyer dans l'étude du chaos temporel de la production d'une œuvre. Il vaut mieux savoir comment les acteurs du processus se coordonnent à partir de repères temporels simples (quand l'achèvement est-il prévu ?), et en déduire que tout processus doit se conclure pour des raisons de coordination, de contrat ou de simple productivité visible de l'artiste, si celui-ci ou celle-ci veut avoir une carrière visible et des revenus tirés de travaux réalisés, et non pas s'enliser dans des travaux interminables.

Mais nous échouerions alors à discerner toutes les qualités particulières du travail créateur sur lesquelles ce cours ne cesse d'insister. Au lieu d'identifier des dates de début et de fin, nous comprenons le temps comme la succession des moments et des événements chaque fois présents et dotés, chacun, d'un futur anticipé et d'un passé réalisé. Dans cette conception, le futur de chaque moment est ouvert et encore indéterminé, et de nombreuses bifurcations sont possibles, qui doivent se coordonner avec la directionnalité de l'action. La conception de la temporalité que nous proposons a les propriétés suivantes. Elle est intégratrice, puisque chaque moment présent est gros d'un passé mémorisé et d'un futur anticipé, au lieu que le temps soit organisé par des relations sérielles de points disjoints et équidistants les uns des autres, comme le sont les unités du temps égrené par les horloges. La dynamique temporelle est hétérogène : les moments sont chargés de décisions de quantité variable et de mouvements de retours en arrière ou de contrôle et d'avancée ; et la perception du temps passé à travailler peut entretenir une relation très variable avec le temps chronométrique. La temporalité est directionnelle : le déroulement du processus de travail doit avoir un terme, mais n'est pas contrôlé par une spécification certaine du but final. C'est bien ce que contient la théorie si suggestive de l'intentionnalité élaborée par Baxandall :

> Faire de l'intention quelque chose de statique, en supposant que le résultat final se conforme plus ou moins à une idée initiale, reviendrait à nier une large part de l'intérêt que peut susciter un tableau (tant pour celui qui le fait que pour celui qui le contemple). Ce serait nier en effet la rencontre avec le médium et réduire l'art à une sorte de sphère conceptuelle ou idéale que l'œuvre matérialiserait imparfaitement. Il n'y a rien ici qui corresponde à une intention : on trouve plutôt d'innombrables moments intentionnels se déployant comme suit : I1->I2->I3->... De plus, une telle suite englobe non seulement une foule d'actions et de décisions, mais aussi quantité de refus et de décisions négatives,

---

23. J. E. McTaggart, « The unreality of Time », *Mind*, vol. 17, n° 68, 1908, p. 457-474.

> qui correspondent aux moments où le peintre a choisi de ne pas faire quelque chose ou de laisser quelque chose de côté – soit ... I3->I4->I5->I6->... Tout ceci a eu un effet déterminant sur l'œuvre que nous percevons. (*op. cit.*, p. 113)

Ce temps-durée complexe est enchâssé dans le temps chronométrique, et la situation de travail rapporte l'un à l'autre, mais l'enchâssement est complexe, et peut prendre la forme d'une gestion flexible des durées de travail dans une journée ou une semaine ou une année, ou davantage. Les horaires de travail ou les habitudes de travail ne sont pas métronomiques, l'autonomie dans le travail de création est celle de la non-sujétion à une technologie de subordination telle que celle qui, dans le salariat, gouverne la quantité contractuelle de travail dû et contrôlable.

Comment cette conception de la temporalité, qui a une vocation générale, s'applique-t-elle particulièrement au travail de création ? Nous faisons un détour par l'analyse sémantique des verbes d'action et d'état, qui permet de faire apparaître une distinction entre quatre catégories de verbes : d'activité, de réalisation, d'accomplissement et d'état. Cette distinction a été proposée par Zeno Vendler, un philosophe américain du langage[24], dont nous exposons l'argument, ainsi que les modifications qui lui ont été apportées ultérieurement par Anthony Kenny. La caractérisation suivante du temps processuel émerge, qui s'applique à la catégorie de verbes d'accomplissement.

1) Il s'agit d'un temps non homogène, autrement dit d'un processus qui est durable mais dont l'extension dans le temps n'est pas nécessairement linéaire ou continue. On peut, par exemple, travailler à une œuvre de manière discontinue, alors qu'on ne peut pas courir un 100 mètres de manière discontinue, un jour courir 20 mètres, le lendemain 50 autres. Ou alors on parle d'autre chose que de courir une course.

2) C'est un temps comportant une butée, un terme – le processus doit s'achever sur un résultat qui n'est pas prescrit comme le terme d'une action, mais qui est contractualisé et générateur d'une espérance de gains (matériels et symboliques), une fois l'œuvre produite, et qui peut donner lieu à une qualification progressive de la terminaison (« j'ai vraiment fini ou je n'ai pas encore fini de peindre cette toile et je vais y travailler encore »).

À partir de cette caractérisation, nous analysons un paradoxe inhérent au déroulement temporel l'activité créatrice. D'un côté, le temps est une ressource rare et son emploi a, par définition, un coût d'opportunité. La valeur du temps se mesure à la valeur de ce que l'individu aurait pu en faire s'il l'avait utilisé autrement, par exemple pour produire une autre œuvre, ou pour se livrer à une activité plus directement rémunératrice ou plus profitable, ou moins exigeante. Et puis l'artiste travaille, *volens nolens*, en mode projet : toutes sortes de partenaires ont leur agenda de travail à coordonner au sien et leur temps propre a également son coût d'opportunité. De l'autre côté, l'artiste peut travailler à rendre le développement de son travail flexible, aussi longtemps que possible, pour espérer maximiser la valeur d'invention de son travail, autrement dit pour faire en sorte que son travail puisse encore le surprendre et l'amener à prendre des décisions surprenantes (c'est une idée très présente chez John Dewey, dans *L'Art comme expérience*), même lorsqu'il s'approche de l'état final de l'œuvre.

Ce second usage du temps est celui du moment présent inscrit dans un temps-durée, éventuellement dilatable, dans lequel on agit et on avance sans se laisser tyranniser ou

24. Z. VENDLER, « Verbs and Times », *The Philosophical Review*, vol. 66, 1957, p. 143-160.

contrôler par le terme. Ce temps peut recevoir une forme idéalement gratifiante, que Mihaly Csikszentmihalyi a appelée le « flow[25] ». En psychologie positive, le *flow* est l'état mental que connaît une personne quand elle est immergée dans une activité qui l'absorbe complètement et qu'elle se trouve dans un état maximal de concentration, de plein engagement et de satisfaction dans son accomplissement.

Un ensemble de caractéristiques (ou de conditions) sont requises pour situer l'individu dans cet état, selon l'analyse de Csikszentmihalyi. Elles sont généralement associées à l'accomplissement de tâches qui sont d'abord réalisées pour elles-mêmes, pour le plaisir de les accomplir plutôt que pour des buts extérieurs (ce sont des activités « autotéliques »).

Comment cette qualité de *flow* favorable à l'inventivité s'insère-t-elle dans le temps chronométrique ou calendaire, qui est notamment celui de la *deadline* ? La question est posée par le sociologue Howard Becker[26]. Celui-ci trouve en effet dans l'argument de la butée temporelle (la *deadline*) le mécanisme le plus aisément observable, parmi les diverses stratégies d'achèvement.

> Comment les artistes savent-ils qu'ils ont fini une œuvre, qu'ils doivent s'arrêter d'écrire ou de peindre ? Leur décision se fonde souvent sur ce que d'autres membres du monde de l'art sont susceptibles d'en penser. Quand on interroge les artistes, ils sont presque toujours incapables de dire comment ils savent qu'ils ont fini. En fait, ils ne peuvent pas dire à quel moment une œuvre est achevée, mais seulement à quel moment elle doit l'être. Et il ne s'agit pas là d'une nécessité inhérente à leur discipline ou à leur mode d'expression, mais bien plutôt d'une obligation imposée par le monde de l'art. Si une pièce de théâtre est annoncée pour le 10 avril, elle devra être jouée à cette date. Sinon, il faudra rembourser les places louées, décommander les critiques invités, etc. Le metteur en scène perdra une partie du public, réduira ses chances de pouvoir monter d'autres pièces, s'aliénera la confiance des acteurs et des directeurs de salles. Les systèmes de production et de distribution de la plupart des mondes de l'art imposent ainsi des délais impératifs. (*op. cit.*, p. 215-216)

Il reste à examiner comment la pression de la *deadline* agit sur l'inventivité. Peut-on demeurer inventif quand les pressions externes sont fortes ? Pour répondre, nous faisons état d'une recherche très originale menée par Teresa Amabile, Constance Hadley et Steven Kramer[27]. Ces chercheurs ont étudié des projets de recherche et de développement menés dans des entreprises de trois secteurs industriels : nous sommes loin des arts, mais non de l'impératif de créativité, tant la production d'idées nouvelles et efficaces est une valeur recherchée dans le travail des individus et des équipes de ces entreprises. Quels sont les résultats de cette recherche ?

1) Les chercheurs et ingénieurs étudiés sont le plus créatifs quand ils travaillent sous une pression temporelle faible ou modérée : c'est ainsi que viennent les idées nouvelles, les solutions à des problèmes nouveaux, et dans un relatif isolement propice à la concentration sur de longues plages de temps.

---

25. M. Csikszentmihalyi, *Flow: The Psychology of Optimal Experience*, New York, Harper and Row, 1990.

26. H. Becker, *Les Mondes de l'art*, Paris, Flammarion, 1989.

27. T. Amabile, C. Hadley et S. Kramer, « Creativity under the gun », *Harvard Business Review*, 2002.

Si la pression temporelle est forte et si les tâches s'ajoutent les unes aux autres un peu chaotiquement, les individus sont peu créatifs, ils sont pris dans un engrenage, ils se dispersent entre de nombreuses tâches et interactions, et ils croient accumuler travail et effort, mais ne vont nulle part (perte de directionnalité), et ils perdent le sens de ce qu'ils font.

2) Mais nous savons aussi que la créativité est complémentaire de l'effort et de cette capacité à s'inventer des obstacles dont parle Valéry, ou à se rendre la tâche difficile dont parle Gombrich à propos de Picasso luttant contre sa facilité.

3) L'idéal est toujours d'avoir plus d'espace et de temps pour déployer son inventivité, mais cet idéal est abstrait. Dans la réalité, il faut composer avec les contraintes et avec l'environnement de travail.

C'est donc une affaire d'organisation. Pour demeurer créatifs en cas de forte pression temporelle, les chercheurs et les ingénieurs des entreprises étudiées doivent pouvoir s'isoler, par intermittence, de tout le flot de travail quotidien. Et c'est aussi une question de cadrage mental, seul capable de donner du sens à une forte pression des délais. L'étude montre qu'il faut pouvoir adopter le comportement d'une équipe en mission dans les situations objectivement et significativement urgentes qui se présentent lorsqu'un concurrent est sur le point de doubler votre équipe, ou lorsqu'une chance pour l'équipe de publier son travail ou de le présenter dans une occasion importante s'offre rapidement.

Ces résultats peuvent être rapprochés des résultats de l'enquête de Sabrina et Jérémy Sinigaglia sur les temporalités du travail artistique, qui fait état d'un sentiment majoritaire d'urgence et qui analyse le passage de « l'angoisse à la méthode ».

Nous achevons cette première année du cours consacré à la question de l'achèvement dans le travail de création en présentant et en commentant les réponses recueillies par Coline Pierré et Martin Page auprès de 31 artistes auteurs, majoritairement écrivains, à la question « Quand sais-tu qu'une œuvre est achevée ? », et recueillies dans le livre *Les artistes ont-ils vraiment besoin de manger ?* [28]. Ces réponses illustrent nombre des thèmes abordés dans notre cours. Elles se distribuent en sept groupes :

1. La notion même d'achèvement est remise en cause par certains, soit parce que le propre du travail de création est de remettre sans cesse l'ouvrage sur le métier, soit parce que la notion même de « fin » ou de « début » n'est pas adéquate, et qu'il convient de la remplacer plutôt par la notion de « processus », soit encore parce que les contraintes externes (fixées par l'éditeur, le producteur...) imposent d'elles-mêmes une « fin ».

2. L'œuvre est ressentie comme achevée quand l'artiste ressent des symptômes d'épuisement, voire de détestation de l'œuvre, ou que le critère du résultat « satisfaisant » permet d'écarter le spectre du perfectionnisme douloureux.

3. L'œuvre est jugée achevée quand elle a atteint une forme d'équilibre que de nouvelles retouches briseraient.

28. C. Pierré et M. Page (dir.), *Les artistes ont-ils vraiment besoin de manger ?*, Paris, Monstrograph, 2018. Notons que ces réponses émanent d'auteurs moins connus que les artistes que nous avons cités antérieurement, ce à quoi nous tenons pour éviter d'indexer notre analyse sur le simple scintillement de cas fameux. Nous nous réservons de traiter plus complètement, dans le cours qui suivra, la question de la relation entre le système de travail, l'inventivité et la réussite.

4. L'œuvre est jugée achevée quand elle devient « autonome », et qu'elle paraît à son auteur·rice exister par elle-même.

5. L'œuvre est jugée achevée quand le potentiel d'apprentissage qu'elle recèle pour son auteur·rice est épuisé.

6. Le motif de l'incertitude qu'à l'achèvement est récusé, le résultat est entrevu d'emblée, et la terminaison n'est qu'une question de temps.

7. Le comportement de travail peut être double, et la créatrice ou le créateur distribue son activité entre des projets à conclusion définie et des projets ouverts à des remaniements fréquents ou indéfinis.

Pour conclure, nous montrons comment ces réponses entrent en résonance avec les problèmes que nous avons traités tout au long de notre cours.

Colloque – La création en suspens

Le colloque « La création en suspens » s'est déroulé le 14 mai 2019, et a réuni un ensemble de chercheur-se-s spécialistes des mécanismes de la créativité et de l'étude des processus de création dans les arts. En introduction, Pierre-Michel Menger a souligné que l'objectif premier du colloque était de mobiliser une diversité raisonnée d'études de cas, issues d'arts et d'époques différents. Lors d'une première session, Daniel Ferrer et Jérôme Dokic ont analysé les formes d'équilibre et de déséquilibre qui gouvernent ou contrarient l'achèvement d'une œuvre. D. Ferrer a montré ce que la génétique littéraire apportait à la compréhension du non fini, en tant que résultat d'une dynamique processuelle et interactive. J. Dokic a, quant à lui, étudié les types de registres cognitifs et d'action qui gouvernent le sentiment d'achèvement. Une deuxième session était dédiée à la séquentialité du processus créateur : l'intervention de Todd Lubart a porté sur la non-linéarité de celui-ci, alors que Simon Bittmann a proposé, à partir des œuvres inachevées d'Orson Welles, une typologie de l'inachèvement propre à la production cinématographique. Une troisième session portait sur les stratégies propres à la création musicale : Annegret Fauser a présenté ses travaux sur la trajectoire transculturelle d'une œuvre achevée entre plusieurs pays, la *Khovanshchina* de Moussorgski, et Yves Balmer a proposé une grille d'analyse des stratégies compositionnelles d'Olivier Messiaen. Une quatrième session fut enfin consacrée au genre du *non finito*, avec plusieurs études de cas. Jacques Le Rider a présenté les tentatives d'achèvement éditorial d'une œuvre littéraire, à partir de la comparaison des éditions de Nietzsche et de Musil. Antoinette Le Normand-Romain a analysé l'incomplétude dans le projet esthétique de Rodin et sa réception. Étienne Anheim a mis en évidence les conditions historiques et contractuelles d'émergence du *non finito* dans la peinture italienne de la Renaissance. P.-M. Menger a conclu la journée sur les conceptualisations possibles des dynamiques de l'inachèvement.

Programme

Introduction, Pierre-Michel Menger (Collège de France).

Partie 1 – Équilibre et déséquilibre dans l'inachèvement

- Daniel Ferrer (CNRS) : « L'inachèvement interne » ;
- Jérôme Dokic (EHESS) : « L'obscur objet du sentiment d'achèvement ».

Partie 2 – La création : un processus séquentiel

• Todd Lubart (université Paris-Descartes) : « Le processus créatif : sa nature dynamique et non linéaire » ;

• Simon Bittmann (ATER, Collège de France) : « Orson Welles achevé par Netflix. Réflexions sur la valeur d'un film à l'ère du numérique » ;

Partie 3 : « Stratégies de composition et d'achèvement »

• Annegret Fauser et Cary C. Boshamer (North Carolina Chapell Hill) : « Achèvements par-delà les frontières. Khovanshchina Paris 1913 » ;

• Yves Balmer (Conservatoire national supérieur de musique et de danse de Paris) : « Olivier Messiaen et ses stratégies compositionnelles » ;

Partie 4 – La valeur de l'inachèvement : le *non finito* en art

• Jacques Le Rider (EPHE) : « La tentation de terminer l'œuvre inachevée à la place de l'auteur : face aux *Fragments posthumes* de Nietzsche et au chantier *Homme sans qualités* de Musil » ;

• Antoinette Le Normand-Romain (conservateur général du patrimoine) : « Le *non finito* chez Rodin : l'émotion du statuaire livrée au public » ;

• Étienne Anheim (EHESS) : « Les conditions sociales d'émergence du *non finito* dans l'art italien (XIVe-XVIe siècle) ».

Conclusion, Pierre-Michel Menger (Collège de France).

COURS À L'ÉTRANGER

Deux cours ont été donnés à l'université d'Oxford, les 2 et 3 mai 2019.

The labor process in creative undertakings

Sociology has much to offer with regard to work, employment, careers, occupations, organizations in the arts, and the social processes linking up the professionals who must cooperate to make art producible, collectible, and available. Many issues have been more or less successfully addressed: attitudes toward occupational risk; the simultaneous growth of employment and unemployment; the valuation of work correlated with its uncertain course and outcome; the surprising tolerance of inequality in creative industries (Menger, 2014). Assuredly, the success factors seem more indeterminate than for many comparable occupations. Yet this is exactly why this puzzling combination of unusual characteristics is analytically attractive, as the combination of factors provides sufficient variability to be explored methodically. I contend that sociology has much to gain by focusing on the working process itself – with its sequences, bifurcations, revisions and negotiations – and on its outcomes. The key notions I'll invoke are variability and selection. Consider these two forces, which in combination are usually described as the drivers of creativity. Invention exploits variability, by tearing exploration away from the base of known and tested realities and allowing for processes of trial and error. And selection and optimization occur by means of a patient and permanent monitoring in the course of invention.

Creative labor and the issue of excess. Markets, behaviors, risk management

The issue of excess (excess supply of works and excess demand for variety) has been a major defining feature of creative labor markets for at least 150 years. My aim is to check to what extent speaking of excess makes sense. I'll work out the problem by taking a view of excess from the demand side, then from the supply side. In the fourth part of my presentation, I'll show how artists manage to face uncertainty as to their job prospects and economic condition. These risk management techniques provide a clue to recalibrate the excess argument and to look afresh at competition that operates in a regime of unlimited differentiation of production and at the inequalities such a monopolistic competition generates.

Conférencier invité

Cycle de quatre conférences du professeur Andrew Abbott, invité sur une chaire d'État du Collège de France : « Faits et valeurs ».

Andrew Abbott, professeur de sociologie à l'université de Chicago, a donné quatre conférences publiées par les Éditions du Collège de France. Ces conférences proposaient un ancrage théorique et historique du projet d'analyse processuelle des faits sociaux, qui avait fait l'objet d'une première formalisation dans *Processual Sociology* (2016, University of Chicago Press). La première conférence portait sur l'historicisme chez Émile Durkheim, à partir d'une comparaison avec l'architecture de la philosophie kantienne. La deuxième conférence comparait les approches historicistes de Karl Marx et Alfred Marshall, afin d'en dégager une conception de la stabilité comme lignée (*lineage*) d'événements et du changement comme équilibre présent entre choix et causalité. La troisième conférence était consacrée à l'analyse des faits et des valeurs proposée par Max Weber : Andrew Abbott a dégagé une contradiction au sein des textes de Weber, et souligné les limites intrinsèques de l'historicisme radical. Enfin, dans une quatrième conférence, le professeur Abbott a pu tracer les grandes lignes d'une approche processuelle qui rejette l'idée selon laquelle les faits et les valeurs seraient des éléments aisément identifiables du social, dotés d'attributs spécifiques : Andrew Abbott propose plutôt de parler de processus de « *facting* » et de « *valuing* », effectués par les acteurs afin de faire du présent un objet d'action et d'expérience.

Recherche

Recherches de l'équipe

L'équipe de la chaire était constituée en 2018-2019 de Pierre-Michel Menger, Simon Bittmann (ATER auprès de la chaire), Colin Marchika (ingénieur d'études à l'EHESS), Yann Renisio (postdoctorant sur contrat PSL) et Pierre Verschueren, maître de conférences à l'université de Besançon. Les travaux de l'équipe ont porté sur l'exploitation de la base de données qui avait été constituée sur les carrières et la production de recherche de l'ensemble des universitaires français actifs, sans la période 1984-2014. Les recherches sur les carrières de recherche et d'enseignement en mathématiques ont été poursuivies, dans le prolongement du colloque qui s'était tenu en 2018 au Collège de France, sous ma direction. Un ouvrage collectif est en préparation, qui sera enrichi par les contributions des participants à un *workshop* qui se tiendra au Collège de France en mars 2020.

SIMON BITTMANN, ATER

Outre les travaux et recherches d'appui qu'il a fournis à la chaire, ses activités personnelles de recherche ont été partagées entre la rédaction d'articles tirés de sa thèse de doctorat, qu'il détaille ci-dessous, et la préparation d'un projet CNRS (section CR/02, 36, 40 et 53), sur la régulation de la concurrence numérique, pour lequel il a commencé un travail de terrain dont il a présenté les premiers résultats dans différents séminaires.

Un premier article a été publié dans *Sociologie du travail* : il propose un cadre intersectionnel pour penser la relation de crédit, prenant acte de la diversité des registres mobilisés lors de différentes interactions marchandes. Si la sociologie a eu souvent tendance à opposer crédits formel et informel, crédits personnel et contractuel, Simon Bittmann montre, à partir du cas de prêts offerts par des entreprises blanches à des emprunteurs afro-américains, que les prêteurs s'appuient sur différentes formes d'encastrement (judiciaire, dans le procès de travail et dans la ségrégation résidentielle) pour assurer le remboursement des créances, produisant une « économie raciale de l'obligation ».

Dans un deuxième article, figurant dans le dernier numéro de *Genèses*, Simon Bittmann analyse la naissance du « crédit à la consommation » comme une catégorie d'intervention politique et économique aux États-Unis, à la suite du krach de 1929 : celle-ci émerge à la rencontre des luttes contre l'usure menées depuis le début du XXe siècle et de nouvelles conceptions du rôle joué par les petits emprunteurs au sein de l'économie. Cette évolution produit une recomposition partielle des savoirs produits sur l'endettement et des modalités d'intervention sur le marché : le taux d'intérêt évolue notamment, d'un instrument d'encadrement juridique à un outil de pilotage économique.

Un troisième article a été accepté pour publication dans la revue *Annales. Histoire, Sciences Sociales* (à paraître). Fondé sur l'analyse de données quantitatives et qualitatives portant sur les pratiques d'agences de l'Illinois au début du XXe siècle, Simon Bittmann met en évidence trois types d'attitudes à l'égard du temps économique : au temps des dettes pressantes, on peut opposer celui de la gestion budgétaire et, enfin, celui de l'investissement. L'analyse croisée des métiers et des motifs de recours à l'emprunt permet ensuite de dégager certains principes de structuration de l'espace social, sur la base des pratiques de consommation, des catégorisations qui ne peuvent être que partiellement associées à l'une des attitudes temporelles.

D'autres projets sont actuellement en cours de révision ou de soumission :

– une proposition d'article acceptée dans le cadre d'un numéro spécial de la *Revue française de sociologie*, sur le thème « Mondes économiques, mondes militants. Contestations, frontières et coopérations », coordonnée par Sophie Dubuisson-Quellier et Laure Bereni. L'article étudie la création, entre 1910 et 1941, du premier marché de crédit à la consommation aux États-Unis, comme le produit d'interactions tour à tour conflictuelles et coopératives entre les mouvements réformateurs mobilisés contre l'usure et certains professionnels du crédit. À partir d'archives de la principale entreprise du secteur, nous décrivons les modalités d'incorporation de la critique au sein du secteur et ses effets sur l'offre de prêts ;

– un article accepté pour un numéro spécial du *European Journal of Sociology* (« *Law, Finance and Social Order* »), coordonné par Benjamin Lemoine et Thomas Angeletti. Le numéro regroupe des juristes comme Katarina Pistor et des sociologues de la fiscalité comme Alexis Spire, afin de combler un manque d'analyses consacrées au droit en sociologie de la finance. La contribution de Simon Bittmann étudie l'évolution des modalités de fixation du « vrai » coût du crédit, entre intérêt, escompte et frais, sur la période couverte par sa thèse : si la sociologie a beaucoup travaillé la question de la tarification, peu de travaux sont consacrés au prix comme dispositif marchand, organisationnel et politique.

Publications

MENGER P.-M. (dir.), *Le Talent en débat*, Paris, PUF, 2018.

MENGER P.-M., « Introduction », *in* P.-M. MENGER (dir.), *Le Talent en débat*, Paris, PUF, 2018, p. 7-13.

MENGER P.-M., « Le talent et la physique sociale des inégalités », *in* P.-M. MENGER (dir.), *Le Talent en débat*, Paris, PUF, 2018, p. 15-99.

MENGER P.-M., « Excellence », *in* G. ORIGGI (dir.), *Passions sociales*, Paris, PUF, 2018, p. 245-251.

MENGER P.-M., « Préface », *in* G. DUMONT, *Grimpeur professionnel. Le travail créateur sur le marché du sponsoring*, Paris, Éditions de l'EHESS, 2018, p. 7-15.

MENGER P.-M., « Los perfiles de la inconclusion. La obra de Rodin y la pluralidad de sus incompletitudes », *Apuntes de Investigacion del CECYP*, vol. 30, 2018, p. 12-43.

MENGER P.-M., *in* S. PRUNIER-POULMAIRE (dir.), *Êtres au travail*, Working Life-Working Lives, Paris, Éd. Intervalles, 2019, p. 14.

MENGER P.-M., « Inequalities in the arts », *in* J. HALLEY et D. SONOLET (dir.), *Bourdieu in Question*, Leyde/Boston, Brill, 2019, p. 161-180.

MENGER P.-M., « Le travail créateur dans les arts », *Mil neuf cent. Revue d'histoire intellectuelle*, vol. 36, n° 1, 2018, p. 115-133.

MENGER P.-M., « Sociologie du travail créateur », *Annuaire du Collège de France 2016-2017. Cours et travaux*, n° 117, 2019, p. 483-502, https://doi.org/10.4000/annuaire-cdf.14356.

MENGER P.-M., « Quelle sera la culture des robots ? », *AOC*, 2018, https://aoc.media/analyse/2018/10/10/sera-culture-robots/.

ÉTAT SOCIAL ET MONDIALISATION : ANALYSE JURIDIQUE DES SOLIDARITÉS

Alain SUPIOT
Professeur au Collège de France

Mots-clés : travail, ubérisation, révolution numérique, écologie, Anthropocène, Homo faber, organisations internationales

La leçon de clôture est disponible en vidéo sur le site internet du Collège de France (https://www.college-de-france.fr/site/alain-supiot/course-2019-05-22-09h30.htm), et publiée sous le titre *Le travail n'est pas une marchandise. Contenu et sens du travail au XXIe siècle* (Collège de France, 2019 ; édition numérique, Collège de France, 2019 : https://books.openedition.org/cdf/7026). Elle a été traduite et publiée en plusieurs langues, dont l'anglais (*« Labour is not a commodity: The content and meaning of work in the twenty-first century », International Labour Review*, vol. 160, n° 1, 2021, p. 1-20). Le colloque « Le Travail au XXIe siècle : droit, techniques, écoumène » est également disponible en vidéo : https://www.college-de-france.fr/site/alain-supiot/symposium-2018-2019.htm.

ENSEIGNEMENT

COURS – LE TRAVAIL AU XXIe SIÈCLE : DROIT, TECHNIQUE, ÉCOUMÈNE

Résumé

La révolution numérique ne signifie pas la fin du travail en tant que tel, mais la fin des catégories de pensée que la révolution industrielle a projetées sur l'agir humain. Cette année de cours eut pour objet de se déprendre des catégories normatives héritées de l'ère industrielle, de revisiter celles qui l'avaient précédée, et de projeter celles qui pourraient lui succéder, pour faire face aux défis technique et écologique des temps présents.

A. SUPIOT, « État social et mondialisation : analyse juridique des solidarités », *Annuaire du Collège de France 2018-2019. Résumé des cours et travaux*, 119e année, Paris, Collège de France, 2022, p. 651-666, https://doi.org/10.4000/annuaire-cdf.17405.

Introduction

Les mutations contemporaines du travail ont été envisagées du point de vue de l'*homo faber*. Forgé par Bergson en 1907, ce concept nous rappelle que la vie symbolique qui caractérise l'espèce humaine ne se déploie pas seulement dans ses paroles, mais aussi dans ses œuvres. Tout objet fabriqué, du premier biface jusqu'aux bases de données informatiques ou aux satellites d'exploration spatiale, exprime plus ou moins convenablement l'image mentale dont a procédé sa fabrication. C'est cette image qui donne à ces objets leur sens et leur intelligibilité, et permet de les distinguer de l'univers des choses.

Homo faber : continuité et ruptures

Par son travail, l'*homo faber* transforme son milieu vital en même temps qu'il se forme lui-même dans l'épreuve de cette transformation. À la différence du travail de la machine, le travail humain combine toujours sa dimension objective d'action sur le monde extérieur avec une dimension subjective d'action sur soi-même. La compréhension du travail, en ce XXIe siècle comme dans les précédents, suppose de lier ces deux faces – objective et subjective – du travail.

Sa face objective, tout d'abord. Par son travail, *homo faber* vise en principe à adapter son milieu vital à ses besoins, autrement dit à faire surgir du chaos un cosmos, de l'immonde, un monde humainement vivable. Mais par son travail, il peut inversement détruire ou saccager, volontairement ou non, son milieu vital, et le rendre humainement invivable. La question du travail et la question écologique sont indissociables, car c'est par son travail que l'homme aménage son écoumène. L'idée d'un rapport exclusif et binaire entre un individu et une parcelle de terre est, tout comme la marchandisation juridique du travail, largement fictive. Or, à l'heure des périls écologiques, ces fictions sont de moins en moins soutenables. Il est très rationnel de voir, dans la Terre, non pas une chose appropriable, dont on peut librement user et abuser, mais le milieu vital dont nous dépendons et sans la préservation duquel l'espèce est vouée à la disparition. De même, il est beaucoup plus rationnel de voir dans le travail non une marchandise, mais l'une des marques propres de l'*homo faber*, susceptible d'œuvrer aussi bien à sa survie qu'à sa perte.

La face subjective du travail procède de ce que tout travail réellement humain est aussi un travail sur soi. Pour donner corps à nos images mentales, pour les faire advenir dans la réalité, nous devons en effet nous confronter à cette réalité et tenir compte du milieu naturel, social ou symbolique où s'exerce notre action. En nous confrontant au réel, le travail nous apprend à avoir prise sur lui en même temps qu'il arraisonne notre imagination ; il est la source historique et cumulative de connaissances qui se transmettent d'une génération à l'autre, tout en permettant à chaque génération nouvelle d'imprimer sa marque propre sur le monde. L'expérience du travail participe donc de la formation de la raison. En priver des pans entiers de la jeunesse, comme c'est aujourd'hui le cas dans de nombreux pays, ne peut donc avoir que des effets mortifères, que l'attribution d'un revenu universel de subsistance ne serait pas de nature à conjurer.

Mais pour être cette école de la raison, le travail doit être « réellement humain », c'est-à-dire donner à l'*homo faber* la possibilité de mettre une part de ce qu'il est dans ce qu'il fait, de donner corps à ses pensées, de faire advenir hors de lui ce qu'il a d'abord conçu en lui. La déshumanisation du travail peut dès lors prendre deux formes : celle du *déni de pensée*, qui consiste à organiser le travail des hommes sur le modèle de celui des animaux ou des machines, sans possibilité d'expression réflexive sur le sens et le contenu de ce travail ; et celle du *déni de réalité*, typique de notre modernité, qui consiste au contraire à vider ce travail de tout contact avec le monde physique ou social sur lequel il opère, en l'asservissant à la réalisation d'objectifs chiffrés. Avant la révolution industrielle, le déni de pensée était le lot de ceux qu'on nommait les « gens de bras », par opposition aux « gens de métier ». C'est au labeur de ces « gens de bras » qu'était réservée la notion de *travail*.

Cette division des « gens de métier » et des « gens de bras » a été bousculée dès la première révolution industrielle, en même temps que la notion abstraite de travail s'est étendue à toutes les tâches qualifiées. Ce tournant a été en même temps technique et juridique. Tournant technique, en premier lieu, avec le transfert des artisans vers les machines du siège d'une technicité, désormais fondée sur le savoir abstrait et exotérique des ingénieurs. Tournant juridique qui, à partir de l'anéantissement des corporations par la loi Le Chapelier en 1791, a ouvert la voie à l'extension continue du louage de services comme forme topique de la relation de travail. C'est cette fiction héritée du droit romain qui a permis de faire *comme si* le travail était un bien négociable, détachable de la personne du travailleur. Le concept de « marché du travail » repose tout entier sur cette fiction, largement méconnue des économistes.

Cette fiction du travail abstrait, ou travail marchandise, a conduit à évacuer du périmètre juridique de la relation de travail l'objet et le contenu du travail. Le travail en tant que tel est évincé du champ du louage de services, qui est un pur échange de quantités de temps et d'argent. D'où une dissociation du but et de l'objet du travail. Le seul but du travail, du point de vue du salarié, c'est sa rémunération. Son objet – le produit ou le service rendu – est la chose de l'employeur. Mais pour cet employeur également, cet objet n'importe le plus souvent qu'au regard de la rémunération qu'il en espère, c'est-à-dire des bénéfices de l'entreprise, le bas de bilan étant pour lui l'équivalent du bas du bulletin de paye du salarié.

En terre communiste comme en terre capitaliste, on a considéré que la perte de contrôle des travailleurs sur le sens de leur labeur était un effet inévitable des progrès des sciences et des techniques. Les masses humaines étant désormais vouées au service des machines, leur travail lui-même a été conçu sur le modèle de la machine et est devenu l'objet d'une « organisation scientifique ». Ainsi, de nos jours, après avoir conçu les ordinateurs sur le modèle de ce que l'on pensait être le fonctionnement de l'intelligence humaine, on applique en retour cette notion déshumanisée de travail, non pas seulement aux ouvriers, mais à tous les salariés, considérés comme autant de machines programmables.

Dans un tel système cognitif, le travail n'est plus saisi qu'en termes d'emploi, de salaires et de profits, et la question de son sens disparaît. C'est à partir de ce renoncement que des indicateurs macroéconomiques (PIB, emploi, pouvoir d'achat) sont devenus les boussoles de l'action publique et que tous les pays du monde se sont engagés dans un même modèle de développement fondé sur la croissance. La dissociation du but économique et de l'objet concret du travail qui caractérise le salariat s'est ainsi étendue, non seulement à la conduite des entreprises, assujetties à la création de valeur pour l'actionnaire, mais aussi à celle des États, dont la stabilité politique dépend de leur capacité à distribuer les fruits de la croissance.

Mais depuis le tournant néolibéral des années 1980, l'essoufflement de la croissance, la mise en concurrence des travailleurs à l'échelle du monde et le transfert de la base industrielle vers les pays émergents, les inégalités de richesse ont explosé. Le centre de gravité de ce débat s'est alors déplacé. Il ne s'agit plus de discuter d'une juste répartition des richesses, mais d'une répartition efficace au regard de la concurrence internationale. D'une façon générale, la menace du chômage ou la précarisation de l'emploi sont devenues les deux ressorts du consentement au pouvoir économique et au démantèlement de l'État social. Le paradigme du marché survit ainsi à la rupture du pacte fordiste, aussi bien dans la sphère professionnelle que dans la sphère publique.

Cette marchandisation du travail, toutefois, n'est pas totale, car notre droit continue d'abriter deux types de statuts professionnels échappant, au moins du point de vue juridique, à la logique marchande : les professions libérales et les fonctions publiques.

Dans ces deux hypothèses, le régime juridique du travail est gouverné, non par sa valeur marchande, mais par la considération de son sens, de l'œuvre à accomplir, qu'il s'agisse de mettre en œuvre un art déterminé ou de servir l'intérêt général. Ces deux situations peuvent, du reste, se combiner, comme dans le cas des professionnels de santé relevant de la fonction publique hospitalière. Elles donnent à voir les bases juridiques d'une conception ergologique du travail, ordonnée sur son sens et son contenu, et non pas sur la fiction du travail marchandise.

Plusieurs raisons conduisent à penser que non seulement la fiction du travail marchandise ne peut effacer durablement la considération de l'*homo faber*, mais encore que le travail au XXIe siècle donne une nouvelle actualité à la dimension statutaire du travail. L'empreinte de l'Homme sur son milieu vital a toujours dépendu des normes et valeurs qu'il a adoptées. Celles de la globalisation sont à bien des égards insoutenables, et l'urgence écologique et la révolution numérique obligent aujourd'hui à les remettre en question. C'est sur la base de cette hypothèse que la deuxième partie du cours a été consacrée à ce que devraient être les principes directeurs d'un droit du travail à l'âge de l'Anthropocène.

Le droit du travail à l'âge de l'Anthropocène

La notion d'anthropocène désigne la période géologique contemporaine, marquée par l'impact déterminant de l'activité humaine sur l'écosystème terrestre. La prise de conscience de cet impact rend intenable ce qu'Augustin Berque a nommé la « forclusion du travail médial » dans notre représentation du rapport de l'homme à la Terre. Il est en effet assez évident que c'est le travail des hommes qui fait monter la température de la planète. Et il est également évident que si cet impact est devenu assez important pour dérégler l'écosystème terrestre, c'est en raison des mutations techniques intervenues depuis la première révolution industrielle, celle de la machine à vapeur. Or, l'histoire longue de l'*anthropos* nous apprend que les mutations techniques d'ampleur s'accompagnent nécessairement de mutations institutionnelles.

La révolution numérique relève sûrement d'une telle mutation dans la mesure où, à l'extériorisation illimitée des forces motrices, elle ajoute l'extériorisation illimitée de certaines capacités cérébrales : la mémorisation et le traitement des informations. La distorsion caractéristique de l'espèce humaine, entre, d'une part, notre nature inchangée de singe dénaturé hautement prédateur et, d'autre part, l'augmentation illimitée des moyens de cette prédation, laisse entrevoir ce qu'André Leroi-Gourhan décrivait dès 1964 comme une prise de possession aussi totale que suicidaire de la planète par l'Homme.

Si l'on veut y échapper, il est donc urgent de réfléchir à « la refonte des lois de groupement des individus » propres à l'empêcher, autrement dit à un « régime de travail réellement humain », tant à l'échelle individuelle que collective.

Apparue dans le préambule de la Constitution de l'OIT, la notion de régime de travail réellement humain ne se limite pas à la simple sécurité physique et économique – qui est sa condition première d'existence, mais s'étend aussi à la nature et à l'utilité du travail, fourni. Cette extension à la dimension qualitative du travail a été pour la première (et unique) fois clairement exprimée dans la Déclaration de Philadelphie (1944) selon les termes de laquelle les différentes nations du monde doivent promouvoir « l'emploi des travailleurs à des occupations où ils aient la satisfaction de donner toute la mesure de leur habileté et de leurs connaissances et de contribuer le mieux au bien-être commun ». Dessinant les traits de l'*homo faber*, cette disposition offre une boussole pour aborder d'un point de vue normatif la question du travail au XXIe siècle. Elle signifie que pour être réellement humain, un régime de travail doit satisfaire les trois conditions suivantes :

– il doit assurer la sécurité physique et économique des travailleurs ;

– il doit autoriser l'expression de l'intelligence, ce qui implique une liberté dans le travail et pas seulement du travail ;

– il doit concourir à l'utilité commune, ce qui implique une responsabilité sociale et écologique, proportionnée au degré de liberté et de sécurité dont jouit chaque travailleur.

Le pacte fordiste ne concernait que la première de ces trois garanties – la sécurité physique et économique. Se contenter de défendre ce pacte est voué à l'échec, dès lors que les conditions dans lesquelles il a vu le jour ont profondément changé. Le régime du travail au XXIe siècle se trouve ainsi à une croisée des chemins : ou bien, en suivant la ligne de pente des réformes néolibérales, il sera placé sous le signe de la marchandisation totale du travail, et cet enfoncement dans la déshumanisation ne pourra qu'engendrer l'injustice et la violence, et précipiter le saccage de notre écoumène ; ou bien ce régime sera redéfini autour de ces trois impératifs de sécurité physique et économique, de liberté d'expression de l'intelligence humaine et de responsabilité sociale et écologique.

Le travail est ainsi le théâtre de trois bouleversements de grande ampleur, qui devraient conduire à repenser ses cadres juridiques, tant au plan national qu'international : un défi technologique, un défi écologique et un défi institutionnel.

Défi technologique

Depuis le XVIIIe siècle, l'imaginaire technoscientifique assimile les hommes aux machines. Avec la révolution informatique, l'assimilation du travailleur à la machine prend un nouveau visage. Il n'est plus conçu sur le modèle d'une machine obéissant mécaniquement aux commandes qu'elle reçoit, mais sur celui de l'ordinateur, c'est-à-dire d'une « machine intelligente » capable d'atteindre par elle-même les objectifs qui lui sont assignés, en rétroagissant en temps réel aux signaux qui lui parviennent. Au paradigme de la *subordination* succède celui de la *programmation* des travailleurs. À la différence de l'organisation scientifique de type taylorien, cette programmation n'est plus cantonnée aux ouvriers et aux employés, mais s'étend aux cadres dirigeants et aux travailleurs indépendants, ainsi qu'aux entreprises et aux États. Elle se donne à voir dans toute sa pureté dans ce qu'on nomme l'*ubérisation* du travail, qui substitue à la figure du dirigeant d'entreprise un « opérateur de plateforme en ligne » (au sens défini par l'article L. 1117-I du code de la consommation).

Un service « ubérisé » possède le plus souvent les cinq caractéristiques suivantes : la détention d'un système d'information ; la désintermédiation du service ; l'intermédiation de la rémunération de la prestation ; l'évaluation croisée du client et du prestataire ; la sanction automatisée de l'insuffisance du prestataire et des mauvais comportements du client.

Pour programmer les hommes sans les commander, l'ubérisation met en œuvre les théories comportementalistes très en vogue, avancées notamment par l'économiste Richard Thaler et le juriste Cass Sunstein, qui préconisent le recours aux « coups de pouce » (*nudges*) propres à amener les êtres humains dans le droit chemin du calcul d'utilité sans avoir à leur donner directement des ordres. Ces méthodes ont suscité l'enthousiasme des jurys du prix dit « Nobel d'économie » et du prix Holberg de sciences sociales, qui ont couronné chacun l'un de ces deux auteurs en 2018. La lecture des diverses enquêtes sur l'utilisation de ces procédés par Uber, notamment celle de Rozenblatt et Stark aux États-Unis, évoque pourtant davantage le dressage des chiens de Pavlov que le travailleur libéré. L'algorithme se charge aussi du contrôle et de la sanction de l'exécution du travail des chauffeurs, à partir notamment des notes de satisfaction attribuées par les clients. Les chauffeurs qui n'atteignent pas les objectifs fixés par la compagnie ne sont pas licenciés, mais « désactivés ».

La révolution informatique contribue plus généralement à une profonde transformation dans le fonctionnement et l'organisation des entreprises, et donc des collectivités de travail. Dans l'entreprise informatisée, le « cerveau d'œuvre » est distribué entre tous les travailleurs, dont on attend responsabilité et initiative, et qui peuvent et doivent collaborer directement, quelle que soit leur place dans la chaîne de commandement. Cette révolution technique fait courir de nouveaux risques, en même temps qu'elle crée de nouvelles opportunités pour l'établissement d'un « régime réellement humain du travail ».

Les risques sont ceux d'un enfoncement dans la déshumanisation du travail, qui se traduit par un essor spectaculaire des *pathologies mentales* au travail. Elle se traduit aussi par une augmentation des *fraudes* et des *malfaçons*, particulièrement préoccupante dans la recherche scientifique, désormais elle aussi « programmée », soumise à l'impératif de compétition et indexée sur des indicateurs de performance.

Les opportunités ouvertes par la révolution informatique sont dès lors celles d'une ré-humanisation du travail. Le fait que nos « machines intelligentes » prennent demain en charge tout ce qui est calculable dans le travail des hommes devrait permettre de concentrer ce travail sur sa part proprement *poïétique*, c'est-à-dire celle qui suppose une liberté, une créativité ou une attention à autrui, dont aucune machine n'est capable.

Né des précédentes révolutions industrielles, le droit du travail s'est affirmé comme une technique d'humanisation des techniques. La question à se poser aujourd'hui est de savoir dans quelle mesure ses catégories normatives répondent aux questions nouvelles soulevées par la révolution informatique. L'étude de quelques points de collision des techniques digitales et du droit du travail montre que certaines de ces catégories demeurent nécessaires, mais qu'elles sont aussi insuffisantes. Faute de temps, le cours s'est limité à l'étude de deux de ces points de collision : le travail sur plateformes (ou ubérisation) et la santé mentale au travail.

Selon les opérateurs de plateformes en ligne, les travailleurs qu'ils emploient sont des travailleurs « libérés », juridiquement indépendants. Cette qualification exaucerait les vœux d'une jeunesse éprise de liberté et serait un premier pas vers une nouvelle économie coopérative, sorte de stade suprême du capitalisme, où chacun serait enfin l'entrepreneur de lui-même, conformément à la logique néolibérale mise en lumière par Foucault.

La question juridique soulevée par ce travail n'a cependant rien de bien neuf : elle est celle des critères de qualification du contrat de travail. Et les pressions pour écarter cette qualification ne datent pas de l'informatisation de l'économie. La première à s'être exercée en ce sens remonte aux années 1960 et concernait le travail agricole qui, en ce domaine comme aujourd'hui dans celui de l'écologie, fait figure d'avant-courrier. Dans le contexte de l'industrialisation de l'agriculture, les firmes agroalimentaires ont eu alors recours à des contrats d'intégration assurant à ces firmes non seulement la maîtrise commerciale de l'activité de l'agriculteur – en amont par la fourniture des matières premières et en aval par le rachat de ses produits –, mais aussi le contrôle de l'exécution même de son travail, par l'imposition de véritables disciplines de production. Le législateur est intervenu en 1964 pour exclure ces contrats du champ d'application du droit du travail, moyennant quelques « garanties minimales », qui n'ont pas empêché la paupérisation et une montée de la souffrance au travail dans le monde agricole, dont la surmortalité par suicide n'est que le signe le plus visible.

Ce précédent des contrats d'intégration en agriculture conduit à relativiser la nouveauté des problèmes juridiques soulevés par l'ubérisation. Les travailleurs sous plates-formes sont eux aussi censés jouir d'une autonomie relative dans l'exécution d'un travail normalisé et surveillé par un cocontractant qui en tire profit. Les détenteurs des plates-formes, tout comme les industries agroalimentaires, concluent avec ces travailleurs un contrat de prestation de service qui se veut exclusif de la qualification de contrat de travail. Et comme en 1964, le législateur tente de « sécuriser » la position juridique des plates-formes, moyennant l'adoption par elles d'une charte de responsabilité sociale, dont les grandes lignes se trouvent définies par le projet de loi « mobilités ». Il entend briser ainsi la jurisprudence qui, dans tous les pays concernés, s'accorde à reconnaître tous les traits de la subordination salariale dans les conditions imposées aux travailleurs « ubérisés ». C'est ce qu'a mis en évidence l'analyse de l'arrêt *Take Eat Easy* rendu par la Cour de cassation le 28 novembre 2018.

À rebours d'un « au-delà de l'emploi », c'est un « en deçà de l'emploi » que donne à voir le travail ubérisé. Dès lors que la révolution informatique nourrit l'illusion d'un transfert de l'intelligence humaine vers la machine, elle se traduit non par une réduction, mais par une aggravation de l'oppression au travail. Là où le taylorisme se contentait d'asservir les corps, les nouvelles technologies peuvent être utilisées pour asservir les esprits, et non pour réduire la peine des hommes.

D'où le second point de collision de la révolution numérique et du droit du travail : celui des atteintes à la santé mentale. Il a été abordé dans le cours, au regard notamment de l'impact de la prévention de ce type de risques sur le management de l'entreprise. Sa prévention ne peut se limiter, comme c'est le cas pour les risques physiques, à des dispositions matérielles, mais oblige à s'intéresser à l'organisation même du travail. La Cour de cassation condamne ainsi la pratique de ce qu'elle nomme le « management par la peur », où elle voit une violation de l'obligation de prévention des risques professionnels. Cette dynamique de l'obligation de sécurité devrait conduire à mettre en question la conception même des algorithmes appelés à exercer des fonctions de direction, de surveillance ou de sanction des salariés.

Défi écologique

Faute de percevoir les limites des ressources naturelles, la révolution industrielle a encouragé leur surexploitation, faisant ainsi basculer notre planète dans ce qu'on nomme aujourd'hui l'âge de l'Anthropocène, c'est-à-dire une période marquée par l'impact déterminant de l'activité humaine sur l'écosystème terrestre.

Ce basculement doit conduire à reconsidérer la notion de propriété des ressources naturelles, en renonçant à y voir un lien binaire entre les hommes et les choses, pour y voir plutôt une tenure, c'est-à-dire une charge impliquant certes des droits, mais aussi des devoirs et des responsabilités écologiques, notamment à l'égard des générations futures. Dès lors, l'idée de justice sociale ne peut plus être cantonnée à la répartition des richesses, mais doit être étendue à leur usage. Autrement dit, elle doit être étendue à la question écologique. Est insoutenable, en effet, un régime de travail qui contribue à la surexploitation des ressources naturelles, au réchauffement climatique, à la perte de la biodiversité, aux pollutions de toutes sortes, à la désertification et aux migrations forcées qui en résultent.

De même que la révolution informatique, cette montée des périls écologiques oblige à prendre en considération non seulement les conditions de travail, mais aussi son sens et son contenu. Le droit de « contribuer le mieux au bien-être commun » que la Déclaration de Philadelphie reconnaît aux travailleurs comprend nécessairement, en effet, celui de peser en faveur d'une conception et d'une organisation du travail respectueuse de l'environnement.

Un tel droit se trouve déjà en germe dans le droit et le devoir d'alerte que les lois Auroux ont reconnu au salarié ou au comité d'entreprise en cas de situation dangereuse ou de défectuosité dans les systèmes de protection. Il est en passe d'être pleinement consacré en droit européen avec l'adoption par le Parlement le 10 avril 2019 du projet de directive sur la protection des personnes dénonçant les infractions au droit de l'Union.

Défi institutionnel

À l'échelle internationale, un conflit de logiques juridiques s'est fait jour entre, d'une part, les principes et règles du commerce et de la finance internationale, qui traitent le travail, les médicaments, les cultures ou les ressources naturelles comme de purs biens économiques en compétition sur un marché sans frontières, et, d'autre part, les principes et normes de justice sociale qui émanent de l'OIT, de l'OMS, ou de l'Unesco. D'où un ordre juridique international schizophrène, dont l'hémisphère commercial incite à ne pas ratifier ou appliquer les normes dont son hémisphère social proclame la nécessité et l'universalité. Dans ce contexte, la crédibilité de l'entier système d'organisations multilatérales né de la Seconde Guerre mondiale est aujourd'hui menacée.

Dans le même temps, la révolution numérique et l'effacement des frontières du commerce permettent aux entreprises de disjoindre les lieux d'exercice du pouvoir économique et les lieux d'imputation de la responsabilité. Cette disjonction autorise des comportements sociaux, écologiques et financiers irresponsables dont le coût finit par être supporté par les États, ainsi que l'a montré la crise financière de 2008. Pour se prémunir de ce grief d'irresponsabilité sans avoir à se soumettre à des législations contraignantes, les grandes entreprises se sont dotées de leurs propres normes de « responsabilité sociale et environnementale ». Mais qu'il s'agisse de normes ISO, de *compliance* ou de RSE, cette normalisation « technique » diffère de la légalité du *rule of law*, en ce qu'elle vise à programmer l'action économique plutôt qu'à lui fixer des limites.

Ce reflux de la légalité au profit de la programmation est révélateur d'un phénomène plus général et plus profond d'érosion de l'ordre juridique, dont le symptôme le plus révélateur est l'effacement de la figure du Tiers dans les rapports entre les individus comme entre les nations. Cet effacement est inhérent à la dynamique du Marché total et de la gouvernance par les nombres, qui soumet le droit au calcul d'utilité au lieu de soumettre les calculs d'utilité au respect du Droit. Ceci donne à la révolution informatique une dimension particulièrement dramatique, puisqu'elle entraîne avec elle une décomposition de nos institutions, au moment même où nous aurions au contraire le plus grand besoin de catégories juridiques nouvelles pour mettre nos nouvelles machines au service d'une émancipation du travail.

La ternarité est en effet de l'essence même du phénomène juridique, en tant qu'il vise à substituer la parole aux coups dans les rapports entre les êtres humains. C'est la méconnaissance de cette ternarité de l'ordre juridique qui a conduit aux errements de la sociologie lorsqu'elle prétend réduire le Droit à un système de domination, ou à ceux de l'analyse économique lorsqu'elle prétend le fonder sur de purs calculs d'utilité. Ces représentations du Droit participent de l'effacement progressif de la figure du Tiers. De cet effacement, quelques exemples ont été étudiés de façon approfondie dans le cours. Ont en particulier été étudiés les différents dispositifs juridiques qui visent à interdire l'accès au juge. Cette mise à l'écart du juge est une tendance lourde dans les relations internationales, qui s'est surtout exprimée ces dernières années dans la montée en puissance des clauses d'arbitrage dans les traités commerciaux, pour protéger les investisseurs privés du risque de voir leurs espérances de gain réduites par l'adoption de lois fiscales, sociales ou environnementales plus exigeantes. Mais cette éviction du juge professionnel est aussi à l'œuvre en droit interne. La manifestation la plus éclatante de cette tendance se trouve aux États-Unis, avec la prolifération dans les contrats les plus usuels, dont les contrats de travail, de clauses d'arbitrage qui privent la partie faible – le consommateur, le travailleur, le malade hospitalisé, la personne âgée dans une maison de retraite – de toute possibilité de recourir au juge. La Cour suprême est devenue la gardienne intraitable de la validité de ces clauses, qu'elle fonde sur la force obligatoire des contrats. Or, l'arbitrage, dès lors qu'il devient l'objet d'un marché, ne peut plus satisfaire au critère d'impartialité du Tiers qui caractérise un ordre juridique.

En France, l'introduction de clauses compromissoires dans les contrats de travail est prohibée, mais les symptômes d'effacement de la figure du Tiers impartial et désintéressé dans les relations de travail n'en sont pas moins nombreux. Ils sont inhérents tout d'abord à la *tendance à l'autoréglementation des entreprises* promue depuis une vingtaine d'année. Cette propension à une normativité autoréférentielle est un phénomène plus large, qui s'exprime aussi dans la technique aujourd'hui en vogue de l'autocertification, qui permet de faire l'économie d'agents de contrôle au nom d'une liberté économique plus grande. Un autre exemple de cette tendance à l'effacement de la figure du Tiers impartial au profit d'une conception binaire du lien social est l'engouement pour la *Blockchain*, censée supprimer le besoin d'un Tiers de confiance en inscrivant ces transactions dans une chaîne binaire de type « si…, alors… », rendue infalsifiable par les techniques cryptographiques. Un dernier exemple étudié dans le cours a été celui de l'interdiction faite au juge d'indemniser le préjudice réellement subi par la victime, par l'imposition d'un barème fixé par la loi. Imposée en matière de licenciement par les réformes Macron de 2018, cette « barèmisation » met en œuvre la théorie économique de l'*efficient breach of contract* : il s'agit de permettre à celui qui envisage d'enfreindre la loi de procéder à un calcul d'utilité de cette infraction, en mettant en balance la satisfaction qu'elle lui procurera et le coût qu'il aura à supporter.

Résumant l'ensemble de ce cours et le prolongeant par quelques perspectives d'avenir, le cours de clôture de la chaire, dont l'enregistrement audiovisuel est disponible sur le site du Collège de France, a été publié aux éditions du Collège de France et est accessible en ligne sur OpenEdition Books.

Colloque – Le travail au XXIe siècle : Droit, technique, écoumène

Les principes constitutionnels sur lesquels ont été fondés l'OIT en 1919 n'ont rien perdu de leur valeur ni de leur actualité. En revanche, les conditions dans lesquelles ses missions s'exercent ont profondément changé, dans la mesure où le travail est aujourd'hui à l'échelle du monde le théâtre de trois bouleversements de grande ampleur, qui sont autant de défis à relever : un défi technologique, un défi écologique et un défi institutionnel. Pour les relever, il convient, d'une part, de prendre la mesure et la signification de chacun d'entre eux et, d'autre part, de les analyser au prisme de la diversité des expériences et des cultures qui s'y trouvent confrontées.

Tel a été le double objet du colloque international qui s'est tenu au Collège de France les 26 et 27 février 2019, avec le soutien de l'OIT et de la Fondation du Collège de France, et dont les travaux ont été publiés à l'automne 2019 aux éditions de l'Atelier, sous la forme d'un *Livre du centenaire de l'OIT* intitulé *Le Travail au XXIe siècle*. Le programme de ce colloque a été le suivant :

Ouverture : Alain Supiot, professeur au Collège de France.

Première partie – La communauté des problèmes

Table ronde : la révolution numérique

• Bernard Stiegler (professeur à l'Université de technologie de Compiègne, directeur de l'Institut de recherche et d'innovation) : « Ergon, ponos, prolétarisation et au-delà. Repenser la richesse de l'œcoumène avec les algorithmes » ;

• Antoinette Rouvroy (chercheuse FNRS au Centre de recherche information, droit et société de l'université de Namur) : « Travailler en régime d'optimisation algorithmique : émancipation ou effondrement sémiotique ? » ;

• Giuseppe Longo (directeur de recherches au CNRS/ENS) : « Pensée et calcul : le sens des limites » ;

• Stéphane Mallat (professeur au Collège de France, chaire Sciences des données) : « Réflexions sur l'intelligence artificielle » ;

• Danouta Liberski-Bagnoud (directrice de recherche au CNRS/Institut des mondes africains) : « L'animisme des Modernes ».

Les périls écologiques

• Éloi Laurent (économiste à l'OFCE/EMI-Sciences Po/université de Stanford) : « Travail et commerce de la Terre » ;

• Jean-Philippe Martin (historien, professeur au lycée Jean Monnet, Montpellier) : « Le syndicalisme agricole face à la question écologique : les exemples de la Confédération paysanne et de Via Campesina » ;

• Peter Poschen (professeur à l'université de Freiburg, ancien directeur du département « Entreprise » de l'OIT et du Bureau pour le Brésil) : « L'agriculture, les limites de la planète et les futurs du travail ».

Le conflit des logiques en droit international

• Gabrielle Marceau (professeure à la faculté de droit de l'université de Genève et conseiller principal au service juridique de l'Organisation mondiale du commerce) : « La place des considérations sociales et conditions du travail dans les règles du commerce de l'OMC » ;

• Daniel Damasio Borges (professeur à l'université de l'État de São Paulo, UNESP) : « L'article XX du GATT 1994 : un véritable outil pour concilier des logiques différentes en droit international ? » ;

• Jean-Marc Sorel (professeur à l'école de droit, université Paris 1 Panthéon-Sorbonne) : « Réflexions sur l'ordre économique en droit international : justice sociale et efficacité économique ».

Seconde partie – La diversité des expériences

Les pays « émergents »

• Isaïe Dougnon (professeur d'anthropologie à l'université de Bamako et professeur adjoint à l'université Fordham, New York) : « Le travail entre tradition et modernité en Afrique de l'Ouest » ;

• Aiqing Zheng (professeur associé à l'université Renmin de Chine, Pékin) : « Les influences des évolutions techniques en matière du travail et des normes du travail : situations et réactions en Chine » ;

• Jeseong Park (directeur de recherches à l'Institut du travail de Corée) : « (Re) trouver une justice sociale perdue : l'expérience centenaire de la Corée (1919-2019) » ;.

• Supriya Routh (professeur adjoint à la faculté de droit de l'université Victoria, Canada) : « Constantes et variables du travail dans la nation bientôt la plus peuplée du monde ».

Le « vieux monde » industriel

• Emmanuel Dockes (professeur à l'université Paris Nanterre) : « Décompositions et recompositions du travail et de ses maîtres » ;

• Wilma Liebman, professeure adjointe à la New York University School of Law, ancienne présidente du National Labor Relations Board : « The "labor question" a century later » ;

• Elena Gerasimova (bureau régional de l'OIT pour l'Asie et le Pacifique, Former Head of the Department of Labour Law and Social Security Law of the Faculty of Law at the National Research University "Higher School of Economics" to Moscow) : « The role of work and its normative regulation in Russia: Between soviet roots and modern global challenges » ;

• Nicola Countouris (professeur à University College London, Future of Work in Europe) : « Governance by algorithms and the countervailing narrative of labour ».

Table ronde : unité et diversité du monde du travail

• Felwine Sarr (professeur d'économie à l'université Gaston Berger, Sénégal) : « Les migrations vues d'Afrique » ;

• Gerd Spittler (professeur émérite à l'université de Bayreuth) : « Le travail des enfants en Afrique : faut-il l'abolir, le tolérer ou l'encourager ? » ;

• Simon Deakin (professeur à l'Université de Cambridge) : « Justice sociale et efficacité économique ».

COURS À L'EXTÉRIEUR

Royaume-Uni (University of Glasgow School of Law)

• « Democracy laid low by the market », le 19 octobre 2018, 8th Annual Jurisprudence Lecture.

Appeared in the 1970s, the Law and economic doctrine has undermined this bases of democracy by assimilating the enactment of laws to negotiation on a market, and reducing democracy to a 'market of ideas'. The specific status of speech in the democratic area fades out, paving the way for "post-truth politics" and 'democratic dictatorships'.

• « Utopia and Ecoumene: A discussion of Alain Supiot's governance by numbers », le 20 octobre 2018.

Introduction by Alain Supiot and contributions by Nicola Countouris (University College London), Emilios Christodoulidis (University of Glasgow), Simon Deakin (University of Cambridge), Samuel Jubé (IEA Nantes), Poul Kjaer (Copenhagen Business School),Toni Marzal, (University of Glasgow) and Kerry Rittich (University of Toronto). Summary available on the link https://www.uofgschooloflaw.com/blog/2018/11/16/8th-annual-jurisprudence-lecture-a-review

Corée

• « La fonction anthropologique du droit », Seoul National University, Foreign Authority Forum 2019, le 28 mai 2019 ;

• « Le sens de la justice sociale et les tâches de l'OIT au XXIe siècle », Korean Labor Institute, Conference "Challenges of the ILO' 100 years and experiences in East Asia", le 30 mai 2019.

RECHERCHES

ACTIVITÉS DES CHERCHEURS RATTACHÉS À LA CHAIRE

Chercheurs contractuels

Étienne Nédellec est attaché de recherches (ATER) et doctorant en droit à l'université Paris 1 Panthéon-Sorbonne. Il prépare, sous la direction du professeur Jeuland, une thèse consacrée aux incidences des politiques managériales dans le domaine de la justice.

Publications

NÉDELLEC É., Recension de: « Loïc Cadiet, Burkhard Hess et Marta Requejo Isidro (dir.), *Approaches to Procedural Law. The Pluralism of Methods* », *Revue critique de droit international privé*, 2019, n° 1, p. 320-323.

NÉDELLEC É., Recension de : « Burkhard Hess et Xandra E. Kramer (dir.), *From Common Rules to Best Practices in European Civil Procedure* », *Revue critique de droit international privé*, 2019, n° 3, p. 912-916.

Camila Perruso est boursière Anna Caroppo de la Fondation du Collège de France (2018-2019) et doctorante en droit à l'université Panthéon-Sorbonne (Paris 1), en cotutelle avec l'université de São Paulo Camila Perruso. Sous la direction de Kathia Martin-Chenut et Claudia Perrone-Moisés, elle prépare une thèse de droit international sur le droit à un environnement sain. La soutenance de sa thèse doit intervenir au mois d'octobre 2019. Depuis 2017, elle participe à la coordination de la recherche « Vers un *jus commune* universalisable ? », sous la direction de Mme la professeure Delmas-Marty, en partenariat avec l'Institut de sciences juridiques et philosophiques de la Sorbonne. Dans cette UMR, elle coordonne les séminaires de l'Axe « Environnement ». Parallèlement, elle contribue aux activités de la Commission Environnement du Club de juristes liées au processus d'adoption d'un Pacte mondial pour l'environnement, dont le projet a été présenté par la diplomatie française devant l'ONU durant l'automne 2017.

Publications

PERRUSO C., « Chronique Environnement et droits de l'Homme (Système interaméricain de protection des droits de l'Homme) », *Journal européen des droits de l'homme*, vol. 2018/4, 2018, p. 392-396.

PERRUSO C., VARISON L., « La saisine du système interaméricain de protection des droits de l'Homme en matière climatique. L'analyse des pétitions autochtones », *in* C. COURNIL et L. Varison (dir.), *Les Procès climatiques, entre le national et l'international*, Paris, Pedone, 2018, p. 179-193.

PERRUSO C., CAMPOS T., « Considerações acerca do estatuto jurídico das empresas transnacionais no âmbito do direito internacional dos direitos humanos », *in* F. PIOVESAN, I. SOARES et M. TORELLY (dir.), *Empresas e direitos humanos*, Salvador, JusPodvm, 2018, p. 111-133.

PERRUSO C., COURNIL C., « Réflexions sur l'"humanisation des changements climatiques" et la "climatisation" des droits de l'homme. Émergence et pertinence », *Revue des droits de l'homme*, n° 14, 2018.

Chercheurs invités

Andrea Allamprese est professeur en droit du travail à l'université de Modène et Reggio Emilia (Italie). Les recherches qu'il a conduites lors de ses séjours au Collège de France à l'automne 2018 et au printemps 2019 ont porté sur un point névralgique des réformes françaises et italiennes du droit de licenciement : celui des modes de réparation des licenciements illégitimes.

Dernières publications

ALLAMPRESE A., « Initiativen für Arbeitsrechtschartas in Europa, *Arbeit und Recht*, n°s 7-8, 2019, p. 310 *sq*.

ALLAMPRESE A., DALMASSO R., « Les sanctions des licenciements illégitimes en France et en Italie : des droits sécurisés ou incitatifs aux licenciements ? », *Revue de droit comparé du travail et de la sécurité sociale*, vol. 2019/1, 2019, p. 136 *sq.*

ALLAMPRESE A., BORELLI S., ORLANDINI G., « La nuova Direttiva sul distacco transnazionale dei lavoratori », *Rivista giuridica del lavoro*, vol. 2019/1, 2019, p. 133 *sq.*

ALLAMPRESE A., « I limiti della critica e della satira nei confronti del datore di lavoro », *Rivista giuridica del lavoro*, vol. 2019/1, 2019, p. 250 *sq.*

ALLAMPRESE A., avec A. SUPIOT *et al.*, « De la démocratie en Europe », *in* A. SUPIOT (dir.), *Revisiter les solidarités en Europe*, actes du colloque du Collège de France (Paris, 18-19 juin 2018), https://halshs.archives-ouvertes.fr/halshs-02005204v2/document, p. 195 *sq.*

Eduardo C.B. Bittar est professeur associé au département de philosophie et de théorie générale du Droit de la faculté de droit de l'université de São Paulo (Brésil). Pendant son séjour au Collège de France (février 2019), Eduardo Bittar a achevé la rédaction de son livre *Filosofia do direito* : *diálogos globais, temas polêmicos e desafios da justiça* (São Paulo, Quartier Latin, 2019). Il a également préparé la conférence intitulée « La Théorie du droit, l'ère numérique et le post-humain » qu'il a donnée à l'université de Coimbra.

Sung-Eun Choi est *Associate Professor in History* à la Bentley University, Waltham, Massachusetts (États-Unis). Elle prépare une biographie intellectuelle de Jacques Berque, professeur titulaire de la chaire d'« Histoire sociale de l'Islam contemporain » au Collège de France dans les années 1980. Pendant son séjour en juillet 2019, elle a consulté une série de documents dans le fonds Jacques Berque du Collège de France, allant de manuscrits publiés et non publiés jusqu'aux correspondances scientifiques avec les intellectuels (et les étudiants) du Moyen-Orient et d'Afrique du Nord. Ces documents éclairent la personnalité de Jacques Berque, doté d'une perspective lointaine et conscient de l'importance de la connexion intime avec la culture des autres.

Kazumichi Hashimoto est professeur en histoire de la culture à l'université de Waseda (Tokyo). Traducteur en langue japonaise de nombreux ouvrages français, dont *Homo Juridicus* (Tokyo, Keiso-Shobo, 2018), le professeur Hashimoto a consacré ses séjours au Collège de France (septembre 2018 et septembre 2019) à la traduction de *L'Esprit de Philadelphie*, publiée au Japon en juin 2019 (Tokyo, Keiso-Shobo, 2019), ainsi qu'à ses propres recherches en histoire de la culture visuelle, dont on trouve un aperçu dans son article « Un double fétichisme dans la photographie » (*Rilas Journal*, n° 5, 2018).

Andrea Michieli est doctorant en droit public à l'université de Milano-Bicocca (Italie). De février à avril 2019, il a poursuivi au sein de la chaire ses recherches consacrées à l'approfondissement des figures de la démocratie économique et les formes de la participation démocratique, thèmes qui font l'objet de sa thèse de doctorat. En particulier, il a étudié les différents modèles européens de participation des travailleurs à l'entreprise.

Anna Musiała est professeure de droit du travail à la faculté de droit et d'administration de l'université Adam Mickiewicz de Poznań (Pologne) et membre de la Commission polonaise de codification du droit du travail. Durant son séjour au Collège de France (juin 2019), Anna Musiała a effectué des recherches comparatives dans le cadre d'un projet de recherche intitulé « Droits de l'homme dans le droit du travail en Pologne » [*Prawa człowieka w prawie pracy w Polsce*].

PUBLICATIONS

LIVRES

SUPIOT A., *Le travail n'est pas une marchandise. Contenu et sens du travail au XXIe* siècle, Paris, Collège de France, coll. « Leçons de clôture », n° 17, 2019 ; édition numérique : Collège de France, 2019, https://www.doi.org/10.4000/books.cdf.7026, https://books.openedition.org/cdf/7026.

SUPIOT A. (dir.), *Le Travail au XXIe siècle. Livre du centenaire de l'OIT*, Ivry-sur-Seine, Éditions de l'Atelier, 2019 (rédaction de l'introduction intitulée « Homo Faber : ruptures et continuité, p. 15-42).

SUPIOT A., *La Force d'une idée, suivi de L'Idée de justice sociale d'Alfred Fouillée*, Paris, Les Liens qui Libèrent, 2019 (nouvelle édition de l'article d'Alfred Fouillée « L'idée de justice sociale d'après les écoles contemporaines », *Revue des Deux Mondes*, vol. 59, t. 152, 1899, p. 47-75).

SUPIOT A. (dir.), *Mondialisation ou globalisation ? Les leçons de Simone Weil*, Paris, Collège de France, 2019 ; édition numérique : Collège de France, 2019, https://www.doi.org/10.4000/books.cdf.6007, https://books.openedition.org/cdf/6007 (rédaction de l'introduction et de la conclusion, intitulée « La souveraineté de la limite », p. 221-233).

SUPIOT A., *Revisiter les solidarités en Europe* [en ligne], actes du colloque (Paris, Collège de France, 18-19 juin 2018), Paris, 2019, HAL : halshs-02005204v2.

SUPIOT A. et MUSSO P. (dir.), *Qu'est-ce qu'un régime de travail réellement humain ?*, actes du colloque (Cerisy-la Salle, 4-11 juillet 2017), Paris, Hermann, 2018 (rédaction de l'introduction, intitulée « De la juste division du travail », p. 9-25).

ARTICLES

SUPIOT A., « Du savoir à la connaissance de la pauvreté », *in* M. DELMAS-MARTY et A. VAUCHEZ (dir.), *Quand les plus pauvres deviennent acteurs*, Paris, Académie des Inscriptions et Belles-Lettres, 2019, p. 65-74.

SUPIOT A., « La guerre du dernier mot », *in* : Liber amicorum *en hommage à Pierre Rodière. Droit social international et européen en mouvement*, Issy-les-Moulineaux, LGDJ, 2019, p. 489-503.

SUPIOT A., « Un artiste de la loi », *Le Nouveau Magazine littéraire*, n° 14, 2019, p. 92-95.

SUPIOT A., « Poïétique de la justice », *in* : *Le droit malgré tout. Hommage à François Ost*, Bruxelles, Presses de l'université Saint-Louis, 2018, p. 339-358.

SUPIOT A., « Democracy laid low by the market », *Jurisprudence*, vol. 9, n° 3, 2018, 449-460 https://doi.org/10.1080/20403313.2018.1545734.

TRADUCTIONS

SUPIOT A., 숫자에 의한 협치 콜레주 드 프랑스 강 (La Gouvernance par les nombres), trad. Jeseong PARK, Séoul, HanulMPlus, 2019.

SUPIOT A., フィラデルフィアの精神—グローバル市場に立ち向かう社会正義 (L'Esprit de Philadelphie), trad. Kazumichi Hashimoto, Tokyo, Keiso Shobo, 2019.

SUPIOT A., 法的人間 ホモ・ジュリディクス : 法の人類学的機能 (*Homo juridicus*. Essai sur la fonction anthropologique du Droit), trad. K. HASHIMOTO et S. DAKE, Tokyo, Keiso Shobo, 2018.

SUPIOT A., « Confronting the insupportable. Ressources of law of responsibility », *in* B. MARTIN, L. THE AHO et M. HUMPHRIES-KIL (dir.), *ResponsAbility: Law and Governance for Living Well with the Earth*, London/New-York, Routledge, 2019, p. 89-101. (traduction de l'introduction de *Prendre la responsabilité au sérieux*, Paris, PUF, 2015).

PRÉFACES

Préface du livre de F. DINGREMONT, *L'Odyssée des plaisirs*, Paris, Les liens qui libèrent, 2019, p. I-VI.

Chaire européenne
(chaire annuelle 2018-2019)

Lucrezia Reichlin
Professeure à la London Business School
et professeure invitée au Collège de France

Mots-clés : économie, Banque centrale

La leçon inaugurale (https://www.college-de-france.fr/site/lucrezia-reichlin/inaugural-lecture-2018-2019.htm) ainsi que la série de cours « La Banque centrale européenne et la crise de l'euro » sont disponibles, en audio et en vidéo, sur le site internet du Collège de France (https://www.college-de-france.fr/site/lucrezia-reichlin/course-2018-2019.htm), ainsi que le colloque « La réforme de la gouvernance économique de l'euro : quels problèmes quelles pistes ? » (https://www.college-de-france.fr/site/lucrezia-reichlin/symposium-2018-2019.htm).

Enseignement

Cours – La Banque centrale européenne et la crise de l'euro

Mes recherches actuelles se penchent sur l'évaluation critique des défis rencontrés par la Banque centrale européenne (BCE) pendant la période 2007-2015, au moment où sévissaient la pire récession et la pire crise financière de l'après-guerre, et où la BCE devait faire face à la première crise majeure de son histoire.

La crise a constitué un test de robustesse du cadre général de la politique monétaire de l'Union monétaire européenne face à l'instabilité financière et à de grands chocs cycliques. Aujourd'hui, après 20 ans d'existence de l'euro, une évaluation du cadre de cette politique monétaire est nécessaire.

L. Reichlin, « Chaire européenne », *Annuaire du Collège de France 2018-2019. Résumé des cours et travaux*, 119e année, Paris, Collège de France, 2022, p. 667-670, https://doi.org/10.4000/annuaire-cdf.17440.

La Banque centrale européenne est une banque centrale sans État. Plus spécifiquement, il s'agit d'une banque centrale dont le capital est abondé par 19 États différents, qui possèdent chacun leur propre autorité souveraine en matière de politique budgétaire et, jusqu'à une date récente, leur propre autorité de supervision financière. Dans le cadre du Traité de Maastricht, la BCE a été conçue comme une banque centrale indépendante à laquelle on a confié une mission étroite centrée sur la stabilité des prix. Le Traité a créé un ensemble de règles afin d'organiser la relation entre autorités monétaires et financières, règles supposées assurer la « dominance monétaire », soit une hiérarchie au sein de laquelle l'objectif de stabilité des prix prévaudrait toujours en matière de décisions et de régulations effectuées par la Banque centrale européenne.

Cette hiérarchie explicite est cependant mise à mal à chaque crise financière, dans tous les pays concernés. Afin de préserver la stabilité financière, les banques centrales doivent en effet alors intervenir sur les marchés, d'une manière qui a inévitablement des effets distributifs et suscite un risque d'aléa moral. Pour l'Union monétaire européenne, ceci est particulièrement problématique car ces interventions seront probablement spécifiques à un pays donné, comme cela a été effectivement le cas. Dans cette situation, la banque centrale devient *de facto* un canal de transfert entre États membres, et ceci menace la cohésion de l'Union. Je tâche de montrer que cette cohésion est une condition nécessaire de la crédibilité de la Banque centrale européenne en tant qu'organisme prêteur en dernier recours, puisque ceci est directement relié à sa crédibilité financière. En l'absence d'un cadre institutionnel permettant d'assurer la coordination financière et monétaire, le pouvoir de la Banque centrale européenne d'arrêter des crises de liquidités auto-réalisatrices est sévèrement limité, et la zone euro est davantage exposée à des crises financières que d'autres ensembles régionaux.

Mon enseignement a analysé cette question au moyen d'exemples historiques et de démonstrations quantitatives. Il a comparé deux périodes durant lesquelles la BCE a cherché à intervenir pour corriger des problèmes de liquidités au sein du secteur bancaire, et deux autres périodes durant lesquelles la BCE est intervenue au sein sur les marchés des emprunts d'État afin de protéger l'Union monétaire elle-même d'attaques spéculatives. Pour chacune de ces comparaisons, nous avons identifié un cas d'intervention réussie et un autre cas d'échec. La conclusion que j'ai défendue est que les cas malheureux peuvent être expliqués par un défaut de cadrage institutionnel, qui, en dernière instance, relève de l'absence d'une articulation implicite entre autorités monétaires et fiscales.

Un enjeu majeur en matière de décision et de régulation futures concerne la manière d'établir un cadre de gouvernance économique pour la zone euro qui, sans aller jusqu'au bout de l'union financière, permettra d'en établir la crédibilité tout en préservant le principe de l'indépendance des banques centrales.

Cours 1 – La particularité des banques centrales et de la BCE

11 janvier 2019

- La spécificité des banques centrales en tant que créateurs de monnaie monopolistique, et les liens entre politique monétaire, fiscale et financière ;
- l'indépendance des banques centrales et la maîtrise de l'inflation ;
- les spécificités de la BCE, banque centrale sans État.

Cours 2 – La conception de la BCE et du Traité de Maastricht

18 janvier 2019

• La zone euro avant la monnaie unique, et quelques éléments clés sur les taux de change et la stabilité monétaire ;

• débat et événements ayant conduit au Traité de Maastricht, et leur pertinence actuelle.

Cours 3 – 1999-2007 la BCE avant la crise

24 janvier 2019

• La BCE avant la crise : capacité à maintenir la stabilité des prix dans la zone euro, et à asseoir sa crédibilité ;

• évaluation pratique de la stratégie à deux piliers.

Cours 4 – La BCE et la crise, liquidité et solvabilité

1er février 2019

• Comparaison entre deux périodes d'intervention de la BCE : l'injection de liquidité dans les secteurs bancaires en 2007-2009 et 2011-2012 ;

• la tension entre les problèmes de solvabilité et de liquidité, et sa gestion par la BCE.

Cours 5 – Prêteur en dernier ressort

8 février 2019

• Comparaison entre l'effet de l'intervention sur le marché souverain en 2010 et l'effet de l'annonce des opérations monétaires sur titres en 2012;

• le rôle des institutions dans ces différents effets.

Cours 6 – Politique monétaire, politique de stabilité financière et de liquidité

15 février 2019

• L'usage de la politique de taux d'intérêts et les risques de déflation ;

• la politique de taux d'intérêts et la pertinence de la stratégie à deux piliers ;

• la BCE et le secteur bancaire avant l'union bancaire.

Cours 7 – L'union bancaire en Europe

22 février 2019, avec Nicolas Véron

• La politique monétaire depuis 2015 et ses liens avec la stabilité financière ;

• la BCE et le secteur bancaire après l'union bancaire.

Bilan

1er mars 2019

• Retour sur les thèmes de la leçon inaugurale ; l'euro peut-il survivre sans union fiscale et sans approfondissement de l'union bancaire ?

COLLOQUE – LA RÉFORME DE LA GOUVERNANCE ÉCONOMIQUE DE L'EURO : QUELS PROBLÈMES, QUELLES PISTES ?

Le colloque a eu lieu sous la forme d'une table ronde qui s'est tenue le 16 avril 2019.

Il s'agissait d'un événement public visant à intéresser un large public aux thèmes de la réforme économique et financière de l'architecture de la zone euro. Les panélistes, universitaires et décideurs, ont discuté des enseignements tirés de la crise de l'euro, des progrès réalisés dans la réforme institutionnelle de ces dernières années et des fragilités qui persistent. La discussion visait à identifier les principales controverses politiques dans le débat d'aujourd'hui et le programme des travaux futurs, tant au niveau académique que politique. Après une première série de brèves interventions des membres des groupes de discussion, la discussion a été ouverte aux questions et réponses de l'auditoire.

Intervenants :

- Lucrezia Reichlin (London Business School, CEPR et Collège de France) et Beatrice Weder di Mauro (Graduate Institute of Geneva, INSEAD et CEPR) ;
- Marco Buti (DG ECFIN, European Commission) ;
- Henrik Enderlein (Hertie School of Governance et Jacques Delors Institute Berlin) ;
- Francesco Giavazzi (Bocconi University et CEPR) ;
- Michel Houdebine (Tresor) ;
- Jean Pisani-Ferry (Bruegel, EUI, Hertie School of Governance et Sciences Po) ;
- Natacha Valla (European Central Bank) ;
- Jakob von Weizsäcker (German Ministry of Finance).

Création artistique

Création artistique (chaire annuelle 2018-2019)

Amos Gitaï
Cinéaste, professeur invité au Collège de France

Mots-clés : cinéma, mémoire, frontière, Israël, archive

La leçon inaugurale *La caméra est une sorte de fétiche. Filmer au Moyen-Orient* a été publiée sous forme imprimée (Collège de France/Fayard, 2019) et paraîtra prochainement en version numérique (Collège de France, https://books.openedition.org/cdf/156). Elle est également disponible en audio et vidéo sur le site internet du Collège de France (https://www.college-de-france.fr/site/amos-gitai/inaugural-lecture-2018-2019.htm), ainsi que la série de cours « Traverser les frontières » (https://www.college-de-france.fr/site/amos-gitai/course-2018-2019.htm), et le colloque « Le processus de création : contradictions, éthique, (ré)interprétations » (https://www.college-de-france.fr/site/amos-gitai/symposium-2018-2019.htm). Les actes de ce colloque ont été publiés sous forme numérique par le Collège de France (https://books.openedition.org/cdf/11908) et sous forme imprimée avec le soutien du Collège de France (sous la direction de J.-M. Frodon, Éditions Sébastien Moreu, 2021).

Enseignement

Cours – Traverser les frontières

En 2018-2019, j'ai été le premier cinéaste titulaire de la chaire Création artistique du Collège de France, ce qui a donné lieu à une série de neuf leçons autour du thème « Traverser les frontières », dont la leçon inaugurale prononcée le 16 octobre 2018, et ensuite publiée sous le titre *La Caméra est une sorte de fétiche. Filmer au Moyen-Orient* (Collège de France/Fayard, 2019). À la suite de ces leçons a été organisé, les 6 et 7 juin 2019, au Collège de France, un colloque international intitulé « Le processus de création : contradictions, éthique, (ré)interprétations ».

Filmer, c'est prendre une série de décisions qui déterminent non seulement ce qui sera inclus dans le cadre, mais aussi ce qui n'y sera pas. Cela signifie que nos choix

A. Gitaï, « Création artistique », *Annuaire du Collège de France 2018-2019. Résumé des cours et travaux*, 119e année, Paris, Collège de France, 2022, p. 673-685, https://doi.org/10.4000/annuaire-cdf.17455.

comprennent une part de mise à distance et de marginalisation. La caméra, comme le cinéma, produit un document subjectif. Elle exprime un point de vue particulier. Ces facteurs nécessitent de réfléchir à la stratégie de filmage adéquate pour chaque film et à l'usage particulier, mesuré, qui sera fait de ce fétiche appelé caméra. À une époque où nous sommes bombardés d'images de télévision, qu'il s'agisse d'informations ou de programmes de divertissement, où la technologie et l'industrie de production d'images ne cessent de progresser et de se sophistiquer, il importe de rester résolument conscient de l'acte de représentation ; de garder à l'esprit qu'il ne s'agit pas seulement du « quoi » filmer, c'est-à-dire du contenu de l'image produite, mais du « comment » filmer.

Autour du thème « traverser les frontières », j'examine en neuf séances, images à l'appui, les questions formelles et thématiques que cherche à construire son travail cinématographique, aussi bien au plan éthique et politique qu'au plan artistique. Outre des analyses d'œuvres qui permettent de construire des propositions théoriques, chaque leçon utilise des extraits de films, qui n'ont pas vocation à illustrer le propos mais au contraire à le problématiser.

Les cours ont eu lieu du 23 octobre au 11 décembre 2018. Certaines séances se présentent sous la forme d'un dialogue avec une personnalité choisie en fonction du thème.

Leçon inaugurale (cours 1) – La caméra est une sorte de fétiche. Filmer au Moyen-Orient

16 octobre 2018

Film: *The Book of Amos* (2012), court-métrage

Le propos est de mettre en évidence les spécificités d'une pratique radicale du cinéma. Que devient l'esthétique filmique si elle s'oppose au principe de l'illustration ? Cette esthétique n'est-elle pas alors également une éthique cinématographique ? Cette approche s'articule à la question du cinéma dans un contexte géopolitique en perpétuelle métamorphose. Au Moyen-Orient plus qu'ailleurs, le geste du cinéaste se rapproche de celui de l'archéologue. Il s'agit de prendre en considération les strates, les mémoires et les histoires pour approcher les situations humaines contemporaines.

The Book of Amos (2012)

Un plan-séquence unique tourné dans une rue de Tel-Aviv. Des comédiens, hommes et femmes, israéliens et palestiniens, incarnent le prophète Amos et font entendre aujourd'hui ses antiques imprécations contre la corruption et les injustices sociales.

Cours 2 – Le documentaire comme métaphore. *House* et *Wadi*, deux trilogies documentaires filmées pendant un quart de siècle ; *Ananas*

23 octobre 2018 [1]

Films : *House* (1980) ; *News from Home/News from House* (2005) ; *Ananas* (1983). Documentaires

House et *Wadi* sont deux films pour lesquels j'ai éprouvé le besoin de revenir, plusieurs années plus tard, sur les mêmes lieux pour filmer les mêmes personnes.

1. Ce cours a été filmé : https://www.college-de-france.fr/site/amos-gitai/course-2018-10-23-11h00.htm.

Wadi est pour moi une sorte de site archéologique, chaque personnage représentant une couche particulière d'une archéologie humaine. En fait, chaque film est pour moi comme un nouveau chapitre d'une chronique : j'enregistre différents états du territoire comme autant de couches archéologiques, parce qu'Israël se vit encore comme un État sans histoire, qui déploie des efforts surhumains pour excaver un petit morceau de mur de l'époque de Salomon et raser des quartiers entiers. On est toujours dans l'abstraction de la période sioniste. Avec *House* et *Wadi*, ce qui m'intéressait, c'était d'enregistrer, grâce à ces films tournés à plusieurs années de distance, les transformations humaines à l'intérieur d'un même site.

Pour *Ananas*, tout part d'une étiquette. Un jour, en ouvrant mon frigo, j'ai regardé de près une boîte d'ananas ; elle avait été fabriquée aux Philippines, mise en boîte à Honolulu, distribuée à San Francisco, et l'étiquette indiquait « imprimé au Japon ». C'était une illustration concrète de l'économie des multinationales. *Ananas*, c'est un peu comme *House* : un microcosme.

House (1980)

House (1980) retrace les changements de propriétaires et d'occupants d'une maison de Jérusalem-Ouest. Après le départ de son propriétaire, un médecin palestinien, en 1948, elle a été réquisitionnée par le gouvernement en vertu d'une loi sur les « absents », louée à un couple de Juifs algériens, puis rachetée par un professeur d'université israélien qui entreprend de la transformer. Sur le chantier se succèdent les anciens habitants, les ouvriers, le nouveau propriétaire, les voisins. Le film fut censuré par la télévision israélienne.

> Gitaï arrive à l'une des plus belles choses qu'une caméra puisse enregistrer en direct : des gens qui regardent la même chose et qui voient des choses différentes. Et que cette différence émeut. (Serge DANEY, *Libération*, 1er mars 1982)

News from Home/News from House (2005)

Dans *News from Home/News from House*, la juxtaposition des récits et des souvenirs se substitue au site filmé en 1980, puis en 1997. L'espace est devenu un espace mental. Le lieu s'est décomposé en un microcosme qui se prépare à l'exil, intérieur ou extérieur. Nous assistons à la création d'une identité palestinienne nouvelle, une identité de diaspora.

Cours 3 – « Ce n'est pas moi qui politise mes films, ce sont eux qui m'ont politisé »

30 octobre 2018 [2]

Films : *Journal de campagne* (1982) ; *À l'Ouest du Jourdain* (2017). Documentaires

Journal de campagne (1982)

Nous avions eu une sorte d'intuition, cinq ans avant l'Intifada, que ce que les Israéliens appelaient à l'époque une « occupation éclairée », une sorte d'occupation

2. Ce cours a été filmé : https://www.college-de-france.fr/site/amos-gitai/course-2018-10-30-11h00.htm.

sans occupation mais avec une présence militaire visible, serait synonyme de grande tension. Pour *Journal de campagne*, nous avons commencé à suivre un parcours, de manière méthodique, en usant du plan-séquence pour filmer divers épisodes. Chaque plan-séquence devient un chapitre du journal de tournage. À cette époque, on voulait empêcher que cette réalité de l'occupation soit filmée, parce qu'elle n'existait pas « officiellement ». Il fallait donc, coûte que coûte, supprimer les images. L'occupation est une idée abstraite, et le travail qui intéresse à mon avis chaque cinéaste est le suivant : comment décrire une abstraction ? *Journal de campagne* s'est fait de cette manière, en accumulant une série de situations filmées. Dans le contrat tacite qui me lie au spectateur, je me devais d'inscrire cette obsession ou cette insistance de filmer à tout prix.

À l'Ouest du Jourdain (2017)

Dans À l'Ouest du Jourdain, je retourne dans les territoires occupés pour la première fois depuis *Journal de campagne*. Le film décrit les efforts de citoyens israéliens et palestiniens qui tentent de dépasser les conséquences de l'occupation. Des liens humains se sont tissés entre des militants des droits de l'Homme, des journalistes, des militaires, des mères en deuil et même des colons. Devant l'absence de solutions politiques pour résoudre la question de l'occupation, ces hommes et ces femmes se dressent pour agir au nom de leur conscience civique.

Cours 4 – Représenter la guerre

6 novembre 2018 [3]

Personnalité invitée : Jean-Michel Frodon

Film : *Kippour* (2000)

Durant la guerre de Kippour, en 1973, je faisais partie d'une équipe de sauvetage. Pour nous, l'ennemi c'était la mort : il fallait sauver des gens. Lorsque notre hélicoptère a survolé le territoire syrien, j'ai vu des villages, des jeeps, des bases, et c'est à ce moment-là que le missile nous a touchés et que notre hélicoptère s'est écrasé. De sauveteurs, nous sommes devenus des victimes. J'avais commencé à filmer avec une petite caméra Super 8 pendant la guerre, mais j'ai mis vingt-sept ans avant de pouvoir réaliser un film de fiction sur cette expérience. En vingt-sept ans, ce qui n'était qu'un traumatisme personnel a pris une dimension symbolique. Israël est un pays bizarre : à chaque fois que vous pensez avoir réglé votre relation avec lui, vous réalisez que la réalité s'est déplacée, qu'elle est en transformation permanente. Je suis conscient de n'être qu'un individu à l'intérieur de ce grand mécanisme, peut-être un témoin, presque dans le sens hitchcockien du terme : au sens de témoin d'un crime. Je ne parlerai pas en termes de *mission*, mais il y a quelque chose que je dois traduire à travers mon propre regard. En même temps, Israël est un pays très touchant, il y a quelque chose de réel et direct, les choses sont très brutes, pas camouflées, plutôt assez exposées. Tout cela mérite un regard fort.

> Le principe de filmage de la guerre dans *Kippour* est simple, limpide. Privilégier la durée réelle […], faire de la caméra une personne supplémentaire qui marche à côté des soldats,

3. Ce cours a été filmé : https://www.college-de-france.fr/site/amos-gitai/course-2018-11-06-11h00.htm.

court, elle aussi, derrière les autres pour grimper dans l'hélico sur le point de décoller [...]. Le spectateur est à l'intérieur de la guerre tout en restant à l'extérieur du groupe, les accompagnant à distance. Jamais le film n'alimente chez le spectateur le fantasme de faire corps avec eux. » (Charles TESSON, *Cahiers du Cinéma*, n° 549, septembre 2000)

Personnalité invitée, Jean-Michel Frodon : Après avoir été journaliste et critique de cinéma au journal *Le Monde* et dirigé les *Cahiers du cinéma* de 2003 à 2009, il est actuellement professeur associé à Sciences Po Paris et enseigne à l'université Saint Andrews en Écosse. Blog : http://www.slate.fr/source/15525/jean-michel-frodon.

Cours 5 – Espace et structure, cinéma et architecture

13 novembre 2018[4]

Film : *Lullaby to my father* (2012)

Ni l'architecture, ni le cinéma ne sont des arts intimes. À la différence du peintre devant sa toile, il s'agit de création collective qui impose de mobiliser un grand nombre de collaborations. Et dans ces deux médiums, il s'agit de traduire des textes en formes. L'architecte reçoit un programme qui précise les fonctions, le site, le budget, les matériaux, etc., mais ce ne sont que des textes qu'il doit transformer en élaborant une forme spatiale en trois dimensions. Un cinéaste travaille avec un scénario, et là aussi ce ne sont au départ que des mots. Le processus créatif consiste à convertir ces mots en images, en une forme temporelle. Dans le type de cinéma que je défends, il est possible de mettre en œuvre un processus artisanal, capable de se transformer en permanence pour accueillir le hasard et les contingences, en maintenant ouvert le dialogue avec l'équipe et la possibilité de constamment réinterpréter les paramètres du projet.

Lullaby to my father (2012)

Je suis le parcours de Munio, mon père, né en 1909 en Silésie (Pologne), fils du métayer d'un junker prussien. À l'âge de 18 ans, Munio part à Berlin et à Dessau pour étudier au Bauhaus, auprès de Walter Gropius, Vassilli Kandinsky et Paul Klee. En 1933, le Bauhaus est fermé par les nazis, qui accusent Munio de trahison envers le peuple allemand. Munio est emprisonné, puis expulsé à Bâle. Il part pour la Palestine. À son arrivée à Haïfa, il entame une carrière d'architecte et il adapte les principes européens modernistes du Moyen-Orient.

Munio, mon père, comme ceux de sa génération, appliquait à son architecture la notion de modestie, de retenue, d'obéissance au projet collectif. C'est aussi cela, la tradition Bauhaus, et pas seulement les bâtiments orthogonaux. Imaginons que je développe un projet de film qui s'appuie sur sa biographie et aussi sur la géographie et sur la géométrie architecturale. Je voudrais tisser les liens entre les mouvements historiques et politiques qui ont créé et façonné le langage minimaliste, factuel. Ce sont les conséquences de la rationalisation du design et de la révolution technologique qu'ont connues toutes les grandes villes comme Berlin au siècle précédent – Berlin, sorte d'agglomérat de bourgades prussiennes, avait besoin d'une unité de style, d'une logique industrielle. Et le début de la réflexion sur l'habitat pour les masses

4. Ce cours a été filmé : https://www.college-de-france.fr/site/amos-gitai/course-2018-11-13-11h00.htm.

dans le contexte de la culture de masse comme celle de Benjamin, Adorno, Marcuse dans une autre ville, Francfort, mais à la même époque. Munio et ses amis ont réussi en partie et c'est pourquoi l'iconographie architecturale de cette période est moderne. Ils ont gravé dans la mémoire collective la simplicité dépouillée du design, l'absence d'ornements, à la différence de ce qui se fait actuellement chez nous, où hommes, femmes, enfants considèrent qu'il faut une kippa au sommet d'un immeuble juif.

> Le film est un voyage à la recherche des rapports entre un père et son fils, architecture et cinéma, événements historiques et fragments de souvenirs intimes. Cela tient du puzzle, et plus encore du kaléidoscope, les voix se mêlent tout comme les visages de Jeanne Moreau, Hanna Schygulla, les photos abîmées, les souvenirs, les vestiges. La quête est toute personnelle, c'est ainsi que, précisément, elle devient universelle, associant relation à sa terre et à l'histoire de celle-ci (le parcours de la famille Gitaï est indissociable de la fondation de l'État d'Israël), enracinement et vagabondage, attirance et répulsion. (Pascal MÉRIGEAU, *CinéObs*, 17 janvier 2013)

Cours 6 – Cinéma et histoire

20 novembre 2018[5]

Personnalité invitée : Sylvie Lindeperg

Films : *Berlin-Jérusalem* (1989) ; *Kedma* (2002) ; *Plus tard tu comprendras* (2008).

Fictions

Dans l'imaginaire de l'écrit se trouvent de multiples ressources permettant au cinéma d'activer les idées, les formules, les situations appartenant à la mythologie ou aux récits historiques fondateurs avec une actualité nouvelle et pertinente.

Kedma (2002)

Le cinéma est un artisanat
Un processus d'élaboration et d'articulation
De différentes strates
Parfois dans les documentaires
On est archéologue, on fouille
Strate après strate
Au fond on trouve un os ou un bout de maison
Et alors la Maison devient un film
Mais dans une autre ville
Jérusalem.
Et l'histoire des immigrants sur un bateau
Comme dans *Kedma*
La côte en face
Une sorte de silhouette
La crête du Carmel émerge de la mer
Ceux qui sont venus,
Et peut-être aussi ceux qui voulaient venir
Mais ne sont pas venus
Et ne viendront pas.
Amos GITAÏ, *Mont Carmel* (Paris, Gallimard, 2003)

5. Ce cours a été filmé : https://www.college-de-france.fr/site/amos-gitai/course-2018-11-20-11h00.htm.

Comment faire de la fiction sur un mythe fondateur ? Pour l'Amérique, le cinéma hollywoodien a inventé le western. Pour Israël, Amos Gitaï a tourné *Kedma*. [...] Pour nous dire que, dès la fondation d'Israël en mai 1948, effort sidérant pour transformer la fatalité d'un peuple en destin, un réel nettement plus délirant était au rendez-vous. Et Gitaï, au feu de son impressionnante mélancolie, ne ménage personne : ni les soldats du mandat britannique [...] ni les combattants du Palmach, l'armée clandestine juive [...] Il aurait fallu faire une nation inouïe et pas un État comme un autre. Car Gitaï dit ça aussi : que la question d'Israël n'est pas la question juive. Et que toute utopie finit mal en général. Quant aux Arabes, les autres grands déplacés du film, Gitaï ne leur confère pas un surcroît d'héroïsme, un supplément de martyre. Youssouf, un vieux paysan tracassé par les soldats juifs, se met à vociférer [...]. Plus tard, Janusz le juif, déboussolé par les combats, se met à hurler [...]. Nous en sommes toujours là, dans ce cauchemar, soliloque contre soliloque. (Gérard LEFORT, *Libération*, 17 mai 2002)

Berlin-Jérusalem (1989)

Else Lasker-Schüler et Mania Shohat font route chacune de leur côté vers Jérusalem, ville mythique mais aussi bien réelle, qu'il leur faudra affronter... Construit à partir des biographies de ces deux femmes, une poétesse expressionniste allemande et l'une des premières sionistes russes, le film fait l'aller-retour entre les cafés embués de Berlin dans les années 1930 et les collines de Jérusalem. *Berlin-Jérusalem* ou l'histoire d'utopies brisées.

Plus tard tu comprendras (2008)

Au moment où s'ouvre le procès de Klaus Barbie, Victor, qui vit à Paris, découvre que sa mère Rivka (Jeanne Moreau) a toujours fait silence sur sa souffrance et les persécutions dont sa famille fut la victime pendant la Seconde Guerre mondiale, sous l'occupation. Il va tenter de reconstruire cette mémoire. Adapté du roman autobiographique de Jérôme Clément, *Plus tard tu comprendras*, paru aux éditions Grasset en 2009.

Personnalité invitée, Sylvie Lindeperg : historienne, professeure à l'université Paris 1 Panthéon-Sorbonne, directrice du Centre d'études et de recherches en histoire et esthétique du cinéma (CERHEC), ses recherches portent sur les liens entre le cinéma, la mémoire et l'histoire, en s'attachant plus particulièrement à la période de la Seconde Guerre mondiale.

Cours 7 – Le cinéma est-il plus autoritaire que la littérature ? L'adaptation de textes littéraires

27 novembre 2018 [6]

Films : *Tsili* (2014), d'après le roman d'Aharon Appelfeld ; *Roses à crédit* (2010), d'après le roman d'Elsa Triolet. Fictions

La littérature n'a pas besoin du cinéma. Elle n'impose pas une image toute prête, qui tente d'étoffer un texte. C'est au lecteur de le faire, de différentes façons. Le cinéma est plus autoritaire. Il donne une interprétation unique d'un texte. En théorie, le cinéma est linéaire. On regarde un film du début à la fin, dans l'ordre dans lequel

6. Ce cours a été filmé : https://www.college-de-france.fr/site/amos-gitai/course-2018-11-27-11h00.htm.

les séquences s'enchaînent, alors qu'on peut toujours, quand on lit un roman, s'arrêter quand on veut. Je dis toujours aux écrivains que j'adapte : « Je ne veux pas illustrer votre texte, car il mérite d'exister seul. Je fais cette adaptation pour créer un dialogue entre deux disciplines indépendantes. Chacun a ses propres armes. Je suis intéressé par ce processus d'interprétation : je resterai fidèle à l'esprit du projet, mais pas forcément à sa lettre. »

Tsili (2014)

J'ai choisi d'incarner l'histoire de Tsili, en utilisant trois protagonistes féminines : deux actrices, Sarah Adler et Meshi Olinski, et une voix, celle de Lea Koenig. Comme s'il y avait d'énormes lacunes, dans cette génération de jeunes femmes survivantes de la Shoah. Comme si manquaient les années de plaisir et de jeunesse, qui ne leur seront jamais rendues. Le film a été tourné en yiddish, la langue de la diaspora européenne. Je me suis inspiré de ce qu'Aharon Appelfeld dit à Philip Roth dans *Parlons travail* :

> La réalité de l'holocauste a dépassé n'importe quelle imagination. Si je m'en étais tenu aux faits, personne ne m'aurait cru. Mais dès l'instant où j'ai choisi une fillette un peu plus âgée que je ne l'étais à l'époque, je soustrayais « l'histoire de ma vie » à l'étau de la mémoire, et je la cédais au laboratoire de la création, dont la mémoire n'est pas le seul propriétaire.

Roses à crédit (2010)

Au sortir de la guerre, Marjoline, une belle adolescente, arrive à Paris. Elle devient manucure dans un salon de beauté et épouse Daniel, chercheur en horticulture. Ils reçoivent en cadeau de mariage un bel appartement au confort moderne. Marjoline est au comble du bonheur. Pour le meubler, elle se couvre de dettes, malgré l'opposition de Daniel. Son désir obsessionnel de consommer va mettre leur bonheur en péril. D'après le roman d'Elsa TRIOLET, *Roses à crédit*, (Paris, Gallimard, coll. « Folio », n° 183 ; première parution en 1959).

> Le film dissèque impitoyablement, et pourtant avec sensibilité, le matérialisme de la classe moyenne française de l'après-guerre [...] Amos Gitaï suit habilement les méandres sentimentaux de ce mariage malheureux, lorsque l'endettement et les crédits à la consommation submergent peu à peu le romantisme du début. Le mouvement de reconstruction des années cinquante rythme la vie quotidienne, mais aussi le flux et le reflux de la relation amoureuse. » (Piers HANDLING, Festival international du film de Toronto).

Cours 8 – Mythologies et mémoires collectives. Le défi de se saisir d'un héritage culturel

4 décembre 2018 [7]

Personnalité invitée : Alain Schnapp

Films : ***Esther*** (1985) ; ***La Guerre des fils de lumière contre les fils des ténèbres*** **(2009)** ; ***Golem, l'esprit de l'exil*** **(1991). Fictions**

7. Ce cours a été filmé : https://www.college-de-France.fr/site/amos-gitai/course-2018-12-04-11h00.htm.

Les cinéastes ont le choix entre plusieurs options formelles, et toutes sont valables. Mais chacune a ses avantages et ses limites, selon les objectifs du réalisateur, les exigences du scénario, le choix des acteurs, etc. Pour moi, les films deviennent réactionnaires quand ils mettent fin au dialogue, quand ils omettent ou étouffent des opinions différentes. Lorsqu'un cinéaste adopte un point de vue unique en excluant tous les autres, la forme elle-même de son film devient un vecteur réactionnaire. Je pense qu'un film qui inclut plusieurs points de vue tend à être plus progressiste. Il ne s'agit pas simplement d'exposer une variété d'opinions, c'est bien plus compliqué que cela. Un cadre n'est jamais innocent, dans la mesure où vous décidez non seulement de ce qui sera à l'intérieur mais aussi de ce qui sera exclu. Que ce soit en architecture ou au cinéma, nous devons solliciter des points de vue alternatifs afin de tester nos hypothèses, pour déterminer leur validité à partir de perspectives multiples. C'est un processus très délicat, et il est très important de faire en sorte que des points de vue différents, divergents, ne soient pas écrasés. L'une des façons d'y parvenir est le cadrage, mais aussi le *mood*, qui est quelque chose de moins concret, de moins facile à mesurer. C'est plus de l'ordre de la perception, de la réflexion. Vous installez dans l'arrière-plan de la conscience des spectateurs un état d'esprit qui les rendra réceptifs au vaste volume d'informations qui prend place sur l'écran : arguments, contre-arguments, strates historiques.

À l'époque, je vis à Paris et je me fixe comme règle de ne pas faire, tant que j'y vis, de documentaires sur Israël. J'ai envie de commencer à faire de la fiction. Je décide de prendre un texte biblique, le livre d'Esther, pour commencer. Je suis attiré par sa beauté, sa simplicité, sa structure. Les juifs ont utilisé ce texte, au cours des générations précédentes, comme un territoire élargi : des membres de communautés disséminées dans le monde entier, dans des géographies et sous des régimes différents, ont continué à l'étudier et à le méditer tout en étant séparés ou exilés de leur territoire d'origine. Je me dis : pourquoi pas moi ? Pourquoi ne pas regarder ce texte qui devient métaphorique si je le prends d'un point de vue non religieux et si je l'applique à une forme de fiction ? J'en ai une connaissance intime, il a une résonance dans mon esprit, c'est un bon début. Ça, c'est l'attirance pour ce texte. Mais ensuite, il y a ce qui m'en éloigne. J'ai toujours besoin de ces deux mouvements pour commencer un projet. Donc je cherche un angle indirect pour observer la réalité, une structure indirecte ou parabolique. Et l'histoire d'Esther offre cette possibilité. Et troisièmement, j'aime détourner les mythologies existantes, questionner la validité de certaines vérités établies. Dans la mémoire collective, l'histoire d'Esther est celle de la victoire d'un peuple opprimé qui se libère de ses oppresseurs. Mais on oublie souvent la fin du texte : celle de la vengeance inutile qui est racontée par le scripteur biblique. Je veux rappeler cette partie qui a été oubliée et questionner le cycle de la vengeance et la permutation permanente oppresseur/opprimé.

Esther (1985)

Conçu comme une série de tableaux vivants, *Esther* est mon premier long métrage de fiction et le premier volet de ma « trilogie de l'exil » (avec *Berlin-Jérusalem* et *Golem, l'esprit de l'exil*).

La Guerre des fils de lumière contre les fils des ténèbres (2009)

Ce film, d'après *La Guerre des Juifs*, de l'historien antique Flavius Josèphe, raconte la fin de la souveraineté juive en Palestine en 73 ap. J.-C, après la guerre contre les Romains, la prise de Jérusalem, la destruction du Temple et la chute de

Massada. Dans ce spectacle créé au Festival d'Avignon (2009), Jeanne Moreau incarne Flavius Josèphe.

> Je rapporterai avec exactitude ce qui s'est passé dans les deux camps, mais, dans mes réflexions sur les événements, je laisserai paraître mes sentiments et je laisserai ma douleur personnelle s'exprimer sur les malheurs de ma patrie. Car ce sont des dissensions intestines qui l'ont détruite, cette patrie, et ce sont les tyrans juifs qui ont attiré sur le Saint Temple les coups et les torches des Romains qui voulaient l'épargner [...]. Et comme ce n'est la faute d'aucun étranger, je n'ai pu retenir mes lamentations. Si quelqu'un leur refuse toute indulgence, qu'il porte les faits au compte de l'histoire et les larmes au compte de l'historien. (FLAVIUS JOSÈPHE, *La Guerre des Juifs*, trad. du grec par P. SAVINEL, préface de P. VIDAL-NAQUET, Paris, Éditions de Minuit, 1977)

Golem, l'esprit de l'exil (1991)

À partir de l'interprétation du Golem dans la Kabbale espagnole – le Golem, incarnation de l'exil et des errants –, le film *Golem, l'esprit de l'exil* explore les significations contemporaines du livre de Ruth dans la Bible.

> Le texte biblique de Ruth a pour point de départ une histoire documentaire : une famille de Bethléem souffre de la famine et émigre à Moab, la « nouvelle terre d'exil ». Mais le narrateur de la Bible a transformé cet événement en fiction. Et c'est devenu plus qu'une fiction : un mythe sanctifié. [...] J'ai replacé les implications mythologiques dans le contexte d'aujourd'hui. La question de la création est le cadre général du film et, au sein de ce cadre, il y a un aller-retour permanent vers la question de l'exil. Ce thème du Golem est ma façon de m'interroger sur la question du langage cinématographique. Dans *Golem, l'esprit de l'exil*, la question centrale est celle du déracinement, qui est le fil rouge de toute la trilogie. (Amos GITAI, *in* Yann LARDEAU, *Les Films d'Amos Gitai*, inédit)

Personnalité invitée, Alain Schnapp : professeur émérite d'archéologie grecque (université Paris 1 Panthéon-Sorbonne), il a œuvré à la création de l'Institut national d'histoire de l'art (INHA), dont il a été le premier directeur général de 2001 à 2005. Il a été professeur invité par les universités de Princeton, Naples, Pérouse, Cambridge, Santa Monica et Heidelberg. Il est membre correspondant de l'Institut archéologique allemand et a reçu le prix de l'association des études grecques en 1988. Ses activités de recherche portent sur l'anthropologie de l'image en Grèce ancienne, l'histoire de l'archéologie et l'étude urbaine des cités et territoires du monde grec. Il a également coordonné un programme de recherche sur une histoire comparée des ruines (FMSH/ENSBA/Paris 1/ITEM).

Cours 9 – Chronique d'un assassinat. Comment un événement historique est transposé dans différents médiums artistiques : fiction, documentaire, expositions, pièces de théâtre

11 décembre 2018 [8]

Film : ***Le Dernier Jour d'Yitzhak Rabin* (2015), fiction**

Quand Rabin a été assassiné, le 4 novembre 1995, j'ai senti qu'une page de l'histoire israélienne moderne avait été tournée. J'ai toujours trouvé que cet endroit du monde est… comme un volcan. À l'échelle de la planète, ce n'est pas le conflit le

8. Ce cours a été filmé : https://www.college-de-france.fr/site/amos-gitai/course-2018-12-11-11h00.htm.

plus important : au cours des deux dernières années, il y a eu plus de morts en Syrie qu'en cent ans de conflit israélo-palestinien. Mais il a une très grande force symbolique pour différentes raisons. D'abord, c'est vraiment une collision entre une société occidentalisée et l'Orient. Ce petit territoire est aussi le lieu de naissance des trois religions monothéistes : le judaïsme, le christianisme et l'islam. Ensemble, ces trois religions diffusent une imagerie très forte sur toute la planète, alors que la distance entre la mer et le Jourdain n'atteint même pas cent kilomètres ! Donc, ce petit territoire a une très forte valeur symbolique.

Dans ce contexte, le problème de l'artiste, du cinéaste, de l'écrivain est de savoir quoi faire quand on vit près d'un volcan. Quelle forme artistique peut-on proposer ? Quelle est la bonne distance ? Cela signifie que puisque l'on est au milieu d'une situation très dramatique, une sorte de feuilleton ininterrompu, il faut imposer une perspective, et ce n'est pas facile. Il y a quelques années, nous avons donc décidé de faire ce projet sur l'assassinat de Rabin comme une sorte de geste de mémoire et même avec l'espoir que, parfois, lorsque l'on ressuscite la mémoire, cela peut faire bouger les choses. Mais nous devons rester modestes : l'art n'est pas le moyen le plus efficace de changer la réalité. La politique ou les mitraillettes ont un effet beaucoup plus direct. Mais parfois, l'art agit à retardement en conservant la mémoire, cette mémoire que le pouvoir voudrait effacer car il appelle à l'obéissance et ne veut pas être dérangé, il ne veut pas de dissidence. Si les artistes restent fidèles à leur vérité intérieure, ils produisent un travail qui voyage dans le temps, même s'il n'a pas un impact immédiat. J'espère que c'est ce que nous faisons avec cette présentation multiforme : un film, des expositions et une pièce de théâtre autour de l'assassinat d'Yitzhak Rabin.

Le Dernier Jour d'Yitzhak Rabin (2015)

4 novembre 1995. Yitzhak Rabin, Premier ministre israélien, l'homme des accords d'Oslo et prix Nobel de la paix, est assassiné sur la place des Rois d'Israël, à Tel-Aviv, après un long discours contre la violence et pour la paix. Son assassin est un étudiant juif religieux d'extrême droite. Vingt ans après, je reviens sur cet événement traumatisant. Replaçant l'assassinat dans son contexte politique et sociétal, le film mêle reconstitutions et images d'archives.

Colloque – Le processus de création : contradictions, éthique, (ré)interprétations

6 et 7 juin 2019

Le colloque[9] explore de multiples aspects du rapport à l'archive à partir de mon œuvre, de mes propres choix en matière de dépôts de documents liés à mon travail, de la dimension de traces mémorielles repérables au sein de mes réalisations, des opérations de déplacements, notamment en termes de médiums (pour l'écran, la scène, l'édition, le musée) qui eux aussi participent de l'accumulation archivistique.

---

9. Ce colloque a été filmé : https://www.college-de-france.fr/site/amos-gitai/p4602357456173326content.htm. Il a ensuite été publiée en mars 2021 aux Éditions Sébastien Moreu, sous la direction de J.-M. Frodon et avec le soutien du Collège de France ; la version numérique a été publiée en juin 2021 aux Éditions du Collège de France (https://books.openedition.org/cdf/11908).

La diversité des personnalités qui ont participé à ce colloque et la multiplicité des sujets évoqués, des pratiques artistiques concernées, des enjeux mobilisés font directement écho à l'ampleur et à la polysémie d'une œuvre de 40 ans, toujours en pleine activité. Il y est question de cinéma bien sûr, mais aussi de musique et de théâtre, d'architecture et de littérature, d'histoire et de technologie, de politique et de linguistique, de philosophie.

Programme

• Alain Prochiantz (administrateur du Collège de France) et Amos Gitaï ; Bruno Maurice (accordéon) : ouverture ; André Wilms lit des extraits de *Mont Carmel* (Amos Gitaï).

Séance « **Art et mémoire** » (présidée par Frédéric Maire, directeur de la Cinémathèque suisse)

• Frédéric Maire (directeur de la Cinémathèque suisse) : « L'œuvre d'un cinéaste vivant dans les cinémathèques du monde (l'exemple des films d'Amos Gitaï) » ;

• Laurent Bayle (directeur général de la Cité de la musique et de la Philharmonie de Paris) : « Musique et mémoire : comment questionner la tension entre l'acte de créer et la remémoration du passé ? » ;

• Emmanuel Demarcy-Mota (directeur du Théâtre de la Ville) : « Théâtre et contexte : le rapport au patrimoine » ;

• Joël Huthwohl (directeur du département des arts du spectacle, BNF) : « Un enjeu de mémoire : l'œuvre d'un artiste contemporain face à un événement historique majeur. Les archives du cinéma d'Amos Gitaï, un défi pour la BNF » ;

• projections (extrait) du *Dernier Jour d'Yitzhak Rabin* (2015) et de *Lettre à un ami de Gaza* (2018, 35 min) ;

• table ronde « Décoloniser l'imaginaire », présidée par Richard Peña (université de Columbia) avec Agnès Spiquel (présidente de la Société des études camusiennes), Amos Gitaï (architecte et bâtisseur de films).

Séance « **Les matériaux de la création** » (présidée par Laurent Roth, auteur et réalisateur)

• Bruno Maurice (accordéon) ;

• Amos Gitaï et Marie-José Sanselme (scénariste) : « Éthique et documents dans l'écriture des films d'Amos Gitaï. L'exemple du film *Tsili* » ;

• Marie-Pierre Ulloa (université de Stanford) : « Apprentissages, tâtonnements, création : *Plus tard tu comprendras*, un cas d'archives » ;

• Ophrah Shemesh (peintre et actrice) : « *Golem, l'Esprit de l'Exil*: The visual style as a pictorial language » ;

• Michael Cidor (architecte, Bibliothèque nationale de Jérusalem) : « Le legs de Munio Weinraub : l'architecture, entre art et utilité sociale » ;

• Dan Eytan (architecte, professeur au Technion, Israël) : « Design is meant for people » ;

• Lionel Richard (professeur honoraire des universités) : « Munio Weinraub et l'héritage du Bauhaus ».

Séance « **Mémoires, archives, parcours, représentations : l'héritage familial** »

• Laurence Engel (présidente de la BNF) et Amos Gitaï : introduction ;

• Projection de *Ana Arabia* ;

- Pierre-Marc De Biasi (directeur de recherche, CNRS/ENS) : « Pourquoi un artiste décide de donner les brouillons de son travail ? En quoi consistent ces documents dans le cas d'un cinéaste ? Les archives d'Amos Gitaï à la Bibliothèque nationale de France, l'université de Stanford » ;
- Ouzi Elyada (historien des médias, université de Haïfa) : « Étudier l'histoire d'Israël à travers le cinéma d'Amos Gitaï » ;
- Keren Mock (université Paris-Diderot) : « La réinvention d'une langue » ;
- Louis Sclavis (musicien).

Séance « Cinéma et résistance : leçons des cinq continents » (présidée par Jean-Michel Frodon, critique et enseignant à Sciences Po)

- Kioomars Musayyebi (santour iranien) ;
- Ashish Rajadhyaksha (Centre for the Study of Culture & Society, Bangalore, Inde) : « Options. Cinema in India, the exemple of Ritvik Ghatak » ;
- Adewale Benneth Olukayode (université de Columbia) : « The rise of Black African cinema » ;
- Richard Peña (université de Columbia) : « An illustrated lecture on Brazilian Cinema Novo, tracing its rise and fall as well as its continuing implications for filmmaking today » ;
- Jean-Michel Frodon (critique de cinéma et enseignant à Science Po Paris) : « Comment le cinéma d'Amos Gitaï fait archive » ;
- Naoum Kleiman (ancien directeur du musée du cinéma de Moscou) : « Cinema as resistance: Dziga Vertov and Serguei Eisenstein » ;
- Amos Gitaï : conclusion.

AUTRES ENSEIGNEMENTS ET RECHERCHES

I. ENSEIGNEMENT DES PROFESSEURS À L'EXTÉRIEUR

En France

École nationale supérieure de Lyon

Clément Sanchez (titulaire de la chaire Chimie des matériaux hybrides) a donné en décembre 2018 une série de cours sur : « Matériaux hybrides, chimie, procédés et propriétés ».

Inria Bordeaux

Gérard Berry (titulaire de la chaire Algorithmes, machines et langages) a donné le 12 décembre 2018 un cours sur : « En théorie, la théorie et la pratique c'est pareil, en pratique, ce n'est pas vrai » et un séminaire en relation avec le sujet du cours.

Université de Lyon

Marc Fontecave (titulaire de la chaire Chimie des processus biologiques) a donné quatre cours au printemps 2019 sur : « Chimie et défis énergétiques ».

À l'étranger

AFRIQUE DU SUD

Université de Pretoria

Thomas Römer (titulaire de la chaire Milieux bibliques) a donné du 17 au 22 février 2019 deux cours et deux séminaires sur : « The emergence and construction of monotheism ».

ALLEMAGNE

Université de Bonn *

Thomas Römer (titulaire de la chaire Milieux bibliques) a donné en mai 2019 un cours sur : « Bibel und Archäologie. Kiriath Jearim und die Ladeerzählung ».

Université Humboldt de Berlin

Clément Sanchez (titulaire de la chaire Chimie des matériaux hybrides) a donné quatre cours, au printemps 2019 sur : « Bioinspired strategies to advanced nanostructured inorganic and hybrid materials ».

Université de la Sarre, Sarrebruck

Carlo Ossola (titulaire de la chaire Littératures modernes de l'Europe néolatine) a donné deux cours sur : « Éloge de la description ».

AUSTRALIE

Université de Sydney

Anne Cheng (titulaire de la chaire Histoire intellectuelle de la Chine) a donné en septembre 2018 deux cours et deux séminaires sur : « Le pan-asianisme (Inde, Chine, Japon) ».

BELGIQUE

Université libre de Bruxelles, institut Solvay

Bernard Derrida (titulaire de la chaire Physique statistique) a donné du 16 au 25 octobre 2018 cinq cours sur : « Modèles de croissance et d'exclusion ».

Université libre de Bruxelles, département de Langues et Lettres

Jean-Luc Fournet (titulaire de la chaire Culture écrite de l'Antiquité tardive et papyrologie byzantine) a donné en novembre 2018 deux cours sur : « Le latin dans l'Égypte byzantine ».

Collège Belgique, Namur

Patrick Boucheron (titulaire de la chaire Histoire des pouvoirs en Europe occidentale, XIIIe-XVIe siècle) donné le 16 janvier 2019 un cours sur : « Expérience communale et inventivité politique dans l'Italie médiévale ; nouvelles perspectives de recherche ».

---

* Dans le cadre d'une convention signée avec le Collège de France.

BULGARIE

Université de Sofia

Édouard Bard (titulaire de la chaire Évolution du climat et de l'océan) a donné en décembre 2018 un cours sur : « Paleoclimate variations around the Black Sea during the last glacial cycle ».

Institut d'océanologie de Bulgarie

Édouard Bard (titulaire de la chaire Évolution du climat et de l'océan) a donné en décembre 2018 un cours sur : « Deglacial sea levels and the reconnection of the Black Sea with the Mediterranean Sea ».

CANADA

Université McGill

François Déroche (titulaire de la chaire Histoire du Coran. Texte et transmission) a donné du 10 au 14 septembre 2018 une série de cours sur : « Introduction à l'étude des manuscrits arabes », et une conférence sur : « Histoire du Coran ».

Peter Wall Institute for Advanced Studies, université de la Colombie-Britannique, Vancouver

Philippe Sansonetti (titulaire de la chaire Microbiologie et maladies infectieuses) a donné du 12 au 16 novembre 2018 deux cours sur : 1. « Infectious diseases of the future » ; 2. « How typhoid vaccination saved World War One », et quatre séminaires sur : « Human microbiome in health and disease ».

Université de la Colombie-Britannique *

Barbara Romanowicz (titulaire de la chaire Physique de l'intérieur de la Terre) a donné du 12 au 25 janvier 2019 trois cours sur : « Les séismes profonds ».

CHINE

Chinese PLA Medical School, Beijing

Christine Petit (titulaire de la chaire Génétique et physiologie cellulaire) a donné trois cours en juin 2019 sur : « Auditory Central Disorders ».

Faculté de médecine de l'université Jiao Tong, Shanghai

Hugues de Thé (titulaire de la chaire Oncologie cellulaire et moléculaire) a donné en octobre 2018 deux cours sur : « Thérapeutiques par différenciation ».

Université Fudan, Shanghai

Frantz Grenet (titulaire de la chaire Histoire et cultures de l'Asie centrale préislamique) a donné du 9 au 19 avril 2019 quatre cours sur : « The Sogdian presence in China: new discoveries, new considerations ».

Université de Shandong, Beijing

Thomas Römer (titulaire de la chaire Milieux bibliques) a donné du 3 au 10 juin 2019 trois cours et deux séminaires sur : « The formation of the Hebrew Bible ».

CORÉE

Korean Labour Institute

Alain Supiot (titulaire de la chaire État social et mondialisation : analyse juridique des solidarités) a donné en mai-juin 2019 deux cours sur : 1. « Les tâches de l'OIT au XXIe siècle » ; 2. « La fonction anthropologique du Droit ».

ÉTATS-UNIS

Université de Chicago *

Patrick Boucheron (titulaire de la chaire Histoire des pouvoirs en Europe occidentale, XIIIe-XVIe siècle) a donné du 6 au 12 mai 2019 un cours et un séminaire sur : « Ce que la *World history* fait à l'écriture de l'histoire ».

Thomas Lecuit (titulaire de la chaire Dynamiques du vivant) a donné du 22 au 26 avril 2019 deux cours sur : « Program, control and self-organisation of development et tissue looping, folding and invagination by mechano-chemical signaling ».

Mathematical Sciences Research Institute (MSRI), Berkeley

Claire Voisin (titulaire de la chaire Géométrie algébrique) a donné du 31 janvier au 4 février 2019 trois cours sur : « Decomposition of the diagonal and stable birational invariants ».

FINLANDE

Université de Oulu

Édouard Bard (titulaire de la chaire Évolution du climat et de l'océan) a donné au printemps 2019 deux cours sur : « Cosmogenic isotopes as chronometers and tracers ».

INDE

International Center for Theoretical Sciences (ICTS), Bangalore

Claire Voisin (titulaire de la chaire Géométrie algébrique) a donné du 1er au 6 octobre 2018 une série de cours sur : « Stable birational invariants ».

ITALIE

Université de Trente *

Antoine Compagnon (titulaire de la chaire Littérature française moderne et contemporaine : histoire, critique, théorie) a donné au premier trimestre 2019 deux cours et un séminaire sur : « Y-a-t-il encore des antimodernes ? »

Vinciane Pirenne-Delforge (titulaire de la chaire Religion, histoire et société dans le monde grec antique) a donné les 16 et 17 octobre 2018 deux cours sur : 1. « Dei, daimones, eroi : la complessità del politeismo greco » ; 2. « Il daimōn in Omero ».

MAROC

Académie du Royaume du Maroc, Institut français de Rabat *

Antoine Compagnon (titulaire de la chaire Littérature française moderne et contemporaine : histoire, critique, théorie) a donné au premier trimestre 2019 un cours sur : « La modernité en littérature ».

MEXIQUE

El Colegio Nacional et UNAM, Mexico *

Dominique Charpin (titulaire de la chaire Civilisation mésopotamienne) a donné le 11 octobre 2018 un cours sur : « L'assyriologue, un historien (presque) comme les autres ».

Stanislas Dehaene (titulaire de la chaire Psychologie cognitive expérimentale) a donné les 20 et 22 février 2019 deux cours sur : « Imagerie cérébrale des fonctions cognitives : langage, conscience » et deux séminaires en relation avec le sujet du cours.

Philippe Descola (titulaire de la chaire Anthropologie de la nature) a donné le 12 septembre 2018 un cours sur : « Comparando regìmenes comparativos ».

PAYS-BAS

Université de Leyde

Philippe Descola (titulaire de la chaire Anthropologie de la nature) a donné le 20 septembre 2018 un cours sur : « Figuring relations ».

ROYAUME-UNI

Maison française d'Oxford *

Jean-Luc Fournet (titulaire de la chaire Culture écrite de l'Antiquité tardive et papyrologie byzantine) a donné en juin 2019 un cours sur : « Le patrimoine cultuel païen dans l'Égypte de l'Antiquité tardive ».

Pierre-Michel Menger (titulaire de la chaire Sociologie du travail créateur) a donné en juin 2019 deux cours sur : « Travailler à créer ».

Université de Glasgow

Alain Supiot (titulaire de la chaire État social et mondialisation : analyse juridique des solidarités) a donné du 15 au 19 octobre 2018 deux cours sur : 1. « Governance by numbers: The making of a legal model of allegiance » ; 2. « State, corporations and democracy ».

SUISSE

Université de Lausanne *

Édouard Bard (titulaire de la chaire Évolution du climat et de l'océan) a donné début 2019 un cours sur : « Le radiocarbone comme traceur et chronomètre de l'environnement ».

VIETNAM

University of Science and Technology de Hanoi (USTH) *

Anne Cheng (titulaire de la chaire Histoire intellectuelle de la Chine) a donné en octobre 2018 un cours et un séminaire sur : « La place de la Chine dans le monde ».

Philippe Descola (titulaire de la chaire Anthropologie de la nature) a donné les 17 et 18 avril 2019 deux cours sur : 1. « Categorizations of natural kinds » ; 2. « Forms of relations between humans and nonhumans: Comparing Amazonia and Southeast Asia ».

Université nationale du Vietnam (VNU)

Anne Cheng (titulaire de la chaire Histoire intellectuelle de la Chine) a donné en octobre 2018 un cours et un séminaire sur : « Situation du confucianisme dans la Chine prémoderne et contemporaine ».

II. PROFESSEURS HONORAIRES

FONDEMENTS ET PRINCIPES DE LA REPRODUCTION HUMAINE (1993-1998)

Étienne-Émile BAULIEU
Membre de l'Institut (Académie des sciences), professeur émérite

Mots-clés : reproduction humaine

ACTIVITÉS DE RECHERCHE – NEUROPATHOLOGIES ET NEUROSTÉROÏDES

Deux catégories d'anomalies pathogéniques cérébrales ont été étudiées, sur les plans fonctionnels, mécanistiques et thérapeutiques, notamment grâce à l'utilisation de dérivés stéroïdes.

D'une part, afin de mieux connaître les composés influençant l'évolution de la maladie d'Alzheimer, nous avons découvert d'une manière inattendue le rôle de la peptidyl-prolyl-isomérase FKBP52 et son interaction avec l'importante protéine Tau pathogène dans la maladie. On trouvera un résumé d'une partie des travaux dans le rapport des activités de 2019-2020 [1, 2, 3]. Des progrès notables sont fondés sur une analyse détaillée de la structure de la protéine FKBP52 et des effets des différents segments.

D'autre part, nous avons découvert qu'un dérivé de la prégnénolone, que nous avons appelé MAP4343, permet l'amélioration des comportements dépressifs, y compris ceux qui résistent aux antidépresseurs conventionnels [4]. Le MAP4343 est actif rapidement (contrairement aux traitements efficaces connus jusque-là) et il est bien toléré chez l'Homme. Ce candidat-médicament est actuellement testé en France en milieu hospitalier chez des patients dépressifs résistant aux traitements disponibles. Un effet thérapeutique du MAP4343 sur l'addiction à l'alcool a également été découvert, en collaboration avec des chercheurs américains, ouvrant sur des essais cliniques conduits aux USA.

PUBLICATIONS

[1] CHAMBRAUD B., DAGUINOT C., GUILLEMEAU K., GENET M., DOUNANE O., MEDURI G., POÜS C., BAULIEU É.-É. et GIUSTINIANI J., « Decrease of neuronal FKBP4/FKBP52 modulates perinuclear lysosomal positioning and MAPT/Tau behavior during MAPT/Tau-induced proteotoxic stress », soumis à *Autophagy*.

[2] DE LA SIERRA-GALLAY I., BELNOU M., CHAMBRAUD B., GENET M., VAN TILBEURGH H., NICAISE M., DESMADRIL M., BAULIEU É.-É., JACQUOT Y. et BYRNE C., « Bio-inspired hybrid fluorescent ligands for the FK1 domain of FKBP52 », soumis à *The Journal of Medicinal Chemistry*.

[3] BYRNE C., BELNOU M., BAULIEU É.-É., LEQUIN O. et JACQUOT Y., « Electronic circular dichroism and nuclear magnetic resonance studies of peptides derived from the FKBP52-interacting β-turn of the hERα ligand-binding domain », soumis à *PeptideScience*.

[4] LEANDRI J., FOURNET V., LAMY P., COTTIN J., DE JOB E., ARTUS A., BAULIEU É.-É., VILLEY I. et FROGER N., « Relief in treatment-resistant depression model by a pregnenolone analog that restores neuroplasticity », en soumission à *PNAS*.

Physiologie de la perception et de l'action (1993-2010)

Alain Berthoz
Membre de l'Institut (Académie de sciences) et de l'Académie des technologies, professeur émérite

Mots-clés : physiologie, perception, action, empathie

Activités de recherche

Constitution de l'équipe : Mohamed Zaoui (ingénieur CNRS), Alexander Castilla (doctorante), Gaëlle Chartie (doctorante), Soizic Gauthier (doctorante)

L'étude des bases comportementales et neurales du développement chez l'enfant, des relations avec autrui et de l'empathie a été poursuivie avec le paradigme du « funambule » chez l'enfant sain, autiste et ayant des déficits visuo-spatiaux. Les travaux ont eu lieu à l'hôpital de la Salpêtrière dans le service du professeur de pédopsychiatrie David Cohen, en coopération avec le Dr Jean Xavier. Ils ont fait l'objet de la thèse de Soizic Gauthier, codirigée par le professeur François Villa (université Paris 8) et l'Isir ; elle a été soutenue le 8 octobre 2019. Deux articles ont été publiés et un troisième est en voie de soumission.

L'étude de la pathologie de la distinction entre soi et autrui a été poursuivie à Brest dans le service de pédopsychiatrie dirigé par le professeur Botbol, en coopération avec le département de psychologie de l'université de Brest (Pr P. Planche) chez des patientes anorexiques. Le paradigme du « double miroir » a été utilisé et une thèse de médecine sera soutenue par Émilie Maubant le 18 octobre 2019.

L'étude du développement chez l'enfant, des stratégies cognitives de mémoire spatiale et de navigation a été poursuivie à l'hôpital Stella Maris de Pise (Pr G. Cioni). Une bourse postdoctorale a été attribuée à Benedetta Luchese pour étudier, avec le paradigme de la ville virtuelle, la pathologie des enfants ayant des troubles de l'attention. Une expérience pilote sur 15 sujets a été réalisée et est en cours de dépouillement.

À Limoges, le professeur Anaick Perrochon a poursuivi notre projet d'étude des stratégies cognitives de mémoire spatiale avec le « tapis virtuel ». Une étude utilisant l'enregistrement de l'activité neuronale cérébrale par la technique de la *Near Infrared Spectroscopiy* (NIRS) a été menée pour évaluer le rôle du cortex préfrontal sur deux populations de sujets respectivement jeunes et âgés. Un article est rédigé et sera soumis à l'automne dans le cadre d'une thèse. Cette problématique a aussi été engagée lors de tests pilotes chez des patients ayant des troubles vestibulaires.

À Paris, Alexander Castilla a débuté une thèse sur les bases neurales, et en particulier sur l'inhibiiton, dans les réorganisations et la prise de décision lors de la navigation spatiale avec une nouvelle version du logiciel du tapis virtuel qui permet d'étudier les fonctions exécutives. La thèse, financée par la fondation IME (Dr Jacques Fradin), est faite dans le cadre de la formation doctorale de l'université Paris V, en codirection entre les professeurs Olivier Houdé et David Cohen de la Salpêtrière.

Une étude sur les bases neurales de la transition entre un geste festif et un geste violent est en cours à la fois à Paris et à Bruxelles dans le cadre de la thèse de Gaëlle Chartier. Cette thèse est codirigée par les professeurs de sociologie Éric Brian (ENS) et Marie Jaisson (Paris 13). D'autre part, cette année, une expérience de double enregistrement EEG (chez deux personnes face à face échangeant des gestes émotionnellement chargés) a été réalisée dans le laboratoire du professeur Guy Chéron à Bruxelles. Un article est soumis à la revue *Science*.

Un contrat a été obtenu avec la Fondation de France pour une étude de la cinématique de l'écriture en coopération avec l'Institut supérieur de recherche sur la psychomotricité ; et un autre avec le ministère de l'Éducation nationale, pour un développement des paradigmes de l'équipé dans des écoles.

Enfin, j'ai organisé à l'Institut d'études avancées de Paris un colloque international sur les « Brain geometries and their expression in art », en coopération avec le professeur Tamar Flash de l'institut Weizman en Israël.

J'ai donné une quinzaine de conférences plénières dans des congrès, ainsi que des séminaires dans des laboratoires, et participé à un enseignement de DU d'ORL à l'hôpital Saint-Antoine. J'ai également participé et animé, au Collège de France, de concert avec les professeurs Yves Le Floch Soy et Clément Sanchez, un groupe de travail sur les relations entre l'Homme et la Nature, qui débouchera sur un livre début 2020.

Publications

Livre

Berthoz A. et Ossola C. (dir.), *Les Libertés de l'improbable*, Paris, Odile Jacob, 2019.

Chapitre d'ouvrages

Catalogue d'exposition, *Fabienne Verdier. Sur les traces de Cézanne*, Aix-en-Provence, musée Granet, 2019.

Farkhatdinov I., Michalska H., Berthoz A. et Hayward V., « Review of anthropomorphic head stabilisation and verticality estimation in robots », *in* G. Venture, J.-P. Laumond et B. Watier (dir.), *Biomechanics of Anthropomorphic Systems*, Cham, Springer, coll. «Springer Tracts in Advanced Robotics », vol. 124, 2019, p. 185-209, https://doi.org/10.1007/978-3-319-93870-7_9.

Flash T., Karklinsky M., Fuchs R., Berthoz A., Bennequin D. et Meirovitch Y., « Motor compositionality and timing: Combined geometrical and optimization approaches », *in* G. Venture, J.-P. Laumond et B. Watier (dir.), *Biomechanics of Anthropomorphic Systems*, Cham, Springer, coll. «Springer Tracts in Advanced Robotics », vol. 124, 2019, p. 155-184 https://doi.org/10.1007/978-3-319-93870-7_8.

Articles

Keromnes G., Motillon T., Coulon N., Berthoz A., Boisgueheneuc F. du, Wehrmann M., Martin B., Thirioux B., Bonnot O., Ridereau R., Bellissant É., Drapier D., Levoyer D., Jaafari N. et Tordjman S., « Self-other recognition impairments in individuals with schizophrenia: A new experimental paradigm using a double mirror », *Nature Schizophrenia*, vol. 4, nº 1, 2018, art. nº 24, https://doi.org/10.1038/s41537-018-0065-5.

Xavier J., Gauthier S., Cohen D., Zahoui M., Chetouani M., Villa F., Berthoz A. et Anzalone S., « Interpersonal synchronization, motor coordination, and control are impaired during a dynamic imitation task in children with autism spectrum disorder », *Frontiers in Psychology*, vol. 9, 2018, 1467, https://doi.org/10.3389/fpsyg.2018.01467.

Gauthier S., Anzalone S.M., Cohen D., Zaoui M., Chetouani M., Villa F., Berthoz A. et Xavier J., « Behavioral own-body-transformations in children and adolescents with typical development, autism spectrum disorder, and developmental coordination disorder », *Frontiers in Psychology*, vol. 9, 2018, 676, https://doi.org/10.3389/fpsyg.2018.00676.

Paléontologie humaine (2008-2011)

Michel Brunet
Professeur émérite

Mots-clés : paléontologie humaine

Activités de recherche – Origine et évolution de la famille humaine durant le Mio-Pliocène

Le matériel fossile d'étude

Il fut mis au jour durant les campagnes de fouilles conduites dans le nord du Tchad (désert du Djourab), depuis plus de 25 années par la MPFT (Mission paléoanthropologique franco-tchadienne), en partenariat avec l'université (département de paléontologie) et le CNRD (Service des collections paléontologiques) de N'Djamena, Tchad. Pour l'année 2018-2019, ces recherches sont à l'origine, entre autres, de deux manuscrits autour de *Sahelanthropus tchadensis*, dit « Toumaï », le plus ancien d'entre nous (*ca.* 7 Ma) :

– « The earliest known Hominin limb bones remains (late Miocene, 7 Ma, Djurab desert, Chad) », manuscrit en cours de rédaction pour soumission à *Nature*. Collaboration entre PALEVOPRIM (CNRS-université de Poitiers), le laboratoire de paléontologie et le CNRD de l'université de N'Djamena ;

– « Dietary ecology of *Sahelanthropus tchadensis* (Chadian Late Miocene hominin) from stable carbon isotopes », review in *Science Direct*, rajout en cours des données publiées récemment pour l'Afrique du Sud). Collaboration avec le laboratoire d'archéologie d'Oxford (Royaume-Uni).

Poursuite des prospections géologiques et paléontologiques

– « Origine des Anthropoïdes sud-américains » : Patagonie chilienne (Terres australes), mission de terrain en préparation pour février 2020) ;

– « À la chasse aux chimpanzés fossiles sur les hauts plateaux du Cameroun de l'Ouest » : mission de terrain interrompue en 2019 pour raisons de sécurité) ;

– « À la recherche des plus anciens représentants du genre *Homo* au Nord Tchad, Djurab » : financement région Nouvelle-Aquitaine, mission du 29 novembre au 15 décembre 2918 ; une seconde mission devrait être programmée fin 2019-janvier 2020.

Événements scientifiques et diffusion

Participations aux colloques : Congresso Futuro, Santiago del Chile (15/01/2019) et Pontificia Academia Scientiarum (Vatican, 12-13 /04/2019).

Séminaire du cours de la professeure Molly Przeworski au Collège de France (16/11/2018) « Toumaï et le DAC (Dernier Ancêtre commun) ».

Collaboration au film documentaire : « Michel Brunet, au nom de l'humanité », film 52' de Aaron Padacké Zégoubé, TV Tchad.

Exposition avec duplications itinérantes : « Tous Humains » CCSTI PMF Poitiers.

GÉNÉTIQUE MOLÉCULAIRE (1993-2003)

Pierre CHAMBON

Membre de l'Institut (Académie des sciences), professeur émérite

Mots-clés : génétique moléculaire

RECHERCHE ET PUBLICATIONS

Durant l'année académique 2018-2019, nous avons poursuivi nos recherches dans la droite ligne de nos travaux antérieurs (voir rapport précédent) dans le cadre de travaux effectués à l'IGBMC avec l'aide du CNRS, de l'Inserm et de l'Usias (Institut d'études avancées de l'université de Strasbourg, chaire de biologie et de génétique moléculaire), et de travaux effectués et publiés en collaboration avec des groupes de recherche extérieurs français et étrangers.

Travaux effectués dans notre laboratoire

HUA G., ZEIN N., DAUBEUF F. et CHAMBON P., « Glucocorticoid receptor modulators CpdX and CpdX-D3 exhibit the same in vivo antiinflammatory activities as synthetic glucocorticoids », *PNAS*, vol. 116, nº 28, 2019, p. 14191-14199, https://doi.org/10.1073/pnas.1908258116.

HUA G., ZEIN N., PAULEN L. et CHAMBON P., « The glucocorticoid receptor agonistic modulators CpdX and CpdX-D3 do not generate the debilitating effects of synthetic glucocorticoids », *PNAS*, vol. 116, nº 28, 2019, p. 14200-14209, https://doi.org/10.1073/pnas.1908264116.

Ces travaux ont été effectués *in vivo* sur la souris démontrant que les composés de type « Cpdx » ne possèdent que les propriétés anti-inflammatoires bénéfiques des glucocorticoïdes, à l'exclusion de leurs effets secondaires qui limitent, à l'heure actuelle, leur utilisation thérapeutique prolongée chez l'homme.

Travaux effectués en collaboration avec des groupes de recherche extérieurs

OAKLEY R.H., CRUZ-TOPETE D., HE B., FOLEY J.F., MYERS P.H., XU X., GOMEZ-SANCHEZ C.E, CHAMBON P., WILLIS M.S et CIDLOWSKI J.A., « Cardiomyocyte glucocorticoid and mineralocorticoid receptors directly and antagonistically regulate heart disease in mice », *Science Signaling*, vol. 12, nº 577, 2019, eaau9685, https://doi.org/10.1126/scisignal.aau9685.

KIM K., GOLDBERG I.J., GRAHAM M.J., SUNDARAM M., BERTAGGIA E., LEE S.X., QIANG L., HAEUSLER R.A., METZGER D., CHAMBON P., YAO Z., GINSBERG H.N. et PAJVANI U.B., « γ-secretase inhibition lowers plasma Triglyceride-Rich Lipoproteins by stabilizing the LDL receptor », *Cell Metabolism*, vol. 27, nº 4, 2018, p. 816-827, e4, https://doi.org/10.1016/j.cmet.2018.02.010.

MALHOTRA N., LEYVA-CASTILLO J.M., JADHAV U., BARREIRO O., KAM C., O'NEILL N.K., MEYLAN F., CHAMBON P., VON ANDRIAN U.H., SIEGEL R.M., WANG E.C., SHIVDASANI R. et GEHA R.S., « RORα-expressing T regulatory cells restrain allergic skin inflammation », *Science Immunol*ogy, vol. 3, n° 21, 2018, eaao6923, https://doi.org/10.1126/sciimmunol.aao6923.

ANDERSSON A., TÖRNQVIST A.E., MOVERARE-SKRTIC S., BERNARDI A.I., FARMAN H.H., CHAMBON P., ENGDAHL C., LAGERQUIST M.K., WINDAHL S.H., CARLSTEN H., OHLSSON C. et ISLANDER U., « Roles of activating functions 1 and 2 of estrogen receptor α in lymphopoiesis », *J Endocrinol.*, vol. 236, n° 2, 2018, p. 99-109, https://doi.org/10.1530/JOE-17-0372.

PLIKUS M.V., GUERRERO-JUAREZ C.F., ITO M., LI Y.R., DEDHIA P.H., ZHENG Y., SHAO M., GAY D.L., RAMOS R., HIS T.C., OH J.W., WANG X., RAMIREZ A., KONOPELSKI S.E., ELZEIN A., WANG A., SUPAPANNACHART R.J., LEE H.L., LIM C.H., NACE A., GUO A., TREFFEISEN E., ANDL T., RAMIREZ R.N., MURAD R., OFFERMANNS S., METZGER D., CHAMBON P., WIDGEROW A.D., TUAN T.L., MORTAZAVI A., GUPTA R.K., HAMILTON B.A., MILLAR S.E., SEALE P., PEAR W.S., LAZAR M.A. et COTSARELIS G., « Regeneration of fat cells from myofibroblasts during wound healing », *Science*, vol. 355, n° 6326, 2017, p. 748-752, https://doi.org/10.1126/science.aai8792.

PALÉOANTHROPOLOGIE ET PRÉHISTOIRE (1983-2005)

Yves COPPENS

Membre de l'Institut (Académie des Sciences), professeur émérite

Mots-clés : paléoanthropologie, préhistoire

RECHERCHE

Michel Brunet et moi-même avons organisé, au Collège de France, un colloque de deux jours, les 3 et 4 juillet 2018, intitulé « Nouvelles perspectives pour l'histoire de l'Humanité. De l'origine des Anthropoïdes à l'émergence du genre *Homo*, puis de son déploiement sur la planète Terre ». 4 sessions se sont partagées 16 communications de 20 orateurs.

J'ai proposé par ailleurs à l'Académie pontificale des sciences (dont je suis membre depuis 2014), d'organiser, à Rome, sous son autorité, un colloque que je souhaitais intituler « Who was who, who did what, where and when? New fossile, new artefacts, new datings, new techniques, new questions », pour faire le point sur les découvertes nombreuses faites ces dernières années dans les disciplines que je sers, découvertes posant de nouvelles interrogations – des pierres taillées antérieures à l'Homme (au Kénya), des peintures rupestres antérieures à l'Homme moderne (en Espagne), une nouvelle espèce d'Homme contemporaine et compatriote d'*Homo sapiens* (en Afrique du Sud), etc. Accepté par le « Conseil » de l'Académie, ce colloque, que j'ai donc mis sur pied, ouvert, conduit et conclu, s'est tenu au Vatican du 11 au 14 avril 2019. Les actes qui en découlèrent sont actuellement sous presse (coédition Vatican/CNRS).

J'ai, bien évidemment, continué à assurer la présidence du Comité scientifique international des mégalithes de Carnac et des rives du Morbihan (et de sa délégation permanente), dont l'objectif est l'inscription de ces monuments (de 7000 à 4000 années BP) sur la liste des sites du patrimoine mondial de l'Unesco. J'ai été renouvelé dans mes fonctions de président du Comité scientifique international du Musée d'anthropologie préhistorique de Monaco par Ordonnance souveraine du 8 mars 2019 pour un nouveau mandat de trois ans. J'ai été invité, par ailleurs, à siéger, à Barcelone, du 6 au 9 novembre 2018, dans le jury du premier prix de la nouvelle fondation nationale d'archéologie et de paléontologie, Palarq, qui récompense les équipes scientifiques espagnoles fouillant en Espagne ou ailleurs dans le monde. Les 6 et 7 juin 2019, j'ai également siégé dans deux jurys de thèses de doctorat international à Tarragone : celle de Marie-Grace Pamela Faylona (philippine), intitulée « Les mollusques des niveaux pléistocènes à Homininés d'Indonésie » et celle de Mvimi Malebogo (botswanaise), intitulée « Les restes macro-botaniques du *Late Stone Age* du Botswana et de Namibie ».

Publications

COPPENS Y., « Préface », *MHN. Revue de Paléobiologie*, vol. 37, n° 2, 2018, p. 335.

COPPENS Y., « Année néandertalienne ! », *Archéologia* : *Palmarès et bilan des plus grandes découvertes*, n° 571, 2018, p. 62-63.

COPPENS Y., « Préface », *in* R. BONNEFILLE, *Sur les pas de Lucy*, Paris, Odile Jacob, 2018.

COPPENS Y., « Préface », *in* Y. CLAPIER et P.-J. GUILLAUSSEAU, *Faïences populaires de Quimper, regards sur notre patrimoine familial*, catalogue de l'exposition (Loctudy, Manoir de Kerazan, 15 juin-30 septembre 2018, Manoir de Kerazan, propriété de l'Institut, dont je suis le conservateur), 2018.

COPPENS Y., « Paléoanthropologie et préhistoire (1983-2005) », *Annuaire du Collège de France 2016-2017. Résumé des cours et travaux*, 117e année, Paris, Collège de France, 2019, p. 599-600 ; en ligne : https://doi.org/10.4000/annuaire-cdf.14600.

ÉTUDES JURIDIQUES COMPARATIVES ET INTERNATIONALISATION DU DROIT (2002-2011)

Mireille DELMAS-MARTY

Membre de l'Institut (Académie des sciences morales et politiques),
professeure émérite

RECHERCHE – VERS UN *JUS COMMUNE* UNIVERSALISABLE ? (SUITE)

Collège de France et Institut de sciences juridiques et philosophiques, CNRS/ Paris 1

Après une réunion préparatoire en mai 2016, un séminaire a été consacré en avril 2017 à l'exploration des deux premiers objectifs, puis une première journée d'études s'est tenue le 27 novembre 2017 et des Ateliers ont réuni un groupe restreint de chercheurs au cours du premier semestre 2018. Une seconde journée d'études de toute l'équipe s'est tenue en décembre 2018. La recherche entre dans sa dernière phase : le rassemblement des contributions dans la perspective d'une publication prévue fin 2019 qui associe des historiens et des juristes des diverses parties du monde et comprend trois parties : *Des fragments de* Jus commune *dans le tourbillon des vents contraires de la mondialisation* (I) ; *Ce que nous disent les vents de l'histoire* (II) ; *Les leviers d'un* Jus commune *universalisable* (III) ; et une conclusion *Entre les règles et l'esprit des règles.*

Lancement et coordination du Groupe de travail mensuel de l'Académie des sciences morales et politiques sur le thème « Mondialisation et humanisme : les destins possibles de l'humanité ». Ces travaux sont présentés dans un cycle de douze conférences dans l'année 2019-2020, Auditorium de l'Institut de France. Participation aux colloques et séminaires suivants : conférence « Penser l'ordre juridique à l'heure de l'anthropocène » (IEP Strasbourg, 20 septembre 2018) ; conférence « Migrants. Comment faire de l'hospitalité un principe ? » (Hôtel de Ville de Strasbourg, 20 septembre 2018) ; rencontre *Civilisation et empire*, communication « Entre l'Empire-monde et le Tout monde » (Fondation des Treilles, 24-28 septembre 2018) ; intervention au débat *Causes communes* (théâtre Antoine Vitez, Ivry-sur-Seine, 30 septembre 2018 ; conférence « Bâtisseurs d'un droit commun », *Nuit du droit* (GIP, ISJPS et École nationale de la magistrature, 4 octobre 2018) ; *Paris Peace* Forum, table ronde « Model International Mobility Convention » (13 novembre 2018) ; « Conclusions générales », colloque *La Déclaration universelle des droits de l'homme, plus que jamais* (CNCDH, Sciences Po, AFNU, 16 novembre 2018) ; direction des Journées d'études *Vers un* jus commune *universalisable : bilan et perspectives* (Collège de France et ISJPS, 3 et 4 décembre 2018) ; conférence « La Déclaration universel des droits de l'Homme » (librairie Ombles Blanches, Toulouse, 7 décembre 2018) ; intervention « Une boussole dans la mondialisation », cycle de conférences *L'Europe inachevée, une boussole pour la mondialisation* (Assemblée nationale, 10 avril 2019) ; intervention au festival *Étonnants voyageurs* (Saint Malo, 8-10 juin 2019).

Publications

Livres

DELMAS-MARTY M., *Sortir du pot au noir. L'humanisme juridique comme boussole*, Paris, Buchet-Chastel, 2019.

DELMAS-MARTY M. et VAUCHEZ A., *Quand les plus pauvres deviennent acteurs*, actes de la rencontre interacadémique « Ce que la misère donne à penser » organisée le 4 juin 2018 par l'Académie des Sciences morales et politiques, l'Académie des Inscriptions et Belles-Lettres et la fondation Joseph Wresinski-Institut de France, Paris, Académie des Inscriptions et Belles-Lettres, 2019.

Articles, avant-propos, préfaces

DELMAS-MARTY M., « Penser l'ordre juridique à l'heure de l'Anthropocène », *Eco-ethica*, vol. 7, 2018.

DELMAS-MARTY M., « International law as the articulation of universalism and pluralism », *in* J.-M. COICAUD et L.E. SIEGER (dir.), *Conversations on Justice from National, International, and Global Perspectives, Dialogues with Leading Thinkers*, Cambridge, Cambridge University Press, 2019.

DELMAS-MARTY M., « Les droits de l'homme et le "pot au noir" », *Communications*, vol. 104, n° 1, 2019, p. 25-36, https://doi.org/10.3917/commu.104.0025.

DELMAS-MARTY M., « Avant-propos. Dommages climatiques : quelles responsabilités ? Quelles réparations ? », *Journal international de bioéthique et d'éthique des sciences*, vol. 30, n° 2 : M. HAUTEREAU-BOUTONNET et S. MALJEAN-DUBOIS (dir.), *Dommages climatiques : quelles responsabilités ? Quelles réparations ?*, 2019, p. 11-16, https://doi.org/10.3917/jibes.302.0011.

Diffusion des travaux

Entretien : « 70 ans après la Déclaration universelle des droits de l'homme, ce qui manque c'est le mode d'emploi », *AOC*, 8 décembre 2018.

Entretien : « Pour une hospitalité universelle », *La Vie*, 19 décembre 2018.

Tribune : « Les nouvelles routes de la mondialisation », *Le Monde*, 12 janvier 2019.

Entretien : « Soit nous survivrons collectivement, soit nous serons balayés », *Télérama*, 7 juin 2019.

ÉTUDE DE LA CRÉATION LITTÉRAIRE EN LANGUE ANGLAISE (2002-2008)

Michael EDWARDS

Membre de l'Académie française, professeur émérite

Mots-clés : poésie, christianisme

RECHERCHE

J'ai commencé, cette année, par terminer mon livre, *Pour un christianisme intempestif*, en écrivant les trois chapitres qui le complètent. « Sachez que je suis Dieu » cherche à montrer la sainteté de Dieu en relisant les rencontres effrayantes avec Jahvé dans l'Ancien Testament et avec Jésus dans le Nouveau, et en critiquant la généralité de l'idée du *sacré* dans *Das Heilige* de Rudolf Otto. Dans « L'œuvre charitable de la traduction » (à l'origine, une conférence donnée à l'université de Varsovie), je critique les traducteurs bibliques qui ne mesurent pas la difficulté de traduire de grands écrivains comme David ou saint Paul, et qui produisent des traductions médiocres parce qu'ils ne connaissent pas, en écrivains, leur propre langue ou qu'ils essaient de rendre la Bible « accessible ». « Le Vrai christianisme », qui sert d'introduction, montre que le christianisme, devenu dangereusement familier, est toujours une parole contradictoire, qui choquait ses premiers auditeurs, en Palestine comme à Athènes, à tel point que ses partisans, à commencer par Jésus, furent souvent condamnés à mort. Deux autres chapitres, déjà écrits, furent donnés en conférences : « L'Art, étrange espérance » au Collège des Bernardins à Paris, et « Cherchez et vous trouverez » dans la basilique de Fourvière à Lyon.Mon nouveau livre de poèmes en anglais a progressé jusqu'au poème 90.

J'ai également ajouté les trois derniers chapitres à un livre sur l'art que j'avais interrompu et qui s'intitule *La Magie de la ressemblance*. L'« Introduction » explore, dans l'art figuratif, le pouvoir singulier de la ressemblance de percevoir, dans l'altérité de l'œuvre, non pas un monde autre, mais ce monde-ci transfiguré, phénomène étrange auquel j'offre une explication tirée du christianisme. « L'Ordinaire et son étrangeté » poursuit ce phénomène dans les natures mortes de Chardin qui réussissent, contre toute attente, à transformer le réel ; je tente aussi de comprendre le projet unique qui unit ses natures mortes, retours de chasse, scènes de genre, portraits et autoportraits. « Le Réalisme spirituel » suit chez Stanley Spencer ses nombreuses façons de développer la figuration afin de suggérer – en plaçant, par exemple, des événements bibliques dans les rues et les jardins d'un village anglais – dans la réalité ordinaire une extraordinaire présence.

J'ai aussi écrit sur « L'Étrangeté de la poésie » (conférence au lycée Henri IV), sur « Rostand : dramaturge ou poète » (pour le centenaire de sa mort) et sur « *La Tempête* de Shakespeare » (conférence au théâtre national La Criée, Marseille).

À l'Académie, j'ai écrit trois bloc-notes pour le site web ; j'ai composé, en tant que directeur, des « Hommages » à François Weyergans et à Michel Serres ; j'ai participé chaque jeudi au travail de la Commission du dictionnaire.

Publications

EDWARDS M., *At the Brasserie Lipp* (poèmes), Manchester (U.K.), Carcanet, 2019.

EDWARDS M., « L'Aristocrate des livres », *in* : *Tel était Bernard de Fallois*, Paris, Éditions de Fallois, 2018, p. 107-110.

EDWARDS M., « Le Sommeil de Neptune », *Rentrée solennelle des cinq Académies*, Paris, Institut de France, 2018, p. 51-57.

EDWARDS M., « Réponse de M. Michael Edwards au discours de M. Michel Zink », *in* : *Réception de M. Michel Zink*, Paris, Académie française, 2019, p. 23-39, et *in* : *Discours de Réception de M. Michel Zink à l'Académie française et réponse de M. Michael Edwards*, Paris, Éditions de Fallois, 2019, p. 55-90.

EDWARDS M., « Tête-à-tête est une expression anglaise », *Bloc-notes*, Académie française, 8 novembre 2018.

EDWARDS M., « La langue française n'est pas, comme le rugby, un combat », *Bloc-notes*, Académie française, 4 avril 2019.

EDWARDS M., « La Française République », *Bloc-notes*, Académie française, 2 mai 2019.

EDWARDS M., « Hommage à M. François Weyergans », *in* : *Hommages à M. François Weyergans*, Académie française, 2019, p. 9-11.

EDWARDS M., « L'art, étrange espérance », *in* Y. FLOUR et P. CAPELLE-DUMONT (dir.), *Rationalités et christianisme contemporain. Vigiles de l'espérance*, Les Plans-sur-Bex (Suisse), Parole et Silence, 2019, p. 181-196.

EDWARDS M., « Trembling Thresholds » (poèmes), *Poetry Salzburg Review*, vol. 34, 2019, p. 182-183.

EDWARDS M., « Hommage à M. Michel Serres », *in* : *Hommages à M. Michel Serres*, Académie française, 2019, p. 5-8.

EDWARDS M., « Ovide et le poème-récit », *Peut-être*, vol. 11, 2019, p. 61-67.

Civilisations de l'Europe au Néolithique et à l'âge du bronze (1994-2007)

Jean Guilaine

Membre de l'Institut (Académie des inscriptions et belles-lettres), professeur émérite

Mots-clés : Néolithique, âge du bronze

Recherche

J'ai participé à des campagnes de prélèvements paléogénétiques sur des restes anthropologiques issus de grottes funéraires du Bas-Languedoc (Néolithique, Chalcolithique, âge du bronze) qui seront traités au laboratoire Amis (Toulouse). Je suis intervenu dans la rédaction et l'illustration d'un article collectif sur la paléogénétique des populations néolithiques de la France (programme Ancestra, institut Jacques-Monod, Paris). Mon plus grand investissement est actuellement orienté vers la publication de monographies de sites dont j'ai conduit les recherches tout au long de ma carrière. Ont été terminés les manuscrits du dolmen de Saint-Eugène en Languedoc, de la grotte d'El Toll près de Barcelone et du site chypriote de Klimonas. J'ai également contribué, à la demande du Hcéres, à la rédaction d'un important rapport sur l'état et les perspectives de l'archéologie française. J'ai donné des conférences à Rennes, Saint-Pons, Oeiras (Portugal), Alcalà de Henares et à l'université de Corte et participé à des colloques à Nice, Calvi et Cagliari.

Publications

Ouvrages

Guilaine J., *Mémoires d'un protohistorien. La traversée des Âges*, Paris, Odile Jacob, 2019.

Francfort H.-P., André-Salvini B., Boissavit-Camus B., Brosseder U., Carré M.-B., Depaepe P., Forestier H., Guilaine J. et Walter P., *Rapport de synthèse et prospective de l'archéologie française*, Paris, Hcéres, 2019.

Articles

Guilaine J., « Siret's smile », *Antiquity*, vol. 92, n° 365, 2018, p. 1247-1259, https://doi.org/10.15184/aqy.2018.112.

Guilaine J., « Il Mediterraneo nel III millennio a.C.: un tragitto di geo-storia », *in* F. Cardini *et al.*, *Storia dei Mediterranei: popoli, culture materiali e immaginario dall'età antica al Medioevo*, Ragusa, Edizioni di storia e studi sociali, 2018, p. 9-31.

Guilaine J., « Les enceintes néolithiques entre guerre et paix », *in* M. Gandelin *et al.* (dir.), *Les Sites ceinturés de la Préhistoire récente*, Toulouse, Archives d'écologie préhistorique, 2018, p. 7-10.

GUILAINE J., « Les îles, des tremplins culturels ? », *in* N. TEYSSANDIER et S. THIÉBAULT (dir.), *Pré-Histoires. La conquête des territoires*, Paris, CNRS/Le Cherche Midi, 2018, p. 143-149.

GUILAINE J., « Revolución Neolítica? », *in* L. PALOP (dir.), *La Revolución Neolítica. La Draga, el poblado de los prodigios*, Alcalá de Henares, Museo Arqueológico de la Comunidad de Madrid, 2018, p. 15-20.

GUILAINE J., « L'émergence des chefs. Statues-menhirs et hiérarchie au Chalcolithique (3500-2200 av. J.-C.) », *L'Archéologue*, vol. 148, déc. 2018-janv. fév. 2019, p. 58-69.

GUILAINE J., « Aspects historiographiques de la Balma de la Margineda », *in* : *Miscel·lània a Pere Canturri Montanya*, Andorra la Vella, Editorial Andorra, 2018, p. 39-47.

GUILAINE J., « La conquête agricole de l'Europe fut-elle une aventure guerrière ? Ou les difficultés d'une archéologie "du contact" », *in* J. BAECHLER (dir), *Guerre et Histoire*, Paris, Hermann, 2019, p. 33-40.

GUILAINE J., « La cultura campaniforme: la primera manifestación de una cultura europea? », *in* G. DELIBES et E. GUERRA (dir.), *Un brindis por el Príncipe! El vaso campaniforme en el interior de la Península Ibérica (2500-2000 AC)*, Alcalá de Henares, Museo Arqueológico de la Comunidad de Madrid, 2019, p. 15-25.

GUILAINE J., « La plus ancienne histoire de la Corse en profond renouvellement », *in* J. SICURANI (dir), *L'Habitat pré- et protohistorique*, actes du colloque organisé par l'Association de recherches préhistoriques et protohistoriques corses (Calvi, 2017), 2019, p. 7-13.

GUILAINE J., « L'ancêtre masqué : le point de vue du spécialiste », *Archéologia*, n° 573, 2019, p. 13.

GUILAINE J., CREMONESI G., RADI G. et ANGELI L., « Le Néolithique ancien à Trasano (Matera, Basilicate). Nouvelles données chronologiques », *in* M. BERNABÒ BREA *et al.* (dir.), *A Madeleine Cavalier*, Naples, Centre Jean-Bérard, coll. du centre Jean-Bérard, vol. 49, 2018, p. 91-100.

GUILAINE J. et LEANDRI F., « Le temps des Statues-menhirs », *in* : *Les Corses, 2 000 ans d'aventures et d'utopies*, *L'Histoire. Les collections*, hors-série n° 81, 2018, p. 12-15.

GUILAINE J., MANEN C. et MARTZLUFF M., « Le Néolithique ancien en Languedoc occidental et Roussillon », *in* G. REMOLINS ZAMORA et J.-F. GIBAJA BAO (dir.), *Les Valls d'Andorra durant El Neolitic: un ecreuament de camins al centre dels Pirineu*, Barcelone, Museu d'Arqueologia de Catalunya, coll. « Monografies del MAC », vol. 2, 2018, p. 77-90.

GUILAINE J. et MARTZLUFF M., « Balma de la Margineda : l'espace habité au Néolithique ancien dans ses rapports avec l'environnement du site », *in* G. REMOLINS ZAMORA et J.-F. GIBAJA BAO (dir.), *Les Valls d'Andorra durant El Neolitic: un ecreuament de camins al centre dels Pirineu*, Barcelone, Museu d'Arqueologia de Catalunya, coll. « Monografies del MAC », vol. 2, 2018, p. 123-129.

ANGELI L., LEGNAIOLI S., FABBRI C., GRIFONI R., LORENZETTI G., GUILAINE J., PALLESCHI V. et RADI G., «Analysis of Serra d'Alto figuline pottery (Matera, Italy). Characterization of the dark decorations using XRF », *Microchemical Journal*, vol. 137, 2018, p. 174-180.

BRIOIS F., VIGNE J.-D., GUILAINE J. et FRANEL Y., « Ayios-Tychonas – Klimonas (Cyprus) », *Bulletin de correspondance hellénique*, vol. 139-140, n° 2, 2016, p. 1022-1027, https://doi.org/10.4000/bch.495.

MANEN C., PERRIN T., GUILAINE J., BOUBY L., BREHARD S., BRIOIS F., DURAND F., MARINVAL P. et VIGNE J.-D., « The Neolithic transition in the Western Mediterranean: A complex and non-linear diffusion process. The Radiocarbon record revisited », *Radiocarbon*, vol. 61, n° 2, 2018, p. 531-571, https://doi.org/10.1017/RDC.2018.98.

MANEN C., PERRIN T., RAUX A., BINDER D., LE BOURDONNEC F.-X., BRIOIS F., CONVERTINI F., DUBERNET S., ESCALLON G., GOMART L., GUILAINE J., HAMON C.,

PHILIBERT S. et QUEFFELEC A., « Le sommet de l'iceberg ? Colonisation pionnière et Néolithisation de la France méditerranéenne », *Bulletin de la Société préhistorique française*, vol. 116, nº 2, 2019, p. 317-361.

MARTZLUFF M., GUILAINE J. et MAZZUCCO N., « Retour sur les industries du Néolithique ancien de la Margineda : la part du legs mésolithique et la part des innovations », *in* G. REMOLINS ZAMORA et J.-F. GIBAJA BAO (dir.), *Les Valls d'Andorra durant El Neolitic: un ecreuament de camins al centre dels Pirineu*, Barcelone, Museu d'Arqueologia de Catalunya, coll. « Monografies del MAC », vol. 2, 2018, p. 241-254.

MORILLO LEÓN J.M., PAU C. et GUILAINE J., « The Proboscidean ivory adorments from the Hypogeum of Padru Jossu (Sanluri, Sardinia, Italy) and the Mediterranean Bell Beaker », *Zephyrus*, vol. 82, 2018, p. 35-63, http://dx.doi.org/10.l4201/zephyrus2018823563. .

OMS F.X., MAZZUCCO N., JAVIER SANTOS F., GUILAINE J., EULALIA SUBIRA M. et GIBAJA J.-F., « Les dades radiocarboniques i la seva analisi durant el Neolitic a les valls d'Andorra », *in* G. REMOLINS ZAMORA et J.-F. GIBAJA BAO (dir.), *Les Valls d'Andorra durant El Neolitic: un ecreuament de camins al centre dels Pirineu*, Barcelone, Museu d'Arqueologia de Catalunya, coll. « Monografies del MAC », vol. 2, 2018, p. 91-100.

Préfaces, comptes rendus, divers

GUILAINE J., préface à P. BUENO RAMIREZ *et al.* (dir.), *Símbolos de la muerte en la Prehistoria reciente del Sur de Europa. El dolmen de Soto, Huelva, Españ̃a*, Séville, Consejería de Cultura y Patrimonio histórico, 2018, p. 7-10.

GUILAINE J., préface à L. TURETTI et G. CHALULEAU, *Histoire d'un vignoble : Limoux*, Villemur-sur-Tarn, Éditions Loubatières, 2018, p. 7-9.

GUILAINE J., préface à *Contes à dire, contes à lire*, t. 1 : *La Vallée de la Corneilla*, Limoux, Terre de Passage, 2019, p. 5-6.

GUILAINE J., compte rendu de J. GUILAINE et J. SÉMELIN (dir.), *Violences de guerre, violences de masse. Une approche archéologique* (Paris, La Découverte, 2016), *Comptes rendus de l'Académie des Inscriptions et Belles-Lettres*, juillet-octobre 2017, p. 1256-1258.

GUILAINE J., discours prononcé le 22 octobre 2018 lors de la remise du Doctorat *honoris causa* de l'université de Lisbonne (français/portugais), *Ophiussa, Revista do Centro de Arqueologia da Universidade de Lisboa*, vol. 2, 2018, p. 237-251.

GUILAINE J., « Esta si fué une autentica revolución », *El Pais*, 22 avril 2018 (interview par G. ALTARES).

ÉPIGRAPHIE ET HISTOIRE DES CITÉS GRECQUES (2004-2014)

Denis KNOEPFLER

Membre associé étranger de l'Institut (Académie des inscriptions et belles-lettres), professeur émérite

Mots-clés : épigraphie, cités grecques, archéologie, histoire de l'Antiquité

FOUILLES ET RECHERCHES

Durant toute l'année 2018 encore, mon activité s'est développée autour de la découverte et de la fouille du sanctuaire d'Artémis à Amarynthos (île d'Eubée) par l'École suisse d'archéologie en Grèce (ESAG), recherche dont j'assure depuis le début la direction scientifique, aux côtés de mon collègue de l'université de Lausanne, le professeur Karl Reber, directeur de l'ESAG, et de jeunes archéologues qui conduisent les fouilles avec une grande compétence professionnelle, notamment Tobias Krapf et Thierry Theurillat, tous deux secrétaires scientifiques de la même institution. Comme indiqué dans le précédent rapport d'activité (cf. *Annuaire* 2016-2017, p. 616-618), la mise au jour, au cours de la campagne de 2017, de plusieurs inscriptions avait permis d'établir de manière définitive l'identification à l'*Amarynthion* du géographe Strabon des premiers vestiges repérés à partir de 2007, en dépit de la divergence topographique irréductible qui paraissait exister entre son témoignage sur ce sanctuaire appartenant à la cité d'Érétrie et un faisceau d'indices archéologiques et épigraphiques plaidant pour une distance près de dix fois supérieure à celle qu'il fournit entre la muraille de la ville et le bourg d'Amarynthos. Proposée par le professeur dès le début de ses recherches un demi-siècle plus tôt, une correction paléographique très simple – dont peuvent rendre compte les conditions de la transmission manuscrite de la Géographie – permet, en effet, de mettre son texte en parfait accord avec les réalités du terrain telles qu'elles se dégagent chaque année un peu mieux grâce aux progrès de la fouille.

La campagne de 2018 a eu pour objet de poursuivre l'exploration du sanctuaire à l'horizontale comme à la verticale. Certes, il ne s'agissait pas de retrouver partout les niveaux les plus anciens, chose du reste impossible, mais de clarifier la fonction et la date d'un édifice manifestement très ancien que les sondages de 2012 avaient fait apparaître de manière partielle à proximité immédiate des fondations du grand portique hellénistique (fin du IVe siècle avant J.-C.). De fait, la confirmation a été rapidement apportée que l'on avait affaire à un long édifice manifestement cultuel datant des alentours de 700 av. J.-C et installé en partie sur une fondation sensiblement plus ancienne encore (époque dite « protogéométrique »). Dès lors se pose dans toute son acuité la question des origines du sanctuaire et le problème de sa relation possible, dans une première phase au moins, avec l'établissement protohistorique repéré depuis longtemps sur la colline qui jouxte le site vers le sud-est. Parallèlement, nous avons poursuivis des investigations ayant pour but de déterminer les limites et de préciser le plan du *hiéron* d'Artémis *Amarysia* à l'époque de son développement sans doute maximal, en tirant le meilleur parti des espaces restés libres entre les maisons modernes dont l'ESAG a pu faire l'acquisition pour le compte de l'État grec. Dès la fin de la campagne, il est apparu que l'une de ces maisons, acquise en 2016 déjà, était bel et bien installée au cœur du sanctuaire, sur une plate-forme appareillée qui pourrait avoir servi de fondation à un grand autel (*bômos*), comme le suggèrent des trouvailles d'objets de bronze, notamment le carquois en bronze d'une statuette d'Artémis archère (telle qu'elle était représentée aussi sur les monnaies d'Érétrie). Aussi a-t-il été décidé, en accord avec les autorités archéologiques grecques, de procéder au plus vite, durant la période hivernale, à la destruction de cette maison moderne afin de pouvoir fouiller ce qui subsiste des vestiges antiques qu'elle a malencontreusement recouverts et en partie endommagés. Par ailleurs, la fouille s'est poursuivie sur l'esplanade située sur le flanc oriental du sanctuaire, qui pourrait avoir servi, selon le professeur, de lieu d'exposition pour un grand monument votif disposé au centre de la niche monumentale édifiée là vers 150 av. J.-C. à l'époque où l'Artémision paraît avoir atteint son plus grand développement. D'un grand intérêt à cet égard, sur le plan architectural aussi bien qu'épigraphique, est le double escalier fait de blocs de remplois dont le dégagement fut mené à bien durant la campagne précédente. En 2018, le nettoyage de cette structure a permis d'extraire un nouveau socle de statue honorifique de caractère privé, qui fournit un exemple supplémentaire de dédicace à Artémis, à Apollon et à Léto, les trois divinités maîtresses du sanctuaire. Par ailleurs a été repéré – gravé en grands caractères sur la face verticale de l'une des marches – un nom féminin qui pourrait être celui de quelque héroïne se rattachant à l'entourage mythique de l'Artémis d'Amarynthos. J'ai suggéré d'y reconnaître l'une des nymphes dites « Amarynthiades » connues par une épigramme de *L'Anthologie grecque*, car il est loisible de supposer qu'à l'époque hellénistique, un monument votif constitué de plusieurs degrés de marbre fut consacré dans le sanctuaire aux compagnes d'Artémis. Cette hypothèse de travail ne pourra cependant être vérifiée que lors d'une future campagne, quand nous aurons procédé au démontage complet de l'escalier, en vue de l'étude des blocs d'architecture et des documents épigraphiques avec lesquels celui-ci a été édifié à l'époque romaine.

Les résultats acquis en 2017 et complétés par la campagne de 2018 ont fait l'objet de divers rapports et surtout de présentations – individuelles ou le plus souvent collectives – destinées au grand public cultivé (voir ci-après la liste des publications), ainsi que des conférences (en collaboration étroite avec le directeur de l'ESAG). Le clou de ces diverses manifestations a été marqué, le 1er juin 2018, par une séance spécialement consacrée à cet événement à l'Académie des inscriptions et belles-lettres. À l'invitation du professeur Michel Zink, secrétaire perpétuel, et en présence de l'ambassadeur de Suisse en Grèce comme aussi d'une représentante du gouvernement grec, deux des principaux fouilleurs de l'Artémision, Karl Reber et Tobias Krapf – introduits par Pierre Ducrey, membre associé de l'Institut et ancien directeur de l'ESAG – y ont présenté les nouvelles découvertes. De mon côté, j'ai fait l'historique des recherches ayant conduit à la découverte du sanctuaire et le bilan des apports fournis par la tradition écrite, dans une communication à caractère commémoratif intitulée « Amarynthos trente ans après : l'épigraphie a tranché, mais Strabon n'aura pas à plaider coupable » (texte à paraître dans les comptes rendus de cette académie).

Par ailleurs, j'ai travaillé à l'étude des trouvailles antérieures, très particulièrement à l'édition et au commentaire, tant philologique qu'historique, de la grande inscription découverte en 2017, qui, rappelons-le ici, est un traité d'union politique complète (ou *sympoliteia*) entre la cité d'Érétrie – propriétaire du sanctuaire d'Amarynthos – et la petite ville eubéenne de Styra, intégrée à son territoire vers 400 av. J.-C. Ce document parfaitement conservé – mais non dépourvu de difficultés d'interprétation – sera publié sous la forme d'un petit livre qui fera la synthèse des connaissances acquises en ces dernières années sur les institutions érétriennes, en même temps qu'il fournira un aperçu plus général de l'évolution des *sympoliteiai* dans le monde grec à partir de cette date. En effet, l'inscription d'Amarynthos s'avère être, parmi les quelque dizaines de conventions de ce type parvenues jusqu'à nous (mais rarement en si bon état), la plus ancienne et à coup sûr l'une des plus significatives. C'est donc une recherche attachante que de mettre en lumière la façon dont a évolué, de la fin du Ve siècle jusqu'à l'époque impériale romaine, ce phénomène historique de grande ampleur qu'a été la fusion de tant de cités, petites ou moyennes, en de plus vastes unités politiques et territoriales.

Publications

Knoepfler D., « Avec Strabon, d'abord réfractaire puis très coopératif : cinquante ans pour découvrir le sanctuaire d'Artémis *Amarysia* dans l'île d'Eubée », *in* J. Bouineau (dir.), *L'Avenir se prépare de loin*, Paris, Les Belles Lettres, 2018, p. 127-138.

Knoepfler D., « La fête d'Artémis Amarysia en son sanctuaire d'Amarynthos : nouvelles perspectives archéologiques et épigraphiques », *Schweizer Arbeitsgemeinschaft für Klassische Archäologie/Association suisse d'archéologie classique*, bulletin 2018 (*Antike Feste – Fêtes antiques*), p. 42-48.

Knoepfler D., « Hérode Atticus propriétaire et évergète en Eubée : une nouvelle inscription du Musée d'Érétrie », *Revue des études grecques*, vol. 131, n° 2, 2018, p. 317-370.

Knoepfler, D., « Athènes, Lemnos et la création de la province romaine de Macédoine : une relecture critique du décret des Athéniens de Myrina *IG* II^2 1224 », *in* M. Kalaitzi *et al.* (dir.), Βορειοελλαδικά. *Tales of the Lands of the Ethne: Essays in Honour of Miltiades B. Hatzopoulos/Histoire du monde des ethnè. Études en l'honneur de Miltiade B. Hatzopoulos*, Athènes, Ethniko Idryma Ereunōn/Instituto Istorikōn Ereunōn coll. « Meletemata », vol. 78, 2018, p. 265-297.

Knoepfler D. (avec A. Karapaschalidou, K. Reber, T. Krapf et T. Theurillat, G. Ackermann, R. Tettamanti et L. Pop), « Activités de l'École suisse d'archéologie en Grèce : Amarynthos 2017 » [rapport sur la campagne de fouille de l'année 2017], *Antike Kunst*, vol. 61, 2018, p. 129-137 et pl. 20.

Knoepfler D. (avec K. Reber, T. Krapf, T. Theurillat et A. Karapaschalidou), « Auf der Suche nach Artemis. Die Entdeckung des Heiligtums der Artemis Amarysia », *Antike Welt*, vol. 4, 2018, p. 52-58.

Knoepfler D., hommage de l'ouvrage de : A. Tziafalias *et al.*, *Le Corpus des inscriptions d'Atrax en Pélasgiotide (Thessalie)* (Paris/Athènes, École française d'Athènes, coll. « Études épigraphiques », n° 7, 2016), *Comptes Rendus de l'Académie des Inscriptions et Belles-Lettres*, vol. 2017, n° 2, 2018, p. 635-640 (à la suite de cette présentation, les auteurs ont obtenu le prix Plottel de l'Académie des Inscriptions pour l'ensemble de leurs travaux passés, présents et futurs sur la Thessalie).

Knoepfler D., hommage de l'ouvrage de : N. Badoud, *Inscriptions et timbres céramiques de Rhodes. Documents recueillis par le médecin et explorateur suédois Johan Hedenborg (1786-1865)* (Stockholm, Skrivter utgivna av Svenska Istitutet i Athen, 2017), *Comptes Rendus de l'Académie des Inscriptions et Belles-Lettres*, vol. 2018, n° 1, 2019, p. 242-244.

Knoepfler D., « Épigraphie et histoire des cités grecques (2004-2014) », *Annuaire du Collège de France 2016-2017. Résumé des cours et travaux 117e* année, Paris, Collège de France, 2019, p. 616-618, https://doi.org/10.4000/annuaire-cdf.14660.

Histoire de la France des Lumières (1999-2006)

Daniel Roche

Professeur émérite

Mots-clés : histoire, Lumières, Europe

Recherche et organisation de la recherche

L'année 2018-2019 a été dominée par la sortie, au terme de plus de dix ans de travail collectif, de l'ouvrage *L'Europe. Encyclopédie historique*, publié sous la direction de Christophe Charles et Daniel Roche aux éditions Actes Sud. Une phase d'explication et de présentations diverses a entraîné l'ensemble de l'équipe sur des théâtres divers : presse quotidienne (Le Monde), radio (Jean Lebrun, « La Marche de l'Histoire »), colloques (Nancy en novembre 2018, Rome en janvier 2019), les 21es *Rendez-vous de l'histoire* de Blois (octobre 2018), rencontre au lycée Pasteur de Strasbourg (janvier 2019). Nous avons ainsi continué à défendre la méfiance de l'Eurocentrisme et celle de la reconstitution mémorielle. Il ne m'appartient pas de décider de la valeur de l'accueil reçu, mais d'ores et déjà l'on peut souligner, d'une part, un relatif manque d'intérêt du côté des acteurs de l'opinion et, d'autre part, l'intérêt enregistré de côtés multiples pour une pédagogie historienne de la construction européenne.

Cette année aura été pour moi une année de reprise d'un thème diversement abordé il y a quelques années, celui de la culture matérielle sensible et matérielle de l'eau dans la société moderne, du XVIe au début du XIXe siècle. Le point de départ de cette sollicitation a été la relecture demandée par les historiens de l'art et du livre sur les publications novatrices en ce domaine à la fin du XVIIIe siècle. J'envisage d'ores et déjà de reprendre les thèmes abordés au moment du Temps de l'eau rare (1997-2000) et de tenir compte des apports actualisés de la recherche (R. Bouttier, F. Horsin) comme des recherches en cours dans le domaine de la culture matérielle (O. Jandot et S. Castellicio pour la France ; T. Hammling et C. Richardson pour l'Amérique et l'Angleterre). On peut en mesurer l'importance dans le livre de Marjorie Meiss, *La Culture matérielle en France, XVIe-XVIIIe siècle* (Malakoff, Armand Colin, 2016).

De la même façon, j'envisage, à la demande d'un éditeur genevois et avec le concours de mon collègue Michel Porret, l'édition des écrits inédits de J.-L. Ménétra dont j'ai achevé la transcription.

Fonctions administratives et scientifiques : conseil scientifique de l'École nationale de Chartes, conseil scientifique de la revue *Actes de la recherche en science sociale* (Paris), conseil scientifique de la *Rivista storica italiana* (Turin), conseil scientifique de la revue *Traverses* (Lausanne), conseil scientifique de la *Revue de synthèse* (Paris), direction de la *Revue d'histoire moderne et contemporaine* avec Philippe Minard (Paris).

Publications

ROCHE R. et CHARLES C. (dir.), *L'Europe. Encyclopédie historique*, Arles, Actes Sud, 2018.

ROCHE R., « Modernité du cirque, avenir des chevaux », préface à C. HODACK, *Du théâtre équestre au cirque, le cheval au cœur des savoirs et des loisirs, 1760-1860*, Paris, Belin, 2018.

ROCHE R., « Avis de recherche. Suite du dialogue avec Daniel Roche », entretien par G. BATHOLEYNS, *Modes et Pratiques. Revue d'histoire des vêtements et de la mode*, n° 3, 2018, p. 157-169.

Religion, institutions et société de la Rome antique (2001-2016)

John Scheid

Membre de l'Institut (Académie des inscriptions et belles-lettres), professeur émérite

Recherche

Projet « Fana, Templa, Delubra » (FTD)

J'ai continué à diriger le projet « Fana, Templa, Delubra » (FTD), et le volume 5 du corpus a été publié cette année en ligne et chez l'éditeur Quasar (Rome) : E. Murgia (dir.), *Regio X. Ljubljana, Vrhnika*, 2019. Le volume 6 paraîtra début 2020 : F. Van Haeperen (dir.), *Regio I. Ostia, Portus*, sous presse.

Publications de fouilles

Je me suis par ailleurs consacré, avec mes collaborateurs à la mise au point du manuscrit de H. Broise et J. Scheid, *Recherches archéologiques à La Magliana, 3. Un bois sacré du* suburbium *romain. Topographie générale du site* Ad Deam Diam (522 p.), produit au Collège en collaboration avec D. Chatzivasiliou, P. Llegou et F. Bessière. Le fichier sera remis à l'École française de Rome en juin 2020, pour une parution la même année.

Publications

Scheid J., Ad Deam Diam. *Ein heiliger Hain in Roms Suburbium*, Stuttgart, Franck Steiner Verlag, coll. « Spielräume der Antike » vol. 5, 2019.

Scheid J., *Rites et religion à Rome*, Paris, CNRS Éditions, 2019.

Scheid J., *Tra epigrafia e religione romana. Scritti scelti, editi e inediti, tradotti e aggiornati*, Rome, Quasar, coll. « Vetera », vol. 22, 2018.

Scheid J., « Cassius Dion et la religion dans les livres 50-61. Quelques réflexions sur l'historiographie de l'époque julio-claudienne », *in* V. Fromentin *et al.* (dir.), *Cassius Dion : nouvelles lectures*, vol. 2, Bordeaux, Ausonius, coll. « Scripta antiqua », vol. 94, 2016, p. 787-798.

Scheid J., « Les cultes publics, entre uniformité et pluralisme », *in* L. Capogrossi Colognesi, E. Lo Cascio et E. Tassi Scandone (dir.), *L'Italia dei Flavi*, Rome, L'Erma di Bretschneider, 2016, p. 95-104.

Scheid J., « Le clou annuel, l'*Araignée noire* et les aléas du comparatisme », *REL*, vol. 93, 2017, p. 45-57.

Scheid J., « La refondation de Rome par Octavien/Auguste. Fiction et invention à la naissance du régime impérial », *in* S. Segenni (dir.), *Augusto dopo il bimillenario. Un bilancio*, Florence, Le Monnier Università, 2018, p. 120-127.

SCHEID J., « Silvio Panciera. Entre épigraphie, religion et topographie cultuelle », *in* : *Silvio Panciera (1933-2016). In memoria di un maestro. Riflessioni, Roma, 21 marzo 2017*, Rome, Quasar, coll. « Opuscula epigraphica », vol. 18, 2019, p. 41-46.

SCHEID J., « La base de trépied de Rome et ses bas-reliefs », *in* E. CHEVREAU, C MASI DORIA et J.M. RAINER (dir.), Liber amicorum. *Mélanges en l'honneur de Jean-Pierre Coriat*, Paris, Éditions Panthéon-Assas, 2019, p. 953-958.

SCHEID J., « Rome et ses dieux : comment comprendre la triade capitoline ? », *in* A. HELLER, C. MÜLLER et A. SUSPÈNE (dir.), Philorhômaios kai philhellèn. *Hommage à Jean-Louis Ferrary*, Genève, Droz, 2019, p. 9-26.

SCHEID J., « Les reconstructions augustéennes à Rome », *in* E. CAPET *et al.* (dir.), *Reconstruire les villes* : m*odes, motifs, récits*, Turnhout, Brepols, 2019, p. 145-150.

SCHEID J., « Homologies et incompatibilités du culte funéraire et du culte des dieux », *in* J. JOUANNA *et al.* (dir.), *Des Tombeaux et des dieux*, Paris, Académie des inscriptions et belles-lettres, coll. « Cahiers de Kerylos », vol. 30, 2019, p. 141-150.

III. ÉQUIPES ACCUEILLIES AU COLLÈGE DE FRANCE

CENTRE INTERDISCIPLINAIRE DE RECHERCHE EN BIOLOGIE (CIRB)

CONTRÔLE MOLÉCULAIRE DU DÉVELOPPEMENT NEURO-VASCULAIRE / *MOLECULAR CONTROL OF NEURO-VASCULAR DEVELOPMENT*

Responsable : Isabelle BRUNET

RECHERCHE

Pages web : https://www.college-de-france.fr/site/en-cirb/brunet.htm.

Nervous and cardiovascular systems interact and mutually regulate each other in vital functions. Thus, they enable to maintain harmonious body activity and homeostasis. Neuronal and vascular development require a refined spatio-temporal orchestration to guide axons and vascular plexus through the organism, align vessels with nerves, and allow appropriate functional connections to establish between the two systems. Indeed, accurate neuro-vascular crosstalk is of tremendous importance as it regulates many vital aspects of body homeostasis such as neuronal activity and plasticity, blood pressure and heart rate.

In order to elucidate the functional aspects of neurovascular interactions, we are focusing on two aspects: sympathetic innervation of arteries and vascularization of peripheral nerves. Previous studies have established that arteries guide axons of the sympathetic nervous system toward their targets (Mukouyama *et al.*, 2002, 2005; Glebova & Ginty, 2005; Makita *et al.*, 2008). Nevertheless, arteries themselves are also target for sympathetic innervation to exert a control of arterial blood pressure and regulate vascular tone (Storkebaum *et al.*, 2011). This vasoconstriction is the result at the cellular level of arterial smooth muscle cells (SMCs) contraction upon Noradrenalin release at the Neuro-Vascular Junction (NVJ) site, wich is a synapse "en passant" between sympathetic axon and SMCs (Burnstock, 2008; Luff, 1996). Despite the fundamental importance of blood flow control and vascular tone, signals controlling the development of sympathetic arterial innervation remain unknown.

We first determined the developmental time window when arterial innervation is initiated, and found that arterial innervation begins during early postnatal development, two days after birth (P2). We identified the axon guidance cue Netrin-1 as an essential factor required for development of arterial innervation in mice. Netrin-1 is produced by SMCs at the onset of innervation and signals via its receptor Deleted in Colorectal Cancer (DCC) to attract sympathetic growth cones. Function-blocking approaches including cell-type specific deletion of the genes encoding *Ntn-1* in SMCs and *Dcc* in sympathetic neurons led to severe and selective reduction of sympathetic innervation and to defective vasoconstriction in resistance arteries.

These findings reveal a novel role for Netrin-1 and DCC critical for the control of arterial innervation and blood flow regulation in peripheral organs (Brunet *et al.*, *JCI*, 2014; Eichmann & Brunet, *Science Translational Medecine*, 2014).

In addition, we identified two other molecules produced by arteries, Contactin-1 and Ephrin-A4, each of them controlling arterial innervation via a different mechanism, and involved in cardiovascular function regulation, suggesting that cardiovascular innervation is a finely tuned process (Simonnet & Brunet; Martin & Brunet, in preparation). Ephrin-A4 is a repulsive axon guidance molecule expressed by arteries to avoid inappropriate innervation via the receptor EPHA4 present in sympathetic neurons. Mice inactivated for EPHA4 selectively in sympathetic neurons exhibit hyper-innervated arteries, associated with an enhanced vasoconstriction. We are showing in increased vasoresistivity index leading to hypertension in young mice submitted to adaptation or stressful stimuli. This results pave the way to new strategies to impact idiopathic hypertension, as this could be seen as a new cause or an aggravating factor.

A new line of research in the la bis investigating nerve vascularisation. We have shown that nerve vascularisation occurs around birth in mice and is dependent on Schwann Cells and myelination. We are currently investigating the importance of this vasculature in the context of chemically-induced peripheral neuropathy, as an altered blood-nerve barrier could be responsible for this disease or its aggravation. This would provide useful therapeutic insights for this disease with currently no treatment.

Publications et références citées

Simonnet É., Martin-Pires S., Pardanaud L., Henrion D., Silvestre J.S. et Brunet I., « Ephrin-A4/EphA4 signaling in arterial innervation development and physiology », *in preparation.*

Simonnet É. et Brunet I., « Les fonctions de l'innervation sympathique artérielle : du développement à la pathologie », *Médecine/Sciences*, vol. 35, 2019, p. 643-650, https://doi.org/10.1051/medsci/2019131.

Pardanaud L., Pibouin-Fragner L., Dubrac A., Mathivet T., English I., Brunet I., Simons M. et Eichmann A., « Sympathetic innervation promotes arterial fate by enhancing endothelial ERK activity », *Circ Res.*, vol. 119, 2016, p. 607-620, https://doi.org/10.1161/CIRCRESAHA.116.308473.

Minocha S., Valloton D., Brunet I., Eichmann A., Hornung J.-P. et Lebrand C., « NG2 glia are required for vessel network formation during embryonic development », *Elife*, vol. 4, 2015, e09102, https://doi.org/10.7554/eLife.09102.

Fortuna V., Pardanaud L., Brunet I., Ola R., Ristori E., Nicoli S. et Eichmann A., « Vascular mural cells promote noradrenergic differentiation of embryonic sympathetic neurons », *Cell Rep.*, vol. 11, n° 11, 2015, p. 1786-1796, https://doi.org/10.1016/j.celrep.2015.05.028.

PHYSIOLOGY AND PHYSIOPATHOLOGY OF THE GLIOVASCULAR UNIT

Responsable: Martine COHEN-SALMON

RECHERCHE

Page web : https://www.college-de-france.fr/site/en-cirb/cohen-salmon.htm.

PUBLICATIONS

GHÉZALI G., VASILE F., CURRY N., FANTHAM M., CHEUNG G., EZAN P., COHEN-SALMON M., KAMINSKI C. et ROUACH N., « Neuronal activity drives astroglial Connexin 30 in perisynaptic processes and shapes its functions », *Cereb Cortex*, vol. 30, nº 2, 2020, p. 753-766, https://doi.org/10.1093/cercor/bhz123.

GILBERT A., VIDAL X.E., ESTEVEZ R., COHEN-SALMON M. et BOULAY A.-C., « Postnatal development of the astrocyte perivascular MLC1/GlialCAM complex defines a temporal window for the gliovascular unit maturation », *Brain Structure and Function*, vol. 224, 2019, p. 1267-1278, https://doi.org/10.1007/s00429-019-01832-w.

BOULAY A.-C., MAZARÉ N., SAUBAMÉA B. et COHEN-SALMON M., « Preparing the astrocyte perivascular endfeet transcriptome to investigate astrocyte molecular regulations at the brain-vascular interface », *Methods in Molecular Biology*, vol. 1938, 2019, p. 105-116, https://doi.org/10.1007/978-1-4939-9068-9_8.

BOULAY A.-C., GILBERT A., MOREIRA V.O., BLUGEON C., PERRIN S., POUCH J., LE CROM S., DUCOS B. et COHEN-SALMON M., « Connexin 43 controls the astrocyte immunoregulatory phenotype », *Brain Sciences*, vol. 8, nº 4, 2018, p. 50, https://doi.org/10.3390/brainsci8040050.

MAZARÉ N., GILBERT A., BOULAY A.-C., ROUACH N. et COHEN-SALMON M., « Connexin 30 is expressed in a subtype of mouse brain pericytes », *Brain Struct Funct*, vol. 223, 2018, p. 1017-1024, https://doi.org/10.1007/s00429-017-1562-4.

DYNAMIQUE DES CHROMOSOMES / *CHROMOSOME DYNAMICS*

Responsable : Olivier ESPÉLI

RECHERCHE

Page web : https://www.college-de-france.fr/site/en-cirb/espeli.htm.

Rôle des protéines matricielles dans l'hypoxie et l'angiogenèse / *Role of matrix proteins in hypoxia and angiogenesis*

Responsable : Stéphane Germain

Recherche

Page web : https://www.college-de-france.fr/site/en-cirb/germain.htm.

Publications

Marchand M., Monnot C., Muller L. et Germain S., « Extracellular matrix scaffolding in angiogenesis and capillary homeostasis », *Seminars in Cell & Developmental Biology*, vol. 89, p. 147-156, https://doi.org/10.1016/j.semcdb.2018.08.007.

Germain S. et Di Nardo A.A., « Editorial: Matrix proteins », *Seminars in Cell & Developmental Biology*, vol. 89, p. 99, https://doi.org/10.1016/j.semcdb.2019.03.001.

Bousseau S., Marchand M., Soleti R., Vergori L., Hilairet G., Recoquillon S., Le Mao M., Gueguen N., Khiati S., Clarion L., Bakalara N., Martinez M.C., Germain S., Lenaers G. et Andriantsitohaina R., « Phostine 3.1a as a pharmacological compound with antiangiogenic properties against diseases with excess vascularization », *FASEB Journal*, vol. 33, nº 5, 2019, p. 5864-5875, https://doi.org/10.1096/fj.201801450rrr.

Schmelzer C.E.H., Heinz A., Troilo H., Lockhart-Cairns M.P., Jowitt T.A., Marchand M.F., Bidault L., Bignon M., Hedtke T., Barret A., McConnell J.C., Sherratt M.J., Germain S., Hulmes D.J.S., Baldock C. et Muller L., « Lysyl oxidase-like 2 (LOXL2)-mediated cross-linking of tropoelastin », *FASEB Journal*, vol. 33, nº 4, 2019, p. 5468-5481, https://doi.org/10.1096/fj.201801860RR.

Garcia R., Bouleti C., Sirol M., Logeart D., Monnot C., Ardidie-Robouant C., Caligiuri G., Mercadier J.-J. et Germain S., « VEGF-A plasma levels are associated with microvascular obstruction in patients with ST-segment elevation myocardial infarction », *International Journal of Cardiology*, vol. 291, 2019, p. 19-24, https://doi.org/10.1016/j.ijcard.2019.02.067.

Évolution et développement des cellules germinales / *Evolution and development of germ cells*

Responsable : Jean-René Huynh

Recherche

Page web : https://www.college-de-france.fr/site/en-cirb/huynh.htm.

MODÈLES ALÉATOIRES POUR L'INFÉRENCE DE L'ÉVOLUTION DU VIVANT / *STOCHASTIC MODELS FOR THE INFERENCE OF LIFE EVOLUTION* (SMILE)

Responsable : Amaury LAMBERT

RECHERCHE

Page web : https://www.college-de-france.fr/site/en-cirb/lambert.htm.

PUBLICATIONS

BIENVENU F., DÉBARRE F. et LAMBERT A., « The split-and-drift random graph, a null model for speciation », *Stochastic Processes and Their Applications*, vol. 129, 2019, p. 2010-2048, https://doi.org/10.1016/j.spa.2018.06.009.

ANCIAUX Y., LAMBERT A., RONCE O., ROQUES L. et MARTIN G., « Population persistence under high mutation rate: from evolutionary rescue to lethal mutagenesis », *Evolution*, vol. 73, 2019, p. 1517-1532, https://doi.org/10.1111/evo.13771.

MANCEAU M. et LAMBERT A., « Species problem from the modeler's point of view », *Bull. Math. Biol.*, vol. 81, 2019, p. 878-898, https://doi.org/10.1007/s11538-018-00536-2.

BLANQUART F., « Evolutionary epidemiology models to predict the dynamics of antibiotic resistance », *Evolutionary Application*, vol. 12, 2019, p. 365-383, https://doi.org/10.1111/eva.12753.

ACHAZ G., LAMBERT A. et SCHERTZER E., « The sequential loss of allelic diversity », *Advances in Applied Probability*, vol. 50 (A), 2018, p. 13-29.

MANCEAU M. et LAMBERT A., « The species problem from the modeler's point of view », *Bulletin of Mathematical Biology*, vol. 81, 2019, p. 878-898, https://doi.org/10.1007/s11538-018-00536-2.

PARSONS T.L., LAMBERT A., DAY T. et GANDON S., « Pathogen evolution in finite populations: Slow and steady spreads the best », *Journal of the Royal Society, Interface*, vol. 15, nº 147, 2018, https://doi.org/10.1098/rsif.2018.0135.

NEUROPEPTIDES CENTRAUX ET RÉGULATIONS DE L'ÉQUILIBRE HYDRIQUE ET DES FONCTIONS CARDIOVASCULAIRES / *CENTRAL NEUROPEPTIDES IN THE REGULATION OF BODY FLUID HOMEOSTASIS AND CARDIOVASCULAR FUNCTIONS*

Responsable : Catherine LLORENS-CORTENS

RECHERCHE

Page web : https://www.college-de-france.fr/site/en-cirb/llorens-cortes.htm.

Le travail de notre équipe vise à identifier de nouveaux traitements de l'hypertension artérielle et de l'insuffisance cardiaque.

1) Dans le système rénine-angiotensine cérébral

Nous avons tout d'abord identifié une nouvelle cible thérapeutique dans le système rénine-angiotensine (SRA) cérébral, l'aminopeptidase A (APA). Cette enzyme est responsable de la formation de l'un des principaux peptides effecteurs du SRA cérébral, l'angiotensine III (AngIII). L'AngIII cérébrale exerce un effet stimulateur tonique sur le contrôle de la pression artérielle (PA) chez le rat hypertendu et augmente la sécrétion de vasopressine dans la circulation sanguine. D'autre part, l'AngIII cérébrale joue un rôle pivot dans l'hyperactivité sympathique et la dysfonction ventriculaire gauche chez le rat après infarctus du myocarde (IM). Nous avons développé des inhibiteurs spécifiques et sélectifs de l'APA comme l'EC33 et son pro-médicament le RB150, renommé firibastat par l'Organisation mondiale de la santé en 2018. Nous avons montré que le RB150 administré par voie orale chez le rat ou la souris en traitement aigu ou chronique traverse les barrières intestinale, hépatique et hémato-encéphalique, puis pénètre dans le cerveau. Une fois dans le cerveau, le pont disulfure du RB150 est immédiatement clivé par des réductases cérébrales générant deux molécules actives d'EC33 qui bloquent l'activité de l'APA et la formation de l'AngIII cérébrales, et diminuent PA ainsi que la libération de la vasopressine chez le rat hypertendu (Marc *et al.*, *Journal of Hypertension*, 2018).

Nous avons également développé avec la société Quantum Genomics, de nouvelles molécules capables de remplacer le RB150 si cette molécule ne remplit pas tous les critères nécessaires à une application clinique. À cette fin, nous avons étudié les propriétés pharmacologiques du NI956, un pro-médicament d'un inhibiteur de l'APA « best in class », le NI929 qui présente vis-à-vis de l'APA une spécificité et une sélectivité plus élevées que l'EC33 (pouvoir inhibiteur de 30 nM). Nous avons ainsi montré sa capacité à normaliser la pression artérielle chez le rat hypertendu DOCA-sel après administration par voie orale (Keck *et al.*, *Journal of Hypertension*, 2019). Une autre approche de chimie médicinale reliant structure et activité biologique a été utilisée pour découvrir de nouvelles classes d'inhibiteurs de l'APA (3 brevets Inserm, Collège de France, CNRS, Quantum Genomics).

Nous avons également identifié et validé une nouvelle application thérapeutique pour les inhibiteurs de l'APA administrés par voie orale, dans le traitement de l'insuffisance cardiaque après infarctus du myocarde (Boitard *et al.*, *Journal* of *Molecular* and *Cellular Cardiology*, 2019 ; Leenen *et al.*, *Journal of Cardiovascular Pharmacology*, 2019)

Les travaux précliniques que nous avons réalisés dans différents modèles expérimentaux d'hypertension ou d'insuffisance cardiaque ont permis d'évaluer les effets du firibastat chez l'homme en collaboration avec le Pr M. Azizi (directeur du Centre d'investigation clinique de l'hôpital européen Georges Pompidou) et la société Quantum Genomics. Les études cliniques de phase I chez le volontaire sain, ont montré que le firibastat est cliniquement et biologiquement bien toléré. Évalué chez le patient hypertendu (Phases IIa et IIb) en France (Azizi *et al.*, *Journal of Hypertension*, 2019) et aux États-Unis (Keith *et al.*, Circulation, 2019), le firibastat a démontré son efficacité à diminuer la PA, y compris chez les patients africains-américains qui ont le plus souvent une hypertension résistante. Ceci a conduit au démarrage d'un essai clinique phase III, FRESH, avec le firibastat chez 502 patients avec une hypertension difficile à traiter ou résistante.

2) Dans le système apélinergique

En recherchant un récepteur spécifique de l'AngIII, nous avons isolé à partir d'une banque d'ADNc de cerveaux de rat, un récepteur orphelin qui s'est révélé être le récepteur d'un nouveau peptide, l'apéline. Nous avons caractérisé pharmacologiquement ce récepteur, établi dans le cerveau sa distribution ainsi que celle des neurones synthétisant l'apéline, et observé que l'apéline et son récepteur sont co-exprimés avec la vasopressine dans les neurones synthétisant ce peptide. Nous avons montré que l'apéline, injectée dans le cerveau chez la rate en lactation, diminue l'activité de ces neurones et la sécrétion de vasopressine dans le sang, provoquant une diurèse aqueuse. Enfin, nous avons établi chez le rat et chez l'homme (en collaboration avec le Pr M. Azizi) que l'apéline et la vasopressine sont régulées de façon opposée afin de maintenir l'équilibre hydrique de l'organisme, en optimisant lors de la déprivation en eau, la sécrétion de vasopressine dans le sang, évitant ainsi une perte d'eau supplémentaire au niveau rénal. L'effet aquarétique de l'apéline n'est pas uniquement dû à un effet central, mais implique aussi un effet direct de l'apéline au niveau du rein, en augmentant le flux sanguin rénal et en bloquant au niveau du rein la réabsorption d'eau provoquée par la vasopressine. Ces données indiquent que *l'apéline et la vasopressine sont le Yin et le Yang de l'équilibre hydrique*. De plus, l'apéline injectée par voie intraveineuse diminue la PA et augmente la contractilité cardiaque, révélant l'implication de l'apéline dans le contrôle des fonctions cardiovasculaires (Marsault *et al.*, *Annals* of the *New York Academy* of *Sciences*., 2019).

Sachant que la demi-vie de l'apéline dans la circulation sanguine est de 41 secondes, nous avons développé des analogues de l'apéline 17 métaboliquement stables (deux brevets) en ajoutant à l'extrémité N-terminale du peptide une chaîne fluorocarbonée. Celle-ci permet au peptide de se fixer aux protéines plasmatiques et d'être ainsi protégé de la dégradation enzymatique dans la circulation sanguine (demi-vie de plusieurs heures). L'un d'entre eux, le *LIT01-196 (affinité subnanomolaire agoniste complet du récepteur de l'apéline)*, injecté *in vivo*, inhibe la sécrétion de vasopressine dans le sang et bloque son action antidiurétique au niveau du rein, augmentant la diurèse aqueuse. De plus, il permet une meilleure contractilité cardiaque et diminue les résistances vasculaires. Par ailleurs, en collaboration avec une équipe canadienne, nous avons développé des analogues de l'apéline-17 et de l'apéline-13 pégylés résistants à la dégradation enzymatique et diminuant la pression artérielle (Fischer *et al.*, *Eur J Med Chem.*, 2019). Ces données suggèrent que ces analogues de l'apéline pourraient être à l'origine d'un nouveau traitement de l'insuffisance cardiaque, des rétentions hydriques et des hyponatrémies.

PUBLICATIONS

ARENDSE L.B., DANSER A.H.J., POGLITSCH M., TOUYZ R.M., BURNETT J.C. Jr, LLORENS-CORTES C., EHLERS M.R. et STURROCK E.D., « Novel therapeutic approaches targeting the renin-angiotensin system and associated peptides in hypertension and heart failure », *Pharmacol. Rev.*, vol. 71, nº 4, 2019, p. 539-570, https://doi.org/10.1124/pr.118.017129. Review.

Marsault É., Llorens-Cortes C, Iturrioz X., Chun H.J., Lesur O., Oudit G.Y. et Auger-Messier M., « The apelinergic system: A perspective on challenges and opportunities in cardiovascular and metabolic disorders », *Annals of the New York Academy of Sciences*, vol. 1455, nº 1, 2019, p. 12-33, https://doi.org/10.1111/nyas.14123. Review.

Keck M., Hmazzou R. et Llorens-Cortes C., « Orally active aminopeptidase a inhibitor prodrugs: Current state and future directions », *Current Hypertension Reports*, vol. 21, nº 7, art. nº 50, https://doi.org/10.1007/s11906-019-0957-4. Review.

Boitard S.E., Marc Y., Keck M., Mougenot N., Agbulut O., Balavoine F. et Llorens-Cortes C., « Brain renin-angiotensin system blockade with orally active aminopeptidase A inhibitor prevents cardiac dysfunction after myocardial infarction in mice », *Journal* of *Molecular and Cellular Cardiology*, vol. 127, 2019, p. 215-222, https://doi.org/10.1016/j.yjmcc.2018.12.008.

Keck M., De Almeida H., Compère D., Inguimbert N., Flahault A., Balavoine F., Roques B. et Llorens-Cortes C., « NI956/QGC006, a potent orally active, brain-penetrating aminopeptidase a inhibitor for treating hypertension », Hypertension, vol. 73, no 6, 2019, p. 1300-1307, https://doi.org/10.1161/HYPERTENSIONAHA.118.12499.

Azizi M., Courand P.Y., Denolle T., Delsart P., Zhygalina V., Amar L., Lantelme P., Mounier-Vehier C., De Mota N., Balavoine F. et Llorens-Cortes C., « A pilot double-blind randomized placebo-controlled crossover pharmacodynamic study of the centrally active aminopeptidase A inhibitor, firibastat, in hypertension », *Journal of Hypertension*, vol. 37, nº 8, 2019, p. 1722-1728, https://doi.org/10.1097/HJH.0000000000002092.

Fischer C., Lamer T., Wang W., McKinnie S.M.K., Iturrioz X., Llorens-Cortes C., Oudit G.Y. et Vederas J.C., « Plasma kallikrein cleaves and inactivates apelin-17: Palmitoyl- and PEG-extended apelin-17 analogs as metabolically stable blood pressure-lowering agents », *European Journal of Medicinal Chemistry*, vol. 166, 2019, p. 119-124, https://doi.org/10.1016/j.ejmech.2019.01.040.

Leenen F.H.H., Ahmad M., Marc Y. et Llorens-Cortes C., « Specific inhibition of brain angiotensin III formation as a new strategy for prevention of heart failure after myocardial infarction », *Journal of Cardiovascular Pharmacology*, vol. 73, nº 2, 2019, p. 82-91, https://doi.org/10.1097/FJC.0000000000000638.

Marc Y., Hmazzou R., Balavoine F., Flahault A. et Llorens-Cortes C., « Central antihypertensive effects of chronic treatment with RB150: An orally active aminopeptidase A inhibitor in deoxycorticosterone acetate-salt rats », *J Hypertens.*, vol. 36, nº 3, 2018, p. 641-650, https://doi.org/10.1097/HJH.0000000000001563.

Formation et évolution des motifs pigmentaires / *Formation and evolution of skin patterns*

Responsable : Marie Manceau

Recherche

Page web : https://www.college-de-france.fr/site/en-cirb/manceau.htm et https://www.manceaulab.com.

Members of the laboratory of Marie Manceau work to identify the molecules and cell/tissue events underlying the patterning of developing tissues, with the long-term goal to better understand how these mechanisms underlie the diversity seen in natural patterns in the wild. To do so, they use an innovative experimental design making use of birds and the use of natural variation and mathematical modelling as powerful tools to perform developmental studies. To this end, the laboratory established a vast and unique network of collaborations with local breeders, hobbyists, zoos, and governments (*i.e.*, The Falkland Islands), and created a breeding facility at the Collège de France. The team focuses on the study of the vertebrate skin pattern (*i.e.*, the spatial distribution of colour and skin appendages) in three main projects.

The first focuses on the evolution of large color domains. This project involves transcriptomics and functional developmental studies in Estrildid finches (about 40 species). It involves one postdoctoral fellow (Magdalena Hidalgo).

The second aims at understanding the morphogenetic events controlling the patterning of feathers across the surface of the avian skin; it uses a combination of imaging in a wide range of bird groups, from Galliforms to Ratites and Penguins and mathematical modelling. It involves one PhD student (Camille Curantz), one short-term postdoctoral fellow (Richard Bailleul), and one research engineer (Carole Desmarquet). Part of this work is currently under review at *PLoS Biology* and is available online on BiorXiv (491092, https://doi.org/10.1101/491092).

The third focuses on periodic (striped) patterning using expression analyses and genetics in Galliforms and Ratites. It involves one postdoctoral fellow (Nicolas Haupaix) and one PhD student (Pierre Galipot). This project recently led to a publication in *Science*.

Interdisciplinary projects of the laboratory at the frontier between developmental biology and mathematics have been granted funding by an ERC Starting Grant and a Human Frontier Science Program collaborative Grant. Manceau has been awarded the bronze medal of the CNRS 2019, and Nicolas Haupaix the Académie des Sciences "Grandes avancées" 2019 prize.

Publications

Haupaix N. et Manceau M., « The embryonic origin of periodic color patterns », *Developmental Biology*, *in review*.

Bailleul R., Desmarquet-Trin-Dinh C., Hidalgo M., Curantz C., Touboul J. et Manceau M., « Symmetry breaking in the embryonic skin triggers a directional and sequential front of competence during plumage patterning », *PLoS Biology*, vol. 17, n° 10, e3000448, https://doi.org/10.1371/journal.pbio.3000448 [bioRxiv : 491092, https://doi.org/10.1101/491092], *in review*.

Haupaix N., Curantz C., Bailleul R., Beck S., Robic A. et Manceau M., « The periodic coloration in birds forms through a prepattern of somite origin », *Science (New York, N.Y.)*, vol. 361, n° 6408, 2018, https://doi.org/10.1126/science.aar4777.

Biologie statistique / *Statistical biology*

Responsable : Olivier Rivoire

Recherche

Page web : https://www.college-de-france.fr/site/en-cirb/rivoire.htm.

Notre équipe cherche à comprendre les principes sous-jacents aux capacités d'adaptation des systèmes biologiques. Notre approche est inspirée de la physique statistique et combine des analyses de séquences génomiques, des expériences quantitatives *in vitro* et des modèles mathématiques. Nos projets actuels sont organisés autour de trois systèmes modèles : les anticorps, les protéases et les génomes bactériens.

Nos résultats récents comprennent le développement de méthodes statistiques pour étudier la co-évolution dans les séquences de protéines et de génomes, le développement d'expériences d'évolution contrôlée et le développement de modèles théoriques d'évolution de protéines.

Publications

Schober A.F., Mathis A.D., Ingle C., Park J.O., Chen L., Rabinowitz J.D., Junier I., Rivoire O. et Reynolds K.A., « A two-enzyme adaptive unit in bacterial folate metabolism », *Cell Reports*, vol. 27, nº 11, 2019, p. 3359-3370, https://doi.org/10.1016/j.celrep.2019.05.030.

Rivoire O., « Parsimonious evolutionary scenario for the origin of allostery and coevolution patterns in proteins », *Phys. Rev. E*, vol. 100, 2019, 032411, https://doi.org/10.1103/PhysRevE.100.032411.

Interactions neurogliales dans la physiologie et les pathologies cérébrales / *Neuroglial interactions in cerebral physiology and pathologies*

Responsable : Nathalie Rouach

Recherche

Page web : https://www.college-de-france.fr/site/en-cirb/rouach.htm.

The main goal our research is to determine whether and how the underexplored astrocytes, which are the very abundant non neuronal but yet active cells of the brain, play a direct role in information processing. We particularly explore the molecular modalities and functional outcomes of astrocyte-neuron interactions in various physiological or pathological contexts, such as memory or epilepsy, focusing *ex vivo* or *in vivo* on neuronal excitability, synaptic transmission, plasticity and synchronization, as well as on cognitive functions. To overcome the present conceptual and experimental difficulties in the field of neuroglial interactions, we have developed an innovative multidisciplinary approach combining electrophysiology, 2 photon and super-resolution imaging, behavioral testing, mathematical modeling, and new strategies and molecular tools targeting selectively astrocytes in mice and human tissues. Using this strategy, we primarily explored in the last year the role of astrocytes in neuronal network activity in normal and pathological conditions. In particular we explored the impact of several factors on neurotransmission, including (pannexin 1 (Px1) channels and Cx30-dependent mechanism as well as the role of Cx30 on astroglial plasticity during development.

We found that Px1, a protein homolog to connexins and which forms membrane channels, controls seizure generation in human cortical post-operative tissues from epileptic patients and in a mouse model of temporal lobe epilepsy (Dossi *et al.*, 2018). Px1 channels are indeed strongly activated in ictogenic condition and contribute to seizures by promoting and sustaining ictal activity. Such control occurs in tissues from epileptic patients with different pathologies and developmental profiles and is mediated by ATP release and activation of P2 receptors. These data suggest that Px1 may be a therapeutic target against various human epilepsies.

We also recently revealed that Cx30, one of the two astroglial gap junction channel subunit, which is a determinant of astroglial synapse coverage controlling synaptic efficacy and hippocampal-based memory via an unprecedented non channel function controlling the astroglial coverage of synapses (Pannasch *et al.*, 2014), also controls hippocampal neuronal population bursts and associated convulsive behavior (Pannasch *et al.*, 2019). We report that Cx30 expression is increased in vivo by seizures and that it controls in turn the severity of behavioral seizures. The Cx30 modulation of neuronal network activity is mediated by regulation of astroglial glutamate uptake independently of gap junction mediated biochemical coupling. These data indicate that astroglial Cx30 plays a crucial role in orchestrating the activity of neuronal networks.

Remarkably, we also found that Cx30 regulates the morphology and polarity of migrating astrocytes during postnatal development via its non-channel function (Ghézali *et al.*, 2018). We indeed found that Cx30 sets the orientation of astroglial motile protrusions via modulation of the laminin/β1 integrin/Cdc42 polarity pathway. Connexin 30 indeed reduces laminin levels, inhibits the redistribution of the β1-integrin extracellular matrix receptors, and inhibits the recruitment and activation of the small Rho GTPase Cdc42 at the leading edge of migrating astrocytes. *In vivo*, connexin 30, the expression of which is developmentally regulated, also contributes to the establishment of hippocampal astrocyte polarity during postnatal maturation. This study thus reveals that Cx30 controls astroglial polarity during development.

Altogether, these data highlight the important role of neuroglial interactions in brain physiological and pathological activities.

PUBLICATIONS

DROGUERRE M., TSURUGIZAWA T., DUCHÊNE A., PORTAL B., GUIARD B.P., DÉGLON N., ROUACH N., HAMON M., MOUTHON F., CIOBANU L. et CHARVÉRIAT M., « A new tool for in vivo study of astrocyte connexin 43 in brain », Scientific Reports, vol. 9, nº 1, 2019, p. 18292, https://doi.org/10.1038/s41598-019-54858-9.

WALTER A., VAN DER SPEK L., HARDY E., BEMELMANS A., ROUACH N. et RANCILLAC A., « Structural and functional connections between the median and the ventrolateral preoptic nucleus », *Brain Structure and Function*, vol. 224, nº 9, 2019, p. 3045-3057.

CRESTO N., PILLET L.E., BILLUART P. et ROUACH N., « Do astrocytes play a role in intellectual disabilities? », *Trends in Neuroscience*, vol. 42, nº 8, 2019, p. 518-527.

BASNAYAKE K., MAZAUD D., BEMELMANS A., ROUACH N., KORKOTIAN E. et HOLCMAN D., « Fast calcium transients in neuronal spines driven by extreme statistics », *PLoS Biology*, vol. 17, nº 6, 2019, e2006202.

PANNASCH U., DOSSI E., EZAN P. et ROUACH N., « Astroglial Cx30 sustains neuronal population bursts independently of gap-junction mediated biochemical coupling », *Glia*, vol. 67, nº 6, 2019, p. 1104-1112.

BLAUWBLOMME T., DOSSI E., PELLEGRINO C., GOUBERT E., GAL IGLESIAS B., SAINTE-ROSE C., ROUACH N., NABBOUT R. et HUBERFELD G., « GABAergic transmission underlies interictal epileptogenicity in pediatric FCD », *Annals of Neurology*, vol. 85, nº 2, 2019, 204-217.

DALLÉRAC G., ZAPATA J. et ROUACH N., « Versatile control of synaptic circuits by astrocytes: where, when and how? », *Nature Reviews. Neuroscience*, vol. 19, nº 12, 2018, p. 729-743, https://doi.org/10.1038/s41583-018-0080-6.

DOSSI E., BLAUWBLOMME T., MOULARD J., CHEVER O., VASILE F., GUINARD E., LE BERT M., COUILLIN I., PALLUD J., CAPELLE L., HUBERGELD G. et ROUACH N. « Pannexin 1 channels contribute to seizure generation in human epileptic brain tissue and in a mouse model of epilepsy », *Science Translational Medicine*, vol. 10, nº 443, 2018, eaar3796, https://doi.org/10.1126/scitranslmed.aar3796.

GHÉZALI G., CALVO C.-F., PILLET L.-E., LLENSE F., EZAN P., PANNASCH U., ETIENNE-MANNEVILLE S. et ROUACH N., « Connexin 30 controls astroglial polarization during postnatal brain development », *Development*, vol. 145, nº 4, 2018, dev155275, https://doi.org/10.1242/dev.155275.

RÉGULATION MOLÉCULAIRE DE LA SYNAPTOGENÈSE CHEZ LA SOURIS / *MICE, MOLECULES AND SYNAPSE FORMATION*

Responsable : Fekrije SELIMI

RECHERCHE

Page web : https://www.college-de-france.fr/site/en-cirb/selimi.htm.

Les dysfonctionnements caractéristiques des patients atteints par des maladies neuropsychiatriques telles la schizophrénie, l'autisme ou le syndrome de Rett ne sont pas dus à des pertes massives de neurones, mais à un mauvais développement de leurs circuits neuronaux. En effet, le bon fonctionnement du cerveau adulte nécessite la formation et le maintien de synapses fonctionnelles et spécifiques entre des types de neurones très variés. Dans le système olivo-cérébelleux [1], la cellule de Purkinje (CP) reçoit principalement deux afférences excitatrices : l'une provient des grains *via* les fibres parallèles (FP) et l'autre provient des neurones olivaires *via* les fibres grimpantes (FG). La CP reçoit également deux types d'afférences inhibitrices : l'une, des cellules étoilées et l'autre, des cellules en panier. Chacune de ces synapses est localisée sur des territoires séparés de la CP. Le système olivo-cérébelleux peut être étudié à la fois au niveau morphologique, électrophysiologique et comportemental. Il est donc un système d'étude idéal pour analyser les mécanismes moléculaires menant à l'établissement de réseaux neuronaux fonctionnels.

La formation de synapses spécifiques est régulée grâce à des protéines spécifiques de reconnaissance, qui formeraient un « code synaptique » dont la composition précise reste encore inconnue. Notre projet est de caractériser ce code synaptique pour chaque type de synapses localisées sur la cellule de Purkinje afin de mettre en évidence les mécanismes permettant la formation de synapses spécifiques. *Pour commencer à répondre à cette question, nous avons effectué une analyse comparative des profils d'expression de gènes dans les différents partenaires neuronaux du système olivo-cérébelleux.* Cette analyse nous a permis d'identifier des voies de signalisation spécifiques à chaque type d'afférences de la cellule de Purkinje. En particulier, très peu de données existent sur la spécificité des neurones de l'olive inférieure d'un point de vue moléculaire.

Nous avons comparé le transcriptôme de chaque partenaire dans ce réseau neuronal (cellules de Purkinje *versus* cellules en grains *versus* neurones de l'olive inférieure) grâce à la technique du bacTRAP. Cette technique a été utilisée pour l'étude du transcriptôme d'environ 30 populations neuronales différentes, y compris les cellules de Purkinje et les cellules en grains [2]. Grâce à deux modèles de souris bacTRAP, l'un provenant du laboratoire du Pr Heintz, l'autre, plus spécifique, des neurones olivaires généré par notre équipe, nous avons identifié le transcriptôme des neurones olivaires. La comparaison du transcriptôme des ION avec celui des cellules en grains a révélé des caractéristiques intéressantes de chacune de ces afférences des CP : les grains expriment de nombreuses protéines nucléaires différentes à un niveau élevé, alors que les ION expriment de nombreuses protéines membranaires différentes. En particulier, une proportion importante de protéines fortement exprimées dans les ION sont liées au système immunitaire. Certaines de ces protéines, en particulier SUSD4 et Galectin-3, ont été l'objet d'études fonctionnelles pour identifier leur rôle dans la formation du réseau olivo-cérébelleux.

Un nouvel axe de recherches de notre équipe est l'étude des déficits synaptiques dans le cervelet dans le contexte de maladies psychiatriques comme la schizophrénie. La schizophrénie est une des pathologies psychiatriques les plus fréquentes et invalidantes, avec une prévalence estimée entre 0,7 % et 1 %. Elle est causée à la fois par des facteurs génétiques induisant une « vulnérabilité » accrue durant l'adolescence, mais aussi conjointement par des facteurs environnementaux favorisants comme le stress ou la consommation de drogues. De nombreuses études post-mortem et génétiques suggèrent que la schizophrénie fait partie des synaptopathies, mais les altérations synaptiques dans cette maladie sont encore mal connues. Si le cortex préfrontal et l'hippocampe sont les structures classiquement impliquées dans la schizophrénie, d'autres structures pourraient avoir une implication, telles que le cervelet. Nous avons analysé les synapses des cellules de Purkinje du cervelet dans deux modèles de schizophrénie et avons mis en évidence des altérations d'un type de synapses, celles formées par les fibres grimpantes, dans le modèle développemental par injection de phencyclidine.

Références citées

[1] SOTELO C., « Cellular and genetic regulation of the development of the cerebellar system », Prog. Neurobiol., vol. 72, 2004, p. 295-339.

[2] Doyle J.P. et al., « Application of a Translational profiling approach for the comparative analysis of CNS cell types », Cell., vol. 135, 2008, p. 749-762.

Publications

González-Calvo I. et Selimi F., « Expression and role of Galectin-3 in the postnatal development of the cerebellum », *BioRxiv*, 2018, 364760, https://doi.org/10.1101/364760.

Chaumette B., Kebir O., Pouch J., Ducos B., Selimi F., ICAAR study group, Gaillard R. et Krebs M.O., « Longitudinal analyses of blood transcriptome during conversion to psychosis », *Schizophr Bull.*, vol. 45, n° 1, 2019, p. 247-255, https://doi.org/10.1093/schbul/sby009.

Oocyte mechanics and morphogenesis

Responsables : Marie-Émilie Terret et Marie-Hélène Verlhac

Recherche

Page web : https://www.college-de-france.fr/site/en-cirb/Terret-Verlhac.htm.

Notre équipe étudie les dernières étapes de l'ovogenèse chez la souris, consistant en deux divisions successives sans réplication de l'ADN. Elle produit des gamètes femelles fonctionnels, les ovocytes, nécessaires à la reproduction sexuée. Les divisions méiotiques peuvent être reproduites et suivies *in vitro* sur une population de cellules synchronisée. Elles sont très asymétriques en taille, ce qui permet de conserver dans l'ovocyte les réserves maternelles nécessaires au futur développement de l'embryon. Le noyau de l'ovocyte est centré à la fin de sa croissance. Lors de la division qui suit, le fuseau sur lequel s'aligne les chromosomes doit donc migrer du centre de l'ovocyte à sa périphérie pour permettre l'asymétrie en taille de la division. Étonnamment, ces mécanismes de centrage du noyau, de formation et de positionnement du fuseau se font en l'absence de centres canoniques de nucléation des microtubules, à savoir les centrosomes. Notre équipe s'intéresse aux mécanismes positionnant les chromosomes en l'absence de centrosomes, processus qui pourraient jouer un rôle dans la susceptibilité du gamète femelle à produire des erreurs de ségrégation des chromosomes. Pour cela, nous utilisons des approches multidisciplinaires à l'interface entre biologie et physique pour :

– comprendre la signification biologique du centrage du noyau en fin de croissance ovocytaire ;

– identifier les mécanismes qui régulent la ségrégation des chromosomes *via* l'assemblage et le positionnement du fuseau méiotique.

La position du noyau au sein des cellules peut jouer le rôle de morphogène et une position anormale peut être cause de maladie. Dans les ovocytes murins ou humains, la position centrale du noyau corrèle avec la bonne qualité gamétique. Nous avons découvert un mécanisme de centrage du noyau d'ovocyte de souris par un gradient de pression issu de vésicules d'actine nucléées par la Formine 2 (Almonacid, *Nat*

Cell Biol, 2015). Nous montrons que ce mécanisme de centrage fait fluctuer l'enveloppe nucléaire, agitant la chromatine et modulant ainsi l'expression des gènes (Almonacid, *Dev Cell*, *in press*). Cela pourrait permettre d'ajuster la quantité de transcrits maternels, essentiels au développement précoce de l'embryon après fécondation de l'ovocyte.

La ségrégation des chromosomes au cours des divisions méiotiques repose sur la formation et le positionnement du fuseau, processus très particuliers car ils se font en l'absence de centrosomes canoniques. Nous avons montré expérimentalement et à l'aide de simulations mathématiques que forcer l'assemblage du fuseau méiotique à ressembler à un assemblage mitotique dépendant des centrosomes induit des défauts d'alignement et de ségrégation des chromosomes (Bennabi, *EMBO reports*, 2018 ; Letort, *Mol Biol Cell*, 2019). De plus, nous avons produit des ovocytes génétiquement modifiés et présentant des fuseaux plus denses en microtubules et montré que ces fuseaux pouvaient casser des chromosomes dans des sites fragiles, perturbant la progression de la méiose et induisant des erreurs structurelles de ségrégation (Manil-Segalen, *J Cell Biol*, 2018). Cela montre que tout rapprochement à un mode de formation du fuseau mitotique est délétère pour l'ovocyte. Concernant le positionnement du fuseau, nous avons montré que l'ovocyte doit ramollir son cortex pour que son fuseau puisse migrer (Chaigne, *Nat Cell Biol*, 2013 ; Chaigne, *Nat Commun*, 2015). Nous nous intéressons maintenant aux conséquences pour l'ovocyte d'une dérégulation de sa tension corticale car c'est un défaut assez fréquemment observé dans une population naturelle d'ovocytes humains et murins. Nos résultats montrent que des défauts de tension corticale induisent des problèmes d'alignement et de ségrégation des chromosomes, décrivant pour la première fois un mode de génération d'aneuploïdies qui pourrait être courant dans les gamètes femelles (Bennabi, *Nat Commun*, *en révision*).

De manière intéressante, la position du noyau ainsi que les propriétés du cortex constituent des prédicteurs non invasifs de la viabilité du développement embryonnaire précoce pouvant être facilement utilisés dans les techniques de procréation assistée où, jusqu'à présent, la sélection d'embryons consiste en une évaluation morphologique hautement subjective.

Publications

Articles originaux

Almonacid M., Al Jord A., El-Hayek S., Othmani A., Coulpier F., Lemoine S., Klein C., Piolot T., Mailly P., Voituriez R, Genovesio A.* et Verlhac M.-H.*, « Active fluctuations shape nucleus dynamics in oocytes », *Dev Cell*, 2019, *in press* (* co-corresponding authors).

Letort G.*, Bennabi I., Dmitrieff S., Nedelec F., Verlhac M.-H.* et Terret M.-É.*, « A computational model of the early stages of acentriolar meiotic spindle assembly », *Mol Biol Cell*, vol. 30, 2019, p. 863-875 (* co-corresponding authors).

Manil-Ségalen M., Łuksza M., Kanaan J., Marthiens V., Lane S.I.R., Jones K.T., Terret M.-É., Basto R. et Verlhac M.-H., « Chromosome structural anomalies due to aberrant spindle forces exerted at gene editing sites in meiosis », *J Cell Biol*, vol. 217 , 2018, p. 3416-3430.

SIMERLY C., Manil-Ségalen M., CASTRO C., Hartnett C., Kong D., VERLHAC M.-H., Loncarek J. et Schatten G., « Separation and loss of centrioles from primordidal germ cells to mature oocytes in the mouse », Sci Rep, vol. 8, 2018, p. 12791.

AHMED W.W., FODOR E., ALMONACID M., BUSSONNIER M., VERLHAC M.-H., GOV N.S., VISCO P., VAN WIJLAND F. et BETZ T., « Active mechanics reveal molecular-scale force kinetics in living oocytes », *Biophys J*, vol. 114, 2018, p. 1667-1679.

BENNABI I., QUÉGUINER I., KOLANO A., BOUDIER T., MAILLY P., VERLHAC M.-H. et TERRET M.-É.*, « Shifting meiotic to mitotic spindle assembly in oocytes disrupts chromosome alignment », *Embo Rep*, vol. 19, 2018, p. 368-381 (* co-corresponding authors).

Revues invitées

ALMONACID M.*, TERRET M.-É. et VERLHAC M.-H., « Nuclear positioning as an integrator of cell fate », *Curr Opin Cell Biol*, vol. 56, 2019, p. 122-129 (* corresponding author).

AL JORD A.* et VERLHAC M.-H., « Spindle assembly: Two spindles for two genomes in a mammalian zygote », *Curr Biol*, vol. 28, 2018, p. R948-R951 (* corresponding author).

VERLHAC M.-H., « An actin shell delays oocyte chromosome capture by microtubules », *J Cell Biol*, vol. 217, 2018, p. 2601-2603.

VERLHAC M.-H. et TERRET M.-É., *Mouse Oocyte Development: Methods and Protocols*, New York, Humana Presscoll. « Methods in Molecular Biology », vol. 1818, 2018 ; version numérique : Springer Protocols, https://doi.org/10.1007/978-1-4939-8603-3.

ALMONACID M.*, TERRET M.-É. et VERLHAC M.-H., « Control of nucleus positioning in mouse oocytes », *Semin Cell Dev Biol*, vol. 82, 2018, p. 34-40 (* corresponding author).

PHYSIQUE MULTI-ÉCHELLE DE LA MORPHOGÉNÈSE / *MULTISCALE PHYSICS OF MORPHOGENESIS*

Responsable : Hervé TURLIER

RECHERCHE

Page web : https://www.college-de-france.fr/site/en-cirb/Turlier.htm.

Entre septembre 2018 et août 2019, l'équipe « Physique multi-échelle de la morphogenèse » s'est concentrée sur deux projets principaux : la modélisation biophysique de la formation de la cavité blastocèle dans l'embryon mammifère, et la modélisation théorique et numérique de la dynamique du cortex d'actomyosine qui tapisse la surface des cellules embryonnaires.

Dans le premier projet, nous nous sommes concentrés sur les mécanismes physiques de la formation d'une cavité remplie de fluide à partir du stade 32 cellules dans l'embryon de souris précoce, en collaboration avec l'équipe de J.-L. Maître à l'institut Curie. En effet, nous avons découvert que la cavité dans l'embryon de souris (blastocèle) débutait par la formation d'une myriade de fracturations des contacts cellulaires en micro-cavités (ou micro-lumens), qui croissent et évoluent par échange de masse pour former une cavité unique. Pour décrire ce phénomène, qui rappelle un processus de mûrissement, caractéristique en physique de la dynamique de systèmes biphasiques, comme les mousses ou émulsions, nous avons dérivé un modèle simple d'échange hydraulique sur réseau que nous avons simulé numériquement. Le modèle et les simulations prédisent que la localisation de la cavité dans l'embryon est contrôlée par les différences mécaniques entre deux types cellulaires, la masse cellulaire interne et le trophectoderme. Nous avons pu vérifier ces prédictions à l'aide de mutants, et publié nos résultats dans la revue *Science* [1]. Nous travaillons désormais sur un modèle plus fin du processus de mûrissement prenant en compte les possibles différences osmotiques entre les lumens, que nous avons négligés en première approximation.

Dans le second projet, nous développons une théorie mécanique des interfaces cellulaires en 3 dimensions, et son implémentation numérique à l'aide de méthodes d'éléments finis. Nous avons désormais dérivé l'ensemble des équations physique en géométrie curviligne décrivant la dynamique d'une coque mince visqueuse, contractile et en renouvellement constant, qui représente la mécanique de surface des cellules embryonnaires.

Publication

[1] Dumortier J.G., Le Verge-Serandour M., Tortorelli A.F., Mielke A., de Plater L., Turlier H.* et Maître J.-L.*, « Hydraulic fracturing and active coarsening position the lumen of the mouse blastocyst », *Science*, vol. 365, nº 6452, 2019, p. 465-468, https://doi.org/10.1126/science.aaw7709.

Dynamique et physiopathologie des réseaux neuronaux / *Dynamics and physiopathology of neuronal networks*

Responsable : Laurent Venance

Recherche

Page web : https://www.college-de-france.fr/site/en-cirb/venance.htm.

Publications

Valtcheva S. et Venance L., « Control of long-term plasticity by glutamate transporters », *Frontiers in Synaptic Neuroscience*, vol. 11, 2019, p. 10, https://doi.org/10.3389/fnsyn.2019.00010.

Kacher R., Lamazière A., Heck N., Kappes V., Mounier C., Despres G., Dembitskaya Y., Perrin E., Christaller W., Sasidharan Nair S., Messent V., Cartier N., Vanhoutte P., Venance L., Saudou F., Néri C., Caboche J. et Betuing S., « CYP46A1 gene therapy deciphers the role of brain cholesterol metabolism in Huntington's disease », *Brain*, vol. 142, nº 8, 2019, p. 2432-2450, https://doi.org/10.1093/brain/awz174.

Meissner-Bernard C., Dembitskaya Y., Venance L. et Fleischmann A.,« Encoding of odor fear memories in the mouse olfactory cortex », *Current Biology*, vol. 29, nº 3, 2019, p. 367-380, e4, https://doi.org/10.1016/j.cub.2018.12.003.

Xu H., Perez S., Cornil A., Detraux B., Prokin I., Cui Y., Degos B., Berry H., de Kerchove d'Exaerde A. et Venance L., « Dopamine-endocannabinoid interactions mediate spike-timing-dependent potentiation in the striatum », *Nature Communications*, vol. 9, n° 1, 2018, 4118, https://doi.org/10.1038/s41467-018-06409-5.

Perrin E. et Venance L., « Bridging the gap between striatal plasticity and learning », *Curr. Opin. Neurobiol.*, vol. 54, 2018, p. 104-112, https://doi.org/10.1016/j.conb.2018.09.007.

Vignoud G., Venance L.* et Touboul J.D.*, « Interplay of multiple pathways and activity-dependent rules in STDP », *PLoS Computational Biology*, vol. 14, n° 8, 2018, e1006184, https://doi.org/10.1016/j.conb.2018.09.007. **Co-senior authors*

Fino E., Vandecasteele M., Perez S., Saudou F. et Venance L., « Region-specific and state-dependent action of striatal GABAergic interneurons », *Nature Communications*, vol. 9, n° 1, 2018, 3339, https://doi.org/10.1038/s41467-018-05847-5.

Foncelle A., Mendes A., Jędrzejewska-Szmek J., Valtcheva S., Berry H., Blackwell K.T. et Venance L., « Modulation of spike-timing dependent plasticity: Towards the inclusion of a third factor in computational models », *Frontiers in Computational Neuroscience*, vol. 12, 2018, p. 49, https://doi.org/10.3389/fncom.2018.00049.

Homéoprotéines et plasticité cellulaire / *Homeoproteins and cell plasticity*

Responsables : Sophie Vriz et Alain Joliot

Recherche – Régulation de la sécrétion conventionnelle et non conventionnelle des protéines

Page web : https://www.college-de-france.fr/site/en-cirb/joliot-vriz.htm.

Le peroxyde d'hydrogène (H_2O_2) est aujourd'hui considéré comme un élément clé de la signalisation cellulaire. Sa production et sa dégradation sont finement régulées par chaque cellule. Il contribue à la régulation de processus physiologiques notamment en contrôlant le degré d'oxydation des cystéines au sein des protéines. L'élévation transitoire de H_2O_2 est requise pour induire des programmes de régénération chez les vertébrés, améliorer la plasticité cellulaire et favoriser la cicatrisation. Suite à la démonstration du rôle fondamental d'H_2O_2 dans les processus de régénération chez le poisson zèbre, nous avons démontré cette année la conservation de tels mécanismes chez les mammifères (Labit *et al.*, 2018). Nous avons développé différentes stratégies pour manipuler les niveaux d'H_2O_2 dans le but de mimer la dynamique extrême des niveaux de H_2O_2 observée au cours du développement embryonnaire et de la régénération chez l'adulte. De plus, le ciblage de compartiments subcellulaires spécifiques nous permet d'analyser le rôle d'H_2O_2 dans le trafic des protéines, notamment des processus de sécrétion des protéines, conventionnelle ou non conventionnelle, tant *ex vivo* qu'*in vivo*.

La protéine Sonic Hedgehog (Shh) est un morphogène indispensable à l'initiation de la régénération, notamment par le contrôle des niveaux redox chez l'adulte (Meda *et al.*, 2018 pour revue). En retour, nos résultats préliminaires montraient un effet de la signalisation redox dans la régulation de la sécrétion de Shh (Meda *et al.*, 2018 pour revue). Afin d'étudier plus en détail l'impact de la signalisation redox sur la sécrétion de Shh, nous avons, d'une part, adapté des outils permettant la synchronisation de la sécrétion de Shh et, d'autre part, effectué des mutagenèses ciblées d'acides aminés susceptibles d'être la cible de la signalisation redox.

Certaines voies de sécrétion non conventionnelles impliquent un transfert direct du substrat sécrété au travers de la membrane plasmique. C'est le cas des homéoprotéines, qui, de plus, présentent la particularité de traverser la membrane dans le sens opposé, permettant ainsi leur internalisation, et donc leur transfert entre cellules. Nous avions démontré le rôle du phospholipide PIP2, enrichi dans la face interne de la membrane plasmique, dans la sécrétion des homéoprotéines. Ce même lipide est également nécessaire à l'internalisation de ces dernières, suggérant ainsi une forte similitude entre les mécanismes de transfert au travers de la membrane dans des sens opposés. Nous avons récemment observé que l'internalisation des homéoprotéines est aussi modulée par les niveaux redox cellulaires. La membrane plasmique étant un site privilégié de production d'H_2O_2, nous testons l'hypothèse d'une régulation des taux de PIP2 par la signalisation redox.

Au cours de cette année, nous avons renforcé notre collaboration avec l'équipe de Ludovic Jullien (ENS, Paris), ce qui a conduit à la validation d'une nouvelle méthode de quantification de la sécrétion des protéines (Li *et al.*, 2018).

Publications

Rampon C., Volovitch M., Joliot A. et Vriz S., « H_2O_2 and redox regulation of development », *Antioxidants*, vol. 7, nº 11, 2018, p. 159, https://dx.doi/org/10.3390%2Fantiox7110159. (IF = 4.5)

Vogg M., Beccari L., Iglesias Ollé L., Rampon C., Vriz S., Perruchoud C., Wenger Y. et Galliot B., « An evolutionarily-conserved Wnt3/β-catenin/Sp5 feedback loop restricts head organizer activity in Hydra », *Nature Com*, vol. 10, nº 1, 2019, art. nº 312, https://doi.org/10.1038/s41467-018-08242-2.

Albadri S., Naso F., Thauvin M., Gauron C., Parolin C., Vougny J., Duroure K., Fiori J., Boga C., Vriz S., Calonghi N. et Del Bene F., « Redox signaling *via* lipid peroxidation regulates retinal progenitor cell differentiation », *Dev Cell*, vol. 50, nº 1, p. 1-17, e6, https://doi.org/10.1016/j.devcel.2019.05.011.

Berndt C., Wilms C., Thauvin M. et Vriz S., « redox regulated brain development », *in* H. Sies (dir.), *Oxidative Stress: Eustress and* Distress, Amsterdam, Elsevier, 2019, p. 565-576.

Hamouri F., Zhang W., Aujard I., Le Saux T., Ducos B., Vriz S., Jullien L. et Bensimon D., « Optical control of protein activity and gene expression by photoactivation of caged cyclofen », *Methods in Enzymology*, vol. 624, nº 1, 2019, p. 1-23, https://doi.org/10.1016/bs.mie.2019.04.009.

Zhang W., Ducos B., Delagrange M., Vriz S. et Bensimon D., « Quantitative study of the somitogenetic wavefront in zebrafish », *bioRxiv*, 419705, https://doi.org/10.1101/419705.

Rythmes cérébraux et codage neural de la mémoire / *Brain rhythms and neural coding of memory*

Responsable : Michaël Zugaro

Équipe : Nadia Benabdallah, Ariane Bochereau, Céline Boucly, Raphaël Brito, Alexandra Dolzhina, Ombeline Hoa, Eulalie Leroux, Chantal Milleret, Virginie Oberto, Marco Pompili, Susan Sara, Ralitsa Todorova, Sidney Wiener, Michaël Zugaro.

Recherche

Page web : https://www.college-de-france.fr/site/en-cirb/zugaro.htm.

Introduction

Les « cellules de lieu » de l'hippocampe codent la position de l'animal dans l'environnement. Lorsqu'un rat se déplace, en raison de leur organisation temporelle singulière, les cellules de lieu s'activent très rapidement l'une après l'autre pour représenter la trajectoire en cours à une vitesse accélérée, ce qui favorise le renforcement de leurs connexions et pourrait sous-tendre la formation d'une première trace mnésique dans l'hippocampe. Ensuite, au cours du sommeil à ondes lentes, ces mêmes séquences se reproduisent spontanément pendant les ondulations, des oscillations hippocampiques de haute fréquence (200 Hz). Ces réactivations permettent un dialogue avec le cortex qui conduit à la consolidation de la mémoire, c'est-à-dire sa stabilisation à long terme – nous avons été les premiers à le démontrer lors de nos travaux précédents (Eschenko *et al.*, 2008 ; Girardeau *et al.*, 2009 ; Ramadan *et al.*, 2009 ; Girardeau *et al.*, 2014 ; Maingret *et al.*, 2016).

Des structures sous-corticales jouent également un rôle fondamental dans ce processus, comme le striatum ou les noyaux neuromodulateurs. Nos travaux ont mis en évidence des couplages pendant le sommeil entre l'activité spontanée des neurones noradrénergiques, les ondulations hippocampiques, et les réactivations d'ensembles neuraux au niveau cortical (Mölle *et al.*, 2006 ; Peyrache *et al.*, 2009 ; Eschenko *et al.*, 2012).

Mise en place et réactivation des séquences hippocampiques

Les séquences hippocampiques pourraient donc contribuer à la formation des traces mnésiques initiales, qui sont ensuite consolidées pendant le sommeil. Pour le tester, nous avons développé un protocole unique pour perturber sélectivement la formation des séquences hippocampiques au cours de l'exploration, et évaluer l'impact de cette perturbation sur les réactivations pendant le sommeil. Nous avons montré qu'en l'absence de séquences hippocampiques pendant l'exploration, on n'observe aucune réactivation pendant le sommeil. L'organisation temporelle spécifique des séquences hippocampiques est donc nécessaire à la formation des souvenirs.

Dialogue hippocampo-cortical pour la consolidation des traces mnésiques

L'hippocampe et le cortex préfrontal médian dialoguent pendant le sommeil, ce qui permet la consolidation de la mémoire. Or, au cœur même de ce dialogue se produit une brusque interruption d'activité nommée onde delta, et dont le rôle semble paradoxal. Nous avons découvert que contrairement à un postulat généralement accepté, les ondes delta ne s'accompagnent pas de silence total, mais que de petits groupes de neurones corticaux poursuivent leur activité. Nous avons montré que ces neurones, qui ont été particulièrement activés pendant l'apprentissage, participent au dialogue avec l'hippocampe, et que l'onde delta pourrait servir à les isoler des autres neurones pour éviter les interférences et faciliter la consolidation de la mémoire.

Le réseau hippocampe-striatum-préfrontal dans l'apprentissage et la flexibilité cognitive

L'apprentissage de différentes règles et la capacité à changer de stratégie en fonction du contexte mettent en jeu le cortex préfrontal, qui sous-tend certaines fonctions exécutives, ou encore le striatum, qui intervient dans la prise de décision et la motivation. Ces structures sont également impliquées dans les processus mnésiques, *via* leurs connexions avec l'hippocampe. Nous avons enregistré des neurones simultanément dans ces trois structures lors de l'apprentissage de deux règles différentes et du choix d'une règle en fonction du contexte. Nos résultats indiquent que les apprentissages successifs et le changement de stratégie sont sous-tendus par de multiples éléments du réseau cortico-striatal, et non par une seule structure. L'activité dans ces régions présente un décours temporel variable, qui dépend du niveau d'apprentissage et de la règle en cours. Enfin, la communication entre structures varie avec l'étape d'apprentissage et lors du changement de stratégie.

Publications

Todorova R. et Zugaro M., « Isolated cortical computations during delta waves support memory consolidation », *Science*, vol. 366, nº 6463, p. 377-381, 2019, https://doi.org/10.1126/science.aay0616.

Wiener-Vacher S.R., Wiener S.I., Ajrezo L., Obeid R., Mohamed D., Boizeau P., Alberti C. et Bucci M.P., « Dizziness and convergence insufficiency in children: Screening and management », *Front Integr Neurosci.*, vol. 13, 2019, p. 25. https://doi.org/10.3389/fnint.2019.00025.

Xiang L., Harel A., Gao H., Pickering A.E., Sara S.J. et Wiener S.I., « Behavioral correlates of activity of optogenetically identified locus coeruleus noradrenergic neurons in rats performing T-maze tasks », *Sci Rep.*, vol. 9, nº 1, 2019, art. nº 1361, https://doi.org/10.1038/s41598-018-37227-w.

Drieu C. et Zugaro M., « Hippocampal sequences during exploration: Mechanisms and functions », *Front Cell Neurosci.*, vol. 13, 2019, p. 232, https://doi.org/10.3389/fncel.2019.00232.

Drieu C., Todorova R. et Zugaro M., « Nested sequences of hippocampal assemblies during behavior support subsequent sleep replay », *Science*, vol. 362, nº 6415, 2018, p. 675-679, https://doi.org/10.1126/science.aat2952.

Todorova R. et Zugaro M., « Hippocampal ripples as a mode of communication with cortical and subcortical areas », *Hippocampus* [en ligne], 2018; *Hippocampus*, vol. 30, nº 1, 2020, p. 39-49, https://doi.org/10.1002/hipo.22997.

Milleret C. et Bui Quoc E., « Beyond rehabilitation of acuity, ocular alignment, and binocularity in infantile strabismus », *Frontiers in Systems Neuroscience*, vol. 12, 2018, https://doi.org/10.3389/fnsys.2018.00029.

INSTITUT DE PHYSIQUE

MATIÈRE QUANTIQUE SOUS CHAMP MAGNETIQUE / *QUANTUM MATTER UNDER MAGNETIC FIELD*

Responsable : Benoît FAUQUÉ

RECHERCHE

Page web : https://www.college-de-france.fr/site/young-team-incubator/Presentation__4.htm.

Le groupe Matière quantique sous champ magnétique de l'IPCF s'intéresse aux propriétés électroniques des métaux dilués en présence d'un champ magnétique. Sous l'effet du champ magnétique, les électrons se déplacent le long d'une hélice dont le rayon est donné par le rayon cyclotronique (Rc). À mesure que le champ magnétique augmente, Rc diminue, croisant les différentes échelles caractéristiques du matériau. À faible champ magnétique, lorsque Rc est comparable au libre parcours moyen électronique (le), la dynamique de l'électron est bien décrite par une approche semi-classique. À plus fort champ magnétique, lorsque Rc devient comparable à la longueur d'onde de Fermi (λF), on s'attend à une modification de l'état fondamental électronique du système. C'est dans ce régime dit de la « limite quantique » que l'effet Hall quantique est observé à deux dimensions. Paradoxalement, cette limite a été peu étudiée à trois dimensions, essentiellement pour une raison pratique : dans le cas du cuivre (ou d'un métal standard), le champ magnétique nécessaire pour atteindre cette limite est de l'ordre de 5 000 T. En revanche, dans le cas des métaux dilués, celui-ci est beaucoup plus faible, de l'ordre de quelques teslas. Nous explorons donc l'organisation des électrons dans le régime de la limite quantique dans les métaux dilués en particulier dans le graphite où nous avons mis en évidence l'existence de phases électroniques originales induites par le champ magnétique.

PUBLICATIONS

COLLIGNON C., LIN X., RISCHAU C.W., FAUQUÉ B. et BEHNIA K., « Metallicity and superconductivity in doped strontium titanate », *Annual Review of Condensed Matter Physics*, vol. 10, nº 1, 2019, p. 25-44, https://doi.org/10.1146/annurev-conmatphys-031218-013144 [arXiv : 1804.07067].

ZHU Z., FAUQUÉ B., BEHNIA K. et FUSEYA Y., « Magnetoresistance and valley degree of freedom in bulk bismuth », *Journal of Physics: Condensed Matter*, vol. 30, nº 31, 2018, 313001, https://doi.org/10.1088/1361-648X/aaced7 [arXiv : 1801.07098].

GIRALDO-GALLO P., WALMSLEY P., SANGIORGIO B., RIGGS S.C., MCDONALD R.D., BUCHAUER L., FAUQUÉ B., CHANG L., SPALDIN N.A., KAMINSKI A., BEHNIA K. et FISHER I.R., « Evidence of incoherent carriers associated with resonant impurity levels and their influence on superconductivity in the anomalous superconductor Pb_{1-x} Tl_xTe », *Phys. Rev. Lett.*, vol. 121, n° 20, 2018, 207001, https://doi.org/10.1103/PhysRevLett.121.207001.

FAUQUÉ B., YANG X., TABIS W., SHEN M., ZHU Z., PROUST C., FUSEYA Y. et BEHNIA K., « Magnetoresistance of semi-metals: The case of antimony », *Phys. Rev. Materials*, vol. 2, n° 11, 2018, 114201, https://doi.org/10.1103/PhysRevMaterials.2.114201.

JAOUI A., FAUQUÉ B., RISCHAU C.W., SUBEDI A., CHENGUANG FU, GOOTH J., KUMAR N., SU V., MASLOV D.L., FELSER C. et BEHNIA K. « Departure from the Wiedemann-Franz law in WP_2 driven by mismatch in *T*-square resistivity prefactors », *npj Quantum Materials*, vol. 3, n° 64, 2018, https://doi.org/10.1038/s41535-018-0136-x.

RECHERCHES SUR LA PHYSIQUE MÉSOSCOPIQUE À PARTIR DE GRAPHÈNE ET DE JONCTIONS JOSEPHSON / *JOSEPHSON JUNCTION SPECTROSCOPY OF MESOSCOPIC SYSTEMS*

Responsable : Çağlar GIRIT

RECHERCHE

Page web : https://www.college-de-france.fr/site/young-team-incubator/Presentation__2.htm.

L'ingénieur quantique peut, de nous jours, concevoir et fabriquer des circuits mésoscopiques fondés sur différentes briques élémentaires – boîtes quantiques, aimants moléculaires, nanofils, liens faibles supraconducteurs, graphène, etc. – et se comportant quantiquement à basse température. Comme en physique atomique et moléculaire, la spectrométrie est l'outil de choix pour sonder et manipuler les états quantiques de ces circuits.

Les transitions quantiques dans les systèmes mésoscopiques couvrent des échelles variées, mais l'expérimentateur est souvent limité technologiquement à celles dont la fréquence est soit inférieure à 20 GHz, soit supérieure au térahertz. Aux fréquences intermédiaires, il est difficile et coûteux de propager et mesurer les micro-ondes dans un cryostat. Une stratégie alternative est nécessaire pour caractériser les propriétés électroniques hyperfréquence de ces structures.

Nous avons développé un spectromètre intégré (« on-chip ») sur la base des jonctions Josephson pour accéder aux propriétés électroniques des systèmes mésoscopiques entre 2 GHz et 2 THz. Non seulement cette technique rend accessible une gamme de fréquences hors d'atteinte par des moyens conventionnels d'optique et d'électronique, mais ce spectromètre a une largeur de raie d'émission comparable à celles des meilleures sources, une sensibilité comparable à celles des meilleurs détecteurs, et la capacité de se coupler électromagnétiquement sur une très large bande et sur une même puce à un système mésoscopique. Ce dernier avantage permet de suivre des transitions qui dépendent fortement des paramètres externes, comme le champ électrique ou le flux magnétique. Ces spectres ensuite permettent d'identifier les excitations élémentaires du système.

Publication

Pillet J.-D., Benzoni V., Griesmar J., Smirr J.-L., et Girit Ç.Ö,. « Nonlocal Josephson effect in Andreev molecules », *Nano Letters*, vol. 19, nº 10, 2019, p. 7138-7143, https://doi.org/10.1021/acs.nanolett.9b02686.

Photonique quantique / *Quantum photonics*

Responsable : Alexei Ourjoumtsev

Recherche

Page web : https://www.college-de-france.fr/site/young-team-incubator/Presentation__3.htm.

Au cours de l'année universitaire 2018-2019 l'équipe Photonique quantique a mené de front deux projets de recherche expérimentaux.

Le premier projet vise à développer un système ultra-compact permettant d'imager et de manipuler optiquement des atomes froids dans des plateformes « hybrides » de technologies quantiques, où les atomes sont placés près de structures limitant l'accès optique. À l'aide de techniques d'optique adaptative conçues initialement pour l'imagerie biomédicale, nous avons réussi à développer un tel dispositif en utilisant une fibre optique multimode à grande ouverture numérique d'un diamètre de seulement 230 micromètres pour collecter et émettre la lumière près des atomes, et pour la guider en dehors de l'enceinte expérimentale. Ce dispositif nous a permis de transporter optiquement un gaz froid d'atomes de Rubidium, de le charger dans des micro-pièges dipolaires configurables, et de l'imager avec une résolution de 1 micromètre.

En parallèle avec ce premier projet, nous avons poursuivi la construction d'une plateforme expérimentale visant à créer de fortes interactions cohérentes entre photons optiques, afin de générer des états non classiques de la lumière, de réaliser des opérations de logique quantique ou d'émuler des systèmes quantiques fortement corrélés. Pendant cette année universitaire, nous avons terminé la conception et l'assemblage d'un système à vide complexe formant la partie centrale de ce dispositif. Nous y avons réalisé un piège magnéto-optique de Rubiduim chargé par une source d'atomes froids conçue et construite par nos soins. Nous avons mis en place un réseau optique mobile permettant de transporter ces atomes vers un résonateur optique non planaire qui constitue le cœur de notre montage.

Physique quantique

Responsable : Jean-Michel Raimond

Recherche

Page web : https://www.college-de-france.fr/site/physique-quantique/Presentation.htm.

Notre activité a porté sur la simulation quantique, la manipulation des multiplicités de Rydberg et l'électrodynamique quantique en cavité.

Nous préparons un simulateur quantique de chaîne de spins (contrats ANR ERYQSENS et TRYAQS, Flagship PASQUANS, ERC TRENSCRYBE) fondé sur des atomes de Rydberg circulaires piégés par laser et protégés de l'émission spontanée, avec une durée de vie de l'ordre de la minute. Une méthode déterministe prépare et détecte une chaîne contenant une quarantaine d'atomes. Nous avons exploré théoriquement avec D. Papoular (LPTM) le processus quantique de refroidissement évaporatif dans la préparation de la chaîne [5]. Les interactions dipolaires entre atomes et un habillage micro-onde rendent la chaîne équivalente à un ensemble de spins avec une interaction générale entre plus proches voisins. Elle simule donc un système paradigmatique de matière condensée, suffisamment complexe pour démontrer un avantage décisif de la simulation sur l'approche numérique.

Du point de vue expérimental, nous avons préparé des niveaux circulaires dans un nuage refroidi par laser. Nous avons mesuré leur temps de vie (indiquant une bonne thermalisation du champ micro-onde) et leur cohérence (résultats en cours de rédaction). Nous avons ensuite observé le piégeage des atomes circulaires pendant une dizaine de millisecondes dans un faisceau laser « creux ». Ni leur durée de vie ni leur cohérence ne sont affectées. Un autre article est en préparation. Nous passerons ensuite à des « pinces optiques » pour atomes circulaires permettant d'observer leur interaction et de valider le principe du simulateur.

Nous avons développé des techniques puissantes de manipulation quantique des multiplicités de Rydberg (ANR SNOCAR). Elles nous ont permis de réaliser des électromètres et magnétomètres avec des performances inédites. Le résultat le plus récent est un magnétomètre utilisant un chat de Schrödinger atomique, superposition des deux états circulaires de moments cinétiques opposés [1].

Ces expériences nécessitent la préparation rapide et efficace d'états choisis de la multiplicité de Rydberg à partir des états de faible moment angulaire, accessibles par laser. En collaboration avec le groupe de C. Koch (université de Kassel), nous avons utilisé des techniques de contrôle quantique pour optimiser cette préparation. En appliquant aux atomes une impulsion radiofréquence résonante avec les transitions entre niveaux Stark et en contrôlant précisément la forme de cette impulsion, nous avons préparé des états circulaires en 120 ns, avec une pureté de 96 %, en dépit des défauts quantiques des niveaux de faible moment angulaire du rubidium. Nous avons mis au point des impulsions préparant directement une superposition d'un état circulaire et d'un état de grand dipôle [4]. Ce sont des étapes essentielles pour le développement des électromètres quantiques à atomes de Rydberg.

Cette activité évolue dans deux directions complémentaires. En excitant dans les niveaux circulaires des atomes froids dans une cellule à température ambiante et en les protégeant du rayonnement thermique par une structure sous coupure, nous développons un magnétomètre libéré des complications du montage cryogénique. D'autre part, nous étendons l'expérience à un atome à deux électrons, le strontium. Avec un électron dans l'état circulaire, les transitions optiques du cœur ionique permettent de piéger et refroidir l'atome. En réduisant de manière contrôlée et réversible (par contrôle quantique) le moment angulaire de l'électron de Rydberg, on peut aussi envisager détecter l'état de Rydberg sans destruction par la perturbation que l'électron externe induit sur le cœur. Nous avons préparé des états circulaires du Strontium. Nous avons observé une autoionisation négligeable et vérifié qu'ils sont insensibles à l'excitation optique du cœur. Ces résultats (en cours de rédaction) sont encourageants pour la métrologie quantique et pour l'évolution à long terme du projet de simulateur quantique.

Avec des atomes circulaires lents et une cavité micro-onde de haute finesse, nous avons pu observer les résurgences quantiques de l'oscillation de Rabi dans un régime sans précédent. Nous avons mis en évidence les grands chats de Schrödinger préparés par cette interaction [3]. Nous avons utilisé l'interaction dispersive d'un atome unique avec la cavité pour sélectionner un nombre de photons donné ou pour préparer une superposition de deux états de Fock. Ce résultat est en cours de rédaction. L'expérience évoluera à court terme vers la démonstration du piégeage d'états circulaires, protégés de l'émission spontanée, sur des temps longs – une étape importante vers le simulateur quantique.

En parallèle, nous avons exploré expérimentalement une méthode de reconstruction d'un état quantique du champ fondé sur l'analyse de trajectoires quantiques [2]. Nous l'avons appliquée à l'état de deux cavités intriquées par interaction avec un atome. Nous avons démontré la puissance de cette méthode dans un espace de Hilbert trop complexe pour que les méthodes usuelles de tomographie soient efficaces. Les deux cavités sont maintenant utilisées pour des expériences de thermodynamique quantique (ANR QUDICE). La reconstruction précise de l'état des cavités permet une analyse détaillée des échanges d'énergie et d'information (entropie) entre atomes et cavités. Nous avons déjà réalisé une première expérience de « démon de Maxwell », en cours de rédaction.

Publications principales

DIETSCHE E.K.,LARROUY A., HAROCHE S., RAIMOND J.-M., BRUNE M. et GLEYZES S., « High-sensitivity magnetometry with a single atom in a superposition of two circular Rydberg states », *Nat. Phys*, vol. 15, p. 326-329, 2019, https://doi.org/10.1038/s41567-018-0405-4.

MÉTILLON V., GERLICH S., BRUNE M., ROUCHON P. et DOTSENKO I., « Benchmarking maximum-likelihood state estimation with an entangled two-cavity state », *Phys. Rev. Lett.*, vol. 123, 060404, 2019.

ASSÉMAT F., GROSSO D., SIGNOLES A., FACON A., DOTSENKO I., HAROCHE S., RAIMOND J.-M., BRUNE M. et GLEYZES S., « Quantum Rabi oscillations in coherent and in mesoscopic 'cat' field states », *Phys. Rev. Lett.*, vol. 123, 143605, 2019 [arXiv : 1905.05247].

LARROUY A., PATSCH S., RICHAUD R., RAIMOND J.-M., BRUNE M., KOCH C.P.et GLEYZES S., « Fast navigation in a complex Hilbert space using quantum optimal control », *Phys. Rev X*, vol. 10, 021058, arXiv : 1911.02694.

BRUNE M. et PAPOULAR D.J., « Evaporative cooling of a Rydberg atom chain to near its ground state », *Phys. Rev. Research*, vol. 2, 023014, arXiv : 1090.02367.

IV. CONFÉRENCIERS INVITÉS

Cours et conférences sur invitation de l'Assemblée du Collège de France 2018-2019

Chaires d'État réservées à des savants étrangers

Christophe Nihan, professeur associé à l'université de Lausanne, a donné du 9 au 30 octobre 2017 une série de conférences sur le sujet suivant : « Le grand prêtre à l'époque perse : entre histoire et re-présentations ».

Gérard Karsenty, professeur de l'université de Columbia à New York, a donné les 14 et 21 novembre et les 5 et 12 décembre 2018 une série de conférences sur le sujet suivant : « Quand la génétique redéfinit la physiologie ».

Xiao-Jing Wang, professeur et directeur du centre Swartz pour la neuroscience théorique, professeur adjoint à l'université de New York, a donné du 4 au 25 février 2019 une série de conférences sur le sujet suivant : « Computational neuroscience of elemental cognition ».

Simon Deakin, professeur à l'université de Cambridge, a donné du 14 au 22 mai 2019 une série de conférences sur le sujet suivant : « Évolution du droit : théories et modèles (système, complexité, chaos) ».

Eftychia Stavrianopoulou, professeure à l'université de Heidelberg, a donné du 9 au 23 mai 2019 une série de conférences sur les sujets suivants : 1. « Histoire de la famille et histoire des femmes : deux histoires différentes ou complémentaires ? » ; 2. « Dans les familles : pratiques traditionnelles et nouveaux enjeux » ; 3. « Dans la sphère publique : stratégies familiales en représentation et transformations sociales » ; 4. « Discours et normes : la construction de la famille-idéale et de la femme-idéale ».

Maurizio Viroli, professeur à l'université de Texas à Austin, a donné du 7 mai au 28 mai 2019 une série de conférences sur le sujet suivant : « Temps prophétiques : visions de l'émancipation sociale dans l'histoire italienne ».

Andrew Abbott, professeur à l'université de Chicago, a donné du 22 mai au 29 mai 2019 une série de conférences : 1. « Durkheim contre Kant : de la transcendance à la nature » ; 2. « Marx et Marshall : de l'historicisme au choix » ; 3. « Max Weber en théoricien : le savant et le politique entre passé et futur » ; 4. « Options et réalités : une analyse processuelle des faits et des valeurs ».

Gyorgy Buzsaki, professeur à l'Institut neurologique de New-York, a donné du 27 mai au 18 juin 2019 une série de conférences sur les sujets suivants : 1. « Emergence of cognition from action » ; 2. « Time, space and brain computation » ; 3. « Dynamics in a preconfigured brain » ; 4. « Perturbing circuits and systems ».

Anthony Spalinger, professeur à l'université d'Auckland, a donné du 3 au 28 juin 2019 une série de conférences sur le sujet suivant : « Leadership under fire: The pressures of warfare in Ancient Egypt ».

Valerie Hansen, professeure à l'université de Yale, a donné du 5 au 27 juin 2019 une série de conférences sur le sujet suivant : « La Chine, du présent jusqu'au passé ».

James Stewart, professeur à l'université de la Colombie-Britannique, a donné du 31 mai au 18 juin 2019 une série de conférences sur le sujet suivant : « La justice des vaincus : les procès pour crimes de guerre après la Première Guerre mondiale ».

Herbert NIEHR, professeur à l'université de Tübingen, a donné en mai 2019 quatre conférences sur le sujet suivant : « Les épopées royales d'Ougarit : Kirta et Aqhatou ».

FONDATION CLAUDE-ANTOINE PECCOT

Jacek JENDREJ, chargé de recherche au CNRS (LAGA, université Sorbonne Paris Nord), a donné les 13, 20, 27 mai et 3 juin 2019, une série de conférences sur le sujet suivant : « Théorème du seuil et bulles en interaction pour l'équation *wave maps* critique ».

CONFÉRENCES

Antonio LAZCANO, professeur à la faculté des sciences à l'université nationale autonome de Mexico, a donné le 9 octobre 2018 une conférence sur le sujet suivant : « Prebiotic chemistry and the origins of life: A reassessment of the Miller experiment ».

Saul M. OLYAN, professeur à l'université Brown de Providence, a donné le 9 novembre 2018 une conférence sur le sujet suivant : « Les droits des animaux existent-ils selon la Bible hébraïque ? ».

Christina MITSOPOULOU, professeure à l'université de Thessalie, a donné les 7 et 14 novembre 2018 deux conférences sur les sujets suivants : 1. « Des vases de culte pour Déméter et Korè à Éleusis : de l'étude céramologique à l'interprétation rituelle » ; 2. « Les impostures scientifiques et leurs conséquences pour la recherche : l'exemple du dossier éleusinien ».

Patrik ASPERS, titulaire de la chaire de sociologie à l'université de Saint-Gall, a donné les 5 et 9 novembre 2018 deux conférences sur les sujets suivants : 1. « Reducing uncertainty » ; 2. « Uncertainty as a bridge between economics and sociology ».

Anna CONTADINI, professeure à l'université de Londres, a donné le 7 février 2019 une conférence sur le sujet suivant : « Cultural and artistic connection between the Middle East and Europe during the Renaissance ».

Steven MCKENZIE, professeur à l'université Rhodes à Memphis, a donné le 4 avril 2019 une conférence sur le sujet suivant : « Comment lire Genèse 1 à l'époque moderne ? ».

Jens SCHRÖTER, professeur à l'université Humboldt à Berlin, a donné le 8 avril 2019 une conférence sur le sujet suivant : « The quest of the historical Jesus: Current issues and prospects ».

Claude DESPLAN, professeur à l'université de New York, a donné le 3 mai 2019 une conférence sur le sujet suivant : « Evolution of sensory perception ».

Peter ZARROW, professeur à l'université du Connecticut, a donné le 21 mai 2019 une conférence : « The ambiguous utopianism of Kang Youwei (1858-1927) ».

John MAKEHAM, professeur à l'université de La Trobe à Melbourne en Australie, a donné le 23 mai 2019 une conférence : « Chinese philosophy and universal values in contemporary China ».

Haun SAUSSY, professeur à l'université de Chicago, a donné le 20 juin 2019 une conférence sur le sujet suivant : « Lectures et littératures trans-frontalières en Asie orientale ».

Paul ZIMANSKY, professeur à l'université de Stony Brook, a donné le 28 mai 2018 une conférence sur le sujet suivant : « City and settlements in Urartu ».

ÉVOLUTION DU DROIT : THÉORIES ET MODÈLES (SYSTÈME, COMPLEXITÉ, CHAOS)

Simon DEAKIN

Professeur à l'université de Cambridge (Royaume-Uni)

Cycle de quatre conférences prononcées les 14, 15, 21 et 22 mai 2019 (invitation sur proposition du Pr Alain Supiot), disponible en audio et vidéo sur le site internet du Collège de France : https://www.college-de-france.fr/site/alain-supiot/p1528990042130756_content.htm.

Le but de ces conférences est d'explorer le lien entre le système juridique et les théories de l'évolution dérivées des sciences sociales et biologiques. Parmi les sujets plus spécifiques à traiter figurent l'utilisation de la méthode statistique et de la modélisation mathématique pour décrire et expliquer les phénomènes juridiques ; le rôle du droit dans la construction des institutions économiques, y compris l'entreprise et le marché ; et la relation entre le droit et la technologie.

La première conférence, intitulée « Évolution du droit : théories et modèles (système, complexité, chaos) », introduit les concepts de base de la pensée évolutionniste et examine leur force explicative par rapport au droit. Il n'existe pas de théorie unique et dominante de l'évolution qui soit pertinente en droit, mais plutôt une famille d'idées et de modèles interdépendants. En principe, les modèles génétiques peuvent présenter un intérêt pour le droit par analogie ou par métaphore, plutôt que comme des descriptions de phénomènes juridiques ou autres phénomènes sociaux. Nous devons faire très attention à examiner de près les revendications concernant l'influence directe de facteurs génétiques sur les institutions sociales, à l'instar des disciplines de la « sociobiologie » ou de la « psychologie évolutionniste ». Bien qu'il soit évident qu'il existe un fondement génétique ou un « substrat » à tout comportement humain, nous ne disposons d'aucun moyen fiable de savoir dans quelle mesure les facteurs génétiques influencent les structures institutionnelles observées dans la société moderne, ni de bases théoriques ou empiriques valables pour penser que la variation génétique humaine se reflète dans la diversité interculturelle et transnationale que nous observons aujourd'hui. Une hypothèse plus modeste et défendable, et donc plus utile, est que les institutions humaines ont des propriétés évolutionnistes ressemblant aux mécanismes identifiés dans les sciences biologiques. Cependant, nous ne devrions pas imaginer que les mécanismes de l'évolution sociale soient identiques à ceux des processus sous-jacents opérant dans la nature.

Avec ces mises en garde, une version de l'algorithme darwinien de « variation, sélection et rétention » peut expliquer la manière dont les règles juridiques évoluent en fonction des changements dans leurs environnements économiques, politiques et technologiques. Ce modèle s'harmonise bien avec la *path-dependence* du droit et rend également compte de la fonction cognitive du système juridique, c'est-à-dire du sens dans lequel les règles et les concepts utilisés dans le raisonnement juridique permettent de conserver et d'appliquer des connaissances sociales utiles. Le modèle est très éloigné de la notion de l'évolution du droit selon « l'évolution vers l'efficience », comme le laisse supposer la littérature moderne sur l'analyse économique du droit : le changement juridique est plutôt sujet aux erreurs et chaotique, sans garantie d'un résultat optimal. Cela dit, le droit du type de celui qui a évolué parallèlement à l'essor contemporain de l'économie de marché et de l'État de droit a des propriétés qui favorisent largement le maintien de l'ordre démocratique libéral. Le rôle du droit ne se limite pas à la stabilisation des attentes économiques, aussi important soit-il. L'ordre juridique est également l'un des garants ultimes d'une participation effective des citoyens et des groupes à la vie sociale et économique du système politique.

La deuxième conférence, intitulée « Droit et statistique : théorie mathématique des lois, méthodologie de l'analyse empirique du droit », examine la question de savoir dans quelle mesure des approches mathématiques et statistiques peuvent éclairer des phénomènes juridiques. On soutiendra que certaines caractéristiques structurelles des systèmes juridiques peuvent être comprises à l'aide de modèles mathématiques. Par exemple, le concept mathématique de la « fractale » est assez efficace pour saisir les éléments d'ordre hiérarchique, de récursivité et de référence à soi dans le raisonnement juridique. Le but de cette observation n'est pas de suggérer que, pour être valides, les règles juridiques doivent respecter certains principes d'ordre mathématique. L'analogie fractale est plutôt un outil descriptif utile pour nous aider à donner un sens au détail apparemment aléatoire de la prise de décision légale. La technique de codage des données parfois appelée la « leximétrie » tire parti de la nature fractale de la loi pour produire une image statistique du fonctionnement des règles juridiques. Les méthodes leximétriques ont permis d'identifier des modèles de fonctionnement des règles du droit du travail et des sociétés, et d'estimer leurs effets économiques et sociaux. La leximétrie en tant qu'approche empirique de l'étude des systèmes juridiques doit être soigneusement distinguée de la tendance à la « gouvernance par les nombres » dans l'action administrative et la réglementation. L'utilisation de métriques comme mode de gouvernance ne reconnaît pas les limites des méthodes statistiques et risque de ce fait de porter atteinte à la légalité et à la légitimité de l'ordre public.

La troisième conférence, intitulée « Droit et institutions : construction juridique du marché et de l'entreprise », explore les représentations juridiques des formes économiques. Cela met en évidence le sens dans lequel les concepts juridiques ne sont pas des descriptions simples des relations économiques, mais des constructions normatives qui aident à constituer ces relations. Si le droit reflète en partie une « réalité » sociale et économique externe, elle contribue également à la constitution de cette autre réalité et doit donc être considérée comme évoluant avec elle. Il s'ensuit que des concepts juridiques tels que « salarié » ou « entreprise » occupent un espace discursif aussi politique que technique. Une conception juridique des formes économiques est celle qui considère le marché comme lié à des règles institutionnelles et à des normes sociales, contrairement à l'opinion prédominante dans la théorie économique, qui présente le marché comme un marché en voie de s'adapter et comme préexistant l'État.

La quatrième conférence, intitulée « Droit et technologie : influence du droit de la technologie », examine l'impact croissant du droit de la numérisation et de l'intelligence artificielle (IA). Elle avance l'hypothèse qu'il existe des limites à la calculabilité du raisonnement juridique et, partant, à l'utilisation de l'apprentissage automatique et des fonctionnalités connexes des systèmes d'IA pour reproduire les processus centraux du système juridique. L'apprentissage automatique utilise des fonctions mathématiques pour effectuer des tâches d'analyse et de classification.

Dans les approches d'« apprentissage approfondi », les données sont organisées en concepts exprimés de manière hiérarchique, les concepts plus complexes étant construits à partir de concepts plus simples. La classification des données en concepts est réalisée grâce à l'utilisation de pondérations dont les valeurs sont ajustées au fil du temps, à mesure que le système reçoit de nouvelles entrées. Grâce à ses opérations récursives, le système « apprend » ou s'auto-ajuste, de sorte que, en principe, les erreurs sont progressivement purgées du système. Il y a ici plus qu'une ressemblance superficielle avec le fonctionnement du système juridique, mais il existe également des différences cruciales et surtout des limites quant à la mesure dans laquelle les catégories linguistiques de la pensée juridique peuvent être exprimées sous forme mathématique.

Le projet d'application de l'apprentissage automatique au droit a le but d'un système juridique parfaitement complet, c'est-à-dire un système dans lequel le contenu et l'application des règles peuvent être entièrement spécifiées, quelle que soit la diversité et la variabilité des circonstances sociales dans lesquelles elles se déroulent. Dans ce monde de la « singularité juridique », le droit opère dans un perpétuel équilibre entre faits et normes. Avancé comme une réponse à l'incomplétude et à l'éventualité du droit, le projet de la singularité légale est également une proposition visant à éliminer le raisonnement juridique comme base du règlement des litiges et de la répartition des pouvoirs, des droits et des responsabilités. En tant que tel, il risque de saper l'une des principales institutions d'un ordre démocratique libéral. Pour éviter un tel résultat, il faudra réfléchir à la définition de limites à l'utilisation de l'apprentissage automatique et d'autres approches fondées sur des données dans l'administration du droit. En dernière analyse, le succès de ces mesures dépendra de la capacité du droit à maintenir l'autonomie de ses opérations face à un changement technologique global, résultat qui est loin d'être garanti.

Evolution of sensory perception

Claude Desplan

Silver professor à l'université de New York (États-Unis)

Cycle de quatre conférences prononcées les 6, 13, 20 et 27 mai 2019 (invitation sur proposition des professeurs Edith Heard et Thomas Lecuit), disponible en audio et vidéo sur le site internet du Collège de France : https://www.college-de-france.fr/site/edith-heard/guestlecturer-2018-2019.htm.

How do changes in cell fate affect the function and performance of nervous systems, in particular to adapt visual and olfactory systems to their environment? For example, butterflies have improved color vision compared to other insects such as *Drosophila*. I will discuss how this is achieved by duplicating the (R7) photoreceptor cell: Each of the two R7s makes a stochastic choice to express the transcription factor Spineless, leading to three stochastic types of ommatidia (Spineless on/on, on/off or off/off), instead of the two found in *Drosophila* (Spineless on or off). We used CRISPR to decipher the function of Spineless in butterflies and showed that it controls the fate of the ommatidia. This shows that evolution can shape the visual system to adapt it to specific environmental conditions by modifying a more ancestral gene network that determines photoreceptor fate.

The opposite change occurs in the housefly *Musca* that has improved motion vision at the expense of color vision, again through changes in specification of cell fate. In a region of the male eye that is dedicated to chasing females (the "love spot"), R7 color photoreceptors express the broad spectrum Rhodopsin normally used in motion vision. They are also rewired to connect to the motion processing centers for additional sensitivity. We will discuss the molecular basis for this fate transformation and modification of axon targeting.

We also studied how ants depend extensively on their dramatically expanded olfactory system rather on vision to detect pheromones involved in complex social interactions. We generated a mutant in the *orco* (odorant co-receptor) gene that renders ants unable to detect pheromones. This disrupted their social interactions, and unlike *Drosophila*, loss of Orco dramatically altered the development of their olfactory system.

Therefore, we can show how developmental systems can be modified for specific functions and how the incredible diversity of neural fates found in the visual and olfactory systems are properly specified during development.

La Chine, du présent jusqu'au passé

Valerie Hansen

Professeure à l'université de Yale (États-Unis)

Cycle de quatre conférences prononcées les 5, 13, 20, 27 juin 2019 (invitation sur proposition des professeurs Franz Grenet et Anne Cheng), disponible en audio et vidéo sur le site internet du Collège de France : https://www.college-de-france.fr/site/frantz-grenet/p9535884267489269_content.htm.

Conférence 1 – L'Inde et l'Asie centrale au 1er millénaire (dans le cadre des journées d'études)

5 juin 2019 : « The 1027 summit of the G3 (Group of Three) of Central Asia »

This paper discussed the encounter that took place sometime in 1027 at the court of Mahmūd of Ghazna (now spelled Ghazni), Afghanistan. Two envoys from distant eastern lands now located in modern China walked on foot together and arrived at

Mahmūd's court. They presented gifts and diplomatic letters. We know about this because the historian al-Marwazī (1056-1057/1124-1125) wrote about the encounter in Arabic and preserved the letters from the Liao dynasty emperor and the Uighur ruler in his book entitled *Ṭabā'i' al-ḥayawān* ("Nature or Natural temperaments of the animals"). According to Finnbar Flood, *Objects of Translation* (2009), in 1000, people did not categorize each other as only Hindu or Muslim. They often used broad cultural categories like Arab, Persian, or Turk. But note that Mahmūd of Ghazna does use these categories in rejecting the request of the Liao emperor.

Mahmūd envisions a line between Islam and Buddhism. In the year 1000, rulers defined world regions in terms of religion. They knowingly associated themselves with one bloc and disassociated themselves from rulers in the other blocs who did not share the same religion.

Conférence 2 – Quand la Chine s'est mondialisée pour la première fois

13 juin 2019

J'ai constaté qu'on peut avoir la mondialisation avant l'industrialisation. Je définis ainsi la mondialisation : les événements dans une région affectaient profondément les habitants d'une autre région. Un exemple est le commerce des essences aromatiques en l'an mille : les Chinois importaient les produits végétaux et animaux de l'Asie du Sud-Est. Déjà en l'an mille, la Chine dominait le commerce international. De l'Indonésie jusqu'en Afrique, des producteurs se spécialisaient dans la production d'objets destinés au marché chinois.

Les Chinois, à leur tour, exportaient de la céramique de haute qualité et des textiles, souvent de la soie, pour les marchés du Moyen-Orient, de l'Afrique de l'Est, de l'Inde, de l'Asie du Sud-Est (la région la plus touchée). L'Asie du Sud-Est exportait diverses sortes d'aromates dont des bois parfumés tel le santal et la résine de pin, ainsi que diverses épices. Par conséquent, par rapport à d'autres pays, les Chinois ont établi davantage de liens commerciaux avec des pays étrangers.

Conférence 3 – Le *boom* économique de la Chine et ses racines historiques

20 juin 2019

Le Président Xi Jinping au 18e Congrès du Parti communiste (le 8 novembre 2012) :

> Nous n'avons jamais été aussi proches de réclamer la place historique qui nous revient.

Que voulait-il dire exactement ? Il pensait à la puissance économique passée qui est le sujet de ma conférence aujourd'hui. J'ai donné quelques exemples de la puissance économique sous la dynastie Song :

- la production des métaux ;
- la société des marchés ;
- l'usage de la monnaie de papier ;
- l'utilisation massive de l'imprimerie ;
- la production de la porcelaine ;
- le commerce maritime.

Les industries chinoises en l'an mille qui ont connu une production à grande échelle ont laissé derrière elles différentes traces archéologiques. Les trouvailles archéologiques nous montrent que le commerce maritime sous la dynastie Song s'étendait de la Chine jusqu'en Afrique et au Moyen-Orient.

Conférence 4 – Mille ans d'archéologie chinoise

27 juin 2019

Quand les Chinois ont-ils commencé à s'intéresser à l'archéologie ? J'emploie le mot « archéologie » dans le sens général. Pour moi, c'est l'intérêt que l'on porte aux objets enterrés. L'archéologie existait déjà pendant la dynastie Tang (618-907) et probablement plus tôt. La définition aujourd'hui est celle du domaine académique : les fouilles scientifiques et le principe de la stratigraphie. Les objets sont enterrés par niveau et le plus bas doit être le plus ancien (sauf quand le sol a été dérangé). Avant 1900, il y avait la tradition textuelle et les traditions tirées de l'expérience. Souvent analphabètes, les fouilleurs inorganisés savaient que les objets enterrés sont plus anciens que les objets à la surface du sol. Après 1900, les deux traditions se sont rencontrées quand des archéologues formés aux méthodes occidentales ont commencé à recruter de la main-d'œuvre pour travailler sur leurs fouilles.

Quand la génétique redéfinit la physiologie

Gerard Karsenty

Professeur de l'université de Columbia, New York (États-Unis)

Cycle de quatre conférences données les 14 et 21 novembre, et les 5 et 12 décembre 2018 (invitation sur proposition des professeurs Hugues de Thé, Philippe Sansonetti et Alain Prochiantz), disponible en audio et vidéo sur le site internet du Collège de France : https://www.college-de-france.fr/site/hugues-de-the/guestlecturer-2018-2019.htm.

A major yet unforeseen consequence of the introduction of genetic approaches in the study of model organism has been to rejuvenate a biological discipline that had been progressively abandoned; whole-organism physiology.

When it comes to bony vertebrates, it can be said that the most unexpected findings of mouse genetics are in the realm of physiology. Along these lines the four conferences that I will present on how an interpretation of bone biology taking into account evolutionary aspects, unique cell biological features and clinical observations led to a working hypothesis linking bone physiology, energy metabolism and reproduction. Every aspect of this hypothesis has been verified experimentally in the mouse and whenever possible in humans. The most provocative inference of this working hypothesis is that bone itself should be an endocrine organ regulating aspects of energy metabolism and reproduction. As will be presented during these conferences, this is indeed the case. Bone cells produce a hormone called osteocalcin that favors glucose homeostasis at rest and during exercise. Osteocalcin also promotes male fertility in mice and in humans.

Osteocalcin has cardinal features of a hormone. It is synthesized in one single cell type, the osteoblast, acts at a distance in pancreatic β cells and Leydig cells of the testes, in these cells it needs to bind to a specific receptor we have identified to trigger a series of signaling events that culminate in the synthesis and secretion of insulin and testosterone respectively. Going beyond the defined boundaries of the initial working hypothesis we subsequently showed that osteocalcin conveys the remarkable, even if unexpected, influence of the bone skeleton on brain development and function. As a matter of fact, osteocalcin is not only necessary but sufficient to promote cognitive functions in the mouse and to restore them to levels seen in young mice in older mice. This aspect of osteocalcin biology is mediated by a record receptor we have identified and studied the function.

The demonstration that osteocalcin is such a powerful regulator of brain development and functions represented a breach in the logic of the initial working hypothesis. This forced us to reassess not only the entire biology of osteocalcin but also what were the initial purposes of the classical functions of bone. The last conference of this cycle will present unpublished results that, because of their nature, provides a single conceptual framework that captures classical and endocrine functions of bone. We will end this cycle of conferences by highlighting some salient features of osteocalcin that distinguishes it from other hormones and that suggest that harnessing these pathways may potentially have a great therapeutic impact on several age-related diseases ranging from sarcopenia to age-related memory loss.

Prebiotic chemistry and the origins of life: A reassessment of the Miller experiment

Antonio Lazcano

Professeur à l'Université nationale autonome de Mexico (Mexique)

Conférence prononcée le 9 octobre 2018 (invitation sur proposition du Pr Marc Fontecave).

The heterotrophic origin of life proposed by Oparin and Haldane in the 1920's was part of a Darwinian framework that assumed that living organisms were the historical outcome of a gradual transformation of lifeless matter. This idea was strongly opposed by the geneticist H.J. Muller, who argued that single genes or DNA molecules represented primordial living systems. The debates that followed represent not only contrasting views of the nature of life itself, but also major ideological discussions that reached a surprising intensity after the 1953 Miller experiment, which demonstrated the ease with which organic compounds could be synthesized under putative primitive reducing conditions. During the years following the Miller experiment attempts to understand the origin of life were shaped, in socio-political terms, by the atmosphere created by Cold War tensions, and scientifically, by space exploration and by the development of molecular biology. During the past decades models of the primitive terrestrial environment have questioned the assumption that the prebiotic atmosphere was highly reducing, leading once more to opposing views on the first appearance of life. Experimental results demonstrating that biochemical monomers can be synthesized under neutral conditions, together with the recognition that exogenous and endogenous sources of organic compounds in the primitive Earth, can lead to a more eclectic picture of the conditions that led to the origin of life on our planet.

Comment lire Genèse 1 à l'époque moderne ?

Steven McKenzie

Professeur au Rhodes College de Memphis (États-Unis)

Conférence prononcée le 4 avril 2019 (invitation sur proposition du Pr Thomas Römer), disponible en audio sur le site internet du Collège de France : https://www.college-de-france.fr/site/thomas-romer/guestlecturer-2019-04-04-16h00.htm.

This lecture will give a form-critical analysis of the creation story in Genesis 1:1-2:3 by highlighting the repeated pattern used to detail each day's creative activity as well as the overall outline of the document. It will contend on the basis of these structures that this document was never intended to be a scientific or historical account of creation. Rather, it was composed by priests as an etiological and theological argument for keeping the Sabbath. It made use of an older version that recounted creation in eight installments. The priestly author(s) adapted the older version to fit in a six-day time frame, leaving the seventh day as a day of rest (Sabbath). As a theological justification of an ancient cultic calendar, Genesis 1:1-2:3 is not a scientifically accurate account of the world's origin. The attempts to read it as scientifically viable ignore major contradictions with science and misconstrue its literary genre. This does not mean, however, that Genesis 1:1-2:3 should be dismissed as completely irrelevant for modern readers. The document has some important lessons to offer that are of value today. These lessons are intellectual, existential, and ethical, and they will also be explored as part of the lecture.

LES ÉPOPÉES ROYALES D'OUGARIT : KIRTA ET AQHATOU

Herbert NIEHR
Professeur à l'université de Tübingen (Allemagne)

Cycle de quatre conférences données les 9, 15, 22, et 29 mai 2019 (invitation sur proposition du Pr Thomas Römer), disponible en audio et vidéo sur le site internet du Collège de France : https://www.college-de-france.fr/site/thomas-romer/guestlecturer-2018-2019__2.htm.

Dans le cadre d'un cycle de quatre conférences, deux œuvres littéraires de l'âge du bronze récent sont abordées : les épopées royales d'Ougarit, qui sont devenues célèbres sous les noms de leurs protagonistes respectifs, Kirta et Aqhatou. La compréhension approfondie que je propose de ces deux œuvres est facilitée par la sélection de certains passages qui se prêtent plus particulièrement à une (ré-) interprétation dans les contextes de la royauté, de la littérature et de la religion ainsi que ceux de l'archéologie et de l'art d'Ougarit.

Lors des fouilles menées sur l'acropole de la ville de Ras Shamra/Ougarit, les archéologues ont dégagé dans la pièce 7 de la maison dite « du Grand Prêtre » un lot de plusieurs tablettes en argile comportant, entre autres, les épopées de Kirta et d'Aqhatou.

La première de celles-ci raconte le destin du roi Kirta de Bit Khoubour. Il est important de noter que Kirta n'était pas un roi d'Ougarit, quoique l'action de cette épopée semble se dérouler à Ougarit et dans ses environs. En outre, toutes les divinités qu'elle mentionne sont les dieux et les déesses d'Ougarit qui sont bien connus par les listes divines et les textes rituels mis au jour à Ougarit.

On apprend que le roi Kirta avait perdu sa femme et ses sept enfants. Dans une telle situation de deuil, Kirta avait besoin du secours des dieux pour assurer la survie de sa dynastie et pour garantir son propre culte des ancêtres. Le dieu suprême du panthéon d'Ougarit, le dieu El, lui promit dans un rêve une femme et des enfants – avant tout un fils héritier. Pour ce faire, Kirta devait sortir victorieux d'une campagne pour obtenir une femme, Hurriya, dont il aurait plusieurs enfants, dont un fils héritier.

Ainsi, tout semblait se dérouler pour le mieux. Mais il survient une péripétie dans l'épopée. Pendant la campagne que le roi Kirta avait menée pour obtenir Hurriya, il était parvenu au sanctuaire de la déesse Ashérah, où il avait fait le vœu de faire un don à cette dernière contre amélioration de sa situation. Mais, depuis cette campagne, Kirta avait oublié d'accomplir son vœu, ce qui avait rendu furieuse la déesse Ashérah. Ce sont les raisons pour lesquelles le roi Kirta était maintenant en danger de mort : son sort était remis en question. Face à cette situation, Kirta avait commissionné son fils héritier, Yaṣṣubu, de monter sur le trône à sa place durant sa maladie. Après ce passage, notre texte comporte des lacunes. Néanmoins, on peut conjecturer que Kirta a accompli sa promesse de vœu et, en tout cas, on sait que le dieu El lui a envoyé un être créé par ses soins pour le guérir de sa maladie. Maintenant guéri, Kirta veut retrouver son trône, mais son fils Yaṣṣubu, le prince héritier, n'a pas envie de le lui céder. Pour Kirta, cette situation est inacceptable ; il maudit son fils et en vient à souhaiter qu'il meure. À cause de cette malédiction, Kirta n'a plus d'héritier sur le trône.

Malheureusement, la quatrième tablette de notre épopée est totalement manquante, si bien que la suite de l'histoire du roi Kirta et l'avenir de sa dynastie demeurent inconnus. Toutefois, deux raisons me permettent de supposer un dénouement heureux tant pour le roi Kirta que pour sa dynastie.La première raison se trouve dans l'épopée elle-même. Lors des noces de Kirta, le dieu El promet à ce dernier un bon sort après sa mort, ce qui suppose l'existence d'une famille qui s'occupera de ses funérailles et aussi du culte des ancêtres royaux. La deuxième raison réside dans le caractère didactique de l'œuvre qui était conçue pour éduquer les princes de la cour royale d'Ougarit. Il n'est guère pensable qu'une telle œuvre ait pu se clore sur une vision négative de la dynastie du roi Kirta qui avait été un serviteur loyal des grands dieux d'Ougarit, avant tout des dieux El et Baʿal, les protecteurs de la royauté et du royaume.

La deuxième épopée raconte le destin du roi Danʾilu de Harnamu (situé dans la Béqa libanaise) qui était sans fils héritier. Voilà la raison pour laquelle il adressait des prières aux dieux : afin qu'ils lui assurent un fils héritier. Les dieux, avant tout Baʿal et El, entendirent sa voix et, quelque temps après, sa femme lui donna un fils appelé Aqhatou, duquel l'épopée tire son nom.

La péripétie dans cette épopée est due au prince héritier lui-même parce qu'il insulta la déesse Anat, laquelle, convoitant son arc, l'avait invité à une partie de chasse. La déesse était fortement offensée par cette forme de mépris de la part du prince Aqhatou et elle organisa sa mort. Après ce meurtre, le roi Danʾilu parvint à retrouver les os disséminés de son fils Aqhatou afin de pouvoir l'enterrer. Ainsi Daniʾlu se retrouve-t-il une fois de plus sans prince héritier comme au début de l'histoire. Nous arrivons ici à la fin de la troisième tablette de l'épopée.

La quatrième tablette de l'épopée de Kirta ne nous est pas parvenue. Aussi, dans le cas de l'épopée d'Aqhatou, on a longtemps pensé que cette dernière tablette était perdue à tout jamais. Mais plusieurs savants ont démontré d'une manière particulièrement convaincante qu'il fallait considérer les textes dits *Les Rephaim* comme des fragments de cette quatrième tablette de l'épopée d'Aqhatou. Cela est devenu évident tant grâce aux arguments paléographiques qu'au contenu de ces fragments qui constituent la fin de l'épopée d'Aqhatou. Ces quelques fragments laissent entrevoir que le roi Danʾilu avait de nouveau un fils ou bien un petit-fils. Comme le texte est très lacunaire, on ne peut pas trancher. Quoi qu'il en soit, l'épopée avait un dénouement heureux.

La question centrale que posent ces deux épopées d'Ougarit est celle de leur fonction. À cet égard, on a souvent songé à des raisons tenant à la légitimité de la royauté ou à des enjeux de la politique du royaume d'Ougarit à cette époque. Tout cela me semble peu probable. Selon moi, les deux épopées royales d'Ougarit poursuivent plutôt un but pédagogique. Il est en effet frappant que les deux princes héritiers des épopées, Yaṣṣubu et Aqhatou, n'obéissent pas aux ordres de la sagesse : Yaṣṣubu s'émeut contre Kirta, son père, et Aqhatou se moque de la déesse Anat. Dès lors, les deux princes héritiers représentent des menaces contre l'ordre cosmique dont ils sont responsables en tant que rois futurs, et, en conséquence, ils sont punis de mort. En contrepoint, leurs pères respectifs, Kirta et Danʾilu, sont des rois exemplaires qui respectent l'ordre divin du monde et qui bénéficient de manière constante du soutien des divinités d'Ougarit. Le but pédagogique de ces deux épopées royales consiste donc dans l'éducation des princes héritiers de la cour d'Ougarit et dans la préparation à leur future fonction de roi.

LES DROITS DES ANIMAUX EXISTENT-ILS SELON LA BIBLE HÉBRAÏQUE ?

Saul M. OLYAN
Professeur à l'université de Brown, Providence (États-Unis)

Conférence prononcée le 9 novembre 2018 (invitation sur proposition du Pr Thomas Römer), disponible en audio et vidéo sur le site internet du Collège de France : https://www.college-de-france.fr/site/en-thomas-romer/guestlecturer-2018-11-09-11h00.htm.

On a beaucoup écrit sur les droits des animaux dans les quatre décennies qui ont suivi la publication de la monographie classique de Peter Singer, *Animal Liberation* (1975). Plusieurs études ont examiné – souvent en passant – en quoi les textes bibliques peuvent contribuer aux débats sur les droits des animaux. Cependant, ces travaux sont presque exclusivement réalisés par des non-spécialistes. Dans ma conférence, je commence à aborder ce manque d'érudition professionnelle sur ce sujet en explorant ce que quatre lois bibliques – Exode 23: 10-11, 12; Lev 25: 2-7 et Deut 5: 12-15 – pourraient suggérer sur le statut juridique des animaux. Le professeur de droit américain Gary L. Francione déclare que nous utilisons normalement le terme « droits » pour décrire un type de protection qui ne disparaît pas face aux revendications concurrentes des autres. J'examinerai alors si les quatre lois bibliques en question répondent à cette norme.

Much has been written about animal rights in the four decades since the appearance of Peter Singer's classic monograph Animal Liberation *(1975) and not a few studies consider—often in passing—what biblical texts have to contribute to debates about animal rights. These studies are, however, almost exclusively the work of non-specialists. I begin to address this dearth of professional scholarship on this topic by exploring what four biblical laws—Exod 23:10-11, 12; Lev 25:2-7 and Deut 5:12-15—might suggest about the legal standing of animals. The American law professor Gary L. Francione states that we normally use the term "rights" to describe a type of protection that does not disappear when confronted with the competing claims of others. In this lecture, I consider whether the four biblical laws in question meet this standard.*

The Quest of the Historical Jesus: Current Issues and Prospects

Jens Schröter
Professeur à l'université Humboldt à Berlin (Allemagne)

Conférence prononcée le 8 avril 2019 (invitation sur proposition du Pr Thomas Römer), disponible en audio et vidéo sur le site internet du Collège de France : https://www.college-de-france.fr/site/thomas-romer/guestlecturer-2019-04-08-16h00.htm.

The first part of this lecture deals with the hermeneutical challenge posed by philosophy of enlightenment and historical-critical interpretation of the New Testament. The view of Jesus as a human being in contrast to a divine figure called into question the Christian doctrine about the two natures of Christ. Moreover, the differences between the Gospels were taken as evidence that not all of them—perhaps even *none* of them—would provide a historically accurate portrait of Jesus' activity. The quest of the historical Jesus thus originated at a time when critical reason was established as the benchmark of the interpretation of biblical texts. This rational, critical view of Jesus and the Gospels raised the question of the most reliable sources about Jesus. To answer this question, Jesus scholars in the 19th century developed the so-called Two-Source-Theory according to which the Gospel of Mark is the oldest Gospel, supplemented by a second source which was not preserved by itself. However, today it is widely acknowledged that the quest of the historical Jesus cannot be restricted to the New Testament Gospels or even to the Synoptic Gospels. Instead, the New Testament Gospels have to be integrated into a wider spectrum of early Christian texts about Jesus and used together with other remains—Jewish writings, archaeological and numismatic testimonies, as well as other early Christian texts—as sources for the historical Jesus. Moreover, the problem of the incompatibility of the historical Jesus and the Christ of faith raised by historical-critical Jesus research cannot be answered just by referring to the available sources. If Jesus was a first century Jew who addressed his fellow Jews with the call to conversion because of God's dawning kingdom; who healed the sick and disputed with the Pharisees and scribes and was eventually crucified by the Romans—how could he become the Messiah of Israel and the Son of God who was believed as resurrected from the dead and venerated as exalted Lord? This problem has concerned theologians and Jesus scholars since the raise of critical theology. Scholars have answered this question in different ways. David Friedrich Strauss argued that the historical contours of the Jesus figure would vanish in the mist of the interpretations of the Gospel writers who used mythological ideas, mainly from the Old Testament, to interpret Jesus' activity on earth. Other scholars maintained that despite the interpretation of Jesus' activity and his passion from the perspective of Christian faith it would be possible and even necessary to reconstruct the historical traces of Jesus in the pre-Easter period.

Against this background, the second part of the lecture deals with the so-called "third quest the historical Jesus" which was developed in the seventies and eighties of the 20th century. In the beginnings of this new debate about the historical Jesus, there was the expectation that a comprehensive and careful analysis of the available material would lead to a historical plausible, consistent historical portrait of Jesus. It has to be noted, however, that interpretation of historical data is always determined by the available evidence and the viewpoint of the interpreter. Moreover, any interpretation of historical data is not only dependent on the remains of the past preserved in the present, but also on the cultural and social situation of the interpreter. Thus, it comes as no surprise that the Jesus books of the so-called "third quest" provide not one unified portrait, but different images of Jesus.

The third part of the lecture is devoted to the Galilee as the historical context of Jesus. Research on the Galilee of Jesus in the last decades has demonstrated that it was a Jewish territory with trade connections to the surrounding areas. This will be demonstrated by references to archaeological findings such as synagogues in the Galilee and the coins of Herod Antipas. Moreover, some places, especially Sepphoris, Magdala, and Capernaum, will be considered in some more detail as places of the Galilee in the time of Jesus.

The fourth part of the paper is concentrated on Jesus as a Galilean Jew. In this section several of Jesus' teaching such as the foundation of a circle of followers, the critical attitude towards Sabbath observance and his self-perception as God's representative on earth will be considered in more detail. Against this background, the Jesus stories of the New Testament Gospels can be characterized as "transparent Jesus stories" which make the activity and fate of Jesus accessible and meaningful for the situation of Christian communities in the last decades of the first century CE.

The final part of the lecture comes back to the relationship of the historical Jesus and the Christ of faith. The study of Judaism in the Hellenistic-Roman period in general and the detailed descriptions of the Galilee as the context of Jesus' activity in particular have resulted in a much clearer picture of Jesus within Judaism of his time, but also of the Jewish traditions that were used to interpret Jesus' proclamation of the dawning kingdom of God and his self-perception. Accordingly, the development from the earthly Jesus to the Christ of faith can be explained in a more precise way. In terms of "Christological titles" this development can be described as leading from Jesus' self-designation as "Son of Man" to designations such as "Messiah" (Christ), "Son of God", "Son of David", "Lord" or "Prophet" which were used by his followers to express the faith in Jesus as the resurrected One who was exalted at the right hand of God. Christian theology also interpreted Jesus' death as an atonement for the sins of the human beings or even the creation of the world as God's action through Jesus Christ. It is evident that these and other views go far beyond what can be said about the historical Jesus. However, historical Jesus research provides a basis not for all contents of Christian faith, but for its historical origin as well as for essential aspects of its shape and its *ethos*. From a hermeneutical and epistemological perspective, the historical Jesus and the Christ of faith should therefore not be played off against each other neither should they be regarded as two separate, unrelated perspectives on Jesus. Instead, the quest of the historical Jesus should be regarded as a hermeneutical enterprise which is of substantial importance for Christian theology and faith. Historical Jesus research does not lead us to a unified, unambiguous portrait of Jesus behind the earliest texts. However, it provides historical-critical portrayals of Jesus which serve as a historical orientation of Christianity under the respective cultural circumstances.

LEADERSHIP UNDER FIRE: THE PRESSURES OF WARFARE IN ANCIENT EGYPT

Anthony SPALINGER

Professeur à l'université d'Auckland (Nouvelle-Zélande)

Cycle de quatre conférences prononcées les 3, 11, 18 et 28 juin 2019 (invitation sur proposition du Pr Nicolas Grimal), disponible en audio et vidéo sur le site internet du Collège de France : https://www.college-de-france.fr/site/nicolas-grimal/guestlecturer-2018-2019.htm.

Each of the following four presentations will be composed of visual (pictorial) data as well as textual (historical) sources. The ensuing discussion will concentrate upon the role or persona of the Egyptian monarch (pharaoh) in all aspects of his campaigns, but I am emphasizing his leadership role. To be more specific: that aspect of the king will involve me in discussing not merely his combat preparedness and the actual battles that ensued, but also questions of tactics and strategy. Hence, these four topics will cover a study of generalship far beyond any "Mask of Command" (John Keagan's title) orientation. The importance of the political situation within, and more importantly outside of Egypt needs detailed clarification. Indeed, the economic upkeep of the army in Asia or south into Nubia (the Sudan) has to be emphasized. Owing to this I shall address the issue of leadership beyond that of the inspiration of troops and even the preparations for warfare.

My orientation is thus based upon the structure of Egyptian society at certain times—the New Kingdom and the reign of Pianchy in the later epoch of Dynasty XXV (ca 730 BC). But it also encompasses the use of fortresses and resident troops abroad.

"Do leaders actually 'lead'?" And if so, despite the written and visual evidence (reliefs of warfare), how much can we rely upon the extant data, almost all of which place the pharaoh in the center of activity, often fighting alone or seemingly the great man in combat? Therefore, each of the lectures will cover, historiographically, the given data and evaluations of the texts (literary analyses) and wall reliefs (art historical studies). In other words, none of the sources will "speak for themselves". All are provided with an analytic background that covers the embedded material within the contemporary society of ancient Egypt.

Each of the three case presentations will open with a brief summary of what has gone before. And within each the following "sub-topics" will be addressed:

a) a discussion of how to evaluate the ancient Egyptian material;

b) a comparison in the accounts of the leadership role of all three war leaders, the pharaohs;

c) the limitations of a "partial" biographic-psychological study of these royal generals, but the necessity to provide a mature historical study of their role in leadership, one that is not simplistic and two-dimensional.

Leadership and generalship

June 3rd 2019

a) Methodological bases include:

I. The notion of “meritocractic leadership”: birthright, social-status, political, economic, religious, and military;

II. The issue of religious leadership: divine favour, prayer, sacrifice = leadership in piety, faith, and favour;

III. Talismanic leadership: the figurehead, heroic leadership, connection to gods.

b) How important is leadership/generalship in real terms in determining success? Armies succeed anyway, despite good or bad leadership.

c) Do the “exceptions” (e.g., Thutmose III) simply prove the rule?

d) Economic power in the home country, Egypt in this case, is covered.

e) The specific Egyptian backgrounding concerns kingship, the status of the Egyptian army, the structure of the economy, the costs of military upkeep/ preparedness, and the like.

f) The issue of logistics will be adumbrated. Specific cases will be dealt with later in lectures 2-4.

Thutmose III as strategist

June 11th 2019

a) A brief overview of the “rise” of the Egyptian New Kingdom (ca 1560 BC) and the rapid expansion upstream into Nubia (to the Second Cataract and beyond) inaugurate the historical overview to Thutmose III.

b) The importance of the Sinai Route (the “Ways of Horus”) is emphasized. The Egyptians realized that they had no chance of success in Asia unless logistic command over the Sinai was accomplished. Hence, my first half of the lecture will commence with Thutmose I and then swing into the fortification plans of Thutmose II/Hatshepsut/Thutmose III in order to show how it was necessary to establish a secure corridor northwards.

c) This lecture will emphasize the “new” land based Egyptian army. The role of transporting war material with donkeys and cattle was combined with the march of chariots-based soldiers. Costs of transportation and the food upkeep of the animals (and men) are brought into the discussion.

c) Then I shall cover the famous Megiddo campaign of regnal years 22-23 of Thutmose III (his accession is ca 1490 BC). I shall provide a description of the written evidence, the so-called “Annals”, and a thorough coverage of the historical writing of this text and then move to the nature of Thutmose III’s leadership.

d) A summary of Thutmose III’s success will end the lecture. But here one can posit the effectiveness of his intelligence, the newly established Sinai Corridor Road, and the “system” of his predecessors in Asia. Therefore, data from the reign of Thutmose I, the grandfather of Thutmose III, have to be surveyed.

e) Before Thutmose II marched to Megiddo the Egyptian had developed an effective military conduit wherein all the fortressed were supplied with food and water (normally from the north through ships) so that the two ends of the Delta and Gaza were joined.

Ramesses II as warrior

June 18th 2019

a) With Ramesses II we encounter a historical setting somewhat reminiscent of Thutmose III. In both cases, these men reoriented the military policies of their predecessors. Or, perhaps, they were forced by circumstance to take a more direct and aggressive policy with respect to Asia owing to weaknesses in the Egyptian control of the north.

c) Thutmose III was had to destroy an Asiatic coalition centered at Megiddo in Palestine. But his march northwards was a result of a failure in Egyptian hegemonic power in Asia. Ramesses II was obliged to march farther north in order to re-secure his control over the southern portion of Syria. He, likewise, had to march to that key base of the enemy, Kadesh on the River Orontes.

d) Both pharaohs were reacting to outside pressure that had become great. These campaigns, I stress, had to take place despite the apparent success of their immediate predecessors. In Ramesses II's case, the apparent victories of his father Seti I (ca 1300 BC) were not as effective as many believe. Here, I provide a re-interpretation of the causes of Ramesses II's march on Kadesh.

e) Then I cover his apparent strategic mistakes, even though his failure to discern the location of the Hittite enemy at Kadesh may be explained as a tactical error. Still, this misstep may not turn out to be what many modern commentators argue.

f) The focus will be on the king and his personal role in "saving" that day. Thus "leadership" is a very crucial topic here.

g) We are fortunate to possess a number of lengthy inscriptions and wall reliefs. They need to be examined carefully and their antecedents culled for source criticism. I shall discuss the literary flavor of the famous "Poem" of Ramesses II at Kadesh. The text, after all, reflects a choice of presentations (diction, vocabulary, rhetoric, and narrative segmentation) that need pertinent evaluation.

Pianchy as the composite general

June 28th 2019

a) Turning to a far later period of time, and also locating ourselves in the heartland of ancient Kush (present day Sudan), we arrive at another potentate who has left us detailed information from one major inscription as well as battle scenes in his temple at modern day Gebal Barkal (Napata: close to the Fourth Cataract). Here, as with Ramesses II, we can delineate his character as a war leader and generalissimo.

b) The extensive data allow us to sketch his character, his personality, just as we are able to do so with respect to Thutmose III and Ramesses II. The account of his Great Stela provides a wealth of information concerning Pianchy's tactical plans of retaliation, if only because the opening sections of that historical account cover the military dispositions of his armies already operating in Egypt.

c) In addition, we then can evaluate his leadership in person because he eventually wound up at Memphis.

d) Pianchy's lack of a single-minded strategy after the fall of his key enemy, Namlot of Hermopolis, cannot be overlooked. He ended up extending his forces too northwards without being able to defeat his Delta opponent.

LA JUSTICE DES VAINCUS : LES PROCÈS POUR CRIMES DE GUERRE APRÈS LA PREMIÈRE GUERRE MONDIALE

James STEWART

Professeur associé à la Peter A. Allard School
of Law de l'université de la Colombie-Britannique (Canada)

Cycle de quatre conférences données le 31, 6, 12, et 18 juin 2019 (invitation sur proposition du Pr Alain Supiot), disponible en audio et vidéo sur le site internet du Collège de France : https://www.college-de-france.fr/site/alain-supiot/guestlecturer-2019-05-31-14h00.htm.

CONFÉRENCE 1 – LA JUSTICE DES VAINCUS : LES PROCÈS POUR CRIMES DE GUERRE APRÈS LA PREMIÈRE GUERRE MONDIALE

4 juin 2019

L'histoire de la justice pénale internationale se concentre de manière injustifiée sur Nuremberg comme point de départ de la matière. Il y a pourtant eu des milliers de procès pour crimes de guerre qui se sont déroulés après la Première Guerre mondiale. Par exemple, entre 1921 et 1927, la Cour du Reich à Leipzig a ouvert environ 1 700 enquêtes sur des crimes de guerre commis par les allemands pendant la Grande Guerre. De même, il y a eu plus de 1 200 affaires menées contre des Allemands en France et en Belgique avant la fin de 1924. Cette conférence retrace ainsi l'histoire de ces procès, que j'aborderai sous différentes thématiques pour évaluer d'autres tribunaux.

CONFÉRENCE 2 – LES TRIBUNAUX DE NUREMBERG ET DE TOKYO COMME VOLTE-FACE

11 juin 2019

Parmi les nombreux écrits sur les tribunaux de Nuremberg et de Tokyo que les Alliés ont établis après la Seconde Guerre mondiale, peu d'entre eux définissent ces tribunaux comme des réactions aux échecs des procès qui se sont déroulés après la Seconde Guerre mondiale. Dans cette conférence, j'explique en quoi les tribunaux internationaux en Europe et en Extrême-Orient constituent des réactions inverses aux procès de Leipzig, et souvent par les mêmes personnes qui ont participé à la conception de la justice postérieure à la Première Guerre mondiale. Cette conférence revient sur les thématiques abordées lors de la première conférence, ouvrant la voie à un examen des tribunaux plus contemporains.

Conférence 3 – Cours *ad hoc* et tribunaux hybrides après la guerre froide

18 juin 2019

La justice pénale internationale prend véritablement son ampleur au lendemain de la guerre. Alors que les deux guerres mondiales ont provoqué les procès de Leipzig, puis ceux de Nuremberg et de Tokyo, la fin de la guerre froide a précipité la création de tribunaux *ad hoc* et hybrides. Après la chute du mur de Berlin, le Conseil de sécurité des Nations Unies a mis en place deux tribunaux des Nations Unies *ad hoc* pour l'ex-Yougoslavie et le Rwanda. Par la suite, des tribunaux hybrides ont été créés dans les systèmes juridiques de la Sierra Leone, du Kosovo et du Cambodge. Cette conférence replace ainsi ces institutions dans leur contexte historique.

Conférence 4 – Place à la Cour pénale internationale

25 mai 2019

En 1870, Gustav Moynier, le fondateur du Comité international de la Croix-Rouge, a publié un traité plaidant pour la création d'une cour pénale internationale. Cet appel a été repris par une commission de responsabilité créée par les puissances de l'Entente en 1919, puis lors de la négociation de la convention sur le génocide plusieurs décennies plus tard. En 1998, cette ambition de longue date s'est concrétisée à Rome. Cependant, si la création d'une cour pénale internationale permanente transcende bon nombre des faiblesses de ses antécédents, elle hérite également de nombreux défis. Cette conférence explore ces questions dans leur contexte historique, tout en proposant plusieurs futurs possibles pour la justice pénale internationale.

Computational neuroscience of elemental cognition

Xiao-Jing Wang

Professeur, directeur du Centre Swartz pour la neuroscience théorique, professeur adjoint à l'université de New York (États-Unis)

Cycle de cinq conférences données les 4, 11, 18, 25 février 2019 (invitation sur proposition du Pr Stanislas Dehaene), disponible en audio et vidéo sur le site internet du Collège de France : https://www.college-de-france.fr/site/stanislas-dehaene/guestlecturer-2018-2019.htm.

In the first lecture, I will review developments in computational neuroscience as it pertains to cognitive processes such as working memory (the brain's ability to internally maintain and manipulate information in the absence of external stimulation) [5] and decision-making (the deliberate process of making a choice among several options under uncertainty) [7]. I will especially discuss biologically-realistic neural circuit modeling that is based on two pillars of neurobiology: anatomy and neurophysiology. Computational work in close interplay with experiments of behaving animals has shed insight onto the mystery of the prefrontal cortex, often called "the CEO of the brain". Mathematically, our work revealed a novel type of attractor networks that does not merely behave as switches between steady states but is characterized by a duality: slow transients underlying graded accumulation of information over time in the form of quasi-linear ramping neural activity, and winner-take-all competition giving rise to a categorical choice by virtue of convergence to an attractor state.

The second lecture will focus on a unifying recurrent neural circuit model of working memory and decision-making, which led to the concept of "cognitive-type" neural circuits [6, 9], in contrast to those dedicated to early sensory processing or movement generation. Several model predictions and their experimental tests will be discussed, and current debates in the field including the controversy over the dynamical nature of working memory representations will be addressed. Importantly, by incorporating reward-dependent synaptic plasticity, the model is shown to have explanatory power for a variety of learning value-based adaptive choice tasks, such as stochastic foraging, competitive games and probabilistic inference. I will also discuss contributions of subcortical structures to cognition in a spiking network model of a cortico-basal ganglia-thalamocortical loop for decision-making and inhibitory control of habitual responses [12]. Because this brain system is critically implicated in mental illness, neural circuit modeling that bridges levels (from receptors and cells to circuits and behavior) serves as a potentially powerful platform for investigations of how this system goes awry in psychiatric disorders like schizophrenia or addiction. I will provide examples that illustrate this nascent field called "Computational Psychiatry" [10].

The third lecture will be devoted to computational modeling that goes beyond local circuits towards muti-regional large-scale brain system modeling. This is becoming possible only now, thanks to the availability of novel technological advances in anatomy (connectomics) and neurophysiology (optogenetics and neuropixel recording). I will present a dynamical model of large-scale macaque cortex based on recently published weighted—and directed—inter-areal connectivity matrix. A hierarchy of timescales naturally emerges in this model [1], which is functionally desirable: early sensory areas operate on short timescales appropriate for rapid processing of stimuli, whereas higher association areas display slow dynamics suitable for time integration in decision-making. A key notion emerging from this research is that of macroscopic gradients, namely cellular and connection properties vary systematically along certain preferred axis across the entire cortical mantle. This general principle of large-scale cortical organization, supported by analysis of genetic expression patterns in human as well as mice cortex [2], will be highlighted.

The last lecture will cover ongoing research on large-scale brain circuit modeling for understanding distributed dynamics and cognitive functions. First, our model has been expanded to incorporate a laminar structure [4], with layer-dependent projections as well as synchronous neural population oscillations [8]. This advance will enable us to investigate dynamical interplay between bottom-up information processing and top-down feedback signaling. Second, we re-examined the classic problem of signal propagation along the cortical hierarchy in an anatomically-constrained large-scale cortex model endowed with many feedback loops [3].

Surprisingly, our model displays a thresholding phenomenon for access to the prefrontal cortex and distributed dynamics akin to the global workspace model of conscious report. Third, analysis of densely connected multi-regional cortical circuit urged us to consider how information is routed to the right place at the right time in such a complex system, flexibly according to behavioral demands. I will propose a circuit disinhibitory motif instantiated by three (PV+, SOM+ and VIP+) subtypes of inhibitory neurons as a mechanism for gating inter-areal communication [11]. Fourth, model simulation of a delayed response task revealed working memory representations distributed across cortical areas. The theory of distributed self-sustained persistent activity patterns opens the door for elucidating cognitive processes, as well as their deficits associated with mental illness, in a large-scale multi-regional brain system.

Reading materials

[1] CHAUDHURI R., KNOBLAUCH K., GARIEL M.-A., KENNEDY H. & WANG X.-J., "A large-scale circuit mechanism for hierarchical dynamical processing in the primate cortex", *Neuron*, vol. 88, 2015, p. 419-431.

[2] WANG X.-J., "Decision making in recurrent neural circuits", *Neuron*, vol. 60, n° 2, 2008, p. 215-234.

[3] WANG X.-J., "Probabilistic decision making by slow reverberation in neocortical circuits", *Neuron*, vol. 36, 2002, p. 955-968.

[4] WANG X.-J., "The prefrontal cortex as a quintessential 'cognitive-type' neural circuit: Working memory and decision making", *in* D.T STUSS & R.T. KNIGHT (eds), *Principles of Frontal Lobe Function*, Second Edition, Cambridge, Cambridge University Press, 2013, p. 226-248.

[5] WANG X.-J., "Synaptic reverberation underlying mnemonic persistent activity", *Trends in Neurosci*, vol. 24, n° 8, 2001, p. 455-463.

[6] WANG X.-J. & KRYSTAL J., "Computational psychiatry", *Neuron*, vol. 84, 2014, p. 638-654.

[7] WANG X.-J., "Decision making in recurrent neural circuits", *Neuron*, vol. 60, 2008, n° 2, p. 215-234.

[8] FULCHER D., MURRAY J., ZERBI V. & WANG X.-J., "Multimodal gradients across mouse cortical areas", *Proc. Natl. Acad. Sci*, 2018.

[9] MEJIAS J., MURRAY J, KENNEDY H. & WANG X.-J., "Feedforward and feedback frequency-dependent interactions in a large-scale laminar network of the primate cortex", *Science Advances*, vol. 2, 2016, e1601335.

[10] WANG X.-J., "Neurophysiological and computational principles of cortical rhythms in cognition", *Physiological Reviews*, vol 90, n° 3, 2010, p. 1195-1268.

[11] JOGLEKAR M., MEJIAS J., YANG G.R. & WANG X.-J., "Inter-areal balanced amplification enhances signal propagation in a large-scale circuit model of the primate cortex", *Neuron*, vol. 98, n° 1, 2018, p. 222-234.

[12] WANG X.-J. & YANG R., "A disinhibitory motif and flexible information routing in the brain", *Current Opinion in Neurobiology*, vol. 49, 2018, p. 75-83.

VIE DE L’INSTITUTION

I. CHRONIQUE DE L'ANNÉE ACADÉMIQUE 2018-2019

2018

1er septembre 2018	Décret du président de la République (publié au *Journal officiel* le 4 septembre 2018) renouvelant Alain PROCHIANTZ dans les fonctions d'administrateur du Collège de France.
	Le professeur Pierre ROSANVALLON, titulaire de la chaire Histoire moderne et contemporaine du politique, est admis à faire valoir ses droit à la retraite.
4 septembre 2018 :	Arrêté de l'administrateur du Collège de France nommant Thomas RÖMER et Françoise COMBES respectivement aux fonctions de vice-président et de secrétaire de l'assemblée du Collège de France, à compter du 1er septembre 2018, pour une durée de trois ans renouvelable.
25 novembre 2018 :	Approbation par l'assemblée du Collège de France de la création de trois chaires, intitulées « Littératures comparées », « Linguistique générale » et « Droit international des institutions ».

2019

18 février 2019	Arrêté de l'administrateur du Collège de France nommant Walter FONTANA sur la chaire Informatique et sciences numériques pour l'année académique 2019-2020.
18 février 2019	Arrêté de l'administrateur du Collège de France nommant Yadh BEN ACHOUR sur la chaire annuelle Mondes francophones, en partenariat avec l'AUF, pour l'année académique 2019-2020.
19 février 2019	Arrêté de l'administrateur du Collège de France nommant Didier FASSIN sur la chaire annuelle Santé publique, en partenariat avec l'agence Santé publique France, pour l'année académique 2019-2020.
10 mars 2019	Arrêté de l'administrateur du Collège de France nommant Jean-Philippe BOUCHAUD sur la chaire annuelle Innovation technologique Liliane Bettencourt pour l'année académique 2019-2020.
31 mars 2019	Approbation par l'assemblée du Collège de France de la création de deux chaires, intitulées « Neurobiologie et immunité » et « Combinatoire ».
	Approbation par l'assemblée du Collège de France du statut de membre associé du Collège de France au futur établissement

expérimental « Université PSL » qui se substituera dans tous les droits et obligations à la ComUE PSL.

4 avril 2019 Décrets du président de la République (publiés au *Journal officiel* le 6 avril 2019) nommant et titularisant en qualité de professeurs du Collège de France, à compter de la date de leur installation au cours de l'année universitaire 2019-2020, Luis QUINTANA-MURCI sur la chaire Génomique humaine et évolution, François RECANATI sur la chaire Philosophie du langage et de l'esprit et François-Xavier FAUVELLE sur la chaire Histoire et archéologie des mondes africains.

21 juin 2019 Décrets du président de la République (publiés au *Journal officiel* le 23 juin 2019) nommant et titularisant en qualité de professeurs du Collège de France, à compter de la date de leur installation au cours de l'année universitaire 2019-2020, Luigi RIZZI sur la chaire Linguistique générale, William MARX sur la chaire Littératures comparées et Samantha BESSON sur la chaire Droit international des institutions.

30 juin 2019 Proposition par l'assemblée du Collège de France de nommer Thomas RÖMER aux fonctions d'administrateur du Collège de France, à compter du 1er septembre 2019, pour un mandat d'une durée de trois ans renouvelable, et approbation par l'assemblée de la nomination de Françoise COMBES aux fonctions de vice-présidente et de Hugues DE THE aux fonctions de secrétaire de l'assemblée du Collège de France, à compter du 1er septembre 2019.

18 juillet 2019 Décret du président de la République (publié au *Journal officiel* le 20 juillet 2019) nommant Thomas RÖMER administrateur du Collège de France à partir du 1er septembre 2019.

1er septembre 2019 Les professeurs Gérard BERRY, titulaire de la chaire Algorithmes, machines et langages, Alain de LIBERA, titulaire de la chaire Histoire de la philosophie médiévale, Philippe DESCOLA, titulaire de la chaire Anthropologie de la nature, Alain PROCHIANTZ, titulaire de la chaire Processus morphogénétiques, et Alain SUPIOT, titulaire de la chaire État social et mondialisation, sont admis à faire valoir leur droit à la retraite.

II. RENOUVELLEMENT DES CHAIRES DEPUIS 1945

De 1945 à 2014[1]

Ancienne chaire	Nouvelle chaire
1945[2]	
Langue et littérature chinoises Henri MASPERO (1921-1945)	*Langue et littérature chinoises* Paul DEMIÉVILLE (1946-1964)
Langue et littérature arabes William MARÇAIS (1927-1943)	*Histoire du monde arabe* Jean SAUVAGET (1946-1950)
Histoire ancienne de l'Orient sémitique Isidore LÉVY (1932-1941)	*Philologie et archéologie assyro-babyloniennes* Édouard DHORME (1945-1951)
Physique mathématique *(chaire créée pour Albert EINSTEIN en 1933)*	*Physique atomique et moléculaire* Francis PERRIN (1946-1972)

1. Pour un historique des chaires depuis 1800, on pourra se reporter aux volumes antérieurs de l'*Annuaire*. Voir par exemple *Annuaire du Collège de France 2014-2015. Résumé des cours et travaux*, 115e année, Paris, Collège de France, 2016, p. 37-70.

2. L'année indiquée est celle de la délibération de l'Assemblée des professeurs sur la création, le maintien ou la transformation de la chaire.

Poétique
Paul VALÉRY (1937-1945)

Psychologie collective
Maurice HALBWACHS (1944-1945)

Histoire des créations littéraires en France
Jean POMMIER (1946-1964)

Histoire de la civilisation italienne
Augustin RENAUDET (1946-1950)

1946

Physique générale et expérimentale
Paul LANGEVIN (1909-1946)

Théorie des équations différentielles et fonctionnelles
Jean LERAY (1947-1978)

Langues, histoire et archéologie de l'Asie centrale
Paul PELLIOT (1911-1945)

Archéologie paléochrétienne et byzantine
André GRABAR (1946-1966)

Histoire naturelle des corps organisés
André MAYER (1922-1946)

Biochimie générale et comparée
Jean ROCHE (1947-1972)

Histoire et philologie indochinoises
Jean PRZYLUSKI (1931-1944)

Histoire et philologie indochinoises
Émile GASPARDONE (1946-1965)

Civilisation américaine
Bernard FAŸ (révoqué) (1932-1945)

Histoire de la civilisation de l'Amérique du Nord
Marcel GIRAUD (1947-1971)

Géographie économique et politique
André SIEGFRIED (1933-1946)

Étude du monde tropical
Pierre GOUROU (1947-1970)

Histoire du vocabulaire français
Mario ROQUES (1937-1946)

Langue et littérature françaises du Moyen Âge
Félix LECOY (1947-1974)

Création

Civilisations de l'Extrême-Orient
Paul MUS (1946-1969)

1947

Préhistoire
Henri BREUIL (1929-1947)

Géographie historique de la France
Roger DION (1948-1968)

Égyptologie
Pierre LACAU (1938-1947)

Égyptologie
Pierre MONTET (1948-1956)

Histoire de la colonisation
Edmond CHASSIGNEUX (1939-1946)

Histoire de l'expansion de l'Occident
Robert MONTAGNÉ (1948-1954)

1948

Biologie générale
Jacques DUCLAUX (1931-1948)

Neurophysiologie générale
Alfred FESSARD (1949-1971)

Langues et littératures d'origine germanique Ernest TONNELAT (1934-1948)	*Langues et littératures d'origine germanique* Fernand MOSSÉ (1949-1956)
Antiquités nationales Albert GRENIER (1936-1948)	*Civilisation indo-européenne* Georges DUMÉZIL (1949-1968)

1949

Physique théorique Léon BRILLOUIN (1932-1949)	*Physique théorique* Jean LAVAL (1950-1970)
Histoire de la civilisation moderne Lucien FEBVRE (1933-1949)	*Histoire de la civilisation moderne* Fernand BRAUDEL (1950-1972)
Psychologie et éducation de l'enfance Henri WALLON (1937-1949)	*Psychologie des arts plastiques* René HUYGHE (1951-1976)

1950

Médecine René LERICHE (1937-1950)	*Médecine expérimentale* Antoine LACASSAGNE (1951-1954)
Histoire de la civilisation italienne Augustin RENAUDET (1946-1950)	*Littérature et civilisation italiennes* André PÉZARD (1951-1963)
Histoire du monde arabe Jean SAUVAGET (1946-1950)	*Langue et littérature arabes* Gaston WIET (1951-1959)
Création (fondation de la ville de Paris)	*Histoire et structure sociales de Paris et de la région parisienne* Louis CHEVALIER (1952-1981)

1951

Langues et littératures slaves André MAZON (1923-1951)	*Langues et littératures slaves* André VAILLANT (1952-1962)
Physiologie des sensations Henri PIÉRON (1923-1951)	*Physique mathématique* André LICHNEROWICZ (1952-1986)
Histoire de la philosophie au Moyen Âge Étienne GILSON (1932-1950)	*Histoire et technologie des systèmes philosophiques* Martial GUÉROULT (1951-1962)
Histoire des religions Jean BARUZI (1933-1951)	*Histoire des religions* Henri-Charles PUECH (1952-1972)
Langue et littérature sanscrites Jules BLOCH (1937-1951)	*Langues et littératures de l'Inde* Jean FILLIOZAT (1952-1978)

Philosophie
Louis LAVELLE (1941-1951)

Philosophie
Maurice MERLEAU-PONTY (1952-1961)

Histoire de la langue latine
Alfred ERNOUT (1944-1951)

Littérature latine
Pierre COURCELLE (1952-1980)

Philologie et archéologie assyro-babyloniennes
Édouard DHORME (1945-1951)

Assyriologie
René LABAT (1952-1974)

Radiobiologie expérimentale
Antoine LACASSAGNE (nommé en 1951, titulaire de la chaire de Médecine expérimentale créée l'année précédente)

Histophysiologie
Jacques BENOIT (1952-1966)

1953

Histoire des arts de l'Orient musulman
Albert GABRIEL (1941-1953)

Archéologie de l'Asie occidentale
Claude SCHAEFFER-FORRER (1954-1969)

1954

Littérature latine du Moyen Âge
Edmond FARAL (1925-1954)

Analyse des faits économiques et sociaux
François PERROUX (1955-1974)

Embryogénie comparée
Emmanuel FAURÉ-FRÉMIET (1928-1954)

Embryologie expérimentale
Étienne WOLFF (1955-1974)

Civilisation romaine
André PIGANIOL (1942-1954)

Civilisation romaine
Jean GAGÉ (1955-1972)

Médecine expérimentale
Antoine LACASSAGNE (1951-1954)

Médecine expérimentale
Charles OBERLING (1955-1960)

1955

Sociologie et sociographie musulmanes
Louis MASSIGNON (1926-1954)

Sociologie musulmane
Henri LAOUST (1956-1975)

Aérolocomotion mécanique et biologique
Étienne OEHMICHEN (1939-1955)

Algèbre et géométrie
Jean-Pierre SERRE (1956-1994)

Chimie organique
Charles DUFRAISSE (1942-1955)

Chimie organique des hormones
Alain HOREAU (1956-1980)

Histoire de l'expansion de l'Occident
Robert MONTAGNÉ (1948-1954)

Histoire sociale de l'Islam contemporain
Jacques BERQUE (1956-1981)

1956

Égyptologie
Pierre MONTET (1948-1956)

Philologie et archéologie égyptiennes
Étienne DRIOTON (1957-1960)

1957

Langues et littératures d'origine germanique Fernand MOSSÉ (1949-1956)	*Langues et littératures d'origine germanique* Robert MINDER (1957-1973)

1958

Histoire du travail Émile COORNAERT (1936-1957)	*Démographie sociale : la vie des populations* Alfred SAUVY (1959-1969)
Chimie nucléaire Frédéric JOLIOT (1937-1958)	*Physique nucléaire* Louis LEPRINCE-RINGUET (1959-1972)
Création	*Anthropologie sociale* Claude LÉVI-STRAUSS (1959-1982)

1959

Langue et littérature arabes Gaston WIET (1951-1959)	*Magnétisme nucléaire* Anatole ABRAGAM (1960-1985)

1960

Géologie méditerranéenne Paul FALLOT (1938-1960)	*Méthodes physiques de l'astronomie* André LALLEMAND (1961-1974)
Médecine expérimentale Charles OBERLING (1955-1960)	*Médecine expérimentale* Bernard HALPERN (1961-1975)
Philologie et archéologie égyptiennes Étienne DRIOTON (1957-1960)	*Philologie et archéologie égyptiennes* Georges POSENER (1961-1978)

1961

Philosophie Maurice MERLEAU-PONTY (1952-1961)	*Philosophie de la connaissance* Jules VUILLEMIN (1962-1990)

1962

Histoire et technologie des systèmes philosophiques Martial GUÉROULT (1951-1962)	*Histoire de la pensée philosophique* Jean HYPPOLITE (1963-1968)
Langues et littératures slaves André VAILLANT (1952-1962)	*Hébreu et araméen* André DUPONT-SOMMER (1963-1971)

1963

Physique cosmique Alexandre DAUVILLIER (1944-1962)	*Astrophysique théorique* Jean-Claude PECKER (1964-1988)
Langue et littérature chinoises Paul DÉMIÉVILLE (1946-1964)	*Histoire et civilisations de l'Asie centrale* Louis HAMBIS (1965-1977)
Histoire des créations littéraires en France Jean POMMIER (1946-1964)	*Littérature française moderne* Georges BLIN (1965-1988)
Littérature et civilisation italiennes André PÉZARD (1951-1963)	*Archéologie et histoire de la Gaule* Paul-Marie DUVAL (1964-1982)
Création	*Physique théorique des particules élémentaire* Jacques PRENTKI (1965-1983)
Création	*Génétique cellulaire* François JACOB (1965-1991)

1965

Langues et littératures de la péninsule ibérique et de l'Amérique latine Marcel BATAILLON (1945-1965)	*Langues et littératures de la péninsule ibérique et de l'Amérique latine* Israël RÉVAH (1966-1973)
Histoire et philologie indochinoises Émile GASPARDONE (1946-1965)	*Étude du monde chinois : institutions et concepts* Rolf A. STEIN (1966-1981)
Morphologie expérimentale et endocrinologie Robert COURRIER (1938-1966)	*Physiologie cellulaire* François MOREL (1967-1993)
Archéologie paléochrétienne et byzantine André GRABAR (1946-1966)	*Histoire et civilisation de Byzance* Paul LEMERLE (1967-1973)
Histophysiologie Jacques BENOIT (1952-1966)	*Biologie moléculaire* Jacques MONOD (1967-1973)

1968

Civilisation indo-européenne Georges DUMÉZIL (1949-1968)	*Préhistoire* André LEROI-GOURHAN (1969-1982)

1969

Géographie historique de la France Roger DION (1948-1968)	*Géographie du continent européen* Maurice LE LANNOU (1969-1976)

Archéologie de l'Asie occidentale
Claude SCHAEFFER-FORRER (1954-1969)

Histoire des sociétés médiévales
Georges DUBY (1970-1991)

Démographie sociale : la vie des populations
Alfred SAUVY (1959-1969)

Sociologie de la civilisation moderne
Raymond ARON (1970-1978)

Histoire de la pensée philosophique
Jean HYPPOLITE (1963-1968)

Histoire des systèmes de pensée
Michel FOUCAULT (1970-1984)

1970

Civilisations de l'Extrême-Orient
Paul MUS (1946-1969)

Art et civilisation de la Renaissance en Italie
André CHASTEL (1970-1984)

Étude du monde tropical
Pierre GOUROU (1947-1970)

Étude du bouddhisme
André BAREAU (1971-1991)

Physique théorique
Jean LAVAL (1950-1970)

Physique de la matière condensée
Pierre-Gilles DE GENNES (1971-2004)

1971

Histoire de la civilisation de l'Amérique du Nord
Marcel GIRAUD (1947-1971)

Anthropologie physique
Jacques RUFFIÉ (1972-1992)

Neurophysiologie générale
Alfred FESSARD (1949-1971)

Neurophysiologie
Yves LAPORTE (1972-1991)

Hébreu et araméen
André DUPONT-SOMMER (1963-1971)

Hébreu et araméen
André CAQUOT (1972-1994)

1972

Physique atomique et moléculaire
Francis PERRIN (1946-1972)

Physique atomique et moléculaire
Claude COHEN-TANNOUDJI (1973-2004)

Biochimie générale et comparée
Jean ROCHE (1947-1972)

Biochimie cellulaire
François GROS (1973-1996)

Physique nucléaire
Louis LEPRINCE-RINGUET (1959-1972)

Physique corpusculaire
Marcel FROISSART (1973-2004)

1973

Grammaire comparée
Émile BENVENISTE (1937-1972)

Langues et civilisation de l'Asie Mineure
Emmanuel LAROCHE (1973-1985)

Mathématique et mécanique
Szolem MANDELBROJT (1938-1972)

Analyse mathématique des systèmes et de leur contrôle
Jacques-Louis LIONS (1973-1998)

Histoire de la civilisation moderne
Fernand BRAUDEL (1950-1972)

Histoire de la civilisation moderne
Emmanuel LE ROY LADURIE (1973-1999)

Histoire des religions
Henri-Charles PUECH (1952-1972)

La Grèce et la formation de la pensée morale et politique
Jacqueline DE ROMILLY (1973-1984)

Civilisation romaine
Jean GAGÉ (1955-1972)

Théorie des groupes
Jacques TITS (1973-2000)

Langues et littératures d'origine germanique
Robert MINDER (1957-1973)

Étude comparée des religions antiques
Jean-Pierre VERNANT (1975-1984)

Langues et littératures de la péninsule ibérique et de l'Amérique latine
Israël RÉVAH (1966-1973)

Histoire sociale et intellectuelle de la Chine
Jacques GERNET (1975-1992)

Biologie moléculaire
Jacques MONOD (1967-1973)

Physiologie du développement
Alfred JOST (1974-1987)

Histoire et civilisation de Byzance
Paul LEMERLE (1967-1973)

Histoire des mentalités religieuses dans l'Occident moderne
Jean DELUMEAU (1975-1994)

1974

Embryologie expérimentale
Étienne WOLFF (1955-1974)

Communications cellulaires
Jean-Pierre CHANGEUX (1975-2006)

Méthodes physiques de l'astronomie
André LALLEMAND (1961-1974)

Neuropsychologie du développement
Julian DE AJURIAGUERRA (1975-1981)

1975

Épigraphie et antiquités grecques
Louis ROBERT (1939-1974)

Sémiologie littéraire
Roland BARTHES (1976-1980)

Langue et littérature françaises du Moyen Âge
Félix LECOY (1947-1974)

Invention, technique et langage en musique
Pierre BOULEZ (1976-1995)

Assyriologie
René LABAT (1952-1974)

Histoire de Rome
Paul-Marie VEYNE (1976-1999)

Analyse des faits économiques et sociaux
François PERROUX (1955-1974)

Histoire et civilisation du monde byzantin
Gilbert DAGRON (1975-2001)

Sociologie musulmane
Henri LAOUST (1956-1975)

Langue et littérature arabes classiques
André MIQUEL (1976-1997)

1976

Psychologie des arts plastiques
René HUYGHE (1951-1976)

Médecine expérimentale
Bernard HALPERN (1961-1975)

Géographie du continent européen
Maurice LE LANNOU (1969-1976)

Histoire de la création artistique en France
Jacques THUILLIER (1977-1998)

Médecine expérimentale
Jean DAUSSET (1977-1987)

Christianisme et gnoses dans l'Orient préislamique
Antoine GUILLAUMONT (1977-1986)

1977

Histoire et civilisations de l'Asie centrale
Louis HAMBIS (1965-1977)

Sociographie de l'Asie du Sud-Est
Lucien BERNOT (1978-1985)

1978

Philologie et archéologie égyptiennes
Georges POSENER (1961-1978)

Égyptologie
Jean LECLANT (1979-1990)

1979

Théorie des équations différentielles et fonctionnelles
Jean LERAY (1947-1978)

Langues et littératures de l'Inde
Jean FILLIOZAT (1952-1978)

Sociologie de la civilisation moderne
Raymond ARON (1970-1978)

Droit international
René-Jean DUPUY (1979-1989)

Civilisation japonaise
Bernard FRANK (1979-1996)

Chimie des interactions moléculaires
Jean-Marie LEHN (1979-2010)

1980

Chimie organique des hormones
Alain HOREAU (1956-1980)

Sémiologie littéraire
Roland BARTHES (1976-1980)

Bioénergétique cellulaire
Pierre JOLIOT (1981-2002)

Études comparées de la fonction poétique
Yves BONNEFOY (1981-1993)

1981

Littérature latine
Pierre COURCELLE (1952-1980)

Sociologie
Pierre BOURDIEU (1981-2001)

Histoire et structure sociales de Paris et de la région parisienne
Louis CHEVALIER (1952-1981)

Étude comparée des sociétés africaines
Françoise HÉRITIER (1982-1998)

Étude du monde chinois : institutions et concepts
Rolf A. STEIN (1966-1981)

Histoire de la pensée hellénistique et romaine
Pierre HADOT (1982-1991)

1982

Histoire sociale de l'Islam contemporain
Jacques BERQUE (1956-1981)

Physique statistique
Philippe NOZIÈRES (1983-2001)

Préhistoire
André LEROI-GOURHAN (1969-1982)

Paléoanthropologie et préhistoire
Yves COPPENS (1983-2005)

Neuropsychologie du développement
Julian DE AJURIAGUERRA (1975-1981)

Neuropharmacologie
Jacques GLOWINSKI (1982-2006)

1983

Anthropologie sociale
Claude LÉVI-STRAUSS (1959-1982)

Histoire du monde indien
Gérard FUSSMAN (1984-2011)

Archéologie et histoire de la Gaule
Paul-Marie DUVAL (1964-1982)

Antiquités nationales
Christian GOUDINEAU (1984-2010)

Physique théorique des particules élémentaires
Jacques PRENTKI (1964-1983)

Analyse et géométrie
Alain CONNES (1984-2017)

1984

La Grèce et la formation de la pensée morale et politique
Jacqueline DE ROMILLY (1973-1984)

Tradition et critique des textes grecs
Jean IRIGOIN (1986-1992)

Étude comparée des religions antiques
Jean-Pierre VERNANT (1975-1984)

Grammaire et pensée allemandes
Jean-Marie ZEMB (1986-1998)

1985

Histoire des systèmes de pensée
Michel FOUCAULT (1970-1984)

Épistémologie comparative
Gilles-Gaston GRANGER (1986-1991)

Art et civilisation de la Renaissance en Italie
André CHASTEL (1970-1984)

Histoire de la France contemporaine
Maurice AGULHON (1986-1997)

Langues et civilisation de l'Asie Mineure
Emmanuel LAROCHE (1973-1985)

Assyriologie
Paul GARELLI (1986-1995)

1986

Physique mathématique
André LICHNEROWICZ (1952-1986)

Magnétisme nucléaire
Anatole ABRAGAM (1960-1985)

Christianisme et gnoses dans l'Orient préislamique
Antoine GUILLAUMONT (1977-1986)

Sociographie de l'Asie du Sud-Est
Lucien BERNOT (1978-1985)

Analyse économique
Edmond MALINVAUD (1987-1993)

Géodynamique
Xavier LE PICHON (1986-2008)

Théorie linguistique
Claude HAGÈGE (1988-2006)

Rhétorique et société en Europe (XVIe-XVIIe siècles)
Marc FUMAROLI (1987-2002)

1987

Physiologie du développement
Alfred JOST (1974-1987)

Embryologie cellulaire et moléculaire
Nicole LE DOUARIN (1988-2000)

1988

Médecine expérimentale
Jean DAUSSET (1977-1987)

Médecine expérimentale
Pierre CORVOL (1989-2012)

1989

Astrophysique théorique
Jean-Claude PECKER (1964-1988)

Droit international
René-Jean DUPUY (1979-1989)

Création

Astrophysique observationnelle
Antoine LABEYRIE (1991-2014)

Histoire des syncrétismes de la fin de l'Antiquité
Michel TARDIEU (1991-2008)

Chaire européenne
Harald WEINRICH (1989-1990)

1990

Littérature française moderne
Georges BLIN (1965-1988)

Égyptologie
Jean LECLANT (1979-1990)

Histoire de la Chine moderne
Pierre-Étienne WILL (1991-2014)

Égyptologie
Jean YOYOTTE (1991-1997)

1991

Philosophie de la connaissance
Jules VUILLEMIN (1962-1990)

Langues et littératures romanes
Harald WEINRICH (1992-1998)

Histoire des sociétés médiévales
Georges DUBY (1970-1991)

Histoire de l'Occident méditerranéen au Moyen Âge
Pierre TOUBERT (1992-2003)

Neurophysiologie
Yves LAPORTE (1972-1991)

Physiologie de la perception et de l'action
Alain BERTHOZ (1992-2010)

Épistémologie comparative
Gilles-Gaston GRANGER (1986-1990)

Histoire et anthropologie des sociétés méso- et sud-américaines
Nathan WACHTEL (1992-2005)

Chaire européenne

Wolf LEPENIES (1991-1992)

1992

Génétique cellulaire
François JACOB (1964-1991)

Génétique moléculaire
Pierre CHAMBON (1993-2002)

Étude du bouddhisme
André BAREAU (1971-1991)

Histoire moderne et contemporaine du monde russe
François-Xavier COQUIN (1993-2001)

Histoire sociale et intellectuelle de la Chine
Jacques GERNET (1975-1992)

Langues et religions indo-iraniennes
Jean KELLENS (1993-2014)

Histoire de la pensée hellénistique et romaine
Pierre HADOT (1982-1991)

Histoire économique et monétaire de l'Orient hellénistique
Georges LE RIDER (1993-1998)

Chaire européenne

Umberto ECO (1992-1993)

Création

Chaire internationale
Bronislaw GEREMEK (1992-1993)

1993

Anthropologie physique
Jacques RUFFIÉ (1972-1992)

Fondements et principes de la reproduction humaine
Étienne BAULIEU (1993-1998)

Études comparées de la fonction poétique
Yves BONNEFOY (1981-1993)

Littératures de la France médiévale
Michel ZINK (1994-2016)

Tradition et critique des textes grecs
Jean IRIGOIN (1986-1992)

Les civilisations de l'Europe au néolithique et à l'âge du bronze
Jean GUILAINE (1994-2007)

Chaire européenne

Werner HILDENBRAND (1993-1994)

Chaire internationale

Guangda ZHANG (1993-1994)

1994

Physiologie cellulaire
François MOREL (1967-1993)

Biologie moléculaire des plantes
Joseph SCHELL (1994-1998)

Hébreu et araméen
André CAQUOT (1972-1994)

Antiquités sémitiques
Javier TEIXIDOR (1995-2001)

Histoire des mentalités religieuses dans l'Occident moderne
Jean DELUMEAU (1975-1994)

Biologie historique et évolutionnisme
Armand DE RICQLÈS (1995-2010)

Analyse économique
Edmond MALINVAUD (1987-1993)

Philosophie du langage et de la connaissance
Jacques BOUVERESSE (1995-2010)

Chaire européenne
Norbert OHLER (1994-1995)

Chaire internationale
Orest RANUM (1994-1995)

1995

Algèbre et géométrie
Jean-Pierre SERRE (1956-1994)

Équations différentielles et systèmes dynamiques
Jean-Christophe YOCCOZ (1996-2016)

Invention, technique et langage en musique
Pierre BOULEZ (1976-1995)

Anthropologie théâtrale
Jerzy GROTOWSKI (1996-1999)

Assyriologie
Paul GARELLI (1986-1995)

Chimie des solides
Jean ROUXEL (1996-1998)

Chaire européenne
Klaus RAJEWSKI (1995-1996)

Chaire internationale
Harris MEMEL-FOTÊ (1995-1996)

1996

Biochimie cellulaire
François GROS (1973-1996)

Immunologie moléculaire
Philippe KOURILSKY (1998-2012)

Chaire européenne
Pieter WESTBROEK (1996-1997)

Chaire internationale
Igor MEL'ČUK (1996-1997)

1997

Civilisation japonaise
Bernard FRANK (1979-1996)

Histoire de la France des Lumières
Daniel ROCHE (1999-2005)

Égyptologie
Jean YOYOTTE (1991-1997)

Histoire turque et ottomane
Gilles VEINSTEIN (1999-2012)

Chaire européenne — Abram DE SWAAN (1997-1998)

Chaire internationale — Brian STOCK (1997-1998)

1998

Langue et littérature arabes classiques
André MIQUEL (1976-1997)

Étude comparée des sociétés africaines
Françoise HÉRITIER (1982-1998)

Histoire de la France comtemporaine
Maurice AGULHON (1986-1997)

Langues et littératures romanes
Harald WEINRICH (1992-1998)

Fondements et principes de la reproduction humaine
Étienne-Émile BAULIEU (1993-1998)

Assyriologie
Jean-Marie DURAND (1999-2011)

Littératures modernes de l'Europe néolatine
Carlo OSSOLA (1999)

Théorie économique et organisation sociale
Roger GUESNERIE (2000-2013)

Histoire et civilisation du monde achéménide et de l'empire d'Alexandre
Pierre BRIANT (1999-2012)

Biologie et génétique du développement
Spyros ARTAVANIS-TSAKONAS (2000-2012)

Chaire européenne — Thomas W. GAEHTGENS (1998-1999)

Chaire internationale — Patrice HIGONNET (1998-1999)

1999

Analyse mathématique des systèmes et de leur contrôle
Jacques-Louis LIONS (1973-1998)

Histoire de la création artistique en France
Jacques THUILLIER (1977-1998)

Grammaire et pensée allemandes
Jean-Marie ZEMB (1986-1998)

Histoire économique et monétaire de l'Orient hellénistique
Georges LE RIDER (1993-1998)

Biologie moléculaire des plantes
Joseph SCHELL (1994-1998)

Chimie des solides
Jean ROUXEL (1996-1998)

Théorie des Nombres
Don ZAGIER (2000-2014)

Philosophie des sciences biologiques et médicales
Anne FAGOT-LARGEAULT (2000-2009)

Philosophie et histoire des concepts scientifiques
Ian HACKING (2000-2006)

Anthropologie de la nature
Philippe DESCOLA (2000-2019)

Physique quantique
Serge HAROCHE (2001-2015)

Civilisation pharaonique : Archéologie, philologie, histoire
Nicolas GRIMAL (2000)

Chaire européenne — Hans-Wilhelm MÜLLER-GÄRTNER (1999-2000)

Chaire internationale — James Watson CRONIN (1999-2000)

2000

Histoire de la civilisation moderne
Emmanuel LE ROY LADURIE (1973-1999)

Chimie de la matière condensée
Jacques LIVAGE (2001-2009)

Histoire de Rome
Paul VEYNE (1976-1999)

Histoire de l'art européen médiéval et moderne
Roland RECHT (2001-2012)

Physique statistique
Philippe NOZIÈRES (1983-2001)

Évolution du climat et de l'océan
Édouard BARD (2001)

Embryologie cellulaire et moléculaire
Nicole LE DOUARIN (1988-2000)

Génétique et physiologie cellulaire
Christine PETIT (2001)

Anthropologie théâtrale
Jerzy GROTOWSKI (1996-1999)

Religion, institutions et société de la Rome antique
John SCHEID (2001-2016)

Chaire européenne — Michael EDWARDS (2000-2001)

Chaire internationale — Miklós SZABO (2000-2001)

2001

Théorie des groupes
Jacques TITS (1973-2000)

Histoire moderne et contemporaine du politique
Pierre ROSANVALLON (2001-2018)

Sociologie
Pierre BOURDIEU (1981-2001)

Études juridiques comparatives et internationalisation du droit
Mireille DELMAS-MARTY (2002-2011)

Antiquités sémitiques
Javier TEIXIDOR (1995-2001)

Équations aux dérivées partielles et applications
Pierre-Louis LIONS (2002)

Chaire européenne — Claudio MAGRIS (2001-2002)

Chaire internationale — Paul FARMER (2001-2002)

2002

Histoire et civilisation du monde byzantin
Gilbert DAGRON (1975-2001)

Étude de la création littéraire en langue anglaise
Michael EDWARDS (2003-2008)

Rhétorique et sociétés en Europe (XVIe-XVIIe siècles) Marc FUMAROLI (1987-2002)

Épigraphie et histoire des cités grecques
Denis KNOEPFLER (2003-2014)

Histoire moderne et contemporaine du monde russe
François-Xavier Coquin (1993-2001)

Histoire contemporaine du monde arabe
Henry Laurens (2003)

Génétique moléculaire
Pierre Chambon (1993-2002)

Génétique humaine
Jean-Louis Mandel (2003-2016)

Chaire européenne
Hans Belting (2002-2003)

Chaire internationale
Stuart Edelstein (2002-2003)

2003

Bioénergétique cellulaire
Pierre Joliot (1981-2002)

Particules élémentaires, gravitation et cosmologie
Gabriele Veneziano (2004-2013)

Chaire européenne
Theodor Berchem (2003-2004)

Chaire internationale
Jayant Vishnu Narlikar (2003-2004)

2004

Physique atomique et moléculaire
Claude Cohen-Tannoudji (1973-2004)

Rationalité et sciences sociales
John Elster (2006-2011)

Histoire de l'Occident méditerranéen au Moyen-Âge
Pierre Toubert (1992-2003)

Psychologie cognitive expérimentale
Stanislas Dehaene (2005)

Chaire européenne
Sandro Stringari (2004-2005)

Chaire internationale
Celâl Sengör (2004-2005)

2005

Physique de la matière condensée
Pierre-Gilles de Gennes (1971-2004)

Physique mésoscopique
Michel Devoret (2007-2013)

Physique corpusculaire
Marcel Froissart (1973-2004)

Littérature française moderne et contemporaine : histoire, critique, théorie
Antoine Compagnon (2006)

Histoire de la France des Lumières
Daniel Roche (1999-2005)

Écrit et cultures dans l'Europe moderne
Roger Chartier (2006-2016)

Chaire européenne
Maurice Bloch (2005-2006)

Chaire internationale
Thomas Pavel (2005-2006)

Chaire de création artistique
Christian de Portzamparc (2005-2006)

2006

Histoire et anthropologie des sociétés méso- et sud-américaines Nathan WACHTEL (1992-2005)	*Processus morphogénétiques* Alain PROCHIANTZ (2007-2019)
Chaire européenne	Daniele VITALI (2006-2007)
Chaire internationale	Guy ORBAN (2006-2007)
Chaire de création artistique	Pascal DUSAPIN (2006-2007)

2007

Communications cellulaires Jean-Pierre CHANGEUX (1975-2006)	*Chimie des processus biologiques* Marc FONTECAVE (2008)
Neuropharmacologie Jacques GLOWINSKI (1982-2006)	*Microbiologie et maladies infectieuses* Philippe SANSONETTI (2007)
Paléoanthropologie et préhistoire Yves COPPENS (1983-2005)	*Paléoanthropologie humaine* Michel BRUNET (2007-2011)
Théorie linguistique Claude HAGÈGE (1988-2006)	*Milieux bibliques* Thomas RÖMER (2007)
Les civilisations de l'Europe au néolithique et à l'âge du bronze Jean GUILAINE (1994-2007)	*Physique de la matière condensée* Antoine GEORGES (2009)
Philosophie et histoire des concepts scientifiques Ian HACKING (2000-2006)	*Histoire intellectuelle de la Chine* Anne CHENG (2008)
Chaire européenne	Manfred KROPP (2007-2008)
Chaire internationale	Pierre MAGISTRETTI (2007-2008)
Chaire de création artistique	Ariane MNOUCHKINE (2007-2008), non occupée
Chaire Innovation technologique Liliane Bettencourt	Gérard BERRY (2007-2008)

2008

Chaire européenne – Développement durable	Henri LERIDON (2008-2009)
Chaire internationale – Savoirs contre pauvreté	Esther DUFLO (2008-2009)

Chaire de création artistique — Pierre-Laurent AIMARD (2008-2009)

Chaire Innovation technologique Liliane Bettencourt — Mathias FINK (2008-2009)

2009

Géodynamique
Xavier LE PICHON (1986-2008)

Études de la création littéraire en langue anglaise
Michael EDWARDS (2003-2008)

Chimie des matériaux hybrides
Clément SANCHEZ (2011)

Métaphysique et philosophie de la connaissance
Claudine TIERCELIN (2010)

Chaire de création artistique — Jacques NICHET (2009-2010)

Chaire Développement durable – Environnement, énergie et société — Nicolas STERN (2009-2010)

Chaire Savoirs contre pauvreté — Peter PIOT (2009-2010)

Chaire Informatique et sciences numériques — Gérard BERRY (2009-2010)

Chaire Innovation technologique Liliane Bettencourt — Patrick COUVREUR (2009-2010)

2010

Histoire des syncrétismes de la fin de l'Antiquité
Michel TARDIEU (1991-2008)

Philosophie des sciences biologiques et médicales
Anne FAGOT-LARGEAULT (2000-2009)

Chimie de la matière condensée
Jacques LIVAGE (2001-2009)

Techniques et économies de la Méditerranée antique
Jean-Pierre BRUN (2011)

Philologie de la civilisation japonaise
Jean-Noël ROBERT (2011)

Physique de l'intérieur de la Terre
Barbara ROMANOWICZ (2011)

Chaire de création artistique — Anselm KIEFER (2010-2011)

Chaire Développement durable – Environnement, énergie et société — Jean-Marie TARASCON (2010-2011)

Chaire Savoirs contre pauvreté — Ismail SERAGELDIN (2010-2011)

Chaire Informatique et sciences numériques — Martin ABADI (2010-2011)

Chaire Innovation technologique Liliane Bettencourt — Elias ZERHOUNI (2010-2011)

2011

Antiquités nationales Christian GOUDINEAU (1984-2010)	*Atomes et rayonnement* Jean DALIBARD (2012)
Chimie des interactions moléculaires Jean-Marie LEHN (1989-2010)	*Épigénétique et mémoire cellulaire* Edith HEARD (2012)
Physiologie de la perception et de l'action Alain BERTHOZ (1992-2010)	*État social et mondialisation* Alain SUPIOT (2012-2019)
Philosophie du langage et de la connaissance Jacques BOUVERESSE (1995-2010)	*Algorithmes, machines et langages* Gérard BERRY (2012-2019)
Chaire de création artistique	Gilles CLÉMENT (2011-2012)
Chaire Développement durable – Environnement, énergie et société	Paul COLONNA (2011-2012)
Chaire Savoirs contre pauvreté	Manuela CARNEIRO DA CUNHA (2011-2012)
Chaire Informatique et sciences numériques	Serge ABITEBOUL (2011-2012)
Chaire Innovation technologique Liliane Bettencourt	Jean-Paul LAUMOND (2011-2012)

2012

Histoire du monde indien Gérard FUSSMAN (1985-2011)	*Histoire de la philosophie médiévale* Alain DE LIBERA (2013-2019)
Médecine expérimentale Pierre CORVOL (1989-2012)	*Médecine expérimentale* Alain FISCHER (2013)
Biologie historique et évolutionnisme Armand DE RICQLÈS (1996-2010)	*Sociologie du travail créateur* Pierre-Michel MENGER (2013)
Assyriologie Jean-Marie DURAND (1999-2011)	*Histoire et cultures de l'Asie centrale préislamique* Franz GRENET (2013)
Rationalité et sciences sociales Jon ELSTER (2006-2011)	*Chimie du solide et énergie* Jean-Marie TARASCON (2013)
Paléontologie humaine Michel BRUNET (2007-2011)	*Histoire globale de la première modernité* Sanjay SUBRAHMANYAM (2013-2014)
Chaire de création artistique	Karol BEFFA (2012-2013)
Chaire Développement durable – Environnement, énergie et société	Annie CAZENAVE (2012-2013)

Chaire Savoirs contre pauvreté	Dominique KEROUEDAN (2012-2013)
Chaire Informatique et sciences numériques	Bernard CHAZELLE (2012-2013)
Chaire Innovation technologique Liliane Bettencourt	Yves BRÉCHET (2012-2013)

2013

Immunologie moléculaire
Philippe KOURILSKY (1998-2012)

Histoire et civilisation du monde achéménide et de l'Empire d'Alexandre
Pierre BRIANT (1999-2012)

Études juridiques comparatives et internationalisation du droit
Mireille DELMAS-MARTY (2000-2011)

Biologie et génétique du développement
Spyros ARTAVANIS-TSAKONAS (2000-2012)

Histoire du monde indien
Non attribuée

Galaxies et cosmologie
Françoise COMBES (2014)

Civilisation mésopotamienne
Dominique CHARPIN (2014)

Oncologie cellulaire et moléculaire
Hugues DE THÉ (2014)

Nouveaux professeurs invités (chaires pluriannuelles)

Architecture et forme urbaine	Jean-Louis COHEN (2013-2016)

Chaires annuelles

Création artistique	Tony CRAGG (2013-2014)
Développement durable – Environnement, énergie et société	Gilles BOEUF (2013-2014)
Savoirs contre pauvreté	François BOURGUIGNON (2013-2014)
Informatique et sciences numériques	Nicholas AYACHE (2013-2014)
Innovation technologique Liliane Bettencourt	Philippe WALTER (2013-2014)

2014

Immunologie moléculaire
Philippe KOURILSKY (1998-2012)

Histoire turque et ottomane
Gilles VEINSTEIN (1999-2012)

Histoire de l'art européen, médiéval et moderne
Roland RECHT (2001-2012)

Physique mésoscopique
Michel DEVORET (2006-2012)

Culture écrite de l'Antiquité tardive et papyrologie byzantine
Jean-Luc FOURNET (2015)

Histoire du Coran. Texte et transmission
François DÉROCHE (2015)

Physique statistique
Bernard DERRIDA (2015)

Économie des institutions, de l'innovation et de la croissance
Philippe AGHION (2015)

Chaires créées

Histoire des pouvoirs en Europe occidentale, XIIIe-XVIe *siècle* : Patrick BOUCHERON (2015)
Études turques et ottomanes (non attribuée)

Nouveaux professeurs invités (chaires pluriannuelles)

Paléoanthropologie : Jean-Jacques HUBLIN (2014-2017)
Histoire globale de la première modernité : Sanjay SUBRAHMANYAM (2014-2019)

Chaires annuelles

Développement durable – Environnement, énergie et société : Georges CALAS (2014-2015)
Informatique et sciences numériques : Marie-Paule CANI (2014-2015)
Innovation technologique Liliane Bettencourt : Bernard MEUNIER (2014-2015)

2015 [3]

Chaires créées

Géométrie algébrique : Claire VOISIN (2016)

Chaires annuelles

Informatique et sciences numériques : Yann LECUN (2015-2016)
Innovation technologique Liliane Bettencourt : José-Alain SAHEL (2015-2016)
Développement durable – Environnement, énergie et société : Thomas STERNER (2015-2016)
Création artistique : Alain MABANCKOU (2015-2016)

2016

Chaires créées

Dynamiques du vivant : Thomas LECUIT (2016-)
Religion, histoire et société dans le monde grec antique : Vincianne PIRENNE-DELFORGE (2017-)
Sciences des données : Stéphane MALLAT (2017-)
Champs, cordes et gravité : Jean-Marc HENNEAUX (2017-)

Chaires internationales (pluriannuelles) créées

Histoire culturelle des patrimoines artistiques en Europe, XVIIIe-XXe *siècle* : Bénédicte SAVOY (2016-2021)

---

3. À compter du 24 juillet 2014, l'année indiquée est celle de la création de la chaire par le ministre chargé de l'Enseignement supérieur (voir décret n° 2014-838 du 24 juillet 2014 relatif au Collège de France). Une chaire est fermée lorsque son titulaire n'est plus professeur en activité. Les années indiquées entre parenthèses après le nom des titulaires des chaires sont celles de leur nomination et de leur fin d'activité.

Architecture et forme urbaine : Jean-Louis COHEN (transformation de l'invitation initiale sur chaire pluriannuelle, 2014-)
Paléoanthropologie : Jean-Jacques HUBLIN (transformation de l'invitation initiale sur chaire pluriannuelle, 2014-)

Chaires annuelles

Informatique et sciences numériques : Jean-Daniel BOISSONNAT (2016-2017)
Innovation technologique Liliane Bettencourt : Didier ROUX (2016-2017)
Création artistique : Philippe MANOURY (2016-2017)
Chaire européenne : Alain WIJFFELS (2016-2017)

2017

Chaires créées

Migrations et sociétés : François HÉRAN (2017-)
Géographie de l'urbain et du politique : non occupée
Droit, culture et société de la Rome antique : Dario MANTOVANI (2018-)
Sciences du logiciel : Xavier LEROY (2018-)
Matière molle et biophysique : Jean-François JOANNY (2018-)

Chaires internationales (pluriannuelles) créées

Évolution du génome et développement : Denis DUBOULE (2017-2022)
Histoire turque et ottomane : Edhem ELDEM (2017-2022)

Chaires annuelles

Chaire européenne : Victor STOICHITA (2017-2018)
Innovation technologique Liliane Bettencourt : Thomas EBBESEN (2017-2018)
Informatique et sciences numériques : Claire MATHIEU (2017-2018)

2018

Chaires créées

Génomique humaine et évolution : Luis QUINTANA-MURCI (2019-)
Philosophie du langage et de l'esprit : François RECANATI (2019-)
Histoire et archéologie des mondes africains : François-Xavier FAUVELLE (2019-)
Littératures comparées : William MARX (2019-)
Linguistique générale : Luigi RIZZI (2019-)
Droit international des institutions : Samantha BESSON (2019-)

Chaires annuelles

Chaire européenne : Lucrezia REICHLIN (2018-2019)
Création artistique : Amos GITAÏ (2018-2019)
Santé publique : Arnaud FONTANET (2018-2019)
Informatique et sciences numériques : Rachid GUERRAOUI (2018-2019)
Mondes francophones : Yanick LAHENS (2018-2019)
Innovation technologique Liliane Bettencourt : Molly PRZEWORSKI (2018-2019)

2019

Chaires créées

Neurobiologie et immunité
Combinatoire

Chaires annuelles

Santé publique : Didier FASSIN (2019-2020)
Monde francophone : Yadh BEN ACHOUR (2019-2020)
Innovation technologique Liliane Bettencourt : Jean-Philippe BOUCHAUD (2019-2020)

III. PERSONNEL DU COLLÈGE DE FRANCE

Année académique 2018-2019

PROFESSEURS TITULAIRES

AGHION Philippe, [O. ✪].
BARD Édouard, [✠], membre de l'Académie des sciences.
BERRY Gérard, [✠], membre de l'Académie des sciences.
BOUCHERON Patrick.
BRUN Jean-Pierre.
CHARPIN Dominique.
CHENG Anne, [O. ✠, O. ✪].
COMBES Françoise, [✠, O. ❁], membre de l'Académie des sciences.
COMPAGNON Antoine, [✠, O. ✪, C. ❦, O. ❁].
DALIBARD Jean, membre de l'Académie des sciences.
DEHAENE Stanislas, [✠, ✪], membre de l'Académie des sciences.
DEROCHE François, [✠, ❦], membre de l'Académie des inscriptions et belles-lettres.
DERRIDA Bernard, [✠], membre de l'Académie des sciences.
DESCOLA Philippe, [C. ✠, O. ✪, ❦].
FISCHER Alain, [C. ✠, ✪].
FONTECAVE Marc, [✠, ✪], membre de l'Académie des sciences.
FOURNET Jean-Luc, [❦]
GEORGES Antoine, [✠], membre de l'Académie des sciences.
GRENET Frantz.
GRIMAL Nicolas, [✠, O. ✪, ❦], membre de l'Académie des inscriptions et belles-lettres.
HEARD Edith, [✠].
HENNEAUX Jean-Marc.
HÉRAN François.
JOANNY Jean-François.
LAURENS Henry, [✠].
LECUIT Thomas.
LEROY Xavier.
LIBERA (de) Alain.

Lions Pierre-Louis, [C. ✻], membre de l'Académie des sciences.
Mallat Stéphane.
Mantovani Dario.
Menger Pierre-Michel.
Ossola Carlo.
Petit Christine, [O. ✻, O. ✠], membre de l'Académie des sciences.
Pirenne-Delforge Vinciane.
Prochiantz Alain, membre de l'Académie des sciences.
Robert Jean-Noël.
Romanowicz Barbara, [✻, O. ✠], membre de l'Académie des sciences.
Römer Thomas, [✻], membre de l'Académie des inscriptions et belles-lettres.
Sanchez Clément, [✻], membre de l'Académie des sciences.
Sansonetti Philippe, [O. ✻, C. ✠], membre de l'Académie des sciences.
Supiot Alain.
Tarascon Jean-Marie, membre de l'Académie des sciences.
Thé Hugues de, membre de l'Académie des sciences.
Tiercelin Claudine, [✻, O. ✠], membre de l'Académie des sciences morales et politiques.
Voisin Claire, [O. ✻, O. ✠], membre de l'Académie des sciences.

Chaires internationales (pluriannuelles)

Cohen Jean-Louis.
Duboule Denis.
Eldem Edhem.
Hublin Jean-Jacques, [✻].
Savoy Bénédicte.
Subrahmanyam Sanjay.

Chaires annuelles

Fontanet Arnaud.
Gitaï Amos.
Guerraoui Rachid.
Lahens Yanick.
Przeworski Molly.
Reichlin Lucrezia.

Administrateurs honoraires

Corvol Pierre, [C. ✻, C. ✠], membre de l'Académie des sciences.
Dagron Gilbert, [O. ✻, C. ❦], membre de l'Académie des inscriptions et belles-lettres (décédé le 4 août 2015).
Glowinski Jacques, [C. ✻, C. ✠], membre de l'Académie des sciences.

HAROCHE Serge, [C. ✵], membre de l'Académie des sciences.
MIQUEL André, [C. ✵, O. ♁, C. ✿, C. ❦].

PROFESSEURS HONORAIRES

ARTAVANIS-TSAKONAS Spyros.
BAULIEU Étienne-Émile, [G.O. ✵, G.C. ♁], membre de l'Académie des sciences et de l'Académie de médecine.
BERTHOZ Alain, [O. ✵, O. ♁], membre de l'Académie des sciences.
BOUVERESSE Jacques.
BRIANT Pierre, [✵, ❦].
BRUNET Michel, [✵, O. ♁, O. ❦].
CHAMBON Pierre, [C. ✵, G.O. ♁], membre de l'Académie des sciences.
CHANGEUX Jean-Pierre, [G.O. ✵, G.C. ♁, C. ✿, C. ❦], membre de l'Académie des sciences.
CHARTIER Roger.
COHEN-TANNOUDJI Claude, [G.C. ✵, C. ♁], membre de l'Académie des sciences.
CONNES Alain, membre de l'Académie des sciences.
COPPENS Yves, [G.O. ✵, G.C. ♁, O. ✿, C. ❦], membre de l'Académie des sciences.
COQUIN François-Xavier.
CORVOL Pierre, [C. ✵, G.O. ♁], membre de l'Académie des sciences.
DELMAS-MARTY Mireille, [G.O. ✵, G.O. ♁], membre de l'Académie des sciences morales et politiques.
DELUMEAU Jean, [C. ✵, C. ♁, C. ✿, C. ❦], membre de l'Académie des inscriptions et belles-lettres.
DURAND Jean-Marie, [✵, O. ❦].
EDWARDS Michael, [✵, C. ✿], membre de l'Académie française.
ELSTER Jon.
FAGOT-LARGEAULT Anne, [C. ✵, O. ♁], membre de l'Académie des sciences.
FUMAROLI Marc, [G.O. ✵, C. ♁, C. ✿, O. ❦], membre de l'Académie française et de l'Académie des inscriptions et belles-lettres.
FUSSMAN Gérard, [✵].
GLOWINSKI Jacques, [C. ✵, C. ♁], membre de l'Académie des sciences.
GROS François, [G.O. ✵, G.C. ♁], membre de l'Académie des sciences.
GUESNERIE Roger, [✵, ♁].
GUILAINE Jean, [✵, ♁, ✿], membre de l'Académie des inscriptions et belles-lettres.
HACKING Ian.
HAGÈGE Claude, [O. ✵, ✿, O. ❦].
HAROCHE Serge, [G.O. ✵], membre de l'Académie des sciences.
JOLIOT Pierre, [G.C. ✵, C. ♁], membre de l'Académie des sciences.
KELLENS Jean.
KNOEPFLER Denis, membre de l'Académie des inscriptions et belles-lettres.
KOURILSKY Philippe, [C. ✵, G.O. ♁], membre de l'Académie des sciences.
LABEYRIE Antoine, [O. ✵, ♁].

LE DOUARIN Nicole, [G.C. ✻, G.C. ⦿, O. ❦], membre de l'Académie des sciences.
LEHN Jean-Marie, [G.O. ✻, ⦿, ❦], membre de l'Académie des sciences.
LE PICHON Xavier, [O. ✻, C. ⦿], membre de l'Académie des sciences.
LE ROY LADURIE Emmanuel, [G.O. ✻, G.C. ⦿, C. ✿], membre de l'Académie des sciences morales et politiques.
LIVAGE Jacques, [✻], membre de l'Académie des sciences.
MANDEL Jean-Louis, [✻], membre de l'Académie des sciences.
MIQUEL André, [G.O. ✻, O. ⦿, C. ✿, O. ❦].
NOZIÈRES Philippe, [O. ✻, C. ⦿], membre de l'Académie des sciences.
PECKER Jean-Claude, [C. ✻, G.C. ⦿, C. ❦], membre de l'Académie des sciences.
RECHT Roland, [✻, C. ⦿], membre de l'Académie des inscriptions et belles-lettres.
RICQLÈS Armand de, [✻].
ROCHE Daniel, [⦿, C. ✿, ❦].
ROSANVALLON Pierre, [O. ✻].
SCHEID John, [✻, O. ❦], membre de l'Académie des inscriptions et belles-lettres.
SERRE Jean-Pierre, [G.C. ✻, G.C. ⦿], membre de l'Académie des sciences.
TARDIEU Michel, [✻].
TITS Jacques, [O. ✻, O. ⦿, C. ❦], membre de l'Académie des sciences.
TOUBERT Pierre, [O. ✻, C. ⦿, ✿, C. ❦], membre de l'Académie des inscriptions et belles-lettres.
VENEZIANO Gabriele.
VEYNE Paul, [O. ✻, O. ⦿, O. ✿].
WACHTEL Nathan, [O. ✻, ❦].
WEINRICH Harald, [C. ❦].
WILL Pierre-Étienne.
ZINK Michel, [C. ✻, C. ❦], membre de l'Académie française et de l'Académie des inscriptions et belles-lettres.

ANCIENS PROFESSEURS

DEVORET Michel.
ZAGIER Don.

PERSONNELS SCIENTIFIQUES

Maîtres de conférences

ANG Isabelle, chaire Histoire de la Chine moderne.
BOMBARDE Odile, [❦], chaire Littératures de la France médiévale.
CARBON Jan-Mathieu, chaire Religion, histoire et société dans le monde grec antique.
DOTSENKO Igor, chaire Atomes et rayonnement.
FABRE Catherine, [❦], chaire Littératures de la France médiévale.
KOULAKOFF Annette, CIRB, Communication jonctionnelle entre les réseaux neuronaux et gliaux.

LAMANDE Noël, CIRB.
LEVEILLÉ Laure, Direction des réseaux et partenariats documentaires.
MAISANT Corinne, chaire Histoire de l'art européen médiéval et moderne.
MOREAU Ronan, chaire Histoire et cultures de l'Asie centrale préislamique.
PICQ Pascal, chaire Religion, institutions et société de la Rome antique.
SOLINAS Francesco, chaire Histoire de l'art européen médiéval et moderne.
SPICQ Delphine, chaire Histoire de la Chine moderne.

Ingénieurs chercheurs

BESSIÈRE Fabrice, Institut des civilisations, chaire Techniques et économies de la méditerranée antique.
BITTMANN Simon, Institut du monde contemporain, chaire Sociologie du travail créateur.
GONZALEZ Hervé, Institut des civilisations, chaire Milieux bibliques.
JACQUET Antoine, Institut des civilisations, chaire Civilisation mésopotamienne.
MARCHINI Florencia, Institut de chimie, chaire Chimie du solide et énergie.
SIGOILLOT Séverine, Centre interdisciplinaire de recherche en biologie, équipe « Régulation moléculaire de la synaptogenèse chez la souris ».
SMIRR Jean-Loup, Institut de physique, services généraux de la physique.
TODOROVA Ralitsa, Centre interdisciplinaire de recherche en biologie, équipe « Rythmes cérébraux et codage neural de la mémoire ».
TRAN Ngoc Huan, Institut de Chimie, chaire Chimie des processus biologiques.
TUNA Thibaut, chaire Évolution du climat et de l'océan.

PERSONNELS DE DIRECTION DE L'ÉTABLISSEMENT

Administrateur civil hors classe :

MESTON DE REN Marylène, [✲, O. ✲].

PERSONNELS RECHERCHE ET FORMATION

Ingénieurs et personnels techniques

Ingénieurs de recherche :

ALEXANDRE Stéphanie, ALVES DALLA CORTE Daniel, BARBE Jean-François, BERROYER Sébastien, CUCCHI Marco, GHESQUIÈRE Cyrille, GOMEZ-MINGOT Maria, JANDEAU Gilles, L'HÔTE Gilles, PANISSET Emmanuelle, PECQUEUR Ludovic, PERDU Olivier, RIBOT Jérôme, VANDECASTEELE Marie.

Ingénieurs d'étude :

BARNIER Cécile, BENITTA Sophie [✲], BLONDEAU Xavier, BOYREAU Adeline, CAZAL Nathalie, CREPIN Françoise, DUMONT Julien, DUPRAZ Yves, FAGAULT

Yohann, FAIVRE Bruno, FÉRET Loréa, FLEURY Emmanuelle, GAURON Carole, GENETIOT Mi-Sug, GERHARD Daniel, GUTTINGER Claire, HAROUAT Keltoum, HERAN Marion, IAMANIDZE Nina, LABAUNE Christophe, LALLIAS Stéphane, LEUNG Wing Fong, LIBEREAU Boris, LLEGOU Patricia [❦], MAILLARD Juliette, MARCHEIX Loraine, MOREAU Pierre, QUENECH'DU Nicole, RIBARDIÈRE Rahma, TORRES-FONTAINE Emma, TRAVERS Pascal, VAUTRIN Céline, VETOCHNIKOV Konstantin, VINCENTI Lionel.

Assistants-ingénieurs :

ADAM Franck, DEBONNE Gilles, DÉSIR Estelle, DUBREUIL Chantal, ÉZAN Pascal, GRELLIER Stéphane, IMBERT Patrick, LE TENAFF Bérangère, MALOUMIAN France, PÉREZ Sylvie, QUEGUINER Isabelle, SARDELLA Isabelle, TODERASC Carmen, VAN ZANDT Éric [❦].

Techniciens :

AHEHEHINNOU Carol, AUDISIO Florian, BIDOIS Dominique, BOSSER Sophie, BROSSAUD Joëlle, BRUNIER Patricia, COLIN Pascal, CREQUIE Ange, DAVID Françoise, DIAF Yassin, DRIENCOURT Nathalie, ETCHETTO Sandrine, FASSI Jean-Louis, FEDEL Philippe, GASPALDY Patrick, GRANDSIRE-RODRIGUEZ Sophie, GUDIN Véronique, HADDAD Axelle, JANÈS-TONIOLO Fabienne, JOB Sonya, KOUAKOU Hervé, LATAGUERRA Sylvie, LE CORRONC Georges-Alexandre, LESUR Lydie, MAILLARD Karine, MALINOWSKI Stéphane, MANGIN D'HERMANTIN Jean [❦], MANICONE Tiziana, MARQUES-JOAQUIM Gordana, MEDJEBEUR Malik, MICHALOWSKI Véronique-Anne, MOSCATIELLO Nicolas, PAGÈS Bruno, PICCO Nadia, PIEQUET Fatine, POPOTTE Olivier, PORPIGLIA Rosemary, ROBOUANT Corinne, ROUSSEAU Francine, SAINZ Véronique, SALAGNAC Françoise, SPORTOUCH Sylvie, VALDERRAMA Francisco.

Adjoints techniques :

AH-PET Marie-Claudine, AOUABED Samir, ATANASIO Jean-Luc, BENHAMMAD Khalid, BERTHOU Mathilde, BIESEMAN Céline, BLONDEL Valérie, BORNE Roger, BOUDJELAL Ahmed, BRUNO Caroline, CALMO Olivier, CAZÈRES Joséphine, CHAUMEIL Damien, COGOULANE Canimogy, CORBET Coraline, COUGNOT Patricia, CRÉPIN Bertrand, DEBRETSION Hanisu, DURIEZ Lucienne, DUVAL Christel, ÉLOIRE Gérard, GHANÈS Mustapha, GNADOU Yanne, GUASSIM Samira, HADDAD Samia, HUSZAR Antoine, IBRAHIM Hassani, JULIEN Christian, KHALDI Abdella Ali, KERBIRIOU Tiffany, KORN-GENTILINI Soy, LEICHNIG Laurent, LESAGE Matthieu, LHOMME Marie-Line, MASSET Thibaud, MATHEN Muriel, MÉGOEUIL Bernard, MÉGOEUIL Martine, MORVANY Marie-Line, MOUDJENIBA Madani, NOTON Jean-Jacques, OUADI Frédéric, PALIN Aurélie, PARAMESVARIN Soupramaniane, PETGES Romain, RABORIO Jean-François, RAYNAL Catherine, REGOUI Maya, RIGOLE Gilbert, RIGOLE Brigitte, ROCK Sandanam, SAINT-AURET Hervé, SMITH Denise, SMITH Étienne, SMITH Ombline, THEZÉ Rémi, THYMBA Cécile-Adrienne, TONDELEIR Johnny, TONDELEIR Sébastien, URBE Jean-Pierre, VALLERY Mona, VASSEUR Philippe, ZOUNDI Brigitte.

PERSONNELS ÉDUCATION NATIONALE DE L'ENSEIGNEMENT SUPÉRIEUR ET DE LA RECHERCHE

Personnels administratifs

Administrateur de l'éducation nationale, de l'enseignement supérieur et de la recherche :

TERRASSE-RIOU Florence, [ ].

Agent comptable :

LEZER Philippe.

Attachés d'administration de l'État :

BABAU-LAMBERT Maud, MACHEFER Étienne, VIACROZE Sophie.

Secrétaires d'administration :

LABRUNA Laurence, TORREGROSSA Martine, PELLICAR Axelle.

Adjoints administratifs :

PAUTRAT Valérie, SFEZ Annie.

Personnel de santé

Infirmière :

DUMAS Marie.

PERSONNELS DES BIBLIOTHÈQUES

Conservateurs :

CHATELLIER Anne, LEBAILLY Guillaume.

Bibliothécaire :

ALEMANY Carmen.

Bibliothécaires adjoints spécialisés :

LE GUEN Ronan, MORIZUR Morgane, PELLENC Flavien, PIECUCK Marion.

Magasiniers spécialisés :

CHIOROZAS Angélique, ESTRIER Thomas, ROULEAU Pauline.

Chercheurs temporaires rattachés au Collège de France en 2018-2019

ATER (Attachés temporaires d'enseignement et de recherche) et maîtres de conférences associés

ABOUDIB Alan, ATER, chaire Algorithmes, machines et langages.

ALSAJDEYA Dima, ATER, chaire Histoire contemporaine du monde arabe.

APULEI Jessica, ATER, équipe « Développement et neuropharmacologie ».

ATLAS Yoann, ATER, équipe « Rôle des protéines matricielles en hypoxie et angiogenèse ».

AVALOS Angela, ATER, chaire Histoire de la philosophie médiévale.

BITTMANN Simon, ATER, chaire Sociologie du travail créateur.

BOLDT Judith, ATER, équipe « Biologie statistique ».

CARRATO Charlotte, ATER, chaire Techniques et économies de la méditerranée antique.

CHAHDI Hassan, ATER, chaire Histoire du Coran. Texte et transmission.

CHING Chao-Jung, maître de conférences, chaire Histoire et cultures de l'Asie centrale préislamique.

CHIQUET Olivier, ATER, chaire Littérature moderne de l'Europe néolatine.

CODJA Paul, ATER, chaire Anthropologie de la nature.

COLLIGNON Clément, ATER, équipe « Théorie de la matière quantique hors équilibre ».

DAVTIAN Nina, ATER, chaire Évolution du climat et de l'océan.

GENOUDET Adrien, ATER, chaire Histoire des pouvoirs en Europe occidentale.

GLOAGUEN Yola, ATER, Centre de recherche sur les civilisations de l'Asie orientale.

GUESDE Catherine, ATER, équipe « La vie des idées ».

HALLE Anaelle, ATER, chaire Galaxie et cosmologie.

KUMAR Ram, ATER, chaire Chimie des matériaux hybrides.

KUMAR Sanchit, ATER, chaire Histoire intellectuelle de la Chine.

MARCHINI Florencia, ATER, chaire Chimie du solide et énergie.

METILLON Valentin, ATER, équipe « Électrodynamique en cavité ».

NEBIOLO Francesca, ATER, chaire Civilisation mésopotamienne.

NEDELLEC Étienne, ATER, chaire Droit international des institutions.

ODZIOMEK Mateusz, maître de conférences, chaire Chimie des matériaux hybrides.

OZKORAY Hayri Goksin, ATER, chaire internationale « Histoire turque et ottomane ».

PRUDENT Victoria, ATER, équipe « Dynamique des chromosomes ».

QAHERI-PAQUETTE Sépideh, ATER, chaire Égyptologie.

RUSSO Elisabeth, ATER, chaire Littérature française moderne et contemporaine.

SACCA Giulia, maître de conférences, chaire Géométrie algébrique.

SAINT-RAYMOND Léa, ATER, chaire internationale « Histoire culturelle des patrimoines artistiques en Europe, XVIIIe-XXe siècle ».

SCHRAM Valérie, ATER, chaire Culture écrite de l'Antiquité tardive et papyrologie byzantine.

SERMADIRAS Émilie, ATER, chaire Littérature française moderne et contemporaine.

SHPIELBERG Ohad, ATER, équipe « Développement et neuropharmacologie ».
SUHAMY Ariel, associé maître de conférences et assimilé, Institut du monde contemporain.
VALVERDE Sébastien, ATER, équipe « Développement et neuropharmacologie ».

Contractuels CDD chercheurs (sur budget propre)

MAYEROWITZ Antoine, chaire Économie des institutions, de l'innovation et de la croissance.
PERRUSO Camila, chaire Droit international des institutions.
PORTUGAL Emmanuelle, chaire Histoire des pouvoirs en Europe occidentale, XIIIe-XVI siècle.
RATTAN Pariroo, chaire Économie des institutions, de l'innovation et de la croissance.

Post-doctorants (sur budget propre)

ABID Hiba, chaire Histoire du Coran. Texte et transmission.
AGARWALA Hemlata, chaire Chimie des processus biologiques.
AIT SAID Nadia, chaire Civilisation mésopotamienne.
ARNOUX Isabelle, Centre interdisciplinaire de recherche en biologie.
AZAR Safa, Centre interdisciplinaire de recherche en biologie.
AZCARATE Iban, chaire Chimie du solide et énergie.
BABALIYEVA Aytan, chaire Milieux bibliques.
BAILLEUL Richard, Centre interdisciplinaire de recherche en biologie.
BATAVELJIC Danijela, Centre interdisciplinaire de recherche en biologie.
BECKER Joffrey, chaire Anthropologie de la nature.
BERANGER Marine, chaire Civilisation mésopotamienne.
BORJA DA ROCHA Hudson, Centre interdisciplinaire de recherche en biologie.
CAPANO Manuela, chaire Évolution du climat et de l'océan.
CHALENDAR Verene, chaire Civilisation mésopotamienne.
CHANET Soline, Centre interdisciplinaire de recherche en biologie.
COUSTAN Laura, Centre interdisciplinaire de recherche en biologie.
CRESTO Noémie, Centre interdisciplinaire de recherche en biologie.
CZUPPON Peter, Centre interdisciplinaire de recherche en biologie.
D'ACCRISCIO Florian, chaire Chimie des matériaux hybrides.
DEMBITSKAIA Yulia, Centre interdisciplinaire de recherche en biologie.
DEY Subal, chaire Chimie des processus biologiques.
DOSSI Elena, Centre interdisciplinaire de recherche en biologie.
EFTHYMIOU Marie, chaire Histoire du Coran. Texte et transmission.
FIETTE Baptiste, chaire Civilisation mésopotamienne.
FROGNEUX Xavier, chaire Chimie des matériaux hybrides.
FYFE Cameron, chaire Chimie des processus biologiques.
GHEZALI Gregory, Centre interdisciplinaire de recherche en biologie.
GILABERT JUAN Javier, Centre interdisciplinaire de recherche en biologie.
GOMEZ RECIO Isabel, chaire Chimie des matériaux hybrides.
GONELL GOMEZ Francisco, chaire Chimie des matériaux hybrides
GRIESMAR Joel, équipe « Recherches sur la physique mésoscopique ».
GUICHAOUA Lise, chaire Chimie des matériaux hybrides.

HAUPAIX Nicolas, Centre interdisciplinaire de recherche en biologie.
HERMANT Catherine, Centre interdisciplinaire de recherche en biologie.
HIDALGO LE NORCY Magdalena, Centre interdisciplinaire de recherche en biologie.
HOA Ombeline, Centre interdisciplinaire de recherche en biologie.
HUANG Jiaqiang, chaire Chimie du solide et énergie.
KADDOUR Hadhemi, Centre interdisciplinaire de recherche en biologie.
LAFONT Fabien, équipe « Recherches sur la physique mésoscopique ».
LEMARCHAND Alex, chaire Chimie des processus biologiques.
LETORT Gaëlle, Centre interdisciplinaire de recherche en biologie
LETRIBOT Boris, Centre interdisciplinaire de recherche en biologie.
LI Biao, chaire Chimie du solide et énergie
MACAISNE Nicolas, Centre interdisciplinaire de recherche en biologie.
MARIN Julie, Centre interdisciplinaire de recherche en biologie.
MAZAUD David, Centre interdisciplinaire de recherche en biologie.
MILIOR Giampaolo, Centre interdisciplinaire de recherche en biologie.
MONCEAU Virginie, Centre interdisciplinaire de recherche en biologie.
MUNRO Catriona, Centre interdisciplinaire de recherche en biologie.
NASSAR Merie, Centre interdisciplinaire de recherche en biologie.
NIKOLAEVA Dariya, chaire Histoire du Coran. Texte et transmission.
OBERTO Virginie, Centre interdisciplinaire de recherche en biologie.
RENISIO Yann, chaire Sociologie du travail créateur.
REZAEI-MAZINANI Shahab, Centre interdisciplinaire de recherche en biologie.
RODRIGUEZ Ramiro, chaire Histoire du Coran. Texte et transmission.
ROMIO Silvia, chaire Anthropologie de la nature.
ROSTOVTSEV-POPIEL Alexander, chaire Milieux bibliques.
SHAKIR Shakir, Centre interdisciplinaire de recherche en biologie.
SINGH Parul, Centre interdisciplinaire de recherche en biologie.
SLEIMAN Dona, chaire Chimie des processus biologiques.
TAHALI Lbachir, chaire Histoire du Coran. Texte et transmission.
WAKERLEY David, chaire Chimie des processus biologiques.
WU Hsin-Chieh, Centre interdisciplinaire de recherche en biologie.
ZOUIHAL Motia, chaire Histoire du Coran. Texte et transmission.

Doctorants

AGUILAR-SALVADOR Daniel-Isui, Centre interdisciplinaire de recherche en biologie.
ALBERO BLANQUER Laura, chaire Chimie du solide et énergie.
ASSAT Gaurav, chaire Chimie du solide et énergie.
ATLAS Yoann, Centre interdisciplinaire de recherche en biologie.
BAILLEUL Richard, Centre interdisciplinaire de recherche en biologie.
BENNABI Isma, Centre interdisciplinaire de recherche en biologie.
BENYAHIA Inaam, chaire Histoire du Coran. Texte et transmission.
BENZONI Vincent, équipe « Recherches sur la physique mésoscopique ».
BOULAS Ihab, Centre interdisciplinaire de recherche en biologie.
BUSSOLA TOVANI Camila, chaire Chimie des matériaux hybrides.
CAMUS Adrien, Centre interdisciplinaire de recherche en biologie.
CONIN Brenna, Centre interdisciplinaire de recherche en biologie.

CURANTZ Camille, Centre interdisciplinaire de recherche en biologie.
CUTINELLI RENDINA Olimpia, chaire Économie des institutions, de l'innovation et de la croissance.
DASTE Simon, Centre interdisciplinaire de recherche en biologie.
DHAYER Nathalie, Centre interdisciplinaire de recherche en biologie.
GIBEL RUSSO Rachel, Centre interdisciplinaire de recherche en biologie.
GIGOUT Timothée, équipe « Recherches sur la physique mésoscopique ».
GILBERT Alice, Centre interdisciplinaire de recherche en biologie.
GRAVOUEILLE Maxime, chaire Économie des institutions, de l'innovation et de la croissance.
GRIESMAR Joel, équipe « Recherches sur la physique mésoscopique ».
HADJADJ-AOUL Ahmed, chaire Histoire du Coran. Texte et transmission.
JACQUET Quentin, chaire Chimie du solide et énergie.
KARAPINAR Dilan, chaire Chimie des processus biologiques.
LE VERGE-SERANDOUR Mathieu, Centre interdisciplinaire de recherche en biologie.
LEMAIRE Pierre, chaire Chimie du solide et énergie.
LIABOTIS-FONTUGNE Athanasia, Centre interdisciplinaire de recherche en biologie.
MARCHAND Marion, Centre interdisciplinaire de recherche en biologie.
MATYSIAK Mégane, Centre interdisciplinaire de recherche en biologie.
MAYEROWITZ Antoine, chaire Économie des institutions, de l'innovation et de la croissance.
MAZHAR Bilal, Centre interdisciplinaire de recherche en biologie.
MIELKE Annette, Centre interdisciplinaire de recherche en biologie.
MOGHIMYFIROOZABAD Shayan, Centre interdisciplinaire de recherche en biologie.
MOULARD Julien, Centre interdisciplinaire de recherche en biologie.
OLIVEIRA MOREIRA Vanessa, Centre interdisciplinaire de recherche en biologie.
PEARCE Paul Emile, chaire Chimie du solide et énergie.
PERRIN Élodie, Centre interdisciplinaire de recherche en biologie.
PEUGEOT Adèle, chaire Chimie des processus biologiques.
PEYRUCHAT Leo, équipe « Recherches sur la physique mésoscopique ».
POMPILI Marco, Centre interdisciplinaire de recherche en biologie.
PUGLIESE Silvia, Centre interdisciplinaire de recherche en biologie.
RAVEL GODREUIL Camille, Centre interdisciplinaire de recherche en biologie.
SACHER Pierre, chaire Chimie du solide et énergie.
VARGAS ABONCE Stéphanie, Centre interdisciplinaire de recherche en biologie.
VASILE Flora, Centre interdisciplinaire de recherche en biologie.
VERLUISE Cyril, chaire Économie des institutions, de l'innovation et de la croissance.
VISSER Josien, Centre interdisciplinaire de recherche en biologie.
ZEPPILLI Sara, Centre interdisciplinaire de recherche en biologie.

IV. INSTANCES STATUTAIRES ET ORGANISATION ADMINISTRATIVE DU COLLÈGE DE FRANCE

au 1er décembre 2019

ASSEMBLÉE DU COLLÈGE DE FRANCE

Membres avec voix délibérative : les professeurs titulaires en exercice.
Participent avec voix consultative : le directeur général des services et l'agent comptable.
Les professeurs honoraires, les professeurs sur chaire annuelle, les professeurs invités sur une base annuelle ou pluriannuelle peuvent être conviés par l'administrateur.

Président : Thomas RÖMER, administrateur du Collège de France.
Vice-présidente : Françoise COMBES.
Secrétaire : Hugues DE THÉ.

BUREAU DU COLLÈGE DE FRANCE

Thomas RÖMER, administrateur, président.
Françoise COMBES, vice-présidente.
Hugues DE THÉ, secrétaire.

Patrick BOUCHERON, professeur.
Dominique CHARPIN, professeur.
Antoine COMPAGNON, professeur.
François HÉRAN, professeur.
Jean-François JOANNY, professeur.
Stéphane MALLAT, professeur.
Vinciane PIRENNE-DELFORGE, professeure.
Jean-Marie TARASCON, professeur.
Claudine TIERCELIN, professeure.
Marylène MESTON DE REN, directrice générale des services.

CONSEIL D'ÉTABLISSEMENT

Président :
Thomas RÖMER, administrateur.

Professeurs :
Patrick BOUCHERON.
Anne CHENG.
Françoise COMBES.
Jean DALIBARD.
Hugues DE THÉ.
Jean-Luc FOURNET.
François HÉRAN.
Henry LAURENS.
Clément SANCHEZ.

Représentants des personnels :

Sous-collège B2 :

Sylvie RIMSKI.

Sous-collège C1 :

Guillaume LEBAILLY.
Virginie MONCEAU.

Sous-collège C2 :

Lionel MARTI (CNRS).
Christophe NICOLLE (CNRS).
Clément SAYRIN (UPMC).
Marie-Émilie TERRET (Inserm).

Sous-collège D1 :

Khalid BENHAMMAD.
Claire GUTTINGER.
Gordana JOACHIM.
Stéphane LLALIAS.

Sous-collège D2 :

Rodrigo ALVEAR-PEREZ (Inserm).
Nicole BRAURE (Inserm).
Philippe SIMON (CNRS).

Personnalités extérieures :

1. Représentants d'organismes scientifiques :

Véronique DEBISSCHOP, déléguée régionale, CNRS.
Jean-Frédéric GERBEAU, directeur général délégué à la science, Inria.
Gilles BLOCH, président-directeur général, Inserm.
Alain FUCHS, président, PSL.

2. Représentant des activités économiques :

Gaël DUPONT, *vice-président, directeur général délégué, Cholet Dupont.*

Membres de droit avec voix consultative :

Marylène MESTON DE REN, directrice générale des services.
Philippe LEZER, agent comptable.

BUREAU DU CONSEIL D'ÉTABLISSEMENT

Marylène MESTON DE REN.
Claire GUTTINGER.
Lionel MARTI.

ADMINISTRATEUR

Thomas RÖMER, professeur, poste 11.00.

Assistante de direction : Tiziana MANICONE, poste 12.48.

DIRECTION GÉNÉRALE DES SERVICES

Directrice générale des services : Marylène MESTON DE REN, poste 11.02.

AFFAIRES GÉNÉRALES

PÔLE ORGANISATION ET DIFFUSION DES ENSEIGNEMENTS Sabine CASSARD, poste 11.06.
Marion BINET, poste 11.06.

AFFAIRES JURIDIQUES Rahma RIBARDIÈRE, poste 14.12.

PILOTAGE ET PROJETS Barbara LITZLER, poste 14.16.
Rosaine BUANNIC, poste 12.24.

AFFAIRES INSTITUTIONNELLES, ASSISTANCE ET GESTION Rosemary PORPIGLIA, poste 11.04.
Halima MORCHID, poste 11.73.

MISSION VALORISATION Anne DUMAS, poste 11.79.
Keltoum HAROUAT, poste 13.13.
Ganthiry N'DIAYE, poste 11.44.

AGENCE COMPTABLE

Agent comptable : Philippe LEZER, poste 11.37.

Fondé de pouvoir : Étienne MACHEFER, poste 11.37.

Visa dépenses, marchés, contrats : Béatrice MARCHAIS, poste 13.92.
Axelle PELLICIARI, poste 11.87.

Immobilisations, visa dépenses : Renata MARTIN, poste 10.64.
Assistance, secrétariat : Audrey NISCOISE, poste 15.24.

PÔLE HYGIÈNE ET SÉCURITÉ

Responsable, conseiller de prévention : Xavier BLONDEAU, poste 11.18.

Adjoint : Benjamin SAPPEY, poste 11.86.

Technicien : Ange CREQUIE, poste 11.49.

Assistante administrative : Marie-Claudine AH-PET, poste 11.28.

DIRECTION DES AFFAIRES CULTURELLES ET DES RELATIONS EXTÉRIEURES

Directrice : Florence TERRASSE-RIOU, poste 11.01.

Gestion budgétaire et secrétariat : Véronique-Anne MICHALOWSKI, poste 11.07.

PÔLE AFFAIRES CULTURELLES Véronique-Anne MICHALOWSKI, poste 11.45.

PÔLE ÉDITIONS

Responsable : Céline VAUTRIN, poste 13.45.

Responsable de l'édition numérique : Emmanuelle FLEURY, poste 10.37.

Éditrices : Emmanuelle FLEURY, poste 10.37.
Anne-Sophie DÉCRIAUD, poste 11.16.

Diffusion, contrats, logistique : Martine TORREGROSSA, poste 12.47.

DIRECTION DES RELATIONS INTERNATIONALES, DU DÉVELOPPEMENT ET DES PARTENARIATS

Directeur : Raynald BELAY, poste 10.40.

Relations avec la presse : Guillaume KASPERSKI, poste 12.72.

Gestion du service et des chaires annuelles : Frédéric DOYEN, poste 17.33.

Gestion des chaires internationales et missions sur conventions : Véronique GUDIN, poste 14.72.

PÔLE WEB ET MULTIMÉDIA

Responsable : Marco CUCCHI, poste 10.08.

Secrétariat : Sandrine ETCHETTO, poste 13.02.

SITE INTERNET

Responsable de production : Claire JEANNEQUIN, poste 10.29.
Lydia LEGRETARD, poste 14.53.
Marie-Catherine MANEZ, poste 16.55.

RÉSEAUX SOCIAUX David ADJEMIAN, poste 10.18.

DIRECTION DES RESSOURCES HUMAINES

Directrice :	Stéphanie ALEXANDRE, poste 11.30.
Assistance, secrétariat :	Kyle MICHARDY, poste 11.23.

PÔLE PILOTAGE

Emplois, affaires générales et recrutements

Responsable :	Éric VAN ZANDT, poste 11.84.
Assistante :	Fabienne JANÈS-TONIOLO, poste 11.21.
Chargée des élections et de la qualité de vie au travail	Maud BABAU-LAMBERT, poste 12.43.

Masse salariale, coordination de la paie, contrôle interne

Responsable :	Loréa FÉRET, poste 11.26.
Assistante :	Karine MAILLARD, poste 10.95.

PÔLE GESTION DES PERSONNELS

Bureau enseignants-chercheurs BIATSS :	Bérangère LE TENAFF, poste 11.25.
Personnels ITRF, enseignants chercheurs :	Aline DUROCHER, poste 11.90.
Personnels, enseignants-chercheurs contractuels :	Sonya JOB, poste 16.31.
Personnels hébergés :	Fatine PIÉQUET, poste 12.51.
Personnels rémunérés sur budget propre :	Françoise CRÉPIN, poste 11.27.

PÔLE ACCOMPAGNEMENT PROFESSIONNEL

Formations, développement des compétences et concours :	Estelle DÉSIR, poste 11.61.
Assistante :	Camille LAUTRIC, poste 11.62.
Cellule handicap :	Estelle DÉSIR, poste 11.61.

PÔLE DE MÉDECINE DE PRÉVENTION

Médecins :	Dr François-Xavier CALLIES. Dr Louis-Marie PRUDHOMME.
Infirmière :	Muriel OURY, poste 11.51.
Secrétariat :	Samia HADDAD, poste 11.69.
Assistante en gestion administrative :	Carol AHÉHÉHINNOU, poste 10.48.

PÔLE D'ACTION SOCIALE

Gestionnaire : Fabienne JANÈS-TONIOLO, poste 11.23.
Assistante sociale : Sandra COUDERT, poste 11.23.

DIRECTION DES AFFAIRES BUDGÉTAIRES ET FINANCIÈRES

Directrice : Sophie VIACROZE, poste 11.58.
Assistante : Audrey NISCOISE, poste 15.24.

PÔLE BUDGET ET EXÉCUTION

Directrice adjointe : Juliette MAILLARD, poste 11.34.
Coordination des dépenses, référente Sirepa et missions : Nadia BELMEHBOUL, poste 11.31.
Gestionnaires : Francesca ANDRIAMANANTSARA, poste 13.04.
Kevin BAHNAM, poste 10.34.
Christel DUVAL, poste 13.13.
Amaury PELLUT, poste 11.20.

PÔLE ACHAT PUBLIC Emma TORRÈS-FONTAINE, poste 13.03.
Marion FOLLENFANT, poste 10.73.

DIRECTION DES SYSTÈMES D'INFORMATION

Directeur : Jean-François BARBÉ, poste 10.99.
Secrétariat : Sandrine ETCHETTO, poste 13.02.
télécopie : 01.44.27.12.53

PÔLE APPLICATIONS Lionel VINCENTI, poste 11.80
Daniel ANTELME, poste 11.80
Responsable Intranet : Isabelle SARDELLA, poste 14.78.

PÔLE INFRASTRUCTURES

Responsable : Cyrille GHESQUIERE, poste 12.20.
Réseaux et infrastructures : Daniel GERHARD, poste 15.25.
Christophe TREHEN, poste 10.22.
Baptiste BOL, poste 10.45.
Téléphonie et annuaires : Gordana JOAQUIM, poste 15.98

PÔLE ASSISTANCE

Responsable : Franck ADAM, poste 14.14.

Patrick GASPALDY, poste 10.71.
Nathalie DRIENCOURT, poste 15.79.
Malik MEDJEBEUR, poste 10.55.

PÔLE AUDIOVISUEL

Responsable régie audiovisuelle : Francisco VALDERRAMA, poste 10.35/19.74.

Régisseurs : Bruno PAGESSE, poste 10.35/19.74.
Thibaud MASSET, poste 10.35/19.74.
Henry CARRASQUERO, poste 10.35/19.74.
Jean-Baptiste BIGRAT, poste 10.35/19.74.

Service de photographie : Patrick IMBERT, poste 11.39.

DIRECTION DU PATRIMOINE IMMOBILIER

Directeur : Boris LIBÉREAU, poste 11.32.

Secrétariat : Caroline BRUNO, poste 11.22.

Chargée de coordination administrative et financière : Rachida MEZGHENNA, poste 11.36.

MISSION DES TRAVAUX IMMOBILIERS Béatrice MATÉOS, poste 11.50.

SERVICE ENTRETIEN-MAINTENANCE

Responsable : Pierre MOREAU, poste 11.66.

Maintenance des équipements techniques, et ingénieur travaux/maintenance : Stéphane LALLIAS, poste 13.28.

Plans, relevés, suivi des travaux : Olivier POPOTTE, poste 10.69.

Technicien génie climatique : Yassin DIAF, poste 11.35.

Maintenance des installations électriques, et responsable de l'atelier électricité : Jean MANGIN D'HERMANTIN, poste 11.68.

Maintenance bâtiment et responsable des ateliers serrurerie, peinture, menuiserie et plomberie : Laurent LEICHING, poste 11.48.

Ateliers

Électricité : Samir AOUABED, poste 11.55.
Soupramaniane PARAMESVARIN, poste 11.55.
Damien CHAUMEIL, poste 11.55.

Menuiserie-serrurerie : Christian JULIEN, poste 11.53.
Coraline CORBET, poste 11.53.

Plomberie : Mustapha GHANES, poste 11.57.

Peinture, revêtement sol : Roger BORNE, poste 11.54.

DIRECTION DE LA LOGISTIQUE

Directeur : Sébastien BERROYER, poste 11.05/11.13.
Télécopie : 01.44.27.11.17.

Adjoint : Stéphane GRELLIER, poste 11.14/11.13.

Gestion des sites, entretien des locaux

Responsable :	Stéphane Grellier, poste 11.14.
Suivi de l'entretien des locaux :	Romain Petges, poste 10.88. Olivier Calmo, poste 10.88.
Entretien des locaux :	Hanisu Debretsion, poste 19.14. Muriel Mathen, poste 19.14. Neela Wijesingha, poste 19.14.

Achat, facturation

Responsable :	Lydie Lesur, poste 12.75.
Gestion financière, suivi des contrats :	Bertrand Crépin, poste 10.60.

Gestion des plannings

Intendance :	Philippe Vasseur, poste 11.13.
Contrôles d'accès, carte multiservices :	Jean-Luc Atanasio, poste 11.47.

Accueil - sécurité, manutention, reprographie

Responsable :	David Fleurman, poste 11.03.
Accueil :	Aurélie Palin, poste 11.47.
Manutention :	Madani Moudjeniba, poste 19.13.
Reprographie :	Abdella Khaldi, poste 14.68.
Sécurité :	Sandanam Rock, poste 11.47.
Loge Marcelin-Berthelot :	Étienne et Ombline Smith, poste 11.11.
Loge Ulm :	Bernard et Martine Mégueil, poste 11.72.
Loge Belle-Gabrielle :	Gilbert et Brigitte Rigole, poste 11.63.

Courrier, livraison

Responsable :	Soy Korn-Gentilini, poste 15.97.
Courrier :	Marie-Line Morvany, poste 15.97.
Livraisons, magasins :	Hervé Saint-Auret, poste 15.82 / 19.28. Rémy Thèze, poste 15.82 / 19.28.

DIRECTION DES RÉSEAUX ET DES PARTENARIATS DOCUMENTAIRES

Directrice :	Anne Chatellier, conservatrice générale, poste 17.92.
Adjoint à la directrice :	Guillaume Lebailly, conservateur, poste 17.17.
Secrétariat, gestion :	Cécile Andrienne Thymba, poste 17.88.
Secrétariat :	Valérie Pautrat, poste 17.24.
Restauration-reliure :	Christine Khalil, poste 18.97.

COORDINATION DES BIBLIOTHÈQUES DE L'INSTITUT DES CIVILISATIONS Anne CHATELLIER, poste 17.92.

RESSOURCES EN LIGNE ET BIBLIOMÉTRIE

Responsable : Gianna SERGI, poste 13.49.

Formation à Zotero, ressources en ligne : Marion PIECUCK, poste 17.96.

BIBLIOTHÈQUE PATRIMONIALE

Responsable : Carmen ALEMANY, poste 13.68.

Gestion des revues, reliure : Ronan LE GUEN, poste 17.94.

Catalogage : Flavien PELLENC, poste 17.96.

Traitement des collections, PEB : Angélique CHIOROZAS, poste 14.05.
Thomas ESTRIER, poste 17.94.
Lucas EQUINOXE, poste 14.05.

ARCHIVES

Responsable : Claire GUTTINGER, poste 13.63.

Responsable adjoint : Christophe LABAUNE, poste 10.52.

Inventaire et valorisation des fonds : Laure LEVEILLÉ, poste 14.05.
Frédérique PAILLADES, poste 13.49.

Photothécaire : Juliette EYMERE, poste 13.25.

BIBLIOTHÈQUES SPÉCIALISÉES

INSTITUT DES CIVILISATIONS

PÔLE PROCHE-ORIENT ANCIEN

Directeur : Thomas RÖMER, professeur au Collège de France poste 10.50.

Égyptologie

Directeur : Nicolas GRIMAL, professeur au Collège de France poste 10.46.

Bibliothèque et archives : Elsa RICKAL, responsable, poste 10.47.
Izold GUÉGAN, poste 10.47.
Iris KERREMANS, poste 10.47.
Sarah TROHIARD, poste 10.47.

Proche-Orient ancien

Directeur : Thomas RÖMER, professeur au Collège de France poste 10.50.

Assyriologie

Bibliothèque : Loraine MARCHEIX, responsable, poste 10.43.
Mina THEROND, poste 15.31.

Études ouest-sémitiques

Bibliothèque : Loraine MARCHEIX, responsable, poste 10.51.
Catherine RAYNAL, poste 10.51.
Dragana CAHUET-SLAVKOVIC, poste 10.51.
Clara CHEVALIER, poste 10.51.

PÔLE MONDES MÉDITERRANÉENS ET AFRICAINS

Directeur : François DÉROCHE, professeur au Collège de France poste 10.26.

Études ottomanes

Directeur : Nicolas VATIN, directeur d'études à l'EPHE poste 17.80.

Assistante : Elisabetta BORROMEO, poste 17.81.

Bibliothèque : Driss MEKOUAR, responsable, poste 17.87.
Elif BECAN, poste 17.87.
Blaise LIÈVRE, poste 17.87.

Études byzantines

Directeur : Jean-Luc FOURNET, professeur au Collège de France poste, 17.72.

UMR 8167 : Vincent DEROCHE, poste 17.73.

Bibliothèque : Guillaume LEBAILLY, responsable, poste 17.17.
Nina IAMANIDZE, poste 17.97.
Morgane MORIZUR, poste 15.48.
Konstantin VETOCHNIKOV, poste 17.97.

PÔLE MONDES ASIATIQUES

Directeur : Jean Noël ROBERT, professeur au Collège de France, poste 18.13.

Service général : Sophie BOSSER, poste 11.94.
Georges-Alexandre LE CORRONC, poste 10.98.

Parc informatique : Jean-François RABORIO, poste 18.11.

Études chinoises

Directrice : Marianne BUJARD, directrice de recherches à l'EPHE, poste 10.06.

Publications : Isabelle ANG, maître de conférences, poste 18.27.

Bibliothèque : Delphine SPICQ, responsable, poste 18.08.
Émilie DEVIENNE, poste 18.08.
Lucienne DURIEZ, poste 18.09.
Esther LIN, poste 18.94.
Lucie ROBERT, poste 18.47.
Denise SMITH, poste 18.69.
HuaYan WANG, poste 18.79.

Études coréennes

Directeur : Alain DELISSEN, directeur d'études à l'EHESS, poste 18.32.

Bibliothèque : Mi-Sug NO-GENETIOT, responsable, poste 18.14.
Ogcheon AHN BECKER, poste 18.14.
JiYoon HAN, poste 18.14.

Études indiennes

Directeur : Frantz GRENET, professeur au Collège de France, poste 16.13.

Bibliothèque : Ronan MOREAU, responsable, poste 18.07.
Caroline RIBERAIGUA, responsable, poste 18.10.
Anabelle MUKENDI, poste 17.95.

Publications : Isabelle SZELAGOWSKI, poste 18.28.

Études japonaises

Directeur : Jean-Noël ROBERT, professeur au Collège de France, poste 18.13.

Bibliothèque : Kaoru BABA, responsable, poste 18.54.
Nathalie CAZAL, responsable de la bibliothèque et en charge des publications, poste 18.06.
Jean-Baptiste HONORÉ, poste 18.06.
Pauline ROULEAU, poste 18.21.

Études tibétaines

Directrice : Françoise WANG-TOUTAIN, poste 18.30.

Bibliothèque : Marie PREZIOSI-BOUTE, responsable, poste 18.30.
Ashley SATTERFIELD, poste 18.12.

PÔLE ANTHROPOLOGIE

Directeur : Philippe DESCOLA, professeur honoraire au Collège de France, poste 10.12.

Sous-directrice :	Brigitte DERLON, poste 17.50.
Gestion financière :	Patricia RIGOLE, poste 17.65.
Bibliothèque & archives :	Sophie ASSAL, responsable, poste 17.46. Nicolas ADDE, poste 17.32. Paul BOURHIS, poste 17.67. Sandrine LECOINTRE, poste 17.54. Nicolas SAHUC, poste 17.67.

MEMBRE ASSOCIÉ

Société asiatique
Télécopie : 01.44.27.11.70

Directeur :	Jean-Pierre MAHE, membre de l'Institut, poste 18.05.
Bibliothèque :	Caroline GYSS, poste 18.05. Amina ABUDUREHEMAN, poste 18.05.

V. LE COLLÈGE DE FRANCE : QUELQUES DONNÉES SUR SON HISTOIRE ET SON CARACTÈRE PROPRE

HISTOIRE DE L'INSTITUTION

Pour une présentation succincte de l'histoire du Collège de France, on pourra se reporter aux précédents volumes de l'*Annuaire du Collège de France* (par exemple : *Annuaire du Collège de France 2014-2015*, Paris, Collège de France, 2016, p. 5-7 [1]). Des développements plus importants figurent dans les publications suivantes : Abel LEFRANC, *Histoire du Collège de France*, Paris, 1893 ; *Le Collège de France*, livre jubilaire publié en 1932, avec vingt-cinq notices consacrées à l'histoire de l'enseignement donné au Collège de France ; Marcel BATAILLON, « Le Collège de France » ; *Revue de l'enseignement supérieur*, n° 2, 1962, p. 1-50 ; Yves LAPORTE, *Le Collège de* France, Paris, Collège de France, 1990 ; Christophe CHARLE et Éva TELKÈS, *Les Professeurs du Collège de France. Dictionnaire biographique 1901-1939*, Paris, Institut national de recherche pédagogique / Éditions du CNRS, 1988 ; Christophe CHARLE, « Le Collège de France », *in* Pierre Nora (dir.), *Les Lieux de mémoire*, II : La Nation, t. 3, Paris, Gallimard, 1986, p. 389-424 ; Marc FUMAROLI (dir.), *Les Origines du Collège de France (1500-1560)*, Paris, Klincksieck, 1998 ; André TUILIER (dir.), *Histoire du Collège de France : I. La Création 1530-1560*, Paris, Fayard, 2006 (préface de Marc FUMAROLI). Un nouvel ouvrage est publié en 2015, doté d'une riche iconographie, pour une grande part inédite, provenant des archives de l'institution : Antoine COMPAGNON, Pierre CORVOL et John SCHEID (dir.) (avec la collaboration de Céline SURPRENANT), *Le Collège de France, cinq siècles de recherche libre*, Gallimard / Collège de France, 2015. On notera enfin la parution, en 2017, dans la nouvelle collection coéditée par le Collège de France et Les Belles Lettres (« Docet omnia »), de l'ouvrage *La Politique des chaires au Collège de France*, sous la direction de Wolf FEUERHAHN [2], publié dans le cadre du projet de recherche « Passage des disciplines : histoire globale du Collège de France XIXe-XXe siècles », dirigé par Antoine COMPAGNON.

1. En ligne : journals.openedition.org/annuaire-cdf/12705.
2. En ligne : books.openedition.org/lesbelleslettres/120.

LES CHAIRES DU COLLÈGE DE FRANCE DEPUIS LE XIXe SIÈCLE

Antiquités grecque et romaine

Dans la chaire Langue et littérature grecques où s'étaient illustrés Jean-Baptiste GAIL (1791-1829) et Jean-François BOISSONADE (1829-1855), Jean-Pierre ROSSIGNOL (1855-1892) eut comme successeurs Maurice CROISET (1893-1930) et Émile BOURGUET (1932-1938). Une chaire Épigraphie et antiquités grecques a été instituée en 1877, et occupée successivement par Paul FOUCART (1877-1926), Maurice HOLLEAUX (1927-1932) et Louis ROBERT (1939-1974). Une chaire dénommée La Grèce et la formation de la pensée morale et politique a été créée en 1973 pour Jacqueline DE ROMILLY, première femme à occuper une chaire au Collège (1973-1984), puis transformée, en 1984, en chaire Tradition et critique des textes grecs pour Jean IRIGOIN (1986-1992). Gabriel MILLET, qui occupa de 1926 à 1937 la chaire Esthétique et histoire de l'art, l'orienta vers l'étude du byzantinisme, auquel fut consacrée une chaire Archéologie paléo-chrétienne et byzantine pour André GRABAR (1946-1966) puis une chaire Histoire et civilisation de Byzance pour Paul LEMERLE (1967-1973) ; elle est devenue Histoire et civilisation du monde byzantin pour Gilbert DAGRON de 1975 à 2001. En 1992, a été créée une chaire Histoire économique et monétaire de l'Orient hellénistique pour Georges LE RIDER (1993-1998) ; en 2002, une chaire Épigraphie et histoire des cités grecques occupée par Denis KNOEPFLER (2003-2014). En 2014 a été créée une chaire Culture écrite de l'Antiquité tardive et papyrologie byzantine, confiée en 2015 à Jean-Luc FOURNET, et en 2016 une chaire Religion, histoire et société dans le monde grec antique, occupée par Vinciane PIRENNE-DELFORGE en 2017.

Une chaire Philosophie grecque et latine eut comme titulaires Édouard BOSQUILLON (1775-1814), Jean-François THUROT (1814-1832), Théodore JOUFFROY (1832-1837), Jules BARTHÉLÉMY SAINT-HILAIRE (1838-1852), Émile SAISSET (chargé de cours 1853-1857), Charles LÉVÊQUE (chargé de cours 1857-1860, titulaire 1861-1900), Henri BERGSON (1900-1904). Une chaire Histoire de la pensée hellénistique et romaine a été créée en 1981 pour Pierre HADOT (1982-1991).

Pour l'enseignement du latin, deux chaires existaient depuis l'Ancien Régime : Éloquence latine, tenue successivement par Pierre GUEROULT (1809-1816), Jean-Louis BURNOUF (1817-1844), Désiré NISARD (1844-1852), Wilhelm RINN (1853-1854), Ernest HAVET (1854-1885), et Poésie latine, par Jacques DELILLE (1778-1813), Pierre-François TISSOT (1813-1821), Joseph NAUDET (1821-1830), Pierre-François TISSOT à nouveau (1830-1854), Charles-Augustin DE SAINTE-BEUVE (1854-1869) qui, toutefois, ne put jamais enseigner. La prédominance de curiosités et de méthodes nouvelles se manifesta par la transformation de la chaire Éloquence latine en Philologie latine, avec pour titulaire Louis HAVET (1885-1925), et de Poésie latine en Histoire de la littérature latine, occupée par Gaston BOISSIER (1869-1906) et Paul MONCEAUX (1907-1934). Ces enseignements ont été complétés par ceux de disciplines qui attestaient l'élargissement de l'horizon scientifique ; une chaire Épigraphie et antiquités romaines, créée en 1861, pour Léon RENIER (1861-1885) a été occupée par Ernest DESJARDINS (1886), et ensuite par René CAGNAT (1887-1930), puis, sous le titre élargi de Civilisation romaine, par Eugène ALBERTINI (1932-1941), André PIGANIOL (1942-1954), et Jean GAGÉ (1955-1972) ; elle est devenue, de 1975 à 1999, Histoire de Rome pour Paul VEYNE. Une chaire Histoire de l'Afrique du Nord, où furent spécialement étudiées les périodes romaine et post-romaine, a eu pour titulaire Stéphane GSELL (1912-1932). Une chaire Histoire de la langue latine, occupée par Alfred ERNOUT (1944-1951), a été transformée en 1951 en Littérature latine pour Pierre COURCELLE (1951-1980). En 2000, une chaire intitulée Religion, institutions et société de la Rome antique a été créée pour John SCHEID (2001-2016). En 2017 est créée une chaire Droit, culture et société de la Rome antique, confiée à Dario MANTOVANI en 2018.

Une chaire Numismatique de l'Antiquité et du Moyen Âge, inaugurée en 1908 par Ernest BABELON, a été transformée, en 1924, en Numismatique de l'Antiquité, que Théodore REINACH a occupée jusqu'en 1928.

Philosophie

Un enseignement Philosophie moderne créé en 1874 a été assuré par Jean NOURRISSON (1874-1899), Gabriel TARDE (1900-1904), Henri BERGSON (1904-1921), Édouard Le ROY (1921-1940), Louis LAVELLE (1941-1951), Maurice MERLEAU-PONTY (1952-1961). En 1962, fut créée une chaire Philosophie de la connaissance pour Jules VUILLEMIN qui l'occupa jusqu'en 1990. Une chaire Histoire de la philosophie au Moyen Âge, tenue de 1932 à 1950 par Étienne GILSON, a été remplacée par une chaire Histoire et technologie des systèmes philosophiques pour Martial GUÉROULT (1951-1962), et dénommée ensuite Histoire de la pensée philosophique pour Jean HYPPOLITE (1963-1968). Cette chaire a été transformée en Histoire des systèmes de pensée pour Michel FOUCAULT (1970-1984), puis, de 1985 à 1990, en Épistémologie comparative pour Gilles-Gaston GRANGER. Une chaire Philosophie du langage et de la connaissance, créée en 1994, est occupée de 1995 à 2010 par Jacques BOUVERESSE. Lui succède une chaire Métaphysique et philosophie de la connaissance, confiée en 2010 à Claudine TIERCELIN. En 2012 est créée une chaire Philosophie médiévale, confiée à Alain DE LIBERA (2013-2019) et en 2018 une chaire Philosophie du langage et de l'esprit, pour François RECANATI qui l'occupe à partir de 2019.

En 1999, ont été créées une chaire Philosophie des sciences biologiques et médicales pour Anne FAGOT-LARGEAULT (2000-2009) et une chaire Philosophie et histoire des concepts scientifiques pour Ian HACKING (2001-2006).

Linguistique générale

L'enseignement Grammaire comparée fut inauguré au Collège de France par Michel BRÉAL (1866-1905), qui eut pour successeurs Antoine MEILLET (1906-1936) et Émile BENVENISTE (1937-1972). Pendant un temps s'y trouva rattaché un Laboratoire de phonétique expérimentale, dont le premier directeur fut l'abbé ROUSSELOT ; une chaire Phonétique expérimentale fut occupée par ce savant de 1923 à 1924. Une chaire Théorie linguistique est créée en 1986 pour Claude HAGÈGE (1988-2006), et une chaire Linguistique générale pour Luigi RIZZI en 2018, qui l'occupe à partir de 2019.

Langues, histoire et littératures occidentales

L'enseignement Littérature française fut d'abord représenté par Antoine DE COURNAND (1784-1814) et Stanislas ANDRIEUX (1814-1833). Ce fut le début d'une tradition à laquelle se rattachent les noms de Jean-Jacques AMPÈRE (1833-

1864), de Louis DE LOMÉNIE (1864-1878), de Paul ALBERT (1878-1880), d'Émile DESCHANEL (1881-1903), d'Abel LEFRANC (1904-1937). La chaire a été transformée en Poétique, occupée par Paul VALÉRY (1937-1945), puis en Histoire des créations littéraires en France pour Jean POMMIER (1946-1964). Cette chaire a été ensuite consacrée à l'enseignement de la Littérature française moderne ; elle a été occupée par Georges BLIN de 1965 à 1988. Une chaire Sémiologie littéraire a été créée pour Roland BARTHES (1976-1980). En 1980 a été créée pour Yves BONNEFOY une chaire Études comparées de la fonction poétique (1981-1993). En 1986, a été créée une chaire intitulée Rhétorique et société en Europe (XVIe-XVIIe siècles) pour Marc FUMAROLI (1987-2002) ; et une chaire Littératures modernes de l'Europe néolatine a été créée pour Carlo OSSOLA en 1998. En 2005 sont créées une chaire Littérature française moderne et contemporaine : histoire, critique, théorie, occupée à partir de 2006 par Antoine COMPAGNON, et une chaire intitulée Écrit et culture dans l'Europe moderne, occupée de 2006 à 2016 par Roger CHARTIER. Une chaire Littératures comparées est créée en 2018 et confiée à William MARX en 2019.

Une chaire spécialement consacrée à Langue et littérature françaises du Moyen Âge, a été inaugurée par Paulin PARIS (1853-1872), qui eut pour successeurs Gaston PARIS (1872-1903), puis Joseph BÉDIER (1903-1936). Remplacée ensuite par une chaire Histoire du vocabulaire français occupée par Mario ROQUES (1937-1946), elle a été rétablie sous son ancien titre pour Félix LECOY, de 1947 à 1974, puis en 1993 sous le titre de Littératures de la France médiévale pour Michel ZINK (1995-2016).

En 1905, une chaire Histoire et antiquités nationales s'y ajouta pour Camille JULLIAN (1905-1930), tenue ensuite par Albert GRENIER (1936-1948).

En 1964, a été créée une chaire Archéologie et histoire de la Gaule pour Paul-Marie DUVAL (1964-1982), transformée en 1983 en chaire Antiquités nationales pour Christian GOUDINEAU (1984-2010). En 2011, une chaire Techniques et économies de la Méditerranée antique a été créée pour Jean-Pierre BRUN.

D'autre part, deux chaires nouvelles, instituées en 1925 et en 1932, concernaient l'Europe médiévale : l'une, occupée par Edmond FARAL (1925-1954), s'intitulait Littérature latine du Moyen Âge, l'autre déjà mentionnée en philosophie, fut occupée par Étienne GILSON, de 1932 à 1950. En 1969 a été créée une chaire Histoire des sociétés médiévales pour Georges DUBY, devenue en 1991 Histoire de l'Occident méditerranéen au Moyen Âge pour Pierre TOUBERT, qui l'a occupée de 1992 à 2003. En 2014 est créée une chaire Histoire des pouvoirs en Europe occidentale, XIIIe-XVIe siècle, occupée à partir de 2015 par Patrick BOUCHERON.

Consacrée à l'activité extérieure de la France, une chaire, fondée par les principales colonies d'alors, a été occupée sous le titre d'Histoire coloniale par Alfred MARTINEAU (1921-1935), puis, sous le titre d'Histoire de la colonisation, par Edmond CHASSIGNEUX (1939-1946), et ensuite, sous le titre d'Histoire de l'expansion de l'Occident, par Robert MONTAGNE (1948-1954).

Enfin a été créée, en 1984, une chaire Histoire de la France contemporaine, pour Maurice AGULHON, qui l'a occupée jusqu'en 1997.

La chaire Langues et littératures slaves fut inaugurée en 1840 par le poète polonais, chargé de cours, Adam MICKIEWICZ (1840-1852) puis par Cyprien ROBERT (chargé de cours 1852-1857) et Alexandre CHODZKO (chargé de cours 1857-1883), et occupée plus tard par Louis LÉGER (1885-1923), André MAZON (1923-1951) et André VAILLANT (1952-1962). En 1992 a été créée une chaire Histoire moderne et contemporaine du monde russe pour François-Xavier COQUIN (1993-2001).

Une chaire Langues et littératures de l'Europe méridionale, qui eut pour titulaires successifs Edgar QUINET (de 1841 à 1852 et de 1870 à 1875), Paul MEYER (1876-1906), Alfred MOREL-FATIO (1907-1924), a été rétablie, en 1925, sous le titre d'Histoire des littératures comparées de l'Europe méridionale et de l'Amérique latine pour Paul HAZARD (1925-1944). Depuis, deux des domaines qu'elle recouvrait ont été distingués par la création, en 1945 et en 1946, de deux chaires consacrées l'une à Langues et littératures de la péninsule ibérique et de l'Amérique latine, tenue par Marcel BATAILLON (1945-1965), puis par Israël RÉVAH (1966-1973) ; l'autre à l'Histoire de la civilisation italienne pour Augustin RENAUDET de 1946 à 1950, transformée Langues et civilisation italiennes pour André PÉZARD de 1951 à 1963. En 1992, une chaire Langues et littératures romanes a été créée pour Harald WEINRICH, qui l'occupa jusqu'en 1998.

Une chaire Langues et littératures d'origine germanique eut pour premiers titulaires Philarète CHASLES (1841-1873) et Guillaume GUIZOT (1874-1892). Celui-ci fut suppléé par Jean-Jules JUSSERAND, puis par Arthur CHUQUET, qui devint titulaire de la chaire en 1893 et l'occupa jusqu'en 1925. Lui succédèrent Charles ANDLER (1926-1933), Ernest TONNELAT (1934-1948), Fernand MOSSÉ (1949-1956), et Robert MINDER de 1957 à 1973. En 1984 a été créée une chaire Grammaire et pensée allemandes, pour Jean-Marie ZEMB, qui l'occupa jusqu'en 1998.

Une chaire Langues et littératures celtiques a été occupée par Henry D'ARBOIS DE JUBAINVILLE (1882-1910) puis par Joseph LOTH (1910-1930).

Une chaire Civilisation américaine, créée en 1931, pour Bernard FAŸ (révoqué en 1945), a été transformée pour Marcel GIRAUD, de 1947 à 1971, en Histoire de la civilisation de l'Amérique du Nord.

Une chaire Étude de la création littéraire en langue anglaise a été créée en 2001 pour Michael EDWARDS (2003-2008).

Langues, histoires et littératures orientales

L'enseignement de l'hébreu, le plus ancien de tous, donné par Étienne QUATREMÈRE (1819-1857), puis par Louis DUBEUX (chargé de cours 1857-1861), a été illustré ensuite par Ernest RENAN (1862-1864 et 1870-1892), par Salomon MUNK (1864-1867) et par Philippe BERGER (1893-1910). Celui de l'araméen a été assuré par Rubens DUVAL (1895-1907). Après un long intervalle, une chaire intitulée Hébreu et araméen a été instituée de 1963 à 1971 pour André DUPONT-SOMMER ; puis pour André CAQUOT de 1972 à 1994. Une chaire Épigraphie et antiquités sémitiques a été créée pour Charles CLERMONT-GANNEAU (1890-1923), une autre, Histoire ancienne de l'Orient sémitique, a été occupée par Isidore LÉVY (1932-1941) et de 1995 à 2001, une chaire Antiquités sémitiques occupée par Javier TEIXIDOR.

L'égyptologie a fait son entrée au Collège avec son fondateur, Jean-François CHAMPOLLION (1831-1832), dans une chaire Archéologie tenue ensuite par Jean-Antoine LETRONNE (1837-1848), puis par Charles LENORMANT (1849-1859). Elle devint Philologie et archéologie égyptiennes avec Emmanuel DE ROUGÉ (1860-1872) et Gaston MASPERO (1874-1916), fut reprise par Alexandre MORET (1923-1938), et occupée successivement par Pierre LACAU (1938-1947), Pierre MONTET (1948-1956), Étienne DRIOTON (1957-1960), et Georges POSENER (1961-1978). Elle a subsisté sous le titre d'Égyptologie pour Jean LECLANT (1979-1990), puis pour Jean YOYOTTE (1991-1997). En 1999, une chaire Civilisation pharaonique : archéologie, philologie, histoire a été créée pour Nicolas GRIMAL.

L'enseignement de l'assyriologie a été ouvert aussi par un fondateur, Jules OPPERT (1874-1905), dans une chaire Philologie et archéologie assyriennes où lui a succédé Charles FOSSEY (1906-1939). Après un intervalle, il a été repris par Édouard DHORME (1945-1951) sous le titre de Philologie et archéologie assyro-babyloniennes et poursuivi sous celui d'Assyriologie par René LABAT de 1952 à 1974, par Paul GARELLI, de 1986 à 1995 et par Jean-Marie DURAND, de 1999 à 2011. Une chaire Civilisation mésopotamienne a été créée pour Dominique CHARPIN en 2013.

Une chaire Archéologie de l'Asie occidentale a été créée en 1953 pour Claude SCHAEFFER-FORRER qui l'a occupée jusqu'en 1969. Enfin, en 1973 était créée une chaire Langues et civilisation de l'Asie Mineure pour Emmanuel LAROCHE, qui l'a occupée jusqu'en 1985.

Une chaire Histoire et civilisation du monde achéménide et de l'empire d'Alexandre a été créée en 1998 pour Pierre BRIANT, qui l'occupe de 1999 à 2012.

La chaire Arabe a été tenue successivement par Antoine CAUSSIN DE PERCEVAL (1783-1833), Armand-Pierre CAUSSIN DE PERCEVAL (1833-1871), Charles-François DEFRÉMERY (1871-1883), Stanislas GUYARD (1884), Adrien BARBIER DE MEYNARD (1885-1908), Paul CASANOVA (1909-1926), William MARÇAIS (1927-1943). Elle a été transformée en Histoire du monde arabe pour Jean SAUVAGET (1946-1950). Devenue Langue et littérature arabes, elle a été occupée par Gaston WIET (1951-1959). À côté d'elle furent fondées : en 1902, une chaire Sociologie et sociographie musulmanes, inaugurée par Alfred LE CHATELIER (1902-1925), occupée ensuite par Louis MASSIGNON (1926-1954), modifiée en Sociologie musulmane pour Henri LAOUST de 1956 à 1975, et transformée en 1976 en Langue et littérature arabes classiques pour André MIQUEL, occupée jusqu'en 1997 – puis en 1941, une chaire Histoire des arts de l'Orient musulman pour Albert GABRIEL (1941-1953). En 1956 était créée une chaire Histoire sociale de l'Islam contemporain, occupée par Jacques BERQUE jusqu'en 1981. Une chaire Histoire contemporaine du monde arabe est créée en 2003 pour Henry LAURENS.

Les chaires Turc et de Persan ont été réunies de 1784 à 1805 par Pierre RUFFIN, qui abandonna à partir de 1805 le persan au plus illustre islamisant de l'époque, Isaac SILVESTRE DE SACY (1806-1838). Lui succédèrent : Amédée JAUBERT (1838-1847), Jules MOHL (1850-1876), Adrien BARBIER DE MEYNARD (1876-1885), James DARMESTETER (1885-1894). Après Pierre RUFFIN (1805-1822) l'enseignement du turc seul a été assuré par Daniel KIEFFER (1822-1833), Alix DESGRANGES (1833-1854), Mathurin-Joseph COR (1854), Abel PAVET DE COURTEILLE (chargé de cours 1854-1861, titulaire 1861-1889). En 1997, a été créée une chaire Histoire turque et ottomane pour Gilles VEINSTEIN, qui l'a occupée de 1999 à 2012.

Les domaines de recherche nouveaux entrés dans l'enseignement du Collège au XIXe siècle ont d'abord été ceux de l'Inde et de la Chine, dont l'étude avait été amorcée en Europe par plusieurs orientalistes du Collège au siècle précédent. En 1814, furent créées ensemble les chaires Sanscrit et Chinois.

La première a été inaugurée par Léonard DE CHÉZY (1814-1832), illustrée par Eugène BURNOUF (1932-1852), et reprise après un intervalle de suppléances par Édouard FOUCAUX (1862-1894), puis Sylvain LÉVI (1894-1935) et Jules BLOCH (1937-1951). L'enseignement y débordant traditionnellement le domaine du sanscrit, elle a repris en 1951, la dénomination de Langues et littératures de l'Inde et a eu pour titulaire Jean FILLIOZAT de 1952 à 1978. En 1983 a été créée une chaire Histoire du monde indien pour Gérard FUSSMAN (1984-2011), et, en 1993, une chaire Langues et religions indo-iraniennes pour Jean KELLENS (1993-2014).

La seconde, dont l'enseignement s'est, de son côté, constamment étendu à l'ensemble de la sinologie, a été tenue par Jean-Pierre ABEL-RÉMUSAT (1814-1932), Stanislas JULIEN (1832-1873), Léon D'HERVEY DE SAINT-DENYS (1874-1892), Édouard CHAVANNES (1893-1918), Henri MASPERO (1921-1945), Paul DEMIÉVILLE (1946-1964), Jacques GERNET (1975-1992) ; depuis 1991 une chaire Histoire de la Chine moderne est occupée par Pierre-Étienne WILL (1991-2014) et une chaire Histoire intellectuelle de la Chine est confiée en 2008 à Anne CHENG.

Étendant le champ des enseignements aux pays d'influence indienne et chinoise et aux civilisations propres à ces pays, trois chaires ont été créées : la première, Langues, histoire et archéologie de l'Asie centrale pour Paul PELLIOT (1911-1945), qui devait prendre le titre d'Histoire et civilisations de l'Asie centrale pour Louis HAMBIS, de 1965 à 1977, et se transformer en Sociographie de l'Asie du Sud-Est pour Lucien BERNOT (1978-1985) ; la deuxième, Histoire et philologie indochinoises pour Louis FINOT (1920-1930), auquel ont succédé Jean PRZYLUSKI (1931-1944), puis Émile GASPARDONE, de 1946 à 1965, et qui a été alors transformée en Étude du monde chinois : institutions et concepts pour Rolf A. STEIN (1966-1981) ; enfin la troisième, sous le titre de Civilisations d'Extrême-Orient, a été occupée par Paul MUS (1946-1969). Une chaire Étude du bouddhisme a été créée en 1970 pour André BAREAU, qui l'a occupée jusqu'en 1991. En 1979, a été créée une chaire Civilisation japonaise pour Bernard FRANK qui l'a occupée jusqu'en 1996. Enfin, en 2011, une chaire Philologie et civilisation japonaise a été créée pour Jean-Noël ROBERT. En 2012, une chaire Histoire et cultures de l'Asie centrale pré-islamique a été créée pour Frantz GRENET qui l'occupe depuis 2013.

Langues, histoires et littératures africaines

En 2018 est créée une chaire Histoire et archéologie des mondes africains, confiée à François-Xavier FAUVELLE en 2019.

Droit et sciences humaines

Depuis l'Ancien Régime existait une chaire Droit de la nature et des gens, tenue au XIXe siècle par Pierre DE PASTORET (1804-1821), Xavier DE PORTETS (1822-1854), Adolphe FRANCK (1856-1887). En 1831 commençait, avec Eugène LERMINIER (1831-1849), un enseignement Histoire générale et philosophique des législations comparées, qui fut continué par Édouard LABOULAYE (1849-1883), et par Jacques FLACH (1884-1919). En 1979, une chaire Droit international est créée pour René-Jean DUPUY qui l'a occupée jusqu'en 1989. Une chaire Études juridiques comparatives et internationalisation du droit a été créée en 2001 pour Mireille DELMAS-MARTY (2002-2011). En 2012, une chaire intitulée État social et mondialisation : analyse juridique des solidarités est confiée à Alain SUPIOT (2012-2019), et une chaire intitulée Droit international des institutions est créée en 2018 et confiée l'année suivante à Samantha BESSON.

Dès 1831, était instituée pour Jean-Baptiste SAY une chaire Économie politique, qui fut occupée après lui par Pellegrino ROSSI (1833-1840), Michel CHEVALIER (1840-1879), et Paul LEROY-BEAULIEU (1880-1916). Une chaire Histoire des doctrines économiques, créée en 1871 pour Émile LEVASSEUR, fut transformée sur sa demande en 1885 en Géographie, histoire et statistiques économiques. En 1911, elle devint Étude des faits économiques et sociaux pour Marcel MARION (1912-

1932). De 1955 à 1974 une chaire Analyse des faits économiques et sociaux a été occupée par François PERROUX ; en 1987 a été créée une chaire Analyse économique pour Edmond MALINVAUD qui l'a occupée jusqu'en 1993. Une chaire Théorie économique et organisation sociale a été créée en 1998 pour Roger GUESNERIE (2000-2013). En 2014 est créée une chaire Économie des institutions, de l'innovation et de la croissance, confiée à Philippe AGHION.

En 1958 une chaire Anthropologie sociale était créée pour Claude LÉVI-STRAUSS (1959-1982), et en 1971, une chaire Anthropologie physique pour Jacques RUFFIÉ (1972-1992). En 1981, a été créée pour Françoise HÉRITIER une chaire Étude comparée des sociétés africaines (1982-1998) et en 1992 pour Nathan WACHTEL une chaire Histoire et anthropologie des sociétés méso- et sud-américaines (1992-2005). En 1999, une chaire Anthropologie de la nature a été créée pour Philippe DESCOLA, qui l'occupe de 2000 à 2019.

En 1917, un cours complémentaire Assurances sociales fondé par Alfred MAYEN, a été transformé, aux frais de la ville de Paris et du département de la Seine, en une chaire Prévoyance et assistance sociales, qu'occupa Édouard FUSTER (1917-1935).

En 1920, une chaire instituée pour dix ans, à l'initiative de la Fédération des sociétés coopératives de consommation, et affectée à l'Enseignement de la Coopération, a eu pour titulaire Charles GIDE jusqu'en 1930.

Dans le même ordre d'études, d'autres développements se sont encore produits. Une chaire Philosophie sociale, créée pour Jean IZOULET (1897-1929), a été transformée en Sociologie pour Marcel MAUSS (1931-1942), puis en Psychologie collective pour Maurice HALBWACHS (1944-1945). Une chaire Histoire et structure sociales de Paris et de la région parisienne, fondée par la ville de Paris en 1950, a été occupée par Louis CHEVALIER (1952-1981). Une chaire Histoire du travail, fondée en 1907 par la Ville de Paris, a été occupée par Georges RENARD (1907-1930), par François SIMIAND (1932-1935), puis, de 1936 à 1957, par Émile COORNAERT. Une chaire Démographie sociale : la vie des populations lui a succédé et a eu pour titulaire Alfred SAUVY de 1959 à 1969. Cette chaire a été transformée en Sociologie de la civilisation moderne pour Raymond ARON de 1970 à 1978. Enfin a été créée, en 1981, une chaire Sociologie pour Pierre BOURDIEU (1981-2001). Une chaire Histoire moderne et contemporaine du politique a été créée en 2001 pour Pierre ROSANVALLON (2001-2018). En 2005 est créée une chaire Rationalité et sciences sociales, occupée par Jon ELSTER (2006-2011) et en 2012 une chaire Sociologie du travail créateur, occupée par Pierre-Michel MENGER depuis 2013. En 2017 est créée une chaire Migrations et sociétés, confiée à François HÉRAN.

Géographie

Une chaire Géographie humaine, créée grâce à une libéralité d'Albert KAHN, a été occupée de 1912 à 1930 par Jean BRUNHES.

En 1932 était créée la chaire Géographie économique et politique, où enseigna André SIEGFRIED (1933-1946). La Géographie historique de la France fut enseignée, de 1892 à 1911, par Auguste LONGNON ; elle a été rétablie de 1947 à 1968 pour Roger DION, puis transformée en chaire Géographie du continent européen pour Maurice LE LANNOU, de 1969 à 1976. Une chaire Étude du monde tropical (géographie physique et humaine) a été créée en 1946 pour Pierre GOUROU (1947-1970).

Histoire des religions

Une chaire Histoire des religions, créée en 1880, a eu pour titulaires Albert RÉVILLE (1880-1906), Jean RÉVILLE (1907-1908), Alfred LOISY (1909-1932), Jean BARUZI (1933-1951) et Henri-Charles PUECH (1952-1972).

Une chaire Histoire des mentalités religieuses dans l'Occident moderne a été créée en 1973 pour Jean DELUMEAU qui l'a occupée de 1975 à 1994 et une chaire Étude comparée des religions antiques en 1973 pour Jean-Pierre VERNANT, qui l'a occupée de 1975 à 1984.

En 1977, a été créée une chaire intitulée Christianisme et gnoses dans l'Orient préislamique pour Antoine GUILLAUMONT qui l'a occupée jusqu'en 1986 et en 1990 une chaire Histoire des syncrétismes de la fin de l'Antiquité pour Michel TARDIEU (1991-2008). En 2006 est créée une chaire intitulée Milieux bibliques pour Thomas RÖMER. Créée en 2014, une chaire Histoire du Coran. Texte et transmission est confiée en 2015 à François DÉROCHE.

Préhistoire

Fut créée en 1929 une chaire Préhistoire, tenue par l'abbé Henri BREUIL (1929-1947), discipline reprise de 1969 à 1982 par André LEROI-GOURHAN, puis transformée en 1982 en chaire Paléoanthropologie et préhistoire pour Yves COPPENS (1983-2005), elle-même transformée en chaire Paléontologie humaine en 2005 et occupée par Michel BRUNET (2007-2011). En 1993, une chaire Civilisations de l'Europe au néolithique et à l'âge du bronze a été créée pour Jean GUILAINE (1994-2007).

Histoire générale

L'histoire générale était professée au Collège de France depuis le dernier tiers du XVIIIe siècle. On l'associait alors à la morale, et cette union persista, nominalement au moins, pendant tout le XIXe siècle. À Pierre DAUNOU (1819-1830), succédèrent Jean-Antoine LETRONNE (1831-1837), et Jules MICHELET (1838-1852), puis, un peu plus tard, Joseph GUIGNIAUT (1857-1862), et Alfred MAURY (1862-1892).

Une chaire Histoire de la civilisation moderne tenue par Lucien FEBVRE (1933-1949), puis par Fernand BRAUDEL (1950-1972), subsiste pour Emmanuel LE ROY LADURIE, qui l'occupa de 1973 à 1999. En 1997, une chaire Histoire de la France des Lumières créée pour Daniel ROCHE (1999-2005), transformée en chaire intitulée Écrit et cultures dans l'Europe moderne pour Roger CHARTIER (2006).

Une chaire Civilisation indo-européenne a été occupée de 1948 à 1968 par Georges DUMÉZIL. Une chaire Histoire générale des sciences, créée en 1891, a été occupée par Pierre LAFFITTE (1892-1903), Grégoire WYROUBOFF (1903-1913) et Pierre BOUTROUX (1920-1922). Une chaire Histoire globale de la première modernité est confiée en 2013-2014 à Sanjay SUBRAHMANYAM, avant d'être transformée en chaire pluriannuelle que Sanjay SUBRAHMANYAM occupe en tant que professeur invité (2014-).

Art

Une chaire Esthétique et histoire de l'art, créée en 1878, a eu pour titulaires, successivement Charles BLANC (1878-1882), Eugène GUILLAUME (1882-1905) ; Georges LAFENESTRE (1905-1919), André MICHEL (1920-1925) (qui la spécialisa en Histoire de l'art français), Gabriel MILLET (1926-1937), Henri FOCILLON (1938-1943). En 1970 a été créée une chaire Art et civilisation de la Renaissance en Italie pour André CHASTEL (1970-1984). Une des chaires fondées par la Ville de Paris, affectée en 1933 à Histoire de l'art monumental, a été occupée par Paul LÉON (1933-1944). Une autre a été affectée à Psychologie des arts plastiques pour René HUYGHE de 1951 à 1976 ; désormais chaire d'État, elle a été transformée en 1976 en Histoire de la création artistique en France pour Jacques THUILLIER, qui l'a occupée de 1977 à 1998. En 2000, une chaire Histoire de l'art européen médiéval et moderne a été créée pour Roland RECHT qui l'occupe de 2001 à 2012.

Une chaire Invention, technique et langage en musique a été créée en 1975 pour Pierre BOULEZ (1976-1995) ; elle fut transformée de 1996 à 1999 pour Jerzy GROTOWSKI en Anthropologie théâtrale.

Mathématiques

L'enseignement des mathématiques fut assuré par Antoine-Rémy MAUDUIT (1770-1815), Sylvestre-François LACROIX (1815-1843), Guillaume LIBRI-CARUCCI (1843-1848), Joseph LIOUVILLE (1851-1882), Camille JORDAN (1883-1912), Georges HUMBERT (1912-1921), Henri LEBESGUE (1921-1941). S'y ajoutait l'astronomie, professée par Jérôme DE LALANDE (1768-1807), puis par Jean-Baptiste DELAMBRE (1807-1822) et Jacques BINET (1823-1856). La chaire Astronomie fut transformée, en 1856, en Mécanique céleste pour Joseph SERRET (1861-1885). Elle devint chaire Mécanique analytique et mécanique céleste pour Maurice LÉVY (1885-1908), et Jacques HADAMARD (1909-1937). Une chaire Mathématique et mécanique a été occupée de 1938 à 1972 par Szolem MANDELBROJT, puis transformée en Analyse mathématique des systèmes et de leur contrôle pour Jacques-Louis LIONS (1973-1998). Une chaire Théorie des équations différentielles et fonctionnelles a été occupée par Jean LERAY de 1947 à 1978. Une chaire Algèbre et géométrie occupée par Jean-Pierre SERRE de 1956 à 1994 a été transformée, en 1995, en chaire intitulée Équations différentielles et systèmes dynamiques pour Jean-Christophe YOCCOZ (1996-2006). Une chaire Théorie des groupes a été créée pour Jacques TITS (1973-2000) ainsi qu'une chaire Analyse et géométrie depuis 1983 pour Alain CONNES. En 1999, une chaire Théorie des nombres a été créée pour Don ZAGIER qui l'occupe de 2000 à 2014. Une chaire Équations aux dérivées partielles et applications a été créée en 2001 pour Pierre-Louis LIONS, qui l'occupe depuis 2002, une chaire Géométrie algébrique en 2015 pour Claire VOISIN, qui l'occupe depuis 2016, et en 2019 une chaire Combinatoire.

Sciences numériques

En 2011 est créée une chaire intitulée Algorithmes, machines et langages, confiée à Gérard BERRY (2012-2019), en 2016 une chaire Sciences des données, occupée par Stéphane MALLAT depuis 2017, et en 2017 une chaire Sciences du logiciel, confiée à Xavier LEROY en 2018.

Physique

En 1769, une chaire Physique mathématique remplaça l'ancienne chaire Philosophie grecque et latine ; Jacques-Antoine COUSIN l'occupa jusqu'en 1800 ; il eut pour successeur Jean-Baptiste BIOT, à la fois physicien et mathématicien (1801-1862).

Devenue chaire Physique générale et mathématique, elle fut occupée par Joseph BERTRAND (1862-1900), Marcel BRILLOUIN (1900-1931) ; sous le titre de Physique théorique, elle a été occupée par Léon BRILLOUIN (1932-1949) et par Jean LAVAL (1950-1970), puis transformée en 1971 en Physique de la matière condensée pour Pierre-Gilles DE GENNES (1971-2004). Cette chaire est occupée par un nouveau titulaire en 2009, Antoine GEORGES. D'autre part, en 1786, fut créée une chaire Physique générale et expérimentale, occupée par Louis LEFÈVRE-GINEAU jusqu'en 1823, André-Marie AMPÈRE (1824-1836), Félix SAVART (1836-1841), Henri-Victor RÉGNAULT (1841-1871), Élie MASCART (1872-1908), Paul LANGEVIN (1909-1946). À la chaire Physique générale et expérimentale, tenue par Maurice DE BROGLIE de 1942 à 1944 et sur laquelle fut réintégré Paul LANGEVIN, révoqué en 1940, succéda une chaire Physique atomique et moléculaire par transformation de la chaire Physique mathématique créée en 1933 pour Albert EINSTEIN et qu'il n'avait jamais occupée. Elle eut pour titulaire de 1946 à 1972 Francis PERRIN auquel succéda Claude COHEN-TANNOUDJI, de 1973 à 2004. Une nouvelle chaire Physique mathématique a été créée en 1951 pour André LICHNEROWICZ (1952-1986). Une chaire Chimie nucléaire occupée par Frédéric JOLIOT (1937-1958) a été transformée de 1958 à 1972 en Physique nucléaire pour Louis LEPRINCE-RINGUET puis en Physique corpusculaire de 1973 à 2004 pour Marcel FROISSART. Une chaire Physique cosmique, occupée de 1944 à 1962 par Alexandre DAUVILLIER, a été transformée en 1962 en Astrophysique théorique pour Jean-Claude PECKER (1964-1988), puis, en 1989, en Astrophysique observationnelle pour Antoine LABEYRIE (1991-2014). Une chaire Magnétisme nucléaire, créée en 1959, a été occupée par Anatole ABRAGAM jusqu'en 1985 et une chaire Méthodes physiques de l'astronomie par André LALLEMAND de 1961 à 1974. En 1982, une chaire Physique statistique a été créée pour Philippe NOZIÈRES (1983-2001). Une autre chaire Physique statistique est créée en 2014 pour Bernard DERRIDA.

Une chaire nouvelle, créée par la loi de Finances de 1964, et portant le titre de Physique théorique des particules élémentaires a été occupée par Jacques PRENTKI jusqu'en 1983. En 2000, une chaire Physique quantique a été créée pour Serge HAROCHE qui l'occupe depuis 2001. Gabriele VENEZIANO occupe de 2004 à 2013 la chaire Particules élémentaires, gravitation et cosmologie, créée en 2003. En 2005 est créée une chaire Physique mésoscopique, occupée par Michel DEVORET (2007-2012). En 2012, une chaire Atomes et rayonnement est confiée à Jean DALIBARD. En 2013, une chaire Galaxies et cosmologie est créée pour Françoise COMBES (2014), et en 2016 une chaire Champs, cordes et gravité pour Jean-Marc HENNEAUX (2017).

En 2017 est créée une chaire Matière molle et biophysique, confiée en 2018 à Jean-François JOANNY.

Chimie

Une chaire Chimie et une chaire Histoire naturelle, fondées en 1774, furent quelques temps réunies sous le titre de Chimie et histoire naturelle pour Jean DARCET, qui d'ailleurs limita son enseignement à la première de ces deux sciences.

Le titre primitif de Chimie fut repris quand la chaire fut attribuée à Nicolas VAUQUELIN (1801-1804) auquel succéda Louis-Jacques THÉNARD (1804-1845). En 1845, elle se spécialisa sous le titre Chimie minérale, et elle eut pour titulaires Théophile-Jules PELOUZE (1845-1850), Antoine-Jérôme BALARD (1851-1876), Paul SCHÜTZENBERGER (1876-1897), Henri LE CHATELIER (1898-1907) et Camille MATIGNON (1908-1934). Une autre chaire, attribuée à la Chimie organique, eut pour premier titulaire Marcelin BERTHELOT (1865-1907), auquel succédèrent Émile-Clément JUNGFLEISCH (1908-1916), Charles MOUREU (1917-1929), Marcel DELÉPINE (1930-1941) et Charles DUFRAISSE (1942-1955) ; elle a été transformée en 1955 en Chimie organique des hormones, pour Alain HOREAU (1956-1980). En 1979 a été créée pour Jean-Marie LEHN une chaire Chimie des interactions moléculaires (1979-2010), et de 1996 à 1998 pour Jean ROUXEL une chaire Chimie des solides. En 2000, une chaire Chimie de la matière condensée a été créée pour Jacques LIVAGE qui l'a occupé jusqu'en 2009. En 2007 est créée une chaire Chimie des processus biologiques pour Marc FONTECAVE. En 2011, une chaire Chimie des matériaux hybrides a été créée pour Clément SANCHEZ. Une chaire Chimie du solide et énergie, créée en 2012, est occupée par Jean-Marie TARASCON depuis 2013.

Histoire naturelle et sciences biologiques

L'enseignement de l'histoire naturelle fondé en 1774 n'étant pas effectivement donné par Jean DARCET, une chaire consacrée à la seule Histoire naturelle fut créée en 1778 et attribuée à Louis DAUBENTON (1778-1799), puis à Georges CUVIER (1800-1832). Cette chaire nouvelle ne tarda pas à être elle-même dédoublée. D'une part, une chaire Histoire naturelle des corps inorganiques fut donnée à Léonce ÉLIE DE BEAUMONT (1832-1874) et fut ensuite occupée par Charles SAINTE-CLAIRE DEVILLE (1875-1876), Ferdinand FOUQUÉ (1877-1904), Auguste MICHEL-LÉVY (1905-1911). À cette chaire succèdent une chaire Géologie, occupée par Lucien CAYEUX (1912-1936) puis une chaire Géologie méditerranéenne pour Paul FALLOT (1938-1960) et une chaire Géodynamique pour Xavier LE PICHON (1986-2008). En 2000 est créée une chaire Évolution du climat et de l'océan pour Édouard BARD, et en 2011, une chaire Physique de l'intérieur de la Terre pour Barbara ROMANOWICZ. Entre-temps, une création temporaire de chaire consacrée aux Études coloniales, protistologie pathologique a eu pour titulaire Louis NATTAN-LARRIER (1923-1943). D'autre part, une seconde chaire fut consacrée à l'Histoire naturelle des corps organisés : elle eut pour titulaires Georges DUVERNOY (1837-1855), Pierre-Jean-Marie FLOURENS (1855-1867), Étienne-Jules MAREY (1869-1904), Nicolas FRANÇOIS-FRANCK (1905-1921) et André MAYER (1922-1946) ; elle a été transformée pour Jean ROCHE, de 1947 à 1972, en Biochimie générale et comparée, puis en Biochimie cellulaire pour François GROS (1973-1996) et enfin en 1996 en Immunologie moléculaire pour Philippe KOURILSKY (1998-2012). En 1980, une chaire Bioénergétique cellulaire a été créée pour Pierre JOLIOT (1981-2002). En 1995 a été créée pour Armand DE RICQLÈS (1995-2010) une chaire Biologie historique et évolutionnisme (1995-2010).

En 1844 fut créée une chaire Embryogénie comparée, tenue par Victor COSTE (1844-1873), Édouard BALBIANI (1874-1899), Félix HENNEGUY (1900-1928), puis par Emmanuel FAURÉ-FRÉMIET (1928-1954). Consacrée ensuite à l'Embryologie expérimentale, elle a été occupée de 1955 à 1974 par Étienne WOLFF. Depuis 1974 elle a été transformée en Communications cellulaires pour Jean-Pierre CHANGEUX (1976-2006).

Enfin, en 1964, une chaire nouvelle a été créée par la loi de Finances sous le titre de Génétique cellulaire pour François JACOB (1965-1991). Elle a été transformée en chaire Génétique moléculaire pour Pierre CHAMBON (1992-2002), puis en Génétique humaine pour Jean-Louis MANDEL (2003). En 1967 était créée pour Jacques MONOD une chaire Biologie moléculaire, qui l'occupa jusqu'en 1973. Une chaire Génétique et physiologie cellulaire a été créée en 2000 pour Christine PETIT, qui l'occupe depuis 2001, et une chaire Processus morphogénétiques est créée en 2006, occupée de 2007 à 2019 par Alain PROCHIANTZ. En 2012, une chaire Épigénétique et mémoire cellulaire est confiée à Edith HEARD et, créée en 2016, une chaire Dynamique du vivant, confiée à Thomas LECUIT en 2017. En 2018 est créée une chaire Génomique humaine et évolution, pour Luis QUINTANA-MURCI, qui l'occupe à partir de 2019.

Médecine

La médecine, enseignée au Collège dès le XVIe siècle, disposait de quatre chaires, progressivement spécialisées.

L'anatomie fut professée par Antoine PORTAL de 1773 à 1832, tandis que la médecine dite pratique était attribuée à d'autres titulaires, parmi lesquels Jean-Nicolas CORVISART (1796-1804), Jean-Noël HALLÉ (1805-1822), René-Théophile LAENNEC (1822-1826), et Joseph RÉCAMIER (1827-1830). François MAGENDIE (1830-1855) eut pour successeurs Claude BERNARD (1855-1878), Charles BROWN-SÉQUARD (1878-1894), Arsène D'ARSONVAL (1894-1930) et Charles NICOLLE (1932-1936). Une chaire Épidémiologie fut créée pour Hyacinthe VINCENT (1925-1936). La chaire Médecine a été occupée par René LERICHE (1937-1950) ; transformée ensuite en Médecine expérimentale, elle a été occupée par Antoine LACASSAGNE (1951-1954), Charles OBERLING (1955-1960), Bernard HALPERN (1961-1975), Jean DAUSSET (1977-1987), et subsiste sous cette même dénomination pour Pierre CORVOL (1989-2012) et Alain FISCHER à partir de 2013. En 2014 est créée une chaire Oncologie cellulaire et moléculaire, confiée à Hugues DE THÉ.

Furent encore créées successivement plusieurs chaires nouvelles : en 1875, une chaire Anatomie générale, occupée par Louis-Antoine RANVIER (1875-1911), et transformée d'abord en Histologie comparée pour Jean NAGEOTTE (1912-1937) puis en Morphologie expérimentale et endocrinologie pour Robert COURRIER, de 1938 à 1966, puis en Physiologie cellulaire de 1967 à 1993 pour François MOREL ; enfin en chaire de Biologie moléculaire des plantes pour Joseph SCHELL de 1994 à 1998. En 1903, une chaire Pathologie générale et comparée fut créée pour Albert CHARRIN (1903-1907). Cette chaire fut transformée en Biologie générale, successivement occupée par le physiologiste Émile GLEY de 1908 à 1930 et par le physico-chimiste Jacques DUCLAUX de 1931 à 1948. Elle fut remplacée par une chaire Neurophysiologie générale pour Alfred FESSARD, de 1949 à 1971, et modifiée en 1971 en chaire Neurophysiologie pour Yves LAPORTE, de 1972 à 1991. Elle est devenue Physiologie de la perception et de l'action pour Alain BERTHOZ (1992-2010). En 1925, une chaire Histophysiologie, attribuée à Justin JOLLY (1925-1940), a été remplacée par une chaire Radiobiologie expérimentale, occupée par Antoine LACASSAGNE de 1941 à 1951 où il devint titulaire de la chaire Médecine expérimentale mentionnée au paragraphe précédent ; cette chaire a repris de 1951 à 1966, son ancienne affectation pour Jacques BENOIT ; elle est devenue en 1973 chaire Physiologie du développement pour Alfred JOST (1974-1987), puis, Embryologie cellulaire et moléculaire pour Nicole LE DOUARIN (1988-2000). En 1993, une chaire Fondements et principes de la reproduction humaine a été créée pour Étienne-Émile BAULIEU (1993-1998), transformée en 1998, en Biologie et génétique du développement pour Spyros ARTAVANIS-TSAKONAS qui l'occupe de 2000 à 2012. En 2006 est créée la chaire Microbiologie et maladies infectieuses pour Philippe SANSONETTI (2007-2020) et en 2019 la chaire Neurobiologie et immunité.

En 1929, une chaire Mécanique animale appliquée à l'aviation, attribuée à Antoine MAGNAN (1929-1938), a subsisté de 1939 à 1955 sous le titre d'Aérolocomotion mécanique et biologique, et a été occupée par Étienne OEHMICHEN.

À ces disciplines s'ajoutèrent en 1887 l'enseignement, alors nouveau, Psychologie expérimentale et comparée, confié successivement à Théodule RIBOT (1888-1901) et à Pierre JANET (1902-1934), puis les chaires Physiologie des sensations, attribuée à Henri PIÉRON (1923-1951), Psychologie et éducation de l'enfance occupée par Henri WALLON (1937-1949) ainsi que Neuropsychologie du développement créée en 1975 pour Julian DE AJURIAGUERRA qui l'occupa jusqu'en 1981 et qui a été transformée, en 1982, en chaire Neuropharmacologie pour Jacques GLOWINSKI (1983-2006). En 2005 est créée la chaire Psychologie cognitive expérimentale, confiée à Stanislas DEHAENE la même année.

CHAIRES INTERNATIONALES PLURIANNUELLES

À l'assemblée des professeurs du 30 juin 2013 est décidée une nouvelle formule d'invitation de professeurs sur chaires pluriannuelles. La première chaire pluriannuelle est confiée, en 2014, pour trois ans, à Jean-Louis COHEN pour un cycle de cours intitulé : « Architecture et forme urbaine ». Sont ensuite nommés professeurs invités en 2014 Jean-Jacques HUBLIN (Paléoanthropologie) et Sanjay SUBRAHMANYAM (Histoire globale de la première modernité, 2014-2019). L'assemblée du Collège de France, le 20 mars 2016, approuve le principe de création de chaires internationales accueillant des personnalités exerçant dans des institutions étrangères pour une durée de cinq ans. Elle crée, le 26 juin 2016, une chaire internationale intitulée « Histoire culturelle des patrimoines artistiques en Europe, XVIIIe-XXe siècle », nomme Bénédicte SAVOY sur cette chaire (2016-2021) et approuve la transformation des invitations sur chaires pluriannuelles de Jean-Louis COHEN et Jean-Jacques HUBLIN en chaires internationales d'une durée de cinq ans. En 2017, Denis DUBOULE est nommé enseignant invité sur une nouvelle chaire internationale intitulée « Évolution des génomes et développement » (2017-2022) et Edhem ELDEM sur une chaire internationale « Histoire turque et ottomane » (2017-2022).

CHAIRES ANNUELLES

Chaire européenne (1989-2008)

Cette chaire destinée à une personnalité scientifique originaire d'un pays membre de la communauté économique européenne, pour une année académique, a été créée en 1989. Elle a été occupée par Harald WEINRICH, professeur à l'université de Munich qui a traité de « Mémoire linguistique de l'Europe » pendant l'année 1989-1990. Le professeur Cesare VASOLI, de l'université de Florence, nommé pour l'année 1990-1991, n'a pu assurer son enseignement à la suite d'un accident de santé. En 1991-1992, Wolf LEPENIES, professeur au Wissenschaftskolleg de l'université libre de Berlin a traité du sujet suivant : « Les intellectuels et la politique de l'esprit dans l'histoire européenne » ; en 1992-1993, Umberto ECO, professeur à l'université de Bologne, de « La quête d'une langue parfaite dans l'histoire de la culture européenne » ; en 1993-1994, Werner HILDENBRAND, professeur à l'université de Bonn, du « Contenu empirique des théories économiques » ; Norbert OHLER, professeur à l'université de Fribourg, en 1994-1995, de l'« Apport des pèlerins à la formation de l'Europe » ; Klaus RAJEWSKI, professeur à l'université de Cologne, en 1995-1996, des « Nouvelles approches génétiques chez la souris » ; Pieter WESTBROEK, professeur à l'université de Leyde, en 1996-1997, de « Géophysique : esquisse d'une nouvelle science de la Terre » ; Abram DE SWAAN, professeur à l'université d'Amsterdam, en 1997-1998, de « Langue et culture dans la société transnationale » ; Thomas W. GAEHTGENS, professeur à l'université libre de Berlin, en 1998-1999, de l'« Image des collections en Europe au XVIIIe siècle » ; Hans-Wilhelm MÜLLER-GÄRTNER, professeur à la Faculté de médecine de Düsseldorf, en 1999-2000, des « Bases neuronales de la conscience : apport de l'imagerie cérébrale » ; Michael EDWARDS, professeur à l'université de Warwick, en 2000-2001, de « Poétiques de l'anglais et du français » ; Claudio MAGRIS, professeur à l'université de Trieste, en 2001-2002, de « Nihilisme et mélancolie. Jacobsen et son Niels Lyhne » ; Hans BELTING, professeur à l'université de Heidelberg, en 2002-2003, de « L'histoire du regard. Représentation et vision en Occident » ; Theodor BERCHEM, professeur émérite de l'université de Wurzbourg, de « L'avenir de l'université – l'université de l'Avenir », en 2003-2004 ; Sandro STRINGARI, directeur du Research and Development Center on Bose-Einstein Condensation à Trente, de « Condensation de Bose-Einstein et superfluidité », en 2004-2005. Les titulaires de cette chaire ont été ensuite, en 2005-2006, Maurice BLOCH : « L'anthropologie cognitive à l'épreuve du terrain » ; en 2006-2007, Guy ORBAN : « La vision, mission du cerveau » ; en 2007-2008, Manfred KROPP : « Études coraniques ».

Chaire Développement durable – Environnement, énergie et société (2008-2016)

En 2008-2009, la chaire européenne est thématisée « Développement durable – Environnement, énergie et société » et reçoit le soutien de TOTAL. Elle est confiée à Henri LERIDON : « Démographie, fin de la transition », puis est occupée par Nicolas STERN en 2009-2010 : « Gérer les changements climatiques, promouvoir la croissance, le développement et l'équité » ; par Jean-Marie TARASCON, en 2010-2011 : « Enjeux et défis du stockage et de la conversion de l'énergie dans le contexte du développement durable » ; par Paul COLONNA en 2011-2012 : « Enjeux et défis pour le développement durable », par Annie CAZENAVE en 2012-2013 : « Étude de la terre et de l'environnement depuis l'espace » ; par Gilles BOEUF en 2013-2014 : « La biodiversité, son évolution et ses croisements avec l'humanité » ; par Georges CALAS en 2014-2015 : « Les ressources minérales, un enjeu majeur dans le contexte du développement durable » ; par Thomas STERNER, enfin, en 2015-2016 : « Pour une politique économique de l'environnement : une approche conceptuelle ».

Chaire internationale (1992-2008)

Créée en 1992 pour accueillir, pendant une année académique, des personnalités scientifiques originaires des pays de l'Europe de l'Est ou appartenant à d'autres continents, cette chaire a eu pour premier titulaire Bronislaw GEREMEK, professeur à l'Académie des sciences de Varsovie, qui a traité en 1992-1993 du sujet suivant :

« Histoire sociale : exclusions et solidarités ». En 1993-1994, ZHANG Guangda, professeur à l'université de Pékin, a traité de « La Chine et les civilisations de l'Asie centrale du VIIe au XIe siècle » ; Orest RANUM, professeur à l'université Johns Hopkins de Baltimore, en 1994-1995, de « La France des années 1650 ; histoire et historiographie » ; Harris MEMEL-FOTÊ, professeur à l'université d'Abidjan, en 1995-1996, de « L'esclavage lignager africain et l'anthropologie des droits de l'Homme » ; Igor MEL'ČUK, professeur à l'université de Montréal, en 1996-1997, de « Linguistique "Sens-Texte" » ; Brian STOCK, professeur à l'université de Toronto, en 1997-1998, de « La connaissance de soi et la littérature autobiographique au Moyen Âge » ; Patrice HIGONNET, professeur à l'université d'Harvard, en 1998-1999, de « Mythes de Paris, des Lumières au surréalismes » ; James Watson CRONIN, professeur à l'université de Chicago, en 1999-2000, de « Développement de la physique des particules et des grandes expériences » ; Miklós SZABÓ, professeur à l'université Eötvös Loránd de Budapest, en 2000-2001, de l'« Histoire des Celtes danubiens et leur romanisation » ; Paul FARMER, professeur à la Harvard Medical School de Boston, en 2001-2002, de « La violence structurelle et la matérialité du social » ; Stuart EDELSTEIN, professeur à l'université de Genève, en 2002-2003, de « Mécanismes de la transduction du signal en biologie ». Jayant Vishnu NARLIKAR, professeur à l'Inter-University centre for Astronomy and Astrophysics de Pune (Inde) a traité en 2003-2004 de « Cosmology: Theory and observations » ; A.M. Celâl ŞENGÖR, professeur à l'université technique d'Istanbul, en 2004-2005, de « L'histoire de la tectonique depuis les temps les plus reculés jusqu'à l'apparition de la tectonique des plaques : une étude épistémologique ». Les titulaires de cette chaire ont été ensuite, en 2005-2006, Thomas PAVEL : « Comment écouter la littérature ? » ; en 2006-2007, Daniele VITALI : « Les Celtes d'Italie » ; en 2007-2008, Pierre MAGISTRETTI : « Cellules gliales, neuroénergétique et maladies neuropsychiatriques ».

Chaire Savoirs contre pauvreté (2008-2014)

En 2008-2009, la chaire internationale est thématisée « Savoirs contre pauvreté » et reçoit le soutien de l'AFD (Agence française de développement) jusqu'en 2012. Elle est tout d'abord confiée à Esther DUFLO : « Pauvreté et développement dans le monde », puis est occupée par Peter PIOT en 2009-2010 : « L'épidémie du Sida et la mondialisation des risques » ; par Ismail SERAGELDIN, en 2010-2011 : « La faim et la sécurité alimentaire dans le monde » ; par Manuela CARNEIRO DA CUNHA en 2011-2012 : « Savoirs autochtones : nature et apports » ; par Dominique KEROUEDAN en 2012-2013 : « Géopolitique de la santé mondiale » ; par François BOURGUIGNON en 2013-2014 : « Pauvreté, développement et mondialisation », dernier titulaire de cette chaire.

Chaire de création artistique (2004-2019)

Créée en 2004 pour accueillir, pendant une année académique, une personnalité illustrant la création artistique contemporaine, et consacrée à toutes les formes de création artistique, cette chaire a eu pour premier titulaire, en 2005-2006, Christian DE PORTZAMPARC, architecte, qui a traité de : « Architecture : figures du monde, figures du temps ». La chaire est ensuite occupée, en 2006-2007, par Pascal DUSAPIN, compositeur, dont le cours a pour titre : « Composer : musique, paradoxe, flux ». En 2007-2008, la chaire est confiée à Ariane MNOUCHKINE (non occupée) ;

en 2008-2009 à Pierre-Laurent AIMARD : « Paramètres et dimensions de l'interprétation musicale » ; en 2009-2010 à Jacques NICHET : « Le théâtre n'existe pas » ; en 2010-2011 à Anselm KIEFER : « L'art survivra à ses ruines » ; en 2011-2012 à Gilles CLÉMENT : « Jardin, paysage et génie naturel » ; en 2012-2013 à Karol BEFFA : « Musique : art, techniques, savoirs » ; en 2013-2014 à Tony CRAGG : « Sculpture et langage » ; en 2015-2016, à Alain MABANCKOU : « Lettres noires : des ténèbres à la lumière » ; en 2016-2017, à Philippe MANOURY : « L'invention de la musique » ; en 2018-2019, à Amos GITAÏ : « Traverser les frontières ».

Chaire d'innovation technologique Liliane Bettencourt (2007-)

Créée en 2007, en partenariat avec la fondation Bettencourt-Schueller, cette chaire a pour vocation d'accueillir, pour chaque année académique, un nouveau titulaire chargé de proposer un enseignement à la pointe de la recherche dans les secteurs hautement innovants des nanotechnologies, de l'informatique, des réseaux de communication, du transfert et du cryptage de données, des sciences du vivant. Le premier titulaire, en 2006-2007, a été Jean-Paul CLOZEL, chercheur et P.-D.G. de la société Actelion Ltd, qui a traité de : « La biotechnologie : de la science au médicament ». En 2007-2008, la chaire est occupée par Gérard BERRY, directeur scientifique d'Esterel Technologies, qui s'est consacré à la question : « Pourquoi et comment le monde devient numérique ». Lui succèdent, pour 2008-2009, Mathias FINK, professeur à l'École supérieure de physique et de chimie industrielles de la ville de Paris et directeur du laboratoire Ondes et acoustique : « Ondes et images », et pour 2009-2010, Patrick COUVREUR, professeur des universités : « Les nanomédicaments ». En 2010-2011, Elias ZERHOUNI, professeur à la Johns Hopkins University (États-Unis), occupe la chaire et son cours porte sur « Les grandes tendances de l'innovation biomédicale au XXIe siècle ». En 2011-2012, Jean-Paul LAUMOND, directeur de recherche au CNRS lui succède avec un cours intitulé « Robotique : les fondations d'une discipline ». En 2012-2013, Yves BRÉCHET, professeur à Grenoble-INP propose un cours portant sur : « La science des matériaux : du matériau de rencontre au matériau sur mesure ». En 2013-2014, Philippe WALTER, directeur du laboratoire d'archéologie moléculaire et structurale à l'université Pierre et Marie Curie, lui succède avec un cours sur « Chimie analytique et histoire de l'art », puis, en 2014-2015, Bernard MEUNIER, directeur de recherche émérite au CRNS, avec un cours sur « Innovations thérapeutiques : évolutions et tendances » ; en 2015-2016, José-Alain SAHEL : « Voir encore. La restauration visuelle en perspectives » ; en 2016-2017, Didier ROUX : « Recherche fondamentale, inventions et innovations » ; en 2017-2018, Thomas EBBESEN : « L'Alchimie du vide : interactions lumière-matière en chimie physique » ; en 2018-2019, Molly PRZEWORSKI : « Origines évolutives des variations génétiques ».

Chaire Informatique et sciences numériques (2009-)

Créée en 2009, en partenariat avec l'Institut national de recherche en informatique et en automatique (Inria), cette chaire accueille chaque année un nouveau titulaire. Le premier titulaire en 2009-2010, a été Gérard BERRY, directeur scientifique d'Esterel Technologies, dont le cours a porté sur : « Penser, modéliser et maîtriser le calcul informatique ». En 2010-2011, Martin ABADI, professeur à l'université de Californie (Santa Cruz), occupe la chaire et son cours porte sur « La sécurité informatique ». Lui succède en 2011-2012 Serge ABITEBOUL, directeur de recherche en informatique et en automatique, avec un cours intitulé « Sciences de données : de la logique du premier ordre à la Toile ». Bernard CHAZELLE, professeur à l'université de Princeton, l'occupe en 2012-2013 pour un cours intitulé « L'algorithmique et les sciences ». Nicolas AYACHE, directeur de recherche à Inria, lui succède en 2013-2014 avec un cours intitulé : « Le patient numérique personnalisé : images, médecine et informatique », Marie-Paule CANI, avec un cours sur « Façonner l'imaginaire : de la création numérique 3D aux mondes virtuels animés » (2014-2015), puis Yann LECUN : « L'apprentissage profond : une révolution en intelligence artificielle » (2015-2016) ; Jean-Daniel BOISSONNAT : « Géométrie algorithmique : des données géométriques à la géométrie des données » ; Claire MATHIEU : « Algorithmes » (2017-2018) ; Rachid GUERRAOUI : « Algorithmique répartie » (2018-2019).

Chaire européenne (2016-2019)

Créée en 2016, cette chaire consacrée à l'Europe a accueilli Alain WIJFFELS en 2016-2017, pour un cours intitulé « Miroir et mémoire de l'Europe : à la recherche d'une culture juridique partagé, du Moyen Âge à l'époque contemporaire », Victor STOICHITA, en 2017-2018, pour un cours sur « L'Europe des images », et Lucrezia REICHLIN, en 2018-2019, pour un cours portant sur « La Banque centrale européenne (EBC) et la crise de l'euro ».

Chaire Santé publique (2018-)

Créée en partenariat avec l'agence nationale Santé publique France, la chaire Santé publique est destinée à encourager l'excellence de la recherche et le débat intellectuel au meilleur niveau sur les questions de santé publique, et particulièrement d'en rendre sensibles les enjeux contemporains, en France et dans le monde, auprès de la communauté médicale et scientifique, des décideurs et du grand public, par l'invitation sur la chaire d'une personnalité différente chaque année. Le premier titulaire en est, pour 2018-2019, Arnaud FONTANET : « L'épidémiologie, ou la science de l'estimation du risque en santé publique ».

Chaire Mondes francophones (2018-)

Créée en partenariat avec l'Agence universitaire de la Francophonie, la chaire Mondes francophones a pour objectif principal de mieux faire connaître la recherche et l'enseignement de grandes personnalités de la francophonie qui, par leurs travaux, en illustrent éminemment la production scientifique et culturelle. L'enseignement dispensé sur la chaire assurera une visibilité importante aux enjeux intellectuels de l'espace francophone, à destination du monde académique et du grand public, et permettra l'invitation d'une personnalité de premier plan, renouvelée chaque année. Yanick LAHENS en est la première titulaire, en 2018-2019, avec un cours portant sur « Haïti autrement ».

Missions et organisation du Collège de France

De l'historique des chaires, il ressort que le Collège de France a souvent introduit des enseignements qui n'avaient pas encore reçu ailleurs droit de cité. C'est ce qui a fait dire à Ernest Renan qu'« à côté des établissements où se garde le dépôt des connaissances acquises, il est donc nécessaire qu'il y ait des chaires indépendantes où s'enseignent, non les branches de la Science qui sont faites, mais celles qui sont en voie de se faire ».

Le Collège de France recrute sans condition de grades universitaires ; et par là, il lui est possible d'appeler à lui des savants qui ne sont pas des professeurs de carrière mais qui se sont signalés par des découvertes, par des vues personnelles, par des travaux originaux. Il suffit qu'on soit en droit d'attendre d'eux, dans le domaine de leurs recherches propres, des résultats nouveaux.

En outre, il ne prépare à aucun examen et, par conséquent, ses enseignements ne sont assujettis à d'autre programme que celui défini chaque année par le titulaire de la chaire et approuvé par l'assemblée du Collège de France. Nulle part, la recherche scientifique ne jouit d'une indépendance aussi large. De plus en plus, cette liberté est devenue sa loi, parce qu'elle est sa raison d'être ; et, de plus en plus, elle a déterminé son organisation. Les statuts de l'établissement sont régis par le décret n° 2014-838 du 24 juillet 2014 relatif au Collège de France (décret reproduit dans l'*Annuaire du Collège de France 2014-2015*, Paris, Collège de France, 2016, p. 73-81).

N'étant pas contraint à des cycles d'études invariables, le Collège de France n'a pas, en principe, de thématiques permanentes. Les enseignements anciens peuvent disparaître ou se transformer, des enseignements nouveaux peuvent être institués. Le nombre statutaire de possibilités de chaires de professeurs titulaires est actuellement de cinquante-sept. Les chaires du Collège de France sont créées par le ministre chargé de l'Enseignement supérieur sur proposition de l'assemblée du Collège de France. Cette proposition comporte le nouveau projet d'enseignement et de recherche ainsi que l'intitulé de la chaire. La création de la chaire s'accompagne de la publication au *Journal officiel de la République française* d'un avis de vacance. Les candidats adressent à l'administrateur du Collège de France leur déclaration de candidature et l'exposé de leurs titres et travaux. Après avoir examiné les candidatures et recueilli l'avis de l'Académie de l'Institut de France compétente, l'Assemblée propose un candidat au ministre chargé de l'Enseignement supérieur. Le professeur titulaire d'une chaire du Collège de France est nommé par décret du président de la République, sur le rapport du ministre chargé de l'Enseignement supérieur.

À partir de 1970, le principe d'invitation de conférenciers a été admis. Des savants étrangers sont ainsi invités chaque année par l'Assemblée à venir au Collège donner, pendant un ou deux mois, un enseignement relatif à leurs recherches.

Par ailleurs, deux chaires, créées en 1989, ont permis l'accueil de savants étrangers pour la durée d'une année académique :

– une chaire dite « européenne » (1989-2008), destinée à une personnalité scientifique originaire d'un pays membre de la Communauté économique européenne ; cette chaire devient, en 2008, chaire « Développement durable – Environnement, énergie et société » (2008-2016) ;

– en 1991, une chaire dite « internationale », destinée à une personnalité originaire des pays de l'Europe de l'Est ou d'autres continents (1989-2008), transformée en 2008 en chaire « Savoirs contre pauvreté » (2008-2014).

En 2004 est créée une chaire de création artistique, consacrée à toutes les formes de création artistique, qui accueille différents artistes sur une année académique Et d'autres chaires annuelles sont mises en place les années suivantes : en 2007, la chaire Innovation technologique Liliane Bettencourt, en partenariat avec la fondation Bettencourt-Schueller, et en 2009 une chaire Informatique et sciences numériques, en collaboration avec l'Institut national de recherche en informatique et en automatique (Inria).

En 2013, l'assemblée du Collège de France adopte une nouvelle formule d'invitation de professeurs sur plusieurs années. Ce dispositif permet d'inviter au Collège de France pour un enseignement relativement long des professeurs qui ne souhaitent pas renoncer à leur poste permanent dans une autre institution. À ces nouvelles chaires « internationales » pluriannuelles (cinq ans) s'ajoutent, en 2016, une chaire annuelle consacrée à l'Europe, dite « chaire européenne », et en 2018 une chaire Santé publique, créée en partenariat avec l'agence nationale Santé publique France, et une chaire Mondes francophones, créée en partenariat avec l'Agence universitaire de la Francophonie.

Dans l'enseignement, comme dans la création et le renouvellement des chaires, prédomine aussi le principe de liberté. Chaque professeur choisit, d'année en année, le sujet de son cours dans le domaine scientifique qui lui est propre, et généralement dans l'ordre particulier de recherches auxquelles il s'applique à ce moment. Il le soumet ensuite à l'approbation de l'assemblée du Collège. Une partie de l'enseignement peut être donnée dans des institutions françaises en dehors de Paris, en France ou dans d'autres pays ; cette possibilité a été étendue à l'ensemble des établissements d'enseignement supérieur européens à partir de 1989, extra-européens à partir de 1992.

Les cours du Collège étant ouverts à tous, il n'y a ni inscription ni droits à payer. L'accès des salles d'enseignement est entièrement libre, dans la limite des places disponibles.

C'est à l'assemblée du Collège de France qu'appartiennent, sous réserve du contrôle de conformité ministériel, toutes les décisions relatives aux intérêts généraux de l'établissement. L'exécution de ces décisions et la direction des services sont confiées à un administrateur. Ce dernier doit être élu parmi les professeurs en exercice. Il est présenté par ses collègues et nommé par trois ans par décret du président de la République, sur le rapport du ministre. Il préside l'Assemblée, dont le bureau comprend, à ses côtés, le vice-président et le secrétaire de l'Assemblée, choisis l'un et l'autre parmi les professeurs et nommés par arrêté de l'administrateur, dans les conditions fixées par l'Assemblée.

Par une loi du 31 décembre 1932, l'établissement, qui déjà était investi de la personnalité civile, a été également doté de l'autonomie financière. Le décret du 24 juillet 2014 relatif au Collège de France abroge les textes antérieurs (décrets de 1911 et de 1990). Il rationalise le corpus réglementaire applicable à l'institution. Il préserve les missions du Collège de France et affirme son statut d'établissement public à caractère scientifique, culturel et professionnel, sous la forme d'un grand établissement, et son organisation collégiale.

L'assemblée du Collège de France comprend les professeurs titulaires. Les professeurs honoraires, les professeurs sur chaire annuelle, les professeurs invités sur une base annuelle ou pluriannuelle peuvent être conviés par l'administrateur à assister à l'assemblée. Ils n'ont pas voix délibérative et ne peuvent intervenir que sur invitation de l'administrateur. Conformément à l'article L. 953-2 du Code de l'éducation, le directeur général des services et l'agent comptable participent avec voix consultative aux instances administratives de l'établissement. En outre, l'administrateur peut inviter des personnalités à assister aux séances de l'Assemblée, et à y intervenir sur sa demande, sans y avoir voix délibérative. L'assemblée du Collège de France détermine la politique de l'établissement. Elle exerce les compétences conférées au conseil d'administration des universités notamment par le IV de l'article L. 712-3 du Code de l'éducation ainsi que celles conférées au conseil académique et à ses commissions par l'article L. 712-6-1 du même code. L'avis du Conseil d'établissement – qui comprend, outre l'administrateur, neuf professeurs, quinze représentants élus des personnels et cinq personnalités extérieures – doit précéder la délibération de l'Assemblée dans les matières relevant de la compétence du conseil d'administration. Créé le 18 avril 2010 par un arrêté de l'administrateur après une délibération à l'unanimité de l'Assemblée du Collège de France du 21 mars 2010, le comité technique paritaire (CTP) – devenu comité technique (CT) par la loi du 5 juillet 2010 sur la rénovation du dialogue social – constitue le lieu privilégié du dialogue social au sein du Collège de France. Cet organe consultatif, composé de dix membres titulaires, est présidé par l'administrateur. Il se réunit au moins deux fois par an et ses avis sont transmis à l'Assemblée. Le comité d'hygiène, de sécurité et des conditions de travail, composé de dix membres titulaires, apporte son concours dans les matières relevant de sa compétence au comité technique de l'établissement, auquel il rend compte de son activité.

Le Comité international d'orientation scientifique et stratégique (COSS), créé par l'assemblée du Collège de France en 2003, est pris en compte dans le décret du 24 juillet 2014. Il a pour rôle d'analyser les orientations scientifiques et stratégiques du Collège de France et les conditions d'exercice de ces missions, afin de proposer des recommandations d'évolution ou de mise en valeur de celles-ci. Il examine également la cohérence de la stratégie de l'institution, la signification et l'exploitation de la multidisciplinarité des chaires, la politique internationale, l'adéquation des moyens de recherche aux objectifs fixés ainsi que l'optimisation des structures administratives. Ses membres, au nombre de 12, exercent leur activité dans des universités ou institutions étrangères et ont été renouvelés à deux reprises. Le COSS est composé, depuis 2017, des membres suivants : John BAINES, université d'Oxford (Royaume-Uni), Jens BECKERT, Max Planck Institute for the Study of Societies (Allemagne), Yves-Alain BOIS, Institute of Advanced Studies de Princeton (États-Unis), Georges BROOKE, université de Manchester (Royaume uni), Avelino CORMA, CSIC-Polytechnical University of Valencia (Espagne), Nicola MARGOT COURTRIGHT, Amherst College (États-Unis), Luiz DAVIDOVICH, université fédérale de Rio de Janeiro (Brésil), Peter GOODRICH, Yeshiva University, New York (États-Unis), William HANKS, université de Californie, Berkeley (États-Unis), Ann JEFFERSON, université d'Oxford (Royaume uni), Edward LEE, université de Californie, Berkeley (États-Unis), Hélène REY, London Business School (Royaume uni), Wolf SINGER, Ernst Strüngmann Institute, Frankfort-sur-le-Main (Allemagne).

Les administrateurs du Collège de France [3]

Louis Lefèvre-Gineau (1800-1823), Isaac Silvestre de Sacy (1824-1838), Louis Thénard (1838-1840), Jean-Antoine Letronne (1840-1848), Jules Barthélémy Saint-Hilaire (1848-1852), Xavier Deportets (1852-1853), Wilhelm Rinn (1853-1854), Stanislas Julien (1854-1873), Édouard Laboulaye (1873-1883), Ernest Renan (1883-1892), Gaston Boissier (1892-1894), Gaston Paris (1894-1903), Émile Levasseur (1903-1911), Maurice Croiset (1911-1929), Joseph Bédier (1929-1936), Edmond Faral (1937-1954), Marcel Bataillon (1955-1965), Étienne Wolff (1966-1974), Alain Horeau (1974-1980), Yves Laporte (1980-1991), André Miquel (1991-1997), Gilbert Dagron (1997-2000), Jacques Glowinski (2000-2006), Pierre Corvol (2006-2012), Serge Haroche (2012-2015), Alain Prochiantz (2015-).

Fondations

Fondation Hugot du Collège de France

En 1977, l'assemblée des professeurs du Collège de France décidait à l'unanimité de créer une fondation dite « fondation Hugot du Collège de France » consacrée, conformément aux intentions de ses bienfaiteurs, Hélène et Jean-Pierre Hugot, à favoriser au mieux de ses moyens et en étroit accord avec le Collège de France, « la rencontre de diverses disciplines qui œuvrent à la connaissance, à la formation et à l'épanouissement de l'homme, le rapprochement, par-delà toutes les frontières, des meilleurs esprits animés de ce même souci ». Pour ce faire, la Fondation s'efforce de développer toutes études, recherches et activités ayant un double caractère à la fois humaniste et pluridisciplinaire.

La fondation Hugot promeut la coopération scientifique internationale en hébergeant les savants étrangers invités par l'assemblée des professeurs du Collège de France et en accueillant des réunions de travail et des colloques restreints organisés par un professeur. Elle accorde également des subventions de recherche et finance de nombreux colloques et événements culturels organisés pour la plupart au Collège de France.

Le Conseil d'État, par décret en date du 7 février 1979, faisait droit à la demande de l'Assemblée reconnaissant comme établissement d'utilité publique autonome ladite Fondation.

En 2001, le Conseil d'administration de la Fondation a décidé de la création d'un « Prix de la fondation Hugot du Collège de France ». Ce « prix Hugot », attribué par l'assemblée des professeurs du Collège de France, financé par la fondation Hugot du Collège de France, récompense chaque année deux jeunes chercheurs, en général de disciplines différentes, sélectionnés parmi les maîtres de conférences associés et les ATER (attachés temporaires d'enseignement et de recherche) rattachés au Collège de France durant l'année précédente.

---

3. Liste des administrateurs depuis l'institution de ce titre.

Prix de la fondation Hugot du Collège de France

Le premier lauréat, pour l'année 2003-2004, est Ricardo URIBE-VARGAS, chaire Équations différentielles et systèmes dynamiques. Les lauréats suivants sont : Han HEE-JIN, chaire Philosophie des sciences biologiques et médicales (2004-2005) ; Wouter HENKELMAN, chaire Histoire et civilisation du monde achéménide et de l'Empire d'Alexandre (2005-2006) ; Jacques BOUTET DE MONVEL, chaire Génétique et physiologie cellulaire (2007-2008) ; Igor DOTSENKO, chaire Physique quantique (2008-2009) ; Luca D'AMBROSIO, chaire Études juridiques comparatives et internationalisation du droit, et Nicolas ROCH, chaire Physique mésoscopique (2009-2010) ; Émilie FRENKIEL, chaire Histoire moderne et contemporaine du politique, et Matthieu VERNET, chaire Littérature française moderne et contemporaine : histoire, critique, théorie (2010-2011) ; Béatrice LIETZ, chaire Religion, institutions et société de la Rome antique, et Jernej MRAVLJE, chaire Physique de la matière condensée (2011-2012) ; Abhishek BANERJEE, chaire Analyse et géométrie, et Yuji MURAKAMI, chaire Littérature française moderne et contemporaine (2012-2013) ; Lauriane CHOMAZ, chaire Atomes et rayonnement, et Caroline DEVAUX, chaire État social et mondialisation : analyse juridique des solidarités (2013-2014) ; Sandra ZANELLA, chaire Techniques et économies de la Méditerranée antique, et Jonathan ZAPATA, chaire Processus morphogénétiques (2014-2015) ; Jean-Baptiste GUILLON, chaire Métaphysique et philosophie de la connaissance, et Simon HENRY, chaire Analyse et géométrie (2015-2016) ; Adrien GENOUDET, chaire Histoire des pouvoirs en Europe occidentale, XIIIe-XVIe siècle, et Tania TODOROVA YORDANOVA, chaire Chimie des processus biologiques (2016-2017) ; Sanchit KUMAR, chaire Histoire intellectuelle de la Chine, et Sarah TESSIER, chaire Oncologie cellulaire et moléculaire (2017-2018) ; Mateusz ODZIOMEK, chaire Chimie des matériaux hybrides, et Valérie SCHRAM, chaire Culture écrite de l'Antiquité tardive et papyrologie byzantine (2018-2019).

Fondation du Collège de France

La vocation de la Fondation du Collège de France [4], reconnue d'utilité publique, est de soutenir la recherche scientifique et d'accompagner le Collège de France dans sa mission de diffusion des connaissances auprès du plus grand nombre. Pour cela, la fondation fait appel à la générosité des particuliers et des entreprises.

Le mécénat et les dons collectés permettent de répondre aux besoins de financement de projets de recherche des professeurs, d'accroître les ressources nécessaires à l'animation de la vie scientifique des chaires, d'acquérir des équipements techniques de dernière génération, d'amplifier la formation des jeunes chercheurs, de favoriser l'accès aux connaissances et aux dernières recherches menées par les chaires et par les équipes accueillies.

La gouvernance de la Fondation du Collège de France est assurée par un conseil d'administration qui définit la politique générale de la fondation, fixe les orientations stratégiques, vote les budgets et approuve les comptes. Constitué de 12 membres, il associe des professeurs du Collège de France, des personnalités qualifiées ainsi que des représentants des donateurs et des mécènes. Cette composition illustre la volonté de dialogue et d'échange de la fondation avec la société civile et les acteurs du

4. Pour plus d'informations : www.fondation-cdf.fr.

monde économique. Le Conseil d'administration est assisté d'un Comité d'orientation scientifique composé de 6 à 8 membres issus du corps professoral du Collège de France.

Le décret de création de la Fondation du Collège de France a été publié au *Journal officiel* du 7 avril 2008.

Bourse Anna Caroppo – Fondation du Collège de France

Créée en 2017 à la faveur du don de M. Lucio TOSCANO, grand donateur de la Fondation du Collège de France, la bourse Anna Caroppo – Fondation du Collège de France accompagne de jeunes chercheuses en leur permettant de poursuivre, pendant une année, leur formation à la recherche en sciences humaines au sein des équipes du Collège de France.

Les lauréates sont : Hengying RONG (2017), Camila PERRUSO (2018), Emmanuelle PORTUGAL (2018), Zoé PITZ (2019).

PARTENARIATS

Fondation de coopération scientifique « Paris Sciences et Lettres - Quartier latin »

« Paris Sciences et Lettres - Quartier latin » (dit PSL) est une fondation de coopération scientifique au sens de l'article L. 344-1 du Code de la recherche, régie par les articles L. 344-11 à L. 344-16 du même code. Ses statuts initiaux ont été approuvés par un décret daté du 8 juillet 2010 ; ses statuts modifiés ont été approuvés par un décret du 3 septembre 2015. Cette fondation a pour objet d'assurer la coopération scientifique entre les établissements d'enseignement supérieur et de recherche qui en sont membres, fondateurs et associés.

Cette coopération a pour but la création d'une université de recherche fondée sur une vision partagée par les institutions membres, c'est-à-dire un pôle commun structurant une convergence de recherche, de valorisation et de formation par la recherche, dans le respect de l'autonomie de chaque membre, fondateur ou associé. Cette université de recherche vise à 1) développer, améliorer et renforcer les performances de recherche, d'éducation et de diffusion des savoirs grâce aux synergies entre établissements ; 2) promouvoir la formation par la recherche à tous les niveaux et pour tous les objectifs de formation, et susciter de la sorte un effet d'entraînement pour tout le système d'enseignement supérieur français ; 3) renforcer les interactions entre la recherche académique et les besoins socio-économiques, PSL agissant comme un moteur de la croissance économique et de l'innovation.

La fondation est la structure qui porte la création d'une université de recherche constituée par le pôle scientifique commun. À ce titre, elle exerce les compétences et met en œuvre les activités communes que lui confient ses membres. Elle assure la gestion des équipements ou des services mutualisés que ses membres lui confient, et peut être chargée de la coordination des projets immobiliers communs à ses membres.

Les membres fondateurs sont le Collège de France, l'École nationale supérieure de chimie de Paris (ENSCP, Chimie ParisTech), l'École nationale supérieure des mines de Paris (Mines ParisTech), l'École normale supérieure, l'École supérieure de physique et de chimie industrielles (ESPCI ParisTech), l'institut Curie, l'Observatoire de Paris, l'université Paris-Dauphine, l'association Art et Recherche, le Centre national de la recherche scientifique et l'Institut national de la santé et de la recherche médicale. Les membres associés sont : l'École française d'Extrême-Orient, l'École des hautes études en sciences sociales, l'École nationale des Chartes, l'École nationale supérieure des arts décoratifs, l'École nationale supérieure des beaux-arts, l'École nationale supérieure des métiers de l'image et du son (la Fémis), l'École pratique des hautes études, le Conservatoire national supérieur de musique et de danse de Paris, le Conservatoire national supérieur d'art dramatique, l'Institut de biologie physico-chimique – fondation Edmond de Rothschild, l'institut Louis Bachelier, la fondation Pierre-Gilles de Gennes pour la recherche, l'Institut national de recherche en informatique et en automatique [5].

PSL a été lauréat, en 2010, de l'opération Campus dont le Collège de France a bénéficié pour réaliser la rénovation-restructuration du site Cardinal-Lemoine et en juillet 2011, de l'IDEX (Initiative d'excellence du plan d'investissement). En 2013, les membres de PSL ont signé l'accord de consortium qui les engage à mettre en œuvre la stratégie définie dans le projet d'IDEX.

Par décret ministériel en date du 28 juillet 2016, publié au Journal officiel du 30 juillet 2016, sont approuvées les modifications apportées aux statuts de la fondation de coopération scientifique (FCS) « Paris sciences et lettres – Quartier latin », telles qu'adoptées par son conseil d'administration, en sa séance du 24 mars 2016. L'Institut Pasteur est ajouté à la liste des membres associés (décret du Premier ministre en date du 2 septembre 2016, publié au Journal officiel du 4 septembre 2016).

Le décret d'association de la communauté d'universités et établissements (ComUE) Université de recherche Paris sciences et lettres – PSL Research University fixe les compétences mises en commun entre les établissements partenaires dans le cadre de la convention d'association qui les lient. Elles concernent une communication de site commune ainsi que la signature des publications scientifiques sous l'identité « PSL Research University », la recherche scientifique, la politique internationale, la formation doctorale, la qualité de vie étudiante et de promotion sociale ainsi que l'insertion professionnelle des étudiants.

Le texte final de l'accord d'association avec l'université PSL est approuvé par l'assemblée du Collège de France le 26 mars 2017.

Le 31 mars 2019, l'assemblée du Collège de France approuve le statut de membre associé du Collège de France au futur établissement expérimental « Université PSL » qui se substituera dans tous les droits et obligations à la ComUE PSL.

Programme Pause

Le Programme national d'aide à l'Accueil en urgence des scientifiques en exil (Pause), créé le 16 janvier 2017, accorde des financements incitatifs aux établissements d'enseignement supérieur et aux organismes de recherche publics projetant d'accueillir des scientifiques en situation d'urgence et les accompagne dans leurs démarches.

5. Pour la liste des membres : Statuts de la fondation de coopération scientifique « Paris Sciences et Lettres – Quartier latin », version modificative du 16 décembre 2014 approuvée par décret du 3 septembre 2015.

Annoncé en octobre 2016 par le secrétaire d'État chargé de l'Enseignement supérieur et de la Recherche, à l'occasion du colloque « Migrations, réfugiés, exil » du Collège de France, le programme PAUSE est un programme national ambitieux, initié par l'État avec l'appui de la société civile et des acteurs économiques. Il a pour mission de favoriser l'accueil des scientifiques en situation d'urgence sur des périodes suffisamment longues pour permettre leur intégration et assurer la continuité de leurs travaux. PAUSE est soutenu par un comité de parrainage engagé et prestigieux, co-présidé par Alain Prochiantz, administrateur du Collège de France, et Edith Heard, professeure au Collège de France.

Lancé officiellement le 16 janvier 2017, à l'occasion de la signature d'une convention entre le ministère de l'Éducation nationale, de l'Enseignement supérieur et de la Recherche, le Collège de France et la Chancellerie des universités de Paris, le programme national Pause réunit les grandes institutions de la communauté de l'enseignement supérieur et de la recherche (CPU, CDEFI, CNRS, Inserm, Inra, Inria, Cnous) ainsi que le ministère de l'Intérieur et celui de l'Europe et des Affaires étrangères. La convention entre le Collège de France et le ministère de l'Enseignement supérieur et de la Recherche portant sur le programme PAUSE a été approuvée par l'assemblée du Collège de France du 26 mars 2017.

Au terme d'un processus d'évaluation, le programme soutient par des financements incitatifs les établissements français d'enseignement supérieur et des organismes de recherche qui s'engagent à recruter les scientifiques en danger et à les accompagner dans leur insertion professionnelle et personnelle.

Au-delà du devoir éthique face à des situations individuelles souvent dramatiques, la solidarité avec les scientifiques étrangers en situation d'urgence constitue une ressource de savoirs d'un intérêt majeur pour le monde académique et la recherche scientifique et, au-delà, la société dans son ensemble.

Le programme Pause a vocation à se développer grâce à de nombreux partenariats publics comme privés. À cette fin, un fonds de souscription pour le programme a été ouvert à la Fondation de France.

Legs

Les ressources mises à la disposition du Collège par divers donateurs lui permettent, chaque année, de soutenir sa politique scientifique. Pour un historique des legs, voir *Annuaire du Collège de France 2014-2015*, Paris, Collège de France, 2016, p. 27-34.

Singer-Polignac

Le Collège de France a reçu depuis 1950, en souvenir de Winnaretta Singer, princesse Edmond de Polignac, des dons importants dont les revenus doivent servir, de façon générale, « au progrès des connaissances ». L'affectation précise des fonds est déterminée chaque année par l'assemblée des professeurs.

Gustave Schlumberger

Par décret du 24 juin 1932, l'administrateur du Collège de France a été autorisé à accepter les legs faits au Collège par Gustave Schlumberger. Les revenus des sommes provenant de ces legs doivent être affectés d'une part à des études d'histoire et d'archéologie byzantines, d'autre part à des études de numismatique.

Jean Ébersolt

Madame Jean ÉBERSOLT a fait une donation en 1968 dont les arrérages doivent être affectés au développement des études d'Histoire et civilisation de Byzance.

Voronoff

Par décret du 28 septembre 1920, l'administrateur du Collège de France a été autorisé à accepter, au nom du Collège, la donation faite à cet établissement par madame Frances Évelyn BOSTWICK, épouse VORONOFF, pour la création et l'entretien d'une « Station de chirurgie expérimentale, fondation Voronoff ».

Depuis le décès de la donatrice, et selon sa volonté, le revenu annuel est attribué aux laboratoires de biologie, d'histologie ou autres laboratoires similaires, selon l'avis de l'Assemblée des professeurs.

Paul Delheim

Par décret du 5 juin 1956, l'administrateur du Collège de France a été autorisé à accepter le legs fait au Collège de France par J. DELLHEIM « pour aider les jeunes savants peu fortunés qui, après avoir fait de fortes études, seront jugés aptes à poursuivre leurs travaux dans les laboratoires du Collège de France, en vue de recherches scientifiques susceptibles de contribuer au soulagement de l'humanité ». Le prix Dellheim pour l'année 2004 est attribué à M. FAZILLEAU, pour 2005 à M. LIYUAN et pour 2006 à Mariano SIGMAN. Le prix Delheim est attribué en 2007 à Stéphane ROMERO, en 2010 à Franck LEBRIN et à Raoul TORERO-IBAD, en 2011 à Thomas MATIVET, en 2013 à Elphège-Pierre NORA, en 2016 à Hocine REKAÏK, en 2017 à Hsin Chieh WU, en 2018 à Pascale VONAESCH et en 2019 à Mickaël MÉNAGER.

Antoine Lacassagne

Par décret du 6 janvier 1964, l'administrateur du Collège de France a été autorisé à accepter le don fait au Collège de France par Antoine LACASSAGNE, qui fut titulaire de la chaire de Médecine expérimentale (de 1951 à 1954), du montant du prix de 10 000 dollars que lui a décerné l'Organisation des Nations unies pour ses travaux sur le cancer.

Les revenus de cette somme ont permis d'inviter de jeunes biologistes français ou étrangers à venir chaque année au Collège exposer, en français, les résultats de leurs recherches.

Des conférences ont été données en 1966, par le Docteur J. HAREL ; en 1967, par François GROS ; en 1968, par le Docteur Patrick DEROME ; en 1970, par Georges N. COHEN ; en 1971, par le Docteur Michel BOIRON ; en 1972, par François CHAPEVILLE ; en 1973, par Nicole LE DOUARIN ; en 1974, par Claude KORDON ; en 1975, par Luc MONTAGNIER ; en 1976, par Jean- Paul LÉVY ; en 1977, par Robert FAUVE.

L'Assemblée des professeurs du 20 février 1977 a décidé que désormais serait attribué un prix Antoine Lacassagne auquel seraient associées deux conférences ; son montant est de 1 600 euros. La demande a été faite et approuvée en assemblée (mars 2009) de décerner le prix tous les ans. Depuis 2013, le montant du prix est fixé à 6 000 euros.

Prix décerné en 1977 à Andrée TIXIER-VIDAL, en 1978 à Serge JARD, en 1979 à Michel IMBERT, en 1980 à Jacques GLOWINSKI, en 1981 à Guy BLAUDIN DE THÉ, en 1982 à Jean GIRARD, en 1983 à Pierre FREYCHET, en 1984 à François CUZIN, en 1985 à Michel HAMON, en 1986 à Dominique STEHELIN, en 1987 à Emmanuel PIERROT-DESEILLIGNY, en 1988 à Pierre TIOLLAIS, en 1989 à Jean-François NICOLAS, en 1990 à Philippe KOURILSKY, en 1991 à Françoise DIETERLEN, en 1992 à Anne-Marie THIERRY, en 1993 à Gérard COULY, en 1994 à Alain DOUCET, en 1995 à Antonio COUTINHO, en 1996 à Jean-Antoine GIRAUD, en 1997 à Alexeï GRANTYN, en 1998 à Marie-Aimée TEILLET, en 1999 à Jules-Alphonse HOFFMANN, en 2002 à Werner GRAF, en 2004 à Michel BORNENS, en 2005 à Ana CUMANO, en 2006 à Philippo RIJLI, en 2007 à Thomas BOURGERON, en 2011 à Clotilde THÉRY, en 2013 à Sonia GAREL, en 2016 à Hélène Monique PUCCIO, en 2017 à Virginie ORGOGOZO, en 2019 à Raphaël RODRIGUEZ.

Antoine Meillet

Par décret du 1er septembre 1937, l'administrateur du Collège de France a été autorisé à accepter le legs fait au Collège par Antoine MEILLET, qui fut titulaire de la chaire de Grammaire comparée (de 1906 à 1936). Les revenus de ce legs sont affectés à des études de linguistique théorique, suivant les vœux du donateur.

Claude-Antoine Peccot

Plusieurs donations successives (en 1886, en 1894, en 1897, en 1902) ont permis de créer d'abord des bourses, transformées par la suite en prix ; puis, en outre, à partir de 1900, une charge de cours, au bénéfice de mathématiciens âgés de moins de trente ans et s'étant signalés dans l'ordre des mathématiques théoriques ou appliquées.

Voici, depuis l'origine, la liste des personnes qui ont bénéficié des prix ou ont reçu la charge du cours :

Chargés de cours

1900	Émile BOREL
1901	Émile BOREL
1902	Émile BOREL
1903	Henri LEBESGUE
1904	René BAIRE
1905	Henri LEBESGUE
1906	Guillaume SERVANT
1907	Pierre BOUTROUX
1908	Pierre BOUTROUX
1909	Ludovic ZORETTI
1910	Émile TRAYNARD
1911	Louis RÉMY
1912	Jean CHAZY
	Albert CHATELET
1913	Arnaud DENJOY
1914	Édouard-René GARNIER
	Maurice GEVREY

1915 Édouard-René GARNIER
1918 Gaston JULIA
1919 Georges GIRAUD
Paul LÉVY
1920 Léon BRILLOUIN
Gaston JULIA
1921 Maurice JANET
1922 René THIRY
1923 Robert DELTHEIL
Torsten CARLEMAN
1924 René LAGRANGE
1925 Marcel LEGAUT
1926 Henri MILLOUX
1927 Joseph KAMPÉ DEFÉRIET
Yves ROCARD
1928 Szolem MANDELBROJT
1929 Jean FAVARD
1930 Wladimir BERNSTEIN
1931 Jean DELSARTE
1932 Henri CARTAN
André WEIL
1933 Jean DIEUDONNÉ
Paul DUBREIL
1934 René DE POSSEL
Jean LERAY
1935 Marie-Louise DUBREIL-JACOTIN
1936 Georges BOURION
Jean-Louis DESTOUCHES
1937 Jacques SOLOMON
Claude CHEVALLEY
1938 Frédéric MARTY
1941 Claude CHABAUTY
1942 Gérard PÉTIAU
1943 Jean VILLE
Marie-Antoinette TONNELAT
1944 Hubert DELANGE
Jacques DUFRESNOY
1945 André LICHNEROWICZ
1946 Laurent SCHWARTZ
Jacqueline FERRAND
1947 Gustave CHOQUET
1949 Roger APÉRY
1950 Jacques DENY
1951 Jean-Louis KOSZUL
Evry SCHATZMAN
1952 Roger GODEMENT
Michel HERVÉ
1953 Jean COMBES
1954 Yvonne FOURÈS-BRUHAT
1955 Jean-Pierre SERRE
1956 Paul MALLIAVIN
Maurice ROSEAU
1957 Jean-Pierre KAHANE
1958 Marcel BERGER
Alexandre GROTHENDIECK
1959 Jacques-Louis LIONS
Bernard MALGRANGE
1960 François BRUHAT
1961 Pierre CARTIER
1962 Jacques NEVEU
1963 Jean-Paul BENZÉCRI
Philippe NOZIÈRES
1964 Paul-André MEYER
1965 Marcel FROISSART
Pierre GABRIEL
1966 Yvette AMICE
1967 Michel DEMAZURE
Jean GINIBRE
1968 Uriel FRISCH
Pierre GRISVARD
1969 Yves MEYER
Claude MORLET
Michel RAYNAUD
1970 Gabriel MOKOBODZKI
Roger TEMAM
1971 Jean-Pierre FERRIER
Hervé JACQUET
Gérard SCHIFFMANN

1972 Louis BOUTET DE MONVEL
Pierre DELIGNE
1973 Jean-Michel BONY
François LAUDENBACH
1974 Haïm BRÉZIS
Michel DUFLO
Jean ZINN-JUSTIN
1975 Jean-Marc FONTAINE
André NEVEU
Robert ROUSSARIE
1976 Alain CONNES
Bernard TEISSIER
1977 Luc TARTAR
Michel WALDSCHMIDT
1978 Jean LANNES
Arnauld BEAUVILLE
1979 Bernard GAVEAU
Grégory CHOODNOVSKY
1980 Gilles ROBERT
1981 Michel TALAGRAND
Gilles PISIER
Christophe SOULÉ
1982 Jean-Bernard BAILLON
Jean-Luc BRYLINSKI
1983 Jean-Loup WALDSPURGER
1984 Pierre-Louis LIONS
Guy HENNIART
Laurent CLOZEL
1985 Joseph OESTERLÉ
1986 Jean-Pierre DEMAILLY
1987 Jean-Michel CORON
Jean-Christophe YOCCOZ
1988 Jean-Lin JOURNÉ
Jean-Claude SIKORAV
1989 Bernard LARROUTUROU
Jean-François LEGALL
1990 Jean-Benoît BOST
Benoît PERTHAME
1991 Olivier MATHIEU
Claude VITERBO
1992 Claire VOISIN
Fabrice BETHUEL
Noam ELKIES
1993 Marc ROSSO
François GOLSE
1994 Ricardo PEREZ-MARCO
Frédéric HELEIN
1995 Éric SÉRÉ
Loïc MEREL
1996 Laurent LAFFORGUE
1997 Christophe BREUIL
Christine LESCOP
1998 Andrei MOROIANU
1999 Philippe MICHEL
Wendelin WERNER
2000 Emmanuel GRENIER
Raphaël ROUQUIER
2001 Vincent LAFFORGUE
Frédéric LEROUX
2002 Denis AUROUX
Thierry BODINEAU
2003 Franck BARTHE
Cédric VILLANI
2004 Laurent FARGUES
Laure SAINT-RAYMOND
2005 Artur AVILA
Stefaan VAES
2006 Laurent BERGER
Emmanuel BREUILLARD
2007 Erwan ROUSSEAU
Jérémie SZEFTEL
2008 Karine BEAUCHARD
Gaëtan CHENEVIER
2009 Joseph AYOUB
Julien DUBÉDAT
2010 Antoine TOUZÉ
2011 Sylvain ARLOT
Anne-Laure DALIBARD

2012	Alessio FIGALLI Vincent PILLONI	2017	Raphaël BEUZART-PLESSIS Olivier TAÏBI
2013	Valentin FERAY Christophe GARBAN Peter SCHOLZE	2018	Yannick BONTHONNEAU Camille HORBEZ
2014	François CHARLES Nicolas ROUGERIE	2019	Jacek JENDREJ
2015	Gabriel DOSPINESCU Hugo DUMINIL-COPIN	2020	Najib IDRISSI Thomas LEBLÉ Irène WALDSPURGER
2016	Nicolas CURIEN Marco ROBALO		

Prix Peccot-Vimont

À partir de 1885 : L. BORTNIKER, Jacques HADAMARD, Élie CARTAN, Jules BOCQUET, Jules DRACH, Louis-Emmanuel LEROY, Adolphe BÜHL, Gabriel MESURET, Pierre FATOU, René-Maurice FRÉCHET, Henri GALBRUN, Osée MARCUS, Jean CHAZY, Albert LABORDE-SCAR, Paul FRION, Gabriel PÉLISSIER, René GARNIER, Emmanuel FAURÉ-FREMIET, Émile TERROINE, ROUX, Maurice GEVREY, F. LAFORE, Joseph MARTY, Georges GIRAUD, Maurice JANET, COTY, Paul LÉVY, Gaston JULIA, Léon BRILLOUIN, Marcel COURTINES, Szolem MANDELBROJT, Yves ROCARD, Wladimir BERNSTEIN, Henri CARTAN, André WEIL, Jean DIEUDONNÉ, Paul DUBREIL, René DE POSSEL, Jean LERAY, Georges BOURION, Jean-Louis DESTOUCHES, Jacques SOLOMON, Claude CHEVALLEY, Frédéric ROGER, Daniel DUGUÉ, Gérard PETIAU, Hubert DELANGE, Jacques DUFRESNOY, Laurent SCHWARTZ, Jacqueline FERRAND, Roger APÉRY, Jacques DENY, Jean-Louis KOSZUL, Jean COMBES, Jean-Pierre SERRE, Paul MALLIAVIN, Maurice ROSEAU, Bernard MALGRANGE, François BRUHAT, Pierre CARTIER, Paul-André MEYER, Marcel FROISSART, Michel DEMAZURE, Gabriel MOKOBODZKI, Hervé JACQUET, Haïm BRÉZIS, Alain CONNES, Grégory CHOODNOVSKY, Jean-Pierre DEMAILLY, Jean-Benoît BOST, Noam ELKIES, Laurent LAFFORGUE, Philippe MICHEL, Vincent LAFFORGUE, Cédric VILLANI, Gaëtan CHENEVIER, Alessio FIGALLI, Peter SCHOLZE, François CHARLES.

Loubat

Par deux décrets en date du 16 avril 1902 et 28 juillet 1903, le Collège de France a été autorisé à accepter la donation faite par le duc de LOUBAT, membre associé de l'Institut de France, en vue de la fondation, dans l'établissement, d'un cours complémentaire d'Antiquités américaines.

Ce cours a été confié à Léon LEJEAL (1902-1907), puis au docteur Louis CAPITAN (1908-1929). Depuis 1939, les revenus de cette fondation ont permis de demander des conférences à des américanistes.

Liste des conférenciers invités par le Collège de France :

1939	Jacques SOUSTELLE	1942	Raoul D'HARCOURT
1941	André LEROI-GOURHAN	1943	Maurice LEENHARDT

1945	Marcel GIRAUD	1974	Jean-Claude QUILICI
1946	Henri VALLOIS	1975	Georges LARROUY
1948	Guy STRESSER-PÉAN	1977	Nathan WACHTEL
1950	Claude LÉVI-STRAUSS	1980	Christian DUVERGER
1952	Paul RIVET	1995	Serge GRUZINSKI
1953	Alfred MÉTRAUX	1996	Philippe DESCOLA
1955	Jehan VELLARD	1997	Carmen BERNAND
1965	Pierre CLASTRES	1998	Jacques GALINIER
1969	Frédéric ENGEL	2002	Danielle LAVALLÉE
1973	Annette LAMING-EMPERAIRE	2004	Jon LANDABURU

Michonis

Par décret du 10 mars 1903, G. MICHONIS a légué au Collège de France une somme dont les revenus doivent servir à « faire faire, toutes les fois que ce sera possible, par un savant ou un penseur étranger désigné par les professeurs ou l'administrateur du Collège de France, et qui sera, autant que les circonstances le permettront, au moins une fois sur trois un philosophe ou un historien de sciences religieuses, une série de conférences ». L'exécution des volontés de G. MICHONIS a commencé en 1905.

Liste des conférenciers invités par le Collège :

1905	Édouard NAVILLE
	Franz CUMONT
1906	Guglielmo FERRERO
1908	Charles MICHEL
	Alexandru XÉNOPOL
1910	Christophe NYROP
	Édouard MONTET
1912	LORENTZ
	GOMPERZ
1914	Maxime KOWALEWSKY
1915	Georges DOUTREPONT
	Paul DELANNOY
	Albert BRACHET
1916	Charles DE LA VALLÉE-POUSSIN
1917	Joséphine IOTEYKO
1918	Paul FRÉDÉRICQ
1919	Henri PIRENNE-ANESAKI
1920	Michel ROSTOVTZEFF
	JORGA
1922	Albert EINSTEIN
1923	Raffaele ALTAMIRA
1924	Ettore PAIS
1925	Holger PEDERSEN
1926	Nicolas ALEXEIEFF
1927	Ernest MURET
1929	Wolfgang KOEHLER
1930	Georges D. BIRKOFF
1933	Magnus OLSEN
1934	Harl JABERG
	Jacob JUD
1935	Stanislas KOT
1936	Jacques PIRENNE
1937	Albert MICHOTTE
1938	Giorgio LEVI DELLA VIDA
1940	HROZNY
1942	Jean PIAGET
1943	Franz CUMONT
1945	Alexandre ROSETTI

1947 Georges DOSSIN
Hans SELYE
1948 Charles DETOLNAY
1951 Étienne LAMOTTE
1956 Gino LUZZATTO
Walter E. PETRASCHECK
1961 Théodor W. ADORNO
1965 V.I. ABAEV
1968 Théodor W. ADORNO
1973 Ludovico GEYMONAT
1984 Jean RUDHART
1989 David WIGGINS
2002 Oleg GRABAR
2007 Philippe BORGEAUD
2010 Simon PRICE
2012 Glen BOWERSOCK

Saintour

Par décret du 25 juillet 1889, l'administrateur du Collège de France a été autorisé à accepter le legs fait au Collège de France par le Dr SAINTOUR pour la fondation d'un prix. Ce prix, périodiquement revalorisé, est décerné tous les deux ans par l'assemblée des professeurs, sur la présentation qui lui est faite, d'après un roulement déterminé, par l'une des trois sections instituées à cet effet. Chaque section regroupe les titulaires de chaire pour lesquels les différentes Académies composant l'Institut ont concurremment avec le Collège le droit de présentation. Les trois sections comprennent ensemble la totalité des professeurs.

Ce prix a été attribué depuis sa fondation (1893) à M. MATIGNON, M. CHASSINOIT, Abel LEFRANC, Philippe GLANGEAUD, M. LAURENT, M. CHAUVIN, M. HALLION, M. LENESTOUR, M. LACÔTE, Ernest CHARLES, Léon LECORNU, M. HOMO, Jules CHAUVIN, Paul LANGEVIN, Gaston COLIN, Gaston COHEN, Pierre LEROUX, Georges MAYER, Alexandre DUFOUR, Alfred ERNOUT, Louis BODIN, Paul MAZON, René HENRY, Julien BARAT, Mlle CHEVROTON, Mlle LOYEZ, M. DELARUELLE, M. VALOIS, M. CHABOT, Édouard SALLES, M. COPAUX, Claude BLANCHEL, Jules BLOCH, M. BOUDRÉAUX, M. GAFFIOT, M. VIROLLEAUD, M. BRILLAUT, Henri CLOUZOT, Georges LECARPENTIER, Achille MILLIEN, M. CHAMPY, M. LEROUX, M. LÉVY, M. et Mme MAROUSEAU, M. LEJEUNE, M. TERROINE, M. ROUX, Mme BOUDRÉAUX, M. OUVERIAUX, M. FOULET, Mlle BLANCHARD DEMONGE, M. BOULARD, Bernard LEROY, André PÉZARD, M. RANDOUIN, Mlle IOTEYKO, Prosper ALFARIC, M. DOUTREPONT, Mlle MAITRET, M. DELAPPARENT, Alfred QUINQUAUD, M. MEYERSON, Henri HEINE, Taha HUSSEIN, André VAILLANT, M. MARTY, l'abbé BUSSON, M. SARTRE, M. FRÉJACQUES, Émile BENVENISTE, M. SOMMERFELT, M. CARIDROIT, M. MISCONI, M. BAUDOT, Albert HOUSTIN, Marie COCHET, M. MILLON, Mlle MARCHAL, Mlle BEZARD, M. CONTINEAU, M. UMBEGAUN, M. P. NOAILHON, Boris EPHRUSSI, M. CASTERAS, M. SALOVINE, M. SAMARA, M. MARTINI, Paul ÉMARD, Alice HULUBET, Robert COURRIER, Jean FILLIOZAT, Pierre PASCAL, Marc COHN, Maurice LEENHARDT, Étienne WOLFF, Mme D'ALSO, M. CHAPIRE, M. ROLLAND, M. BIQUARD, Jean FOURQUET, André CHEVALIER, Albert DAUZAT, René CLOZIER, Jules DRIESSENS, René PINTARD, M. KLEIN, René VALLOIS, Charles MORAZÉ, M. A. JOST, Marcel SIMON, M. LEMAGNEN, Paul-Henri MICHEL, André ADAM, Mme SKREB-GUILCHER, Rév. Père ESTUGIÈRE, Yves LECORRE, M. ADIGARD DES GAUTRIES, Pierre RANCASTEL, Armand HAMPÉ, Jacques FONTAINE, Roger GUILLEMIN, Louis-Charles DAMAIS, Jean POUILLOUX, Guy LASSERRE, Paul KESSLER, Paul GARELLI, Martha SPITZER, Henri ROLLAND,

Paul PELISSIER, André LANDESMAN, Jean RICHÉ, M. W. STREIFF, Valentin NIKIPROWETZKY, Richard GASCON, Gilles GRANGER, Hans GLATTLI, Odette TAFFANEL, Michel GAUDIN, Hervé SAVON, Victor GOLDSCHMIDT, Neil SULLIVAN, Venceslas KRUTA, M. M. FLATO, M. R. TURCAN, Daniel ESTÈVE, Jean-Pierre MAHÉ, André LANGANEY, Jean-Marie DURAND, Marianne MAHN-LOT, Loïc MEREL, Willy CLARYSSE, Claude GHESQUIÈRE, Pierre MILZA, M. PIEMONTESE, Christian GIAUME.

TABLE DES MATIÈRES

COURS ET RECHERCHES DES PROFESSEURS

AUTRES ENSEIGNEMENTS ET RECHERCHES

Vie de l'institution

IMPRESSION, BROCHAGE

CHIRAT
Imprimeur - Relieur

42540 ST-JUST-LA-PENDUE
JANVIER 2022
DÉPÔT LÉGAL 2022
N° 202201.0357

IMPRIM'VERT
Votre imprimeur agit pour l'environnement

IMPRIMÉ EN FRANCE